Fachkenntnisse 2
Anlagenmechaniker SHK

Lernfelder 9 – 15

von

Joachim Albers / Rainer Dommel / Henry Montaldo-Ventsam / Peter Pusch / Josef Wagner

3., überarbeitete und erweiterte Auflage

HANDWERK UND TECHNIK – HAMBURG

ISBN 978-3-582-69628-1   Best.-Nr. 3137

Die Normblattangaben werden wiedergegeben mit Erlaubnis des DIN Deutsches Institut für Normung e.V.
Maßgebend für das Anwenden der Norm ist deren Fassung mit dem neuesten Ausgabedatum, die bei der Beuth Verlag GmbH,
Burggrafenstraße 6, 10787 Berlin, erhältlich ist.

Das Werk und seine Teile sind urheberrechtlich geschützt. Jede Nutzung in anderen als den gesetzlich oder durch bundesweite
Vereinbarungen zugelassenen Fällen bedarf der vorherigen schriftlichen Einwilligung des Verlages.
Die Verweise auf Internetadressen und -dateien beziehen sich auf deren Zustand und Inhalt zum Zeitpunkt der Drucklegung des Werks.
Der Verlag übernimmt keinerlei Gewähr und Haftung für deren Aktualität oder Inhalt noch für den Inhalt von mit ihnen verlinkten
weiteren Internetseiten.

Verlag Handwerk und Technik GmbH,
Lademannbogen 135, 22339 Hamburg; Postfach 63 05 00, 22331 Hamburg – 2019
E-Mail: info@handwerk-technik.de – Internet: www.handwerk-technik.de

Satz: PER Medien & Marketing GmbH, 38102 Braunschweig
Umschlagmotive: Abbildung links ist ausgeführt nach Vorlage von: newVISION! GmbH, 30982 Pattensen;
Abbildungen rechts: Rainer Dommel, Freiburg (Bild 1); Harald Macht, Schwendi (Bild 2); Josef Wagner, Salzweg (Bild 3)
Druck: Firmengruppe APPL, aprinta druck GmbH, 86650 Wemding

Vorwort

Dieses Buch wendet sich an **Anlagenmechaniker und Anlagenmechanikerinnen SHK** im dritten und vierten Ausbildungsjahr und beinhaltet daher die **Lernfelder 9 bis 15.**

Sehr großer Wert wurde auf eine **fachgerechte Visualisierung** in Form von Fotos, mehrfarbigen dreidimensionalen Abbildungen, Schaltplänen und methodisch durchdachter Textgestaltung gelegt.

Das Anliegen von Autoren und Verlag ist es, Schülern und Lehrern ein **Unterrichts- und Nachschlagewerk** zu bieten, das als **Leitmedium für einen Lernfeldunterricht** dient. Es bleibt jedoch genügend Freiraum für eine dem jeweiligen Unterricht und damit dem regionalen Umfeld angemessene Auswahl der Lernsituationen.

Inhalte, die Bestandteil aller Lernfelder sind, wurden in einem **lernfeldübergreifenden Teil** des Buches zusammengefasst. Bei Bedarf können diese Inhalte nachgeschlagen oder in eine fachsystematische Unterrichtssequenz einbezogen werden.

Das **technische Englisch** wird im Buch in mehrfacher Hinsicht umgesetzt:
- Gängige oder wichtige Fachbegriffe sind im deutschen Text in blauer Schrift integriert.
- An geeigneten Stellen sind Fachinhalte und Übungen in englischer Sprache dargestellt.

Das **Farb-Leitsystem** ermöglicht eine rasche Orientierung innerhalb des Buches. Zahlreiche Querverweise teilen mit, wo im Buch weitere Informationen zu den dargestellten Themen zu finden sind.

I

Der Teil I liefert lernfeldübergreifende Inhalte und gliedert sich in:
1. Wärmewert
2. Verbrennung
3. Einteilung der Wärmeerzeuger
4. Wirkungsgrade und Nutzungsgrade
5. Sicherheitstechnische Ausrüstung von geschlossenen Warmwasserheizungsanlagen
6. Abgasanlagen
7. Abgasüberwachung
8. Anbindung des Wärmeerzeugers an die Wärmeverteilungs- und Trinkwassererwärmungsanlage
9. Jahresbrennstoffbedarf und Jahresbrennstoffkosten
10. Grundlagen der Brennstoffversorgungsanlagen

II

Teil II ist nach Lernfeldern gegliedert:

Lernfeld 9: Trinkwassererwärmungsanlagen installieren

Lernfeld 10: Wärmeerzeugungsanlagen für gasförmige Brennstoffe installieren

Lernfeld 11: Wärmeerzeugungsanlagen für flüssige und feste Brennstoffe installieren

Lernfeld 12: Ressourcenschonende Anlagen installieren

Lernfeld 13: Raumlufttechnische Anlagen installieren

Lernfeld 14: Versorgungstechnische Anlagen einstellen und energetisch optimieren

Lernfeld 15: Versorgungstechnische Anlagen instand halten

Autoren und Verlag

Inhaltsverzeichnis

Lernfeldübergreifende Inhalte

Nr.	Titel	Seite
1	**Wärmewert**	3
2	**Verbrennung**	5
2.1	Grundlagen der Verbrennung	5
2.2	Zündung von Brennstoffen	6
2.2.1	Zündverhalten	6
2.2.2	Zündgrenzen	6
2.2.3	Zündgeschwindigkeit	6
2.3	Verbrennungsluftbedarf	7
2.4	Verbrennung von Holz	8
2.5	Verbrennung von Kohle	8
2.6	Verbrennung von Heizöl	8
2.7	Verbrennung von Gas	8
2.8	Schadstoffe und ihre Grenzwerte	9
2.8.1	Schadstoffe	9
2.8.2	Grenzwerte von Schadstoffen	10
2.8.2.1	Grenzwerte für Schadstoffe von Feuerungsanlagen mit festen Brennstoffen	10
2.8.2.2	Grenzwerte für Schadstoffe von Feuerungsanlagen mit flüssigen Brennstoffen	11
2.8.2.3	Grenzwerte für Schadstoffe von Feuerungsanlagen mit gasförmigen Brennstoffen	12
3	**Einteilung der Wärmeerzeuger**	13
3.1	Einleitung	13
3.2	Normen und Vorschriften	14
3.3	Einteilung nach dem Kesselwerkstoff	14
3.3.1	Gussheizkessel	14
3.3.2	Stahlheizkessel	14
3.3.3	Hybridkessel	15
3.4	Einteilung nach dem Druck im Verbrennungsraum	15
3.4.1	Naturzugfeuerung	15
3.4.2	Überdruckfeuerung	15
3.5	Einteilung nach der Art der Heizgasführung	16
3.6	Einteilung nach der Energieausnutzung	16
3.6.1	Standardheizkessel	16
3.6.2	Niedertemperatur-Heizkessel	16
3.6.3	Brennwertkessel	18
4	**Wirkungsgrade und Nutzungsgrade**	22
4.1	Feuerungstechnischer Wirkungsgrad	22
4.2	Kesselwirkungsgrad	23
4.3	Jahresnutzungsgrad des Heizkessels	24
4.4	Jahresnutzungsgrad der Heizungsanlage	25
4.5	Norm-Nutzungsgrad	26
5	**Sicherheitstechnische Ausrüstung von geschlossenen Warmwasser-Heizungsanlagen**	28
5.1	Geschlossene Warmwasser-Heizungsanlagen mit Öl-/Gasfeuerung	29
5.2	Geschlossene Warmwasser-Heizungsanlagen mit Festbrennstoff-Feuerung	35
5.3	Bemessung des Membran-Ausdehnungsgefäßes	37
6	**Abgasanlagen**	43
6.1	Grundlagen	43
6.2	Abgasführung bei Brennwertgeräten	45
6.3	Bauarten und Bauteile von Abgasanlagen	45
6.3.1	Bauarten	45
6.3.1.1	Schornsteine	45
6.3.1.1.1	Anforderungen an Schornsteine	47
6.3.1.1.2	Schornsteinentwicklung	48
6.3.1.1.3	Belegung von Schornsteinen	49
6.3.1.1.4	Schornsteinauslegung	50
6.3.1.2	LAS-System	50
6.3.2	Bauteile	51
6.3.2.1	Verbindungsstücke	51
6.3.2.2	Abgasklappen	52
6.3.2.3	Nebenluftvorrichtungen	52
6.4	Genehmigungsverfahren durch Schornsteinfeger	53
7	**Abgasüberwachung**	55
7.1	BImSchV	55
7.1.1	Feste Brennstoffe	55
7.1.2	Flüssige Brennstoffe	57
7.1.2.1	Ermittlung der Abgasverluste	58
7.1.2.2	Ermittlung des Förderdruckes (Schornsteinzuges)	59
7.1.2.3	Ermittlung des CO- und NO_x-Gehaltes	59
7.1.2.4	Wiederkehrende Messpflicht	59
7.1.3	Gasförmige Brennstoffe	59
7.2	KÜO	59
8	**Anbindung des Wärmeerzeugers an die Wärmeverteilungs- und Trinkwassererwärmungsanlage**	61
9	**Jahresbrennstoffbedarf und Jahresbrennstoffkosten**	65
10	**Grundlagen der Brennstoffversorgung**	68
10.1	Einleitung	68
11	**🇬🇧 Domestic heat generation: fuels, boilers and flue systems**	69
11.1	Fossil fuels	69
11.2	Properties and combustion of natural gas and fuel oil	69
11.3	Central-heating boilers	70
11.4	Flue systems	72

Lernfeld 9: Trinkwassererwärmungsanlagen installieren

1	**Grundlagen der Trinkwassererwärmung**	75
1.1	Einleitung	75
1.2	Anforderungen an Trinkwassererwärmungsanlagen	75
2	**Einteilung von Trinkwassererwärmungsanlagen**	76
2.1	Versorgung der Entnahmestellen	76
2.1.1	Einzelversorgung	76
2.1.2	Gruppenversorgung	76
2.1.3	Zentrale Versorgung	77
2.2	Systeme von Trinkwassererwärmern (TWE)	77
2.2.1	Speicher-Trinkwassererwärmer	77
2.2.1.1	Offene (drucklose) Speicher-TWE	78
2.2.1.2	Geschlossene (druckfeste) Speicher-TWE	78
2.2.2	Durchfluss-Trinkwassererwärmer	79
2.3	Beheizung von Trinkwassererwärmern	79
2.3.1	Direkt beheizte Trinkwassererwärmer	79
2.3.2	Indirekt beheizte Trinkwassererwärmer	80
2.4	Behälter von Trinkwassererwärmern	80
2.4.1	Behälterwerkstoffe	80
2.4.2	Korrosionvermeidung bei Speicherbehältern aus unlegiertem Stahl	80
2.4.3	Dämmung von Speicherbehältern	82
3	**Trinkwassererwärmung durch elektrisch betriebene Anlagen**	84
3.1	Allgemeine Grundlagen	84
3.1.1	Einsatzbereiche und Gerätearten	84
3.1.2	Elektrische Anschlüsse, Überstrom-Schutzeinrichtungen, Schutzarten und Schutzklassen	84
3.1.3	Heizprinzip der elektrischen Heizkörper	85
3.1.4	Elektrische Heizkörper von offenen und geschlossenen Trinkwassererwärmern	86
3.2	Offene Trinkwassererwärmer	88
3.2.1	Allgemeine Grundlagen	88
3.2.2	Boiler	88
3.2.3	Kochendwassergeräte	88
3.2.4	Speicher	89
3.3	Geschlossene Speicher-Trinkwassererwärmer	92
3.3.1	Sicherheitstechnische Ausrüstung	92
3.3.2	Wandspeicher	93
3.3.3	Durchflussspeicher	94
3.3.4	Störungssuche	94
3.4	Durchfluss-Trinkwassererwärmer	95
3.4.1	Strömungsschalter (Venturidüse)	96
3.4.2	Rohrheizkörper-Heizsysteme	97
3.4.3	Blankdraht-Heizsystem	98
3.4.4	Hydraulisch gesteuerter Durchfluss-Trinkwassererwärmer	99
3.4.5	Elektronisch gesteuerte und geregelte Durchfluss-Trinkwassererwärmer	99
3.4.6	Mini-Durchflusstrinkwassererwärmer	101
3.4.7	Installation und Erstinbetriebnahme	101
3.4.8	Störungserkennung und -beseitigung	102
3.5	Umweltverträglichkeit und Recycling	103
4	**Trinkwassererwärmung durch Gasgeräte – direkt beheizt**	105
4.1	Speicher-Trinkwassererwärmer (VWH)	105
4.2	Durchfluss-Trinkwassererwärmer (DWH)	106
4.2.1	Temperaturgesteuertes Gasgerät	106
4.2.2	Temperaturgeregeltes Gasgerät	109
5	**Trinkwassererwärmung durch die zentrale Heizungsanlage**	110
5.1	Speicher-Trinkwassererwärmer – indirekt beheizt	110
5.1.1	Einwandige Speicher-Trinkwassererwärmer mit Rohrheizfläche	111
5.1.2	Doppelwandige Speicher-Trinkwassererwärmer	111
5.1.3	Kombination Heizkessel-Speicher-Trinkwassererwärmer	111
5.1.3.1	Aufgesetzte Speicher-Trinkwassererwärmer	111
5.1.3.2	Tiefliegende Speicher-Trinkwassererwärmer	111
5.1.3.3	Nebenstehende Speicher-Trinkwassererwärmer	112
5.1.4	Speicher-Vorrangschaltung	112
5.2	Durchfluss-Trinkwassererwärmer – indirekt beheizt	113
5.2.1	Rohrwendelwärmeübertrager	113
5.2.2	Plattenwärmeübertrager	114
6	**Trinkwassererwärmung durch solarthermische Anlagen**	115
6.1	Allgemeine Grundlagen	115
6.2	Die Sonne als Energiequelle	115
6.2.1	Solarkonstante	116
6.2.2	Globalstrahlung	116
6.2.3	Strahlungsleistung und Sonnenscheindauer	117
6.2.3.1	Neigung und Ausrichtung der Bestrahlungsfläche	118
6.3	Aufbau, Wirkungsweise und Betriebsweise einer thermischen Solaranlage	119
6.3.1	Aufbau	119
6.3.2	Wirkungsweise	119
6.3.3	Betriebsweise	119
6.3.3.1	Unter Druck stehende Anlagen mit Frostschutzmittel	120
6.3.3.2	Unter Druck stehende Anlagen ohne Frostschutzmittel	120
6.3.3.3	Drainback-Systeme	120
6.3.4	Kollektoren	121
6.3.4.1	Flachkollektoren	122
6.3.4.1.1	Absorber	122
6.3.4.1.2	Transparente Abdeckung	123
6.3.4.1.3	Wärmedämmung	123
6.3.4.1.4	Gehäuse	123

6.3.4.2	Vakuumflachkollektoren	123
6.3.4.3	Vakuumröhrenkollektoren	124
6.3.4.3.1	Direkt durchströmte Vakuumröhren	124
6.3.4.3.2	Heatpipe-Vakuumröhren	125
6.3.4.3.3	Sydney-Vakuumröhren	125
6.3.4.4	Vor- und Nachteile	125
6.3.4.5	Unverglaste Kollektoren (Schwimmbad-Kollektoren)	126
6.3.5	Auswahl von geeigneten Kollektoren	126
6.3.6	Montage	127
6.3.6.1	Schrägdachmontage	128
6.3.6.2	Flachdachmontage	128
6.3.6.3	Fassadenmontage	129
6.3.7	Solarkreislauf	130
6.3.7.1	Solarstationen	130
6.3.7.2	Rohrleitungen und Dämmung	130
6.3.7.3	Wärmeträgerflüssigkeit	132
6.3.7.4	Solarpumpe	132
6.3.7.5	Sicherheitseinrichtungen	132
6.3.7.6	Entlüftung	132
6.3.7.7	Solarkreiswärmeübertrager	133
6.3.7.8	Solarspeicher	133
6.3.7.8.1	Standardsolarspeicher	133
6.3.7.8.2	Thermosiphonspeicher	134
6.3.7.9	Regelung	135
6.3.8	Auslegung (Berechnung) von Solaranlagen	136
6.3.8.1	Auslegungsgrundlagen	136
6.3.8.2	Auslegung der Solaranlage	137
7	**Trinkwasseranschluss von geschlossenen Trinkwassererwärmern**	**142**
7.1	Druckminderer	143
7.2	Rückflussverhinderer	143
7.3	Sicherheitsventil	143
7.4	Membran-Druckausdehnungsgefäß	145
8	**Trinkwarmwasser-Verteilungssysteme in zentralen TWE-Anlagen**	**146**
8.1	Vorschriften und Regeln für Trinkwarmwasserleitungen	146
8.2	Temperaturhaltesysteme	146
8.3	Zirkulationssysteme	147
8.3.1	Zirkulationsleitungen	147
8.3.1.1	Bemessung und hydraulischer Abgleich von Zirkulationssystemen	148
8.3.1.2	Kurzverfahren	148
8.3.1.3	Vereinfachtes Berechnungsverfahren	148
8.3.2	Innenliegende Zirkulationsleitungen (Inliner-System)	152
8.4	Rohrbegleitheizung	153
9	**Trinkwasserhygiene**	**155**
9.1	Beeinträchtigung der Trinkwasserhygiene	155
9.1.1	Fehler bei der Installationsplanung und -durchführung einer Trinkwasseranlage	156
9.1.2	Fehler beim Betrieb einer Trinkwasseranlage	156
9.2	Legionellen	156
10	**Berechnungen bei Trinkwasser-Erwärmungsanlagen**	**157**
10.1	Wärmeleistung, Aufheizzeit und Massenstrom	157
10.1.1	Wärmeleistung	157
10.1.2	Aufheizzeit	157
10.1.3	Massenstrom	158
10.2	Wärmeübertragung	159
10.3	Größenbestimmung und Auswahl von Speicher-Trinkwassererwärmern	161
10.4	Mischwasser	165
10.4.1	Bestimmung der Mischwassertemperatur	165
10.4.2	Bestimmung der Wassermassen	166
11	**🇬🇧 Domestic hot water systems**	**167**
11.1	Water heating and supply	167
11.2	Hot water storage tanks	168
11.3	Electric water heaters	168
11.4	Gas water heaters	168
11.5	Solar heating	169

Lernfeld 10: Wärmeerzeugungsanlagen für gasförmige Brennstoffe installieren

1	**Gasförmige Brennstoffe**	**171**
1.1	Eigenschaften von Brenngasen	171
1.2	Einteilung von Brenngasen	171
1.3	Kenndaten	173
2	**Gasbrenner**	**175**
2.1	Flammenbilder	175
2.2	Gasbrenner ohne Gebläse	176
2.2.1	Teilvormischbrenner	176
2.2.2	Vollvormischbrenner	176
2.2.3	Aufbau eines atmosphärischen Gasbrenners	176
2.2.3.1	Zündeinrichtungen	177
2.2.3.2	Flammenüberwachungseinrichtungen	177
2.2.3.3	Gasregelstrecke (Gasstraße)	180
2.2.3.4	Elektrische Steuer- und Regeleinrichtungen	181
2.2.3.5	Maßnahmen zur Verringerung von Stickoxiden und Kohlenmonoxiden	183
2.2.3.6	Vor- und Nachteile von Gasbrennern ohne Gebläse	184
2.3	Gasgebläsebrenner	184
2.3.1	Aufbau eines Gasgebläsebrenners	184
2.3.1.1	Verbrennungsluftzuführung und -überwachung	185
2.3.1.2	Zündeinrichtungen	186
2.3.1.3	Flammenüberwachungseinrichtungen	186

2.3.1.4	Gasregelstrecke	186		5	**Verbrennungsluftzuführung und Abgasableitung**	216
2.3.1.5	Elektrische Steuer- und Regeleinrichtungen	187		5.1	Gasgeräte	216
2.3.1.6	Maßnahmen zur Verringerung von Stickoxiden und Kohlenmonoxiden	190		5.1.1	Raumluftabhängige Gasfeuerstätten	216
2.3.1.7	Vor- und Nachteile von Gasgebläsebrennern	190		5.1.2	Raumluftunabhängige Gasfeuerstätten	216
2.4	Sonderausführungen von Gasbrennern	190		5.2	Strömungssicherung	219
2.4.1	Strahlungsflächenbrenner	190		5.2.1	Abgasüberwachungseinrichtung	220
2.4.2	Katalytische Brenner	191		6	**Bereitstellung von Gasen**	221
2.5	Einstellung und Inbetriebnahme von Gasbrennern	192		6.1	Normen, Richtlinien, Vorschriften	221
2.5.1	Einstellung eines atmosphärischen Gasbrenners	195		6.2	Bereitstellung von Erdgas	222
				6.2.1	Transport und Verteilung	222
2.5.2	Einstellung eines Gasgebläsebrenners	196		6.2.2	Speicherung	222
2.5.3	Funktionsprüfung der Abgasanlage raumluftabhängiger Gasgeräte mit Strömungssicherung	198		6.3	Bereitstellung von Flüssiggas	223
				6.3.1	Transport und Verteilung	223
				6.3.2	Lagerung	223
3	**Gaswärmeerzeuger**	201		6.3.2.1	Aufstellung von Flüssiggasbehältern	224
3.1	Heizkessel mit Gasbrennern ohne Gebläse (Gasspezialkessel)	201		6.3.2.2	Schutzziele	224
				6.3.2.2.1	Explosions- und Brandschutz	224
3.2	Gas-Brennwertkessel	202		6.4	Hausanschluss Erdgas	226
3.3	Gas-Heizkessel/Gas-Kombiwasserheizer	203		6.5	Hausanschluss Flüssiggas	227
3.4	Gasherde und Gasbacköfen	204		6.6	Manipulationen an Gasinstallationen	228
3.5	Gas-Raumheizer	204		6.6.1	Aktive Maßnahmen – Gasströmungswächter	228
4	**Aufstellung von Wärmeerzeugern – Verbrennungsluftversorgung**	205		6.6.1.1	Grundlagen für die Auslegung von Gasströmungswächtern	229
4.1	Grundlagen	205		6.6.2	Passive Maßnahmen	231
4.2	Allgemeine Anforderungen an Aufstellung und Aufstellräume	205		6.7	Gasinstallation in Gebäuden	231
				6.7.1	Leitungsanlagen	231
4.2.1	Aufstellung und Verbrennungsluftversorgung raumluftabhängiger Feuerstätten Art B	207		6.7.1.1	Innenleitungen	232
				6.7.2	Gaszähler	234
				6.7.3	Hausdruckregler	236
4.2.1.1	Anforderungen an Aufstellräume für raumluftabhängige Feuerstätten der Art B bis 50 kW Gesamtnennwärmeleistung	210		6.7.4	Verwahren von Leitungen	236
				6.7.5	Prüfung von Leitungsanlagen	237
				6.7.5.1	Belastungsprüfung	237
4.2.1.2	Verbrennungsluftversorgung aus dem Freien	211		6.7.5.2	Dichtheitsprüfung	237
4.2.1.3	Messtechnischer Nachweis der Verbrennungsluftversorgung	212		6.7.5.3	Prüfungen im Mitteldruckbereich	239
				6.7.5.4	Gebrauchsfähigkeitsprüfung	239
4.2.2	Bedingungen für raumluftunabhängige Gasfeuerstätten der Art C	212		6.7.5.5	Prüfung von Flüssiggasleitungen	240
				6.7.6	Inbetriebnahme	240
4.2.3	Besondere Anforderungen an Aufstellräume für Gasfeuerstätten mit einer Gesamtnennwärmeleistung > 100 kW	212		6.7.7	Verhalten bei Gasgeruch	240
				7	**Domestic gas heating**	242
				7.1	Commissioning of natural gas installations	242
				7.2	Condensing combination boiler	243
				7.3	Pressure jet burners	244
				7.4	Principles of home ventilation	245

Lernfeld 11: Wärmeerzeugungsanlagen für flüssige und feste Brennstoffe installieren

1	**Flüssige Brennstoffe**	247		1.2.2.1	Unterirdische Lagerung von Heizöl im Freien	251
1.1	Heizöl	247		1.2.2.2	Oberirdische Lagerung von Heizöl	251
1.1.1	Einteilung und Eigenschaften	247		1.2.2.2.1	Oberirdische Lagerung von Heizöl im Freien	251
1.1.2	Kenndaten von Heizölen	247		1.2.2.2.2	Oberirdische Lagerung von Heizöl in Gebäuden	252
1.2	Bereitstellung von Heizöl	249				
1.2.1	Normen, Richtlinien, Vorschriften	250		1.2.3	Ausrüstung der Heizöllagerbehälter	254
1.2.2	Heizöllagerung	250		1.2.3.1	Füllleitung	254

1.2.3.2	Lüftungsleitung	254
1.2.3.3	Ölleitungen	255
1.2.3.4	Ölstandsanzeiger	255
1.2.3.5	Überfüllsicherung/Grenzwertgeber	256
1.2.3.6	Leckanzeigegeräte	256
1.3	Ölbrenneranschlüsse im Ein- und Zweistrangsystem	257
1.4	Ölzerstäubungsbrenner	262
1.4.1	Aufbau des Ölzerstäubungsbrenners	262
1.4.2	Programmablauf	265
1.4.3	Arten und Betriebsweisen von Ölzerstäubungsbrennern	266
1.4.3.1	Gelbbrenner	266
1.4.3.2	Blaubrenner	266
1.4.3.3	Zweistufige und modulierende Ölbrenner	267
1.4.4	Maßnahmen zur Verringerung von Schadstoffen	267
1.4.5	Einstellung und Inbetriebnahme	268
1.4.6	Öldurchsatz und Düsenauswahl	269
1.5	Ölbrennwertkessel	273
1.5.1	Ölbrennwertkessel mit interner Kondensation	273
1.5.2	Ölbrennwertkessel mit externer Kondensation	275
2	**Feste Brennstoffe**	**277**
2.1	Holzbrennstoffe	277
2.1.1	Einteilung und Eigenschaften	277
2.1.1.1	Stück- oder Scheitholz	277
2.1.1.2	Holzpellets	278
2.1.1.3	Hackschnitzel (Hackgut)	279
2.2	Kohle	280
2.2.1	Einteilung und Eigenschaften	280
2.3	Bereitstellung von festen Brennstoffen	280
2.3.1	Normen, Richtlinien und Vorschriften	280
2.3.2	Lagerung von Stückholz	280
2.3.3	Lagerung von Holzpellets	281
2.3.4	Pellet-Lagerräume	281
2.3.4.1	Anforderungen an den Lagerraum	281
2.3.4.2	Ausführung des Befüllsystems	282
2.3.4.3	Raumaustragungssysteme	283
2.3.5	Fertiglagersysteme	283
2.3.5.1	Sacksilos/Gewebesilos	283
2.3.5.2	Stahlblechtanks	284
2.3.5.3	Erdtanks (Erdsilos)	284
2.3.6	Lagerung von Hackgut, Säge- und Hobelspänen	285
2.3.7	Lagerung von Kohle	285
2.4	Festbrennstoffkessel	286
2.4.1	Stückholzkessel (Scheitholzkessel)	287
2.4.2	Pelletkessel	288
2.4.3	Hackschnitzel, Späne- und Pelletfeuerungen	290
2.4.4	Kombikessel für Stückholz und Pellets	291
2.4.5	Kohlekessel	292
2.4.6	Pufferspeicher	293
2.5	Heizräume	294
3	**🇬🇧 Domestic heat generation with wood and fuel oil**	**295**
3.1	Domestic wood pellet storage	295
3.2	Domestic fuel oil storage	296
3.3	Wood fired boilers	297
3.3.1	Wood heating is booming	297
3.3.2	Oil fired condensing boiler	297

Lernfeld 12: Ressourcenschonende Anlagen installieren

1	**Grundlagen – Integrieren ressourcenschonender Anlagen in Systeme der Sanitär- und Heizungstechnik**	**299**
1.1	Einleitung	299
1.2	Gebäudestandards	299
1.2.1	Niedrigenergiehaus	299
1.2.1.1	Niedrigenergiehaus-Zertifizierung	300
1.2.2	Passivhaus	300
1.3	Blower-Door-Verfahren	301
1.4	Thermografie	302
2	**Solare Heizungsunterstützung**	**304**
2.1	Komponenten einer Kombisolaranlage	305
2.1.1	Solarspeicher	305
2.1.1.1	Kombispeichersysteme	305
2.1.1.2	Kombispeicher	306
2.1.2	Auslegung	307
3	**Wärmepumpen**	**309**
3.1	Einleitung	309
3.2	Normen, Richtlinien, Vorschriften	309
3.3	Aufbau und Funktionsweise	309
3.3.1	Verdampfer	310
3.3.2	Verdichter (Kompressor)	310
3.3.3	Verflüssiger (Kondensator)	311
3.3.4	Expansionsventil	311
3.3.5	Kältemittel	311
3.4	Wärmequellen und Anlagenkonzepte	311
3.4.1	Wärmequelle Erdreich bei Sole-Wasser-Wärmepumpen	311
3.4.1.1	Erdkollektoren	312
3.4.1.2	Erdsonden	313
3.4.2	Wärmequelle Wasser bei Wasser-Wasser-Wärmepumpen	313
3.4.3	Wärmequelle Luft bei Luft-Wasser-Wärmepumpen	314
3.5	Betriebsweisen von Wärmepumpen	315
3.5.1	Monovalente Betriebsweise	315
3.5.2	Monoenergetische Betriebsweise	315
3.5.3	Bivalente Betriebsweise	315

3.6	Einsatz eines Pufferspeichers	315
3.7	Energetische Beurteilung von Wärmepumpen	316
3.7.1	Leistungszahl und COP	316
3.7.2	Jahresarbeitszahl	316
3.7.3	Wirtschaftlichkeit	317
3.8	Auslegung der Wärmepumpe	317
3.9	Auslegung des Erdkollektors	318
3.10	Kühlen mit Wärmepumpen	319
3.10.1	Passive Kühlung	319
3.10.2	Aktive Kühlung	319
4	**Fernwärmeversorgung**	**321**
4.1	Allgemeines	321
4.2	Einteilung	322
4.3	Hauptbestandteile	322
4.4	Wärmeträgermedium	322
4.5	Betriebsweise	323
4.6	Hausstation	323
4.6.1	Hauszentrale	324
4.6.1.1	Direkter Anschluss	324
4.6.1.2	Indirekter Anschluss	325
4.6.1.3	Kompakt-Hausstationen	325
4.7	Vor- und Nachteile von Fernwärmeversorgungsanlagen	326
5	**Blockheizkraftwerke**	**326**
5.1	Normen, Richtlinien und Vorschriften	326
5.2	Aufbau und Funktionsweise	326
5.3	Wirtschaftlichkeit und Grundlagen für die Errichtung von Blockheizkraftwerken	329
6	**Brennstoffzellen**	**329**
6.1	Geschichtliche Entwicklung	329
6.2	Normen, Richtlinien und Vorschriften	329
6.3	Aufbau und Funktion	329
6.4	Anwendung der Brennstoffzellentechnologie	331
7	🇬🇧🇺🇸 **Heating transfer stations**	**332**

Lernfeld 13: Raumlufttechnische Anlagen installieren

1	**Einführung und geschichtliche Entwicklung der Lufttechnik**	**335**
2	**Verordnungen, Normen, Vorschriften**	**335**
3	**Einteilung und Aufgaben der Lufttechnik**	**336**
4	**Physiologische Grundlagen**	**336**
4.1	Thermische Behaglichkeit	336
4.2	Luftverunreinigungen	337
4.2.1	Arbeitsplatzgrenzwert und CO_2-Gehalt	338
4.2.2	Gerüche	338
5	**Auslegungskriterien für Volumenströme**	**339**
5.1	Bestimmung nach dem Außenluftstrom (Außenluftrate)	339
5.2	Bestimmung nach der Luftwechselzahl	339
5.3	Bestimmung nach dem Schadstoffanteil	340
5.4	Bestimmung nach der Kühllast	341
5.5	Bestimmung nach Feuchteschutzmaßnahmen	342
6	**Thermodynamische Luftbehandlungen**	**342**
7	**h-x-Diagramm von Mollier für feuchte Luft und seine physikalischen Grundlagen**	**344**
7.1	Gesamtdruck p der feuchten Luft	344
7.2	Relative Feuchte φ	345
7.3	Absolute Feuchte oder Feuchtegrad x	346
7.4	Wärmeinhalt (Enthalpie) h	346
7.5	Temperatur θ (ϑ)	347
8	**Bauteile der RLT-Anlagen**	**348**
8.1	Einbaukomponenten der zentralen Luftaufbereitungsanlage	348
8.1.1	Luftfilter	348
8.1.2	Mischkammer	351
8.1.3	Lufterhitzer	352
8.1.4	Luftkühler	354
8.1.5	Luftbefeuchter	355
8.1.6	Ventilatoren	357
8.1.7	Schalldämpfer	361
8.1.7.1	Natürliche Schalldämpfung	361
8.1.7.2	Künstliche Schalldämpfung	361
8.1.7.3	Schalldämpferauslegung	362
8.2	Luftleitungen und Zubehör	362
8.2.1	Luftleitungen	362
8.2.2	Luftdurchlässe	364
8.2.2.1	Lüftungsgitter	364
8.2.2.2	Induktiv wirkende Auslässe	366
8.2.3	Brandschutzeinrichtungen	366
8.2.3.1	Brandschutzklappen	366
8.2.3.2	Brandschott	368
8.3	Technische Maßnahmen der Energieeinsparung	368
8.3.1	Rekuperatoren	368
8.3.1.1	Rekuperative Energiegewinnung im Erdreich bei der kontrollierten Wohnungslüftung	369
8.3.2	Regeneratoren	370
9	**Akustische Probleme des Anlagenumfeldes**	**373**
10	**Kontrollierte Wohnungslüftung**	**375**
10.1	Einleitung	375
10.2	Systeme der freien Lüftung	375

10.3	Systeme der ventilatorgestützten Lüftung	375
10.3.1	Ventilatorgestützte Abluftsysteme ohne Wärmerückgewinnung	375
10.3.1.1	Dezentrale Abluftsysteme ohne Wärmerückgewinnung	375
10.3.1.2	Zentrale Abluftsysteme ohne Wärmerückgewinnung	375
10.3.2	Ventilatorgestützte Zu- und Abluftsysteme mit Wärmerückgewinnung	376
10.3.2.1	Dezentrale Zu- und Abluftsysteme mit Wärmerückgewinnung	376
10.3.2.2	Zentrale Zu- und Abluftsysteme mit Wärmerückgewinnung	376
10.4	Entscheidung über Lüftungskonzept	378
10.5	Rechnerischer Nachweis einer lüftungstechnischen Maßnahme	380
10.6	Rechnerische Ermittlung der Volumenströme	380
10.7	Ermittlung der Luftleitungsdurchmesser	382
10.8	Kennzeichnung von Lüftungsanlagen/-geräten	385
11	**Inbetriebnahme und Abnahmeprüfung, Messen und Einregulieren**	**385**
11.1	Inbetriebnahme und Abnahmeprüfung	385
11.2	Messen von Luftgeschwindigkeiten und Einregulieren von Volumenströmen	385
11.2.1	Geschwindigkeitsmessung in geschlossenen, nicht begehbaren Räumen	386
11.2.2	Geschwindigkeitsmessung an Luftein- und -auslässen	387
12	**Anlageninstandhaltung**	**388**
13	🇬🇧 **Ventilation and air conditioning systems**	**390**
13.1	Controlled domestic ventilation systems	390
13.2	Air conditioning systems	391

Lernfeld 14: Versorgungstechnische Anlagen einstellen und energetisch optimieren

1	**Grundlagen der Mess-, Steuerungs- und Regelungstechnik**	**393**
1.1	Einleitung	393
1.2	Abgrenzung der Begriffe Messen, Steuern, Regeln	393
2	**Messtechnik**	**394**
2.1	Messen bei Wartungsarbeiten und Störungen	394
2.1.1	Messen des Ionisationsstromes am Gasgebläsebrenner	394
2.1.2	Messen und Überprüfen von Widerständen	394
2.2	Messungen vor der Erstinbetriebnahme der elektrischen Anlage oder nach einer Änderung	395
2.2.1	Messen der Niederohmigkeit (Durchgängigkeit) des Schutzleiters	395
2.2.2	Messen des Isolationswiderstandes zwischen den Leitern	396
3	**Steuerungs- und Regelungstechnik**	**396**
3.1	Steuern und Regeln anhand einfacher Beispiele	396
3.1.1	Steuern	396
3.1.2	Regeln	397
3.2	Steuern und Regeln anhand des komplexeren Beispiels eines Gas-Durchflusswassererwärmers	397
3.3	Begriffsbestimmungen	398
4	**Steuerungs- und Regelungstechnik in der Anwendung**	**399**
4.1	Steuerungstechnik	399
4.1.1	Zeitsteuerungen	399
4.1.2	Temperatursteuerungen	399
4.1.2.1	Temperatursteuerungen an der PWH-C-Leitung	399
4.1.2.2	Thermische Ablaufsicherung	401
4.1.2.3	Temperaturwächter und -begrenzer	401
4.1.2.4	Abgasüberwachungseinrichtungen	401
4.1.3	Programmablaufsteuerungen	401
4.2	Regelungstechnik	402
4.2.1	Einteilung von Reglern	402
4.2.2	Regelverhalten von Reglern	404
4.2.2.1	Unstetige Regler	404
4.2.2.2	Stetige Regler	405
4.2.2.3	Fuzzy-Regler	406
4.2.3	Analoge/digitale Regler	406
4.2.4	Regler im Einsatz	408
4.2.4.1	Witterungsgeführte Vorlauf- (Kessel-) Temperaturregelung	408
4.2.4.2	Min.-Max.-Begrenzung der Kesselwassertemperatur	410
4.2.4.3	Speichervorrangschaltung	410
4.2.4.4	Regelschema einer Solaranlage zur Trinkwarmwasserbereitung	411
4.2.4.5	Hydraulikschema und elektrischer Anschlussplan einer komplexen Zentralheizungsanlage	412
4.2.5	DDC-Regelung, Gebäudeleittechnik	415
4.2.6	Das intelligente Haus (Smart Home)	416
4.2.6.1	Intelligente Heizungssteuerung	418
4.2.6.2	Smart Home-Geräte für die Sicherheit	418
4.2.6.3	Smart Home – Geräte für den Haushalt	419
5	🇬🇧 **Automatic control**	**425**
5.1	Operating manual	425

Lernfeld 15: Versorgungstechnische Anlagen instand halten

1	**Grundlagen zur Instandhaltung**	**429**
1.1	Einleitung	429
1.2	Normen und Vorschriften	429
2	**Instandhaltung von Trinkwasseranlagen**	**431**
2.1	Wartung bzw. Funktionskontrolle des Rückflussverhinderers	432
2.2	Wartung bzw. Funktionskontrolle der Außenzapfarmatur	433
2.3	Wartung bzw. Funktionskontrolle eines Systemtrenners mit kontrollierbarer druckreduzierter Zone (Typ BA)	433
3	**Fäkalienhebeanlagen**	**434**
3.1	Instandhaltung	435
3.1.1	Sicherheitsvorschriften	436
3.1.2	Probelauf	437
3.1.3	Niveauregelung prüfen	437
3.2	Störungsbeispiele und Abhilfemaßnahmen	438
4	**Instandhalten von Regenwassernutzungsanlagen**	**440**
4.1	Inspektion und Wartung	440
4.1.1	Inspektion	440
4.1.2	Wartung	441
4.2	Wartungsbeispiele	441
4.2.1	Gitter und Filter	441
4.2.2	Regenwasserspeicher	443
4.3	Störungsbeispiele und Abhilfemaßnahmen	444
5	**Wartung eines Holzvergaserkessels**	**445**
5.1	Wartungsarbeiten bei jeder Befüllung	445
5.2	Wartungsarbeiten in Abständen von ein bis zwei Wochen	445
5.3	Jährliche Wartungsarbeiten	445
5.4	Wartungsarbeiten, die alle drei Jahre oder nach Aufforderung durch die Regelung durchzuführen sind	447
6	**Wartung eines Ölbrennwertkessels**	**448**
7	**Wartung und Instandsetzung (Störungssuche) bei Ölbrennern**	**449**
7.1	Wartung bei Ölgebläsebrennern	449
7.2	Instandsetzung (Störungsbehebung)	453
7.2.1	Funktionsfluss-Diagramm (Fehlersuche bei Brennerstörung)	453
7.2.2	Störung – Ursache und Behebung	454
8	**Wartung von Gasgeräten und Störungssuche**	**455**
8.1	Wartung von atmosphärischen Gaskesseln	455
8.2	Wartungsanleitung eines wandhängenden Gasbrennwertkessels	457
8.3	Störungssuche	459
9	**Instandhaltung von thermischen Solaranlagen**	**460**
9.1	Solarflüssigkeit kontrollieren (jährlich)	460
9.2	Vordruck des Solar-Ausdehnungsgefäßes prüfen (alle 2 Jahre)	461
9.3	Solarkreisfilter wechseln	461
9.4	Solarbetriebsdruck prüfen	462
9.5	Durchfluss prüfen	462
9.6	Solarkreis entlüften	462
9.7	Solarstation kontrollieren	462
9.8	Solar-Wärmeübertrager speicherseitig spülen	462
9.9	Fühlerwerte überprüfen	463
9.10	Kollektoren kontrollieren	463
10	**Instandhaltung von raumlufttechnischen Anlagen**	**464**
10.1	Wartungsarbeiten am Lüftungsgerät durch den Betreiber	464
10.1.1	Filter im Wohnraumlüftungsgerät reinigen oder austauschen	464
10.1.2	Filter im Bypassgehäuse reinigen oder austauschen	465
10.1.3	Filter	465
10.2	Wartungsarbeiten am Lüftungsgerät durch den Fachbetrieb	465
10.2.1	Gerätefilter entnehmen und reinigen	465
10.2.2	Wärmetauscher ausbauen und reinigen	465
10.2.3	Kondenswasserabfluss reinigen	466
10.2.4	Reinigen oder Austauschen des Bypassfilters	466
10.2.5	Probebetrieb und Wiederinbetriebnahme	466
10.2.6	Ersatzteile und Zubehör	467
10.3	Reinigen der Luftdurchlässe	467
10.4	Reinigen der Luftleitungen	467
10.5	Wartungsprotokoll	468
11	🇬🇧 **Servicing**	**468**

Englisch-deutsche Vokabelliste	**470**
Sachwortverzeichnis	**492**
Bildquellenverzeichnis	**500**
Symboltabellen	**501**

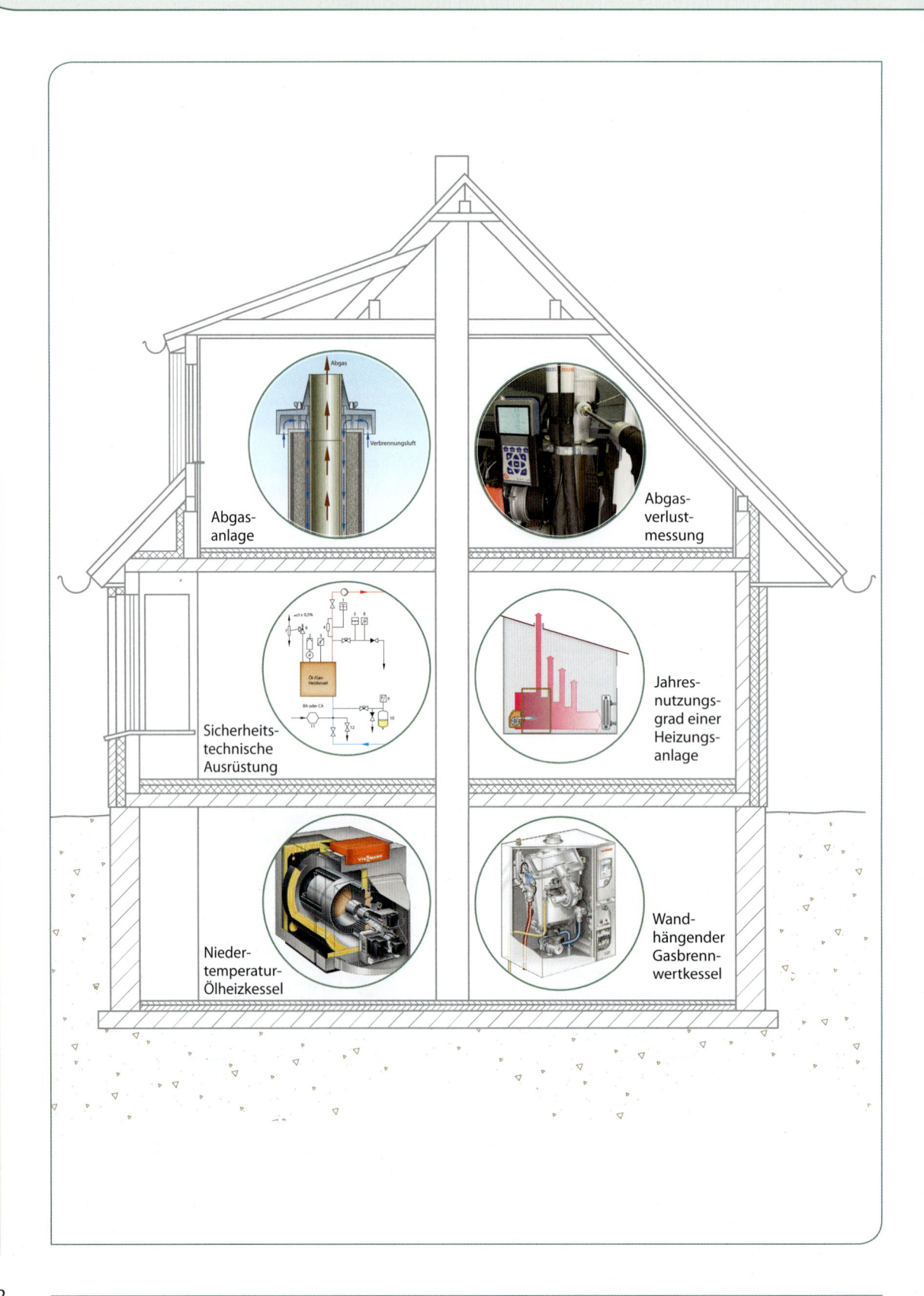

Lernfeldübergreifende Inhalte

Lernfeldübergreifende Inhalte

- Abgasanlage
- Abgasverlustmessung
- Sicherheitstechnische Ausrüstung
- Jahresnutzungsgrad einer Heizungsanlage
- Niedertemperatur-Ölheizkessel
- Wandhängender Gasbrennwertkessel

1 Wärmewert

Brennstoffe (fuels) enthalten bei jeweils gleicher Menge unterschiedlich viel an chemisch gebundener Energie. Diese wird bei der Verbrennung in Wärmeenergie umgewandelt und für Heizzwecke genutzt.

Im Gegensatz zu allen anderen Kesselarten wird bei Brennwertgeräten zusätzlich die im Wasserdampf des Abgases enthaltene Verdampfungsenergie (latente bzw. gebundene Wärme) genutzt, da hier der Wasserdampf kondensiert. Der Wärmewert (caloric rating) gibt die Wärmemenge je Masse bzw. Volumen an, die bei einer vollständigen Verbrennung frei wird. Übliche Einheiten sind:

$\frac{MJ}{kg}$, $\frac{MJ}{m^3}$, $\frac{kWh}{kg}$, $\frac{kWh}{m^3}$, $\frac{kWh}{l}$

Der Wärmewert ist ein Sammelbegriff für den Heizwert H_i und den Brennwert H_s.

Heizwert H_i [1)]

Der Heizwert (calorific value) ist die Wärmeenergie, die bei der vollständigen Verbrennung eines Brennstoffes je Menge (kg, l, m³, usw.) frei wird, wenn der bei der Verbrennung entstehende Wasserdampf **dampfförmig** bleibt. Die Kondensationswärme des Wasserdampfes bleibt unberücksichtigt (Bild 1 a).

Brennwert H_s [2)]

Der Brennwert ist die Wärmeenergie, die bei der vollständigen Verbrennung eines Brennstoffes je Menge (kg, l, m³, usw.) frei wird, wenn der bei der Verbrennung entstehende Wasserdampf **kondensiert** und seine Kondensationswärme genutzt wird (Bild 1b).

> Brennwert = Heizwert + Kondensationswärme des Wasserdampfes

Betriebsheizwert $H_{i,B}$ und Betriebsbrennwert $H_{s,B}$

Bei Brenngasen beziehen sich der Heiz- und Brennwert auf den **Normzustand** (standard conditions) (0 °C, 1013 mbar). Da ein Brenngas unter Betriebsbedingungen meist nicht im Normzustand vorliegt, ist der Betriebsheizwert $H_{i,B}$ (lower operational calorific value) bzw. Betriebsbrennwert $H_{s,B}$ anzugeben. Der Grund dafür ist, dass das Gasvolumen stark temperatur- und druckabhängig ist. Die jeweiligen Werte können bei den örtlichen Gasversorgungsunternehmen nachgefragt oder aus dem Heizwert H_i bzw. Brennwert H_s berechnet werden:

Betriebsheizwert

$$H_{i,B} = \frac{H_i \cdot p_B \cdot T_n}{p_n \cdot T_B}$$

Betriebsbrennwert

$$H_{s,B} = \frac{H_s \cdot p_B \cdot T_n}{p_n \cdot T_B}$$

Betriebsdruck

$$p_B = p_{amb} + p_e$$

Betriebstemperatur in Kelvin

$$T_B = \theta_B \, (°C) + 273 \, K$$

$H_{i,B}$: Betriebsheizwert in $\frac{kWh}{m^3}$
$H_{s,B}$: Betriebsbrennwert in $\frac{kWh}{m^3}$
H_i: Heizwert in $\frac{kWh}{m^3}$ (Bild 2)
H_s: Brennwert in $\frac{kWh}{m^3}$ (Bild 2)
T_n: Normbezugstemperatur = 273 K
p_n: Normbezugsdruck = 1013 mbar (1013 hPa)
T_B: Betriebstemperatur in K
 = Gastemperatur am Gaszähler in K
θ_B: Betriebstemperatur in °C
p_B: Druck bei Betriebsbedingungen in mbar (hPa)
p_{amb}: Atmosphärendruck in mbar (hPa)
p_e: Überdruck am Gaszähler in mbar (hPa)

Brennstoff	Heizwert H_i in $\frac{kWh}{kg}$ $\left(\frac{kWh}{l}\right)$	Brennwert H_s in $\frac{kWh}{kg}$ $\left(\frac{kWh}{l}\right)$
Holz	4,1	4,6
Koks	8,1	8,9
Steinkohle	9,2	9,9
Heizöl EL	11,8 (10,0)	12,6 (10,8)

Brennstoff	Heizwert H_i in $\frac{kWh}{m^3}$	Brennwert H_s in $\frac{kWh}{m^3}$
Erdgas LL	8,8	9,8
Erdgas E	10,4	11,5
Propan	25,8	28,0
Butan	34,3	37,2

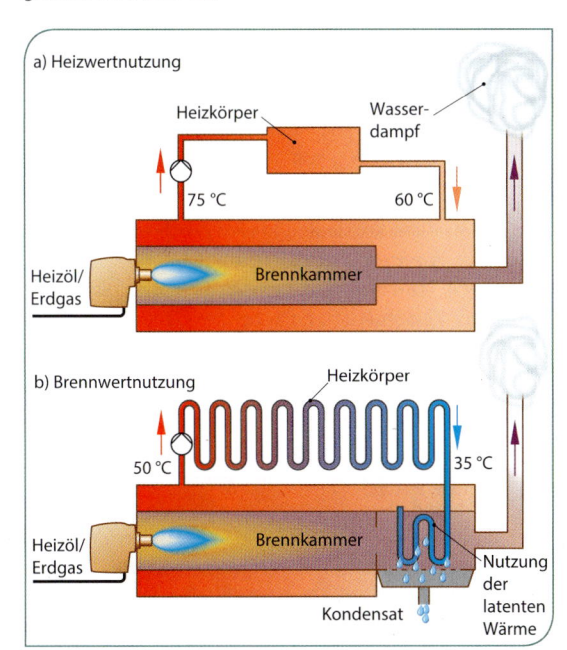

1 Heizwert- und Brennwertnutzung

2 Heiz- und Brennwerte verschiedener Brennstoffe. Je nach Brennstoffqualität können die Werte geringfügig abweichen.

[1)] i: franz. inferieur = „unterer"
[2)] s: franz. superieur = „oberer"

1 Wärmewert

Beispiel:
Bestimmen Sie den Betriebsheizwert $H_{i,B}$ von Erdgas E, wenn die Gastemperatur θ_B am Zähler 15,6 °C, der Überdruck p_e am Zähler 21,6 mbar und der atmosphärische Druck p_{amb} = 976 mbar betragen.

geg.: $H_i = 10{,}4\ \frac{kWh}{m^3}$; $\theta_B = 15{,}6\ °C$; $p_{amb} = 976\ mbar$
$p_e = 21{,}6\ mbar$; $T_n = 273\ K$; $p_n = 1013\ mbar$

ges.: $H_{i,B}$

Lösung:

$$H_{i,B} = \frac{H_i \cdot p_B \cdot T_n}{p_n \cdot T_B}$$

$p_B = p_{amb} + p_e$
$p_B = 976\ mbar + 21{,}6\ mbar$
$p_B = 997{,}6\ mbar$

$T_B = \theta_B + 273\ K$
$T_B = 15{,}6\ °C + 273\ K$
$T_B = 288{,}6\ K$

$$H_{i,B} = \frac{10{,}4\ \frac{kWh}{m^3} \cdot 997{,}6\ mbar \cdot 273\ K}{1013\ mbar \cdot 288{,}6\ K}$$

$$H_{i,B} = \frac{10{,}4\ kWh \cdot 997{,}6\ \cancel{mbar} \cdot 273\ \cancel{K}}{m^3 \cdot 1013\ \cancel{mbar} \cdot 288{,}6\ \cancel{K}}$$

$$H_{i,B} = 9{,}69\ \frac{kWh}{m^3}$$

Die bei der Verbrennung nutzbare **Wärmeenergie (Wärmemenge)** hängt ab von:
- der Art des Brennstoffes,
- der Nutzung der im Wasserdampf enthaltenen, Kondensationswärme,
- der Menge des Brennstoffes.

Feste und flüssige Brennstoffe

$Q = m \cdot H_i$	$Q = m \cdot H_s$
$Q = V \cdot H_i$	$Q = V \cdot H_s$

Gasförmige Brennstoffe

$Q = V \cdot H_{i,B}$	$Q = V \cdot H_{s,B}$

Q: Wärmemenge in kWh
m: Masse des Brennstoffes in kg
V: Volumen des Brennstoffes in m³ bzw. l
H_i: Heizwert in $\frac{kWh}{kg}$, $\frac{kWh}{l}$
H_s: Brennwert in $\frac{kWh}{kg}$, $\frac{kWh}{l}$
$H_{i,B}$: Betriebsheizwert in $\frac{kWh}{m^3}$
$H_{s,B}$: Betriebsbrennwert in $\frac{kWh}{m^3}$

Beispiel:
Welche Wärmemenge entsteht bei der Verbrennung von 20 l Heizöl EL, wenn die Kondensationswärme des Wasserdampfes unberücksichtigt bleibt?

geg.: $H_i = 10\ \frac{kWh}{l}$
$V = 20\ l$

ges.: Q

Lösung:
$Q = V \cdot H_i$
$Q = 20\ l \cdot 10\ \frac{kWh}{l}$
$Q = 200\ kWh$

ÜBUNGEN

Wärmewert

1) Erläutern Sie den Unterschied zwischen Heizwert H_i und Brennwert H_s.

2) Erläutern Sie die Bedeutung des Betriebsheizwertes $H_{i,B}$ bei gasförmigen Brennstoffen.

3) Berechnen Sie den Betriebsheizwert $H_{i,B}$ von Erdgas E (Heizwert $H_i = 10{,}2\ \frac{kWh}{m^3}$), wenn die Gastemperatur am Zähler 15 °C, der Überdruck am Zähler 22 mbar und der atmosphärische Druck 980 mbar betragen.

4) Berechnen Sie die Wärmemenge, die bei der vollständigen Verbrennung von 15 kg Koks ohne Berücksichtigung der Kondensationswärme des Wasserdampfes freigesetzt wird.

5) Eine Eigentumswohnung wird mit einem Gas-Brennwertkessel beheizt. Die täglich benötigte Wärmemenge beträgt 135 kWh. Wie viele m³ Erdgas E mit einem Betriebsbrennwert $H_{s,B}$ von 10,8 $\frac{kWh}{m^3}$ werden verbraucht (Wirkungsgrad bleibt unberücksichtigt)?

6) Ein Kessel mit Koksfeuerung wird durch einen Ölkessel ersetzt. Wie viele Liter Heizöl werden nötig sein, wenn bisher 4,5 t Koks pro Jahr verbraucht wurden und weder bei der Koksfeuerung noch bei der Ölfeuerung die im Wasserdampf enthaltene Kondensationswärme genutzt wird (Wirkungsgrad bleibt unberücksichtigt)?

7) In einem Niedertemperaturheizkessel werden monatlich 250 l Heizöl EL verbrannt.
   a) Berechnen Sie die dabei erzeugte Wärmemenge in kWh und kJ.
   b) Wie viele m³ Erdgas E ($H_{i,B} = 9{,}9\ \frac{kWh}{m^3}$) sind erforderlich, um die gleiche Wärmemenge zu erzeugen?
   c) Vergleichen Sie die Brennstoffkosten, wenn der Heizölpreis 0,84 $\frac{€}{l}$ und der Gaspreis 0,62 $\frac{€}{m^3}$ betragen.

2 Verbrennung

2.1 Grundlagen der Verbrennung

Reagiert ein Stoff mit Sauerstoff, dann spricht man von einer **Oxidation**. Wenn dieser Vorgang schnell abläuft und sich bei großer Wärmeentwicklung (heat generation) eine stabile Flamme bildet, dann spricht man von **Verbrennung** (combustion).

> **MERKE**
>
> Verbrennung ist eine besondere Form der Oxidation, bei der Wärme frei wird.

Die in der Heizungstechnik verwendeten Brennstoffe bestehen im Wesentlichen aus **Kohlenwasserstoff-Verbindungen** (hydrocarbon compounds).
Damit eine Verbrennung erfolgen kann, müssen drei Voraussetzungen (conditions) erfüllt sein:

- Brennstoff muss vorhanden sein.

> **MERKE**
>
> Brennstoffe und Verbrennungsluft (combustion air) müssen gut miteinander vermischt werden.

- Für eine vollständige Verbrennung muss genügend Sauerstoff vorhanden sein.

> **MERKE**
>
> Für eine einwandfreie Verbrennung ist immer Luftüberschuss (excess air) (genügend O_2) notwendig.

Bei Sauerstoffmangel wird ein Hauptbestandteil der Brennstoffe, der Kohlenstoff, nicht vollständig verbrannt und es entsteht das **hochgiftige, brennbare Kohlenmonoxid**.

- Die erforderliche Zündtemperatur muss vorhanden sein.

> **MERKE**
>
> Die Zündtemperatur (Bild 1, nächste Seite) ist die niedrigste Temperatur, die erreicht werden muss, damit eine Verbrennung eingeleitet wird und selbstständig weiter besteht.

Wie umweltverträglich und wirtschaftlich eine Heizungsanlage funktioniert, wird nicht nur durch ihre Konstruktion, sondern auch durch die Eigenschaften (characteristic features) der verwendeten Brennstoffe bestimmt.

> **MERKE**
>
> Lagerung, Verbrennungsanlage und Heiz- sowie Aufstellräume sind abhängig von der Art des verwendeten Brennstoffes.

> **MERKE**
>
> Auf eine einwandfreie Abgas- bzw. Rauchgasführung (waste- or resepectively flue gas removal) ist zu achten.

Beispiel einer vollkommenen Verbrennung:
Methan verbrennt mit genügend Luftsauerstoff vollständig zu **Kohlendioxid** und **Wasser** (Wasserdampf) (Bild 1).
$CH_4 + 2O_2 \rightarrow CO_2 + 2H_2O$

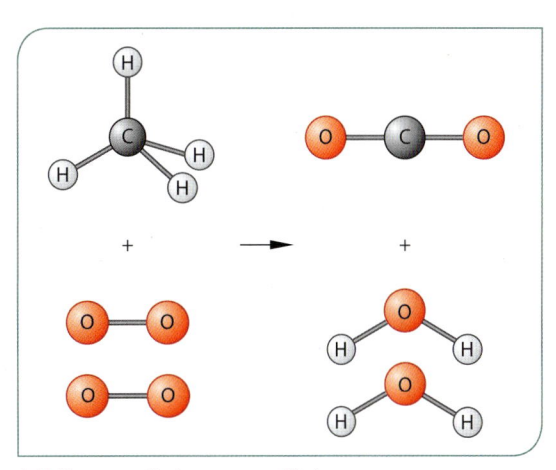

1 Vollkommene Verbrennung von Methan

Beispiel einer unvollkommenen Verbrennung:
Kohlenstoff verbrennt bei zu geringem Luftsauerstoff zu **Kohlenmonoxid** (Bild 2).
$2C + O_2 \rightarrow 2CO$

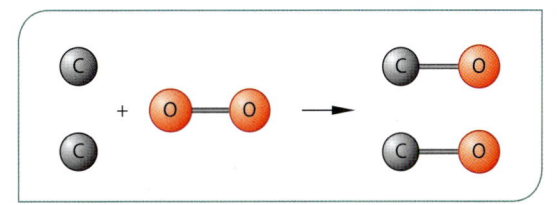

2 Unvollkommene Verbrennung von Kohlenstoff

2 Verbrennung

Brennstoff	Zündtemperatur in °C
Braunkohlebrikett	200 … 250
Holz	200 … 300
Heizöl	330 … 360
Butan	460
Steinkohle (Anthrazit)	470 … 500
Propan	510
Koks	550 … 650
Ferngas	550 … 570
Stadtgas	570
Erdgas	600 … 670

1 Zündtemperaturen verschiedener Brennstoffe

Dampf/Gas	Zündgrenzen von Brennstoff-Luft-Gemischen in Volumen-%
Acetylen	1,5 … 82
Butan (n)	1,8 … 8,5
Erdgas E	4 … 17
Erdgas LL	6 … 14
Ferngas	5 … 33
Flüssiggas	2 … 9
Heizöl EL	0,6 … 6,5
Kohlenmonoxid	12,5 … 74
Methan	5,0 … 15
Propan	2,1 … 9,5
Wasserstoff	4 … 76

2 Zündgrenzen von Dämpfen und Gasen

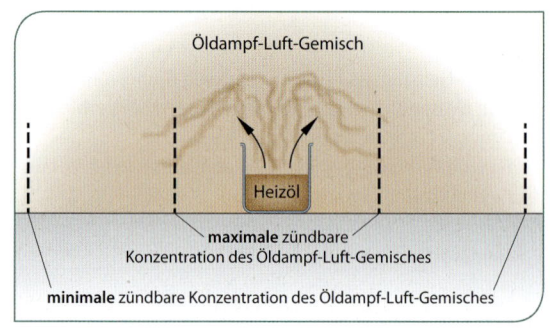

2.2 Zündung von Brennstoffen

2.2.1 Zündverhalten

Im flüssigen Zustand ist Heizöl nur sehr schwer entflammbar. Erst ein Öldampf-Luft- bzw. Öldampf-**Sauerstoff-Gemisch** lässt sich relativ leicht entzünden, sofern die erforderliche **Zündtemperatur** (ignition temperature) erreicht ist. Sie hängt von vielen Gegebenheiten ab und ist kein konstanter Wert.

> **MERKE**
>
> Damit eine Verbrennung eingeleitet wird und selbsttätig fortschreitet, muss ein Brennstoff auf Zündtemperatur z. B. durch eine Zündflamme (pilot light) oder einen Zündfunken (ignition spark) erwärmt werden.

2.2.2 Zündgrenzen

Die Zündung eines Öldampf-Luft- bzw. Öldampf-Sauerstoff-Gemisches ist nur innerhalb bestimmter Mischungsverhältnisse – den **Zündgrenzen** – möglich (vgl. Bilder 2 und 3). Dies gilt in entsprechender Form auch für Brenngas-Luft- bzw. Brenngas-Sauerstoff-Gemische.

> **MERKE**
>
> Die **obere Zündgrenze** (higher limit of inflammability) ist die maximale noch zündbare Konzentration des Öldampfes bzw. Brenngases im Brennstoff-Luft-Gemisch.
> Die **untere Zündgrenze** (limit of inflammability) ist die minimale noch zündbare Konzentration des Öldampfes bzw. Brenngases im Brennstoff-Luft-Gemisch.

3 Schematische Darstellung der Zündgrenzen

2.2.3 Zündgeschwindigkeit

Die Zündgeschwindigkeit (propagation rate) ist die Geschwindigkeit, mit der sich eine Verbrennung innerhalb eines Gemisches fortpflanzt.
Die Zündgeschwindigkeit ist von der Zusammensetzung des Gemisches abhängig (Bild 1, nächste Seite). Wird Öldampf oder Brenngas mit Sauerstoff anstatt mit Luft gemischt, dann ist die Zündgeschwindigkeit 5 … 12-mal größer.

> **MERKE**
>
> Eine Flamme brennt stabil, wenn die Ausströmungsgeschwindigkeit (exit speed) gleich der Zündgeschwindigkeit ist.
> Ist die Ausströmungsgeschwindigkeit im Vergleich zur Zündgeschwindigkeit zu groß, z. B. durch zu hohe Pressung bei Heizöl, hebt die Flamme ab.
> Ist die Zündgeschwindigkeit größer als die Ausströmungsgeschwindigkeit, kann die Flamme zurückschlagen und den Brenner beschädigen bzw. zerstören.

2 Verbrennung

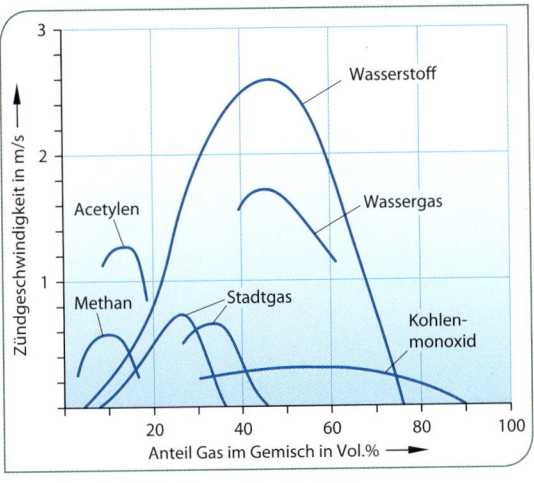

1 Zündgeschwindigkeiten von Gasen in Luft

Brennstoff	L_{min} in $\frac{m^3}{kg}$	CO_{2max} in %
Holz	4,1	20,2
Koks	7,7	20,7
Steinkohle	7,9	18,7
Heizöl EL	11,2	15,4

Brennstoff	L_{min} in $\frac{m^3}{m^3}$	CO_{2max} in %
Erdgas LL	8,4	11,8
Erdgas E	9,8	12,0
Propan	23,8	13,8
Butan	30,9	14,1

3 Theoretischer Luftbedarf L_{min} und theoretisch maximaler CO_2-Gehalt CO_{2max} verschiedener Brennstoffe. Je nach Brennstoffqualität können die Werte geringfügig abweichen.

2.3 Verbrennungsluftbedarf

Für die Verbrennung eines Brennstoffes ist Sauerstoff erforderlich. Dieser wird der Luft entnommen, deren Sauerstoffanteil ca. 21 % beträgt. Die Verbrennungsluft wird z. B. bei Ölzerstäubungsbrennern mittels Stauscheibe und Luftklappe, falls vorhanden, eingestellt (Bild 2). Die Luftmenge, die zur vollständigen Verbrennung eines Brennstoffes mindestens benötigt wird, bezeichnet man als **theoretischen Luftbedarf (Mindestluftbedarf)** L_{min} (Bild 3).
Damit in der Praxis eine möglichst vollkommene Verbrennung stattfinden kann, muss jedoch mehr Luft zugeführt werden, als theoretisch erforderlich ist (je nach Feuerung 10…40 %).

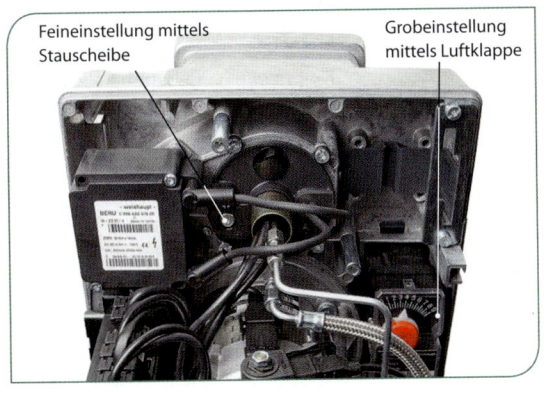

2 Einstellung von Verbrennungsluft

Luftverhältniszahl

$$\lambda = \frac{L}{L_{min}}$$

λ: Luftverhältniszahl
L: tatsächlich zugeführte Luftmenge in $\frac{m^3}{kg}$ bzw. $\frac{m^3}{m^3}$ Brennstoff
L_{min}: theoretischer Luftbedarf in $\frac{m^3}{kg}$ bzw. $\frac{m^3}{m^3}$ Brennstoff

Aus der Luftverhältniszahl λ ergibt sich der Luftüberschuss n in Prozent.

Luftüberschuss

$$n = (\lambda - 1) \cdot 100\,\%$$

n: Luftüberschuss in %
λ: Luftverhältniszahl

Beispiel:
Bestimmen Sie die Luftverhältniszahl λ und den Luftüberschuss n, wenn für die Verbrennung von 1 kg Heizöl EL 13,44 m³ Luft zugeführt werden.

geg.: $L_{min} = 11{,}2\,\frac{m^3}{kg}$; $L = 13{,}44\,\frac{m^3}{kg}$;
ges.: λ; n

Lösung:

$$\lambda = \frac{L}{L_{min}}$$

$$\lambda = \frac{13{,}44\,\frac{m^3}{kg}}{11{,}2\,\frac{m^3}{kg}}$$

$$\lambda = \frac{13{,}44\,m^3 \cdot kg}{kg \cdot 11{,}2\,m^3}$$

$$\lambda = 1{,}20$$

$n = (\lambda - 1) \cdot 100\,\%$
$n = (1{,}20 - 1) \cdot 100\,\%$
$n = 0{,}20 \cdot 100\,\%$
$\underline{\underline{n = 20\,\%}}$

Der CO_2-Gehalt der Abgase lässt auf den Luftüberschuss (excess air) schließen. Mit sinkendem Luftüberschuss nimmt der CO_2-Gehalt zu. Beim theoretischen Luftbedarf (Mindestluftbedarf) L_{min} erreicht der CO_2-Gehalt den theoretisch höchsten Wert (Bild 3).

> **MERKE**
>
> Das Verhältnis der tatsächlich zugeführten Luftmenge L zum theoretischen Luftbedarf L_{min} nennt man Luftverhältniszahl λ (air ratio number).

2 Verbrennung

> **MERKE**
>
> Die Luftverhältniszahl λ lässt sich deshalb auch aus dem Verhältnis des theoretischen, maximal möglichen CO_2-Gehaltes zum tatsächlich vorhandenen, gemessenen CO_2-Gehalt berechnen.

Luftverhältniszahl

$$\lambda = \frac{CO_{2max}}{CO_{2gem}}$$

λ: Luftverhältniszahl
CO_{2max}: theoretisch maximaler CO_2-Gehalt in %
CO_{2gem}: gemessener CO_2-Gehalt in %

Beispiel:
Bei einem Öl-Heizkessel wird ein CO_2-Gehalt von 12,4 % gemessen. Berechnen Sie
a) die Luftverhältniszahl λ.
b) die tatsächlich zugeführte Luftmenge in m³.

geg.: $L_{min} = 11{,}2 \frac{m^3}{kg}$; $CO_{2max} = 15{,}4\%$; $CO_{2gem} = 12{,}4\%$

ges.: a) λ; b) L in $\frac{m^3}{kg}$

Lösung:

a) $\lambda = \dfrac{CO_{2max}}{CO_{2gem}}$

$\lambda = \dfrac{15{,}4\%}{12{,}4\%}$

$\lambda = 1{,}24$

b) $L = \lambda \cdot L_{min}$

$L = 1{,}24 \cdot 11{,}2 \frac{m^3}{kg}$

$L = 13{,}89 \frac{m^3}{kg}$

> **MERKE**
>
> Hohe Luftverhältniszahlen (hoher Luftüberschuss) ergeben höhere Abgasverluste und somit schlechtere feuerungstechnische Wirkungsgrade.
> Niedrige Luftverhältniszahlen (geringer Luftüberschuss) beinhalten die Gefahr unvollkommener Verbrennung, verbunden mit Kohlenmonoxid- und Rußbildung.

Die Luftverhältniszahl (Luftüberschuss) hängt im Wesentlichen von der Art des Brennstoffes und der Beschaffenheit der Verbrennungseinrichtung ab (Bild 1).

Richtwerte für Luftverhältniszahlen	λ
Heizöl mit Gebläse-Gelbbrenner	1,15 … 1,3
Heizöl mit Gebläse-Blaubrenner	1,1 … 1,2
Brenngase mit Gebläsebrennern	1,1 … 1,3
Brenngase mit Brennern ohne Gebläse	1,5 … 3,4

1 Luftverhältniszahl λ für verschiedene Brennstoffe und Brenner

2.4 Verbrennung von Holz

Erhitzt man Holz, entstehen Gase, die hauptsächlich aus Kohlenstoff, Sauerstoff und Wasserstoff bestehen. Die brennbaren Bestandteile dieses Gases werden nach Erreichen der Zündtemperatur verbrannt.

Bei der Verbrennung von Holz verdampft allerdings zunächst das im Holz enthaltene Wasser. Die dazu benötigte Verdampfungswärme (heat of vaporisation) beträgt 0,68 kWh je kg Wasser. Subtrahiert man die Verdampfungswärme des Wasseranteils von der im trockenen Holz enthaltenen Wärmeenergie ergibt sich der Heizwert des Holzes.

Beträgt der Wassergehalt z. B. 40 % so ergibt sich für den Heizwert:

$$5 \frac{kWh}{kg} \cdot 0{,}6 - 0{,}68 \frac{kWh}{kg} \cdot 0{,}4 = 2{,}73 \frac{kWh}{kg}$$

Je höher die Restfeuchte des Holzes, desto höher ist der Anteil des Wasserdampfes und umso niedriger ist der Heizwert. Die Verbrennung von feuchtem Holz ist nicht nur unwirtschaftlich, sondern führt auch zu hohen Schadstoffemissionen sowie Teerablagerungen im Schornstein.

2.5 Verbrennung von Kohle

Kohle (coal) wird, wie jeder feste Brennstoff, bei der Verbrennung entgast. Die erforderliche Zündtemperatur beträgt dabei z. B. für Braunkohle (brown coal) ca. 240 °C. Die Gase und die übrigen brennbaren Bestandteile (hauptsächlich Kohlenstoff) verbrennen unter Wärmeeinwirkung (heating) zu Kohlendioxid. Die hierbei entstehenden Ruß-, Staub- und Schwefelemissionen (Emission = Ausstoß) sind deutlich stärker als bei gasförmigen oder flüssigen Brennstoffen.

2.6 Verbrennung von Heizöl

Bei der Verbrennung von Heizöl entstehen als Hauptprodukte Kohlendioxid (CO_2) und Wasserdampf (H_2O). Aus der Verbrennungsluft sind noch die Bestandteile Stickstoff (N_2) und Restsauerstoff (O_2) enthalten. Schadstoffe (pollutants) (vgl. Kap. 2.8) wie z. B. Schwefeldioxid (SO_2), Stickoxide (NOx), unverbrannte Kohlenwasserstoffe und Ruß, die in geringen Mengen entstehen, sind möglichst niedrig zu halten.

2.7 Verbrennung von Gas

Von einer vollständigen (complete) Verbrennung spricht man, wenn die Abgase CO_2, H_2O, N_2 und O_2 enthalten. Gegenüber festen und flüssigen Brennstoffen (z. B. Pellets, Öl) haben Brenngase einige Vorteile (advantages):

- Es müssen keine brennbaren Bestandteile von flüssigen und festen Brennstoffen erst in den gasförmigen Zustand gebracht werden, damit sie brennen.
- Es entsteht keine Asche (ash).

2 Verbrennung

Der Heizwert von 450 kg lufttrockenem Laubholz entspricht dem Heizwert von 425 kg Holzpellets oder von 210 l Heizöl bzw. dem von 385 kg Braunkohlenbriketts und beträgt etwa 2100 kWh.

1 Vergleich von Energieträgern

- Die CO_2-Emissionen sind gering und es gibt keine (oder sehr geringe) schwefligen (sulphureous) Bestandteile, d. h. keine SO_2-Emissionen. Wie schon in Kapitel 2.1 erwähnt, wird zur Verbrennung eine bestimmte Menge Sauerstoff benötigt, die dem Aufstellraum oder von außen zugeführt wird.

2.8 Schadstoffe und ihre Grenzwerte

2.8.1 Schadstoffe

Die nach einer Verbrennung vorliegenden Bestandteile des Abgases (combustion gas) sind:
- Ruß (soot) (bei festen und flüssigen Brennstoffen),
- Stickstoff aus der Verbrennungsluft,
- durch die Verbrennung entstehender Wasserdampf,
- Restsauerstoff aus der Verbrennungsluft,
- Kohlendioxid aus der Verbrennungsluft und aus dem Brennstoff,
- Schadstoffe (pollutants).

Ruß fällt aufgrund unvollständiger Verbrennung von festen und flüssigen Brennstoffen an. Er besteht aus fest verteiltem, meist geflocktem, fast reinem Kohlenstoff (Abhilfe siehe LF 11, Kap. 1.4.4).

Kohlendioxid (CO_2) gilt als einer der Hauptverursacher (main causes) des sog. „**Treibhauseffektes**" (greenhouse effect). Darum scheint es notwendig zu sein, den während der Verbrennung im Abgas nachgewiesenen CO_2-Gehalt – z. B. durch Luftzufuhr möglichst gering einzustellen. Genau das Gegenteil trifft aber zu: Ein möglichst hoher CO_2-Anteil in der Nähe des maximal erreichbaren CO_2-Anteils ergibt einen hohen feuerungstechnischen Wirkungsgrad (efficiency) (vgl. Kap. 4.1). Um also hohe CO_2- Emissionen zu vermeiden, kann dies nur durch einen möglichst geringen Brennstoffverbrauch unter Verwendung moderner und effizienter Energieumwandler (energy converter) erreicht werden.

Unter **Schadstoffen** versteht man im **Wesentlichen** Schwefeldioxid (SO_2), Stickoxide (NO_x), Kohlenmonoxid (CO) und unverbrannte Kohlenwasserstoffe (C_nH_m) sowie **Feinstaub**.

Stickoxide sowie Kohlenwasserstoffe können in unterschiedlicher Zusammensetzung ihrer Anteile auftreten.

Schwefeldioxid (SO_2) entsteht bei der Verbrennung schwefelhaltiger Brennstoffe wie Kohle und Heizöl. In Verbindung mit Wasser entsteht **schweflige Säure** (H_2SO_3). Es ist daher notwendig, dass die Abgastemperatur den Wasserdampftaupunkt[1] (dew point of water vapour) des jeweiligen Brennstoffes nicht unterschreitet, solange das Abgas korrosionsempfindliche (sensitive to corrosion) Bauteile des Kessels und der Abgasanlage berührt.

Schweflige Säure gilt als Mitverursacher (contributory cause) des „**sauren Regens**" (acid rain), daher sind die Grenzwerte (limiting values) für den Schwefelgehalt im Heizöl immer weiter verschärft worden (vgl. LF 11, Kap. 1.1.1).

Stickoxide (nitrogen oxides) (NO_x) sind chemische Verbindungen aus Stickstoff (N) und Sauerstoff (O). Der Sammelbegriff NO_x umfasst im Wesentlichen die chemischen Verbindungen **Stickstoffoxid** (NO) und **Stickstoffdioxid** (NO_2). Diese reagieren mit dem Wasserdampf des Abgases bzw. der Luft zu salpetriger Säure (HNO_2) und Salpetersäure (HNO_3). Letzere gilt als einer der Hauptverursacher für das Übersäuern **der Böden** und damit für das **Waldsterben** (dying forest syndrom).

Man unterscheidet drei getrennt ablaufende Bildungsmechanismen für NO_x (Bild 2):

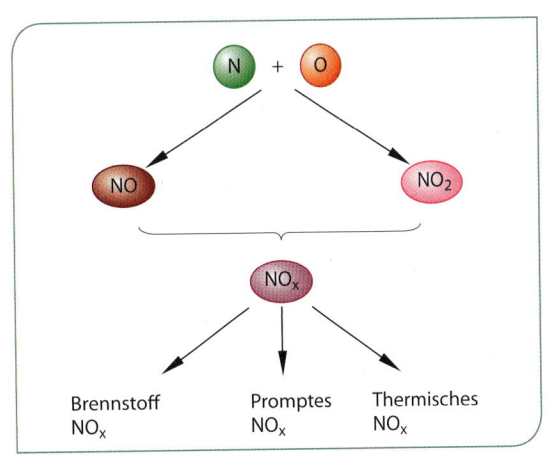

2 Bildungsmechanismen der Stickoxide

Promptes NO_x, auch als primäre NO_x-Bildung bezeichnet, entsteht durch Verbrennung von Stickstoff mit dem freien Sauerstoff in der Reaktionszone (reaction zone) der Flamme.

Brennstoff-NO_x entsteht bei der Verbrennung von Kohle und Erdöl durch Reaktion von organisch (organically) im Brennstoff gebundenem Stickstoff mit Luftsauerstoff bei Temperaturen > 1000 °C. Erdgas enthält keinen organisch gebundenen (fixed) Stickstoff.

Das **thermische NO_x** ist von besonderer Bedeutung, da dessen Entstehung durch konstruktive Maßnahmen an Brenner

---

[1] Temperatur eines Gas-Dampf-Gemisches, bei der das Gas mit dem Dampf gerade noch gesättigt ist. Unterhalb dieser Temperatur beginnt sich der Dampf zu verflüssigen (Kondensation).

2 Verbrennung

und Kessel (boiler) beeinflusst werden kann. Ursachen für die Bildung des thermischen NO_x sind hohe Sauerstoffkonzentrationen in der Flamme sowie die Verweilzeit (retention time) der Verbrennungsluft bei Temperaturen > 1200 °C. Maßnahmen zur Reduktion der NO_x-Bildung sind daher **Flammenkühlung** (flame cooling) und **kurze Reaktionszeiten** (vgl. LF 11, Kap. 1.4.4, LF 10, Kap. 2.2.3.5, LF 10, Kap. 2.3.1.6).

Kohlenmonoxid (CO) entsteht infolge unvollkommener (imperfect) Verbrennung durch:
- unzureichende Abfuhr (removal) der Abgase (Störungen an der Abgasanlage) oder
- unzureichende Verbrennungsluftzufuhr (Luftmangel bei der Einstellung, schlechte Durchmischung (mixing) von Brennstoff und Verbrennungsluft, keine ausreichenden Lüftungsöffnungen nach außen usw.).

Wird eine entsprechend große Menge von Kohlenmonoxid eingeatmet, sind **Vergiftungserscheinungen** (symptoms of poisoning) die Folge, die bis zum **Tode** führen können. Ursache dafür ist eine Sauerstoffverarmung des Blutes. Der Farbstoff der roten Blutkörperchen – das Hämoglobin – bindet das Kohlenmonoxid (CO) ca. 200-mal stärker als den Atemsauerstoff (O). Hierdurch wird die Versorgung der Zellen mit dem lebenswichtigen Sauerstoff unterbunden.
Die maximal zulässige Konzentration (concentration) an Kohlenmonoxid (CO) in der Umgebungsluft (**AGW-Wert** = Arbeitsplatzgrenzwert) beträgt 30 ppm[1] (= 0,003 Vol.-%).

Kohlenwasserstoffe (hydrocarbons) als Brennstoffe werden i. d. R. durch die heute vorhandenen Brennertechnologien fast vollständig verbrannt und haben daher als Schadstoffe nicht mehr die Bedeutung wie in früheren Jahren. Wichtiger sind – vor allen Dingen im Zusammenhang mit der Aufstellung von raumluftabhängigen Geräten – die **Fluorchlorkohlenwasserstoffe** (chlorofluorcarbons), kurz **FCKW** genannt. Diese niedermolekularen Kohlenwasserstoffe haben einige der Wasserstoffatome gegen Fluor- und/oder Chloratome ausgetauscht und sind in ihrer Zusammensetzung sehr stabil (stable) und unbrennbar. Sie werden bzw. wurden wegen einiger herausragender Eigenschaften gerne als Treibmittel für Lebensmittel und Kosmetika und als Kältemittel (refrigerant) in Kälteanlagen (in Deutschland sehr eingeschränkt) eingesetzt. Heute ist bekannt, dass diese FCKW für die Zerstörung der Ozonschicht (ozon layer) mitverantwortlich sind und u. a. sehr aggressiv auf einige Materialien wirken. Daher haben viele Gerätehersteller bezüglich der Aufstellung raumluftabhängiger Geräte Warnhinweise in den Installationsanweisungen verfasst. In ihnen wird dringend empfohlen, aus Korrosionsschutzgründen (z. B. am Wärmeübertrager und der Abgasanlage, wenn aus Edelstahl gefertigt) weder Sprays, chlorhaltige Reinigungsmittel, Farben, Klebstoffe usw. in diesen Räumen zu verwenden.

Feinstaub (fine dust) entsteht bei der unvollständigen Verbrennung von festen Brennstoffen (Holz, Steinkohle, Braunkohle, Torf, Getreide und Stroh). Gas- und Ölheizungen emittieren[2] keinen oder sehr wenig Feinstaub.

Weil aus Klimaschutzgründen (kohlendioxidneutral) und angesichts steigender Öl- und Gaspreise immer mehr Heizungsanlagen mit Holzfeuerung (wood firing) betrieben werden, kommt es zu einem **vermehrten Ausstoß** (discharge) von Feinstaub. Dieser ist gesundheitsgefährdend (unhealthy), weil er durch Einatmen (breathing) in die Lunge gelangen kann und dort zu Entzündungen und sogar Krebs (cancer) führen kann.

2.8.2 Grenzwerte von Schadstoffen
2.8.2.1 Grenzwerte für Schadstoffe von Feuerungsanlagen mit festen Brennstoffen

Seit dem 22.03.2010 gilt die erste Verordnung (enforcement) zur Durchführung des Bundes-Immissionsschutzgesetzes (**Verordnung über kleine und mittlere Feuerungsanlagen – 1. BImSchV**). Da Festbrennstofffeuerungen (solid fuel firings) eine bedeutende Quelle (source) für gesundheitsgefährdende Feinstäube und Kohlenwasserstoffe sind, stehen diese im Mittelpunkt (centre) der Verordnung.
Ihr Geltungsbereich (scope of application) ist erweitert worden und auch die Grenzwerte sind wesentlich strenger geworden (Bild 1, nächste Seite).
Die neue Verordnung gilt bereits für Zentralheizungen ab einer Nennwärmeleistung (nominal thermal capacity) von $\Phi_{NL} \geq 4kW$ (früher 15 kW). Betroffen sind sowohl alte wie auch neue Feuerungsanlagen. Alle Zentralheizungsanlagen, die vor dem 22.03.2010 errichtet worden sind, müssen nach bestimmten Übergangsfristen (transition periods) die Grenzwerte nach Stufe 1 einhalten (Bild 2, nächste Seite). Bis zu den in Bild 2, nächste Seite genannten Zeitpunkten gelten für bestehende Feuerungsanlagen für feste Brennstoffe mit einer Nennwärmeleistung $\Phi_{NL} > 15kW$ folgende Grenzwerte (Bild 3, nächste Seite).
Zu beachten ist, dass bei der Verfeuerung (burning) von Steinkohlen- und Braunkohlenprodukten die Masse des Schwefels 1 % der Rohsubstanz (raw material) nicht überschreiten darf.
Außerdem dürfen Steinkohle, Braunkohle, Brenntorf, Holzhackschnitzel (wood chips) und Scheitholz (firewood) nur dann in Feuerungsanlagen eingesetzt werden, wenn ihr Feuchtegehalt bezogen auf das Trockengewicht des Brennstoffes unter 25 % liegt.

> **MERKE**
>
> Wenn Altanlagen Grenzwerte nicht einhalten können, müssen sie nachgerüstet (be updated), oder wenn das nicht möglich ist, ausgetauscht werden (be replaced).

---

[1] ppm: parts per million (Anteile pro Million = Millionstel) 1 % = 10000 ppm

[2] Emission ist der Ausstoß von gasförmigen oder festen Stoffen, die Luft, Boden oder Wasser verunreinigen. Verursacher von Emissionen sind sogenannte Emittenten (Sender). Die Einwirkung dieser Verunreinigungen auf lebende Organismen oder Gegenstände (= Empfänger) wird Imission genannt.

2 Verbrennung

	Brennstoff gemäß § 3 Abs. 1 der 1. BImSchV	Nennwärme-leistung (Kilowatt)	Staub (g/m³)	Kohlen-monoxid (g/m³)
Stufe 1: Anlagen, die ab dem 22.03.2012 errichtet werden	Nr. 1–3a – Kohle, Koks, Torf, Grill-Holzkohle	≥ 4 ≤ 500	0,09	1,0
		> 500	0,09	0,5
	Nr. 4–5 – naturbelassenes stückiges und nicht stückiges Holz	≥ 4 ≤ 500	0,10	1,0
		> 500	0,10	0,5
	Nr. 5a – Presslinge aus naturbelassenem Holz	≥ 4 ≤ 500	0,06	0,8
		> 500	0,06	0,5
	Nr. 6– 7 ¹ gestrichenes, lackiertes oder beschichtetes Holz sowie daraus anfallende Reste, (siehe Hinweis) ² Sperrholz, Spanplatten, Faserplatten oder sonst verleimtes Holz sowie daraus anfallende Reste (siehe Hinweis)	≥ 30 ≤ 100	0,10	0,8
Stufe 2: Anlagen, die nach dem 31.12.2014 errichtet werden	Nr. 1–5a	≥ 4	0,02	0,4
	Nr. 6–7	≥ 30 ≤ 500	0,02	0,4

1 Geltungsbereiche und Grenzwerte

Zeitpunkt der Errichtung	Zeitpunkt der Einhaltung der Grenzwerte der Stufe 1
bis einschließlich 31.12.1994	01.01.2015
vom 01.01.1995 bis einschließlich 31.12.2004	01.01.2019
vom 01.01.2005 bis einschließlich 21.03.2010	01.01.2025

2 Zeitpunkte der Errichtung und Einhaltung der Grenzwerte

Brennstoff nach § 3 Absatz 1 Nennwärmeleistung in kW	Nummer 1 bis 3a	Nummer 4 bis 5a	
	Staub $\left(\frac{g}{m^3}\right)$	Staub $\left(\frac{g}{m^3}\right)$	Staub $\left(\frac{g}{m^3}\right)$
> 15 ≤ 50	0,15	0,15	4

3 Übergangsgrenzwerte

2.8.2.2 Grenzwerte für Schadstoffe von Feuerungsanlagen mit flüssigen Brennstoffen

Ölfeuerungsanlagen zur Gebäudebeheizung mit Wasser als Wärmeträger und einer Nennwärmeleistung $\Phi_{NL} ≤ 120$ kW dürfen nur betrieben werden, wenn der Hersteller (manufacturer) für Kessel und Brenner oder Kessel-Brennereinheiten bei Feuerung mit **Heizöl EL** einen **Stickstoffoxid-Grenzwert von 110 mg pro kWh zugeführter** Brennstoffenergie – angegeben als Stickstoffdioxid (NO_2) – durch eine Bescheinigung (certificate) nachweist.
Ölfeuerungsanlagen mit Zerstäubungsbrenner (pressure jet burner) sind so zu errichten und zu betreiben, dass:
- die **Rußzahl** einer in zehn Abstufungen (grades) eingeteilten Vergleichsskala (nach DIN 51402-1, Ausgabe Oktober 1986) den **Wert 1 nicht übersteigt** (Bild 4). Bei Anlagen, die bis zum 1. Oktober 1988 und in den neuen Bundesländern bis zum 3. Oktober 1990 errichtet wurden, gilt als maximaler Wert die Rußzahl 2.
- die Abgase **frei von Ölderivaten** (Ölrückständen (oil residues)) sind,
- die **Abgasverlustgrenzwerte** (Bild 1, nächste Seite) eingehalten werden und,
- die **CO- Emissionen** einen Wert von 1300 $\frac{mg}{kWh}$ nicht überschreiten.

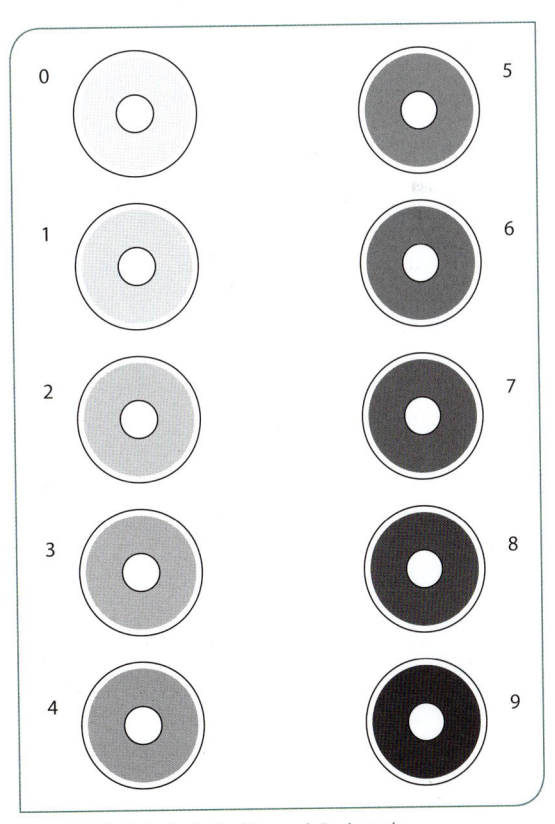

4 Vergleichsskala der Rußzahlen nach Bacharach

2.8.2.3 Grenzwerte für Schadstoffe von Feuerungsanlagen mit gasförmigen Brennstoffen

Gasfeuerungsanlagen zur Gebäudebeheizung mit Wasser als Wärmeträger und einer Nennwärmeleistung $\Phi_{NL} \leq 120$ kW dürfen nur betrieben werden, wenn der Hersteller für Kessel und Brenner oder Kessel-Brennereinheiten bei Feuerung mit **Erdgas** einen **Stickstoffoxid-Grenzwert von 60 mg pro kWh zugeführter** Brennstoffenergie – angegeben als Stickstoffdioxid (NO_2) – durch eine Bescheinigung nachweist.

Weiterhin gilt, dass Gasfeuerungsanlagen so zu errichten und zu betreiben sind, dass die **Abgasverlustgrenzwerte** (Bild 1) eingehalten werden und der **CO-Gehalt** – bezogen auf unverdünntes trockenes Abgas – 1000 ppm (0,1 Vol.%) nicht überschreitet.

Nennwertleistung in Kilowatt	Grenzwerte für die Abgasverluste in Prozent
$\geq 4 \leq 25$	11
$> 25 \leq 50$	10
> 50	9

1 Grenzwerte für Abgasverluste

ÜBUNGEN

Verbrennung

1. Was versteht man unter Verbrennung?
2. Welche Voraussetzungen müssen erfüllt sein, damit eine Verbrennung abläuft?
3. Erklären Sie den Begriff Zündtemperatur.
4. Erläutern Sie die Bedeutung der Zündgrenzen.
5. Erläutern Sie den Begriff Zündgeschwindigkeit.
6. Erläutern Sie den Zusammenhang zwischen Zündgeschwindigkeit, Ausströmungsgeschwindigkeit und Stabilität der Flamme.
7. Berechnen Sie die Luftverhälniszahl λ und den Luftüberschuss n in %, wenn für die Verbrennung von 1 kg Heizöl EL 12,5 m³ Luft verbraucht werden.
8. Wie viele m³ Luft sind zur Verbrennung von 1 m³ Erdgas E erforderlich, wenn der Luftüberschuss 25 % beträgt?
9. Bei der Abgasmessung einer Ölfeuerungsanlage wird ein CO_2-Gehalt von 12 % gemessen. Berechnen Sie:
    a) den Luftüberschuss in %
    b) den tatsächlichen Luftbedarf in $\frac{m^3}{kg}$
10. In einem Heizkessel mit atmosphärischem Gasbrenner wird Erdgas LL verbrannt.
    a) Welcher CO_2-Gehalt müsste sich bei einem Luftüberschuss von 55 % ergeben?
    b) Wie viele m³ Luft sind zur Verbrennung von 20 m³ Erdgas LL erforderlich?
11. Ein Öl-Heizkessel verbraucht in einer Stunde 6,0 kg Heizöl EL. Der gemessene CO_2-Gehalt beträgt 13,5 %. Welche Luftmenge (in m³) muss dem Heizkessel zugeführt werden?
12. Nennen Sie drei Nachteile, die eine Verbrennung von feuchtem Holz hat.
13. Welcher Zusammenhang besteht zwischen der Restfeuchte und dem Heizwert von Holz.
14. Geben Sie die Zündtemperatur von Braunkohle an.
15. Welche Bestandteile sind bei der vollständigen Verbrennung von Heizöl im Abgas enthalten?
16. Welche Bestandteile sind bei der unvollständigen Verbrennung von Heizöl im Abgas enthalten?

Schadstoffe und ihre Grenzwerte

1. Nennen Sie die Bestandteile, die im Abgas nach einer Verbrennung vorliegen können.
2. Zählen Sie die im Abgas enthaltenen Schadstoffe auf und erläutern Sie deren Folgen für die Umwelt.
3. a) Wodurch entsteht Kohlenmonoxid und b) Warum ist es für den Menschen so gefährlich?
4. Zeigen Sie Maßnahmen zur Reduzierung der im Abgas enthaltenen Schadstoffe auf.
5. Warum empfehlen Kessel- und Gerätehersteller, weder Sprays, chlorhaltige Reinigungsmittel, Farben, Klebstoffe usw. in Aufstellräumen zu verwenden?
6. Warum stehen Festbrennstoffe im Mittelpunkt der Verordnung über kleine und mittlere Feuerungsanlagen – 1. BImSchV?
7. Warum ist Feinstaub gesundheitsgefährdend?
8. Ab welcher Nennwärmeleistung gilt die neue **BImSchV**?
9. Was muss bei der Verfeuerung von festen Brennstoffen beachtet werden?
10. Welchen Grenzwert hat der Kessel- und Brennerhersteller hinsichtlich der Verbrennungsgüte nachzuweisen und zu bescheinigen (nennen Sie Grenzwerte)?
11. Was geschieht mit älteren Feuerungsanlagen, wenn sie die entsprechenden Grenzwerte nicht einhalten können?
12. Nennen Sie die max. Rußwerte für den Betrieb von Ölzerstäubungsbrennern.
13. Welcher CO-Grenzwert, bezogen auf unverdünntes trockenes Abgas, gilt für den Betrieb von Gasfeuerstätten?

3 Einteilung der Wärmeerzeuger

3.1 Einleitung

Um den gestiegenen Anforderungen an Wirtschaftlichkeit, Komfort und Umweltbewusstsein (environmental awareness) gerecht zu werden, müssen bei der Planung und Auswahl eines Wärmeerzeugers vor allem auch ökologische und nutzerspezifische Gesichtspunkte beachtet werden.
Grundsätzlich unterscheidet man Wärmeerzeuger (heat generating device; heat generator), die ihre Wärmeenergie durch Verbrennung eines Energieträgers erzeugen, z. B. Heizkessel (boiler) und Wärmeerzeuger, die durch verbrennungslose (without combustion) Techniken Wärme produzieren, z. B. Wärmepumpen und Solaranlagen. Letztere werden in Lernfeld 9 und 12 behandelt.
Heizkessel geben die in der Brennkammer (combustion chamber) erzeugte Wärme durch Wärmestrahlung, Wärmeleitung und Konvektion mit möglichst hohem Wirkungsgrad über Wärmeübertragungsflächen an das Heizwasser (heating (hot) water) ab. Sie unterscheiden sich bezüglich Werkstoff, Druck im Feuerraum, Art der Heizgasführung (conduction of hot gases) und Energieausnutzung.

Heizkessel sind nach DIN EN 303-1-5 und DIN EN 15502-1 und 2 genormt. Sie müssen mit einem Typenschild versehen sein, das folgende Angaben enthält: Name und Firmensitz des Herstellers, Typ, Bauart, Baujahr, Herstellnummer, zulässige Betriebstemperatur in °C, zulässiger Betriebsdruck in bar, Nennwärmeleistung bzw. Wärmeleistungsbereich.

Öl-/Gasheizkessel können sowohl mit Gasgebläsebrennern (gas pressure jet burners) als auch mit Ölgebläsebrennern (oil pressure jet burners) betrieben werden. Sie werden heute hauptsächlich als Niedertemperatur- und Brennwertkessel (low-temperature boiler/condensing boiler) angeboten und in den entsprechenden Kapiteln behandelt.

Unit-Kessel (burner and boiler unit) sind Niedertemperatur- und Brennwertkessel, die mit bereits werkseitig eingebautem und voreingestelltem Brenner und montierter Regelung geliefert werden. Vorteile dieser Kessel sind, dass die genannten Bauteile optimal aufeinander abgestimmt sind und Montagezeit eingespart werden kann.

Heizkessel, die ausschließlich mit flüssigen und gasförmigen Brennstoffen (Heizöl, Erdgas oder Flüssiggas) betrieben werden und deren Nennwärmeleistung $\Phi_{NL} \geq 4$ kW …400 kW beträgt, dürfen laut EnEV2014 (§ 13) nur dann eingebaut werden, wenn sie:
- mit der **CE-Kennzeichnung**
- und mit der damit verbundenen **EG-Konformitätserklärung** (92/42 EWG bzw. 2008/28/EG) über bestimmte einzuhaltende Wirkungsgrade (Energieeffizienz) versehen sind (Bild 1).

Zugelassene Heizkessel nach dieser Verordnung sind Niedertemperatur- und Brennwertkessel (vgl. Kap. 3.6.2 u. Kap. 3.6.3). In Ausnahmefällen können auch Standartheizkessel (vgl. Kap. 3.6.1) in bestehende Gebäude eingebaut werden, sofern diese Kessel mit der CE-Kennzeichnung und der EG-Konformitätserklärung versehen sind.

Seit September 2015 müssen Wärmeerzeuger mit einer Leistung bis 70 kW nach der Ökodesign-Richtlinie für energieverbrauchende und energieverbrauchsrelevante Produkte (ErP) mit einem **Energieeffizienzlabel** gekennzeichnet werden (Bild 2).

Dabei werden die Wärmeerzeuger einer der neun Effizienzklassen von A++ (höchste Energieeffizienz) bis G (schlechteste Energieeffizienz) zugeordnet. Ab 2019 werden die Energieeffizienzklassen gemäß der Verordnung EU 813/2013 angepasst (Bild 1, nächste Seite).

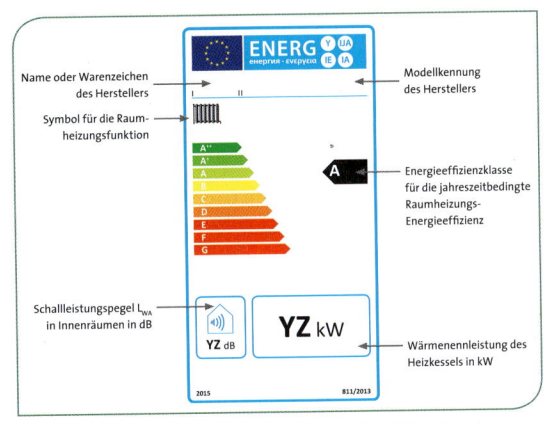

2 Energieeffizienzlabel für ein Raumheizgerät mit Heizkessel

Kesseltyp	Nennwärmeleistung Φ_{NL} in kW	η_K bei Volllast Φ_{NL}		η_K bei Teillast $0{,}3 \cdot \Phi_{NL}$	
		durchschn. Wassertemperatur in °C	Wirkungsgrad in %	durchschn. Wassertemperatur in °C	Wirkungsgrad in %
Standardheizkessel	4…400	70	85,2…89,2	≥ 50	81,8…87,8
Niedertemperatur-Heizkessel einschl. Brennwertkessel für flüssige Brennstoffe	4…400	70	88,4…91,4	40	88,4…91,4
Brennwertkessel	4…400	70	91,6…93,6	30	97,6…99,6

1 Mindestwirkungsgrade entsprechend der EG-Konformitätserklärung

3 Einteilung der Wärmeerzeuger

Da bei der **jahreszeitbedingten Raumheizungs-Energieeffizienz** η_s neben der Umwandlung der eingesetzten Energieträger, z. B. Gas, Heizöl, in Wärmeenergie auch die benötigte Hilfsenergie der Geräte berücksichtigt wird, verringert sich z. B. bei einem Gas-Brennwertkessel die maximale Energieeffizienz auf ca. 94 % (bezogen auf den Brennwert H_s). Ohne Berücksichtigung der eingesetzten Hilfsenergie würde die maximale Energieausnutzung nach Norm-Nutzungsgrad 98 % betragen.

Effizienzklasse ab 26.09.2015	Effizienzklasse ab 26.09.2019	Heizgeräte η_s in %	
–	A +++	$\eta_s \geq 150$	Sole-Wasser-Wärmepumpe
A ++	A ++	$125 \leq \eta_s < 150$	Wasser-Wasser-Wärmepumpe
A +	A ++	$98 \leq \eta_s < 125$	Luft-Wasser-Wärmepumpe Kraft-Wärme-Kopplung
A	A	$90 \leq \eta_s < 98$	Brennwertkessel
B	B	$82 \leq \eta_s < 90$	
C	C	$75 \leq \eta_s < 82$	Niedertemperaturkessel
D	D	$36 \leq \eta_s < 75$	Standardkessel
E	entfällt	$34 \leq \eta_s < 36$	
F	entfällt	$30 \leq \eta_s < 34$	
G	entfällt	$\eta_s < 30$	

1 Effizienzklassen

3.2 Normen und Vorschriften

Bei der Planung (planing and design) und Aufstellung (installation) von Wärmeerzeugern sind insbesondere folgende Normen und Vorschriften zu beachten:
- DIN EN 298 Feuerungsautomaten für Gasgeräte mit und ohne Gebläse
- DIN EN 303-1,2,4,6 Heizkessel mit Gebläsebrenner
- DIN EN 303-3,7 Zentralkessel für gasförmige Brennstoffe
- DIN EN 303-5 Heizkessel für feste Brennstoffe, hand- und automatisch beschickte Feuerungen
- DIN EN 15502-1,2 Heizkessel für gasförmige Brennstoffe
- DIN EN12828 Heizungssysteme in Gebäuden-Planung von Warmwasser-Heizungsanlagen
- DIN EN ISO 4126-1 Sicherheitseinrichtungen gegen unzulässigen Überdruck
- DIN EN 13831 Ausdehnungsgefäße mit eingebauter Membrane für den Einbau in Wasserheizungssystemen
- VDI 2067 Wirtschaftlichkeit gebäudetechnischer Anlagen
- VDI 2083 Reinraumtechnik –Energieeffizienz
- DIN EN 13384 Berechnung von Schornsteinabmessungen
- DIN EN 1443 Allgemeine Anforderungen an Abgasanlagen
- DIN V 18160-1 Planung und Ausführung von Abgasanlagen
- DIN EN 15287-1 Abgasanlagen – Planung, Montage und Abnahme von Abgasanlagen für raumluftabhängige Feuerstätten
- DIN EN 15287-2 Abgasanlagen – Planung, Montage und Abnahme von Abgasanlagen für raumluftunabhängige Feuerstätten
- Erste Verordnung zur Durchführung des Bundes-Immissionsschutzgesetzes (Verordnung über kleine und mittlere Feuerungsanlagen – 1. BIMSchV)
- Kehr- und Überprüfungsordnung (KÜO)

3.3 Einteilung nach dem Kesselwerkstoff

3.3.1 Gussheizkessel

Gussheizkessel (cast iron boiler) werden z. B. aus Grauguss, Stahlguss oder Aluminium-Silizium-Legierungen (z. B. für Brennwertkessel) gefertigt. Gussheizkessel bestehen häufig aus **einzelnen Gliedern** (sections) (Bild 1, nächste Seite), wodurch die Kesselleistung in einem bestimmten Bereich variiert werden kann. In bereits fertig gestellten Gebäuden lassen sich diese Kessel in Einzelteilen durch vorhandene Türen und Durchgänge transportieren und vor Ort montieren. Daneben gibt es Gussheizkessel, deren Gusskörper in einem Stück gegossen werden (Bild 2, nächste Seite). Gussheizkessel sind korrosionsbeständiger als Stahlheizkessel und dämmen den Schall besser. Nachteilig sind ihre große Masse und ihre Stoßempfindlichkeit.

Montage eines Gussgliederheizkessels

Der gesamte Kesselkörper besteht aus dem Vorderglied, dem Hinterglied und den gleich großen Mittelgliedern. Verbunden werden die einzelnen Glieder durch konische Stahlnippel. Bei der Kesselmontage (boiler assembly) wird zuerst das Hinterglied aufgestellt. Die Berührungsflächen der einzelnen Glieder werden sorgfältig mit Kesselkitt bestrichen, damit die Nachschaltheizflächen und der Feuerraum abgedichtet werden. Die gereinigten Kesselnippel werden gegen Korrosion mit Bleimennige versehen und anschließend mit einem Holzhammer eingetrieben. Zuletzt wird das Vorderglied mit den erforderlichen Türen und Reinigungsdeckeln montiert. Die Ankerstangen (anchor rods) werden eingeführt und die Muttern **leicht** angezogen, damit der Kessel nach dem Anfeuern durch die Wärmedehnung nicht reißt. Zum Ausgleich unterschiedlicher Längenausdehnungen zwischen Ankerstangen und Kesselgliedern können Tellerfederpakete (Bild 1b, nächste Seite) verwendet werden. Der herausgequollene Kesselkitt ist zu entfernen und der Kesselblock auszurichten. Nach dem Anheizen müssen alle Verbindungsteile des Kessels kontrolliert und eventuell nachgezogen werden.

3.3.2 Stahlheizkessel

Stahlheizkessel (steel boiler) werden aus einzelnen Segmenten zusammengeschweißt. Sie sind leichter als Gusskessel und gegenüber Temperaturschwankungen unempfindlicher. Die Korrosionsbeständigkeit lässt sich durch den Einsatz hochlegierter Stähle verbessern (Edelstahlkessel).

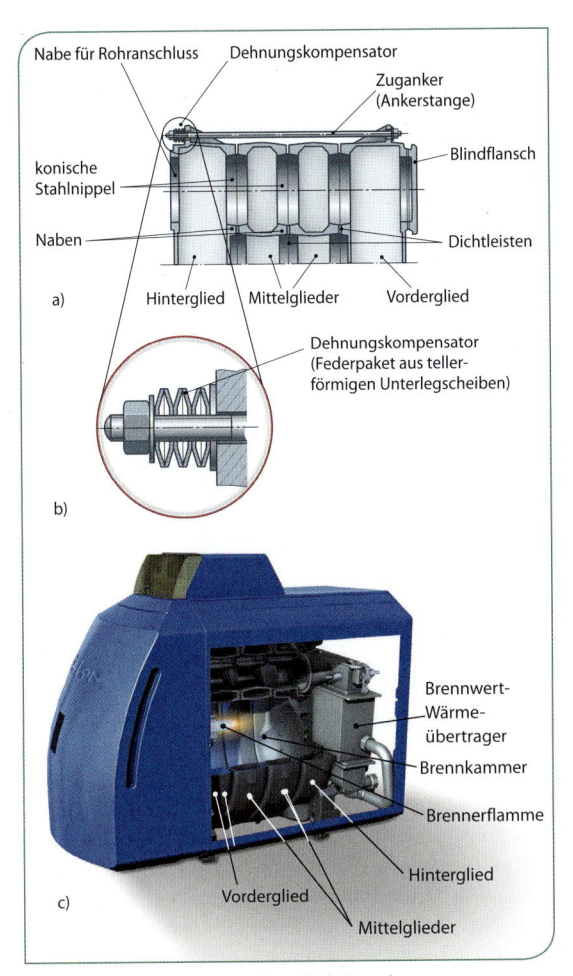

3 Einteilung der Wärmeerzeuger

3.4 Einteilung nach dem Druck im Verbrennungsraum

3.4.1 Naturzugfeuerung

Heizkessel mit Naturzugfeuerung werden mit dem natürlichen Schornsteinzug, der durch den Dichteunterschied zwischen dem Abgas und der Außenluft entsteht, betrieben. Der Schornstein saugt die Abgase aus dem Kessel. Im Brennraum herrscht ein negativer Überdruck (Unterdruck) von ca. 5 Pa (0,05 mbar).

3.4.2 Überdruckfeuerung

Bei Heizkesseln mit Überdruckfeuerung (positive pressure combustion) werden die Abgase mit einem Gebläse durch den Kessel gedrückt. Im Brennraum herrscht ein positiver Überdruck.

Anwendung findet die Überdruckfeuerung bei Dachheizzentralen und Heizkesseln mit langen, vergrößerten Nachschaltheizflächen, an denen die Abgase mehrfach umgelenkt (diverted) werden.

Durch ihre Größe und Form bewirken **Nachschaltheizflächen** (heat recovery surfaces (section)) Turbulenzen im Abgasstrom (exhaust flow), eine Erhöhung der Abgasgeschwindigkeit und damit eine bessere Ausnutzung der in den Heizgasen enthaltenen Wärme (Bild 3). Dies ist jedoch mit einem höheren Druckverlust und damit einem erhöhten Zugbedarf verbunden (vgl. Kap. 6.3.1.1.1). Reicht der Schornsteinzug (draught) nicht aus, um die Abgase abzuführen, werden sie mit dem Brennergebläse aus dem Heizkessel gedrückt. Bei brennender Flamme sind Überdrücke bis 600 Pa (6 mbar) notwendig.

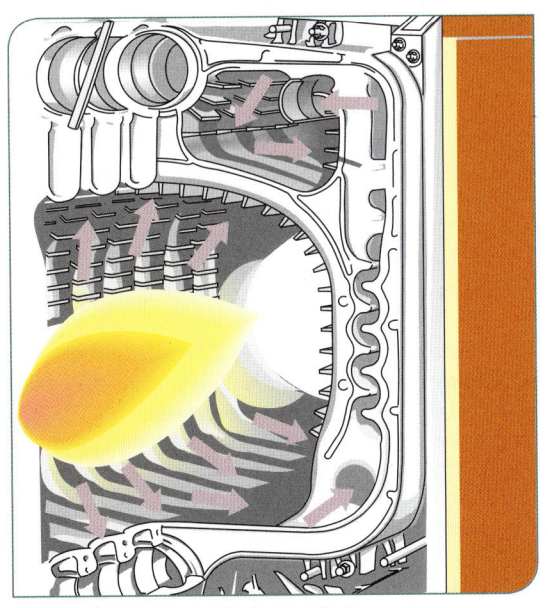

1 Aufbau und Montage eines Gussgliederkessels

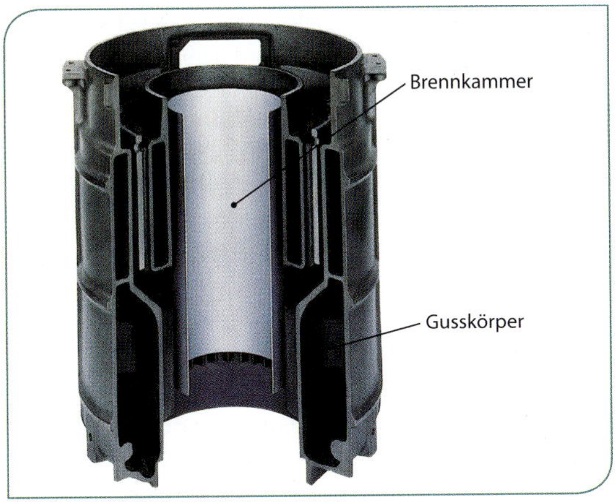

2 Spannungsarmer einteiliger Gusskörper

3.3.3 Hybridkessel[1)]

Der Kesselkörper besteht aus Stahl. Wegen der besseren Korrosionsbeständigkeit ist er im Feuerraum mit gerippten Gussringen ausgestattet.

3 Turbulenzbildung an Nachschaltheizflächen

[1)] lat.: aus zwei Teilen zusammengesetzt

3.5 Einteilung nach der Art der Heizgasführung

Die Heizgase werden durch Umlenkung (Bild 1) an den Nachschaltheizflächen abgekühlt – bei Dreizugkesseln z. B. auf 130 °C. Dadurch wird eine gute Energieausnutzung und damit indirekt verbunden eine Senkung der Schadstoffemission erreicht.

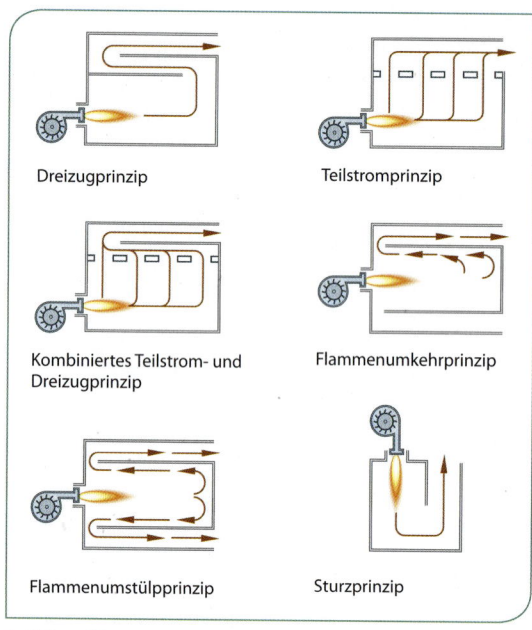

Dreizugprinzip

Teilstromprinzip

Kombiniertes Teilstrom- und Dreizugprinzip

Flammenumkehrprinzip

Flammenumstülpprinzip

Sturzprinzip

1 Heizgasführungsarten

3.6 Einteilung nach der Energieausnutzung

3.6.1 Standardheizkessel

Standardheizkessel (standard boiler) werden aus unlegiertem Baustahl oder Grauguss hergestellt und sind – bedingt durch ihren Werkstoff und ihre Konstruktion – nicht für einen Betrieb im Niedertemperaturbereich geeignet. Üblich **ist eine fest eingestellte** (fixed) **Betriebstemperatur im Bereich von 70 °C – 90 °C.**
Für **Neuanlagen** von Warmwasserheizungen mit **ausschließlicher Öl-** oder **Gasfeuerung** sind Standardheizkessel **ab 1. Januar 1998 nicht mehr zugelassen.**
Standardheizkessel, die die CE-Kennzeichnung tragen und der EG-Konformitätserklärung entsprechen, dürfen jedoch unter bestimmten Voraussetzungen in bestehende Anlagen eingebaut werden (vgl. Kap. 3.1).

3.6.2 Niedertemperatur-Heizkessel

NT-Kessel sind so gebaut, dass **ein dauerhafter Betrieb mit Rücklaufeintrittstemperaturen von 35 °C – 40 °C** möglich ist, ohne dass der Kessel dadurch geschädigt wird.
Durch ihren Einsatz werden unwirtschaftlich hohe Kesseltemperaturen vermieden sowie Stillstands- und Abgasverluste reduziert.
Seit September 2015 dürfen Niedertemperaturkessel ≤ 400 kW nicht mehr eingebaut werden, da sie die Mindestanforderung für die jahreszeitbedingte Raumheizungs-Energieeffizienz (Mindestraumheizungs-Energieeffizienz) von 86 % gemäß Verordnung (EG) Nr. 813/2013 nicht erreichen (vgl. Kap. 3.1). Eine Ausnahme wird gewährt, wenn es sich bei den Heizkesseln um Komponenten von raumluftabhängigen Gasetagenheizungen in Mehrfamilienhäusern handelt, die an einen gemeinsamen Schornstein angeschlossen sind.
Eine Austauschpflicht besteht nicht. Vor September 2015 installierte Niedertemperaturkessel dürfen weiter verwendet werden.
Der Niedertemperaturbetrieb setzt eine bedarfsabhängige Regelung voraus und stellt besondere Anforderungen an die Kesselkonstruktion. Feuerraum und Nachschaltheizflächen **müssen so gestaltet sein, dass die Taupunkttemperatur**[1] **der Verbrennungsgase trotz der niedrigen Kesselwassertemperatur nur kurzzeitig unterschritten wird** (z. B. beim Anfahren des Kessels in kaltem Zustand). Um die vom Abgas berührten Heizflächen vor Korrosion zu schützen, müssen korrosionsbeständige Werkstoffe gewählt werden (z. B. Gusseisenkörper oder -elemente mit siliziumangereicherter „Gusshaut", Edelstahlheizflächen (stainless steel surfaces) oder ein Verbund aus Gusseisen und Stahl; vgl. Bild 1 nächste Seite und Bild 1 übernächste Seite). Grundsätzlich wird aber eine Kaltstartfähigkeit ohne Kondensatbildung und bei Gleitbetrieb ein nicht zu starkes Abfallen der Abgastemperatur angestrebt. Hierfür gibt es verschiedene Möglichkeiten:

- Bei der „**trockenen**" oder „**heißen" Brennkammer** (dry or hot combustion chamber) ist der Brennraum nicht direkt vom Kesselwasser umgeben und wird dadurch von der Flamme und den Verbrennungsgasen in kurzer Zeit aufgeheizt (Bild 1, nächste Seite). Die Brennkammer besteht aus einem hinten geschlossenen zylindrischen Edelstahleinsatz.
- Bei **senkrecht angeordneten Nachschaltheizflächen** (Bild 2, nächste Seite) wird Kondenswasser von den aufsteigenden heißen Verbrennungsgasen sofort wieder verdampft und abgeführt.

---

[1] Temperatur eines Gas-Wasserdampf-Gemisches, bei der das Gas mit dem Wasserdampf gerade noch gesättigt ist. Unterhalb dieser Temperatur beginnt sich der Wasserdampf zu verflüssigen (Kondensation).

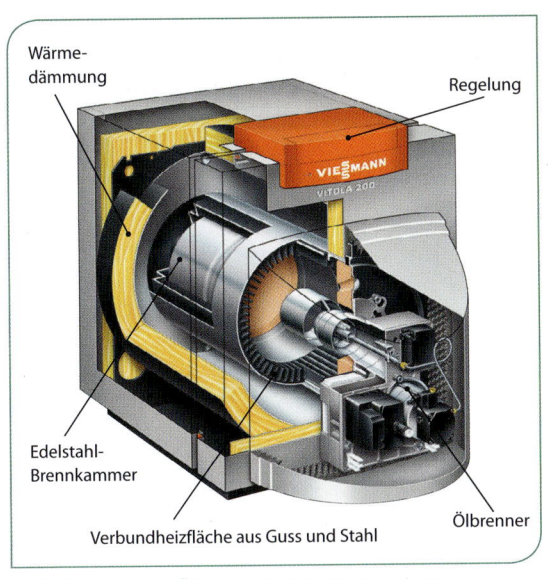

3 Einteilung der Wärmeerzeuger

1 Niedertemperatur-Ölheizkessel mit heißer Brennkammer

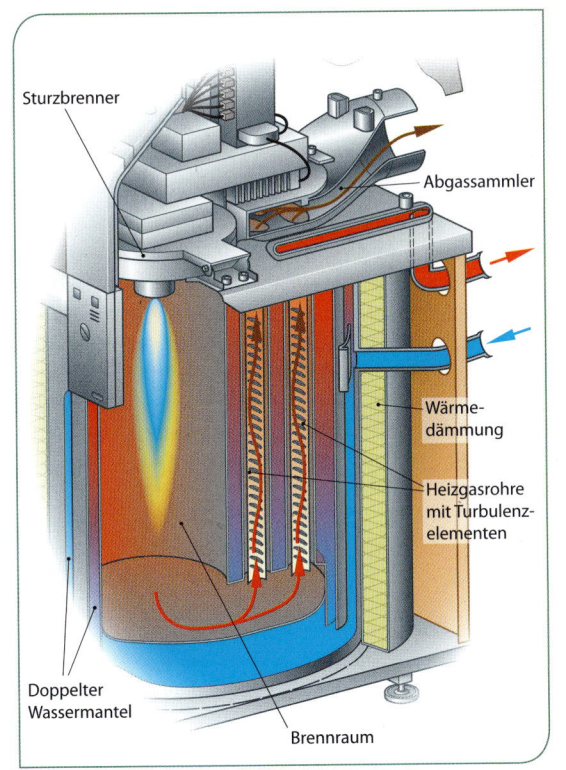

2 Niedertemperatur-Ölheizkessel mit senkrecht angeordneten Heizflächen

- Beim **Zweikreissystem** (double circuit system) ist der Wasserraum des Heizkessels in zwei Bereiche (**Primär-** und **Sekundärkreis**) aufgeteilt (Bild 3). Beim Kaltstart steht die gesamte Brennerleistung zum schnellen Aufheizen des Primärkreises (primary circuit) mit nur geringem Wasserinhalt zur Verfügung. Ist eine ausreichende Temperatur erreicht, erfolgt durch Zirkulation ein Wassertausch zwischen beiden Bereichen. Während der Aufheizphase strömt das abgekühlte Heizungsrücklaufwasser ausschließlich in den Sekundärkreis (secondary circuit). Eine Taupunktunterschreitung (falling below dew point) der Verbrennungsgase an den Konvektionsheizflächen wird somit verhindert.

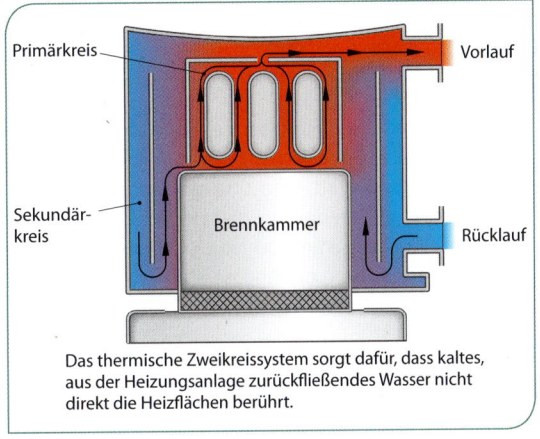

Das thermische Zweikreissystem sorgt dafür, dass kaltes, aus der Heizungsanlage zurückfließendes Wasser nicht direkt die Heizflächen berührt.

3 Zweikreissystem

- Eine **Vergrößerung der Oberfläche der Kesselwand** auf der Heizgasseite z. B. durch Rippen (fins), Wülste (swellings) oder Noppen (knobs) führt zu einer schnelleren Erwärmung und damit zu einer Verkürzung der Zeitspanne, in der Kondensation auftreten kann (Bild 4).

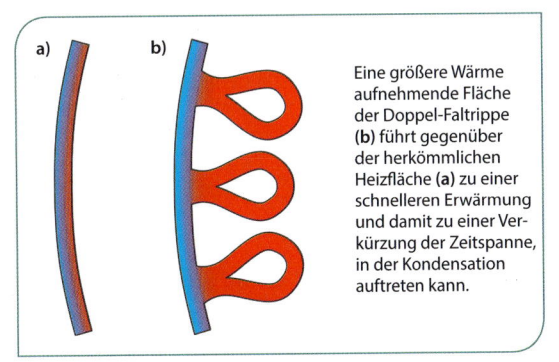

Eine größere Wärme aufnehmende Fläche der Doppel-Faltrippe (b) führt gegenüber der herkömmlichen Heizfläche (a) zu einer schnelleren Erwärmung und damit zu einer Verkürzung der Zeitspanne, in der Kondensation auftreten kann.

4 Vergrößerung der Kesselwandoberfläche auf der Heizgasseite

- Darüber hinaus können die Nachschaltheizflächen einen **zwei- oder dreischaligen Aufbau** erhalten, um damit gezielt den Wärmedurchgangswiderstand zu erhöhen (Bild 1, nächste Seite).

3 Einteilung der Wärmeerzeuger

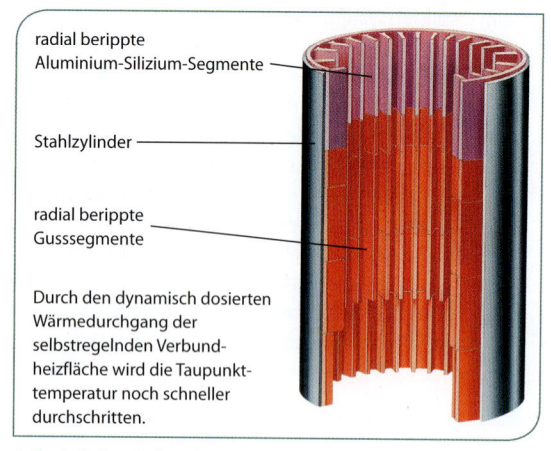

1 Dreischalige Verbund-Heizfläche

- radial berippte Aluminium-Silizium-Segmente
- Stahlzylinder
- radial berippte Gusssegmente
- Durch den dynamisch dosierten Wärmedurchgang der selbstregelnden Verbundheizfläche wird die Taupunkttemperatur noch schneller durchschritten.

Dadurch findet – im Gegensatz zur einschaligen (monocoque) Nachschaltheizfläche, bei der die Wärme direkt auf das Kesselwasser übergehen kann – ein „kontrollierter" Wärmeübergang statt (Bild 2). Zwischen den wasserseitigen und den heizgasseitigen Heizflächen stellt sich dabei ein Temperaturunterschied ein, bei dem eine Taupunktunterschreitung der Abgase im Niedertemperaturbereich vermieden wird.

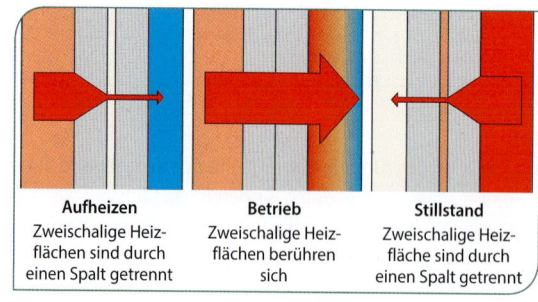

2 „Kontrollierter" Wärmeübergang

Aufheizen	Betrieb	Stillstand
Zweischalige Heizflächen sind durch einen Spalt getrennt	Zweischalige Heizflächen berühren sich	Zweischalige Heizflächen sind durch einen Spalt getrennt

- Bei der **Thermostreamtechnik** wird kaltes Rücklaufwasser mit warmem Vorlaufwasser gemischt und dadurch die

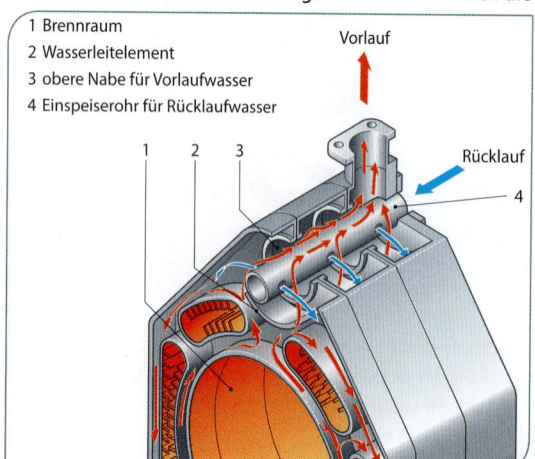

3 Große Vorlaufnabe mit Einspeiserohr

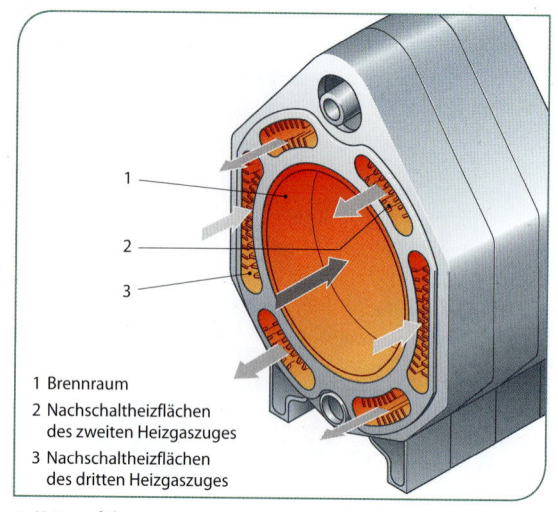

1. Brennraum
2. Wasserleitelement
3. obere Nabe für Vorlaufwasser
4. Einspeiserohr für Rücklaufwasser

4 Heizgasführung

1. Brennraum
2. Nachschaltheizflächen des zweiten Heizgaszuges
3. Nachschaltheizflächen des dritten Heizgaszuges

Rücklauftemperatur angehoben. Die Rücklauftemperaturanhebung erfolgt im oberen Bereich des Heizkessels (Bilder 3 und 4), wodurch das Rücklaufwasser eine höhere Temperatur erreicht, bevor die Heizflächen des Kessels umspült werden. Da die heizgasseitigen Oberflächentemperaturen über dem Taupunkt der Heizgase liegen, bildet sich im Feuerraum und in den Nachschaltheizflächen kein Kondensat (condensation product).

3.6.3 Brennwertkessel

Bei **Brennwertkesseln** wird der in den Abgasen enthaltene **Wasserdampf** (steam) **kondensiert** (**verflüssigt**). Dabei wird fast die gesamte im Brennstoff enthaltene Wärmeenergie genutzt (vgl. Kap. 1). Hierzu müssen die Verbrennungsgase (waste gases) an den Nachschaltheizflächen ständig unter den Taupunkt des Wasserdampfes abgekühlt werden (Bild 5). Das sich bildende Kondensat stellt in seiner chemischen Beschaffenheit besonders hohe Anforderungen an

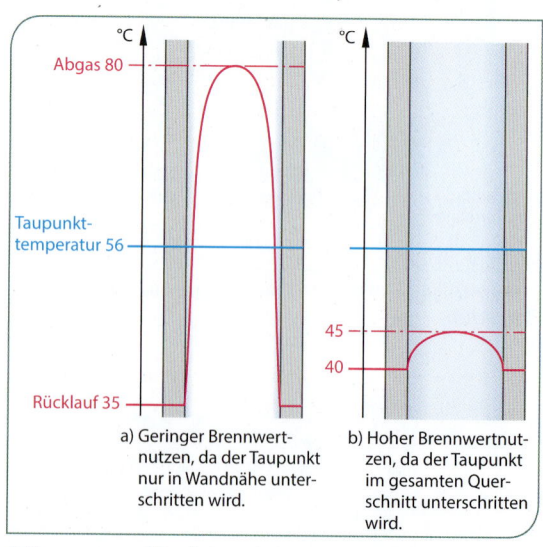

5 Temperaturprofil im Heizgas-Strömungsquerschnitt

a) Geringer Brennwertnutzen, da der Taupunkt nur in Wandnähe unterschritten wird.

b) Hoher Brennwertnutzen, da der Taupunkt im gesamten Querschnitt unterschritten wird.

- Abgas 80 °C
- Taupunkttemperatur 56 °C
- Rücklauf 35 °C
- 45 °C
- 40 °C

3 Einteilung der Wärmeerzeuger

Kenndaten	Gas				Heizöl EL	
	Einheit bei Gas	Erdgas von – bis	Flüssiggase		Einheit bei Heizöl	
			Propan	Butan		
Brennwert $H_{s,n}$	$\frac{kWh}{m^3}$	8,4	13,1	28,24	37,14	$\frac{kWh}{kg}$	12,61
Heizwert $H_{i,n}$	$\frac{kWh}{m^3}$	7,56	11,8	26,0	34,29	$\frac{kWh}{kg}$	11,86
Verhältnis $\frac{H_{s,n}}{H_{i,n}}$	–	1,11	1,11	1,09	1,08	–	1,06
Abgastaupunkt t_T	°C	56,4	56,2	52,9	52,5	°C	47,0
stöchiometrische Wassermenge [1]	$\frac{kg}{kWh}$	0,16		0,13	0,12	$\frac{kg}{kWh}$	0,09
maximal praktische erreichbare Wassermenge	$\frac{kg}{kWh}$	0,14		0,11	0,11	$\frac{kg}{kWh}$	0,08

[1] Wassermenge, die bei einer stöchiometrischen Verbrennung (Luftverhältniszahl λ = 1; vgl. Kap. 2.3) entsteht

1 Kenndaten verschiedener gasförmiger und flüssiger Brennstoffe nach DWA-A 251

die Korrosionsbeständigkeit (corrosion resistance) des Kesselwerkstoffes und des Abgassystems. Aus Bild 1 geht hervor, dass bei der Verbrennung von Erdgas 11 %, bei der Verbrennung von Flüssiggasen 8–9 % und bei der Verbrennung von Heizöl EL 6 % theoretisch zusätzlich an latenter Wärme gewonnen werden können. Hieran wird deutlich, weshalb die Entwicklung der Brennwerttechnik (condensing technology) vorrangig für Gasgeräte vorangetrieben wurde. Dennoch haben einige Hersteller auch zur Verwendung normalen Heizöls EL (Schwefelgehalt über 50 $\frac{mg}{kg}$; vgl. LF 11, Kap. 1.1.1) Brennwertkessel **mit Neutralisationseinrichtung** (neutralisation system) konstruiert. Mit der Überarbeitung der Heizölnorm DIN 51603-1 im September 2003 und der Berücksichtigung schwefelarmen (low-sulphur) Heizöls (Grenzwert 50 $\frac{mg}{kg}$) im Arbeitsblatt DWA-A-251 von November 2011 – Kondensate aus Brennwertkesseln – sind erstmals Regeln für das Betreiben von Ölbrennwertkesseln **ohne Neutralisationseinrichtung** erstellt worden.

Bei den Brennwertkesseln unterscheidet man zwischen zwei Konstruktionssystemen:
- Die Brennwertnutzung erfolgt durch die Kondensation des Wasserdampfes an den im Vergleich zu herkömmlichen Heizkesseln vergrößerten Nachschaltheizflächen im Heizkessel. Bei Kesselleistungen bis zu 30 kW werden Brennwertkessel überwiegend in wandhängender (wall-mounted) Ausführung gefertigt (Bild 2). Besonders wirkungsvoll ist hierbei der Einsatz eines Sturzbrenners, d. h., die Brennerflamme brennt nach unten aus, wobei der Eintritt des relativ kalten Rücklaufwassers im unteren Kesselbereich erfolgt. Durch diese Maßnahme kommen die immer kälter werdenden Verbrennungsgase mit der niedrigsten Tauschflächentemperatur in Berührung und die Kondensation des Wasserdampfes wird damit optimiert.
- Die Brennwertnutzung erfolgt in einem speziellen Wärmeübertrager, der dem Heizkessel nachgeschaltet wird (Bild 3). Dieses Prinzip wird häufig bei größeren bodenstehenden (floor-standing) Kesseln eingesetzt.

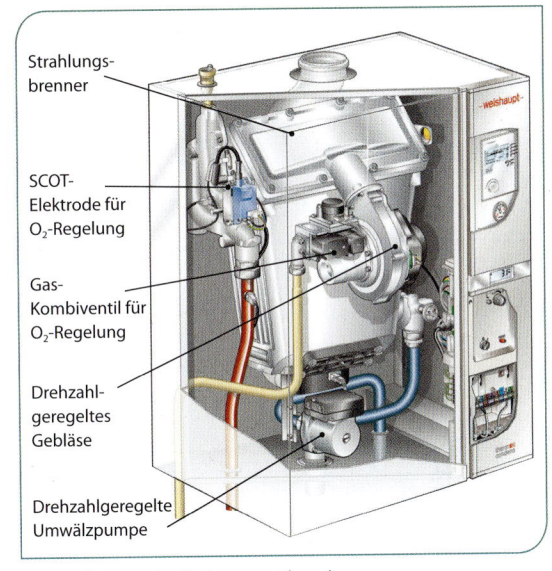

2 Wandhängender Gasbrennwertkessel

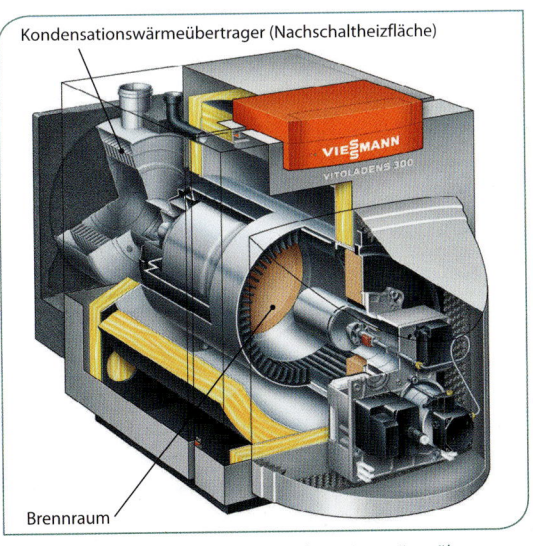

3 Brennwertkessel mit separatem Kondensationswärmeübertrager

3 Einteilung der Wärmeerzeuger

Größen, die die Brennwertnutzung beeinflussen

Ein starker Einflussfaktor zur Nutzbarmachung (utilization) der Kondensationswärme für das Heizungssystem ist die Kesselrücklauftemperatur. Nur wenn die Wasserdampf-Taupunkttemperatur deutlich unterschritten wird, kann mit nennenswerter Kondensation im Kessel gerechnet werden. Bei einer Luftverhältniszahl $\lambda = 1$ (stöchiometrische Verbrennung) beträgt der Wasserdampf-Taupunkt des Erdgases ca. 58 °C, der des Heizöls EL ca. 49 °C (Bild 1).

Bekanntermaßen müssen Verbrennungsabläufe in der Praxis jedoch mit Luftüberschuss (excess air) stattfinden, da sonst ein dauerhaft stabiler, schadstoffarmer und gefahrloser Betrieb nicht gewährleistet wäre. Mit zunehmendem Luftüberschuss (bei gleichzeitig sinkendem CO_2-Gehalt) sinkt die Temperatur des Wasserdampf-Taupunktes; damit wird eine mögliche Kondensation aber immer schwieriger (Bilder 1 und 2).

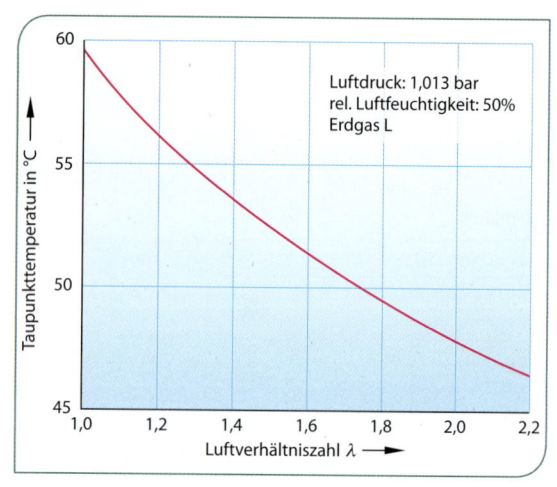

2 Wasserdampf-Taupunkttemperatur in Abhängigkeit Luftverhältniszahl λ

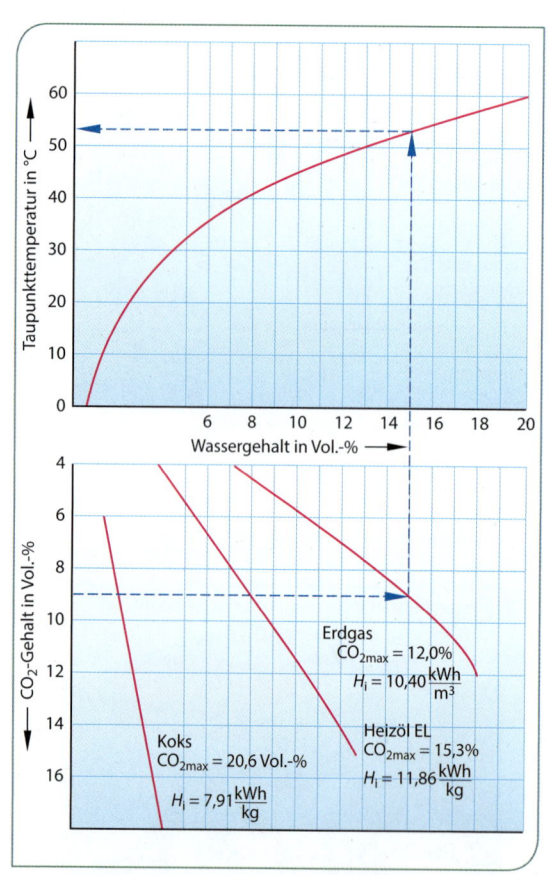

Ein Brennwertgerät benötigt deshalb möglichst niedrige Systemtemperaturen von z. B. 40/30 °C. Vollkondensationsbetrieb oder zumindest Teilkondensation in nennenswertem Umfang kann folglich nur in Verbindung mit Heizflächen stattfinden, die für niedrige Temperaturen ausgelegt sind. Besonders geeignet hierfür sind z. B. Fußbodenheizungen (floor heatings) oder Wandflächenheizungen (wall heatings), aber auch entsprechend groß dimensionierte Heizkörper.

Wie aus Diagramm Bild 2 ersichtlich wird, muss der Brenner eines Brennwertgerätes mit möglichst niedrigem Luftüberschuss betrieben werden, um eine gute Brennwertnutzung zu erreichen. Deshalb kommen z. B. bei Ölbrennwertgeräten ausschließlich Blaubrenner zum Einsatz.

> **MERKE**
>
> Je niedriger der Luftüberschuss bzw. je höher der CO_2-Gehalt ist, desto höher ist die Taupunkttemperatur und desto besser ist die Brennwertnutzung.

Das während des Heizbetriebes sowohl im Brennwertkessel als auch in der Abgasleitung anfallende Kondenswasser ist vorschriftsmäßig abzuleiten. Um dieses entsprechend dem Stand der Technik zu gewährleisten, ist es dringend anzuraten, das **Arbeitsblatt DWA-A 251 „Kondensate aus Brennwertkesseln"** der Deutschen Vereinigung für Wasserwirtschaft, Abwasser und Abfall e.V. von November 2011 auf der Grundlage des ATV-DVWK-Arbeitsblattes A 251 „Kondensate aus Brennwertkesseln" von August 2003 zugrunde zu legen. Außerdem sind die entsprechenden Bestimmungen der einzelnen Bundesländer zu beachten.

Bild 1, nächste Seite zeigt die Neutralisationspflicht des Kondensats in Abhängigkeit von der Feuerungsleistung (firing capacity).

1 Taupunkttemperatur und Wassergehalt der Abgase verschiedener Brennstoffe

Erdgas $CO_{2max} = 12{,}0\%$ $H_i = 10{,}40 \frac{kWh}{m^3}$

Heizöl EL $CO_{2max} = 15{,}3\%$ $H_i = 11{,}86 \frac{kWh}{kg}$

Koks $CO_{2max} = 20{,}6$ Vol.-% $H_i = 7{,}91 \frac{kWh}{kg}$

3 Einteilung der Wärmeerzeuger

Nennwärme-belastung	Neutralisation für Feuerungsanlagen ist erforderlich bei			Einschränkung
	Gas	Heizöl DIN 51603-1 schwefelarm	Heizöl DIN 51603-1	**Eine Neutralisation ist dennoch erforderlich** [1] bei Ableitung des häuslichen Abwassers in Kleinkläranlagen [2] bei Gebäuden und Grundstücken, deren Entwässerungsleitungen nicht aus Werkstoffen nach Tabelle Bild 3 bestehen [3] bei Gebäuden, deren Kondensat nicht mit häuslichem Abwasser vermischt wird, das im Jahresmittel das 20fache Volumen der Kondensatmenge beträgt
< 25 kW	nein [1], [2]	nein [1], [2]	ja	
25 … 200 kW	nein [1], [2], [3]	nein [1], [2], [3]	ja	
> 200 kW	ja	ja	ja	

1 Neutralisationspflicht in Abhängigkeit von der Feuerungsleistung

Kesselbelastung	kW	25	50	100	150	200
Jährliches Kondensat-volumen Erdgas $V_{K\,Erdgas}$	$\frac{m^3}{a}$	7	14	28	42	56
Jährliches Kondensat-volumen Heizöl EL $V_{K\,HEL}$	$\frac{m^3}{a}$	4	8	16	24	23
Mindestzahl der Wohnungen	–	≥ 1	≥ 2	≥ 4	≥ 6	≥ 8

2 Mindestzahl der Wohnungen in Abhängigkeit von der Kesselbelastung

Grundwerk-stoffe	Stoffe	DIN-Normen oder bauaufsichtliches Prüfzeichen
Werkstoffe von Abwasserrohren, die ohne Einschränkung gegenüber Kondensaten von Brennwertgeräten beständig sind		
Steinzeug	Steinzeugrohre und -formstücke sowie -rohrverbindungen für Abwasserkanäle und -leitungen	DIN EN 295-1
Glas	Borosilikat-Rohre	Zulassung
Polyvinyl-chlorid	PVC-U-Rohr PVC-U-Rohr mit gewelltem Außenrohr PVC-U profiliert PVC-U-kerngeschäumt PVC-C-Rohr	DIN EN 1401-1 Zulassung Zulassung Zulassung DIN EN 1566-1
Polyethylen	PE-HD-Rohr PE-HD-Rohr mit profilierter Wellung	DIN EN 1519-1 DIN EN 12666
Polypropylen	PP-Rohr PP-Rohr mineralverstärkt	DIN EN 1451-1 Zulassung
Styrol-Copoly-merisate	ABS-Rohr ABS/ASA PVC mit mineralverstärkter Außenschicht	DIN EN1455-1 Zulassung
Polyesterharz	UP-GF-Rohr Glasfaserverstärktes Polyesterharz	DIN EN 14364
Werkstoffe von Abwasserrohren, die verwendet werden können, wenn eine planmäßige Vermischung[1] durch andere Abwässer stattfindet oder eine Sonderbeschichtung vorhanden ist.		
Faserzement	Faserzement-Rohr	DIN EN 12763
Eisen Stahl	Gusseisernes Rohr, muffenlos Stahlrohr Rohr aus nichtrostendem Stahl	DIN EN 877 DIN EN 1123-1, 2 DIN EN 1124-1, 2, 3

3 Auswahl geeigneter Abwasserrohre für Kondensate aus Brennwertkesseln (Auswahl nach DWA-A 251)

Als unbedenklich wird die Einleitung unbehandelter Kondensate in das öffentliche Kanalsystem (sewer system) angesehen, wenn im Jahresmittel mindestens das 20-fache Volumen der zu erwartenden Kondensatmenge an häuslichem Abwasser anfällt. Bild 2 gibt die Mindestzahl der Wohnungen in Abhängigkeit von der Kesselbelastung an, bei deren Ermittlung von einem Drei-Personen-Haushalt mit einem täglichen Wasserbedarf (water consumption) von 145 l pro Tag und Person ausgegangen wurde.

Auch für Abwasserrohre, die Kondensate aus Brennwertkesseln führen, gelten verschärfte Bestimmungen hinsichtlich ihrer Einsatzfähigkeit. Nach DIN 1986-4 gelten die Werkstoffe nach Bild 3 als geeignet.

ÜBUNGEN

1. Warum sollen bei der Auswahl eines Wärmeerzeugers ökologische und nutzerspezifische Gesichtspunkte berücksichtigt werden? Nennen Sie mindestens vier Punkte.
2. Welche Angaben muss das Typenschild eines Heizkessels enthalten?
3. Nennen Sie die Vorteile von Guss- gegenüber Stahlheizkesseln.
4. Beschreiben Sie die Montage eines Gussgliederkessels.
5. Was versteht man unter einem Hybridkessel?
6. Welche Anforderungen müssen Öl- und Gasheizkessel nach EnEV erfüllen, damit sie eingebaut werden dürfen?
7. Was versteht man unter einem Unit-Kessel?
8. Beschreiben Sie die Unterschiede zwischen einem Kessel mit Naturzugfeuerung und einem Kessel mit Überdruckfeuerung.
9. Was versteht man unter einem Niedertemperaturkessel?
10. Beschreiben sie fünf besondere Merkmale von Niedertemperatur-Heizkesseln.
11. Was versteht man unter einem Brennwertkessel?

[1] Eine planmäßige Vermischung findet unter normalen Betriebs- und Nutzungsbedingungen dann statt, wenn über die kondensatführende Leitung regelmäßig (z. B. auch nachts) mindestens die 25-fache Kondensatmenge an Abwasser von anderen Entwässerungsgegenständen fließt (z. B. WC, Dusche, Spüle).

Lernfeldübergreifende Inhalte

ÜBUNGEN

12. Beschreiben Sie, wie beim Brennwertkessel die Kondensationswärme genutzt wird.

13. Erklären Sie die Vorteile eines gasbetriebenen Brennwertgerätes.

14. Erklären Sie, weshalb mit der Einführung schwefelarmen Heizöls der Einsatz eines ölbetriebenen Brennwertgerätes für den Kunden unter Umständen noch attraktiver geworden ist.

15. Worin liegen die energetischen Vorteile eines Brennwertgerätes im Vergleich zum NT-Heizkessel?

16. Beschreiben Sie die beiden Konstruktionsmerkmale, nach denen sich Brennwertkessel grundsätzlich unterscheiden.

17. a) Erläutern Sie die Zusammenhänge zwischen der Luftverhältniszahl λ und dem CO_2-Gehalt des Abgases einerseits und der Wasserdampf-Taupunkttemperatur andererseits.
    b) Welche Konsequenzen ergeben sich aus den Abhängigkeiten?

18. Begründen Sie, warum der Einsatz von Brennwertgeräten bei Flächenheizungen wie z. B. Wand- oder Fußbodenheizungen besonders geeignet ist.

19. a) In welchen Fällen kann unter Umständen auf eine Neutralisationseinrichtung beim Einsatz von Brennwertgeräten verzichtet werden?
    b) Nennen Sie das Regelwerk, dem Sie entsprechende Angaben entnehmen können.

4 Wirkungsgrade und Nutzungsgrade

4.1 Feuerungstechnischer Wirkungsgrad

MERKE

Der feuerungstechnische Wirkungsgrad η_F gibt den Anteil der zugeführten Wärmeleistung (Wärmestrom) in Prozent an, der nach Abzug der Abgasverluste im Wärmeerzeuger nutzbar ist (Bild 1).

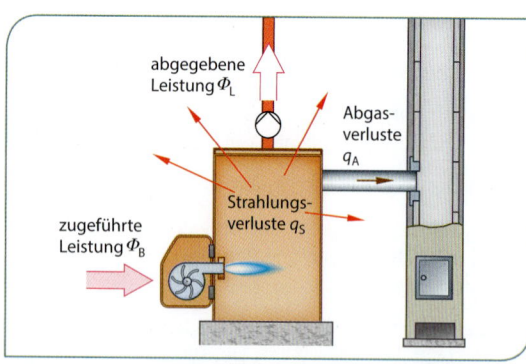

1 Wärmetechnische Verluste eines Heizkessels mit Öl-/Gasfeuerung

Nach Ermittlung der Abgasverluste (flue gas losses) (vgl. Kap. 7.1.2.1) kann der feuerungstechnische Wirkungsgrad η_F (combustion efficiency) mit folgender Formel rechnerisch bestimmt werden:

$\eta_F = 100\,\% - q_A$

η_F: feuerungstechnischer Wirkungsgrad in %
q_A: Abgasverluste in %

Beispiel 1:
Die Abgasverluste q_A eines Heizkessels mit Ölgebläsebrenner betragen 7 %. Bestimmen Sie den feuerungstechnischen Wirkungsgrad η_F.

geg.: $q_A = 7\,\%$
ges.: η_F in %

Lösung:
$\eta_F = 100\,\% - q_A$
$\eta_F = 100\,\% - 7\,\%$
$\underline{\eta_F = 93\,\%}$

Der feuerungstechnische Wirkungsgrad η_F kann nach Messung des CO_2- bzw. O_2-Gehaltes sowie der Abgas- und Verbrennungslufttemperatur auch mithilfe eines Rechenschiebers (slide rule) bestimmt werden (Bild 1, nächste Seite). Wird die Abgasmessung (flue gas measurement) mit einem elektronischen Messgerät durchgeführt, beinhaltet das ausgedruckte Messprotokoll auch den feuertechnischen Wirkungsgrad η_F.

Beispiel 2:
Die elektronische Abgasmessung bei einem Heizkessel mit Ölgebläsebrenner (Heizöl EL) ergab folgende Werte:
CO_2-Gehalt = 14,6 %, Abgastemperatur θ_A = 156,5 °C,
Verbrennungslufttemperatur (Ansauglufttemperatur)
θ_L = 20,8 °C, feuerungstechnischer Wirkungsgrad
η_F = 94,4 %. Überprüfen Sie den ermittelten feuerungstechnischen Wirkungsgrad η_F mithilfe eines Rechenschiebers.

geg.: CO_2-Gehalt = 14,6 %;
θ_A = 156,5 °C; θ_L = 20,8 °C
ges.: η_F in %

Lösung:
$\theta_A - \theta_L$ = 156,5 °C − 20,8 °C = 135,7 °C
$\underline{\eta_F = 94{,}4\,\%}$ (Bild 1, nächste Seite)

4 Wirkungsgrade und Nutzungsgrade

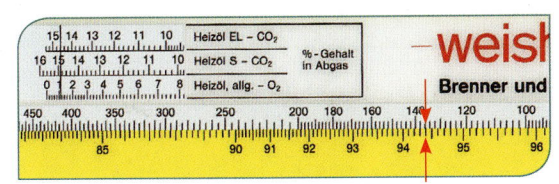

1 Ermittlung des feuerungstechnischen Wirkungsgrades η_F mithilfe eines Rechenschiebers (vgl. Bild 2, Seite 270)

4.2 Kesselwirkungsgrad

In den Kesselwirkungsgrad η_K (boiler efficiency) gehen die Wärmeverluste (heat losses) ein, die während der Betriebszeit (Brennerlaufzeit) auftreten können. Im Einzelnen sind dies:
- Abgasverluste,
- Verluste durch unverbrannte Gase, im Wesentlichen CO,
- Verluste durch brennbare Rückstände wie z. B. Ruß,
- Strahlungsverluste (radiation losses).

Strahlungsverluste sind Wärmeverluste, die während der Brennerlaufzeit über die Oberfläche des Wärmeerzeugers an den Aufstellraum abgegeben werden. Sie sind abhängig von der:
- Qualität der Wärmedämmung zwischen Kesselkörper und -verkleidung,
- Kesseloberfläche,
- Temperaturdifferenz zwischen Oberflächentemperatur (abhängig von der Kesselwassertemperatur) und Aufstellraumtemperatur.

Die Strahlungsverluste werden auf dem Prüfstand (test stand) ermittelt und wie die Abgasverluste als prozentualer Anteil der zugeführten Wärmeleistung angegeben. Bedingt durch qualitativ hochwertige Wärmedämmung, gleitende Kesselwassertemperatur und modulierende Brenner sind die Strahlungsverluste moderner Niedertemperaturkessel sehr gering (0,5 … 2 %).
Wärmeverluste während der Brennerstillstandszeit (Bereitschaftsverluste) durch Wärmeabgabe über die Oberfläche des Wärmeerzeugers und Auskühlung des Wärmeerzeugers infolge des Schornsteinzugs (chimney draught) finden keine Berücksichtigung.
Da die Verluste durch unverbrannte Gase und brennbare Rückstände bei Öl- und Gasfeuerungen gleich Null sind, berücksichtigt der Kesselwirkungsgrad η_K dieser Feuerungen folglich neben den **Abgasverlusten** nur die **Strahlungsverluste** (Bild 1, vorherige Seite).

$$\eta_K = 100\,\% - q_A - q_S$$

oder

$$\eta_K = \eta_F - q_S$$

η_K: Kesselwirkungsgrad in %
η_F: feuerungstechnischer Wirkungsgrad in %
q_A: Abgasverluste in %
q_S: Strahlungsverluste in %

Brennwertgeräte (condensing boilers) erreichen im Vergleich zu Standard- oder Niedertemperaturheizkesseln (low-temperature boilers) höhere Wirkungsgrade.

Der höhere Wirkungsgrad resultiert aus den niedrigeren Strahlungsverlusten, den geringeren Abgasverlusten aufgrund der niedrigeren Abgastemperaturen sowie der Nutzung der im Abgas enthaltenen latenten Wärme (vgl. Kap. 1). Deshalb muss bei Brennwertgeräten die Formel zur Bestimmung des Kesselwirkungsgrades erweitert werden:

$$\eta_K = 100\,\% - q_A - q_S + \left(\frac{H_S}{H_i} - 1\right)\cdot a$$

η_K: Kesselwirkungsgrad in %
q_A: Abgasverluste in %
q_S: Strahlungsverluste in %
H_S: Brennwert in $\frac{kWh}{m^3}$ bzw. $\frac{kWh}{l}$
H_i: Heizwert in $\frac{kWh}{m^3}$ bzw. $\frac{kWh}{l}$
a: Kondensatfaktor in %

θ_A in °C	25	30	35	40	45	50	55
a in %	95	90	80	70	60	50	40

2 Kondensatfaktoren in Prozent in Abhängigkeit von der Abgastemperatur für modulierende Gasbrenner

Beispiel:
Die Abgasverluste q_A eines Heizkessels mit Ölgebläsebrenner betragen 6 %, die Strahlungsverluste q_S 1 %. Bestimmen Sie den Kesselwirkungsgrad η_K.
geg.: $q_A = 6\,\%$;
$q_S = 1\,\%$
ges.: η_K in %

Lösung:
$\eta_K = 100\,\% - q_A - q_S$
$\eta_K = 100\,\% - 6\,\% - 1\,\%$
$\eta_K = 93\,\%$

Eine weitere Möglichkeit, den Kesselwirkungsgrad zu bestimmen, erfolgt über das Verhältnis (ratio) der abgegebenen nutzbaren Wärmeleistung Φ_L zur zugeführten Wärmeleistung (Wärmebelastung) Φ_B.

> **MERKE**
>
> Der Kesselwirkungsgrad η_K gibt also den Anteil der zugeführten Wärmeleistung an, der während des Heizbetriebs nutzbar an das Heizmedium (Kesselwasser) abgegeben wird.

$$\eta_K = \frac{\Phi_L}{\Phi_B}$$

$$\eta_K = \frac{\Phi_L}{\Phi_B}\cdot 100\,\%$$

η_K: Kesselwirkungsgrad (Dezimalwert bzw. Prozentwert)
Φ_L: Wärmeleistung (abgegebene Wärmeleistung) in kW
Φ_B: Wärmeleistung (zugeführte Wärmeleistung) in kW

4 Wirkungsgrade und Nutzungsgrade

> **MERKE**
>
> Bei Berechnungen ist stets der Dezimalwert des Kesselwirkungsgrades einzusetzen.

Beispiel:
Berechnen Sie den Kesselwirkungsgrad η_K, wenn die dem Kessel zugeführte Wärmeleistung $\Phi_B = 21$ kW und die an das Kesselwasser abgegebene Wärmeleistung $\Phi_L = 18,9$ kW betragen.
geg.: $\Phi_B = 21$ kW; $\Phi_L = 18,9$ kW
ges.: η_K

Lösung:

$\eta_K = \dfrac{\Phi_L}{\Phi_B}$; $\eta_K = \dfrac{18,9 \text{ kW}}{21 \text{ kW}}$; $\eta_K = \underline{\underline{0,9}}$

$\eta_K = 0,9 \cdot 100\,\%$; $\eta_K = \underline{\underline{90\,\%}}$

Die **Wärmebelastung** Φ_B (zugeführte Wärmeleistung) (heat capacity) wird aus dem Brennstoffverbrauch (Volumen- bzw. Massenstrom) und dem **Heiz-** bzw. **Betriebsheizwert** (vgl. Kap. 1) des Brennstoffes berechnet:

Feste und flüssige Brennstoffe

$$\Phi_B = \dot{m} \cdot H_i$$

$$\Phi_B = \dot{V} \cdot H_i$$

Gasförmige Brennstoffe

$$\Phi_B = \dot{V} \cdot H_{i,B}$$

Φ_B: Wärmebelastung in kW
$\dot{m}$: Massenstrom des Brennstoffes in $\frac{\text{kg}}{\text{h}}$
$\dot{V}$: Volumenstrom des Brennstoffes in $\frac{\text{m}^3}{\text{h}}$
H_i: Heizwert in $\frac{\text{kWh}}{\text{kg}}$, $\frac{\text{kWh}}{\text{l}}$, $\frac{\text{kWh}}{\text{m}^3}$
$H_{i,B}$: Betriebsheizwert in $\frac{\text{kWh}}{\text{m}^3}$

Die an das Heiz- bzw. Trinkwasser[1] **abgegebene Wärmeleistung** Φ_L kann mit folgender Formel berechnet werden:

$$\Phi_L = \dot{m} \cdot c \cdot \Delta\vartheta$$

Φ_L: abgegebene Wärmeleistung in W
$\dot{m}$: Massenstrom in $\frac{\text{kg}}{\text{h}}$
c: spezifische Wärmekapazität in $\frac{\text{Wh}}{\text{kg} \cdot \text{K}}$
$\Delta\vartheta$: Temperaturdifferenz in K

Beispiel:
Am Prüfstand werden für einen Heizkessel mit Gebläsebrenner (Heizöl EL) folgende Werte gemessen:
Massenstrom des Heizwassers $\dot{m} = 1250 \frac{\text{kg}}{\text{h}}$, Temperaturdifferenz zwischen Vor- und Rücklauf $\Delta\vartheta = 15$ K, Heizölverbrauch während der Prüfzeit $\dot{V} = 2,4 \frac{\text{l}}{\text{h}}$.
Bestimmen Sie den Kesselwirkungsgrad η_K.

geg.: $\dot{m} = 1250 \frac{\text{kg}}{\text{h}}$, $\Delta\vartheta = 15$ K, $c = 1,16 \frac{\text{Wh}}{\text{kg} \cdot \text{K}}$
$\dot{V} = 2,4 \frac{\text{l}}{\text{h}}$, $H_i = 10 \frac{\text{kWh}}{\text{l}}$

ges.: η_K in %

Lösung:

$\eta_K = \dfrac{\Phi_L}{\Phi_B} \cdot 100\,\%$

$\Phi_B = \dot{V} \cdot H_i$
$\Phi_B = 2,4 \frac{\text{l}}{\text{h}} \cdot 10 \frac{\text{kWh}}{\text{l}}$
$\Phi_B = 24$ kW

$\Phi_L = \dot{m} \cdot c \cdot \Delta\vartheta$
$\Phi_L = 1250 \frac{\text{kg}}{\text{h}} \cdot 1,163 \frac{\text{Wh}}{\text{kg} \cdot \text{K}} \cdot 15$ K
$\Phi_L = 21806$ W $= 21,81$ kW

$\eta_K = \dfrac{21,81 \text{ kW}}{24 \text{ kW}} \cdot 100\,\%$
$\eta_K = 0,909 \cdot 100\,\%$
$\eta_K = \underline{\underline{90,9\,\%}}$

Bei der zugeführten Wärmeleistung (Wärmebelastung) wird grundsätzlich der Heiz- bzw. Betriebsheizwert zugrunde gelegt. **Brennwertgeräte** können folglich Wirkungsgrade über 100 % haben, da die zusätzlich frei werdende Kondensationswärme des Wasserdampfes zwar bei der abgegebenen Wärmeleistung, nicht aber bei der zugeführten Wärmeleistung berücksichtigt wird.

Beispiel:
In einem Brennwertkessel werden stündlich 1,8 m³ Erdgas E ($H_{i,B} = 9,7 \frac{\text{kWh}}{\text{m}^3}$) verbraucht. Die an das Kesselwasser abgegebene Wärmeleistung beträgt 18 kW. Bestimmen Sie den Kesselwirkungsgrad η_K.
geg.: $\dot{V} = 1,8 \frac{\text{m}^3}{\text{h}}$; $H_{i,B} = 9,7 \frac{\text{kWh}}{\text{m}^3}$; $\Phi_L = 18$ kW;
ges.: η_K

Lösung:

$\eta_K = \dfrac{\Phi_L}{\Phi_B} \cdot 100\,\%$

$\Phi_B = \dot{V} \cdot H_{i,B}$
$\Phi_B = 1,8 \frac{\text{m}^3}{\text{h}} \cdot 9,7 \frac{\text{kWh}}{\text{m}^3}$
$\Phi_B = 17,46$ kW

$\eta_K = \dfrac{\Phi_L}{\Phi_B} \cdot 100\,\%$
$\eta_K = \dfrac{18 \text{ kW}}{17,46 \text{ kW}} \cdot 100\,\%$
$\eta_K = 1,03 \cdot 100\,\%$
$\eta_K = \underline{\underline{103\,\%}}$

Würde bei der zugeführten Leistung der Brennwert ($H_{s,B} = 10,7 \frac{\text{kWh}}{\text{m}^3}$) zugrunde gelegt, ergäbe sich ein Wirkungsgrad von 93,5 % – also deutlich unter 100 %.

4.3 Jahresnutzungsgrad des Heizkessels

Der **Nutzungsgrad** (degree of utilisation) eines Wärmeerzeugers (Heizkessels) ist das Verhältnis der in einem bestimmten Zeitraum (Heizperiode) abgegebenen Nutzwärmemenge zur zugeführten Wärmemenge.

---

[1] gilt für direkt beheizte Trinkwassererwärmer

4 Wirkungsgrade und Nutzungsgrade

$$\eta = \frac{Q_{ab}}{Q_{zu}}$$

η: Nutzungsgrad als Dezimalwert
Q_{ab}: abgegebene Wärmemenge in kWh
Q_{zu}: zugeführte Wärmemenge in kWh

Der **Nutzungsgrad** ist also das Verhältnis von Wärmemengen (Einheit kWh) bezogen auf einen bestimmten Zeitraum (period). Im Vergleich dazu ist der Wirkungsgrad das Verhältnis der Wärmeleistungen eines momentanen Betriebszustandes, z. B. Volllast.

Legt man als Zeitraum ein Jahr oder eine Heizperiode zugrunde, so bezeichnet man den Nutzungsgrad als Jahresnutzungsgrad des Heizkessels η_a.

Der Jahresnutzungsgrad (annual efficiency) des Heizkessels berücksichtigt neben den Abgasverlusten, den Strahlungsverlusten (Wärmeverluste über die Oberfläche während der Brennerlaufzeit) auch die Bereitschaftsverluste (Bild 1). Die Bereitschaftsverluste (stand-by losses) sind Wärmeverluste, die durch Abstrahlung über die Kesseloberfläche und Auskühlung über den Schornstein bei Brennerstillstand entstehen. Sie hängen von der Kesselgröße, der Güte der Wärmedämmung, der Kesselwassertemperatur, der Aufstellraumtemperatur, dem Schornsteinzug und der Dauer der Brennerstillstandszeit ab.

Die Berechnung des Jahresnutzungsgrades eines Heizkessels bei Volllast-Betrieb (full-load operation) (konstante Kesselwassertemperatur) ohne Berücksichtigung der Teillast-Betriebszustände kann mit folgender Formel erfolgen:

$$\eta_a = \frac{\eta_K}{\left(\frac{b}{b_v} - 1\right) \cdot q_B + 1}$$

η_a: Jahresnutzungsgrad des Heizkessels als Dezimalwert
η_K: Kesselwirkungsgrad bei Nennlast als Dezimalwert
q_B: Betriebsbereitschaftsverluste als Dezimalwert (Bild 1)
b: Betriebsbereitschaftszeit in $\frac{h}{a}$ (Bild 2)
b_v: Jahresvollbenutzungsstunden (Brenner in Betrieb) in $\frac{h}{a}$ (Bild 3)

Heizkesselnutzung	Jährliche Bereitschaftszeit b
Heizung	ca. 4000 … 6500 $\frac{h}{a}$
Heizung und Trinkwassererwärmung	8760 $\frac{h}{a}$

2 *Betriebsbereitschaftszeit b*

Gebäudeart	b_v in h/a
Einfamilienhaus	1400
Mehrfamilienhaus	1300
Bürogebäude	1200
Schulen	1100

3 *Anhaltswerte für Jahresvollbenutzungsstunden b_v in $\frac{h}{a}$ für Heizungsanlagen*

Beispiel:
Ein Einfamilienhaus in Hamburg wird mit einem Gas-Heizkessel mit Gebläsebrenner (NT-Betrieb) beheizt. Die Kesselnennwärmeleistung beträgt 20 kW, der Kesselwirkungsgrad η_K = 90 %. Bestimmen Sie den Jahresnutzungsgrad η_a dieses Heizkessels bei einer Betriebsbereitschaftszeit b = 5600 $\frac{h}{a}$.

geg.: η_K = 0,90; q_B = 0,007 (Bild 1); b = 5600 $\frac{h}{a}$;
b_V = 1400 $\frac{h}{a}$ (Bild 3)

ges.: η_a

Lösung:

$$\eta_a = \frac{\eta_K}{\left(\frac{b}{b_v} - 1\right) \cdot q_B + 1}$$

$$\eta_a = \frac{0{,}90}{\left(\frac{5600\ \frac{h}{a}}{1400\ \frac{h}{a}} - 1\right) \cdot 0{,}007 + 1}$$

$\eta_a = \underline{0{,}88 = 88\ \%}$

4.4 Jahresnutzungsgrad der Heizungsanlage

Der Jahresnutzungsgrad der gesamten Heizungsanlage berücksichtigt neben den Verlusten des Wärmeerzeugers (Heizkessels) auch die Verluste der Wärmeverteilungssysteme (Wärmeabgabe der wärmeführenden Rohrleitungen an ihre Umgebung (Bild 1, nächste Seite). Er ergibt sich somit als Produkt (product) des Heizkessel-Jahresnutzungsgrades η_a und des Verteilungswirkungsgrades η_V.

$$\eta_{a,Anl} = \eta_a \cdot \eta_V$$

$\eta_{a,Anl}$: Jahresnutzungsgrad der Heizungsanlage als Dezimalwert
η_a: Jahresnutzungsgrad des Heizkessels als Dezimalwert
η_a: Verteilungsnutzungsgrad als Dezimalwert (Bild 2, nächste Seite)

Beispiel:
Bestimmen Sie den Jahresnutzungsgrad der Heizungsanlage, wenn der Jahresnutzungsgrad des Öl-Heizkessels 83 % beträgt.

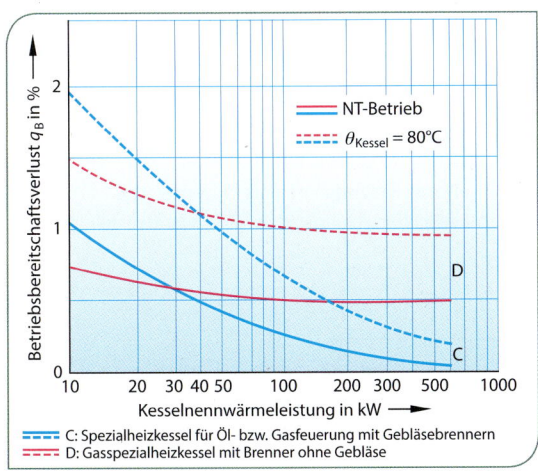

1 *Anhaltswerte für den Betriebsbereitschaftsverlust q_B moderner Heizkessel ab Baujahr 1978 ohne Trinkwassererwärmung*

C: Spezialheizkessel für Öl- bzw. Gasfeuerung mit Gebläsebrennern
D: Gasspezialheizkessel mit Brenner ohne Gebläse

handwerk-technik.de

4 Wirkungsgrade und Nutzungsgrade

geg.: $\eta_a = 0{,}83$; $\eta_V = 0{,}96$ (Bild 2)
ges.: $\eta_{a,Anl}$ in %
Lösung:

$\eta_{a,Anl} = \eta_a \cdot \eta_V$
$\eta_{a,Anl} = 0{,}83 \cdot 0{,}96$
$\eta_{a,Anl} = \underline{0{,}797 = 79{,}7\ \%}$

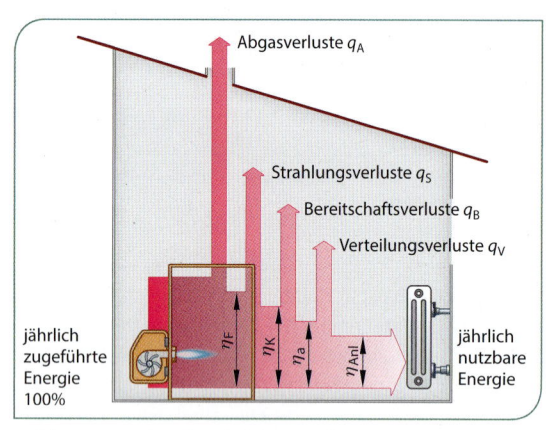

1 Jahresnutzungsgrad einer Heizungsanlage

Art der Wärmeerzeugung bzw. Wärmeverteilung	Verteilungsnutzungsgrad η_V
Zentralheizung	0,96
Blockheizung für mehrere Gebäude	0,93
Stockwerksheizung mit zentraler Wärmeerzeugung in der Wohnung	0,98
Stockwerksheizung mit dezentraler Wärmeerzeugung	1,00

2 Überschlägige Verteilungsnutzungsgrade η_V

Ist der Brennstoffverbrauch bekannt und liegt eine Heizlastberechnung (heating load calculation) vor, kann der Jahresnutzungsgrad der Heizungsanlage überschlägig mit folgender Formel berechnet werden:

$$\eta_{a,Anl} = \frac{\Phi_{HL} \cdot b_V}{H_{i(B)} \cdot B_a}$$

$\eta_{a,Anl}$: Jahresnutzungsgrad der Heizungsanlage als Dezimalwert
Φ_{HL}: Normheizlast in kW
b_V: Jahresvollbenutzungsstunden in $\frac{h}{a}$ (Bild 3, vorh. S.)
$H_{i(B)}$: Heizwert bzw. Betriebsheizwert $\frac{kWh}{kg}$, $\frac{kWh}{l}$, $\frac{kWh}{m^3}$
B_a: Brennstoffverbrauch in $\frac{m^3}{a}$, $\frac{kg}{a}$, $\frac{l}{a}$

Beispiel:
Der jährliche Ölverbrauch der Heizungsanlage eines Einfamilienhauses beträgt 2450 l. Berechnen Sie den Jahresnutzungsgrad der Heizungsanlage, wenn der Brenner 1420 Stunden in Betrieb war und für die Normheizlast 11,2 kW berechnet wurden.
geg.: $\Phi_{HL} = 11{,}2$ kW; $b_V = 1420\ \frac{h}{a}$; $B_a = 2450$ l
ges.: $\eta_{a,Anl}$ in %

Lösung:

$\eta_{a,Anl} = \dfrac{\Phi_{HL} \cdot b_V}{H_{i(B)} \cdot B_a}$

$\eta_{a,Anl} = \dfrac{11{,}2\ \text{kW} \cdot 1420\ \frac{h}{a}}{10\ \frac{kWh}{l} \cdot 2450\ \frac{l}{a}} = \underline{0{,}649 = 64{,}9\ \%}$

4.5 Norm-Nutzungsgrad

Bei den heutigen Heizkesseln wird vermehrt der **Norm-Nutzungsgrad** η_N (standard efficiency) als Vergleichswert verwendet. Der Norm-Nutzungsgrad berücksichtigt auch das Teillast-Verhalten des Heizkessels. Im Vergleich zum Jahresnutzungsgrad, der einen Heizkessel unter realen Bedingungen beurteilt, ist der Norm-Nutzungsgrad eine auf dem Prüfstand unter festgelegten Randbedingungen ermittelte Kenngröße.

Dabei sind bei fünf verschiedenen Belastungen (Teillast-Zuständen) die zugeführten und abgegebenen Wärmemengen zu ermitteln und daraus die Teillast-Nutzungsgrade zu bestimmen. Die Belastungswerte und die dazugehörigen Heizmitteltemperaturen sind der Tabelle (Bild 3) zu entnehmen.

Kesselbelastung in %	Heizmitteltemperaturen			
	Temperaturpaar 75/60 °C		Temperaturpaar 40/30 °C	
	θ_V in °C	θ_R in °C	θ_V in °C	θ_R in °C
13	27	25	23	21
30	37	32	26	23
39	42	36	28	24
48	46	39	30	25
63	55	45	33	26
Bei Heizkesseln mit kostanter Heizmitteltemperatur sind die Teillast-Nutzungsgrade bei konstanter Vorlauftemperatur von 75 °C bzw. 40 °C zu ermitteln.				

3 Belastungswerte und Heizmitteltemperaturen (Mindestwerte)

Der Norm-Nutzungsgrad errechnet sich aus den ermittelten Teillast-Nutzungsgraden nach folgender Formel:

$$\eta_N = \frac{5}{\frac{1}{\eta_1} + \frac{1}{\eta_2} + \frac{1}{\eta_3} + \frac{1}{\eta_4} + \frac{1}{\eta_5}}$$

η_N: Norm-Nutzungsgrad als Prozentwert
$\eta_1 \ldots \eta_5$: Teillast-Nutzungsgrade als Prozentwerte

$$\eta_{1\ldots 5} = \frac{Q_{ab}}{Q_{zu}} \cdot 100\ \%$$

$\eta_1 \ldots \eta_5$: Teillast-Nutzungsgrade als Prozentwerte
Q_{ab}: abgegebene Wärmemenge in kWh
Q_{zu}: zugeführte Wärmemenge in kWh

4 Wirkungsgrade und Nutzungsgrade

Beispiel:
Das nebenstehende Diagramm beinhaltet die ermittelten Teillast-Nutzungsgrade eines Brennwert-Heizkessels 75/60 °C. Bestimmen Sie für diesen Heizkessel den Norm-Nutzungsgrad η_N.

geg.: Auslastung in %   Teillast-Nutzungsgrad η
Auslastung in %	Teillast-Nutzungsgrad η
13	107,5
30	106,0
39	105,0
48	104,0
63	102,0

ges.: η_N in %

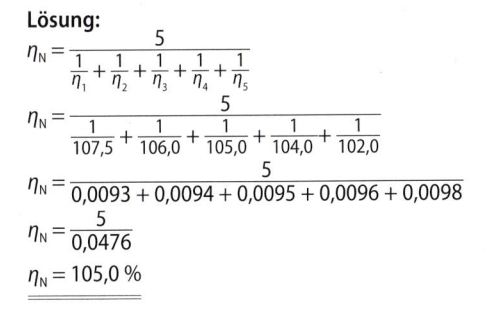

Lösung:

$$\eta_N = \frac{5}{\frac{1}{\eta_1} + \frac{1}{\eta_2} + \frac{1}{\eta_3} + \frac{1}{\eta_4} + \frac{1}{\eta_5}}$$

$$\eta_N = \frac{5}{\frac{1}{107,5} + \frac{1}{106,0} + \frac{1}{105,0} + \frac{1}{104,0} + \frac{1}{102,0}}$$

$$\eta_N = \frac{5}{0,0093 + 0,0094 + 0,0095 + 0,0096 + 0,0098}$$

$$\eta_N = \frac{5}{0,0476}$$

$$\underline{\underline{\eta_N = 105,0 \%}}$$

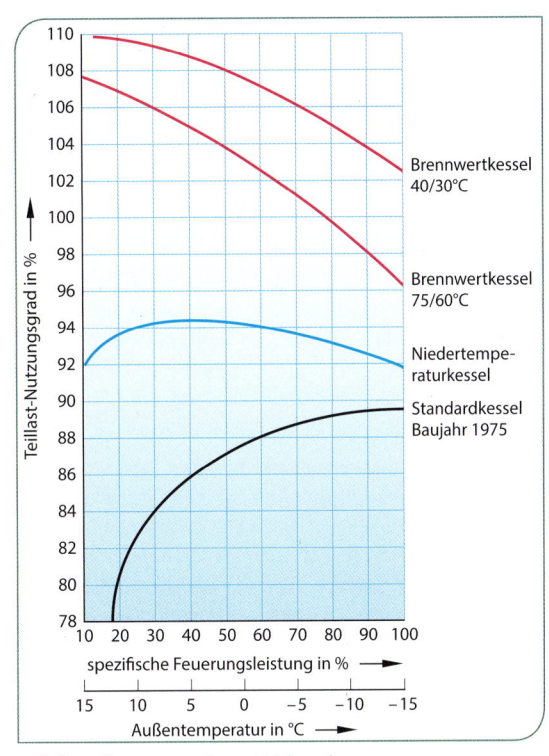

Wie aus dem Diagramm (Bild 1) hervorgeht, haben Standardkessel (Konstanttemperaturkessel) (standard boilers) im Teillastbereich sehr schlechte Nutzungsgrade, während NT-Heizkessel und insbesondere Brennwertkessel gerade in diesem Bereich bei geringen Kesselauslastungen ihre höchsten Nutzungsgrade und damit ihre größte Effizienz aufweisen. Dabei erreichen Brennwertkessel im Teillastbereich (z. B. bei 10 %) – bezogen auf $H_{i,B}$ – ca. 107 %. Zur

1 Teillast-Nutzungsgrade von Heizkesseln

Verdeutlichung dieses Wertes: Bei herkömmlichen Wärmeerzeugern kann wegen der konstruktiven Gestaltung der Wärmeübertrager nur der Heizwert (net calorific value) genutzt werden. Er dient daher als Basiswert für die Angabe von Wirkungsgraden in Deutschland.

ÜBUNGEN

1. Was gibt der feuerungstechnische Wirkungsgrad an?

2. Die Abgasverluste q_A eines Heizkessels mit Ölgebläsebrenner betragen 8 %. Bestimmen Sie den feuerungstechnischen Wirkungsgrad.

3. Bei einem 25 kW-Heizkessel mit Ölgebläsebrenner werden folgende Werte gemessen: CO_2-Gehalt von 12 %, Abgastemperatur $\theta_A = 198,5\ °C$, Verbrennungslufttemperatur (Ansauglufttemperatur) $\theta_L = 19,5\ °C$, Abstrahlungsverluste 1,5 %.
   a) Ermitteln Sie mithilfe eines Rechenschiebers die Abgasverluste und den feuerungstechnischen Wirkungsgrad.
   b) Berechnen Sie den Kesselwirkungsgrad.
   c) Beurteilen Sie die Ergebnisse hinsichtlich der BImSchV.

4. Welche Wärmeverluste, die während der Betriebszeit (Brennlaufzeit) auftreten, gehen in den Kesselwirkungsgrad mit ein?

5. Wovon hängen die Strahlungsverluste ab, die während der Brennerlaufzeit über die Oberfläche des Wärmeerzeugers an den Aufstellraum abgegeben werden?

6. Erläutern Sie zwei Möglichkeiten zur Bestimmung des Kesselwirkungsgrades.

7. Die Abgasverluste q_A eines Heizkessels mit Ölgebläsebrenner betragen 6 % und die Strahlungsverluste q_S betragen 2 %. Bestimmen Sie den Kesselwirkungsgrad.

8. Die Nennwärmeleistung eines Öl-Heizkessels ist mit 21 kW angegeben. Der stündliche Heizölverbrauch (Heizöl EL) beträgt 2,0 kg. Ermitteln Sie den Kesselwirkungsgrad η_K.

9. Bestimmen Sie den Kesselwirkungsgrad eines Gas-Brennwertkessels (Erdgas E: $H_i = 10,4\ \frac{kWh}{m^3}$, $H_s = 11,5\ \frac{kWh}{m^3}$), wenn die Abgastemperatur 55 °C, die Abgasverluste 1,5 % und die Strahlungsverluste 0,5 % betragen.

10. Auf dem Typenschild eines Gas-Heizkessels mit Gebläsebrenner steht: Nennwärmeleistung 20,5 kW, Nenn-

ÜBUNGEN

wärmebelastung 25,5 kW. Mit welchem stündlichen Gasverbrauch an Erdgas E ($H_{i,B} = 9{,}6\ \frac{kWh}{m^3}$) ist bei Nennwärmeleistung zu rechnen?

11. Ein Gas-Durchlaufwasserheizer ist auf eine Nennwärmebelastung von 18 kW eingestellt. Der Gerätewirkungsgrad beträgt 86 %. Wie viele Liter Trinkwasser können stündlich von 15 °C auf 45 °C erwärmt werden?

12. Ein Gas-Kombiwasserheizer verbraucht pro Minute 43,6 l Erdgas LL ($H_{i,B} = 8{,}2\ \frac{kWh}{m^3}$). Der Gerätewirkungsgrad beträgt 90 %.
    a) Berechnen Sie die Wärmebelastung.
    b) Berechnen Sie die Wärmeleistung.

13. Ein Öl-Heizkessel verbraucht stündlich 3,2 kg Heizöl EL. Der Kesselwirkungsgrad beträgt 92 %. In welcher Zeit (Minuten und Sekunden) können damit 160 l Trinkwasser um 35 K erwärmt werden, wenn aufgrund der Speichervorrangschaltung die gesamte Wärmeleistung für die Trinkwassererwärmung verwendet wird. (Wärmeübertragungsverluste vom Heizwasser auf das Trinkwasser werden vernachlässigt).

14. Erläutern Sie den Unterschied zwischen Wirkungsgrad und Nutzungsgrad.

15. Welche Verluste werden im Jahresnutzungsgrad berücksichtigt?

16. Was versteht man unter Bereitschaftsverlusten?

17. Welche Verluste berücksichtigt der Jahresnutzungsgrad einer Heizungsanlage?

18. Ein Einfamilienhaus in Passau wird mit einem 18 kW-Niedertemperaturkessel mit Ölgebläsebrenner (Heizöl EL) beheizt, der einen Wirkungsgrad von 92 % aufweist. Bestimmen Sie den Jahresnutzungsgrad dieses Heizkessels, wenn die Betriebsbereitschaftszeit 5740 $\frac{h}{a}$ beträgt.

19. Für die Beheizung eines Zweifamilienhauses in Würzburg wird ein 25 kW-Gasheizkessel mit Brenner ohne Gebläse (NT-Betrieb) verwendet.
    a) Bestimmen Sie den Jahresnutzungsgrad des Heizkessels, wenn der Kesselwirkungsgrad $\eta_K = 89\ \%$ und die Betriebsbereitschaftszeit $b = 5590\ \frac{h}{a}$ betragen.
    b) Bestimmen Sie den Jahresnutzungsgrad der gesamten Heizungsanlage.

20. Der jährliche Ölverbrauch der Heizungsanlage eines Einfamilienhauses beträgt 2750 l. Berechnen Sie den Jahresnutzungsgrad der Heizungsanlage, wenn der Brenner 1400 Stunden in Betrieb war und für die Normheizlast 10,8 kW berechnet wurden.

21. Bei den heutigen Heizkesseln wird vermehrt der Norm-Nutzungsgrad als Vergleichswert herangezogen.
    a) Begründen Sie dies.
    b) Vergleichen Sie den Norm-Nutzungsgrad mit dem Jahresnutzungsgrad.

22. Das Diagramm (Bild 1, vorherige Seite) beinhaltet die ermittelten Teillast-Nutzungsgrade eines Niedertemperaturheizkessels. Bestimmen Sie für diesen Heizkessel den Norm-Nutzungsgrad η_N.

5 Sicherheitstechnische Ausrüstung von geschlossenen Warmwasser-Heizungsanlagen

Um einen sicheren und wirtschaftlichen Betrieb zu gewährleisten, sind nach DIN EN 12828 geschlossene Warmwasser-Heizungsanlagen (closed hot water heating systems) auszurüsten mit:
- Einrichtungen (devices) zur Überwachung (monitoring) der Betriebsbedingungen (operational conditions), wie z. B. Temperatur, Druck, Wasserstand,
- Einrichtungen zur Regelung (controlling) der Betriebstemperatur und/oder der Energiezufuhr,
- Einrichtungen zur Regelung des Betriebsdruckes.

Geschlossene Warmwasser-Heizungsanlagen mit einer maximalen Betriebstemperatur bis 105 °C sind nach DIN EN 12828 mit sicherheitstechnischen (safety) Einrichtungen gegen Überschreitung der maximalen Betriebstemperatur und des maximalen Betriebsdrucks zu versehen.
Die sicherheitstechnischen Anforderungen sind als Mindestanforderungen zu betrachten und in Übereinstimmung mit der Art der Energieversorgung (feste, flüssige, gasförmige Brennstoffe), der Art der Energieerzeugung des Wärmeerzeugers (automatische oder Handregelung) und der Nennwärmeleistung des Wärmeerzeugers zu planen und auszulegen. Die erforderlichen Sicherheitseinrichtungen der Wärmeerzeuger (Heizkessel) sind in DIN EN 303-1 bis DIN EN 303-5 festgelegt.
Heizungsanlagen mit Betriebstemperaturen über 105 °C sind sicherheitstechnisch nach DIN EN 12953-6 „Großwasserraumkessel" auszurüsten.
Wärmeerzeugungsanlagen mit Absicherungstemperaturen über 110 °C fallen in den Geltungsbereich der DIN EN 12952 und DIN EN 12953. Hierbei handelt es sich um überwachungspflichtige Heißwasseranlagen (hot water systems) gemäß BetrSichV bzw. Druckgeräterichtlinie. Die sicherheitstechnische Ausrüstung solcher Anlagen sollte in Absprache mit einer Sachverständigenorganisation wie z. B. TÜV erfolgen.

5 Sicherheitstechnische Ausrüstung von geschlossenen Warmwasser-Heizungsanlagen

5.1 Geschlossene Warmwasser-Heizungsanlagen mit Öl-/Gasfeuerung

Nach DIN EN 12828 sind geschlossene Warmwasser-Heizungsanlagen mit Öl-/Gasfeuerung und Betriebstemperaturen bis maximal 105 °C mit folgenden Einrichtungen auszurüsten (Bild 1):

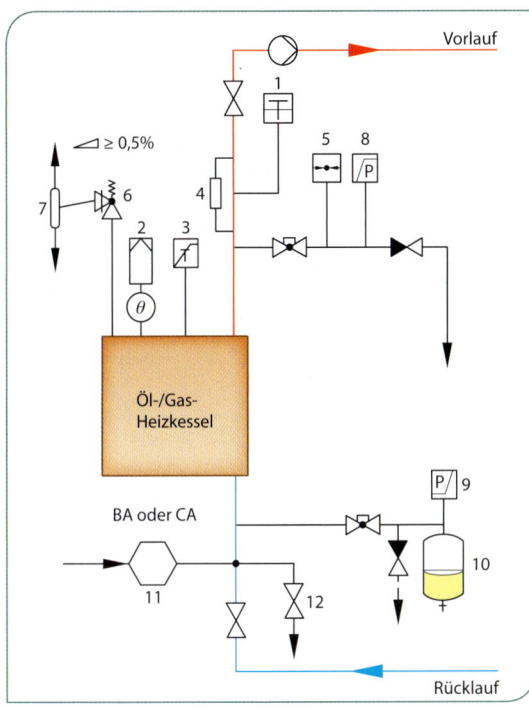

1 Sicherheitstechnische Ausrüstung einer geschlossenen Warmwasser-Heizungsanlage mit Öl-/Gasfeuerung und Vorlauftemperaturen bis 105 °C

Sicherung gegen Temperaturüberschreitung (excessive temperature)
1. Temperaturmessgerät (Thermometer)
2. Temperaturregler
3. Sicherheitstemperaturbegrenzer (STB)
4. Wassermangelsicherung[1] (Wasserstandbegrenzer oder Mindestdruckbegrenzer oder Durchflussbegrenzer)

Sicherung gegen Drucküberschreitung (excessive pressure)
5. Druckmessgerät (Manometer)
6. Sicherheitsventil
7. Entspannungstopf (> 300 kW)
8. Sicherheits-Druckbegrenzer (> 300 kW)
9. Mindestdruckbegrenzer (als Ersatzmaßnahme bei Verzicht auf WMS)
10. Druckausdehnungsgefäß (MAG oder AG mit Fremddruckregulierung)
11. Fülleinrichtung
12. Entleerungseinrichtung

Druckausdehnungsgefäß – Membran-Ausdehnungsgefäß

Das Druckausdehnungsgefäß (expansion vessel) gleicht temperaturbedingte Volumenänderungen des Heizwassers aus. Ohne Druckausdehnungsgefäß würde ständig Ausdehnungswasser über das Sicherheitsventil entweichen. Bei Abkühlung würde negativer Überdruck entstehen und über Stopfbuchsen und lösbare Verbindungen würde Luft angesaugt werden. Es müsste häufig Wasser nachgefüllt werden und die Korrosionsgefahr würde dadurch erheblich steigen. Nach DIN EN 12828 ist das Druckausdehnungsgefäß so zu bemessen, dass es mindestens das Ausdehnungswasser (expansion water) der Anlage einschließlich der Wasservorlage (water supply) aufnehmen kann.

Außerdem müssen das Druckausdehnungsgefäß und die Verbindungsleitung zur Heizungsanlage so ausgelegt werden, dass der Temperaturanstieg bis zur maximalen Betriebstemperatur nur einen Druckanstieg (pressure rise) im Heizungssystem bewirken kann, bei dem die Druckbegrenzungseinrichtungen und die Sicherheitsventile (safety valve) noch nicht ansprechen. Um ein Einfrieren zu verhindern, sind das Druckausdehnungsgefäß und die Verbindungsleitung zur Heizungsanlage in frostgeschützten (frost-free) Räumen einzubauen oder gegen Einfrieren zu schützen. Zwischen dem Druckausdehnungsgefäß und dem Wärmeerzeuger darf außer einem gegen unbeabsichtigtes Schließen gesicherten Absperrventil keine Absperrarmatur eingebaut werden.

Nach DIN EN 12828 sind zwar auch andere Druckausdehnungsgefäße zulässig, in der Praxis werden aber hauptsächlich **Membran-Druckausdehnungsgefäße** verwendet (Bilder 2 und 1, nächste Seite).

Diese Gefäße, die der DIN EN 12828 entsprechen müssen, enthalten eine Membrane (membrane), die den Wasser- und Gasraum trennt. Sie werden werkseitig mit einem Inertgas (chemisch reaktionsträge) – meist Stickstoff – gefüllt und

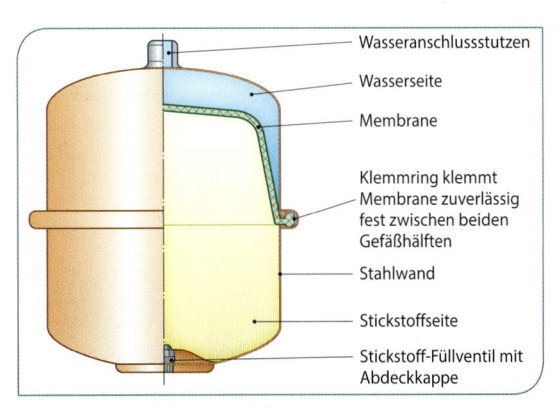

2 Membran-Ausdehnungsgefäß

[1] Handelt es sich nicht um eine Dachheizungszentrale (attic heating), kann bei Wärmeerzeugern bis 300 kW Nennwärmeleistung auf eine Wassermangelsicherung verzichtet werden, wenn z. B. durch den Sicherheitstemperaturbegrenzer (STB) sichergestellt ist, dass eine unzulässige Erwärmung bei Wassermangel nicht auftreten kann.

5 Sicherheitstechnische Ausrüstung von geschlossenen Warmwasser-Heizungsanlagen

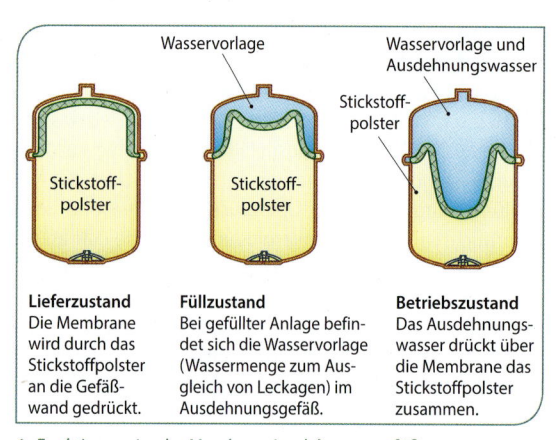

1 Funktionsweise des Membran-Ausdehnungsgefäßes

Lieferzustand
Die Membrane wird durch das Stickstoffpolster an die Gefäßwand gedrückt.

Füllzustand
Bei gefüllter Anlage befindet sich die Wasservorlage (Wassermenge zum Ausgleich von Leckagen) im Ausdehnungsgefäß.

Betriebszustand
Das Ausdehnungswasser drückt über die Membrane das Stickstoffpolster zusammen.

mit einem **Vordruck** von 0,5; 1,0; 1,5 bar oder 3 bar geliefert. Vor Ort sollte der Vordruck überprüft und wenn erforderlich auf den notwendigen **Anfangsdruck** (≥ Statischer Druck zwischen Anschluss des Ausdehnungsgefäßes und dem höchsten Punkt der Anlage) einreguliert werden. Der Anfangsdruck soll verhindern, dass bereits beim Füllen der Anlage mehr als das für die **Wasservorlage** erforderliche Wasser in das Ausdehnungsgefäß eindringt und dadurch Ausdehnungsvolumen verloren geht.

Der **Anschluss** (connection) des Membran-Ausdehnungsgefäßes soll am druckneutralen Punkt des Rohrleitungssystems (statischer oder Enddruck ist immer konstant unabhängig vom Betrieb der Umwälzpumpe), vorzugsweise am Rücklauf (return pipe) erfolgen, damit sich die Membrane (übliche zulässige Dauertemperatur ≤ 70 °C, Herstellerangaben beachten) nicht zu sehr erwärmt. In die Verbindungsleitung zur Heizungsanlage sind eine Entleerungseinrichtung und eine Absperrung einzubauen, die gegen unbeabsichtigtes Schließen gesichert ist wie z. B. ein mit Draht und Plombe gesichertes Kappenventil (cap shutoff valve) (Bild 2). Diese Absperr- und Entleerungsmöglichkeit ist erforderlich, um eine einwandfreie Prüfung des Anfangsdruckes im Ausdehnungsgefäß – im Zuge der Anlagenwartung mindestens einmal im Jahr notwendig – ohne Entleerung der Anlage durchführen zu können. Je nach Bedarf kann Stickstoff nachgefüllt, abgelassen oder das Gefäß ausgetauscht werden.

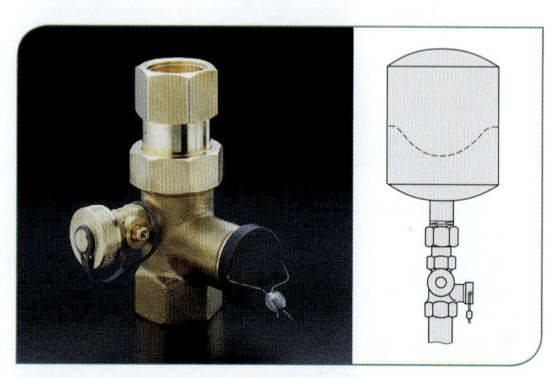

2 Kappenventil mit Draht und Plombe gesichert und mit Entleerung

Sicherheitsventil

Sicherheitsventile schützen den Wärmeerzeuger gegen Überschreiten des zulässigen Betriebsdruckes. Für Warmwasserheizungsanlagen werden meist federbelastete (spring-loaded) Membran-Sicherheitsventile verwendet, die werkseitig auf einen Einstelldruck (Ansprechdruck) von 2,5 bar oder 3 bar eingestellt und in der Regel durch eine rote Kappe gekennzeichnet sind (Bild 3). Überschreitet der Druck in der Anlage den Einstellwert (setting), hebt das Wasser den Ventilteller (valve disc) gegen die Federkraft (elastic force) vom Ventilsitz an und fließt über die Abblasleitung (drain line) ab. Der Druck in der Anlage vermindert sich. Bei Unterschreitung des Abblasdruckes schließt das Ventil wieder selbsttätig. Nach DIN EN 12828 muss jeder Wärmeerzeuger durch mindestens ein Sicherheitsventil abgesichert werden. Bei Verwendung mehrerer Sicherheitsventile muss das kleinere Ventil eine Abblasleistung von mindestens 40 % der gesamten Wassermenge haben.

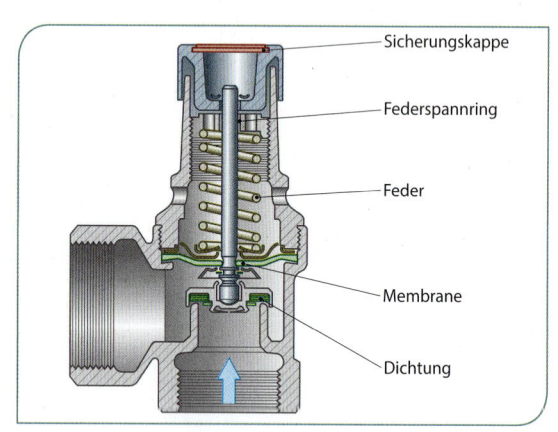

3 Membran-Sicherheitsventil

Sicherheitsventile müssen DIN EN ISO 4126-1 entsprechen, einen **Mindestdurchmesser von DN 15** (Bild 3, nächste Seite) aufweisen und eine Überschreitung des maximalen Betriebsdruckes um mehr als 10 % verhindern.

Der **Einbau** des Sicherheitsventils muss gut zugänglich am Wärmeerzeuger oder in unmittelbarer Nähe im Vorlauf (flow pipe) erfolgen. Das Sicherheitsventil ist so anzuordnen, dass der Druckverlust der Verbindungsleitung 3 % (connecting pipe) und der der Abblasleitung 10 % des Nenndrucks des Sicherheitsventils nicht überschreitet. Zwischen Wärmeerzeuger und Sicherheitsventil darf keine Absperrung eingebaut werden. Manche Hersteller bieten Sicherheitsventil, Manometer und automatischen Entlüfter als Systemeinheit an, die an den Sicherheitsvorlauf (safety forward flow) des Wärmeerzeugers anzuschließen ist (Bild 1, nächste Seite).

Austretendes Heizungswasser und entweichender Dampf müssen gefahrlos abgeleitet werden. Dies kann durch eine Abblasleitung gewährleistet werden, die z. B. in einen Ablauftrichter führt. Um zu verhindern, dass sich in der Abblasleitung Wasser sammelt und um sie vor Einfrieren zu schützen, sollte sie mit Gefälle (≥ 0,5 %) verlegt werden.

5 Sicherheitstechnische Ausrüstung von geschlossenen Warmwasser-Heizungsanlagen

1 Kesselsicherheitsblock

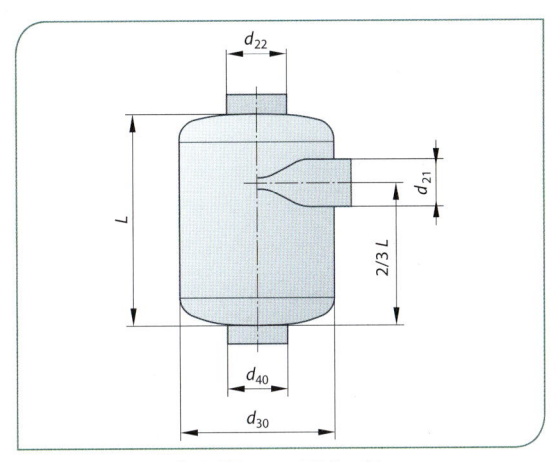

2 Entspannungstopf mit Ablass- und Abflussleitung

Bei Wärmeerzeugern über 300 kW muss die Abblasleitung des Sicherheitsventils mit einem **Entspannungstopf** (blow tank) (Bild 2) in der Nähe des Ventils und mit einer im Freien endenden Dampf-Abblasleitung versehen sein. Die Abblasleitung des Sicherheitsventils mündet dabei im oberen Drittel des Topfes, die Dampf-Abblasleitung wird von dessen Scheitelpunkt ins Freie weitergeführt. Am tiefsten Punkt des Entspannungstopfes wird eine Abflussleitung angeschlossen, die austretendes Heizungswasser ableitet.

Auf den Entspannungstopf kann verzichtet werden, wenn jeder Wärmeerzeuger mit einem zusätzlichen Temperatur- und zusätzlichen Druckbegrenzer (pressure limiter) ausgerüstet ist. Sofern in den Anweisungen der Hersteller und in anderen Normen bzw. Regelwerken nichts anderes festgelegt ist, können für die Bemessung des Membran-Sicherheitsventils, der Zu- und Abblasleitung, des Entspannungstopfes und der Wasserabflussleitung die Werte der Tabelle Bild 3 verwendet werden.

Sicherheitstemperaturbegrenzer (safety temperature limiter)

Öl- und Gas-Heizkessel (direkt beheizte Wärmeerzeuger) sind zum Schutz gegen Überschreitung der zulässigen Betriebstemperatur mit einem Sicherheitstemperaturbegrenzer (Bild 1, nächste Seite) auszurüsten. Ist der Wärmeerzeuger nicht bereits vom Hersteller mit einem Sicherheitstemperaturbegrenzer ausgestattet, so ist eine derartige Einrichtung so nahe wie möglich am Wärmeerzeuger in die

Membran-Sicherheitsventil (MSV)	Nennwärmeleistung in kW		50	100	200	350	600	900
	Nennweite DN		15	20	25	32	40	50
	Anschlussgewinde für die Zuleitung		$\frac{1}{2}$	$\frac{3}{4}$	1	$1\frac{1}{4}$	$1\frac{1}{2}$	2
	Anschlussgewinde für die Ausblaseleitung		$\frac{3}{4}$	1	$1\frac{1}{4}$	$1\frac{1}{2}$	2	$2\frac{1}{2}$
Art der Leitung	Längen in m	Anzahl der Bögen	Mindestdurchmesser und Mindestnennweiten DN					
Zuleitung	≤ 1	≤ 1	15	20	25	32	40	50
Abblasleitung ohne Entspannungstopf ET	≤ 2 ≤ 4	≤ 2 ≤ 3	20 25	25 32	32 40	40 50	50 65	65 80
Abblasteilung zwischen MSV und ET d_{21}	≤ 5	≤ 2	32	40	50	65	80	100
Abblasleitung zwischen ET u. Abblasöffnung d_{22}	≤ 15	≤ 3	40	50	65	80	100	125
Entspannungstopf d_{30}	≤ 1,7 · d_{30}	0	125	150	200	250	300	400
Wasserabflussleitung des ET d_{40}	–	–	32	40	50	65	80	100

3 Größen und Nennweiten von Membran-Sicherheitsventilen (Ansprechdruck 2,5 … 3 bar) Bemessung der Zu- und Abblasleitung, des Entspannungstopfes und der Wasserabflussleitung

5 Sicherheitstechnische Ausrüstung von geschlossenen Warmwasser-Heizungsanlagen

Vorlaufleitung der Anlage einzubauen, sodass nach dem Abschalten der Beheizung oder der Brennstoffzufuhr oder der Verringerung der Brennstoffmenge auf ein Minimum die Kesselwassertemperatur um nicht mehr als 10 °C ansteigt.

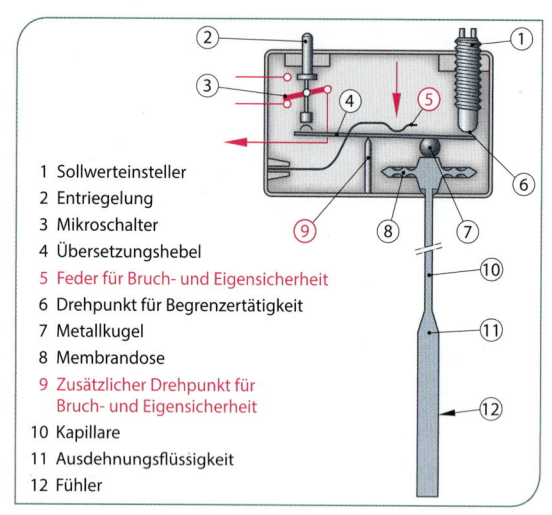

1 Sollwerteinsteller
2 Entriegelung
3 Mikroschalter
4 Übersetzungshebel
5 Feder für Bruch- und Eigensicherheit
6 Drehpunkt für Begrenzertätigkeit
7 Metallkugel
8 Membrandose
9 Zusätzlicher Drehpunkt für Bruch- und Eigensicherheit
10 Kapillare
11 Ausdehnungsflüssigkeit
12 Fühler

1 Sicherheitstemperaturbegrenzer

Der **Sicherheitstemperaturbegrenzer (STB)** verhindert bei Nichtansprechen (failure) des Temperaturreglers (temperature control) ein Überschreiten der zulässigen Kesselwassertemperatur, indem er den Brenner bei Erreichen einer werkseitig eingestellten Grenztemperatur (maximum temperature) von z. B. 98 °C abschaltet und gegen selbsttätiges Wiedereinschalten (restart) verriegelt. Eine Entriegelung ist nur mithilfe eines Werkzeuges und nach Abkühlung des Kessels möglich. Die Entriegelung (lockout release) darf nur von einer Fachkraft durchgeführt werden, damit die Fehlerursache erkannt und der Fehler behoben wird. Die maximale Einstelltemperatur am STB beträgt 110 °C. Die durch Nachheizen sich einstellende Kesselwassertemperatur nach Abschalten durch den STB darf 120 °C nicht überschreiten. Da die Überschwingtemperatur (Temperaturanstieg über die STB-Einstelltemperatur durch Nachheizen) von üblicherweise 10 °C kesselspezifisch sehr differieren kann (30 °C und mehr), muss der STB ggf. auf eine entsprechend niedrigere Temperatur eingestellt sein.

Bei indirekt beheizten Wärmeerzeugern ist anstelle des Sicherheitstemperaturbegrenzers ein **Sicherheitstemperaturwächter (STW)** (safety temperature device) vorzusehen. Der Sicherheitstemperaturwächter unterbricht zwar auch bei Erreichen des eingestellten Grenzwertes die Wärmezufuhr, verriegelt sie aber nicht, sondern gibt sie nach Absinken der Temperatur unter den Einstellwert wieder selbsttätig frei.

Im Vergleich zu **Temperaturbegrenzer (TB)** und **Temperaturwächter (TW)** sind Sicherheitstemperaturbegrenzer und Sicherheitstemperaturwächter Temperaturbegrenzungseinrichtungen mit erweiterter (extended) Sicherheit, d. h., es muss auch bei einem Fehler ihrer Bauteile eine Abschaltung bzw. Begrenzung gewährleistet sein.

Wassermangelsicherung

Geschlossene Heizungsanlagen mit direkt beheizten Wärmeerzeugern müssen mit einer Wassermangelsicherung (low-water alarm) ausgerüstet sein, welche die Feuerung bei Wassermangel abschaltet, um ein Überhitzen bzw. Ausglühen (annealing) des Wärmeerzeugers zu verhindern.

Handelt es sich nicht um eine Dachheizzentrale, kann bei Wärmeerzeugern bis 300 kW Nennwärmeleistung auf eine Wassermangelsicherung verzichtet werden, wenn durch eine andere Maßnahme des Herstellers sichergestellt ist, dass eine unzulässige Aufheizung bei Wassermangel nicht auftreten kann. Als Wassermangelsicherung ist nach DIN EN 12828 ein Wasserstandbegrenzer (water level limiter) (Bild 2) oder eine entsprechende Einrichtung wie z. B. ein Mindestdruckbegrenzer oder ein Durchflussbegrenzer zu verwenden.

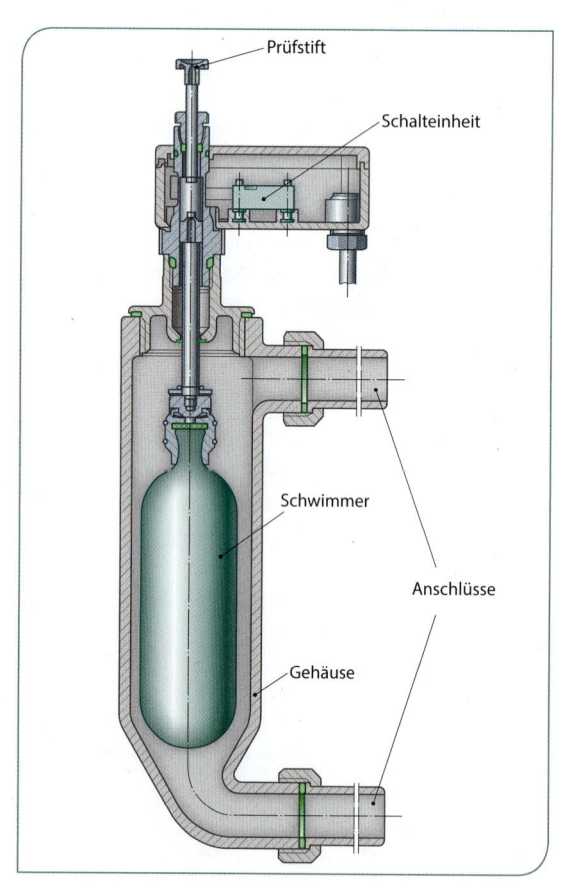

2 Wasserstandsbegrenzer

Der **Wasserstandsbegrenzer** schaltet die Feuerung über einen Schwimmer, dessen Bewegung auf einen Mikroschalter übertragen wird (Bild 1, nächste Seite) bei Unterschreitung eines festgelegten niedrigsten Wasserstandes (mind. 100 mm über der höchsten beheizten Fläche des Heizkessels) ab und verriegelt sie gegen selbsttätiges Wiedereinschalten.

Es gibt Wasserstandsbegrenzer mit eingebauter Verriegelung und ohne Verriegelung. Bei letzterer Ausführung ist die Verriegelung in der elektrischen Schaltung durch eine Elektro-

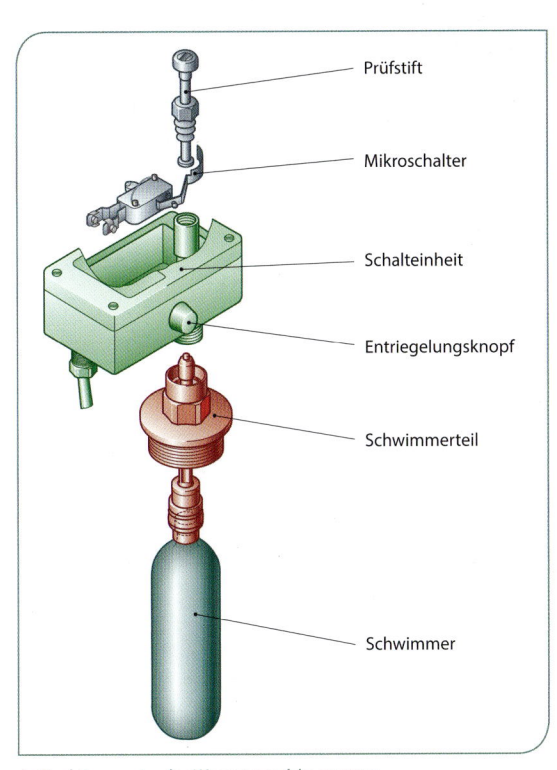

5 Sicherheitstechnische Ausrüstung von geschlossenen Warmwasser-Heizungsanlagen

serstandsbegrenzer ist nach Befüllung der Anlage durch Hochziehen des Prüfstiftes und Betätigen der Entriegelung in Betrieb zu nehmen.

> **MERKE**
>
> Erfolgt nach Inbetriebnahme der Anlage eine Störabschaltung, befindet sich sehr wahrscheinlich Luft im Gehäuse des Wasserstandsbegrenzers. Durch Entlüften des Wasserstandsbegrenzers kann die Störung beseitigt werden.

Druckbegrenzer

Jeder Wärmeerzeuger mit einer Nennwärmeleistung über 300 kW muss mit einem **Sicherheits-Druckbegrenzer (Maximaldruckbegrenzer)** ausgerüstet sein. Ist der Wärmeerzeuger werkseitig nicht mit einem Druckbegrenzer ausgestattet, ist eine derartige Einrichtung möglichst nahe am Wärmeerzeuger einzubauen.

Der Druckbegrenzer muss die Feuerung sowohl bei einem unzulässigen Druckanstieg als auch bei Ausfall der Hilfsenergie abschalten und sie gegen selbsttätiges Wiedereinschalten verriegeln. Er muss so eingestellt sein, dass er vor den Sicherheitsventilen anspricht. Druckbegrenzer der abgebildeten Ausführung (Bild 3) besitzen einen druckgesteuerten Schalter, dessen Kontaktstellung vom Druck im Anschlussstutzen und vom eingestellten Grenzwert abhängt. Die Einstellung wird mit dem Einstellknopf unter gleichzeitigem Ablesen der Bereichsskala vorgenommen. Die Schaltdifferenz kann an der Schaltdifferenzrolle einstellbar oder werkseitig fest eingestellt sein.

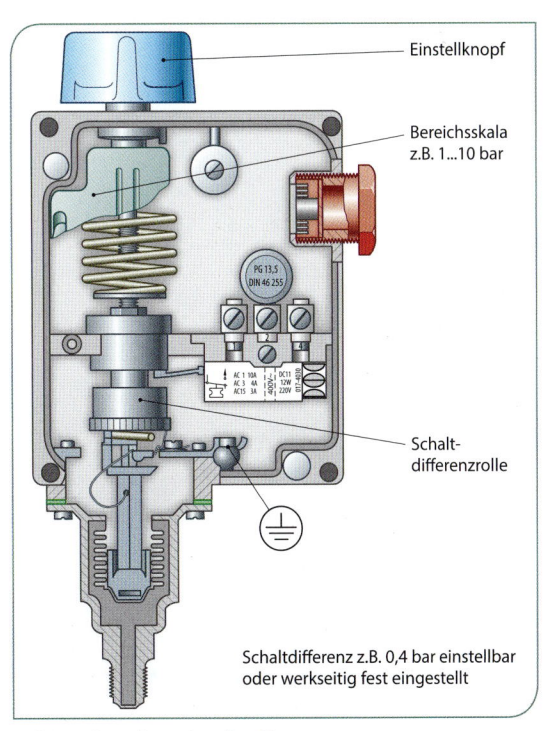

1 Funktionsweise des Wasserstandsbegrenzers

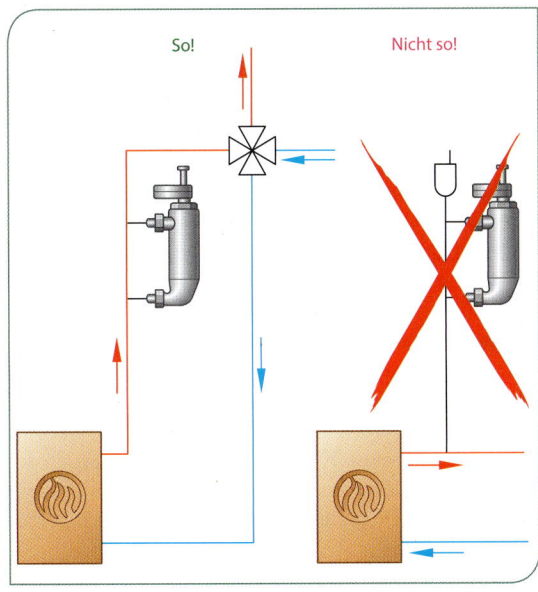

2 Einbau des Wasserstandsbegrenzers

Fachkraft vorzusehen. Der Wasserstandsbegrenzer wird parallel an einen senkrecht verlaufenden Rohrabschnitt der Vorlaufleitung im Kesselkreis vor dem Mischer oder an dafür vorgesehene Anschlussstutzen direkt am Kessel montiert. Er sollte an einer durchströmten Leitung angebracht werden, da sonst auch bei Verwendung von automatischen Entlüftungsventilen die Gefahr der Störabschaltung durch angesammelte Luft oder Dampfblasen besteht (Bild 2). Der Was-

3 Prinzipdarstellung eines Druckbegrenzers

5 Sicherheitstechnische Ausrüstung von geschlossenen Warmwasser-Heizungsanlagen

Bei indirekt beheizten Wärmeerzeugern ist ein Druckbegrenzer nicht notwendig.

Der **Mindestdruckbegrenzer** soll verhindern, dass das Heizungswasser bei zu geringem Druck in der Anlage verdampft.

Temperaturregler

Öl-/Gas-Heizkessel benötigen einen Temperaturregler (Kesselthermostat), um die Wärmeerzeugung dem Wärmebedarf anzupassen. Der Temperaturregler muss den Brenner so zeitig abschalten (turn off), dass die Kesselwassertemperatur den vorgegebenen Sollwert nicht bzw. nur geringfügig überschreitet. Der höchste Einstellwert des Temperaturreglers liegt unter dem Schaltpunkt (switching point) des Sicherheitstemperaturbegrenzers. Die maximale Einstelltemperatur am Temperaturregler beträgt 105 °C.

Man unterscheidet Regler wie z. B. Zweipunktregler (two-position controller), die die Kesselwassertemperatur auf einem annähernd konstanten Wert halten oder nach oben einschränken (Bild 1) und Regler, meist elektronische Regler mit gleitendem Regelverhalten, die die Kessel- bzw. Vorlauftemperatur nach einer Führungsgröße (command variable) wie z. B. der Außentemperatur oder der Zeit verändern (Bild 2).

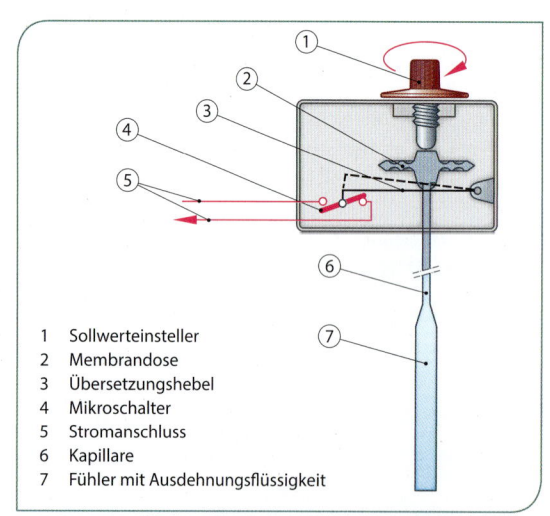

1 Sollwerteinsteller
2 Membrandose
3 Übersetzungshebel
4 Mikroschalter
5 Stromanschluss
6 Kapillare
7 Fühler mit Ausdehnungsflüssigkeit

1 Zweipunkt-Temperaturregler

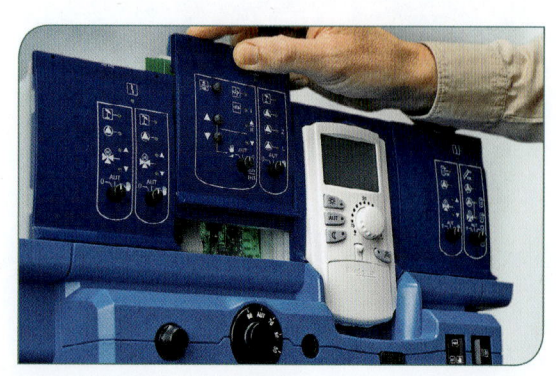

2 Regelelektronik in Modulbauweise

Druckmessgerät/Manometer

Das Druckmessgerät/Manometer (Bild 3) dient zur Kontrolle des Druckes in der Anlage. Es muss gegenüber dem maximalen Betriebsdruck einen mindestens 50 % größeren Anzeigebereich (indicating range) aufweisen.

Um die Kontrolle zu erleichtern, ist es mit einer Markierung für den Mindestbetriebsdruck der Heizungsanlage (meist Stellzeiger) sowie für den Ansprechdruck des Sicherheitsventils (rote Strichmarke z. B. bei 2,5 bar) versehen.

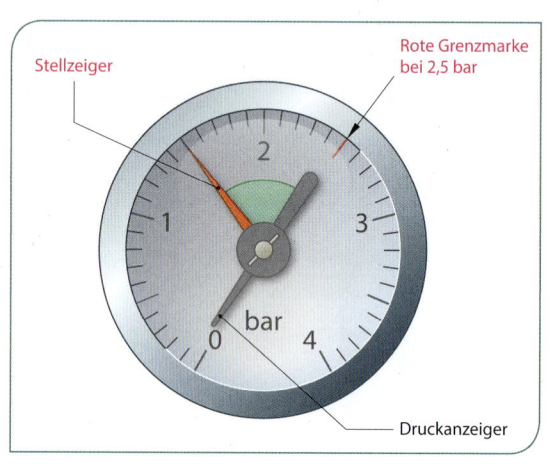

3 Manometer

Der Bereich zwischen Mindest- und Höchstdruck wird häufig durch ein grünes Feld (display) gekennzeichnet. Bei korrekter Funktion der Anlage muss sich der Druckanzeiger in diesem Bereich bewegen.

Das Manometer wird direkt am Wasserraum des Heizkessels oder in unmittelbarer Nähe am Vorlauf gut sichtbar angebracht. Häufig wird es auch zusammen mit dem Sicherheitsventil und dem automatischen Entlüfter als Systemeinheit (system unit) an den Sicherheitsvorlauf des Wärmeerzeugers angeschlossen (Bild 1, Seite 31).

Temperaturmessgerät/Thermometer

Das Temperaturmessgerät/Thermometer (thermometer) wird direkt am Wasserraum des Heizkessels oder am Vorlauf angebracht und erfasst die Temperatur des Heizwassers. Ihr Anzeigebereich muss 20 % über die maximal zulässige Betriebstemperatur hinausgehen. Die zulässige Betriebstemperatur ist in der Regel auf der Anzeigeskala des Thermometers markiert.

Fülleinrichtung (feeding device)

Eine Heizungsanlage muss mit einer Einrichtung ausgestattet sein, die es ermöglicht, dass sie befüllt und der Wasserstand angeglichen werden kann. Die Verbindung der Heizungsanlage mit dem Trinkwassernetz muss gemäß DIN EN 1717 mit einer Sicherungseinrichtung ausgerüstet sein, welche das Rückfließen (back flow) des Heizwassers in das Trinkwasserrohrnetz zuverlässig verhindert. Je nach Gefährdungsgrad fordert die Norm den Einsatz entsprechender Rohr- bzw. Systemtrenner.

5.2 Geschlossene Warmwasser-Heizungsanlagen mit Festbrennstoff-Feuerung

Geschlossene Warmwasser-Heizungsanlagen mit Festbrennstoff-Feuerung sind nach DIN EN 12828 und DIN EN 303-5 mit folgenden Einrichtungen auszurüsten (Bild 1):

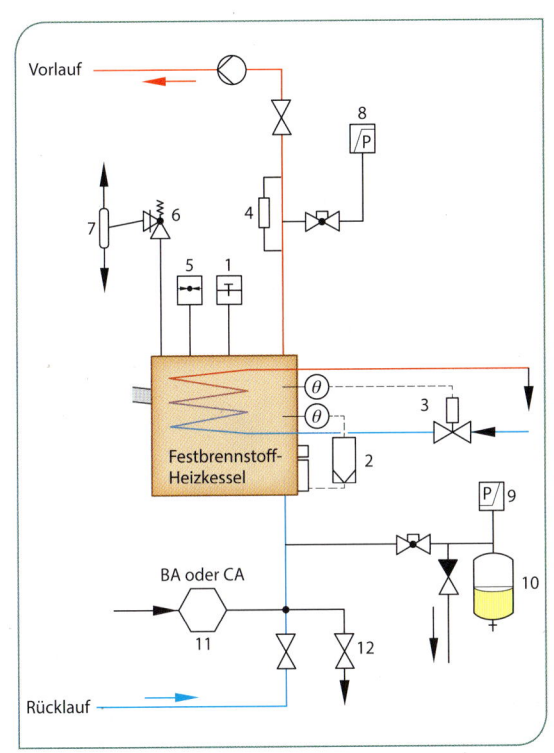

1 Sicherheitstechnische Ausrüstung einer geschlossenen Warmwasser-Heizungsanlage mit Festbrennstoff-Heizkessel bis 100 kW Nennwärmeleistung (nicht abschaltbare Feuerung)

Sicherung gegen Temperaturüberschreitung
1. Temperaturmessgerät (Thermometer)
2. Temperaturregler (Verbrennungsluftregler/Feuerungsregler)
3. Sicherheitstemperaturbegrenzer (STB)
   Wärmeerzeuger mit **ungeregelter** oder **nicht schnell abschaltbarer** (cannot be switched off) **Beheizung:** Notkülung über thermische Ablaufsicherung (thermal overload device) oder Sicherheitswärmeverbraucher mit STB
4. Wassermangelsicherung (Wasserstandsbegrenzer oder Mindestdruckbegrenzer oder Durchflussbegrenzer)

Sicherung gegen Drucküberschreitung
5. Druckmessgerät (Manometer)
6. Sicherheitsventil
7. Entspannungstopf (> 300 kW)
8. Sicherheits-Druckbegrenzer (> 300 kW)
9. Mindestdruckbegrenzer (als Ersatzmaßnahme bei Verzicht auf WMS)
10. Druckausdehnungsgefäß (MAG oder AG mit Fremddruckregulierung)
11. Fülleinrichtung
12. Entleerungseinrichtung

Nach DIN EN 303-5 sind Festbrennstoff-Heizkessel $\leq$ 300 kW mit folgenden Einrichtungen gegen Temperaturüberschreitung abzusichern:

Heizkessel mit **schnell abschaltbarem** Feuerungssystem[1]:
- Sicherheitstemperaturbegrenzer (STB)

Heizkessel mit **teilweise abschaltbarem** Feuerungssystem[2]:
- Sicherheitstemperaturbegrenzer (STB)
- Sicherheitswärmeübertrager (safety heat exchanger), z. B. thermische Ablaufsicherung in Verbindung mit einem in den Heizkessel eingebauten Wärmeübertrager zur Abfuhr der Restwärmeleistung (zulässige Restwärmeleistung des Heizkessels $\leq$ 100 kW)

Heizkessel mit **nicht abschaltbarer** Feuerung[3]:
- Sicherheitswärmeübertrager, z. B. thermische Ablaufsicherung in Verbindung mit einem in den Heizkessel eingebauten Wärmeübertrager, zur Abfuhr der im Störfall maximal möglichen Wärmeleistung (zulässige Nennwärmeleistung des Heizkessels $\leq$ 100 kW)

Temperaturregler (Verbrennungsluftregler/Feuerungsregler)

Der Temperaturregler, der bei Festbrennstoff-Heizkesseln meist als Verbrennungsluft- oder Feuerungsregler (furnace controller) bezeichnet wird, beeinflusst durch Verstellen der Zuluftklappe (air-inlet damper) oder über ein Gebläse die Verbrennungsluftzufuhr in Abhängigkeit von der vorgegebenen Kesseltemperatur.

Thermisch-mechanisch wirkende Temperaturregler verstellen die Zuluftklappe über eine Hebelstange und Kette (Bild 1, nächste Seite). Ihr Einbau kann je nach Kesseltyp waagrecht oder senkrecht erfolgen.

> **MERKE**
> Zur Einjustierung ist der Kessel auf eine beliebige, im Einstellbereich des Verbrennungsluftreglers liegende Temperatur aufzuheizen und diese Temperatur ist am Verbrennungsluftregler einzustellen. Ist die eingestellte Temperatur erreicht, ist die Kette so weit zu kürzen, dass die Zuluftklappe gerade noch schließt.

---

[1] Die Wärmeerzeugung kann so schnell unterbrochen werden, dass weder auf der Wasserseite noch auf der Feuerungsseite gefährliche Betriebszustände wie z. B. ein Ansteigen der Kesselwassertemperatur auf über 110 °C oder eine Überhitzung bzw. Verpuffung im Brennraum auftreten.

[2] Ein wesentlicher Teil der Wärmeerzeugung kann durch Regel- und Sicherheitseinrichtungen kurzfristig unterbrochen werden, sodass auf der Feuerungsseite keine gefährlichen Betriebszustände entstehen.

[3] Restwärmeleistung (verbleibender Teil der Wärmeleistung) geht nach dem Abschalten noch von der Feuerungsseite auf die Wasserseite über.

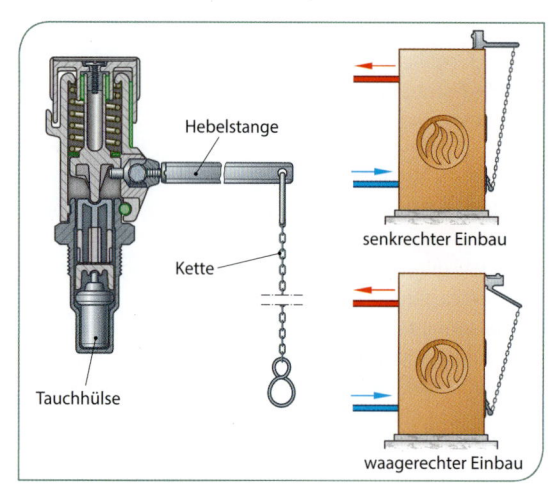

5 Sicherheitstechnische Ausrüstung von geschlossenen Warmwasser-Heizungsanlagen

1 Einbau des Feuerungsreglers

Thermisch-elektrisch wirkende Temperaturregler betätigen über Stellmotore (actuators; servomotors) die Luftklappen des Kessels oder die Nebenluftklappe im Schornstein bzw. regeln über Gebläse die Zufuhr der Verbrennungsluft. Die Verbrennungsluftzufuhr mittels Gebläse (Bild 2) ermöglicht eine genauere Anpassung der Verbrennungsluft an den Bedarf und damit eine bessere Verbrennung und höhere feuerungstechnische Wirkungsgrade. Um die Verbrennung zu optimieren, werden heute vermehrt stufenlos (infinitely variable) drehzahlgeregelte Gebläse eingesetzt. Bei modernen Geräten werden die Kessel- und Abgastemperatur und der Sauerstoffgehalt der Abgase ständig über einen Sauerstoff-Sensor (Lambdasonde) und Messfühler (transducer) im Abgaskanal und Kessel erfasst und für die Drehzahlregelung und damit für die Verbrennungsluftzufuhr ausgewertet.

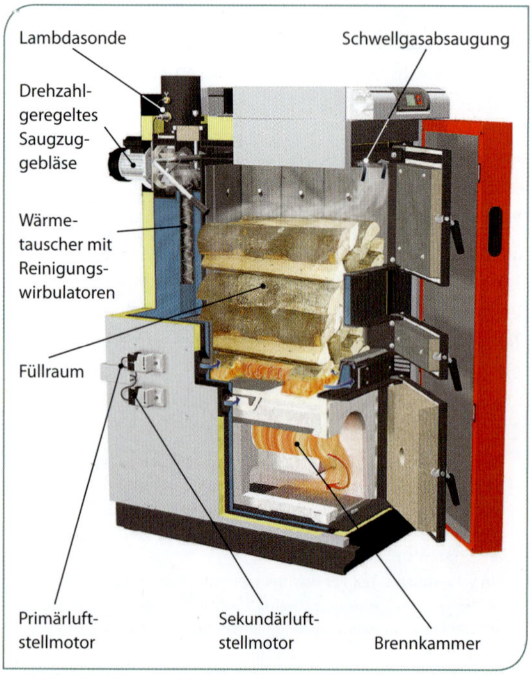

Thermische Ablaufsicherung

Die thermische Ablaufsicherung (Bild 3) in Verbindung mit einem in den Heizkessel eingebauten Wärmeübertrager dient zur Absicherung von geschlossenen Festbrennstoff-Heizungsanlagen mit nicht oder teilweise abschaltbarem Feuerungssystem gegen unzulässig hohe Betriebstemperaturen. Sie ist erforderlich, weil die Brennstoffglut (glowing fire) auch bei geschlossener Luftklappe bzw. abgeschaltetem Gebläse noch Wärme freisetzt und diese Restwärme auf die Wasserseite übertragen wird. Als Wärmeübertrager sind Speicher- oder Durchfluss-Wassererwärmer zulässig. Diese müssen so gebaut und angeordnet sein, dass die Wärme ohne weitere Hilfseinrichtungen und ohne Fremdenergie übertragen werden kann.

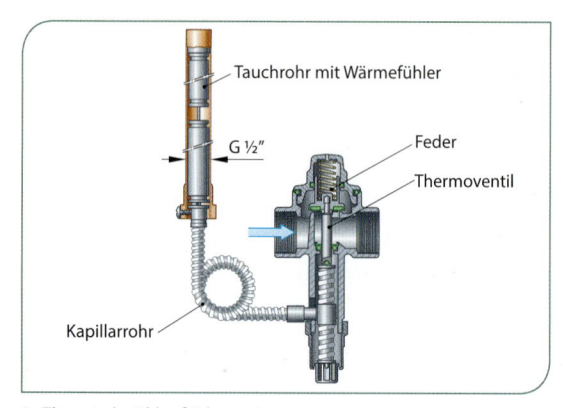

3 Thermische Ablaufsicherung

- **Funktionsweise**

Der Fühler erfasst die Kesselwassertemperatur und ist über ein Kapillarrohr (capillary tube) mit dem thermisch gesteuerten Ventil verbunden. Im Fühler und Kapillarrohr befindet sich eine Ausdehnungsflüssigkeit (expansion fluid). Eine Feder hält das Ventil geschlossen. Überschreitet die Kesselwassertemperatur einen Maximalwert, in der Regel 95 °C, ist die Kraft, die durch den Druck der Ausdehnungsflüssigkeit erzeugt wird, größer als die Federkraft. Das Thermoventil öffnet und lässt so lange kaltes Wasser durch den Wärmeübertrager (Kühlschlange) strömen bzw. lässt so lange warmes Wasser aus dem integrierten Trinkwassererwärmer (Speicher) abfließen und damit kaltes Wasser nachströmen, bis dem Heizkessel die überschüssige Wärme entzogen ist.

- **Einbau**

Die thermische Ablaufsicherung wird vorzugsweise in die Kaltwasser-Anschlussleitung des Wärmeübertragers eingebaut (Bild 1, nächste Seite). Bei Sicherheitswärmeübertragern, die ausschließlich der Wärmeabfuhr im Störfall dienen, muss sie dort eingebaut sein. Dadurch wird die Armatur vor Verschmutzung wie z. B. durch Kalkausfällung im Wärmeübertrager geschützt. Der Sicherheitswärmeübertrager bleibt im normalen Heizbetrieb drucklos.

2 Verbrennungsluftzufuhr durch drehzahlgeregeltes Saugzuggebläse sowie Primär- und Sekundärluftstellmotor

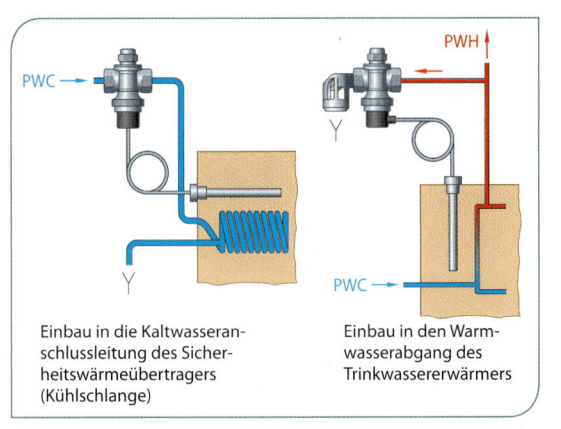

5 Sicherheitstechnische Ausrüstung von geschlossenen Warmwasser-Heizungsanlagen

1 Einbau der thermischen Ablaufsicherung

Bei Heizkesseln, bei denen die Absicherung über den eingebauten Trinkwassererwärmer (Speicher) erfolgt, ist die thermische Ablaufsicherung in den Warmwasserabgang des Wassererwärmers einzubauen (Bild 1). Durch das Nachströmen von kaltem Trinkwasser erfolgt eine indirekte Abkühlung des Heizkessels.

MERKE

Achtung!
Die thermische Ablaufsicherung ersetzt nicht das Membran-Sicherheitsventil. Die thermische Ablaufsicherung schützt die Anlage vor unzulässig hoher Temperatur, das Membran-Sicherheitsventil schützt sie vor unzulässig hohem Druck.

Nebenluftvorrichtung/Zugbegrenzer
Durch den Einbau einer Nebenluftvorrichtung (draught regulator) (vgl. Kap. 6.3.2.3) wird verhindert, dass der erforderliche Förderdruck (Zugbedarf) am Kesselende wesentlich überschritten wird.

5.3 Bemessung des Membran-Ausdehnungsgefäßes

Die **Größe** des **M**embran-**A**usdehnungs**g**efäßes (MAG) (Bild 2) hängt ab von:
- dem Wasservolumen der Heizungsanlage,
- der maximalen Betriebstemperatur,
- dem Anfangsdruck,
- dem Einstelldruck des Sicherheitsventils.

Das **Wasservolumen** der Anlage hängt ab vom:
- Wasserinhalt des Wärmeerzeugers (Bauart, Leistung),
- Wasserinhalt der Rohre (Länge, Nennweite),
- Wasserinhalt der Heizflächen (Radiatoren, Konvektoren) bzw. der Flächenheizung (Fußbodenheizung, Wandheizung).

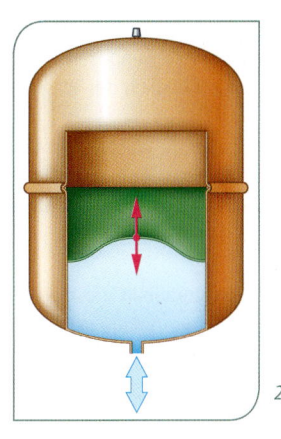

2 Membran-Ausdehnungsgefäß

Sind die Abmessungen bzw. Wasservolumen der einzelnen Bauteile nicht bekannt, kann das Wasservolumen der gesamten Anlage näherungsweise (approximately) mithilfe der Nennwärmeleistung des Wärmeerzeugers und dem spezifischen Anlagenvolumen (Bild 3) bestimmt werden. Ein Pufferspeicher (buffer storage) ist allerdings dabei nicht eingerechnet; dessen Inhalt ist zum ermittelten Anlagenvolumen zu addieren.

$$V_A = v_A \cdot \Phi_{NL}$$

V_A: Wasservolumen der Anlage in l
v_A: spezifisches Anlagenvolumen in $\frac{l}{kW}$
Φ_{NL}: Nennwärmeleistung des Wärmeerzeugers in kW

θ_V/θ_R in °C	Stahl- und Stahlröhrenradiatoren	Flachheizkörper (Plattenheizkörper)	Konvektoren	Fußbodenheizung
	in $\frac{l}{kW}$			
60/40	36,2	14,6	9,1	
70/50	26,1	11,4	7,4	
70/55	25,2	11,6	7,9	20
80/60	20,5	9,6	6,5	
90/70	17,0	8,5	6,0	

3 Spezifisches Anlagenvolumen v_A

Beispiel:
Die Nennwärmeleistung des Heizkessels einer Warmwasser-Heizungsanlage 70/50 °C beträgt $\Phi_{NL} = 25$ kW. Als Heizflächen werden Flachheizkörper verwendet. Bestimmen Sie das Wasservolumen der Heizungsanlage mithilfe der Tabelle Bild 3.

Lösung:
geg.: $\Phi_{NL} = 25$ kW; $\theta_V = 70$ °C; $\theta_R = 50$ °C
$v_A = 11,4 \frac{l}{kW}$ (Bild 3)
ges.: V_A in l
$V_A = v_A \cdot \Phi_{NL}$
$V_A = 11,4 \frac{l}{kW} \cdot 25$ kW
$V_A = \underline{\underline{285\ l}}$

5 Sicherheitstechnische Ausrüstung von geschlossenen Warmwasser-Heizungsanlagen

Das Membran-Ausdehnungsgefäß ist wie jedes andere Ausdehnungsgefäß so zu bemessen, dass es mindestens das Ausdehnungswasser der Anlage einschließlich der Wasservorlage aufnehmen kann.

Das **Ausdehnungsvolumen** hängt ab vom Wasservolumen der Anlage sowie der maximalen Betriebstemperatur und kann vereinfacht mit der prozentualen Wasserausdehnung e (Bild 1) berechnet werden:

$$V_e = \frac{e \cdot V_A}{100}$$

V_e: Ausdehnungsvolumen in l
V_A: Wasservolumen der Anlage in l
e: Wasserausdehnung in %

Maximale Auslegungs-Betriebstemperaturen in °C	Wasserausdehnung e in %
30	0,66
40	0,93
50	1,29
60	1,71
70	2,22
80	2,81
90	3,47
100	4,21
110	5,03
120	5,93
130	6,90

1 Wasserausdehnung e in % für verschiedene Auslegungs-Betriebstemperaturen bei einer Befülltemperatur von 10 °C

Beispiel:
Wie groß ist das Ausdehnungsvolumen V_e einer geschlossenen Heizungsanlage mit einem Wasserinhalt V_A = 285 l bei einer maximalen Vorlauftemperatur von θ_V = 70 °C.

Lösung:
geg.: V_A = 285 l; e = 2,22
ges.: V_e in l

$$V_e = \frac{e \cdot V_A}{100}$$
$$V_e = \frac{2,22 \cdot 285\,l}{100}$$
$$V_e = \underline{\underline{6,3\,l}}$$

Die **Wasservorlage** ist die Wassermenge, die bei gefüllter aber noch nicht in Betrieb befindlicher Anlage im Ausdehnungsgefäß sein soll, um auftretende Wasserverluste des Heizsystems auszugleichen. Die Wasservorlage muss bei Gefäßen bis 15 l mindestens 20 % ihres Volumens, bei Gefäßen mit einem größeren Volumen mindestens 0,5 % des Wasservolumens der Heizungsanlage, mindestens jedoch 3 l betragen.

$V_n \leq 15\,l$: $\boxed{V_V = \frac{V_n \cdot 20}{100}}$

$V_n > 15\,l$: $\boxed{V_V = \frac{V_A \cdot 0,5}{100} \geq 3\,l}$

V_V: Wasservorlage in l
V_A: Wasservolumen der Anlage in l
V_n: Nennvolumen des Ausdehnungsgefäßes in l

Beispiel:
Wie groß muss die Wasservorlage V_V sein, wenn die Heizungsanlage einen Wasserinhalt von V_A = 285 l hat?

Lösung:
geg.: V_A = 285 l
ges.: V_V in l

$$V_V = \frac{V_A \cdot 0,5}{100} \geq 3\,l$$
$$V_V = \frac{285\,l \cdot 0,5}{100}$$
$$V_V = 1,425\,l\ \text{gewählt}\ V_V = \underline{\underline{3\,l}}$$

Der **Anfangsdruck** (initial pressure) richtet sich bei Warmwasserheizungen nach dem (hydro)statischen Druck (Druck, der sich durch die Höhe der Wassersäule zwischen Anschluss des Ausdehnungsgefäßes und dem höchsten Punkt der Anlage ergibt). Bei Wassertemperaturen über 100 °C ist zum statischen Druck der entsprechende Dampfdruck (Bild 2) zu addieren. Anstelle des Dampfdruckes können zum statischen Druck überschlägig 0,3 bar addiert werden.

Heizwassertemperatur in θ °C	Dampfdruck p_D in bar
… 100	0,0
> 100 … 105	0,2
> 105 … 110	0,5
> 110 … 115	0,7
> 115 … 120	1,0

2 Dampfdrücke

$\boxed{p_o = p_{ST} + p_D}$

p_o: Anfangsdruck in bar
p_{ST}: Statischer Druck in bar
p_D: Dampfdruck in bar

Nach DIN EN 12828 sollte der Anfangsdruck mindestens 0,7 bar betragen.

Beispiel:
Bei einer geschlossenen Wasserheizungsanlage beträgt die Wasserhöhe über dem Ausdehnungsgefäß h = 8 m. Wie groß muss der Anfangsdruck p_o sein, wenn die maximale Vorlauftemperatur θ_V = 70 °C beträgt?

Lösung:
geg.: p_{ST} = 8 m WS = 0,8 bar; p_D = 0 bar
ges.: p_o in bar
$p_o = p_{ST} + p_D$
p_o = 0,8 bar + 0 bar
p_o = $\underline{\underline{0,8\,\text{bar}}}$
Der Anfangsdruck muss 0,8 bar betragen.

Der **Enddruck** (ultimate pressure) (positiver Überdruck bei maximaler Betriebstemperatur) sollte um den Arbeitsdifferenzdruck (pressure differential) (Druckdifferenz zwischen Einstelldruck und Schließdruck des Sicherheitsventils) unter dem Einstelldruck des Sicherheitsventils angesetzt werden. Diese Druckdifferenz beträgt 10 % des Einstelldruckes des

5 Sicherheitstechnische Ausrüstung von geschlossenen Warmwasser-Heizungsanlagen

Sicherheitsventils, bei einem Einstelldruck des Sicherheitsventils $p_{SV} \leq 5$ bar üblicherweise 0,5 bar.

Für Sicherheitsventile $p_{SV} > 5$ bar:

$$p_e = p_{SV} - 0{,}1 \cdot p_{SV}$$

Für Sicherheitsventile $p_{SV} \leq 5$ bar:

$$p_e = p_{SV} - 0{,}5 \text{ bar}$$

p_e: Enddruck in bar
p_{SV}: Einstelldruck des Sicherheitsventils in bar

Bei einem größeren Höhenunterschied (level difference) zwischen dem Einbauort des Ausdehnungsgefäßes und dem des Sicherheitsventils sollte der statische Druckunterschied berücksichtigt werden.

Beispiel:
Wie groß ist der Enddruck p_e, wenn der Ansprechdruck des Sicherheitsventils $p_{SV} = 3$ bar beträgt.

Lösung:
geg.: $p_{SV} = 3$ bar
ges.: p_e in bar
$p_e = p_{SV} - 0{,}5$ bar
$p_e = 3$ bar $- 0{,}5$ bar
$p_e = \underline{2{,}5 \text{ bar}}$
Der Enddruck p_e beträgt 2,5 bar.

Das **Volumen (Größe)** des MAG kann nach DIN EN 12828 mit folgender Formel berechnet werden:

$$V_{n,min} = (V_e + V_V) \frac{p_e + 1 \text{ bar}}{p_e - p_0}$$

$V_{n,min}$: Mindest-Nennvolumen (Größe) des MAG in l
V_e: Ausdehnungsvolumen in l
V_V: Wasservorlage in l
p_e: Enddruck in bar
p_0: Anfangsdruck in bar

Beispiel:
Berechnen Sie die Mindestgröße (minimum size) des Ausdehnungsgefäßes, wenn das Ausdehnungsvolumen $V_e = 6{,}3$ l, die Wasservorlage $V_V = 3$ l, der Anfangsdruck $p_0 = 0{,}8$ bar und der Enddruck $p_e = 2{,}5$ bar betragen.

Lösung:
geg.: $V_e = 6{,}3$ l; $V_V = 3$ l; $p_0 = 0{,}8$ bar; $p_e = 2{,}5$ bar
ges.: $V_{n,min}$ in l

$$V_{n,min} = (V_e + V_V) \cdot \frac{p_e + 1 \text{ bar}}{p_e - p_0}$$

$$V_{n,min} = (6{,}3 \text{ l} + 3 \text{ l}) \cdot \frac{2{,}5 \text{ bar} + 1 \text{ bar}}{2{,}5 \text{ bar} - 0{,}8 \text{ bar}}$$

$$V_{n,min} = 9{,}3 \text{ l} \cdot \frac{3{,}5 \text{ bar}}{1{,}7 \text{ bar}}$$

$$V_{n,min} = \underline{19{,}2 \text{ l gewählt } 25 \text{ l}}$$

Ist im Handel kein Membran-Ausdehnungsgefäß mit dem errechneten Nennvolumen erhältlich, so ist das nächst größere Gefäß zu wählen (Bild 1).
Ist der Wasserinhalt der Anlage bekannt, kann das Ausdehnungsgefäß auch mithilfe von **Herstellertabellen** (manufacturer tables) **im Schnellverfahren** (quick method) ausgewählt werden (Bild 1).

Beispiel:
Der Wasserinhalt einer geschlossenen Warmwasserheizungsanlage 70/50° C beträgt 285 l. Das Sicherheitsventil öffnet

Heizungsanlage 70 °C Vorlauftemperatur, 50 °C Rücklauftemperatur									
p_{SV} Ansprechdruck des Sicherheitsventils am Wärmeerzeuger					V_A max. Wasserinhalt der Anlage				
p_0 Gasvordruck (Anfangsdruck) im Ausdehnungsgefäß					p_F Anlagenfülldruck in bar				
p_{SV}	bar	2,5			V_n	3,0			
p_0	bar	0,5	1,0	1,5	Liter	0,5	1,0	1,5	1,8
V_A	Liter	110	48		8	130	80	31	
p_F	bar	1,1	1,6			1,1	1,7	2,2	
V_A	Liter	160	70		12	200	120	46	
p_F	bar	1,1	1,6			1,1	1,7	2,2	
V_A	Liter	270	130		18	330	210	95	27
p_F	bar	1,0	1,5			1,0	1,6	2,1	2,4
V_A	Liter	420	240	50	25	500	340	180	90
p_F	bar	0,9	1,3	1,8		0,9	1,4	1,9	2,3
V_A	Liter	640	390	130	35	730	540	310	180
p_F	bar	0,9	1,3	1,8		0,9	1,4	1,9	2,2
V_A	Liter	910	610	220	50	1040	780	500	310
p_F	bar	0,9	1,3	1,8		0,9	1,4	1,9	2,2
V_A	Liter	1460	970	360	80	1670	1250	830	560
p_F	bar	0,9	1,3	1,8		0,9	1,4	1,9	2,2

1 Hersteller-Auslegungstabelle

bei einem positiven Überdruck p_{SV} = 3 bar, der Anfangsdruck p_o beträgt 1 bar.
Bestimmen Sie mithilfe Tabelle Bild 1, vorherige Seite das erforderliche Nennvolumen des Membran-Ausdehnungsgefäßes.

Lösung:
geg.: V_A = 285 l; θ_V = 70 °C; θ_R = 50 °C; p_o = 1,0 bar; p_{SV} = 3 bar
ges.: V_n in l
V_n = 25 l (Bild 1, vorherige Seite)

Da bei Gefäßen ≤ 15 Liter die Wasservorlage nur mithilfe des Gefäßvolumens $V_{n,\,min}$ berechnet werden kann, wird durch Einsetzen dieser Formel in die Gleichung für die Volumenermittlung des MAG folgende abgewandelte Beziehung **sinnvollerweise** angewendet:

$$V_{n,\,min} = \frac{V_e}{\frac{p_e - p_0}{p_e + 1\,bar} - 0{,}2} \qquad V_{n,\,min} \leq 15\,l$$

Die Bestimmung der Gefäßgröße mit dieser Gleichung trifft für die Vielzahl der zentralen WW-Heizungsanlagen mit geringen Wasserinhalten (z. B. wandhängende Gasumlaufwasserheizer und Plattenheizkörper) in Einfamilienhäusern oder Appartements zu.

Der **Anlagenfülldruck**, der notwendig ist, damit die erforderliche Wasservorlage in das MAG gelangt, kann aus Tabellen der Herstellerkataloge (Bild 1, vorherige Seite) ermittelt oder mit der folgenden Formel berechnet werden.

$$p_F = \frac{V_n \cdot (p_0 + 1\,bar)}{V_n - V_V} - 1\,bar$$

p_F: Anlagenfülldruck in bar
p_0: Anfangsdruck in bar
V_n: Nennvolumen des MAG in l
V_V: Wasservorlage im MAG in l

Beispiel:
Das Ausdehnungsgefäß einer geschlossenen Heizungsanlage hat ein Nennvolumen V_n = 25 l und einen Anfangsdruck p_0 = 1 bar. Wie groß muss der Anlagenfülldruck p_F sein, damit das Ausdehnungsgefäß eine Wasservorlage V_V = 3 l aufnimmt?
geg.: V_n = 25 l; p_0 = 1 bar; V_V = 3 l
ges.: p_F in bar

$$p_F = \frac{V_n \cdot (p_0 + 1\,bar)}{V_n - V_V} - 1\,bar$$

$$p_F = \frac{25\,l \cdot (1\,bar + 1\,bar)}{25\,l - 3\,l} - 1\,bar$$

$$p_F = \frac{25\,l \cdot 2\,bar}{22\,l} - 1\,bar$$

$$p_F = \underline{1{,}27\,bar}$$

ÜBUNGEN

1. Nennen Sie die erforderlichen Sicherheitseinrichtungen, mit denen geschlossene Warmwasser-Heizungsanlagen mit Öl-/Gasfeuerung und Vorlauftemperaturen bis 105 °C nach DIN EN 12828 auszurüsten sind.

2. Übertragen Sie das Schema auf ein DIN A4 Blatt und vervollständigen Sie die geschlossene Wasserheizungsanlage mit allen erforderlichen Sicherheitseinrichtungen nach DIN EN 12828, wenn der Öl-Heizkessel eine Nennwärmeleistung von 21 kW aufweist, die maximale Vorlauftemperatur 75 °C beträgt und das Sicherheitsventil bei einem Überdruck von 2,5 bar öffnet.

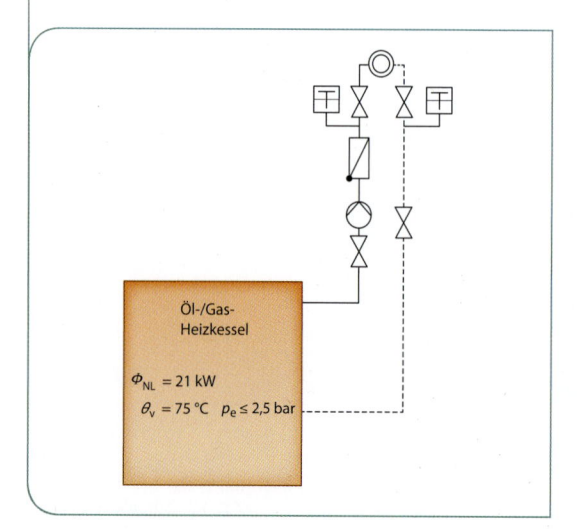

3. Beschreiben Sie den Aufbau eines Membran-Ausdehnungsgefäßes.

4. Wozu ist der Anfangsdruck im Membran-Ausdehnungsgefäß notwendig?

5. Wovon hängt der Anfangsdruck des Membran-Ausdehnungsgefäßes ab?

6. Welche Aufgabe hat die Wasservorlage im Membran-Ausdehnungsgefäß?

7. Nennen Sie Vorschriften, die beim Einbau des Membran-Ausdehnungsgefäßes zu beachten sind.

8. Welche Aufgabe hat das Sicherheitsventil?

9. Geben Sie den Mindestdurchmesser eines Sicherheitsventils an.

10. Nennen Sie Einbauvorschriften für das Sicherheitsventil.

11. Ab welcher Nennwärmeleistung des Heizkessels ist ein Entspannungstopf vorzusehen?

5 Sicherheitstechnische Ausrüstung von geschlossenen Warmwasser-Heizungsanlagen

ÜBUNGEN

12. Welche Aufgabe hat der Sicherheitstemperaturbegrenzer (STB)?

13. Erläutern Sie den Unterschied zwischen einem Sicherheitstemperaturbegrenzer und einem Sicherheitstemperaturwächter.

14. Wodurch unterscheidet sich ein Sicherheitstemperaturbegrenzer von einem Temperaturbegrenzer?

15. Welche Aufgabe erfüllt die Wassermangelsicherung?

16. An welcher Stelle der Anlage ist die Wassermangelsicherung einzubauen?

17. Bei welchen Wärmeerzeugern kann auf eine Wassermangelsicherung verzichtet werden?

18. Welche Wärmeerzeuger sind mit einem Sicherheits-Druckbegrenzer (Maximaldruckbegrenzer) auszurüsten?

19. Welche Aufgabe erfüllt der Mindestdruckbegrenzer?

20. Nennen Sie die erforderlichen Sicherheitseinrichtungen, mit denen Festbrennstoff-Heizkessel mit nicht abschaltbarer Feuerung in geschlossenen Warmwasser-Heizungsanlagen nach DIN EN 12828 auszurüsten sind.

21. Übertragen Sie das Schema auf ein DIN A4 Blatt und vervollständigen Sie die geschlossene Wasserheizungsanlage mit allen erforderlichen Sicherheitseinrichtungen nach DIN EN 12828, wenn die Nennwärmeleistung des Festbrennstoff-Heizkessels 25 kW beträgt, die Vorlauftemperatur auf 75 °C begrenzt ist und das Sicherheitsventil bei einem Überdruck von 3 bar öffnet.

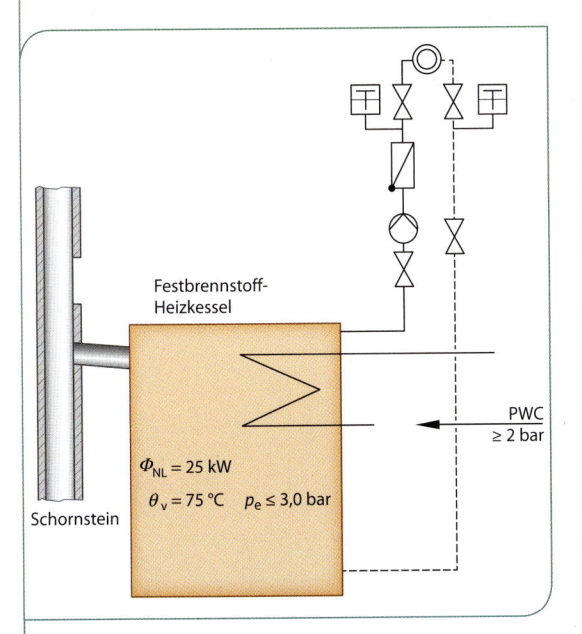

[Schema: Festbrennstoff-Heizkessel mit $\Phi_{NL} = 25$ kW, $\vartheta_v = 75$ °C, $p_e \leq 3{,}0$ bar, Schornstein, PWC ≥ 2 bar]

22. Welche Aufgabe hat der Feuerungsregler (Verbrennungsluftregler) eines Festbrennstoff-Heizkessels?

23. Warum müssen Festbrennstoff-Heizkessel mit nicht oder teilweise abschaltbarem Feuerungssystem in geschlossenen Warmwasser-Heizungsanlagen mit einer thermischen Ablaufsicherung ausgerüstet werden?

24. Beschreiben Sie den Aufbau und die Funktionsweise einer thermischen Ablaufsicherung

25. Nennen Sie Vorschriften, die beim Einbau des Membran-Ausdehnungsgefäßes zu beachten sind.

26. Eine geschlossene Warmwasserheizung 70/55 °C hat eine Nennwärmeleistung von 25 kW. Als Heizflächen werden Stahlröhrenradiatoren verwendet. Bestimmen Sie das Wasservolumen der Anlage.

27. Die Nennwärmeleistung Φ_{NL} einer Warmwasser-Heizungsanlage 70/50 °C beträgt 21 kW. Berechnen Sie das Wasservolumen der Heizungsanlage, wenn als Heizflächen Flachheizkörper verwendet werden.

28. Die Nennwärmeleistung des Heizkessels einer Warmwasser-Heizungsanlage 60/40 °C beträgt $\Phi_{NL} = 18$ kW. Bestimmen Sie das Wasservolumen bei 70 % Fußbodenheizung und 30 % Plattenheizkörpern.

29. Eine geschlossene Warmwasser-Heizungsanlage 70/55 °C hat eine Nennwärmeleistung von 32 kW. Das Sicherheitsventil öffnet bei $p_{SV} = 2{,}5$ bar. Die Wasserhöhe über dem Ausdehnungsgefäß beträgt 8 m. Bestimmen Sie den Renninhalt des Membran-Ausdehnungsgefäßes bei 80 % Radiatoren und 20 % Fußbodenheizung.

30. Die Nennwärmeleistung Φ_{NL} einer Warmwasser-Heizungsanlage 70/50 °C beträgt 20 kW. Bestimmen Sie mit Hilfe der Herstellerauslegungstabelle (Bild 1, nächste Seite) die Größe des MAG, wenn als Heizflächen Plattenheizkörper verwendet werden, der Ansprechdruck des Sicherheitsventils 2,5 bar und der Anfangsdruck $p_0 = 1$ bar betragen.

31. Der Wasserinhalt einer geschlossenen Warmwasser-Heizungsanlage beträgt 600 kg. Das Heizwasser wird auf maximal 70 °C aufgeheizt. Das Sicherheitsventil öffnet bei einem positiven Überdruck $p_{SV} = 3$ bar. Bestimmen Sie das erforderliche Nennvolumen des Membran-Ausdehnungsgefäßes bei einem Anfangsdruck $p_0 = 0{,}5$ bar.

32. Eine geschlossene Warmwasser-Heizungsanlage enthält 520 l Heizwasser, das von 10 °C auf 75 °C aufgeheizt wird. Das Sicherheitsventil öffnet bei einem positiven Überdruck $p_{SV} = 2{,}5$ bar. Bestimmen Sie das erforderliche Nennvolumen des Membran-Ausdehnungsgefäßes bei einem Anfangsdruck $p_0 = 1{,}0$ bar.

33. Ein Ausdehnungsgefäß einer geschlossenen Heizungsanlage hat ein Nennvolumen von 35 l und einen Anfangsdruck $p_0 = 0{,}5$ bar. Es soll eine Wasservorlage von

5 Sicherheitstechnische Ausrüstung von geschlossenen Warmwasser-Heizungsanlagen

ÜBUNGEN

'reflex N'	Sicherheitsventil 2.5 bar		Sicherheitsventil 3.0 bar	
	Vordruck		Vordruck	
Leistung [kW]	1.0	1.5	1.0	1.5
10	N 18	N 35	N 18	N 25
20	N 35	N 80	N 25	N 35
30	N 35	N 80	N 35	N 50
40	N 50	N 100	N 35	N 50
50	N 80	N 140	N 50	N 80
60	N 80	N 140	N 50	N 80
70	N 80	N 200	N 80	N 80
80	N 100	N 200	N 80	N 100
90	N 100	N 200	N 80	N 140
100	N 140	N 250	N 80	N 140
120	N 140	N 250	N 100	N 140
140	N 200	N 300	N 140	N 200
160	N 200	N 400	N 140	N 200
180	N 200	N 400	N 200	N 250
200	N 250	N 500	N 200	N 250

Schnellauswahl - Heizungsgefäße

▶ statischer Druck p_{stat} = statische Höhe [m] / 10
▶ Vordruck $p_0 = p_{stat} + 0{,}2$ bar
▶ Fülldruck $p_F = p_0 + 0{,}3$ bar (bei kalter Anlage)

1 Herstellerauslegungstabelle

3 l aufnehmen. Berechnen Sie den notwendigen Anlagenfülldruck in bar.

34) a) Im Rahmen der Wartungsarbeiten ist die Funktionsfähigkeit eines geschlossenen Ausdehnungsgefäßes zu überprüfen. Erläutern Sie die einzelnen Arbeitsschritte.
b) Bei der Überprüfung des Membran-Ausdehnungsgefäßes stellen Sie fest, dass es defekt und wahrscheinlich falsch dimensioniert ist. Bestimmen Sie mit Hilfe der Tabelle Bild 1 Seite 98 die Größe des MAG und den Mindest-Fülldruck, wenn das Anlagenvolumen $V_A = 420$ l, der Ansprechdruck des Sicherheitsventils 3 bar und der Anfangsdruck $p_0 = 1$ bar betragen.

35) Die Nennwärmeleistung Φ_{NL} des Heizkessels einer geschlossenen Warmwasser-Heizungsanlage beträgt 24 kW.
a) Ermitteln Sie mit Hilfe des Diagramms Bild 2 das Wasservolumen der Heizungsanlage, wenn als Heizflächen Stahlradiatoren verwendet werden.
b) Bestimmen Sie den Nenninhalt des Membran-Ausdehnungsgefäßes, wenn die maximale Vorlauftemperatur 75 °C, die Wasserhöhe über dem Ausdehnungsgefäß 7 m beträgt und das Sicherheitsventil bei einem positiven Überdruck $p_{SV} = 3$ bar öffnet.

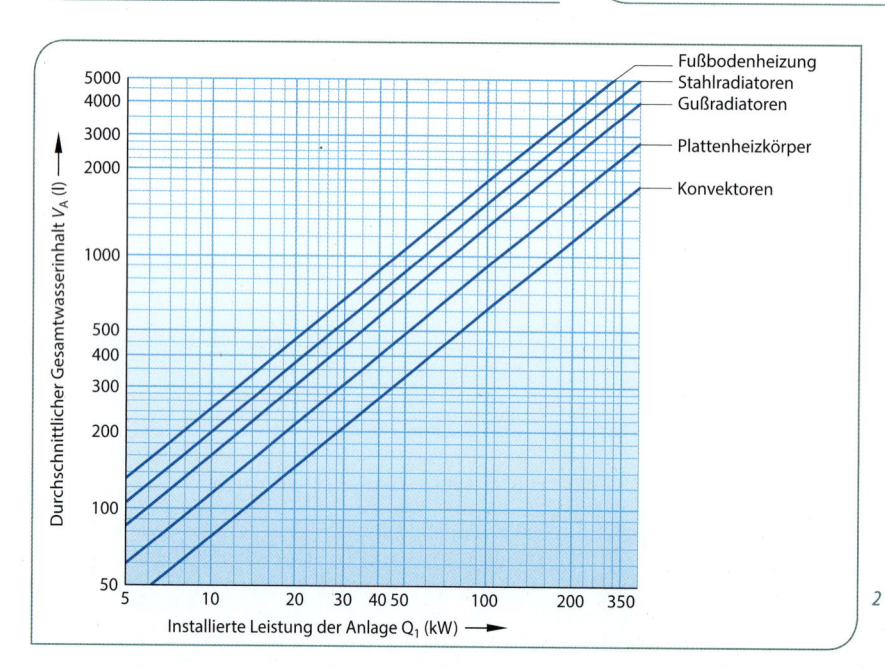

2 Durchschnittlicher Gesamtwasserinhalt von Heizungsanlagen

6 Abgasanlagen

6.1 Grundlagen

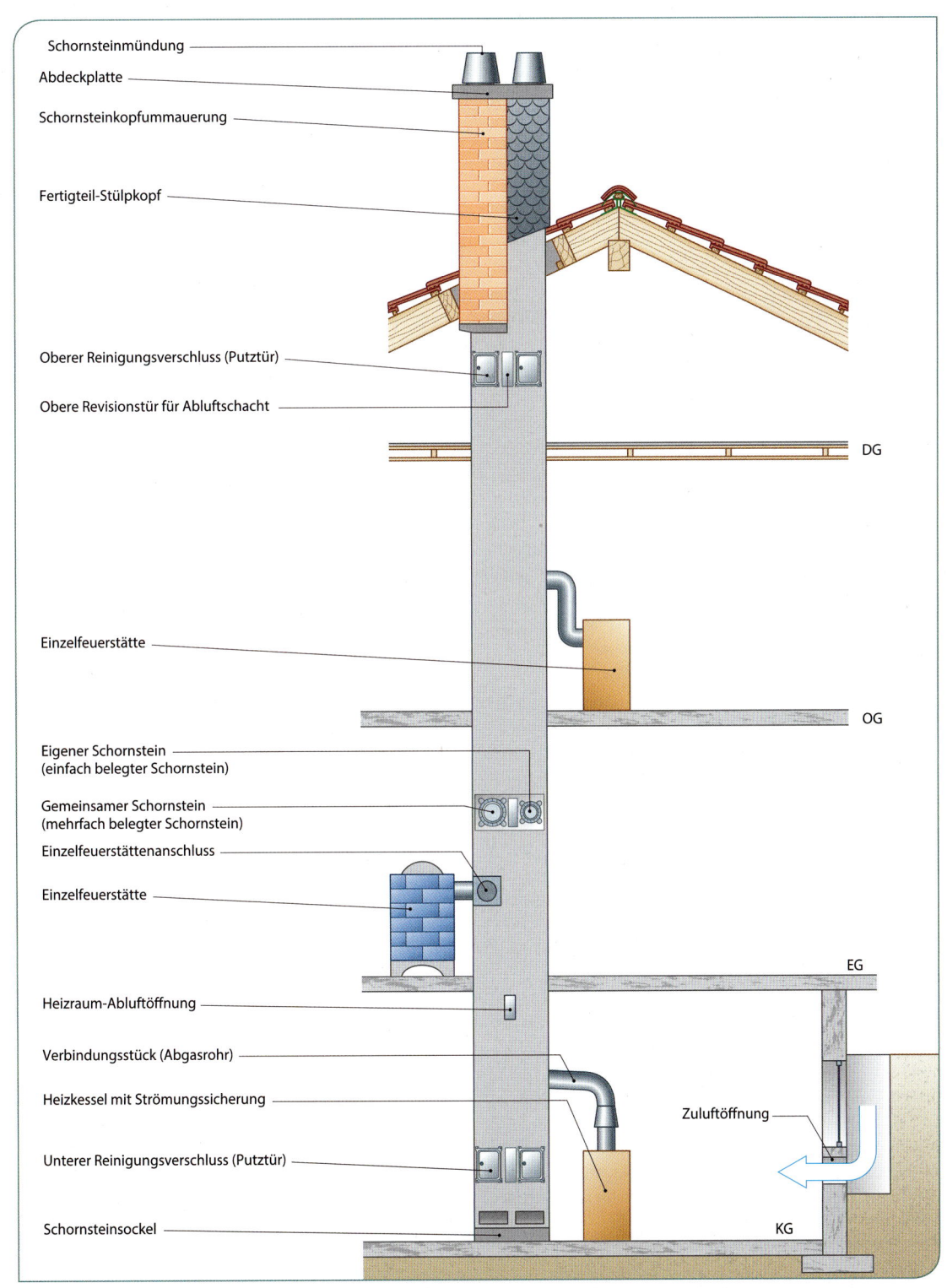

1 Begriffe rund um den Schornstein

Labels:
- Schornsteinmündung
- Abdeckplatte
- Schornsteinkopfummauerung
- Fertigteil-Stülpkopf
- Oberer Reinigungsverschluss (Putztür)
- Obere Revisionstür für Abluftschacht
- Einzelfeuerstätte
- Eigener Schornstein (einfach belegter Schornstein)
- Gemeinsamer Schornstein (mehrfach belegter Schornstein)
- Einzelfeuerstättenanschluss
- Einzelfeuerstätte
- Heizraum-Abluftöffnung
- Verbindungsstück (Abgasrohr)
- Heizkessel mit Strömungssicherung
- Unterer Reinigungsverschluss (Putztür)
- Schornsteinsockel
- Zuluftöffnung
- DG, OG, EG, KG

6 Abgasanlagen

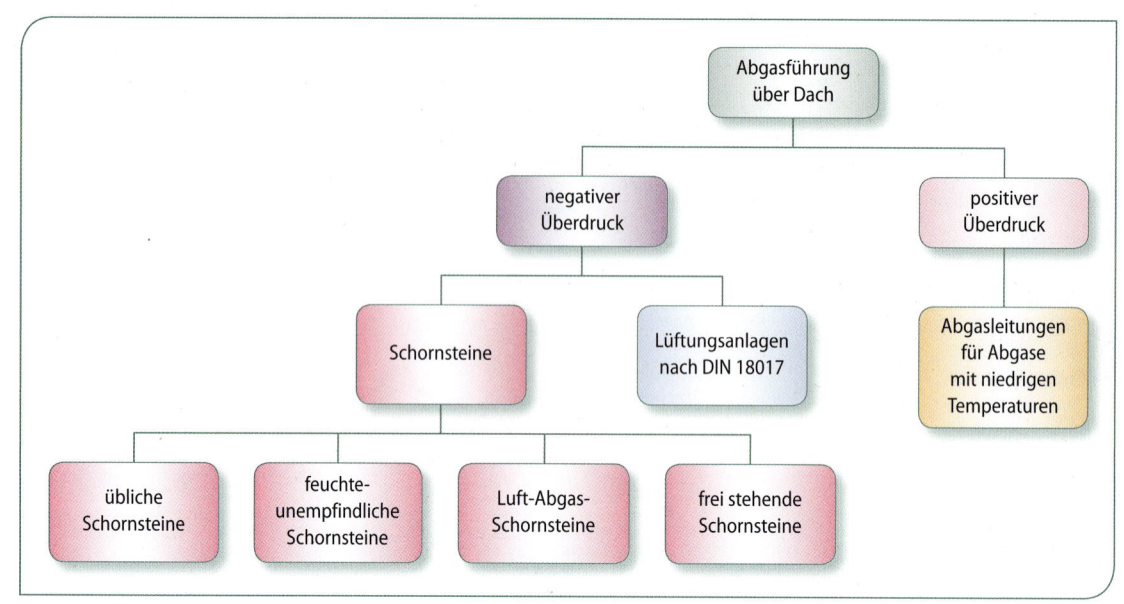

```
                    Abgasführung
                       über Dach
                    /            \
        negativer                  positiver
        Überdruck                  Überdruck
        /        \                     |
   Schornsteine   Lüftungsanlagen    Abgasleitungen
                  nach DIN 18017     für Abgase
                                     mit niedrigen
                                     Temperaturen

   übliche     feuchte-        Luft-Abgas-    frei stehende
   Schornsteine unempfindliche Schornsteine   Schornsteine
                Schornsteine
```

1 Möglichkeiten der Abgasführung über Dach

Die bei der Verbrennung von festen, flüssigen oder gasförmigen Brennstoffen entstehenden Abgase (flue gases) (vgl. Kap. 2.8.1; früher auch als „Rauchgase" bezeichnet), müssen durch geeignete Einrichtungen sicher über das Dach (roof) ins Freie geleitet werden (Bild 1). In der Atmosphäre können sich die Abgase verdünnen und unzumutbare Belästigungen und Gefährdungen von Menschen werden vermieden.
Nach **DIN V 18160-1 Abgasanlagen** bezeichnet der Begriff **Abgasanlage** (flue gas system) alle baulichen Anlagen für die Ableitung der Abgase von der Feuerstätte, wie:
- Schornstein (chimney),
- Abgasleitung (flue pipe) oder
- Luft-Abgas-System,
- Verbindungsstück (Rohr oder Kanal) zur Feuerstätte.

> **MERKE**
> Richtig ausgeführte Abgasanlagen sind eine wichtige Voraussetzung für eine wirtschaftlich und sicher betriebene Heizungsanlage.

Für die Ausführung und Bemessung von Abgasanlagen sind die jeweilige Landes-Feuerungsverordnung sowie **DIN EN 13384** (Berechnung von Schornsteinabmessungen), **DIN EN 1443** (Allgemeine Anforderungen an Abgasanlagen), **DIN V 18160-1** (Planung und Ausführung von Abgasanlagen), **DIN EN 15287-1** (Abgasanlagen – Planung, Montage und Abnahme von Abgasanlagen für **raumluftabhängige** Feuerstätten) und **DIN EN 15287-2** (Abgasanlagen – Planung, Montage und Abnahme von Abgasanlagen für **raumluftunabhängige** Feuerstätten) zu beachten.
Alte Schornsteinsysteme (chimney systems) können die Anforderungen, die durch die neuen Heizkesseltypen (z. B. Brennwertkessel (condensing boilers); vgl. Kap. 3.6.3) an sie gestellt werden, nicht mehr oder nur noch unvollständig erfüllen.

> **MERKE**
> Vor dem Beginn der Arbeiten an einer Heizungsanlage müssen alle Details der Abgasanlage mit dem zuständigen (responsible) Bezirksschornsteinfegermeister abgesprochen werden.

Alte Schornsteine sind fast immer überdimensioniert und unzureichend gegen Durchfeuchtung (penetration of moisture) (Versottung) geschützt (Bild 1, nächste Seite), weil
- die neuen Heizsysteme mit immer niedrigeren Abgastemperaturen arbeiten (häufig ca. 100 °C niedriger als alte Systeme),
- das Abgasvolumen (flue gas rate) immer kleiner wird (geringerer Luftüberschuss),
- die Betriebszeiten (operating times) immer länger werden (geringere Leistung des Kessels) und der Schornstein keine Zeit hat auszutrocknen.

Abgase von Feuerstätten für feste (solid) Brennstoffe **müssen** in **Schornsteine** eingeleitet werden. Abgase von Feuerstätten für flüssige oder gasförmige Brennstoffe **dürfen** auch in **Abgasleitungen** eingeleitet werden; diese müssen jedoch in Gebäuden innerhalb von eigenen Schächten oder Kanälen geführt werden, die den Anforderungen nach DIN V 18160 entsprechen.
Im Gegensatz zu üblichen Anlagen, bei denen die Verbrennungsluft dem Aufstellraum entnommen (vgl. LF 10, Kap. 4.2) und das Abgas über einen Schornstein oder eine Abgasleitung entsorgt wird, erfolgt bei raumluftunabhängigen (room sealed) Anlagen (vgl. LF 10, Kap. 4.2.2) die Zuführung

6 Abgasanlagen

1 Außenwandschäden durch alten Schornstein

aber auch korrosionsbeständig (non-corrosive) und eingeschränkt temperaturbeständig (temperature resistent). Entsprechend den zulässigen Abgastemperaturen unterteilt man Abgasleitungen in drei Gruppen:
- Typ A zulässig ≤ 80 °C,
- Typ B zulässig ≤ 120 °C,
- Typ C zulässig ≤ 160 °C.

Als Werkstoff für Abgasleitungen werden z.B. Aluminium, Edelstahl (Bild 2), Keramik, Kunststoff oder Glas verwendet. Häufig werden Abgasleitungen für Brennwertgeräte in bestehende Schornsteine oder geeignete Schächte (ducts) eingezogen (Altbausanierung!), bei Aufstellung im Dachgeschoss direkt über Dach ins Freie verlegt oder im Freien an der Außenwand entlang bis übers Dach geführt.
Brennwertgeräte können auch an feuchteunempfindliche Schornsteine (vgl. Kap. 6.3.1.1.2) angeschlossen werden. Diese müssen aber grundsätzlich mit negativem Überdruck betrieben werden, was den Einsatz erheblich einschränkt. Herkömmliche Schornsteine sind für Brennwertkessel nicht zugelassen (not allowed).

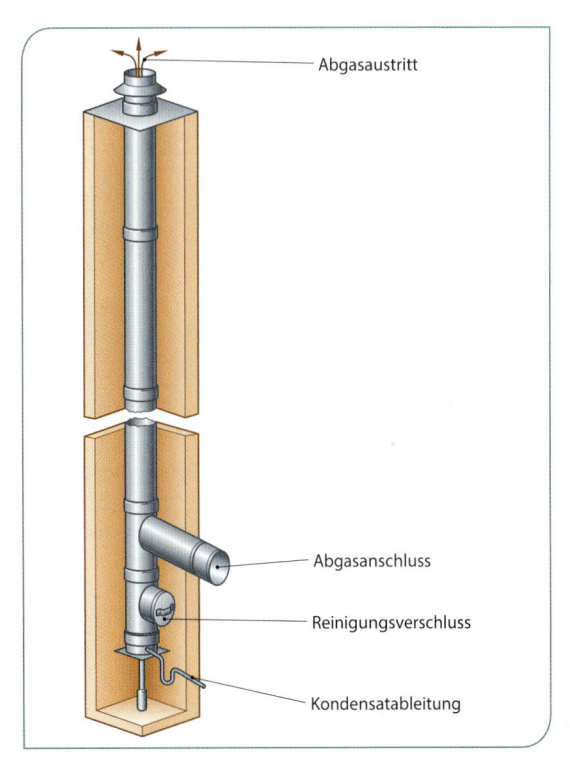

der Verbrennungsluft und die Abgasentsorgung ins Freie über ein **Luft-Abgas-System** (LAS-System).

Moderne Wärmeerzeuger, wie z.B. Brennwertgeräte (vgl. Kap. 3.6.3), haben sehr niedrige Abgastemperaturen von ca. 40 °C, so dass ein ausreichender natürlicher Auftrieb (natural draught) nicht unter allen Bedingungen sichergestellt werden kann. Die Abgase müssen deshalb meist mit einem Gebläse (fan) abgeführt werden. Da hierdurch in der Abgasanlage jedoch Überdruck (overpressure) entstehen kann, sind herkömmliche Schornsteine **nicht** für Anlagen mit sehr **niedrigen Abgastemperaturen** zugelassen.
Stattdessen werden besonders dichte Abgasleitungen aus Edelstahl, Aluminium, Glas oder Kunststoff verwendet.

6.2 Abgasführung bei Brennwertgeräten

Brennwertgeräte (condensing boilers) nutzen neben der fühlbaren (sensiblen) Wärme (sensible heat) auch die in den Abgasen gebundene nicht fühlbare (latente) Verdampfungswärme (heat of vaporisation), die bei der Kondensation des in den Abgasen vorhandenen Wasserdampfes frei wird (vgl. Kap. 3.6.3).
Die Abgase von Brennwertgeräten werden deshalb sehr weit auf ca. 35…40 °C heruntergekühlt, sodass auf jeden Fall Kondensat entsteht und damit der natürliche thermische Auftrieb meist nicht ausreicht, um die Abgase abzuleiten. Mechanische Einrichtungen (z.B. Ventilatoren) müssen in diesem Fall die Abgasführung unterstützen. Die Abgase treten hierbei meist mit positivem Überdruck in die Abgasleitung ein.
Abgasleitungen für Brennwertgeräte müssen gegenüber positivem Überdruck und anfallendem Kondensat dicht sein,

2 Edelstahlabgasleitung für Brennwertkessel

6.3 Bauarten und Bauteile von Abgasanlagen

6.3.1 Bauarten
6.3.1.1 Schornsteine
Schornsteine haben die Aufgabe, Schadstoffe sicher über das Dach ins Freie (open air) zu leiten und die benötigte

6 Abgasanlagen

Verbrennungsluft anzusaugen. Der hierfür erforderliche Schornsteinzug ist abhängig:

- vom Temperaturunterschied zwischen heißem Abgas und kalter Außenluft (Bild 1),
- der wirksamen (effective) Höhe des Schornsteins,
- dem Schornsteinquerschnitt,
- der Ausführung (type) des Schornsteins (möglichst glatte Innenflächen) und der Fugendichtheit.

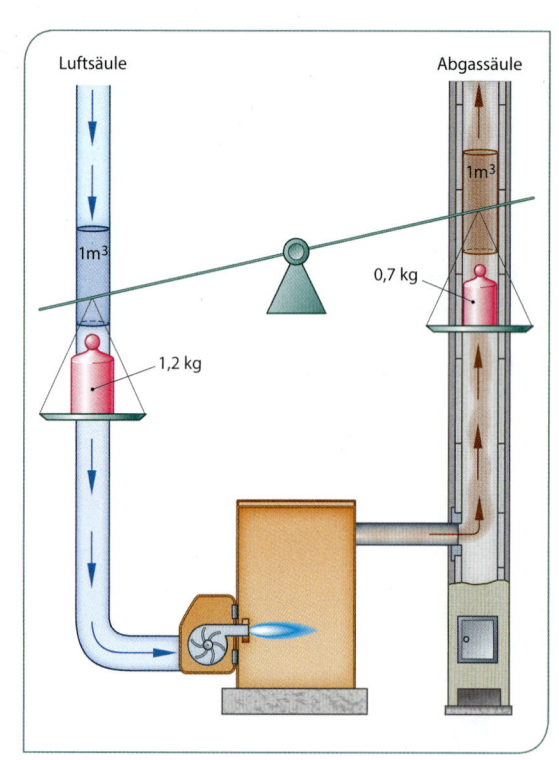

Schornsteine sollten bei geneigten (slanting) Dächern im Firstbereich (oberste Kante des Daches) im freien Windstrom ausmünden, damit Zugstörungen und störende Einflüsse auf und durch die Umgebung vermieden werden. Die Lage des Gebäudes zu anderen Gebäuden und die Hauptwindrichtung (main direction of the wind) sind immer zu beachten (Bild 3).

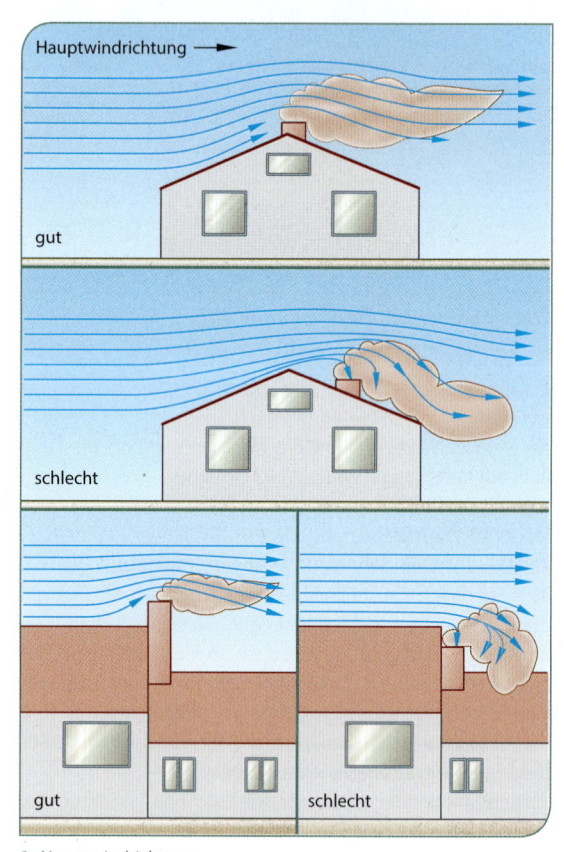

1 Auftrieb durch Temperaturunterschied

Die wirksame Schornsteinhöhe ist der Höhenunterschied (level difference) zwischen der obersten Feuerstätte und der Schornsteinmündung (flue terminal) (Bild 2). Bei einfach belegten Schornsteinen sollte die wirksame Schornsteinhöhe mindestens 4 m betragen, bei gemeinsamen Schornsteinen für feste und flüssige Brennstoffe mindestens 5 m. Der Höhenunterschied zwischen zwei Feuerstätten darf nicht größer als 6,5 m sein.

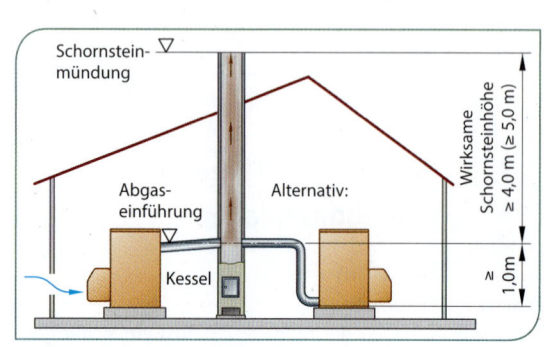

3 Hauptwindrichtung

Bei Dächern mit einer Neigung ≥ 20 ° muss die Schornsteinmündung mindestens 40 cm über dem First (roofridge) liegen, bei einer Neigung ≤ 20 ° mindestens 100 cm. Schornsteine von stroh-, schindel- oder reetgedeckten Häusern (weiche (soft) Bedachung) müssen im First oder in seiner unmittelbaren Umgebung austreten und mindestens 80 cm über dem First ausmünden (Bild 4).

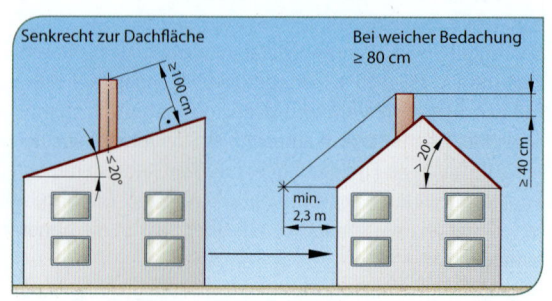

2 Wirksame Schornsteinhöhe

4 Mündung über Dach

6 Abgasanlagen

Falls Dachaufbauten vorhanden sind und der Schornstein zu diesen näher liegt als das 1,5fache der Höhe des Dachaufbaus, dann muss die Schornsteinmündung den Dachaufbau um mindestens 100 cm überragen. Dächer mit allseitig geschlossenen Brüstungen (breastworks) müssen ebenfalls um 100 cm überragt werden.

6.3.1.1.1 Anforderungen an Schornsteine

Schornsteine sind stark belastete Bauteile und müssen deshalb besonders sorgfältig geplant und gebaut werden.
Sie sind mit anderen Teilen der Feuerungsanlage, z. B. Kessel und Verbindungsstück (connecting piece), abzustimmen. Wird dies vernachlässigt, kann es zu einer unvollständigen Verbrennung führen, was wiederum die Verrußung (formation of soot) des Schornsteins zur Folge hat und zu unkontrollierten Rußbränden führen kann. Todesfälle (deaths) durch austretende (escaping) Abgase zeigen eindringlich, wie notwendig eine solche Abstimmung ist.
Insbesondere sind die Druck- und Temperaturbedingungen zu beachten.
Schornsteine müssen standsicher (stable), dicht, temperatur- und säurebeständig (acid-resistant) sein und widerstandsfähig gegenüber Rußbränden von innen und Bränden von außen.

Die Anforderungen an Druck und Temperatur werden in DIN EN 13384 und DIN V 18160 beschrieben (Bilder 1 und 2).

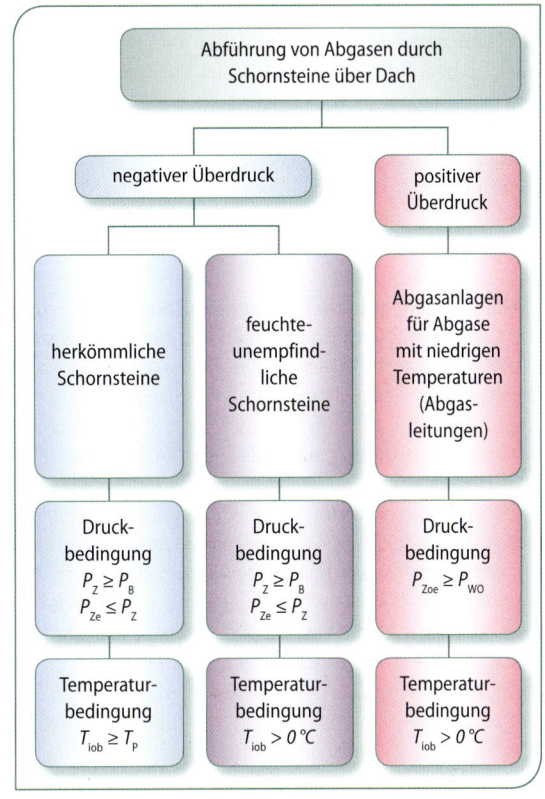

1 Anforderungen bei verschiedenen Schornsteinsystemen

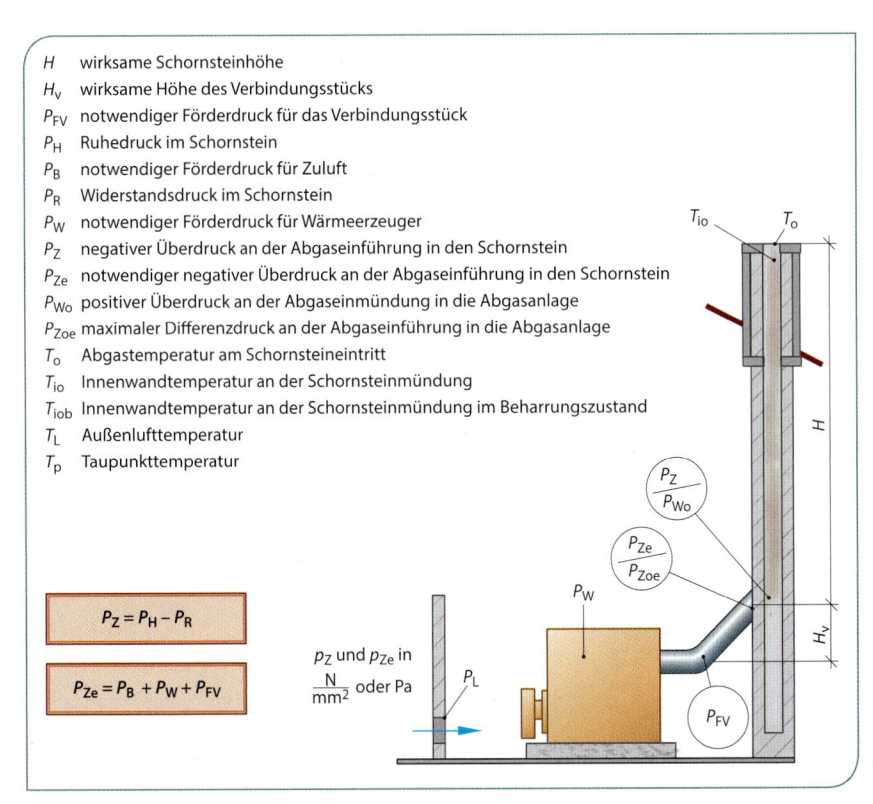

- H wirksame Schornsteinhöhe
- H_v wirksame Höhe des Verbindungsstücks
- P_{FV} notwendiger Förderdruck für das Verbindungsstück
- P_H Ruhedruck im Schornstein
- P_B notwendiger Förderdruck für Zuluft
- P_R Widerstandsdruck im Schornstein
- P_W notwendiger Förderdruck für Wärmeerzeuger
- P_Z negativer Überdruck an der Abgaseinführung in den Schornstein
- P_{Ze} notwendiger negativer Überdruck an der Abgaseinführung in den Schornstein
- P_{Wo} positiver Überdruck an der Abgaseinmündung in die Abgasanlage
- P_{Zoe} maximaler Differenzdruck an der Abgaseinführung in die Abgasanlage
- T_o Abgastemperatur am Schornsteineintritt
- T_{io} Innenwandtemperatur an der Schornsteinmündung
- T_{iob} Innenwandtemperatur an der Schornsteinmündung im Beharrungszustand
- T_L Außenlufttemperatur
- T_p Taupunkttemperatur

$$P_Z = P_H - P_R$$

$$P_{Ze} = P_B + P_W + P_{FV}$$

p_Z und p_{Ze} in $\frac{N}{mm^2}$ oder Pa

2 Druck- und Temperaturzusammenhänge

6 Abgasanlagen

Druckbedingungen

Bei **Naturzugkesseln** (vgl. Kap. 3.4.1) findet die Verbrennung bei **negativem Überdruck** (Unterdruck) im Brennraum (combustion space) des Kessels statt. Die Abgasseitigen Kesselwiderstände P_W (Bild 1) und die Widerstände P_{FV} der Verbindungsrohre oder Kanäle werden durch den Schornsteinzug (draught of chimney) überwunden. Dies gilt auch für ältere Kessel mit Gebläsebrenner, da hier das Gebläse nur die Mischung von Verbrennungsluft und Heizöl bzw. Brenngas übernimmt.

Bei Kesseln mit positivem Überdruck im Brennraum werden die Kesselwiderstände vom Gebläsebrenner überwunden. Die Pressung (pressure) des Gebläses muss jedoch am Ende des Kessels aufgebraucht sein. Der Schornsteinzug dient nur dazu, Verbrennungsluft in den Aufstellraum nachzuführen (feed) und den Widerstand (resistance) im Schornstein zu überwinden.

Naturzugkessel müssen gegenüber dem Aufstellraum nicht völlig dicht sein, da durch den negativen Überdruck im Feuerraum keine Abgase in den Aufstellraum gelangen können. Undichtigkeiten (leaks) erhöhen jedoch die Stillstandsverluste, weshalb auch die Naturzugkessel heute sehr dicht hergestellt werden. **Überdruckkessel müssen dicht sein**, weil sonst Abgase in den Aufstellraum gelangen.

Brandschutztechnische Anforderungen (Bild 1)

Schornsteine müssen in besonderem Maße gegen **Wärme**, **Abgase** und **Rußbrände** (soot-fires) im Inneren des Schornsteins beständig sein und aus nicht brennbaren Stoffen nach DIN 4102-2 bestehen. Bei Abgastemperaturen von **400 °C** dürfen sich die Außenseiten eines Schornsteins auf nicht mehr als **85 °C** erwärmen. Wenn die Oberflächen benachbarter Bauteile aus brennbaren Baustoffen bestehen, darf die Temperatur **85 °C** nicht übersteigen. Bei einem Rußbrand im Inneren des Schornsteins dürfen sich seine Außenseiten auf nicht mehr als **100 °C** erwärmen. Bei Bränden im Gebäude muss der Schornstein mindestens **90 min** standsicher bleiben, um eine Ausbreitung (spread) des Brandes auf andere Geschosse zu vermeiden. Der Baustoff eines Schornsteins muss so beschaffen sein, dass eine **Brandübertragung durch Wärmeleitung** ausgeschlossen werden kann. Stahlschornsteine dürfen deshalb nur dann verwendet werden, wenn keine Übertragung (transmission) von Bränden auf andere Geschosse möglich ist.

6.3.1.1.2 Schornsteinentwicklung

Früher wurden Schornsteine einschalig (single layered) und gemauert ausgeführt. Danach wurden einschalige Schornsteine aus Formstücken gebaut, da die Montage damit wesentlich einfacher und schneller möglich war. Der zunehmende Einsatz von Ölfeuerungsanlagen erforderte säure-

1 Brandschutzanforderungen an einen Schornstein

θ_{RB} Rußbrandtemperatur
θ_{AF} Temperatur Schornsteinaußenfläche
θ_A Abgastemperatur

Rußbrand: θ_{RB} = 1000 °C
$\theta_{AF} \leq 100 °C$

Abgas: θ_A = 400 °C
$\theta_{AF} \leq 85 °C$

Anforderungen	System	Vorteile
standsicher, brandbeständig, rauchgasdicht, säurebeständig, gut wärmegedämmt, feuchtigkeitsunempf., Gegenstrombetrieb	Feuchtigkeitsunempfindlicher Schornstein/Abgasleitung	universell einsetzbar, feuchtigkeitsunempfindlich, für Gegenstrombetrieb geeignet, integrierte Wärmedämmung, 1,33 m Keramikrohre
standsicher, brandbeständig, rauchgasdicht, säurebeständig, gut wärmegedämmt, feuchtigkeitsunempf.	Feuchtigkeitsunempfindlicher Isolier-Schornstein	universell einsetzbar, feuchtigkeitsunempfindlich
standsicher, brandbeständig, rauchgasdicht, säurebeständig, gut wärmegedämmt	Dreischaliger Isolier-Schornstein	größerer Einsatzbereich, für niedrige Abgastemperaturen
standsicher, brandbeständig, rauchgasdicht, säurebeständig	Zweischaliger Isolier-Schornstein	säurebeständig, geringer Reibungswiderstand, frei bewegliches Innenrohr
standsicher, brandbeständig, rauchgasdicht	Einschaliger Fertigteil-Schornstein mit Zellen	weniger Material, geringeres Gewicht, verbesserte Wärmedämmung
standsicher, brandbeständig, rauchgasdicht	Einschaliger Fertigteil-Schornstein mit Zellen	einfache und schnellere Montage
standsicher, brandbeständig, rauchgasdicht	Einschaliger gemauerter Schornstein	

2 Schornsteinentwicklung

6 Abgasanlagen

beständige Systeme, was zu einer zweischaligen Bauweise von Schornsteinen führte (Bild 2, vorherige Seite).

Ein- und zweischalige Schornsteine sind immer noch zugelassen, haben aber keine Bedeutung mehr, da sie für moderne Feuerungssysteme mit ihren niedrigen Abgastemperaturen nicht mehr einsetzbar sind.

Bedingt durch die Energiekrisen (energy crises) in den siebziger Jahren wurden Feuerungsanlagen mit besserer Energieausnutzung und immer niedrigeren Abgastemperaturen entwickelt. Dies führte zur dreischaligen (triple layered) Bauweise, bei der der innen liegende Kern von einer Wärmedämmschicht umgeben ist. Sie sorgt dafür, dass die relativ niedrigen Abgastemperaturen nicht noch weiter abkühlen.

Heutiger Stand der Schornsteinentwicklung sind feuchtigkeitsunempfindliche (insensitive to moisture) Schornsteine mit integrierter Verbrennungsluftzuführung, an die alle raumluftunabhängigen Feuerstätten vom Brennwertkessel bis zum Großkessel angeschlossen werden können (Bild 1).

Schornsteine mit begrenzter Temperaturbeständigkeit

Diese Schornsteine sind gegen Rußbrände im Inneren des Schornsteins **nicht** widerstandsfähig und dürfen nur für Gasfeuerstätten mit Brennern ohne Gebläse, einer Nennwärmeleistung ≤ 30 kW und mit Abgastemperaturen ≤ 350 °C eingesetzt werden.

Schornsteine mit verminderten (reduced requirements) Anforderungen

Diese Stahlblechschornsteine sind gegenüber Rußbränden im Inneren des Schornsteins und Bränden im Gebäude nur vermindert widerstandsfähig. Gebäude schützen sie nur eingeschränkt gegen Brandentstehung und Brandausbreitung und können unzumutbare Temperatursteigerungen in Aufenthaltsräumen nicht verhindern (Bild 2).

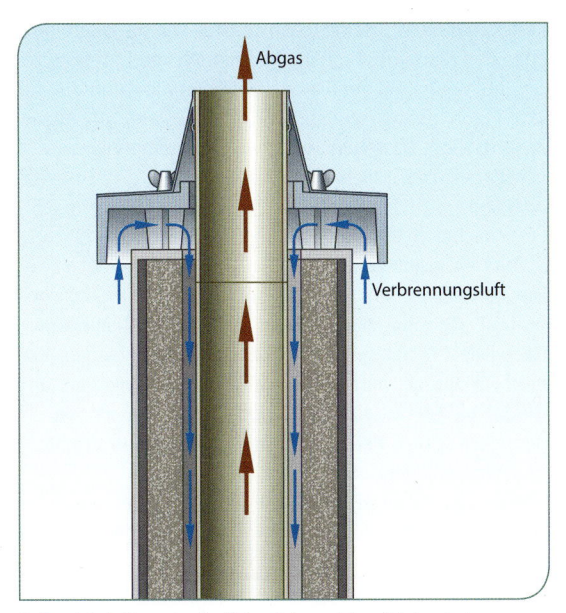

1 Feuchtigkeitsunempfindlicher Schornstein mit integrierter Verbrennungsluftzuführung (LAS-System)

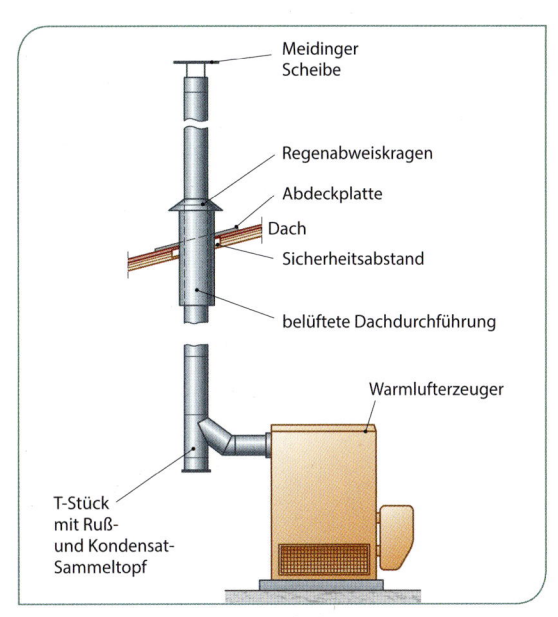

2 Stahlschornstein für verminderte Anforderungen

6.3.1.1.3 Belegung von Schornsteinen

Wenn nur eine Feuerstätte an den Schornstein angeschlossen ist, spricht man von eigenen oder einfach belegten Schornsteinen. An einen einfach belegten Schornstein können jedoch mehrere Feuerstätten mit einem gemeinsamen Verbindungsrohr (connecting pipe) angeschlossen werden. Dies ist dann jedoch kein eigener Schornstein.

An einen eigenen Schornstein müssen nach DIN V 18160-1 angeschlossen werden:
- alle Feuerstätten mit Gebläsebrennern,
- Gasfeuerstätten ohne Gebläse mit einer Nennwärmeleistung > 30 kW,
- Feuerstätten für feste und flüssige Brennstoffe ohne Gebläse mit einer Nennwärmeleistung > 20 kW,
- jede offene Feuerstätte (z. B. offener Kamin),
- jede Feuerstätte in Gebäuden mit mehr als fünf Vollgeschossen (full storeys),
- jede Feuerstätte mit dichtem Feuerraum gegenüber dem Aufstellraum, der die Verbrennungsluft durch eine dichte Leitung zugeführt wird,
- jede Feuerstätte mit ständig offener Verbindung zum Freien,
- jede Sonderfeuerstätte.

Schornsteine, an die mehrere Feuerstätten angeschlossen sind, werden als gemeinsame oder mehrfach belegte Schornsteine bezeichnet (Bild 1, Seite 43).

An einen gemeinsamen Schornstein dürfen nach DIN V 18160-1 bis zu drei Gasfeuerstätten mit je einer Nennwärmeleistung ≤ 30 kW angeschlossen werden oder bis zu drei Feuerstätten für feste oder flüssige Brennstoffe mit je einer Nennwärmeleistung ≤ 20 kW.

Schornsteine, an die Feuerstätten für feste, flüssige und gasförmige Brennstoffe angeschlossen sind, werden als gemischt belegte Schornsteine bezeichnet.

6 Abgasanlagen

6.3.1.1.4 Schornsteinauslegung

In den meisten Fällen reicht zur Auslegung von Schornsteinen ein Näherungsverfahren (aproximate method) oder die Auslegung nach Diagrammen der Schornsteinhersteller (Bild 1) aus. In kritischen Fällen (ungünstige Druck- und Temperaturverhältnisse, hohes Abgasvolumen) werden Schornsteine nach DIN EN 13384-1 berechnet.

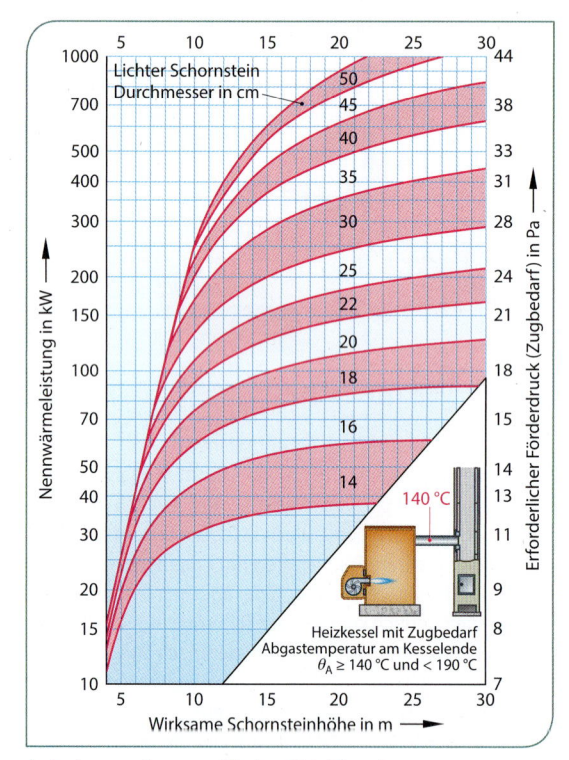

1 Auslegungsdiagramm für einen Heizölkessel

Den Diagrammen (diagrams) werden ganz bestimmte Ausgangswerte, wie z. B. Wärmedurchlasswiderstand des Schornsteins, Rauigkeit der Schornsteininnenwand, Wärmedurchlasswiderstand des Verbindungsstückes und Widerstandsbeiwerte für Umlenkungen, zu Grunde gelegt.
Die Diagramme der Hersteller berücksichtigen die Zusammenhänge zwischen **Nennwärmeleistung** (nominal heat output) und wirksamer **Schornsteinhöhe** für verschiedene Querschnitte.
Die Diagramme unterscheiden sich hinsichtlich des verwendeten Brennstoffs (z. B. Heizöl), der konstruktiven Merkmale der Feuerstätte (z. B. Überdruckkessel mit Gebläsebrenner), der Abgastemperatur und der Belegungsart (z. B. mehrfach belegt).

Aus Bild 2 ist zu ersehen, wie sich der Schornsteindurchmesser auf die Druck- und Zugverhältnisse am Abgasstutzen (flue outlet) der Feuerstätte auswirkt.
Ist der Durchmesser sehr groß, kühlen sich die Abgase stark ab und es stellt sich ein geringer negativer Überdruck ein.
Bei geringerem Querschnitt kühlen die Abgase weniger stark ab, die Auftriebskraft (lifting force) nimmt zu und somit auch der negative Überdruck. Wird der Querschnitt zu klein gewählt, nehmen die Strömungswiderstände merkbar zu, sodass der negative Überdruck abnimmt und es sogar zu einem positiven Überdruck kommen kann (Bild 2).

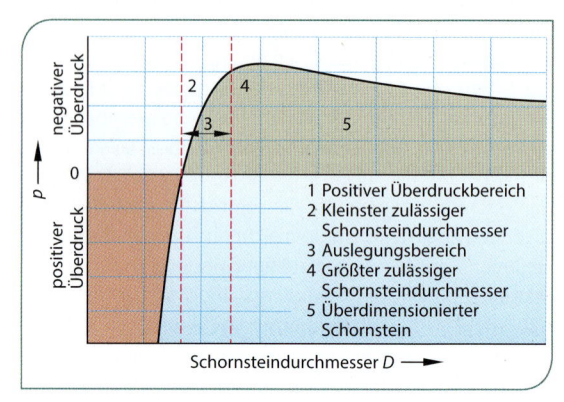

2 Zusammenhang zwischen Schornsteindurchmesser und Druck

1 Positiver Überdruckbereich
2 Kleinster zulässiger Schornsteindurchmesser
3 Auslegungsbereich
4 Größter zulässiger Schornsteindurchmesser
5 Überdimensionierter Schornstein

Beispiel:
Ein Heizkessel mit Gasgebläsebrenner und Zugbedarf und einer Nennwärmeleistung Φ_{NL} = 30 kW soll an einen Isolierschornstein mit Hinterlüftung angeschlossen werden. Die wirksame Schornsteinhöhe beträgt h = 12 m.
Wie groß müssen Durchmesser und Zugbedarf des Schornsteines sein, wenn die Abgastemperatur am Kesselende 140 °C beträgt?

Lösung:
Nach Diagramm (Bild 1 und Bild 1 nächste Seite):
Erforderlicher lichter Durchmesser: 120 mm
Zugbedarf: 11 Pa

6.3.1.2 LAS-System

Luft-Abgas-Schornsteine (balanced flue chimneys) ermöglichen den raumluftunabhängigen Betrieb von Gasfeuerstätten, bei denen ein Ventilator die Verbrennungsluft zuführt (Art C_4), in mehrgeschossigen Wohnhäusern. Luft-Abgas-Schornsteine bestehen aus zwei zusammenhängenden Schächten, die parallel nebeneinander (Bild 2, nächste Seite) oder konzentrisch ineinander (Bild 3, nächste Seite) liegen.
Ein Schacht leitet die Abgase über Dach, der andere führt die Verbrennungsluft zu.
Die Abgase werden ausschließlich durch den thermischen Auftrieb (thermal buoyancy) im Abgasschacht abgeleitet. Nach DIN V 18160-1, DIN EN 15287-1 (Abgasanlagen – Planung, Montage und Abnahme von Abgasanlagen) und DIN EN 13384-1 ist zu beachten, dass im Abgasschacht ein geringerer Druck herrscht als im Verbrennungsluftschacht und den umliegenden Räumen.
Um zu vermeiden, dass Abgase in den Verbrennungsluftschacht gesaugt oder Druckschwankungen (pressure changes) durch Wind hervorgerufen werden, muss die Ausführung des Schornsteinkopfes (chimney cowl) besonders beachtet werden. Die Abgasschachtmündung soll oberhalb der Verbrennungslufteinmündung angeordnet und durch

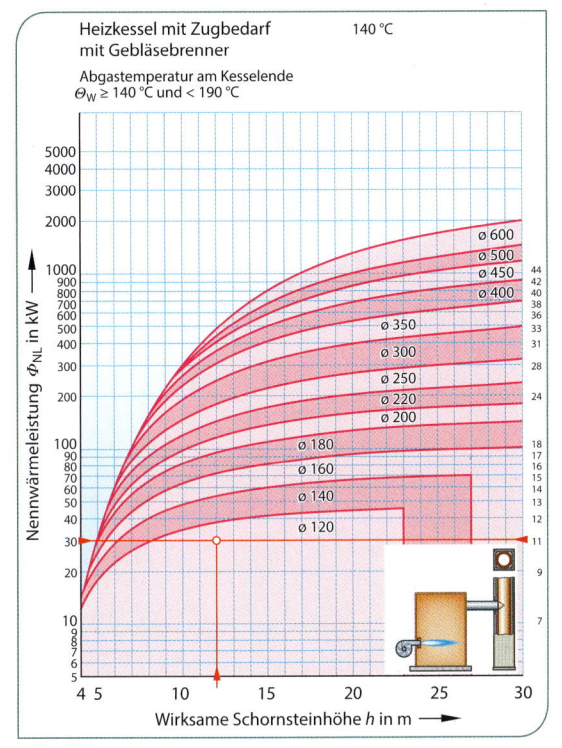

6 Abgasanlagen

1 Auslegungsdiagramm für einen Heizkessel mit Gasgebläsebrenner für Isolierschornsteine mit Hinterlüftung

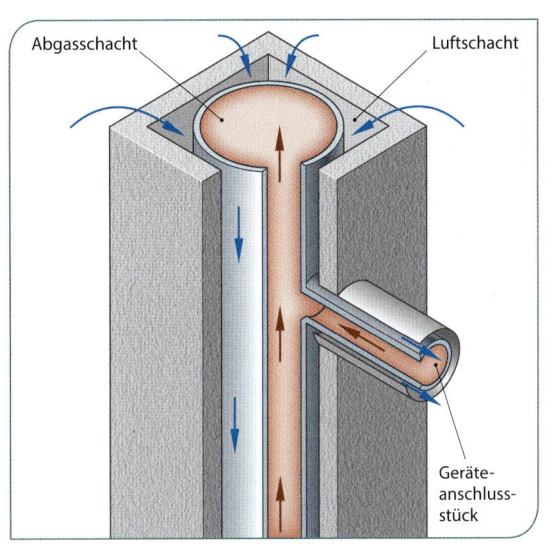

3 Konzentrisch ineinander liegende Schächte

4 Schornsteinkopf

eine Scheibe von ihr getrennt sein (Bild 4). Am Schornsteinfuß ist der Abgasschacht mit dem Verbrennungsluftschacht verbunden, damit ein Druckausgleich zwischen beiden Schächten stattfinden kann.

An einen Luft-Abgas-Schornstein können bis zu zehn Gasfeuerstätten angeschlossen werden, an herkömmliche Schornsteine nach DIN V 18160-1 jedoch nur drei. Somit eignen sich LAS-Systeme besonders für Mehrfamilienhäuser mit bis zu zehn Geschossen.

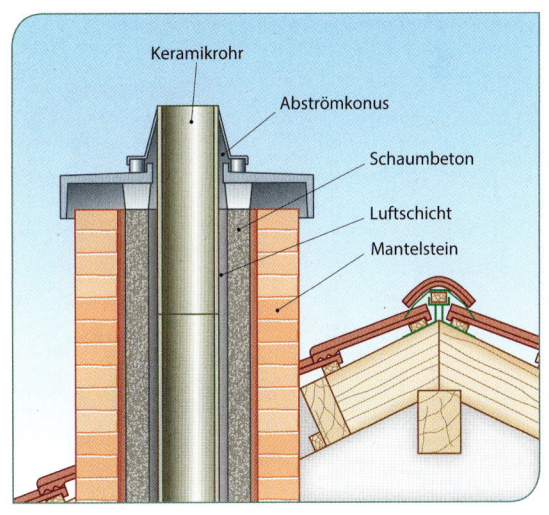

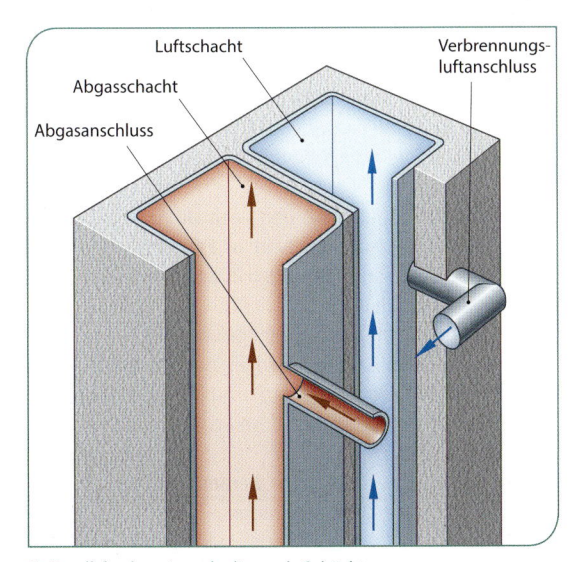

2 Parallel nebeneinander liegende Schächte

6.3.2 Bauteile
6.3.2.1 Verbindungsstücke

Verbindungsstücke (connecting pieces) nach DIN V 18160-1 verbinden den Kessel mit dem Schornstein. Sie können als Abgasrohre oder als Abgaskanäle ausgeführt sein. Abgasrohre sind Rohre und Formstücke (fittings), die frei im Raum verlegt werden. Abgaskanäle entsprechen in der Regel den brandschutztechnischen Anforderungen an Schornsteine und werden in Massivbauart häufig aus den gleichen Baustoffen wie ein Hausschornstein hergestellt.

Verbindungsstücke sollen möglichst kurz sein und mit Steigung (slope) zum Schornstein verlegt werden (Herstellerangaben beachten), um Wärmeverluste und zusätzliche Widerstände zu vermeiden. Sie dürfen nicht in andere Geschosse geführt werden. Abgasrohre dürfen nicht durch Räume verlegt werden, in denen keine Feuerstätten aufgestellt werden dürfen, außerdem auch nicht in Wänden, Schächten und Decken.

6 Abgasanlagen

> **MERKE**
>
> In den Verbindungsstücken müssen Reinigungsöffnungen vorgesehen werden, deren Anordnung mit dem Bezirksschornsteinfegermeister abgestimmt werden sollte.

6.3.2.2 Abgasklappen

Abgasklappen (exhaust flaps) dienen zur Energieeinsparung während der Stillstandszeiten (downtimes) eines Wärmeerzeugers, da ohne Absperreinrichtung ständig Wärme durch den thermischen Auftrieb verloren gehen würde. Dabei muss unterschieden werden zwischen der thermischen Auskühlung des Wärmeerzeugers und der Raumauskühlung durch die Strömungssicherung bei Gasfeuerstätten mit Brennern ohne Gebläse (vgl. LF 10, Kap. 5.2).

Thermisch gesteuerte (thermally operated) Klappen (Bilder 1 und 2) sind nur für atmosphärische Gasbrenner zugelassen und dürfen nur mit Bauartzulassung und hinter der Strömungssicherung in Abstimmung mit dem Bezirksschornsteinfegermeister eingebaut werden.

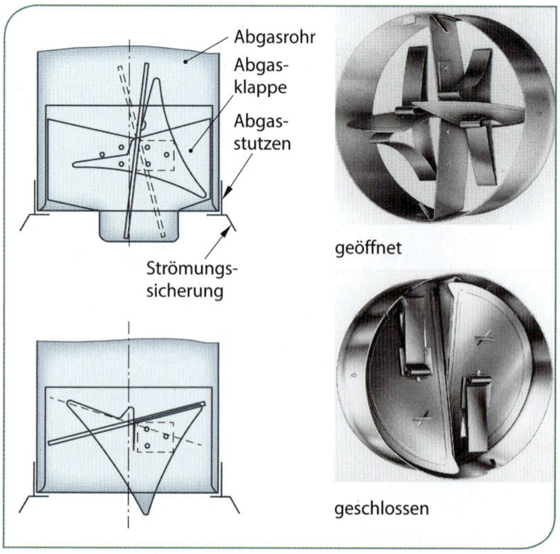

1 Thermisch gesteuerte Abgasklappe

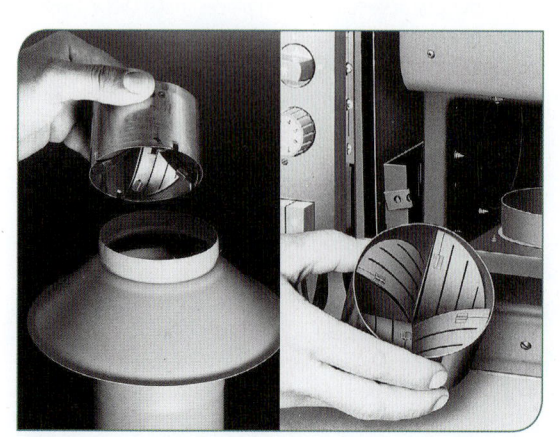

2 Einbau der thermisch gesteuerten Abgasklappe

Motorisch gesteuerte Klappen (Bild 3) sind für Feuerstätten mit Gebläse für flüssige und gasförmige Brennstoffe, Feuerstätten ohne Gebläse für gasförmige Brennstoffe und bei offenen Kaminen für Holz oder gasförmige Brennstoffe zugelassen.

Absperrvorrichtungen (Abgasklappen) dürfen die Prüfung und Reinigung von Verbindungsstücken und Schornsteinen nicht behindern.

Durch geeignete Maßnahmen (z. B. Öffnungen in der Absperreinrichtung oder eine Nebenluftvorrichtung) muss sichergestellt werden, dass der Schornstein ausreichend durchlüftet wird.

Gebläsebrenner dürfen nur in Betrieb gehen, wenn die Absperreinrichtung geöffnet ist.

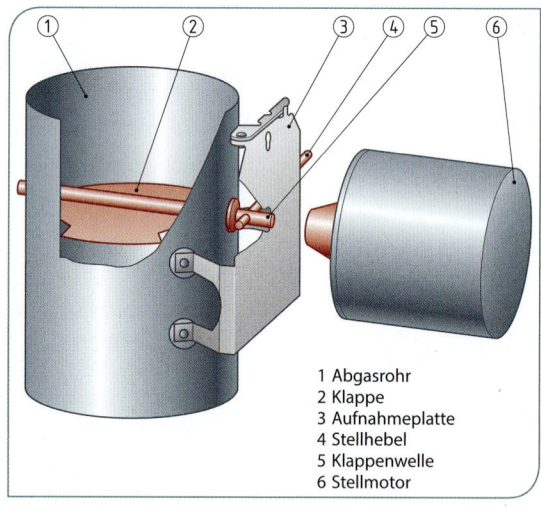

1 Abgasrohr
2 Klappe
3 Aufnahmeplatte
4 Stellhebel
5 Klappenwelle
6 Stellmotor

3 Motorisch gesteuerte Abgasklappe

6.3.2.3 Nebenluftvorrichtungen

Nebenluftvorrichtungen (draught stabiliser) dienen dazu, den Schornstein vor übermäßiger Durchfeuchtung zu schützen (gilt nicht für feuchteunempfindliche Schornsteine) und zu große Zugschwankungen zu vermeiden (Bild 1, nächste Seite).

Moderne, richtig bemessene und ausgelegte Schornsteine benötigen keine Nebenluftvorrichtung. Bei alten Schornsteinen können sie jedoch die Betriebsbedingungen verbessern.

Nebenluftvorrichtungen werden nach DIN EN 16475-3 zugelassen und geprüft und sind in Feuerstätten, Verbindungsstücken und Schornsteinen zulässig, wenn bestimmte Bedingungen erfüllt werden:

- Anordnung nur im Aufstellraum des Wärmeerzeugers,
- Einbau mindestens 40 cm oberhalb der Schornsteinsohle,
- die Abführung der Abgase darf nicht behindert werden,
- die Brandsicherheit des Schornsteins darf nicht beeinträchtigt werden,
- Abgase dürfen bei positivem Überdruck nicht in gefahrdrohender Menge austreten.

6 Abgasanlagen

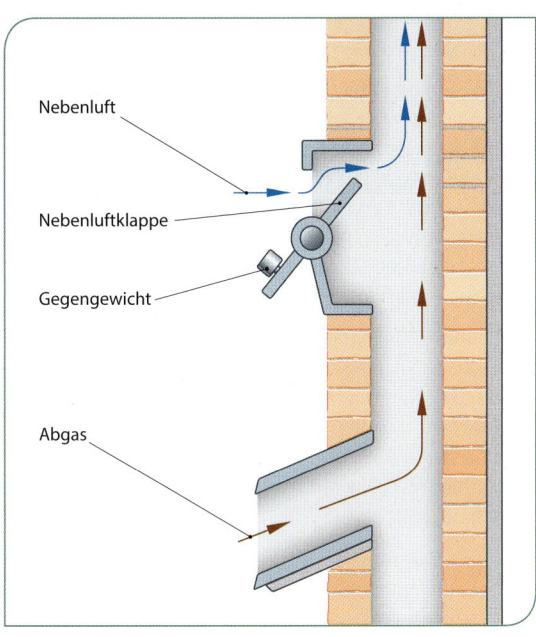

1 Prinzip einer Nebenluftvorrichtung

Es werden drei unterschiedliche Konstruktionen von Nebenluftvorrichtungen unterschieden:
- Selbsttätige (automatic) Nebenluftvorrichtungen, auch Zugbegrenzer genannt (Bild 2), geben in Abhängigkeit vom Schornsteinzug eine Öffnung frei, durch die Nebenluft in den Schornstein gelangt und so den Auftrieb konstant hält.
- Zwangsgesteuerte (force-controlled) Nebenluftvorrichtungen werden durch einen Motor betrieben und sorgen während der Stillstandszeiten des Wärmeerzeugers für die Durchlüftung des Schornsteins, indem sie eine entsprechende Öffnung freigeben (Bild 3).
- Kombinierte Nebenluftvorrichtungen sorgen für einen konstanten Auftrieb im Schornstein und für seine Durchlüftung.

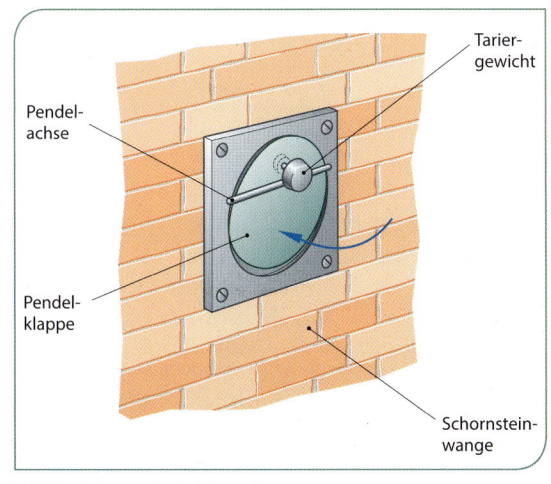

2 Selbsttätige Nebenluftvorrichtung

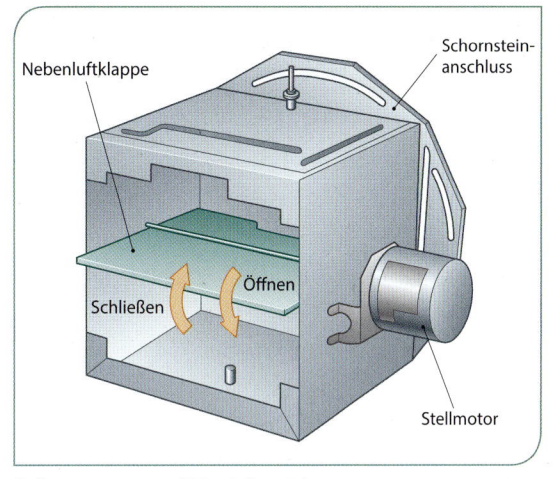

3 Zwangsgesteuerte Nebenluftvorrichtung

6.4 Genehmigungsverfahren durch Schornsteinfeger

Bei Wohngebäuden geringer Höhe (nicht mehr als zwei Geschosse) muss die Bauherrin oder der Bauherr zehn Tage vor Baubeginn (before construction) beim zuständigen Bezirksschornsteinfegermeister eine Bescheinigung einholen, dass die Feuerungsanlage den Anforderungen (requirements) entspricht.

ÜBUNGEN

1. Aus welchen Teilen besteht eine Abgasanlage?
2. Wofür sind richtig ausgewählte Abgasanlagen eine wichtige Voraussetzung?
3. Nennen Sie die Bestimmungen und DIN-Normen, die für die Ausführung und Bemessung von Abgasanlagen zu beachten sind.
4. Begründen Sie, weshalb alte Schornsteine die Anforderungen moderner Feuerungssysteme nicht oder nur unvollständig erfüllen.
5. Warum sind herkömmliche Schornsteine nicht für Anlagen mit sehr niedrigen Abgastemperaturen zugelassen?
6. Wovon hängen die Verbrennungsluft- und Abgasführung einer Gasfeuerstätte ab?
7. Warum entsteht beim Betrieb von Brennwertkesseln immer Kondensat?
8. Begründen Sie, weshalb herkömmliche Schornsteine nicht für Brennwertkessel zugelassen sind.
9. Welche Aufgaben hat ein Schornstein?

Lernfeldübergreifende Inhalte

6 Abgasanlagen

ÜBUNGEN

10. Erklären Sie, wie der Schornsteinzug entsteht.

11. Wovon ist der erforderliche Schornsteinzug abhängig?

12. Was verstehen Sie unter der wirksamen Schornsteinhöhe?

13. Was ist ein First?

14. Wo müssen Schornsteine von schindel-, reet- oder strohgedeckten Häusern austreten?

15. Nennen Sie mindestens fünf Anforderungen an einen Schornstein.

16. Wodurch werden die Kesselwiderstände bei Heizkesseln mit positivem Überdruck im Feuerraum überwunden?

17. Warum müssen Naturzugkessel gegenüber dem Aufstellraum nicht völlig dicht sein?

18. Nennen Sie vier brandschutztechnische Anforderungen an einen Schornstein.

19. Wie verlief die Entwicklung der Schornsteine? Nennen Sie jeweils ein Beispiel.

20. Welche Einschränkungen gelten für Schornsteine mit begrenzter Temperaturbeständigkeit?

21. Wodurch unterscheidet sich ein eigener Schornstein von einem gemischt belegten?

22. Wie sind Luft-Abgas-Schornsteine aufgebaut?

23. Was ermöglichen Luft-Abgas-Schornsteine?

24. Warum muss die Ausführung des Schornsteinkopfes eines Luft-Abgas-Schornsteines besonders beachtet werden?

25. Was ist ein Verbindungsstück und wie sollte es verlegt werden?

26. Erklären Sie die Funktion einer Abgasklappe.

27. Für welche Gasbrenner sind thermisch gesteuerte Abgasklappen zugelassen?

28. Wozu dienen Nebenluftvorrichtungen?

29. Nennen Sie drei unterschiedliche Konstruktionen von Nebenluftvorrichtungen.

30. In einem Schlachthaus soll ein alter Holzkessel durch einen Heizkessel mit Ölgebläsebrenner ersetzt werden. Die Nennwärmeleistung des Kessels beträgt Φ_{NL} = 18 kW und die Abgastemperatur 95 °C. Der vorhandene Schornstein hat einen Durchmesser von 240 mm und ist 13 m hoch. Kann der Schornstein weiter verwendet oder muss der Querschnitt verringert werden (Bild 1, nächste Seite)?

31. Ein Heizkessel mit Ölgebläsebrenner für Überdruckfeuerung und einer Nennwärmeleistung von Φ_{NL} = 27 kW soll an einen Isolierschornstein mit Hinterlüftung angeschlossen werden. Die Abgastemperatur am Kesselende beträgt 85 °C.
Bestimmen Sie bei einer Schornsteinhöhe von 9 m den erforderlichen Schornsteindurchmesser mithilfe des Diagramms Bild 1, nächste Seite.

32. In einem Dreifamilienhaus werden drei Kombiwasserheizer an einen gemeinsamen Schornstein angeschlossen. Die Nennwärmeleistungen der Kessel betragen jeweils Φ_{NL} = 18 kW. Die wirksame Schornsteinhöhe der obersten Feuerstätte liegt bei 6,5 m. Bestimmen Sie mithilfe der Diagramme Bild 2 den Schornsteinquerschnitt.

33. In ein Zweifamilienhaus wird ein Heizkessel mit Holzpelletfeuerung eingebaut. Die Nennwärmeleistung des Kessels beträgt Φ_{NL} = 28 kW, die Abgastemperatur 140 °C und der Schornsteindurchmesser darf 160 mm nicht überschreiten. Ermitteln Sie die wirksame Schornsteinhöhe. (Aufgabe mit Herstellerangaben lösen.)

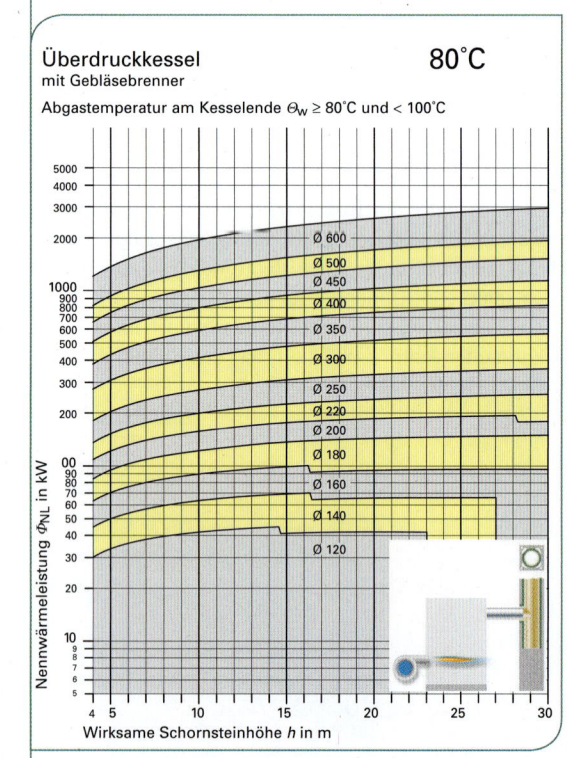

1 Auslegungsdiagramm für einen Heizkessel mit Ölgebläsebrenner für Isolierschornsteine mit Hinterlüftung

7 Abgasüberwachung

ÜBUNGEN

34) In einem Doppelhaus werden zwei Gas-Heizkessel mit jeweils $\Phi_{NL} = 18$ kW Nennwärmeleistung an einen gemeinsamen Schornstein angeschlossen. Die wirksame Schornsteinhöhe der obersten Feuerstätte darf 5,5 m nicht überschreiten.

Ermitteln Sie mithilfe des nebenstehenden Diagramms Bild 1 die erforderlichen Abmessungen des quadratischen Schornsteins.

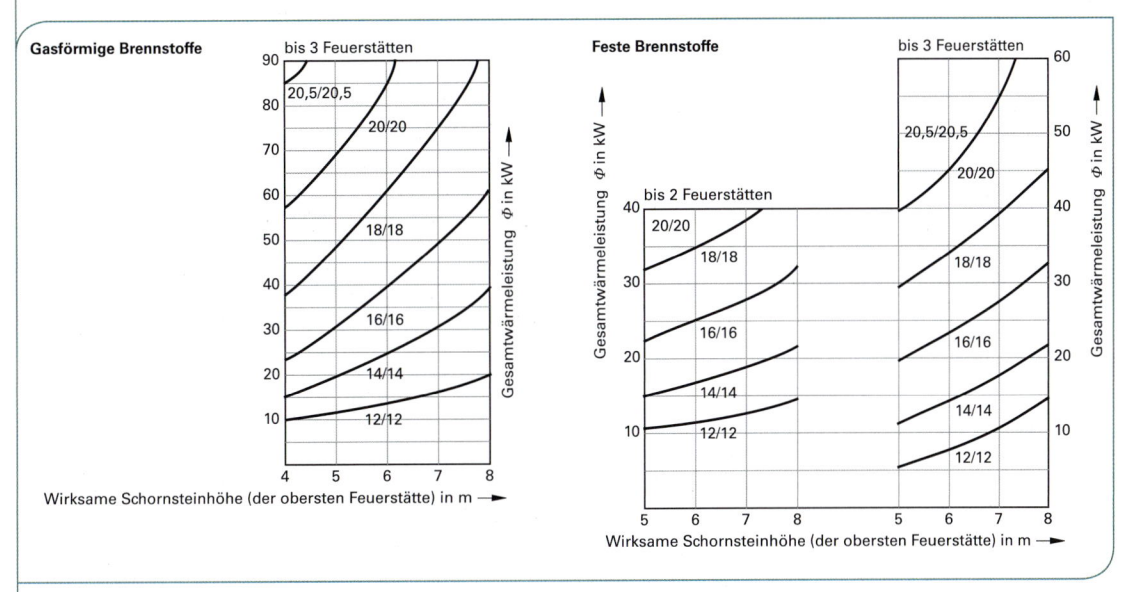

1 Mehrfach belegte Schornsteine für gasförmige und feste Brennstoffe

7 Abgasüberwachung

Für die Abgasüberwachung (exhaust gas monitoring) gelten
- die erste Verordnung zur Durchführung des Bundes-Immissionsschutzgesetzes (Verordnung über kleine und mittlere Feuerungsanlagen – 1. – BImSchV) vom **26. Januar 2010** (In Kraft getreten am 22. März 2010, vgl. Kap. 2.8.2.1). Damit ist die Ausgabe März 1997 mit der letzten Änderung vom August 2003 außer Kraft getreten, da wesentliche Neuerungen sowohl bezüglich verschärfter Emissionswerte als auch messpflichtiger Geräte eine Neufassung erforderlich machten.
- die Kehr- und Überprüfungsordnung der Schornsteinfeger (KÜO) vom 1. Januar 2010, letzte Änderung durch Artikel 1 der Verordnung vom 8. April 2013.

7.1 BImSchV

7.1.1 Feste Brennstoffe

Mit der erneuten Novellierung der Verordnung sind für Kleinfeuerungsanlagen für feste Brennstoffe **ab 4 kW** Nennwärmeleistung erstmalig festgelegte Grenzwerte ausgewiesen. Danach dürfen zentrale Heizgeräte und Einzelraumfeuerungsanlagen für feste Brennstoffe, ausgenommen Kachelöfen (Grundöfen) und offene Kamine, die ab dem 22. März 2010 errichtet wurden, nur betrieben werden, wenn der Hersteller die **Anforderungen an den Mindestwirkungsgrad und die Emissionsgrenzwerte** bescheinigt. Soweit es sich bei den festen Brennstoffen um Holz handelt, darf nur naturbelassenes Holz mit einem maximalen Feuchtegehalt von weniger als 25 % verwendet werden. Ausnahmen bilden u. U. automatisch beschickte Feuerungsanlagen.

Die Überprüfung wird mit Hilfe eines Feuchtemessgerätes (Bild 1, nächste Seite) vom Bezirks-Schornsteinfegermeister vorgenommen.
Die vom Gesetzgeber für zentrale Heizgeräte (Festbrennstoffkessel, Heizkamine usw.) erlassenen maximalen Emissionsgrenzwerte für Staub und CO in g/m³ sind durch eine Typprüfung vom Hersteller zu bescheinigen.
Die Emissionsgrenzwerte sind vom Erstellungsdatum der Anlage abhängig (vgl. Kap. 2.8.2.1).

7 Abgasüberwachung

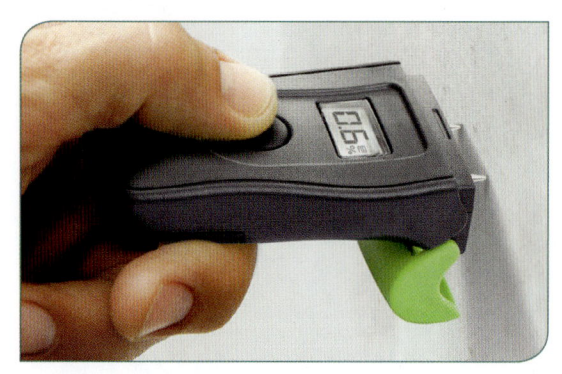

1 Feuchtemessgerät für Feststoffe

Zentrale Feuerungsanlagen mit einer Nennwärmeleistung von ≥ 4 kW, die ab dem 23.03.2010 errichtet oder wesentlich verändert wurden, sind grundsätzlich messpflichtig. Die Messungen sind durch den Bezirks-Schornsteinfegermeister innerhalb von vier Wochen nach Inbetriebnahme mit geeigneten Messgeräten und danach alle zwei Jahre durchzuführen. Vor dem 23.03.2010 errichtete Anlagen sind je nach Erstellungsdatum zeitlich gestaffelt erst ab 2015 bis max. 2025 nach den aktuellen Grenzwerten messpflichtig. Für diese Altgeräte gilt bis dahin eine Messpflicht erst ab einer Nennwärmeleistung > 15kW (vgl. Kap. 2.8.2.1).

Die bei der Messung ermittelten Emissionswerte sind auf einen O2-Gehalt im Abgas von 13 % bezogen. Die Messungen werden im Kernstrom (Ort mit der höchsten Abgastemperatur über den Rohrquerschnitt gemessen) bei Nennwärmeleistung und einer Kesselwassertemperatur von mindestens 60 °C vorgenommen.

Mit der Einführung der Messpflicht für Kleinanlagen sind neue Geräte (Bild 2) entwickelt worden, deren Handhabung dem Anlagenmechaniker SHK bisher nicht vertraut war. Die Durchführung der Abgasmessung wird in Anlehnung an die Beschreibung des Geräteherstellers Fa. Wöhler nachfolgend erläutert.

- Mit der Messung ist erst zu beginnen, wenn die Kesselwassertemperatur 60 °C erreicht hat und die Schlauchheizung des Messgerätes mindestens 75 °C beträgt.
- Eine Messöffnung – falls noch nicht vorhanden – muss hinter dem letzten Wärmeübertrager in das Verbindungsstück (zwischen dem Heizgerät und dem Schornstein in einem möglichst ungestörten Strömungsbereich) gebohrt werden. Von günstigen Strömungsverhältnissen kann ausgegangen werden, wenn die Messöffnung einen Mindestabstand vom Abgasstutzen des Gerätes von ≥ 2 × Durchmesser des Abgasrohres hat.
- Staubablagerungen an der Messöffnung sind vor der Messung z. B. mit einem Pinsel zu entfernen.
- Vor der eigentlichen Messung sind – herstellerabhängig – bestimmte Eich- bzw. Prüftests am Gerät vorzunehmen, die in diesem Rahmen nicht näher beschrieben werden.
- Der zu ermittelnde Staubgrenzwert ist über die Tastatur einzugeben (wird im Display angezeigt).

2 Abgasmessgerät für feste Brennstoffe

3 Ergebnisse der Staubmessung

O_2: Sauerstoffkonzentration in Volumen-%
m_{StF}: Staubmassenzunahme im Filter in mg
m_{St}: Staubmassenkonzentration bezogen auf den Referenzsauerstoffgehalt in g/m³
U: Erweiterte Messunsicherheit der Staubmasse (linke Spalte) bzw. CO (rechte Spalte) in g/m³ bezogen auf den Referenzsauerstoffgehalt
Vol: Abgesaugtes Probevolumen
CO_V: Verdünnte Kohlenmonoxidkonzentration CO_V in ppm
CO_N: Kohlenmonoxidkonzentration CO_N in g/m³ bezogen auf den Referenzsauerstoffgehalt
m_{STU}: Endergebnis Staubmasse: Mittelwert über die gesamte Messzeit nach Abzug der erweiterten Messunsicherheit
CO_{NU}: Endergebnis Kohlenmonoxidkonzentration: Mittelwert über die gesamte Messzeit nach Abzug der erweiterten Messunsicherheit.

7 Abgasüberwachung

- Die erste Phase der Messung besteht aus einer Aufheiz- und Stabilisierungsphase des Messgerätes. Innerhalb von ca. 15 Minuten müssen die abgasberührten Flächen eine Mindesttemperatur von 75 °C haben, damit keine Kondensation von Wasserdampf auftritt.
- In der zweiten Phase wird die Messsonde mit der Sondenöffnung gegen die Strömungsrichtung des Abgases in die Messöffnung eingeführt, der Kernstrom mittels der höchsten Abgastemperatur bestimmt und anschließend mit dem Klemmkonus fixiert.
- Nach erfolgter Kernstromsuche wird die eigentliche Messung mittels Tastendruck eingeleitet, indem nach einer einminütigen Nullungsphase die anschließende fünfzehnminütige Ermittlung der Staubmasse (m_{STU}) beginnt.
- In dieser Zeit wird ebenfalls der Mittelwert des auf das unverdünnte Abgas bezogenen CO-Wertes (CONU) bestimmt.
- Die Messwerte können im Display des Gerätes abgelesen werden (Bild 3, vorherige Seite).
- Nach Beendigung der Messung müssen die Sonde aus der Messöffnung genommen und das Gerät nach Vorgabe des Herstellers mit Frischluft gespült werden, um die Lebenszeit der Sensoren zu verlängern. Abgasberührte Teile sind u. U. zu reinigen.
- Die Messwerte können bei Bedarf gespeichert und ausgedruckt werden.

7.1.2 Flüssige Brennstoffe

Die Begrenzung (restriction) der Abgasverluste für Ölfeuerungsanlagen (gilt auch für Gasfeuerungsanlagen) wird mit der erneuten Novellierung bereits ab einer Nennwärmeleistung von Φ_{NL} = 4 kW wirksam. Die bisherige einmalige Messpflicht (monitoring obligation) bei Φ_{NL} ≤ 11 kW entfällt damit. Bei **Ölfeuerungsanlagen mit Zerstäubungsbrennern** (gilt auch für **Gasfeuerungsanlagen**) soll **frühestens zwei Minuten nach dem Einschalten des Brenners** (d. h. nach dem Beginn des Verbrennungsvorgangs) mit den Messungen begonnen werden. Bei Standardkesseln soll zu Beginn der Messung die Temperatur des Kesselwassers 60 °C betragen (Beharrungszustand bei der Verbrennung, die Abgastemperatur ändert sich nicht mehr merklich). Diese Festlegung gilt jedoch nicht für Brennwertkessel und Niedertemperaturkessel mit gleitender Regelung.

Bei ölbefeuerten Kesseln gehört zur Grundeinstellung eine **Rußmessung** (soot measurement). Hierdurch sollen bei Folgemessungen – insbesondere mit elektronischen Geräten – deren empfindliche Sensoren geschützt werden. Bei der Probenentnahme mit einer **handbetätigten Rußpumpe** (soot pump) (Bild 1) muss der Pumpenkolben in mäßigem Tempo 10 mal zurückgezogen und ca. 2 – 3 Sekunden in der Endstellung gehalten werden. Ein in die Pumpe eingelegtes Filterblatt zeigt den Rußanteil an (Bild 2). Aus drei aufeinander folgenden Messungen ist der Mittelwert (average value) zu bilden und ggf. zu runden. Es ist empfehlenswert, die für **Neuanlagen** bei Ölgebläsebrennern erforderliche **Rußzahl 1** durch Anpassen der Luftmenge oder des Pumpendrucks schon im Vorwege zu erreichen.

> **PRAXISHINWEIS**
>
> Es empfiehlt sich, zunächst die Rußzahl zu bestimmen, bevor weitere Messungen durchgeführt werden.

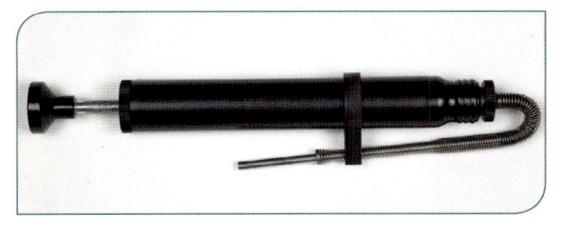

1 Handbetätigte Rußpumpe

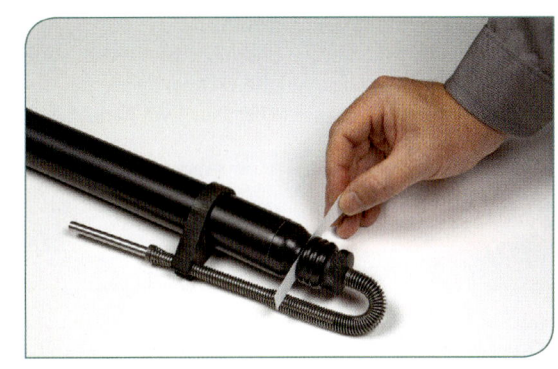

2 eingespanntes Filterblatt

Alle Messungen werden im **Kernstrom**[1] **(core flow) des Abgasrohres** vorgenommen (Bild 3).

3 Rußmessung im Kernstrom

Der Messlochabstand soll dabei den 2fachen Durchmesser des Abgasrohres – gemessen vom Abgasstutzen des Kessels – betragen. Bei Anlagen, die bis zum 1. Oktober 1988 (neue Bundesländer bis zum 3. Oktober 1990) errichtet worden sind und seither nicht wesentlich geändert wurden, darf abweichend von Neuanlagen die **Rußzahl 2** nicht überschritten werden.

---

[1] Der Kernstrom befindet sich am Ort mit der höchsten Abgastemperatur.

7 Abgasüberwachung

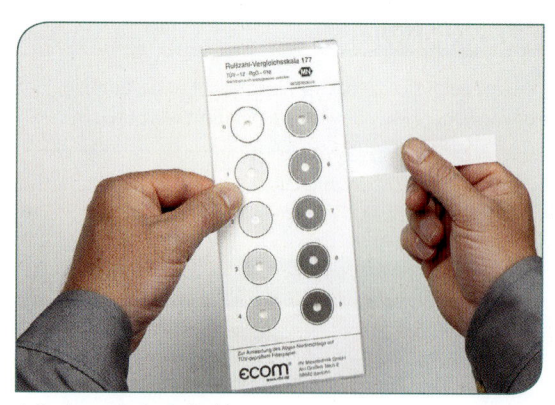

1 Bestimmung der Rußzahl

7.1.2.1 Ermittlung der Abgasverluste

Für die endgültige Einstellung sind zunächst die Messwerte zur Berechnung der Abgasverluste wichtig, für die der Gesetzgeber Grenzwerte festgelegt hat (Bild 2, vgl. Kap. 2.8.2.2).

Nennwärmeleistung in kW	Grenzwerte für die Abgasverluste in Prozent
≥ 4 ≤ 25	11
> 25 ≤ 50	10
> 50	9

2 Grenzwerte für Abgasverluste

Zur Ermittlung der Abgasverluste wird folgende Gleichung verwendet, die im elektronischen Messgerät im Speicher hinterlegt ist:

$$q_A = (\theta_A - \theta_L) \cdot \left(\frac{A}{21 - O_2} + B \right)$$

q_A: Abgasverluste in %
θ_A: Abgastemperatur in °C
θ_L: Verbrennungslufttemperatur in °C
A: brennstoffspezifischer Faktor aus Bild 3
O_2: gemessener Volumenanteil an Sauerstoff im trockenen Abgas in %
B: brennstoffspezifischer Faktor aus Bild 3

	Heizöl EL	Naturgase	Flüssiggase
A	0,68	0,66	0,63
B	0,007	0,009	0,008

3 Brennstoffspezifische Faktoren

Diese und weitere Werte können am Messgerät angezeigt und z. T. über einen Kontrollausdruck (control print-out) abgefragt werden (Bilder 4 und 5).

Die Grenzwerte gelten nicht für:
- Einzelraumfeuerungsanlagen mit einer Nennwärmeleistung von 11 kW oder weniger und
- Feuerungsanlagen, die bis zu einer Nennwärmeleistung von 28 kW ausschliesslich für die Trinkwarmwasserbereitung bestimmt sind.

Weiterhin ist zu beachten:
- Die Kohlenmonoxidemissionen (carbon oxide emissions) dürfen den Grenzwert von 1300 mg je kWh nicht überschreiten.
- Die Abgase müssen frei von Ölderivaten (-rückständen) sein. Gelbliche Ablagerungen am Filterpapier der Rußprobe weisen auf Ölrückstände im Abgas hin.

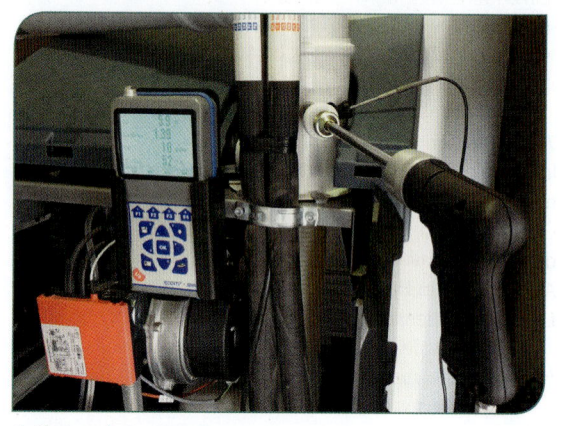

4 Abgasverlustmessung

5 Kontrollausdruck

PRAXISHINWEIS

Ölderivate entstehen häufig durch Stahl- und Metallteile, die in die Flamme hineinragen wie z. B. falsch angeordnete Elektroden.

Für eine Optimierung der Verbrennung gilt weiterhin:
Eine geringe Abgastemperatur und ein geringer Sauerstoffanteil im Abgas verringern die Abgasverluste, d. h. es sollte ein möglichst geringer Sauerstoffüberschuss bei einer maximalen Rußzahl von 1 angestrebt werden.

Die Ermittlung der Abgasverluste entfällt für Brennwertgeräte.

7 Abgasüberwachung

7.1.2.2 Ermittlung des Förderdruckes (Schornsteinzuges) (draught)

Ein weiterer, für eine verlustarme Verbrennung zu beachtender Wert ist der **Schornsteinzug**, von Kesselherstellern auch als **notwendiger Förderdruck** bezeichnet. Dieser liegt im Idealfall bei ca. 0,05 bis max. 0,1 mbar (Herstellerangaben sind zu beachten!) und kann an der Messlochöffnung mit Feinzugmanometern gemessen werden.

> **PRAXISHINWEIS**
>
> Ein erhöhter Zug führt zu erhöhten Abgasverlusten. Er kann durch Zugregler (draught regulator) (Nebenluftvorrichtungen; vgl. Kap. 6.3.2.3) abgebaut werden.

7.1.2.3 Ermittlung des CO- und NO_x-Gehaltes

In der für die Bestimmung des Abgasverlustes bereits benutzten Messlochbohrung wird ebenfalls der CO- und NO_x-Gehalt gemessen. Die Angabe in ppm erfordert hierbei jedoch eine Umrechnung auf das unverdünnte, luftfreie Abgas. Eine Korrektur ist über den Luftüberschuss, also die **Luftverhältniszahl**

$$\lambda = \frac{CO_{2\,max}}{CO_{2\,gemessen}}$$

möglich (vgl. Kap. 2.3).
$CO_{2\,max}$ Heizöl EL: 15,4 %
$CO_{2\,max}$ Erdgas: 11,9 %
$CO_{2\,max}$ Propan: 13,9 %
Der gemessene CO- und NO_x-Wert muss nach folgender Beziehung korrigiert werden:
CO-Gehalt unverdünnt $= CO_{gemessen} \cdot \lambda$
NO_x-Gehalt unverdünnt $= NO_{x\,gemessen} \cdot \lambda$

7.1.2.4 Wiederkehrende Messpflicht

Der Betreiber einer Öl- oder Gasfeuerungsanlage von 4 kW Nennwärmeleistung und mehr hat die Abgasverlustmessungen:
- alle drei Jahre bei Anlagen, bei denen ein Kesseltausch maximal 12 Jahre zurückliegt und
- alle zwei Jahre bei Anlagen, bei denen ein Kesseltausch mehr als 12 Jahre zurückliegt sowie
- alle 5 Jahre bei Anlagen mit selbstkalibrierender kontinuierlicher Regelung

von einem Schornsteinfeger durchführen zu lassen.

7.1.3 Gasförmige Brennstoffe

Hinsichtlich der Ermittlung der Abgasgrenzwerte und der Ausnahmen gilt das Gleiche wie für flüssige Brennstoffe.

7.2 KÜO

Die Messpflicht des CO-Wertes für flüssige und gasförmige Brennstoffe unterliegt der **Kehr- und Überprüfungsordnung (KÜO) der Schornsteinfeger** und ist mit Ausgabe 16. Juni 2009 bundeseinheitlich am 1. Januar 2010 in Kraft getreten. Bei Feuerstätten, Wärmepumpen, Blockheizkraftwerken und ortsfesten Verbrennungsmotoren für flüssige und gasförmige Brennstoffe darf der **Kohlenmonoxidanteil** (CO-Anteil) bezogen auf unverdünntes, trockenes Abgas **maximal 1000 ppm** betragen!

Wird der Wert überschritten, so ist bei Abwägung der konkreten Gefährdungslage (hazardous situation) die Messung spätestens nach sechs Wochen zu wiederholen.
Die Kohlenmonoxidmessung entfällt bei:
- gasbeheizten Wäschetrocknern,
- Feuerstätten für gasförmige Brennstoffe ohne Gebläse mit Verbrennungsluftzufuhr und Abgasabführung durch die Außenwand, wenn die Ausmündung des Abgases mehr als drei Meter über Erdgleiche liegt und von Maueröffnungen (z. B. Fenster) mehr als einen Meter entfernt ist.

Die Überprüfung (check) erstreckt sich außer auf den CO-Gehalt im Abgas:
- auf die gesamte Abgasanlage,
- auf den Heizgasweg der Feuerstätte,
- auf die notwendige Verbrennungsluft- und Abluftanlage.

Die Umrechnung von ppm (**p**arts **p**er **m**illion; vgl. Kap. 2.8.1) in Vol-% lautet wie folgt:
1000000 ppm = 100 %
1000 ppm = 0,1 %
100 ppm = 0,01 % usw.

Die vom Messgerät gemessenen und im Display abgebildeten ppm-Schadstoffkonzentrationen können – auf das unverdünnte Abgas bezogen – mittels folgender Umrechnung in die Einheiten

$$\frac{mg}{m^3} \text{ und } \frac{mg}{kWh}$$

umgerechnet werden:

	Heizöl EL	
CO	1 ppm $\triangleq$ 1,110 $\frac{mg}{kWh}$ 1 $\frac{mg}{m^3}$ $\triangleq$ 0,889 $\frac{mg}{kWh}$	1 $\frac{mg}{kWh}$ $\triangleq$ 0,900 ppm 1 $\frac{mg}{kWh}$ $\triangleq$ 1,125 $\frac{mg}{m^3}$
NO_x	1 ppm $\triangleq$ 1,822 $\frac{mg}{kWh}$ 1 $\frac{mg}{m^3}$ $\triangleq$ 0,889 $\frac{mg}{kWh}$	1 $\frac{mg}{kWh}$ $\triangleq$ 0,549 ppm 1 $\frac{mg}{kWh}$ $\triangleq$ 1,125 $\frac{mg}{m^3}$
	Erdgas H	
CO	1 ppm $\triangleq$ 1,074 $\frac{mg}{kWh}$ 1 $\frac{mg}{m^3}$ $\triangleq$ 0,859 $\frac{mg}{kWh}$	1 $\frac{mg}{kWh}$ $\triangleq$ 0,931 ppm 1 $\frac{mg}{kWh}$ $\triangleq$ 1,164 $\frac{mg}{m^3}$
NO_x	1 ppm $\triangleq$ 1,759 $\frac{mg}{kWh}$ 1 $\frac{mg}{m^3}$ $\triangleq$ 0,859 $\frac{mg}{kWh}$	1 $\frac{mg}{kWh}$ $\triangleq$ 0,569 ppm 1 $\frac{mg}{kWh}$ $\triangleq$ 1,164 $\frac{mg}{m^3}$

1 Umrechnungsfaktoren für energiebezogene Einheiten

7 Abgasüberwachung

Die Häufigkeit der Überprüfung ist in Bild 1 dargestellt:

Nr.	Anlagentyp	Anzahl der Überprüfungen
	Flüssige Brennstoffe	
1	Nach § 15 1. BImSchV. wiederkehrend zu überwachende Feuerstätte	einmal im Kalenderjahr
2	BHKW, Wärmepumpe, ortsfester Verbrennungsmotor, Brennstoffzellenheizgerät	einmal im Kalenderjahr
3	Anlage mit Betrieb von schwefelarmem Heizöl als raumluftabhängige Brennwertfeuerstätte an einer Abgasanlage für Überdruck oder als raumluftunabhängige Feuerstätte	einmal in jedem zweiten Kalenderjahr
4	siehe Nr 3, jedoch mit selbstkalibrierender und kontinuierlicher Regelung der Verbrennung	einmal in jedem dritten Kalenderjahr
	Gasförmige Brennstoffe	
5	raumluftabhängige Feuerstätte	einmal im Kalenderjahr
6	raumluftunabhängige Feuerstätte	einmal in jedem zweiten Kalenderjahr
7	raumluftabhängige Brennwertfeuerstätte an einer Abgasanlage für Überdruck	einmal in jedem zweiten Kalenderjahr
8	siehe Nr. 2	einmal in jedem zweiten Kalenderjahr
9	Anlage nach Nr. 6 und 7, jedoch mit selbstkalibrierender kontinuierlicher Regelung der Verbrennung	einmal in jedem dritten Kalenderjahr

1 Häufigkeit der Überprüfung von Anlagen nach der KÜO (Auszug)

ÜBUNGEN

1) Welche Begriffe verbergen sich hinter den Kürzeln „BImSchV" und „KÜO"?

2) Bei welcher Nennwärmeleistung beginnt die Abgasverlustmessung nach BImSchV bei festen Brennstoffen sowie bei flüssigen und gasförmigen Brennstoffen?

3) Beschreiben Sie, wann frühestens bei den unterschiedlichen Kessel- und Brennstoffarten mit der Abgasverlustmessung begonnen werden soll.

4) Beschreiben Sie die Durchführung einer Rußmessung mit einer Handpumpe bei Ölfeuerungsanlagen und nennen Sie Grenzwerte.

5) Nennen Sie die für die Ermittlung der Abgasverluste notwendigen Messwerte.

6) Nennen Sie die leistungsabhängigen Grenzwerte für die Abgasverluste.

7) Nennen Sie Feuerungsanlagen, für die die Grenzwerte nicht gelten.

8) Erläutern Sie, was mit Ölderivaten gemeint ist.

9) Beschreiben Sie den Zusammenhang zwischen den Abgasverlusten und dem Förderdruck.

10) Wie werden die im Abgas gemessenen CO- und NO_x-Werte auf unverdünntes Abgas korrigiert?

11) Unterscheiden Sie die wiederkehrende Messpflicht nach Alter oder Art der Anlagen hinsichtlich der Messintervalle.

12) Nach welcher Verordnung ist die CO-Messung geregelt?

13) Nennen sie den maximalen CO-Gehalt im unverdünnten Abgas, den Geräte für flüssige und gasförmige Brennstoffe haben dürfen.

14) Was ist zu tun, wenn der maximale CO-Gehalt in einem konkreten Fall überschritten wird?

15) Auf welche Anlagenteile erstreckt sich die Überprüfung nach der KÜO?

16) Rechnen Sie um: CO = 500 ppm in $\frac{mg}{m^3}$ sowie in $\frac{mg}{kWh}$.

17) Bestimmen Sie den auf das unverdünnte Abgas bezogenen CO-Gehalt für einen Gaskessel (Erdgas), wenn der gemessene CO_2-Gehalt 10 % und der gemessene CO-Gehalt 200 ppm betragen.

18) In welchen Zeitabständen müssen nach KÜO Gasanlagen mit selbstkalibrierender kontinuierlicher Regelung der Verbrennung überprüft werden?

Lernfeldübergreifende Inhalte

8 Anbindung des Wärmeerzeugers an die Wärmeverteilungs- und Trinkwassererwärmungsanlage

Wärmeerzeuger können in unterschiedlicher Kombination in eine Wärmeverteilungs- und Trinkwassererwärmungsanlage eingebunden werden. Voraussetzung für einen funktionssicheren und wirtschaftlichen Betrieb ist eine optimale regelungstechnische und hydraulische Abstimmung sowie die sicherheitstechnische Absicherung.

Beispiel: Kombination Öl-/Gas-Heizkessel, Festbrennstoff-Heizkessel mit Pufferspeicher (Bild 1, nächste Seite)

Die hydraulische und regelungstechnische Schaltung dieser Heizkesselkombination hängt entscheidend davon ab
- ob die Heizkessel gleichzeitig oder wechselweise betrieben werden sollen
- ob die Heizkessel an einen gemeinsamen oder jeweils an einen eigenen Schornstein angeschlossen werden

Werden Festbrennstoff-Heizkessel und Öl-/Gas-Heizkessel an je einen eigenen Schornstein angeschlossen, können sie sowohl gleichzeitig als auch wechselweise betrieben werden. Werden beide Heizkessel an einen gemeinsamen Schornstein angeschlossen, muss der gleichzeitige Betrieb z. B. durch einen Abgasthermostaten unterbunden werden.

Durch Kombination mit einem Pufferspeicher kann ein Festbrennstoff-Heizkessel auch in der Übergangszeit bei niedrigem Wärmebedarf im günstigen Volllastbetrieb betrieben werden. Dies erhöht die Wirtschaftlichkeit erheblich und verringert die Schadstoffemission. Daneben wird ein verbesserter Bedienungskomfort erreicht, da der Heizkessel seltener beschickt werden muss.
Der Pufferspeicher speichert die überschüssige Wärme und gibt sie bei Bedarf an den Heizkreis bzw. den Trinkwassererwärmer ab.
Die Mindestgröße des Pufferspeichers ist in der BImSchV festgelegt bzw. kann nach DIN EN 305-5 berechnet werden (vgl. LF11 Kap. 2.4.6).

Bei Mehrkesselanlagen ist jeder Heizkessel mit einer Kesselkreispumpe auszurüsten. Damit die außer Betrieb befindlichen Heizkessel nicht vom Heizwasser durchströmt und so zusätzliche Verluste vermieden werden, sind entsprechende Absperr- bzw. Umschalteinrichtungen vorzusehen. Die gegenseitige Beeinflussung der Kesselkreis- und Heizkreispumpen kann durch hydraulischen Ausgleich wie z. B. durch den Einbau einer hydraulischen Weiche verhindert werden.

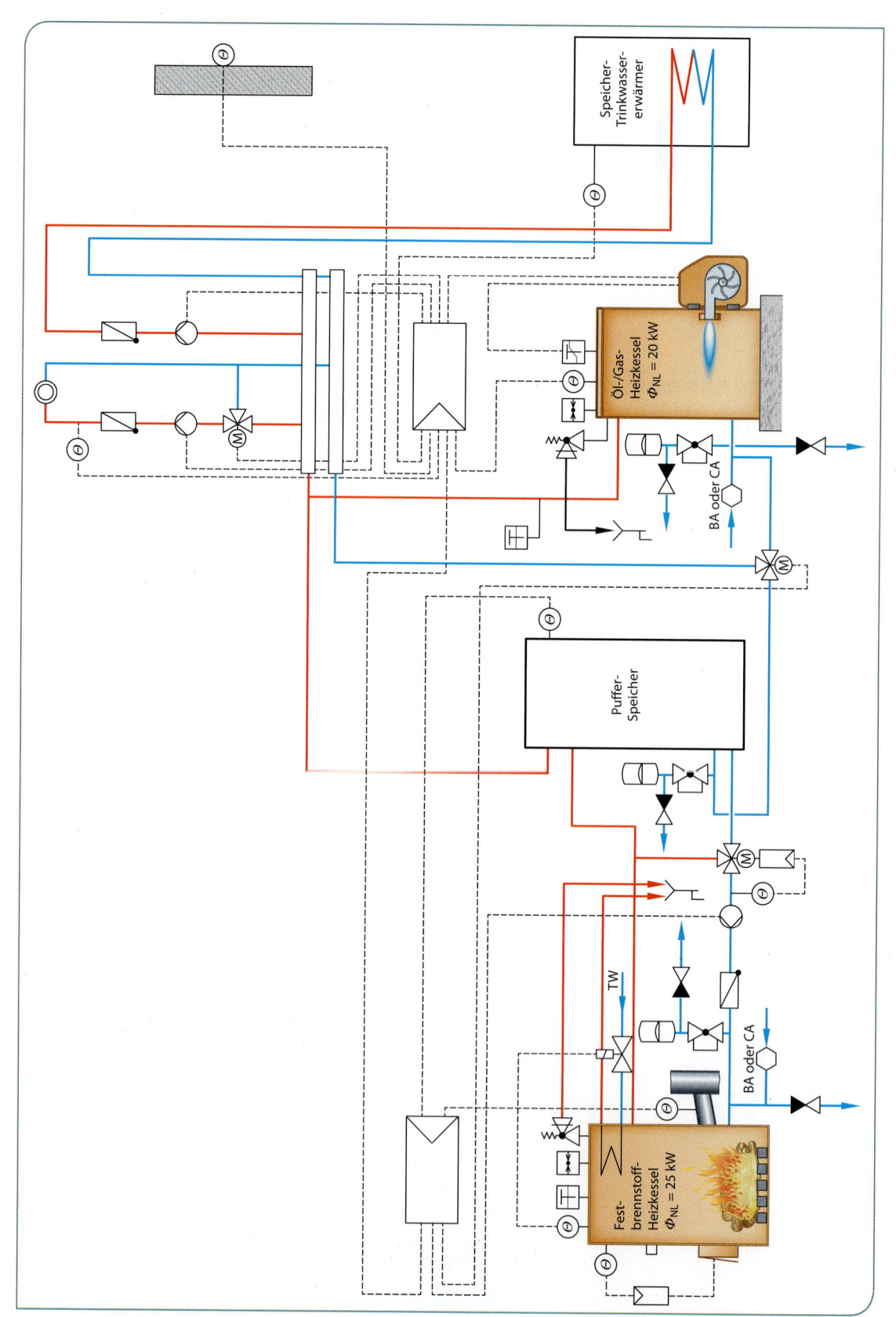

8 Anbindung des Wärmeerzeugers an die Wärmeverteilungs- und Trinkwassererwärmungsanlage

1 Heizungsanlage mit Öl-/Gas-Heizkessel, Festbrennstoff-Heizkessel mit Pufferspeicher und Speicher-Trinkwassererwärmer

8 Anbindung des Wärmeerzeugers an die Wärmeverteilungs- und Trinkwassererwärmungsanlage

ÜBUNGEN

1) Bearbeiten Sie die nachfolgenden Aufgaben zur Heizungsanlage Bild 1, vorherige Seite.
  a) Zeichnen und beschreiben Sie die Heizkreise beim Gas-/Öl-Heizkessel. Kennzeichnen Sie dabei die unterschiedlichen Strömungsverläufe farbig und die Fließrichtungen mithilfe von Pfeilen.
  b) Zeichnen und beschreiben Sie die Heizkreise beim Festbrennstoffkessel. Kennzeichnen Sie dabei die unterschiedlichen Strömungsverläufe farbig und die Fließrichtungen mithilfe von Pfeilen.
  c) Erläutern Sie die unterschiedlichen Funktionsweisen der 3-Wege-Ventile.
  d) Begründen Sie, weshalb bei den Durchgangsventilen mit Rückflussverhinderer die schwarzen Dreiecke bei den Sinnbildern auf unterschiedlichen Seiten erscheinen.
  e) Zeichnen Sie das Anlagenschema so, dass der TWW-Speicher bei Bedarf auch mit dem Festbrennstoffkessel beheizt werden kann.

2) a) Übernehmen Sie das folgende Rohrschema der geschlossenen Heizungsanlage mit Festbrennstoff-Heizkessel, Pufferspeicher und Speicher-Trinkwassererwärmer auf ein gesondertes Blatt und vervollständigen Sie es um alle erforderlichen Armaturen und Sicherheitseinrichtungen. Der Speicher-Trinkwassererwärmer ist heizungsseitig anzuschließen. Die Nennwärmeleistung des Heizkessels beträgt 20 kW die maximale Vorlauftemperatur 75 °C. Das Sicherheitsventil öffnet bei 3 bar.
  b) Berechnen Sie den minimalen Pufferspeicherinhalt, wenn die Abbrandzeit für die Füllung 3,5 h, die kleinste einstellbare Heizkesselleistung 15 kW und der Wärmebedarf (Heizlast des Gebäudes) 18 kW betragen.

3) Übernehmen Sie das folgende Rohrschema der geschlossenen Heizungsanlage mit Festbrennstoff-Heizkessel, Öl-/Gas-Heizkessel und Speicher-Trinkwassererwärmer auf ein gesondertes Blatt und vervollständigen Sie es um alle erforderlichen Armaturen und Sicherheitseinrichtungen. Der Speicher-Trinkwassererwärmer ist heizungsseitig anzuschließen. Der Betrieb der beiden Heizkessel soll wechselweise erfolgen. Durch ein Drei-Wege-Umschaltventil soll verhindert werden, dass der außer Betrieb befindliche Heizkessel vom Heizungswasser durchströmt wird. Die Nennwärmeleistung des Öl-/Gas-Heizkessels beträgt 21 kW, die des Festbrennstoff-Heizkessels 12 kW. Die Vorlauftemperatur ist auf maximal 70 °C eingestellt. Die Sicherheitsventile öffnen bei 3 bar.

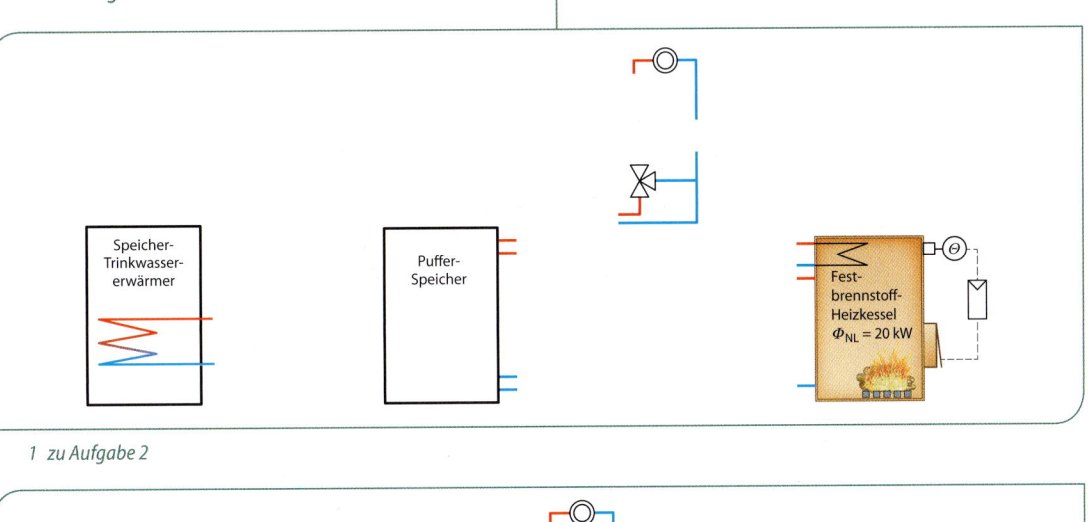

1 zu Aufgabe 2

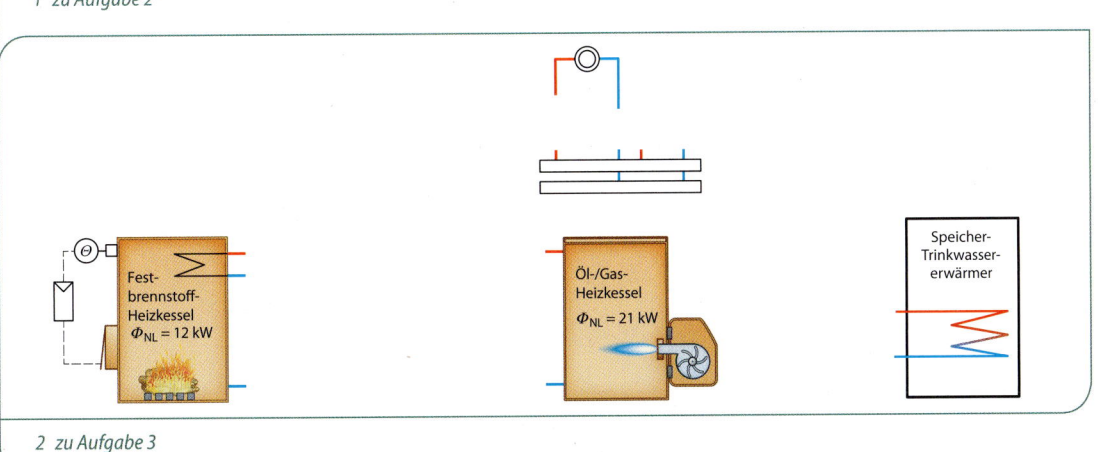

2 zu Aufgabe 3

8 Anbindung des Wärmeerzeugers an die Wärmeverteilungs- und Trinkwassererwärmungsanlage

ÜBUNGEN

4 a) Übernehmen Sie das untenstehende Rohrschema auf ein gesondertes Blatt und vervollständigen Sie es. Schließen Sie den Heizkörper-Heizkreis, den Fußbodenheizkreis und den indirekt beheizten Speicher-Trinkwassererwärmer an den Gasumlaufwasserheizer an.
b) Benennen Sie die Symbole A … Q

5 a) Übernehmen Sie das untenstehende Rohrschema auf ein gesondertes Blatt und vervollständigen Sie es. Schließen Sie den Heizkörper-Heizkreis und die beiden Fußbodenheizkreise mit allen erforderlichen Armaturen und Einrichtungen an den Verteiler so an, dass sie mit unterschiedlichem und von der Wassertemperatur des Wärmeerzeugers abweichendem Temperaturniveau betrieben werden können.
Die Fußbodenheizkreise sind gegen zu hohe Temperaturen abzusichern.
b) Erläutern Sie die Bedeutung der hydraulischen Weiche.
c) Bezeichnen Sie das Symbol A und erläutern Sie die Aufgabe dieser Armatur.

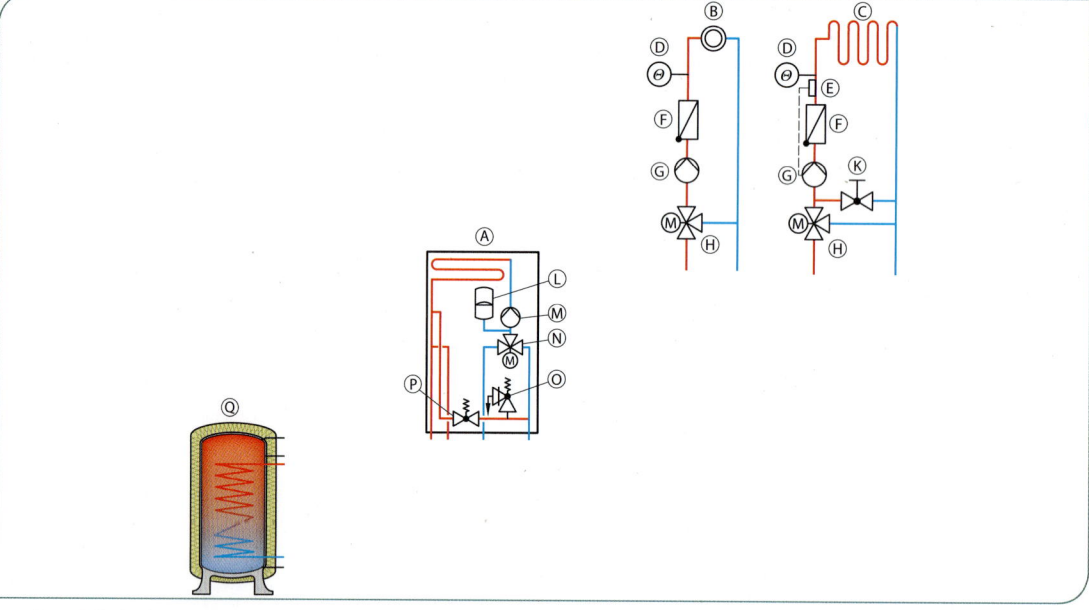

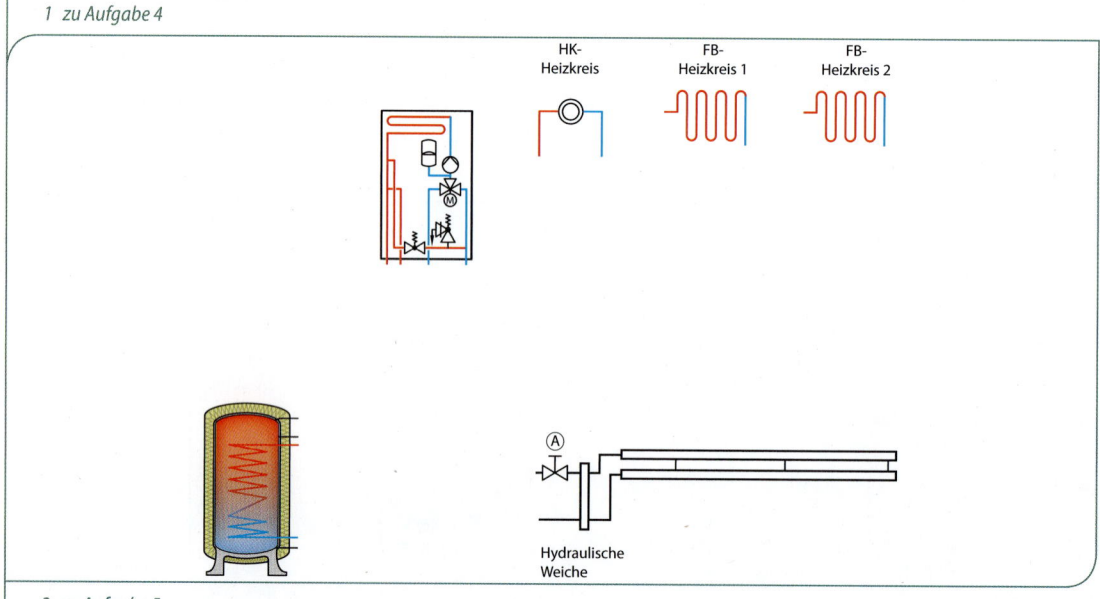

1 zu Aufgabe 4

2 zu Aufgabe 5

9 Jahresbrennstoffbedarf und Jahresbrennstoffkosten

Der **Jahresbrennstoffbedarf** (annual fuel demand) hängt ab vom Jahreswärmebedarf, vom Heiz- bzw. Brennwert (Kap. 1, Bild 2), Betriebsheiz- bzw. Betriebsbrennwert des Brennstoffes und vom Jahresnutzungsgrad der Anlage (vgl. Kap. 4.4). Er kann mit folgender Formel berechnet werden:

Bei Niedertemperaturkesseln:

Feste und flüssige Brennstoffe

$$B_a = \frac{Q_a}{H_i \cdot \eta_{aAnl}}$$

Gasförmige Brennstoffe

$$B_a = \frac{Q_a}{H_{iB} \cdot \eta_{aAnl}}$$

Bei Brennwertkesseln:

Feste und flüssige Brennstoffe

$$B_a = \frac{Q_a}{H_s \cdot \eta_{aAnl}}$$

Gasförmige Brennstoffe

$$B_a = \frac{Q_a}{H_{sB} \cdot \eta_{aAnl}}$$

B_a: Jahresbrennstoffbedarf in $\frac{m^3}{a}, \frac{kg}{a}, \frac{l}{a}$

Q_a: Jahreswärmebedarf in $\frac{kWh}{a}$

H_i: Heizwert in $\frac{kWh}{kg}, \frac{kWh}{l}, \frac{kWh}{m^3}$

H_s: Brennwert in $\frac{kWh}{kg}, \frac{kWh}{l}, \frac{kWh}{m^3}$

H_{iB}: Betriebsheizwert in $\frac{kWh}{m^3}$

H_{sB}: Betriebsbrennwert in $\frac{kWh}{m^3}$

η_{aAnl}: Jahresnutzungsgrad der Anlage (Dezimalwert)

Der **Jahreswärmebedarf** (annual heat demand) **einer Heizungsanlage ohne Trinkwassererwärmung** kann mithilfe der Jahresvollbenutzungsstunden (Kap. 4.3, Bild 3) und der Norm-Heizlast des Gebäudes bestimmt werden. Ist die Norm-Heizlast des Gebäudes nicht bekannt, kann sie **überschlägig** (approximately) mit der spezifischen Heizlast und der beheizten Wohnfläche ermittelt werden (Bild 1).

$$Q_a = b_v \cdot \Phi_{HL,Geb} \qquad \Phi_{HL,Geb} = q \cdot A$$

Q_a: Jahreswärmebedarf in $\frac{kWh}{a}$
b_v: Jahresvollbenutzungsstunden in $\frac{h}{a}$
$\Phi_{HL,Geb}$: Norm-Heizlast des Gebäudes in kW
q: spezifische Heizlast
A: beheizte Wohnfläche in m²

Beispiel
Die Norm-Heizlast $\Phi_{HL,Geb}$ eines Einfamilienhauses in Passau beträgt 15 kW. Es wird mit einem Niedertemperaturkessel mit Ölgebläsebrenner (Heizöl EL) beheizt. Der Jahresnutzungsgrad der Heizungsanlage η_{aAnl} beträgt 84 %. Berechnen Sie den voraussichtlichen Jahresbrennstoffbedarf in Liter.

Lösung:

geg: $\Phi_{HL,Geb} = 15$ kW; $\eta_{aAnl} = 0{,}84$; $H_i = 10 \frac{kWh}{l}$ (Kap. 1, Bild 2);
$b_v = 1400 \frac{h}{a}$ (Kap. 4.3, Bild 3)

ges: B_a

$Q_a = b_v \cdot \Phi_{HL,Geb}$

$Q_a = 1400 \frac{h}{a} \cdot 15$ kW

$Q_a = 21000 \frac{kWh}{a}$

$B_a = \frac{Q_a}{H_i \cdot \eta_{aAnl}} \qquad B_a = \frac{21000 \text{ kWh}}{10 \frac{kWh}{l} \cdot 0{,}84}$

$B_a = \frac{21000 \text{ kWh} \cdot l}{10 \text{ kWh} \cdot 0{,}84}$

$\underline{B_a = 2500 \text{ l}}$

Gebäudeart	Gebäudealtersklassen						
	bis 1958	ab 1959	ab 1969	ab 1974	ab 1978	ab 1984	ab 1999
	$\frac{W}{m^2}$	$\frac{W}{m^2}$	$\frac{W}{m^2}$	$\frac{W}{m^2}$	$\frac{W}{m^2}$	$\frac{W}{m^2}$	$\frac{W}{m^2}$
Einfamilienhaus freistehend	180	170	150	115	95	75	60
Reihenhaus Endhaus	160	150	130	110	90	70	55
Mittelhaus	140	130	120	100	85	65	50
Mehrfamilienhaus bis 8 WE	130	120	110	75	65	60	45

1 Spezifische Heizlast q in $\frac{W}{m^2}$ – Erfahrungswerte

Der **Jahreswärmebedarf für die Trinkwassererwärmung** wird bestimmt vom jährlichen Bedarf an erwärmtem Trinkwasser und vom Temperaturunterschied zwischen kaltem und erwärmtem Trinkwasser. Bei Wohngebäuden ist ein Trinkwarmwasserbedarf von 30 bis 60 Litern pro Person und Tag bei einer Temperatur von 45 °C anzusetzen.

$$Q_a = m_a \cdot c \cdot \Delta\theta$$

Q_a: Jahreswärmebedarf in $\frac{Wh}{a}$
m_a: Jahresbedarf an erwärmtem Trinkwasser in $\frac{kg}{a}$
c: spezifische Wärmekapazität in $\frac{Wh}{kg \cdot K}$
$\Delta\theta$: Temperaturunterschied zwischen kaltem und erwärmtem Trinkwasser in K

Lernfeldübergreifende Inhalte

9 Jahresbrennstoffbedarf und Jahresbrennstoffkosten

	Personenbezogener Tages- bzw. Jahres-Trinkwarmwasserbedarf bei der Nutzungstemperatur θ_N [1]		Personenbezogener Tages- bzw. Jahreswärmebedarf für die Trinkwassererwärmung	
	$v_{ges,d}$ in $\frac{l}{d}$	$v_{ges,a}$ in $\frac{m^3}{a}$	$q_{ges,d}$ in $\frac{kWh}{d}$	$q_{ges,a}$ in $\frac{kWh}{a}$
Dusche, Waschtisch, Geschirrspülmaschine mit Kaltwasseranschluss[2]	15–47 Mittelwert 31	5,2–16,2 Mittelwert 10,7	0,5–1,6 Mittelwert 1,1	190–570 Mittelwert 380
Wanne normal, Waschtisch, Geschirrspülmaschine mit Kaltwasseranschluss[2]	33–56 Mittelwert 44	11,4–19,3 Mittelwert 15,7	1,1–1,9 Mittelwert 1,5	400–680 Mittelwert 540
Wanne groß, Waschtisch, Geschirrspülmaschine mit Kaltwasseranschluss[2]	48–71 Mittelwert 59	16,6–24,5 Mittelwert 20,7	1,7–2,5 Mittelwert 2,1	580–860 Mittelwert 720
Wanne normal und Dusche, Waschtisch, Geschirrspülmaschine mit Kaltwasseranschluss[2]	22–54 Mittelwert 38	7,5–18,6 Mittelwert 12,7	0,7–1,9 Mittelwert 1,3	270–650 Mittelwert 460

[1] Dusche, Wanne, Waschtisch $\theta_N = 40\,°C$, Geschirrspülen von Hand $\theta_N = 50\,°C$
[2] Der Rest wird von Hand gespült

1 Trinkwarmwasserbedarf und Wärmebedarf für die Trinkwassererwärmung lt. VDI 2067 Blatt 12

Gemäß VDI 2067 Blatt 12 werden der Trinkwarmwasserbedarf und der Energiebedarf für die Trinkwassererwärmung objektbezogen bestimmt. (Bild 1).
Der Jahreswärmebedarf für die Trinkwassererwärmung ergibt sich durch Multiplikation des personenbezogenen Energiebedarfs pro Jahr $q_{ges,a}$ mit der Anzahl der Personen n_P.

$$Q_a = n_p \cdot q_{ges,a}$$

Q_a: Jahreswärmebedarf für die Trinkwassererwärmung in $\frac{kWh}{a}$
n_P: Anzahl der Personen
$q_{ges,a}$: personenbezogener Jahreswärmebedarf für die Trinkwassererwärmung

Die **Jahresnutzungsgrade** (annual efficiency) **von Trinkwassererwärmungsanlagen** hängen ab von der Art des Trinkwassererwärmers, dem Energieträger und dem Verbrauch an erwärmtem Trinkwasser (Bild 2 und 3).

Warmwassersystem/Energieträger	Jahresnutzungsgrad η_a in %
Erdgas-/Ölkessel mit Speicher	45
Erdgas-/Ölkessel mit Durchfluss-Wassererwärmung	60
Gasdurchflusserwärmer mit Zündflamme	60
Gasdurchflusserwärmer ohne Zündflamme	80
Erdgasbeheizter Speicher	50
Ölbeheizter Speicher	50

2 Jahresnutzungsgrade unterschiedlicher Trinkwassererwärmer bei einem Warmwasserverbrauch von 200 l/d mit 45 °C

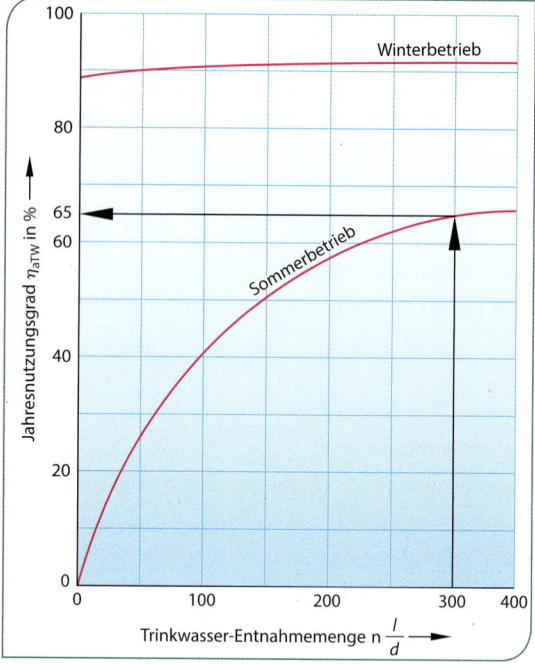

3 Jahresnutzungsgrad eines NT-Kessels für die Trinkwassererwärmung im Sommer- und Winterbetrieb

Beispiel
Die Warmwasserversorgung eines Zweifamilienhauses erfolgt mit einem NT-Kessel (Heizöl EL) mit Speicher. Jede der beiden Wohnungen ist mit 3 Personen belegt. Der Bedarf an erwärmtem Wasser beträgt je Person täglich 50 l mit 45 °C. Das Trinkwasser hat eine Temperatur von 10 °C.
Berechnen Sie den jährlichen Brennstoffbedarf während des Sommerbetriebes (1. Mai bis 30. September).

Lösung:
geg: Wohnungen: 2; Personen pro Wohnung: 3; Betriebsdauer: 153 Tage pro Jahr; Warmwasserbedarf je Person und Tag: 50 l $\triangleq$ 50 kg; c = 1,163 $\frac{Wh}{kg \cdot K}$;
θ_2 45 °C; $\theta_1 = 10\,°C$; $\eta_{aAnl} = \eta_{aTWW}$ bei $\frac{300\,l}{d} = 0,65$ (Bild 3);
$H_i = 10\,\frac{kWh}{l}$ (Kap. 1, Bild 2)

ges.: B_a

$m_a = 2\,\text{Pers} \cdot 3 \cdot 153\,\frac{d}{a} \cdot \frac{50\,kg}{\text{Pers} \cdot d}$
$m_a = \underline{45900\,\frac{kg}{a}}$

$\Delta\theta = \theta_2 - \theta_1$
$\Delta\theta = 45\,°C - 10\,°C$
$\Delta\theta = \underline{35\,°C}$

$Q_a = m_a \cdot c \cdot \Delta\theta$
$Q_a = 45900\,\frac{kg}{a} \cdot 1,163\,\frac{Wh}{kg \cdot K} \cdot 35\,K$
$Q_a = 1868360\,\frac{Wh}{a} = 1868,36\,\frac{kWh}{a}$

9 Jahresbrennstoffbedarf und Jahresbrennstoffkosten

$B_a = \dfrac{Q_a}{H_i \cdot \eta_{aAnl}}$

$B_a = \dfrac{1868{,}36\ \frac{kWh}{a}}{10\ \frac{kWh}{l} \cdot 0{,}65}$

$B_a = \dfrac{18{,}68\ kWh \cdot l}{10\ kWh \cdot a \cdot 0{,}65}$

$B_a = \underline{\underline{287{,}44\ \frac{l}{a}}}$

Die **Jahresbrennstoffkosten** (annual fuel costs) hängen ab vom Jahresbrennstoffbedarf und dem Brennstoff- bzw. Energiepreis.

$\boxed{K_a = B_a \cdot k}$

K_a: Jahresbrennstoffkosten in $\frac{€}{a}$
B_a: Jahresbrennstoffbedarf in $\frac{m^3}{a}, \frac{kg}{a}, \frac{l}{a}$
k: Brennstoff- bzw. Energiepreis in $\frac{€}{m^3}, \frac{€}{kg}, \frac{€}{l}$

Beispiel:
Wie hoch sind die voraussichtlichen Jahresbrennstoffkosten für die Beheizung eines Einfamilienhauses mit Heizöl EL, wenn der Jahresbrennstoffbedarf 3500 $\frac{l}{a}$ und der Preis für Heizöl EL 0,90 $\frac{€}{l}$ betragen.

Lösung:
geg: $B_a = 3500\ \frac{l}{a}$; $k = 0{,}90\ \frac{€}{l}$

ges: K_a

$K_a = B_a \cdot k$

$K_a = 3500\ \frac{l}{a} \cdot 0{,}90\ \frac{€}{l}$

$K_a = \underline{\underline{3150\ \frac{€}{a}}}$

ÜBUNGEN

1. Für ein Zweifamilienhaus in Hamburg wurde eine Norm-Heizlast $\Phi_{HL,Geb}$ von 32 kW ermittelt. Es soll mit einem Niedertemperaturkessel mit Ölgebläsebrenner (Heizöl EL) beheizt werden.
Berechnen Sie den voraussichtlichen Jahresbrennstoffbedarf in Liter, wenn der Jahresnutzungsgrad des Heizungsanlage 86 % beträgt.

2. Die Norm-Heizlast $\Phi_{HL,Geb}$ eines Einfamilienhauses in Freiburg beträgt 12 kW. Es wird mit einem Niedertemperaturkessel mit Ölgebläsebrenner (Heizöl EL) beheizt. Der Jahresnutzungsgrad der Heizungsanlage beträgt 89 %.
   a) Ermitteln Sie den voraussichtlichen Jahresbrennstoffbedarf in Liter.
   b) Berechnen Sie die Jahresbrennstoffkosten bei einem Heizölpreis von 0,95 €/l.

3. Ein freistehendes Einfamilienhaus bei Stuttgart, 1989 erbaut, wird mit Erdgas E ($H_{iB} = 9{,}7\ \frac{kWh}{m^3}$) beheizt. Die zu beheizende Wohnfläche beträgt 140 m², der Jahresnutzungsgrad der Heizungsanlage 84 %.
   a) Ermitteln Sie die Heizlast des Einfamilienhauses überschlägig.
   b) Ermitteln Sie den voraussichtlichen Jahresbrennstoffbedarf in Liter.
   c) Berechnen Sie die Jahresbrennstoffkosten bei einem Gaspreis von 0,62 $\frac{€}{m^3}$.

4. Eine Etagenwohnung in Düsseldorf mit einer Heizlast von 10,5 kW wird mit einem Gasheizkessel (Erdgas H, $H_{iB} = 9{,}8\ \frac{kWh}{m^3}$) beheizt. Berechnen Sie den Jahresnutzungsgrad der Anlage, wenn bei 1400 Jahresvollbenutzungsstunden 1750 m³ Erdgas in einem Jahr verbraucht werden.

5. Für die Warmwasserversorgung einer Etagenwohnung wird ein Gas-Durchfluss-Wassererwärmer ohne Zündflamme ($H_{iB} = 9{,}6\ \frac{kWh}{m^3}$) verwendet. Es werden täglich 200 l erwärmtes Trinkwasser von 45 °C verbraucht. Die Trinkwasser-Zulauftemperatur beträgt 15 °C.
   a) Berechnen Sie den jährlichen Brennstoffbedarf für die Trinkwassererwärmung.
   b) Berechnen Sie die Jahresbrennstoffkosten bei einem Gaspreis von 0,65 $\frac{€}{m^3}$.

6. Die Warmwasserversorgung eines Zweifamilienhauses erfolgt mit einem erdgasbeheizten Speicher ($H_{iB} = 9{,}8\ \frac{kWh}{m^3}$). Jede der beiden Wohnungen ist mit einer normalen Badewanne, Dusche, Waschtisch und Geschirrspülmaschine mit Kaltwasseranschluss ausgestattet und mit jeweils 3 Personen belegt.
   a) Bestimmen Sie den Jahreswärmebedarf für die Trinkwassererwärmung.
   b) Berechnen Sie den jährlichen Brennstoffbedarf für die Trinkwassererwärmung bei einem Jahresnutzungsgrad von 50 %.
   c) Berechnen Sie die Jahresbrennstoffkosten bei einem Gaspreis von 0,62 $\frac{€}{m^3}$.

7. Die Warmwasserversorgung eines Einfamilienhauses erfolgt mit einem ölbeheizten NT-Heizkessel (Heizöl EL) mit Speicher. Das Haus ist von 5 Personen bewohnt. Der Bedarf an erwärmtem Trinkwasser beträgt je Person täglich 50 l. Das Trinkwasser muss von 10 °C auf 55 °C erwärmt werden.
   a) Berechnen Sie den Brennstoffbedarf während des Sommerbetriebs (1. Mai bis 30. September).
   b) Berechnen Sie die Brennstoffkosten bei einem Heizölpreis von 0,90 $\frac{€}{l}$.
   c) Welche Energiekosten ergeben sich bei Verwendung eines Elektro-Durchfluss-Wassererwärmers ($\eta_a = 95\ \%$) und einem Strompreis von 0,23 $\frac{€}{kWh}$.

10 Grundlagen der Brennstoffversorgung

10.1 Einleitung

Zu den Brennstoffversorgungsanlagen gehören alle Lagerbehälter innerhalb und außerhalb von Gebäuden, Lagerräume und Rohrleitungen einschließlich Armaturen und Einbauten etc., die notwendig sind, um eine ausreichende Versorgung mit Brennstoffen zu gewährleisten. Auch die Erdgasversorgungsleitungen der Netzbetreiber gehören dazu.

Die Brennstoffversorgungsanlagen werden in den Lernfelder 10 (Erdgas, Flüssiggas) und 11 (Heizöl, Feste Brennstoffe) behandelt.

1 Versorgung mit Heizöl

2 Versorgung mit Pellets

3 Versorgung mit Flüssiggas

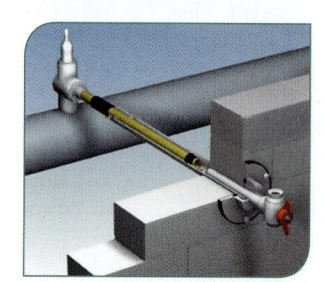

4 Versorgung mit Erdgas

11 Domestic heat generation: fuels, boilers and flue systems

11.1 Fossil fuels

Many millions of years ago the conditions for the formation of coal, crude oil (petroleum) and natural gas were established by the organic remains of plants and animals covered under layers of earth (sediments). These remains were subjected to high pressures and temperatures und unable to decompose because of lack of oxygen. As a result of extensive chemical changes, a number of compounds were formed which all enter into the composition of fossil fuels.

Fuel oil, natural gas and coal briquettes are the main fossil fuels used for domestic heating.

Coal briquettes

Untreated brown coal (lignite) has a low calorific value due to the relatively high percentage of moisture. To obtain a higher quality, it can be pulverised, dried to a much lower moister content and then pressed to compact briquettes. The effect is a more than doubled calorific value. Ordinary coal or anthracite coal can also be moulded into square- or egg-shaped briquettes.

Fuel oil

Fuel oil for heating is one of a vast variety of products obtained from crude oil (petroleum).

The crude oil transported to the refinery is first heated to approximately 300 °C and then split up by fractional distillation. In a large fractionating column various grades of oil are distilled (fuel oil, diesel oil, lubricating oil, ect.) and send up for further processing.

The admitted fuel oils for heating are: standard fuel oil EL, low-sulphur fuel oil EL and bio fuel oil B3.

Natural gas

The natural gas which consumers use as fuel for cooking and heating mainly consists of 80 % – 95 % methane and other hydrocarbon compositions, such as ethane, propane and butane. It is not poisonous but can cause suffocation in closed spaces.

A chemical odorant is added to natural gas to warn anyone in the area of escaping gas before the concentration can reach an explosive level.

11.2 Properties and combustion of natural gas and fuel oil

The predominant fuel oils used for domestic heating are the standard fuel oil EL and the low-sulphur fuel oil EL. The sulphur content in both fuel oils produces sulphur dioxide (SO_2) during combustion, which in turn combined with humidity, condensate water or rain forms a weak sulphuric acid solution (acidic rain). This aqueous solution causes damages to all corrodible parts of the boiler and the flue gas system. Fuel oils are prone to clouding due to the continuous formation of paraffin crystals (waxing up) in frosty surroundings. As a result, the fuel oil pipe and filter will plug up (see also: **CP** and **CFPP** in LF 11, chapter 1.1.2).

Natural gas is lighter than air, odourless and non toxic. In Germany natural gas is available in two groups: **H** and **L**, which correspond to the European test gases **E** and **LL**.

Fuel oils and natural gas are known as hydrocarbons. Both primarily consist of molecules composed of hydrogen (H) and carbon (C) atoms (picture 1, next page). Hydrogen and carbon can oxidize with oxygen and change their chemical composition. This chemical reaction is generally known as burning or combustion.

There are three important pre-conditions for their complete combustion:
- the intense mixing of fuel and combustion air
- the abundant amount of oxygen supplied by combustion air
- the required ignition temperature.

Exercises

1) Find the adequate German terms for: *the conditions, the subsequent formation, the organic remains, were subjected to, lack of oxygen, to decompose, extensive chemical changes, the composition, fuel oil, natural gas, coal briquettes, domestic heating, untreated, low calorific value, high percentage of moisture, the effect, be moulded, square- or egg-shaped, crude oil, the refinery, fractional distillation, diesel oil, lubricating oil, further processing, the admitted fuel oils, hydrocarbon compositions, not poisonous, cause suffocation, closed spaces, chemical odorant, escaping gas, explosive level.*

2) What are the source materials (original substances) of coal, crude oil and natural gas?

3) Why is untreated brown coal an unsuitable fuel for domestic heating?

4) What happens with the crude oil in a refinery?

5) What are the admitted fuel oils for domestic heating?

6) Name the main compounds of natural gas.

7) Why is a chemical odorant added to natural gas?

11 Domestic heat generation: fuels, boilers and flue systems

The extractable heat energy of fuels can be calculated by multiplying the amount of the used fuel oil or natural gas with the corresponding lower or higher calorific value (heating value).

Note: If the amount of combustion air is insufficient, the combustion will be incomplete because of the missing oxygen. The negative results are:

- less energy due to an inefficient combustion
- highly dangerous (toxic) carbon monoxide (CO) gas will be discharged from the flame
- unburnt carbon from fuel oil will deposit as soot in the combustion chamber and flue gas system.

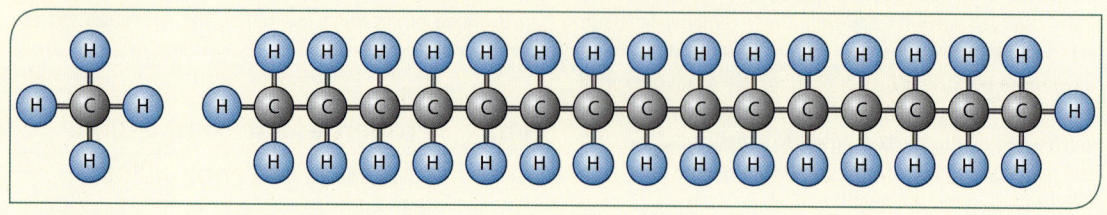

1 Methane-molecule (CH_4) and fuel oil-molecule ($C_{15}H_{32}$)

Exercises

1) Find the adequate German terms for: *sulphur content, combustion, humidity, sulphuric acid, acidic rain, aqueous solution, corrodible parts, flue gas system, prone to clouding, continuous formation, paraffin crystals, plug up, odourless, non toxic, test gases, oxidize, chemical composition, pre-conditions, abundant amount, combustion air, intense mixing, required ignition temperature, extractable heat energy, can be calculated, insufficient, incomplete, inefficient, unburnt carbon, soot, discharged from the flame.*

2) Why is sulphur dioxide damaging?

3) Explain the meaning of "waxing up".

4) Explain the meaning of **CP**.

5) Explain the meaning of **CFPP**.

6) What happens when hydrocarbon molecules burn?

7) What are the pre-conditions for a complete combustion?

8) How can you calculate the heat energy of a fuel?

9) What are the negative results of an incomplete combustion?

11.3 Central-heating boilers

The technological developments have made it possible to produce different central-heating boilers to satisfy specific requirements. The various types of central-heating boilers may:

- be made of cast iron, steal or stainless steal, aluminium alloy or different materials (hybrid type),
- be floor-standing or wall-mounted, free standing or incorporated,
- be fired by natural gas, fuel oil, liquefied petroleum gas, wood or coal,
- be a (traditional) non-condensing or a condensing boiler type,
- be a combination boiler designed to heat up the domestic hot water, too,
- differ in the method the flames and the hot flue gases heat up the water,
- differ in the way the boiler is ventilated and in the way the flue gases are discharged.

Nowadays gas- and oil-fired boilers are still the most popular ones but the demand for wood-burning boilers is improving due to the advances made in solid-fuel technology in the last decade.

Central-heating boilers mainly consist of a cased and insulated boiler body with a combustion chamber, a heat exchanger with the water that surrounds the chamber and the flue ducts. Gas-fired boilers have atmospheric or jet pressure burners, whereas oil-fired boilers commonly only use pressure jet burners (picture 1, next page). Solid fuel boilers are not provided with comparable burners but often have an induced or forced draught fan to improve the combustion process. The combustion chamber may be fed by hand or by semi-automatic or automatic systems to facilitate the charging of the boiler with the allowed wood fuels (see LF 11, chapter 2.4.1–2.4.4).

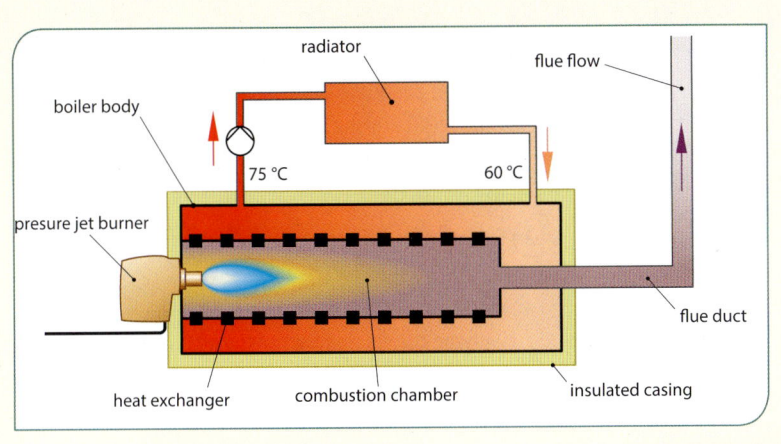

11 Domestic heat generation: fuels, boilers and flue systems

1 Structure of a central heating boiler

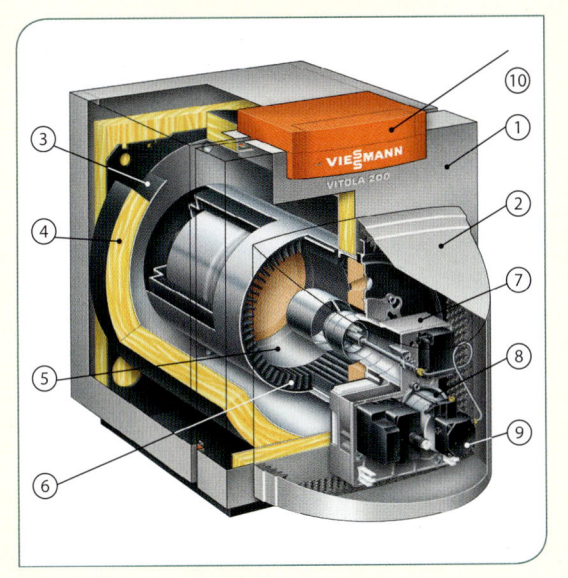

Labels: boiler body, radiator, flue flow, 75 °C, 60 °C, presure jet burner, flue duct, heat exchanger, combustion chamber, insulated casing

2 Oil-fired low-temperature boiler

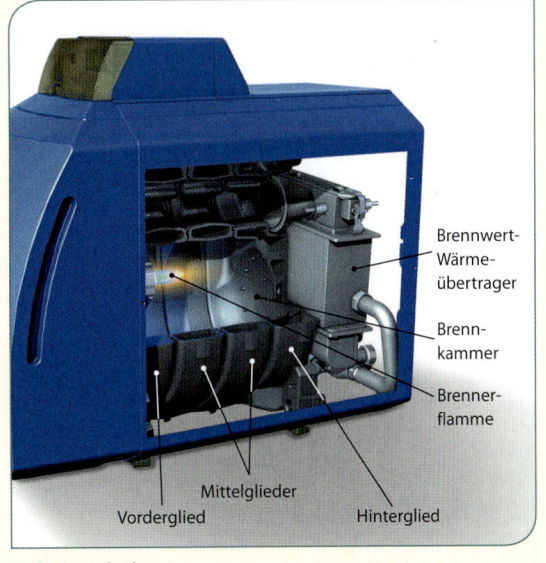

3 Cast-iron boiler

Labels: Brennwert-Wärmeübertrager, Brennkammer, Brennerflamme, Vorderglied, Mittelglieder, Hinterglied

Exercises

1) Find the adequate German terms for the labelled parts in picture 1.

2) Set up a list with the mentioned various types of central heating boilers in German.

3) a) Match the marked parts 1–10 in picture 2 with the following technical terms: *protective cover, combustion chamber, cast fins, drive motor, casing, insulation, oil pressure jet burner, boiler body, oil pump, control panel*.
   b) Translate the listed technical terms into German.

4) a) Translate the technical terms of the boiler parts in picture 3 into English.
   b) What fixing parts do we need to assemble the cast-iron sections?

5) List separately 2 different Boiler types für a) *solid fuel*, b) *fuel oil* and c) *natural gas*.

6) Which boiler types have
   a) sections and anchor rods?
   b) a hot combustion chamber?
   c) a neutralization chamber?

Lernfeldübergreifende Inhalte

11 Domestic heat generation: fuels, boilers and flue systems

11.4 Flue systems

All conventional boilers can be connected to an open flued system, but several room-sealed gas- or oil-fired boilers are designed for balanced flue systems. For optimal thermal efficiency the combustion gases should not be directly expelled up the chimney, but rather wind their way through the baffle plates or heat exchanger and then take on their way out of the building as directly as possible (picture 1).

Chimneys and flue pipes must have the required cross sections and lengths. The run should be straight and free from hindrances (e.g. bends ≥ 45°). The flue draught can be natural, based on thermal convection, or forced, due to the driving force from an electric fan.

Room-sealed boilers are attached on an external wall and the flue gases flow through horizontal or vertical balanced flue ducts (picture 2). These are particular ducts with two concentric arranged passages for the outgoing flue gases and for the incoming combustion air (see detail in picture 2).

Exercises

1) Find the adequate German terms for the labelled parts in picture 1 and 2.

2) Why should combustion gases not be expelled directly to the outside?

3) Explain the differences between natural draught and forced draught flue gas systems.

4) Match the English names below picture 1 on page 73 with the correct numbers of the picture.

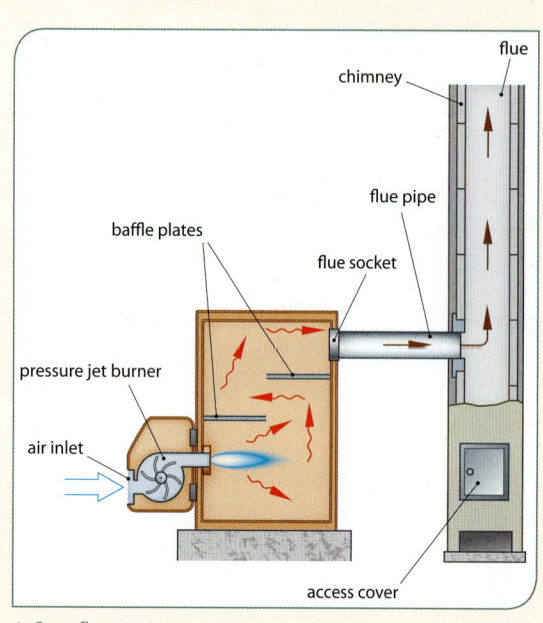

1 Open flue system

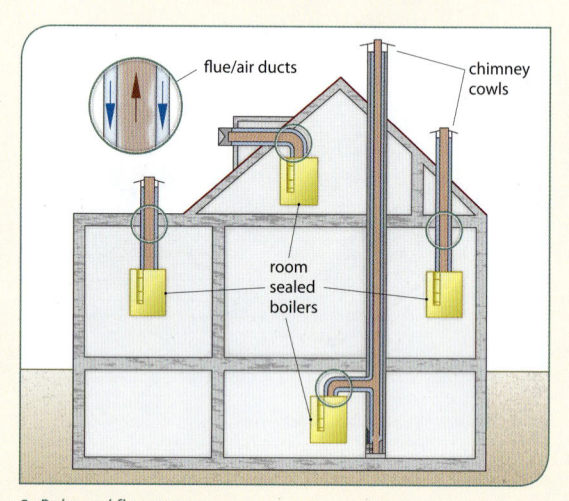

2 Balanced flue system

11 Domestic heat generation: fuels, boilers and flue systems

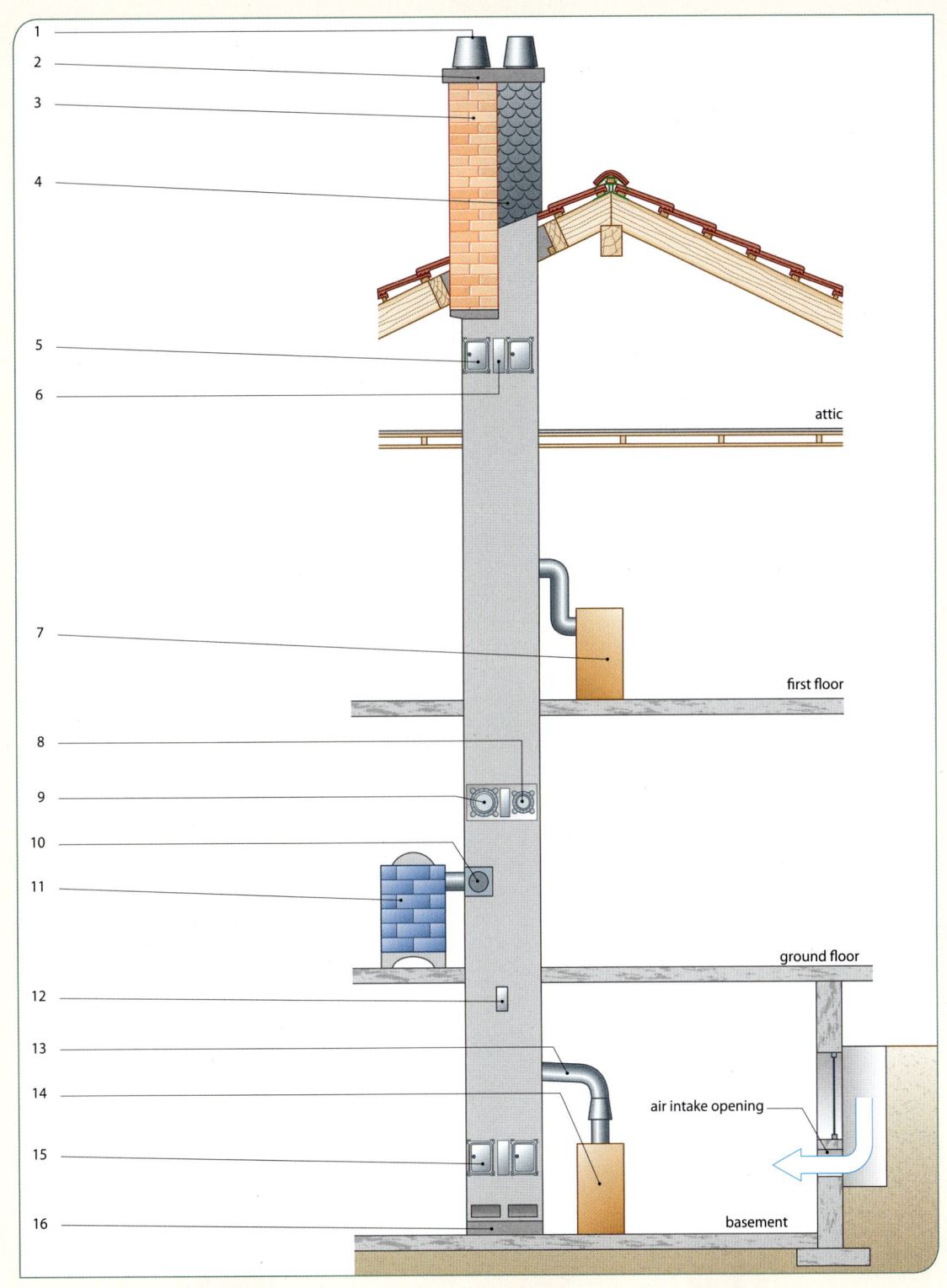

1 Chimney
2
3
4
5
6
7
8
9
10
11
12
13
14
15
16

term pool: cover/camping plate, upper cleaning door, individual fireplace, collective/shared chimney, individual domestic stove, lower cleaning door, flue terminal, individual fireplace connection, chimney base/foundation, individual chimney, heating room exhaust vent, upper inspection door/panel for the exhaust air shaft, flue connecting pipe, pre-fabricated chimney top/cowl, chimney top/cowl walling, boiler with draught diverter.

Lernfeld 9:
Trinkwassererwärmungsanlagen installieren

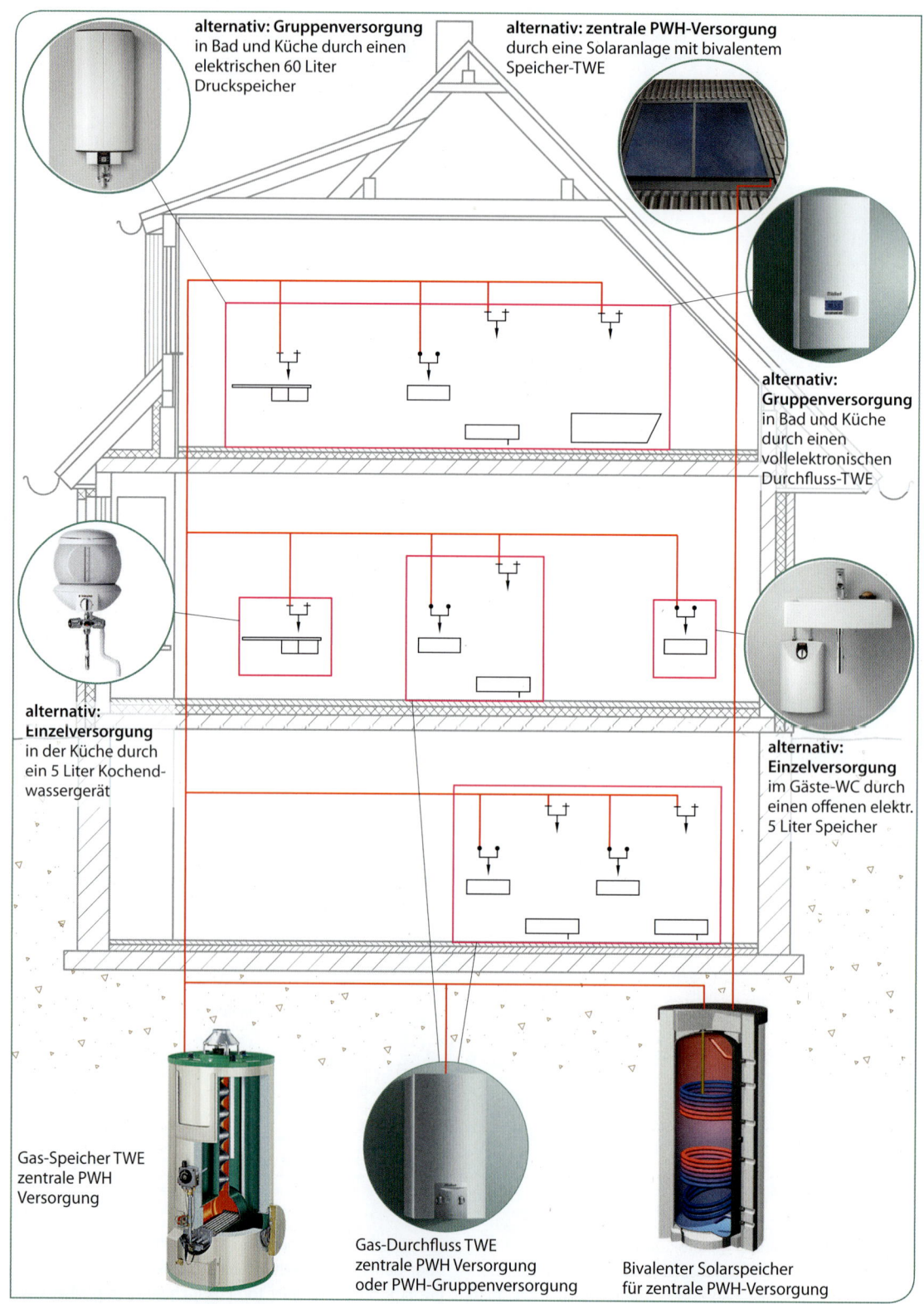

alternativ: Gruppenversorgung in Bad und Küche durch einen elektrischen 60 Liter Druckspeicher

alternativ: zentrale PWH-Versorgung durch eine Solaranlage mit bivalentem Speicher-TWE

alternativ: Gruppenversorgung in Bad und Küche durch einen vollelektronischen Durchfluss-TWE

alternativ: Einzelversorgung in der Küche durch ein 5 Liter Kochendwassergerät

alternativ: Einzelversorgung im Gäste-WC durch einen offenen elektr. 5 Liter Speicher

Gas-Speicher TWE zentrale PWH Versorgung

Gas-Durchfluss TWE zentrale PWH Versorgung oder PWH-Gruppenversorgung

Bivalenter Solarspeicher für zentrale PWH-Versorgung

1 Unterschiedliche Trinkwassererwärmer

1 Grundlagen der Trinkwassererwärmung

1.1 Einleitung

Trinkwassererwärmer (**TWE**) (hot water heaters) sind Geräte, in denen Trinkkaltwasser (**PWC**) erwärmt wird. Mit diesem Trinkwarmwasser (**PWH**) können Sanitärobjekte wie z. B. Dusche, Badewanne, Waschtisch und Küchenspüle versorgt werden.

Brennstoffe wie z. B. Gas oder Öl werden verbrannt und die dabei entstandene Wärme an ein Heizmedium (heating medium) oder direkt an das Trinkkaltwasser übertragen. Mit dem Heizmedium (z. B. Heizwasser) wird über einen Wärmeübertrager (z. B. Rohrschlange) das Trinkkaltwasser indirekt erwärmt. Elektrische Trinkwassererwärmer (electric water heater) wandeln Strom durch einen Heizwiderstand in Wärme um.

Um die gestiegenen Anforderungen an Wirtschaftlichkeit, Komfort und Umweltbewusstsein (environmental awareness) zu befriedigen, müssen bei der Planung und Auswahl von Trinkwassererwärmungsanlagen (hot water systems) vor allem auch nutzerspezifische (user-specific), ökonomische und ökologische Gesichtspunkte beachtet werden.

1.2 Anforderungen an Trinkwassererwärmungsanlagen

Erwärmtes Trinkwasser wird im Haushalt vorwiegend zum Baden, Duschen, Waschen, Geschirrspülen und Reinigen benötigt (Bild 1).

Aufgrund des gewachsenen Hygienebewusstseins (increased awareness of hygiene) und höherer Komfortansprüche sind die Anforderungen an die Trinkwassererwärmungsanlagen ständig gestiegen. Um den heutigen Ansprüchen gerecht zu werden (to meet today's demands), sollen bzw. müssen Trinkwassererwärmungsanlagen

- das erwärmte Trinkwasser in ausreichender Menge und mit der gewünschten Temperatur kostengünstig, energiesparend und ohne Verzögerung bereit stellen,
- hygienisch einwandfreies Trinkwarmwasser liefern,
- betriebssicher und leicht bedienbar sein,
- mit Einrichtungen zur Regelung der Anlagentemperatur ausgerüstet sein,
- den Sicherheitsbestimmungen entsprechen.

Bei der **Planung** und **Ausführung** (layout and realization) von Trinkwassererwärmungsanlagen sind folgende **Vorschriften** zu beachten:

- DIN EN 806 Technische Regeln für Trinkwasserinstallationen,
- DIN EN 1717 Schutz des Trinkwassers vor Verunreinigungen in Trinkwasser-Installationen und allgemeine Anforderungen an Sicherheitseinrichtungen zur Verhütung von Trinkwasserverunreinigungen durch Rückfließen,
- DIN 1988-200 Technische Regeln für Trinkwasserinstallationen (TRWI),
- DIN 4708 – Zentrale Wassererwärmungsanlagen,
- DIN 4753 – Wassererwärmer und Wassererwärmungsanlagen für Trink- und Betriebswasser,
- DVGW Arbeitsblatt W 551 Trinkwassererwärmungs- und Trinkwasserleitungsanlagen; Technische Maßnahmen zur Verminderung des Legionellenwachstums,
- DVGW Arbeitsblatt W 553 Bemessung von Zirkulationssystemen in zentralen Trinkwasser-Erwärmungsanlagen,
- VDI 2035 Steinbildung in Trinkwassererwärmungs- und Warmwasser-Heizungsanlagen,
- VDI 6023 Hygiene in Trinkwasser-Installationen,
- VDI 6024 Wassersparen in Trinkwasser-Installationen,
- Verordnung über die verbrauchsabhängige Abrechnung der Heiz- und Warmwasserkosten,
- Energieeinsparverordnung (EnEV),
- Verordnung über Kleinfeuerungsanlagen (1. BImSchV).

Warmwasserentnahme zum/zur	Nutztemperatur in °C	Bedarf an erwärmten Trinkwasser in l
Baden	37	120 … 150
Duschen	37	30 … 50
Oben- Unten-Körperwäsche	37	10 … 15
Geschirrspülen	50	10 … 20
Getränkebereitung	100	1 … 2

1 Bedarf an erwärmtem Trinkwasser in Haushalten

2 Einteilung von Trinkwassererwärmungsanlagen

Bei den Arten von Trinkwassererwärmungsanlagen (hot water system designs) wird unterschieden nach:
- der Versorgung der Entnahmestellen zwischen zentraler und dezentraler Versorgung,
- dem Erwärmungssystem zwischen Speicher- und Durchflusssystem,
- der Beheizung zwischen direkter und indirekter Beheizung,
- dem Energieträger zwischen flüssigen, gasförmigen und festen Brennstoffen, Elektrizität, Abwärme, Solarenergie, Erdwärme, Luft, Grund- und Oberflächenwasser. (Bild 1)

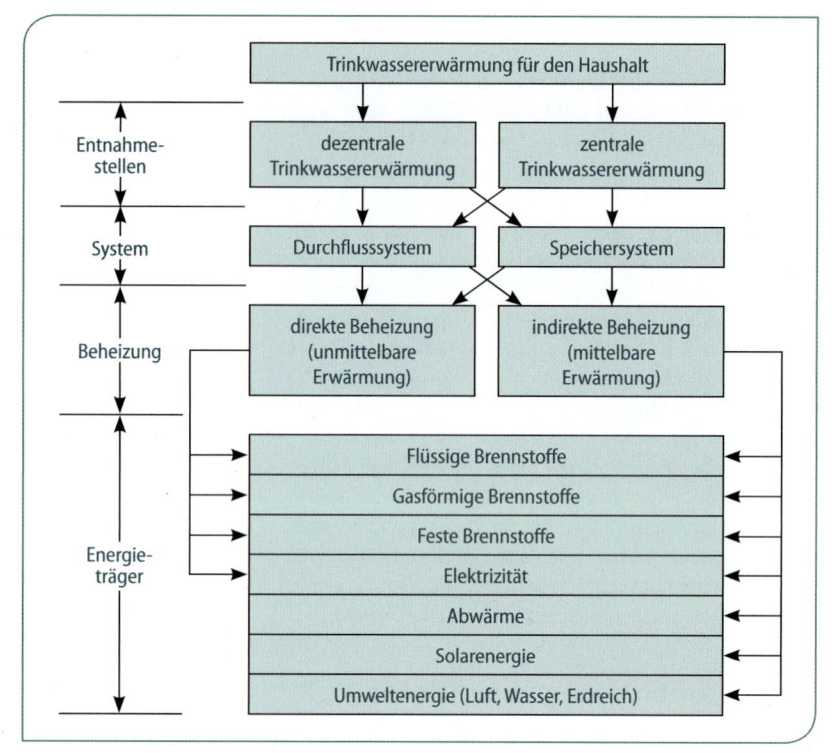

1 Arten von Trinkwassererwärmungsanlagen

2.1 Versorgung der Entnahmestellen

Trinkwassererwärmungsanlagen können eine Entnahmestelle (Einzelversorgung), mehrere Entnahmestellen (Gruppenversorgung) oder ein ganzes Gebäude (Zentrale Versorgung) mit erwärmtem Trinkwasser versorgen.

2.1.1 Einzelversorgung

Eine Einzelversorgung (single point supply) liegt vor, wenn jede Entnahmestelle (point of use/draw-off point) einen **eigenen** Trinkwassererwärmer hat (Bild 2). Da praktisch keine Trinkwarmwasser-Leitungen (PWH) verlegt werden müssen, ist der Installationsaufwand (installation effort) gering. Allerdings sind die Anschaffungs- und Wartungskosten (acquisition and servicing costs) hoch, wenn viele Einzelgeräte an den jeweiligen Entnahmestellen benötigt werden.

2 Einzelversorgung

wand und die Wärmeverluste der Leitungen bei der Gruppenversorgung gering. Einzel- und Gruppenversorgung werden als **dezentrale Versorgung** (decentralised/localised supply) zusammengefasst.

2.1.2 Gruppenversorgung

Von einer Gruppenversorgung (multi-point supply) spricht man, wenn mehrere Entnahmestellen, z. B. in einer Wohnung, gemeinsam von einem Trinkwassererwärmer versorgt werden (Bild 1, nächste Seite). Der Trinkwassererwärmer sollte in der Nähe der Entnahmestelle montiert werden, an der das meiste erwärmte Trinkwasser entnommen wird. Aufgrund der kurzen Leitungswege sind der Installationsauf-

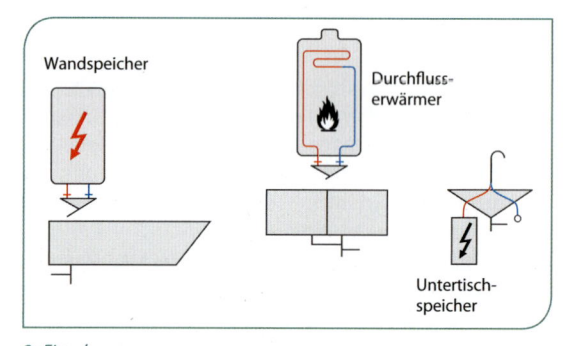

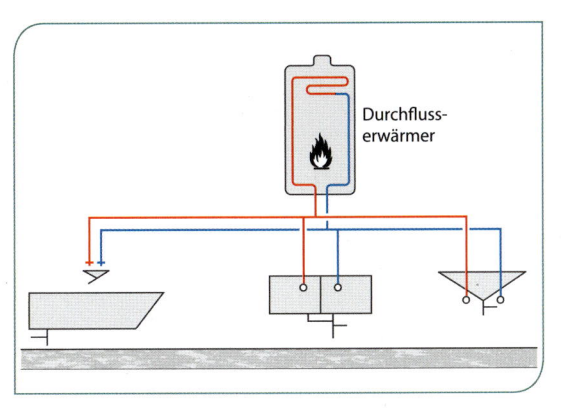

2 Einteilung von Trinkwassererwärmungsanlagen

1 Gruppenversorgung

2.1.3 Zentrale Versorgung

Eine zentrale Versorgung (centralised supply) liegt vor, wenn alle Entnahmestellen eines Gebäudes von einem zentralen, z. B. im Keller aufgestellten Trinkwassererwärmer, versorgt werden (Bild 2). Um die Wärmeverluste in den Rohrleitungen möglichst niedrig zu halten, sind diese mit einer nach EnEV entsprechenden Wärmedämmung (vgl. Kap. 2.4.3) zu versehen. Damit nach Entnahmepausen (draw-off intervals) an den Entnahmestellen in möglichst kurzer Zeit erwärmtes Trinkwasser entnommen werden kann und Wasserverluste vermieden werden, sind größere Anlagen mit Zirkulationsleitungen oder Begleitheizungen auszurüsten (vgl. Kap. 8).

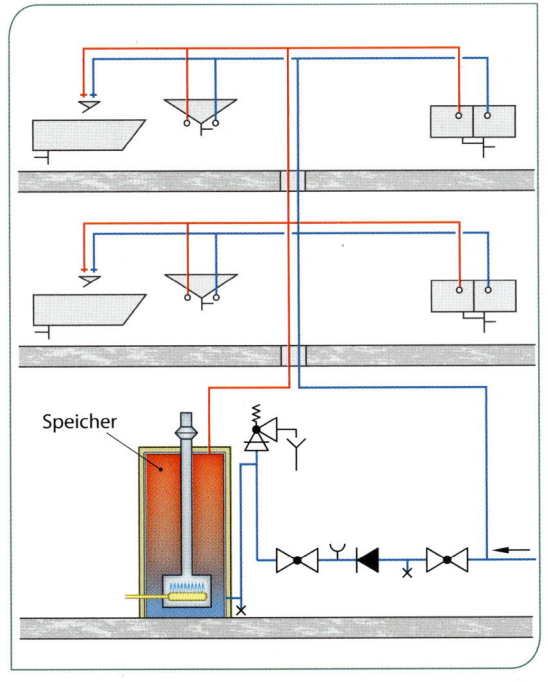

2 Zentrale Versorgung

2.2 Systeme von Trinkwassererwärmern (TWE)

Nach dem Erwärmungssystem werden Speicher-Trinkwassererwärmer und Durchfluss-Trinkwassererwärmer unterschieden.

2.2.1 Speicher-Trinkwassererwärmer

Bei Speicher-Trinkwassererwärmern (hot water storage tank/cylinder) wird das Trinkwasser vor der Entnahme erwärmt und für den Verbrauch bereitgehalten (Bild 3).

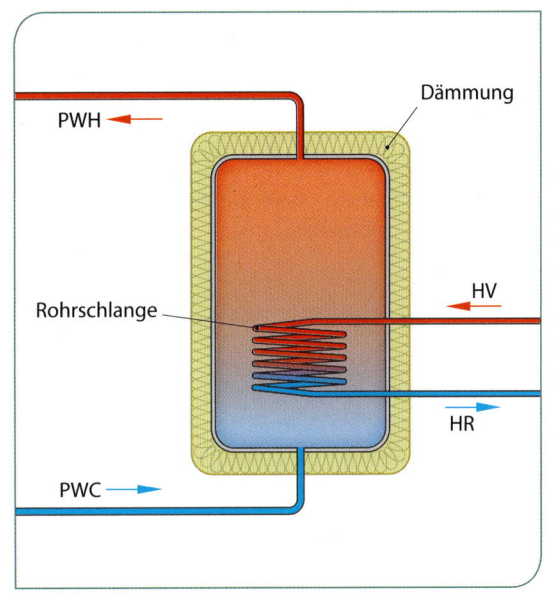

3 Speicher-Trinkwassererwärmer

Speicher-Trinkwassererwärmer liefern große Volumenströme (Auslaufmenge pro Zeiteinheit, z. B. Liter/Minute) mit hohen Temperaturen (z. B. 60 °C). Allerdings ist die Entnahmemenge vom Speichervolumen (tank/cylinder capacity) abhängig und das erwärmte Trinkwasser steht erst nach einer bestimmten Aufheizzeit zur Verfügung. Die Aufheizzeit (heating-up time) hängt ab vom Speichervolumen, von der dem Speicher zugeführten Wärmeleistung (heat input capacity) und der gewünschten Temperatur des erwärmten Trinkwassers. Durch die Bereithaltung des erwärmten Trinkwassers entstehen Wärmeverluste (heat losses), die jedoch durch eine gute Wärmedämmung (thermal insulation) und niedrige Speichertemperaturen gering gehalten werden können. Falls keine höheren Temperaturen zwingend erforderlich sind, sollte die Auslauftemperatur des erwärmten Trinkwassers auf 60 °C aus folgenden Gründen begrenzt werden:

- Verringerung von Energieverlusten (reduction of energy losses),
- Verringerung von Verkalkung (reduction of calcification) der Warmwasserbehälter.

2 Einteilung von Trinkwassererwärmungsanlagen

Es ist darauf zu achten, dass zur Verminderung des **Legionellenwachstums** (legionella increase) (vgl. Kap. 9) diese Temperatur vor allem bei Anlagen über 400 l Nenninhalt nicht unterschritten werden darf.

Bei den Speicher-Trinkwassererwärmern werden drucklose (offene) und unter Netzüberdruck stehende (geschlossene) Systeme unterschieden.

2.2.1.1 Offene (drucklose) Speicher-TWE

Die Wasserbehälter von drucklosen Trinkwassererwärmern (vented hot water heaters) sind ständig über einen offenen Auslauf (open escape/discharge) mit der Atmosphäre verbunden und stehen somit nie unter Netzüberdruck (Bild 1). Das bei der Erwärmung anfallende Ausdehnungswasser (expansion water) kann über den offenen Auslauf abfließen. Es werden **Ablaufgeräte** (Kochendwassergeräte) und **Überlaufgeräte** (Boiler, Speicher) unterschieden (vgl. Kap. 3.2.3. und 3.2.4).

Offene Trinkwassererwärmer eignen sich nur für die Versorgung von einer Entnahmestelle. Zur Wasserentnahme sind Spezialarmaturen notwendig.

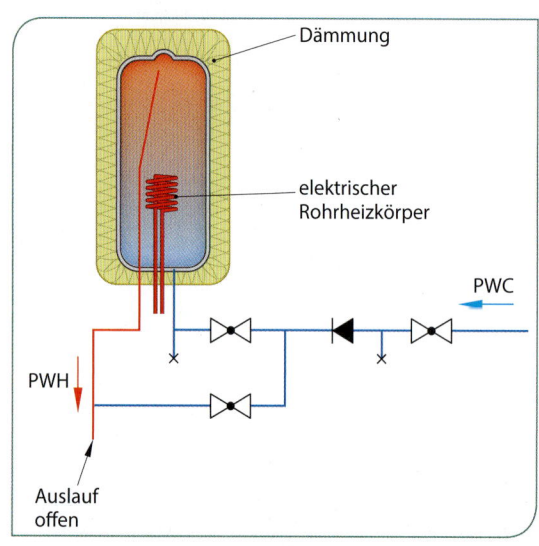

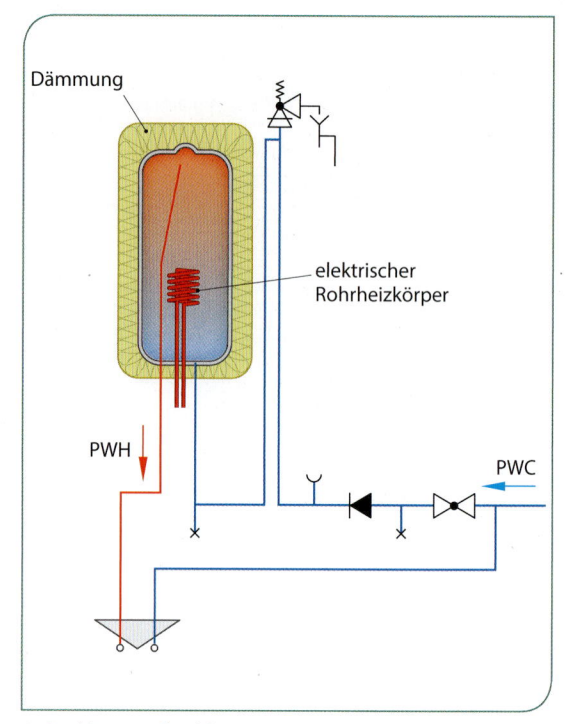

2 Geschlossener (druckfester) Speicher-Trinkwassererwärmer

1 Offener (druckloser) Speicher-Trinkwassererwärmer

2.2.1.2 Geschlossene (druckfeste) Speicher-TWE

Die Wasserbehälter von Druckspeichern (unvented storage tanks/cylinders) stehen unter dem Netzdruck der Kaltwasserleitung (Bild 2).

Das bei der Erwärmung anfallende Ausdehnungswasser kann von einem für Trinkwasseranlagen zugelassenen Ausdehnungsgefäß **(MAG-W)** aufgenommen werden (Bild 3).

Das Membran-AG (diaphragm type expansion tank) wird mit einer speziellen Armatur angeschlossen, die eine Gefäßdurchströmung sicherstellt (Bild 1, nächste Seite). Dadurch

3 Ausdehnungsgefäß (MAG-W) in der Kaltwasserleitung

wird verhindert, dass sich Stagnationswasser (stagnation water) bildet. Ein Sicherheitsventil (safety valve) muss eingebaut werden, um gegebenenfalls einen Überdruck abbauen zu können (vgl. Kap. 7.3).

Druckspeicher eignen sich zur Versorgung mehrerer Entnahmestellen (Gruppenversorgung) sowie zur zentralen Versorgung aller Entnahmestellen eines Gebäudes. Der Trinkkaltwasseranschluss darf allerdings nur mit vorgeschriebenen Sicherheitsarmaturen (safety fittings) erfolgen.

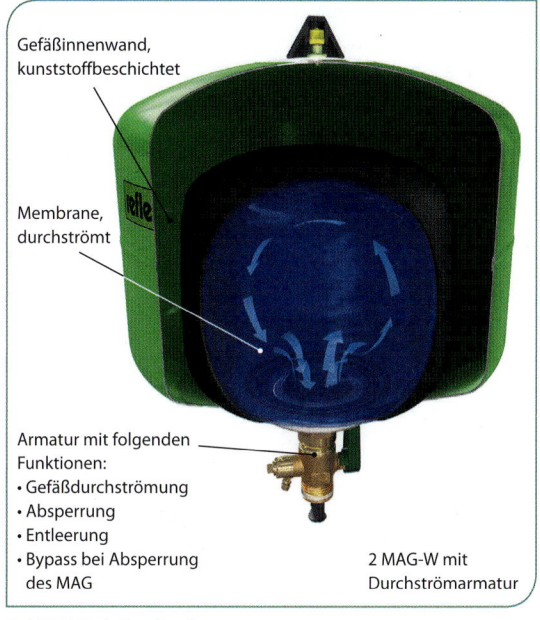

2 Einteilung von Trinkwassererwärmungsanlagen

Gefäßinnenwand, kunststoffbeschichtet

Membrane, durchströmt

Armatur mit folgenden Funktionen:
- Gefäßdurchströmung
- Absperrung
- Entleerung
- Bypass bei Absperrung des MAG

2 MAG-W mit Durchströmarmatur

1 MAG-W mit Durchströmarmatur

2.2.2 Durchfluss-Trinkwassererwärmer

Bei Durchfluss-Trinkwassererwärmern (instantaneous water heaters) wird das Trinkwasser während der Entnahme beim Durchfließen des Wärmeübertragers (z. B. Rohrschlange) erwärmt (Bild 2).

Durchfluss-Trinkwassererwärmer können zwar unbegrenzt erwärmtes Trinkwasser liefern, die Temperatur des erwärmten Trinkwassers hängt aber vom Auslauf-Volumenstrom (draw-off volume flow) und der Wärmeleistung des Gerätes ab. Je höher die Temperatur und je niedriger die Wärmeleistung, desto geringer ist der Auslauf-Volumenstrom, d. h. desto weniger Wasser kann pro Minute entnommen werden. Die schnelle Erwärmung des Trinkwassers während des Durchflusses erfordert hohe Wärmeleistungen und folglich entsprechend große Gas- bzw. Elektro-Anschlusswerte (supply values). Bei Gebäuden mit älteren Stromanschlüssen (ohne Drehstromanschluss) kann dies den Einsatz von Elektro-Durchfluss-Trinkwassererwärmern verhindern. Bei hartem Wasser besteht die Gefahr der Verkalkung (Inkrustierung). Durchfluss-Trinkwassererwärmer erfordern einen geringen Platzbedarf (low space requirement). Außerdem treten bei diesen Geräten keine Wärmeverluste durch die Bereithaltung (storage) des erwärmten Trinkwassers auf.

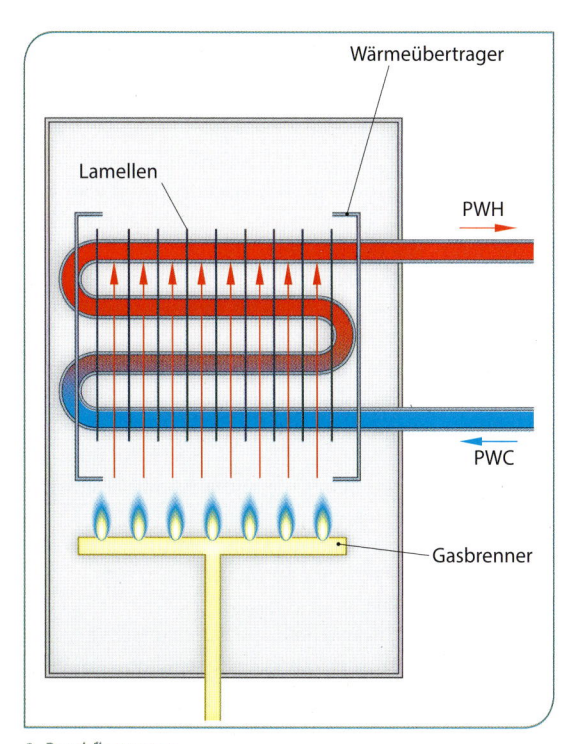

2.3 Beheizung von Trinkwassererwärmern

Nach der Art der Beheizung unterscheidet man direkt (unmittelbar) und indirekt (mittelbar) beheizte Trinkwassererwärmer (direct or indirect heated water heaters).

2.3.1 Direkt beheizte Trinkwassererwärmer

Bei diesen Trinkwassererwärmern (Bild 3) wird die Energie vom Brennstoff in Form von Verbrennungsgasen und Strahlungswärme über die Behälterwandung (vgl. Kap. 4) bzw. bei elektrischem Strom als Energieträger über ein Rohrheizkörper- oder Blankdraht-Heizsystem direkt (unmittelbar) an das zu erwärmende Trinkwasser abgegeben (vgl. Kap. 3.4).

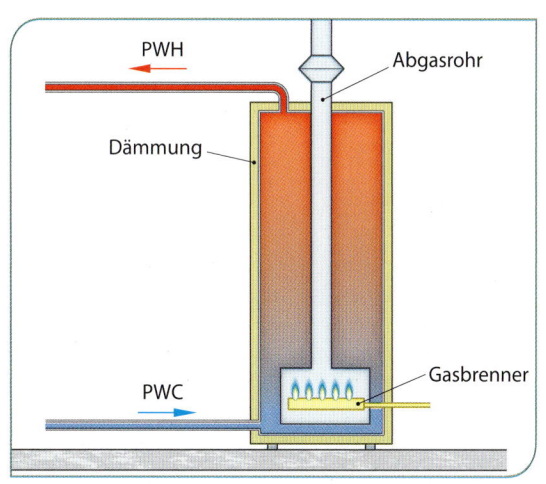

2 Durchflusssystem

3 Direkt beheizter Trinkwassererwärmer

Lernfeld 9

2.3.2 Indirekt beheizte Trinkwassererwärmer

Bei diesen Trinkwassererwärmern wird die Wärmeenergie zunächst an ein Wärmeträgermedium (heat transfer medium) wie z. B. Heizwasser oder Kältemittel einer Wärmepumpe (refrigerant of a heat pump) abgegeben.
Dieses wiederum erwärmt das Trinkwasser (Bild 1).

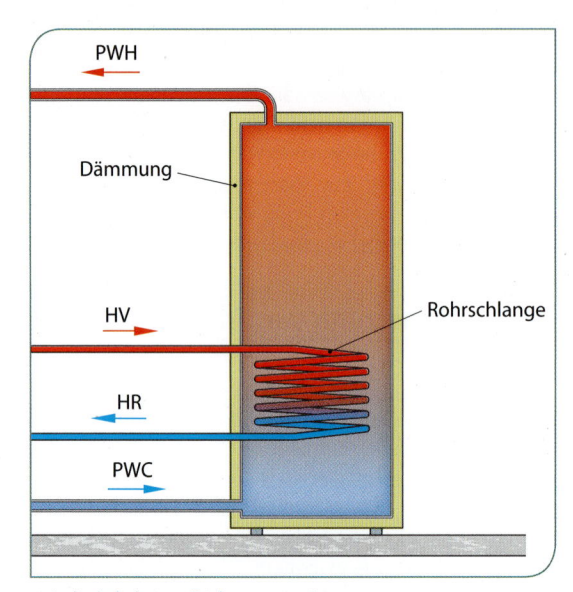

1 Indirekt beheizter Trinkwassererwärmer

2.4 Behälter von Trinkwassererwärmern

2.4.1 Behälterwerkstoffe

Für die Fertigung von TWE-Behältern werden folgende Werkstoffe verwendet:
- Stahl,
- Kupfer,
- Polypropylen (PP),
- Glas.

Die Auswahl (selection) ist von folgenden Vorgaben (guidelines) abhängig:
- offene oder geschlossene Trinkwassererwärmer,
- Behälternenninhalt $V \leq 15\,l$ oder $V > 15\,l$.

Die Wasserbehälter von **offenen Trinkwassererwärmern** zeichnen sich dadurch aus, dass sie immer eine nicht absperrbare Verbindung mit der Atmosphäre haben (vergl. Kap. 3.2). Die Behälter stehen somit niemals unter Netzüberdruck.
Deshalb dürfen sie bei einem **Nutzvolumen** (effective volume) $V \leq 15\,l$ auch aus folgenden Werkstoffen gefertigt werden:
- Glas oder Kunststoff (PP) bei Kochendwassergeräten,
- Kunststoff (PP) bei Kleinspeichern.

Warmwasserbehälter mit einem **Nutzvolumen** $V > 15\,l$ müssen allerdings auf Grund der größeren Masse ihres Wasserinhalts eine höhere Formbeständigkeit (stability of shape) aufweisen und werden deshalb aus Metall gefertigt. Hierzu werden hauptsächlich:
- korrosionsbeständige Metalle wie nichtrostender Stahl (Edelstahl) und Kupfer oder
- nicht korrosionsbeständige wie unlegierte Stähle mit einer zusätzlichen passiven Korrosionsschutzbeschichtung (z. B. Thermoglasur, Kunststoff, Emaille oder Zink)
verwendet.
Das gilt gleichermaßen auch für alle Warmwasserbehälter von **geschlossenen druckfesten Trinkwassererwärmern**.

> **MERKE**
>
> Aus Kostengründen werden von einigen Herstellern ausschließlich druckfeste Wasserbehälter gefertigt, auch für offene drucklose Kleinspeicher.

2.4.2 Korrosionvermeidung bei Speicherbehältern aus unlegiertem Stahl

Speicher mit Behältern aus unlegiertem Stahl müssen mit einem **aktiven (kathodischen) Korrosionsschutz** (active cathodic corrosion protection) ausgerüstet werden, weil:
- bei der Werkstoffpaarung unlegierter Stahl (Behälterwandung) und unlegierter Stahl (Wärmeübertrager) an schadhaften Stellen der passiven Korrosionsschutzbeschichtung (passive anticorrosive coating) durch das sauerstoffreiche Wasser ständig neuer Rost entsteht und der Werkstoff zerstört wird,
- bei der Werkstoffpaarung (material pairing) unlegierter Stahl (Behälterwandung) und Kupfer oder Edelstahl (Wärmeübertrager) aufgrund eines Potentialunterschiedes (potential difference) an den Fehlerstellen der Beschichtung der Behälterwerkstoff zerstört wird (vgl. Grundkenntnisse, Kap. 2.1.3.1, elektrochemische Spannungsreihe der Metalle).

Deshalb ist ein aktiver Korrosionsschutz entweder durch
- eine Magnesium-Opferanode (Antikorrosionsstab, Bild 1b, nächste Seite) oder
- eine wartungsfreie Fremdstromanode (Bild 3, nächste Seite)

zusätzlich erforderlich.

Schutz durch Magnesium-Opferanode (sacrificial anode)
- Das Magnesium (Mg) geht in Lösung, da es in der elektrochemischen Spannungsreihe (electrochemical series) der Metalle das unedlere im Vergleich zum eisenhaltigen Stahl ist.
- Es entsteht ein galvanischer Schutzstrom (galvanic protective current) durch den Elektronenüberschuss der ausgelösten Mg-Ionen (Mg^{++}).

2 Einteilung von Trinkwassererwärmungsanlagen

- Durch die elektrisch leitende Verbindung mit dem Behälter wird ein elektrisches Schutzpotenzial (protection potential) an der Fehlerstelle aufgebaut (e⁻) (Bild 1a).
- Der unlegierte Stahl wird dadurch vor Korrosion geschützt.
- Die Mg-Anode wird durch diesen Vorgang zunehmend zersetzt (verbraucht) und muss in bestimmten Intervallen erneuert werden (Bild 1b).

PRAXISHINWEIS

Das Anschlussgewinde der Anode darf nicht mit Hanf oder Teflon-Dichtband umwickelt werden, da die für den Schutzstrom notwendige elektrisch leitende Verbindung zwischen Anode und Warmwasserbehälter verhindert bzw. beeinträchtigt wird. Die Abdichtung erfolgt über entsprechende Dichtringe bzw. -elemente.

Schutz durch Fremdstromanode (external powered anode)
- Eine externe Spannungsquelle (external power source) erzeugt durch einen geringen Stromfluss den erforderlichen Elektronenüberschuss, d. h. an der Behälterwand wird ein elektrisches Schutzpotenzial aufgebaut (Bild 2).
- Die Stromstärke wird elektronisch geregelt, in Abhängigkeit von der Größe und Ausprägung der Fehlstelle (bad/defect spot).
- Ein Wechsel der wartungs- und verschleißfreien (maintenance- and wear-free) Anode ist nicht notwendig (Bild 3).
- Die einwandfreie Funktionskontrolle (function control) kann durch z. B. eine Kontrollleuchtenanzeige (indicator lamp), bei einigen Modellen auch über das Display des Heizkessels oder über ein Internet-Kommunikations-System überprüft werden.

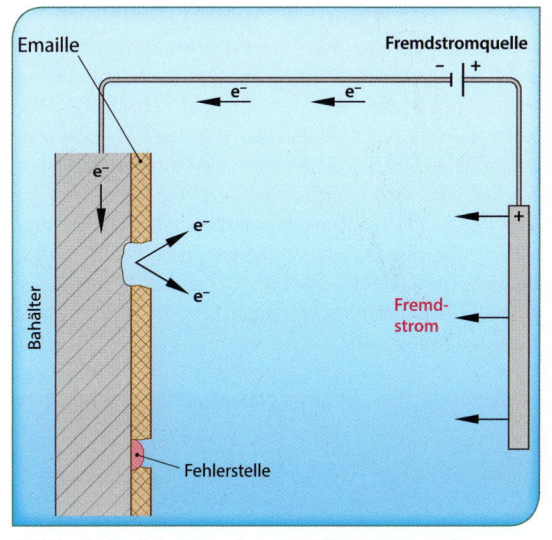

2 Kathodischer Korrosionsschutz durch Fremdstromanode

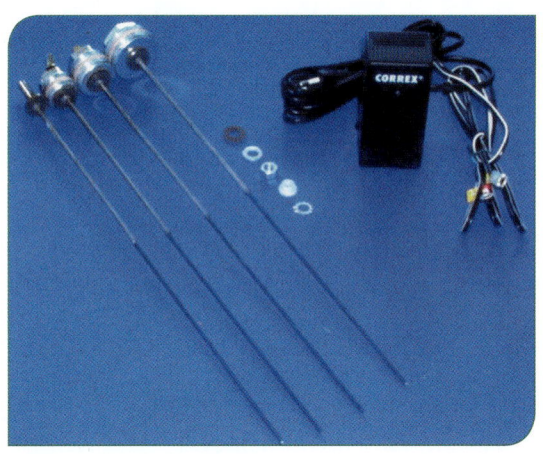

3 Bausatz mit Fremdstromanode

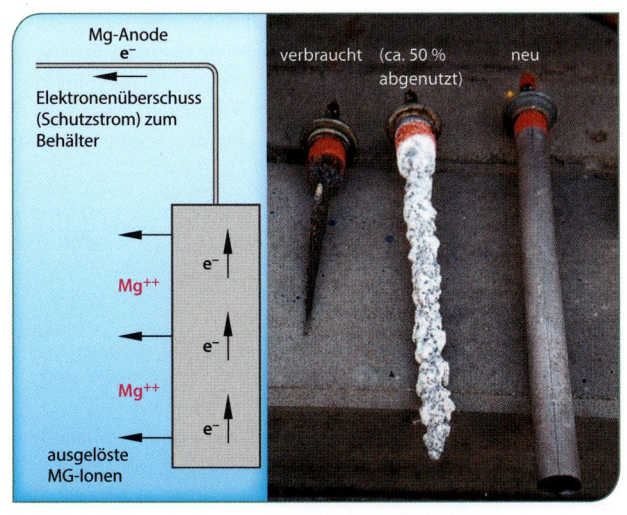

1a Schutzwirkung durch Opferanode   b Zustand einer Opferanode

2.4.3 Dämmung von Speicherbehältern

Die Speicherbehälter von Trinkwassererwärmern sind mit einer ausreichenden Wärmedämmung (sufficient thermal insulation) versehen. Bei kleineren Speichern bis ca. 160 l Nutzvolumen ist sie meist mit dem Behälter fest verbunden. Bei größeren Speicherbehältern ist die Dämmung abnehmbar und wird nachträglich angebracht, um die Aufstellung und Installation des Trinkwassererwärmers zu erleichtern (Bild 1). Die lösbaren Verbindungen (detachable connections) wasserführender Teile müssen dabei entweder außerhalb der Wärmedämmung liegen bzw. leicht zugänglich (easily accessible) sein.

1 Behälter mit abnehmbarer Dämmschale

Der Dämmwerkstoff (insulating material) ist meist Polyurethan-Hart- bzw. Weichschaum oder Polyester-Faservlies (fleece). Durch diese hochwertigen Dämmungen wird der **Bereitschaftswärmeaufwand (q_{BS})** (standby heat requirement) zum Ausgleich von Wärmeverlusten des Speicherbehälters an die Umgebung des Aufstellungsraumes (set-up/installation space) so gering wie möglich gehalten (Bild 2). Die Größe des Bereitschaftswärmeaufwands ist von der Auswahl des Dämmmaterials, dem Nenninhalt des Behälters und dem Temperaturunterschied $\Delta\vartheta$ abhängig. Er wird in den technischen Produktblättern (product data sheets) der meisten Speicherhersteller ausgewiesen (Bild 3).

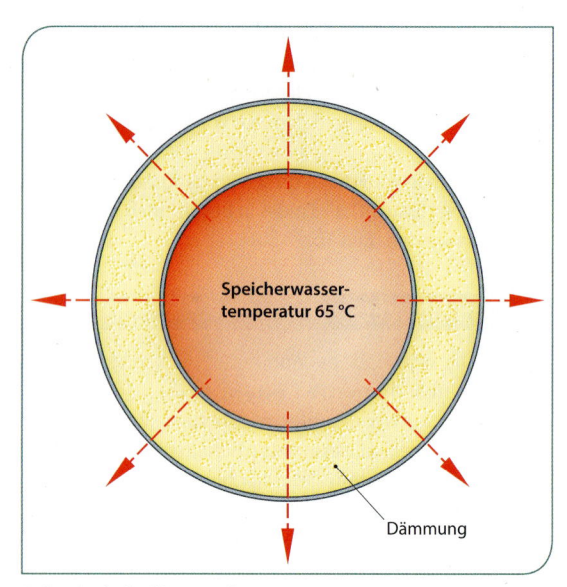

2 Bereitschafts-Wärmeverluste

Dieser Wert gibt an, wie viele Kilowattstunden erforderlich sind, um bei einer Speicher-Umgebungstemperatur von 20 °C eine Speicherwassertemperatur von 65 °C ohne Wasserentnahme über 24 Stunden konstant zu halten.

Behälternenninhalt V in Litern	160	300	500
Bereitschaftswärmeaufwand q_{BS} in kWh bei $\Delta t = 24$ h und $\Delta\vartheta = 45$ °C	1,50	2,20	3,20
Dämmmaterial	PUR-Hartschaum	PUR-Hartschaum	PUR-Weichschaum

3 Bereitschaftswärmeaufwand von ausgesuchten Speicherbehältern

Beispielaufgabe

Berechnen Sie mit Hilfe der Tabelle die jährlichen Stromkosten für den Bereitschaftswärmeaufwand q_{BS} eines Speicher-Trinkwasserbehälters mit einem Nenninhalt von $V = 160$ l und einem angenommenen Bruttostrompreis von 27 Eurocent pro kWh.

$$\text{Jahresstromkosten} = q_{BS}\left(\frac{\text{kWh}}{d}\right) \cdot \frac{\text{Tage }(d)}{\text{Jahr}}(a) \cdot \text{Preis}\left(\frac{€}{\text{kWh}}\right)$$

$$\text{Jahresstromkosten} = 1{,}50\ \frac{\text{kWh}}{d} \cdot 365\ \frac{d}{a} \cdot 0{,}27\ \frac{€}{\text{kWh}}$$

$$\underline{\text{Jahresstromkosten} = 147{,}83\ \frac{€}{a}}$$

In der Praxis wird der Jahresbetrag wahrscheinlich etwas niedriger sein, da die Geräte nicht immer 365 Tage im Jahr durchgehend betrieben und z.T. niedrigere Temperaturen (z. B. 60 °C) eingestellt werden.

2 Einteilung von Trinkwassererwärmungsanlagen

ÜBUNGEN

1) Welche Anforderungen sollten Trinkwassererwärmungsanlagen erfüllen?

2) Nennen Sie fünf Vorschriften, die bei der Planung und Ausführung von Trinkwassererwärmungsanlagen zu beachten sind.

3) Welche Trinkwassererwärmungsanlagen unterscheidet man nach der Anzahl der versorgten Entnahmestellen?

4) Nennen Sie Vorteile der Einzelversorgung mit erwärmtem Trinkwasser.

5) Erläutern Sie das Erwärmungsprinzip beim:
   a) Speicher-TWE,
   b) Durchfluss-TWE.

6) Wovon hängt die Aufheizzeit eines Speicher-TWE ab?

7) Nennen Sie die wichtigsten Merkmale von
   a) offenen (drucklosen) Trinkwassererwärmern
   b) geschlossenen (druckfesten) Trinkwassererwärmern.

8) Was ist das Besondere an den nur für Trinkwasseranlagen zugelassenen Membran-Ausdehnungsgefäßen (MAG-W)?

9) Erläutern Sie den Unterschied zwischen direkter und indirekter Beheizung von Trinkwassererwärmern.

10) Von welchen zwei Vorgaben ist die Auswahl des Behälterwerkstoffes bei Trinkwassererwärmern abhängig?

11) Nennen Sie drei übliche Behälterwerkstoffe.

12) Warum dürfen die Behälter von offenen Speicher-Trinkwassererwärmern bis 15 Liter Nenninhalt auch aus Kunststoff statt Metall gefertigt werden?

13) Nennen Sie den Grund, warum Behälter aus unlegiertem Stahl geschützt werden müssen.

14) Nennen Sie drei **passive** Korrosionsschutzbeschichtungen.

15) Warum muss bei Speicherbehältern aus unlegiertem Stahl trotz passiver Korrosionschutzbeschichtungen auch ein aktiver Schutz vorgesehen werden?

16) Nennen Sie die beiden **aktiven** Korrosionsschutzmaßnahmen für TWE-Speicherbehälter und beschreiben Sie deren Wirkungsweise.

17) Warum darf das Anschlussgewinde einer Korrosionsschutz-Anode nicht mit Hanf oder Teflon-Dichtband umwickelt werden?

18) Warum sind größere Speicherbehälter meist mit einer abnehmbaren Dämmung versehen?

19) Wovon ist die Größe des Bereitschaftswärmeaufwands abhängig?

20) Wie lautet die **genaue** Definition des Bereitschaftswärmeaufwands (q_{BS})?

21) Berechnen Sie mit Hilfe der Tabelle (Bild 3, vorherige Seite) die jährlichen Stromkosten für einen
   a) 300 l-Standspeicher bei einem Strompreis von 27 Eurocent pro kWh und
   b) einen 500 l-liegenden Speicher bei einem Strompreis von 25 Eurocent pro kWh.

Lernfeld 9

3 Trinkwassererwärmung durch elektrisch betriebene Anlagen

3.1 Allgemeine Grundlagen

Für die Trinkwassererwärmung gelten z. B. Gas- oder Ölheizungsanlagen gegebenenfalls mit solarthermischer Unterstützung (solar thermal support) als energieeffizienteste Lösungen. Trotzdem wird in ca. 20 % aller Haushalte der Bundesrepublik Deutschland elektrische Energie für die Trinkwassererwärmung verwendet.

Neben den bekannten Nachteilen kann der Einsatz von Strom zur Trinkwassererwärmung für die Einzel- und Gruppenversorgung auch einige Vorteile bieten, wie z. B.:
- Verminderung von Wärmeverlusten aufgrund langer und schlecht gedämmter Leitungen durch verbrauchsnahe Trinkwassererwärmung,
- Wegfall von Zirkulationsleitungen,
- Unabhängig von Schornsteinen und Luftzufuhr,
- keine Geräusche.

3.1.1 Einsatzbereiche und Gerätearten

Einsatzbereiche (range of applications)
Die Trinkwassererwärmung durch elektrische Energie ist in folgenden Bereichen häufig vorzufinden:
- älteren Mietwohnungen, die von ehemals Ofenheizung auf Zentralheizung ohne Warmwasserversorgung umgestellt wurden,
- entfernt liegenden und/oder wenig benutzten Entnahmestellen, deren Anbindung an die zentrale Warmwasserversorgung unwirtschaftlich wäre,
- betrieblichen Gebäuden, wie z. B. Werkstätten ohne zentrale Warmwasserversorgung,
- Ferienhäusern, Gartenhäusern.

Gerätearten (appliance types)
Die Gerätearten werden unterschieden in:
- offene Trinkwassererwärmer (vgl. Kap. 3.2),
- geschlossene Speicher-Trinkwassererwärmer (vgl. Kap. 3.3),
- Durchflussspeicher (vgl. Kap. 3.3.3),
- Durchflusswassererwärmer (vgl. Kap. 3.4).

3.1.2 Elektrische Anschlüsse, Überstrom-Schutzeinrichtungen, Schutzarten und Schutzklassen

Die Trinkwassererwärmer haben je nach Bauart oder Installationsort unterschiedliche elektrische Anschlüsse und Schutzarten.

Elektrische Anschlüsse (electrical connections):
- dreiadriges elektrisches Anschlusskabel (three-core cable) (1/N/PE ~ 230 V) mit Schutzkontaktstecker (safety plug) zum Anschluss von offenen und geschlossenen, elektrischen Trinkwassererwärmern mit $V \leq 15$ l, sowie Mini-Durchflusswassererwärmern,
- fünfadriges elektrisches Anschlusskabel (five-core cable) (3/N/PE ~ 400 V) zum festen Anschluss von offenen und geschlossenen elektrischen Trinkwassererwärmern mit $V > 15$ l, sowie Durchfluss-Wassererwärmern.

Leitungsquerschnitte (wire cross-sections):
Bei den festen Anschlüssen mit einer Spannungsversorgung (power supply) von ~ 230 V bzw. ~ 400 V muss sichergestellt sein, dass die vorhandenen Leitungsquerschnitte für folgende Anschlussleistungen (power ratings) ausreichend groß genug sind:
- bis 3,5 kW → 1,5 mm² (230 V)
- > 3,5 kW bis 4,4 kW → 2,5 mm² (230 V)
- > 4,4 kW bis < 12 kW → 4,0 mm² (230 V)
- 12 kW bis < 15 kW → 2,5 mm² (400 V)
- 15 kW bis < 24 kW → 4,0 mm² (400 V)
- 24 kW bis 27 kW → 6,0 mm² (400 V)

Überstromschutzeinrichtungen (circuit breakers)
Die Größe der Anschlussleistung des Gerätes bestimmt die Zuordnung der Leitungsschutzschalter (LS-Schalter) (miniature circuit breaker MCB) oder Sicherungen (fuses). Bei einer Spannungsversorgung von ~ 230 V sind z. B. folgende Sicherungen vorgeschrieben:
- 3,5 kW → 16 A
- 4,4 kW → 20 A
- 5,7 kW → 25 A

Bei einer Spannungsversorgung von ~ 400 V sind es z. B.:
- 12 kW/13,2 kW → 20 A
- 15 kW → 25 A
- 18 kW/21 kW → 32 A
- 24 kW → 35 A Sicherung bzw. 40 A bei LS-Schalter
- 27 kW → 40 A

Schutzarten* (types of protection – IP coding)
- IP 24 D
- IP 25 D
- IP X2

*Erklärungen:

IP	International Protection
2 (erste Kennziffer)	geschützt gegen Eindringen fester Körper bis ≤ Ø 12,5 mm
X (Platzhalter)	keine Festlegung
4 (zweite Kennziffer)	geschützt gegen Spritzwasser
5 (zweite Kennziffer)	geschützt gegen Strahlwasser
2 (zweite Kennziffer)	geschützt gegen Tropfen (15° Neigung)

3 Trinkwassererwärmung durch elektrisch betriebene Anlagen

Die Zuordnungen sind den Herstellerangaben bzw. dem Typenschild zu entnehmen (Bild 1). Die Schutzart entscheidet über den zulässigen Aufstellungsort hinsichtlich der unterschiedlichen Schutzbereiche (protected zones) (vgl. Fachkenntnisse 1, LF 8 Kap. 3.1).

Schutzklassen (protection classes)**:**
Alle elektrischen Trinkwassererwärmer müssen über einen Schutzleiteranschluss PE (circuit protective conductor – cpc/earth) (gelbgrün) verfügen. Das entspricht der Schutzklasse I für elektrische Betriebsmittel (electrical equipment) und wird mit folgendem Zeichen dargestellt:

Sicherheits- und Qualitätszeichen (safety marks and quality labels)**:**
Alle elektrischen Trinkwassererwärmer **müssen** die entsprechenden Anforderungen folgender Zeichen erfüllen (Bild 1):

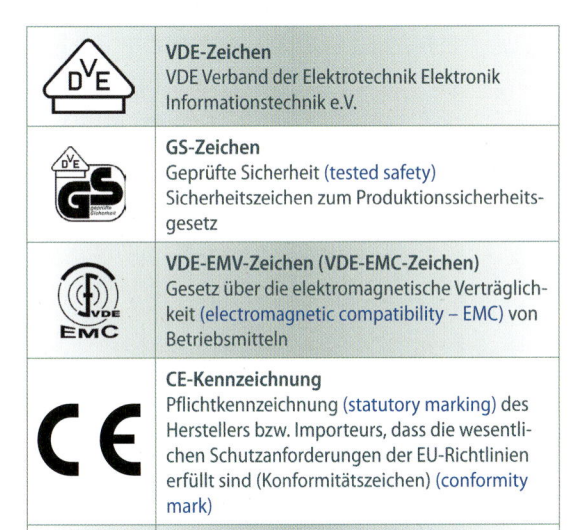

VDE	**VDE-Zeichen** VDE Verband der Elektrotechnik Elektronik Informationstechnik e.V.
VDE / GS	**GS-Zeichen** Geprüfte Sicherheit (tested safety) Sicherheitszeichen zum Produktionssicherheitsgesetz
VDE EMC	**VDE-EMV-Zeichen (VDE-EMC-Zeichen)** Gesetz über die elektromagnetische Verträglichkeit (electromagnetic compatibility – EMC) von Betriebsmitteln
CE	**CE-Kennzeichnung** Pflichtkennzeichnung (statutory marking) des Herstellers bzw. Importeurs, dass die wesentlichen Schutzanforderungen der EU-Richtlinien erfüllt sind (Konformitätszeichen) (conformity mark)
DIN AGI	**DIN AGI-Zeichen** Qualitätszeichen des Deutschen Instituts für Normung e.V. für die geräuscharme Ausführung von elektrischen Warmwassergeräten gemäß DIN 44899-6

(vgl. Grundkenntnisse, LF 4, Kap. 3.6)

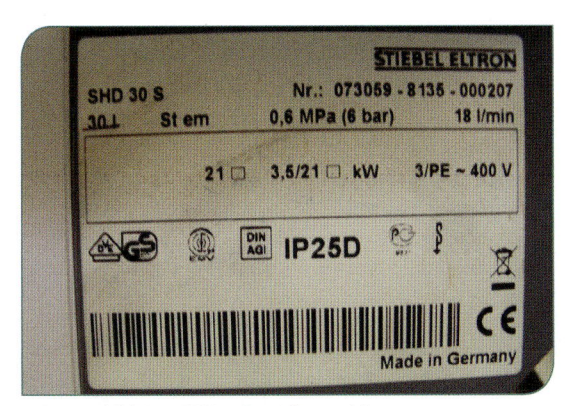

1 Typenschild eines 30 Liter Durchflussspeichers

3.1.3 Heizprinzip der elektrischen Heizkörper

Um bei elektrischen Trinkwassererwärmern die Temperatur der gespeicherten oder durchfließenden Wassermenge zu erhöhen, muss **elektrische Energie** in **thermische Energie** (Wärmeenergie) umgewandelt werden. Die hierfür benötigte elektrische Energie wird aus dem Stromversorgungsnetz bezogen und mit Hilfe eines **Heizwiderstandes** (heating resistor) in Wärmeenergie umgewandelt (Widerstandswärme) (resistance heat). Die den Heizdrahtwicklungen zugeführte Nennwärmeleistung in kW gibt die maximale Heizleistung unter Betriebsbedingungen an.

Wie auch bei anderen Anwendungen (z. B. Tauchsieder, Schnellkocher, Heizstrahler oder Bügeleisen), benötigen elektrische Trinkwassererwärmer eine oder mehrere Heizdrahtwicklungen (resistance wire windings) um die erwünschte Wärmewirkung (thermal effect) zu erzielen. Hierbei werden je nach Art der Wärmeübertragung zwei Bauarten von elektrischen Heizkörpern (electric heating devices) unterschieden:

- **Rohrheizkörper** (tubular heating element) aus dünnwandigem Kupfer- oder Edelstahlrohr mit keramisch isolierten (ceramic insulated) Heizdrahtwicklungen (Bild 2). Die von der Heizdrahtwicklung erzeugte Wärme wird über dem Rohrheizkörper an das umgebende Trinkwasser im Speicher oder Behälter übertragen (vgl. Kap. 3.1.4, Kap. 3.2, Kap. 3.3 und Kap. 3.4.2).
- **Blankdraht-Heizkörper** (bare wire heater) mit einem vom Trinkwasser durchflossenen, keramischen Isolierblock (insulating ceramic block). Die im Isolierblock befindlichen blanken Heizdrahtwicklungen übertragen die erzeugte Wärme an das vorbeiströmende Trinkwasser (vgl. Kap. 3.4.3).

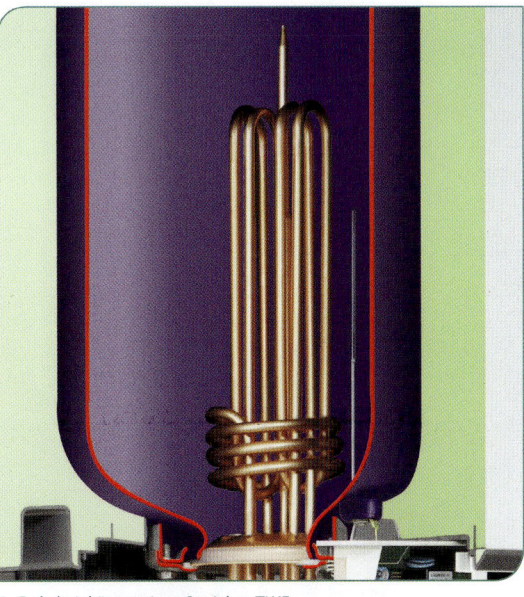

2 Rohrheizkörper eines Speicher-TWE

3 Trinkwassererwärmung durch elektrisch betriebene Anlagen

3.1.4 Elektrische Heizkörper von offenen und geschlossenen Trinkwassererwärmern

Die Erwärmung des Wassers erfolgt grundsätzlich durch Rohrheizkörper. Bei nicht ständig vollgefüllten **Ablaufgeräten** (runoff appliances) wie z. B. dem Kochendwassergerät (vgl. Kap. 3.2.3) müssen sie sich liegend am Behälterboden befinden, damit sie auch kleine Wassermengen erwärmen können (Bild 1).

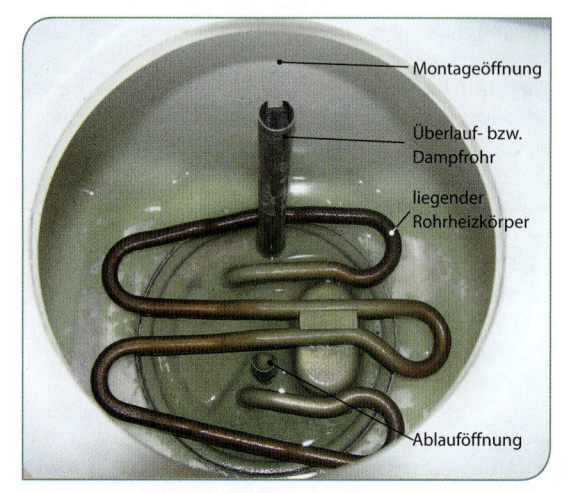

1 Liegender Rohrheizkörper (von oben)

Bei immer vollgefüllten **Überlaufgeräten** (overflow appliances) wie z. B. Boilern und Speichern ist der Rohrheizkörper mit einem Flansch aus Kupfer lösbar am Geräteboden befestigt und ragt in den Wasserbehälter hinein (Bild 2). Die große Flanschöffnung ermöglicht eine problemlose Entkalkung (decalcification) und Reinigung des Wasserbehälters. Aufheizung, Regelung und Temperaturbegrenzung erfolgt innerhalb eines Temperaturbereiches von 35 °C bis ca. 85 °C.

Je nach Anforderungen können Rohrheizkörper von Boilern Speichern und Durchflussspeichern (vgl. Kap. 3.2 und 3.3) für folgende Stromkreis-Betriebsweisen ausgelegt sein (Bild 3):
- Einkreisbetriebsweise
- Zweikreisbetriebsweise
   a) Nutzung des Niedrigtarifs (low rate)
   b) schnelles Aufheizen bei Boiler-, Speicher- und Durchflussbetrieb bei Normaltarif (regular rate)

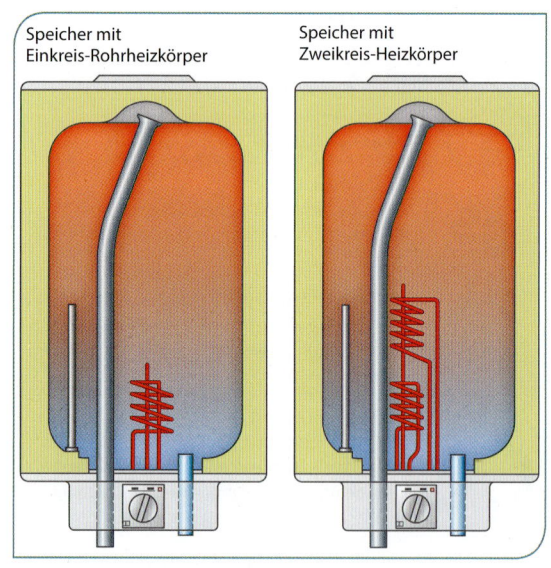

3 Unterschiedliche Rohrheizkörper je nach Betriebsweise

Einkreisbetrieb (single-circuit mode)
TWE-Anlagen mit Einkreis-Rohrheizkörpern arbeiten bei jeder Einschaltung des Temperatur-Wahlschalters (temperature selector switch) mit der vollen elektrischen Heizleistung je nach Geräteausführung zwischen 1 kW und 6 kW.

Zweikreisbetrieb (dual-circuit mode)
Der Zweikreis-Rohrheizkörper nutzt nachts über eine Grundheizstufe den **Niedrigtarif** (Sparschaltung) (Bild 1, nächste Seite). Die Ein- und Ausschaltung erfolgt automatisch durch das EVU[1]. Wird in dieser Zeit eine Schnellaufheizung (top-up heating) gewünscht, kann der zweite Stromkreis zum Normaltarif zugeschaltet werden (Bild 2, nächste Seite). Am Tag ist der Niedrigtarif-Stromkreis ausgeschaltet und für **alle** Rohr-

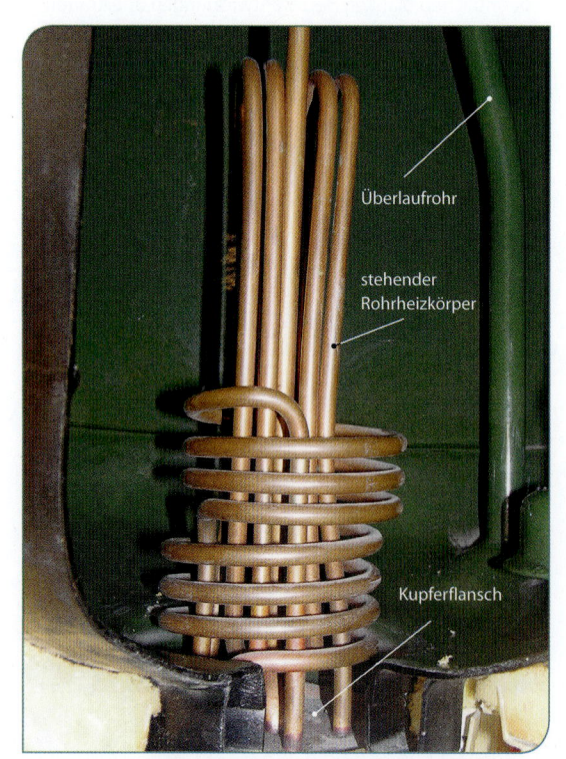

2 Stehender Rohrheizkörper mit Kupferflansch

[1] EVU = Elektro-Versorgungs-Unternehmen

3 Trinkwassererwärmung durch elektrisch betriebene Anlagen

heizkörper steht **ausschließlich** der Stromkreis zum **Normaltarif** zur Verfügung. Eine manuelle Umschaltung (manual switching) auf dauerhaften Einkreisbetrieb ohne Nutzung der Niedrigtarifzeit ist jederzeit möglich.

> **MERKE**
>
> Die Ein- und Ausschaltung der Schnellheizstufe (Normaltarif) kann bei Nutzung der Zweikreis-Betriebsweise **nur manuell** vorgenommen werden, gegebenenfalls mit einer Fernbedienung.

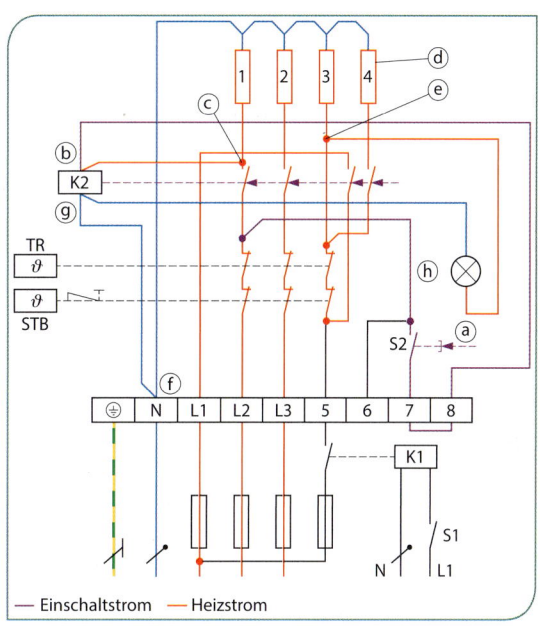

1 Stromlaufplan bei Aufheizung mit 1 kW (Niedrigtarif)

2 Stromlaufplan bei Aufheizung mit 6 kW (Normaltarif)

	Aufheizung mit 1 kW zum Niedrigstromtarif
a	Durch einen Einschaltimpuls vom EVU wird der Schließer S1 geschlossen und das Relais K1 steht unter Spannung (grün).
b	Das Relais **K1** schließt den Stromkreis (rot).
c	Der Rohrheizkörper 3 wird mit Strom versorgt und heizt bei Bedarf zum Niedrigtarif.
d	Der Strompfad zum Rohrheizkörper 3 versorgt zusätzlich die Aufheiz-Meldelampe mit Strom (rot).
e	Der Neutralleiter (**N**) teilt sich in zwei Strompfade zu den Rohrheizkörpern und zum Relais **K2** (blau).
f	Vom Relais **K2** führt ein weiterer Strompfad des Neutralleiters (blau) zur Aufheiz-Meldelampe.
g	Während der Heizphase leuchtet die Aufheiz-Meldelampe.

	Aufheizung mit 6 kW zum Normalstromtarif
a	Durch kurzes manuelles Eindrücken des Schließers **S2** wird der Stromkreis geschlossen. Beim Loslassen wird der Stromkreis unterbrochen (lila).
b	Durch den kurzen Stromimpuls schließt das Relais **K2** alle vier Stromkreise zu den Rohrheizkörpern (rot).
c	Der Strompfad zum Rohrheizkörper 1 versorgt zusätzlich das Relais **K2** mit Spannung (rot).
d	Alle vier Rohrheizkörper sind mit Strom versorgt und heizen bei Bedarf zum Normaltarif (roter Pfeil).
e	Der Strompfad zum Rohrheizkörper 3 versorgt gleichzeitig die Aufheiz-Meldelampe mit Strom (rot).
f	Der Neutralleiter (**N**) teilt sich in zwei Strompfade zu den Rohrheizkörpern und zum Relais **K2** (blau).
g	Vom Relais **K2** führt ein weiterer Strompfad des Neutralleiters (blau) zur Aufheiz-Meldelampe.
h	Während der Heizphase leuchtet die Aufheiz-Meldelampe.

Lernfeld 9

3 Trinkwassererwärmung durch elektrisch betriebene Anlagen

3.2 Offene Trinkwassererwärmer

3.2.1 Allgemeine Grundlagen

Gerätearten
Folgende offene elektrische Trinkwassererwärmer werden unterschieden:
- Boiler (V = 15 l/30 l/80 l)
- Kochendwassergeräte (V = 5 l)
- Speicher: Kleinspeicher (V = 5 l/10 l/15 l)
  Wandspeicher (V = 30 l/80 l/100 l/150 l)

Sicherheitstechnische Ausrüstung (safety-related equipment)
Da die Warmwasserbehälter von offenen Trinkwassererwärmern nicht unter Netzüberdruck (overload pressure of the piping network) stehen, müssen sie auch nicht gegen Überdruck geschützt werden. In der Kaltwasserzulaufleitung sind lediglich folgende Armaturen zu installieren:
- Absperrventil bei einem Nenninhalt von $V \leq 10$ l,
- Absperrventil und Rückflussverhinderer bei einem Nenninhalt von $V > 10$ l damit kein erwärmtes Wasser zurück fließen kann.

Der Rückflussverhinderer (RV) muss keine Entleerungs- und Prüfeinrichtung besitzen. Im Handel werden Absperrventile auch mit integriertem RV angeboten.

3.2.2 Boiler

Ursprünglich waren Boiler ungedämmt, denn sie wurden neben der Warmwassererwärmung gleichzeitig zur Beheizung z. B. des Badezimmers genutzt, da es oftmals keine zentrale Heizungsversorgung gab. Diese auch als **Badeöfen** (bath boilers) bezeichneten Trinkwassererwärmer wurden meist mit Holz oder Kohle, später auch mit Gas oder Öl beheizt. Ungedämmte Boiler werden heute aus Energieeinsparungsgründen nicht mehr produziert. Austauschgeräte werden nur noch gedämmt angeboten.
Ihr Einbauort ist direkt an der Entnahmestelle (z. B. Dusch- oder Badewanne). Sie erwärmen das Wasser einmalig je nach gewählter Temperatur zwischen 35 °C und 85 °C. Nach Erreichen der gewünschten Temperatur schaltet der Temperaturbegrenzer die Heizung ab und nicht wieder ein (Boilerbetriebsweise). Deshalb sollte das warme Wasser auch direkt nach Beendigung des Aufheizens entnommen werden.
Die Warmwasserentnahme erfolgt wie bei den offenen Speichern und wird dort ausführlich beschrieben (vgl. Kap. 3.2.4).

3.2.3 Kochendwassergeräte

Kochendwassergeräte (beverage water boilers) (Bild 1) werden an der Entnahmestelle installiert und finden hauptsächlich in gewerblichen Bereichen wie z. B. in Teeküchen von Büros oder Schulen ihre Anwendung. In privaten Haushalten wurden sie weitgehend von standortunabhängigen steckerfertigen Schnellwasserkochern (electric kettles/water jugs) verdrängt.

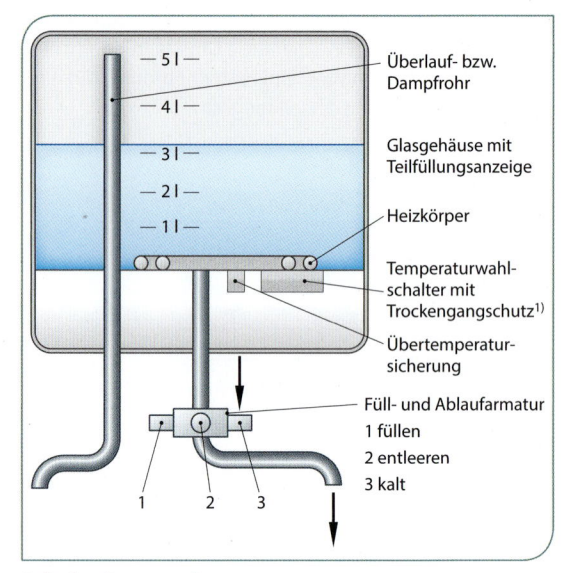

1 Kochendwassergerät

Kochendwassergeräte haben nicht gedämmte Behälter mit einem maximalen Nenninhalt von fünf Litern. Da sich die Trinkwarmwasser-Entnahmeöffnung (runoff opening) und der Rohrheizkörper am Boden des Behälters befinden, werden sie als **Ablaufgeräte** bezeichnet. Ein Überlaufrohr (discharge spout) schützt vor Überdruck und leitet Wasser beim Überfüllen und den entstehenden Dampf beim Kochen in die darunter befindliche Ablaufstelle (z. B. Spülbecken).
Die Füll- und Ablaufarmatur (filling and draw-off tap/terminal fitting) mit Drosselmöglichkeit im Kaltwasserzulauf ist entweder eine Dreigriff-Armatur (three-handle mixer) aus verchromtem Messing mit drei Ventiloberteilen (Bild 1a, nächste Seite) oder eine spezielle Armatur aus Messing mit weißem Polypropylen-Gehäuse, zwei Ventiloberteilen (valve headgears) und einem Hebel (Bild 1b, nächste Seite). Damit können folgende Betriebszustände gesteuert werden:
- Füllen des Behälters mit Kaltwasser durch Betätigung des linken Ventils oder mittleren Hebels,
- Entnahme von Warmwasser durch Betätigung des mittleren oder linken Ventils,
- Zapfen oder Zumischung von Kaltwasser durch Betätigung des rechten Ventils (Bilder 1a und b, nächste Seite).

Kochendwassergeräte zeichnen sich durch folgende Merkmale aus:
- Wassererwärmungsmengen zwischen 0,25 l und 5 l,
- elektrische Leistung meist 2,0 kW,
- stufenlose Warmwasserbereitung zwischen 35 °C und 100 °C (Koch- bzw. Siedetemperatur) durch einen Temperaturwahlschalter,
- Abstellautomatik (automatic shutdown) beim Erreichen der gewählten Temperatur,
- manuelles Einschalten (manual switch-on).

[1] Der Trockengangschutz verhindert bei fehlendem Wasser den Aufheizbetrieb

3 Trinkwassererwärmung durch elektrisch betriebene Anlagen

- eingebauter Schutz-Temperaturbegrenzer (safety temperature limiter),
- Aufheizanzeige (heating-up signalling) durch Signallampe,
- Entkalkungsmöglichkeit durch ausreichend große Behälteröffnung,
- Kaltwasseranschluss der Füll- und Ablaufarmatur entweder als Unterputz- bzw. Aufputzinstallation (flush or surface mounting) oder mittels eines Waschmaschinen-Absperr-Ventils (WAS-Ventil).

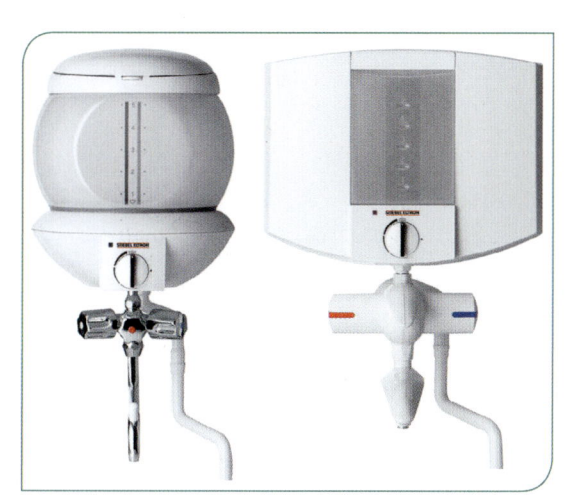

1a Dreigriff-Armatur   *1b Hebelarmatur*

Während die Kochendwassergeräte immer wieder manuell mit Wasser gefüllt werden müssen, füllen sich **Kochautomaten** (electric storage water heaters) nach jeder Entnahme automatisch wieder auf und zeichnen sich durch folgende weiteren Eigenschaften aus:
- elektrische Leistung meist 2,3 kW,
- wärmegedämmter Behälter,
- Bereitstellung von **ständig** kochendem Wasser,
- Dauerbetrieb (continuous service) ohne Dampfaustritt
- elektromagnetische Kaltwasserbehandlung (electromagnetic water softener) zur Kalkverringerung,
- Absenkbetrieb (setback mode) bei längerer Nichtentnahme.

Geeignet sind sie vor allem für die häufige Entnahme von kochendem Wasser, z. B. in Kantinen, Gaststätten, Hotels und Fabriken.

3.2.4 Speicher

Offene Speicher-Trinkwassererwärmer mit einer Behältergröße über 15 Liter Nenninhalt werden zwar noch für den Austausch älterer Geräte produziert, nachgefragt werden jedoch meist Kleinspeicher (point-of-use storage tanks) mit Behältern bis 15 Liter Nenninhalt (Bild 2). Ihre Einsatzgebiete sind z. B.:
- Handwaschbecken im Gäste-WC ohne Dusche, auch bei zentraler Warmwasserversorgung,
- Küchenspüle,

- Versorgung einer wenig benutzten und entfernt liegenden Entnahmestelle in einem Nebengebäude, wenn z. B. die Anbindung an die zentrale Warmwasserversorgung unwirtschaftlich ist.

Sie werden entweder als Untertisch- oder Übertischgeräte (undersink or oversink water heaters) installiert (Bilder 1 und 2, nächste Seite).

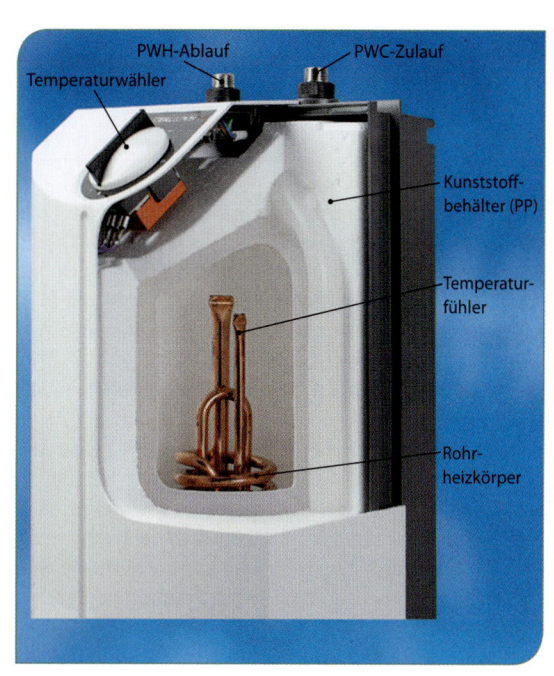

2 Kleinspeicher mit Kunststoffbehälter

Kleinspeicher-Rohrheizkörper haben eine elektrische Leistung von 1,0 kW bis 3,3 kW bei einer Spannung von 230 V im Einkreisbetrieb.

Das Wasser kann je nach gewählter Temperatur stufenlos zwischen 35 °C und ca. 85 °C erwärmt werden. Nach Erreichen der gewünschten Temperatur wird diese mit Hilfe eines Temperaturreglers gehalten (vgl. Fachkenntnisse 1, Lernfeldübergreifende Inhalte, Kap. 4.3 und LF 7, Kap. 3.5.1). Ein Sicherheitstemperaturbegrenzer (STB, Bild 3) mit Reset-Funktion schützt vor unzulässiger Überhitzung bei z. B. Inbetriebnahme ohne Wasserfüllung (Trockengang).

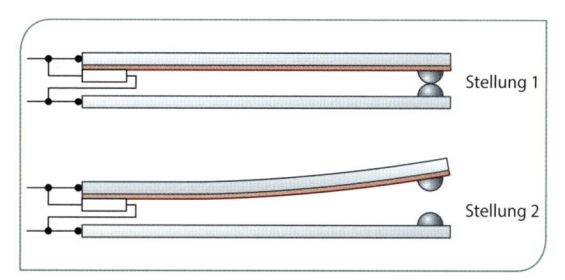

3 Sicherheitstemperaturbegrenzer (STB) in seinen beiden Betriebsstellungen

3 Trinkwassererwärmung durch elektrisch betriebene Anlagen

Stellung 1: Speicher-TWE ohne Störung, Bi-Metall STB geschlossen
Stellung 2: Speicher-TWE mit Störung, Bi-Metall STB offen, mit Selbsthaltung (catch) durch den PTC-Heizwiderstand (PTC resistor/thermistor)

PRAXISHINWEIS

Um das Gerät wieder in Betrieb nehmen zu können, muss ein **STB-Reset** durchgeführt werden. Dazu wird die Spannung unterbrochen, damit der Selbsthaltungs-Heizwiderstand abkühlen kann. Nach dem Einschalten der Spannung ist das Gerät dann wieder betriebsbereit.

Auf Kundenwunsch kann die Maximaltemperatur vom Anlagenmechaniker-SHK auf 65 °C begrenzt werden. Der Wählknopf-Drehbereich (selector switch range) ist meist mit Temperatur-Raststellungen von 38 °C, 45 °C, 55 °C und 65 °C sowie bei senkrechter Knopfstellung mit dem Energiesparbereich „E" ausgestattet.

Die Armatur eines offenen Speicher-Trinkwassererwärmers wird in drei verschiedenen Bauarten angeboten:
- Temperierarmatur als Einlochausführung (one hole basin mixer) mit Ventiloberteilen für Untertischspeicher (Bild 1),
- Mischarmatur mit zwei Ventiloberteilen (wall mounted sink/basin mixer tap) für Übertischspeicher (Bild 2),
- Einhebel-Mischarmatur (single lever mono mixer tap) als Einlochausführung für Untertischspeicher.

Die Armaturen müssen immer drei Leitungsanschlüsse (piping ports) haben (Bild 3):
- PWC-Anschlussleitung,
- PWC-Zulaufleitung **zum** Speicherbehälter,
- PWH-Ablaufleitung **vom** Speicherbehälter.

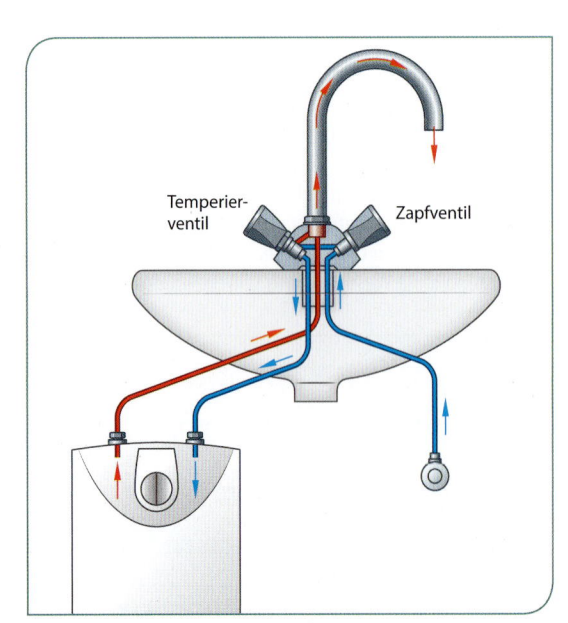

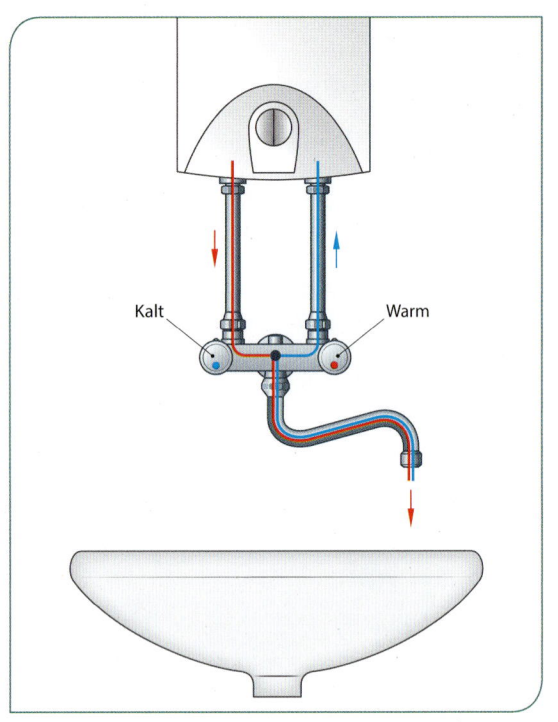

2 Übertisch-Kleinspeicher (PWH-Zapfung)

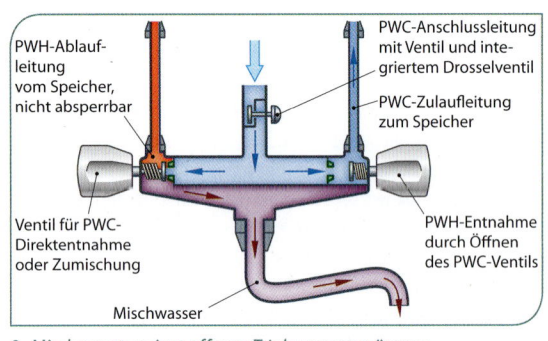

3 Mischarmatur eines offenen Trinkwassererwärmers (Mischwasserzapfung)

Die Warmwasserentnahme erfolgt nach dem **Verdrängungsprinzip** (displacement principle) **(Überlaufprinzip)**, d. h. beim Zapfen fließt kaltes Trinkwasser von unten in den Speicherbehälter und verdrängt das Trinkwarmwasser oben in das Überlaufrohr. Die Armatur ist so konstruiert, dass die Absperrung des Warmwasserablaufes **vor** dem Speicherbehälter im Kaltwasserzulauf erfolgt (Bild 3). Dadurch ist gewährleistet, dass der Behälter nicht durch unzulässigen Druckanstieg zerstört wird, und zwar:
a) durch den Netzüberdruck beim Öffnen des Kaltwasserventils und
b) durch das Ausdehnungswasser beim Aufheizen im Standby-Betrieb.

1 Untertisch-Kleinspeicher (PWH-Zapfung)

3 Trinkwassererwärmung durch elektrisch betriebene Anlagen

> **MERKE**
>
> Das zeitweise Tropfen der Armatur eines offenen Speicher-Trinkwassererwärmers im Standby-Betrieb ist keine Störung, sondern ein normaler Vorgang zur Ableitung des Ausdehnungswassers beim Aufheizen.

Weiterentwicklungen haben mittlerweile dazu geführt, dass das Ausdehnungswasser (expansion water) auch innerhalb des Speicherbehälters verbleiben kann. Das Ausdehnungswasser wird beim Aufheizen in eine spezielle Auffangkammer (catch chamber) innerhalb des Speicherbehälters geleitet und drückt dabei eine Ausgleichs-Membrane (compensating diaphragm) zusammen (Bild 1). Bei jedem Zapfvorgang wird diese Auffangkammer über eine Venturidüse entleert und steht für den nächsten Aufheizvorgang zur Verfügung (Bild 2). Durch diese Maßnahme geht kein Wasser verloren, Waschbecken oder Küchenspüle bleiben sauber und Kalkbildungen an der Armatur oder dem Becken werden reduziert.

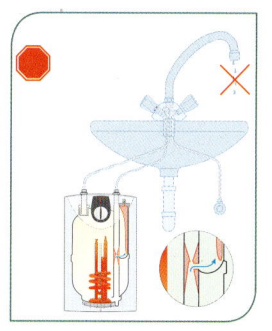

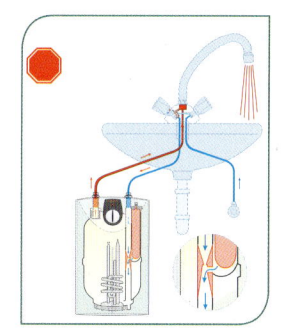

1 Aufheizvorgang

2 Zapfvorgang

Beim Einsatz von Temperierarmaturen können Wärmeverluste durch Abstrahlung bis zu 0,4 kW in 24 Stunden im Standby-Betrieb auftreten (Bild 3). Bestimmte Geräte können diese Verluste verhindern (Bild 4). Spezielle Siphons (air traps) am Warmwasserausgang des Speicherbehälters sammeln die beim Aufheizen freigesetzten Luftblasen, die wie eine Art Wärmedämmung wirken und eine Schwerkraftzirkulation in den Leitungen zwischen Speicher und Armatur verhindern.

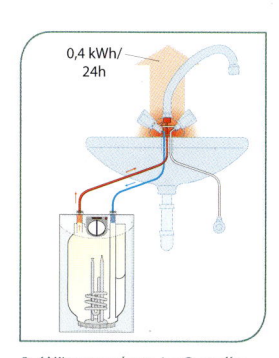

3 Wärmeverluste im Standby Betrieb

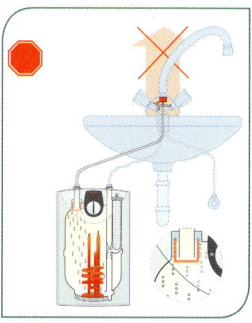

4 Unterbrechung der Schwerkraftzirkulation

Zwar werden offene Speicher auch als drucklose Speicher (vented storage tanks/cylinders) bezeichnet, verlässlich drucklos sind sie aber nur bei **geschlossenen** Armaturen. Beim Zapfen von Warmwasser kann dagegen ein unzulässiger Überdruck (unallowable overload pressure) durch z. B. folgenden Vorgang entstehen:
Durch Öffnen des Warmwasserventils fließt Trinkkaltwasser in den Speicher und verdrängt das erwärmte Wasser durch das Überlaufrohr nach außen. Ist die Kaltwasser**zulaufmenge** (cold water inlet flow) größer als die Warmwasser**ablaufmenge** (hot water outlet flow), baut sich ein Druck auf. Damit der zulässige Betriebsüberdruck von **1 bar** nicht überschritten wird, muss die Kaltwasser**zulaufmenge** der Warmwasser**auslaufmenge** angepasst werden. Dies geschieht durch ein Drosselventil (throttle valve), welches auch im Zulaufventil integriert sein kann (Bild 5).

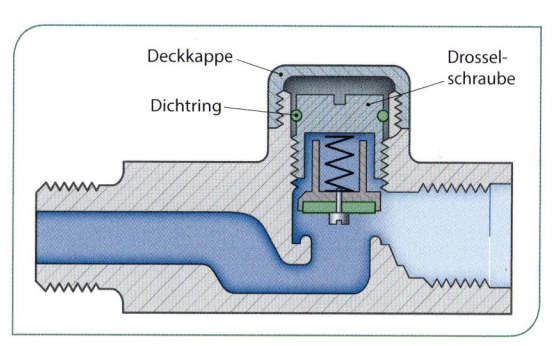

5 Drosselventil zum Regulieren der Kaltwasserzulaufmenge

Zur Vermeidung weiterer unzulässiger Druckanstiege (pressure increases) durch Verringerung der Warmwasserauslaufmenge während des Zapfens, müssen bei Kleinspeichern folgende Punkte unbedingt beachtet werden:
- keine Perlatoren (tap aerators) oder Wasserspar-Bauteile (water saving parts) am Auslauf der Armatur,
- keine Spülstopp-Vorrichtungen (rinse quick-stops) bei z. B. Küchenspülarmaturen.

Darüber hinaus müssen bei größeren Wandspeichern (wall mounted storage tanks) weitere Punkte beachtet werden:
- keine Duschstopp-Vorrichtungen (shower quick-stops) bei z. B. Duscharmaturen,
- Verbot von knickbaren Dusch- bzw. Spülschläuchen (foldable shower hoses),
- keine verstellbaren Massageduschköpfe (power shower heads) installieren, weil die Austrittsöffnungen zu stark verkleinert werden ,
- Metallschläuche mit großem Durchmesser verwenden (geringerer Fließwiderstand),
- nur Duschköpfe mit zusätzlichen seitlichen Austrittsöffnungen (lateral outlets) verwenden, damit die Duschbrause nicht zugehalten werden kann.

Lernfeld 9

3 Trinkwassererwärmung durch elektrisch betriebene Anlagen

Weiterhin besteht bei der Verwendung als Duschspeicher die Gefahr, dass im Behälter in bestimmten Situationen ein negativer Überdruck (Unterdruck) entsteht, wie z. B. durch
- schnelles Schließen des Einhebelmischers bei herabhängendem Duschschlauch (1,20 m Länge), wodurch die Restwassermenge aus dem Schlauch heraus fließen kann.
- Absperrung der PWC-Anlage während Reparaturarbeiten und gleichzeitigem Öffnen der PWC- und PWH-Ventile am Gerät durch einen Benutzer. Der Behälter entleert sich dann über das geöffnete PWC-Ventil (Bild 3, S. 90).

Die Größe des Unterdruckes ist abhängig von der Fließgeschwindigkeit und Menge des aus dem Duschschlauch bzw. Behälter auslaufenden Wassers. Im ungünstigsten Fall könnte es in beiden Situationen zu einer Zerstörung der Behälter kommen, da keine Luft zum Druckausgleich nachströmen kann. Abhilfe bringt der Einbau eines Belüftungsventils in die PWH-Ablaufleitung des Gerätes, was bei einer möglichen Leitungslänge von > 2 m seitlich und/oder > 1 m senkrecht zwingend vorgeschrieben ist (Bild 1).

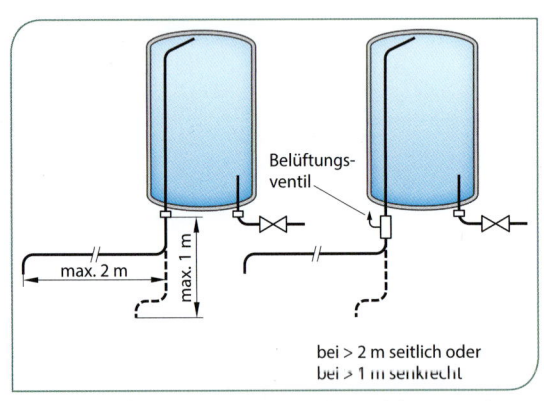

Die Größe des Speicherbehälters bestimmt auch die Anzahl der Entnahmestellen, die mit Trinkwarmwasser versorgt werden können:
- **Einzelversorgung** durch Untertisch- bzw. Übertischgeräte (vgl. Kap. 2.1.1),
- **Gruppenversorgung** durch Wandspeicher wie z. B. alle Entnahmestellen einer Wohnung in einem Mehrfamilienhaus (vgl. 2.1.2),
- **Zentralversorgung** durch Standspeicher wie z. B. alle Entnahmestellen in einem Ein- bis Zweifamilienhaus (vgl. 2.1.3).

3.3.1 Sicherheitstechnische Ausrüstung

Alle Druckspeicher müssen kaltwasserseitig mit einer sicherheitstechnischen Ausrüstung (safety equipment) versehen sein (vgl. Kap. 7).

Anstelle einzelner Sicherheitsarmaturen (safety devices) werden vor allem bei Kleinspeichern häufig Sicherheitsgruppen (multi-functional safety group) installiert (Bild 2 und Bild 1, nächste Seite).

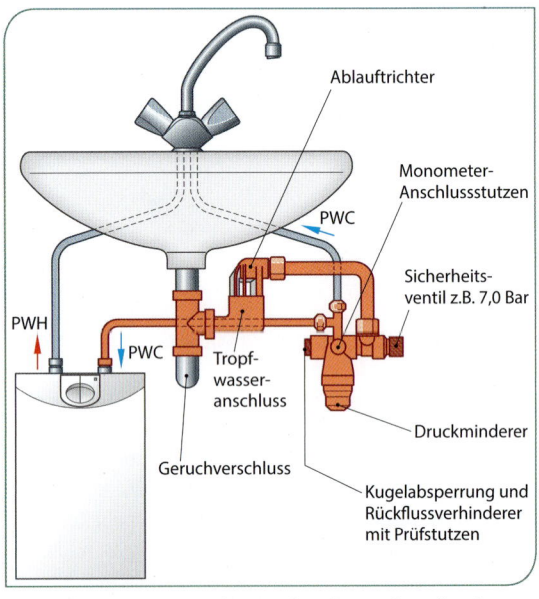

1 Leitungsinstallationen ohne (links) und mit Belüftungsventil (rechts)

3.3 Geschlossene Speicher-Trinkwassererwärmer

Die Vorteile eines geschlossenen Speichers (unvented storage tank/cylinder) gegenüber einem offenen Speicher sind: ein höherer Volumenstrom (l/s) durch höheren Druck (bis 10 bar), die Möglichkeit der Versorgung mehrerer Entnahmestellen (draw-off points) sowie eine größere Auswahl an Armaturen (keine Einschränkung im Vergleich zu den Armaturen für offene Speicher).

Die wärmegedämmten Speicherbehälter aus Kupfer oder Stahl, z. B. innen emailliert, sind für Betriebsüberdrücke zwischen 6 bar und 10 bar ausgelegt. Je nach Größe des Nutzvolumens und Aufstellungsortes werden folgende Speicher unterschieden:
- **Kleinspeicher** (Untertisch- bzw. Übertischgeräte) mit V = 5 l bis 15 l,
- **Wandspeicher** mit V = 30 l bis 150 l,
- **Standspeicher** (floor-mounted storage tank) mit V > 150 l bis 1000 l.

2 Sicherheitsgruppe eines Kleinspeichers (Prinzipdarstellung)

Bild 1 auf der nächsten Seite zeigt eine Sicherheitsgruppe für einen Kleinspeicher mit 15 l Nenninhalt und einem maximalen Druck von 5,25 bar am PWC-Geräteanschluss (entspricht 75 % des Ansprechdrucks vom SV nach EN 806-4), bestehend aus:
- Sicherheitsventil (safety/relief valve) 7 bar Ansprechdruck,
- Rückflussverhinderer (check valve),
- Mengenregelventil (flow control valve) mit Manometeranschluss G $\frac{1}{4}$,
- Rohrbogen (bends), 2 Wandrosetten (wall rosettes) und Siphontrichter (siphon funnel) mit verschiebbarer Rosette,
- PWC-Anschluss G $\frac{1}{2}$ (absperrbar),
- PWH-Anschluss G $\frac{1}{2}$,
- Siphontrichter G 1 (Kunststoff),

3 Trinkwassererwärmung durch elektrisch betriebene Anlagen

- verchromtes Messing-Gehäuse,
- Anschlussmöglichkeit (connection facility) für Thermostatarmatur.

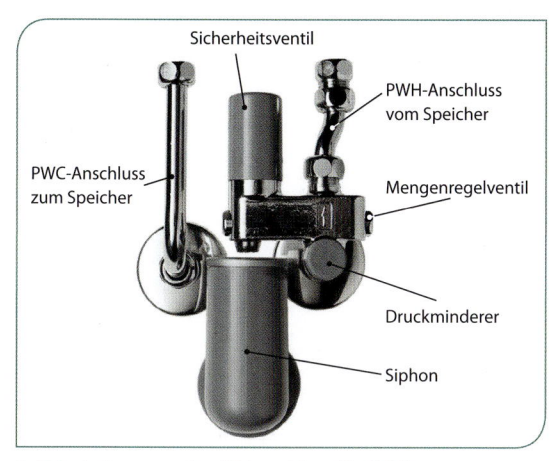

1 Sicherheitsgruppe eines Kleinspeichers (Realbild)

3.3.2 Wandspeicher

Wandspeicher für die Gruppenversorgung mit einem Nenninhalt von 30 l bis 150 l zeichnen sich durch eine Vielzahl von Ausstattungsmerkmalen (equipment features) aus, wie z. B. (Bild 2):

- auswechselbarer Kupfer-Rohrheizkörper, der über Schiebeschalter (slide switch) für folgende Betriebsweisen/Leistungen (operational modes/performances) eingestellt werden kann:

Zweikreisbetriebsweise
bei 230 V (1/2 kW, 2/2 kW, 1/4 kW, 2/4 kW, 3/4 kW) oder
bei 400 V (1/4 kW, 2/4 kW, 3/4 kW sowie 1/6 kW, 2/6 kW, 3/6 kW)

Einkreisbetriebsweise
bei 230 V (1 kW bis 4 kW) oder
bei 400 V (3 kW bis 6 kW)

Boilerbetriebsweise
(Leistungen wie Einkreisbetriebsweise)
- stufenlose Temperatureinstellung von 20 °C … 85 °C,
- Bedienfeld mit LCD-Anzeige und einer Vielzahl von Funktionstasten (Bilder 3 bis 5),
- wartungsfreie Fremdstromanode für aktiven Korrosionsschutz,
- automatische Verkalkungsanzeige (calcination signalling) des Rohrheizkörpers,
- Betriebsartenwahl über Schiebeschalter,
- Leistungseinstellung über Schiebeschalter,
- Schnellaufheizung bei Zweikreisbetrieb.

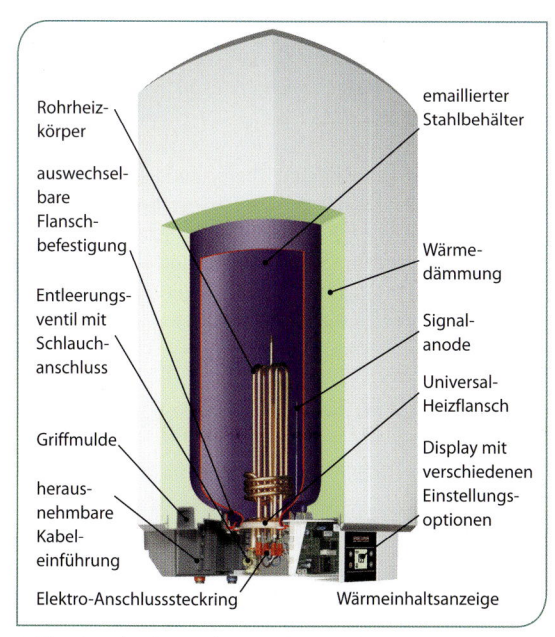

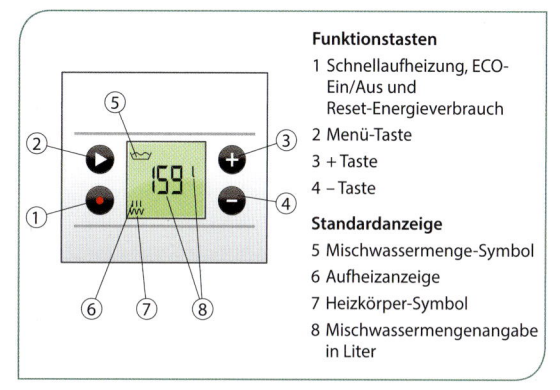

Funktionstasten
1 Schnellaufheizung, ECO-Ein/Aus und Reset-Energieverbrauch
2 Menü-Taste
3 + Taste
4 – Taste

Standardanzeige
5 Mischwassermenge-Symbol
6 Aufheizanzeige
7 Heizkörper-Symbol
8 Mischwassermengenangabe in Liter

3 Bedienungsfeld mit LCD-Anzeige und Funktionstasten

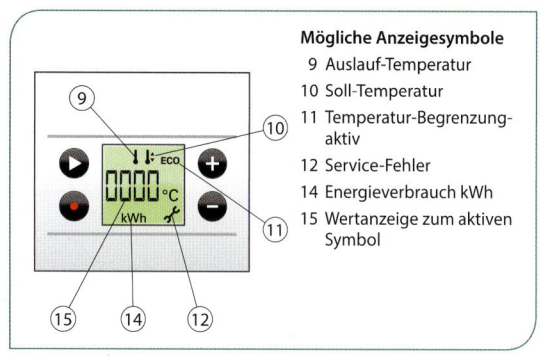

Mögliche Anzeigesymbole
9 Auslauf-Temperatur
10 Soll-Temperatur
11 Temperatur-Begrenzung-aktiv
12 Service-Fehler
14 Energieverbrauch kWh
15 Wertanzeige zum aktiven Symbol

4 Bedienungsfeld mit LCD-Anzeige und Funktionstasten

Verfügbare Warmwassermenge in Liter: Speicherinhalt bezogen auf 40 °C Mischtemperatur (15 °C Kaltwasser)

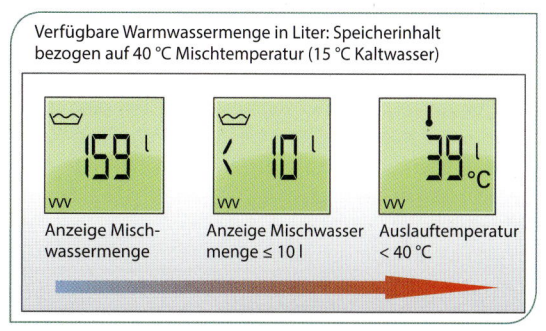

Anzeige Mischwassermenge | Anzeige Mischwassermenge ≤ 10 l | Auslauftemperatur < 40 °C

2 Wandspeicher für Zweikreis-/Einkreis-/Boilerbetriebsart

5 Bedienfeld mit LCD-Standardanzeige

Lernfeld 9

3 Trinkwassererwärmung durch elektrisch betriebene Anlagen

3.3.3 Durchflussspeicher

Der geschlossene Durchflussspeicher-Trinkwassererwärmer (unvented instantaneous point-of-use water heater) vereint die Vorteile eines Durchfluss-TWE (vgl. Kap. 3.4) mit denen eines Speicher-TWE.

Das Gerät verfügt über zwei Heizstufen (heating levels/settings), die je nach manueller Einstellung folgende Betriebsweisen zulassen (Bild 1):

a) **Zweikreisbetriebsweise bei Normaltarif**
 • Aufheizung mit 3,5 kW bei geringer Entnahmemenge
 • Aufheizung mit 21 kW bei hoher Entnahmemenge

b) **Zweikreisbetriebsweise bei Niedrig- und Normaltarif**
 • Aufheizung bei Niedrigtarif mit 3,5 kW
 • Aufheizung bei Normaltarif mit 21 kW

c) **Einkreisbetriebsweise bei Normaltarif**
 • Aufheizung immer mit 21 kW

Es werden Durchflussspeicher mit einem Nenninhalt von z. B. 30 l und 100 l angeboten. Sie sind für die Warmwasserversorgung mehrerer Entnahmestellen geeignet (Gruppenversorgung). Bei der Betriebsweise mit 21 kW steht bei einer Aufheizung des Trinkwassers von z. B. 10 °C auf 38 °C eine Entnahmemenge von ca. 9 l/min bis 12 l/min im Dauerbetrieb (continuous operation) zur Verfügung.

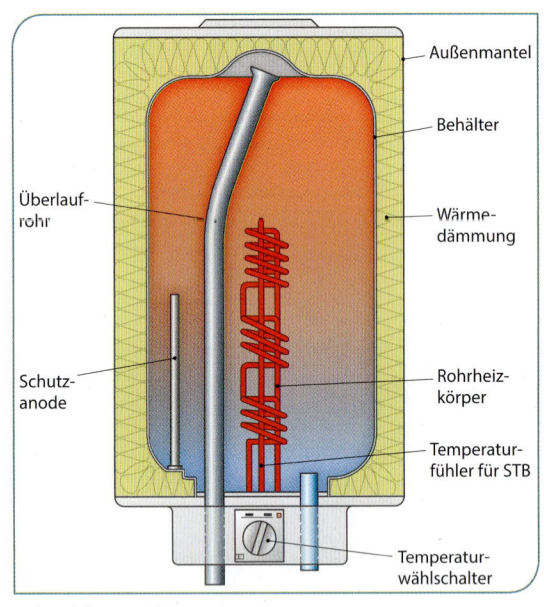

1 Durchflussspeicher

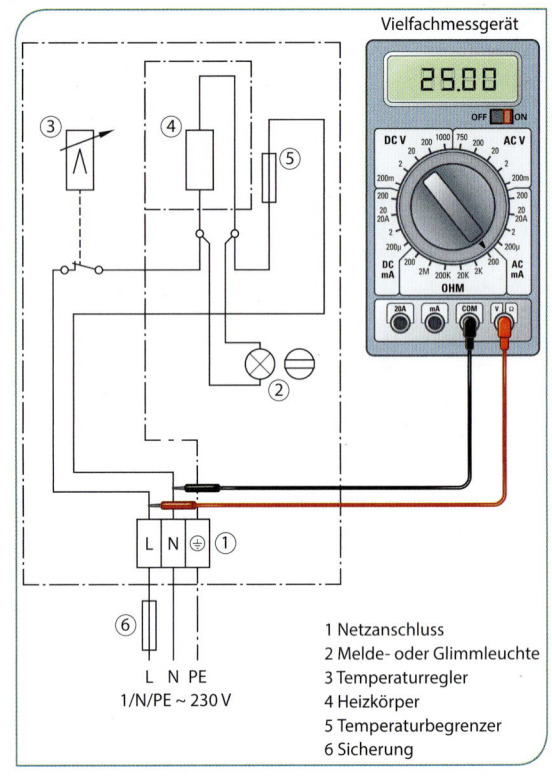

2 Stromlaufplan eines offenen 10-Liter-Speichers

1 Netzanschluss
2 Melde- oder Glimmleuchte
3 Temperaturregler
4 Heizkörper
5 Temperaturbegrenzer
6 Sicherung

3.3.4 Störungssuche

Die einwandfreie Funktion von Speichern-TWE kann durch elektrische Störungen (electric failures/malfunctions) beeinträchtigt oder nicht gewährleistet werden. Mit Hilfe eines Vielfachmessgerätes (multimeter) lassen sich diese Störungen feststellen.
Anhand eines Stromlaufplans soll die Störungssuche (fault finding) durch eine Widerstandsmessung (resistance measurement) am Beispiel eines offenen 10-Liter-Speichers erläutert werden (Bild 2). Es ist folgendermaßen vorzugehen:

• Unterbrechung der Spannungsversorgung,
• Sichern gegen unbefugtes Wiedereinschalten,
• Öffnen des Gerätes,
• Lösen der internen Anschlüsse an der Netzanschlussklemme (Pos. 1),
• Meldeleuchte (signal lamp) abklemmen (Pos. 2), da ansonsten bei defektem Heizwiderstand ihr Widerstand angezeigt wird (Parallelschaltung),
• Stellung des Temperaturreglers auf Höchststufe (Pos. 3),
• Anschluss eines Vielfachmessgerätes zur Prüfung eines Heizwiderstandes.

Als Ergebnis der Messung und Überprüfung wird bei einem intakten Heizelement ein „endlicher" Widerstandswert (finite resistance value) von z. B. 25 Ω abgelesen (Bild 2).
Liegt ein Defekt z. B. in Form eines Leitungsbruches vor (der Heizwiderstand im Heizelement ist z. B. durchgebrannt), ergibt eine Widerstandsmessung den Wert ∞ (unendlich (infinite)).

> **MERKE**
>
> Bei elektrischen TWE mit Glimm-Meldeleuchte muss diese nicht abgeklemmt werden, da im Falle eines defekten Heizwiderstandes keine leitende Verbindung (Funkensprung) innerhalb der Leuchte besteht.

3 Trinkwassererwärmung durch elektrisch betriebene Anlagen

Um einen möglichen Körperschluss (body contact) zwischen dem Heizwiderstand und dem Gehäuse festzustellen, wird das Messgerät wie in Bild 1 dargestellt angeschlossen.

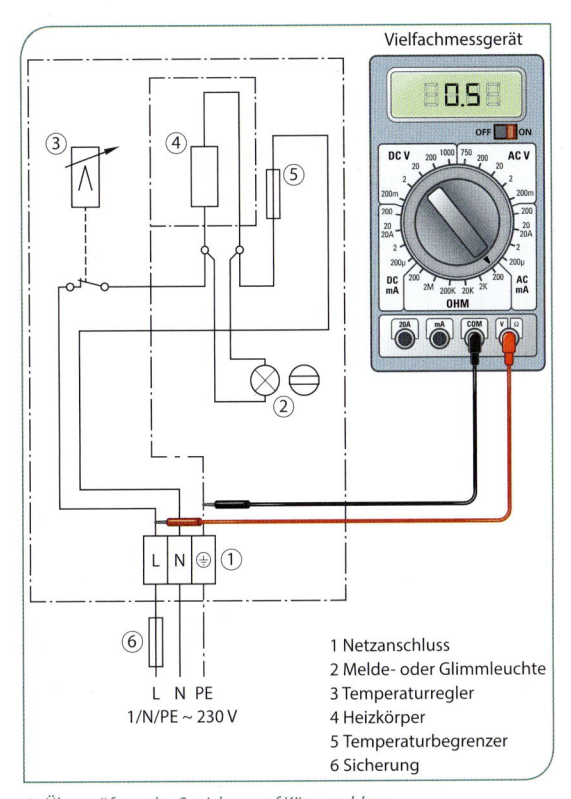

1 Netzanschluss
2 Melde- oder Glimmleuchte
3 Temperaturregler
4 Heizkörper
5 Temperaturbegrenzer
6 Sicherung

1/N/PE ~ 230 V

1 Überprüfung des Speichers auf Körperschluss

Als Ergebnis der Messung und Überprüfung wird bei einem intakten Gerät ein Widerstandswert im Megaohmbereich angezeigt.
Das Ergebnis der Messung bei einem Körperschluss wäre ein sehr kleiner Widerstand (resistance), der unter 1,5 Ω liegen muss (Bild 1).

3.4 Durchfluss-Trinkwassererwärmer

Elektrische Durchfluss-TWE (instantaneous electric water heaters) sind geschlossene Geräte, die im Vergleich zu Wandspeichern geringe Abmessungen haben (z. B. H x B x T = 370 mm x 220 mm x 141 mm) und deshalb auch relativ harmonisch in die Sanitärraumausstattung integriert werden können (Bild 2). Sie liefern immer frisches Trinkwarmwasser, da nur während des Zapfvorgangs Trinkkaltwasser durch das Gerät fließt und dort auf die gewünschte Temperatur erwärmt wird. Aufgrund des relativ kurzen Leitungsweges innerhalb des Durchfluss-TWE muss er jedoch über eine hohe Heizleistung (heating capacity) von z. B. 18 kW bis 27 kW und demensprechend über einen großen elektrischen Anschlusswert (connected load) und Kabelquerschnitt verfügen (vgl. Kap 3.1.2).

2 Einbaubeispiele von elektrischen Durchfluss-Trinkwassererwärmern

Die Warmwasser-Auslauftemperatur wird von der
- zeitlichen Wasserdurchflussmenge (Volumenstrom) in l/min,
- Trinkkaltwasser-Zuflusstemperatur in C° und
- Geräte-Heizleistung in kW beeinflusst.

Der Wirkungsgrad von bis zu 99 % ist sehr hoch, allerdings ist der lieferbare Volumenstrom (available flow rate) im Vergleich zu Druckspeichern gering. Dieser wird unter anderem auf dem Typenschild des Gerätes angegeben (Bild 3). Durchfluss-TWE sind deshalb nur bedingt für die gleichzeitige Warmwasserentnahme (simultaneous hot water tapping) mehrerer Zapfstellen (tapping points) geeignet.

```
DEL 21 SL    Nr.:189785-8172-010177
0,4 l   Cu   1MPa (10 bar)   10,5 l/min
21 kW   3/PE ~ 400 V   50 Hz   31 A
p15 ≥ 900 Ωcm
IP25  ☒    IP24 ☐         PA-IX 6734/l

Schutzleiteranschluss erforderlich!
Device must be earthed!
```

3 Typenschild eines Durchfluss-Trinkwassererwärmers

Die PWC-Erwärmung erfolgt entweder durch Durchfluss-TWE mit Rohrheizkörper- oder Blankdraht-Heizsystem (Bilder 1 und 2, nächste Seite), sowie vgl. Kap. 3.4.2 und 3.4.3).

Je nach ihrer Funktionsausstattung (functional configuration) lassen sich elektrische Durchfluss-TWE folgendermaßen unterteilen:
- hydraulisch gesteuerte (vgl. Kap. 3.4.4),
- elektronisch gesteuerte/geregelte (vgl. Kap. 3.4.5).

Der elektrische Schaltvorgang (switching operation) wird bei **allen** Bauarten beim Öffnen der angeschlossenen Warmwasserarmatur über einen Strömungsschalter (Venturidüse) ausgelöst (vgl. Kap. 3.4.1).

Lernfeld 9

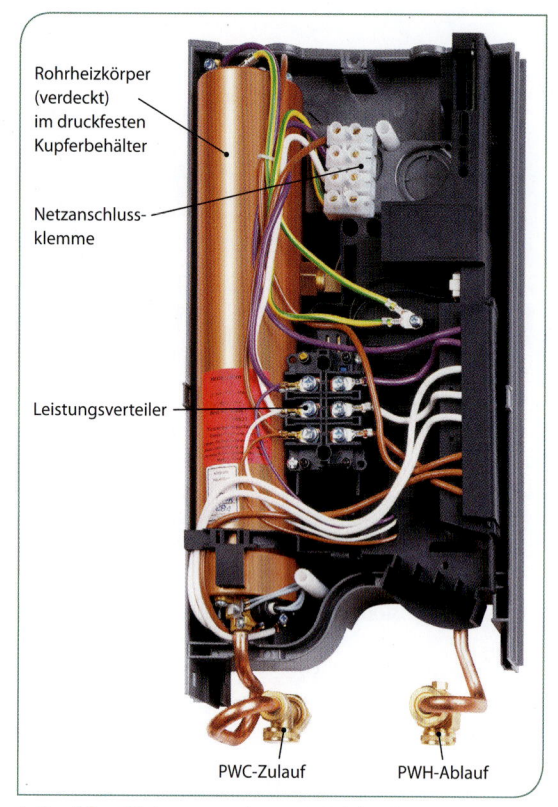

3 Trinkwassererwärmung durch elektrisch betriebene Anlagen

3.4.1 Strömungsschalter (Venturidüse)

Das Prinzip der Venturidüse beruht auf einer Abnahme des statischen Fließdruckes (static flow pressure) in einem verengten Rohrabschnitt (vgl. Fachkenntnisse 1, S. 19). Fließt kein Wasser, ist der statische Ruhedruck (static pressure) in allen wasserführenden Bereichen gleich (Bild 3). Beginnt der Zapfvorgang (water tapping), verringert sich der statische Druckanteil in der Kammer unterhalb der Membran. In der oberen bleibt der Druck gleich und somit bewegt sich die Membran durch die Druckdifferenz (pressure difference) mit dem angeschlossenen Schaltwerk (attached switchgear) nach unten. Die elektrischen Kontakte berühren sich, der Stromkreis ist geschlossen und das Heizsystem kann das durchfließende Trinkkaltwasser erwärmen (Bild 4).

Bei allen **hydraulisch gesteuerten TWE** (hydraulically guided water heater) wird durch diesen Vorgang
a) das Heizsystem eingeschaltet und
b) die Warmwassertemperatur beeinflusst (vgl. Kap. 3.4.3).

Bei den **elektronischen Durchfluss-TWE** (instantaneous electronic water heater) wird durch diesen Vorgang nur das Heizsystem eingeschaltet. Die Regelung der Warmwassertemperatur erfolgt elektronisch (vgl. Kap. 3.4.4).

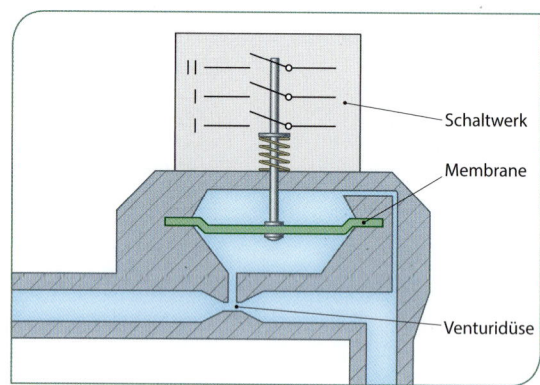

1 Durchfluss-Trinkwassererwärmer mit Rohrheizkörper-Heizsystem

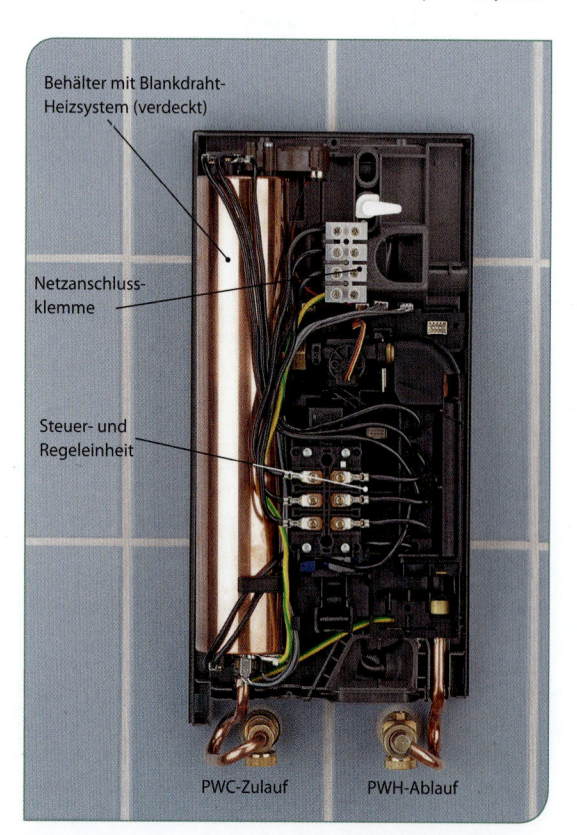

2 Durchfluss-Trinkwassererwärmer mit Blankdraht-Heizsystem

3 Strömungsschalter ausgeschaltet

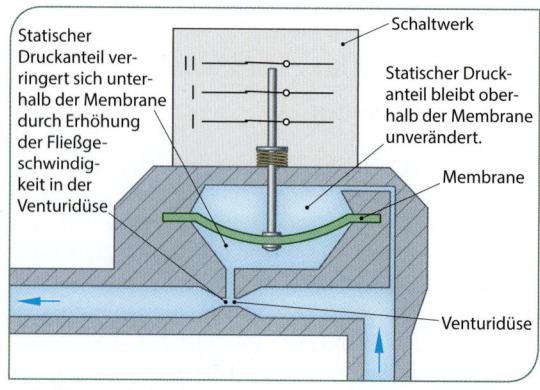

4 Strömungsschalter eingeschaltet

3 Trinkwassererwärmung durch elektrisch betriebene Anlagen

3.4.2 Rohrheizkörper-Heizsysteme

Es werden zwei Bauarten von Rohrheizkörper-Heizsystemen (tubular heating element systems) unterschieden:
- Erwärmung des Wassers in einem Behälter (Bild 1),
- Erwärmung des Wassers in wasserführenden Rohren (Bilder 2 und 3).

Folgende Merkmale haben sie gemeinsam:
- Sie benötigen geringere Fließdrücke für die Schaltungen (switching) der elektrischen Leistung als ein Blankdraht-Heizsystem (vgl. Kap. 3.4.3).
- Sie sind weniger empfindlich gegen „Trockenlauf" (dry running), da im Gegensatz zum Blankdraht-Heizsystem keine direkte Berührung der Heizdrähte mit Luftblasen möglich ist.
- Die Heizleistung kann sich durch Verkalkung entweder am Flanschheizkörper im Behälter oder an den wasserführenden Rohren verringern (Bilder 1, 2 und 3).

Rohrheizkörper-Heizsystem mit Wasserbehälter
Bei dieser Bauart ist der elektrische Rohrheizkörper in einem kleinen druckfesten Behälter integriert (Volumen ca. 3 l). Während des Zapfens fließt das Trinkkaltwasser durch diesen Behälter und wird von dem elektrischen Rohrheizkörper erwärmt (Bild 1).

Rohrheizkörper-Heizsystem mit wasserführenden Rohren (water conducting tubes)
Bei dieser Bauart sind die wasserführenden Kupferrohre parallel an die isolierten Kupferrohre mit stromführenden Heizdrähten angelötet (Bilder 2 und 3).

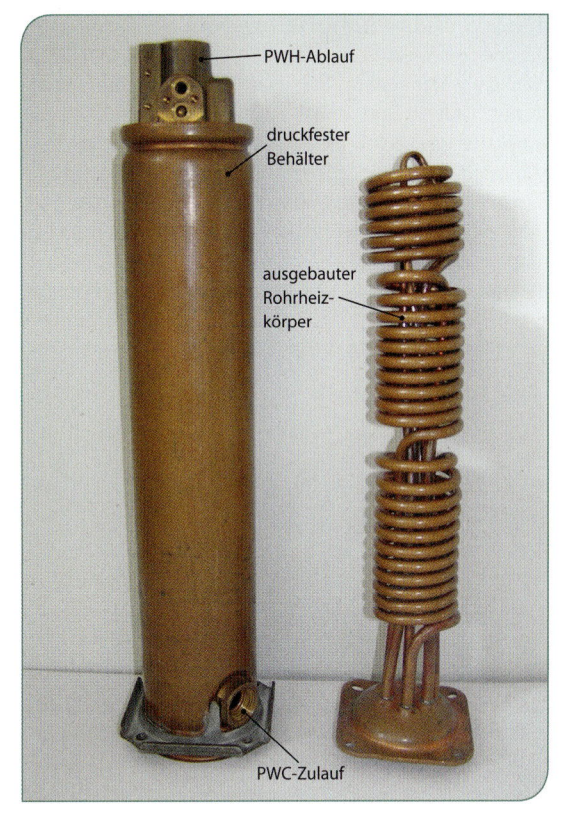

1 Rohrheizkörper-Heizsystem mit Wasserbehälter

2 Rohrheizkörper-Heizsystem ohne Wasserbehälter

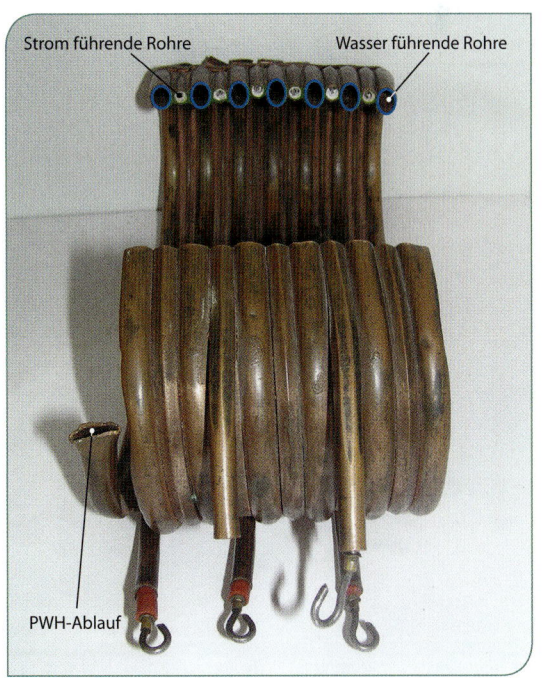

3 Schnittdarstellung

3 Trinkwassererwärmung durch elektrisch betriebene Anlagen

3.4.3 Blankdraht-Heizsystem

Die meisten elektrischen Durchfluss-TWE sind mit einem Blankdraht-Heizsystem (bare-wire heating system) ausgestattet (Bilder 1 und 2). Bei diesem Heizsystem fließt das Trinkkaltwasser durch die Bohrungen eines Keramik- bzw. Kunststoff-Isolierblocks (Heizblock), in denen sich auch die Strom führenden Blankdrähte befinden (Bild 1). Dadurch besteht ein direkter Kontakt zwischen den nicht isolierten Leitungen und dem Trinkkaltwasser wodurch eine Wärmeübertragung ohne nennenswerte Verluste gewährleistet ist.

1 Keramik-Isolier- bzw. Heizblock mit Blankdrähten sowie Vor- und Nachlauföffnungen

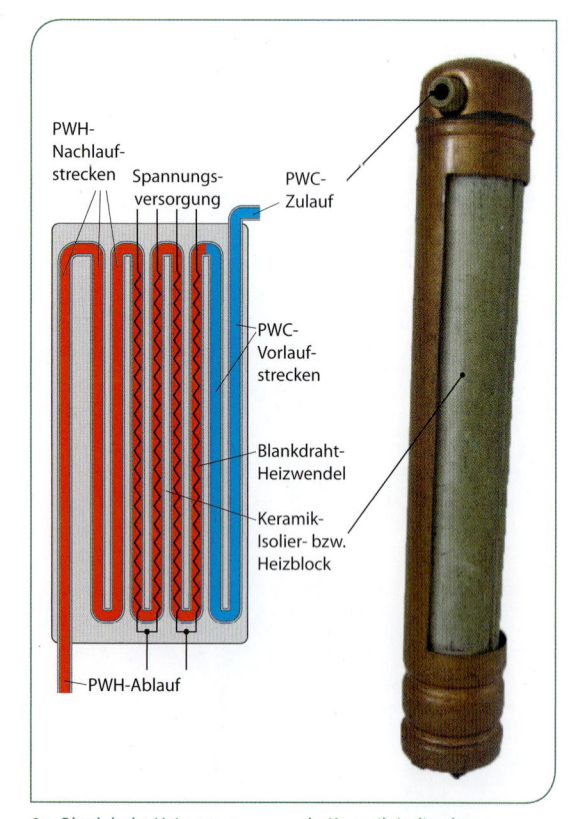

Das Blankdraht-Heizsystem hat folgende Vorteile:
- geringe Wärmeübertragungsverluste (heat transfer losses) durch den direkten Übergang der elektrischen Wärme an das Medium Wasser,
- keine Verkalkung, da mögliche Kalkablagerungen (limescales) bei jedem Aufheizen der Drähte durch die Längendehnung (linear expansion) abplatzen und bei der Wasserentnahme ausgespült werden.

Gegenüber Rohrheizkörper-Heizsystemen bestehen folgende Nachteile:
- Es werden höhere Fließdrücke für die elektrischen Schaltvorgänge durch den Strömungsschalter (flow switch) benötigt, da durch den Blankdraht in den engen Röhren dem durchfließenden Wasser ein größerer Widerstand entgegengesetzt wird.
- Die Geräte sind beim Aufheizen sehr empfindlich gegen Luftblasen auf der Oberfläche des elektrischen Blankdrahtes, da dort die Wärme nicht schnell genug abgeführt wird, so dass der Draht „durchbrennen" (blow/fuse) kann (Trockenganggefahr). Deshalb muss vor dem Einschalten des elektrischen Stroms das Gerät luftblasenfrei (free from air bubbles) mit Wasser gefüllt werden (vgl. Kap. 3.5). Geräte mit „Lufterkennung" (air detection) schalten sofort ab (vgl. Kap. 3.4.5.).

Da Wasser elektrisch leitend ist, muss jedes Blankdrahtgerät neben den Strecken für die stromführenden Blankdrähte zusätzlich Vorlauf- und Nachlaufstrecken (start-up and run-out trails) haben (Bild 2a). Durch den großen elektrischen Widerstand des Wassers ist normalerweise am PWC-Zu- und PWH-Auslauf keine elektrische Spannung mehr zu messen.
Trotzdem muss sich der Anlagenmechaniker-SHK vor dem Einbau eines solchen Gerätes bei dem zuständigen Wasserversorgungsunternehmen genau über die **elektrische Leitfähigkeit bzw. dem spezifischen Widerstand**[1] (electric conductivity/specific resistivity) des Trinkkaltwassers informieren und mit den Herstellerangaben vergleichen (Bild 3). Liegen die Werte des Trinkkaltwassers unter den zulässigen des Durchfluss-TWE mit Blankdraht-Heizsystem (vgl. auch Typenschild Kap. 3.4), muss er ein anderes Heizsystem wählen (z. B. Rohrheizkörper, vgl. Kap. 3.4.2).

Zulässige elektrische Leitfähigkeit bzw. zulässiger spezifischer Widerstand für Einsatzbereiche in unterschiedlichen Wässern (Auszug)	Normalangabe bei 15 °C
elektr. Leitfähigkeit $\frac{mS}{m}$	111
spez. Widerstand $\frac{\Omega}{cm}$	900
elektr. Leitfähigkeit $\frac{mS}{m}$	91
spez. Widerstand $\frac{\Omega}{cm}$	1100
elektr. Leitfähigkeit $\frac{mS}{m}$	77
spez. Widerstand $\frac{\Omega}{cm}$	1300

3 Elektrische Leitfähigkeit und spez. Widerstand von Wässern

2a Blankdraht-Heizsystem   b Keramik-Isolier- bzw. Heizblock

---

[1] Die SI-Einheit der elektrischen Leitfähigkeit σ (griechisch: sigma) ist $\frac{S}{m}$ (Siemens pro Meter), die des spezifischen Widerstands ρ (griechisch: rho) ist $\frac{\Omega}{m}$ (Ohm pro Meter).

3 Trinkwassererwärmung durch elektrisch betriebene Anlagen

3.4.4 Hydraulisch gesteuerter Durchfluss-Trinkwassererwärmer

Es werden meist hydraulisch gesteuerte Durchfluss-TWE mit Blankdraht-Heizsystem installiert. Sie sind relativ preisgünstig und werden häufig dort eingesetzt, wo es nicht unbedingt auf eine gradgenaue (accurate to degree) Warmwassertemperatur ankommt, wie z. B. Küchenspüle und Waschbecken. Alle Geräte sind mit einem Sicherheitstemperaturbegrenzer (STB) (safety temperature limiter) gegen unzulässige Überhitzung ausgestattet.

Die Warmwassertemperatur ist abhängig von der gewählten Schalterstellung und der gezapften Wassermenge. Bei ausreichendem Einschaltfließdruck (switch-on flow pressure) stehen bei einem Durchfluss-TWE mit z. B. 21 kW folgende Heizleistungen und Temperaturstufen zur Verfügung (Bild 1):

- Schalterstellung 1 manuell: nur Stufe 1 mit 10,5 kW und ca. 38 °C PWC-Temperatur,
- Schalterstellung 2 manuell: zunächst wie Stufe 1, dann bei größerem Volumenstrom automatisch Stufe 2 mit 21 kW und ca. 60 °C PWC-Temperatur.

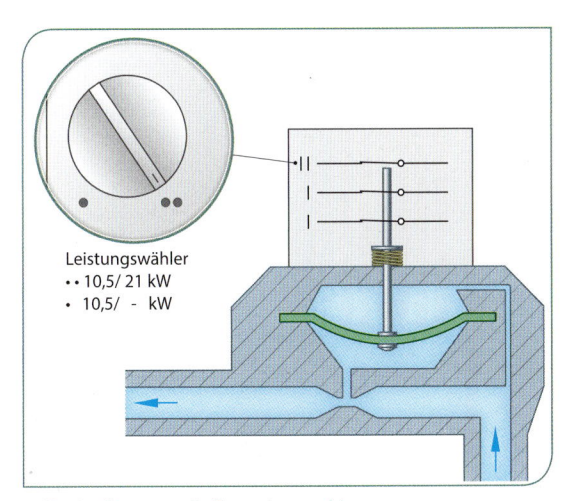

1 Zweistufige manuelle Temperaturwahl

Bei einigen Komfortgeräten (comfort appliances) erfolgt innerhalb der manuell wählbaren Schalterstellungen 1 und 2 eine zusätzliche automatische Leistungsanpassung (power adjustment). In Abhängigkeit vom Volumenstrom schaltet die hydraulische Steuerung entweder in die niedrigere oder höhere Heizleistungsstufe (heating power level).
Bei einem Durchfluss-TWE mit z. B. 21 kW stehen folgende Heizleistungen zur Verfügung:

- Schalterstellung 1: 7,4 kW oder 16,8 kW,
- Schalterstellung 2: 10,8 kW oder 21 kW.

Trotz eingestellter Warmwassertemperatur könnte es, z. B. beim Duschen, zu Temperaturänderungen durch Druckschwankungen (pressure variations)
- im Versorgungsnetz oder
- durch zusätzliche Wasserentnahmen (z. B. Spüle, WC) kommen.

Im ungünstigen Fall kann es durch den Druckabfall (pressure-drop) entweder zum Ausschalten des Gerätes (bei Schalterstellung 1) oder bei Schalterstellung 2 zur automatischen Umschaltung von Temperaturstufe 2 (60 °C) auf die Temperaturstufe 1 (38 °C) kommen. Um dieses zu vermeiden, gibt es Geräte, die mit einem Steuerventil (control valve) die erwähnten Auswirkungen von Druckschwankungen teilweise kompensieren.

Bei zu hohen Volumenströmen im PWC-Anschluss kann es vorkommen, dass der Durchfluss-TWE bei maximaler Heizleistung die höchste PWH-Auslauftemperatur von ca. 60 °C nicht erreicht. Für diesen Fall stehen vom Hersteller unterschiedliche Volumenstrombegrenzer (Durchflussbegrenzer) (volume flow limiter) zur Verfügung (Bild 2).

> **MERKE**
>
> Sollte die Heizleistung für die maximale PWH-Temperatur von ca. 60 °C bei voll geöffnetem PWH-Auslaufventil nicht ausreichen, muss in den PWC-Zulauf ein Volumenstrombegrenzer installiert werden. Die Installation wird vom Anlagenmechaniker-SHK vorgenommen.

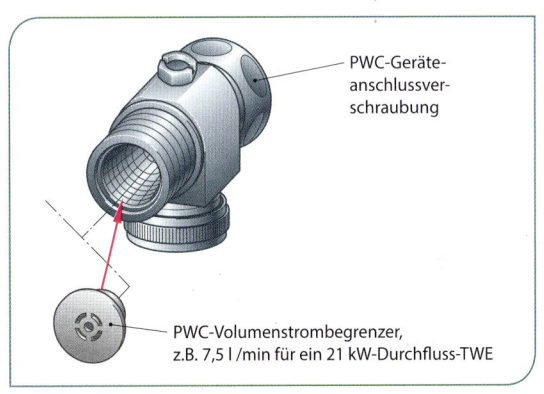

2 PWC-Anschlussventil mit Volumenstrombegrenzer

3.4.5 Elektronisch gesteuerte und geregelte Durchfluss-Trinkwassererwärmer

Gesteuerte Durchfluss-TWE

Je nach Funktionsumfang (range of functions) werden zwei Ausführungsarten angeboten, die sich im Wesentlichen durch die Temperaturwahl unterscheiden:

- dreistufige Schalterstellung (three-stage switch setting) für manuelle Temperaturvorwahl, wie z. B. 35 °C (Waschtisch), 45 °C (Duschanlage) und 55 °C (Küchenspüle) mit automatischer Leistungsanpassung in Abhängigkeit des gezapften Volumenstroms (Bild 1a, nächste Seite),
- stufenlose Temperaturwahl (non-scaling temperature selection) durch z. B. Temperaturskala 1 bis 7 von 30 °C bis 60 °C mit automatischer Leistungsanpassung in Abhängigkeit des gezapften Volumenstroms (Bild 1b, nächste Seite).

3 Trinkwassererwärmung durch elektrisch betriebene Anlagen

Die individuelle Temperatureinstellung (temperature setting) erfolgt in beiden Fällen durch die Zumischung von Trinkkaltwasser.

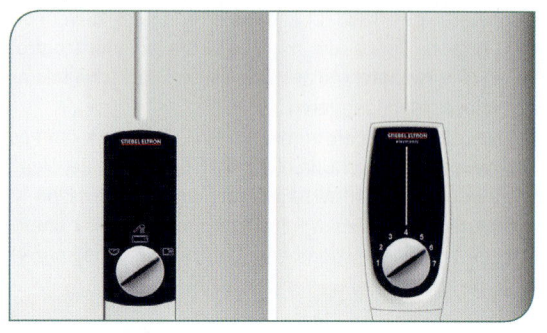

1 a Dreistufige manuelle Temperaturwahl

1 b Stufenlose manuelle Temperaturwahl

Die eingestellte Warmwassertemperatur wird elektronisch folgendermaßen gesteuert (Bild 2):
- Messung des PWC-Volumenstroms,
- Messung der PWC-Temperatur,
- Messung von PWC-Druckschwankungen.

Auf der Grundlage dieser gemessenen Werte wird die eingestellte Warmwassertemperatur bis zur Leistungsgrenze (maximum capacity) des Gerätes gehalten. Reicht die Heizleistung nicht aus, muss auch hier ein PWC-Volumenstrombegrenzer in die PWC-Zulaufleitung installiert werden (vgl. Kap. 3.4.4).

Alle elektronischen Geräte verfügen außerdem über einen Temperatur- oder Druckwächter (Bild 2), damit bei Trockengang die Blankdrähte durch Überhitzung nicht zerstört werden. Da sich Luft im Vergleich zu Wasser bei Erwärmung stark ausdehnt, führt z. B. beim Druckwächter der gemessene unzulässige Druckanstieg (inadmissible pressure increase) zum sofortigen Ausschalten des Gerätes. Nach einer Minute Wartezeit schaltet das Gerät automatisch wieder ein. Befindet sich bei der Inbetriebnahme ausschließlich Luft im Gerät, wird der Heizkörper über eine zusätzliche Sicherheitselektronik (electronic guard) ganz ausgeschaltet.

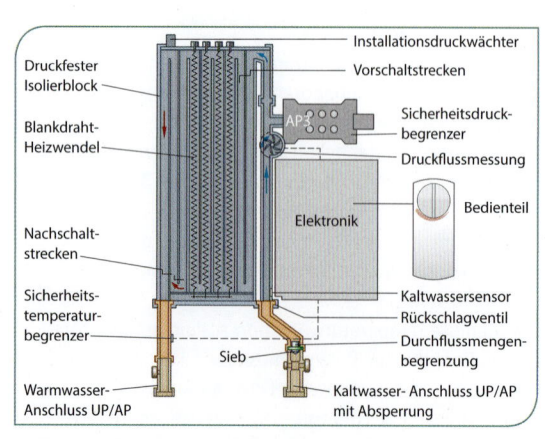

2 Elektronisch gesteuerter DWE mit Druckwächter

Geregelte Durchfluss-TWE

Elektronisch geregelte Durchfluss-TWE (electronically controlled instantaneous water heaters) haben zur Leistungsanpassung zusätzlich einen Temperaturfühler (temperature sensor) am Warmwasserauslauf (Bild 3). Dadurch ist eine exakte Messung der Temperaturdifferenz zwischen Trinkkalt- und Trinkwarmwasser möglich. Die PWH-Isttemperatur wird ständig mit der eingestellten PWH-Solltemperatur verglichen und wenn nötig bis zur maximalen Leistungsgrenze angepasst. Auch Spannungsschwankungen (voltage swings) werden erfasst.

Sollte die elektrische Leistung für die eingestellte PWH-Solltemperatur bei voll geöffneter Warmwasser-Entnahmearmatur nicht ausreichen, reduziert ein motorbetriebenes Volumenstrom-Begrenzungsventil (motor-driven flow limiting valve) die Kaltwasserzulaufmenge (Bild 3, Pos.1).

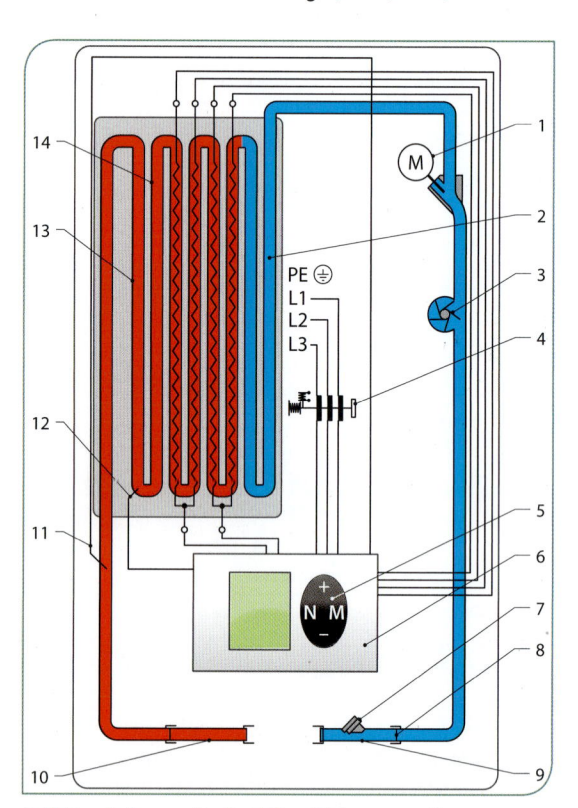

3 Elektronisch geregelter Durchfluss-Trinkwassererwärmer

1	Stellmotor	8	Wassersieb
2	PWC-Vorlaufstrecke	9	PWC-Anschlussstück
3	Flügelrad	10	PWH-Anschlussstück
4	Sicherheitsschalter	11	Sicherheitstemperaturbegrenzer
5	Temperaturwähler mit Display	12	Auslauftemperaturfühler
6	Leistungs- und Regelungselektronik (mit von vorn zugänglichen Messpunkten	13	Heizblock mit Blankdraht-Heizwendeln
7	PWC-Absperrventil	14	PWH-Nachlaufstrecke

3 Trinkwassererwärmung durch elektrisch betriebene Anlagen

Weitere Ausstattungsmerkmale sind z. B. ein einstellbarer Verbrühschutz (adjustable scalding guard) mit einer Temperatur von 43 °C sowie die stufenlose Temperaturwahl mit einer Anzeigengenauigkeit (display accuracy) in 1 °C-Schritten. Die Einstellung des Verbrühungsschutzes muss durch den Anlagenmechaniker-SHK nach den Herstellerangaben vorgenommen werden.

In der Komfort-Ausstattung werden z. B. noch zusätzliche Funktionen angeboten, wie (Bild 1):

- stufenlose digitale Temperaturwahl von 20 °C bis 60 °C und Anzeigengenauigkeit in 0,5 °C-Schritten,
- schnelle Temperaturwahl mit Speichertasten (memorize/save key),
- Multifunktionsdisplay (multifunctional display),
- Anzeige der Verbrühschutztemperatur,
- wasserdichte Funkfernbedienung (waterproof teleguidance) mit mehreren Speicherplätzen (Bild 2),
- elektrische Leistungsanpassung an vorhandene Kabelquerschnitte und Absicherungen (safeguardings) durch Leistungsreduzierung (z. B. Absenkung von 24 kW auf 21 kW).

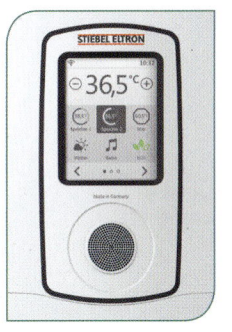

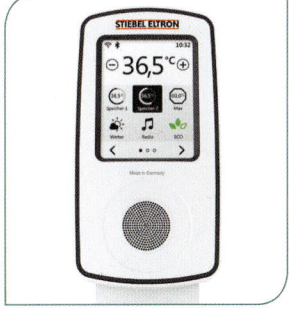

1 Komfort-Bedienteil

2 Wasserdichte Funkfernbedienung

3.4.6 Mini-Durchflusstrinkwassererwärmer

Mini-Durchfluss TWE (handwash oversink water heaters) eignen sich für die Warmwasserversorgung eines Handwaschbeckens (Bild 3). Es gibt sie als offene (drucklose) und geschlossene (druckfeste) Bauarten. Sie sind mit einem Blankdraht-Heizsystem ausgestattet und für kalkhaltiges Wasser geeignet.

Sie können hydraulisch oder elektronisch gesteuert sein. Ihre elektrischen Leistungen liegen je nach Bauart zwischen 3,5 kW und 5,7 kW bei 230 V, ihre Warmwasservolumenströme bei einer Temperaturerhöhung um 25 °C (z. B. 15 °C auf 40 °C) zwischen ca. 2 l/min und 3,3 l/min.

3.4.7 Installation und Erstinbetriebnahme

Installation

Alle Geräte zur elektrischen Trinkwassererwärmung eignen sich für die Unterputz-(UP) und Aufputz-(AP) Installation (flush or surface mounting). Der Montageort muss frostfrei und in der Nähe der Entnahmestellen sein. Es sind die Schutzbereiche (vgl. Fachkenntnisse 1, LF 8 Kap. 3.1) und Schutzarten (vgl. Grundkenntnisse, LF 4 Kap. 3.6) nach VDE 0100-701 zu beachten. Durchfluss-Trinkwassererwärmer werden mit einem festen elektrischen Anschluss installiert. Die vorgeschriebenen Kabelquerschnitte und Absicherungen sind einzuhalten (vgl. Kap. 3.1.2).

Um die Montage bzw. den Austausch zu vereinfachen, sind bei einigen Herstellern die Wasseranschlüsse mit Steckkupplungen (push fit couplings) versehen (Bild 4). Weiterhin ist bei Neuinstallationen und Gerätetausch darauf zu achten, dass in das PWC-Anschlussventil ein Schmutzsieb (strainer) eingesetzt wird (Bild 5).

Die Installation des Durchfluss-TWE erfolgt nach Herstellerangaben.

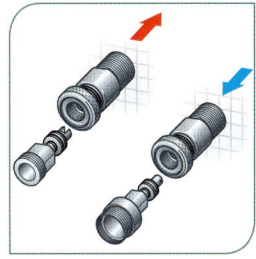

4 Steckkupplungen für die Wasseranschlüsse

5 Schmutzsieb für das PWC-Anschlussventil

> **PRAXISHINWEIS**
>
> Die Elektroinstallation muss immer **nach** der Wasserinstallation durchgeführt werden.

Erstinbetriebnahme

Die Erstinbetriebnahme (first start-up) darf nur durch den Anlagenmechaniker-SHK unter Beachtung aller Sicherheitsvorschriften (safety rules/instructions) erfolgen. Auch wenn einige Geräte mit einem Sicherheits-Druckbegrenzer gegen Trockenganggefahr ausgerüstet sind, müssen die Geräte möglichst luftblasenfrei befüllt und wenn nötig, vollständig entlüftet werden. Im folgenden Bild 1, nächste Seite sind die Schritte der Erstinbetriebnahme beispielhaft abgebildet.

3 Mini-Durchfluss TWE

3 Trinkwassererwärmung durch elektrisch betriebene Anlagen

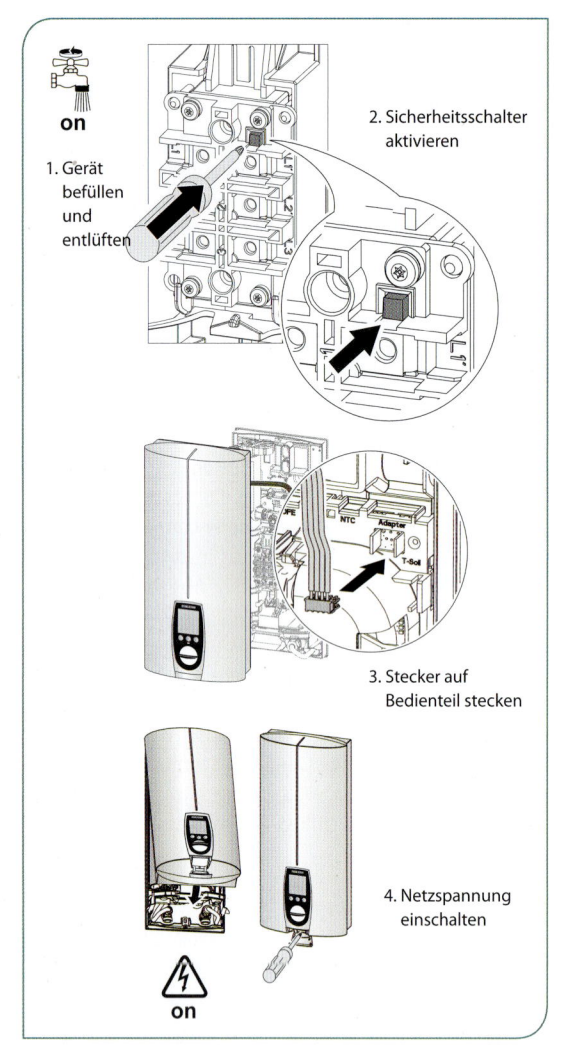

1 Erstinbetriebnahme eines Durchfluss-Trinkwassererwärmers

1. Gerät befüllen und entlüften
2. Sicherheitsschalter aktivieren
3. Stecker auf Bedienteil stecken
4. Netzspannung einschalten

Störung (Problem)	Ursache (Cause)	Behebung (Remedial Action)
Zu geringer Durchfluss-Volumenstrom	Sieb im PWC-Anschlussventil ist verschmutzt	Sieb im PWC-Anschlussventil reinigen
Solltemperatur wird nicht erreicht, oder das Gerät heizt nicht	• Eine Phase fehlt • Sicherung hat ausgelöst	Überprüfung der Sicherung in der Hausinstallation.
Gerät heizt nicht	Lufteinschlüsse im Wasser, der Sicherheits-Druckbegrenzer hat das Gerät abgeschaltet	Gerät geht nach einer Minute wieder in Betrieb. Bei Wiederholung Fehlerursache beheben.

2 Tabelle mit Beispielen von Störungen

Über einen Diagnosestecker (diagnostic plug) sind weitere Fehlererkennungen möglich. Im Wesentlichen werden folgende Baugruppen erfasst:
- Heizkörper,
- Sicherheitsdruckbegrenzer,
- Sicherheitstemperaturbegrenzer (STB),
- Volumenstromerfassung,
- PWC- und PWH-Sensor.

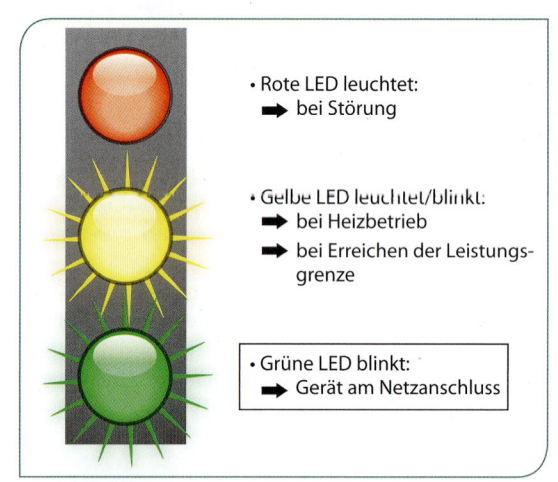

- Rote LED leuchtet:
  ➡ bei Störung
- Gelbe LED leuchtet/blinkt:
  ➡ bei Heizbetrieb
  ➡ bei Erreichen der Leistungsgrenze
- Grüne LED blinkt:
  ➡ Gerät am Netzanschluss

3 Diagnoseampel

MERKE

Durchfluss-Trinkwassererwärmer mit Lufterkennungssystem werden immer mit deaktiviertem Sicherheits-Druckbegrenzer vom Hersteller ausgeliefert.

3.4.8 Störungserkennung und -beseitigung

Einfache Störungen (failures/problems) können unter Umständen auch vom Betreiber erkannt bzw. beseitigt werden. Dazu gehören z. B. das Entfernen von Verkalkungen und Verschmutzungen in Perlatoren von Auslaufarmaturen und in Öffnungen von Duschköpfen. Im ungünstigsten Fall schaltet der Durchfluss-TWE nicht ein, da der Mindesteinschalt-Volumenstrom (minimum switch-on flow rate) für den hydraulischen Strömungsschalter nicht erreicht wird.
Die folgenden Störungen sollten vom Anlagenmechaniker-SHK beseitigt werden, da diverse Sicherheitsvorschriften beachtet werden müssen (Bild 2).

Eine Diagnoseampel (diagnostic control signals) zeigt die entsprechenden Zustände an (Bild 3).

Durch unterschiedliche Anzeigenkombinationen (display modes) können verschiedene Störungen optisch angezeigt werden, z. B.: grün blinkt, gelb Dauerlicht = das Heizsystem ist defekt.
Bei Geräten ohne Diagnosestecker kann dieser Defekt auch mittels einer Widerstandsmessung erfasst werden (vgl. Kap. 3.3.4).

3.5 Umweltverträglichkeit und Recycling

Um eine sortenreine Wiedereingliederung (sorted recycling) der Rohstoffe in den Materialkreislauf (material cycle) zu ermöglichen, sind alle Geräteteile von den Herstellern mit Recycling-Symbolen gekennzeichnet, wie z. B. der Kunststoff-Warmwasserbehälter eines drucklosen Kleinspeichers aus PP (Bild 1).

Die Geräte sind demontagegerecht konzipiert (designed to be dismantled easily), so dass Warmwasserbehälter, ihre Polystyrol-Hartschaum-Wärmedämmungen, Gehäuse, Heizkörper und elektrischen Bauteile problemlos getrennt werden können.

1 Recyclingsymbol von Polypropylen (PP)

ÜBUNGEN

Allgemeine Grundlagen bis Störungssuche

1. Nennen Sie fünf Vorteile der elektrischen Trinkwassererwärmung.
2. Wo sind elektrische Trinkwassererwärmer häufig vorzufinden?
3. Welche Gerätearten der elektrischen Trinkwassererwärmung werden unterschieden?
4. a) Nennen Sie den Querschnitt der elektrischen Leitungen für den Anschluss eines Durchfluss-Trinkwassererwärmers mit einer Leistung von 21 kW.
   b) Wie groß muss seine Überstrom-Schutzeinrichtung sein (Sicherung)?
5. Für welche Betriebsarten können Rohrheizkörper von elektrischen Speicher-Trinkwassererwärmern ausgelegt sein?
6. Wodurch ist es möglich, dass bestimmte elektrische Rohrheizkörper von Speicher TWE den Niedrigtarif des EVU nutzen können?
7. Was bedeutet „Boilerbetriebsweise"?
8. Welche drei Arten von offenen Speichern werden unterschieden?
9. Welche sicherheitstechnische Ausrüstung ist für offene Speicher mit einem Behälternutzvolumen von V ≤ 10 l und V > 10 l vorgeschrieben?
10. Warum muss ein Kochendwassergerät im Gegensatz zum Speicher gegebenenfalls vor der Benutzung immer mit Wasser befüllt werden?
11. Nennen Sie sechs Merkmale eines Kochendwassergerätes.
12. Nennen Sie die drei hauptsächlichsten Einsatzgebiete von offenen Kleinspeichern.
13. Was ist das besondere Merkmal der speziellen Armatur von offenen Speicher-TWE?
14. Beschreiben Sie ausführlich den Vorgang der Warmwasserentnahme beim offenen Speicher-TWE
15. Warum ist das zeitweise Tropfen der Armatur eines offenen Speicher-TWE keine Störung?
16. a) Warum muss die Kaltwasserzulaufmenge in den Speicherbehälter eines offenen TWE der Warmwasserauslaufmenge angepasst werden?
    b) Wie wird diese Anpassung vorgenommen?
17. Nennen Sie fünf Punkte, die beachtet werden müssen, um ein unzulässigen Druckanstieg im Speicherbehälter eines offenen TWE zu vermeiden.
18. Wann muss ein offener Speicher-TWE über eine Belüftung verfügen?
19. Nennen Sie drei Vorteile eines geschlossenen Speicher-TWE (Druckspeicher).
20. Wodurch wird die Größe des Druckspeichers bestimmt?
21. Was ist eine Sicherheitsgruppe?
22. Aus welchen Bauteilen besteht die Sicherheitsgruppe eines geschlossenen Kleinspeichers?
23. Nennen Sie sechs Ausstattungsmerkmale von geschlossenen Wandspeichern.
24. Beschreiben Sie die Arbeitsweise eines geschlossenen Durchflussspeichers.

ÜBUNGEN

Durchfluss-Trinkwassererwärmer bis Umweltverträglichkeit und Recycling

1. Warum liefern Durchfluss-TWE immer „frisches" Wasser?
2. In welche drei Hauptgruppen lassen sich elektrische Trinkwassererwärmer unterscheiden?
3. Beschreiben ausführlich den Vorgang der hydraulischen Schaltung.
4. Beschreiben Sie das Heizprinzip eines elektrischen Blankdraht-Heizkörpers.
5. Nennen sie je zwei Vor- und Nachteile des Blankdraht-Heizkörpers.
6. Warum muss ein Blankdraht-Heizsystem eine Vorschalt- und eine Nachschaltstrecke haben?
7. Warum muss der Anlagenmechaniker-SHK vor dem Einbau eines elektrischen Durchfluss-TWE mit Blankdraht-Heizsystem Kenntnis über die elektrische Leitfähigkeit des Trinkkaltwassers haben?
8. Was sind die wesentlichen Unterschiede der beiden Rohrheizkörper-Heizsysteme bei der Erwärmung des Trinkkaltwassers?
9. Nennen Sie vier gemeinsame Merkmale der beiden Rohrheizkörper-Heizsysteme.
10. Beschreiben Sie ausführlich die verschiedenen Temperaturschaltungen beim hydraulischen Durchfluss-TWE.
11. Wie können bei bestimmten hydraulischen Durchfluss-TWE Druckschwankungen in der Trinkkaltwasserzulaufleitung ausgeglichen werden?
12. Beschreiben Sie ausführlich die Funktionsweise des Druckwächters bei Durchfluss-TWE mit BlankdrahtHeizsystem.
13. Was ist der wesentliche Unterschied zwischen einem gesteuerten und einem geregelten elektronischen Durchfluss-TWE?
14. Wann muss bei einem Durchfluss-TWE ein Volumenstrombegrenzer in die PWC-Zulaufleitung eingesetzt werden?
15. Für welchen Einsatz eignen sich Mini-Durchfluss-TWE?
16. Wann darf bei der Inbetriebnahme eines elektrischen Durchfluss-TWE die Netzspannung eingeschaltet werden?
17. Nennen Sie zwei Fehlermöglichkeiten, wenn ein offener Speicher-TWE kein Trinkwarmwasser mehr liefert.

Berechnungsübungen

1. Ein Durchfluss-TWE hat eine elektrische Leistung von 21 kW. Die Betriebsdauer während eines Duschvorganges beträgt acht Minuten.
   Berechnen Sie den Energieverbrauch in Kilowattstunden (kWh).

2. Wie viele Liter Trinkwarmwasser mit einer Temperatur von 55 °C liefert ein Durchfluss-TWE mit 21 kW Leistung in sechs Minuten, wenn die PWC-Einlauftemperatur 10 °C beträgt. Der Gerätewirkungsgrad beträgt 90 %.

3. Der elektrische 60-Liter-Druckspeicher eines Badezimmers hat einen Anschlusswert von 6 kW und einen Wirkungsgrad von 88 %. Wie groß ist die Wartezeit zwischen zwei Füllungen, wenn das Gerät Wasser von 10 °C auf 60 °C erwärmt?

4. Ein Durchfluss-TWE mit einer Leistung von 27 kW und einem Wirkungsgrad von 94 % erwärmt Trinkkaltwasser von 8 °C auf 45 °C.
   a) Wie viele Liter Trinkwarmwasser werden bei einem Duschvorgang von 12 Minuten verbraucht?
   b) Wie groß ist der Energieverbrauch in kWh?
   c) Wie hoch sind die Gesamtkosten bei einem Strompreis von 0,26 €/kWh und einem Wasserpreis von 3,80 €/m³?

5. Wie hoch sind die Kosten für ein Wannenbad bei folgenden Annahmen:

   - Trinkwarmwassermenge: 120 Liter
   - PWC-Temperatur: 12 °C
   - PWH-Temperatur: 39 °C
   - Gerätewirkungsgrad: 92 %
   - Strompreis: 28 €/kWh
   - Wasserpreis: 4,20 €/m³

   Hinweis:
   Die Berechnungsübungen sind unter zur Hilfenahme von Tabellenbüchern zu lösen.

4 Trinkwassererwärmung durch Gasgeräte – direkt beheizt

4.1 Speicher-Trinkwassererwärmer (VWH)

Gas-Speicher-Trinkwassererwärmer (unvented gas storage heaters) – in den TRGI **Vorratswasserheizer (VWH)** genannt – werden dort eingesetzt, wo regelmäßig größere Mengen erwärmtes Trinkwasser zur Verfügung stehen müssen, z. B. in Sportheimen, Gaststätten, Hotels, aber auch im Wohnungsbau (Bild 1). Sie halten erwärmtes Trinkwasser auf Vorrat und liefern bei Bedarf große Volumenströme mit hoher Temperatur.

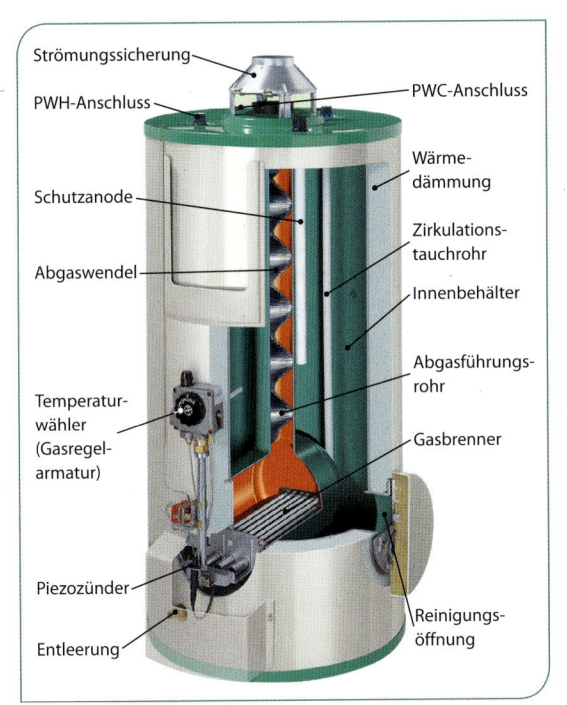

1 Gas-Speicher-Trinkwassererwärmer

Gas-Speicher-Trinkwassererwärmer sind sowohl für druckfeste als auch für drucklose Installation geeignet. Bei der Aufstellung ist zu beachten, dass Gas-Speicher-Trinkwassererwärmer zu den raumluftabhängigen Gasgeräten (Art B) (open flued gas appliances) gehören. Aufgrund der eingebauten Strömungssicherung (draught diverter) müssen neben dem Schutzziel 2 (protection objective/aim) auch das Schutzziel 1 erfüllt sein. Bei der Wahl des Aufstellortes ist darauf zu achten, dass die Verbrennungsluft frei von chemischen Stoffen ist, da diese im ungünstigen Fall zu Korrosion führen können.

Gegenüber geschlossenen indirekt beheizten (unvented indirectly heated storage heater) Speicher-Trinkwassererwärmern haben VWH den Vorteil, dass sie unabhängig von der Heizungsanlage sind. In den Sommermonaten kann folglich der Heizkessel abgeschaltet werden. Außerdem benötigen sie keinen Stromanschluss. Allerdings sind ihre Bereitschaftsverluste (stand-by losses) hoch, weil sie über die Strömungssicherung im Stillstand auskühlen.

Im Gegensatz zu elektrisch beheizten Speicher-TWE benötigen Gas-Speicher-Trinkwassererwärmer eine Abgasanlage, um die Abgase abzuführen. Da der Gas-Anschlusswert (connected gas flow rate) dieser Geräte relativ niedrig ist, sind die Aufheizzeiten entsprechend lang, aber ihr Einsatz auch bei schwach dimensionierten Gasleitungen möglich. Ihre Nennwärmeleistungen (nominal heat capacities) liegen je nach Speichergröße zwischen 6 kW und 9 kW und sind damit wesentlicher kleiner als die der Durchfluss-Trinkwassererwärmer (Bild 2).

Gas-Vorratswasserheizer (VWH)	130	160	190	220	
Nennwärmeleistung	6,13	7,25	8,20	8,60	kW
Nennwärmebelastung bezogen auf Heizwert H_i	6,80	8,00	9,00	9,50	kW
Nenninhalt V_S	130	160	188	220	l
Warmwasserleistungskennzahl[1]	1,0	1,5	1,8	2,5	N_L
Warmwasserdauerleistung	155	179	202	212	l/h
Anschlusswert bei					
Erdgas LL	0,84	0,98	1,11	1,17	$\frac{m^3}{h}$
Erdgas E	0,72	0,85	0,95	1,00	$\frac{m^3}{h}$
Flüssiggas B/P	0,53	0,63	0,70	0,95	$\frac{kg}{h}$
Anschlussdruck (Gasfließdruck) bei Erdgas	20				mbar
bei Flüssiggas	50				mbar
Gasanschluss	RP $\frac{1}{2}$				
Abgasmassenstrom	18	21	24	25	$\frac{kg}{h}$
Abgastemperatur	120	145	145	140	°C
Zugbedarf	0,05				mbar
Abgasanschluss	90				Ø mm
Wasseranschluss	R $\frac{3}{4}$				
Zulässiger Betriebsüberdruck	10				bar
Aufheizzeit für $\Delta\vartheta = 50$ K	72	79	77	83	min
Leergewicht	68	76	83	91	kg
Gesamtgewicht	198	236	271	311	kg

2 Speichergrößen

Der Speicherbehälter ist auf der Trinkwasserseite emailliert (enamelled) und mit einer Magnesiumanode zusätzlich gegen Korrosion geschützt.

Die Wärmeübertragung an das Trinkwasser erfolgt über die Brennkammer und das Abgasführungsrohr (primary flue). Durch Verwirbelung der Abgase in der Abgaswendel (flue baffle) wird eine gleichmäßigere Wärmeabgabe an die

---
[1] Berechnung Kap 10.1.1

4 Trinkwassererwärmung durch Gasgeräte – direkt beheizt

Oberfläche des Abgasrohres und eine bessere Wärmeübertragung an das Trinkwasser erreicht. Die Beheizung erfolgt durch einen atmosphärischen Gasbrenner. Das Gas wird über die Gasregelarmatur dem Ring- oder Tauchkanalbrenner (ring or immersion burner) zugeführt. Durch Drücken bzw. Drehen des Bedienungsknopfes und Betätigung des Piezozünders (piezoelectric ignitor) wird das Zündgas entzündet und das Gerät in Betrieb genommen. Bei Unterschreitung der eingestellten Solltemperatur, z. B. durch Trinkwasserentnahme, öffnet der Temperaturregler das Hauptgasventil und das dem Brenner zugeführte Gas wird durch die Zündflamme (pilot flame) gezündet. Nach dem Erreichen der eingestellten Trinkwarmwassertemperatur (max. 70 °C) schließt der Temperaturregler das Hauptgasventil. Bei Ausfall des Temperaturreglers unterbricht der eingebaute Temperaturbegrenzer (temperature limiter) die Beheizung bei max. 90 °C.

Neben herkömmlichen Gas-Vorratswasserheizern werden mittlerweile auch Gas-Vorratswasserheizer mit Brennwerttechnik (calorific value technique) sowie Ausführungen in Kombination mit Solarsystemen angeboten (Bild 1).
Diese gasbeheizten Speicher-Trinkwassererwärmer sind raumluftunabhängig (room sealed) und weisen ein automatisches Gas-/Luft-Vollvormischbrennersystem (fully premixing burner system) auf. Der modulierende Gasgebläsebrenner (modulating gas jet burner) befindet sich im oberen Bereich des Speichers.

1 Gas-Vorratswasserheizer mit Brennwerttechnik

4.2 Durchfluss-Trinkwassererwärmer (DWH)

Gas-Durchfluss-Trinkwassererwärmer (instantaneous gas hot water heater) – in den TRGI **Durchlaufwasserheizer (DWH)** genannt – sind direkt beheizte Gasgeräte der Art B und C. Die in den europäischen Nachbarländern installierten Kleinwasserheizer der Art A sind in Deutschland grundsätzlich auch einsetzbar, infolge der hier erhöhten Sicherheitsanforderungen (increased safety demands) werden sie als solche kaum eingebaut. Die DWH können sowohl für die dezentrale als auch für die zentrale Trinkwarmwasserversorgung (multipoint or centralised hot water supply) genutzt werden, d. h. sie sind als sog. „Direktzapfer" und/oder als „Fernzapfer" ausgelegt (Bild 2).

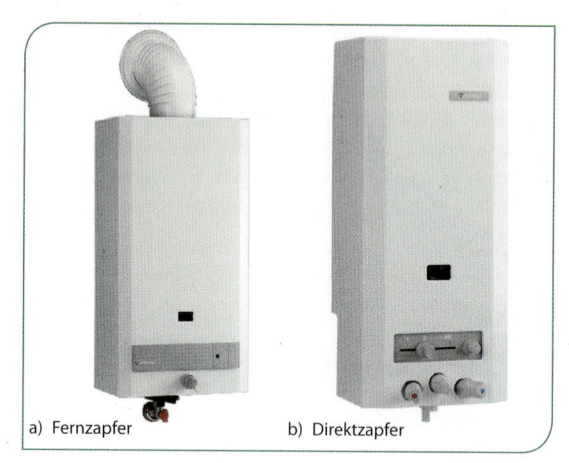

a) Fernzapfer b) Direktzapfer

2 Gas-Durchfluss-Trinkwassererwärmer

DWH der älteren Bauart sind als **temperaturgesteuerte** (temperature guided) oder in aufwändigerer Bauweise als **temperaturgeregelte Geräte** (temperature controlled appliances) gebaut worden. Sie arbeiten mechanisch, kommen ohne Fremdstrom aus und haben eine während der Betriebsbereitschaft (operational readiness) ständig brennende Zündflamme, die thermoelektrisch überwacht wird (vgl. LF 10, Kap. 2.2.3.2).
Neuere Generationen der DWH arbeiten mit einer Zündflamme, die kurz nach der Zündung des Hauptbrenners erlischt und damit ökonomischer sind als die alten Bauarten. Die Zündung erfolgt elektronisch mittels einer Hochspannung, die entweder von Batterien gespeist oder von einem Hydrogenerator erzeugt wird. Im Folgenden werden zwei neuere Geräteartikel beschrieben.

4.2.1 Temperaturgesteuertes Gasgerät
Zunächst soll am Beispiel eines temperaturgesteuerten Gasgerätes der Art B (Bild 1, Seite 108) die Funktion des Wasserschalters (bzw. Wassermangelventils) erklärt werden. Der Wasserschalter (pressure differential valve) ist ein zentrales Bauteil, das auch in älteren DWH vorhanden ist.

Arbeitsweise des Wasserschalters (Bild 3, nächste Seite):
Bei einem Zapfvorgang durchströmt das Trinkkaltwasser zunächst das Sieb (17), dann den Wassermengenregler (16) und schließlich in der rechten Membrankammer (diaphragm chamber) die Venturidüse (11). Durch den in der Verengung (contraction) entstandenen hohen dynamischen und den dadurch reduzierten statischen Druckanteil des strömenden Wassers entsteht über den Verbindungskanal (10) in der linken Membrankammer des Wasserschalters ein geringerer statischer Druck als in der rechten Membrankammer.

4 Trinkwassererwärmung durch Gasgeräte – direkt beheizt

Dadurch verschieben sich die Membrane (19) und der Membranteller (20) nach links und öffnen über einen Stößel (21) das waagerecht liegende Hauptgasventil (22). Ein am Verbindungskanal (10) positioniertes Langsamzündventil (9) sorgt mittels einer Kugel und zwei unterschiedlich großen Öffnungen im Kugelgehäuse (ball housing) (Bild 1 und Bilder 2 a–2 c) für ein langsames Öffnen des Hauptgasventils.

1 Einzelheit Langsamzündventil (9)

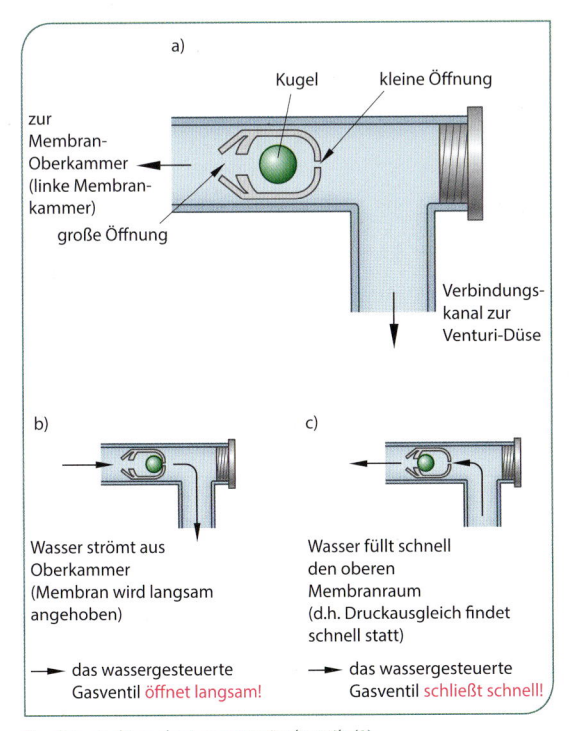

2 a Prinzipskizze des Langsamzündventils (9)
2 b Zapfvorgang
2 c Zapfvorgang beendet

In dieser Betriebsphase (operating stage) wird der Druckunterschied zwischen den beiden Membrankammern nur langsam aufgebaut. Dadurch ist ein langsames und damit relativ schadstoffarmes Überzünden (over-igniting) einer zunächst geringen Gasmenge am Hauptbrenner (5, Bild 1, nächste Seite) gewährleistet. Im Gegensatz dazu wird bei einem Schließvorgang des Zapfventils durch die Lageänderung der Kugel (Freigabe der größeren Öffnung) ein schneller Druckausgleich hergestellt, um das wassergesteuerte Hauptgasventil (18) schnell zu schließen. Dadurch erlischt die Flamme unverzüglich und es kommt zu keinem „Nachsieden" (re-boiling) des Wassers.

Ein Wassermengenregler (14) im Eingangsbereich (entry area) des Wasserschalters sorgt bei Druckschwankungen im Netz für einen weitestgehend konstanten Druck beim Wassereintritt in die rechte Membrankammer. Direkt darüber befindet sich der Eintritt zum ersten Bypass, der hinter der Venturidüse in den Austrittskanal (outlet channel) einmündet. Vor der Einmündung (junction) wird mittels eines Wassermengen- (bzw. auch Temperatur-) wählers (11) über eine veränderbare Wassermenge eine Änderung der Ausflusstemperatur ermöglicht.

In einem zweiten Bypass befindet sich ein Steuerkegel (13). Je nach Position des Membrantellers wird dieser Steuerkegel mehr oder weniger weit in den Bypassraum (by-pass area) verstellt und verändert damit den Bypassquerschnitt (by-pass cross section). Dadurch wird unabhängig vom gezapften Wasser-Volumenstrom eine relativ konstante Ausflusstemperatur des Trinkwarmwassers ermöglicht.

Der Gas-DWH benötigt eine Mindestdurchflusswassermenge (minimum rate of flow), um den Differenzdruck im Wasserschalter und damit das Öffnen des wassergesteuerten Hauptgasventils herstellen zu können.

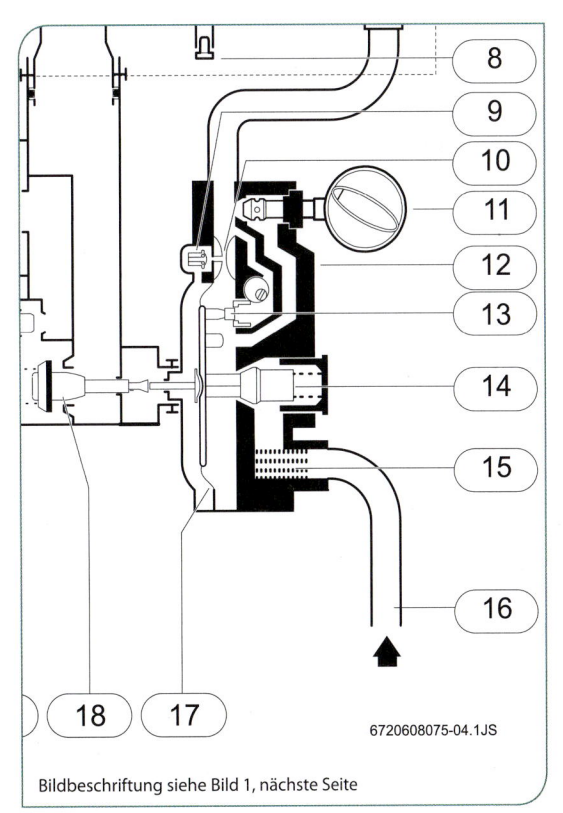

3 Wasserschalter

Bildbeschriftung siehe Bild 1, nächste Seite

Lernfeld 9

4 Trinkwassererwärmung durch Gasgeräte – direkt beheizt

1. Zündbrenner (pilot flame)
2. Zündelektrode (ignition electrode)
3. Überwachungselektrode (surveillance electrode)
4. Wärmeübertrager (heat exchanger)
5. Hauptbrenner (main burner)
6. Düse (nozzle)
7. Hydrogenerator (hydro generator)
8. Messstutzen (Düsendruck) (test nipple – gas jet pressure)
9. Langsamzündventil (slow-going ignition valve)
10. Venturi (venturi nozzle)
11. Wassermengenwähler (water volume selector)
12. Wasserschalter (differential pressure regulator)
13. Steuerkegel (pilot cone)
14. Wassermengenregler (water volume controller)
15. Wasserfilter (water filter)
16. Kaltwasser (cold water)
17. Membran (diaphragm)
18. Hauptgasventil (main gas valve)
19. Einstellschraube max. Gasmenge (max. gas setting screw)
20. Gas (gas)
21. Messstutzen (Gasanschlussfließdruck) (test nipple – gas supply flow pressure)
22. Gasfilter (gas filter)
23. Warmwasser (pwh)
24. Schaltkasten (control box)
25. Warmwassertemperaturfühler (pwh temperature sensor)
26. Servo-Gasventil (power assisted gas valve)
27. Leistungsregler (power/output regulator)
28. Gasregelventil (gas regulating valve)
29. Zündgasventil (ignition gas valve)
30. Zündgasdüse (ignition gas nozzle)
31. Temperaturbegrenzer (temperature limiter)
32. Abgasüberwachung (flue gas control)

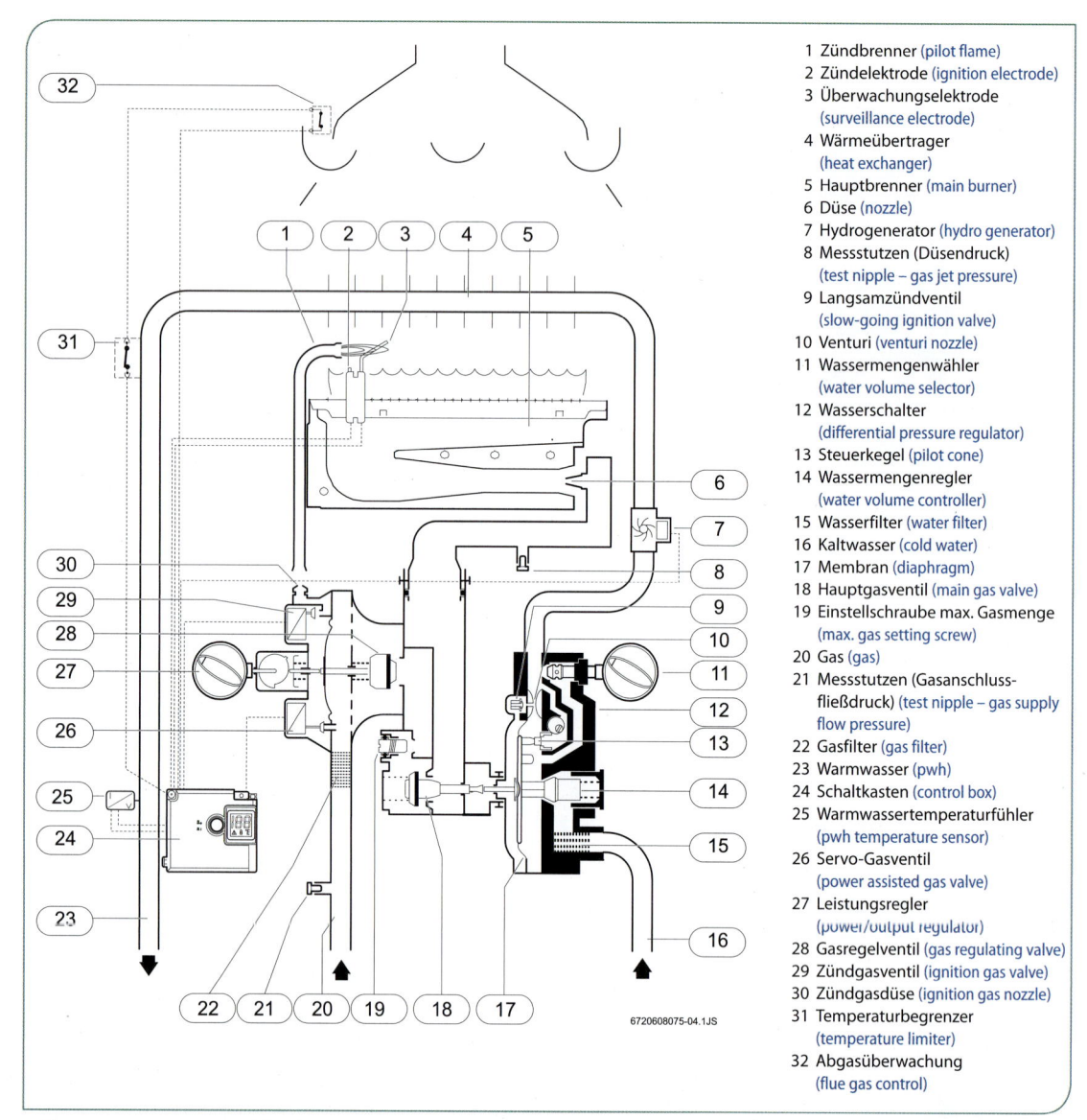

1 Temperaturgesteuerter Gas-Durchflusswassererwärmer (Art B)

Betriebsweise des Gas-DWH (Bild 1):

Nach dem Einschalten des Hauptschalters am Schaltkasten (24) ist das Gerät betriebsbereit (ready for use). Bei einer PWH-Zapfung wird über die Elektronik (Schaltkasten, 24) zunächst das Zündgasventil (29) geöffnet, das Servo-Gasventil (26) ist bereits geöffnet.
Dadurch gelangt Gas zum Zündbrenner (1), die Hochspannungszündung (high-voltage ignition) zündet die Zündflamme. Die Zündung erfolgt dabei durch einen Hydrogenerator (7), der eine Gleichspannung von ca. 1,5 V erzeugt. Diese Gleichspannung wird hochtransformiert (set up) und kann dadurch einen Zündfunken an der Zündelektrode (2) erzeugen. Mit einer Zeitverzögerung (time delay) von ca. vier Sekunden zündet der Hauptbrenner (5), indem das Servo-Gasventil (26) schließt und die Membrane das Gasregelventil (28) öffnet. Diese Ventilstellungen bleiben so lange bestehen, wie Trinkwarmwasser gezapft wird. Eine Überwachungselektrode (3) überwacht die Zünd- und Hauptflamme. Ein am Ausgang des Wärmeübertragers (4) angebrachter Temperaturbegrenzer (31) sichert gegen Übertemperatur (excess temperature), die Abgasüberwachung (32) schützt vor längerfristigem Austritt der Abgase aus der Strömungssicherung. Mit dem Leistungsregler (27) kann noch eine manuelle gasseitige Leistungsanpassung (gas capacity adjustment) und damit eine Temperaturänderung des Trinkwarmwassers vorgenommen werden. Diese Temperatur wird von einem Fühler (25) erfasst und über das Display am Schaltkasten (24) angezeigt.

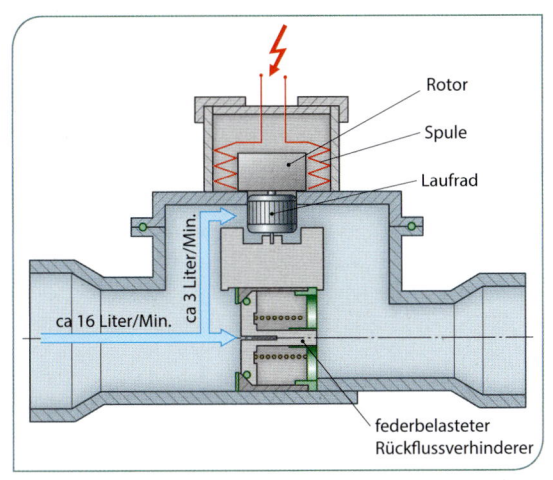

4 Trinkwassererwärmung durch Gasgeräte – direkt beheizt

1 Hydrogenerator

4.2.2 Temperaturgeregeltes Gasgerät

Das temperaturgeregelte Gasgerät (temperature controlled gas appliance) der Art C ist eine konsequente Weiterentwicklung der bisherigen Gasthermen (hot water geyser), das wegen seiner raumluftunabhängigen Betriebsweise (room sealed operating mode) besonders im modernen Wohnungsbau und in sanierten Gebäuden mit dichten Haushüllen eingesetzt werden kann (Bild 2). Allerdings benötigt die neue Gerätegeneration (generation of appliances) einen Stromanschluss mit 230 V Wechselspannung.

Wenn Wasser gezapft wird, veranlasst die Steuerung (1) ab einem Volumenstrom von 3,2 Litern pro Minute den Start des Gebläses (24), dessen Förderleistung (flow rate) von der Druckdose (25) überwacht wird. Ist ein ausreichender Differenzdruck (differential pressure) vorhanden, wird die elektronische Zündung an der Zündelektrode (15) aktiviert und das Hauptgasventil (4) öffnet. Am Brenner (11) wird das Gas gezündet, die Flamme wird durch eine Überwachungselektrode (Ionisationselektrode 16) überwacht. Der automatische Wassermengenregler (13) ist ein motorisch gesteuertes Ventil (motor guided valve) und ersetzt den Wasserschalter. **Bei erhöhter Wasseranforderung** (increased water request) sorgt er automatisch durch Drosselung für eine konstante Warmwassertemperatur. Ein elektronisch angesteuerter Gasmengenregler (20) variiert die Geräteleistung je nach Wärmeabnahme von 7,0 bis 23,7 kW. Die Leistungsanpassung (output adjustment) wird mittels eines im Wasserweg liegenden Wasserdurchflusssensors (3) sowie den im Kaltwasserzulauf (6) und im Warmwasserablauf (7) positionierten Temperaturfühlern (2) vorgenommen. Die Trinkwarmwassertemperatur kann dabei gradgenau zwischen +35 °C und +60 °C eingehalten werden. Eine Funkfernbedienung (wireless remote control) ermöglicht das Bedienen des Gerätes bis ca. 30 m Entfernung.

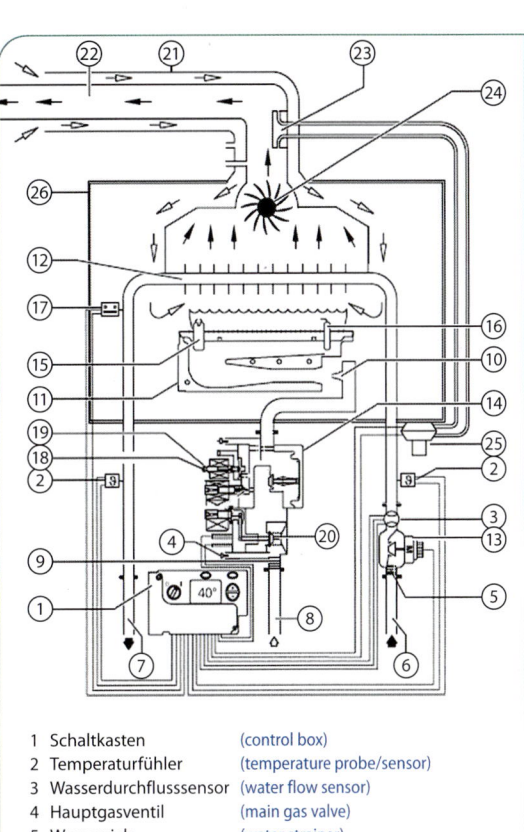

Nr.	Bezeichnung	Übersetzung
1	Schaltkasten	(control box)
2	Temperaturfühler	(temperature probe/sensor)
3	Wasserdurchflusssensor	(water flow sensor)
4	Hauptgasventil	(main gas valve)
5	Wassersieb	(water strainer)
6	PWC-Eintritt	(pwc inflow/inlet)
7	PWH-Austritt	(pwh outflow/outlet)
8	Gaszufuhr	(gas inflow/inlet)
9	Gassieb	(gas strainer)
10	Gasdüse	(gas nozzle)
11	Brenner	(burner)
12	Wärmeübertrager	(heat exchanger)
13	Automatischer Wassermengenregler	(automatic water volume regulator)
14	Gasarmatur	(gas unit)
15	Zündelektrode	(ignition electrode)
16	Überwachungselektrode	(surveillance electrode)
17	Sicherheitstemperaturbegrenzer (STB)	(safety temperature limiter)
18	Max. Gaseinstellungsschraube	(max. gas setting screw)
19	Min. Gaseinstellungsschraube	(min. gas setting screw)
20	Gasmengenregler	(gas rate controller)
21	Doppelrohr	(twin/double pipe)
22	Abgassammler	(flue manifold)
23	Differenzdruckabnahme	(differential pressure survey point)
24	Gebläse	(fan)
25	Differenzdruckschalter (Druckdose)	(differential pressure switch)
26	Brennkammer	(combustion chamber)

2 Funktionsschema eines temperaturgeregelten Gas-DWH moderner Bauweise (Art C)

Lernfeld 9

ÜBUNGEN

Speicher-Trinkwassererwärmer (VWH)

1. Nennen Sie Einsatzbereiche von Gas-Speicher-Trinkwassererwärmern (VWH).
2. Was ist bei der Aufstellung von Gas-Speicher-Trinkwassererwärmern zu beachten?
3. Vergleichen Sie die Gas-Speicher-Trinkwassererwärmer mit indirekt beheizten Speicher-Trinkwassererwärmern.
4. Welche Vor- und Nachteile ergeben sich durch den relativ niedrigen Anschlusswert der Gas-Speicher-Trinkwassererwärmer?
5. Erläutern Sie die Wärmeübertragung an das Trinkwasser bei Gas-Speicher-Trinkwassererwärmern.

Durchfluss-Trinkwassererwärmer (DWH)

1. Nennen Sie die wichtigen konstruktiven Unterscheidungsmerkmale von gasbeheizten Durchfluss-Trinkwassererwärmern älterer und neuerer Generation.
2. Erklären Sie den Aufbau und die Funktionsweise eines Wasserschalters.
3. Nennen Sie Ursachen für einen reduzierten Wasserdurchfluss im DWH oder weitere Fehlerquellen, die zu einer Minderleistung des Gasgerätes führen können.
4. Welcher Fehler bzw. Defekt liegt nahe, wenn trotz maximaler Wasserzapfmenge und brennender Zündflamme der Hauptbrenner an einem DWH älterer Bauart nicht in Betrieb geht?
5. Beschreiben Sie stichwortartig die Funktionsweise eines temperaturgesteuerten DWHs mit unabhängiger (autarker) Spannungsversorgung.
6. Beschreiben Sie die Funktionsweise eines Hydrogenerators.
7. Beschreiben Sie stichwortartig die Funktionsweise eines temperaturgeregelten DWH der neueren Generation.

5 Trinkwassererwärmung durch die zentrale Heizungsanlage

Die Trinkwassererwärmung erfordert einen beträchtlichen Einsatz von Energie. Zur Erwärmung eines Wannenbades mit 200 l in 20 min wird eine Wärmeleistung von 21 kW benötigt. Dies ist weit mehr als für die Beheizung eines durchschnittlichen Einfamilienhauses bei −15 °C erforderlich ist. Da die Heizungsanlage ohnehin im Winter und in der Übergangszeit die Wärme für die Raumbeheizung liefert, ist es naheliegend, die Trinkwassererwärmung in dieses System zu integrieren. Für die zentrale Trinkwassererwärmung (centralised potable water heating) werden folglich meist indirekt (mittelbar) beheizte Trinkwassererwärmer (indirect heated water heaters) verwendet. Dabei kommen sowohl Speicher- als auch Durchfluss-Trinkwassererwärmer zum Einsatz (Kap. 5.1.1, z. B. Bild 2 und Kap. 5.2.1, z. B. Bild 2).

5.1 Speicher-Trinkwassererwärmer – indirekt beheizt

Ein moderner Speicher-Trinkwassererwärmer sollte folgende Anforderungen erfüllen:
- ausreichendes Speichervolumen,
- schnelle Aufheizung durch große Heizflächen (heating surfaces), besonders wichtig bei den Niedertemperaturkesseln, um die niedrig gehaltene Kesselwassertemperatur zu kompensieren,
- gleichmäßige Wärmeverteilung (Bild 1), Vermeidung von Kaltzonen z. B. durch bis auf den Speicherboden (cylinder bottom) geführte Wärmeübertrager (Bild 1, nächste Seite),
- geringe Abstrahlverluste (Betriebsbereitschaftsverluste, vgl. Kap 2.4.3) durch hochwertige, FCKW-freie Wärmedämmung und Begrenzung der Speichertemperatur auf maximal 60 °C,

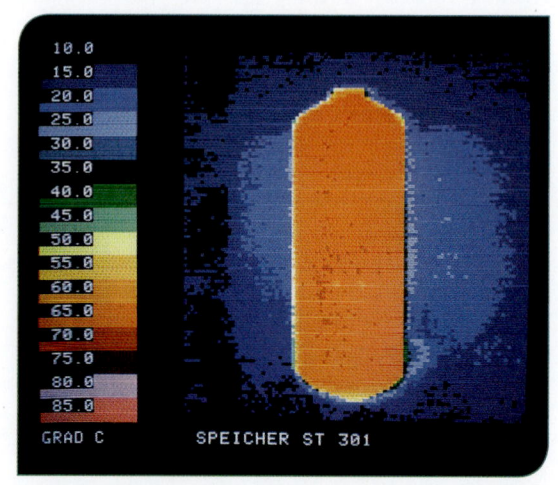

1 Gleichmäßige Wärmeverteilung (thermographische Aufnahme)

5 Trinkwassererwärmung durch die zentrale Heizungsanlage

- lange Nutzungsdauer (long service life) und einwandfreie hygienische Qualität des erwärmten Trinkwassers durch korrosionsbeständigen Edelstahl oder z. B. kunststoffbeschichtetem Stahl und zusätzlicher Schutzanode (protective anode). Entkeimungsmöglichkeit (thermische Desinfektion), z. B. durch kurzzeitige, in bestimmten Zeitabständen wiederkehrende automatische Aufheizung (heat-up) des gesamten Speicherinhalts auf über 70 °C zur Vermeidung der Legionellenbildung (vgl. Kap. 9).

5.1.1 Einwandige Speicher-Trinkwassererwärmer mit Rohrheizfläche

Bei den einwandigen (single-walled) Speicher-Trinkwassererwärmern mit Rohrheizkörper (tubular heating element) befindet sich die Rohrwendel bzw. Rohrschlange (helical/coiled tube) im Speicher und gibt dort die Wärme an das Trinkwasser ab (Bild 1). Die Anordnung im unteren Teil des Speichers bewirkt eine ständige Zirkulation des Wassers im Speicher und damit eine gleichmäßige Wärmeverteilung.

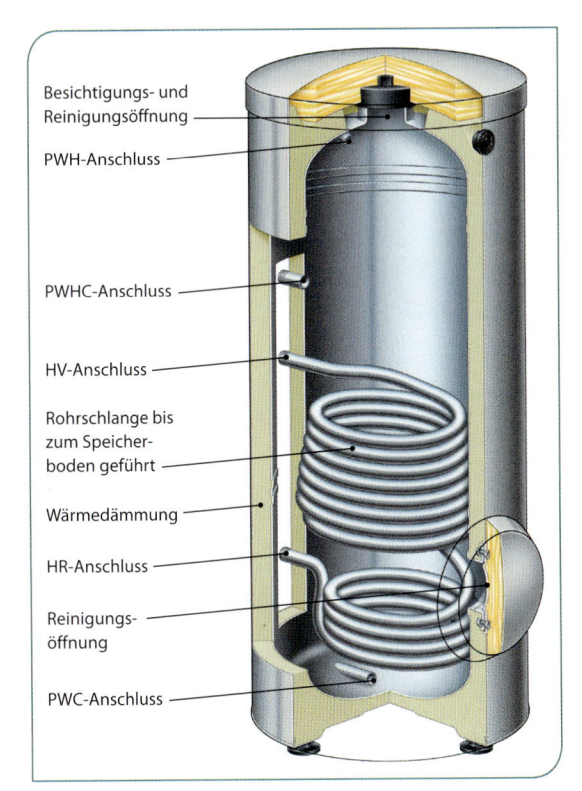

1 Speicher-Trinkwassererwärmer mit Rohrheizkörper

5.1.2 Doppelwandige Speicher-Trinkwassererwärmer

Bei den doppelwandigen (double-walled) Speicher-TWE (Bild 2) befindet sich das Heizwasser im Zwischenraum zwischen den beiden Wandungen (Doppelmantel (jacket)). Da nur die dem Speicherinhalt zugewandte Seite als Heizfläche dient, ist die Wärmeübertragung ungünstiger und die Aufheizgeschwindigkeit (heating-up rate) niedriger als bei Speicher-TWE mit von Trinkwasser umspülten Rohrheizflächen (tubular heating surfaces). Um einer Temperaturschichtung vorzubeugen, sollen der Heizwasservorlauf unten und der Heizwasserrücklauf oben angeschlossen werden.

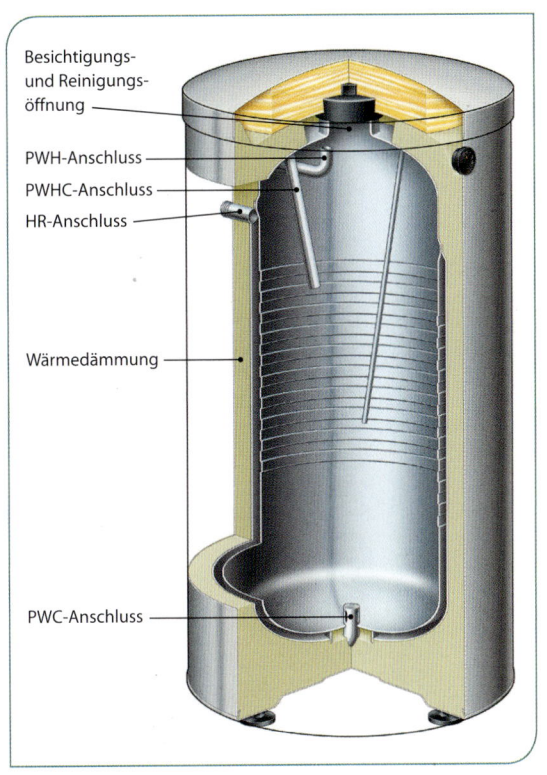

2 Speicher-Trinkwassererwärmer mit äußerer Heizfläche (Doppelmantel)

5.1.3 Kombination Heizkessel-Speicher-Trinkwassererwärmer

Die heute angebotenen Speicher-TWE können auf, unter oder neben dem Heizkessel stehend oder liegend angeordnet werden. Im Heizkessel fest eingebaute Speicher-TWE sind wegen der eingeschränkten Temperaturbegrenzungs- und -regelungsmöglichkeit überholt.

5.1.3.1 Aufgesetzte Speicher-Trinkwassererwärmer

Aufgesetzte Speicher-TWE (stacked hot water storage tanks/cylinders) erfordern im Vergleich zu nebenstehenden Speicher-TWE einen geringeren Platzbedarf, kürzere Verbindungsleitungen zwischen Heizkessel und Trinkwassererwärmer sowie einen geringeren Montageaufwand (Bild 1, nächste Seite). Allerdings ist ihr Speichervolumen in Abhängigkeit von der Kesselgröße begrenzt.

5.1.3.2 Tiefliegende Speicher-Trinkwassererwärmer

Tiefliegende Speicher-TWE (low lying hot water storage tanks/cylinders) erfordern auch einen geringeren Stellplatzbedarf (storing space requirement) als nebenstehende Speicher-TWE, kurze Heizwasserleitungen und einen geringen Montageaufwand. Da der Heizkessel direkt auf dem Speicher-TWE

5 Trinkwassererwärmung durch die zentrale Heizungsanlage

steht, kann ein zusätzlicher Kesselsockel (boiler base) entfallen (Bild 2). Aufgrund der angenehmen Arbeitshöhe werden Wartungsarbeiten am Brenner und Kessel erleichtert.

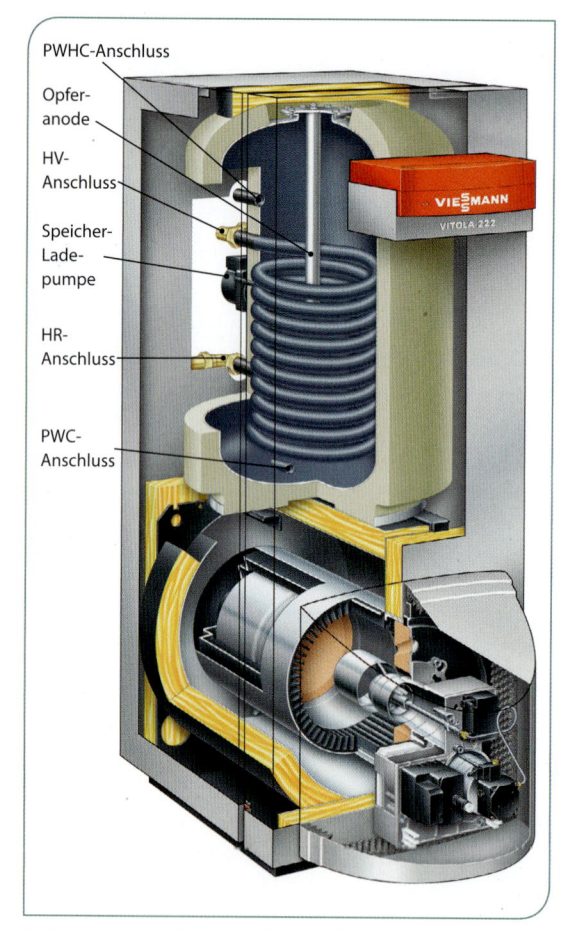

5.1.3.3 Nebenstehende Speicher-Trinkwassererwärmer

Nebenstehende Speicher-Trinkwassererwärmer (adjoining hot water storage tanks/cylinders) in liegender oder stehender Ausführung kommen bei großem Bedarf an erwärmtem Trinkwasser zum Einsatz (Bild 3). Sie sind unabhängig von der Art des Wärmeerzeugers. Entscheidend für ihre Auslegung ist, dass der Kessel den Speicher in einer angemessenen Zeit aufheizen kann. Ein weiterer Vorteil des nebenstehenden Speicher-Trinkwassererwärmers ist die Kombinationsmöglichkeit mit weiteren Wärmequellen, z. B. Wärmepumpe, Solaranlage und Elektro-Heizeinsatz (electric immersion heater). Zur Vergrößerung des Speichervolumens können mehrere Speicher zu Speicherbatterien (row of storage tanks/cylinders) zusammengeschlossen werden.

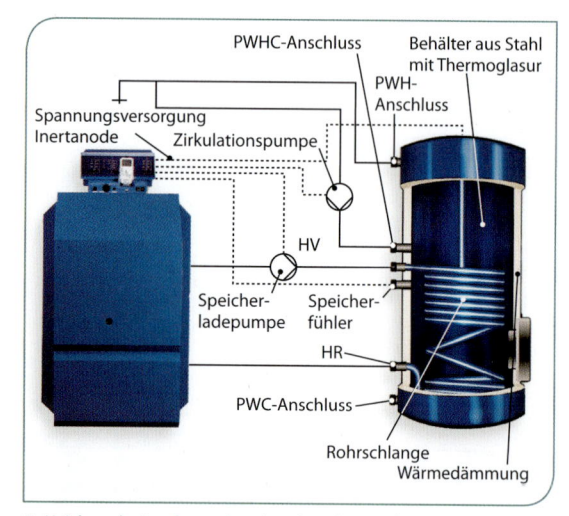

1 Heizkessel mit aufgesetztem Speicher-Trinkwassererwärmer

3 Heizkessel mit nebenstehendem Speicher-Trinkwassererwärmer

5.1.4 Speicher-Vorrangschaltung

Bei den auf, unter und neben dem Heizkessel angeordneten Speicher-Trinkwassererwärmern erfolgt die Wärmezufuhr durch eine **Speicherladepumpe** (cylinder feed pump), die durch einen Temperaturregler ein- und ausgeschaltet wird. Schwerkraftzirkulation (gravity circulation) bei ausgeschalteter Pumpe wird durch eine Schwerkraftbremse (anti-gravity valve) verhindert (vgl. Fachkenntnisse 1, LF 7, Kap. 3.4.3). Bei gleitender Kesseltemperaturregelung in Abhängigkeit von der Außen- oder Raumtemperatur (Niedertemperaturbetrieb) ist eine **Speichervorrangschaltung** (storage priority setting) erforderlich. Eine ausreichende Erwärmung des Trinkwassers wäre sonst wegen zu niedriger Heizwassertemperaturen nicht möglich oder würde sehr lange dauern. Die Speichervorrangschaltung unterbricht während der Trinkwassererwärmung den Heizbetrieb (heating mode), indem sie die Heizungsumwälzpumpe(n) abschaltet und eventuell vorhandene Mischer schließt. Dadurch steht die gesamte Heizkesselleistung (boiler output) für die Trinkwassererwärmung zur Verfügung. Das Heizwasser im Kessel wird auf eine höhere Temperatur, z. B. 75 °C, aufgeheizt. Bei Erreichen der eingestellten Temperaturdifferenz, z. B. 10 K,

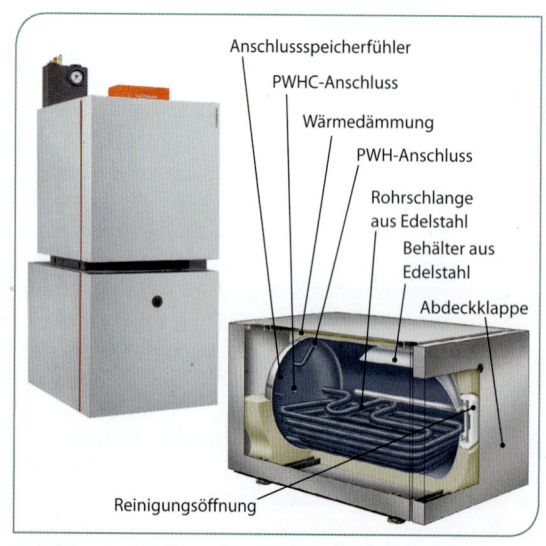

2 Heizkessel mit tiefliegendem Speicher-Trinkwassererwärmer

5 Trinkwassererwärmung durch die zentrale Heizungsanlage

zwischen Kesselwasser und Trinkwarmwasser im Speicher wird die Speicherladepumpe eingeschaltet. Diese bleibt so lange in Betrieb, bis die eingestellte Speichertemperatur erreicht ist.

5.2 Durchfluss-Trinkwassererwärmer – indirekt beheizt

Indirekt beheizte Durchfluss-Trinkwassererwärmer (indirectly heated instantaneous water heaters), auch als **Wärmeübertrager** bezeichnet, werden eingesetzt:
- bei der Fernwärmeversorgung (vgl. LF 12, Kap. 4),
- wenn Dampf oder Heißwasser zur Verfügung steht, z. B. Kliniken, Betriebe,
- bei großem Bedarf an erwärmtem Trinkwasser und wenig Platz für einen Speicher.

Sie sind dadurch gekennzeichnet, dass das Heizmedium (z. B. Heizwasser) das Trinkwasser unmittelbar vor Gebrauch in einer Durchflussbatterie, einem sogenannten Rohrwendelwärmeübertrager (Bild 1) oder einem Plattenwärmeübertrager erwärmt (Bild 4). Das erwärmte Trinkwasser kann auch mittels einer Umwälzpumpe in einen separaten Speicher gefördert und dort für den Verbrauch bereitgehalten werden (Speicherladesystem (storage charging system)).

5.2.1 Rohrwendelwärmeübertrager

Bei Rohrwendelwärmeübertragern (coiled tube exchanger) ist die Rohrwendel von zwei zylindrischen Mänteln (cylindric jackets) umschlossen, sodass die dazwischen liegenden Hohlräume (voids) ihrerseits einen geschlossenen wendelförmigen Kanal (helical canal) bilden. Das Heizmedium und das zu erwärmende Trinkwasser strömen im Gegenstrom. Eine mehrlagige Umwickelung des inneren Zylindermantels mit speziell verformten Rohrwendeln aus Glattrohr oder die Verwendung von Rippen- bzw. Lamellenrohren verbessern die Wärmeübertragung (Bilder 1, 2 und 3).

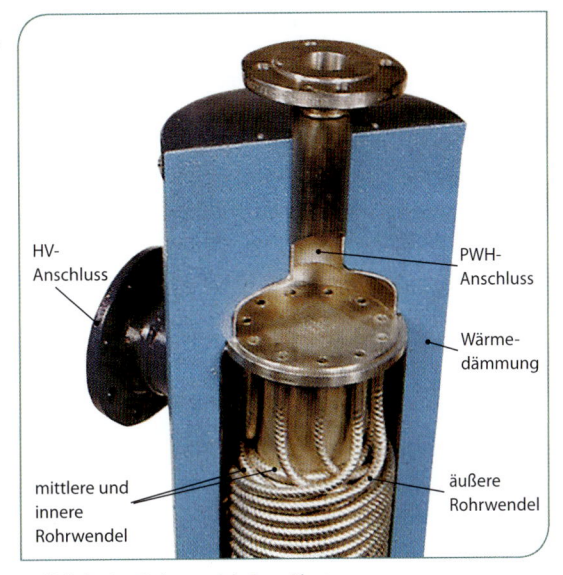

2 Mehrlagiger Rohrwendelwärmeübertrager

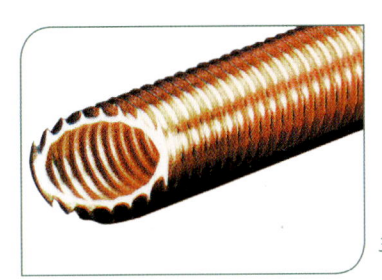

3 Rippen- bzw. Lamellenrohr

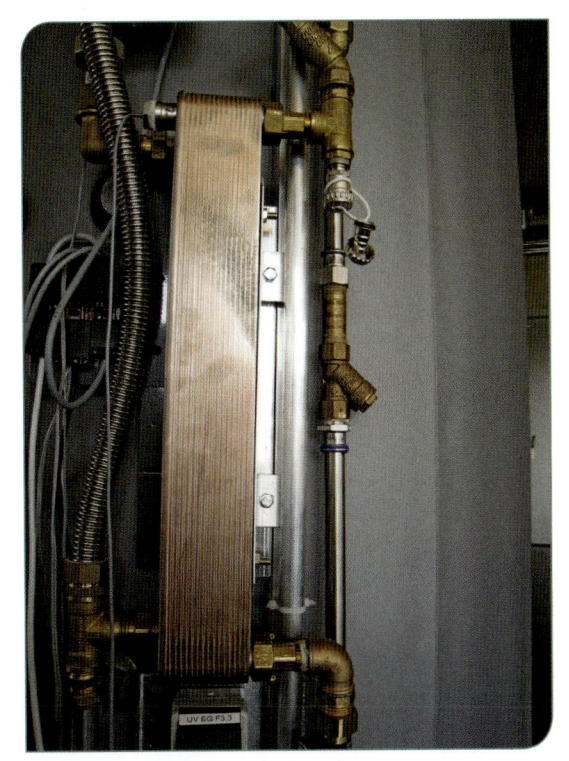

1 Einlagiger Rohrwendelwärmeübertrager

4 Plattenwärmeübertrager (Frischwasserstation)

Lernfeld 9

5.2.2 Plattenwärmeübertrager

Plattenwärmeübertrager (plate heat exchanger) bestehen aus dünnen, profilierten Edelstahlplatten (moulded stainless steal plates), die durch Hartlöten, Schweißen oder Verschrauben so miteinander verbunden sind, dass das gesamte Plattenpaket in zwei getrennte Kanalsysteme (passage systems) unterteilt wird (Bilder 1 und 2). Das Heizmedium und das zu erwärmende Trinkwasser strömen jeweils zwischen zwei Platten im Gegenstrom (counter flow) aneinander vorbei (Bild 1).

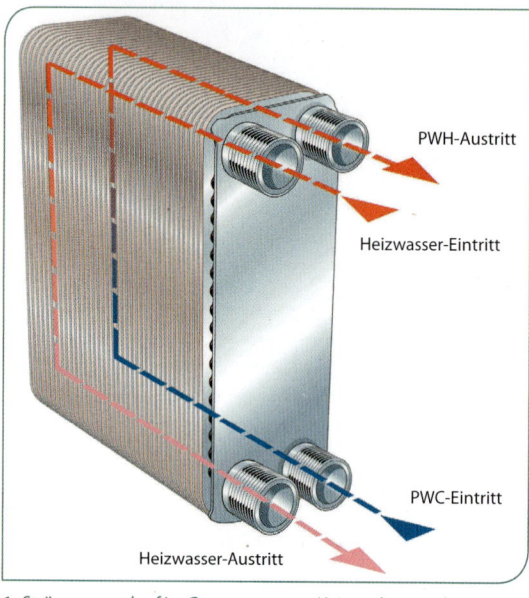

1 Strömungsverlauf im Gegenstrom von Heizmedium und Trinkwasser

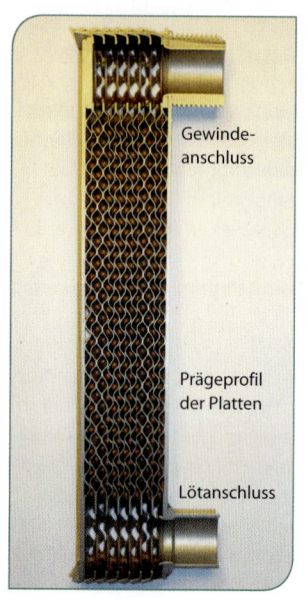

2 Geschnittener PWT

ÜBUNGEN

1) Welche Arten von Trinkwassererwärmern werden für die zentrale Versorgung verwendet?

2) Welche Anforderungen sollten indirekt beheizte Speicher-Trinkwassererwärmer erfüllen?

3) Nennen Sie die wichtigsten Merkmale der
   a) einwandigen Speicher-Trinkwassererwärmer mit Rohrheizfläche
   b) doppelwandigen Speicher-Trinkwassererwärmer

4) Warum soll bei doppelwandigen Speicher-Trinkwassererwärmern der Heizwasservorlauf unten angeschlossen werden?

5) Nennen Sie drei Kombinationsmöglichen von Heizkessel und Speicher-Trinkwassererwärmer.

6) Geben Sie Vor- und Nachteile der drei möglichen Kombinationen von Heizkessel und Speicher-Trinkwassererwärmer an.

7) Erklären Sie die Speicher-Vorrangschaltung.

8) Geben Sie drei Einsatzbeispiele der indirekt beheizten Durchfluss-Trinkwassererwärmer an.

9) Wodurch sind indirekt beheizte Durchfluss-Trinkwassererwärmer gekennzeichnet?

10) Nennen und beschreiben Sie zwei Arten von indirekt beheizten Durchfluss-Trinkwassererwärmern.

6 Trinkwassererwärmung durch solarthermische Anlagen

6.1 Allgemeine Grundlagen

Schon in den Siebzigerjahren begann man, ausgelöst durch die erste Ölkrise (oil crisis), die Sonnenenergie (solar energy) zu nutzen. Sie ist die Grundlage allen Lebens und deswegen auch der fossilen Brennstoffe (Kohle, Erdöl, Erdgas), die aus lebenden Wesen (z. B. Bäumen, Pflanzen und Tieren) im Laufe von vielen Millionen Jahren unter Einwirkung von hohen Drücken und Temperaturen entstanden sind. Die fossilen Energieressourcen (fossil energy resources) sind jedoch **nicht unendlich** und in absehbarer Zeit aufgebraucht. Viele Fachleute sind der Meinung, dass die Hälfte der fossilen Erdöl- und Erdgasressourcen (Peak Oil) heute schon verbraucht sind.

Die Wärmeenergie (heat energy) hat mit ca. 40 % den größten Anteil am Gesamtenergieverbrauch in Deutschland. Deshalb ist es gerade in diesem Bereich besonders wichtig, regenerative Energiequellen, wie die Sonne, zu nutzen. Erschwerend kommt hinzu, dass die aus der Verbrennung fossiler Brennstoffe entstehenden Abgase durch den Treibhauseffekt (greenhouse effect) erheblich zur Erderwärmung beitragen und zu Umweltschäden durch z. B. sauren Regen führen (vgl. Lernfeldübergreifende Inhalte, Kap. 2.8.1). Stark ansteigende Brennstoffpreise sollten ein übriges tun, die Menschen zum Umdenken zu bewegen. Die Sonnenenergie ist **unerschöpflich** und steht **kostenlos** zur Verfügung (Bild 1).

6.2 Die Sonne als Energiequelle

Im Vergleich zur Erde ist die Sonne ein Riese. So ist der Sonnendurchmesser etwa 109 mal größer als der der Erde und der Abstand von der Erde zur Sonne beträgt ca. 150 Millionen km. Um diese Entfernung zurückzulegen, braucht das Licht bei einer Geschwindigkeit von etwa 300 000 $\frac{km}{s}$ ca. 8 Minuten. Die Sonne kann mit einem Atomreaktor verglichen werden, denn aufgrund ihrer riesigen Masse und der damit verbundenen Massenanziehungskräfte verschmelzen in ihrem Kern im Wesentlichen Wasserstoffatome zu Helium. Die dabei freigesetzte Energie lässt die Temperatur im Sonneninneren auf unvorstellbare 15 Millionen °C ansteigen. An der Oberfläche der Sonne, ca. 700 000 km vom Kern entfernt, beträgt die Temperatur immer noch fast 5500 °C. Wegen der hohen Temperaturen ist die Sonne eine hervorragende Strahlungsquelle (radiation source). Täglich werden pro m² 1 512 000 kWh abgestrahlt, was etwa dem Energieinhalt (energy content) von **150 000 Litern Heizöl** entspricht. Nur wegen der großen Entfernung zur Sonne ist Leben auf der Erde möglich (Bild 2).

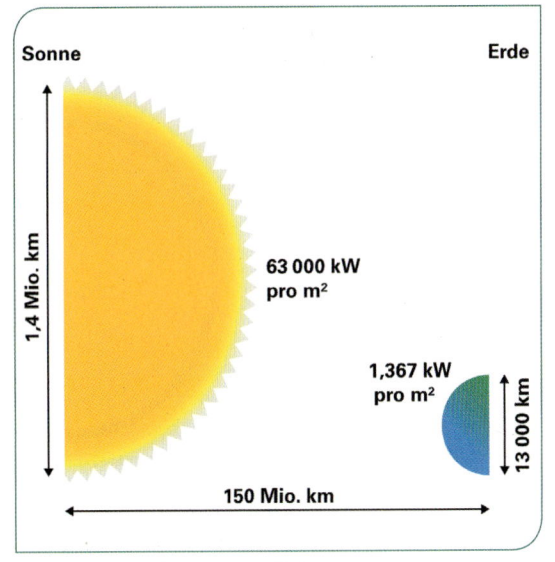

2 Vergleiche zwischen Sonne und Erde

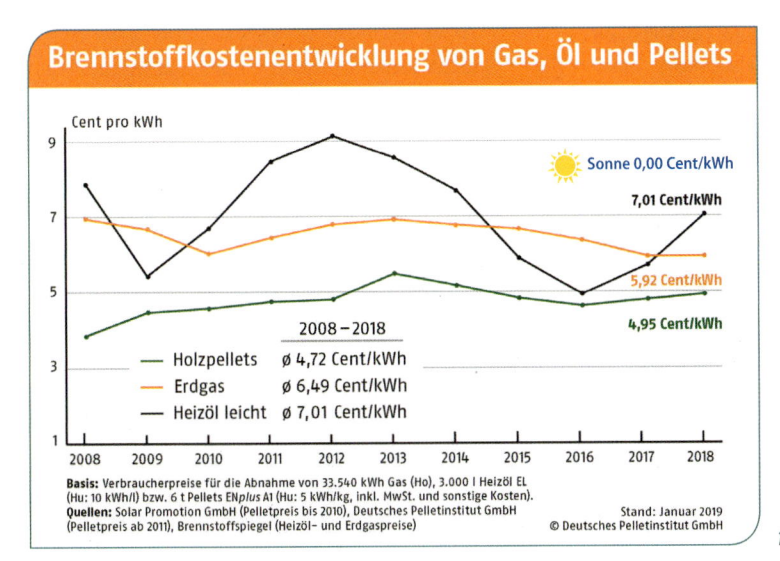

1 Brennstoffkostenentwicklung

6 Trinkwassererwärmung durch solarthermische Anlagen

Die von der Sonne auf die Erde gestrahlte Energie ist etwa 10 000-mal größer als die gesamte Erdbevölkerung verbraucht (Bild 1). Dies bedeutet, dass die Sonne in weniger als einer Stunde (1 Jahr = 8760 Stunden) den **gesamten Weltenergiebedarf** (global energy demand) zur Verfügung stellt. Selbst in Deutschland, wo im Vergleich zu wolkenlosen Wüstenregionen (z. B. Sahara) nur etwa die Hälfte der Sonnenstrahlung ankommt, beträgt der solare Überschuss etwa das 80-fache des gesamten Primärenergieverbrauchs.

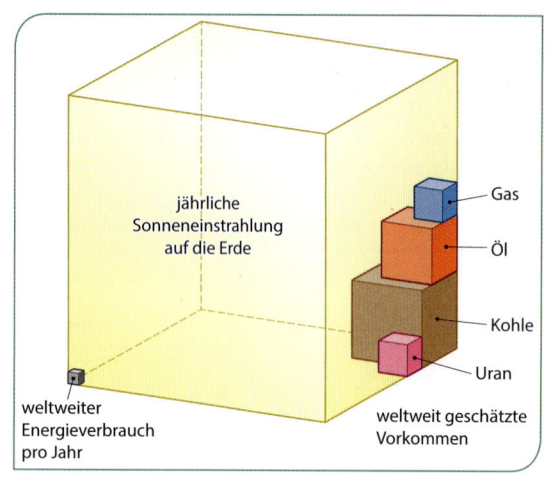

- direkt, d. h. ohne Richtungsänderung auf die Erdoberfläche gestrahlt und absorbiert und erwärmt die Erdoberfläche,
- von der Erdoberfläche reflektiert und auch zu diffuser Strahlung (Bild 2).

2 Einfluss der Atmosphäre

Die Strahlung, die **direkt** die Erdoberfläche erreicht und die **diffuse** Strahlung ergeben zusammen die **Globalstrahlung** (global radiation). Im Jahresmittel beträgt der Anteil der diffusen Strahlung an der Globalstrahlung in Deutschland etwa 50 % (Bild 3).

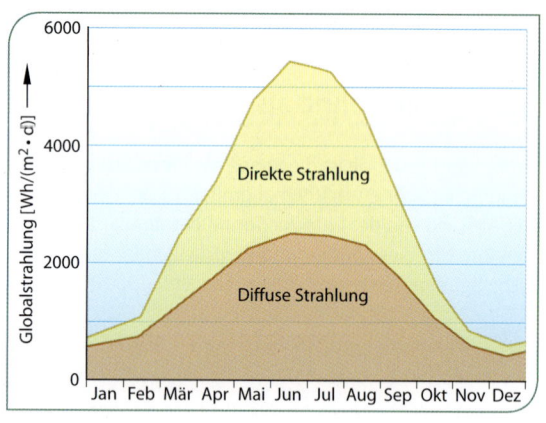

1 Jährliche Strahlungsenergie der Sonne und verfügbare Energievorräte

6.2.1 Solarkonstante

Bedingt durch den großen Abstand der Erde von der Sonne verringert sich die Strahlungsleistung (radiant power) der Sonne von 63 000 $\frac{kW}{m^2}$ an der Sonnenoberfläche auf eine mittlere Strahlungsleistung von 1367 $\frac{W}{m^2}$ am äußersten Rand der Erdatmosphäre (Bild 2, vorherige Seite). Dieser Wert wird **Solarkonstante** (solar constant) genannt und von der World Meteorological Organization (WMO) festgelegt. Durch Sonnenaktivitäten (solar activity) und die elliptische Umlaufbahn (elliptical orbit) der Erde um die Sonne (die Entfernung der Erde von der Sonne differiert zwischen 147 Millionen und 152 Millionen km) schwankt die tatsächliche Strahlungsleistung um ± 3,5 %.

6.2.2 Globalstrahlung

Die Strahlungsleistung von 1367 $\frac{W}{m^2}$ am äußersten Rand der Erdatmosphäre (Solarkonstante) reduziert sich durch den Einfluss der Erdatmosphäre (earth atmosphere) bis zum Auftreffen auf die Erdoberfläche (earth's surface) auf ca. 1000 $\frac{W}{m^2}$. Ein Teil der Strahlung wird

- hauptsächlich von dem in Wolken enthaltenen Wasserdampf reflektiert[1],
- durch in der Atmosphäre enthaltenes Ozon (O_3), Kohlendioxid (CO_2) und enthaltene Spurengase und Wasserdampf absorbiert[2],
- durch feinste feste und flüssige Partikel (Aerosole) in der Atmosphäre oder durch Wasserdampf in den Wolken gestreut und dadurch zu diffuser Strahlung[3],

3 Globalstrahlung

Im Winter ist der Anteil der diffusen Strahlung (diffuse radiation) bedingt durch mehr Wolken und trüberes Wetter erheblich höher (Bild 1, nächste Seite) und der Energiegehalt der Globalstrahlung nimmt ab (Bild 2, nächste Seite).

---

[1] reflektieren = zurückstrahlen
[2] absorbieren = aufsaugen, aufnehmen
[3] diffuse Strahlung = ungerichtete Strahlung, die aus allen Himmelsrichtungen auf die Erde trifft

6 Trinkwassererwärmung durch solarthermische Anlagen

	Einstrahlung [W/m²]	Diffusanteil [%]
blauer Himmel	800–1000	10
dunstiger Himmel	600–900	bis 50
nebliger Herbsttag	100–300	100
trüber Wintertag	50	100
Jahresdurchschnitt	600	50 bis 60

1 Globalstrahlung und Diffusstrahlung

	Sonnenschein, blauer Himmel	Bewölkter Himmel
Sommer	7–8 kWh/m²	2 kWh/m²
Frühjahr/Herbst	5 kWh/m²	1,2 kWh/m²
Winter	3 kWh/m²	0,3 kWh/m²

2 Typisches Strahlungsangebot auf südlich orientierten Kollektoren

Nicht nur die direkte Strahlung (direct radiation), sondern auch die diffuse Strahlung hat genügend Energiegehalt, der in solarthermische Energie umgewandelt und von entsprechenden Technologien (z. B. Sonnenkollektoren) genutzt werden kann (Bild 3).

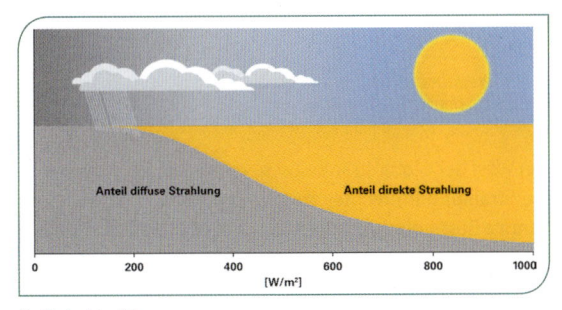

3 Globalstrahlung

6.2.3 Strahlungsleistung und Sonnenscheindauer

Die Strahlungsleistung und die Sonnenscheindauer (duration of sunshine) schwanken im Tagesverlauf und auch im Wechsel der Jahreszeiten. Dies hängt ab vom **Einstrahlwinkel** (irradiation angle) der Sonne, der durch die **Schrägstellung** der Erdachse bei der Umrundung der Sonne bedingt ist (Bild 4).

Die Neigung (inclination) der Nord-Süd-Achse der Erde gegenüber der Achse (axis) ihrer Umlaufbahn beträgt 23,5°. Deswegen ist die Nordhalbkugel von März bis September und die Südhalbkugel von September bis März stärker zur Sonne ausgerichtet. Wenn es bei uns Sommer ist, dann ist es auf der Südhalbkugel Winter. Aber nicht nur die Jahreszeiten (seasons), sondern auch die Tageslängen werden von der Schrägstellung der Erdachse bestimmt. Allerdings hängt die Tageslänge auch vom Breitengrad ab (Bild 5). So nimmt die Tageslänge im Sommer nach Norden hin zu und im Winter nimmt sie ab. In Hamburg z. B. ist der Tag am 21. Juni 17 h

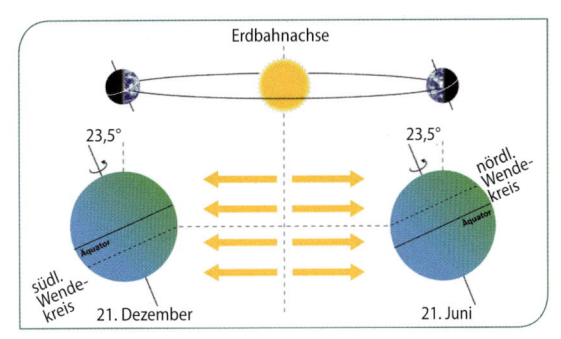

4 Schrägstellung der Erdachse

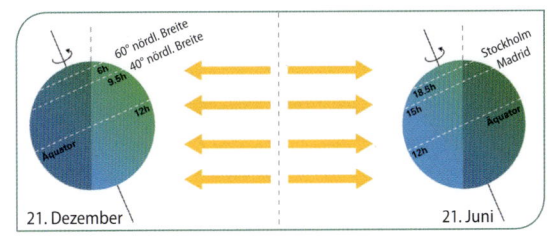

5 Tageslänge

und 5 min lang, in Freiburg 16 h und 4 min. Im Winter ist es umgekehrt, und der Tag ist in Freiburg mit 8 h 22 min länger als in Hamburg mit 7 h und 27 min.

Wenn man die Strahlungsleistung auf eine horizontale Fläche von 1 m² bezieht, wird sie **Bestrahlungsstärke** (intensity of irradiation) genannt. Sie variiert sehr stark von ca. $\frac{50\,W}{m^2}$ an einem trüben Wintertag bis zu $1000\,\frac{W}{m^2}$ an einem klaren Sonnentag (Bilder 1 und 3).
Berücksichtigt man die **Dauer** der Sonneneinstrahlung (Bild 1, nächste Seite), kann man errechnen, wie viel Strahlung in solarthermische Energie umgewandelt werden kann. Die Ausbeute an solarthermischer Energie ergibt sich also aus dem Produkt von Bestrahlungsstärke und der Dauer der Sonneneinstrahlung $\left(\frac{W}{m^2}\right) \cdot h = \frac{Wh}{m^2}$.

Bild 1, nächste Seite zeigt, dass die langjährige mittlere Sonnenscheindauer im südlichen Niedersachsen bei **1400 $\frac{h}{a}$** liegt und im Nordosten bei **1800 $\frac{h}{a}$**. Die höchste jemals ermittelte mittlere (average) Sonnenscheindauer liegt bei **4040 $\frac{h}{a}$** in Yuma im US-Bundesstaat Arizona.
Die mittleren Tages-, Monats oder Jahressummen der auf eine waagerechte Fläche gestrahlten Globalstrahlung in $\frac{kWh}{m^2}$ können z. B. vom deutschen Wetterdienst (DWD) bezogen werden (Bild 2, nächste Seite). An der Verteilung der Farben in der Karte der mittleren Jahressummen der Globalstrahlung in Deutschland kann man erkennen, dass sich eine grobe Dreiteilung (threefold division) des Strahlungsklimas ergibt
- besonders hohe Einstrahlung von Bayern über Baden-Württemberg bis nach Rheinhessen,
- hohe Einstrahlung von Sachsen über Brandenburg bis an die Küste Mecklenburg-Vorpommerns,
- geringere Einstrahlung von den Mittelgebirgen bis nach Schleswig-Holstein.

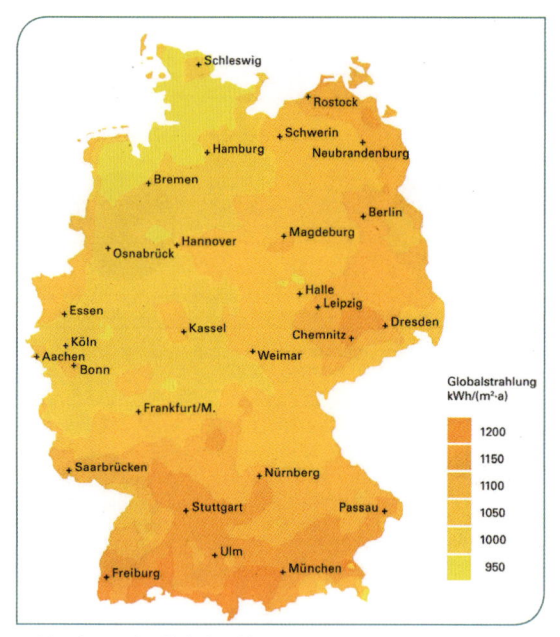

6 Trinkwassererwärmung durch solarthermische Anlagen

1 Mittelwerte der Globalstrahlung

Der langjährige Mittelwert der Globalstrahlung in Deutschland liegt in der norddeutschen Tiefebene bei **950** $\frac{kWh}{m^2 \cdot a}$, in Ostdeutschland bei **1050** $\frac{kWh}{m^2 \cdot a}$ und in Bayern bzw. im Freiburger Raum bei **1200** $\frac{kWh}{m^2 \cdot a}$.

Da die Monatswerte der Globalstrahlung vom langjährigen Mittelwert bis zu 50 % und die Jahreswerte bis zu 30 % abweichen können, muss man genauere Angaben zur Berechnung der Kollektorflächen (collector surfaces) berücksichtigen (Bild 3 und Bild 1, nächste Seite).

6.2.3.1 Neigung und Ausrichtung der Bestrahlungsfläche

Der Wert der Globalstrahlungsenergie ist auf eine **horizontale** Fläche am Boden bezogen. Ist die Bestrahlungsfläche geneigt und auf eine spezielle Himmelsrichtung ausgerichtet, verändert sich die eingestrahlte Energiemenge (Bild 2, nächste Seite). Die Ausbeute an solarthermischer Energie ist also auch abhängig von der **Neigung** und der **Ausrichtung** (alignment) der Bestrahlungsfläche.

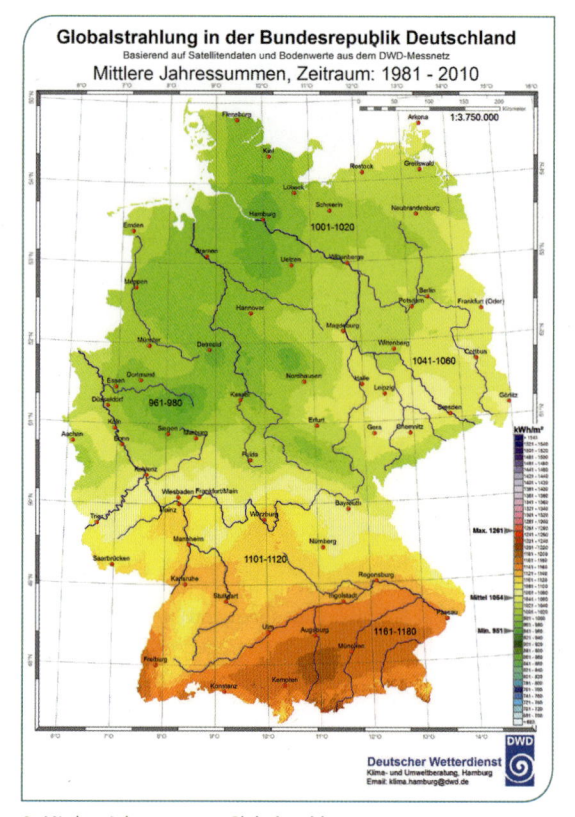

2 Mittlere Jahressummen Globalstrahlung 1981–2010 (Quelle: Deutscher Wetterdienst)

Der Wert der Globalstrahlungsenergie ist **am größten**, wenn die Strahlung im rechten Winkel (right angle) auf die horizontale Bestrahlungsfläche trifft. Dies ist in unseren Breitengraden (latitudes) nicht möglich (Bild 3, nächste Seite).

Um diesen Nachteil auszugleichen, wird die bestrahlte Fläche (Kollektor) geneigt und wenn möglich nach Süden ausgerichtet. Aus langjähriger Erfahrung weiß man, dass bei einem Neigungswinkel (inclination angle) zwischen **25°** und **70°** und einer Ausrichtung zwischen **Südwest** und **Südost** gute solarthermische Energieerträge zu erreichen sind. In Deutschland wird z. B. auf einer 45° geneigten und nach Süden ausgerichteten Bestrahlungsfläche 10 % mehr Energie eingestrahlt als auf einer horizontalen Fläche (Bild 2, nächste Seite). Bei senkrechter Ausrichtung der Bestrahlungsflächen muss die Kollektorfläche entsprechend vergrößert werden.

	Durchschnittliche Globalstrahlung pro Tag in $\frac{kWh}{m^2 \cdot d}$												pro Jahr in $\frac{kWh}{m^2 \cdot a}$
Ort	Jan.	Feb.	Mrz.	Apr.	Mai	Jun.	Jul.	Aug.	Sept.	Okt.	Nov.	Dez.	
Berlin	0,54	1,14	2,47	3,72	4,83	5,56	5,02	4,21	3,16	1,59	0,64	0,39	1015
Hamburg	0,48	1,01	2,13	3,60	4,65	5,29	4,66	3,89	2,82	1,39	0,58	0,33	940
Köln	0,62	1,26	2,42	3,91	4,73	4,95	4,58	4,10	3,04	1,78	0,79	0,51	996
München	0,77	1,44	2,60	3,83	4,72	5,27	5,25	4,41	3,48	2,06	0,87	0,57	1076
Würzburg	0,65	1,33	2,63	3,94	4,99	5,40	5,26	4,37	3,20	1,76	0,76	0,51	1062

3 Globalstrahlung einiger ausgesuchter Orte in Deutschland

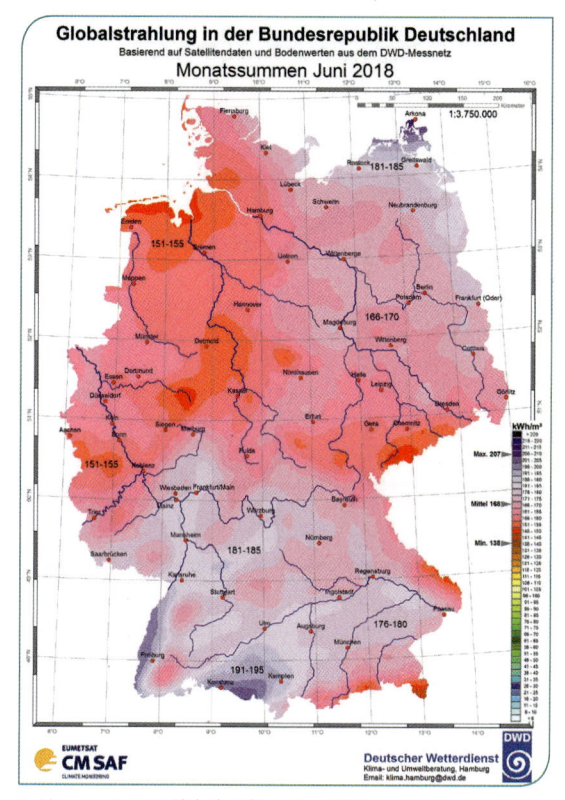

6 Trinkwassererwärmung durch solarthermische Anlagen

6.3 Aufbau, Wirkungsweise und Betriebsweise einer thermischen Solaranlage

6.3.1 Aufbau

Im Wesentlichen besteht eine thermische Solaranlage aus den **Sonnenkollektoren** (solar collectors), dem **Solarkreis** (solar circuit) mit allen notwendigen Armaturen und Einrichtungen, dem **Trinkwarmwasserspeicher** (hot water cylinder) und der **Regelung** (Bild 4).

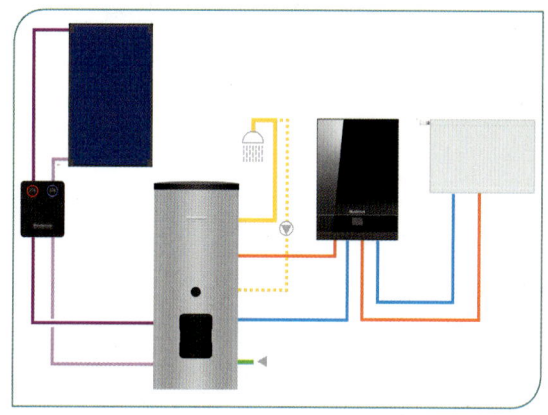

1 Monatssummen Globalstrahlung Juni 2018 (Quelle: Deutscher Wetterdienst)

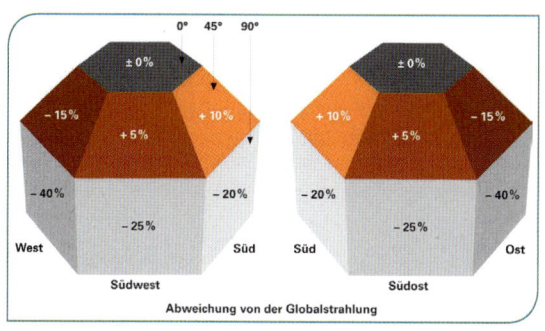

4 Thermische Solaranlage

6.3.2 Wirkungsweise

Im Sonnenkollektor werden die Sonnenstrahlen in Wärme umgewandelt und an eine Wärmeträgerflüssigkeit (heat transfer fluid) übertragen. Die Wärmeträgerflüssigkeit wird mittels einer Pumpe über Rohrleitungen zum Trinkwarmwasserspeicher transportiert und gibt dort über einen Wärmeübertrager die Wärme an das Trinkwasser ab.

Um **Versorgungssicherheit** zu gewährleisten, falls die Sonne nicht scheint oder der Trinkwarmwasserverbrauch sehr hoch ist, übernimmt ein zweiter Wärmeerzeuger mittels eines weiteren Wärmeübertragers im Trinkwarmwasserspeicher die Aufheizung des Trinkwassers (Bild 4). Fast alle solarthermischen Anlagen werden zur Versorgungssicherheit als **bivalente** (zweiwertige) Anlagen ausgeführt.

2 Neigung, Ausrichtung und Einstrahlung

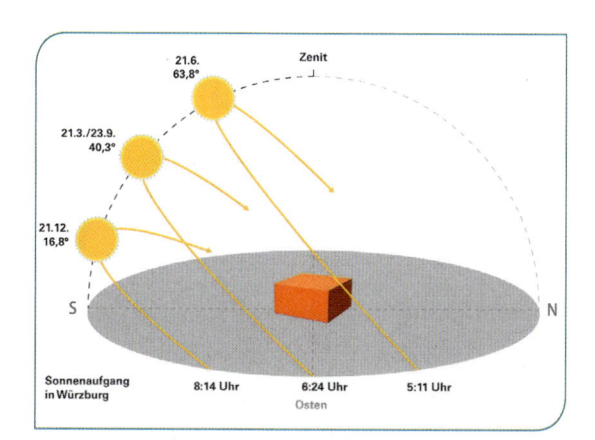

6.3.3 Betriebsweise

Während die Wirkungsweise aller pumpenbetriebenen solarthermischen Anlagen gleich ist, sind es die **Betriebsweisen** nicht. Es werden drei Betriebsweisen unterschieden:
- unter Druck stehende Anlagen mit Wärmeträgerflüssigkeit **mit** Frostschutzmittel (antifreeze),
- unter Druck stehende Anlagen mit Wärmeträgerflüssigkeit **ohne** Frostschutzmittel,
- Drainback-Systeme (Rücklauf-Systeme), bei denen bei Stillstand der Anlage die Wärmeträgerflüssigkeit aus dem Kollektor heraus läuft.

3 Einstrahlwinkel der Mittagssonne

Lernfeld 9

6.3.3.1 Unter Druck stehende Anlagen mit Frostschutzmittel

Die Wärmeträgerflüssigkeit dieser Anlagen ist ein Gemisch aus Wasser und Frostschutzmittel (meist Glykol), damit das System im Winter vor dem Einfrieren geschützt ist. Die Flüssigkeit verbleibt das ganze Jahr über im System. Zum Korrosionsschutz sind handelsübliche Wärmeträgerflüssigkeiten mit **Inhibitoren**[1] versetzt. Unter Druck stehende Anlagen benötigen immer ein **Ausdehnungsgefäß** (expansion tank) **mit Sicherheitsventil**, um die Ausdehnung der sich stark erwärmenden Wärmeträgerflüssigkeit und das Volumen von eventuell verdampfender Wärmeträgerflüssigkeit aufnehmen zu können (Bild 1). In etwa 95 % aller Anlagen in Mitteleuropa wird diese Betriebsweise verwendet.

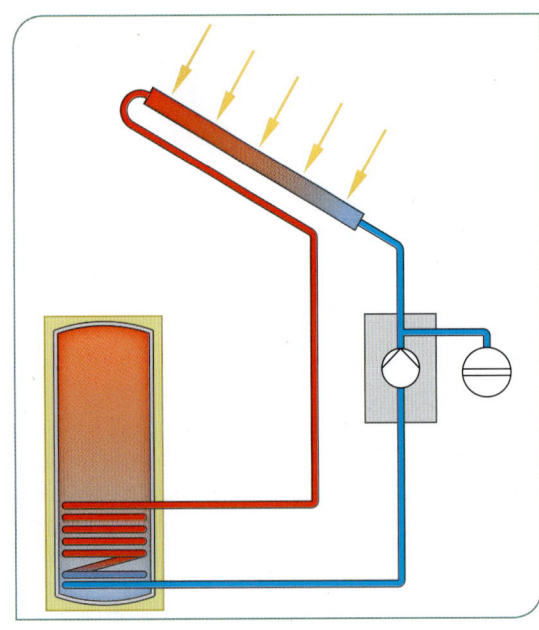

1 Thermische Solaranlage mit Frostschutzmittel

6.3.3.2 Unter Druck stehende Anlagen ohne Frostschutzmittel

Unter Druck stehende Anlagen mit Wärmeträgerflüssigkeit **ohne** Frostschutzmittel sind ähnlich aufgebaut wie Anlagen mit Frostschutzmittel (Bild 2).

Sie unterscheiden sich dadurch, dass die Wärmeträgerflüssigkeit nur aus Wasser besteht und deswegen im Winter warmes Wasser vom Heizkreis in die Kollektoren transportiert werden muss, damit das Wasser nicht einfriert. Die Energie, die zur Beheizung der Kollektoren im Winter benötigt wird, reduziert den Gesamtenergiegewinn (total energy gain).

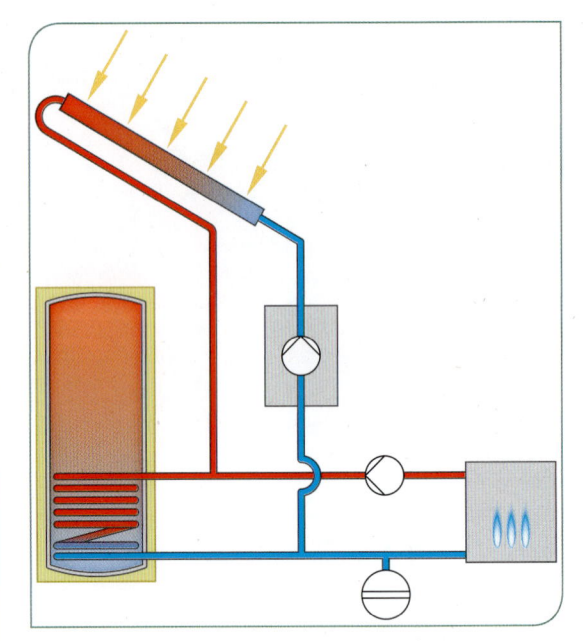

2 Thermische Solaranlage ohne Frostschutzmittel

6.3.3.3 Drainback-Systeme

Bei Drainback-Systemen **entleeren** sich die Kollektoren bei Stillstand (standstill) der Anlage in einen Vorratsbehälter (store tank), deswegen können sie auch nicht bei Frost einfrieren (Bild 3). Da Drainback-Systeme in der Regel mit Wasser betrieben werden, muss sichergestellt sein, dass alle wasserführenden Teile mit Gefälle (gradient) ausgeführt werden, damit sie leerlaufen können. Vorteilhaft ist, dass kein Frostschutzmittel benötigt wird und Wasser eine ca. 20 % höhere Wärmekapazität hat. Sobald die Anlage wieder in Betrieb geht, wird die Wärmeträgerflüssigkeit mittels

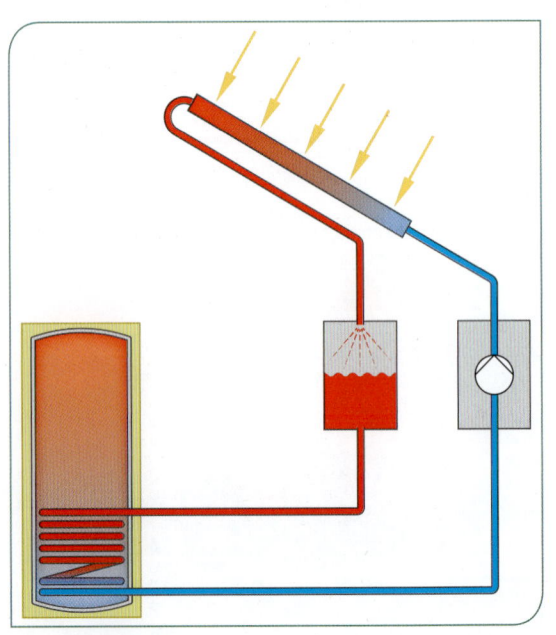

3 Drainback-System

---

[1] Inhibitoren: Chemikalien, die den Sauerstoff binden

6 Trinkwassererwärmung durch solarthermische Anlagen

einer Pumpe in die Kollektoren zurückgepumpt. Die eingesetzte Hilfsenergie (auxiliary energy), die benötigt wird, um die Kollektoren jedes Mal bei Betriebsbeginn zu füllen, ist erheblich höher als bei unter Druck stehenden Anlagen. Da die Anlage nicht unter Druck steht, werden weder ein Ausdehnungsgefäß noch ein Sicherheitsventil benötigt.

6.3.4 Kollektoren

Kollektoren sind der Teil einer solarthermischen Anlage, in dem die Sonnenstrahlung (Sonnenlicht) in Wärmeenergie umgewandelt wird.

Grundsätzlich werden **drei** Kollektorbauarten unterschieden (Bild 1):
- Flachkollektoren (flat plate collectors),
- Vakuumröhrenkollektoren (evacuated tube collectors) und
- unverglaste (without glass cover) Kollektoren (Absorber).

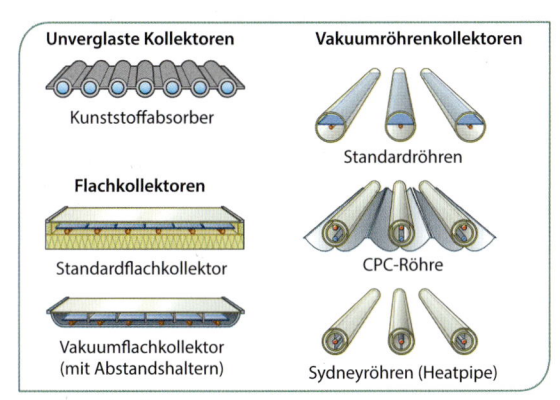

1 Kollektorbauformen

2 Entwicklung der Kollektorfläche in Deutschland

Ende 2009 waren rund 1,4 Millionen Solarkollektoranlagen in Deutschland installiert, was bedeutet, dass sich seit 1999 die Anzahl der Anlagen vervierfacht hat. Die Kollektorfläche hat sich seit 1999 von etwa 2,5 Mio. m² bis 2011 auf etwa 15 Mio. m² erhöht (Bild 2). Alle Solarthermieanlagen zusammen sparen in Deutschland jährlich über 500 Mio. Liter leichtes Heizöl bzw. über 550 Mio. m³ Erdgas ein und der CO_2-Ausstoß reduziert sich dadurch um mehr als 1 Mio. Tonnen.

In Deutschland werden hauptsächlich **Flach-** und **Vakuumröhrenkollektoren** installiert, wobei Flachkollektoren einen Marktanteil von ca. 90 % an der gesamten verbauten Fläche haben. Das **Funktionsprinzip** (operating principle) ist bei Flach- und Röhrenkollektoren **gleich** (Bild 3). Die Sonnenstrahlung gelangt durch eine transparente **Abdeckung** (transparent cover) aus Solarglas auf beschichtete Absorberbleche (absorber plates), die sich stark erhitzen und die kurzwellige Sonnenstrahlung in Wärmeenergie umwandeln. Über mit dem Absorber verbundene **Rohre** gelangt die Wärme mittels einer **Wärmeträgerflüssigkeit** (meist ein Wasser/Glykol-Gemisch) zum Trinkwarmwasserspeicher. Solarkollektoren unterscheiden sich hauptsächlich durch die Art der **Wärmedämmung** (insulation).

Flächenbezeichnungen

In den Herstellerunterlagen dienen die **Flächenbezeichnungen** (surface definitions) als Bezugsgrößen für Leistungs- und Ertragsangaben und den Vergleich von Kollektoren. Sie werden jedoch nicht immer einheitlich verwendet. Es ist deshalb wichtig, das sich alle Beteiligten auf die gleichen

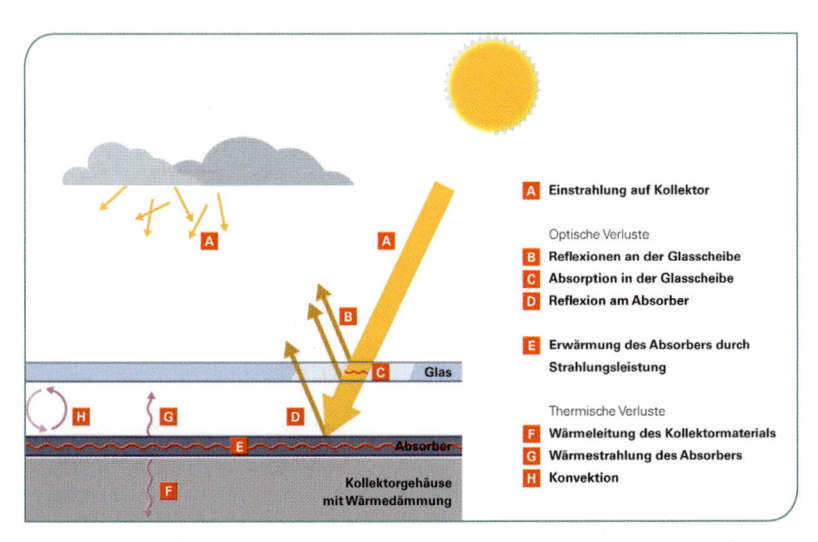

3 Energieflüsse und Funktionsprinzip

Lernfeld 9

6 Trinkwassererwärmung durch solarthermische Anlagen

Bezugsflächen beziehen. Nach DIN EN 12975, DIN EN 12976 und VDI 6002 werden **Bruttofläche** (gross area), **Aperturfläche** (aperture area) und **Absorberfläche** (absorber area) unterschieden (Bild 1 und 2).

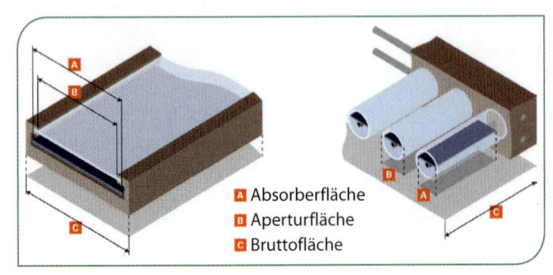

1 Flächenbezeichnungen bei Flachkollektoren und Röhrenkollektoren ohne Reflektor

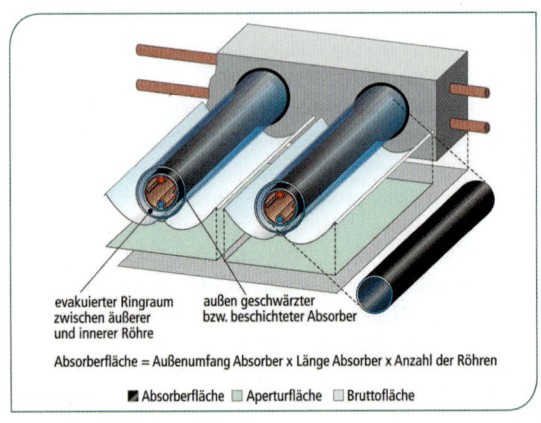

2 Flächenbezeichnungen bei Röhrenkollektoren mit Reflektor

6.3.4.1 Flachkollektoren

Flachkollektoren (Bilder 3, 4 und 5) bestehen im **Wesentlichen** aus:
- einem **Rahmen** (frame) mit **Rückwand** (back panel) oder einer **Wanne** aus z. B. Aluminium, rostfreiem Stahl, glasfaserverstärktem Kunststoff oder beschichtetem Stahlblech und **Dichtungen**,
- einem **Absorber** aus Metall mit daran angebrachten **Rohren**,
- einer transparenten **Abdeckung** aus z. B. Solarsicherheitsglas,
- der **Wärmedämmung** des Gehäuses und
- zwei oder vier **Rohranschlüssen** für den Zu- und Ablauf der Wärmeträgerflüssigkeit.

Standardflachkollektoren sind rechteckig und haben Flächengrößen von etwa **2 m² – 2,5 m²**, es werden aber auch Flachkollektoren unterschiedlichster Bauformen in Größen zwischen **0,5 m² und 12 m²** angeboten.

6.3.4.1.1 Absorber

Der Absorber ist das **wichtigste** Element des Kollektors, denn hier wird die Sonnenstrahlung in Wärmeenergie umgewandelt und an die Wärmeträgerflüssigkeit abgegeben. Er muss

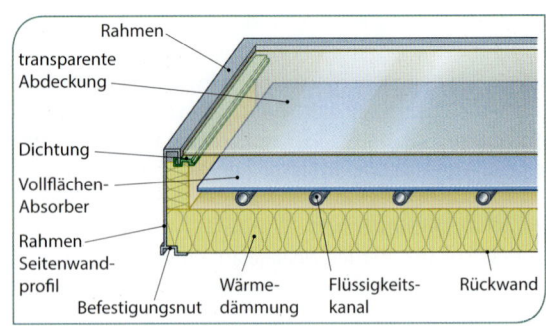

3 Längsschnitt durch Flachkollektor

4 Flachkollektor mit mäanderförmig angebrachten Rohren

5 Flachkollektor mit harfenförmig angebrachten Rohren

6 Trinkwassererwärmung durch solarthermische Anlagen

in hohem Maße korrosions- und temperaturbeständig sein und besteht meist aus **gut Wärme leitendem** Kupfer- oder Aluminiumblech mit angelöteten, angeschweißten oder angepressten Rohrleitungen. Um aus der Sonnenstrahlung eine möglichst gute Energieausbeute zu erzielen, werden alle Absorber dunkel und selektiv[1] beschichtet. Dass sich dunkle Gegenstände stärker erwärmen als helle, kann man leicht herausfinden, in dem man sich abwechselnd mit einem weißen und dann mit einem schwarzen T-Shirt in die Sonne stellt. Die **selektive Beschichtung** (selective coating) bewirkt, dass die eintreffende Sonnenstrahlung fast vollständig in Wärmeenergie umgewandelt wird und nur sehr wenig Energie durch Abstrahlung (radiation) verloren geht (Bild 1). Es werden z. Z. im Wesentlichen **zwei Beschichtungsarten** verwendet, die sich in ihrer Schichtenstruktur unterscheiden (Bild 1). Neuere Absorber werden heute meist mit einer **blau schimmernden Schicht** (blue shimmering coating) versehen, die in einem Vakuumverfahren aufgebracht wird. Die Energieausbeute dieser Absorber ist bei hohen Temperaturen und geringer Sonneneinstrahlung höher als bei schwarzchrombeschichteten Absorbern. Außerdem ist das Verfahren im Gegensatz zur galvanisch aufgebrachten **Schwarzchrombeschichtung** viel **weniger belastend** (less burdensome) für die Umwelt. Mattschwarz lackierte Absorberbleche werden heute nicht mehr verwendet.

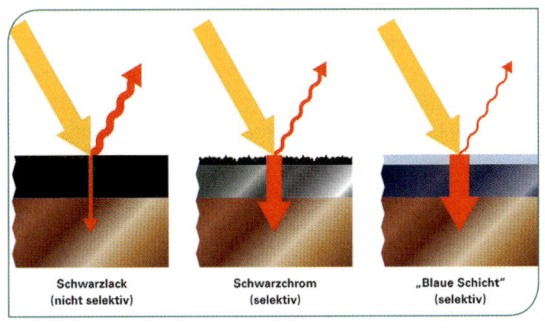

1 Absorberbeschichtungen

Flachkollektoren werden hauptsächlich mit Rohren angeboten, die **mäanderförmig** (serpentinenförmig) oder in Form einer **Harfe** (harp) angebracht sind (Bilder 4 und 5, vorherige Seite). Harfenförmig angebrachte Rohrleitungen haben unter normalen Betriebsbedingungen einen etwas geringeren Druckverlust (pressure drop) als mäanderförmig angebrachte Rohrleitungen, was bei Kleinanlagen (Ein- und Zweifamilienhäuser) aber vernachlässigt werden kann. Kollektoren mit **vier** Rohranschlüssen können leichter zu größeren Einheiten verbunden werden.

6.3.4.1.2 Transparente Abdeckung
Die transparente Abdeckung eines Kollektors soll möglichst die gesamte Sonnenstrahlung **hindurchlassen** und die vom Absorber emittierte[2] Wärmestrahlung **zurückhalten** (keep). Weiterhin muss sie temperatur- und UV-beständig sein und den Absorber und die Wärmedämmung auch vor Schneelasten, Regen, Hagel (hail), Luftfeuchte und evt. herabfallenden Ästen (branches) schützen. Dazu wird meist ein hoch lichtdurchlässiges, eisenarmes Solarsicherheitsglas verwendet, das im Fall einer Zerstörung wie eine Sicherheitsglasscheibe (safety-glass pane) im Auto in viele kleine Glasscherben zerspringt. Durch eine zusätzliche Antireflexbeschichtung (antireflective coating) oder durch ein Ätzverfahren kann der Kollektorertrag noch um fast 5 % gesteigert werden.

6.3.4.1.3 Wärmedämmung
Flachkollektoren werden an der Unterseite und an den Seiten durch eine Wärmedämmung gegen Wärmeverluste geschützt (Bild 3, vorherige Seite). Da sehr hohe Stillstandstemperaturen von über 200 °C auftreten können, sind die früher häufig verwendeten PU-Schäume nur mit einer temperaturbeständigen Zwischenschicht zu verwenden. Wegen der besseren Temperaturbeständigkeit werden heute meist Mineralfaserdämmstoffe wie z. B. Glas- und Steinwolle eingesetzt.

6.3.4.1.4 Gehäuse
Das Gehäuse eines Flachkollektors muss temperaturbeständig, stabil, **verwindungssteif** (torsion resistant), schlagfest, witterungsbeständig (weather-resistant) und wasserdicht sein, damit eine jahrzehntelange Funktionssicherheit gegeben ist. Außerdem müssen alle Bauteile wie Abdeckung, Absorber und Dämmung leicht und dauerhaft mit dem Gehäuse verbunden werden können. Auf eine wärmebrückenfreie Verbindung mit dem Dach und die Abdichtung (sealing) der Rohrleitungsanschlüsse und der transparenten Abdeckung ist besonders zu achten.

6.3.4.2 Vakuumflachkollektoren
Vakuumflachkollektoren (evacuated flat plate collectors) werden nur von wenigen Herstellern angeboten. Sie unterscheiden sich von den anderen Flachkollektoren dadurch, dass anstelle einer konventionellen Dämmung mit Mineralfaserdämmstoffen das Innere des Kollektors evakuiert[3] wird. Das so entstehende **Vakuum** (10^{-1} bis 10^{-3} bar, Absolutdrücke) verhindert weitgehend Wärmeverluste durch Konvektion und Wärmeleitung. Da durch das Vakuum im Inneren große **Druckkräfte** (compression forces) von außen auf die Abdeckung wirken, muss sie durch **Stützelemente** (Bild 1, nächste Seite) oder z. B. durch die besondere **Konstruktion** der Absorberstreifen (Bild 2, nächste Seite) entlastet werden. Vorteilhaft ist, dass Staub und Feuchtigkeit nicht in den Kollektor gelangen und sie wegen des höheren Energieertrages bei gleicher Fläche kleiner sein können. Vakuumflachkollektoren sind aufwändiger herzustellen und deshalb auch teurer. In der Vergangenheit ist es nicht immer zufriedenstellend gelungen, das Vakuum über einen langen Zeitraum aufrechtzuerhalten.

---

[1] selektiv: auswählend
[2] emittieren: aussenden
[3] evakuieren: luftleer machen

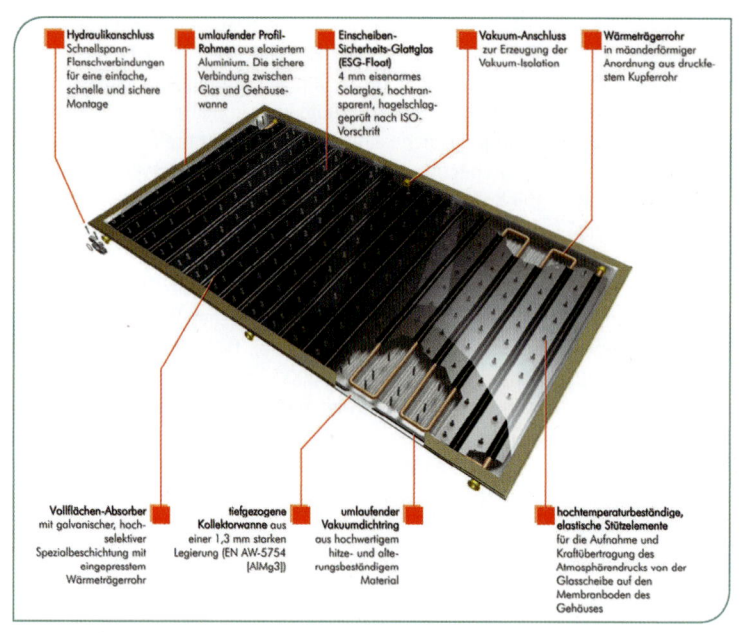

6 Trinkwassererwärmung durch solarthermische Anlagen

1 Vakuumflachkollektor

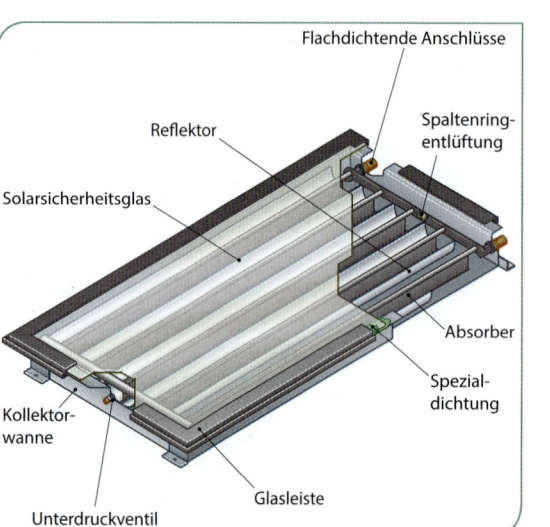

3 Vakuumröhrenkollektor

2 Vakuumflachkollektor

6.3.4.3 Vakuumröhrenkollektoren

Die Umwandlung der Sonnenstrahlung in Wärmeenergie ist bei Vakuum-Flachkollektoren und Vakuumröhrenkollektoren **grundsätzlich** gleich (vgl. 6.3.4.2). Im Aufbau unterscheiden sie sich erheblich. Der Absorber befindet sich in einer evakuierten (10^{-5} bar, Absolutdruck) Glasröhre (glass tube), die gleichzeitig als transparente Abdeckung dient. Wegen der Röhrenform können die von außen wirkenden Druckkräfte besonders gut aufgenommen werden. Die verwendeten Glassorten müssen eine hohe thermische und mechanische Stabilität (stability) aufweisen. Mehrere nebeneinanderliegende, auf einen Rahmen montierte Röhren (5-30) werden in einem Sammelkasten hydraulisch (hydraulicly) miteinander verbunden und bilden ein Kollektormodul (Bild 3).

Bei den Vakuumröhrenkollektoren werden direkt durchströmte Röhren, Heatpipe-Röhren und Sydney-Röhren unterschieden.

6.3.4.3.1 Direkt durchströmte Vakuumröhren

Bei direkt durchströmten Vakuumröhren (direct flow evacuated tube collectors) befindet sich im Inneren des evakuierten Glasrohres ein selektiv beschichteter Absorberstreifen (vgl. 6.3.4.1.1), unter dem ein koaxiales Rohr (Rohr im Rohr) befestigt ist. Durch das innere Rohr fließt die Wärmeträgerflüssigkeit vom kälteren Vorlauf zum Ende des Absorbers, nimmt die Wärme vom Absorber auf und fließt über das äußere Rohr zum Rücklauf zurück (Bild 4). Jede der einzelnen

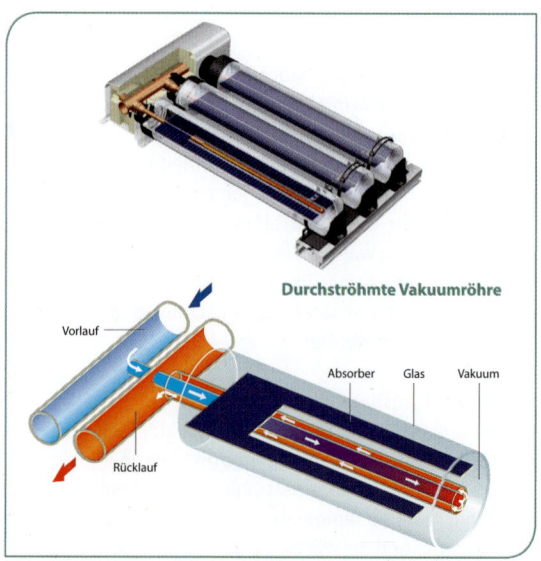

4 Direkt durchströmter Vakuumröhrenkollektor

6 Trinkwassererwärmung durch solarthermische Anlagen

1 Vakuumröhrenkollektor als Balkongeländer

Glasröhren kann gedreht und somit der Absorber zur Sonne ausgerichtet werden. Direkt durchströmte Vakuumröhrenkollektoren sind **lageunabhängig** (independent of position) und können geneigt sowie horizontal oder senkrecht montiert werden (Bild 1).

6.3.4.3.2 Heatpipe-Vakuumröhren

Heatpipe-Vakuumröhren unterscheiden sich von direkt durchflossenen Röhren dadurch, dass an der Unterseite des selektiv beschichteten Absorbers ein geschlossenes Wärmerohr (Heatpipe) metallisch Wärme leitend mit dem Absorber verbunden ist (Bild 2). Das Wärmerohr ist mit einer leicht verdampfenden Flüssigkeit, meist Wasser oder Alkohol, mit geringem Druck gefüllt. Schon bei geringer Sonneneinstrahlung verdampft die Flüssigkeit im Wärmerohr, steigt nach oben und gelangt in einen außerhalb der Glasröhre gelegenen Kondensator (condenser). Er wird bei der **nassen Anbindung** direkt von der Wärmeträgerflüssigkeit umflossen (Bild 2 b) und bei der **trockenen Anbindung** gut Wärme leitend mit dem von der Wärmeträgerflüssigkeit durchströmten Sammelrohr verbunden (Bild 2 a). Im Kondensator kondensiert der Dampf durch die kühlere Wärmeträgerflüssigkeit, gibt seine Energie an diese ab und fließt wieder zurück nach unten. Um dies zu gewährleisten, müssen Heatpipe-Vakuumröhren mit einer Mindestneigung von etwa 20° montiert werden. Vorteilhaft ist, dass einzelne Röhren leicht ausgetauscht werden können, ohne den Kollektorkreislauf zu entleeren und dass sie gedreht werden können, um sie zur Sonne auszurichten.

6.3.4.3.3 Sydney-Vakuumröhren

Sydney-Röhren sind eine Variante der direkt durchströmten Vakuumröhren. Sie bestehen aus einer doppelwandigen (double-walled), evakuierten Glasröhre und sind nach dem Thermoskannenprinzip aufgebaut. Das Vakuum befindet sich zwischen dem inneren und äußeren Rohr. Die Enden der beiden Rohre sind dauerhaft miteinander verschmolzen, was ein stabiles Vakuum garantiert. Das innere Rohr ist auf der äußeren Seite selektiv beschichtet und dient als Absorber. In das innere Rohr wird ein kreisförmig gebogenes Wärmeleitblech (heat baffle plate) eingeschoben, das gut Wärme leitend mit einem U-Rohr verbunden ist, durch das die Wärmeträgerflüssigkeit fließt (Bild 3 und Bild 1, nächste Seite). Statt eines U-Rohres kann auch eine Heatpipe verwendet werden (Bild 4).

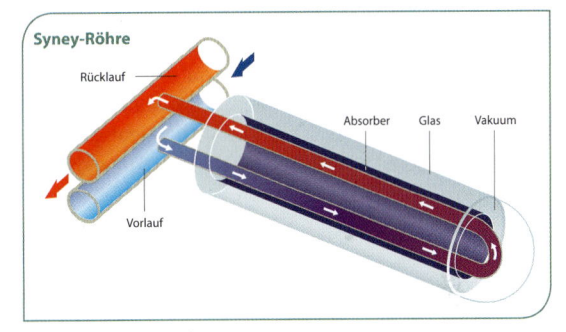

3 Sydney-Vakuumröhre

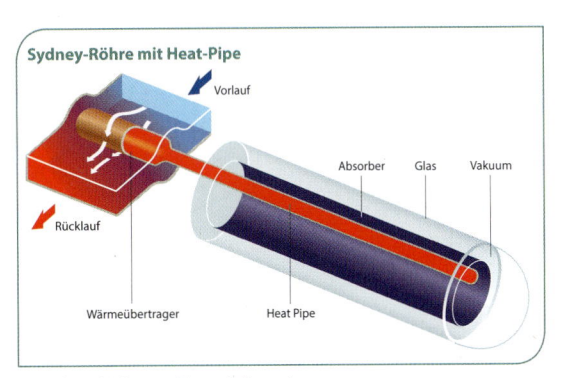

4 Sydney-Vakuumröhre mit Heatpipe

6.3.4.4 Vor- und Nachteile

Wesentliche **Vorteile** (advantages) von Vakuumröhrenkollektoren gegenüber Flachkollektoren sind:
- ein höherer Wirkungsgrad bei hohen Temperaturdifferenzen zwischen Absorber und Umgebung,
- ein höherer Wirkungsgrad im Winter bei geringer Sonnenstrahlung,

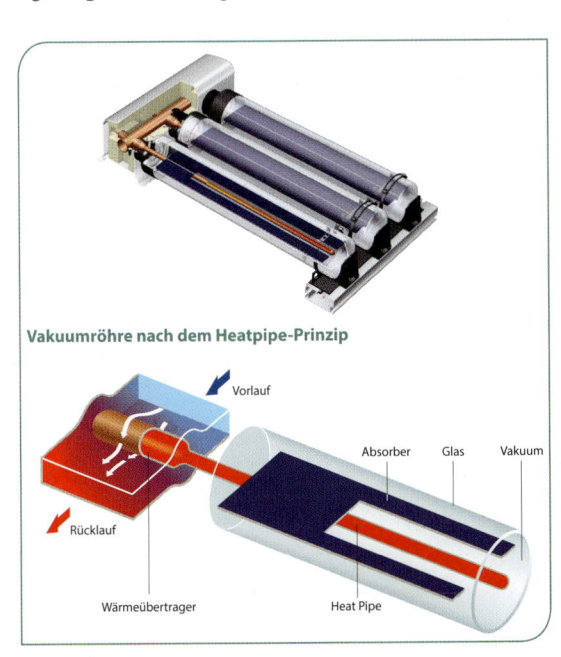

2 Heatpipe

6 Trinkwassererwärmung durch solarthermische Anlagen

- die lageunabhängige (independent of position) Montage von direkt durchströmten Vakuumröhrenkollektoren und
- ein geringeres Gewicht (leichterer Transport und einfachere Montage).

Wesentliche **Nachteile** (disadvantages) gegenüber Flachkollektoren sind:
- der höhere Preis,
- dass eine Indachmontage (roofintegrated mounting) nicht möglich ist (vgl. Kap. 6.3.6.1),
- dass Heatpipe-Vakuumröhrenkollektoren nicht horizontal montiert werden können.

6.3.4.5 Unverglaste Kollektoren (Schwimmbad-Kollektoren)

Unverglaste (unglazed) Kollektoren eignen sich **besonders** für die Beheizung von privaten und öffentlichen Freibädern im Sommer, weswegen sie auch **Schwimmbad-Kollektoren** genannt werden. Da sie nur aus dem **Absorber** bestehen und ihnen die transparente Abdeckung und der gedämmte Rahmen fehlen (Bild 2 und 1, nächste Seite), eignen sie sich nicht für Anwendungen mit höheren Temperaturen; die Wärmeverluste (heat losses) wären zu groß. Sie arbeiten mit gutem Wirkungsgrad in einem Temperaturbereich von **0 K bis 20 K** oberhalb der Umgebungstemperatur. Die Aufstellung kann sowohl ebenerdig als auch auf wenig geneigten Flachdächern erfolgen. Ideal wäre im Sommer ein Neigungswinkel von 20° bis 35° und eine südorientierte Ausrichtung. Ein guter Windschutz erhöht den Wirkungsgrad.

Schwimmbad-Kollektoren werden aus UV- und witterungsbeständigen Kunststoffen gefertigt, meist Polypropylen (PP), Polyethylen (PE) oder Kunstkautschuk (EPDM, Ethylen-Propylen-Dien-Kautschuk). Da die Wärmeträgerflüssigkeit in der Regel das chlorhaltige (chlorinated) Schwimmbadwasser selbst ist, müssen der Absorber und auch die verbindenden Rohrleitungen gegen chlorhaltiges Wasser beständig sein. Die Kollektoren sind begehbar (accessible) und müssen im Winter nicht entleert werden, da sie auch gefüllt frostsicher (frost-resisting) sind.

2 Schwimmbad-Kollektor

6.3.5 Auswahl von geeigneten Kollektoren

Aus Diagrammen mit Wirkungsgradkennlinien von verschiedenen Kollektortypen kann man entnehmen, welche Kollektortypen für welchen Einsatzbereich geeignet sind

❶ **Vakuum-Röhre** mit neuartiger Antireflexbeschichtung zur Leistungssteigerung.

❷ Hochselektive, leistungsoptimierte **Absorberschicht**, auf der inneren Glasröhre. Zur Erzielung höchster Energiegewinne.

❸ Aluminium-**Wärmeleitprofil** zur optimalen Übertragung der Wärme vom Absorber auf das Wärmeträgersystem.

❹ U-förmiges **Spezialstahlrohr** zum effektiven Abtransport der gewonnenen Wärme.

❺ **Mineralwollisolierung** mit Alukaschierung zur Vermeidung von Wärmeverlusten im Sammelkasten.

❻ **Sammelkasten mit Wärmeübertragungseinheit**
Beinhaltet die Sammel- und Verteilrohre und bündelt die gesammelte Wärme der Spezialstahlrohre zum Weitertransport in den Wärmespeicher.

❼ **CPC Spiegel** (Compound Parabolic Concentrator) hochreflektierend, witterungsbeständig mit neuartiger Spiegelbeschichtung zum Schutz des Spiegels vor korrosiven Angriffen.

1 Sydney-Vakuumröhrenkollektor

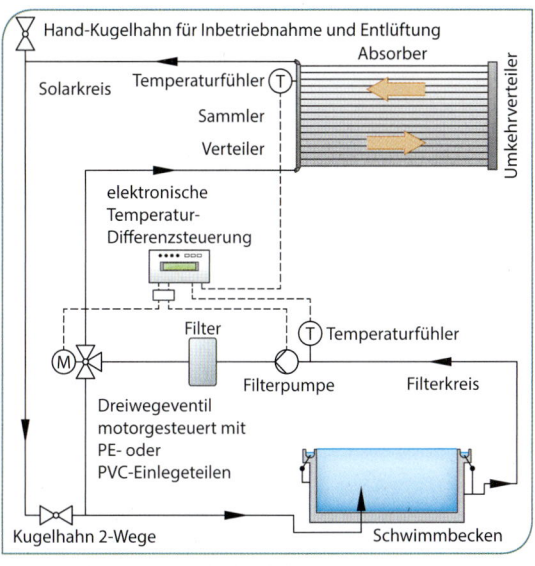

6 Trinkwassererwärmung durch solarthermische Anlagen

1 Schaltschema Schwimmbad-Kollektor

(Bild 2). Für die Auswahl ist die **Temperaturdifferenz Δθ** zwischen mittlerer Kollektortemperatur und Außenluft von entscheidender Bedeutung. Die mittlere Kollektortemperatur ergibt sich, abhängig von der Anwendung, meist aus dem Jahresmittel von Vor- und Rücklauftemperatur. Sie beeinflusst den Wirkungsgrad und damit auch die Leistung des Kollektors wesentlich. Je höher die Temperaturdifferenz zwischen Absorber und Umgebungstemperatur ist, desto größer werden die Vorteile von Vakuumröhrenkollektoren. Allerdings muss auch das Preis-/Leistungsverhältnis beachtet werden, was andere Kollektortypen, wie z.B. Flachkollektoren wieder attraktiver macht. Sie liefern besonders bei der Trinkwassererwärmung im Verhältnis zum Preis gute Erträge.

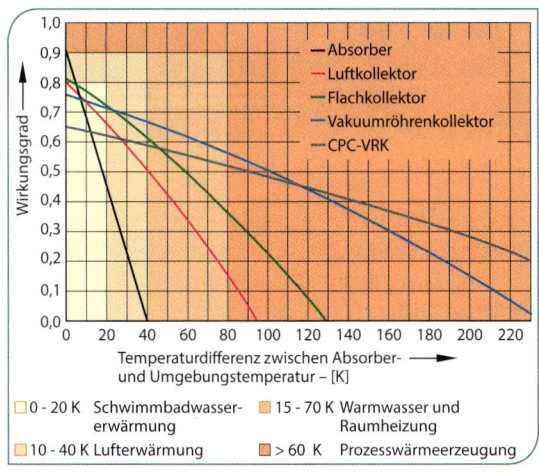

2 Wirkungsgradkennlinien verschiedener Kollektortypen und Einsatzgebiete

6.3.6 Montage

Da Kollektoren in der Regel auf dem Dach (roof) montiert werden, sind sie ständig der Witterung (weather) ausgesetzt. Hieraus ergeben sich besondere Anforderungen an die Korrosionsbeständigkeit und die Stabilität der Kollektoren und der Befestigungssysteme, auch der Blitzschutz (lightning protection) und ästhetische Gesichtspunkte müssen berücksichtigt werden.

Grundsätzlich lassen sich nach Bild 3 Kollektoren:
- auf einem Schrägdach (1; 6) (pitched roof),
- integriert in ein Schrägdach (2),
- auf einem Flachdach (5) (flat roof),
- an der Fassade (facade) oder an Balkonen (3; 4) oder
- freistehend montieren.

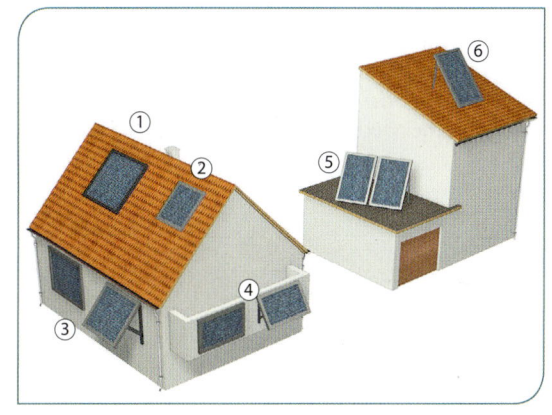

3 Montagemöglichkeiten

Bei Schrägdächern ist die Ausrichtung der Kollektoren vorgegeben, bei Flachdächern und der frei stehenden Montage können die Ausrichtung und der Neigungswinkel der Kollektoren den Gegebenheiten exakt angepasst werden. Besonders beachtet werden muss die Beschattungssituation (shading), auch bezogen auf die Zukunft. Solche Anlagen arbeiten min. 20–30 Jahre und kleine Bäume können über solch einen langen Zeitraum enorm in die Höhe wachsen. Bei einer Ausrichtung der Kollektoren nach Süden darf der Bereich zwischen Südwest und Südost nicht verschattet werden. Der Verschattungswinkel zum Horizont sollte dabei nicht größer als 20° sein (Bild 4).

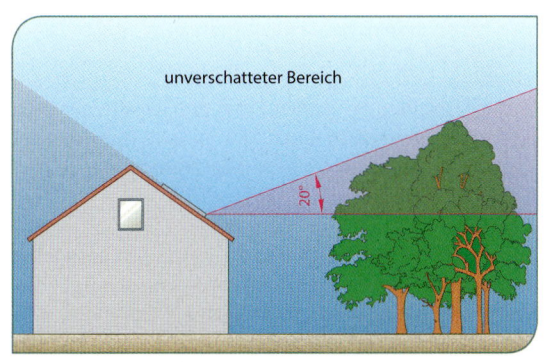

4 Verschattung

6 Trinkwassererwärmung durch solarthermische Anlagen

6.3.6.1 Schrägdachmontage
Bei der Schrägdachmontage muss zwischen der **Aufdach-** und der **Indachmontage** unterschieden werden (Bild 1).

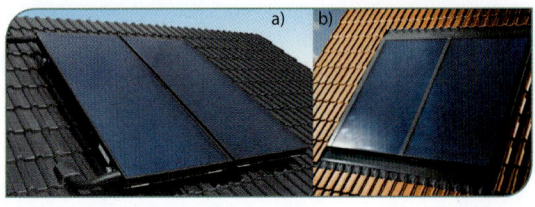

1 Auf- und Indachmontage

Aufdachmontage
Bei der Aufdachmontage werden die Kollektoren mit z. B. Dachklammern oder Dachhaken (Bild 2) einige Zentimeter über der Dacheindeckung fest mit den Dachsparren verbunden (Bild 3).

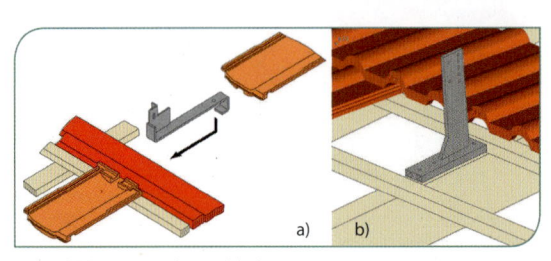

2 Dachklammern oder Dachhaken

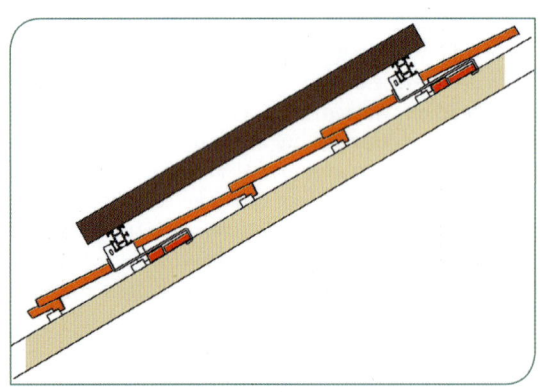

3 Schnitt Aufdachmontage

Nachteilig ist, dass die Rohrleitungen zum Teil über das Dach geführt werden müssen und die Konstruktion optisch nicht so ansprechend aussieht wie die Indachmontage.

Indachmontage
Bei der Indachmontage werden die Kollektoren anstatt der Dachdeckung (roofing) direkt auf den Dachlatten (roof battens) und Dachsparren (rafters) montiert (Bilder 4 und 5). Um die Konstruktionen regendicht auszuführen, werden die Übergänge zum Dach überlappend (overlapping) ausgeführt. Der Montageaufwand ist wesentlich höher als bei der Aufdachmontage und die Kollektoren müssen mit einer Mindestdachneigung montiert werden.

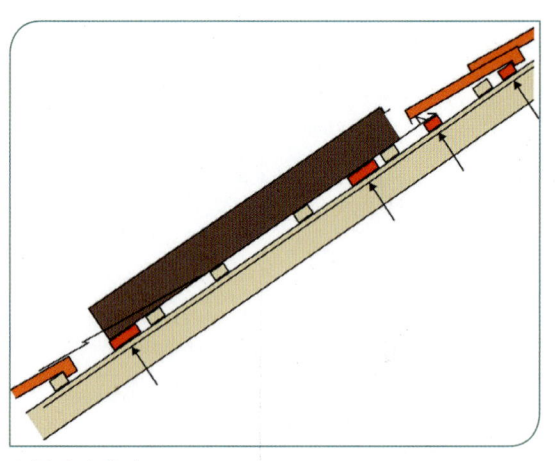

4 Schnitt Indachmontage

5 Indachmontage

Von Vorteil ist, dass die Rohrleitungen unterhalb der Dacheindeckung verlaufen, die Konstruktion optisch besser aussieht und Dachpfannen (damit auch Gewicht) eingespart werden können.

6.3.6.2 Flachdachmontage
Flachkollektoren müssen auf Flachdächern mit Neigung montiert werden, da sonst eine Selbstreinigung (self-cleaning) durch den Regen nicht möglich ist. Auch die Be- und Entlüftung wird bei liegender Position erschwert. Direkt durchströmte Vakuumröhrenkollektoren können auch liegend montiert werden. Ein besonderer Vorteil der Flachdachmontage ist, dass die Kollektoren nach Süden mit einem optimalen Aufstellwinkel ausgerichtet werden können (Bild 1, nächste Seite).

6 Trinkwassererwärmung durch solarthermische Anlagen

1 Flachdachmontage

Die Kollektoren werden mit Hilfe einer verstellbaren Ständerkonstruktion entweder auf einer fest montierten Unterkonstruktion befestigt oder mit Gewichten beschwert frei aufgestellt (Bild 2). Wenn sie mit Gewichten beschwert werden, muss das Dach auf seine Tragfähigkeit hin untersucht werden.

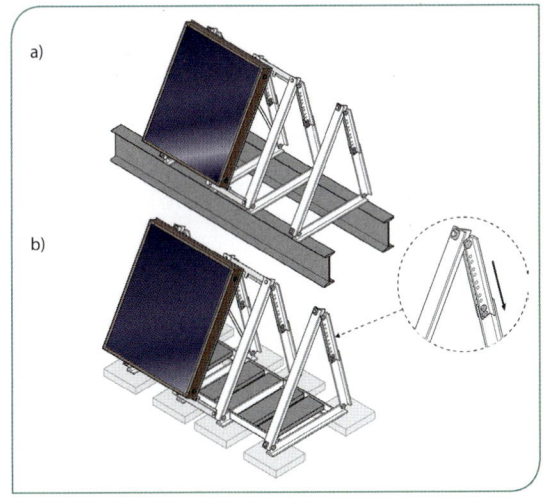

2 a) Montage auf Unterkonstruktion b) freistehende Montage

Werden Kollektoren hintereinander montiert (Bild 1), muss ein bestimmter Abstand *(z)* eingehalten werden, damit sie sich auch im Winter nicht gegenseitig beschatten (shade). In der VDI 6002 Blatt 1 ist ein Berechnungsverfahren festgelegt. Benötigt wird dazu der Sonnenstandswinkel *(β)* mittags am kürzesten Tag des Jahres (21. Dez.); in Deutschland liegt er zwischen 11,5° in Flensburg und 19,5° in Konstanz. Weiterhin müssen die Höhe des Kollektors *(h)* und sein Neigungswinkel *(α)* bekannt sein (Bild 3).

$$\frac{z}{h} = \frac{\sin[180° - (\alpha + \beta)]}{\sin\beta}$$

z: Kollektorreihenabstand
h: Kollektorhöhe
α: Kollektorneigungswinkel
β: Sonnenstandswinkel

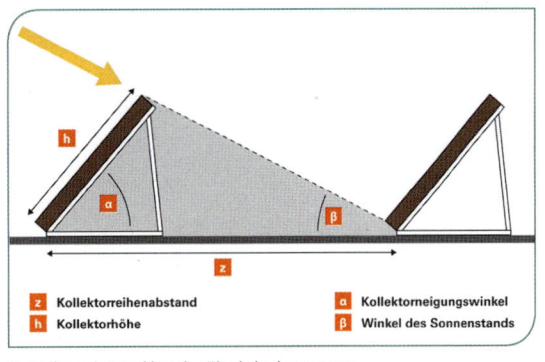

3 Reihenabstand bei der Flachdachmontage

z Kollektorreihenabstand   **α** Kollektorneigungswinkel
h Kollektorhöhe   **β** Winkel des Sonnenstands

Beispiel:
Wie groß muss der Abstand **z** sein für einen 1 m hohen Kollektor in Freiburg, der 40° geneigt ist.
geg.: $h = 1$ m, $\alpha = 40°$, $\beta = 18,5°$
ges.: z in m

Lösung:

$$z = \frac{\sin[180° - (\alpha + \beta)]}{\sin\beta} \cdot h$$

$$z = \frac{\sin[180° - (40° + 18,5°)]}{\sin 18,5} \cdot 1 \text{ m}$$

$$z = \frac{\sin 121,5°}{\sin 18,5°} \cdot 1 \text{ m}$$

$$z = \underline{\underline{2,687 \text{ m}}}$$

Bei einigen Herstellern können die Abstände den **Herstellerunterlagen** entnommen werden.

6.3.6.3 Fassadenmontage

Grundsätzlich lassen sich alle Kollektortypen an der Fassade montieren (Bild 4). Aus gestalterischen Gründen findet die Fassadenmontage (facade mounting) zunehmend Anwendung (Bild 1, nächste Seite). Sie unterliegt aber gewissen baurechtlichen Anforderungen. Die entsprechenden Regeln sind der Liste der Technischen Baubestimmungen (LBT) zu entnehmen. Es geht hier vor allem um den Schutz (protection) vor herunterfallenden Glasteilen.

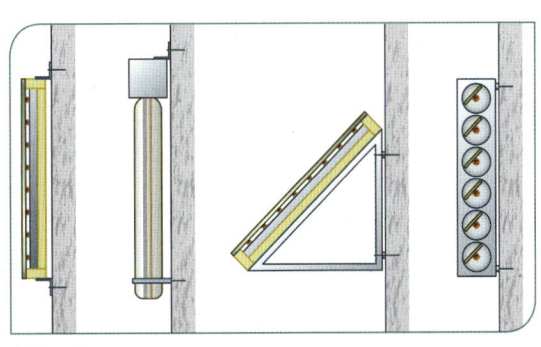

4 Fassadenmontage

Lernfeld 9

6 Trinkwassererwärmung durch solarthermische Anlagen

6.3.7 Solarkreislauf

Ein Solarkreislauf besteht aus folgenden Teilen (Bild 2):
- Solarkollektoren (vgl. 6.3.4),
- Rohrleitungen einschließlich Dämmung,
- Wärmeträgerflüssigkeit,
- Solarpumpe,
- Solarkreiswärmeübertrager,
- Armaturen und Einbauten zum Befüllen, Entleeren und Entlüften,
- Sicherheitsventil mit Membran-Ausdehnungsgefäß bzw. Anschluss dafür,
- Anzeigeinstrumente wie Thermometer, Manometer und Durchflussmessgerät,
- Regelung und
- Solarspeicher sowie
- Montagevorrichtungen.

6.3.7.1 Solarstationen

In standardisierten Solaranlagen werden meist kompakte, vormontierte und gedämmte **Solarstationen** (solar stations) installiert, in denen Solarpumpe, Armaturen und Einbauten zum Befüllen, Entleeren und Entlüften, Schwerkraftbremsen (gravity brakes), Thermometer, Manometer, Durchflussmessgerät, Sicherheitsventil und Regelung integriert sind (Bild 1, nächste Seite).

6.3.7.2 Rohrleitungen und Dämmung

Für Standardsolaranlagen werden Kupferrohre nach DIN EN 1057 am häufigsten eingesetzt, es können jedoch auch Edel-

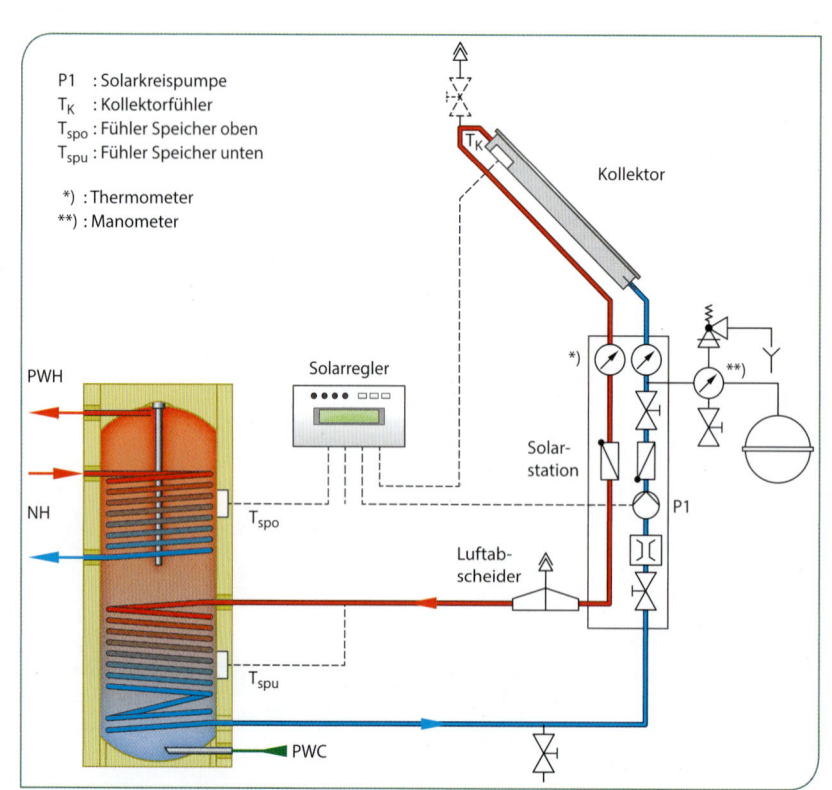

1 Fassadengestaltung, Heliotrop in Freiburg

P1 : Solarkreispumpe
T_K : Kollektorfühler
T_{spo} : Fühler Speicher oben
T_{spu} : Fühler Speicher unten

*) : Thermometer
**) : Manometer

2 Anlagenschema solare Trinkwassererwärmung

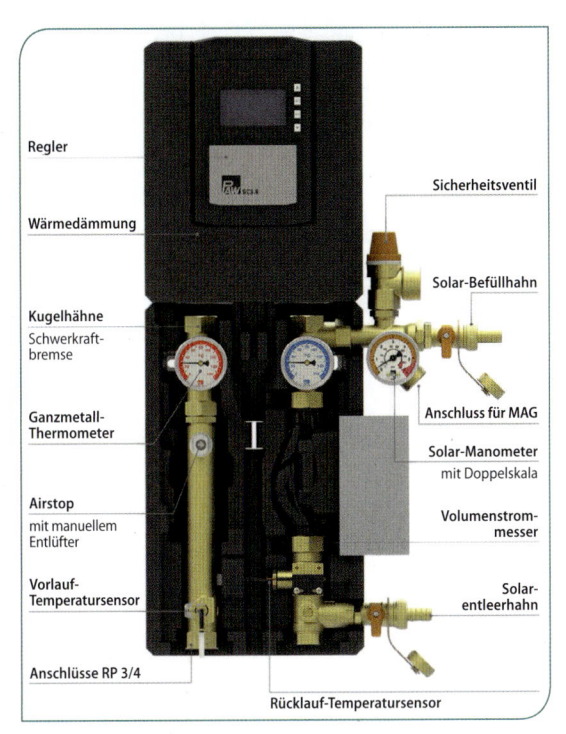

6 Trinkwassererwärmung durch solarthermische Anlagen

Regler
Wärmedämmung
Kugelhähne Schwerkraftbremse
Ganzmetall-Thermometer
Airstop mit manuellem Entlüfter
Vorlauf-Temperatursensor
Anschlüsse RP 3/4
Sicherheitsventil
Solar-Befüllhahn
Anschluss für MAG
Solar-Manometer mit Doppelskala
Volumenstrommesser
Solar-entleerhahn
Rücklauf-Temperatursensor

1 Vormontierte Solarstation

Fließgeschwindigkeit der Wärmeträgerflüssigkeit nicht größer als 1 $\frac{m}{s}$ sein, empfohlen werden 0,4 $\frac{m}{s}$ bis 0,7 $\frac{m}{s}$.

Rohrdurchmesser in gepumpten Anlagen	Leitungslänge			
Kollektorfläche	10 m	20 m	30 m	40 m
bis 8 m²	18 x 1	18 x 1	18 x 1	22 x 1
bis 15 m²	18 x 1	22 x 1	22 x 1	28 x 1

3 Richtwerte Rohrdurchmesser kleinerer Solaranlagen

Leitungsführung
Die Leitungsführung sollte so geplant werden, dass sich möglichst kurze Wege zwischen Kollektor und Speicher ergeben, sich das System vollständig entleeren lässt und keine Luftsäcke (air pockets) entstehen. Weiterhin müssen genügend Ausdehnungsmöglichkeiten, z.B. über Kompensatoren, vorgesehen werden, da bei den hohen möglichen Temperaturen im Solarkreis (über 200 °C) die Leitungen sich entsprechend ausdehnen.

Rohrverbindungen
Alle Verbindungen müssen druck-, temperatur- und glykolbeständig (glycol resistant) sein. Als gut geeignet haben sich für Solaranlagen zugelassene metallisch dichtende Verbindungen und Anschlüsse mit O-Ringen wie z.B. bei Pressverbindungen (compression joints) herausgestellt (vgl. Grundkenntnisse, LF 3, Kap. 3.2.2.3). Kupferleitungen in Solarkreisen werden in der Regel hartgelötet, da bei den auftretenden Temperaturen von über 200 °C Weichlötverbindungen sich möglicherweise lösen können.

Dämmung
Leitungen von Solarkreisen müssen genau wie Heizkreis- und PWH-Leitungen nach der Energieeinsparverordnung (EnEV) zu 100 % gedämmt werden (vgl. Fachkenntnisse 1, Lernfeldübergreifende Inhalte, Kap. 6.3.2). Da das Dämmmaterial des Solarkreises Temperaturen über 200 °C ausgesetzt sein kann, kommen nur temperaturbeständige Materialien wie Steinwolle, Elastomere oder EPDM zum Einsatz. Im Freien verlegte Dämmmaterialien müssen zudem UV- und witterungsbeständig sowie wasserdicht sein und Schutz gegen Tierverbiss (bitten through by animals) bieten (Bild 4).

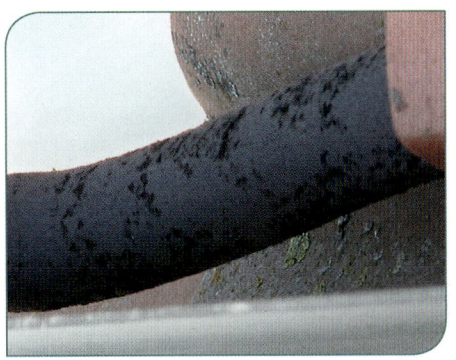

stahl-Wellrohre (corrugated stainless steel tubes) und nicht rostende Stahlrohre nach DIN EN ISO 1127 eingesetzt werden. Für größere Systeme werden auch Stahlrohre nach DIN EN 10220 verwendet.

Vorgefertigte **Kompaktrohrleitungen** von der Rolle aus Kupfer oder in Edelstahl-Wellrohrausführung für die Installation von Solarvorlauf und Solarrücklauf, einschließlich **Sensorkabel** (sensor cable) und **Wärmedämmung**, können die Montagezeit verkürzen und die Kosten senken (Bild 2). Außerdem benötigen sie wegen der kompakten Bauweise weniger Platz.

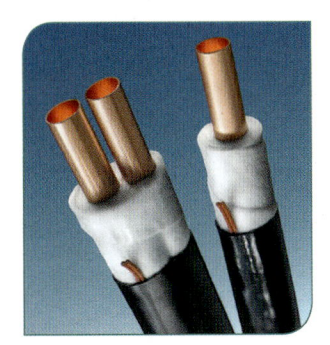

2 Kompaktrohrleitungen

Rohrdurchmesser
Die Rohrdurchmesser für kleinere Solaranlagen (herstellerabhängig von 10 x 1 bis 28 x 1,5) werden so ausgewählt (Bild 3), dass der Druckverlust der Rohrleitungen, einschließlich Formstücke (fittings) und Armaturen, **100 mbar** nicht überschreitet. Um Geräuschbelästigungen zu vermeiden, darf die

4 Schaden durch Kleintierverbiss

6 Trinkwassererwärmung durch solarthermische Anlagen

6.3.7.3 Wärmeträgerflüssigkeit

Um die Wärme vom Kollektor zum Speicher zu transportieren, wird eine Wärmeträgerflüssigkeit benötigt. Da Temperaturen von ca. −20 °C bis +350 °C auftreten, würde Wasser entweder gefrieren oder verdampfen. Ausnahmen bilden besondere Solarsysteme (vgl. 6.3.3).

Durch den Zusatz eines Frostschutzmittels (antifreeze), üblicherweise **Propylenglykol**, wird ein Frostschutz bis −23 °C erreicht und der Siedepunkt (boiling point) erhöht sich abhängig vom Druck auf ca. 188 °C. In Europa wird ein Mischungsverhältnis von 60 % Wasser und 40 % Propylenglykol verwendet. Aus Gewährleistungsgründen darf nur die vom Hersteller für eine Anlage zugelassene Mischung verwendet werden. Das Frostschutzmittel ist schwer entflammbar, ungiftig und biologisch abbaubar (biodegradable).

Da die Wärmeträgerflüssigkeit bei hohen Temperaturen (über ca. 170 °C) Schaden nehmen kann und sich feste Ablagerungen bilden können (Bild 1) muss bei Anlagen mit langen Stagnationszeiten (stagnation periods) und hohen Stagnationstemperaturen eine jährliche Überprüfung der Wärmeträgerflüssigkeit stattfinden.

6.3.7.4 Solarpumpe

Die Hersteller von Heizungsumwälzpumpen haben sich auf die Verbreitung von solarthermischen Anlagen eingestellt und spezielle Solarpumpen entwickelt. Sie zeichnen sich dadurch aus, dass sie:
- einen guten Wirkungsgrad bei geringen Volumenströmen und hohen Drücken haben,
- drehzahlgeregelt,
- temperaturbeständig,
- für Wasser/Glykol-Gemische geeignet und
- hocheffizient mit geringem Stromverbrauch sind (Bild 2).

6.3.7.5 Sicherheitseinrichtungen

Alle Solaranlagen müssen mit einem **Ausdehnungsgefäß** (expansion tank), z. B. einem Membran-Ausdehnungsgefäß, und einem **Sicherheitsventil** nach DIN EN 12976-1 ausgerüstet sein.

Das Ausdehnungsgefäß gleicht die temperaturbedingten Volumenänderungen der Wärmeträgerflüssigkeit aus und muss deshalb unabsperrbar mit dem Kollektorrücklauf verbunden sein. Die Membrane eines Membran-Ausdehnungsgefäßes muss glykol- und temperaturbeständig sein. Manche Hersteller schreiben für z. B. Vakuumröhrenkollektoren und bei kurzen Leitungslängen, z. B. bei Dachheizzentralen (attic heating centres), den Einsatz eines Vorschaltgerätes vor, damit die Membrane nicht mit höheren Temperaturen belastet wird als zugelassen (Bild 3).

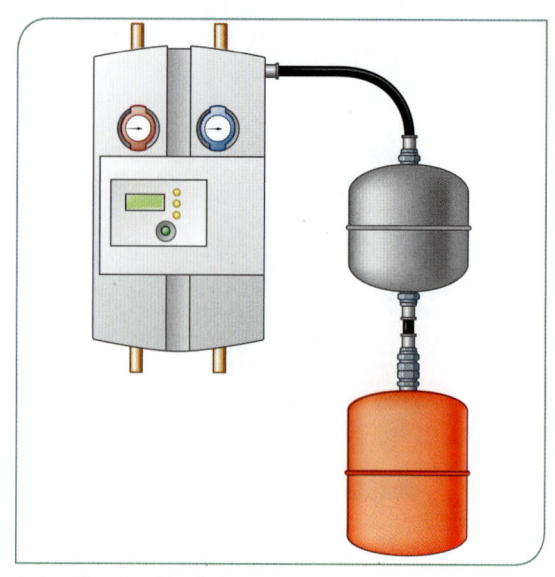

3 Anschluss eines Vorschaltgerätes

Das Sicherheitsventil hat die Aufgabe Wärmeträgerflüssigkeit **abzulassen** (discharge), wenn der maximale Druck der Anlage überschritten wird. Es dürfen nur Sicherheitsventile installiert werden, die für max. **6 bar** und **120 °C** ausgelegt sind und den Kennbuchstaben **S** (für Solar) enthalten. Das Sicherheitsventil ist so anzuordnen, dass die Verbindung zum Kollektor nicht abgesperrt werden kann (vgl. Kap. 6.3.7, Bild 2) und keine Temperaturen über 120 °C auftreten können.

Abgelassene Wärmeträgerflüssigkeit muss in einem Auffangbehälter (container) gesammelt werden, damit sie nicht ins Abwasser gelangt und wieder verwendet werden kann.

Schwerkraftbremsen (Rückflussverhinderer)

Um zu verhindern, dass bei Pumpenstillstand, warmem Speicher und kaltem Kollektor (z. B. nachts) die Wärmeträgerflüssigkeit entgegengesetzt zirkuliert und der Speicher auskühlt, werden in Vor- und Rücklauf jeweils Schwerkraftbremsen (anti-gravity valves) eingebaut (Bild 1, vorherige Seite).

6.3.7.6 Entlüftung

Solaranlagen müssen sorgfältig entlüftet werden, damit sie störungsfrei und effizient arbeiten. Luft im Solarkreis verursacht Geräusche, kann die Pumpe durch Heißlaufen (overheating) zerstören und lässt die Wärmeträgerflüssigkeit durch Oxidation schneller altern.

Früher wurden Entlüfter (aspirators) mit Absperrhahn oft an der höchsten Stelle der Anlage direkt am Ausgang des Kollektors installiert. Das hat aber wegen der hohen Stagnationstemperaturen oft zu Schäden am Entlüfter geführt. Heute **empfehlen** die Hersteller, den Solarkreis mit einer

1 Beschädigte Wärmeträgerflüssigkeit

2 Solarpumpe

starken Pumpe unter **hohem Druck** mit einem **großen Volumenstrom** zu befüllen und zu spülen. Außerdem sollte ein **zentraler Luftabscheider** in die Vorlaufleitung im Aufstellraum (installation room) in Fließrichtung vor den Wärmeübertrager im Speicher eingebaut werden (Bild 1, vgl. Kap. 6.3.7, Bild 2). Ist das Befüllen und Spülen unter hohem Druck nicht möglich, muss ein Entlüfter an höchster Stelle vorgesehen werden.

1 Luftabscheider

Entlüfter müssen glykol-, korrosions- und temperaturbeständig bis 150 °C, bis 10 bar druckbeständig und langlebig sein. Dies wird durch Ganzmetallentlüfter erreicht.

6.3.7.7 Solarkreiswärmeübertrager

Als Solarkreiswärmeübertrager werden im Speicher Glattrohr- und Rippenrohrwärmeübertrager angeboten (Bild 2). Sie sollten grundsätzlich senkrecht eingebaut werden, da so die Schichtung im Speicher besser unterstützt wird (Bild 1, nächste Seite).

6.3.7.8 Solarspeicher

Mit einem konventionellen Wärmeerzeuger, z. B. einem Brennwertkessel, kann die von einer Familie benötigte Trinkwarmwassermenge zu jedem Zeitpunkt mit der gewünschten Temperatur zur Verfügung gestellt werden. Mit einer thermischen Solaranlage ist das nicht ohne weiteres möglich, denn die Sonne scheint nicht bedarfsgerecht (user friendly); mal gibt es ein Überangebot an solarer Wärme, mal scheint sie zu wenig. Die Spitzenwerte (peak values) des Trinkwarmwasserverbrauchs liegen üblicherweise in den Morgen- und Abendstunden, das Energieangebot der Sonne ist aber zur Mittagszeit am größten (Bild 3). Deshalb ist es wichtig, dass das Energieüberangebot gespeichert wird (be stored), um es in strahlungsarmen Zeiten nutzen zu können.

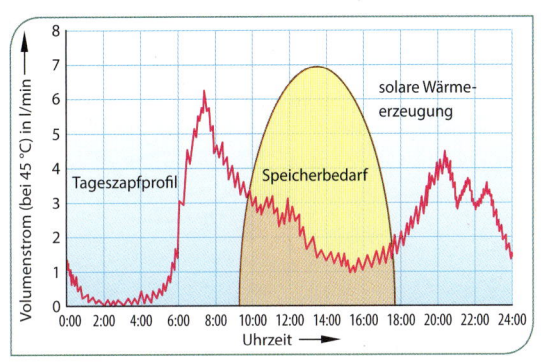

3 Tagesverlauf Nutzwärmebedarf und Strahlungsangebot

Ideal wäre eine **Langzeitspeicherung**, was aber wegen des großen Platzbedarfs und der hohen Kosten noch wenig genutzt wird. Da es eine Vielzahl unterschiedlichster Speicherarten gibt, wird im Folgenden nur die **Kurzzeitspeicherung** in üblichen Standardsolarspeichern und in Thermosiphonspeichern behandelt.

6.3.7.8.1 Standardsolarspeicher

Neuanlagen werden in der Regel mit einem bivalenten Speicher-Trinkwassererwärmer ausgerüstet (Bild 1, nächste Seite, vgl. Kap. 4.2.4.4).

Bivalente Speicher sind an die öffentliche Trinkwasserversorgung angeschlossen, also mit Trinkwasser gefüllt und stehen unter dem gleichen Druck wie das Trinkwassernetz (meist 6 bar). Da bei Wasserentnahme ständig frisches, sauerstoffreiches Wasser aus dem Trinkwassernetz (drinking water network) nachfließt, müssen sie korrosions- und druckbeständig bis 10 bar sein. Sie bestehen deshalb meist aus rostfreiem oder emailliertem (enamelled) Stahl. Wird emaillierter Stahl verwendet, ist eine Opfer- oder Fremdstromanode (impressed current anode) als zusätzlicher Korrosionsschutz erforderlich (vgl. Kap. 2.4.2), um Schäden in der Emaillierung ausgleichen zu können.

In Ein- und Zweifamilienhäusern sind Trinkwasserspeicher mit einem Fassungsvermögen von **300 l bis 500 l** üblich.

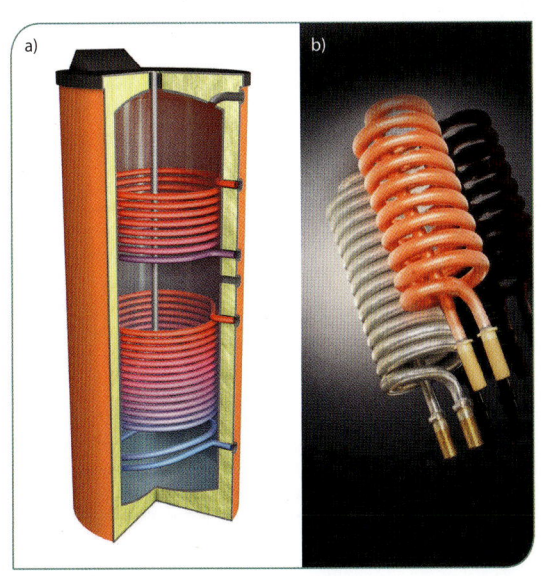

2 a) Glattrohr- und b) Rippenrohrwärmeübertrager

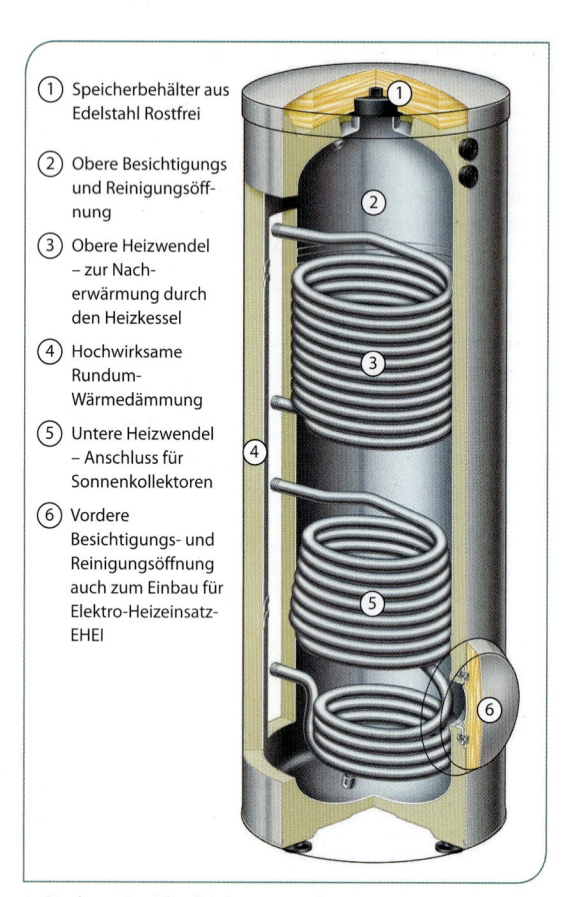

6 Trinkwassererwärmung durch solarthermische Anlagen

① Speicherbehälter aus Edelstahl Rostfrei
② Obere Besichtigungs- und Reinigungsöffnung
③ Obere Heizwendel – zur Nacherwärmung durch den Heizkessel
④ Hochwirksame Rundum-Wärmedämmung
⑤ Untere Heizwendel – Anschluss für Sonnenkollektoren
⑥ Vordere Besichtigungs- und Reinigungsöffnung auch zum Einbau für Elektro-Heizeinsatz-EHEI

1 Bivalenter Speicher-Trinkwassererwärmer

300 l bis 500 l entsprechen für einen 4-Personenhaushalt bei einem durchschnittlichen Wasserverbrauch von 50 l pro Person und Tag dem 1,5–2,5 fachen des täglichen Trinkwarmwasserverbrauchs. Somit können 2,5 Tage ohne ausreichende Sonneneinstrahlung problemlos überbrückt werden.

Ein bivalenter Speicher-Trinkwassererwärmer ist mit zwei Wärmeübertragern ausgestattet. Der untere wird an den Solarkreis angeschlossen, der obere an einen Heizkreis zur Nachwärmung, z. B. mittels eines Heizkessels, wenn an trüben Tagen nicht genügend Solarenergie zur Verfügung steht.

Ein effizienter Solarspeicher zeichnet sich dadurch aus, dass er eine **schlanke** (slender) Bauform aufweist, um eine ausgeprägte Temperaturschichtung (temperature stratification) zu ermöglichen. Durch die Temperaturschichtung wird erreicht, dass trotz nachströmendem kalten Trinkwasser bei Entnahme sich die unerwünschte Durchmischung des Speicherinhaltes weitgehend vermeiden lässt und im oberen Speicherbereich sich eine Schicht mit genügend warmem Trinkwasser erhält, sodass nicht sofort nachgeheizt werden muss (Bild 2). Je schlanker und höher der Speicher ist, desto ausgeprägter ist die Temperaturschichtung. Wird das Trinkkaltwasser durch eine besondere Rohrführung zum Speicherboden oder durch eine Prallplatte gelenkt, wird die Durchmischung zusätzlich erschwert.

Durch den oberen Heizkreisanschluss wird erreicht, das nicht der ganze Speicherinhalt aufgewärmt werden muss und warmes Trinkwasser schnell zur Verfügung steht. Der untere Anschluss des Solarkreises hat den Vorteil, dass auch bei geringer Sonneneinstrahlung noch Energie an das Trinkwasser abgegeben werden kann, da sich bedingt durch die Temperaturschichtung nur kühles Wasser (ca. 15 °C) im unteren Teil des Speichers befindet.

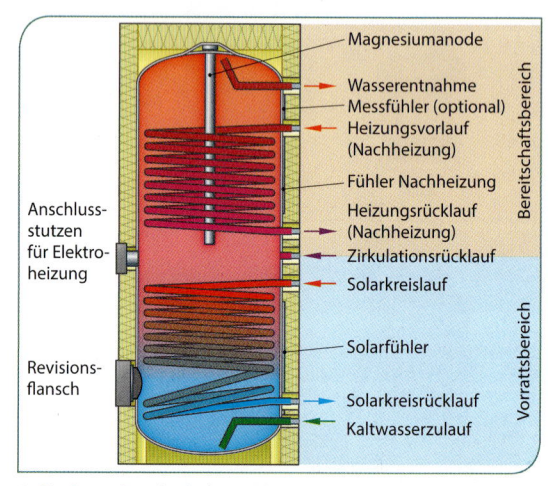

2 Bivalenter Standardsolarspeicher

6.3.7.8.2 Thermosiphonspeicher

Mit **Speicherladesystemen** (tank loading systems), bei denen der Speicherinhalt Schicht (layer) für Schicht von oben nach unten erwärmt wird, werden höhere Leistungen erzielt als mit bivalenten Standardspeichern, die den gesamten Speicherinhalt gleichmäßig erwärmen.

Thermosiphonspeicher sind speziell auf die Einbindung von Solarwärme angepasst (Bild 3).

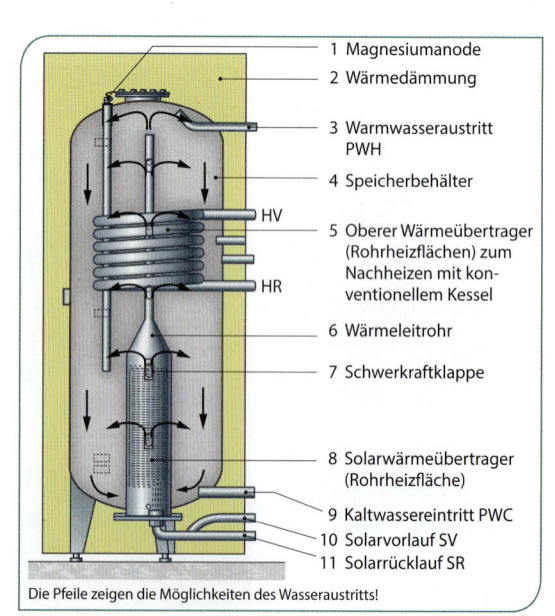

1 Magnesiumanode
2 Wärmedämmung
3 Warmwasseraustritt PWH
4 Speicherbehälter
5 Oberer Wärmeübertrager (Rohrheizflächen) zum Nachheizen mit konventionellem Kessel
6 Wärmeleitrohr
7 Schwerkraftklappe
8 Solarwärmeübertrager (Rohrheizfläche)
9 Kaltwassereintritt PWC
10 Solarvorlauf SV
11 Solarrücklauf SR

Die Pfeile zeigen die Möglichkeiten des Wasseraustritts!

3 Aufbau Thermosiphonspeicher

6 Trinkwassererwärmung durch solarthermische Anlagen

Da nur ein kleiner Teil des kalten Trinkwassers über den **Solarwärmeübertrager** erwärmt wird (Bild 3, vorherige Seite (8)), ist das in diesem Bereich vorhandene kalte Trinkwasser relativ schnell auf fast Solarvorlauftemperatur aufgeheizt. Wegen der geringeren spezifischen Dichte gegenüber dem im umgebenden Speicherbereich befindlichen kalten Trinkwasser steigt das erwärmte Trinkwasser im **Wärmeleitrohr** (Bild 3, vorherige Seite (6)) schon bei normaler Sonneneinstrahlung direkt in den oberen Speicherbereich zum **Warmwasseraustritt** auf (Bild 3, vorherige Seite (3)). Die gewünschte Solltemperatur wird schnell erreicht und das Nachheizen (Bild 3, vorherige Seite (5)) mittels eines konventionellen Wärmeerzeugers ist seltener erforderlich.

Anders als bei **normaler** und **hoher Sonneneinstrahlung** steigt bei **niedriger Sonneneinstrahlung** das erwärmte Trinkwasser nur bis zu der Schicht mit gleicher Temperatur (z. B. 30 °C) und fließt durch die nur hier geöffneten **auftriebsgesteuerten** Schwerkraftklappen (anti-gravity valves) in den Speicher (Bilder 1 und 2). Durch das Ausströmen aus den Klappen kann kälteres Trinkwasser wieder zum Solarwärmeübertrager nachströmen und aufgeheizt werden. Dadurch wird sichergestellt, dass das erwärmte Trinkwasser im Wärmeleitrohr nur bis zur entsprechenden Temperaturschicht weiter aufsteigt und sich nicht mit Wasser aus wärmeren Schichten vermischt.

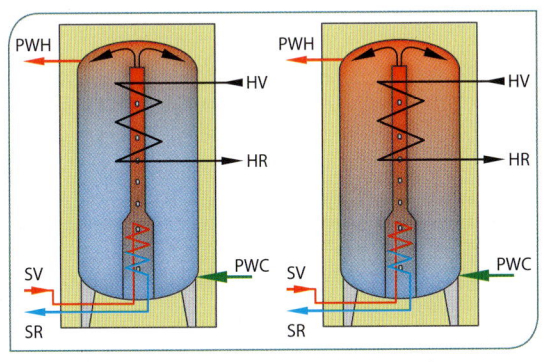

1 Thermosiphonspeicher bei hoher Sonneneinstrahlung

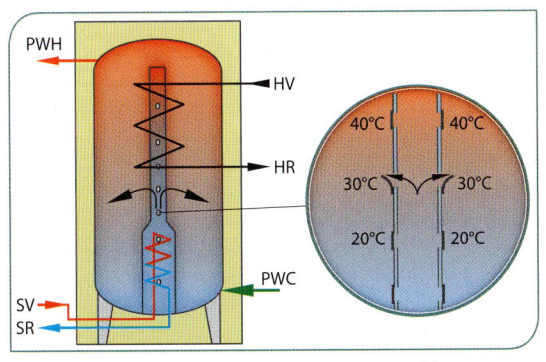

2 Thermosiphonspeicher bei niedriger Sonneneinstrahlung

Dämmung

Ein Solarspeicher sollte gut gedämmt sein, sodass die Wärmeverluste nicht größer sind als etwa 2,5 $\frac{Watt}{K}$. Es werden z. B. PU-Weichschäume oder Mineralfaserdämmstoffe mit PE-Mantel verwendet (vgl. Kap. 2.4.3). Die obere Wärmedämmung sollte 15 cm dick sein (hier sind die Temperaturen am höchsten) und die Seitendämmung 10 cm. Auch der Speicherboden ist mit einzubeziehen. Die Dämmung sollte gut am Speicher anliegen, damit keine Verluste durch Konvektion entstehen. Ein Schwachpunkt (weak spot) sind häufig die Rohranschlüsse. Sie sollten besonders sorgfältig gedämmt werden.

6.3.7.9 Regelung

Um die im Kollektor erzeugte Wärmeenergie mittels des Wärmeträgermediums in den Speicher zu transportieren, muss eine Solarpumpe zugeschaltet werden. Die einfachste und bewährteste Regelung zur Schaltung der Solarpumpe ist die **Temperatur-Differenzregelung**. Dazu misst ein Fühler an der heißesten Stelle des Kollektors, der andere am Speicher etwa auf Höhe der Mitte des Solarwärmeübertragers die Temperatur des Wärmeträgermediums (vgl. Kap. 6.3.7, Bild 2). Die Fühler müssen besonders temperaturbeständig und möglichst in einer Tauchhülse positioniert sein (Bild 3). Die gemessenen Werte werden in elektrische Signale umgewandelt, die von der Elektronik des Reglers verglichen werden. Sobald die Temperaturdifferenz zwischen Kollektor und Speicher einen voreingestellten Wert überschreitet (ca. 8 K), wird die Solarpumpe eingeschaltet und die Wärmeenergie vom Kollektor zum Speicher transportiert. Die Solarpumpe schaltet wieder ab, wenn diese Temperaturdifferenz, z. B. um 4 K, unterschritten wird.

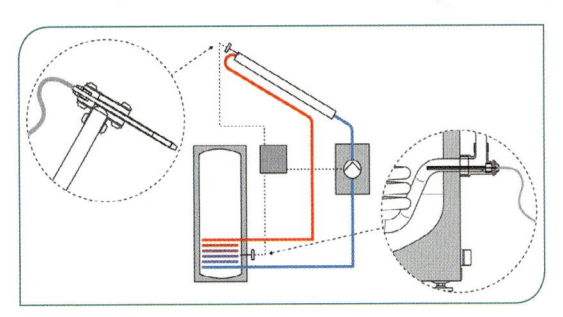

3 Fühlerpositionierung

Ein weiterer Fühler im oberen Speicherbereich, etwa auf Höhe der Mitte des Heizwärmeübertragers, dient zum Ein- und Ausschalten der Nachheizung. Wenn eine bestimmte Temperatur von z. B. 45 °C unterschritten wird, schaltet der Regler die Nachheizung ein. Neben der Hauptfunktion des Schaltens der Solarpumpe verfügen die meisten Solarregler über eine Vielzahl weiterer Funktionen, z. B.

6 Trinkwassererwärmung durch solarthermische Anlagen

- Temperaturanzeige,
- Fernanzeige,
- Drehzahlregelung der Solarpumpe,
- Speichertemperaturbegrenzung,
- Anzeige der Wärmemenge und
- Anzeige der Betriebsstunden.

6.3.8 Auslegung (Berechnung) von Solaranlagen

6.3.8.1 Auslegungsgrundlagen

Die genaue Berechnung einer Trinkwassererwärmung mit Solaranlage, z. B. für das Einfamilienhaus (Bild 1, Seite 138) hängt von vielen Einflussfaktoren ab, wie z. B. Kollektorbauart, Kollektorausrichtung und -neigung (Bild 1), Globalstrahlung, solarer Deckungsrate (Deckungsgrad), Wind, Temperaturverlauf, Speichergröße, Wärmedämmung und Rohrlänge. Für Ein- und Zweifamilienhäuser reicht eine **überschlägige Berechnung** (rough calculation) aus.

Das Trinkwasser des Einfamilienhauses soll in den Monaten **Mai bis August** zu **ca. 100 %** von einer Solaranlage mit selektiv beschichteten (selectively coated) Flachkollektoren erwärmt werden, sodass in diesen Monaten auf eine konventionelle Heizung **verzichtet** werden kann. Dies entspricht auf das Jahr bezogen erfahrungsgemäß einer **solaren Deckungsrate** (Deckungsgrad) von ca. **55 %**.

Das Haus wird von 4 Personen bewohnt mit einem mittleren Warmwasserbedarf von 40 l pro Tag und Person (Bild 2).

Wesentliche **Einflussfaktoren** (influential factors), die bei der überschlägigen Berechnung beachtet werden müssen, sind:

G: Globalstrahlung in $\frac{kWh}{m^2 \cdot d}$ (Bild 3)
K: Korrekturfaktor für die Kollektorausrichtung und -neigung (Bild 1, nächste Seite)
SF: Solare Deckungsrate in % (Bild 3)
Φ: Wärmebedarf des Solarspeichers in Wh/d

Die Werte aus Bild 3 und Bild 1, nächste Seite beziehen sich auf selektiv beschichtete Flachkollektoren und sind je nach Hersteller unterschiedlich. Bei anderen Kollektorbauarten und/oder Herstellern sind jeweils deren Vorgaben zu beachten.

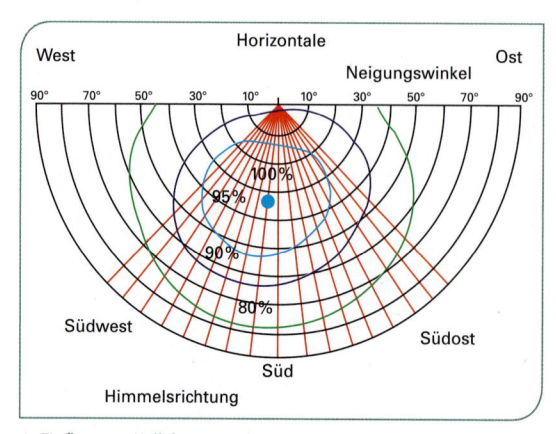

	Warmwasserbedarf pro Person und Tag in l		Spezifische Nutzwärme pro Person und Tag in kW	Empfohlener Zuschlag für die Trinkwassererwärmung pro Person[1] in kW
	Warmwassertemperatur 60 °C	Warmwassertemperatur 45 °C		
Niedriger Bedarf	10...20	15...30	600...1200	0,08...0,15
Normaler Bedarf[2]	20...40	30...60	1200...2400	0,15...0,30

oder

	Warmwasserbedarf pro Person und Tag in l		Spezifische Nutzwärme pro Person und Tag in kW	Empfohlener Zuschlag für die Trinkwassererwärmung pro Person in kW
	Bezugstemperatur 60 °C	Bezugstemperatur 45 °C		
Etagenwohnung (Abrechnung nach gemessenem Verbrauch)	21	30	ca. 1200	ca. 0,15
Etagenwohnung (Abrechnung pauschal)	31,5	45	ca. 1800	ca. 0,225
Etagenwohnung (mittlerer Bedarf)	35	50	ca. 200	ca. 0,25

[1] Bei einer Aufheizzeit des Speicher-Wassererwärmers von 8 h
[2] Übersteigt der tatsächliche Warmwasserbedarf die angegebenen Werte, muss ein höherer Leistungszuschlag gewählt werden

2 Warmwasserbedarf und spezifische Nutzwärme für Personen nach VDI 2067

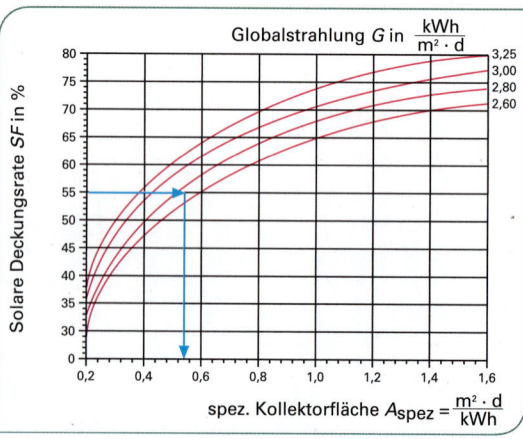

1 Einfluss von Kollektorausrichtung und -neigung auf die Systemausbeute

3 Solare Deckungsrate SF und spezifische Kollektorfläche A_{spez} bei unterschiedlicher Globalstrahlung, Orientierung nach Süden und einem Neigungswinkel von 30°

6.3.8.2 Auslegung der Solaranlage

$$A_{erf.} = A_{spez.} \cdot K \cdot \Phi$$

$A_{erf.}$: erforderliche Kollektorfläche in m²
$A_{spez.}$: spezifische Kollektorfläche in $\frac{m^2 \cdot d}{kWh}$
(aus Bild 3, vorherige Seite)
K: Korrekturfaktor für Kollektorausrichtung und -neigung (aus Bild 1)
Φ: Wärmebedarf pro Tag in $\frac{kWh}{d}$

Berechnung von Größe und Anzahl der Kollektorflächen für das Einfamilienhaus:

$G = \frac{2,68 \text{ kWh}}{m^2 \cdot d}$ (Hamburg)

Dach- bzw. Kollektorausrichtung nach Südwest;
Kollektorneigung: 45°;
4-Personen-Haushalt mit einem mittleren Warmwasserbedarf von 50 l/Person;
Kaltwassertemperatur: 10 °C;
Warmwassertemperatur: 45 °C
$SF = 55\%$

a) Erforderliche Wärmemenge für den täglichen Bedarf:

$$\Phi = \dot{m} \cdot c \cdot \Delta\theta$$

$$\Phi = 200 \frac{kg}{d} \cdot 1,16 \frac{Wh}{kg \cdot K} \cdot 35 \text{ K}$$

$$\Phi = 8120 \frac{Wh}{d} = 8,12 \frac{kWh}{d}$$

b) Erforderliche Kollektorfläche $A_{erf.}$:

$$A_{erf.} = A_{spez.} \cdot K \cdot \Phi$$

$$A_{erf.} = 0,54 \frac{m^2 \cdot d}{kWh} \cdot 1,10 \cdot 8,12 \frac{kWh}{d}$$

$$A_{erf.} = 4,82 \text{ m}^2$$

c) Erforderliche Anzahl n der Kollektoren:

Wenn ein Kollektor eine wirksame Kollektorfläche von 1,7 m² besitzt, ergibt sich folgende Anzahl von Kollektoren:

$$n = \frac{A_{erf.}}{A_{wirksam}}$$

$$n = \frac{4,82 \text{ m}^2}{1,7 \text{ m}^2}$$

$$n = 2,84$$

Gewählt werden 3 Kollektoren.

Himmels-richtung	Korrekturfaktor K bei Kollektorneigung von		
	30°	50°	70°
O	1,62	1,61	1,61
OSO	1,45	1,47	1,61
SO	1,17	1,15	1,34
SSO	1,04	0,98	1,16
S	1,00	0,94	1,11
SSW	1,03	0,97	1,13
SW	1,13	1,09	1,27
WSW	1,35	1,35	1,60
W	1,61	1,61	1,61

Die Korrekturfaktoren für Ost (O) und West (W) erreichen 50…55 % solare Deckung
Sonst $SF \geq 60\%$
Alle Werte sind gemittelt für Breitengrade von 48…54°

1 Korrekturfaktoren K für Kollektorausrichtung und -neigung

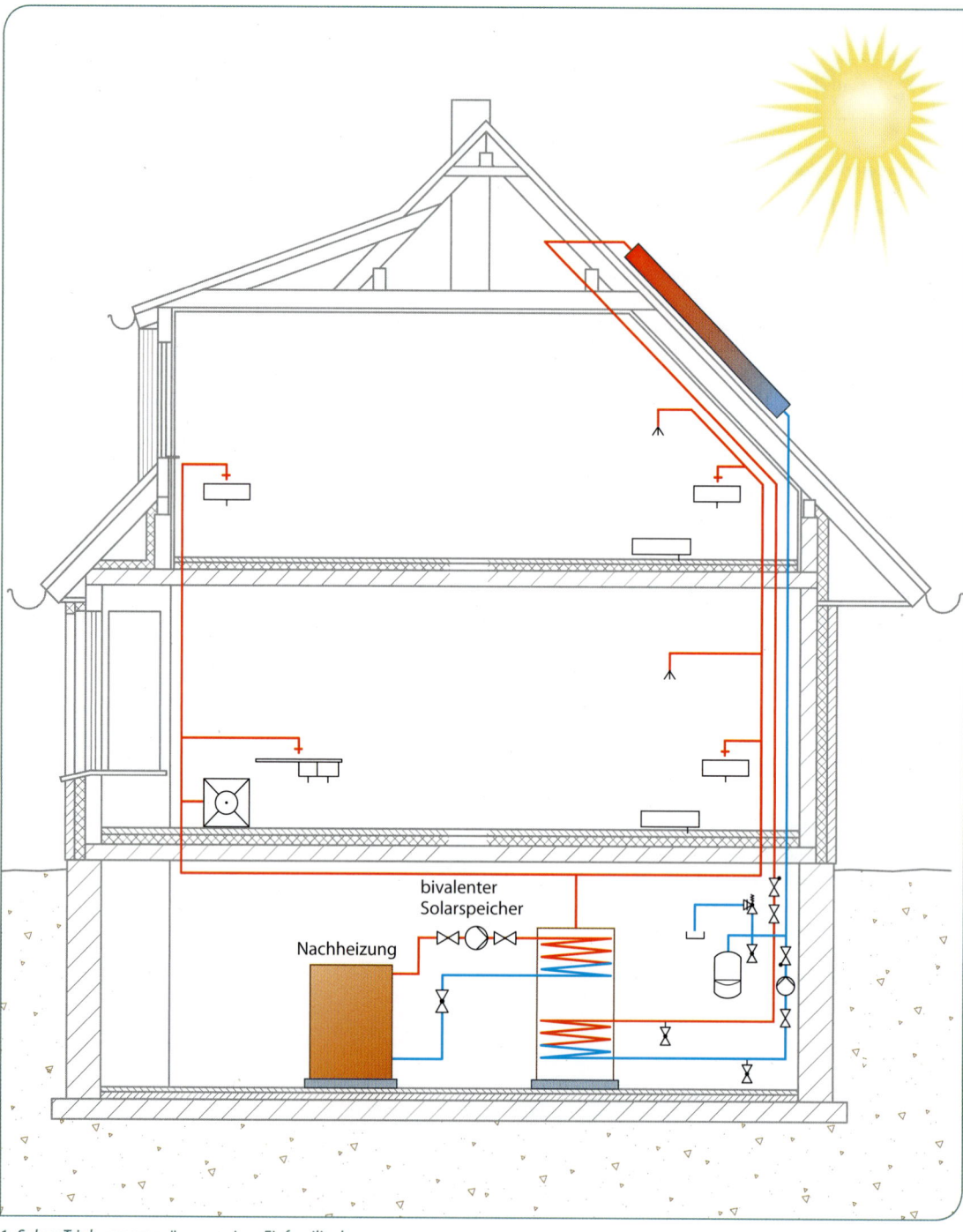

6 Trinkwassererwärmung durch solarthermische Anlagen

1 Solare Trinkwassererwärmung eines Einfamilienhauses

6 Trinkwassererwärmung durch solarthermische Anlagen

Die meisten Hersteller von Solaranlagen bieten – bezogen auf ihre Systeme – ihren Kunden entsprechende **Computerprogramme** (Bilder 1 und 2) oder **Auslegungsnomogramme** (Bild 1, nächste Seite) zur Berechnung der erforderlichen Systemkomponenten an.

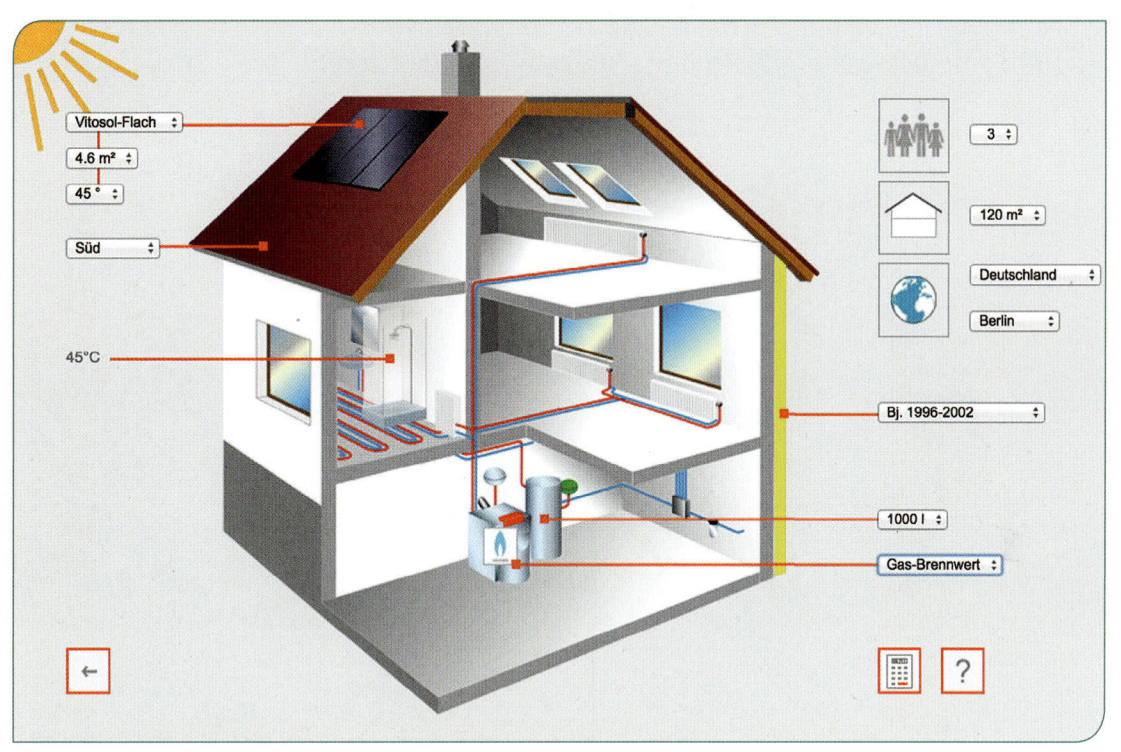

1 Ausdruck Bildschirmoberfläche: Eingabewerte bivalente Solaranlage

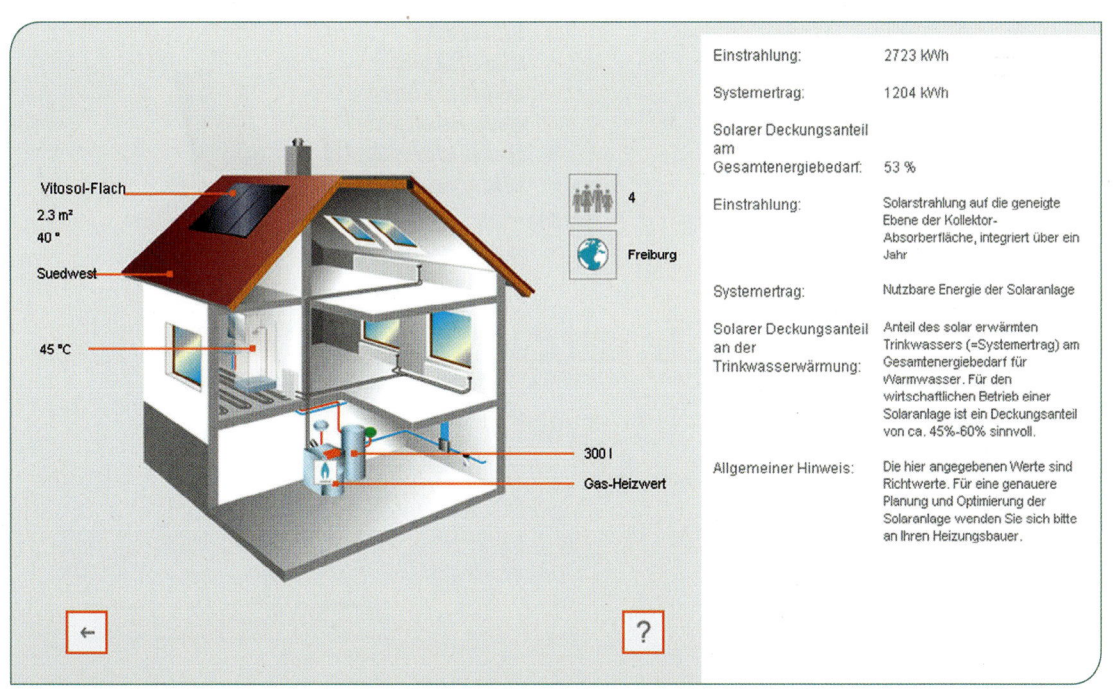

2 Ausdruck Bildschirmoberfläche: Ergebnisse bivalente Solaranlage

6 Trinkwassererwärmung durch solarthermische Anlagen

Auslegung
Nomogramm zur Auslegung des Roth Solarsystems für die Brauchwassererwärmung mit Roth Solarkollektoren

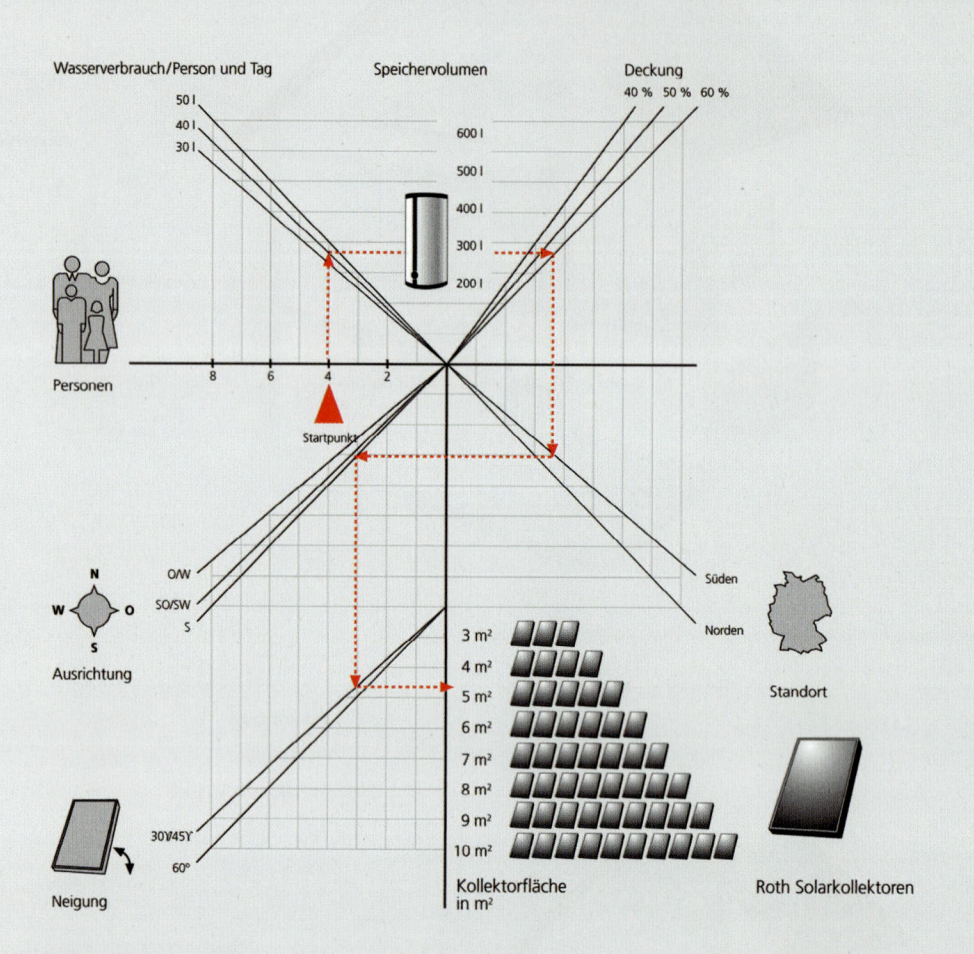

■ Verwendung des Nomogramms

Für die schnelle und detaillierte Auslegung lässt sich das abgebildete Nomogramm verwenden. Hier wurden bereits die wichtigsten praktischen Auslegungskenngrößen berücksichtigt.

Beginnend bei der Personenanzahl wird – dem roten Pfeil-Beispiel für 4 Personen folgend – zuerst eine Linie senkrecht nach oben gezogen. Beim Schnittpunkt mit der Achse des Tagesbedarfs wird nun eine waagerechte Linie zum erforderlichen Speichervolumen gezeichnet.

Den Hilfslinien folgend wird an der gewünschten Deckungsachse abgebogen und in Richtung Standortspezifizierung fortgefahren.
Im Folgenden finden Ausrichtung, Standort und Dachneigung Berücksichtigung.
Die Linie endet bei der benötigten Anzahl von Kollektoren.

→ Leserichtung am Beispiel eines 4-Personen-Haushaltes mit mittlerem Warmwasserverbrauch, Standort Hannover, Südausrichtung der Kollektoren bei 45° Dachneigung.

1 Auslegungsnomogramm Solaranlage

ÜBUNGEN

1. Wann begann man die Sonnenenergie zu nutzen?
2. Wie groß ist der Anteil der Wärmeenergie am Gesamtenergieverbrauch in Deutschland?
3. Um wie viel mal ist der Sonnendurchmesser größer als der der Erde?
4. Wie lange braucht das Licht von der Sonne zur Erde?
5. Wie hoch ist die Oberflächentemperatur der Sonne?
6. Wie lange braucht die Sonne, um den gesamten Weltenergiebedarf zur Verfügung zu stellen?
7. Erläutern Sie den Begriff Solarkonstante.
8. Wodurch reduziert sich die Strahlungsleistung am äußersten Rand der Erdatmosphäre bis zum Auftreffen auf die Erdoberfläche?
9. Erläutern Sie den Begriff Globalstrahlung.
10. Aus welchen Strahlungsarten setzt sich die Globalstrahlung zusammen?
11. Wie groß ist der Anteil der diffusen Strahlung an der Globalstrahlung in Deutschland?
12. Wovon hängen die Schwankungen der Strahlungsleistung und der Sonnenscheindauer ab?
13. Worauf bezieht sich der Wert der Globalstrahlungsenergie?
14. Wann ist der Wert der Globalstrahlungsenergie am größten?
15. Nennen Sie die wesentlichen Teile einer thermischen Solaranlage.
16. Beschreiben Sie die Wirkungsweise einer thermischen Solaranlage.
17. Welche drei Betriebsweisen von pumpenbetriebenen solarthermischen Anlagen werden unterschieden?
18. In welchem Teil einer solarthermischen Anlage wird die Sonnenstrahlung (Sonnenlicht) in Wärmeenergie umgewandelt?
19. Welche drei Kollektorbauarten werden grundsätzlich unterschieden?
20. Aus welchen Teilen bestehen Flachkollektoren im Wesentlichen?
21. Warum ist der Absorber das wichtigste Element des Kollektors?
22. Was bewirkt die selektive Beschichtung des Absorbers?
23. Welche zwei Beschichtungsarten werden heute hauptsächlich verwendet?
24. Nennen Sie mind. fünf Eigenschaften, die die transparente Abdeckung eines Kollektors aufweisen soll.
25. Wie unterscheiden sich Vakuumflachkollektoren von Flachkollektoren?
26. Wie unterscheiden sich Vakuum-Flachkollektoren von Vakuumröhrenkollektoren?
27. Beschreiben Sie den Aufbau von direkt durchströmten Vakuum-Röhren.
28. Wie unterscheiden sich Heatpipe-Vakuum-Röhren von direkt durchflossenen Röhren?
29. Nennen Sie jeweils mind. drei Vor- und Nachteile von Vakuumröhrenkollektoren gegenüber Flachkollektoren.
30. Wofür eignen sich unverglaste Kollektoren besonders?
31. Wo lassen sich Kollektoren grundsätzlich montieren?
32. Wie unterscheidet sich die Aufdachmontage von der Indachmontage?
33. Warum müssen Flachkollektoren auf Flachdächern mit Neigung montiert werden?
34. Wie groß muss der Abstand z sein für einen 1,15 m hohen Kollektor in Passau, der 45° geneigt ist?
35. Aus welchen Teilen besteht ein Solarkreislauf?
36. Welche Rohrwerkstoffe werden für Standardsolaranlagen am häufigsten eingesetzt?
37. Warum werden Kupferleitungen in Solarkreisen in der Regel hartgelötet?
38. Welche Materialien kommen zur Dämmung des Solarkreises zum Einsatz?
39. Warum muss bei Anlagen mit langen Stagnationszeiten und hohen Stagnationstemperaturen eine jährliche Überprüfung der Wärmeträgerflüssigkeit stattfinden?
40. Mit welchen Sicherheitseinrichtungen müssen alle Solaranlagen ausgerüstet sein?
41. Warum empfehlen die Hersteller, den Solarkreis mit einer starken Pumpe unter hohem Druck mit einem großen Volumenstrom zu befüllen und zu spülen?
42. Beschreiben Sie einen bivalenten Speicher-Trinkwassererwärmer.
43. Wann ist das Nachheizen mittels eines konventionellen Wärmeerzeugers erforderlich?
44. Wodurch zeichnet sich ein effizienter Solarspeicher aus?
45. Erläutern Sie die Wirkungsweise eines Thermosiphonspeichers.

ÜBUNGEN

46 a) Was ist die einfachste und bewährteste Regelung zur Schaltung der Solarpumpe?
b) Erläutern Sie die Regelung.

47 Berechnen Sie die Größe und Anzahl der Kollektorfläche für ein Einfamilienhaus in Hamburg.
Dach- bzw. Kollektorausrichtung nach Südwest; Kollektorneigung: 50°; 3-Personen-Haushalt mit einem mittleren Warmwasserbedarf von 50 l/Person; Kaltwassertemperatur: 8 °C; Warmwassertemperatur: 55°; SF 50 %

48 Vervollständigen Sie das Schema eines einfachen Solarkreissystems einschließlich Trinkwasseranschluss (Bild 1).

49 a) Zeichnen Sie das Schema einer bivalenten Solaranlage mit Trinkwassererwärmung.
b) Beschaffen Sie sich Unterlagen über Solaranlagen, z. B. aus dem Internet. Wählen Sie für das auf Seite 138 gezeigte Einfamilienhaus geeignete Vakuumröhrenkollektoren aus.
c) Erstellen Sie auf der Grundlage Ihrer Lösung eine Stückliste.

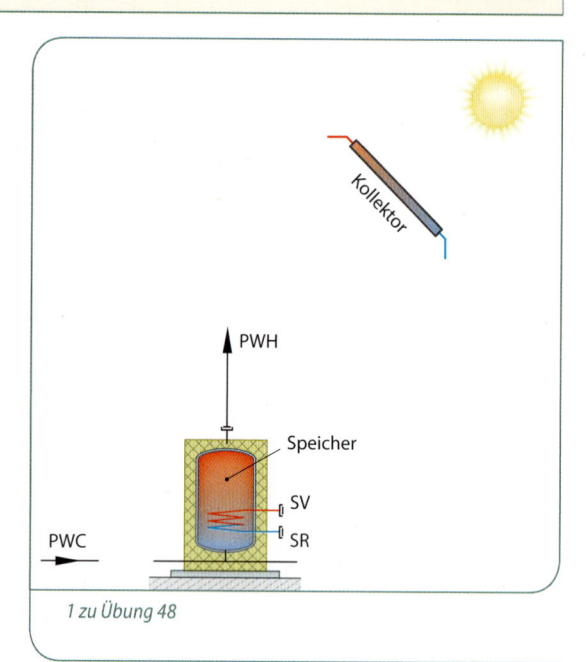

1 zu Übung 48

7 Trinkwasseranschluss von geschlossenen Trinkwassererwärmern

Nach DIN 1988-200 sind in die Trinkwasseranschlussleitung geschlossener Trinkwassererwärmer mit mehr als 10 Liter Nenninhalt, in Fließrichtung folgende Armaturen einzubauen (Bild 2):

1. Absperrventil (shut-off valve),
2. Druckminderer, wenn dieser im Hausanschluss fehlt bzw. der Ruhedruck 80 % des Ansprechdruckes des Sicherheitsventils übersteigt,
3. Prüf- und Entleerungsventil (am Rückflussverhinderer oder am Absperrventil),
4. Rückflussverhinderer (check valve),
5. Manometer-Anschlussstutzen (manometer junction), bei Behälterinhalt ≥ 1000 l muss ein Manometer eingebaut werden,
6. Absperrventil bei Behälterinhalt >150 l,
7. Membransicherheitsventil, federbelastet,
8. Entleerung (drain valve).

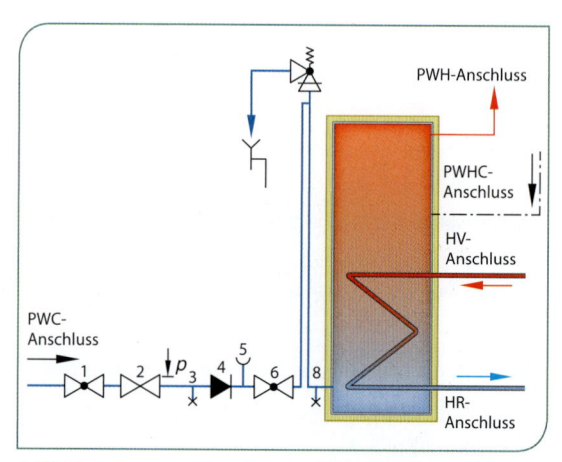

2 Trinkkaltwasseranschluss eines geschlossenen mittelbar beheizten Speicher-Trinkwassererwärmers

7 Trinkwasseranschluss von geschlossenen Trinkwassererwärmern

7.1 Druckminderer

Der Druckminderer (pressure reducer) setzt den Eingangsdruck (Vordruck) auf den eingestellten Ausgangsdruck (Hinterdruck) herab und hält diesen auch bei schwankenden Eingangsdrücken konstant. Dadurch werden Druckschäden vermieden und störende Fließgeräusche verringert.

Der dargestellte Druckminderer (Bild 1) arbeitet nach dem Kraftvergleichssystem (force equation system). Die Membrankraft, die sich aus dem im Gehäuse vorliegenden PWC-Druck ergibt, wirkt der Federkraft entgegen. Sinken der PWC-Austrittsdruck (Hinterdruck) und damit die Membrankraft unter den Einstellwert, so öffnet die Federkraft das Regelventil. Das durchströmende Medium gelangt durch ein feinmaschiges Schmutzfangsieb (fine-meshed strainer) von unten zum Ventilsitz. Dadurch wird verhindert, dass sich Schmutzteilchen ablagern, die beim Schließen die Ventildichtung (valve washer) beschädigen könnten. Nimmt der PWC-Austrittsdruck wieder zu, so verschiebt die nun größere Membrankraft das Regelventil (regulating valve) entgegen der Federkraft in Schließrichtung. Da der PWC-Eintrittsdruck weder beim Öffnen noch beim Schließen eine Auswirkung auf das Verhalten des Ventils hat, beeinflussen Druckschwankungen (pressure variations) auf der Eintrittsseite den PWC-Austrittsdruck nicht. In die Trinkwasseranschlussleitung eines geschlossenen Trinkwassererwärmers ist dann ein Druckminderer einzubauen, wenn der Ruhedruck den zulässigen Betriebsüberdruck (positive operating pressure) bzw. 80 % des Ansprechdruckes des Sicherheitsventiles überschreitet. Dadurch wird ein ständiges unkontrolliertes Öffnen vermieden. Beträgt z. B. der Ansprechdruck (response/popping pressure) des Sicherheitsventiles vor dem Trinkwassererwärmer 6 bar, so ist ein Druckminderer vorzusehen, wenn der Ruhedruck 4,8 bar übersteigt.

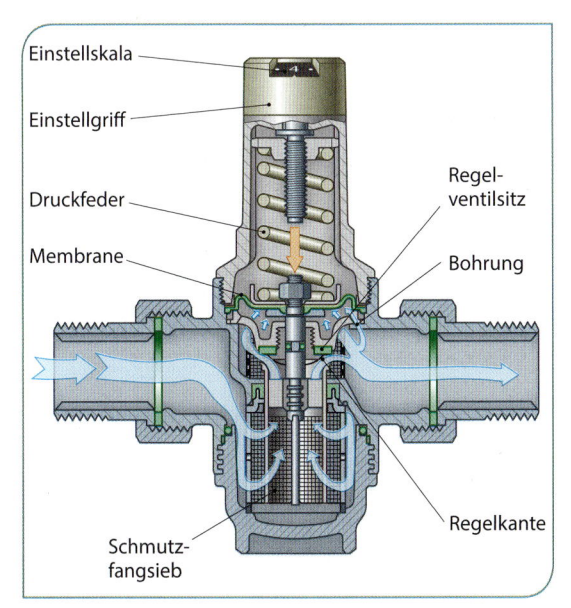

7.2 Rückflussverhinderer

Der Rückflussverhinderer (RV) verhindert, dass erwärmtes Trinkwasser in das Trinkwassernetz zurückströmt (Bild 2).

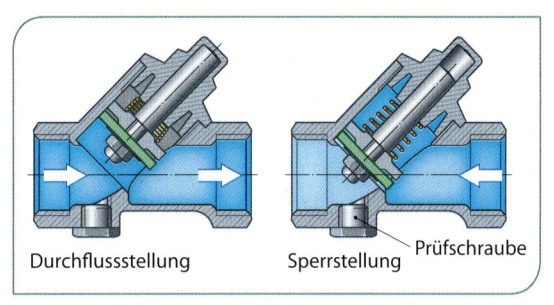

2 Rückflussverhinderer in Durchfluss- und Sperrstellung

Er sollte in regelmäßigen Abständen auf Funktionsfähigkeit (functionality/operability) überprüft werden. Dies geschieht mit Hilfe des integrierten Prüf- bzw. Entleerungsventils (test resp. drain valve). Dabei ist folgendermaßen vorzugehen (vgl. Bild 2, vorherige Seite):

1. Schließen des ersten Absperrventils (1).
2. Öffnen des Prüfventils (3).
3. Ablassen des Leitungswassers zwischen Absperrventil (1) und Rückflussverhinderer (4).
4. Die Funktionsfähigkeit ist sichergestellt, wenn bei geöffnetem zweiten Absperrventil (6) kein weiteres Wasser aus dem Prüfventils (3) austritt.

7.3 Sicherheitsventil

Das Sicherheitsventil schützt den Trinkwassererwärmer vor zu hohem Druck (Bild 3).

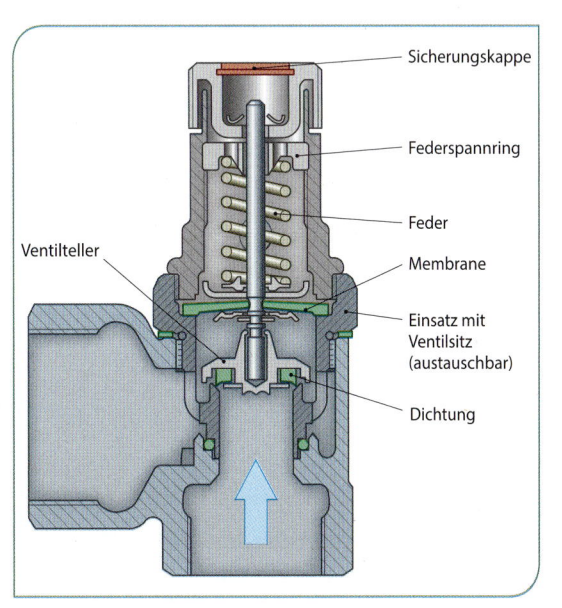

1 Druckminderer

3 Membran-Sicherheitsventil

Lernfeld 9

7 Trinkwasseranschluss von geschlossenen Trinkwassererwärmern

> **MERKE**
>
> Um diese Schutzfunktion sicher zu gewährleisten, dürfen sich zwischen Speicher-TWE und Sicherheitsventil keine Absperrventile, Schmutzfänger oder Verengungen befinden.

Nach DIN 4753-1 dürfen bis 5000 l Nenninhalt des Wasserraumes nur **federbelastete und bauteilgeprüfte Membransicherheitsventile** (springloaded and tested membrane safety valves) verwendet werden. Ihre Nennweite hängt vom Nenninhalt des Wasserraumes und von der Beheizungsleistung des Trinkwassererwärmers ab (Bild 1).

Mindest-Nennweite	Nenninhalt des Wasserraumes in l	Beheizungsleistung in kW
DN 15	≤ 200	≤ 75
DN 20	> 200…1000	≤ 150
DN 25	> 1000…5 000	≤ 250

1 Mindest-Nennweiten von Sicherheitsventilen für Trinkwassererwärmer

Sicherheitsventile müssen spätestens beim zulässigen Betriebsüberdruck (maximum allowable working pressure MAWP) des Trinkwassererwärmers ansprechen. Sie werden von den Herstellern auf den Ansprechdruck, z. B. 6 bar, eingestellt und gegen Verstellung gesichert.
Überschreitet der unter dem Ventilkegel wirkende Druck den Einstellwert (set value), hebt das Wasser den Ventilkegel gegen die Federkraft vom Ventilsitz an. Das Ausdehnungswasser strömt über die Ausblaseleitung ab und der Druck verringert sich.
Das Sicherheitsventil muss in Fließrichtung vor dem Speicher-TWE an die Trinkwasserzuführungsleitung (drinking water feed pipe) angeschlossen werden. Damit das Sicherheitsventil ohne Entleerung des Speicher-TWE ausgewechselt werden kann, muss es oberhalb des Trinkwassererwärmers angebracht werden.
Die **Abblaseleitung** (discharge pipe) muss mindestens in der Nennweite des Sicherheitsventilaustritts ausgeführt werden. Sie darf höchstens 2 m lang sein und maximal zwei Bögen haben. Bei mehr als zwei Bögen bzw. mehr als 2 m Länge ist sie eine Nennweite größer zu dimensionieren. Längen über 4 m und mehr als drei Bögen sind unzulässig. Außerdem muss sie mit Gefälle (incline) verlegt werden und sichtbar über einen Ablauftrichter (tundish) münden.
Es ist zweckmäßig, in der Nähe der Abblaseleitung des Sicherheitsventils bzw. am Sicherheitsventil selbst, ein Schild mit folgender Aufschrift anzubringen:

> **MERKE**
>
> Während der Beheizung kann aus Sicherheitsgründen Wasser aus der Abblaseleitung austreten! Nicht verschließen!

Sicherheitsventile (SV) sollten in regelmäßigen Abständen auf Funktionsfähigkeit überprüft werden. Dabei ist folgendermaßen vorzugehen:

Vorprüfung
- Kappe nach links drehen, dabei entspannt sich die Ventilfeder, das Ventil hebt sich kurzzeitig vom Sitz und Wasser läuft über die Abblaseleitung ab.
- Kappe los lassen, die Feder drückt das Ventil auf den Sitz und es kann kein weiteres Wasser auslaufen.
- Läuft Wasser aus, ist der Ventilsitz verschmutzt oder das SV defekt.

Hauptprüfung mit Manometer (vgl. Kap. 7, Bild 2):
- alle Auslaufventile an den Entnahmestellen schließen,
- erstes Absperrventil (1) schließen,
- Speicherwasser aufheizen,
- Anzeige des Manometers (5) beobachten, SV (7) muss spätestens beim 1,1-fachen Nennüberdruck des Speicherbehälters (z. B. 6,6 bar) öffnen.

> **PRAXISHINWEIS**
>
> Das Sicherheitsventil darf nicht auf dem Kopf installiert werden, da sonst seine Funktionsfähigkeit durch Schmutzablagerungen (z. B. gelöste Kalkteilchen) auf dem Ventilsitz beeinträchtigt werden könnte.

Zur Absicherung (to safegard) geschlossener Trinkwassererwärmer werden auch Sicherheitsgruppen (multi-functional safety groups) im Handel angeboten (Bild 2). Diese Kompaktarmaturen (compact fittings) beinhalten alle zur Absicherung notwendigen Armaturen und ersparen somit Montagezeit.

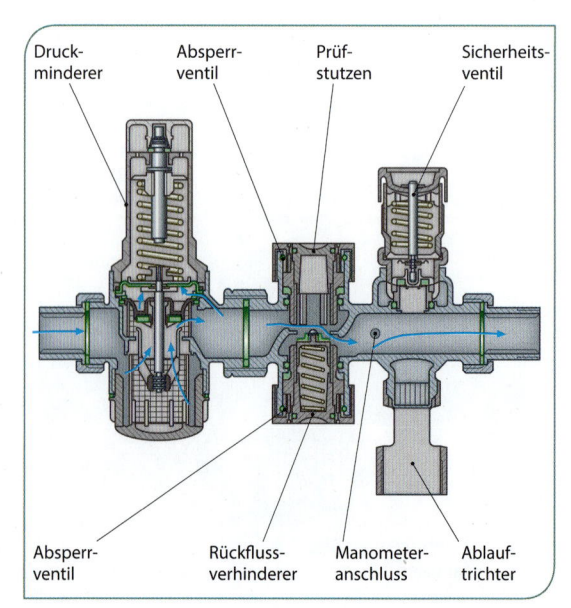

2 Sicherheitsgruppe für geschlossene Trinkwassererwärmer

7.4 Membran-Druckausdehnungsgefäß

Um Wasserverluste durch Ausdehnungswasser (expansion water) zu verhindern, kann in die Trinkwasserleitung ein Membran-Druckausdehnungsgefäß eingebaut werden (Bild 1). Dabei sind die Installationshinweise des Herstellers zu beachten. Für eine einwandfreie Überprüfung des Gasdrucks ist eine gegen unbeabsichtigtes Schließen gesicherte Absperrarmatur mit Entleerung vorzusehen. Das Nennvolumen des **Membran-Ausdehnungsgefäßes für Trinkwasser (MAG-W)** (potable water expansion vessel) kann mit Hilfe von Tabellen (Bild 2) oder rechnerisch bestimmt werden.

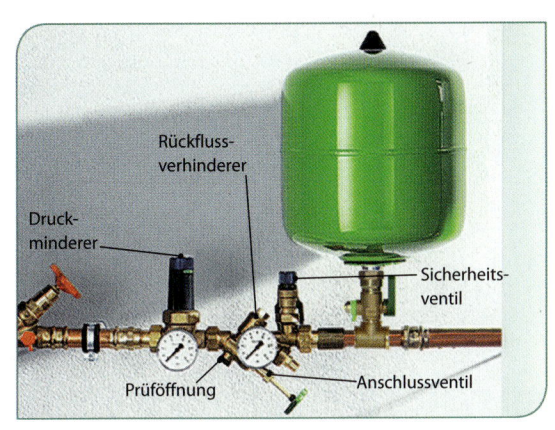

1 Durchströmtes Ausdehnungsgefäß für Trinkwasseranlagen

MAG-W Nennvolumen in l		8		12		18		25	
Druckwerte in bar	p_{SV}	6,0	10,0	6,0	10,0	6,0	10,0	6,0	10,0
	p_e	4,8	8,0	4,8	8,0	4,8	8,0	4,8	8,0
p_a	p_0	Trinkwassererwärmervolumen V_{Sp} in l							
3,0	2,8	141	253	212	379	318	569	441	790
3,5	3,3	103	229	154	343	231	515	362	715
4,0	3,8	63	204	95	307	143	460	198	639
4,5	4,3	24	180	35	269	54	404	75	561
5,0	4,8	–	154	–	232	–	347	–	479
5,5	5,3	–	129	–	193	–	290	–	403
6,0	5,8	–	103	–	155	–	233	–	323

2 Bestimmung des Nennvolumens von MAG-W

Rechnerische Bestimmung des Nennvolumens:

$$V_n = \frac{\dfrac{V_{Sp} \cdot 1{,}67}{100}}{\dfrac{p_e - p_0}{p_e + 1} - 1 + \dfrac{p_0 + 1}{p_a + 1}}$$

V_n: Nennvolumen des MAG-W in l
V_{Sp}: Inhalt des Trinkwassererwärmers in l
p_{SV}: Ansprechdruck des Sicherheitsventils (6,0 bar oder 10 bar)
p_e: Anlagenenddruck ($p_e = p_{SV} - d_{pA} = 4{,}8$ bar oder $p_e = p_{SV} - d_{pA} = 8{,}0$ bar)
d_{pA}: Arbeitsdifferenzdruck in bar (20 % von p_{SV})
p_a: Anfangsdruck in bar (Einstellung des Druckminderers)
p_0: Gasdruck im MAG-W in bar ($p_0 = p_a - 0{,}2$ bar)

ÜBUNGEN

1) Nennen Sie die erforderlichen Armaturen, die nach DIN 1988-200 in die PWC-Anschlussleitung eines geschlossenen Trinkwassererwärmers einzubauen sind und zwar in der Reihenfolge, in der sie in Fließrichtung eingebaut werden müssen.

2) Ein nebenstehender Speicher-Trinkwassererwärmer soll nachträglich eingebaut werden. Erläutern Sie Ihre Vorgehensweise.

3) Ein Membran-Ausdehnungsgefäß soll in die bestehende PWC-Anschlussleitung eingebaut werden. Schildern Sie die einzelnen Arbeitsschritte.

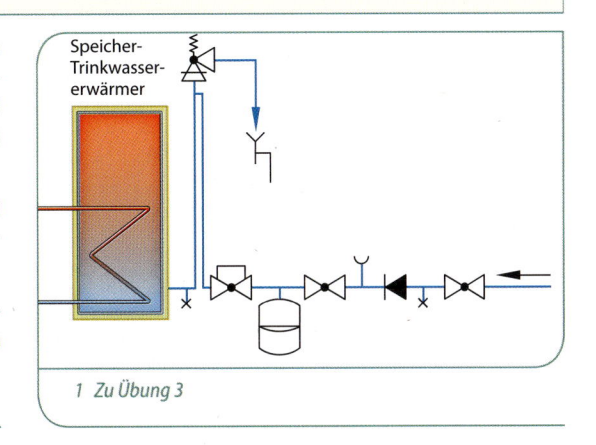

1 Zu Übung 3

8 Trinkwarmwasser-Verteilungssysteme in zentralen TWE-Anlagen

ÜBUNGEN

4) Bestimmen Sie das erforderliche Nennvolumen eines MAG-W, wenn der Speicherinhalt V_{Sp} = 300 l, der Ansprechdruck des Sicherheitsventils p_{SV} = 6 bar, der Anfangsdruck p_a = 4,0 bar, der Anlagenenddruck p_e = 4,8 bar und der Gasvordruck im MAG-W p_0 = 3,8 bar betragen.

5) a) Übertragen Sie die Schemazeichnung auf ein A4-Blatt.
b) Zeichnen Sie die PWC-Anschlussleitung des Speicher-Trinkwassererwärmers (300 l) mit allen vorgeschriebenen Armaturen ein. Ein Druckminderer ist bereits nach der Wasserzählanlage eingebaut, so dass bei dieser Aufgabe darauf verzichtet werden kann.
c) Zeichnen Sie die heizseitigen Anschlüsse des Speicher-Trinkwassererwärmers mit allen erforderlichen Armaturen und Sicherheitseinrichtungen ein.
d) Zeichnen Sie die PWH-C-Leitung mit allen erforderlichen Armaturen ein.

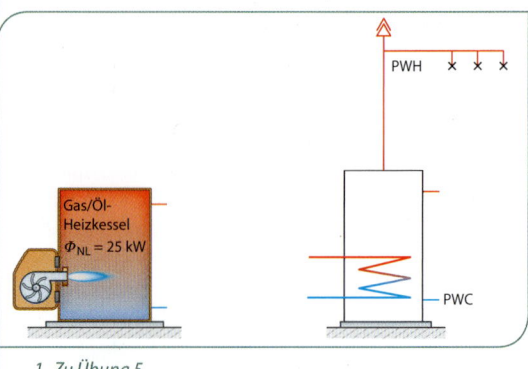

1 Zu Übung 5

8 Trinkwarmwasser-Verteilungssysteme in zentralen TWE-Anlagen

8.1 Vorschriften und Regeln für Trinkwarmwasserleitungen

Auch für Trinkwarmwasserleitungen gelten die Vorschriften, Regeln und Vorgehensweisen in den Kapiteln der **Fachkenntnisse 1** (vgl. Fachkenntnisse 1):
- **Lernfeldübergreifende Inhalte**
  Kap. 6 Wärmedämmung von Rohrleitungen
  Kap. 7 Rohrverlegung im Mauerwerk
  Kap. 8 Schall und Schallschutz
- **Lernfeld 5**
  Kap. 4 Verlegen von Trinkwasserleitungen (Rohrwerkstoffe, Verbindungstechniken, Nennweitenbestimmung, Armaturen und Verlegetechniken)
  Kap. 5 Druckprüfung von Trinkwasseranlagen
  Kap. 6 Spülen von Trinkwasseranlagen
  Kap. 7 Instandhaltung von Trinkwasseranlagen

8.2 Temperaturhaltesysteme

Bei zentralen Speicher-TWE, Durchflusssystemen bzw. kombinierten Systemen (Speicherladesystemen) muss eine PWH-Austrittstemperatur am TWE von ≥ **60°** vorliegen. Davon ausgenommen sind dezentrale Speicher-TWE zur Einzelversorgung und Durchfluss-TWE mit einem Leitungsvolumen von V ≤ 3 l bis zur entferntesten Entnahmestelle.
Nach DIN 1988-200 soll bei bestimmungsgemäßem Betrieb von TWE-Anlagen die **PWH-Auslauftemperatur** 30 Sekunden nach vollständigem Öffnen der Entnahmearmatur ≥ 55 °C betragen. TWE-Anlagen mit hohem Wasseraustausch innerhalb von drei Tagen (Speicher-, Durchfluss- und kombinierte Systeme) oder dezentraler Gruppenversorgung durch Speicher-TWE sind davon ausgenommen, da hier Betriebs- bzw. Austrittstemperaturen beim TWE auf ≥ **50 °C** eingestellt werden dürfen.
Die Einhaltung dieser Temperaturen muss aus folgenden Gründen gewährleistet sein:
- Einsparung von Wasser,
- Einsparung von Energie,
- Einhaltung von Hygienevorschriften (vgl. Kap. 9).

> **MERKE**
> Nach DIN 1988-200 sind bei TWE-Anlagen ab einem Warmwasserleitungsinhalt von V ≥ 3 l zwischen TWE-Austritt und entferntester Entnahmestelle Temperaturhaltesysteme zwingend vorgeschrieben.

8 Trinkwarmwasser-Verteilungssysteme in zentralen TWE-Anlagen

Für PWH-Anlagen bedeutet diese **"Drei-Liter-Regel"**, dass die PWH-Leitungen ohne Temperaturhaltesysteme folgende maximale Länge haben dürfen:

$$V = \frac{d_i^2 \cdot \pi}{4} \cdot l \quad \text{Umstellung} \quad l = 4 \cdot \frac{V}{d_i^2 \cdot \pi}$$

l = maximale Länge in m
d_i = Rohrinnendurchmesser in mm
V = 3 Liter (3 dm³)

Beispiel:
Ermittlung der zulässigen maximalen Länge für eine PWH-Kupferleitung DN 12.
geg.: V = 3 dm³
 d_i = 13 mm = 0,13 dm
ges.: Länge l in Metern

Lösung:
$$l = \frac{4 \cdot V}{d_i^2 \cdot \pi}$$

$$l = \frac{4 \cdot 3 \text{ dm}^3}{(0,13)\text{ dm}^2 \cdot \pi}$$

$$l = \frac{12 \text{ dm}^3}{0,0169 \text{ dm}^2 \cdot \pi}$$

$$l = \frac{226,13349 \text{ dm} \cdot 1 \text{ m}}{10 \text{ dm} \cdot \pi}$$

$$\underline{\underline{l = 22,61 \text{ m}}}$$

Solche großen Leitungslängen zwischen TWE und entferntester Entnahmestelle sind in Ein- und Zweifamilienhäusern selten vorzufinden. Da aber viele Bauherren **nach längeren Zapfpausen** (tapping intervals) **sofort warmes Wasser** entnehmen möchten, werden immer häufiger auch bei kürzeren Leitungslängen **Temperaturhaltesysteme** (temperature maintaining systems) installiert. In jedem Fall sind zwei Bauformen möglich:
- Installation eines Zirkulationssystems (vgl. Kap. 8.3),
- Installation einer elektrischen Rohrbegleitheizung (vgl. Kap. 8.4).

> **MERKE**
> Die normgerechte Dämmung von Trinkwarmwasserleitungen (vgl. Fachkenntnisse 1, Kap. 6.3.2, S. 44 ff.) kann die Auskühlung nur verzögern, jedoch nicht vollkommen verhindern.

8.3 Zirkulationssysteme

Das Grundprinzip des Zirkulationssystems besteht darin, einen PWH-Kreislauf zwischen dem Speicher-TWE und der Entnahmestelle herzustellen. Dazu wird eine zweite Warmwasserleitung – **die Zirkulationsleitung** (secondary circulation pipe) – installiert, die in der Nähe der Entnahmestelle mit dem Anschluss an die PWH-Leitung beginnt und mit dem Anschluss an den Speicher-TWE endet. Sie funktioniert wie eine Rücklaufleitung und kann entweder parallel zur PWH-Leitung (Zirkulationsleitung) oder innerhalb der PWH-Leitung (Inliner-System) verlaufen.

8.3.1 Zirkulationsleitungen

Der Einbau einer PWH-Zirkulationsleitung (**PWH-C**[1]) erfolgt bei einer Neuinstallation im Rahmen der üblichen Installationsarbeiten. Handelsübliche Warmwasserspeicher verfügen über einen Anschluss für die Zirkulationsleitung. Kurz vor dem Anschluss an den Speicher-TWE erfolgt der Einbau der Zirkulationspumpe und des Rückflussverhinderers (Bild 1).
Ist die Installation von Zirkulationssystemen aus dem im ersten Merksatz genannten Grund zwingend notwendig, schreibt die EnEV §12 (4) vor, dass die Zirkulationspumpen mit zeitgesteuerten Einrichtungen zur Ein- und Ausschaltung auszustatten sind (vgl. LF 14, Kap. 4.1.2.1).
Eine Zirkulationsanlage ist aus hygienischen Gründen 24 Stunden in **Betriebsbereitschaft** (ready for operation) zu halten.
Nur bei hygienisch einwandfreien Kleinanlagen (z. B. in Ein- und Zweifamilienhäusern) kann diese auf 16 Stunden reduziert werden.
Innerhalb der beiden genannten Betriebsbereitschaften darf zur Vermeidung unzulässig starker Legionellenbildung (legionella formation) durch zu lange Stagnationszeiten (stagnation periods) eine Unterbrechung des Pumpenförderstroms nicht länger als 8 Stunden andauern (vgl. Kap 9).

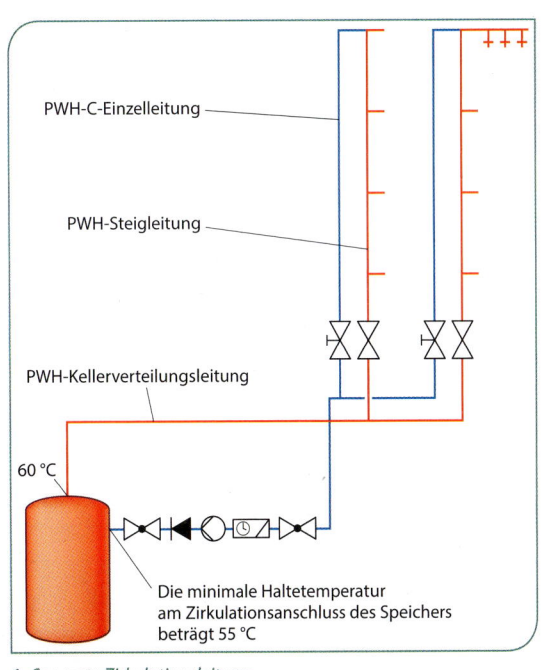

1 Separate Zirkulationsleitung

---
[1] PWH-C = portable water hot-circulation (Zirkulationsleitung)

Lernfeld 9

Der Anlagenmechaniker-SHK sollte deshalb den Kunden unbedingt darüber aufklären, dass ein **längeres Abschalten** der Zirkulationspumpe, um Strom zu sparen, **nicht zulässig** ist.

8.3.1.1 Bemessung und hydraulischer Abgleich von Zirkulationssystemen

Um die Hygieneanforderungen der DVGW-Arbeitsblätter W 551 und W 552 zur Verminderung des Legionellenwachstums (growth of legionella) zu erfüllen, muss eine Begrenzung der Abkühlung des Trinkwarmwassers auf $\Delta\vartheta_{TE}$ = 5 Kelvin zwischen Austritt der PWH-Leitung und Eintritt der PWH-C-Leitung am Trinkwassererwärmer gewährleistet sein. Die nach DIN 1988-200 vorgeschriebene PWH-Speicheraustrittstemperatur von mindestens 60 °C bei zentralen PWH-Anlagen darf somit bis zum PWH-C-Eintritt nicht unter 55 °C absinken (Bild 1, vorherige Seite).

Voraussetzung dafür, dass dieser Wert an keiner Stelle des zirkulierenden PWH-Systems unterschritten wird, ist die:
- Einhaltung der Mindestdämmschichtdicken nach EnEV,
- Bemessung der Zirkulationssysteme nach DVGW-Arbeitsblatt W 553 und DIN 1988-300 und
- Einregulierung des Zirkulationssystems (hydraulischer Abgleich) nach DVGW-Arbeitsblatt W 553 und DIN 1988-300.

Für die Bemessung von Zirkulationssystemen (sizing of circulation systems) in zentralen Speicher-TWE-Anlagen gibt es drei Verfahren:
- **Kurzverfahren für kleine Anlagen** (z. B. Ein- und Zweifamilienhäusern **ohne** Berechnungsaufwand),
- **vereinfachtes Berechnungsverfahren für alle Anlagengrößen** (liefert **ohne großen** Berechnungsaufwand praxisgerechte Ergebnisse für die Ausführung),
- **differenziertes Berechnungsverfahren für alle Anlagengröße** (liefert eine bessere Annäherung an die wirklichen Betriebsverhältnisse bei **relativ großem** Berechnungsaufwand).

Im zuletzt genannten differenzierten Berechnungsverfahren (calculation method) müssen im Gegensatz zum vereinfachten Verfahren wesentlich mehr Parameter berücksichtigt werden. Dieses sehr aufwändige Verfahren wird in der DIN 1988-300 ausführlich behandelt und in erster Linie für die Bemessung großer Anlagen eingesetzt (z. B. in Planungsbüros).

8.3.1.2 Kurzverfahren

Folgende Bedingungen muss eine Speicher-TWE-Anlage bei diesem Verfahren erfüllen (Bild 1):
- maximale Länge von 30 m aller von der Zirkulation betroffenen PWH-Leitungen (ohne PWH-C-Leitungen),
- maximale Länge von 20 m für die PWH-C-Leitung mit dem längsten Fließweg (flow line),
- maximaler Druckverlust von 30 mbar des Rückflussverhinderers,
- Einzelsicherung der Trinkwasser-Installation (vgl. Fachkenntnisse, LF 5).

Für diese Fälle gilt:
- PWH-C-Einzel- und Sammelleitungen (single and collecting pipes) mit mindestens 10 mm Innendurchmesser,
- Zirkulationspumpe DN 15 mit einem Mindestförderstrom von 200 $\frac{l}{h}$ und maximalem Druckverlust von 100 mbar.

8.3.1.3 Vereinfachtes Berechnungsverfahren
Berechnung der Wärmeverluste

Aus den Wärmeverlusten (Wärmeströmen) der PWH-Leitungen werden die für die Temperaturhaltung erforderlichen Volumenströme der PWH-Teilstrecken sowie das Fördervolumen der PWH-C-Pumpe berechnet.
Bei der üblichen Parallelverlegung (parallel routing/pipe laying) von PWH- und PWH-C-Leitungen wird von gleichen Leitungslängen und Wärmeverlusten ausgegangen.

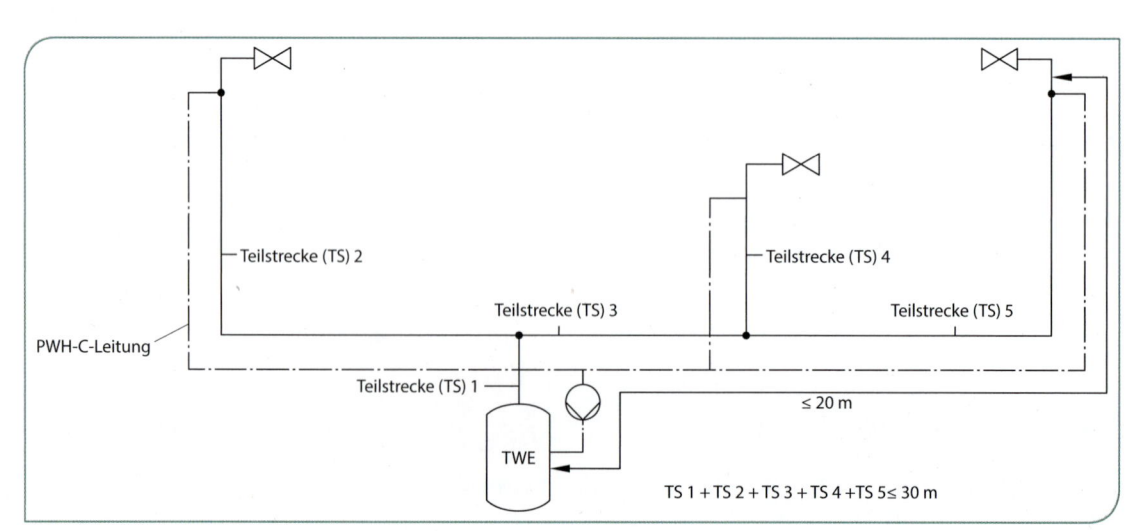

1 Maximale Längen der PWH- und PWH-C-Leitungen beim Kurzverfahren

8 Trinkwarmwasser-Verteilungssysteme in zentralen TWE-Anlagen

> **MERKE**
>
> Im vereinfachten Berechnungsverfahren ist es ausreichend, nur die Wärmeverluste für die PWH-Leitungen zu ermitteln.
> Die Wärmeverluste von Armaturen, wie z. B. Ventilen, können vernachlässigt werden, da sie relativ gering sind.

Voraussetzung für die korrekte Ermittlung sind folgende Verlegebedingungen nach DIN 1988-300:
- Rohrdämmung nach der Mindestvorgabe der EnEV,
- PWH- und PWH-C-Temperaturen von 60 °C,
- Lufttemperatur im Aufstellraum (z. B. Keller) des Trinkwassererwärmers von 10 °C,
- Lufttemperatur im PWH-Leitungsschacht von 25 °C.

Die zur Berechnung notwendigen spezifische Wärmeverluste nach DVGW Arbeitsblatt W 553 sind unabhängig vom Durchmesser und Werkstoff der PWH-Leitungen und betragen für:
- freiverlegte Leitungen (exposed piping) im z. B. Keller 11 $\frac{W}{m}$ und
- im Schacht verlegte Leitungen (shaft piping) 7 $\frac{W}{m}$.

Die Wärmeverluste $\dot{Q}$ der in Teilstrecken (partial sections) aufgeteilten PWH-Leitungen werden mit folgender Formel berechnet (vgl. Beispielaufgabe, **Berechnungsschritt 1**):

$$\dot{Q} = l_{w,K} \cdot \dot{q}_{w,K} + l_{w,S} \cdot \dot{q}_{w,S}$$

Es bedeuten:
$l_{w,K}$: PWH-Leitungslänge im Keller in m,
$l_{w,S}$: PWH-Leitungslänge im Schacht in m,
$\dot{q}_{w,K}$: PWH-Wärmeverluste im Keller in $\frac{W}{m}$,
$\dot{q}_{w,S}$: PWH-Wärmeverluste im Schacht in $\frac{W}{m}$,
$\dot{Q}$: Wärmeverluste in der PWH-Leitung in W.

Berechnung des Förderstroms der PWH-C-Pumpe

Mit Hilfe der berechneten Wärmeverluste der PWH-Teilstrecken kann der erforderliche Förderstrom der PWH-C-Pumpe mit folgender Formel berechnet werden (vgl. Beispielaufgabe, **Berechnungsschritt 2**):

$$\dot{V}_p = \frac{\dot{Q}}{\rho \cdot c \cdot \Delta\vartheta_W} \quad \text{bzw.} \quad \frac{l_{w,K} \cdot \dot{q}_{w,K} + l_{w,S} \cdot \dot{q}_{w,S}}{\rho \cdot c \cdot \Delta\vartheta}$$

Es bedeuten:
ρ: Dichte des Trinkwarmwassers in $\frac{kg}{m^3}$,
c: spez. Wärmekapazität des Trinkwarmwassers in $\frac{Wh}{kg \cdot K}$.

$\Delta\vartheta_W = \frac{\Delta\vartheta_{TE}}{2}$: Temperaturdifferenz (Abkühlung) zwischen dem **Austritt** der PWH-Leitung am Trinkwassererwärmer und dem **Anschluss** der PWH-C-Leitung an die PWH-Leitung (vorgegebener Wert von 2,0 K ... 2,5 K nach DVGW Arbeitsblatt W 553 und DIN 1988-300)

Berechnung der Volumenströme der PWH-Teilstrecken

Der Volumenstrom $\dot{V}$ in der ersten PWH-Teilstrecke direkt hinter dem Trinkwassererwärmer entspricht immer dem Förderstrom der PWH-C-Pumpe.
Alle anderen PWH-Teilvolumenströme lassen sich mit Hilfe der folgenden Gleichungen errechnen (vgl. Beispielaufgabe, **Berechnungsschritt 3**):

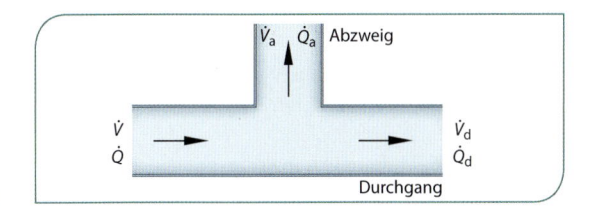

$$\dot{V}_a = \dot{V} \cdot \frac{\dot{Q}_a}{\dot{Q}_a + \dot{Q}_d} \quad \text{oder} \quad \dot{V}_d = \dot{V} \cdot \frac{\dot{Q}_d}{\dot{Q}_a + \dot{Q}_d}$$

$$\dot{V}_d = \dot{V} - \dot{V}_a \quad \quad \dot{V}_a = \dot{V} - \dot{V}_d$$

Es bedeuten:
$\dot{V} = \dot{V}_p$: zum Abzweig geführter Volumenstrom (= Pumpenförderstrom) in $\frac{l}{h}$ bzw. $\frac{l}{s}$,
$\dot{V}_a$: Volumenstrom in der abzweigenden Teilstrecke in $\frac{l}{h}$ bzw. $\frac{l}{s}$,
$\dot{V}_d$: Volumenstrom im Durchgangsweg in $\frac{l}{h}$ bzw. $\frac{l}{s}$,
$\dot{Q}$: Gesamtwärmeverluste der betroffenen PWH-Leitungen in W,
$\dot{Q}_a$: Wärmeverlust der vom Umlauf betroffenen abzweigenden PWH-Leitungen (Abzweigweg) in W,
$\dot{Q}_d$: Wärmeverluste aller vom Umlauf betroffenen PWH-Leitungen in Fließrichtung nach dem Abzweig (Durchgangsweg) in W.

Bestimmung des Durchmessers der PWH-C-Leitung

Mit den errechneten Volumenströmen der PWH-Teilstrecken und den maximal zulässigen Fließgeschwindigkeiten lassen sich aus den Rohrweitenberechnungstabellen (pipe sizing calculation tables/charts) (R-Tabellen) die erforderlichen Rohrdurchmesser für die Zirkulationsleitungen ermitteln (vgl. Beispielaufgabe, **Berechnungsschritt 4**).
Hierbei ist auf folgendes zu achten:
- die errechneten Volumenströme müssen von $\frac{l}{h}$ in $\frac{l}{s}$ umgerechnet werden,
- die Rohrweitenberechnungstabelle muss für den entsprechenden Rohrwerkstoff ausgewählt werden,
- die Fließgeschwindigkeit soll zwischen 0,2 $\frac{m}{s}$ und 0,5 $\frac{m}{s}$ liegen (Ausnahme: bei Pumpen mit großen Förderhöhen darf sie maximal 1,0 $\frac{m}{s}$ betragen),
- Der Mindestinnendurchmesser darf 10 mm nicht unterschreiten.

8 Trinkwarmwasser-Verteilungssysteme in zentralen TWE-Anlagen

Bestimmung der Druckverluste

Die Druckverluste Δp (pressure losses) ergeben sich aus der Summe der Rohrreibungsdruckverluste (pipe friction losses) der einzelnen Zirkulationsteilstrecken und der Summe der Druckverluste von Armaturen und Rohrformteilen (vgl. Beispielaufgabe **Berechnungsschritt 5**):

$$\Delta p = \Sigma (l \cdot R + Z)$$

l: Länge der PWH-C-Teilstrecken in m,
R: Rohrreibungsdruckgefälle in Abhängigkeit von der gewählten Rohrnennweite und Fließgeschwindigkeit in mbar,
Z: pauschal 30 % der Rohrreibungsdruckverluste im vereinfachten Berechnungsverfahren in mbar.

Bestimmung der Pumpenkennwerte

Für den Förderdruck der Zirkulationspumpe (Δp_p) ist der Zirkulationskreis (circulation loop) mit dem größten Druckverlust maßgebend. Dies ist in der Regel der Zirkulationskreis mit der größten Leitungslänge (vgl. Beispielaufgabe, **Berechnungsschritt 6**).
Sollen Einzelwiderstände (Druckverluste) von, z. B. Rückflussverhinderern und thermostatischen Zirkulationsregulierventilen, nicht pauschal berücksichtigt werden, müssen sie den Herstellerangaben entnommen werden. Die Druckverluste in der PWH-Leitung können vernachlässigt werden, da sie relativ klein sind.

Einregulierung der PWH-Zirkulation (hydraulischer Abgleich (hydraulic balancing))

In allen Zirkulationskreisen muss die gleiche Druckdifferenz durch entsprechende Rohrdurchmesser der PWH-C-Leitungen und voreingestellten Drosselventilen (preset throttle valves) vorliegen. Hierfür müssen die Voreinstellwerte (presetting values) für den hydraulischen Abgleich ermittelt werden (vgl. Beispielaufgabe, **Berechnungsschritt 7**).
Beim Einbau von thermostatisch gesteuerten Zirkulationsregulierventilen (thermostatically driven circulation control valves) entfallen die oftmals aufwändigen Berechnungs- und Regulierungsmaßnahmen, da sie automatisch eingestellt werden.

> **MERKE**
>
> Eine Inbetriebnahme der PWH-Zirkulation ohne Einregulierung hat zur Folge, dass in manchen Zirkulationskreisen zu große und in anderen zu kleine PWH-Volumenströme fließen als zur Temperaturhaltung erforderlich sind.

Beispiel für die Bemessung und Einregulierung der zentralen PWH-Anlage eines Mehrfamilienhauses mit Kupferrohr-Zirkulationssystem nach dem vereinfachten Berechnungsverfahren (Bild 1).

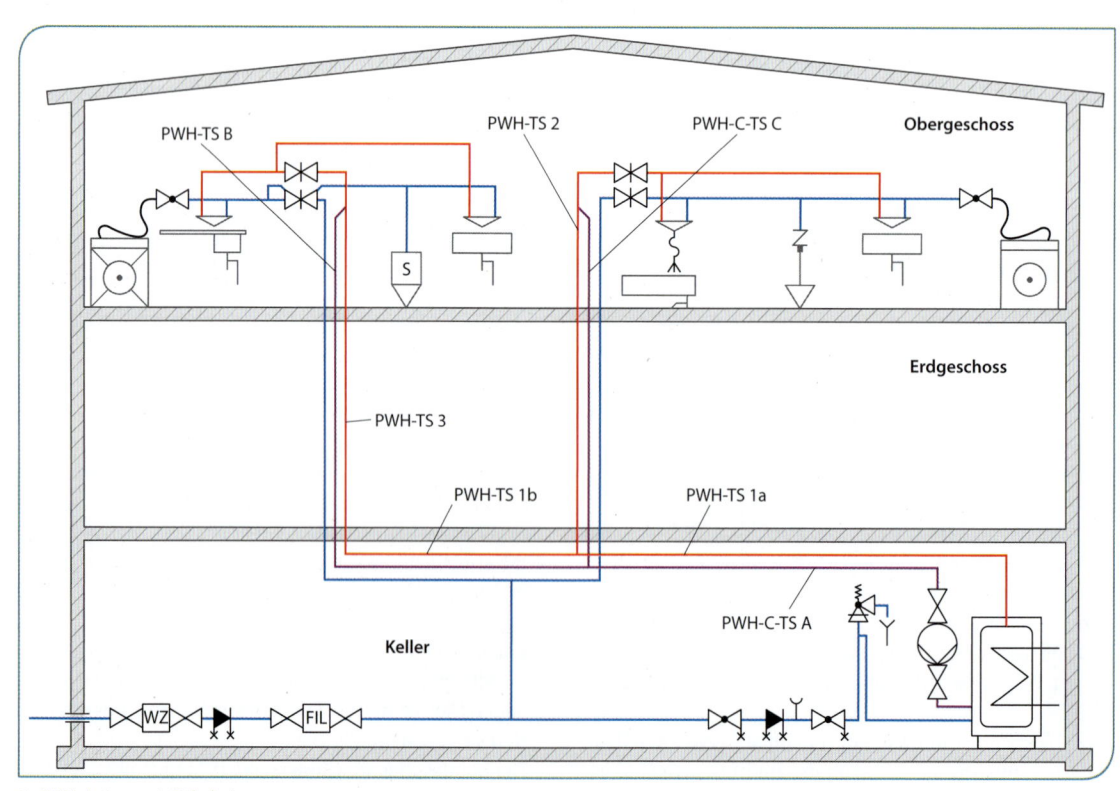

1 PWH-Anlage mit Zirkulationssystem

8 Trinkwarmwasser-Verteilungssysteme in zentralen TWE-Anlagen

Berechnungsschritte:
1. Zunächst müssen die Wärmeverluste der PWH-Leitungen des Zirkulationssystems ermittelt werden.
2. Mit Hilfe der Summe der Wärmeverluste wird der erforderliche Pumpenförderstrom für die Temperaturhaltung im PWH-Leitungssystem berechnet.
3. Die Volumenströme der PWH-Teilstrecken werden zur Ermittlung der PWH-C-Rohrdurchmesser und Druckverluste berechnet.
4. + 5. Die erforderlichen PWH-C-Rohrdurchmesser und Druckverluste werden mit Hilfe von Rohrweitenberechnungstabellen ermittelt (Tabellenbuch).
6. + 7. Abschließend werden die Pumpenkennwerte bestimmt und am Beispiel eines Zirkulationsregulierventils DN 15 der Voreinstellungswert für den hydraulischen Abgleich ermittelt.

Schritt 1: Berechnung der Wärmeverluste
Die Wärmeverluste folgender PWH-Teilstrecken (TS) des Beispiels sind zu berechnen (Bild 1 und Bild 1, vorherige Seite):
- Teilstrecke 1a mit l = 14 m Kellerleitung (frei verlegt, vom Speicheraustritt bis zum ersten Abzweig),
- Teilstrecke 1b mit l = 7 m Kellerleitung (frei verlegt, vom ersten Abzweig bis zur Deckendurchführung),
- Teilstrecke 2 mit l = 6 m Schachtleitung (vom ersten Abzweig bis zum PWH-C-Anschluss),
- Teilstrecke 3 mit l = 6 m Schachtleitung (von der Deckendurchführung bis zum PWH-C-Anschluss).

Aus diesen Angaben ergeben sich folgende Teilstrecken-Wärmeverluste ($\dot{Q}$):

TS	Länge l in m	spez. Wärmeverluste $\dot{q}_w$ in $\frac{W}{m}$	TS-Wärmeverluste $\dot{Q} = l \cdot \dot{q}_w$ in W
1a	14	11	154
1b	7	11	77
2	6	7	42
3	6	7	42
			$\Sigma \dot{Q} = 315$

1 Wärmeverluste der PWH-Teilstrecken

Schritt 2: Bestimmung des Förderstroms der PWH-C-Pumpe
geg.:
$\dot{Q}$ = 315 W (Bild 1)
$\Delta \vartheta_w$ = 2 K
p = 1 $\frac{kg}{dm^3}$
c = 1,16 Wh/kgK

ges.:
$\dot{V}_p$ = Förderstrom der PWH-C-Pumpe

Lösung:

$$\dot{V}_p = \frac{\dot{Q}}{p \cdot c \cdot \Delta \vartheta_w}$$

$$\dot{V}_p = \frac{315 \, W \cdot dm^3 \cdot kg \cdot K}{1 \, kg \cdot 1,16 \, Wh \cdot 2K}$$

$$\dot{V}_p = 135,78 \, \frac{l}{h}$$

$$\dot{V}_p = 135,78 \, \frac{l}{h} \cdot \frac{1 \, h}{3600 \, s}$$

$$\dot{V}_p = 0,038 \, \frac{l}{s}$$

Schritt 3: Berechnung der Volumenströme der PWH-Teilstrecken

a) Volumenstrom der Teilstrecke 1a

$$\dot{V}_{1a} = \dot{V}_p = 135,78 \, \frac{l}{h}$$

$$\dot{V}_{1a} = 135,78 \, \frac{l}{h} \cdot \frac{1 \, h}{3600 \, s}$$

$$\dot{V}_{1a} = 0,038 \, \frac{l}{s}$$

b) Volumenstrom der Teilstrecke 2

geg.:
$\dot{V}_p$ = 135,78 $\frac{l}{h}$
$\dot{Q}_2$ = 42 W (TS 2)
$\dot{Q}_{1b+3}$ = 119 W (TS 1b + TS 3)

ges.:
$\dot{V}_2$ in $\frac{l}{h}$

Lösung:

$$\dot{V}_2 = \dot{V}_p \cdot \frac{\dot{Q}_2}{\dot{Q}_2 + \dot{Q}_{1b+3}}$$

$$\dot{V}_2 = 135,78 \, \frac{l}{h} \cdot \frac{42 \, W}{42 \, W + 119 \, W}$$

$$\dot{V}_2 = 35,42 \, \frac{l}{h}$$

$$\dot{V}_2 = 35,42 \, \frac{l}{h} \cdot \frac{1 \, h}{3600 \, s}$$

$$\dot{V}_2 = 0,01 \, \frac{l}{s}$$

c) Volumenstrom der Teilstrecke 1b + 3

$$\dot{V}_{1b+3} = \dot{V} \cdot \frac{\dot{Q}_{1b+3}}{\dot{Q}_2 + \dot{Q}_{1b+3}}$$

$$\dot{V}_{1b+3} = 135,78 \, \frac{l}{h} \cdot \frac{119 \, W}{42 \, W + 119 \, W}$$

$$\dot{V}_{1b+3} = 100,36 \, \frac{l}{h}$$

$$\dot{V}_{1b+3} = 100,36 \, \frac{l}{h} \cdot \frac{1 \, h}{3600 \, s}$$

$$\dot{V}_{1b+3} = 0,028 \, \frac{l}{s}$$

8 Trinkwarmwasser-Verteilungssysteme in zentralen TWE-Anlagen

Ergebniszusammenfassung der Berechnungsschritte 1 + 2

$\dot{Q}_a$ in W TS 3	$\dot{Q}_a$ in W TS 1b/2	$\dot{Q}_a + \dot{Q}_a$ in W TS 1b/2/3	$\dot{V}_p$ in $\frac{l}{h}$ TS 1a	$\dot{V}_a$ in $\frac{l}{h}$ TS 2	$\dot{V}_d$ in $\frac{l}{h}$ TS 1b + 3
42	119	161	135,78	35,42	100,36

1 Wärmeverluste und Volumenströme der Teilstrecken

```
TS 1b + TS 3        TS 2 ($\dot{V}_a$ = 35,42 l/h)
($\dot{V}_d$ = 100,36 l/h)
                    TS 1a ($\dot{V}$ = 135,78 l/h)
                                                    TWE
```

2 Prinzipskizze der Teilstrecken mit Volumenströmen

Schritt 4: Bestimmung des Durchmessers der PWH-C-Leitung

Die Übersichtstabelle enthält folgende Werte (Bild 3):
- PWH-C-Leitungslängen l (Spalte 2),
- PWH-C-Volumenströme $\dot{V}_Z$ (Spalten 3 und 4),
- PWH-C-Rohrdurchmesser DN (Spalte 5).

1	2	3	4	5
PWH-C-TS	l in m	$\dot{V}_Z$ in $\frac{l}{h}$	$\dot{V}_Z$ in $\frac{l}{s}$	DN
A (1a)	14	135,78	0,038	12
B (1b+3)	13	100,36	0,028	10
C (2)	6	35,42	0,01	10

3 Übersichtstabelle aller relevanten Werte

Schritt 5: Bestimmung der Druckverluste

Die Übersichtstabelle enthält folgende Werte (Bild 4):
- Fließgeschwindigkeiten v (Spalte 6),
- Rohrreibungsdruckverluste R pro Meter PWH-C-Leitung aus der R-Wert-Tabelle (Spalte 7),
- Rohrreibungsdruckverluste $l \cdot R$ der PWH-C-Teilstrecken (Spalte 8),
- Einzelwiderstände Z (Druckverluste) in den PWH-C-Teilstrecken, pauschal 30 % der Rohrreibungsverluste (Spalte 9),
- Gesamtdruckverluste $\Delta p = \Sigma (l \cdot R + Z)$ der PWH-C-Teilstrecken (Spalte 10).

1	6	7	8	9	10
PWH-C-TS	v in $\frac{m}{s}$	R in $\frac{mbar}{m}$	$l \cdot R$ in mbar	Z in mbar	$l \cdot R + Z$ in mbar
A (1a)	0,29	1,43	20,0	6,0	26,0
B (1b+3)	0,38	2,99	38,87	11,7	50,57
C (2)	0,13	0,5	3,0	0,9	3,9
					Σ 80,47

4 Übersichtstabelle aller relevanten Werte

Schritt 6: Bestimmung der Pumpenkennwerte

a) Förderstrom: $\dot{V}_P = 135{,}78 \frac{l}{h} = 0{,}136 \frac{m^3}{h}$
 (vgl. Berechnungsschritt 3)
b) Bestimmung des Förderdrucks Δp_P der PWH-C-Pumpe durch die Summe aller Druckverluste im längsten Zirkulationskreis (A + B bzw. 1a + 1b + 3):
Δp_P = 26 mbar + 50,57 mbar
$\underline{\Delta p_P = 76{,}57 \text{ mbar}}$

Schritt 7: Einregulierung der PWH-Anlage (hydraulischer Abgleich)

Der Druckverlust beträgt für die PWH-C-Teilstrecken:
- C = 3,9 mbar,
- B = 50,57 mbar.

Die Druckdifferenz von Δp = 50,57 mbar – 3,9 mbar = **46,67 mbar** bei einem Durchflussvolumenstrom von $\dot{V}_Z = 35{,}42 \frac{l}{h}$ muss durch die Einstellung am Einregulierventil der PWH-C-Teilstrecke C (2) abgebaut werden.
Für ein Zirkulationsregulierventil DN 15 ergibt das laut Diagramm einen **ungefähren Voreinstellwert** von **2,7** (Bild 5).

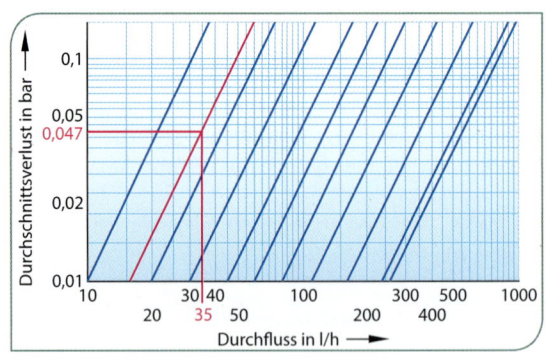

5 Diagramm für Voreinstellwerte (VE) von Zirkulationsregulierventilen DN 15

8.3.2 Innenliegende Zirkulationsleitungen (Inliner-System)

Das **Inliner-System** (Bild 1, nächste Seite) arbeitet nach dem Rohr-im-Rohr-Prinzip (tube in tube principle) und kommt hauptsächlich in Mehrgeschossbauten und Hochbauten (multi-storey/tower buildings) sowie bei Sanierungen großer Wohneinheiten in Altbauten zur Anwendung. Seine Vorteile sind insbesondere:
- geringerer Platzbedarf,
- weniger Kosten durch reduzierten Montageaufwand, da keine separate PWH-C-Leitungen verlegt werden müssen,
- weniger Kosten für Kernbohrungen, Rohrdämmung und Brandschutz,
- geringere Wärmeverluste,
- exakte Temperaturhaltung,
- kleinere Installationsschächte.

8 Trinkwarmwasser-Verteilungssysteme in zentralen TWE-Anlagen

Bei diesem System ist die am höchsten Punkt **offene Zirkulationsleitung** in die PWH-Leitung integriert (Bilder 2 und 3). Die Nennweite der Kupfer-Steigleitung (copper riser/rising main) beträgt DN 25 oder DN 32 in Verbindung mit einer Zirkulationsleitung DN 10 aus PE-Xc. Mittels einer Pumpe wird zwischen beiden Leitungen und dem Speicher-TWE ein PWH-Kreislauf aufrechterhalten (Bilder 3a und b).

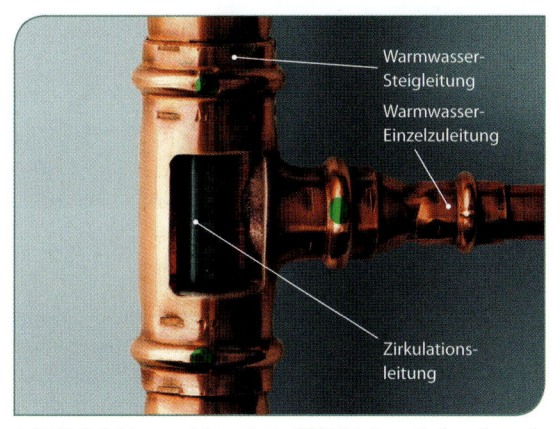

1 PWH-Steigleitung mit integrierter PWH-C-Leitung (Inliner-System)

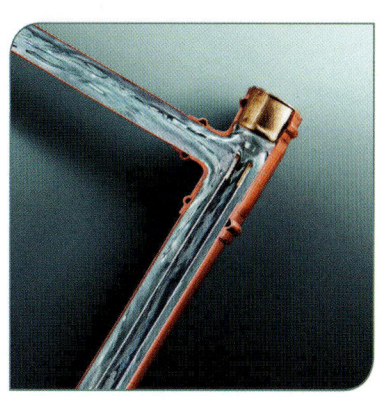

2 Am höchsten Punkt offene PWH-C-Leitung

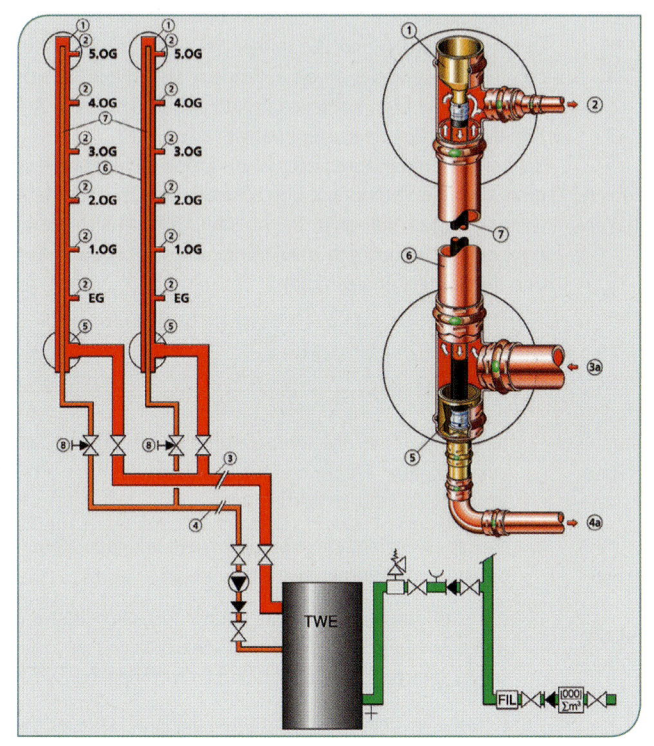

3 a) Prinzipskizze eines Inliner-Zirkulationssystems

b) PWH-Kreislauf

8.4 Rohrbegleitheizung

Die elektrische Rohrbegleitheizung (pipe trace heating) ist im Wohnungsbau eher unüblich, obwohl sie gegenüber einem Zirkulationssystem Vorteile hat, wie z. B.:
- keine Zirkulationspumpe erforderlich,
- keine extra Zirkulationsleitung notwendig,
- selbstanpassende Heizleistung (self-adjusting heating output), d. h. die Heizleistung erhöht bzw. reduziert sich bei Veränderung der Umgebungstemperatur,
- Temperaturabsenkung (z. B. nachts) oder Temperaturerhöhung (thermische Desinfektion) möglich.

8 Trinkwarmwasser-Verteilungssysteme in zentralen TWE-Anlagen

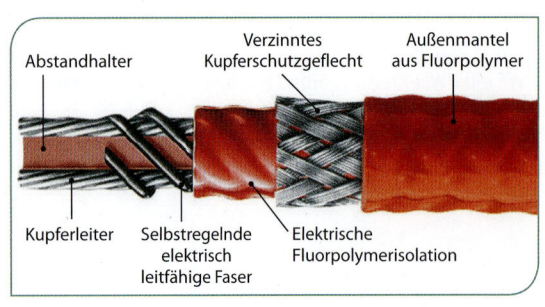

1 Aufbau eines elektrischen Heizbandes (faserverstärkt)

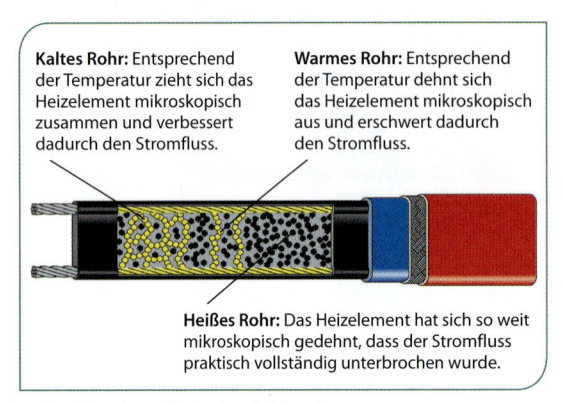

Kaltes Rohr: Entsprechend der Temperatur zieht sich das Heizelement mikroskopisch zusammen und verbessert dadurch den Stromfluss.

Warmes Rohr: Entsprechend der Temperatur dehnt sich das Heizelement mikroskopisch aus und erschwert dadurch den Stromfluss.

Heißes Rohr: Das Heizelement hat sich so weit mikroskopisch gedehnt, dass der Stromfluss praktisch vollständig unterbrochen wurde.

2 Funktion eines elektrisches Heizbandes

Die elektrische Begleitheizung besteht aus einem flexiblen Heizband (flexible heat tracing tape) mit Heizelement, das an das PWH-Rohr angelegt wird (Bilder 1 und 3).

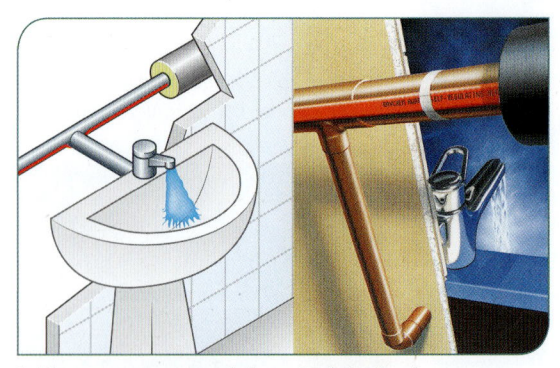

3 Warmwassertemperaturhaltung durch Heizband

Die Selbstregulierung (self-regulation) des Heizbandes erfolgt durch das Kunststoff-Heizelement (heating polymer core) mit eingebetteten stromleitenden Kohlenstoffteilchen (embedded conductive carbon particles). Das Heizelement verbindet die beiden verzinnten Kupferleiter miteinander. Bei angelegter Spannung an die verzinnten Kupferleiter (tin-plated copper conductors) entsteht durch den Stromfluss Wärme (Bild 2).

Durch Ausdehnen und Zusammenziehen des Kunststoffes bei Temperaturänderungen verändern sich die Abstände der stromleitenden Kohlenstoffpartikel und damit die Anzahl der Strompfade (current paths).

Bei hohen Temperaturen bis z. B. 60 °C sind die Abstände so groß, dass die Strompfade unterbrochen sind und die Heizleistung gegen Null sinkt. Bei Abkühlung kehrt sich dieser Prozess um, indem sich die Strompfade wieder schließen und die Heizleistung zunimmt.

ÜBUNGEN

1) Welche PWH-Auslauftemperatur darf an der Entnahmearmatur grundsätzlich nicht unterschritten werden und unter welchen Messbedingungen wird sie erfasst?

2) Die in Übung 1. erfragte PWH-Auslauftemperatur darf unter bestimmten Voraussetzungen unterschritten werden.
   a) Nennen Sie diese abweichende PWH-Temperatur, die unter den gleichen Messbedingungen nicht unterschritten werden darf.
   b) Nennen Sie die beiden Ausnahmebedingungen.

3) Bei welchen Trinkwassererwärmern sind keine Temperaturbegrenzungen vorgeschrieben?

4) Nennen Sie drei Gründe, warum die vorgeschriebenen PWH-Auslauftemperaturen eingehalten werden müssen.

5) Bei welcher TWE-Anlagenbedingung sind Temperaturhaltesysteme vorgeschrieben?

6) Wie heißen die beiden möglichen Bauformen eines Temperaturhaltesystems?

7) Beschreiben Sie das Temperaturhaltesystem, bei dem ein separater PWH-Kreislauf zwischen Speicher-TWE Austritt und Eintritt hergestellt wird.

8) Warum ist ein längeres Abschalten der Zirkulationspumpe, um Strom zu sparen, nicht zulässig?

9) Wie groß darf bei TWE-Anlagen mit Zirkulationsleitungen der Temperaturabfall des Trinkwarmwassers zwischen Speicher-TWE Austritt und Eintritt maximal sein?

10) Nennen Sie drei Voraussetzungen dafür, dass die vorgeschriebene Begrenzung des Temperaturabfalls in Speicher-TWE-Anlagen mit Zirkulationsleitungen nicht unterschritten wird.

11) Nennen Sie die drei Verfahren für die Bemessung von Zirkulationssystemen in zentralen Speicher-TWE-Anlagen und deren Anwendungsbereiche.

12) Bei welchem Bemessungsverfahren für Zirkulationssysteme kann auf die Berechnung verzichtet werden und welche vier Bedingungen müssen dafür erfüllt werden?

ÜBUNGEN

13) Welche Dimension müssen PWH-C-Leitungen beim Verzicht auf die Bemessungsberechnung haben und wie lauten die Kenndaten der Zirkulationspumpe?

14) Welche vier Verlegebedingungen müssen nach DIN 1988-300 unbedingt eingehalten werden, wenn das vereinfachte Berechnungsverfahren für Zirkulationsleitungen angewendet wird?

15) Wie lauten die anzunehmenden spezifischen Wärmeverluste für z. B. im Keller bzw. im Schacht verlegte Leitungen beim vereinfachten Berechnungsverfahren für Zirkulationsleitungen?

16) Nennen Sie die sieben Berechnungsschritte, die bei der Bemessung und Einregulierung einer zentralen PWH-Anlage mit Zirkulationsleitungen durchgeführt werden müssen.

17) Beschreiben Sie das Temperaturhaltesytem „Inliner-System".

18) Bei welchen TWE-Anlagen wird das in Übung 17 beschriebene System vorzugsweise eingesetzt?

19) Nennen Sie sechs Vorteile des „Inliner-Systems".

20) Beschreiben Sie die Installation einer Rohrbegleitheizung.

21) Nennen Sie vier Vorteile einer Rohrbegleitheizung.

22) Beschreiben Sie die selbstregulierende Anpassung der Heizleistung bei dem Heizband einer Rohrbegleitheizung.

9 Trinkwasserhygiene

Trinkwasser ist ein Lebensmittel und muss deshalb die hygienischen, biologischen und chemischen Anforderungen erfüllen. Es muss z. B. farblos, kühl und keimarm sowie geruchlich und geschmacklich einwandfrei sein (vgl. Fachkenntnisse 1, LF 5, Kap. 1.1). Nach § 4 TrinkwV 2011 ist jeder Betreiber (Eigentümer) von Trinkwasser-Installationen in Gebäuden dafür verantwortlich, dass keine Krankheitserreger (disease agents) in schädigenden Konzentrationen durch das Trinkwasser verteilt werden.

9.1 Beeinträchtigung der Trinkwassserhygiene

Nach der TrinkwV 2011 müssen große zentrale TWE-Anlagen in öffentlich oder gewerblich genutzten Immobilien (z. B. Schwimmbäder, Sporthallen, Mehrfamilienhäuser) dem zuständigen Gesundheitsamt angezeigt und das Trinkwarmwasser regelmäßig auf Legionellen (vgl. Kap 9.2) überprüft werden (Ausnahme: Ein- und Zweifamilienhäuser).

Diese Überwachung betrifft alle Speicher-TWE mit einem Nenninhalt > 400 l und/oder TWE-Anlagen mit einem PWH-Leitungsinhalt von V ≥ 3 l zwischen TWE-Austritt und entferntester Entnahmestelle. Es wird damit begründet, dass aus technischen Gründen in solchen Anlagen das Risiko einer Kontaminierung (contamination) mit Legionellen eher gegeben ist als in kleineren Anlagen.

In der Regel sind an drei Entnahmestellen Wasserproben zu entnehmen, wie z. B. im Vor- und Rücklauf der TWE-Anlage und an der weit entferntesten Entnahmestelle (z. B. oberster Waschtisch, vgl. Bild 1).

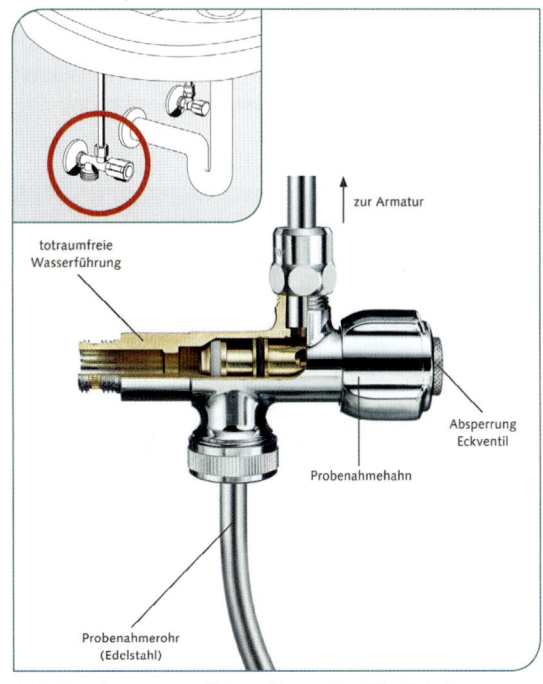

1 Probenahmearmatur (Eckventil) unter dem Waschtisch

Die Kontaminierung einer Trinkwasseranlage mit Keimen (germs) kann sowohl bei der Planung und Installation als auch beim Betrieb durch eine Vielzahl von Fehlern erfolgen. Bei den Aufzählungen in diesem Kapitel wird grundsätzlich nicht zwischen Trinkkalt- und Trinkwarmwasseranlagen unterschieden.

9 Trinkwasserhygiene

9.1.1 Fehler bei der Installationsplanung und -durchführung einer Trinkwasseranlage

- Auswahl ungeeigneter Werkstoffe für die Leitungsanlage und Armaturen,
- ungünstige Wahl des Rohrleitungsverlaufs (pipe run/routing),
- falsche Auslegung der Rohrnennweiten und Wärmedämmung,
- nicht erfolgte Reinigung verschmutzter Bauteile und Rohre auf der Baustelle vor der Endmontage,
- lange Stichleitungen (stubs) und somit nicht ausreichend durchströmte Leitungsabschnitte durch eine ungünstige Anordnung der Entnahmestellen (tapping points),
- nicht durchgeführte vorgeschriebene Spülung der Rohrleitungsinstallation vor der Inbetriebnahme.

9.1.2 Fehler beim Betrieb einer Trinkwasseranlage

Zu lange **Stagnationszeiten,** Einschwemmungen von **Verunreinigungen** (intrusions of pollutants) aus der öffentlichen Trinkwasserversorgung sowie **unzulässige Auslauftemperaturen** sind mögliche Fehler beim Betrieb einer Trinkwasseranlage. Unzulässig sind Auslauftemperaturen nach 30 Sekunden bei vollständigem Öffnen der Entnahmearmatur für:

- Trinkkaltwasser ≥ **25 °C** (Bild 1a),
- Trinkwarmwasser ≤ **55 °C** (Bild 1b) mit Ausnahme der TWE-Anlagen mit hohem Wasseraustausch innerhalb von drei Tagen oder mit dezentraler Gruppenversorgung durch Speicher-TWE (vgl. 8.2).

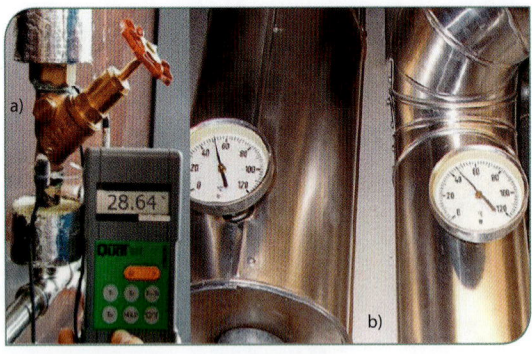

1 a) Zu hohe Kaltwassertemperatur   1 b) Zu niedrige Warmwassertemperatur

9.2 Legionellen

Die bekannteste Bakterienart (bacterial species) im Trinkwarmwasser sind die Legionellen (legionella). Sie gehören zum natürlichen Bestandteil von Süßwasser und bilden in Oberflächengewässern nur eine sehr geringe Infektionsgefahr (infection risk) für Menschen.

Bei richtiger Planung und Installation sowie bestimmungsgemäßem Betrieb von Trinkkalt- und Trinkwarmwasseranlagen sind sie auch dort keine Gefahr für die Nutzer.
Erst durch die unkontrollierte Vermehrung vor allem in Trinkwarmwasseranlagen in den Temperaturgrenzen zwischen 25 °C und 40 °C und das Einatmen in Form von Wasseraerosolen (aqueous aerosols) (Sprühnebel) in z. B.:

- Duschanlagen von Schwimmbädern und Sportstätten,
- Whirlpools,
- Dampfduschen sowie
- Räumen mit Klimaanlagen und Luftbefeuchtung (air humidification/moistening)

kann eine Infektionskrankheit auftreten. Eine Infektion von Mensch zu Mensch ist nicht möglich.

Es handelt sich dabei um eine Atemwegserkrankung (respiratory disease), die durch Bakterien der Gattung „Legionella pneumophila" hervorgerufen wird. Die leichtere und relativ harmlose Form ist das **Pontiac-Fieber** (Sommergrippe) mit folgenden Symptomen:

- erhöhte Temperatur mit Schüttelfrost,
- allgemeines Unwohlsein,
- Kopf- und Gliederschmerzen,
- leichte Benommenheit,
- trockener Husten.

Die weitaus schwerere und kompliziertere Form ist die **Legionellose.** Bemerkt wurde sie erstmals 1976 als bis dahin unbekannte Infektionskrankheit bei einem Treffen von Kriegsveteranen (Legionäre) in Philadelphia und wird seitdem als **Legionärskrankheit** bezeichnet. Von den damals 221 Erkrankten, die alle in dem gleichen Hotel wohnten und der verkeimten Klimaanlage ausgesetzt waren, starben 30 Teilnehmer.
Die einer schweren Lungenentzündung gleichenden Symptome sind folgende:

- Fieber bis über 40 °C,
- extrem starke Kopfschmerzen,
- Seh-, Hör- und Gleichgewichtsstörungen ,
- Orientierungslosigkeit, Appetitlosigkeit, Durchfall,
- delierienhafte Anfälle, Atemschmerzen, Atemnot, Husten mit blutigem Auswurf, Herzbeschwerden,
- Komplikationen: Schock, akute Niereninsuffizienz bis zum dialysepflichtigen Nierenversagen, Atemlähmung,
- Tod.

> **MERKE**
>
> Grundsätzlich enthält Trinkwasser immer eine gewisse Anzahl von Bakterien und Viren, die für einen gesunden Menschen normalerweise aufgrund seines körpereigenen Immunsystems nicht gesundheitsschädlich sind und infolge dessen auch nicht zu Infektionen führen.

ÜBUNGEN

1. Nennen Sie fünf Anforderungen an das Trinkwasser als Lebensmittel.
2. Nennen Sie drei Fehler, die bei der Planung einer Trinkwasseranlage auftreten können.
3. Welche unzulässige Beeinträchtigung der Trinkwasserqualität können Planungsfehler nach sich ziehen?
4. Unter welchen Bedingungen darf die maximale PWC-Temperatur von 25 °C nicht überschritten werden?
5. Nennen Sie außer dem Überschreiten von Temperaturbegrenzungen zwei weitere Fehler, die beim Betrieb einer Trinkwasseranlage auftreten können.
6. An welchen Orten und unter welchen Bedingungen ist das Einatmen von Legionellen im Trinkwasser besonders zu erwarten?
7. Nennen Sie sieben Symptome der Legionärskrankheit.
8. Nennen Sie fünf Symptome einer Sommergrippe.

10 Berechnungen bei Trinkwasser-Erwärmungsanlagen

10.1 Wärmeleistung, Aufheizzeit und Massenstrom

10.1.1 Wärmeleistung

Die zur Trinkwassererwärmung notwendige Wärmeleistung (thermal output) wird bestimmt durch die spezifische Wärmekapazität (specific heat capacity), die Masse und die Temperaturerhöhung (increase of temperature) des Trinkwassers sowie die dafür vorgesehene Zeit.

$$\Phi_L = \frac{m}{t} \cdot c \cdot \Delta\vartheta$$

Mit $\frac{m}{t} = \dot{m}$ ergibt sich

$$\Phi_L = \dot{m} \cdot c \cdot \Delta\vartheta$$

Φ_L: Wärmeleistung in W
m: Masse in kg
$\dot{m}$: Massenstrom in $\frac{kg}{h}$
t: Aufheizzeit in h
c: spezifische Wärmekapazität in $\frac{Wh}{kg \cdot K}$
$\Delta\vartheta$: Temperaturdifferenz in K

10.1.2 Aufheizzeit

Bei Speicher-Trinkwassererwärmern wird das Trinkwasser vor der Entnahme erwärmt und für den Verbrauch bereitgehalten (Bild 1).

Die Aufheizzeit (warm-up time) hängt ab von der Masse des gespeicherten Wassers, der Wärmeleistung des Speichers, der PWC-Temperatur und der gewünschten PWH-Temperatur (z. B. 60 °C).

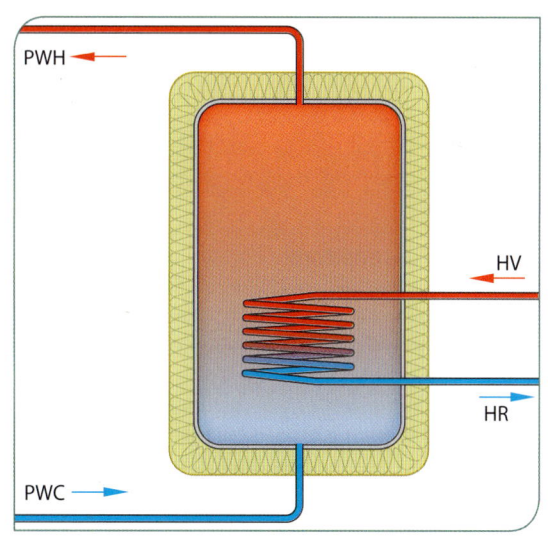

1 Speicher-Trinkwassererwärmer – mittelbar beheizt

Beispiel:
160 l Trinkkaltwasser (PWC) sollen in 30 min von 10 °C auf 60 °C erwärmt werden. Berechnen Sie die erforderliche Wärmeleistung in kW.

geg.: $m = 160$ kg ($V = 1$ l, $m = 1$ kg);
$c = 1{,}163 \frac{Wh}{kg \cdot K}$; $\Delta\vartheta = 50$ K; $t = 0{,}5$ h

ges.: Φ_L in kW

Lösung:
$$\Phi_L = \frac{m}{t} \cdot c \cdot \Delta\vartheta$$
$$\Phi_L = \frac{160 \text{ kg}}{0{,}5 \text{ h}} \cdot \frac{1{,}163 \text{ Wh}}{kg \cdot K} \cdot 50 \text{ K}$$
$$\Phi_L = 18608 \text{ W}$$
$$\underline{\Phi_L = 18{,}61 \text{ kW}}$$

10 Berechnungen bei Trinkwasser-Erwärmungsanlagen

Die Aufheizzeit t ergibt sich durch Umstellen der Formel zur Berechnung der Wärmeleistung nach der Zeit:

$$t = \frac{m \cdot c \cdot \Delta\theta}{\Phi_L}$$

Mit $\Phi_L = \eta \cdot \Phi_B$ ergibt sich:

$$t = \frac{m \cdot c \cdot \Delta\theta}{\eta \cdot \Phi_B}$$

- t: Aufheizzeit in h
- m: Masse in kg
- c: spezifische Wärmekapazität in $\frac{Wh}{kg \cdot K}$
- $\Delta\theta$: Temperaturdifferenz in K
- Φ_L: Wärmeleistung in W
- Φ_B: Wärmebelastung in W
- η: Wirkungsgrad

Beispiel:
Das Trinkkaltwasser (PWC) in einem 200-Liter-Speicher wird vom Heizkessel mittels einer Rohrwendel von 10 °C auf 55 °C erwärmt. Die Wärmeleistung des Heizkessels beträgt 25 kW. Berechnen Sie die Aufheizzeit in min, wenn die gesamte Wärmeleistung des Heizkessels für die Erwärmung des Trinkkaltwassers (PWC) verwendet wird und Übertragungsverluste unberücksichtigt bleiben.

geg.: $m = 200$ kg
$c = 1{,}163 \ \frac{Wh}{kg \cdot K}$
$\Delta\theta = 45$ K
$\Phi_L = 25$ kW
ges.: t in min

Lösung:

a) $t = \dfrac{m \cdot c \cdot \Delta\theta}{\Phi_L}$

$t = \dfrac{200 \ \text{kg} \cdot 1{,}163 \ \text{Wh} \cdot 45 \ \text{K}}{\text{kg} \cdot \text{K} \cdot 25\,000 \ \text{W}}$

$t = 0{,}42$ h

$\underline{\underline{t = 25{,}2 \ \text{min}}}$

10.1.3 Massenstrom

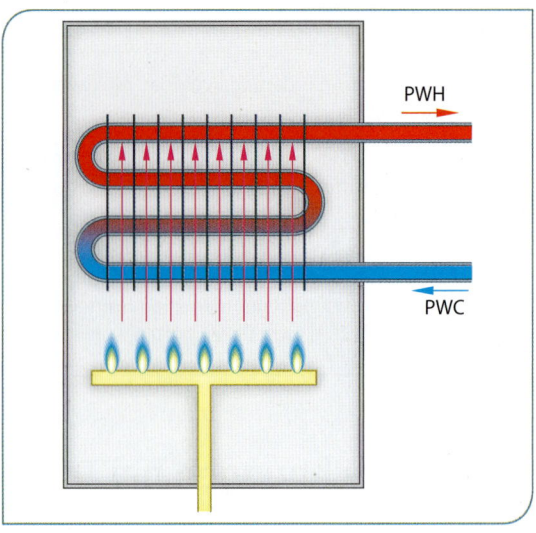

Bei Durchfluss-Trinkwassererwärmern wird das Trinkwasser während der Entnahme beim Durchfließen des Wärmeübertragers (z. B. Rohrwendel) erwärmt (Bild 1).

Der Massenstrom (mass flow rate) des Trinkwassers mit einer bestimmten Temperatur hängt ab von der Temperaturerhöhung des Trinkwassers und der Wärmeleistung des Gerätes. Er kann durch Umstellen der Formel zur Berechnung der Wärmeleistung ermittelt werden:

$$\dot{m} = \frac{\Phi_L}{c \cdot \Delta\theta}$$

Mit $\Phi_L = \eta \cdot \Phi_B$ ergibt sich:

$$\dot{m} = \frac{\eta \cdot \Phi_B}{c \cdot \Delta\theta}$$

- $\dot{m}$: Massenstrom in $\frac{kg}{h}$
- c: spezifische Wärmekapazität in $\frac{Wh}{kg \cdot K}$
- $\Delta\theta$: Temperaturdifferenz in K
- Φ_L: Wärmeleistung in W
- Φ_B: Wärmebelastung in W
- η: Wirkungsgrad

1 Durchfluss-Trinkwassererwärmer

Beispiel:
Welchen Massenstrom liefert ein Durchfluss-Trinkwassererwärmer mit 18 kW Wärmeleistung, wenn das Trinkkaltwasser (PWC) von 10 °C auf 50 °C erwärmt wird?

geg.: $\Phi_L = 18$ kW; $c = 1{,}163 \ \frac{Wh}{kg \cdot K}$; $\Delta\theta = 40$ K

ges.: $\dot{m}$ in $\frac{kg}{h}$

Lösung:

$\dot{m} = \dfrac{\Phi_L}{c \cdot \Delta\theta}$

$\dot{m} = \dfrac{18\,000 \ \text{W} \cdot \text{kg} \cdot \text{K}}{1{,}163 \ \text{Wh} \cdot 40 \ \text{K}}$

$\dot{m} = 386{,}93 \ \dfrac{\text{kg}}{\text{h}} \triangleq \dot{V} = 386{,}93 \ \dfrac{\text{l}}{\text{h}} \cdot \dfrac{1 \ \text{h}}{60 \ \text{min}}$

$\underline{\underline{\dot{V} = 6{,}45 \ \dfrac{\text{l}}{\text{min}}}}$

10 Berechnungen bei Trinkwasser-Erwärmungsanlagen

ÜBUNGEN

1) In einem Speicher-TWE werden 200 l (PWC) Trinkkaltwasser in 20 min von 10 °C auf 55 °C erwärmt. Berechnen Sie die dafür erforderliche Wärmeleistung in kW.

2) Durch die Rohrwendel eines Speicher-TWE strömen stündlich 980 kg Heizwasser. Berechnen Sie die Wärmeleistung der Rohrwendel in kW, wenn die Temperaturdifferenz zwischen Vor- und Rücklauf 10 °C beträgt.

3) Das Trinkwasser in einem 155-Liter-Speicher wird vom Heizwasser mithilfe einer Rohrwendel in 25 min von 10 °C auf 60 °C erwärmt.

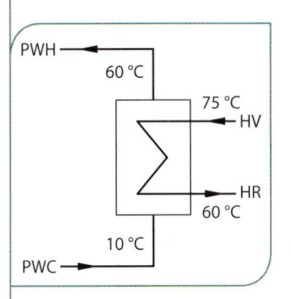

   a) Berechnen Sie die erforderliche Wärmeleistung in kW.
   b) Wie viele Liter Heizwasser müssen stündlich durch die Rohrwendel gepumpt werden, wenn die Vorlauftemperatur 75 °C und die Rücklauftemperatur 60 °C betragen.

4) Ein 160-Liter-Speicher wird vom Heizkessel mithilfe einer Rohrwendel von 10 °C auf 60 °C erwärmt. Die Kesselleistung beträgt 25 kW.
Berechnen Sie die Aufheizzeit in min, wenn die gesamte Wärmeleistung des Heizkessels für die Trinkwassererwärmung genutzt wird.

5) In einem Gas-Vorratswasserheizer (VWH) werden 200 l Trinkwasser von 12 °C auf 55 °C erwärmt. Berechnen Sie die Aufheizzeit in min, wenn die Wärmebelastung 12,2 kW beträgt und für den Wirkungsgrad 82 % angegeben werden.

6) Ein Gas-Vorratswasserheizer (VWH) mit 120 l Inhalt hat eine Wärmeleistung von 7,6 kW. Berechnen Sie die PWH-Temperatur nach 50 min, wenn das Trinkkaltwasser (PWC) mit einer Temperatur von 10 °C zufließt.

7) Welche Temperatur erreicht das Trinkkaltwasser (PWC) nach 55 min in einem Gas-Vorratswasserheizer (VWH) mit 155 l Inhalt, wenn das Gerät eine Wärmebelastung Φ_B von 9,8 kW aufweist, der Wirkungsgrad 80 % beträgt und das Trinkkaltwasser (PWC) mit 10 °C einströmt?

8) Wie viele Liter Trinkwarmwasser (PWH) von 55 °C liefert ein Durchfluss-Trinkwassererwärmer mit 18 kW Wärmeleistung pro Minute, wenn die PWC-Temperatur 12 °C beträgt?

9) Der Auslauf-Volumenstrom eines Durchfluss-Trinkwassererwärmers mit 21 kW Wärmeleistung beträgt 9 $\frac{l}{min}$. Das Trinkkaltwasser (PWC) strömt mit einer Temperatur von 12 °C zu. Berechnen Sie die PWH-Temperatur.

10) Eine Badewanne wird mit 160 l Trinkwarmwasser (PWH) von 38 °C aus einem Durchfluss-Trinkwassererwärmer gefüllt. Wie lange dauert es, die Badewanne zu füllen, wenn die Wärmebelastung 18 kW und der Wirkungsgrad 84 % betragen und das Trinkkaltwasser (PWC) eine Temperatur von 10 °C hat?

10.2 Wärmeübertragung

Bei Wärmeübertragung (heat transfer), z. B. durch Rohrwendel- oder Plattenwärmeübertrager, wird Wärme von einem Medium mit höherer Temperatur auf ein Medium mit niedrigerer Temperatur übertragen. Damit sich die Medien nicht vermischen, sind sie z. B. durch Rohre bei Rohrwendelwärmeübertragern (coiled tube heat exchangers) oder Platten bei Plattenwärmeübertragern (plate heat exchangers) räumlich voneinander getrennt (Bild 1).

Je nachdem, ob die beiden Medien in gleicher oder entgegengesetzter Richtung oder quer zueinander strömen, spricht man von **Gegenstrom** (counter flow), **Gleichstrom** (parallel flow/uniflow) oder **Kreuzstrom** (cross flow). Bei sonst gleichen Bedingungen ist die Wärmeübertragung bei Gegenstrom am größten und bei Gleichstrom am geringsten.

1 Plattenwärmeübertrager

10 Berechnungen bei Trinkwasser-Erwärmungsanlagen

Die Wärmeleistung, die bei der Wärmeübertragung von einem Medium auf das andere übergeht, hängt von der Wärmeübertragerfläche (heat transfer surface), dem Wärmedurchgangskoeffizienten (heat transition coefficient) (U-Zahl) und der Temperaturdifferenz der beiden Medien ab.

Im Verlauf des Wärmeübertragungsprozesses ändert sich zumindest eine der beiden Medientemperaturen und meist auch die Temperaturdifferenz der beiden Medien. Deshalb wird im Normalfall mit der mittleren Temperaturdifferenz gerechnet:

$$\Phi = A \cdot U \cdot \Delta\theta_m$$

Φ: Wärmeleistung, Wärmestrom in W
U: Wärmedurchgangskoeffizient in $\frac{W}{m^2 \cdot K}$
$\Delta\theta_m$: mittlere Temperaturdifferenz in K

Die **mittlere Temperaturdifferenz** kann mit folgender Formel bestimmt werden:

$$\Delta\theta_m = \theta_{m1} - \theta_{m2}$$

Mit $\theta_{m1} = \frac{\theta_{1E} + \theta_{1A}}{2}$ und $\theta_{m2} = \frac{\theta_{2E} + \theta_{2A}}{2}$ ergibt sich:

$$\Delta\theta_m = \frac{\theta_{1E} + \theta_{1A}}{2} - \frac{\theta_{2E} + \theta_{2A}}{2}$$

$\Delta\theta_m$: mittlere Temperaturdifferenz in K,
θ_{m1}: mittlere Temperatur des Wärme abgebenden Mediums in °C,
θ_{m2}: mittlere Temperatur des Wärme aufnehmenden Mediums in °C,
θ_{1E}: Eintrittstemperatur des Wärme abgebenden Mediums in °C,
θ_{1A}: Austrittstemperatur des Wärme abgebenden Mediums in °C,
θ_{2E}: Eintrittstemperatur des Wärme aufnehmenden Mediums in °C,
θ_{2A}: Austrittstemperatur des Wärme aufnehmenden Mediums in °C.

Beispiel:
Das Trinkkaltwasser (PWC) eines Speicher-TWE wird vom Heizkessel über eine Rohrwendel von 10 °C auf 50 °C aufgeheizt. Das Rohr der Wendel hat einen mittleren Durchmesser von 28 mm und eine Länge von 8 m. Der Wärmedurchgangskoeffizient wird mit 640 $\frac{W}{m^2 \cdot K}$ angegeben. Die Heizwasser-Vorlauftemperatur beträgt 70 °C, die Rücklauftemperatur 60 °C.
Berechnen Sie die Wärmeleistung der Rohrwendel in kW.

geg.: $d_m = 28$ mm; $l = 8$ m; $U = 640 \frac{W}{m^2 \cdot K}$;
$\theta_{1E} = 70$ °C; $\theta_{1A} = 60$ °C;
$\theta_{2E} = 10$ °C; $\theta_{2A} = 50$ °C;
ges.: Φ in kW

Lösung:
$\Phi = A \cdot U \cdot \Delta\theta_m$
$\quad A = d_m \cdot \pi \cdot l$
$\quad A = 0{,}028$ m $\cdot \pi \cdot 8$ m
$\quad A = 0{,}70$ m²

$\Delta\theta_m = \frac{\theta_{1E} + \theta_{1A}}{2} - \frac{\theta_{2E} + \theta_{2A}}{2}$

$\Delta\theta_m = \frac{70\,°C + 60\,°C}{2} - \frac{10\,°C + 50\,°C}{2}$

$\Delta\theta_m = 65\,°C - 30\,°C$

$\Delta\theta_m = 35$ K

$\Phi = 0{,}70$ m² $\cdot\, 640 \frac{W}{m^2 \cdot K} \cdot 35$ K
$\Phi = 15680$ W
$\underline{\Phi = 15{,}68\text{ kW}}$

ÜBUNGEN

1. Ein Speicher-Trinkwassererwärmer mit 1,2 m² Rohrheizfläche wird von 10 °C auf 60 °C erwärmt. Der Wärmedurchgangskoeffizient wird mit 680 $\frac{W}{m^2 \cdot K}$ angegeben. Die Eintrittstemperatur des Heizwassers in die Rohrwendel beträgt 75 °C, die Austrittstemperatur 65 °C. Berechnen Sie die Wärmeleistung der Rohrwendel in kW.

2. Die Heizwendel aus Kupferrohr 22 x 1 eines Speicher-Trinkwassererwärmers wird mit Heizwasser von 70/55 °C beheizt. Das Trinkkaltwasser (PWC) wird von 10 °C auf 55 °C erwärmt. Der Wärmedurchgangskoeffizient beträgt 620 $\frac{W}{m^2 \cdot K}$. Welche Länge in m muss die Heizwendel haben, um eine Wärmeleistung von 18 kW zu übertragen?

3. Das Trinkkaltwasser (PWC) in einem 500-l-Speicher soll vom Heizkessel mittels einer Rohrwendel in 75 min von 10 °C auf 50 °C erwärmt werden.
   a) Berechnen Sie die erforderliche Wärmeleistung in kW.
   b) Berechnen Sie die erforderliche Heizfläche der Rohrwendel, wenn sie mit Wasser von 70/55 °C beheizt wird und der Wärmedurchgangskoeffizient 580 $\frac{W}{m^2 \cdot K}$ beträgt.

10 Berechnungen bei Trinkwasser-Erwärmungsanlagen

10.3 Größenbestimmung und Auswahl von Speicher-Trinkwassererwärmern

Bestimmung der Bedarfskennzahl N

Ein Verfahren zur Größenbestimmung (sizing) des Speicher-Trinkwassererwärmers für die zentrale Trinkwassererwärmung in Wohngebäuden (Bild 1) bietet die DIN 4708.

Diese Norm beschreibt die Berechnung des Energiebedarfs für die Trinkwassererwärmung in einer Einheitswohnung EW (Bild 2).

Der Wärmebedarf (heat demand) aller zu berücksichtigenden Entnahmestellen eines Wohngebäudes wird in Einheitswohnungen umgerechnet. Die Anzahl der Einheitswohnungen eines Wohngebäudes wird als Bedarfskennzahl N (heat demand indicator/key figure) bezeichnet.

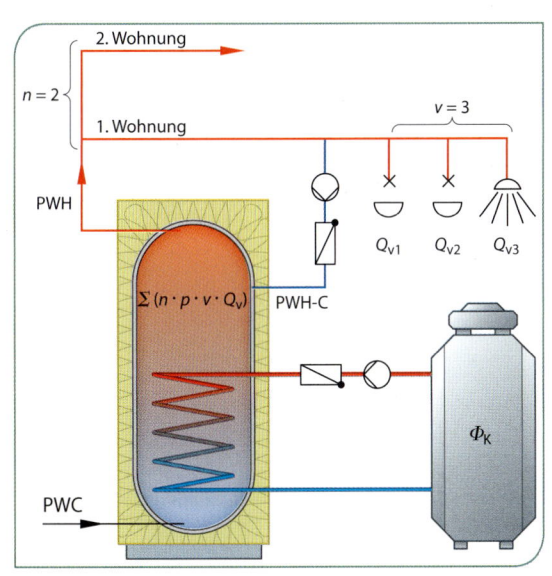

Definition der Einheitswohnung	Ausstattung (Normalausstattung)
p = 3,5 Personen r = 4 Räume	1 Badewanne NB 1 Q_v = 5820 Wh 1 Waschtisch bleibt unberücksichtigt 1 Küchenspüle bleibt unberücksichtigt
Definition des Wärmebedarfs Q_{vEW} der Einheitswohnung: $Q_{vEW} = p \cdot Q_v$ = 3,5 · 5820 Wh = 20370 Wh	

2 Einheitswohnung EW

Nach DIN 4708 ist sie mit folgender Formel zu ermitteln:

$$N = \frac{\Sigma(n \cdot p \cdot v \cdot Q_v)}{Q_{vEW}}$$

$$N = \frac{\Sigma(n \cdot p \cdot v \cdot Q_v)}{3,5 \cdot 5820 \text{ Wh}}$$

N: Bedarfskennzahl in EW,
n: Anzahl der Wohnungen,
p: Belegungszahl (tatsächliche Personenzahl in einer Wohnung; falls Angaben nicht verfügbar sind, durchschnittliche Belegung nach Bild 3, nächste Seite ansetzen),
v: Anzahl der Entnahmestellen (Zapfstellen) einer Wohnung; Unterscheidung nach Normalausstattung (Bild 3 und Komfortausstattung (Bild 1, nächste Seite),
Q_v[1]: Wärmebedarf pro Zapfstelle in Wh (Bild 2, nächste Seite),
Q_{vEW}: Wärmebedarf der Einheitswohnung = 3,5 · 5820 Wh = 20370 Wh.

---

[1] Formelzeichen nach DIN 4708: w_v

1 Speicher-Trinkwassererwärmer – indirekt beheizt

	Vorhandene Ausstattung	Bei der Bedarfsermittlung sind einzusetzen
Badezimmer	Badewanne NB-1, 140 l oder Brausekabine mit Mischbatterie und Normalbrause	Badewanne NB-1, 140 l
	1 Waschtisch	bleibt unberücksichtigt
Küche	1 Küchenspüle SP, 30 l	bleibt unberücksichtigt

3 Normalausstattung

10 Berechnungen bei Trinkwasser-Erwärmungsanlagen

	Vorhandene Ausstattung	Bei der Bedarfsermittlung sind einzusetzen
Badezimmer	Badewanne[3]	wie vorhanden, nach Bild 2, lfd. Nr. 2…4
	Brausekabine[3]	wie vorhanden, nach Bild 2, lfd. Nr. 6 oder 7, wenn von der Anordnung her eine gleichzeitige Benutzung möglich ist[4]
	Waschtisch[3]	bleibt unberücksichtigt
	Bidet	bleibt unberücksichtigt
Küche	Küchenspüle	bleibt unberücksichtigt
Gästezimmer	Badewanne	wie vorhanden, nach Bild 2, lfd. Nr. 1…4 mit 50 % des Wärmebedarfs pro Zapfstelle Q_v
	oder Brausekabine	wie vorhanden, nach Bild 2, lfd. Nr. 5…7, mit 100 % des Wärmebedarfs pro Zapfstelle Q_v
	Waschtisch	mit 100% des Wärmebedarfs pro Zapfstelle Q_v nach Bild 2[5]
	Bidet	mit 100% des Wärmebedarfs pro Zapfstelle Q_v nach Bild 2[5]

1 Komfortausstattung

lfd. Nr.	Verbrauchseinrichtung	Kurzzeichen	Entnahmemenge je Benutzung[7] in *l*	Wärmebedarf pro Zapfstelle Q_v in Wh
1	Badewanne 1600 mm x 700 mm	NB 1	140	5820
2	Badewanne 1700 mm x 700 mm	NB 2	160	6510
3	Kleinraum-Wanne und Stufenwanne	KB	120	4890
4	Großraumwanne (1800 mm x 750 mm)	GB	200	8720
5	Brausekabine[8] mit Mischbatterie und Sparbrause	BRS	40,0[6]	1630
6	Brausekabine[8] mit Mischbatterie und Normalbrause[9]	BRN	90,0[6]	3660
7	Brausekabine mit Mischbatterie und Luxusbrause[10]	BRL	180,0[6]	7320
8	Waschtisch	WT	17	700
9	Bidet	BD	20	810
10	Handwaschbecken	HT	9	350
11	Spüle für Küche	SP	30	1160

2 Wärmebedarf Q_v verschiedener Trinkwasser-Verbrauchseinrichtungen

Die **Raumzahl *r*** (room indicator) ist die Anzahl der Wohnräume einer Wohnung einschließlich Wohnküche und Essdiele. Nebenräume wie Küche, Diele, Flur, Bad oder Abstellraum bleiben unberücksichtigt.

Raumzahl *r*	Belegungszahl *p*
1	2,0[1]
1 ½[2]	2,0[1]
2	2,0[1]
2 ½[2]	2,3
3	2,7
3 ½[2]	3,1
4	3,5
4 ½[2]	3,9
5	4,3
5 ½[2]	4,6
6	5,0
6 ½[2]	5,4
7	5,6

[1] Wenn in dem zu versorgenden Wohngebäude überwiegend 1- und/oder 2-Zimmerwohnungen vorhanden sind, ist die Belegungszahl *p* für diese Wohnungen um 0,5 zu erhöhen.
[2] Als halber Raum zählen bewohnte Dielen oder Wintergärten.
[3] Größe abweichend von der Normalausstattung (Bild 3, vorherige Seite.).
[4] Soweit keine Badewanne vorhanden ist, wird bei der Normalausstattung anstatt einer Brausekabine eine Badewanne (vgl. Bild 2 lfd. Nr. 1) angesetzt. Sind mehrere unterschiedliche Brausekabinen vorhanden, wird für die Brausekabine mit dem höchsten Wärmebedarf mindestens eine Badewanne angesetzt.
[5] Soweit dem Gästezimmer keine Badewanne oder Brausekabine zugeordnet ist.
[6] Entspricht einer Nutzungszeit von 6 Minuten
[7] Bei Badewannen gleichzeitig Nutzinhalt
[8] Nur zu berücksichtigen, wenn Badewanne und Brausekabine räumlich getrennt sind
[9] Armaturen-Durchflussklasse A nach DIN EN 200
[10] Armaturen-Durchflussklasse C nach DIN EN 200

3 Belegungszahlen von Wohnungen

10 Berechnungen bei Trinkwasser-Erwärmungsanlagen

Beispiel:
Ermitteln Sie die Bedarfskennzahl N für ein Einfamilienhaus, das von drei Personen bewohnt wird und folgende sanitäre Ausstattung aufweist:

Badezimmer	Küche	Gäste-WC
1 Badewanne NB 2	1 Küchenspüle	1 Normalbrause
1 Waschtisch		1 Waschtisch
1 Bidet		

Lösung:
Zur Ermittlung der Bedarfskennzahl N wird das Formblatt nach DIN 4708 verwendet (Bild 1). Es enthält 11 Spalten, in die folgende Angaben einzutragen sind:

1. Laufende Nummer der nach Raumzahl und Umfang der sanitären Ausstattung gleichen Wohnungen,
2. Anzahl der Räume,
3. Anzahl der Wohnungen,
4. Belegungszahl (Bild 3, vorherige Seite),
5. Ergebnis der Multiplikation von Spalte 3 mit Spalte 4,
6. Anzahl der zu berücksichtigenden Zapfstellen (vgl. Kap. 10.3, Bild 1),
7. Kurzbezeichnung der in Spalte 6 eingesetzten Zapfstelle,
8. Wärmebedarf pro Zapfstelle,
9. Ergebnis der Multiplikation von Spalte 6 mit Spalte 8,
10. Ergebnis der Multiplikation von Spalte 5 mit Spalte 9,
11. Bemerkungen.

Auswahl des Speicher-Trinkwassererwärmers

Nach Ermittlung der Bedarfskennzahl N kann der geeignete direkt oder indirekt beheizte Speicher-Trinkwassererwärmer anhand der in den Herstellerunterlagen angegebenen **Leistungskennzahlen N_L** (key performance indicators) ausgewählt werden (Bild 1/2 nächste Seite). Die Betriebsbedingung wie z. B. Austrittstemperatur des Trinkwarmwassers und Heizwasservorlauftemperatur sind dabei zu berücksichtigen. Die Leistungskennzahl N_L eines Speicher-Trinkwassererwärmers gibt an, für wie viele Einheitswohnungen seine Leistung ausreicht.

Folgende Forderungen müssen erfüllt werden:

- Die Leistungskennzahl N_L des Speicher-Trinkwassererwärmers muss mindestens so groß sein wie die Bedarfskennzahl N.

$$N_L \geq N \qquad \begin{array}{l} N_L\text{: Leistungskennzahl} \\ N\text{: Bedarfskennzahl} \end{array}$$

- Die **Kesselleistung Φ_K** (boiler output/capacity) muss mindestens so groß sein wie die in den Herstellerunterlagen zusammen mit der Leistungszahl N_L angegebene **Dauerleistung Φ_D** (permanent/continuous output) bei 10/45 °C.

$$\Phi_K \geq \Phi_D \qquad \begin{array}{l} \Phi_K\text{: Kesselleistung in kW} \\ \Phi_D\text{: Dauerleistung in kW} \end{array}$$

- Die Kesselleistung Φ_K muss mindestens so groß sein wie die Norm-Gebäude-Heizlast $\Phi_{HL,Geb.}$ und die **zusätzliche Leistung für die Trinkwassererwärmung $\Phi_{TWW,zus.}$** (potable water heating) (Kesselzuschlag).

$$\Phi_K = \Phi_{HL,Geb.} + \Phi_{TWW,zus.}$$

Φ_K Kesselleistung in kW
$\Phi_{HL,Geb.}$ Norm-Gebäude-Heizlast in kW
$\Phi_{TWW,zus.}$ Zusätzliche Leistung für Trinkwassererwärmung in kW

Bedarfsermittlung für zentral versorgte Wohnungen

Projekt-Nr. _____
Blatt-Nr. _____

Ermittlung der Bedarfskennzahl N zur Größenbestimmung des Speicher-Trinkwassererwärmers
Projekt: **Einfamilienhaus** _____

1	2	3	4	5	6	7	8	9	10	11
					\multicolumn{3}{Zapfstellen je Wohnung}			
Lfd. Nr. der Wohnungsgruppe	Raumzahl	Wohnungsanzahl	Belegungszahl		Zapfstellenanzahl	Kurzzeichen	Wärmebedarf pro Zapfstelle in Wh	in Wh	in Wh	Bemerkungen
	r	n	p	n·p	v		Q_v	v·Q_v	n·p·v·Q_v	
		1	3	3	1 1	NB 2 BRN	6510 3660	6510 3660	19530 10980	
Σ n = 1									Σ (n·p·v·Q_v) = 30510	

$$N = \frac{\sum (n \cdot p \cdot v \cdot Q_v)}{Q_{vEW}} = \frac{30510 \text{ Wh}}{3{,}5 \cdot 5820 \text{ Wh}} = 1{,}50$$

1 Formblatt nach DIN 4708

10 Berechnungen bei Trinkwasser-Erwärmungsanlagen

Beispiel:
Die Bedarfskennzahl N eines Einfamilienhauses beträgt 1,5. Der Speicher-Trinkwassererwärmer wird von einem 20-kW-Niedertemperaturkessel beheizt. Die Vorlauftemperatur wird auf 70 °C begrenzt. Die Speicherwassertemperatur beträgt 60 °C.
a) Bestimmen Sie die erforderliche Größe eines Speicher-Trinkwassererwärmers.
b) Geben Sie den Heizwasserbedarf in $\frac{m^3}{h}$ an (Bild 1).

Lösung:
a) Größe des Trinkwassererwärmers nach Bild 1
$V = 150\ l$
$N_L = 1,9 \geq N = 1,5$
$\Phi_K = 20\ kW \geq \Phi_D = 18\ kW$
b) Der Heizwasserbedarf (Heizwasser-Volumenstrom) beträgt 1,8 $\frac{m^3}{h}$.

Speicher-volumen	Heizwasser-Vorlauf-temperatur	Leistungskennzahl N_L bei Speicher-temperatur 60 °C	Warmwasser-Dauerleistung Φ_D bei Warmwasseraustrittstemperatur				Heizwasser-bedarf	Druck-verlust
			45 °C		60 °C			
in l	in °C		in $\frac{l}{h}$	in kW	in $\frac{l}{h}$	in kW	in m^3/h	in mbar
150	50	–	185	7,5	–	–	1,8	25
	60	–	340	13,8	–	–		
	70	1,9	440	18,0	235	13,8		
	80	2,1	600	24,5	355	20,5		
	90	2,3	775	31,5	465	27,0		
200	50	–	235	9,5	–	–	2,0	35
	60	–	460	18,8	–	–		
	70	3,8	675	27,5	360	20,8		
	80	4,2	860	35,0	516	30,0		
	90	4,3	1020	41,5	635	37,0		

1 Beheizung mit Heizkessel bei reduziertem Heizwasserbedarf – Leistungsdaten

Speicherinhalt V in l	130	160	190	220
Leistungskennzahl N_L	1,0	1,5	2,0	2,5
Nennwärmeleistung Φ_{NL} in kW	6,13	7,25	8,20	8,50
Nennwärmebelastung Φ_{NB} in kW	6,80	8,00	9,00	9,50
Aufheizzeit t in min bei $\Delta\theta = 50\ K$	72	74	77	86
Bereitschaftsenergieverbrauch[1] in $\frac{kWh}{24\ h}$	5,02	5,80	6,60	7,39
Warmwasser-Dauerleistung[2] Φ_D in $\frac{l}{h}$	151	178	202	210
Kurzzeitentnahmemenge in $\frac{l}{10\ min}$	130	180	218	280

2 Gas-Vorratswasserheizer – Leistungsdaten

---
[1] berechnet für einen Unterschied zwischen Raum- und Wassertemperatur $\Delta\theta = 50\ K$
[2] bezogen auf 10 °C-Eintritts- und 45 °C-Austrittstemperatur, Speichertemperaturregler auf 60 °C eingestellt

ÜBUNGEN

1) Für ein Einfamilienhaus wurde die Bedarfskennzahl $N = 1,45$ ermittelt. Das Trinkkaltwasser soll mit einem Gas-Vorratswasserheizer erwärmt werden.
a) Bestimmen Sie den erforderlichen Speicherinhalt in Liter.
b) Geben Sie die Nennwärmeleistung und Nennwärmebelastung des Gas-Vorratswasserheizers an.
c) Berechnen Sie den Wirkungsgrad des Gas-Vorratswasserheizers.
d) Ermitteln Sie die Aufheizzeit in min bei $\Delta\theta = 50\ K$.

2) Für ein Zweifamilienhaus mit jeweils 5 Räumen soll über die Bedarfskennzahl N der Trinkwassererwärmer ausgelegt werden. Jede der beiden Wohnungen hat folgende sanitäre Ausstattungen:

Badezimmer	Küche	Gäste-WC
1 Badewanne NB 2	1 Küchenspüle	1 Handwaschbecken HT
1 Waschtisch		
1 Bidet		

Der indirekt beheizte Speicher-Trinkwassererwärmer wird von einem 26-kW-Niedertemperaturheizkessel beheizt.
Die Speichertemperatur beträgt 60 °C.
a) Ermitteln Sie die Bedarfskennzahl N.
b) Bestimmen Sie die erforderliche Größe eines Speicher-Trinkwassererwärmers.

10.4 Mischwasser

10.4.1 Bestimmung der Mischwassertemperatur

Mischt man zwei Wassermassen mit unterschiedlichen Temperaturen, so gleichen sich diese an; es stellt sich eine **Mischtemperatur** (mixing temperature) ein (Bild 1).

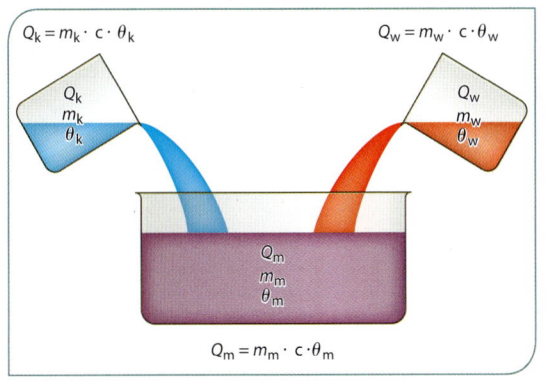

$$\theta_m = \frac{m_k \cdot \theta_k + m_w \cdot \theta_w}{m_m}$$

Die **Masse** des **Mischwassers** ergibt sich aus:

$$m_m = m_k + m_w$$

MERKE

Bei allen Mischwasserberechnungen kann an Stelle der Masse m auch der Massenstrom $\dot{m}$ verwendet werden.

Die Temperatur des kälteren bzw. wärmeren Wassers kann durch Umstellen der Formel wie folgt berechnet werden:

Temperatur des kälteren Wassers:

$$\theta_k = \frac{m_m \cdot \theta_m - m_w \cdot \theta_w}{m_k}$$

Temperatur des wärmeren Wassers:

$$\theta_w = \frac{m_m \cdot \theta_m - m_k \cdot \theta_k}{m_w}$$

1 Mischung von Wasser

Die Wärmemenge des Mischwassers ist gleich der Summe der Wärmemengen des kälteren und des wärmeren Wassers. Da die Wärmemengen auf 0 °C bezogen werden, kann an Stelle der Temperaturdifferenz in Kelvin die jeweilige Wassertemperatur in °C in die Gleichung eingesetzt werden.

$$Q_m = Q_k + Q_w$$

Q_m: Wärmemenge des Mischwassers in Wh,
Q_k: Wärmemenge des kälteren Wassers in Wh,
Q_w: Wärmemenge des wärmeren Wassers in Wh.

Aus $Q = m \cdot c \cdot \Delta\theta$, ergibt sich für die obige Gleichung:
$m_m \cdot c \cdot \Delta\theta_m = m_k \cdot c \cdot \Delta\theta_k + m_w \cdot c \cdot \Delta\theta_w$

Werden gleiche Stoffe miteinander gemischt, ist die spezifische Wärmekapazität c auf beiden Seiten der Gleichung gleich und kann somit gekürzt werden:

$$m_m \cdot \theta_m = m_k \cdot \theta_k + m_w \cdot \theta_w$$

m_m: Masse des Mischwassers in kg,
θ_m: Temperatur des Mischwassers in °C,
m_k: Masse des kälteren Wassers in kg,
θ_k: Temperatur des kälteren Wassers in °C,
m_w: Masse des wärmeren Wassers in °C,
θ_w: Temperatur des wärmeren Wassers in °C.

Die **Mischwassertemperatur** kann dann mit folgender Formel berechnet werden:

Beispiel:
In einer Badewanne befinden sich 70 kg Trinkkaltwasser (PWC) von 10 °C. Es werden 90 kg Trinkwarmwasser (PWH) von 60 °C beigemischt.
Berechnen Sie die Mischwassertemperatur.

geg.: $\theta_k = 10\,°C$; $m_k = 70\,kg$; $\theta_w = 60\,°C$; $m_w = 90\,kg$
ges.: θ_m in °C

Lösung:
$$\theta_m = \frac{m_k \cdot \theta_k + m_w \cdot \theta_w}{m_m}$$
$m_m = m_k + m_w$
$m_m = 70\,kg + 90\,kg$
$m_m = 160\,kg$
$$\theta_m = \frac{70\,kg \cdot 10\,°C + 90\,kg \cdot 60\,°C}{160\,kg}$$
$\underline{\theta_m \approx 38\,°C}$

10 Berechnungen bei Trinkwasser-Erwärmungsanlagen

10.4.2 Bestimmung der Wassermassen

Sind drei Temperaturen und eine Wassermasse bekannt, können die anderen Wassermassen durch Umstellung der Grundgleichung wie folgt berechnet werden:

Masse des Mischwassers

$$m_m = m_k \cdot \frac{\theta_w - \theta_k}{\theta_w - \theta_m} \qquad m_m = m_w \cdot \frac{\theta_w - \theta_k}{\theta_m - \theta_k}$$

Masse des kälteren Wassers

$$m_k = m_m \cdot \frac{\theta_w - \theta_m}{\theta_w - \theta_k} \qquad m_k = m_w \cdot \frac{\theta_w - \theta_m}{\theta_m - \theta_k}$$

Masse des wärmeren Wassers

$$m_w = m_m \cdot \frac{\theta_m - \theta_k}{\theta_w - \theta_k} \qquad m_w = m_k \cdot \frac{\theta_m - \theta_k}{\theta_w - \theta_m}$$

Beispiel:
In einer Badewanne befinden sich 60 l Trinkkaltwasser (PWC) von 15 °C. Wie viele Liter Trinkwarmwasser (PWH) von 60 °C müssen beigemischt werden, wenn die Temperatur des Badewassers 42 °C betragen soll (1 l ≙ 1 kg).

Lösung:
geg.: $\theta_k = 15\ °C$; $\theta_w = 60\ °C$; $\theta_m = 42\ °C$; $m_k = 60\ kg$
ges.: m_w in kg

$$m_w = m_k \cdot \frac{\theta_m - \theta_k}{\theta_w - \theta_m}$$

$$m_w = 60\ kg \cdot \frac{42\ °C - 15\ °C}{60\ °C - 42\ °C}$$

$$\underline{m_w = 90\ kg \triangleq 90\ l}$$

Eine weitere Möglichkeit, bei der Wassermischung die Wassermassen zu bestimmen, bietet das **Mischungskreuz** (mixture cross).
Dabei ergeben die Temperaturdifferenzen die Massenanteile. Durch eine Dreisatz-Rechnung können mit den Massenanteilen und einer bekannten Wassermasse die anderen Wassermassen bestimmt werden.

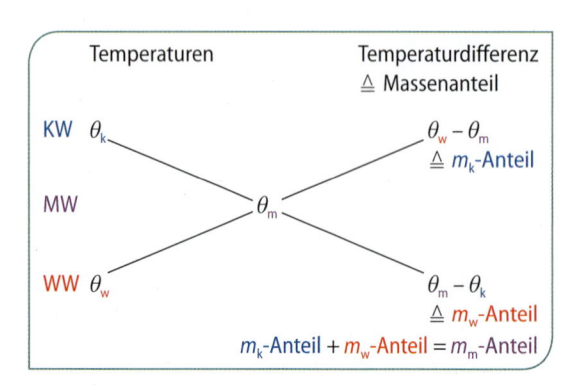

```
Temperaturen              Temperaturdifferenz
                          ≙ Massenanteil

KW  θ_k                       θ_w − θ_m
         \          /         ≙ m_k-Anteil
          \        /
MW          θ_m
          /        \
         /          \
WW  θ_w                       θ_m − θ_k
                              ≙ m_w-Anteil
         m_k-Anteil + m_w-Anteil = m_m-Anteil
```

Beispiel:
Wie viele Liter Trinkwarmwasser (PWH) von 60 °C müssen dem Trinkkaltwasser (PWC) von 15 °C beigemischt werden, um 180 l Badewasser von 38 °C zu erhalten?

geg.: $m_m = 180\ kg$
$\quad\ \ \theta_m = 38\ °C$
$\quad\ \ \theta_k = 15\ °C$
$\quad\ \ \theta_w = 60\ °C$
ges.: m_w in kg (l)

Lösung:

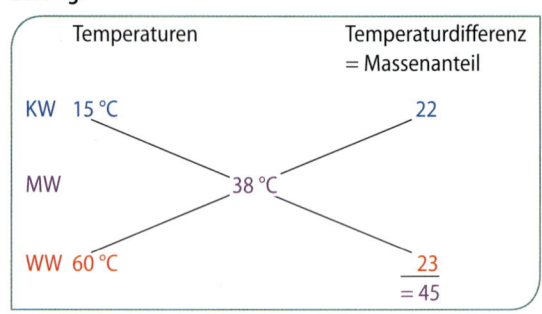

```
Temperaturen              Temperaturdifferenz
                          = Massenanteil

KW  15 °C                        22
         \          /
          \        /
MW          38 °C
          /        \
         /          \
WW  60 °C                        23
                              = 45
```

Masse $m_m = 180\ kg$
Anteile $m_m = 45$
1 Anteil entspricht $\frac{180\ kg}{45} = 4\ kg$
m_w – Anteile = 23
$\underline{m_w = 23 \cdot 4\ kg = 92\ kg}$
$\underline{V_w = 92\ l}$

ÜBUNGEN

1) Ein Speicher-Trinkwassererwärmer liefert 120 l Trinkwarmwasser (PWH) von 60 °C. Diesem werden 60 l Trinkkaltwasser (PWC) von 8 °C beigemischt. Berechnen Sie die Mischwassertemperatur.

2) Eine Badewannenfüllung mit 130 l Wasser ist auf 32 °C abgekühlt. Es werden 30 l Trinkwarmwasser (PWH) beigemischt. Dadurch steigt die Temperatur des Badewassers auf 38 °C an. Berechnen Sie die PWH-Temperatur.

3) Wie viele Liter Trinkkaltwasser von 14 °C müssen dem Trinkwarmwasser von 60 °C beigemischt werden, um 160 l Badewasser von 38 °C zu erhalten?

4) Es werden 40 l Trinkkaltwasser (PWC) von 15 °C mit Trinkwarmwasser (PWH) von 60 °C gemischt. Dabei stellt sich eine Mischwassertemperatur von 40 °C ein. Berechnen Sie die Masse des Mischwassers.

5) Eine Brauseanlage muss stündlich mit 1100 kg warmem Wasser von 37 °C versorgt werden. Dazu steht Trinkkaltwasser (PWC) von 10 °C zur Verfügung. Berechnen Sie das erforderliche Volumen eines Speicher-Trinkwassererwärmers, wenn das Trinkkaltwasser (PWC) in 30 min auf 60 °C erwärmt werden soll.

11 Domestic hot water systems

11.1 Water heating and supply

A domestic hot water (dhw) heating and supply concept has to consider different features such as customer needs, building layout and technical innovations to ensure an adequate and economic solution. The chart below gives a survey of general dhw system sectioning:

Domestic hot water systems		
centralised dhw system	or	localised dhw system
sealed (unvented) dhw system	or	vented dhw system
directly heated dhw system	or	indirectly heated dhw system
storage dhw system	or	instantaneous dhw system

In a centralised system the hot water for all tapping points is heated centrally in a house or building whereas in localised systems the hot water is locally heated at different points of use (e.g. kitchens, bathrooms).

Sealed (unvented) dhw systems have no aerators or vented discharge spouts and are pressurized by the mains-pressure of the potable water supply. Vented dhw systems are connected with the atmosphere.

Direct dhw heating can be accomplished by means of various types of gas burners or electric heating devices. In these cases the heat generated from the gas flame or electric heating resistors is directly transferred to the drinking water in the water heater.

Indirectly heated dhw systems use a heat exchanger connected to the boiler of the central heating system or to the heating circuit of a solar system. The hot water from the boiler or the solar system passes through the exchanger, where the heat is transferred to the dhw in the storage vessel.

In storage dhw systems the potable water is heated and stored on call in differently sized tanks. Instantaneous dhw systems heat up the water continuously only when required.

Exercises

1) Translate the dhw system sectioning chart into German.

2) Find the correct descriptions for the following hot water systems
   - Zentrale Speicher-TWE mit indirekter Beheizung
   - Dezentrale Durchfluss-TWE mit direkter Beheizung
   - Offene (drucklose) Speicher-TWE mit direkter Beheizung
   - Geschlossene (druckfeste) indirekt beheizte Durchfluss-TWE.

3) Explain the difference between a single point dhw-system and a multi-point dhw-system.

4) Name six different direct or indirect heating devices for dhw-systems.

5) Explain the following terms in German:
   ... all tapping points, ... heat up the water continuously, ... different points of use, ... stored on call, ... vented discharge spouts, ... heat is directly transferred to the water, ... connected with the atmosphere, ... the heat generated from the gas flame.

Lernfeld 9

11 Domestic hot water systems

11.2 Hot water storage tanks

Exercises

1. Match the marked parts of the storage tank in picture 1 with the suitable English terms:
   insulation, hot water outlet, cylinder coat, hot water circulation, coiled tube, heating water flow, cold water inlet, inspection screw cap, heating water return, cleaning access.

2. Translate the English terms of exercise 1 into German.

3. Find the appropriate English words for:
   Speicherbehälter, Speicherboden, Heizfläche, Rohrheizkörper, doppelwandiger Behälter, Elektro-Heizeinsatz, Rohrwendel-Wärmeübertrager.

4. Name the three boiler – storage tank layout types and describe the layout principles.

5. Explain the purpose of the storage tank priority circuit.

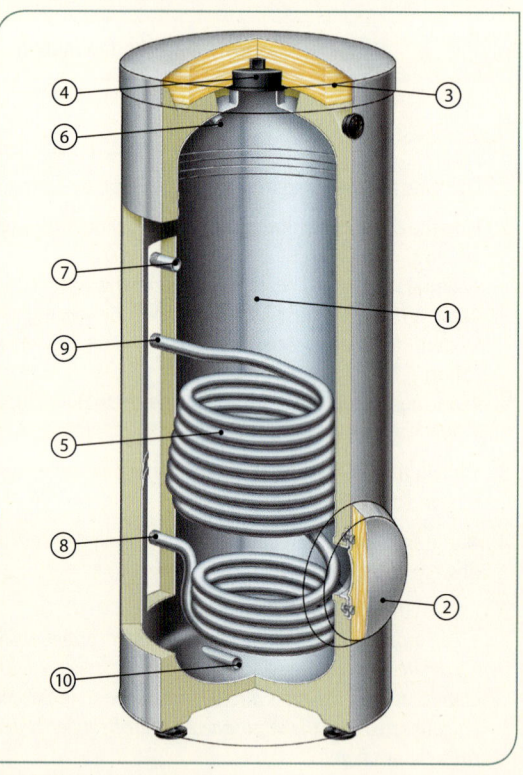

1 Hot water storage tank

11.3 Electric water heaters

Exercises

1. Translate the marked parts of the electric water heater (picture 2) into English.

2. Determine the type of the electric water heater shown in picture 2.

3. Find the correspondent alternative appliance types or designs of electric water heaters.
   Example:
   storage water heater   instantaneous water heater
   runoff appliance → ?
   undersink water heater → ?
   wall-mounted water heater → ?
   point-of-use water heater → ?
   tubular heating element → ?
   hydraulically guided water heater → ?

4. Translate all the types of electric water heaters mentioned in exercise 3 into German.

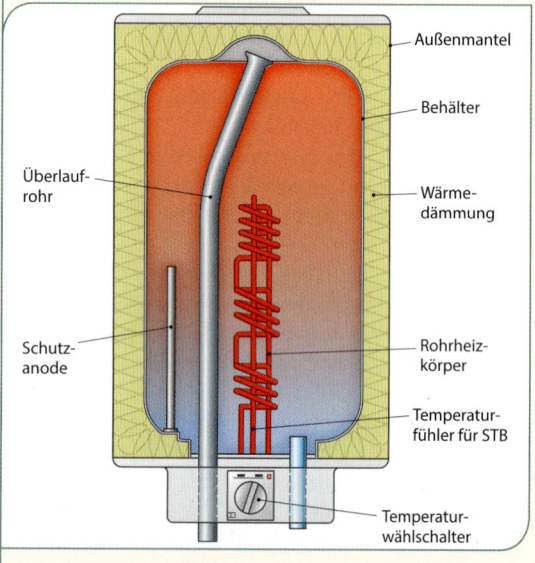

2 Electric water heater

11.4 Gas water heaters

Wall-mounted gas water heaters are commonly used for the direct hot water supply in multi-point or centralised systems. They have gas burners installed directly below a heat exchanger. The cold domestic water is heated instantaneously by passing it through the heat exchanger. Wall-mounted gas water heaters reduce installation costs because no storage tanks are required. On the other hand only a small number of tapping points can be supplied with hot water at once because the speed and the quantity with which the water can be heated up is limited by the heating capacity of the flame and the efficiency of the heat exchanger.

11 Domestic hot water systems

Exercises

1) Translate the text into English. Use your reference book, the internet or a dictionary. Before you look up a word try to guess the word first, then check it.

2) A gas water heater is equipped with different *gas*, *water* and *electric* parts and components. Name 3 main parts/components for each group.

11.5 Solar heating

Solar thermal systems (picture 1) provide environmentally friendly heat for household water, space heating, and swimming pools. The systems collect the sun's energy to heat air or a fluid. The air or fluid then transfers solar heat directly or indirectly to your home, water, or pool. Solar water heaters, sometimes called solar domestic hot-water systems, may be a good investment for you and your family. Solar water heaters are cost effective for many applications over the life of the system. Although solar water heaters cost more initially than conventional water heaters, the fuel they use – sunshine – is free. Solar heating technologies can be used in any climate. To take advantage of solar energy, you usually need to have an unshaded area that faces south, southeast, or southwest, such as a roof. In some cases, a solar professional may recommend west-facing roofs for solar collectors. The type of system you choose, including the type of collector, depends on several factors. These include your site, the climate you live in, installation considerations, cost, and how you would like your solar heating system to be used.

Exercises

1) Read the original text on **solar heating** and give the main ideas of the text to your classmates in German. Use your reference book, the internet or a dictionary. Before you look up a word try to guess the word first, then check it.

2) Match the English terms 1–18 (picture 1) with their German translations beneath.
Sicherheitsventil, Kollektorfühler, Ausdehnungsgefäß, Speicher, Trinkkaltwasser ein, Trinkwarmwasser aus, Entleerung, Entlüftung, Kollektor, Thermometer, Regler, Pumpe, Luftabscheider, Wärmeübertrager, Manometer, Temperaturfühler, Heizwasservor- und rücklauf, Solarstation.

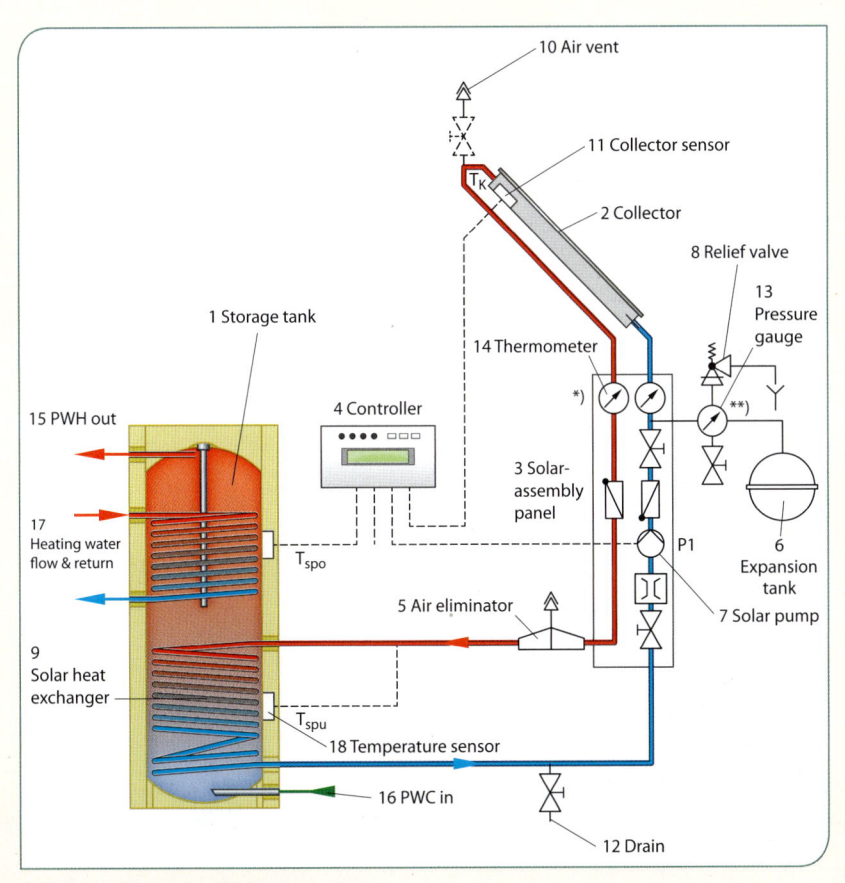

1 Anlagenschema solare Trinkwassererwärmung

Lernfeld 9

Lernfeld 10: Wärmeerzeugungsanlagen für gasförmige Brennstoffe installieren

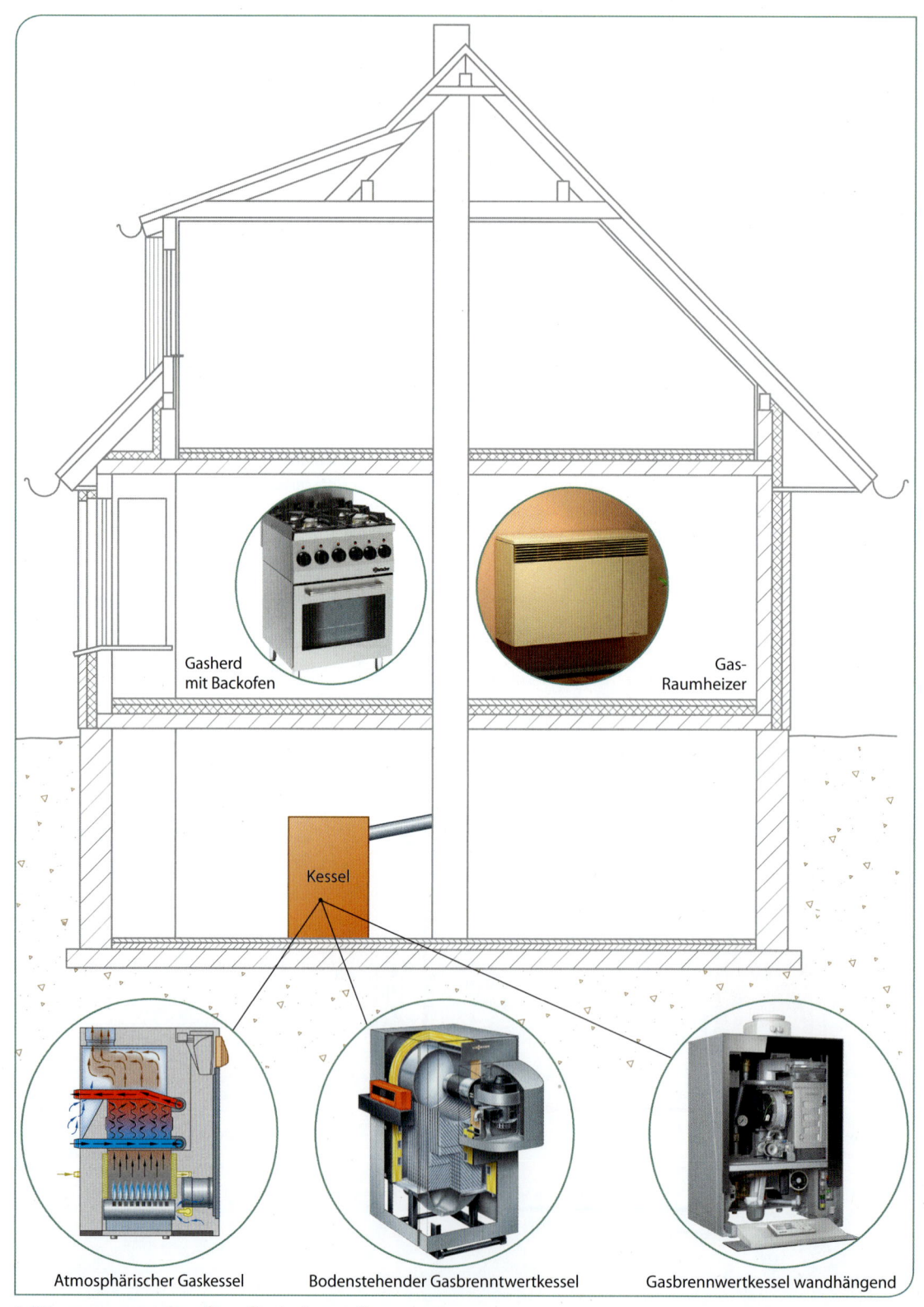

Gasherd mit Backofen

Gas-Raumheizer

Kessel

Atmosphärischer Gaskessel

Bodenstehender Gasbrennwertkessel

Gasbrennwertkessel wandhängend

1 Wärmeerzeugungsanlagen für gasförmige Brennstoffe

1 Gasförmige Brennstoffe

1.1 Eigenschaften von Brenngasen

Gase[1] zeichnen sich dadurch aus, dass Kohäsionskräfte (Zusammenhangskräfte) zwischen einzelnen Molekülen (molecules) praktisch nicht vorhanden sind. Die Bestandteile eines Gases bewegen sich deshalb völlig ungeordnet (uncontrolled). Gase sind weder form- noch volumenbeständig und füllen jeden Raum (Behälter) gleichmäßig aus (Bild 1).

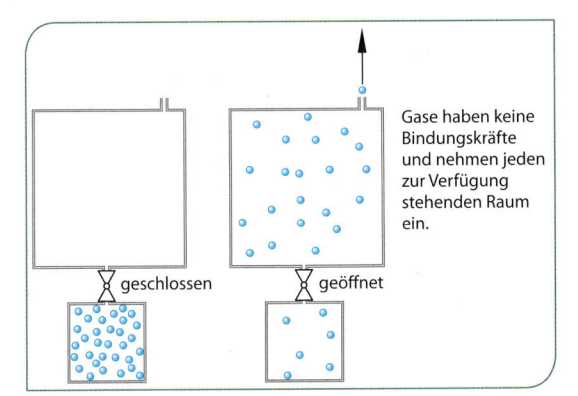

Bild 1: Eigenschaften von Gasen

Brenngase bestehen aus brennbaren (combustible) und unbrennbaren (non-combustible) Anteilen. Die **brennbaren Bestandteile** von Brenngasen (fuel gases) sind vorwiegend Kohlenwasserstoff (z. B. Methan CH_4), Wasserstoff H_2 und geringere Mengen Kohlenmonoxid CO, die **unbrennbaren Bestandteile** sind Kohlendioxid CO_2, Sauerstoff O_2, Stickstoff N_2 und Wasserdampf H_2O.
Grundsätzlich können Brenngase in **Naturgase** (natural gases) (Erdgas, Grubengas, Deponiegas, Klärgas und Biogas aus landwirtschaftlichen Anlagen), sowie **technisch hergestellte Gase** (industrial gases) (Stadtgas, Ferngas, Steinkohlengas, Wassergas, Raffineriegas) unterschieden werden.

1.2 Einteilung von Brenngasen

Erdgas
Erdgase (natural gases) sind brennbare Kohlenwasserstoffverbindungen, die, wie Erdöl, aus der Erde gefördert werden. Erdgas ist **geruchlos** (odourless) und **ungiftig** (non-poisonous), da kein Kohlenmonoxid enthalten ist. Es besteht vor allem aus Methan CH_4 (80 % … 95 %), Ethan C_2H_6, Propan C_3H_8, Butan C_4H_{10}, Kohlendioxid CO_2, Stickstoff N_2 und Schwefelwasserstoff H_2S. Auch Edelgase (inert gases) (z. B. Helium He) sind teilweise enthalten.

Häufig kommt das Erdgas zusammen mit Erdöl in der Erdrinde (earth's crust) vor. Es gibt jedoch auch reine Erdgaslagerstätten in porösen Gesteinsschichten, die sich durch Verschiebungen der Erdkruste gebildet haben und nach oben durch gasdichte (gastight) Tonschichten abgedeckt sind (Bild 2).
Die Erdgasfelder (natural gas deposits) sind vor vielen Millionen Jahren aus einfachen Organismen entstanden, die sich abgelagert und dann durch eine Überdeckung von dicken Sedimentschichten unter dem Einfluss von sehr hohen Drücken (pressure) und Temperaturen (temperature) umgewandelt haben. Die Zusammensetzung der Erdgase ist sehr unterschiedlich, so haben die in den Niederlanden geförderten Erdgase einen hohen Stickstoffanteil, während Nordseegase mehr Propan und Ethan enthalten.
Es werden **trockene** und **nasse Erdgase** unterschieden. Trockene Erdgase bestehen fast ausschließlich aus Methan, nasse Erdgase enthalten auch höhermolekulare Kohlenwasserstoffe wie Ethan und Propan.
Enthält das Erdgas auch Schwefelwasserstoffe, Kohlendioxid und Stickstoff, so muss es vor der Weitergabe an die Verbraucher gereinigt werden.

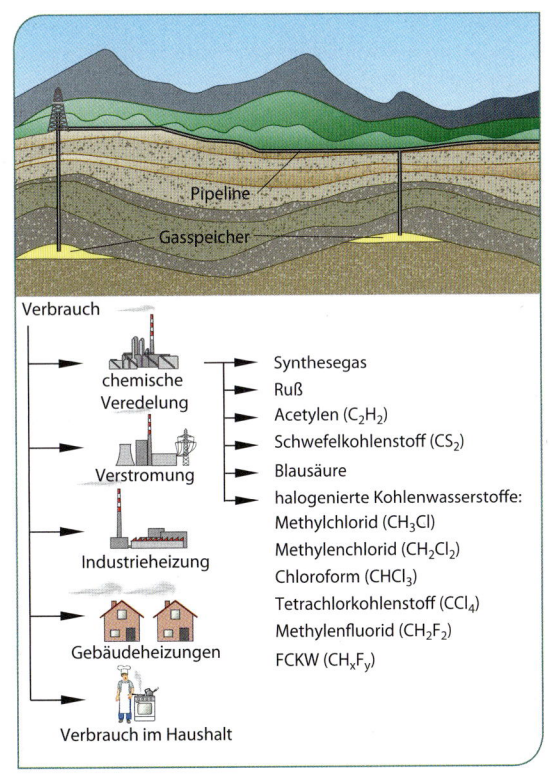

Bild 2: Lagerstätten und Verbrauch von Erdgas

Produkte der chemischen Veredelung: Synthesegas, Ruß, Acetylen (C_2H_2), Schwefelkohlenstoff (CS_2), Blausäure, halogenierte Kohlenwasserstoffe: Methylchlorid (CH_3Cl), Methylenchlorid (CH_2Cl_2), Chloroform ($CHCl_3$), Tetrachlorkohlenstoff (CCl_4), Methylenfluorid (CH_2F_2), FCKW (CH_xF_y)

---
[1] Das Wort „Gas" ist von dem griechischen Wort CHAOS – das Formlose – abgeleitet.

1 Gasförmige Brennstoffe

Grubengas
Grubengas (mine gas) entsteht in Steinkohlegruben (Bergwerken) durch hohe Temperaturen und zum Teil durch Mikroorganismen. Der Hauptbestandteil von Grubengas ist Methan. In einem bestimmten Mischungsverhältnis mit Luft ist es leicht entzündlich (highly inflammable) und hat deswegen schon häufig zu so genannten Schlagwetterexplosionen (mine explosions) mit vielen Toten geführt.

Deponiegas
Deponiegas (landfill gas) entsteht durch den Abbau der organischen Substanzen, die auf Haus- und Industriemülldeponien entsorgt wurden, durch Bakterien unter Luftabschluss (hermetically sealed).

Klärgas
Klärgas, auch Faulgas (sludge gas) genannt, wird durch Schlammfaulung unter Luftabschluss in Faultürmen von Kläranlagen erzeugt.

Biogas aus landwirtschaftlichen Anlagen
Biogas (biogas) aus landwirtschaftlichen Anlagen wird durch einen biologischen Prozess (Vergärung (fermentation)) unter Ausschluss von Sauerstoff erzeugt. Dazu werden nachwachsende Rohstoffe, Grünschnitt und Gülle aus der Viehhaltung eingesetzt (Bild 1).

Stadtgas
Stadtgas (city gas) wurde früher im Verbrauchsgebiet hauptsächlich durch die Entgasung von Steinkohle (Verkokung) hergestellt. Es ist ein Gemisch aus Kohlengas und Wassergas. Wegen seines hohen Wasserstoffgehaltes ist Stadtgas wesentlich leichter als Luft, wegen seines Kohlenmonoxidgehaltes ist es **giftig**.

Ferngas
Ferngas ist ein nicht im Verbrauchsgebiet in Kokereien gewonnenes Gas, das dem Stadtgas sehr ähnlich ist. **Stadt- und Ferngas** (long range gas) werden heute nicht mehr zur öffentlichen Gasversorgung verwendet. *Erdgas ist an ihre Stelle getreten und deckt über 90 % des gesamten Gasverbrauchs ab.*

Steinkohlengas
Steinkohlengas (coal gas) wird durch Erhitzen von Steinkohle unter Luftabschluss erzeugt. Bei diesem Vorgang entweichen alle flüchtigen Bestandteile und zurück bleibt Koks.

Wassergas
Es wird unterschieden zwischen **Kohlenwassergas** (carburetted water gas) und **Kokswassergas**. Kohlenwassergas wird dadurch gewonnen, dass Wasserdampf über heiße Kohle geleitet wird und der im Wasserdampf enthaltene Sauerstoff den Kohlenstoff oxidiert. Es entsteht ein Gemisch aus CO (Kohlenmonoxid) und H_2 (Wasserstoff); Kokswassergas wird durch den gleichen Vorgang aus Koks gewonnen.

Raffineriegas
Raffineriegas (refinery gas) fällt als Nebenprodukt bei der Verarbeitung von Erdöl an. Am wichtigsten sind Propan C_3H_8 und Butan C_4H_{10}. Bei normalem Luftdruck (air pressure) sind sie gasförmig und schwerer als Luft. Sie lassen sich jedoch bei geringem Druck **verflüssigen** (Bild 1, nächste Seite), hierbei schrumpft ihr Volumen auf $\frac{1}{260}$. Große Gasmengen

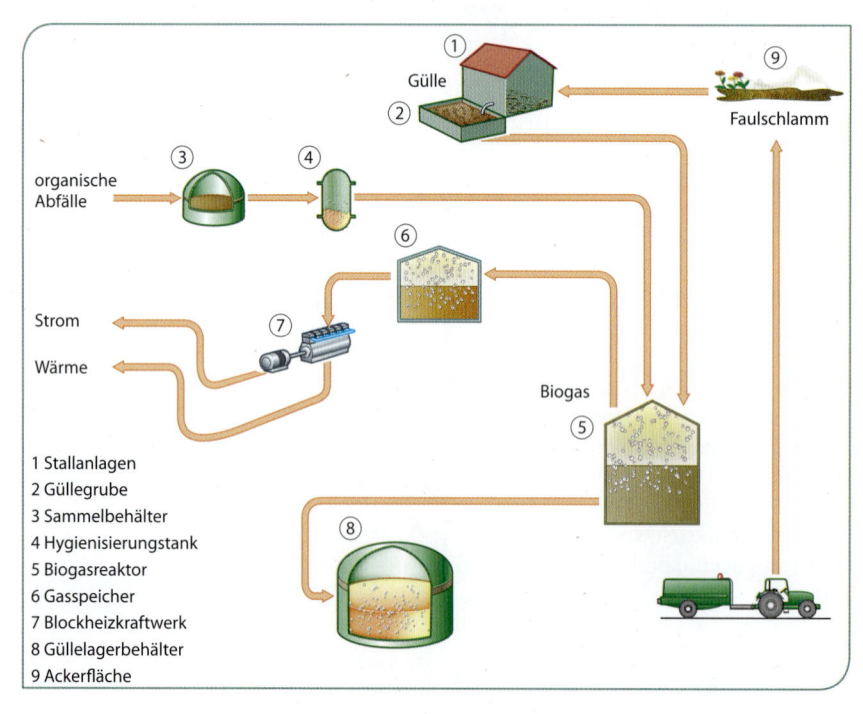

1 Stallanlagen
2 Güllegrube
3 Sammelbehälter
4 Hygienisierungstank
5 Biogasreaktor
6 Gasspeicher
7 Blockheizkraftwerk
8 Güllelagerbehälter
9 Ackerfläche

1 Schema einer landwirtschaftlichen Biogasanlage

1 Gasförmige Brennstoffe

können so in kleinen Behältern gelagert und transportiert werden. Da Flüssiggas (liquefied gas) fast doppelt so schwer ist wie Luft, kann es beim Ausströmen in tief liegende Räume kaum entfernt werden und bildet eine gefährliche Explosionsquelle (source of explosion). Flüssiggasbehälter dürfen deshalb nicht in Kellerräumen (unter Erdgleiche (ground level)) gelagert werden. Gasgeräte und Leitungsanlagen dürfen dort nur unter besonderen Auflagen installiert werden.

Gasfamilien
Im Arbeitsblatt G 260 des DVGW (Deutscher Verein des Gas- und Wasserfaches e.V.) werden grundsätzliche Anforderungen an Brenngase der öffentlichen Versorgung (public service) festgelegt. Danach werden Brenngase mit weitgehend übereinstimmenden Brenneigenschaften in drei Gasfamilien zusammengefasst (Bild 2). Es ist zu beachten, dass z. B. durch Vergärung gewonnene **Biogase** keine Gase nach Arbeitsblatt G 260 sind und aufbereitet werden müssen, um ins Gasnetz eingespeist werden zu können.
In der öffentlichen Gasversorgung werden in Deutschland hauptsächlich Erdgase aus zwei Gruppen verteilt. Das sind nach dem DVGW-Arbeitsblatt G 260 die Gruppen *H* und *L*, die nach DIN EN 437 ungefähr den europäischen Prüfgasen *E* und *LL* entsprechen (Bild 3).

1.3 Kenndaten

Wärmewert (Heizwert und Brennwert) (vgl. Lernfeldübergreifende Inhalte, Kap. 1 Wärmewert)

> **MERKE**
>
> Die neue TRGI 2018 verwendet für Druckangaben generell die SI-Einheit Pascal (Pa). 1 mbar = 100 Pa = 1 hPa (vgl. Fachkenntnisse 1, Lernfeldübergreifende Inhalte, Kap. 2.1).

Dichte
Gase können nur unter gleichen Temperatur- und Druckverhältnissen miteinander verglichen werden. Die Dichte (density) der Luft im **Normzustand** ρ_n, d. h. bei 0 °C und 1013,25 hPa, beträgt 1,2931 $\frac{kg}{m^3}$.
In der Gastechnik ist neben dem Begriff der Dichte die **relative Dichte d** (relative density) gebräuchlich (Bild 1, nächste Seite).

> **MERKE**
>
> Die relative Dichte d ist das Verhältnis der Dichte eines Gases zur Dichte der Luft. Sie ist eine Zahl ohne Einheit.

$$d = \frac{\rho_{nGas}}{\rho_{nLuft}}$$

d: relative Dichte
ρ_{nGas}: Dichte von Gas im Normzustand
ρ_{nLuft}: Dichte von Luft im Normzustand

Die relative Dichte der Luft beträgt $d = 1$. Aus diesem Grund ist ein Gas mit einer relativen Dichte $d < 1$ leichter als Luft (z. B. Methan). Ist $d > 1$, dann ist das entsprechende Gas (z. B. Propan) schwerer als Luft.

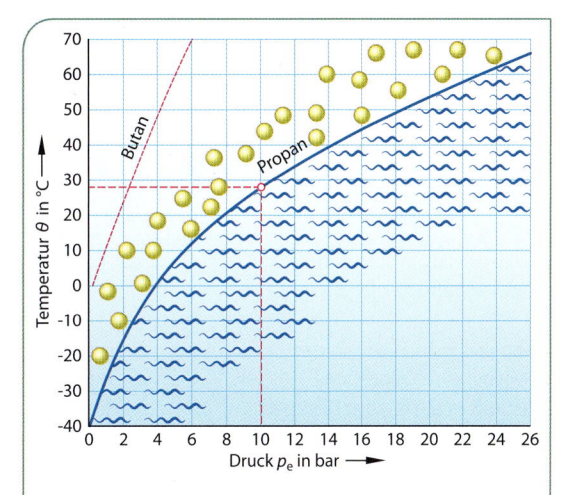

Die Dampfdruckkurven stellen die Übergangslinien dar vom flüssigen in den dampfförmigen Zustand (Siedepunkt), abhängig von der Temperatur und dem Druck p_e.

Beispiel: der Siedepunkt von Propan bei p_e = 10 bar beträgt θ = 28 °C.

1 Dampfdruckkurven von Propan und Butan

Gasfamilie	Hauptbestandteil	Gruppe
1	Wasserstoff H_2	A: Stadtgas B: Kokerei (Fern-)Gas
2	Methan CH_4	L: Erdgas LL H: Erdgas E und deren Austauschgase
3	Propan C_3H_8, Butan C_4H_{10} (Flüssiggas)	1. Propan 2. Erdgas/Luft

2 Gasfamilien nach DVGW G 260

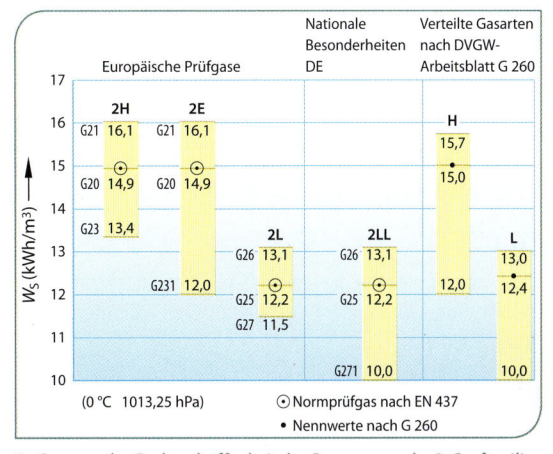

3 Grenzen der Gasbeschaffenheit der Gasgruppen der 2. Gasfamilie

1 Gasförmige Brennstoffe

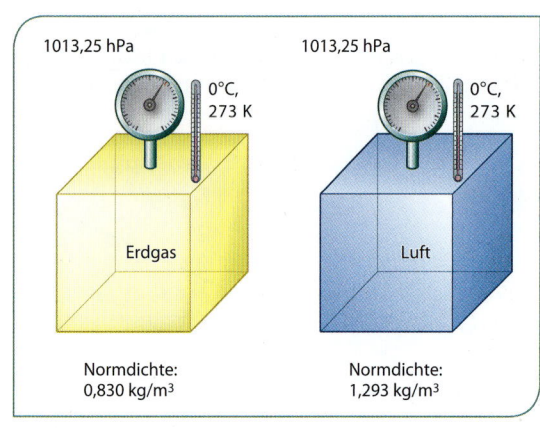

1 Relative Dichte

Normdichte: 0,830 kg/m³ (Erdgas)
Normdichte: 1,293 kg/m³ (Luft)

Gasart	Normdichte ρ_n in $\frac{kg}{m^3}$	relative Dichte d
Propan (gasförmig)	2,01	1,55
Butan (gasförmig)	2,7	2,09
Erdgas	0,79 … 0,83	0,61 … 0,64
Kohlenmonoxid	1,25	0,967
Luft	1,29	1,0

2 Normdichten und relative Dichten

Beispiel:
Butan hat eine Dichte von $\rho_n = 2{,}708 \frac{kg}{m^3}$.
Wie groß ist die relative Dichte d?

Lösung:
$$d = \frac{\rho_{nGas}}{\rho_{nLuft}}$$

$$d = \frac{2{,}708 \frac{kg}{m^3}}{1{,}293 \frac{kg}{m^3}}$$

$$\underline{\underline{d = 2{,}09}}$$

$d > 1 \longrightarrow$ Butan ist schwerer als Luft

Wobbe-Index

> **MERKE**
>
> Der Wobbe-Index ist eine wesentliche Größe zur Beurteilung der Austauschbarkeit von Gasen.

Gase mit gleichem Wobbe-Index ergeben die gleiche **Wärmebelastung** (heat load) eines Gasgerätes, wenn sich Zustand (Druck, Temperatur) und Gasdüsen (gas nozzles) nicht verändern. Unter Wärmebelastung versteht man den dem Brenner zugeführten Wärmestrom (heat flow).
Der Wobbe-Index errechnet sich aus Brennwert H_S oder Heizwert H_i und der Wurzel der **relativen Dichte** d (Bilder 2 und 3).

$$W_{S,n} = \frac{H_{S,n}}{\sqrt{d}} \quad \text{oder} \quad W_{i,n} = \frac{H_{i,n}}{\sqrt{d}}$$

Der Wobbe-Index hat die gleiche Einheit wie der Brenn- und Heizwert und wird in der Regel für das Normvolumen angegeben (Bild 3).

$$\frac{\frac{kWh}{m_n^3}}{\sqrt{1}} = \frac{kWh}{m_n^3}$$

Kennwert		Erdgas	Propan
Betriebsheizwert	$H_{i,B}$ in $\frac{kWh}{m^3}$	10,6	25,8
Dichte	ρ in $\frac{kg}{m_n^3}$	0,78	2,01
Wobbe-Index	$W_{S,n}$ in $\frac{kWh}{m_n^3}$	13,5	22,5
Wasserstoffgehalt	H_2 in Vol.-%	0	0
CO-Gehalt	CO in Vol.-%	0	0
max. CO$_2$-Gehalt	CO_2 in Vol.-%	11,9	13,8
Luftbedarf	L_{min} in $\frac{m_n^3}{m_n^3}$	10,4	23,8

3 Mittlere Kennwerte von Erdgas und Propan

Weitere wichtige Eigenschaften von Gas, wie z. B. das Zündverhalten, können mit dem Wobbe-Index jedoch nicht beurteilt werden.

> **PRAXISHINWEIS**
>
> In der Praxis wird der **obere** Wobbe-Index zur Einstellung von Gasbrennern nach der Düsendruckmethode (nozzle pressure method) benötigt und wird, wie auch die Wärmewerte, durch das GVU (Gasversorgungsunternehmen) bekannt gegeben.

Beispiel:
Wie groß ist der Wobbe-Index von Erdgas L bei einem Brennwert von $H_s = 8{,}4 \frac{kWh}{m_n^3}$ und einer relativen Dichte von $d = 0{,}64$?

Lösung:
$$W_{S,n} = \frac{H_{S,n}}{\sqrt{d}}$$

$$W_{S,n} = \frac{8{,}4 \frac{kWh}{m_n^3}}{\sqrt{0{,}64}}$$

$$\underline{\underline{W_{S,n} = 10{,}5 \frac{kWh}{m_n^3}}}$$

Zündverhalten
Für die Zündung eines Brennstoffes sind:
- Zündtemperatur,
- Zündgrenzen und
- Zündgeschwindigkeit maßgeblich (vgl. Kap. 2.2).

ÜBUNGEN

1. Weshalb bewegen sich die Bestandteile eines Gases völlig ungeordnet?
2. Aus welchen Bestandteilen bestehen Gase?
3. Nennen Sie drei brennbare Bestandteile von Brenngasen.
4. Wie werden Brenngase eingeteilt?
5. Wie unterscheiden sich trockene und nasse Erdgase?
6. Wie werden Biogase gewonnen?
7. In wie viele Gasfamilien werden Brenngase eingeteilt?
8. Welche Hauptbestandteile sind in der Gasfamilie 3 enthalten?
9. Was verstehen Sie unter der relativen Gasdichte d?
10. Worüber gibt der Wobbe-Index Auskunft?
11. Welche Einheit hat der Wobbe-Index?
12. Durch welches Unternehmen wird der Wobbe-Index bekannt gegeben?
13. Welche Vorteile haben Brenngase gegenüber festen und flüssigen Brennstoffen?

2 Gasbrenner

Gasbrenner (gas burner) sind Einrichtungen, mit deren Hilfe die chemisch gebundene Energie des Brennstoffes freigesetzt wird. Dabei muss der Brenner im Wesentlichen vier Aufgaben übernehmen:
- Zuführung von Brenngas und Luft,
- Mischung von Brenngas und Luft,
- Zündung (ignition) des Gemisches,
- eine möglichst schadstoffarme Verbrennung.

Die Art und Weise, wie Brenngase und Luft miteinander vermischt werden, bestimmt die Einteilung der Brennersysteme:
- Gasbrenner ohne Gebläse (atmosphärische Brenner),
- Gasbrenner mit Gebläse (Gebläsebrenner).

2.1 Flammenbilder

Bei der Verbrennung von Gasen werden grundsätzlich zwei verschiedene Arten von **Brennern** unterschieden:
- Leucht- oder Diffusionsbrenner (non-aerated burner),
- Vormischbrenner (pre-aerated burner).

Bei **Diffusionsbrennern** wird das Gas **ohne** Luftvormischung entzündet. Die Flamme brennt leuchtend (luminous) ab und es lassen sich deutlich drei verschiedene Zonen erkennen (Bild 1). Ein äußerer schmaler bläulicher Flammenrand, eine lange gelb leuchtende Innenzone und ein dunkler unterer Kern (core). Nur im äußeren Flammenrand findet eine vollkommene Verbrennung statt. Durch die große Hitzeent-

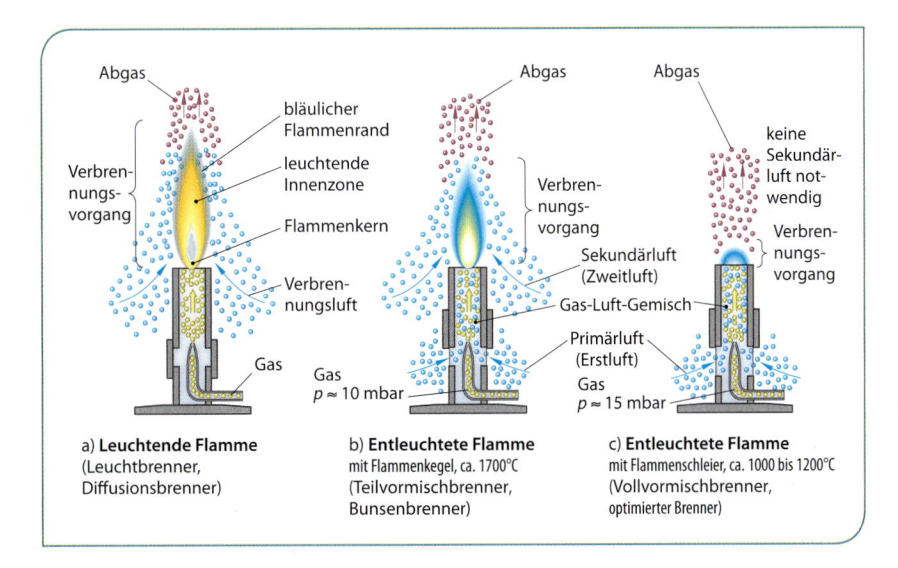

1 Gasbrenner: Luftzufuhr, Flammenbild und Verbrennungsvorgang

a) **Leuchtende Flamme** (Leuchtbrenner, Diffusionsbrenner)

b) **Entleuchtete Flamme** mit Flammenkegel, ca. 1700°C (Teilvormischbrenner, Bunsenbrenner)

c) **Entleuchtete Flamme** mit Flammenschleier, ca. 1000 bis 1200°C (Vollvormischbrenner, optimierter Brenner)

2 Gasbrenner

wicklung an dieser Stelle wird in der Innenzone das Gas in seine Hauptbestandteile (Kohlenstoff und Wasserstoff) aufgespalten und die Kohlenstoffteilchen werden zum Glühen (glowing) gebracht, deshalb auch der Name **Leuchtbrenner**. Berührt eine leuchtende Flamme einen Gegenstand, dann neigt sie zur Rußbildung (smoking). Weil leuchtende Flammen nicht zurückschlagen (to flash back) können, sind sie sehr sicher. Da sie aber relativ lang und nicht stabil (leicht auszublasen) sind, werden sie im Heizungsbau nur selten als Zündflamme bei Zündbrennern oder beim Entzünden von Lötbrennern (soldering torches) verwendet.

Das Flammenbild bei den **Vormischbrennern** sieht völlig anders aus, weil schon vor der Brenneröffnung Luft mit dem Brenngas vermischt wird. Das Gas strömt aus einer Düse mit hoher Geschwindigkeit in ein Brennrohr (burner tube). Durch den Sauerstoff der Luft verbrennen die Kohlenstoffteilchen schon im Innern der Flamme und können deshalb auch nicht leuchten. Die entstehende Flamme sieht **bläulich** (bluish) aus mit einem grünen Flammenkern.

> **MERKE**
> Brenner mit entleuchteten Flammen rußen nicht.

2.2 Gasbrenner ohne Gebläse

Bei atmosphärischen Brennern (atmospheric burner) wird die Verbrennungsluft nicht über ein Gebläse zugeführt, sondern durch das ausströmende Brenngas und über den thermischen Auftrieb der brennenden Flamme angesaugt.

Falls – wie bei der Brennwerttechnik (condensing boiler technology) (vgl. Kap. 3.6.3) – der Auftrieb der Abgase (waste gas) durch das Herabsetzen der Abgastemperatur vermindert wird, können die Abgase mit einem zusätzlichen Ventilator abtransportiert werden.

2.2.1 Teilvormischbrenner

Bisher wurden hauptsächlich atmosphärische Brenner eingesetzt, die nur einen Teil der benötigten Verbrennungsluft (die Primärluft bzw. Erstluft) dem Gas vor der Verbrennung zumischen (Teilvormischbrenner). Aus einer Düse wird Brenngas in ein Injektorrohr (injection pipe) geblasen, dabei wird **Verbrennungsluft (Primärluft)** angesaugt und mit dem Brenngas vermischt. Nach der Zündung entsteht ein Gas-Luft-Gemisch, das mit einer nicht leuchtenden Blauflamme brennt. Der noch benötigte Restluftbedarf wird dann durch die Flamme durch Diffusion (diffusion) (Ausgleich von Konzentrationsunterschieden) angesaugt. Dieser Restluftbedarf wird **Sekundärluft** bzw. **Zweitluft** genannt (Bild 1).

2.2.2 Vollvormischbrenner

Die Verschärfung der Bestimmungen (tightened-up conditions) für Abgaswerte in den letzten Jahren haben für die Entwicklung neuer Brennertypen – wie den Vollvormischbrenner – gesorgt. Bei diesen Konstruktionen wird die gesamte Verbrennungsluft dem Brenngas **vor** der Verbrennung zugemischt (Bild 2 und 3).

2.2.3 Aufbau eines atmosphärischen Gasbrenners

Atmosphärische Brenner bestehen aus folgenden Hauptteilen:
- Brennerplatte,
- an der Brennerplatte befestigte Brennrohrstäbe einschließlich Venturirohr,
- Hauptbrenner,
- Gasregelarmatur (gas regulator),
- Zündeinrichtung (ignition device),
- Flammenüberwachungseinrichtung (flame supervision device).

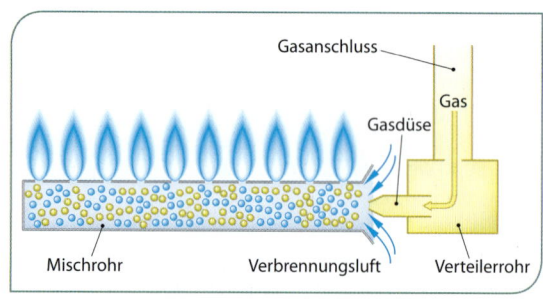

2 Funktionsprinzip Vollvormischbrenner

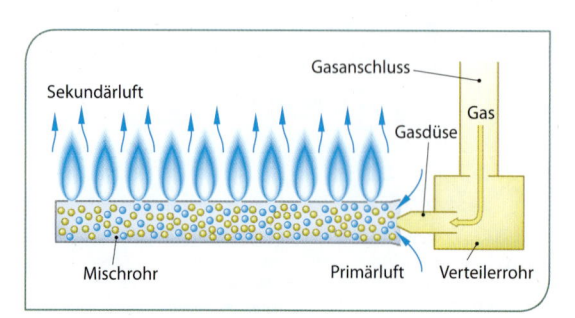

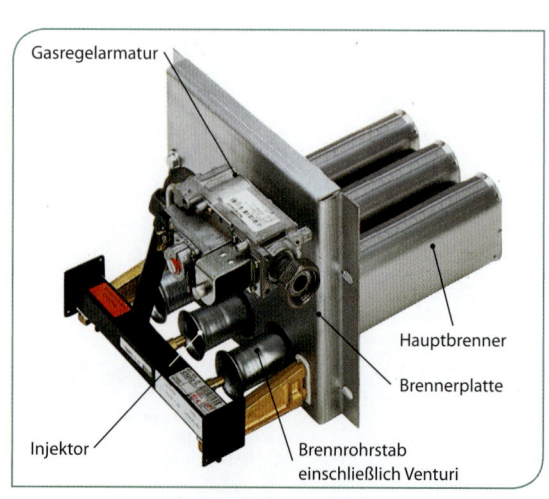

1 Funktionsprinzip Teilvormischbrenner

3 Atmosphärischer Edelstahl-Vollvormisch-Stabbrenner

2 Gasbrenner

2.2.3.1 Zündeinrichtungen
Bei heutigen Gasbrennern werden halbautomatische und automatische Zündeinrichtungen verwendet.

Halbautomatische Zündeinrichtung
Halbautomatische (semiautomatic) Zündeinrichtungen benötigen einen Zündbrenner. Bei Inbetriebnahme des Gasgerätes wird von Hand durch einen **Piezozünder** (piezoelectric ignitor) die Zündflamme gezündet, die dann wiederum den **Hauptbrenner** zündet.
Bei der Piezozündung (Bild 1) schlägt durch Betätigen des Druckknopfes der Hammer auf das Piezokristall und übt so einen mechanischen Druck aus, der eine hohe elektrische Entladungsspannung von ca. 20000 Volt erzeugt. Diese wird durch ein Kabel an die Zündelektrode übertragen und erzeugt dort einen Zündfunken. Durch die hohe Temperatur dieses Zündfunkens lassen sich alle technischen Gase mühelos zünden. Durch den einfachen Aufbau des Piezozünders sind eine hohe Betriebssicherheit und lange Lebensdauer gewährleistet. Ein großer Nachteil ist, dass die ständig brennende Zündflamme (pilot flame) auch bei Brennerstillstand Gas verbraucht.

> **MERKE**
> Die halbautomatische Zündung wird nur bei Gasbrennern ohne Gebläse verwendet.

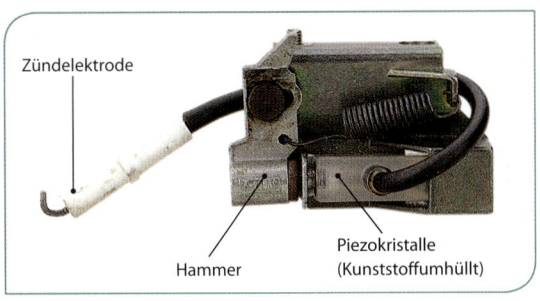

1 Piezozünder

Automatische Zündeinrichtung
Automatische (automatic) Zündeinrichtungen (Bild 2) müssen an das elektrische Stromnetz angeschlossen werden. Ein Hochspannungstransformator (Zündtrafo) erzeugt die erforderliche Zündspannung (ignition voltage) von ca. 10000 Volt, damit zwischen den beiden Zündelektroden (spark electrodes) ein Lichtbogen oder Zündfunken entstehen kann. Das elektronische Steuergerät sorgt für den reibungslosen Ablauf der Zündung. Bei Wärmeanforderung wird die Hauptflamme entweder direkt oder über eine Zündflamme gezündet. Um ein schadstoffärmeres Anfahren zu erreichen, werden auch **Glühzünder** (filament ignitors) (Bild 3) eingesetzt.
Der wesentliche Vorteil der automatischen Zündeinrichtung ist, dass sie bei Brennerstillstand **kein** Gas verbraucht.

> **MERKE**
> Die automatische Zündung wird bei Gasbrennern mit und ohne Gebläse verwendet.

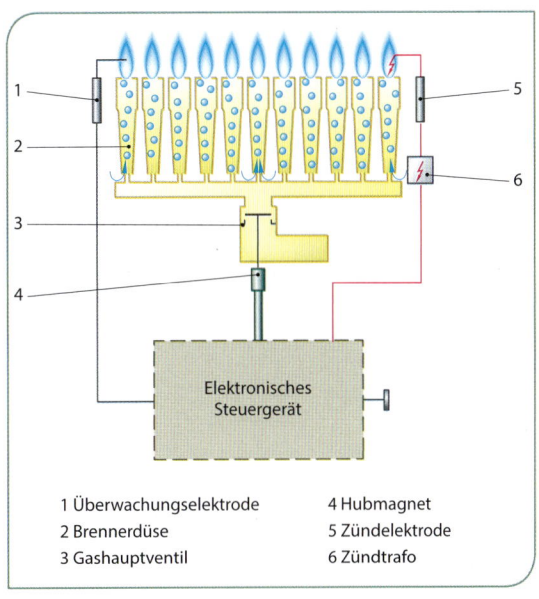

1 Überwachungselektrode   4 Hubmagnet
2 Brennerdüse   5 Zündelektrode
3 Gashauptventil   6 Zündtrafo

2 Automatische Zündeinrichtung

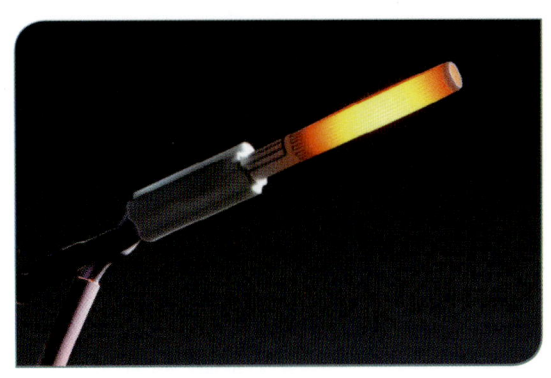

3 Glühzünder (Rauschert Steinbach GmbH)

2.2.3.2 Flammenüberwachungseinrichtungen
Unverbrannte Brenngase können mit Luft hochexplosive Gemische bilden. Deswegen muss durch geeignete Mittel sichergestellt werden, dass ein Verlöschen (going out) von Zünd- oder Hauptflamme zur sofortigen Unterbrechung der Gaszufuhr führt.
- **Zündflammen** von atmosphärischen Brennern werden durch **Ionisationsflammenüberwachung** (flame rectification device) oder **thermoelektrische** (thermoelectric) **Zündsicherungen** überwacht,
- **Hauptflammen** durch **Ionisationsflammenüberwachung** oder evtl. durch **UV-Flammenüberwachung** (ultraviolet flame supervision device) (UV: **u**ltraviolettes Licht).

2 Gasbrenner

Thermoelektrische Zündsicherung

Alle **halbautomatischen** Gasbrenner mit Zündflamme werden durch thermoelektrische Zündsicherungen überwacht. Bei der thermoelektrischen Zündsicherung (Bild 1) wird an der Verbindungsstelle zweier verschiedener (different) Metalle (z. B. Chrom- Nickel/Konstantan) mit unterschiedlichen Temperaturen eine elektrische Spannung von ca. 30…35 mV bei 600 °C erzeugt. An einer Seite – der Warmlötstelle – sind die beiden Metalle miteinander verlötet und ragen als Thermofühler (thermocouple) in die Zündgasflamme. Die jeweils andere Seite der beiden Metalle ist außerhalb der Zündflamme – also im kalten Bereich – über die Kaltlötstelle mit Kupferleitungen an eine Magnetspule angeschlossen. Die Ankerplatte ist über einen Stift mit dem Sicherheitsventil verbunden. Bei fehlendem Thermostrom (electric current) betätigt die zwischen Sicherheitsventil und Ankerplatte gelegene Feder das Sicherheitsventil (safety valve) und schließt die Gaszufuhr.

1 Aufbau einer thermoelektrischen Zündsicherung

Inbetriebnahme

Um den Gasbrenner in Betrieb zu nehmen, muss der Druckknopf betätigt werden. Dieser drückt die Ankerplatte gegen die Federkraft an die Magnetspule. Der Zündgasweg wird freigegeben und die Zündflamme kann gezündet werden, z. B. durch einen Piezozünder oder auch durch ein Streichholz.

Der Druckknopf muss so lange gehalten werden, bis an der Warmlötstelle die erforderliche Spannung entstanden ist und ein Thermostrom fließen kann, der in der Magnetspule (magnet coil) ein ausreichendes Magnetfeld erzeugt, um die Ankerplatte gegen die Federkraft anzuziehen. Das Sicherheitsventil bleibt nun geöffnet. Beim Loslassen des Druckknopfes öffnet sich das Hauptgasventil.

Erlischt die Zündflamme und die Warmlötstelle wird nicht mehr erwärmt nimmt die Stromstärke ab und damit auch die Stärke des Magnetfeldes. Das Sicherheitsventil schließt (Bild 1, nächste Seite).

> **PRAXISHINWEIS**
>
> Die Warmlötstelle eines Thermoelements liegt immer in der Zündflamme und unterliegt deshalb einem ständigen Verschleiß (wear). Sie sollte spätestens alle zwei Jahre ausgewechselt werden.
>
> Da die thermoelektrische Zündsicherung ziemlich träge ist (Öffnungszeit ca. 10 s, Schließzeit ca. 30 s), wird sie nur für Gasbrenner ohne Gebläse bis zu einer Nennwärmebelastung von 350 kW eingesetzt.

Ionisationsflammenüberwachung

Entzündetes Brenngas ist – im Gegensatz zum ungezündeten – **Strom leitend** (electrically conductive). Die im Normalzustand neutralen Gasmoleküle gehen durch die hohe Flammentemperatur in einen **elektrisch geladenen ionisierten**[1] Zustand über.

Der eine Pol einer elektrischen Wechselspannungsquelle ist mit dem Brenner verbunden, der zweite Pol ragt als **Überwachungselektrode** (monitoring electrode) in den Bereich der Flamme (Bild 2). Bei brennender Flamme werden die Gasmoleküle zwischen den beiden Elektroden elektrisch leitend (ionisiert) und es fließt ein kleiner elektrischer Strom. Bedingt durch den **Gleichrichtereffekt** (rectifying effect) der Flamme (Bild 2, nächste Seite) fließt jedoch kein Wechselstrom, sondern ein pulsierender **Gleichstrom** (direct current).

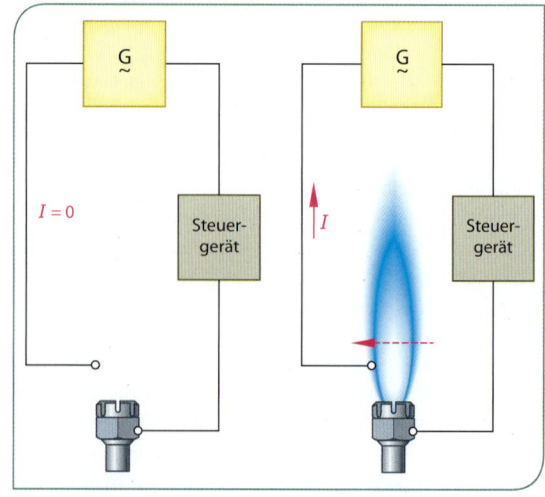

2 Ionisationsflammenüberwachung

---

[1] **Ion:** Elektrisch geladenes Teilchen, das aus elektrisch neutralen Atomen oder Molekülen durch Anlagerung oder Abgabe von Elektronen entsteht.

2 Gasbrenner

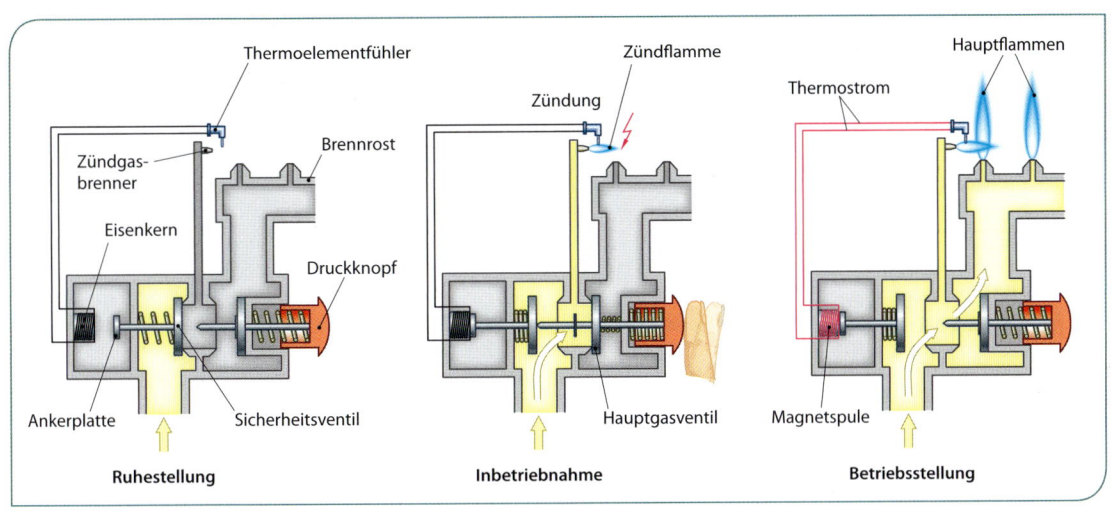

1 Betriebsstellungen einer thermoelektrischen Zündsicherung

Dies hat den Vorteil, dass ein durch Kurzschluss hervorgerufener Wechselstrom keine Flamme vortäuschen kann.
Erlischt die Flamme, wird der Stromkreis sofort unterbrochen und das Steuergerät (controller) schließt das Gasventil.

UV-Flammenüberwachung

Gasflammen erzeugen ultraviolettes Licht, das durch eine UV-Diode überwacht wird. Dies ist ein mit Gas gefüllter UV-durchlässiger Glaskolben (glass bulb), in den zwei Elektroden, die an eine Wechselspannungsquelle angeschlossen sind, hineinragen (Bild 3).
Bei gezündeter Flamme fällt UV-Licht auf die UV-Diode und das darin enthaltene Gas wird ionisiert (vgl. Ionisationsflammenüberwachung). Der dadurch fließende Strom wird verstärkt und betätigt das im Stromkreis liegende **Flammenwächterrelais**[1] (flame monitoring relay), das mithilfe des Magnetventils den Hauptgasweg öffnet.
Erlischt die Flamme, wird der Stromkreis sofort unterbrochen, das Flammenwächterrelais fällt ab und der Hauptgasweg wird gesperrt.
Auf Fremdlichtquellen und die Strahlung der glühenden Kesselwände reagiert die UV-Diode nicht.
Vorteil der UV-Diode ist ihre kurze Ansprechzeit, nachteilig sind ihr relativ hoher Preis und die beschränkte Lebensdauer von ca. 10000 Stunden.

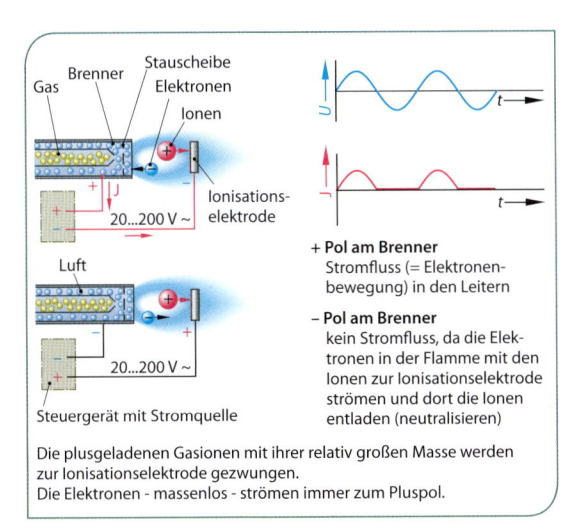

2 Gleichrichtereffekt

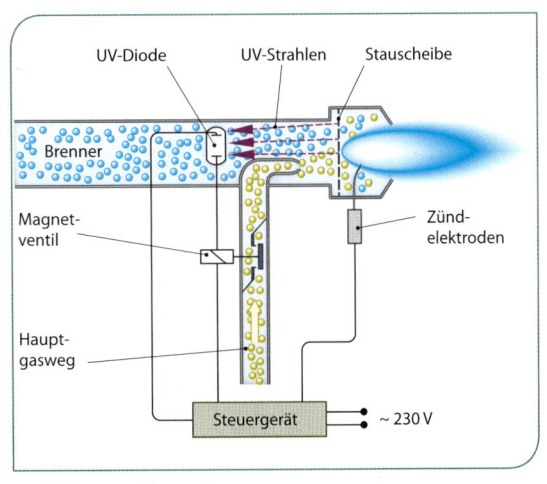

3 UV-Flammenüberwachung

---

[1] **Relais**: Elektrisches Schaltorgan, das mit geringer Steuerleistung eine relativ hohe Arbeitsleistung schalten kann.

2 Gasbrenner

2.2.3.3 Gasregelstrecke (Gasstraße)

Atmosphärische Gasbrenner müssen mit folgenden Armaturen und Einrichtungen (vgl. DIN EN 13611) ausgerüstet werden (Bild 1):

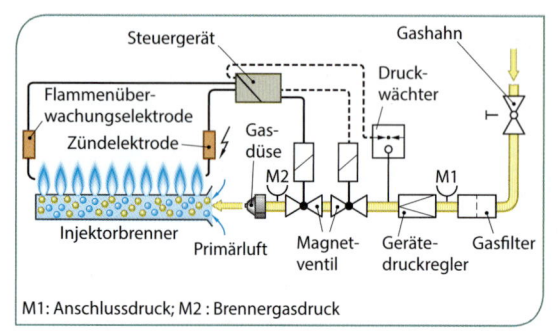

1 Gasregelstrecke

3 Gasdruckregler

- einer **handbetätigten** (hand-operated) **Absperreinrichtung**, z. B. ein Kugelhahn mit **t**hermisch auslösender **A**bsperr- **E**inrichtung (**T** (auch **TAE**) benannt; (Bild 2)),

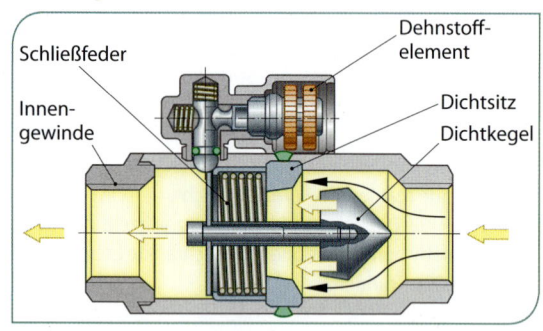

2 Thermisch auslösende Sicherung

- einem **Schmutzfänger** (dirt trap) (bei Anlagen über 350 kW Nennwärmebelastung werden Gasfilter nach DIN 3386 empfohlen),
- einem **Gasdruckregler** (pressure govenor), um Druckschwankungen auszugleichen (Bild 3).

Der Hinterdruck des Gasdruckreglers lässt sich durch eine Einstellschraube über eine verstellbare Feder einstellen, die auf eine Membran wirkt. Ist kein Vordruck vorhanden, ist das Ventil im Regler vollständig geöffnet. Wenn Gas durch das Ventil strömt, erhöht sich der Hinterdruck, der auf die Membran wirkt. Je höher der Hinterdruck ansteigt, desto mehr wölbt sich die Membran nach oben und verkleinert so die Ventilöffnung. Die Druckverluste im Ventil werden größer und die durchfließende Gasmenge wird geringer. Bei fallendem Hinterdruck öffnet die Federkraft über die Membran das Ventil wieder und eine größere Gasmenge kann durchfließen.

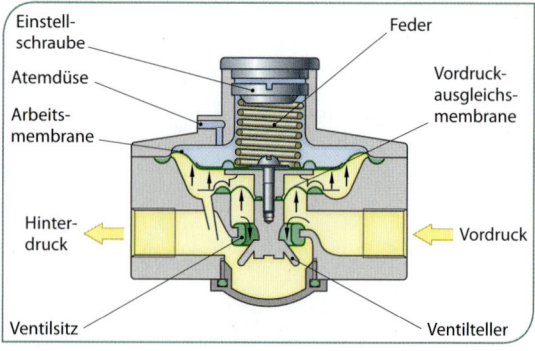

- Einem **Gasdruckwächter** (gas pressure monitoring device), der verhindert, dass der Brenner bei Unterschreiten eines Mindestvordrucks in Betrieb genommen werden kann (Bild 4).

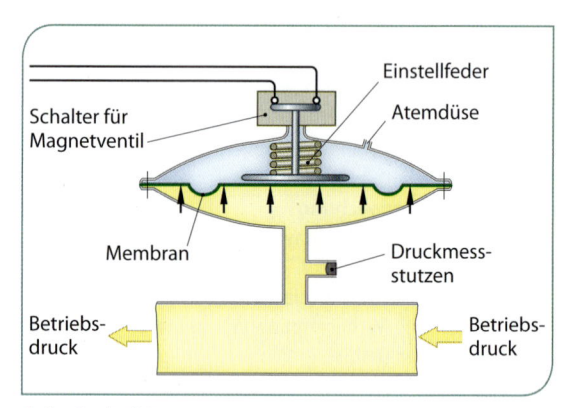

4 Gasdruckwächter

Das Funktionsprinzip des Gasdruckwächters gleicht dem des Druckreglers. Eine Membran betätigt über einen Stift einen Schalter, der die Stromzufuhr bei Unterschreiten des Mindestanschlussdrucks unterbricht und das Magnetventil (solenoid valve) schließen lässt.

- **Selbststellgliedern** als **Sicherheitsabsperrarmaturen**, die bei einem Störfall (z. B. Verlöschen der Flamme) oder bei Brennerabstellung die Gaszufuhr schnell unterbrechen. Als Absperrarmaturen werden Magnetventile (Bild 3, nächste Seite) und Motorventile (motor operated valve) verwendet. Um nicht gleich die gesamte Gasmenge zu zünden, was zu erheblichen **Druckstößen** (pressure shocks) führen könnte, werden Sicherheitsabsperrarmaturen mit gedämpftem Öffnungsvorgang empfohlen.

Bei Armaturen, die bei einer Regelabweichung schließen, wird empfohlen, dass sie ab 120 kW Nennwärmebelastung in Stufen oder gedämpft schließen, damit Druckstöße vermieden werden.

- einem **Voreinstellglied** (preset device) **für den Gasdurchfluss**, entweder kombiniert mit dem Gasdruckregler oder dem Magnetventil,
- einer **Zündeinrichtung** (vgl. Kap. 2.2.3.1),
- einer **Flammenüberwachungseinrichtung** (vgl. Kap. 2.2.3.2),
- einem **Gasfeuerungsautomaten** (automatic gas stoker), der alle Vorgänge beim Anfahren, beim Ausstellen und im Störfall automatisch steuert (vgl. Kap. 2.3.1.5),
- einer **Mindestöffnung** für den Luftzutritt,
- **Messstellen** für Anschlussdruck und Brennergasdruck (Düsendruck).

MERKE
Im kleineren Leistungsbereich werden häufig Kompakteinheiten eingebaut (Bild 1), die Sicherheitsabsperrarmatur, Gasdruckregler, Gasdruckwächter und Filter enthalten.

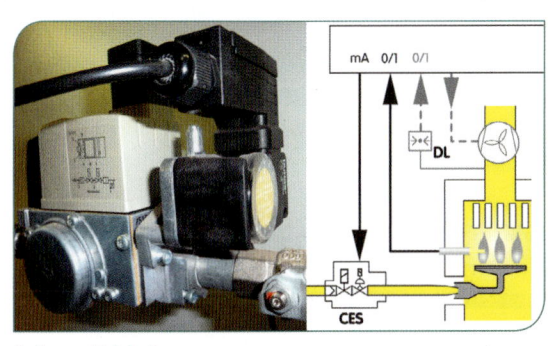

1 Kompakteinheit

2.2.3.4 Elektrische Steuer- und Regeleinrichtungen
Vollautomatisch gezündete Gasbrenner werden von einem **Gasfeuerungsautomaten** nach DIN EN 298 überwacht und gesteuert (Bild 2 und 2, nächste Seite).

2 Gasfeuerungsautomat

Er enthält als wesentliche Teile ein Schaltwerk (sequential ciruit) mit dazugehörendem Relais, das die einzelnen Schaltvorgänge steuert. Die Abfolge dieser Schaltvorgänge darf nur nach Einhaltung bestimmter Funktions- und Zeitprogramme möglich sein (Prozess- und zeitgeführte Ablaufsteuerung).

- Druckstöße im Brennraum durch den Zündvorgang müssen vermieden werden.
- Das Brenngas darf durch das Magnetventil (Bild 3) erst freigegeben werden, wenn:
  - z. B. der Abgasweg freigeschaltet ist, der Temperaturregler Wärme fordert und die vorgeschriebenen Wartezeiten eingehalten worden sind,
  - der Gasdruckwächter den Mindestgasdruck gemeldet hat,
  - die Funktionsfähigkeit der Zündeinrichtung und der Flammenüberwachung gemeldet worden ist.

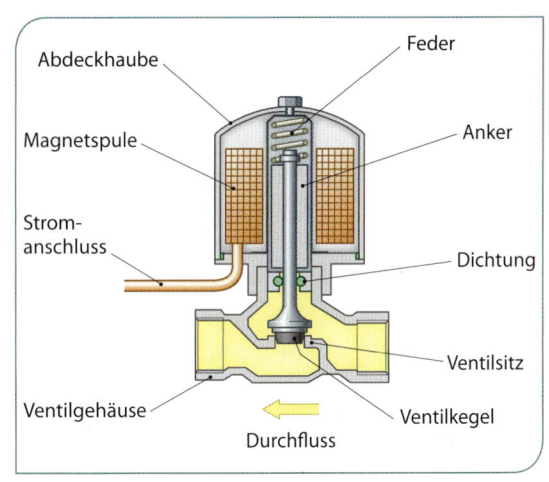

3 Magnetventil

Wird nach dem Ablauf zulässiger Sicherheitszeiten (Bild 1, nächste Seite) keine Flamme gemeldet, erfolgt eine Störabschaltung und der Brenner wird verriegelt.
Nach einer Störabschaltung (interruption of circuit) ist kein automatischer Anlauf des Brenners möglich. Die **Entriegelung** muss von Hand erfolgen. Falls die Brennerflamme eines Gasbrenners mit Gasfeuerungsautomat während des Betriebes erlischt, kann abhängig von der Brennerwärmebelastung durch einen **Wiederanzündversuch** oder durch einen **Neustart** (emergency restart) eine erneute Flammenbildung versucht werden (Bild 2, nächste Seite). Aber auch hier erfolgt eine Störabschaltung, falls sich keine Flamme bildet.

2 Gasbrenner

Brenner-Wärmebelastung bzw. Startwärmeleistung in kW	mit Gasfeuerungsautomat nach DIN EN 298				mit Zündsicherung[1] nach DIN EN 125	
	max. Sicherheitszeit		Wiederzündung	Wiederanlauf	max. zul. Öffnungszeit in s	max. zul. Schließzeit in s
	bei Anlauf in s	im Betrieb in s				
≤ 120	15[1] / 10	30[1] / 10	zulässig		15	30
> 120 … ≤ 350	15[1] / 5	30[1] / 5				
> 350	10[2] / 5	5[2] / 1	unzulässig		unzulässig	

[1] gilt für Brenner mit dauernd brennender Zünd- und Startflamme
[2] gilt für Benner mit langsam öffnendem Selbststellglied (Hauptventil)

1 Zulässige Sicherheitszeiten für Gasbrenner ohne Gebläse

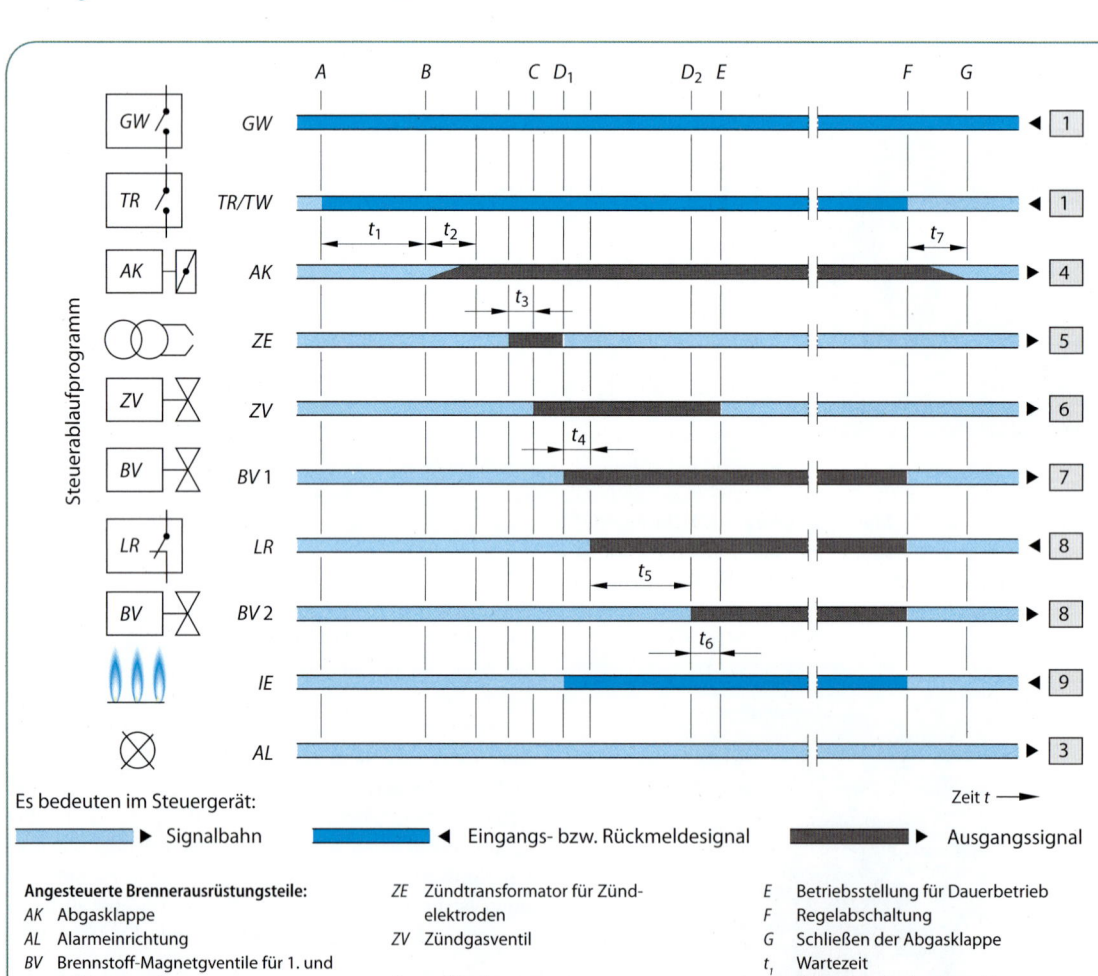

Es bedeuten im Steuergerät:
▬▶ Signalbahn ◀▬ Eingangs- bzw. Rückmeldesignal ▬▶ Ausgangssignal

Angesteuerte Brennerausrüstungsteile:
- AK Abgasklappe
- AL Alarmeinrichtung
- BV Brennstoff-Magnetventile für 1. und 2. Brennerstufe
- GW Gasdruckwächter
- HS Hauptschalter für Betriebsbereitschaft
- IE Ionisationselektrode
- LR Leistungsregler
- TR Temperaturregler
- TW Temperaturwächter
- ZD Zündflammendetektor

- ZE Zündtransformator für Zündelektroden
- ZV Zündgasventil

Steuerablaufprogramm:
- A Beginn Inbetriebnahme
- B Öffnen der Abgasklappe
- C Zündflammenbildung
- D_1 Hauptflammenbildung mit 1. Brennerstufe
- D_2 Hauptflammenerweiterung mit 2. Brennerstufe
- E Betriebsstellung für Dauerbetrieb
- F Regelabschaltung
- G Schließen der Abgasklappe
- t_1 Wartezeit
- t_2 Öffnungszeit Abgassperrklappe
- t_3 Vorzündzeit
- t_4 Sicherheitsz. 1. Brennerstufe
- t_5 Intervallzeit Übergang von 1. auf 2. Brennerstufe
- t_6 Sicherzeitsz. 2. Brennerstufe
- t_7 sicherheitsz. Abgassperrkl.

2 Steuerprogramm eines 2-Stufen-Brenners ohne Gebläse

2.2.3.5 Maßnahmen zur Verringerung von Stickoxiden und Kohlenmonoxiden

In den letzten Jahren wurden die zulässigen Schadstoffgrenzwerte (limit values for pollutants) immer mehr herabgesetzt.

Die in der ersten Verordnung zur Durchführung des Bundes-Immissionsschutzgesetzes (Verordnung über kleine und mittlere Feuerungsanlagen (1. BImSchV)) vom 26. Januar 2010 weiter verschärften **Anforderungen** verlangen nach neuen Brennertechnologien, die den neuen Anforderungen gerecht werden können.

Alle Flammenbrenner haben den großen Nachteil, dass bei hohen Flammentemperaturen (flame temperatures) über 1200 °C und unvollständiger (incomplete) Vermischung von Gas und Luft (Luftmangel) chemische Reaktionen in der Flamme zu erhöhter Stickoxid- und Kohlenmonoxidbildung führen.

Die in den letzten Jahren den Markt beherrschenden teilvormischenden atmosphärischen Gasbrenner (vgl. Kap. 2.2.1) können die erhöhten Anforderungen nur teilweise erfüllen und werden nur noch vereinzelt eingesetzt.

Folgende **Verfahren zur Verringerung von Stickoxiden und Kohlenmonoxid** werden z. B. unterschieden:

- **Flammenkühlung durch Kühlstäbe** (cooling rods) aus hitzebeständigen Metalllegierungen oder Keramik bei teilvormischenden atmosphärischen Brennern. Die Kühlstäbe leiten einen Teil der Verbrennungswärme schnell aus dem Kernbereich der Flamme ab und geben einen großen Teil der Wärme durch Strahlung an den Brennraum weiter (Bild 1).

- Schadstoffreduzierung durch **vollständige Vormischung** (premixing) der Verbrennungsluft und **Einzelflammenoptimierung** (Bild 2). Bei den vollvormischenden Brennern wird ein Gas-Verbrennungsluft-Gemisch erzeugt, das mehr Sauerstoff enthält, als theoretisch zur Verbrennung des Gases notwendig ist.

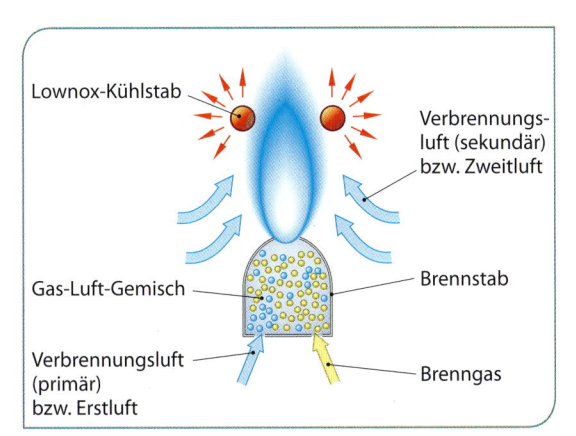

Ein solches Gemisch heißt „überstöchiometrisch"[1] (leaner than stoichiometric). Durch den großen Anteil an vorgemischter Verbrennungsluft und die Einzelflammenoptimierung bildet sich an der Brenneroberfläche ein kurzer gleichmäßiger Flammensaum, der die Verbrennungswärme schnell an die Umgebung abgibt. Die Flammentemperatur wird dadurch verringert und die entstehenden Schadstoffwerte werden niedriger.

Der hohe Anteil an Primärluft kann jedoch dazu führen, dass der Flammensaum instabil wird. Die Flammen neigen bei großer Brennerleistung zum Abheben und bei kleiner Leistung besteht die Gefahr des Flammenrückschlages (flashback) und der Überhitzung des Brenners.

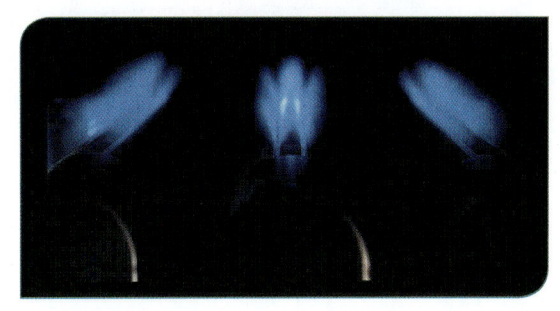

2 Einzelflammenoptimierung

Die Stabilität der Flamme kann durch Kühlung der Brenneroberfläche mithilfe **Wasser führender Edelstahlrohrschlangen** verbessert werden (Bilder 3 und 1, nächste Seite). Weiterhin kann mit dem wassergekühlten (water-cooled) Vollvormischbrenner der **Wirkungsgrad** über den gesamten Leistungsbereich konstant gehalten werden.

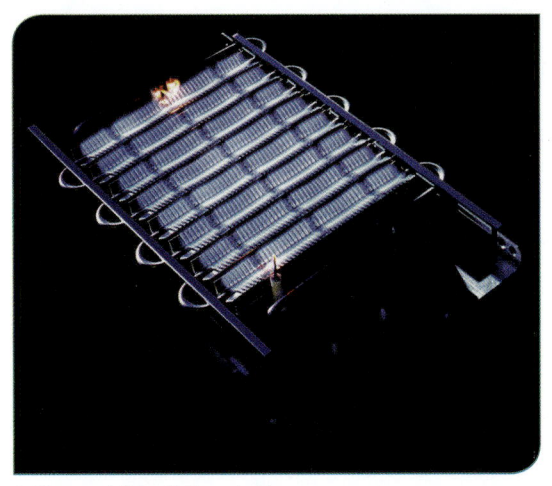

3 Wassergekühlter Vollvormischbrenner

1 Wirkweise der Kühlstäbe

---
[1] stöchiometrisch: entsprechend den in der Chemie geltenden Gesetzen zur quantitativen (mengenmäßigen) Zusammensetzung chemischer Verbindungen

2 Gasbrenner

1 Ausdehnungsgefäß
2 modullierender, wassergekühlter Vormischbrenner
3 Plattenwärmeübertrager
4 Regelung

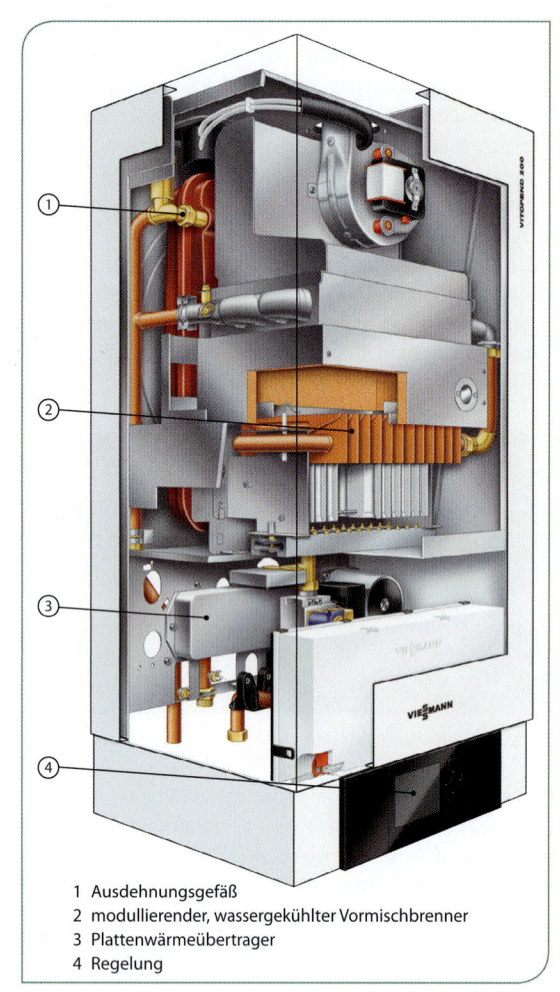

1 Gaskessel mit wassergekühltem Vormischbrenner

- Schadstoffreduzierung durch **vollvormischende Matrix-Strahlungsbrenner** (radiation burner).
Der wesentliche Teil eines Matrix-Strahlungsbrenners ist ein **halbkugelförmiges** Edelstahlgewebe, an dessen Oberfläche das Gas-Luft-Gemisch beinahe flammenlos (flameless) verbrennt. Das Gewebe wird zum Glühen gebracht und gibt einen großen Teil der Wärme durch Strahlung an die Brennraumwandung ab. Die Flammentemperatur (Verbrennungstemperatur) ist dadurch erheblich niedriger als bei herkömmlichen Brennern mit Diffusionsflamme. Das dichte Edelstahlgewebe (stainless steel mesh) verhindert das Zurückschlagen der Flamme und die Halbkugelform ermöglicht ein spannungsfreies Ausdehnen bei Erwärmung.

MERKE

Um eine möglichst schadstoffarme Verbrennung zu erreichen, sollte die Flammentemperatur unter 1200 °C liegen und die Verbrennungsluft vollständig vorgemischt werden.

2.2.3.6 Vor- und Nachteile von Gasbrennern ohne Gebläse

Gasbrenner ohne Gebläse arbeiten geräuscharm (quiet), haben nur wenige bewegte Teile und sind robust. Sie haben einen geringen Energieverbrauch und ihre Anschaffungskosten sind niedrig.
Nachteilig, besonders bei älteren Modellen (Teilvormischbrenner), sind die höheren Schadstoffemissionen von CO und NO_x gegenüber Gasgebläsebrennern und der etwas niedrigere Wirkungsgrad.
Neuere Entwicklungen (z. B. Vollvormischbrenner) gleichen die Nachteile jedoch teilweise wieder aus.

2.3 Gasgebläsebrenner

2.3.1 Aufbau eines Gasgebläsebrenners

Im Gegensatz zu den atmosphärischen Gasbrennern, bei denen die Verbrennungsluft durch Injektorwirkung und thermischen Auftrieb (vgl. Kap. 2.2) zugeführt wird, wird die Verbrennungsluft bei einem Gebläsebrenner (blower burner) durch ein **Gebläse** zugeführt.

Gebläsebrenner sind dadurch mehr gegen äußere (atmosphärische) Einwirkungen geschützt (protected) und die benötigte Verbrennungsluftmenge kann genau dosiert werden.

In Funktion und Aufbau haben Gasgebläsebrenner DIN EN 676 zu entsprechen; in der Bauart (construction) gleichen sie den Ölzerstäubungsbrennern (vgl. LF 11, Kap. 2.4).

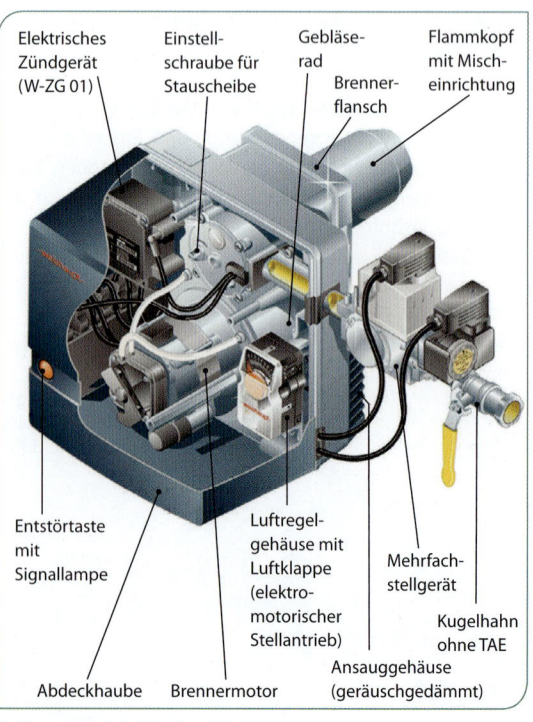

2 Gasgebläsekompaktbrenner

2 Gasbrenner

Früher wurden Gebläsebrenner nur für große Leistungen gebaut, heute aber schon für kleine Leistungen ab 3 kW.

Gasgebläsebrenner bestehen aus folgenden Hauptteilen (Bild 2, vorherige Seite):
- Brennermotor,
- Gebläserad (impeller),
- Verbrennungsluftklappe (combustion air damper) mit elektromotorischem Stellantrieb,
- Flammenkopf mit Mischeinrichtung,
- Elektronisches Zündgerät (ignition transformer),
- Zünd- und Flammenüberwachungseinrichtungen,
- Digitaler Feuerungsmanager usw.

2.3.1.1 Verbrennungsluftzuführung und -überwachung

Gebläse
Bei den im Zentralheizungsbau eingesetzten Gebläsebrennern sitzen **Brenner und Gebläse** stets in einem Gehäuse. Sie werden deshalb auch **Monoblockbrenner** (monobloc burner) genannt (Bild 1). Bei großen Industriebrennern kann das Gebläse auch getrennt vom Brenner angeordnet sein. Es gleicht einem Radialventilator. Die Laufräder (impellers) sind meist als Trommelläufer mit vorwärts gekrümmten Schaufeln ausgebildet.

Luftdruckwächter
Da die Luftzufuhr eines Gasgebläsebrenners **unabhängig** von der Gaszufuhr arbeitet, muss ein **Luftdruckwächter** eingebaut werden, der bei Luftmangel (lack of air) die Gaszufuhr unterbricht.

Verbrennungsluftklappe
Bei Stillstand der Anlage verschließt die Verbrennungsluftklappe die Luftansaugöffnung. Dies verhindert ein Auskühlen des Brennraums und verringert damit den Stillstandsverlust (standstill loss). Abhängig von Größe und Einsatzgebiet des Brenners kann durch die Verbrennungsluftklappe die Verbrennungsluftmenge eingestellt werden.

Die Verbrennungsluftklappe kann sowohl auf der Druck- als auch auf der Saugseite (inlet side) angeordnet sein; jedoch wird die Anordnung auf der Druckseite (pressure side) bevorzugt, da dies stabilere Verhältnisse gewährleistet (siehe Bild 4, Seite 188 und Bild 1, Seite 197).

Mischeinrichtung
In der Mischeinrichtung wird die Verbrennungsluft mit dem Brenngas vermischt und die Flamme stabilisiert. Um die jeweilige Flamme an die Brennraumgeometrie anpassen zu können, sind die Mischeinrichtungen immer verstellbar.

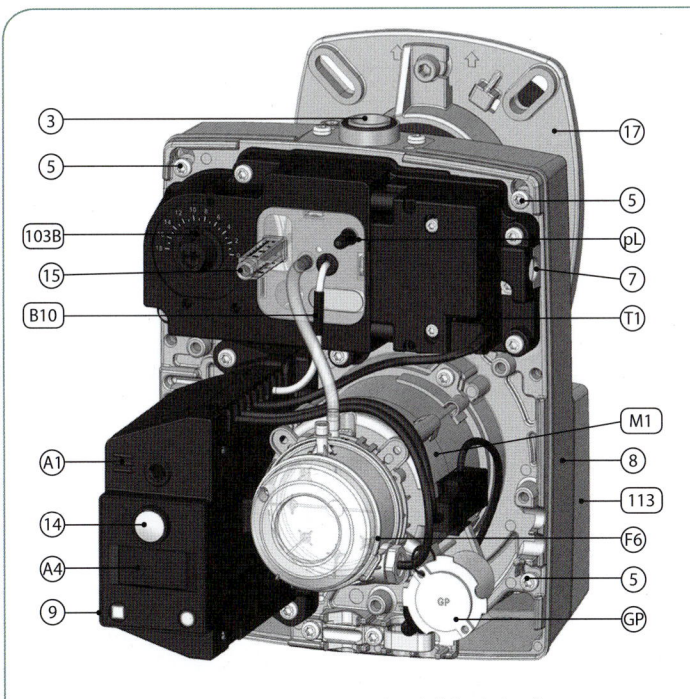

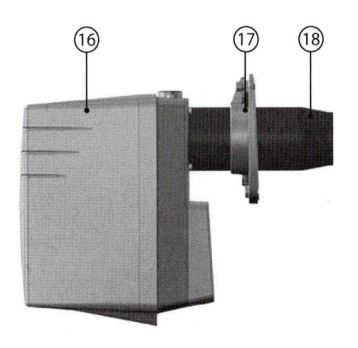

A1	Feuerungsautomat	pL	Luftdrucknippel	14	Entriegelungsknopf
A4	Display	T1	Zündtrasformator	15	Gaskopfeinstellschraube
B10	Ionisationsbrücke	3	Gasarmaturanschlussflansch	16	Abdeckhaube
F6	Luftdruckwächter	5	Befestigungsschrauben Geräteplatte	17	Brenneranschlussflansch
GP	Verschlussscheibe für Flüssiggas	7	Einhängevorrichtung (Service)	18	Brennerrohr
M1	Eletromotor	8	Gehäuse	103B	Luftregulierung
		9	Elektroanschluss (verdeckt)	113	Luftkasten

1 Gasgebläsebrenner

2 Gasbrenner

Im Gegensatz zu Ölbrennern hat sich bei Gasbrennern noch keine einheitliche Konstruktion der Mischeinrichtung durchsetzen können. Übliche Konstruktionen sind in Bild 2 dargestellt. Beim **Kreuzstromprinzip** werden Luft und Gas in einem bestimmten Winkel miteinander vermischt, beim **Parallelstromprinzip** treffen Luft und Gas in parallelen Strömungen aufeinander. Durch eine **Stauscheibe** (Bild 1) mit verschiedenartig geformten Öffnungen wird das Gas-Luft-Gemisch zusätzlich in eine Drallbewegung versetzt.

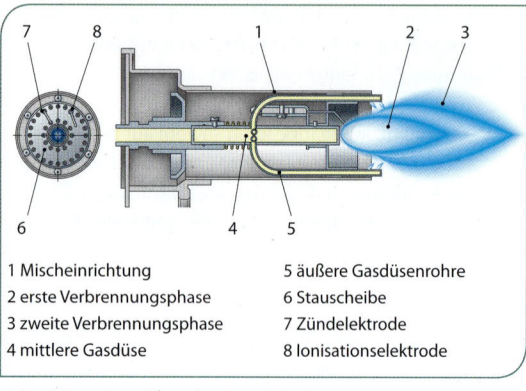

1 Mischeinrichtung
2 erste Verbrennungsphase
3 zweite Verbrennungsphase
4 mittlere Gasdüse
5 äußere Gasdüsenrohre
6 Stauscheibe
7 Zündelektrode
8 Ionisationselektrode

1 Funktionsdarstellung des Gasgebläsebrenners

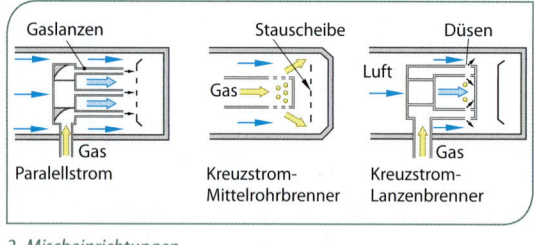

2 Mischeinrichtungen

2.3.1.2 Zündeinrichtungen
Vgl. hierzu Kap. 2.2.3.1 Zündeinrichtungen.

2.3.1.3 Flammenüberwachungseinrichtungen
Zur Flammenüberwachung eines Gasgebläsebrenners werden:
- **UV-Dioden**,
- **Ionisationsstrom-Überwachungseinrichtungen**
- (vgl. Kap. 2.2.3.2 Ionisationsflammenüberwachung; UV-Flammenüberwachung)
- und **Infrarot-Flammenfrequenzüberwachung** (infrared frequency monitoring) (vgl. LF 11, Kap. 2.4.1) eingesetzt.

2.3.1.4 Gasregelstrecke
(Gasstraße Bild 3; vgl. Kap. 2.2.3.3)
Nach DIN EN 676 müssen Gasbrenner mit Gebläse mindestens mit folgenden Armaturen und Einrichtungen ausgerüstet sein:
- **Gasabsperrhahn** (gas cock) (vgl. Kap. 2.2.3.3),
- **Gasdruckmesser** (gas pressure gauge) oder **Gasdruckmessstutzen** zur Überprüfung von Einstell- und Anschlussdruck,
- **Gasfilter** oder **Sieb** vor der ersten Sicherheitsabsperreinrichtung. Eine Prüfnadel mit Ø 1 mm darf das Maschengitter des Siebes nicht durchdringen.
- **Gasdruckregler** (vgl. Kap. 2.2.3.3), für Drücke bis 200 mbar nach DIN EN 88,
- **Gasdruckwächter** (vgl. Kap. 2.2.3.3) sie müssen DIN EN 1854 entsprechen,
- **Sicherheitsabsperreinrichtungen** (vgl. Kap. 2.2.3.3) Alle Gasgebläsebrenner müssen mit zwei in Reihe geschalteten Sicherheitsabsperrventilen (safety stop valve) nach DIN EN 161 ausgerüstet sein.
- **Zündeinrichtung** (vgl. Kap. 2.2.3.1),
- **Flammenüberwachungseinrichtung** (vgl. Kap. 2.2.3.2),
- **Feuerungsautomat** (vgl. Kap. 2.2.3.4).

Der Feuerungsautomat besteht mindestens aus einem Steuergerät und einer Flammenüberwachungseinrichtung. Bild 4 zeigt, welche Geräte mit dem Feuerungsautomaten verbunden werden müssen, damit die Flamme gezündet und überwacht werden kann.

Darüber hinaus überwacht diese Anlage die Kesseltemperatur. Feuerungsautomaten müssen DIN EN 298 entsprechen und für jede Leistungsstufe eines Brenners eingesetzt werden können.

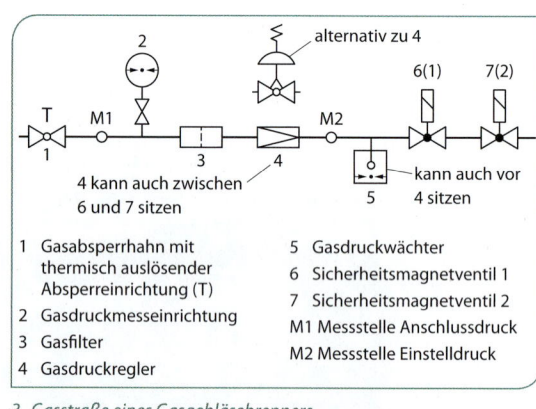

1 Gasabsperrhahn mit thermisch auslösender Absperreinrichtung (T)
2 Gasdruckmesseinrichtung
3 Gasfilter
4 Gasdruckregler
5 Gasdruckwächter
6 Sicherheitsmagnetventil 1
7 Sicherheitsmagnetventil 2
M1 Messstelle Anschlussdruck
M2 Messstelle Einstelldruck

3 Gasstraße eines Gasgebläsebrenners

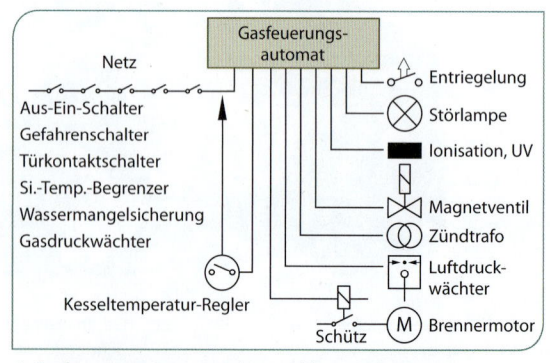

4 Gasfeuerungsautomat und angeschlossene Geräte

> **MERKE**
>
> Die Armaturen von Gasgebläsebrennern entsprechen den Armaturen von Gasbrennern ohne Gebläse.

2 Gasbrenner

2.3.1.5 Elektrische Steuer- und Regeleinrichtungen
(vgl. hierzu Kap. 2.2.3.4 Elektrische Steuer- und Regeleinrichtungen)

Aufgrund der kurzen Sicherheitszeiten von maximal 5 s (Bild 2) werden heute alle Gasgebläsebrenner mit **Feuerungsautomaten** ausgerüstet (Bild 3). Bei großen und zunehmend auch bei kleinen Leistungen werden **elektronische** und **mikroprozessorgesteuerte** Automaten eingesetzt.

> **MERKE**
>
> Steuergeräte sind Sicherheitsgeräte und sollen nicht geöffnet werden, da unbefugte Eingriffe schwerwiegende Folgen haben können.

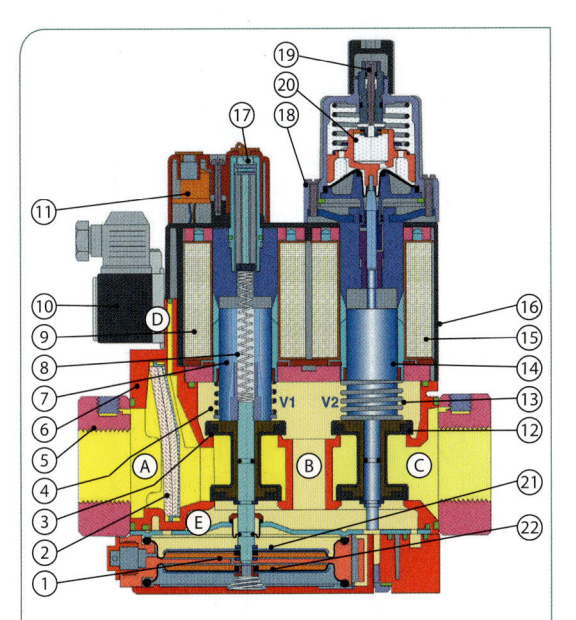

1 Druckregelteil
2 Feinfilter
3 Ventil 1
4 Schließfeder V1
5 Anschlussflansch
6 Gehäuse
7 Anker V1
8 Regelfeder
9 Magnet V1
10 Gasdruckwächter
11 Elektroanschluss
12 Ventil V2
13 Schließfeder V2
14 Anker V2
15 Magnet V2
16 Magnetgehäuse

Einstellung:
17 – Gasdruck p_a
18 – Hauptmenge
19 – Schnellhub
20 Hydraulikbremse
21 Arbeitsmembrane
22 Kompensationsmembrane

1 Kompaktarmatur

> **MERKE**
>
> Für kleinere Leistungen werden bei Gasgebläsebrennern – wie bei Gasbrennern ohne Gebläse – Kompaktarmaturen (Bild 1) eingesetzt, die alle erforderlichen Bauteile (z. B. Druckwächter, Druckregler, Filter und Sicherheitsabsperrventile) beinhalten.

3 Steuergerät für Feuerungsautomaten

Hauptbrenner	Direkte Zündung des Hauptbrenners bei voller Leistung		Direkte Zündung des Hauptbrenners bei verringerter Leistung		Direkte Zündung des Hauptbrenners bei verringerter Leistung mit unabhängiger Startgasversorgung		Zündung des Hauptbrenners durch einen unabhängigen Zündbrenner			
							Zündung des Zündbrenners		Zündung des Hauptbrenners	
Leistung Φ_{NL} in kW	Leistung Φ_{NL} in kW	Sicherheitszeit t_s in s	Leistung Φ_{NL} in kW	Sicherheitszeit t_s in s	Leistung Φ_{NL} in kW	1. Sicherheitszeit t_s in s	Leistung Φ_{NL} in kW	1. Sicherheitszeit t_s in s	Leistung Φ_{NL} in kW	2. Sicherheitszeit t_s in s
≤ 70	Φ_{NL}	5	Φ_{NL}	5	Φ_{NL}	5	≤ 0,1 Φ_{NL}	5	Φ_{NL}	5
> 70 ≤ 120	Φ_{NL}	3	Φ_{NL}	3	Φ_{NL}	3	≤ 0,1 Φ_{NL}	5	Φ_{NL}	3
> 120	nicht zulässig		120 kW oder $t_s \cdot \Phi_s \leq 100$ (max. t_s = 3 s)		120 kW oder $t_s \cdot \Phi_s \leq 100$ (max. t_s = 3 s)		≤ 0,1 Φ_{NL}	3	120 kW oder $t_s \cdot \Phi_s \leq 150$ (max. t_s = 5 s)	

Φ_{NL}: maximale Wärmeleistung des Brenners in kW
Φ_s: maximale Startwärmeleistung, ausgedrückt in Prozent von Φ_{NL}
t_s: Sicherheitszeit in Sekunden

2 Sicherheitszeiten und maximale Startwärmeleistung nach DIN EN 676

2 Gasbrenner

Übersicht eines Programmablaufs

Bei Wärmeanforderung des Reglers erhält der Gebläsemotor Spannung (vorausgesetzt der Luftdruckwächter hat ordnungsgemäße Funktion gemeldet). Nach Ablauf der Vorspülzeit (VSZ) werden die Zündung und das Startventil zugeschaltet. Die Zündung schaltet sofort bei Flammenmeldung ab. Bildet sich innerhalb der Sicherheitszeit von **5 s** (SZA) keine Flamme, erfolgt Störverriegelung. Der Programmablauf wird blockiert, wenn bei Regler-Einschalten der Brenner ohne Flammenbildung anläuft. Bei Flammenausfall während des Betriebes wird das Gasventil innerhalb **1 s** (SZB) abgeschaltet. Bei Regel- oder Störabschaltung spült das Gebläse **15 s** nach (Bild 1).

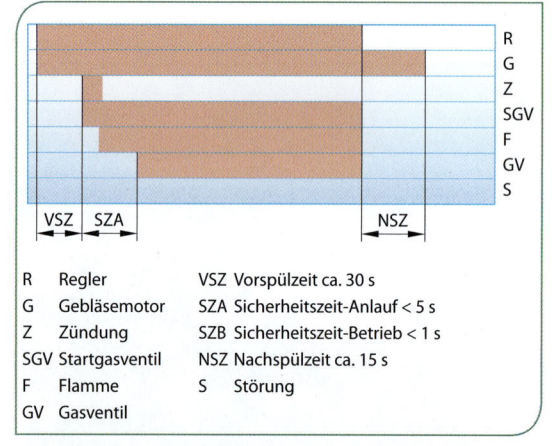

R	Regler
G	Gebläsemotor
Z	Zündung
SGV	Startgasventil
F	Flamme
GV	Gasventil
VSZ	Vorspülzeit ca. 30 s
SZA	Sicherheitszeit-Anlauf < 5 s
SZB	Sicherheitszeit-Betrieb < 1 s
NSZ	Nachspülzeit ca. 15 s
S	Störung

1 Steuerprogramm eines Gebläsebrenners

Der Programmablauf ist bei manchen Feuerungsautomaten auf einer kleinen Scheibe mit farbigen Segmenten abzulesen (Bild 2). Bei einer Störabschaltung bleibt die Scheibe in einer bestimmten Stellung stehen und anhand der farbigen Segmente können Rückschlüsse auf die Art der Störung gezogen werden.

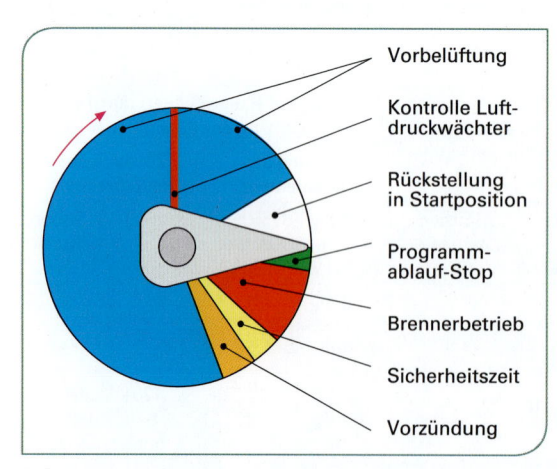

2 Programmanzeige eines Steuergeräts

Bei zweistufigen oder modulierenden Gasbrennern müssen Brenngasmenge und Verbrennungsluft im **Verbund** (interconnected) geregelt werden. Die Regelung muss so ausgeführt werden, dass sich im Falle eines Fehlers ein höherer Luftüberschuss ergibt oder eine Sicherheitsabschaltung erfolgt. Die Verbundregelung kann elektronisch oder mechanisch erfolgen. Bei der **elektronischen Regelung** sorgen zwei in Reihe geschaltete Elektromotoren für die Einstellung von Verbrennungsluft und Brenngasmenge (Bild 3).

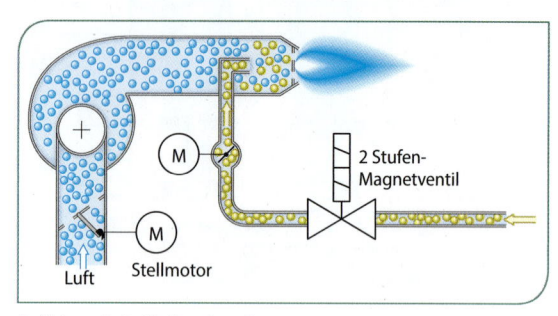

3 Elektronische Verbundregelung

Bei der **mechanischen Verbundregelung** (coupled control) (Bild 4) ist die Luftmengeneinstellung durch ein Gestänge mit der Gasmengeneinstellung verbunden. Das Gestänge wirkt über eine verstellbare Kurvenscheibe, die durch einen Elektromotor angetrieben wird, auf die Einstellklappen für Brenngas und Verbrennungsluft.

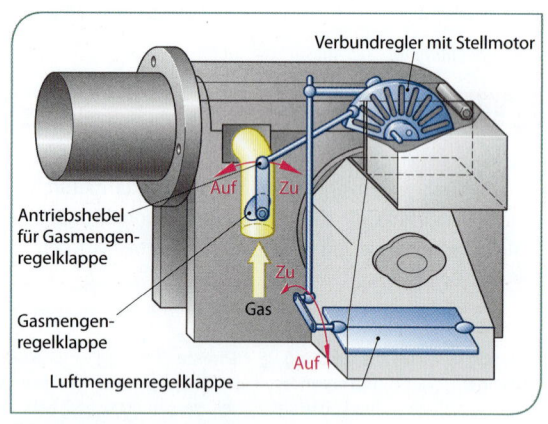

4 Mechanische Verbundregelung

Neuere Entwicklungen versuchen, durch die Messung von Restsauerstoff (residual oxygen) im Abgas und durch den Einsatz einer Sauerstoff-Regelung (oxygen control) (Bild 1, nächste Seite) den Luftüberschuss so niedrig wie möglich zu halten. Die verwendete Messsonde (λ-Sonde) hat keine beweglichen Teile und muss nicht gewartet werden, jedoch hat sie eine begrenzte Lebensdauer.

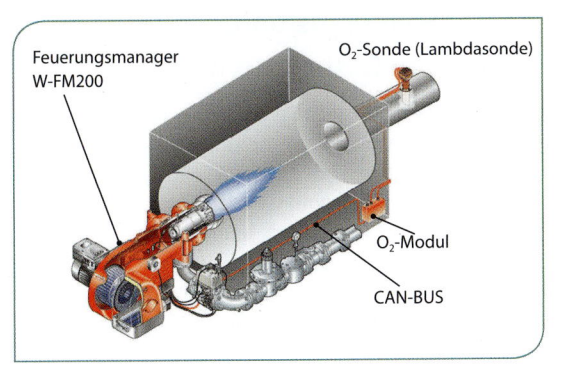

2 Gasbrenner

1 Sauerstoff-Regelung

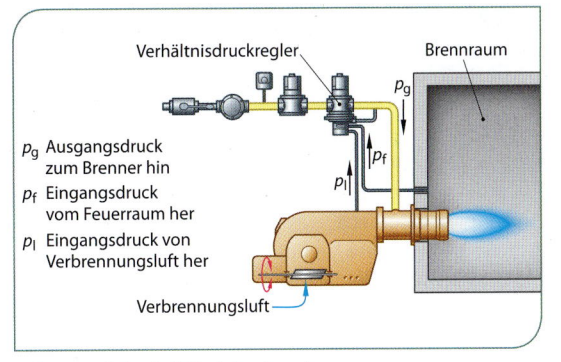

2 Pneumatische Verhältnisdruckregelung

p_g Ausgangsdruck zum Brenner hin
p_f Eingangsdruck vom Feuerraum her
p_l Eingangsdruck von Verbrennungsluft her

Eine weitere neuere Entwicklung ist die stufenlose, **pneumatisch** wirkende **Verhältnisregelung** (ratio control) (Bild 2) von Brenngas und Verbrennungsluft. Der Verbrennungsluftdruck in der Mischeinrichtung ist hierbei die Führungsgröße. Eine Änderung des Verbrennungsluftdrucks bewirkt eine Verstellung des Verhältnisdruckreglers. Die Regelung erfolgt nahezu verzögerungsfrei (instantaneous). Als Korrekturgröße ist der Feuerraumdruck p_f an den Verhältnisregler angeschlossen.

Durch die Gasgemischregelung nach dem **SCOT-System**[1] (Bild 3) wird die Leistungsfähigkeit moderner Gasgeräte weiter verbessert. Untersuchungen haben gezeigt, dass es einen eindeutigen Zusammenhang zwischen **Ionisationssignal** und **Luftzahl** gibt. Durch diese Gasgemischregelung kann das Gasgerät bei allen Gasen einer Gasfamilie in allen Leistungsbereichen mit einer optimalen Luftzahl und somit auch mit optimalen Verbrennungswerten betrieben werden. Im Vergleich zur pneumatischen Gas-Luft-Verbundregelung lässt sich die Gebläsedrehzahl (blower fan speed) erheblich verringern, was sich sehr positiv auf die Geräuschemission auswirkt. SCOT-Systeme kalibrieren sich automatisch, d.h., sie passen sich automatisch an die Aufstellbedingungen an und gewährleisten damit eine hohe Sicherheit.

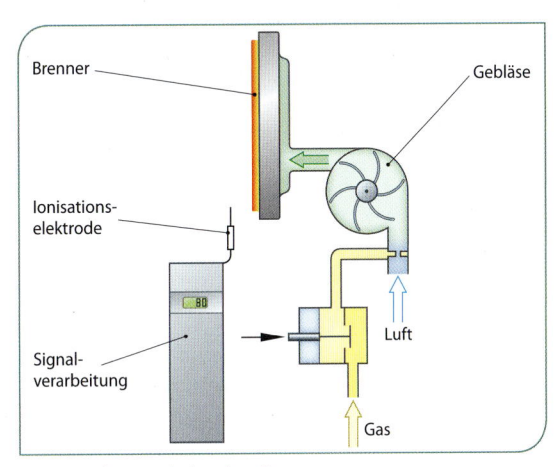

3 O_2-Regelung nach dem Scot-System

Feuerungs-Manager

Mikroprozessorgesteuerte[2] Feuerungs-Manager (firing manager) (Bild 4) stellen derzeit die neueste Entwicklung (development) auf dem Gebiet der Brennertechnik dar.

Alle Brennerfunktionen werden von einem Mikroprozessor überwacht und gesteuert. Der Feuerungs-Manager kann gleichermaßen für Öl- und Gasbrenner verwendet werden und er erkennt automatisch, um welchen Brennertyp es sich handelt. Auf einem LC-Display[3] können verschiedene Daten wie z.B. Betriebsart, Betriebszeit, Luftklappenstellung oder auch Fehler angezeigt und abgerufen werden.

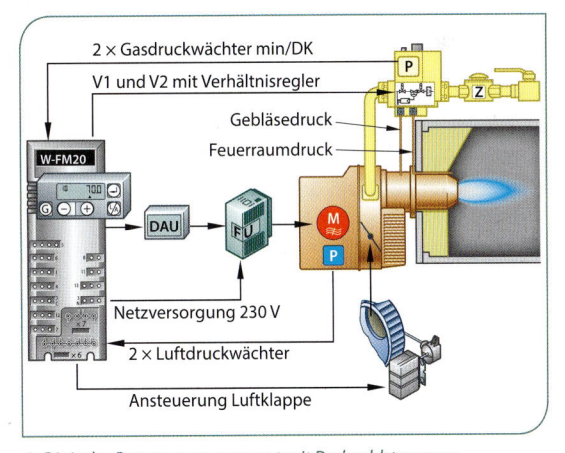

4 Digitales Brennermanagement mit Drehzahlsteuerung

Bei **Brennern mit Drehzahlfunktion** kann die Gebläsedrehzahl (Motordrehzahl) verändert werden. Durch die Gebläsedrehzahl wird die Luftmenge über den Gebläsedruck (fan pressure) vorgegeben. Die erforderliche Gasmenge wird vom Gas-Luft-Verhältnisregler in Abhängigkeit vom Gebläsedruck bestimmt. Durch diese Technologie kann elektrische Energie eingespart und die Geräuschemission des Brenners minimiert werden.

---

[1] SCOT: **S**ystem **C**ontrol **T**echnology
[2] Mikroprozessor: Zentraleinheit eines Kleincomputers in Form eines Chips
[3] LC-Display: **L**iquid **C**rystal **D**isplay (Flüssigkristallanzeige)

Lernfeld 10

2 Gasbrenner

2.3.1.6 Maßnahmen zur Verringerung von Stickoxiden und Kohlenmonoxiden

Bei Gasgebläsebrennern werden zur Verringerung von Stickoxiden folgende Prinzipien unterschieden:

- Schadstoffreduzierung durch **Abgasrezirkulation** (exhaust gas recirculation) (Bild 1). Durch die Beimischung von Abgas in die Brennerflamme wird die Flammentemperatur herabgesetzt, was zu einer NO_x-Reduzierung bis zu 60 % führt. Diese Methode ist bei Gasgebläsebrennern **Stand der Technik** (state-of-the-art).

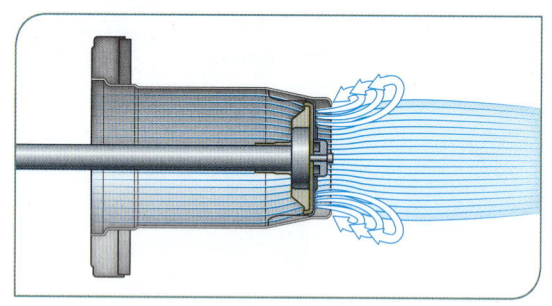

1 Abgasrezirkulation

- Schadstoffreduzierung durch **stufenweise Verbrennung** des Brenngases.
Bei der stufenweisen (gradual) Verbrennung von Gasen wird in der **1. Verbrennungsstufe** über die **mittlere Gasdüse** ein **Teil** des Brenngases mit der gesamten Verbrennungsluft gemischt und dann gezündet. Kurz darauf wird in der **2. Verbrennungsstufe** durch die äußeren **Gasdüsen** der **verbleibende Rest** des Brenngases beigemischt und vollständig verbrannt. Der hohe Verbrennungsluftanteil in der 1. Verbrennungsstufe senkt die Flammentemperatur erheblich.

2.3.1.7 Vor- und Nachteile von Gasgebläsebrennern

Gasgebläsebrenner sind nur wenig vom **Schornsteinzug** (chimney draught) abhängig, da ihnen die erforderliche Verbrennungsluft durch ein Gebläse zugeführt wird. Der Luftüberschuss kann dadurch klein gehalten werden, was den **Wirkungsgrad** erhöht.

Nachteilig sind allerdings die Geräuschentwicklung des Gebläses und der relativ hohe Verbrauch an elektrischer Energie. Außerdem sind Gebläsebrenner im Vergleich zu atmosphärischen Gasbrennern störanfälliger.

> **MERKE**
>
> Jeder konventionelle Heizkessel, der mit einem Gasgebläsebrenner betrieben werden kann, ist auch für einen Ölgebläsebrenner geeignet.

2.4 Sonderausführungen von Gasbrennern

Ein großer Teil der fossilen Brennstoffe wird in der Bundesrepublik Deutschland in den **Heizungsanlagen** verbrannt. Die hierbei entstehenden Stickoxide (NO_x) sind nach den wissenschaftlichen Erkenntnissen der letzten zehn Jahre der Luftverschmutzer (air pollutant) Nummer eins.

Ein gesteigertes Umweltbewusstsein und die Verschärfung der Bundes-Immissionsschutz-Verordnung (1. BImSchV) (vgl. Kap. 2.2.3.5) führten zur Entwicklung neuer emissionsarmer Gasbrenner. Wie Bild 2 zeigt, entsprechen Strahlungsbrenner (radiation burners) und katalytische Brenner (catalytic burners) den Forderungen nach möglichst geringen Stickoxidwerten am besten.

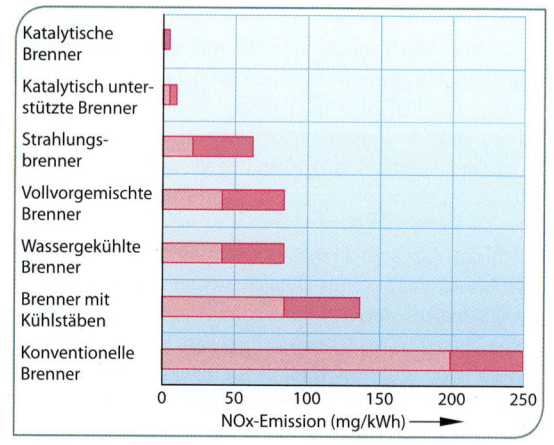

2 Stickoxidemissionen verschiedener Brennertypen

2.4.1 Strahlungsflächenbrenner

Strahlungsflächenbrenner (radiation surface burners) (Vormischbrenner) benötigen keine Sekundärluft. Die gesamte zur Verbrennung notwendige Luftmenge wird vorgemischt (vgl. Kap. 2.3.1.7). Im Vergleich zu den herkömmlichen Gasgebläsebrennern (Düsenbrenner) arbeitet ein Strahlungsbrenner mit wesentlich **niedrigeren Strömungsgeschwindigkeiten**. Das Gas-Luft-Gemisch wird gleichmäßig über die gesamte Breneroberfläche verteilt. Es bildet sich ein **Flammenteppich** aus sehr vielen kleinen Flammen, der den Brenner sehr stark erwärmt und zum **Glühen** bringt. Überwiegend durch Strahlung wird die Wärmeenergie an einen **Wärmeübertrager** (heat exchanger) abgegeben.

Hierdurch kann die Flammentemperatur gesenkt werden und es lassen sich sehr niedrige NO_x- und CO-Werte erreichen. Aufgrund der niedrigen Strömungsgeschwindigkeit und der Konstruktion des Brenners arbeiten Flächenbrenner nahezu **geräuschlos**. Besonders bei modulierendem Betrieb ist die Gefahr einer **Rückzündung** (reignition) jedoch relativ groß, da hierbei die Strömungsgeschwindigkeiten noch weiter herabgesetzt werden. Diese Brenner müssen deshalb mit einer **Rückschlagsicherung** (return prevention) (Bild 1, nächste Seite) ausgestattet werden.

2 Gasbrenner

Neben der plattenförmigen Gestaltung der Brenneroberfläche (Bild 2) werden auch gewölbte, halbkugelförmige (hemispherical) (Bild 3) und zylindrische (Bild 4) Brenneroberflächen (Reaktionskörper) gefertigt.

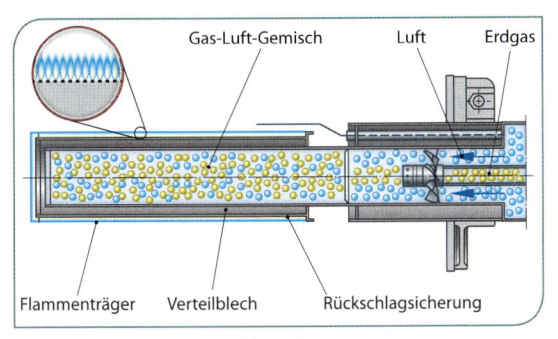

1 Flächenbrenner mit Rückschlagsicherung

2 Keramikflächenbrenner

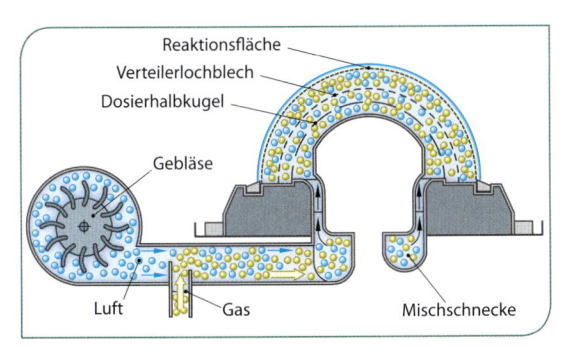

3 Matrix-Strahlungsbrenner

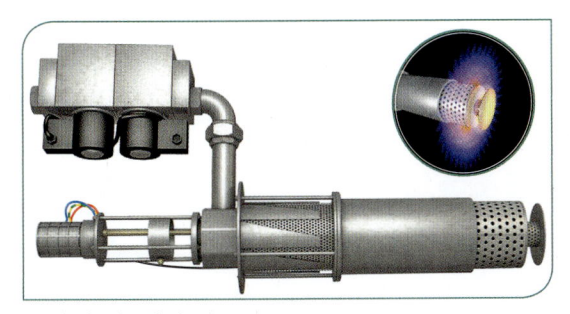

4 Zylindrischer Flächenbrenner

2.4.2 Katalytische Brenner

Das Prinzip der katalytischen[1] Verbrennung wurde bereits im 19. Jahrhundert von H. DAVY[2] entdeckt. Er wies nach, dass an der Oberfläche von platinbeschichteten (platinium-coated) Drähten eine flammenlose (flameless) Verbrennung (Oxidation) stattfindet, ohne dass sich der Katalysator (hier Platin) dabei verbraucht.
Es werden zwei katalytische Brennertypen unterschieden:
- Brenner mit katalytischer Unterstützung (support) (Bild 5),
- reine katalytische Brenner (Bild 1, nächste Seite).

5 Katalytisch unterstützter Strahlungsbrenner

> **MERKE**
>
> Mit rein katalytischen Gasbrennern können die Stickoxidemissionen theoretisch auf Null gesenkt werden.

Als **Trägermaterial** (carrier material) für die katalytische Beschichtung (z. B. Platin oder Palladium) kommen nur **hochtemperaturbeständige** Werkstoffe wie **Keramik** oder **Metall** in Frage. Metallische Werkstoffe heizen sich schneller auf als keramische und sind deshalb für den intermittierenden (zeitweilig aussetzenden) Betrieb eines Brenners besonders gut geeignet. Die Betriebstemperatur des Katalysators wird schnell erreicht und die Verringerung von Stickoxidemissionen sehr schnell gewährleistet.
Bei **katalytisch unterstützten** Gasbrennern wird nur ein Teil des Gas-Luft-Gemisches **ohne Flamme** verbrannt (oxidiert) und der Rest mit Flamme. Diese Brenner können deshalb durch eine **Ionisationselektrode** (vgl. Kap. 2.2.3.2) überwacht werden.
Rein katalytisch arbeitende Gasbrenner brennen **völlig ohne Flamme**. Da folglich kein Ionisationsstrom (ionization current) messbar ist, können diese Brenner auch nicht mit Ionisationselektroden überwacht werden.
Bisher besteht noch keine Vorschrift, die die Überwachung eines solchen Systems festlegt.

---
[1] Katalysator: Ein Stoff, der auch in sehr kleinen Mengen die Geschwindigkeit einer chemischen Reaktion (Katalyse) verändert, ohne dass er dabei selbst verbraucht wird.
[2] DAVY, SIR HUMPHRY, 1778 – 1829, britischer Chemiker

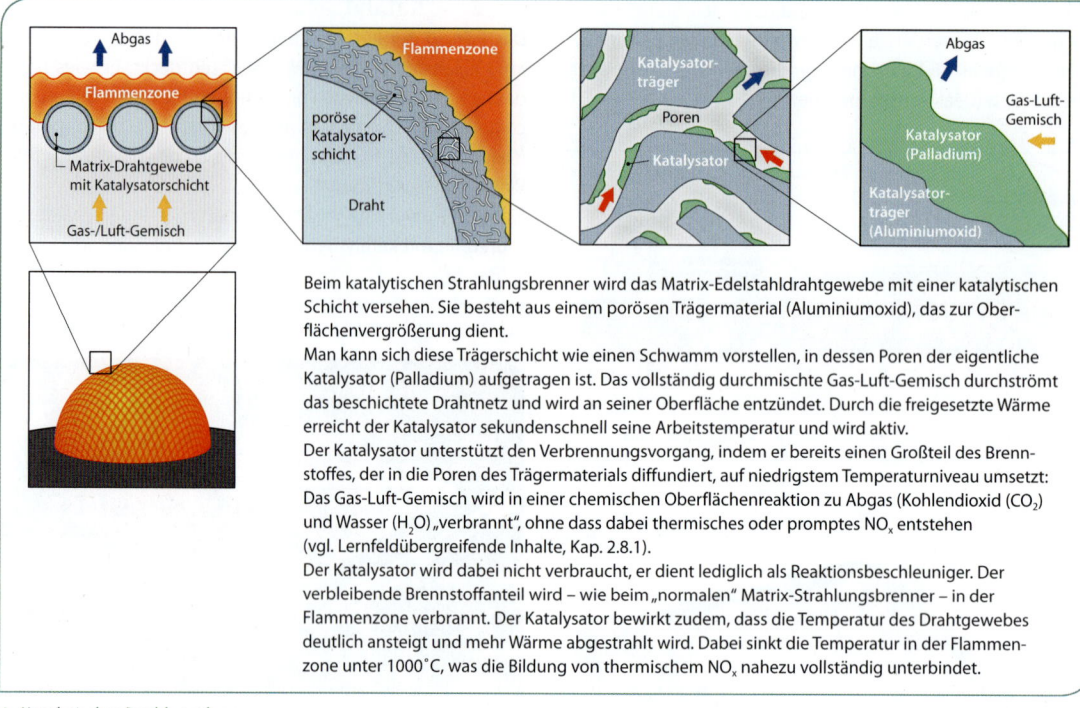

2 Gasbrenner

Beim katalytischen Strahlungsbrenner wird das Matrix-Edelstahldrahtgewebe mit einer katalytischen Schicht versehen. Sie besteht aus einem porösen Trägermaterial (Aluminiumoxid), das zur Oberflächenvergrößerung dient.

Man kann sich diese Trägerschicht wie einen Schwamm vorstellen, in dessen Poren der eigentliche Katalysator (Palladium) aufgetragen ist. Das vollständig durchmischte Gas-Luft-Gemisch durchströmt das beschichtete Drahtnetz und wird an seiner Oberfläche entzündet. Durch die freigesetzte Wärme erreicht der Katalysator sekundenschnell seine Arbeitstemperatur und wird aktiv.

Der Katalysator unterstützt den Verbrennungsvorgang, indem er bereits einen Großteil des Brennstoffes, der in die Poren des Trägermaterials diffundiert, auf niedrigstem Temperaturniveau umsetzt: Das Gas-Luft-Gemisch wird in einer chemischen Oberflächenreaktion zu Abgas (Kohlendioxid (CO_2) und Wasser (H_2O) „verbrannt", ohne dass dabei thermisches oder promptes NO_x entstehen (vgl. Lernfeldübergreifende Inhalte, Kap. 2.8.1).

Der Katalysator wird dabei nicht verbraucht, er dient lediglich als Reaktionsbeschleuniger. Der verbleibende Brennstoffanteil wird – wie beim „normalen" Matrix-Strahlungsbrenner – in der Flammenzone verbrannt. Der Katalysator bewirkt zudem, dass die Temperatur des Drahtgewebes deutlich ansteigt und mehr Wärme abgestrahlt wird. Dabei sinkt die Temperatur in der Flammenzone unter 1000 °C, was die Bildung von thermischem NO_x nahezu vollständig unterbindet.

1 Katalytischer Strahlungsbrenner

2.5 Einstellung und Inbetriebnahme von Gasbrennern

Einstellung (adjustment) und Inbetriebnahme (putting into operation) von Gasbrennern dürfen nur von **qualifiziertem Fachpersonal** durchgeführt werden. Fehler gefährden Menschenleben und können große Sachschäden verursachen. Die **Bedienungsanleitungen** der Hersteller und die **Vorschriften** des Gasversorgungsunternehmens (GVU) sind zu beachten.

Alle Gasgeräte werden vom Hersteller **voreingestellt**. Bei der Erstinbetriebnahme muss jedoch kontrolliert werden, ob das Gerät der örtlichen **Gasfamilie/Gasgruppe** (vgl. Kap. 1.2) entspricht und die Gaseinstellung auf die erforderliche **Wärmebelastung/Wärmeleistung** abgestimmt ist.

Die Überlastung (overload) eines Brenners durch zu viel Brennstoff führt zu Ruß- und CO-Bildung. Die Unterlastung (low-load) durch zu wenig Brennstoff verringert die Geräteleistung und den Wirkungsgrad. Die Leistungsdaten sind dem Kesseltypenschild zu entnehmen (Bild 2).

Nach der Einstellung muss der **Geräteanschlussdruck** (gas supply pressure) überprüft werden, da sich dieser durch die Einstellung ändern kann. Dieser richtet sich nach der jeweiligen Gasfamilie.

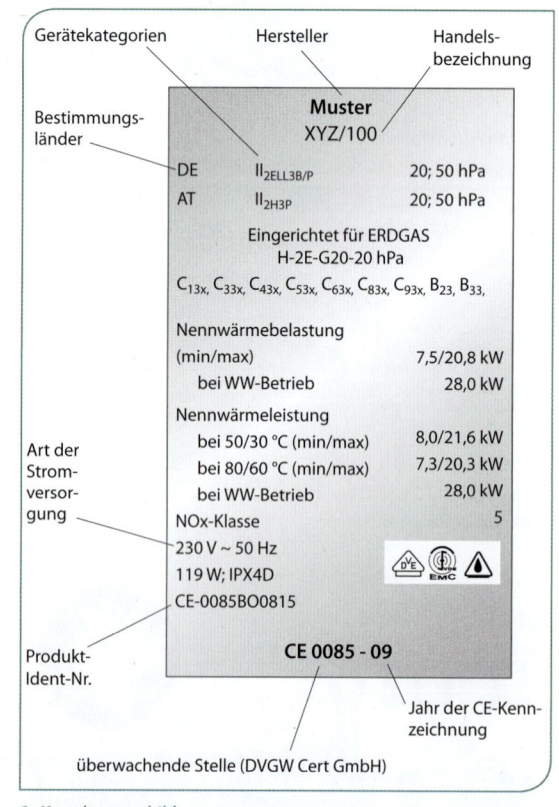

2 Kesseltypenschild

2 Gasbrenner

> **MERKE**
>
> Der Geräteanschlussdruck ist der Druck des strömenden Gases am Eingang einer Kompaktarmatur (Bild 1).

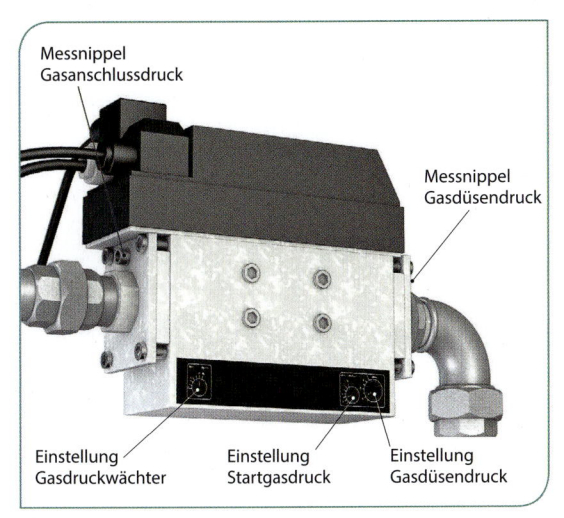

1 Gasbrennerarmatur

Für den **Haushaltsbereich** gelten folgende Gasanschlussdrücke:
- **Erdgas** (natural gas) 17 … 25 hPa

> **MERKE**
>
> Gasgeräte ab dem Baujahr 1997/1998 werden nach DIN EN 437 bei Anschlussdrücken von 17 … 25 hPa und einer werksseitigen Geräteeinstellung mit einer Nennwärmebelastung von 100 % betrieben.

Bei Drücken < 17 hPa und > 25 hPa darf das Gasgerät nicht in Betrieb genommen werden.
Bei Altgeräten vor dem Baujahr 1997 ist im Bereich von 15 hPa bis zu dem von den meisten Herstellern zulässigen Anschlussdruck (safe pressure) von meist 20 hPa ein Notbetrieb mit 85 % der Nennlast kurzzeitig möglich (vgl. Bild 1, nächste Seite).

Beispiel:
Volumetrische Methode:
z. B.: 100 %-Einstellung: $\dot{V}_E = 30\,\frac{l}{min}$;
85 %-Einstellung: $\dot{V}_E (100\,\%) \cdot 0{,}85 = 30\,\frac{l}{min} \cdot 0{,}85 = 25{,}5\,\frac{l}{min}$

Düsendruckmethode:
a) Der 85 %-Wert ist aus der Düsendrucktabelle bekannt (Normalfall): einstellen;
b) Der 85 %-Wert muss berechnet werden:
   Wegen der quadratischen Abhängigkeit des Druckes von der Strömungsgeschwindigkeit (vgl. Fachkenntnisse 1, Seite 20 f.) muss in diesem Fall der 100 %-Wert mit dem Faktor $0{,}85^2 = 0{,}7225$ multipliziert werden.

Beispiel:
Der einzustellende Düsendruck für 100 % Belastung beträgt nach Ablesung aus der Tabelle unter Berücksichtigung des zutreffenden Wobbewertes 8,2 hPa; dann ist $p_{85\%}$ = 8,2 hPa $\cdot$ 0,7225 = 5,92 hPa $\approx$ 5,9 hPa

- **Flüssiggas** (liquefied petroleum gas) 42,5 … 57,5 hPa
  Weicht der Gasanschlussdruck von den erforderlichen Werten ab, darf das Gasgerät nicht in Betrieb genommen werden und das GVU ist zu verständigen.

Die **Einstellung eines Gasgerätes** kann nach drei unterschiedlichen Methoden durchgeführt werden:
- nach der **Düsendruckmethode**,
- nach der **volumetrischen Methode**,
- nach der **CO_2-Methode**.

Eine Besonderheit stellt die **SRG-Methode** (**S**ommers-**R**uhr**g**as-Methode) dar.

Gasbrenner müssen eingestellt werden:
- bei der Erstinbetriebnahme,
- bei Gasfamilienumstellung,
- wenn bei Wartungsarbeiten (maintenance work) Abweichungen von den Sollwerten auftreten.

Grundsätzlich muss zwischen der Einstellung von atmosphärischen Gasbrennern und Gasgebläsebrennern unterschieden werden:
- Bei **atmosphärischen Gasbrennern** ist die Verbrennungsluftmenge durch die Bauweise des Gerätes vorgegeben und kann **nicht** eingestellt werden.
- Bei **Gasgebläsebrennern** kann neben der genauen Brennstoffmenge auch die genaue **Verbrennungsluftmenge** eingestellt werden.

Die Einstellung der **Brennstoffmenge** ist bei beiden Brennertypen **gleich**.

Lernfeld 10

2 Gasbrenner

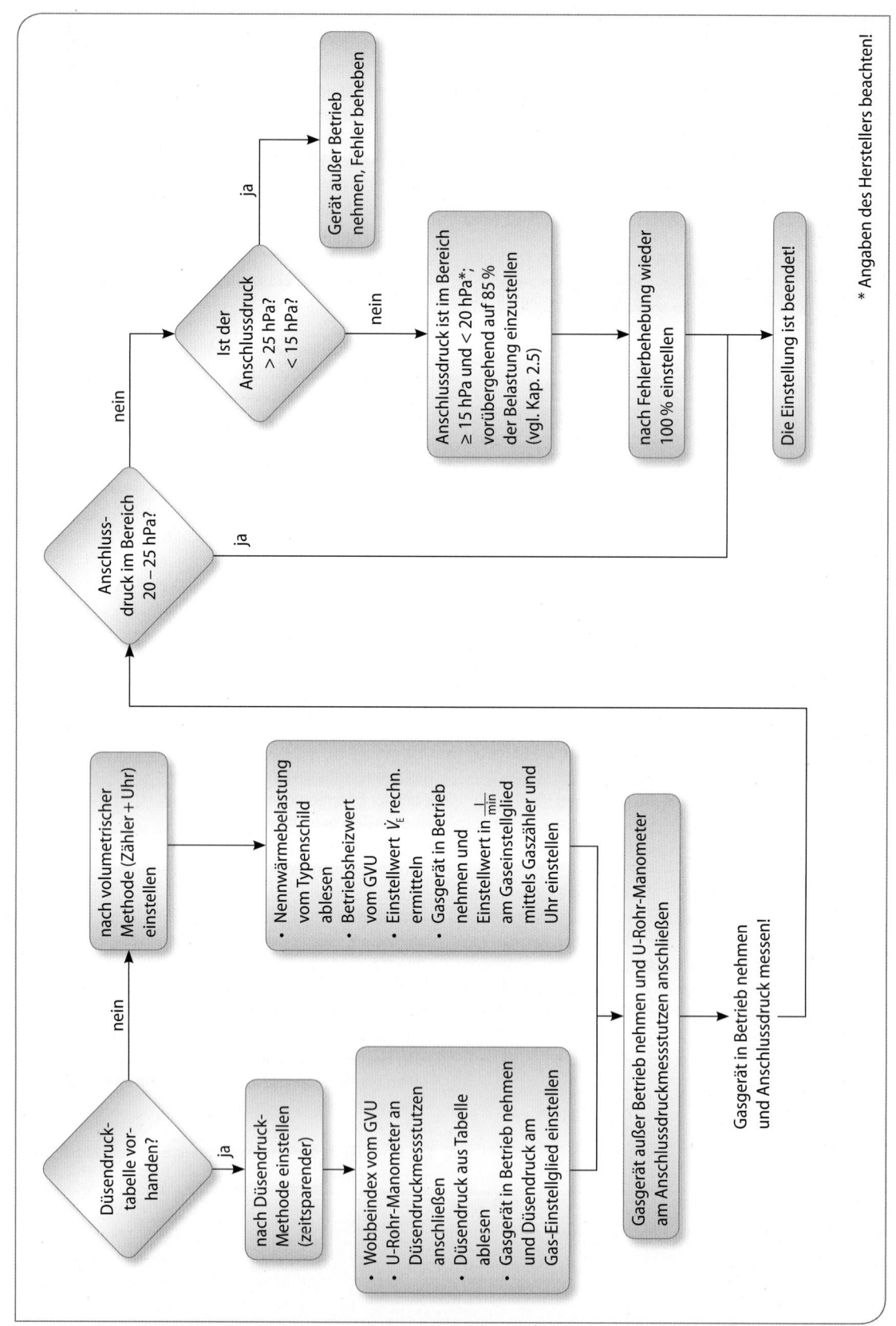

Flussdiagramm: Einstellung von Gasgeräten

- **Düsendrucktabelle vorhanden?**
  - **ja** → nach Düsendruck-Methode einstellen (zeitsparender)
    - Wobbeindex vom GVU
    - U-Rohr-Manometer an Düsendruckmessstutzen anschließen
    - Düsendruck aus Tabelle ablesen
    - Gasgerät in Betrieb nehmen und Düsendruck am Gas-Einstellglied einstellen
  - **nein** → nach volumetrischer Methode (Zähler + Uhr) einstellen
    - Nennwärmebelastung vom Typenschild ablesen
    - Betriebsheizwert vom GVU
    - Einstellwert $\dot{V}_E$ rechn. ermitteln
    - Gasgerät in Betrieb nehmen und Einstellwert in $\frac{1}{min}$ am Gaseinstellglied mittels Gaszähler und Uhr einstellen

→ Gasgerät außer Betrieb nehmen und Anschlussdruckmessstutzen anschließen

→ Gasgerät in Betrieb nehmen und U-Rohr-Manometer am Anschlussdruckmessstutzen anschließen

→ Gasgerät in Betrieb nehmen und Anschlussdruck messen!

- **Anschlussdruck im Bereich 20 – 25 hPa?**
  - **ja** → Die Einstellung ist beendet!
  - **nein** → **Ist der Anschlussdruck > 25 hPa? < 15 hPa?**
    - **ja** → Gerät außer Betrieb nehmen, Fehler beheben
    - **nein** → Anschlussdruck ist im Bereich ≥ 15 hPa und < 20 hPa*, vorübergehend auf 85 % der Belastung einzustellen (vgl. Kap. 2.5) → nach Fehlerbehebung wieder 100 % einstellen → Die Einstellung ist beendet!

* Angaben des Herstellers beachten!

1 Einstellung von Gasgeräten

2.5.1 Einstellung eines atmosphärischen Gasbrenners

Düsendruckmethode

Der einem atmosphärischen Gasbrenner zugeführte Wärmestrom, die Wärmebelastung, hängt bei gleich bleibenden Gasdüsen, Temperaturen und Druckbedingungen nur vom **Düsendruck** (nozzle pressure) und dem **Wobbe-Index** des Brenngases (vgl. Kap. 1.3) ab.

Der für eine bestimmte Wärmebelastung erforderliche Düsendruck wird entsprechend dem Wobbe-Index aus der **Düsendrucktabelle** des jeweiligen Herstellers entnommen (Bild 1).

Zur Messung und Einregulierung des Düsendrucks wird ein **U-Rohr-Manometer** (u-tube manometer) am Prüfnippel für den Düsendruck in unmittelbarer Nähe der Düse angeschlossen (Bild 2) und der Brenner in Betrieb genommen. Bei abweichendem Düsendruck wird an der Gaseinstellschraube (gas adjusting screw) der erforderliche Druck eingestellt (Bild 3).

Nach der Einstellung wird das U-Rohr-Manometer abgenommen (Gerät nicht in Betrieb), die Schraube im Prüfnippel zugedreht und bei laufendem Betrieb mit einem Schaum bildenden Mittel auf Dichtheit überprüft. Anschließend wird der Geräteanschlußdruck überprüft.

> **MERKE**
>
> Vor der Einstellung nach der Düsendruckmethode sollte immer überprüft werden, ob die richtige Düse eingebaut ist.

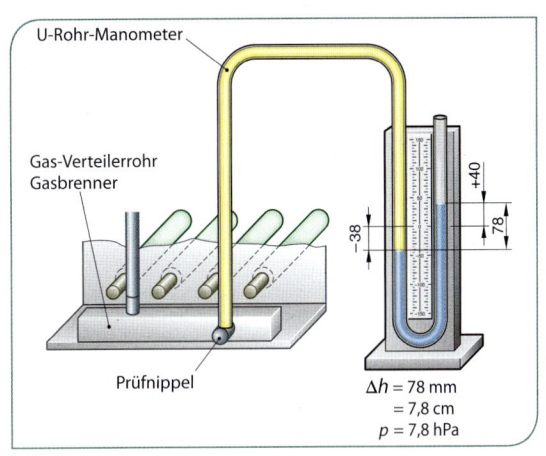

2 Anschluss eines U-Rohr-Manometers

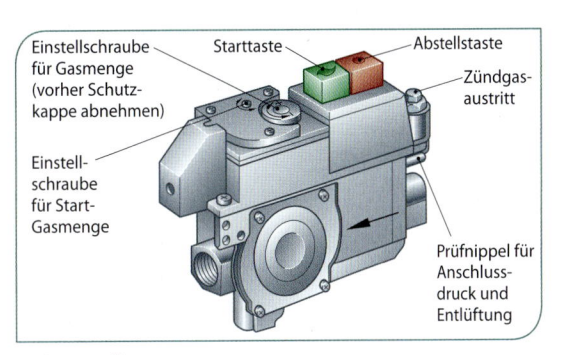

$\Delta h = 78$ mm $= 7,8$ cm
$p = 7,8$ hPa

3 Gaseinstellung

Gasart	Erdgas						
Gerät	Wobbe Index $W_s =$						
	$\frac{kWh}{m^3}$	13,5	13,8	14,2	14,5	15,0	15,2	15,6
ZR 24 ZWR 24	Max.	14,8	14,1	13,4	12,8	12,0	11,6	11,1
	85 %	10,7	10,2	9,7	9,2	8,7	8,4	8,0
	11 kW	3,0	2,9	2,7	2,6	2,4	2,3	2,2
	Start	3,0	2,9	2,7	2,6	2,4	2,3	2,2
	Düsen-Kennz.	110						

1 Auszug Düsendrucktabelle (85 %)

Volumetrische (volumetric) Methode (Bild 1, nächste Seite)

Bei der volumetrischen Methode wird mithilfe des Gaszählers und einer Stoppuhr der erforderliche Einstellwert $\dot{V}_E$ in $\frac{l}{min}$ gemessen. Der benötigte Einstellwert ist Bild 4 zu entnehmen oder mit folgenden Formeln zu berechnen:

$$\dot{V}_E = \frac{\Phi_{NB}}{H_{i,B}}$$

$$\dot{V}_E = \frac{\Phi_{NL}}{\eta \cdot H_{i,B}}$$

$\dot{V}_E$: Einstellwert in $\frac{l}{min}$
Φ_{NB} Nennwärmebelastung in kW
Φ_{NL} Nennwärmeleistung in kW
$H_{i,B}$ Betriebsheizwert in $\frac{kWh}{m^3}$
η Wirkungsgrad als Dezimalwert

Gasart	Erdgase (Gruppe LL und E)								
Nennwärmebelastung $\Phi_{NB} = \frac{\Phi_{NL}}{\eta}$ in kW $\eta = 0,89$	bei einem Betriebsheizwert $H_{i,B}$ in $\frac{kWh}{m^3}$ (15 °C, 1013 hPa)								
	7,6	8,0	8,4	8,8	9,2	9,8	10,0	10,4	10,8	11,2
	entspr. einem Brennwert H_s in $\frac{kWh}{m^3}$ (0 °C, 1013 hPa)								
	8,9	9,3	9,9	10,3	10,8	11,2	11,7	12,2	12,7	13,1
	Einzustellender Gasdurchfluss $\dot{V}_E$ in $\frac{l}{min}$								
10,1	22	21	20	19	18	18	17	16	16	15
11,8	26	25	23	22	21	20	20	19	18	18
13,5	30	28	27	26	24	23	23	22	21	20
15,2	33	32	30	29	28	26	25	24	23	23
16,9	37	35	34	32	31	29	28	27	26	25
18,5	41	39	37	35	34	32	31	29	29	28
20,2	44	42	40	38	37	35	34	32	31	30
21,9	48	46	43	41	40	38	37	35	34	33
23,6	52	49	47	45	43	41	39	38	36	35
25,3	55	53	50	48	46	44	42	41	39	38
27,0	59	56	54	51	49	47	45	43	42	40
28,7	63	60	57	54	52	50	48	46	44	43
30,3	66	63	60	57	55	53	51	49	47	45
32,0	70	67	63	61	58	56	53	51	49	48
33,7	74	70	67	64	61	59	56	54	52	50

4 Einstellwerte $\dot{V}_E$ für den Gasdurchfluss (Auswahl)

2 Gasbrenner

Gegenüberstellung von Düsendruckmethode und volumetrischer Methode

Die **Düsendruckmethode** ist das wesentlich schnellere Einstellverfahren, aber nur dann brauchbar, wenn sichergestellt ist, dass die richtige Düse eingebaut ist.

Bei der **volumetrischen Methode** sollte darauf geachtet werden, dass eine Mindesteinstellzeit von 1 min eingehalten wird. Bei geringen Gasdurchsatzmengen ergeben längere Ablesezeiten genauere Ergebnisse. Die volumetrische Einmessung (calibration) ist immer dann vorzuziehen, wenn die Messergebnisse der beiden Methoden Abweichungen voneinander zeigen.

CO$_2$-Methode

Gasbrennwertgeräte (gas fired condensing boilers) werden nach der CO$_2$-Methode eingestellt. Hierbei wird der CO$_2$-Gehalt oberhalb des Wärmeübertragers im Abgas gemessen, mit dem in der Einstellanleitung des Herstellers vorgegebenen maximalen CO$_2$-Wert verglichen und ggf. optimiert. Die Maximalwerte des Herstellers dürfen nicht überschritten werden, weil es sonst zu einer thermischen Überlastung des Brenners führen könnte.

SRG-Methode

Erdgas, das in das deutsche Verbundnetz eingespeist wird, kann von unterschiedlicher Qualität sein (Erdgas H(E) oder Erdgas L (LL)). Damit Gasgeräte nicht ständig an geänderte Bedingungen angepasst werden müssen, werden sie nach der SRG-Methode (**S**ommers-**R**uhr**g**as-Methode) werkseitig fest eingestellt und plombiert, sodass im oberen Wobbe-Index-Bereich von 12,0 ... 15,7 $\frac{kWh}{m^3}$ keine Anpassung (adjustment) erforderlich ist. Um eine Überlastung des Brenners zu vermeiden, ist der Großbrand nach Erdgas E auf den höchsten Wobbe-Index und der Kleinbrand nach Erdgas LL auf den kleinsten Wobbe-Index einzustellen.

Soll trotz fehlender Düsendrucktabelle die schnellere Düsendruckmethode verwendet werden (z. B. wenn nur ein Monteur vorhanden und große Entfernung zwischen Gaszähler und dem einzustellenden Gasgerät), so kann mittels einmaliger Messung des momentanen Einstellwertes $\dot{V}_{E, ist}$ und des momentan vorliegenden Düsendruckes $p_{D, ist}$ sowie der Berechnung des einzustellenden Einstellwertes $\dot{V}_{E, soll}$ der einzustellende Düsendruck $p_{D, soll}$ nach folgender Gleichung berechnet werden

$$p_{D, soll} = p_{D, ist} \cdot \left(\frac{\dot{V}_{E, soll}}{\dot{V}_{E, ist}}\right)^2$$

Beispiel 1:

Durch Messung am Düsendruckstutzen bzw. am Gaszähler wurden ermittelt $p_{D, ist} = 6{,}7$ hPa und $\dot{V}_{E, ist} = 35 \frac{l}{min}$; durch Berechnung wurde der Einstellwert $\dot{V}_{E, soll}$ mit Hilfe folgender Gleichung ermittelt

$\dot{V}_{E, soll} = \frac{\Phi_{NB}}{H_{i,B}}$ z. B. mit $\Phi_{NB} = 24$ kW (vom Typenschild abgelesen) und $H_{i,B} = 10{,}5$ kW/m³ (Versorgungsunternehmen) wird

$$\dot{V}_{E, soll} = \frac{24 \text{ kW} \cdot \text{m}^3 \cdot 1000 \text{ l} \cdot 1 \text{ h}}{10{,}5 \text{ kWh} \cdot 1 \text{ m}^3 \cdot 60 \text{ min}} = 38{,}1 \frac{l}{min}$$

$$p_{D, soll} = 6{,}7 \text{ hPa} \cdot \left(\frac{38{,}1 \frac{l}{min}}{35 \frac{l}{min}}\right)^2$$

$$p_{D, soll} = 7{,}9 \text{ hPa}$$

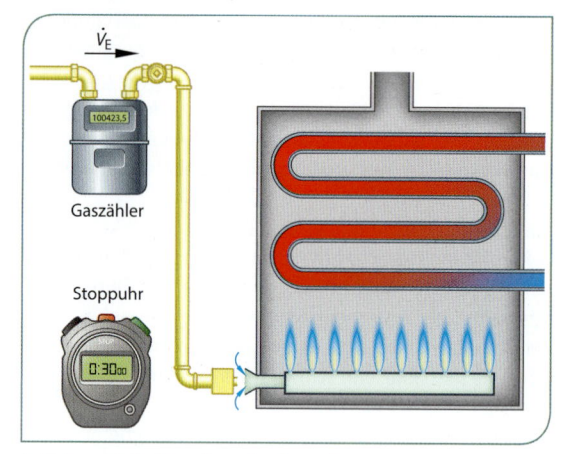

1 Volumetrische Einstellung des Gasgerätes

Beispiel 2:

Ein Gas-Umlaufwasserheizer soll auf eine Nennwärmebelastung von 27 kW eingestellt werden. Das zur Verfügung stehende Erdgas E besitzt einen Betriebsheizwert $H_{i,B} = 9{,}8 \frac{kWh}{m^3}$.

a) Berechnen Sie den Einstellwert in $\frac{l}{min}$.
b) Bestimmen Sie die Nennwärmeleistung, wenn der Wirkungsgrad 86 % beträgt.

geg.: $\Phi_{NB} = 27$ kW; $H_{i,B} = 9{,}8 \frac{kWh}{m^3}$

ges.: a) $\dot{V}_E$; b) Φ_{NL}

Lösung:

a) $\dot{V}_E = \frac{\Phi_{NB}}{H_{i,B}}$

$\dot{V}_E = \frac{27 \text{ kW} \cdot \text{m}^3 \cdot 1000 \text{ l} \cdot 1 \text{ h}}{9{,}8 \text{ kWh} \cdot \text{m}^3 \cdot 60 \text{ min}}$

$\dot{V}_E = 45{,}92 \frac{l}{min}$

b) $\dot{V}_E = \frac{\Phi_{NL}}{\eta \cdot H_{i,B}}$

$\Phi_{NL} = \dot{V}_E \cdot \eta \cdot H_{i,B}$

$\Phi_{NL} = \frac{45{,}92 \text{ l} \cdot 60 \text{ min} \cdot \text{m}^3 \cdot 0{,}86 \cdot 9{,}8 \text{ kWh}}{\text{min} \cdot 1000 \text{ l} \cdot \text{h} \cdot \text{m}^3}$

$\Phi_{NL} = 23{,}22$ kW.

2.5.2 Einstellung eines Gasgebläsebrenners

Die Einstellung der **Brennstoffmenge** eines Gasgebläsebrenners erfolgt, wie bei einem atmosphärischen Brenner, nach der Düsendruck-, der volumetrischen bzw. auch nach der CO$_2$-Methode.

Einstellung der Verbrennungsluftmenge

Die Verbrennungsluftmenge (combustion airflow) wird **indirekt** über die **Abgasanalyse** eingestellt, da die direkte Er-

2 Gasbrenner

fassung der Verbrennungsluftmenge nur sehr ungenau sein würde.

Die Verbrennung erfolgt immer mit Luftüberschuss (excess air). Bei Gasfeuerungen liegt die Luftüberschusszahl bei λ = 1,1 … 1,3. Eine optimale Verbrennung ist erreicht, wenn bei **geringstem Luftüberschuss** (höchster CO_2-Gehalt) der **CO-Gehalt unter 0,1 Vol.-%** liegt. Weichen die gemessenen Werte von den vom Hersteller vorgegebenen Werten ab, wird über die Verstellung der **Luftdrosseleinrichtung** (air throttling device) die beste Einstellung gesucht.

Die **Luftklappe** (air throttle) eines Gasgebläsebrenners (Bild 1) dient zur **Vorregulierung** der Verbrennungsluftmenge, die **Feineinstellung** erfolgt über die Verschiebung der Stauscheibe (baffle plate) im sich konisch verengenden Brennrohr (Bild 3).

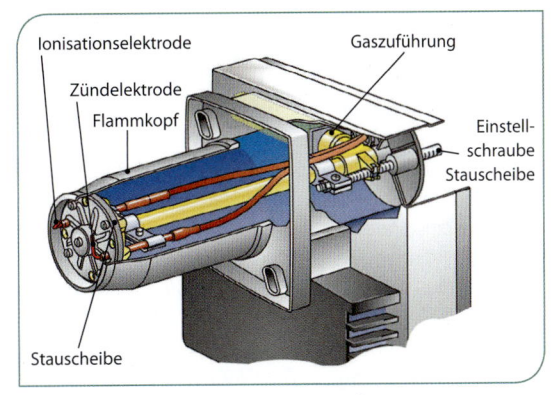

3 Verschiebbare Stauscheibe zur Feineinstellung

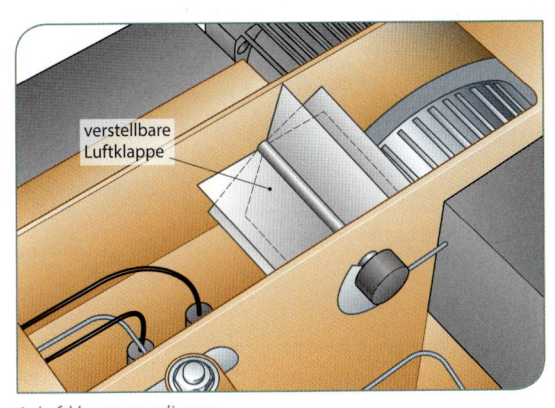

1 Luftklappenregulierung

> **MERKE**
>
> Nach der Einstellung eines Gasbrenners ist dem Betreiber der Anlage das Inbetriebnahmeprotokoll (commissioning certificate) (Bild 2) und eine Bedienungsanleitung auszuhändigen. Anschließend ist er in den Betrieb der Anlage einzuweisen.

Inbetriebnahmearbeiten		Bemerkungen oder Messwerte
1.	Gaskennwerte notieren: Wobbe-Index in $\frac{kWh}{m^3}$	
	Betriebsheizwert $H_{i,B}$ in $\frac{kWh}{m^3}$	
2.	Dichtheitskontrolle	☐
3.	Überprüfung: Zu- und Abluftöffnungen und Abgasanschluss	☐
4.	Überprüfung der Geräteausrüstung (richtige Düsen)	☐
5.	Brenner in Betrieb nehmen	☐
6.	Gasanschlussdruck (Fließdruck) messen in hPa	
7.	Düsendruck messen in hPa	
8.	Dichtheitskontrolle im Betriebszustand	☐
9.	Messwerte aufnehmen	☐
	Schornsteinzug in hPa	
	Abgastemperatur brutto ϑ_A in °C	
	Verbrennungslufttemperatur ϑ_L in °C	
	Kohlendioxidgehalt (CO_2) in %	
	Abgasverluste q_A in %	
	Kohlenmonoxidgehalt (CO), luftfrei in ppm	
10.	Funktionsprüfungen	☐
	Ionisationsstrom messen in µA	
11.	Vorderwand montieren	☐
12.	Betreiber informieren, technische Unterlagen übergeben	☐
13.	Inbetriebnahme bestätigen	☐

2 Inbetriebnahmeprotokoll

2.5.3 Funktionsprüfung der Abgasanlage raumluftabhängiger Gasgeräte mit Strömungssicherung

Der Funktionsprüfung (functional testing) von Abgasanlagen raumluftabhängiger Gasfeuerstätten mit Strömungssicherung (draught diverter) kommt immer größere Bedeutung zu, da Fenster und Türen immer dichter werden. Der störungsfreie Betrieb der Anlage ist unbedingt erforderlich, um eine ausreichende Verbrennungsluftversorgung zu gewährleisten. Die Funktionsprüfung muss nach **Einstellung** und **Inbetriebnahme** der Gasfeuerstätte erfolgen. Während des Anfahrzustandes (at startup) der Gasfeuerstätte kann Abgas in geringen Mengen aus der Strömungssicherung austreten (vgl. Kap. 5.2), da sich der erforderliche Auftrieb erst nach ca. 5 … 10 min einstellt. Treten auch nach Ablauf dieser Zeit Abgase aus der Strömungssicherung aus, liegt eine **Funktionsstörung** vor. Das Gasgerät muss dann außer Betrieb genommen werden, bis die Ursache der Funktionsstörung ermittelt ist. Die Prüfung erfolgt 5 min nach Inbetriebnahme des Gerätes mithilfe einer mit Flüssigkeit gefüllten **Taupunktplatte** (Bild 1) bzw. eines Taupunktspiegels (chilled dew point mirror). Dieser darf nicht beschlagen (fog up). Während der Prüfung müssen alle Fenster und Türen geschlossen sein und das Gerät muss mit Volllast betrieben werden (gilt für ein einzelnes installiertes Gerät).

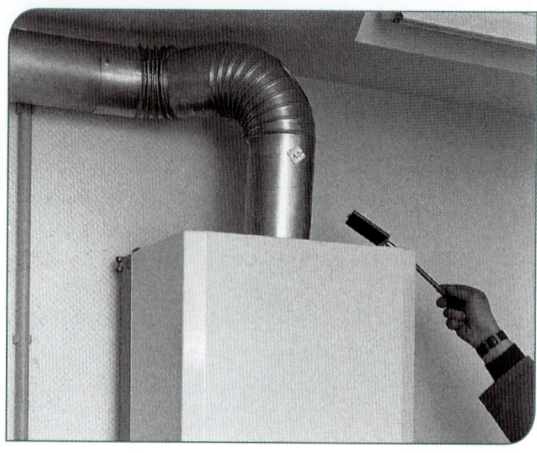

1 Funktionsprüfung mit Taupunktplatte

ÜBUNGEN

Gasbrenner
Atmosphärische Gasbrenner

1. Was versteht man unter einem Leuchtbrenner?
2. Erklären Sie den Unterschied zwischen einem Vormischbrenner und einem Diffusionsbrenner.
3. Welche vier wesentlichen Aufgaben muss ein Gasbrenner übernehmen?
4. Nennen Sie die Hauptteile eines atmosphärischen Brenners.
5. Wodurch unterscheiden sich Teilvormischbrenner von Vollvormischbrennern?
6. Erklären Sie die Begriffe Erstluft (Primärluft) und Zweitluft (Sekundärluft).
7. Was ist eine halbautomatische Zündung?
8. Welche Vorteile haben automatische Zündeinrichtungen gegenüber halbautomatischen?
9. Nennen Sie verschiedene Flammenüberwachungseinrichtungen bei atmosphärischen Brennern.
10. Wie funktioniert eine thermoelektrische Zündsicherung?
11. Erklären Sie den Gleichrichtereffekt einer Flamme und wozu wird er angewendet?
12. Skizzieren Sie die Anordnung der Armaturen in einer Gasregelstrecke und nennen Sie deren Bedeutung.
13. Welche Aufgaben hat ein Gasfeuerungsautomat?
14. Was ist die „Sicherheitszeit"?
15. Nennen Sie die Verfahren zur Verringerung von Stickoxiden und Kohlenmonoxiden bei atmosphärischen Brennern.
16. Was bewirkt die Kühlung der Brenneroberfläche durch Wasser führende Edelstahlrohrschlangen?
17. Benennen Sie die nummerierten Symbole der Armaturen und Einrichtungen der nachfolgenden Gasregelstrecke eines atmosphärischen Gasbrenners (Bild 2).

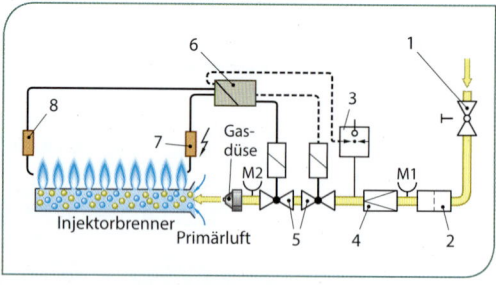

2 Gasregelstrecke – Gasbrenner ohne Gebläse

18. a) Übertragen Sie die Schemazeichnung (Bild 1, nächste Seite) auf ein DIN-A4-Blatt.
    b) Benennen Sie die nummerierten Armaturen.
    c) Zeichnen Sie die Gasregelstrecke (Gasstraße) für den atmosphärischen Gasbrenner mit allen erforderlichen Armaturen und Einrichtungen ein.

ÜBUNGEN

Gasgebläsebrenner

1. Nennen Sie die wesentlichen Teile eines Gasgebläsebrenners.
2. Erklären Sie den Begriff „Monoblockbrenner".
3. Warum benötigen Gasgebläsebrenner einen Luftdruckwächter?
4. Welche Aufgabe hat eine Verbrennungsluftklappe?
5. Nennen Sie übliche Einrichtungen bei Gasgebläsebrennern zur Vermischung von Brenngas und Verbrennungsluft und beschreiben Sie deren Wirkprinzip.
6. Welche Flammenüberwachungssysteme werden bei Gasgebläsebrennern eingesetzt?
7. Mit welchen Einrichtungen und Armaturen müssen nach DIN EN 676 Gasgebläsebrenner einschließlich Gasregelstrecke mindestens ausgerüstet werden?
8. Beschreiben Sie den Funktionsablauf eines einstufigen Gasgebläsebrenners bei normalem Anlauf.
9. Nennen Sie mindestens drei Gründe, weshalb es nach erfolgter Zündung zu einer Störabschaltung des Brenners kommen kann.
10. Beschreiben Sie die mechanische Verbundregelung eines Gasgebläsebrenners mit gleitender zweistufiger Betriebsweise.
11. Wie wird das Gas-Luft-Verhältnis bei einem einstufigen Gasgebläsebrenner eingestellt?
12. Nennen Sie Maßnahmen zur Schadstoffreduzierung bei Gasgebläsebrennern und erläutern Sie das jeweilige Prinzip.
13. Nennen Sie Nachteile eines Gasgebläsebrenners.
14. Erklären Sie die Wirk- und Arbeitsweise von Strahlungsflächenbrennern.
15. Erklären Sie das Funktionsprinzip eines katalytischen Gasbrenners.
16. Benennen Sie die nummerierten Symbole der Armaturen und Einrichtungen der nachfolgenden Gasregelstrecke eines Gasgebläsebrenners (Bild 2).

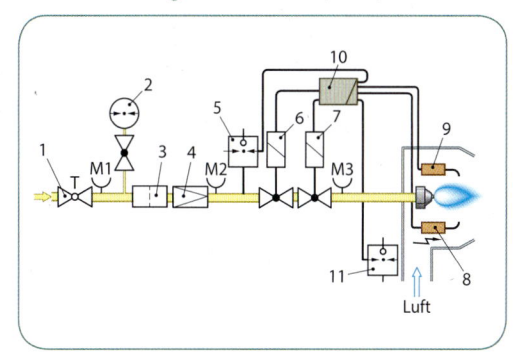

2 Gasregelstrecke – Gasgebläsebrenner

17. Das Bild 1, nächste Seite zeigt die Gasregelstrecke eines Gasgebläsebrenners.
    a) Benennen Sie die nummerierten Armaturen und Einrichtungen.
    b) Zeichnen Sie diese sinnbildlich in der dargestellten Reihenfolge.

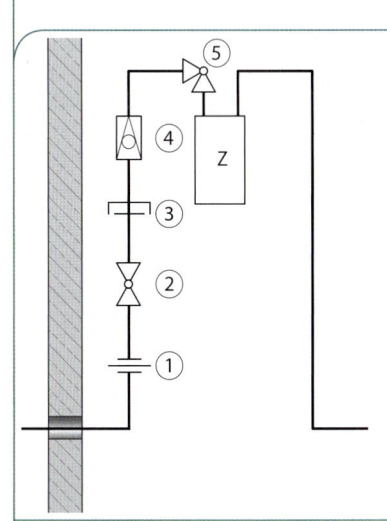

1 Schemazeichnung zu Aufgabe 18, vorherige Seite

2 Gasbrenner

ÜBUNGEN

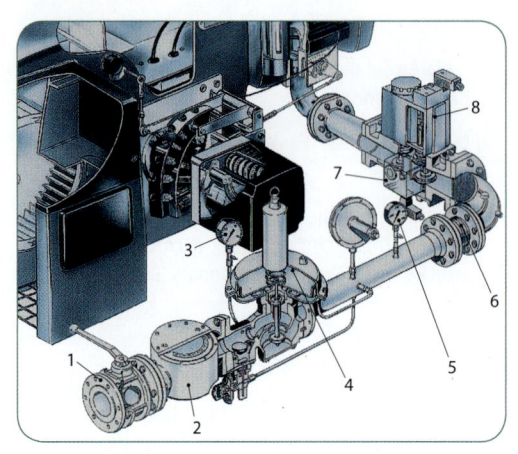

1 Gasregelstrecke eines Gasgebläsebrenners

(18) a) Übertragen Sie die Schemazeichnung (Bild 1, nächste Seite) auf ein DIN-A4-Blatt.
b) Zeichnen Sie die Gasregelstrecke (Gasstraße) für den Gasgebläsebrenner mit allen erforderlichen Armaturen und Einrichtungen ein.

Einstellwerte Gasbrenner

(1) Begründen Sie, weshalb Gasbrenner nur von qualifiziertem Fachpersonal in Betrieb genommen werden dürfen.

(2) Erklären Sie den Unterschied zwischen Gasanschlussdruck und Düsendruck.

(3) Welche Anschlussdrücke gelten für den Haushaltsbereich für die drei Gasfamilien?

(4) Beschreiben Sie die Einstellung eines Gasbrenners nach der Düsendruckmethode.

(5) In welchen Fällen müssen Gasbrenner eingestellt werden?

(6) Erklären Sie die Unterschiede zwischen der Einstellung von atmosphärischen Gasbrennern und Gasgebläsebrennern.

(7) Worauf sollte bei der Einstellung eines Gasbrenners nach der Düsendruckmethode immer geachtet werden?

(8) Wann ist die volumetrische Einstellmethode der Düsendruckmethode vorzuziehen?

(9) Erläutern Sie die Einstellung der Verbrennungsluftmenge eines Gasgebläsebrenners.

(10) Warum wird die Funktionsprüfung raumluftabhängiger Gasfeuerstätten mit Strömungssicherung immer wichtiger?

(11) Wann sollte eine Funktionsprüfung erfolgen?

(12) Wie viele Minuten nach Inbetriebnahme eines raumluftabhängigen Gasgerätes soll die Funktionsprüfung erfolgen?

(13) Erklären Sie die Funktionsweise eines Taupunktspiegels.

Berechnung des Einstellwertes bei Gasfeuerungen

(14) Ein Gas-Heizkessel mit Brenner ohne Gebläse ist auf eine Nennwärmebelastung von 20 kW eingestellt. Berechnen Sie den Einstellwert in $\frac{l}{min}$, wenn der Betriebsheizwert 9,4 $\frac{kWh}{m^3}$ beträgt.

(15) Ein Gas-Umlaufwassererwärmer ist auf eine Nennwärmeleistung von 21 kW einzustellen.
Berechnen Sie den Einstellwert in $\frac{l}{min}$, wenn der Betriebsheizwert 9,2 $\frac{kWh}{m^3}$ und der Wirkungsgrad 88 % betragen.

(16) Die Nennwärmebelastung eines Gas-Heizkessels beträgt 24,7 kW, der Betriebsheizwert des verwendeten Gases 9,8 $\frac{kWh}{m^3}$.
a) Berechnen Sie den Einstellwert in l/min.
b) Bestimmen Sie die Nennwärmeleistung, wenn der Wirkungsgrad 92 % beträgt.

(17) Ein Gas-Umlaufwasserheizer soll auf eine Nennwärmeleistung von 18 kW eingestellt werden. Das zur Verfügung stehende Erdgas E besitzt einen Betriebsheizwert von 9,2 kWh/m³.
a) Berechnen Sie den erforderlichen Einstellwert in $\frac{l}{min}$, wenn der Wirkungsgrad 89 % beträgt.
b) Berechnen Sie die Nennwärmebelastung in kW.
c) Ermitteln Sie für die in b) berechnete Nennwärmebelastung den Einstellwert mithilfe Tab. Bild 4, Seite 195. Vergleichen Sie diesen Wert mit dem in a) errechneten Einstellwert.

(18) Bei der Überprüfung des Einstellwertes eines Gas-Heizkessels wird am Gaszähler ein Gasdurchsatz von 38 $\frac{l}{min}$ gemessen. Der Betriebsheizwert des verwendeten Gases beträgt 9,6 $\frac{kWh}{m^3}$.
a) Berechnen Sie die Nennwärmebelastung des Gas-Heizkessels in kW.
b) Berechnen Sie die Nennwärmeleistung des Gas-Heizkessels in kW, wenn der Wirkungsgrad 90 % beträgt.

(19) Ein Gas-Umlaufwasserheizer ist auf einen Gasdurchsatz von 32 $\frac{l}{min}$ eingestellt. Der Betriebsheizwert des Gases beträgt 9,8 $\frac{kWh}{m^3}$.
a) Bestimmen Sie die Nennwärmebelastung in kW.
b) Berechnen Sie den erforderlichen Einstellwert, um bei einem Wirkungsgrad von 86 % eine Nennwärmeleistung von 25 kW zu erreichen.

ÜBUNGEN

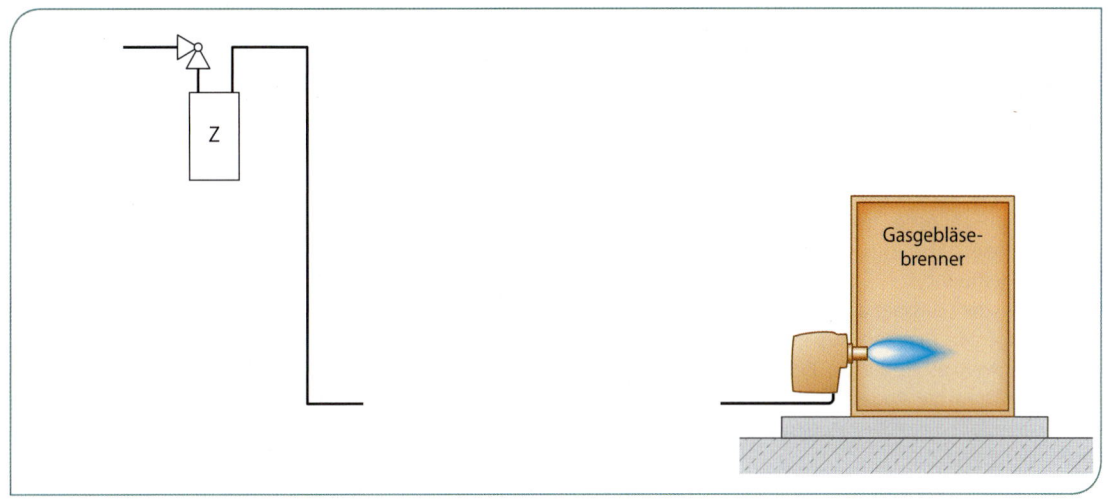

1 Schemazeichnung

3 Gaswärmeerzeuger

3.1 Heizkessel mit Gasbrennern ohne Gebläse (Gasspezialkessel)

Heizkessel mit Gasbrennern ohne Gebläse sind **Spezialheizkessel** (special boilers) mit einer Leistung bis ca. 700 kW, die mit einer **Strömungssicherung** (draught diverter) (vgl. Kap. 5.2) ausgestattet sind und nur mit Gas betrieben werden können. Die Strömungssicherung ist Bestandteil des Kessels und darf nicht verändert werden. Es gibt Heizkessel mit **vollvormischenden** (Bild 2) und **teilvormischenden** Gasbrennern.

Teilvormischende Gasbrenner (vgl. Kap. 2.2.1) benötigen Sekundärluft, weshalb Kessel für diese Brennerart eine **offene Brennkammer** (open combustion chamber) haben (Bild 3).

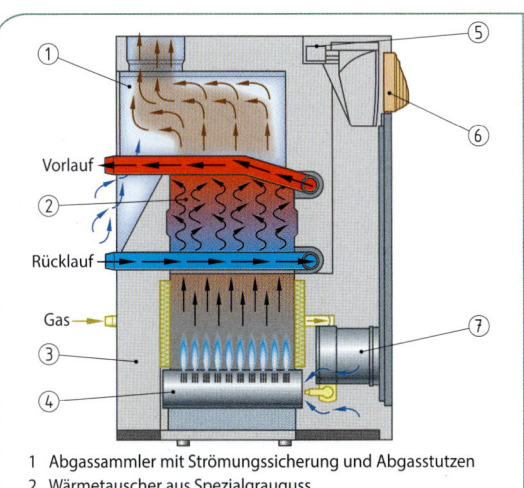

1 Abgassammler mit Strömungssicherung und Abgasstutzen
2 Wärmetauscher aus Spezialgrauguss
3 Wärmedämmung aus Mineralfaserwolle
4 Atmosphärischer Vollvormischbrenner aus Edelstahl
5 Unverwechselbare Steckverbindungen
6 Schaltfeld
7 Gasregel- und Sicherheitsarmatur

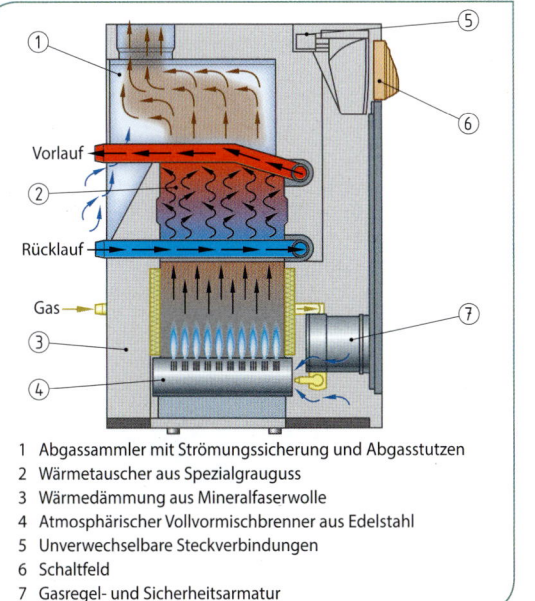

2 Atmosphärischer Gaskessel mit Vollvormischbrenner

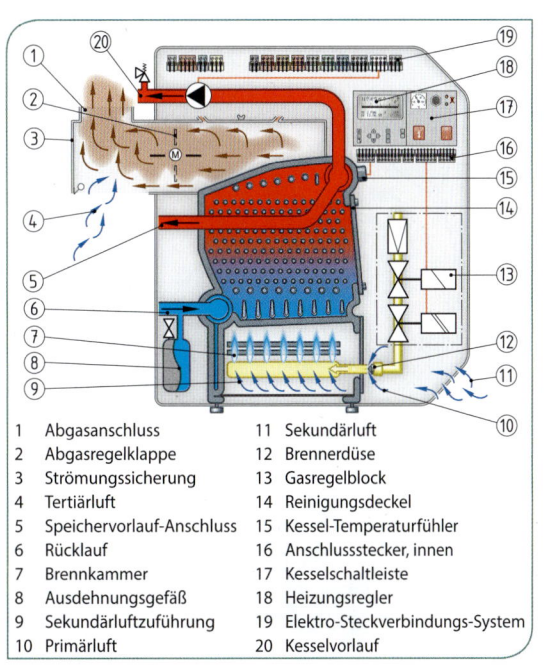

1	Abgasanschluss	11	Sekundärluft
2	Abgasregelklappe	12	Brennerdüse
3	Strömungssicherung	13	Gasregelblock
4	Tertiärluft	14	Reinigungsdeckel
5	Speichervorlauf-Anschluss	15	Kessel-Temperaturfühler
6	Rücklauf	16	Anschlussstecker, innen
7	Brennkammer	17	Kesselschaltleiste
8	Ausdehnungsgefäß	18	Heizungsregler
9	Sekundärluftzuführung	19	Elektro-Steckverbindungs-System
10	Primärluft	20	Kesselvorlauf

3 Gaskessel mit offener Brennkammer

3 Gaswärmeerzeuger

Da zum Ansaugen der Sekundärluft nur der thermische Auftrieb von der Brennkammer bis zur Strömungssicherung zur Verfügung steht, werden meist nur senkrechte Abgaszüge (flues) verwendet. Zur Verbesserung des Wärmeübergangs sind die Heizflächen (heating surface) mit Rippen, Noppen oder Lamellen versehen (Bild 1). Die Heizkessel werden hauptsächlich aus Grauguss, Stahl (Edelstahl) und Aluminiumlegierungen hergestellt. Gasspezialheizkessel mit Gasbrennern ohne Gebläse sind **geräuscharm**, **einfach aufgebaut** und **preisgünstig**. Im Vergleich zu Heizkesseln mit Gebläsebrenner haben sie allerdings einen geringeren Wirkungsgrad (efficiency).

Atmosphärische Gasspezialheizkessel werden auch als **Brennwertgeräte** (vgl. Kap. 3.2) geliefert. Da die Abgase eines Brennwertkessels auf ca. 35…40 °C heruntergekühlt werden, müssen die Abgase mit einem **Abgasventilator** (exhaust gas fan) abgeführt werden (vgl. Lernfeldübergreifende Inhalte, Kap. 6.1).

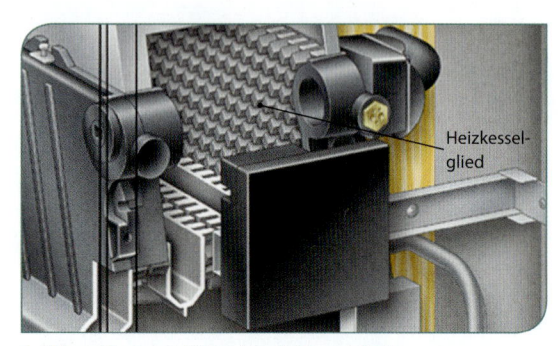

stehen Wasserdampf und Kohlendioxid. Brennwertkessel (Bilder 2 und 4) nutzen im Gegensatz zu Niedertemperaturheizkesseln auch die Wärme, die im Wasserdampf der heißen Abgase noch enthalten ist, indem der Wasserdampf kondensiert wird. Hierzu werden die Abgase z. B. über einen großflächig dimensionierten, von Wasser umspülten Abgaswärmeübertrager (exhaust gas heat exchanger) aus Edelstahl (Bild 3) oder einer korrosionsbeständigen Al-Si-Gusslegierung geleitet (Bild 3) und ständig unter den Taupunkt (dew point) des Wasserdampfes abgekühlt (vgl. Kap. 3.2).

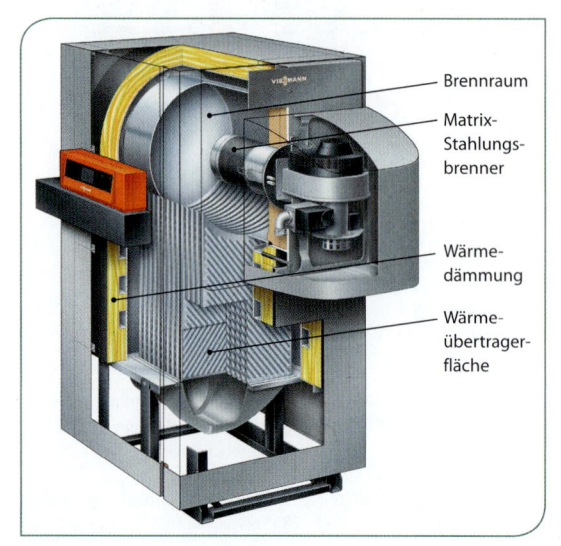

1 Wärmeübertragerfläche eines Heizkesselgliedes

3.2 Gas-Brennwertkessel

Bei der Verbrennung von wasserstoffhaltigen Gasen (hydrogen containing gases) wie z. B. Erdgas oder Flüssiggas ent-

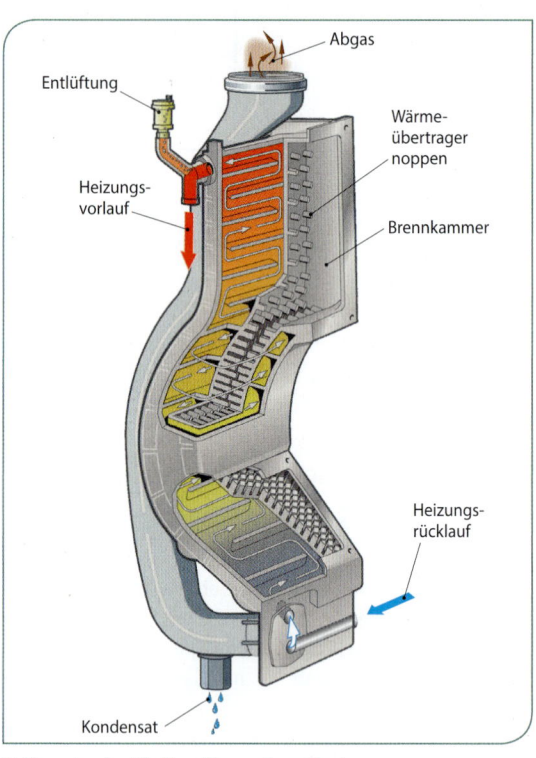

3 Korrosionsbeständiger Abgaswärmeübertrager

2 Bodenstehender Gasbrennwertkessel

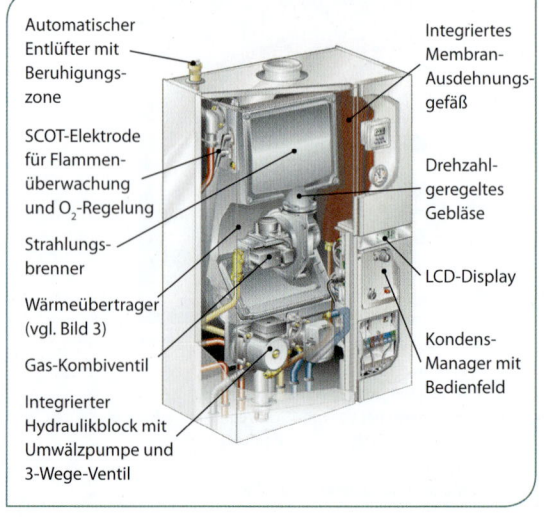

4 Gas-Brennwertkessel

3.3 Gas-Heizkessel/Gas-Kombiwasserheizer

Gas-Heizkessel (Gasumlaufwasserheizer) (Bild 1) werden als **Etagenheizung** (single-storey heating system) oder als Zentralheizung für Ein- oder Zweifamilienhäuser verwendet und eignen sich besonders zur **Altbausanierung** (refurbishment of old buildings). Ihr Leistungsbereich liegt bei ca. 5…28 kW. Bedingt durch ihre **kompakte** Bauform können sie sehr flexibel eingebaut werden (z. B. Dach, Keller, Küche, Bad). Als **wandhängende** (wall mounted) Geräte benötigen sie keinen besonderen Stellplatz. Alle für den Betrieb notwendigen Einrichtungen wie z. B. Umwälzpumpen, Ausdehnungsgefäß und Regelungs- und Sicherheitseinrichtungen sind im Gerät eingebaut. Der Wasserinhalt (water content) eines Gas-Heizkessels (Umlaufwasserheizers) ist sehr gering (max. 10 l). Dies bedeutet, dass seine Aufheizzeiten sehr kurz sind. Das Heizungswasser wird im **Zwangsumlaufsystem** (forcible circulation system) erwärmt. Damit im Wärmeübertrager immer ein leichter **positiver** Überdruck herrscht, wird die Umwälzpumpe in den **Rücklauf** eingebaut. Anderenfalls könnte es zu einem leichten negativen Überdruck kommen, was zu Siedegeräuschen und Dampfschlägen führen könnte.

Gas-Heizkessel (Gasumlaufwasserheizer) werden als Wandheizgeräte mit offener Brennkammer für **raumluftabhängige** und mit geschlossener Brennkammer für **raumluftunabhängige** Betriebsweise hergestellt (vgl. Kap. 5.1.2).

Gas-Kombiwasserheizer (combination boilers) dienen der Heiz- und der Trinkwassererwärmung (Bild 2). Bei Warmwasserentnahme wird der Heizungsbetrieb durch eine **Speichervorrangschaltung** (storage priority) unterbrochen und die gesamte zur Verfügung stehende Leistung wird zur Trinkwassererwärmung genutzt. Meist schalten die Geräte für die Trinkwassererwärmung auf eine höhere Wärmeleistung um. Das Trinkwasser wird in einem Wärmeübertrager im Durchlaufprinzip (continuous flow principle) erwärmt.

Ein **Gaswärmezentrum** (Bild 1, nächste Seite) (die Kombination eines Gas-Heizkessels (Gasumlaufwasserheizers) mit einem indirekt beheizten **Speicherwassererwärmer** (storage tank water heater) mit ca. 120…150 l Inhalt) erhöht den Komfort einer Anlage erheblich, da mehrere Zapfstellen gleichzeitig mit Warmwasser versorgt werden können. Eine höhere Wärmeleistung für die Trinkwassererwärmung ist nicht unbedingt erforderlich. Es können kleinere Geräte eingesetzt werden.

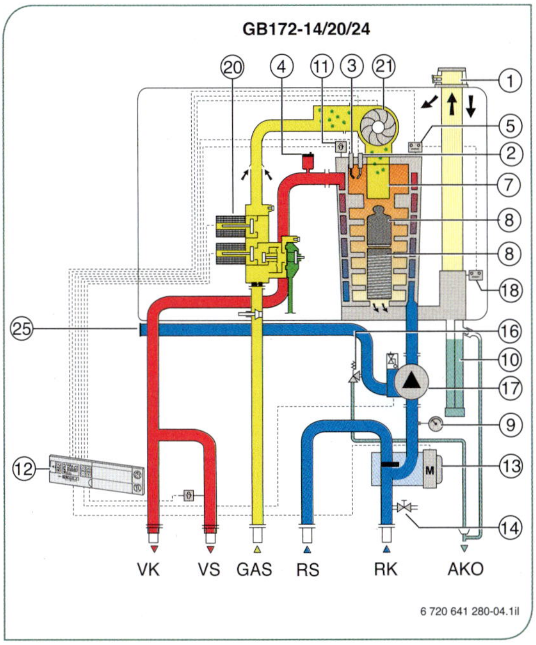

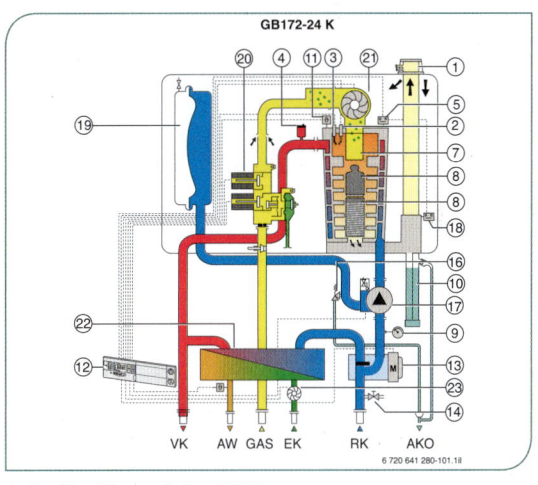

2 Gas-Kombiwasserheizer (KWH)

1 Gasheizkessel (HK)

Legende der Bilder 1, 2 und Bild 1, nächste Seite

AKO	Kondensataustritt	9	Manometer
AW	Warmwasseraustritt	10	Siphon
EK	Kaltwassereintritt	11	Vorlauftemperaturfühler
Gas	Gasanschluss	12	Basiscontroller Logamatic BC25
EZ	Zirkulationseintritt	13	3-Wege-Umschaltventil
WW	Warmwasseraustritt	14	Füll- und Entleerhahn
RK	Rücklauf Heizkessel	15	Rohrwendelspeicher
RS	Speicherrücklauf	16	Sicherheitsventil
VK	Vorlauf Heizkessel	17	Heizungspumpe
VS	Speichervorlauf	18	Abgastemperaturbegrenzer
1	Luft-Abgas-Anschluss	19	Ausdehnungsgefäß
2	Zündelektrode	20	Gasarmatur
3	Überwachungselektrode	21	Gebläse
4	Automatischer Entlüfter	22	Warmwasser-Wärmeübertrager
5	Sicherheitstemperaturbegrenzer	23	Turbine
6	Magnesium-Anode	24	Speichertemperaturfühler
7	Edelstahl-Stabflächenbrenner	25	Anschluss für Ausdehnungsgefäß
8	Verdrängungskörper		

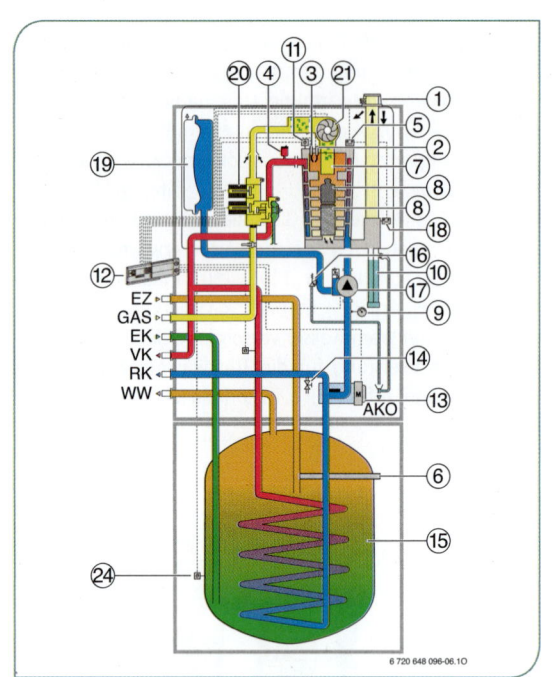

3 Gaswärmeerzeuger

1 Gaswärmezentrum mit indirekt beheiztem Speicherwassererwärmer

lich durch **Konvektion** an den Raum ab. Gas-Raumheizer werden raumluftunabhängig (Gasgeräte der Art C_{11}; vgl. Kap. 5.1.2) mit Außenwandanschluss und raumluftabhängig (Gasgeräte der Art B_{11}; vgl. Kap. 5.1.1) mit Schornsteinanschluss (flue connection) angeboten (Bild 4).

Außenwandgeräte (balanced flue boilers) mit einer Verbrennungsluft- und Abgasführung durch die Außenwand dürfen nur aufgestellt werden, wenn die Abgasführung über Dach nicht oder nur mit einem unverhältnismäßig hohen Aufwand möglich ist.

MERKE

Die baurechtlichen Bestimmungen (building regulations) der einzelnen Bundesländer sind zu beachten.

3 Gas-Raumheizer

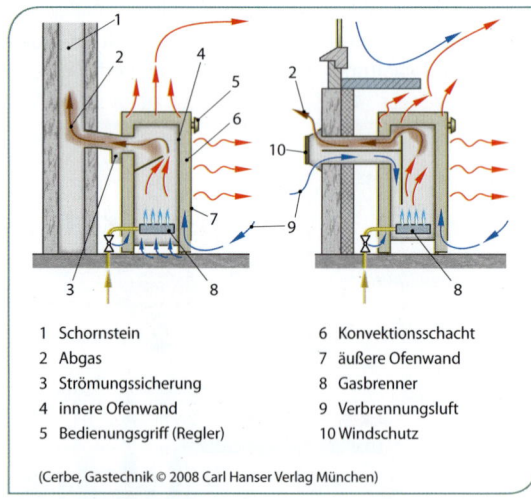

3.4 Gasherde und Gasbacköfen

Gasherde (gas cooker) (Bild 2) und Gasbacköfen (gas oven) (Kombigeräte) sind Gasgeräte der **Art A** ohne Abgasanlage (vgl. Kap. 5.1) bis zu einer Nennbelastung von ≤ 18 kW. Die Aufstellung von Gasherden und Gasbacköfen ist nur dann zulässig, wenn die Abgase sicher ins Freie geführt werden können und ein ausreichender Luftwechsel (air exchange) gewährleistet werden kann (vgl. Kap. 4.2).

2 Gasherd mit Backofen

1 Schornstein
2 Abgas
3 Strömungssicherung
4 innere Ofenwand
5 Bedienungsgriff (Regler)
6 Konvektionsschacht
7 äußere Ofenwand
8 Gasbrenner
9 Verbrennungsluft
10 Windschutz

(Cerbe, Gastechnik © 2008 Carl Hanser Verlag München)

4 Gas-Raumheizer mit Schornstein- und Außenwandanschluss

3.5 Gas-Raumheizer

Gas-Raumheizer (independent gas-fired space heater) (Bild 3) dienen hauptsächlich zur Beheizung von **zeitweise** genutzten einzelnen Räumen (wie z. B. Versammlungsräume und Einzelräume in Berghütten und Ferienwohnungen). Sie geben ihre Wärme über einen Abgas-Luft-Wärmeübertrager hauptsäch-

ÜBUNGEN

1) Warum benötigen atmosphärische Brennwertheizkessel einen Abgasventilator?

2) Wodurch unterscheiden sich grundlegend Gasumlaufwasserheizer (Gas-Heizkessel) von Gasspezialheizkesseln?

ÜBUNGEN

3) Begründen Sie, weshalb die Heizungsumwälzpumpe eines Gasumlaufwasserheizers (Gas-Heizkessel) in den Rücklauf eingebaut wird.
4) Warum haben Gas-Kombiwasserheizer meist eine höhere Wärmeleistung zur Trinkwassererwärmung?
5) Erklären Sie die Vorteile eines Gaswärmezentrums.
6) Wann dürfen Gasherde und Gasbacköfen nur aufgestellt werden?
7) Wozu werden Gas-Raumheizer hauptsächlich genutzt?
8) Wie geben Gas-Raumheizer ihre Wärme an den Raum ab?

4 Aufstellung von Wärmeerzeugern – Verbrennungsluftversorgung

4.1 Grundlagen

Bei der Installation von Feuerstätten muss besonders auf sichere **Verbrennungsluftzufuhr** (combustion air supply) und **Abgasabfuhr** (flue gas discharge) geachtet werden. Vor allem die immer luftdichter werdende Bauweise von Gebäuden stellt besondere Anforderungen an die Aufstellung von Feuerstätten.

Da zu jeder Verbrennung Sauerstoff benötigt wird, kann es bei Luftmangel zu einer **unvollständigen Verbrennung** kommen, was zur Bildung von **Kohlenmonoxid** (CO) führt (vgl. Lernfeldübergreifende Inhalte, Kap. 2.1).

Um Unfällen vorzubeugen (prevent), sind bei der Aufstellung von Feuerstätten die Bauordnungen der einzelnen Bundesländer, insbesondere die **Musterfeuerungsverordnung** (**MFeuV**), die **TRGI 2018**, die **TRF 2012** und die Einbauanleitungen der Hersteller zu beachten.

> **MERKE**
> Diese Bedingungen und Regeln gelten in gleicher Weise für feste, flüssige und gasförmige Brennstoffe.

In Bezug auf den Aufstellort unterscheidet man **Aufstellräume** (installation rooms) und **Heizräume**. Aufstellräume unterliegen **keinen** besonderen Brandschutzanforderungen. Heizräume dagegen müssen **qualifizierten** (qualified) Brandschutzanforderungen genügen.
Zu unterscheiden ist ferner zwischen raumluftabhängigen (z. B. Gasfeuerstätten Art B; vgl. Kap. 4.2.1 oder Feuerstätten mit Ölzerstäubungsbrenner; vgl. LF 11, Kap. 2.4) und raumluftunabhängigen Feuerstätten (z. B. Gasfeuerstätten Art C; vgl. Kap. 4.22 oder Ölbrennwertkessel; vgl. LF 11, Kap. 2.5).

4.2 Allgemeine Anforderungen an Aufstellung und Aufstellräume

- Bei der Aufstellung (installation) von Feuerstätten müssen die deutschen Aufstell- und Anschlussbedingungen

1 Gerätekennzeichnung

berücksichtigt werden. Auf der Feuerstätte oder einem Typenschild muss die **CE-Kennzeichnung** eingetragen sein. Gasgeräte in Sonderausführung (custom-built models) müssen das **DVGW-Prüfzeichen** tragen (Bild 1).
- **Aufstellräume** müssen immer so beschaffen sein, dass durch ihre Größe, Lage, bauliche Beschaffenheit und Nutzungsart keine Gefahren (threats) entstehen können.
- Die Einrichtung, das Betreiben und die Instandsetzung eines Gasgerätes dürfen nicht durch **zu kleine** Aufstellräume beeinträchtigt werden.
- Feuerstätten müssen so aufgestellt werden, dass sich bei **Nennwärmeleistung** Φ_{NL} die Oberflächen (surfaces) benachbarter brennbarer Möbel oder Bauteile nicht über **85 °C** erwärmen können (Bild 2). Ist aus den Einbauanweisungen der Hersteller nicht ersichtlich, wie groß die erforderlichen Abstände sind, muss ein Mindestabstand (minimum distance) von **40 cm** eingehalten werden.

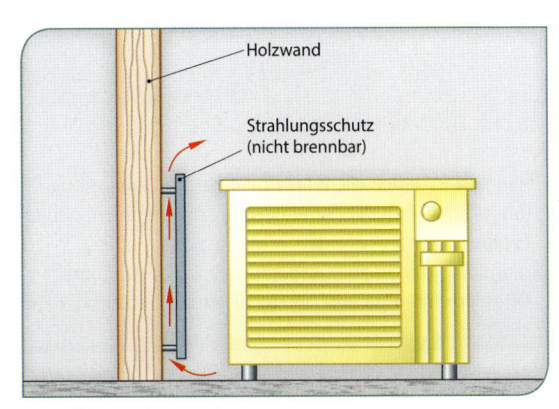

2 Strahlungsschutz

4 Aufstellung von Wärmeerzeugern – Verbrennungsluftversorgung

- Raumluftabhängige Gasfeuerstätten mit **Strömungssicherung** (Art B_1 und B_4) dürfen in Wohnungen oder ähnlichen Nutzungseinheiten nur aufgestellt werden, wenn sie eine **Abgasüberwachungseinrichtung (AÜE; nach europäischer Norm mit „BS"** (block safety) **gekennzeichnet)** besitzen (vgl. Kap. 5.2.1).
- In Aufstellräumen dürfen eine oder mehrere Gasfeuerstätten aufgestellt werden. Die Größe des Raums sowie die verbrennungslufttechnischen Anforderungen richten sich nach der **Gesamtwärmeleistung** der im Raum aufgestellten Feuerstätten (vgl. Kap. 4.2.1).

Feuerstätten dürfen **nicht** aufgestellt werden (Bild 1) in:
- notwendigen Treppenräumen (gilt nicht für Gebäude der Gebäudeklasse 1 und 2, d. h. Gebäude mit maximal zwei Wohnungen und einer Höhe bis 7 m)
- notwendigen Fluren (corridors), die als Rettungswege (escape route) dienen,

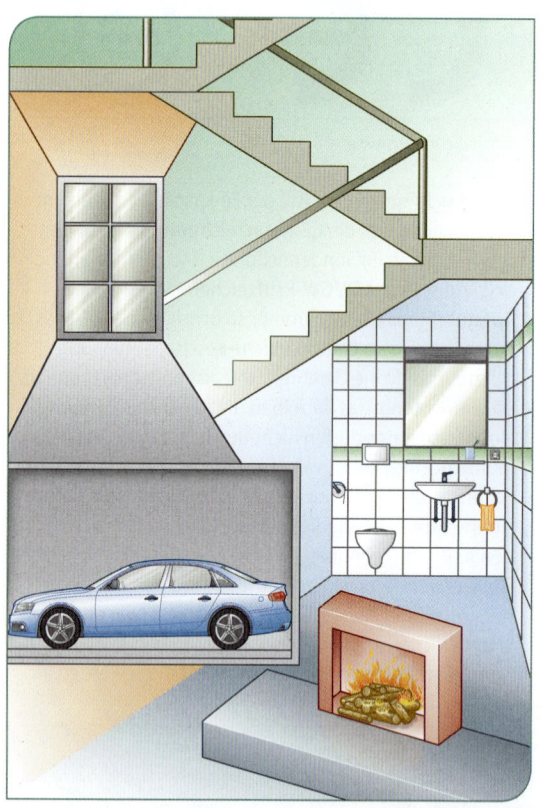

1 Nicht zulässige Aufstellräume

- Räumen, in denen leicht entzündliche oder explosionsfähige Stoffe lagern oder entstehen können und in denen Explosionsschutz gefordert wird (Ausnahme bilden raumluftunabhängige Gasgeräte der Art C, wenn ihre Oberflächentemperatur bei Nennleistung nicht höher als 300 °C ist).

Gasgeräte der **Art A** ohne Abgasanlage (without flue system) (Gas-Haushalts-Kochgeräte, Gas-Durchlaufwasserheizer, Gas-Raumheizer) dürfen nur aufgestellt werden, wenn durch einen genügend großen Luftwechsel im Aufstellraum sichergestellt ist, dass die Abgase ohne Belästigung und Gefährdung der Bewohner ins Freie geführt werden. Dies gilt insbesondere bei der Erfüllung der folgenden Bedingungen:
- wenn sichergestellt ist, dass ein Luftvolumenstrom von 30 $\frac{m^3}{h}$ je kW Gesamtnennleistung während des Betriebes des Gasgeräts durch eine maschinelle Lüftungsanlage ins Freie abgeführt wird, oder
- eine **Sicherheitsvorrichtung** (safety device) verhindert, dass der Kohlenstoffmonoxid-Gehalt im Aufstellraum über einen Wert von 30 ppm ansteigen kann
- wenn für **Gas-Kochgeräte** (gas cooker) mit einer Nennwärmebelastung bis 11 kW der Aufstellraum einen Rauminhalt von > 15 m³ aufweist (laut FeuVO in einigen Bundesländern > 20 m³) und mindestens eine Tür ins Freie oder entsprechende Zuluftöffnungen (z.B. gekipptes Fenster) hat, die geöffnet werden können,
- wenn für **Gas-Kochgeräte** mit einer Nennwärmebelastung > 12 kW, jedoch nicht > 18 kW der Aufstellraum einen Rauminhalt von 2 $\frac{m^3}{kW}$ aufweist und mindestens eine Tür ins Freie oder ein Fenster hat, das geöffnet werden kann und der gleichzeitige Betrieb einer Dunstabzugshaube (extraction hood) oder einer kontrollierten Wohnraumlüftung ohne Umluftbetrieb (recirculation) mit einem Mindestfördervolumen von 15 $\frac{m^3}{h}$ je kW Gesamtnennwärmebelastung sichergestellt ist.

Raumluftabhängige Feuerstätten der **Art B** mit Abgasanlage dürfen in Räumen mit oder ohne Tür ins Freie oder Fenster, das geöffnet werden kann, unabhängig vom Rauminhalt aufgestellt werden, wenn eine ausreichende Verbrennungsluftversorgung und ordnungsgemäße Abgasführung sichergestellt ist.

Raumluftabhängige Feuerstätten der **Art B** mit Abgasanlage dürfen nicht aufgestellt werden (Bild 1) in:
- Räumen, die über **Einzelschachtanlagen** (single shaft systems) nach DIN 18017-1 (zurückgezogen) entlüftet werden, außer, ihre Abgase werden über Einzelschachtanlagen abgeführt,
- Bädern und WCs ohne Außenfenster, die über **Schächte** ohne Ventilator entlüftet werden,
- Räumen mit offenen **Kaminen** (open fire-places) ohne eigene Verbrennungsluftversorgung,
- Räumen (außer Aufstellräumen mit Öffnungen ins Freie), aus denen Ventilatoren Luft absaugen (z. B. Dunstabzugshauben und Wäschetrockner mit Fortluft; Bild 1, nächste Seite).

Zugelassen ist die Aufstellung, wenn die Abgase in **Lüftungsanlagen** eingeleitet werden, Brenner und Ventilator gegeneinander **verriegelt** (locked) sind, der Ventilator die Verbrennungsluftversorgung und die Abgasabführung nicht beeinflusst und die Abgasführung durch besondere Sicherheitseinrichtungen (Fensterkontaktschalter, Differenzdrucküberwachung) überwacht wird.

4 Aufstellung von Wärmeerzeugern – Verbrennungsluftversorgung

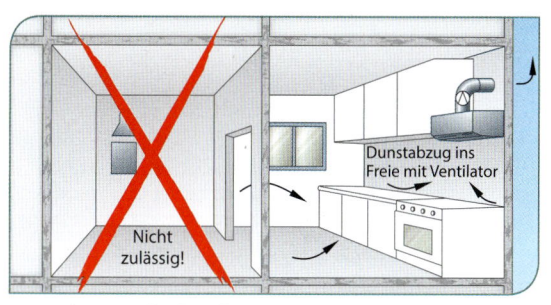

1 Unzulässige Aufstellung für eine raumluftabhängige Feuerstätte

4.2.1 Aufstellung und Verbrennungsluftversorgung raumluftabhängiger Feuerstätten Art B

In der **Musterfeuerungsverordnung** sind genaue Bestimmungen festgelegt, die beachtet werden müssen, um den einwandfreien Betrieb einer Feuerstätte sicherzustellen. Dabei stehen zwei Schutzziele (protection objectives) im Mittelpunkt:

Schutzziel 1 dient dem sicheren Betriebsverhalten von Gasfeuerstätten (**Art B_1 und B_4**) mit Strömungssicherung (draught diverter) im Anfahrzustand. Bei diesen Geräten können im Anfahrzustand z. B. durch noch ungenügenden Auftrieb (kalter Schornstein) die Abgase kurzzeitig in den Aufstellraum entweichen. Um sicherzustellen, dass die Abgaskonzentration unbedenklich bleibt, muss der Aufstellraum ein Raum-Leistungs-Verhältnis (RLV) $\geq 1\,\frac{m^3}{kW}$ **Gesamtnennwärmeleistung** $\Sigma\Phi_{NL}$ haben (Bild 2). Der Aufstellraum muss nicht unbedingt eine Außentür oder ein Außenfenster haben. Ist das Volumen $< \frac{1\,m^3}{kW}$, sind zwei unverschließbare Öffnungen von jeweils mindestens **150 cm²** freiem Querschnitt zu einem oder mehreren unmittelbar benachbarten Räumen herzustellen. Die verbundenen Räume müssen ein Gesamtvolumen $\geq 1\,\frac{m^3}{kW}$ haben (Bild 3).

Schutzziel 2 gewährleistet eine sichere Verbrennungsluftversorgung für alle **raumluftabhängigen** (ambientair dependent) Feuerstätten einer Wohnung für **feste, flüssige** und **gasförmige** Brennstoffe (Gasgeräte **Art B**). Um den einwandfreien Betrieb raumluftabhängiger Feuerstätten sicherzustellen, muss hinsichtlich der Verbrennungsluftversorgung ein Volumenstrom von **1,6 m³/h je 1 kW** Nennwärmeleistung Φ_{NL} bei einem Unterdruck (negativer Überdruck) von **4 Pa** im Aufstellungsraum gegenüber dem Freien zur Verfügung stehen.

Die bisherige Aussage (TRGI 2008), dass hinsichtlich einer ausreichenden Verbrennungsluftversorgung ein Raum-Leistungs-Verhältnis (RLV) von 4 m³/kW Gesamtnennwärmeleistung $\Sigma\Phi_{NL}$ eingehalten werden muss, ist nach der neuen TRGI 2018 nicht mehr gültig. Wissenschaftliche Untersuchungen zur Lüftung von neueren Wohngebäuden haben ergeben, dass der Luftvolumenstrom, der durch Undichtigkeiten in der Gebäudehülle in die Wohnungen einströmt **(Infiltration)** (infiltration) wesentlich geringer ist, als bisher angenommen. Der **Infiltrationsvolumenstrom** reicht so in der Regel nicht mehr aus, um eine ausreichende Verbren-

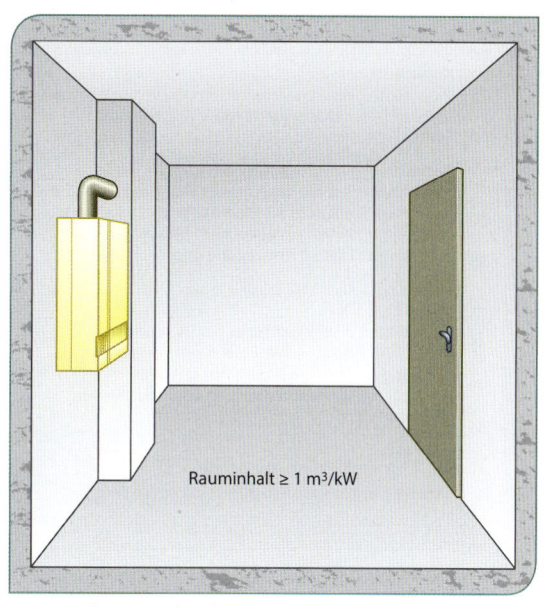

2 Minimaler Rauminhalt für Gasgeräte B_1 und B_4

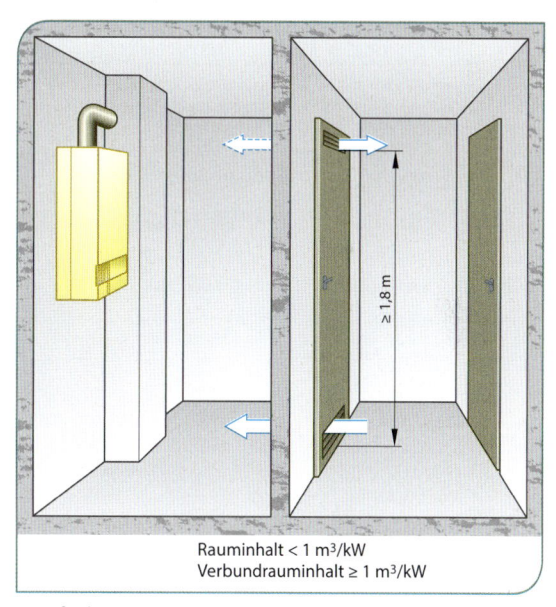

3 Anforderungen an den Rauminhalt für Gasgeräte B_1 und B_4

nungsluftversorgung sicherzustellen. Dies wird in der neuen TRGI 2018 berücksichtigt und ein **neues Berechnungsverfahren** in Anlehnung an die im Jahr 2009 erschienene **DIN 1946-6, Raumlufttechnik: Lüftung von Wohnungen; Anforderungen, Ausführung, Abnahme**, eingeführt. Um den rechnerischen Aufwand nicht zu groß werden zu lassen, wurden vom DVGW basierend auf Haustyp und Errichtungsjahr neue Diagramme (z. B. Bild 1, nächste Seite), Tabellen (z. B. Bild 2, nächste Seite), Formblätter (z. B. Bild 1, übernächste Seite) und eine neue vereinfachte Formel (S. 210) in Absprache mit dem für die DIN 1946-6 verantwortlichen Normenausschuss entwickelt.

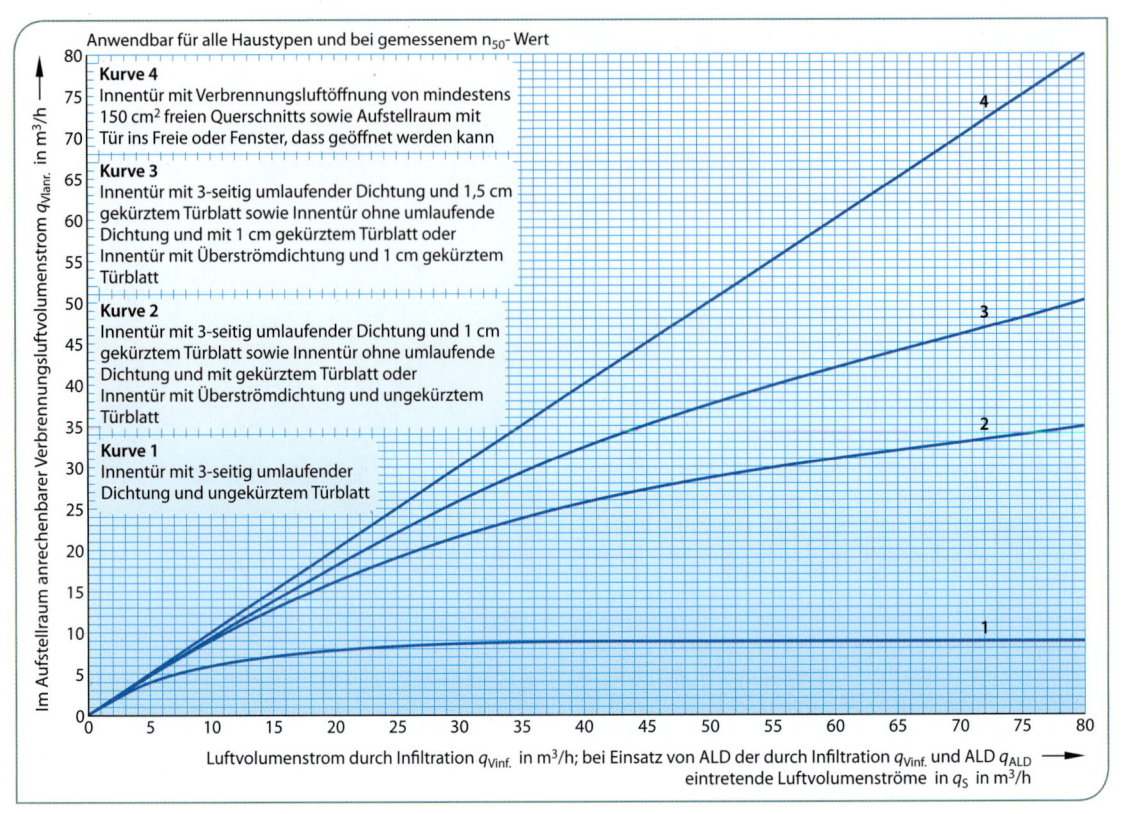

4 Aufstellung von Wärmeerzeugern – Verbrennungsluftversorgung

Anwendbar für alle Haustypen und bei gemessenem n_{50}-Wert

Kurve 4
Innentür mit Verbrennungsluftöffnung von mindestens 150 cm² freien Querschnitts sowie Aufstellraum mit Tür ins Freie oder Fenster, dass geöffnet werden kann

Kurve 3
Innentür mit 3-seitig umlaufender Dichtung und 1,5 cm gekürztem Türblatt sowie Innentür ohne umlaufende Dichtung und mit 1 cm gekürztem Türblatt oder Innentür mit Überströmdichtung und 1 cm gekürztem Türblatt

Kurve 2
Innentür mit 3-seitig umlaufender Dichtung und 1 cm gekürztem Türblatt sowie Innentür ohne umlaufende Dichtung und mit gekürztem Türblatt oder Innentür mit Überströmdichtung und ungekürztem Türblatt

Kurve 1
Innentür mit 3-seitig umlaufender Dichtung und ungekürztem Türblatt

Im Aufstellraum anrechenbarer Verbrennungsluftvolumenstrom $q_{Vl\,anr.}$ in m³/h

Luftvolumenstrom durch Infiltration $q_{Vinf.}$ in m³/h; bei Einsatz von ALD der durch Infiltration $q_{Vinf.}$ und ALD q_{ALD} eintretende Luftvolumenströme in q_S in m³/h

1 Anrechenbarer Verbrennungsluftvolumenstrom (TRGI 2018)

Objekt:					Messwert (wenn vorhanden)				Kennwerte der Nutzungseinheit (TRGI 2018)				
Datum:					n_{50}-Wert gemessen		$F_{wirk.komp}$		n_{50}-Auslegungswert		Haustyp		errechneter Luftwechsel in 1/h
Ist-Zustand					Schutzziel 1				Schutzziel 2				
Raum		Verbrennungslufträume (VLR)[1)]		Feuerstätte(n)	min.1 m³ je kW				Werte aus Diagramm Bild 1, S. 208 oder Tabelle Bild 1, S. 209	Änderung	Werte aus Diagramm Bild 1, S. 208 oder Tabelle Bild 1, S. 209		Vom Hersteller angegebener Luftvolumenstrom bei 4 Pa in m³/h
Spalte	1	2	3	4	5	6	7	8	9	10	11	12	13	14	15	16	17	18	19	20
	Nr. des Raumes laut Skizze	Nutzung	Raumvolumen (VR)	bei Berechnung der Infiltration[2)]	Angenommenes Raumvolumen bei Nutzung Tabelle XX[3)]	Luftvolumenstrom durch Infiltration	Verwendungszweck/Art	Nennleistung bzw. fiktive Leistung	Verbrennungsluftbedarf	RLV[4)] nur Aufstellraum	Raumvolumen Aufstellraum und Nebenraum	RVL[4)] für Aufstellraum und Nebenraum	Kurve nach TRGI	Anrechenbarer Verbrennungsluftvolumenstrom bei Kurve aus Spalte 12	Maßnahme an der Tür des Raumes zur Verbesserung des Luftdurchlasses	Neue Kurve nach Maßnahme aus Spalte 14	Anrechenbarer Verbrennungsluftvolumenstrom bei Kurve aus Spalte 15	Anzahl ALD	Luftvolumenstrom ALD	Summe Luftvolumenstrom Spalte 5 + Spalte 18	Anrechenbarer Verbrennungsluftvolumenstrom bei Kurve aus Spalte 15[5)]
Maßeinheit			m³	m³	m³	m³/h		kW	m³/h		m³			m³/h			m³/h		m³/h	m³/h	m³/h
I																					
II																					
III																					
IV																					
V																					
VI																					
VII																					
Σ	x				x		x		x			x		x	x	x					

[1)] VLR sind Räume mit Tür oder Fenster ins Freie das geöffnet werden kann; [2)] gleiches Volumen wie Spalte 2; [3)] ist das Raumvolumen des zu berechnenden Raumes in Bild 1, nächste Seite für den betrachteten Haustyp nicht enthalten, wird der Wert für das nächst kleinere Raumvolumen verwendet – dieses Raumvolumen ist in Spalte 4 einzutragen; [4)] Raum-Leistungs-Verhältnis (RVL) = Raumvolumen durch Leistung; [5)] steht in Spalte 15 keine Kurve (wurde also an der vorhandenen Tür dieses Raumes keine Änderung vorgenommen) gilt die Kurve aus Spalte 12

2 Formblatt zur Ermittlung der ausreichenden Verbrennungsluftversorgung von raumluftabhängigen Feuerstätten bis 50 kW Nennwärmeleistung im Verbrennungsluftverbund (siehe Bild 1) (TRGI 2018 unter Anwendung von Bild 1 S. 208 bzw. Bild 1, S. 211 oder Bild 1, S. 209) (TRGI 2018).

4 Aufstellung von Wärmeerzeugern – Verbrennungsluftversorgung

Eingeschossige Wohnung / Nutzungseinheit			Mehrgeschossige Wohnung / Nutzungseinheit			Referenzwert nach TRGI 2008	Anrechenbarer Verbrennungsvolumenstrom $q_{V,VL,eff}$ [m³/h]					
Ventilatorgestützte Lüftung in ab 2002 errichteten EFH/MFH	freie Lüftung in vor 2002 errichteten EFH mit MFH oder – in vor 2002 errichteten MFH mit wesentlicher Änderung der Luftdurchlässigkeit	freie Lüftung in vor 2002 errichteten EFH mit wesentlicher Änderung der Luftdurchlässigkeit	Ventilatorgestützte Lüftung in ab 2002 errichteten EFH/MFH	freie Lüftung – in ab 2002 errichteten EFH/MFH oder – in vor 2002 errichteten MFH mit wesentlicher Änderung der Luftdurchlässigkeit	freie Lüftung in vor 2002 errichteten EFH mit MFH ohne wesentliche Änderungen der Luftdurchlässigkeit	Freie Lüftung in vor 2002 errichteten EFH/MFH ohne wesentliche Änderungen der Luftdurchlässigkeit	Aufstellraum mit Tür ins Freie oder Fenster, das geöffnet werden kann sowie Innentür mit Verbrennungsluftöffnung von mind. 150 cm² freien Querschnittes	Innentür ohne umlaufende Dichtung oder mit Überströmdichtung			Innentür mit 3-seitig umlaufender Dichtung	
$n_{50} = 1,0$	$n_{50} = 1,5$	$n_{50} = 2,0$	$n_{50} = 1,0$	$n_{50} = 1,5$	$n_{50} = 2,0$	$n_{50} = 3,0$	Verbrennungs-Luftvolumenstrom durch Infiltration					
$f_{wirk,komp} = 0,7$			$f_{wirk,komp} = 0,8$			$f_{wirk,komp} = 0,7$						
$n = 0,13\,h^{-1}$	$n = 0,19\,h^{-1}$	$n = 0,26\,h^{-1}$	$n = 0,15\,h^{-1}$	$n = 0,22\,h^{-1}$	$n = 0,3\,h^{-1}$	$n = 0,4\,h^{-1}$		Kurve 2	Kurve 3	Kurve 1	Kurve 2	Kurve 3
Haustyp 1 Raumvolumen [m³]	Haustyp 3 Raumvolumen [m³]	Haustyp 5 Raumvolumen [m³]	Haustyp 2 Raumvolumen [m³]	Haustyp 4 Raumvolumen [m³]	Haustyp 6 Raumvolumen [m³]	Haustyp 7 Raumvolumen [m³]	Kurve 4 [m³/h]	Türblatt ungekürzt	Türblatt 1,0 cm gekürzt	Türblatt ungekürzt	Türblatt 1,0 cm gekürzt	Türblatt 1,5 cm gekürzt
6	4	3	5	4	3	2	0,8	0,8	0,8	0,8	0,8	0,8
12	8	6	11	7	5	4	1,6	1,4	1,4	1,4	1,4	1,4
18	13	9	16	11	8	6	2,4	2,2	2,2	2,2	2,2	2,2
25	17	12	21	15	11	8	3,2	3,0	3,0	2,7	3,0	3,0
31	21	15	27	18	13	10	4	3,8	3,8	3,4	3,8	3,8
37	25	18	32	22	16	12	4,8	4,5	4,6	3,7	4,5	4,6
43	29	22	37	25	19	14	5,6	5,1	5,3	4,2	5,1	5,3
49	34	25	43	29	21	16	6,4	5,9	6,1	4,5	5,9	6,1
55	38	28	48	33	24	18	7,2	6,6	6,9	5,0	6,6	6,9
62	42	31	53	36	27	20	8	7,4	7,5	5,3	7,4	7,5
68	46	34	49	40	29	22	8,8	8,0	8,3	5,6	8,0	8,3
74	51	37	64	44	32	24	9,6	8,6	9,1	5,8	8,6	9,1
80	55	40	69	47	35	26	10,4	9,3	9,8	6,1	9,3	9,8
86	59	43	75	51	37	28	11,2	9,9	10,6	6,2	9,9	10,6
92	63	46	80	55	40	30	12	10,6	11,4	6,6	10,6	11,4
98	67	49	85	58	43	32	12,8	11,2	12,0	6,7	11,2	12,0
105	72	52	91	62	45	34	13,6	11,7	12,6	6,9	11,7	12,6
111	76	55	96	65	48	36	14,4	12,3	13,4	7,0	12,3	13,4
117	80	58	101	69	51	38	15,2	13,0	14,1	7,0	13,0	14,1
123	84	62	107	73	53	40	16	13,6	14,9	7,2	13,6	14,9
129	88	65	112	76	56	42	16,8	14,1	15,5	7,4	14,1	15,5
135	93	68	117	80	59	44	17,6	14,6	16,2	7,5	14,6	16,2
142	97	71	123	84	61	46	18,4	15,0	17,0	7,5	15,0	17,0
148	101	74	128	87	64	48	19,2	15,7	17,6	7,7	15,7	17,6
154	105	77	133	91	67	50	20	16,2	18,2	7,7	16,2	18,2
160	109	80	139	95	69	52	20,8	16,6	18,9	7,8	16,6	18,9
166	114	83	144	98	72	54	21,6	17,1	19,5	7,8	17,1	19,5
172	118	86	149	102	75	56	22,4	17,6	20,0	8,0	17,6	20,0
178	122	89	155	105	77	58	23,2	18,1	20,8	8,0	18,1	20,8
185	126	92	160	109	80	60	24	18,6	21,4	8,2	18,6	21,4
191	131	95	165	113	83	62	24,8	19,0	22,1	8,2	19,0	22,1
197	135	98	171	116	85	64	25,6	19,4	22,7	8,2	19,4	22,7
203	139	102	176	120	88	66	26,4	19,8	23,4	8,2	19,8	23,4
209	143	105	181	124	91	68	27,2	20,3	23,8	8,3	20,3	23,8
215	147	108	187	127	93	70	28	20,6	24,5	8,3	20,6	24,5

1 Anrechenbarer Verbrennungsluftvolumenstrom in Abhängigkeit vom Haustyp (TRGI 2018)

Lernfeld 10

4 Aufstellung von Wärmeerzeugern – Verbrennungsluftversorgung

Berechnungsverfahren
Grundsätzlich gilt, dass eine ausreichende Verbrennungsluftversorgung (combustion air supply) aus dem **Freien** erforderlich ist und der anrechenbare ermittelte Verbrennungsluftvolumenstrom **gleich** oder **größer** sein muss als der Verbrennungsluftbedarf.

$$q_{VL.anr} \geq q_{Bed}$$

$q_{VL.anr}$: anrechenbarer Verbrennungsluftvolumenstrom in m³/h
q_{Bed}: Verbrennungsluftbedarf in m³/h

Ein ausreichender Verbrennungsluftvolumenstrom liegt vor, wenn ein anrechenbarer Volumenstrom von **1,6 m³/h je 1 kW** Nennwärmeleistung Φ_{NL} bei einem Unterdruck (negativer Überdruck) von **4 Pa** im Aufstellungsraum gegenüber dem Freien auf natürliche Weise oder durch technische Maßnahmen zur Verfügung steht.

Verbrennungsluftbedarf für einen Aufstellraum

$$q_{Bed} = \Sigma \Phi_{NL} \cdot 1{,}6 \, \frac{m^3}{h \cdot kW}$$

q_{Bed}: Verbrennungsluftbedarf in m³/h
$\Sigma \Phi_{NL}$: Summe der Nennwärmeleistungen aller im Raum installierten raumluftabhängigen Feuerstätten in kW

Anrechenbarer Verbrennungsluftvolumenstrom
Eine ausreichende Verbrennungsluftversorgung kann unterschiedlich sichergestellt werden durch:
- Undichtigkeiten (leakage) (Infiltration) in den Außenwänden (Außenfugen) des Aufstellraums,
- Undichtigkeiten in allen Räumen im Verbrennungsluftverbund (Verbrennungsluftverbund, Kap. 4.2.1.1) mit Türen und Fenstern ins Freie,
- Undichtigkeiten in den Außenwänden zusammen mit Außenluftdurchlässen (ALD) (external air inlet),
- Öffnungen ins Freie und technische Anlagen (z. B. Ventilatoren).

Vereinfachte Berechnungsformel des Infiltrationsvolumenstroms nach TRGI 2018

$$q_{V.inf} = V_R \cdot f_{wirk.komp} \cdot n_{50} \cdot 0{,}1857$$

Beschreibung Wohnung/Nutzungseinheit	Korrekturfaktor
Eingeschossige Wohnung/Nutzungseinheit	0,7
Mehrgeschossige Wohnung/Nutzungseinheit	0,8

1 Korrekturfaktor für den wirksamen Infiltrationsluftanteil

$q_{V.inf}$: Infiltrationsvolumenstrom für einen Raum mit Fenster oder Tür ins Freie in m³/h
V_R: Raumvolumen des Raums mit Fenster oder Tür ins Freie in m³
$f_{wirk.komp}$: Korrekturfaktor für den wirksamen Infiltrationsluftanteil aus Bild 1
n_{50}: Messwert des Luftwechsels bei 50 Pa in 1/h. Liegt kein Messwert für n_{50} vor, kann der Auslegungswert aus Bild 1, vorherige Seite oder Bild 1, nächste Seite entnommen werden.

Die errechnete Luftwechselrate (Bild 1, nächste Seite) ergibt sich aus:

$n = f_{wirk.komp} \cdot n_{50} \cdot 0{,}1857$
n: errechnete Luftwechselrate in 1/h
$q_{V.inf} = V_R \cdot n$
$q_{V.inf}$: Infiltrationsvolumenstrom für einen Raum mit Fenster oder Tür ins Freie in m³/h

Im Unterschied zum **Schutzziel 1** dürfen beim **Schutzziel 2** bei der Verbrennungsluftversorgung über Undichtigkeiten in der Gebäudehülle (z. B. Außenfugen (joints)) oder im Verbrennungsluftverbund nur Räume mit Tür ins Freie oder mit zu öffnendem Fenster angerechnet werden.

> **MERKE**
> Eine Tür ins Treppenhaus ist keine Tür ins Freie.

4.2.1.1 Anforderungen an Aufstellräume für raumluftabhängige Feuerstätten der Art B bis 50 kW Gesamtnennwärmeleistung

Werden andere Räume der gleichen Wohnung lufttechnisch über Öffnungen mit dem Aufstellraum mittel- oder unmittelbar verbunden (Bild 2), spricht man von einem **Verbrennungsluftverbund**. Beim **unmittelbaren** (direct) Verbrennungsluftverbund ist der Aufstellraum lufttechnisch direkt mit einem Verbrennungsluftraum verbunden. Beim **mittelbaren** (indirect) Verbrennungsluftverbund ist der Aufstellraum über einen oder mehrere Verbundräume (connecting rooms) lufttechnisch mit dem Verbrennungsluftraum bzw. den Verbrennungslufträumen verbunden.

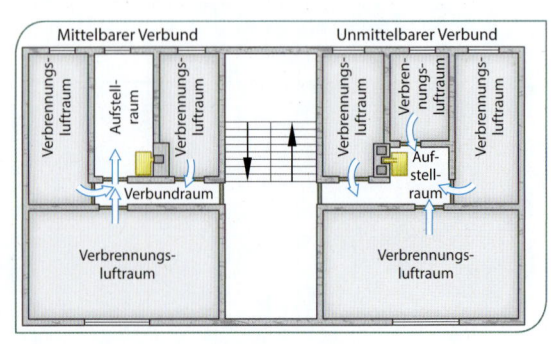

2 Formen des Verbrennungsluftverbundes

4 Aufstellung von Wärmeerzeugern – Verbrennungsluftversorgung

Bemerkungen/Kriterien für Zuordnungen	Auslegungs-wert n_{50}	Wohnung/Nutzungseinheit[1] eingeschossig		Wohnung/Nutzungseinheit[1] mehrgeschossig	
		Korrekturfaktor $f_{wirk.komp}$ 0,7	Errechnete Luftwechselrate n in 1/h	Korrekturfaktor $f_{wirk.komp}$ 0,8	Errechnete Luftwechselrate n in 1/h
Ventilatorgestützte Lüftung[2] in ab 2002 errichteten Ein- und Mehrfamilienhäusern	1,0	Haustyp 1	0,13	Haustyp 2	0,15
Freie Lüftung[3] in ab 2002[4] errichteten Ein- und Mehrfamilienhäusern	1,5	Haustyp 3	0,19	Haustyp 4	0,22
Freie Lüftung in vor 2002 errichteten Mehrfamilienhäusern mit wesentlichen Änderungen[5] der Luftdurchlässigkeit der Gebäudehülle					
Freie Lüftung in vor 2002 errichteten Einfamilienhäusern mit wesentlichen Änderungen der Luftdurchlässigkeit der Gebäudehülle[4]	2,0	Haustyp 5	0,26	Haustyp 6	0,3
Freie Lüftung in vor 2002 errichteten Ein- und Mehrfamilienhäusern ohne wesentlichen Änderungen[5] der Luftdurchlässigkeit der Gebäudehülle	3	Haustyp 7	0,4[6]	Haustyp 7	0,4[6]

[1] Einschossig/mehrschossig ist die Geschosszahl innerhalb der Wohnung/Nutzungseinheit, z. B. Wohnung in einer Etage eines Mehrfamilienhauses = eingeschossig; Wohnung über 2 Etagen eines Mehrfamilienhauses = mehrgeschossig
[2] Z. B. kontrollierte Be- und Entlüftung mittels eines oder mehrerer Ventilatoren
[3] Lüftung über Undichtheiten in der Gebäudehülle, z. B. Fensterfugen
[4] D. h. nach EnEV 2002 und folgende errichtete Gebäude
[5] Eine wesentliche Änderung der Luftdurchlässigkeit der Gebäudehülle liegt z. B. vor, wenn
– in einer Nutzungseinheit mehr als 1/3 der vorhandenen Fenster ausgetauscht wurden oder
– in einem Einfamilienhaus mehr als 1/3 der vorhandenen Fenster ausgetauscht oder mehr als 1/3 der Dachfläche abgedichtet wurde.
[6] Entspricht den bisherigen 4 m³/kW Regel.

1 Auslegungswert für n_{50}, wenn kein gemessener n_{50}-Wert vorliegt und Zuordnung zu einem Haustyp unter Berücksichtigung des Korrekturfaktors aus Bild 1, vorherige Seite sowie errechneter Luftwechselrate (TRGI 2018)

Die lufttechnischen Verbindungen (z. B. Öffnungen oder gekürzte Türblätter) beim **unmittelbaren** Verbrennungsluftverbund sind nach den Möglichkeiten des Diagramms Bild 1, S. 208 vorzunehmen (z. B. Innentür mit 3-seitig umlaufender Dichtung (seal) und um 1 cm gekürztem Türblatt).

Beim **mittelbaren** Verbrennungsluftverbund ist die Verbindung zwischen Verbrennungsluftraum und Verbundraum wie beim unmittelbaren Verbrennungsluftverbund herzustellen.

Verbundräume untereinander und Verbundräume und Aufstellräume sind durch je eine Verbrennungsluftöffnung ≥ 150 cm² freien Querschnitts (cross-sectional area) zu verbinden. Auch Verbundräume können Verbrennungslufträume sein, sofern sie zu öffnende Fenster haben.

> **MERKE**
> Grundsätzlich muss jeder anrechenbare Verbrennungsluftraum Außenfugen/Außenluftöffnungen haben.

Da es beim Verbrennungsluftverbund zu **Störungen** z. B. durch Zug, Geräusche und Geruchsbelästigungen kommen kann, sollten **raumluftunabhängige** (room sealed) **Feuerstätten** bevorzugt werden.

4.2.1.2 Verbrennungsluftversorgung aus dem Freien

Gasfeuerstätten der Art B bis 50 kW Gesamtnennleistung dürfen in Räumen aufgestellt werden, die **eine Öffnung ≥ 150 cm² oder zwei Öffnungen je ≥ 75 cm²** freien Querschnitts ins Freie haben (Bild 2). Die Verbrennungsluft kann auch durch eine Leitung (duct) aus einem Nachbarraum mit Öffnung ins Freie geführt werden (Bild 1, nächste Seite). Der Querschnitt der Leitung muss nach Diagrammen (TRGI 2018) bestimmt werden und darf sich auf der gesamten Länge der Leitung nicht verringern.

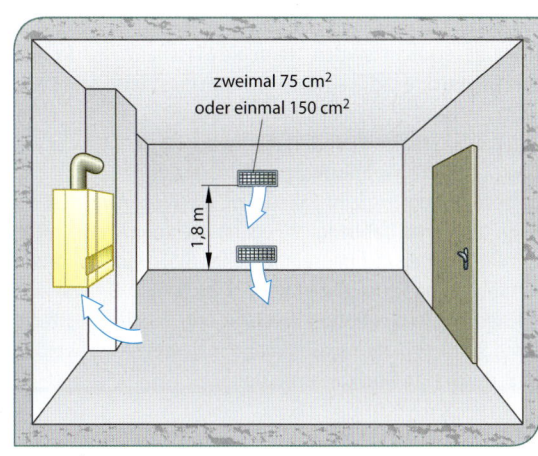

2 Zwei Öffnungen ins Freie

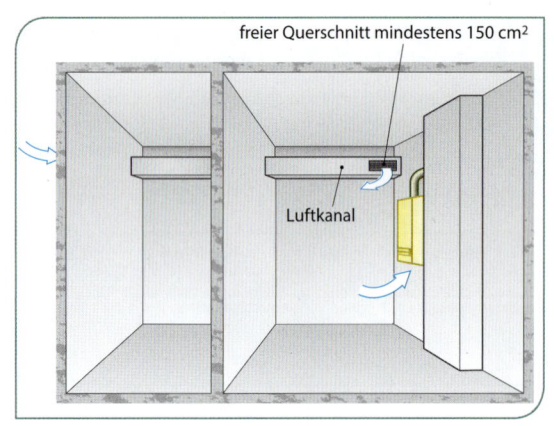

4 Aufstellung von Wärmeerzeugern – Verbrennungsluftversorgung

1 Verbrennungsluftzuführung über eine Leitung ins Freie

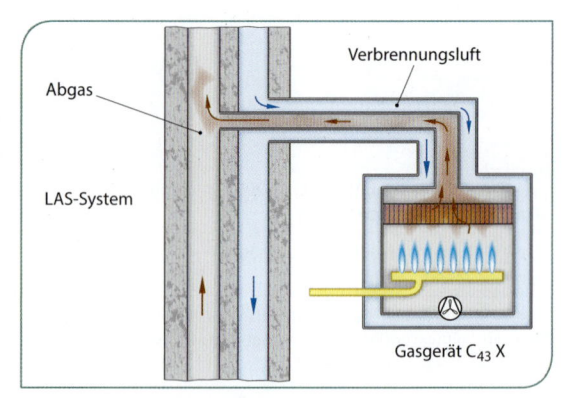

2 Raumluftunabhängiges Gasgerät Art C_{43}

Die **Verbrennungsluftversorgung** von Gasgeräten der Art B kann auch über eine **Kombination** (combination) von:
- Undichtigkeiten (Infiltrationen) in den Außenwänden (Außenfugen) des Aufstellraums,
- Undichtigkeiten in allen Räumen im Verbrennungsluftverbund (Verbrennungsluftverbund, Kap. 4.2.1.1) mit Türen und Fenstern ins Freie,
- Undichtigkeiten in den Außenwänden zusammen mit Außenluftdurchlässen (ALD),
- Öffnungen ins Freie und technische Anlagen (z. B. Ventilatoren) sichergestellt werden.

Der **Hersteller** der Außenluftdurchlässe muss die anrechenbare Luftergiebigkeit der **ALDs** in m³/h zugeführter Außenluft bei einem Differenzdruck von **4 Pa** angeben.
Können die ALDs elektrisch geschlossen und geöffnet werden, muss sichergestellt sein, dass die Gasfeuerstätte nur bei geöffnetem Außenluftdurchlass betrieben werden kann.
Für jedes über 50 kW Gesamtnennwärmeleistung hinausgehende (additional) Kilowatt müssen **zusätzlich 2 cm²** für den freien Querschnitt angerechnet werden.
Sind die Öffnungen **verschließbar** (lock-up), muss sichergestellt sein, dass die Gasfeuerstätte nur bei **geöffnetem** Außenluftdurchlass betrieben werden kann.
Wenn der erforderliche Querschnitt erhalten bleibt, können die Öffnungen mit einem **Gitter** (grid) oder **Drahtnetz** (wire netting) versehen werden, wenn die Maschenweite des Gitters 10 mm und die Drahtdicke 0,5 mm nicht unterschreiten.

4.2.1.3 Messtechnischer Nachweis der Verbrennungsluftversorgung

In bestimmten (certain) Fällen (vgl. DVGW-Hinweis G 625) kann für raumluftabhängige Feuerstätten der Art B_1 und B_4 mit Abgasüberwachungseinrichtung (BS) und für raumluftabhängige Feuerstätten der Art B_2, B_3 und B_5 eine ausreichende Verbrennungsluftversorgung auch messtechnisch (achieved by measurement) nachgewiesen werden (z. B. durch eine Druckmessmethode).

4.2.2 Bedingungen für raumluftunabhängige Gasfeuerstätten der Art C

An Aufstellräume für Gasgeräte der **Art C** und der **Zusatzkennung „X"** (Bild 2), bei denen Abgase in bedrohlicher (dangerous) Menge nicht austreten können, werden keine besonderen Anforderungen hinsichtlich Rauminhalt und Lüftung gestellt.
Alle anderen Anforderungen, die nicht speziell nur für raumluftabhängige Gasgeräte gelten, müssen natürlich beachtet werden. Erfüllt ein Gasgerät der Art C **mit Gebläse** die erhöhten Dichtheitsanforderungen (tightness requirements) nicht (**Gasgerät ohne Zusatzkennzeichnung „X"**), muss der Aufstellraum eine Öffnung mit einem freien Querschnitt von **150 cm²** haben oder zwei Öffnungen mit je **75 cm²**.

4.2.3 Besondere Anforderungen an Aufstellräume für Gasfeuerstätten mit einer Gesamtnennwärmeleistung > 100 kW

Feuerstätten mit einer Gesamtnennwärmeleistung > **100 kW** dürfen nur in Räumen aufgestellt werden (Bild 1, nächste Seite):
- die nicht anderweitig genutzt werden, ausgenommen zur Aufstellung von Feuerstätten für flüssige und feste Brennstoffe, zur Aufstellung von Wärmepumpen (heat pumps), Blockheizkraftwerken (engine-based cogenerators) und ortsfesten Verbrennungsmotoren sowie zur Lagerung von Brennstoffen,
- die gegenüber anderen Räumen keine Öffnungen mit Ausnahme von Türöffnungen haben,
- die zwei unmittelbar ins Freie führende, oben und unten angeordnete Öffnungen von min. 150 cm² aufweisen zuzüglich 1 cm² für jedes über 100 kW hinausgehende kW,
- deren Türen dicht- und selbstschließend sind,
- die gelüftet werden können,
- die einen außerhalb des Aufstellraums angeordneten Notschalter (emergency stop) besitzen, neben dem ein Schild mit der Aufschrift: „**NOTSCHALTER-FEUERUNG**" angebracht ist.

4 Aufstellung von Wärmeerzeugern – Verbrennungsluftversorgung

1 Aufstellraum für Feuerstätte > 100 kW

Wird in dem Aufstellraum Heizöl gelagert oder ist der Raum für die Heizöllagerung (fuel-oil storage) nur vom Aufstellraum zugänglich, muss die Heizölzufuhr von der Stelle des Notschalters aus durch eine entsprechend gekennzeichnete Absperreinrichtung unterbrochen werden können.

Da in einem Fachbuch nicht alle Aspekte der Berechnung des anrechenbaren Verbrennungsluftvolumenstroms berücksichtigt werden können, wird im Folgenden nur beispielhaft auf die Berechnung der Verbrennungsluftversorgung bis **50 kW Nennwärmeleistung** mittels Formblatt eingegangen.

Berechnung des Infiltrationsvolumenstroms mittels Formblatt Bild 2, S. 208 unter Anwendung von Diagramm Bild 1, S. 208 (anrechenbarer Verbrennungsluftvolumenstrom) bzw. Bild 1, S. 209 (anrechenbarer Verbrennungsluftvolumenstrom in Abhängigkeit vom Haustyp).

Beispiel
In der nebenstehend dargestellten Wohnung soll ein Gas-Kombiwasserheizer (KWH) Art B_{11BS} mit $\Phi_{NL} = 21{,}0$ kW unter folgenden Bedingungen installiert werden:
- vor 2002 errichtet,
- neue Fenster,
- alle Innentüren sind mit 3-seitig umlaufender Dichtung versehen,
- der Wohnungseigentümer wünscht keine Verbrennungsluftöffnung ins Freie oder durch Innenwände und keine Entfernung der Türdichtungen.

a) Führen Sie den Nachweis über das Erreichen der Schutzziele 1 und 2 mittels Formblatt Bild 2, S. 208 und Bild 1, S. 214 unter Anwendung von Diagramm Bild 1, S. 208 (anrechenbarer Verbrennungsluftvolumenstrom) bzw. Bild 1, S. 209 (anrechenbarer Verbrennungsluftvolumenstrom in Abhängigkeit vom Haustyp).
b) Nennen Sie die zu ergreifenden Maßnahmen.

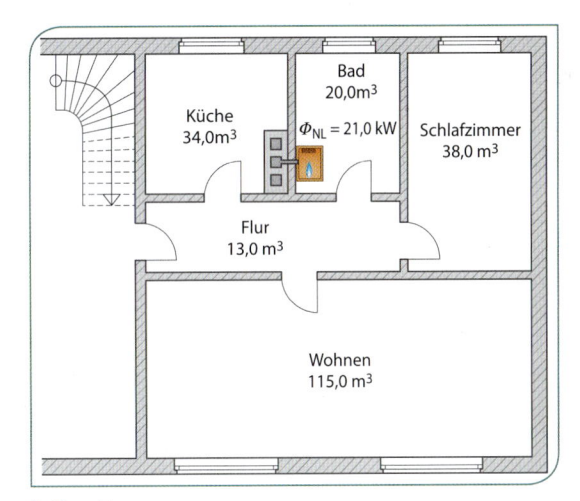

2 Grundriss

Lernfeld 10

4 Aufstellung von Wärmeerzeugern – Verbrennungsluftversorgung

Lösung

a) **Schutzziel 1** (RLV ≥ 1 m³ pro 1 kW $\Sigma\Phi_{NL}$) erfüllt (Spalte 11)
   RLV = V_R/Φ_{NL} = 33,0 m³/21,0 kW
   RLV = 1,57 m³/kW
   Schutzziel 2 erfüllt, da $q_{VL.anr}$ (Spalte 20) ≥ q_{Bed} (Spalte 8)

b) **Maßnahmen:**
   - zwei Öffnungen in der Tür zum Bad von jeweils 150 cm²,
   - Überströmdichtungen in Schlaf- und Wohnzimmer,
   - Funktionsprüfung der Abgasanlage.

Objekt:						Messwert (wenn vorhanden)				Kennwerte der Nutzungseinheit (TRGI 2018)				
Datum:						n_{50}-Wert gemessen		$F_{wirk.komp}$	0,7	n_{50}-Auslegungswert	3	Haustyp		errechneter Luftwechsel in 1/h	0,19

	Ist-Zustand								Schutzziel 1				Schutzziel 2					
Raum	Verbrennungslufträume (VLR)[1]				Feuerstätte(n)			min. 1 m³ je kW			Werte aus Diagramm Bild 1, S. 208 oder Tabelle Bild 1, S. 209	Änderung	Werte aus Diagramm Bild 1, S. 208 oder Tabelle Bild 1, S. 209		Vom Hersteller angegebener Luftvolumenstrom bei 4 Pa in m³/h		

Spalte	1	2	3	4	5	6	7	8	9	10	11	12	13	14	15	16	17	18	19	20
	Nr. des Raumes laut Skizze	Nutzung	Raumvolumen (VR)	bei Berechnung der Infiltration[2]	Angenommenes Raumvolumen bei Nutzung Tabelle XX[3]	Luftvolumenstrom durch Infiltration	Verwendungszweck/Art	Nennleistung bzw. fiktive Leistung	Verbrennungsluftbedarf	RVL[4] nur Aufstellraum	Raumvolumen Aufstellraum und Nebenraum	RVL[4] für Aufstellraum und Nebenraum	Kurve nach TRGI	Anrechenbarer Verbrennungsluftvolumenstrom auf Kurve aus Spalte 12	Maßnahme an der Tür des Raumes zur Verbesserung des Luftdurchlasses	Neue Kurve nach Maßnahme aus Spalte 14	Anrechenbarer Verbrennungsluftvolumenstrom bei Kurve aus Spalte 15	Anzahl ALD	Luftvolumenstrom ALD	Summe Luftvolumenstrom Spalte 5 + Spalte 18	Anrechenbarer Verbrennungsluftvolumenstrom bei Kurve aus Spalte 15[5]
Maßeinheit			m³	m³	m³	m³/h		kW	m³/h		m³			m³/h			m³/h		m³/h	m³/h	m³/h
I	B	20	20	17	3,2	KWH B11BS	21	33,6	0,95	20	1	4	3,2	2x150 cm²		3,2	1	3,0	6,2	6,2
II	Kü	34	34	34	6,4							1	4,5		2	5,9			6,4	5,9
III	Fl	13	13	13					13	0,6										
IV	W	115	115	114	21,6							1	7,8	Ü-Dichtung	2	17,1			21,6	17,1
V	S	38	38	38	7,2							1	5,0	Ü-Dichtung	2	6,6			7,2	6,6
VI																				
VII																				
Σ	×	220		216	38,4	×	21	33,6	×	33	1,6	×	20,5	×	×	32,8			41,4	35,8

[1] VLR sind Räume mit Tür oder Fenster ins Freie das geöffnet werden kann; [2] gleiches Volumen wie Spalte 2; [3] ist das Raumvolumen des zu berechnenden Raumes in Bild 1, nächste Seite für den betrachteten Haustyp nicht enthalten, wird der Wert für das nächst kleinere Raumvolumen verwendet – dieses Raumvolumen ist in Spalte 4 einzutragen; [4] Raum-Leistungs-Verhältnis (RVL) = Raumvolumen durch Leistung; [5] steht in Spalte 15 keine Kurve (wurde also an der vorhandenen Tür dieses Raumes keine Änderung vorgenommen) gilt die Kurve aus Spalte 12

1 Formblatt zur Ermittlung der ausreichenden Verbrennungsluftversorgung von raumluftabhängigen Feuerstätten bis 50 kW Nennwärmeleistung im Verbrennungsluftverbund unter Anwendung von Bild 1 S. 208 bzw. Bild 1, S. 211 oder Bild 1, S.209 (TRGI 2018)

4 Aufstellung von Wärmeerzeugern – Verbrennungsluftversorgung

ÜBUNGEN

Aufstellung von Wärmeerzeugern – Verbrennungsluftversorgung

1. Wodurch werden immer höhere Anforderungen an die Aufstellung von Feuerstätten gestellt?
2. Welche Vorschriften und Verordnungen sind bei der Aufstellung von Feuerstätten zu beachten?
3. Welchen Mindestabstand müssen Feuerstätten von den Oberflächen benachbarter brennbarer Möbel oder Bauteile haben?
4. Nennen Sie mindestens vier Anforderungen an die Aufstellung von Feuerstätten.
5. Wonach richten sich Größe und verbrennungslufttechnische Anforderungen an einen Aufstellraum?
6. Wo dürfen Gasfeuerstätten nicht aufgestellt werden?
7. Erklären Sie den Inhalt des Schutzziels 1.
8. Für welche Gasgeräte gilt das Schutzziel 2 und was soll es gewährleisten?
9. Welche Aufstellregeln gelten für Feuerstätten mit einer Nennwärmeleistung $\Phi_{NL} > 50$ kW?
10. Welche besonderen Anforderungen werden an Aufstellräume für Feuerstätten mit einer Gesamtnennwärmeleistung $\Phi_{NL} > 100$ kW gestellt?
11. In die in Bild 1 dargestellte Wohnung soll ein Brennwertkessel Art B$_{33}$ mit $\Phi_{NL} = 23{,}7$ kW mit folgenden Bedingungen eingebaut werden:
    - Nach 2002 errichtet, alle Innentüren mit 3-seitig umlaufender Dichtung und ungekürztem Türblatt.
    - Alle Fenster und Wohnungstüren sind fugendicht.
    - Der Wohnungseigentümer wünscht keine Verbrennungsluftöffnungen ins Freie.
    - Die Raumhöhe beträgt 2,5 m.

    a) Führen Sie den Nachweis über das Erreichen der Schutzziele 1 und 2 mittels Formblatt Bild 2, S. 208 unter Anwendung von Diagramm Bild 1, S. 208 (anrechenbarer Verbrennungsluftvolumenstrom) bzw. Bild 1, S. 209 (anrechenbarer Verbrennungsluftvolumenstrom in Abhängigkeit vom Haustyp).

12. In der in Bild 2 dargestellten Wohnung soll ein Gas-Kombiwasserheizer (KWH) mit $\Phi_{NL} = 22{,}4$ kW unter folgenden Bedingungen installiert werden:
    - vor 2002 errichtet
    - neue Fenster
    - alle Fenster und Wohnungstüren sind fugendicht
    - alle Innentüren mit 3-seitig umlaufender Dichtung und ungekürztem Türblatt

- der Wohnungseigentümer wünscht keine Verbrennungsluftöffnung ins Freie oder durch Innenwände und keine Entfernung der Türdichtungen
- die Raumhöhe beträgt 2,5 m

a) Führen Sie den Nachweis über das Erreichen der Schutzziele 1 und 2 mittels Formblatt Bild 2, S. 208 unter Anwendung von Diagramm Bild 1, S. 208 (anrechenbarer Verbrennungsluftvolumenstrom) bzw. Bild 1, S. 209 (anrechenbarer Verbrennungsluftvolumenstrom in Abhängigkeit vom Haustyp).

b) Nennen Sie die zu ergreifenden Maßnahmen.

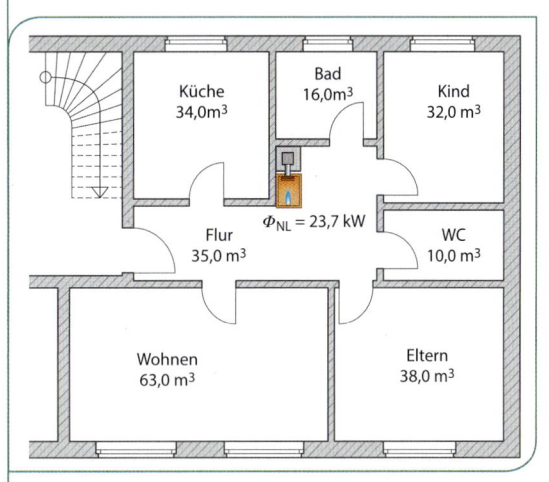

1 zu Aufgabe 17

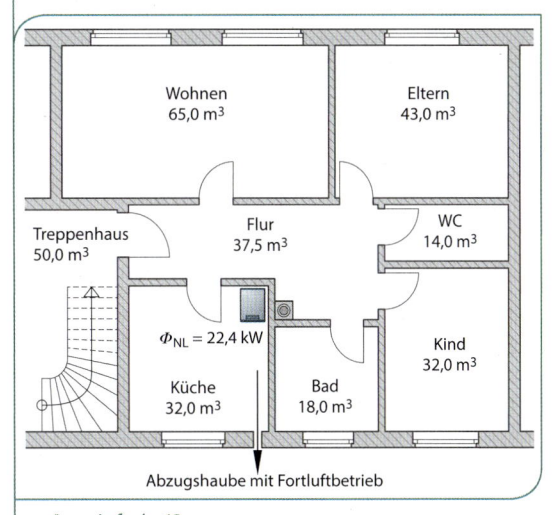

2 zu Aufgabe 18

Lernfeld 10

5 Verbrennungsluftzuführung und Abgasableitung

5.1 Gasgeräte

Die Verbrennungsluftzuführung und die Abgasableitung eines Gasgerätes sind abhängig von der Art des Gerätes (Bild 1, nächste Seite).
Nach TRGI 2018 ist der Begriff Gasgerät die Sammelbezeichnung für Gasgeräte ohne Abgasanlage und Gasfeuerstätten (gas fired heaters), deren Abgase über eine Abgasanlage abgeführt werden.

Gasgeräte der Art B und C werden unterschieden in:
- **Art B**: Gasfeuerstätten mit offener Verbrennungskammer mit und ohne Strömungssicherung und **raumluftabhängiger** (ambient-air dependent) Betriebsweise
- **Art C**: Gasfeuerstätten mit geschlossener Verbrennungskammer und **raumluftunabhängiger** Betriebsweise (room sealed flue operation).

Alle Gasfeuerstätten müssen innerhalb des Geschosses, in dem sie stehen, an einen Schornstein oder eine Abgasanlage angeschlossen werden.

5.1.1 Raumluftabhängige Gasfeuerstätten

Raumluftabhängige Gasfeuerstätten (Bild 2) entnehmen ihre Verbrennungsluft dem Aufstellraum (installation room) und können ihre Abgase z. B. über Hausschornsteine, Abgasleitungen, frei stehende Schornsteine und Lüftungsanlagen nach DIN 18017 abführen.

Um die Auskühlung des Raumes zu verhindern, ist es bei Gasfeuerstätten mit Strömungssicherung (Art B) (draught diverter) sinnvoll, eine Abgasklappe (vgl. Lernfeldübergreifende Inhalte, Kap. 6.3.2.2) einzubauen.

5.1.2 Raumluftunabhängige Gasfeuerstätten

Zur Energieeinsparung werden neue Gebäude immer luftdichter gebaut und auch bei vielen älteren Gebäuden wird der Wärmeschutz verbessert. Diese Maßnahmen reduzieren jedoch den Luftwechsel (air exchange) in den Wohnungen erheblich. Die Frischluftversorgung der Bewohner und eine ausreichende Verbrennungsluftzufuhr sind deshalb oft nicht ausreichend oder nur mit großem Aufwand zu gewährleisten. Raumluftunabhängige Gasgeräte der Art C gewinnen dadurch immer mehr an Bedeutung (Bild 1).

Bei raumluftunabhängigen Geräten ist die Verbrennungskammer (combustion chamber) gegenüber dem Aufstellraum luftdicht abgeschlossen. Die Verbrennungsluft wird unmittelbar von außen zugeführt und die Abgase werden direkt ins Freie geleitet.

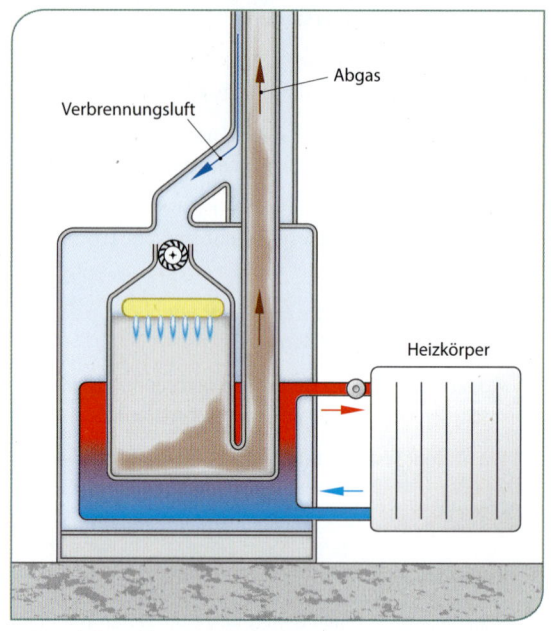

1 Raumluftunabhängiger Gasheizkessel

Hierdurch ergeben sich einige Vorteile:
- Die Gasgeräte können unabhängig von der Größe und der Dichtheit des Raumes aufgestellt werden.
- Einrichtungen, die der Wohnung Luft entziehen wie z. B. Dunstabzugshauben (extraction hoods), Wäschetrockner oder offene Kamine, können ohne besondere Maßnahmen gleichzeitig mit der Gasfeuerstätte betrieben werden.
- Es sind keine Öffnungen in Türen erforderlich, damit ausreichend Luft aus Nebenräumen nachströmen kann.
- Verunreinigungen z. B. durch Kochdünste (cooking vapours) haben keinen Einfluss auf die Verbrennung.

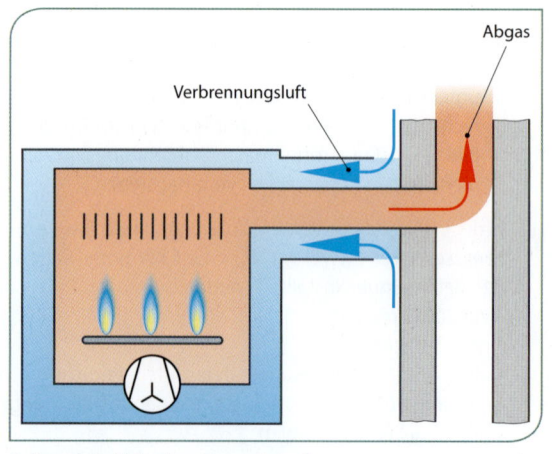

2 Raumluftabhängiges Gasgerät Art B_{33}

5 Verbrennungsluftzuführung und Abgasableitung

Art A₁ – raumluftabhängig –
Gasgeräte ohne Abgasanlage und ohne Gebläse. Die Verbrennungsluft wird dem Aufstellraum entnommen (z. B. Gasherd, Hockerkocher, Einbaubackofen).

Art A₂ – raumluftabhängig –
Gasgeräte ohne Abgasanlage und mit Gebläse hinter dem Brenner/Wärmeübertrager. Die Verbrennungsluft wird dem Aufstellraum entnommen (z. B. Gasherd, Hockerkocher, Einbaubackofen).

Art A₃ – raumluftabhängig –
Gasgeräte ohne Abgasanlage und mit Gebläse vor dem Brenner. Die Verbrennungsluft wird dem Aufstellraum entnommen (z. B. Gasherd, Hockerkocher, Einbaubackofen).

Art B₁ – raumluftabhängig –
Gasfeuerstätten mit Abgasanlage und mit Strömungssicherung. Die Abgasabführung erfolgt über eine Abgasanlage mit oder ohne Gebläse. Die Verbrennungsluft wird dem Aufstellraum entnommen.

Art B₂ – raumluftabhängig –
Gasfeuerstätten mit Abgasanlage und ohne Strömungssicherung. Die Abgasabführung erfolgt über eine Abgasanlage mit oder ohne Gebläse. Die Verbrennungsluft wird dem Aufstellraum entnommen.

Art B₃ – raumluftabhängig –
Gasfeuerstätten mit Abgasanlage, bei der alle unter Druck stehenden Teile des Abgasweges verbrennungsluftumspült sind, ohne Strömungssicherung. Die Abgasabführung erfolgt über eine Abgasanlage mit oder ohne Gebläse. Die Verbrennungsluft wird dem Aufstellraum entnommen.

Art B₄ – raumluftabhängig –
Gasfeuerstätten mit Abgasanlage und mit Strömungssicherung und mit zugehöriger Abgasleitung und Windschutzeinrichtung. Die Abgasabführung erfolgt über eine Abgasanlage mit oder ohne Gebläse. Die Verbrennungsluft wird dem Aufstellraum entnommen.

Art B₅ – raumluftabhängig –
Gasfeuerstätten mit Abgasanlage und ohne Strömungssicherung und mit zugehöriger Abgasleitung und Windschutzeinrichtung. Die Abgasabführung erfolgt über eine Abgasanlage mit oder ohne Gebläse. Die Verbrennungsluft wird dem Aufstellraum entnommen.

Art C₁ – raumluftunabhängig –
Gasfeuerstätten mit horizontaler Verbrennungsluftzu- und Abgasabführung durch die Außenwand oder über Dach und mit oder ohne Gebläse. Die Verbrennungsluft- und Abgasrohrmündungen befinden sich dicht beieinander (im gleichen Druckbereich). Die Verbrennungsluft wird dem Freien entnommen.

Art C₃ – raumluftunabhängig –
Gasgeräte mit Verbrennungsluftzu- und Abgasabführung senkrecht über Dach und mit oder ohne Gebläse. Die Verbrennungsluft- und Abgasrohrmündungen befinden sich dicht beieinander (im gleichen Druckbereich). Die Verbrennungsluft wird dem Freien entnommen.

Art C₄ – raumluftunabhängig –
Gasfeuerstätten mit Verbrennungsluftzu- und Abgasabführung zum Anschluss an ein Luft-Abgas-System (LAS) und mit oder ohne Gebläse. Die Verbrennungsluft wird dem Freien entnommen.

Art C₅ – raumluftunabhängig –
Gasfeuerstätten mit getrennter Verbrennungsluftzu- und Abgasabführung und mit oder ohne Gebläse. Die Verbrennungsluft- und Abgasrohrmündungen liegen auseinander (in unterschiedlichen Druckbereichen). Die Verbrennungsluft wird dem Freien entnommen.

Art C₆ – raumluftunabhängig –
Gasfeuerstätten vorgesehen für den Anschluss an eine nicht mit dem Gerät geprüften Verbrennungsluftzu- und Abgasabführung und mit oder ohne Gebläse. Die Verbrennungsluft wird dem Freien entnommen.

Art C₈ – raumluftunabhängig –
Gasfeuerstätten mit Abgasanschluss an eine eigene oder gemeinsame Abgasanlage (Betrieb mit negativem Überdruck) und getrennter Verbrennungsluftzuführung aus dem Freien und mit oder ohne Gebläse.

Art C₉ – raumluftunabhängig –
Gasgeräte ähnlich Art C₃ mit Verbrennungsluftzu- und Abgasabführung senkrecht über Daach und mit oder ohne Gebläse. Die Verbrennungsluft- und Abgasrohrmündungen befinden sich dicht beieinander (im gleichen Druckbereich). Die Verbrennungsluftzuführung erfolgt vollständig oder teilweise über einen bestehenden Schacht des Gebäudes.

Art C₁₀ bis C₁₅ – raumluftunabhängig -
Die raumluftunabhängigen Gasgerätearten C_{10} bis C_{15} sind in der TRGI 2018 neu hinzugekommen. Sie sind ausschließlich für mehrfach belegte Abgasanlagen mit Abgasführung im Überdruck vorgesehen. Genaue Ausführungs- und Prüfanforderungen sind noch nicht für alle Geräte vorhanden.

Mögliche Zusatzkennzeichnungen für Geräte der Art

A oder B_1 oder B_4: „AS" (atmosphere sensity) Zusatzkennzeichnung für Gasfeuerstätten mit Raumluftüberwachungseinrichtung.
B_1 oder B_4: „BS" (block safety) Zusatzkennzeichnung für Gasfeuerstätten mit Abgasüberwachungseinrichtungen (AÜE), z. B. B_{11BS}.
C: „x" Zusatzkennzeichnung für Gasfeuerstätten, bei denen alle unter Überdruck stehenden Teile der Abgasführung verbrennungsluftumspült sind, sodass Abgase nicht in Gefahr drohender Menge ausströmen können, z. B. C_{12x}.
Gasgeräte Art C mit Gebläse **ohne** Zusatzkennzeichnung „x" müssen in Räumen aufgestellt werden, die eine Öffnung ≥ 150 cm² ins Freie oder zwei Öffnungen mit freiem Querschnitt je ≥ 75 cm² haben.

1 Gasgerätearten

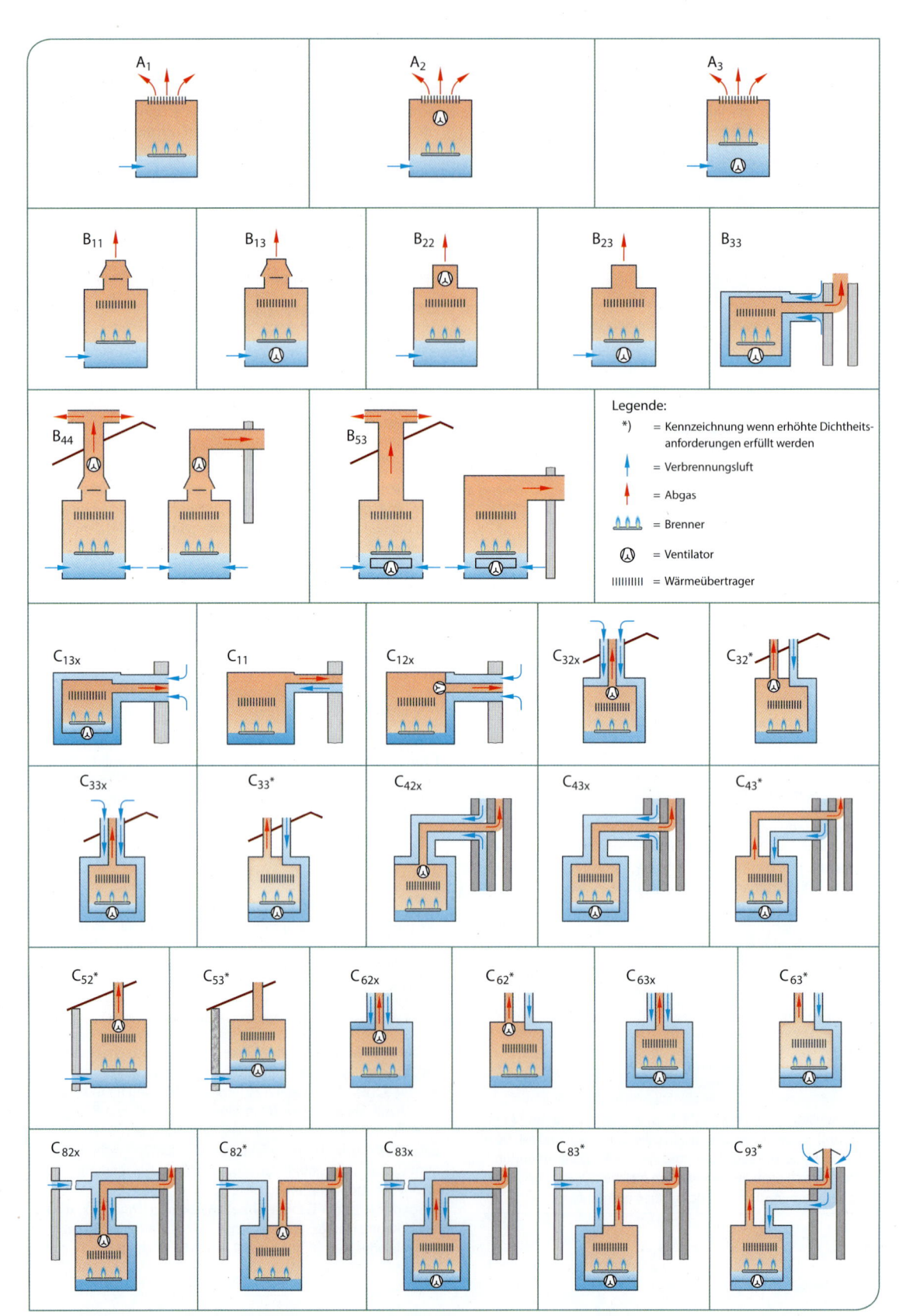

5 Verbrennungsluftzuführung und Abgasableitung

1 Schemadarstellung von Gasgeräten (Auswahl)

5 Verbrennungsluftzuführung und Abgasableitung

Die TRGI 2018 unterscheidet zwischen Außenwandgeräten (balanced flue boilers) (Bild 1) mit und ohne Gebläse (Art C_1) und Gasfeuerstätten mit und ohne Gebläse (Art C_3, C_4, C_5, C_6, C_8, C_9 und C_{10} bis C_{15}). Außenwandgeräte mit einer Verbrennungsluft- und Abgasführung durch die Außenwand dürfen nur aufgestellt werden, wenn die Abgasführung über Dach nicht oder nur mit einem unverhältnismäßig hohen Aufwand möglich ist.

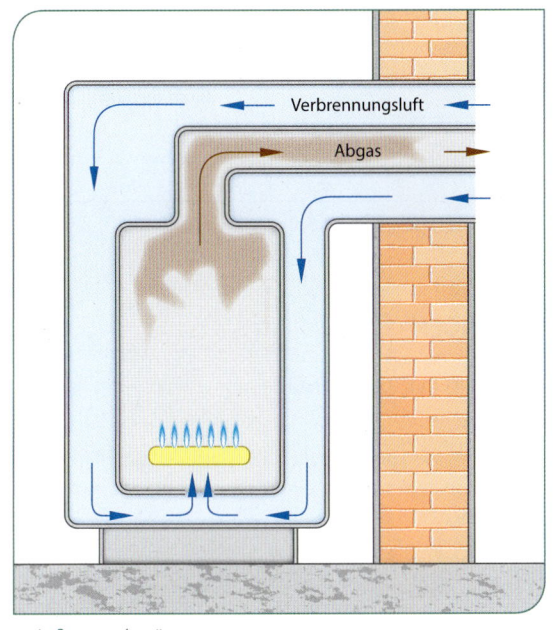

1 Außenwandgerät

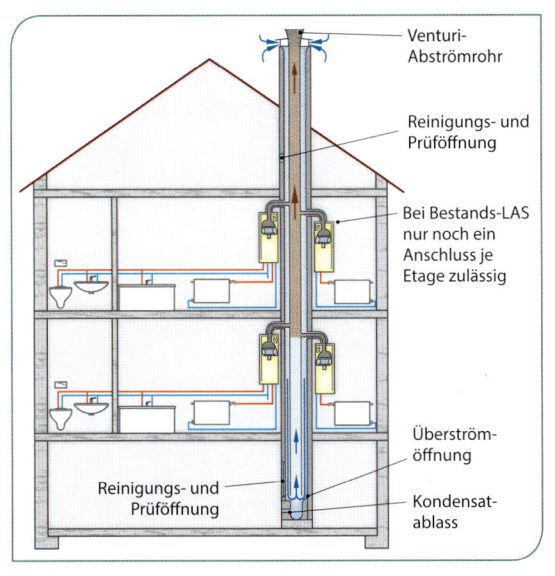

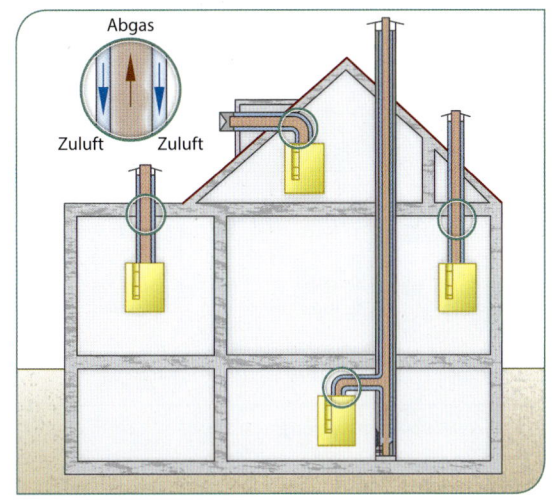

3 Luft- und Abgasführung über Dach

PRAXISHINWEIS

Die baurechtlichen Bestimmungen (building regulations) der einzelnen Bundesländer sind zu beachten. Außenwandgeräte werden aus den oben genannten Gründen und wegen ihrer Begrenzung auf eine Nennwärmeleistung $\Phi_{NL} = 7$ kW für Raumheizer und $\Phi_{NL} = 11$ kW für Zentralheizungsanlagen heute kaum noch installiert. Der Trend geht zu raumluftunabhängigen Gasfeuerstätten mit LAS-System (Bild 2) oder mit senkrechter oder waagerechter Abgasführung über Dach (Bild 3).

5.2 Strömungssicherung

Strömungssicherungen sind für raumluftabhängige Gasfeuerstätten mit Gasbrennern ohne Gebläse vorgeschrieben (specified) und sind ein fester Bestandteil der Feuerstätte. Sie werden vom Gerätehersteller mitgeliefert und dürfen nicht verändert werden. Es werden **aufgesetzte** (Bild 4) und **integrierte** Strömungssicherungen (Bild 1, nächste Seite) unterschieden.

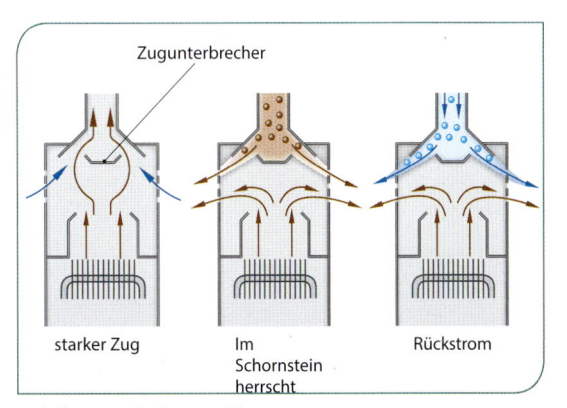

2 LAS-System

4 Aufgesetzte Strömungssicherung

Lernfeld 10

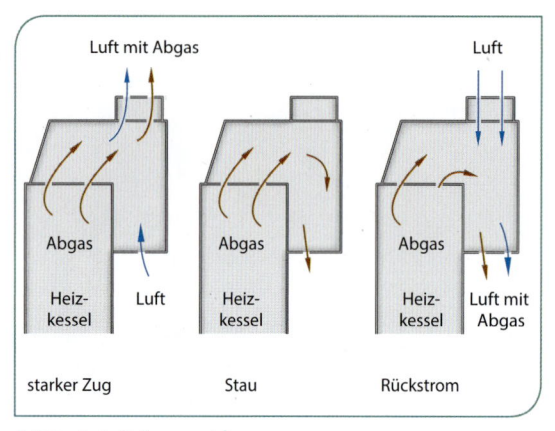

5 Verbrennungsluftzuführung und Abgasableitung

1 Integrierte Strömungssicherung

Die Strömungssicherung (auch Zugunterbrecher genannt) stellt eine Verbindung zwischen Abgas und Raumluft her. Hierdurch wird eine einwandfreie Verbrennung unabhängig von zu starkem Zug, Stau oder Rückstrom im Schornstein gewährleistet.

Bei zu starkem Zug (draught) wird zusätzlich Raumluft angesaugt, die aber nicht durch den Verbrennungsraum strömt und ihn deshalb auch nicht auskühlt. Bei Stau oder Rückstrom können die Abgase in den Raum austreten, ohne dass der Verbrennungsprozess gestört wird. Der Rückstrom (return flow) von Abgasen in den Raum ist nur kurzzeitig zulässig.

5.2.1 Abgasüberwachungseinrichtung

Bei Aufstellung einer Gasfeuerstätte B_1 und B_4 mit Strömungssicherung in Wohnungen, ähnlichen Räumen oder vergleichbaren Nutzungseinrichtungen muss eine **Abgasüberwachungseinrichtung AÜE** (exhaust gas monitoring device) (mit NTC-Fühler; vgl. Fachkenntnisse 1, Lernfeldübergreifende Inhalte, Kap. 4.3) eingebaut werden. Sie sitzt an der Unterseite der Strömungssicherung und schaltet mithilfe einer Steuerelektronik bei Stau oder Rückstrom den Brenner nach ca. 2 min ab (Bild 2). Der Brenner wird jedoch nicht verriegelt und nach ca. 20 min wieder eingeschaltet. Bei Halbautomaten (semi automatic devices) (Gasgeräte ohne Steuerelektronik; vgl. Kap. 2.2.3.1 und 2.2.3.2) erfolgt keine selbsttätige Wiedereinschaltung. Sie müssen manuell geschaltet werden.

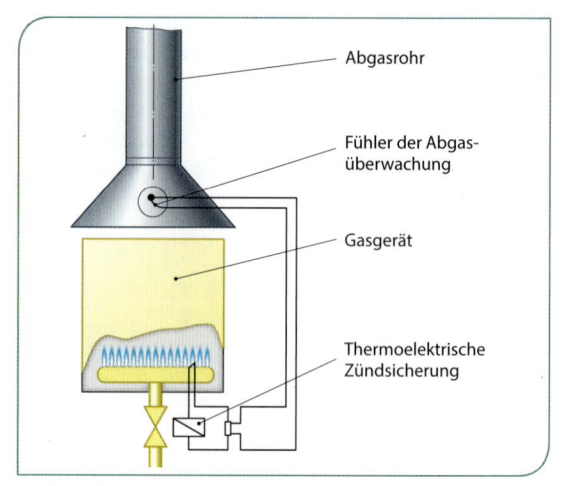

2 Abgasüberwachungseinrichtung

ÜBUNGEN

1) Was ist eine Gasfeuerstätte mit geschlossener Verbrennungskammer?
2) Wo müssen grundsätzlich alle Gasfeuerstätten an einen Schornstein oder an eine Abgasleitung angeschlossen werden?
3) Warum ist es sinnvoll, bei Gasfeuerstätten mit Strömungssicherung eine Abgasklappe einzubauen?
4) Warum gewinnen raumluftunabhängige Gasgeräte immer mehr an Bedeutung?
5) Nennen Sie mindestens vier Vorteile von raumluftunabhängigen Gasgeräten gegenüber raumluftabhängigen.
6) Warum werden Außenwandgeräte kaum noch installiert?
7) Für welche Gasfeuerstätten sind Strömungssicherungen vorgeschrieben?
8) Erklären Sie die Funktion einer Strömungssicherung.
9) Welche Gasfeuerstätten müssen mit einer Abgasüberwachungseinrichtung ausgestattet werden?

6 Bereitstellung von Gasen

6.1 Normen, Richtlinien, Vorschriften

Ca. 50 % aller deutschen Haushalte beheizten 2018 ihre Wohnung mit Gas. Da unkontrolliert ausströmende Brenngase Explosionen und Brände auslösen können, müssen bei der Installation von Gasversorgungsanlagen DIN-Normen, Regeln und besondere Vorschriften beachtet werden, insbesondere:

- Feuerungsverordnungen der Länder (Musterfeuerungsverordnung – M-FeuV –),
- Richtlinien über brandschutztechnische Anforderungen an Leitungsanlagen (Muster-Leitungsanlagen-Richtlinie – MLAR),
- DIN EN ISO 9606 Schweißqualifikation im Mitteldruckbereich Wanddicke ≥ 4mm,
- DVS-Richtlinie 1902-1, -2 Schweißqualifikation im Niederdruckbereich Wanddicke < 4mm,
- DIN EN 437 Prüfgase – Prüfdrücke – Gerätekategorien,
- DIN EN 751 Gewindedichtmittel,
- DIN EN 1057 Nahtlose Rundrohre aus Kupfer,
- DIN EN 1359 Balgengaszähler,
- DIN EN 1775 Gasleitungsanlagen für Gebäude,
- DIN EN 10255 Rohre aus unlegiertem Stahl,
- DIN EN 10266 Gewindeverbindungen bis DN 50,
- DIN EN 10305-1, -2 und -3 Präzisionsstahlrohre,
- DIN EN 14291 Schaum bildende Lösungen zur Lecksuche an Gasinstallationen,
- DIN EN 10255 Gewinderohre, nur mittelschwere und schwere Reihe,
- DIN 3376-1 und -2 Gaszählerverschraubungen,
- DIN 3383-1, -2 und -4 Gasschlauchleitungen und Gasanschlussarmaturen,
- DIN 3384 Gasschlauchleitungen aus nicht rostendem Stahl,
- DIN 30652-1 Gasströmungswächter,
- DIN 33822 Gasdruckregelgeräte,
- DVFG-TRF 2012 Technische Regeln Flüssiggas,
- DVGW G 260 (A) Gasbeschaffenheit,
- DVGW G 280-1 (A) Gasodorierung,
- DVGW G 459-1 (A) Gas-Hausanschlüsse,
- DVGW G 459-2 (A) Gas-Druckregelung,
- DVGW GW 2 (A) Hartlötverbindungen für Kupferrohre,
- DVGW GW 350 (A) Stahlschweißverbindungen,
- DVGW GW 335-A2 (A) und A3 (A) Kunststoffrohrleitungssysteme,
- DVGW GW 354 Wellrohrleitungen aus nicht rostendem Stahl,
- DVGW-TRGI 2018 Technische Regel für Gasinstallationen (Arbeitsblatt G 600),
- DVGW VP 601 (P) Gas- und Wasser-Hauseinführungen,
- DVGW G 5614 (P) Pressverbindungen für metallene Rohre,
- DVGW G 5632 (P) Mehrschicht-Verbundrohre aus Kunststoff-AL-Kunststoff,
- DVGW G 5634 (P) Sicherheits-Verschlüsse für Gas-Installationen.

Erdgasanlagen (natural gas installations) dürfen nur vom zuständigen Netzbetreiber (NB)/Gasversorgungsunternehmen (GVU) oder von ihnen zugelassenen Vertragsinstallationsunternehmen (VIU) nach TRGI installiert, in Betrieb genommen, instand gehalten oder geändert werden.

Flüssiggasanlagen dürfen nur von:
- Fachbetrieben (specialised companies) des Installateur und Heizungsbauerhandwerks, die in die Handwerksrolle eingetragen sind, oder
- Fachbetrieben, die als Fachfirmen für Flüssiggasanlagen (liquefied gas installations) bei der Industrie- und Handelskammer eingetragen sind installiert, instandgehalten oder geändert werden.

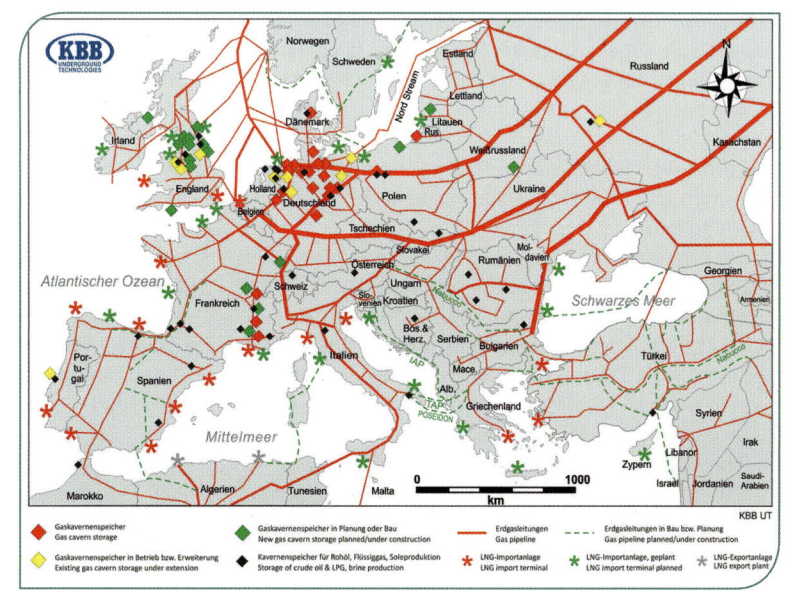

1 Erdgasleitungen im europäischen Verbund

6.2 Bereitstellung von Erdgas

Erdgas hat derzeit mit etwa 24 % einen gewichtigen Anteil am Primärenergieverbrauch in Deutschland. Da aber nur rund ein Fünftel des Erdgasverbrauches durch inländische Produktion gedeckt werden kann, muss aus dem Ausland (z. B. aus den Niederlanden, Norwegen und Westsibirien in Russland) Erdgas bezogen werden.

6.2.1 Transport und Verteilung

Der Transport erfolgt durch **Pipelines** (Bild 1, vorherige Seite), die überwiegend Durchmesser von etwa 1,5 m haben und mit Drücken bis zu 130 bar betrieben werden. Um den nötigen Transportdruck für die teilweise mehrere tausend Kilometer langen Pipelines sicherzustellen, werden normalerweise alle 130 km…160 km Verdichteranlagen entlang der Pipelines installiert.

In Deutschland wird Erdgas durch überregionale Netze (supraregional networks) und Leitungen der Netzbetreiber/Gasversorgungsunternehmen eingespeist und an die Kunden abgegeben. Die Endverbraucher der NB/GVU werden über **Niederdrucknetze** (45 hPA…100 hPA) und **Mitteldrucknetze** (bis 1000 hPA) beliefert.

Die Rohrnetze werden aus Stahlrohren, Gussrohren und Kunststoffrohren hergestellt.

Erdgas kann durch Abkühlung und Druckänderung verflüssigt werden. Da 1 m³ verflüssigtes Erdgas (auch bekannt als LNG – **L**iquefied **N**atural **G**as) etwa 580 m³ Erdgas bei normalem Luftdruck entspricht, ist es möglich, Gas in großen Tankschiffen wirtschaftlich zu transportieren.

6.2.2 Speicherung

Da der Verbrauch von Erdgas starken tages- und jahreszeitlichen Schwankungen unterliegt, ist eine Gasspeicherung notwendig. Dabei wenden die Versorgungsunternehmen verschiedene Systeme an.

Schwankungen im **Tagesverbrauch** werden heute durch oberirdische **Kugelgasbehälter** (spherical gas tanks) (Bild 1) ausgeglichen. Sie speichern das Gas unter einem Druck von etwa 5 bar…20 bar.

Auch die weit verzweigten Verteilungsnetze (distribution networks) der NB/GVU können Tagesverbrauchsschwankungen ausgleichen.

Durch den wesentlich höheren Gasverbrauch im Winter (z. B. durch Raumheizungen) müssen **jahreszeitliche Schwankungen** durch größere Speicher ausgeglichen werden. Rund 28,3 Milliarden m³ Gas wurden hierfür im Jahr 2015 in Deutschland in 51 **Untertagespeichern** (underground storage) in Tiefen bis zu 2500 m gelagert (Bild 2). Folgende Untertagespeicher werden unterschieden

- **Porenspeicher** (31.12.2015 in Deutschland 20 Lagerstätten), hierbei wird das Erdgas in eine poröse Gesteinsschicht gepresst, die nach oben durch eine gasundurchlässige Gesteinsschicht abgedichtet ist. Geeignet sind ausgeförderte Erdgasfelder oder andere Gesteinsschichten, bei denen das ursprünglich enthaltene Wasser durch das eingepresste Erdgas verdrängt wird (**Aquiferspeicher**).
- **Kavernenspeicher** (31.12.2015 in Deutschland 31 Lagerstätten; weitere 7 sind in Planung oder Bau) sind in Salzstöcke gespülte zylinderförmige Hohlräume mit Durchmessern bis zu 80 m und Höhen von 50 m…400 m.
- Speicher in **aufgelassenen Grubenräumen** (2010 in Deutschland eine Lagerstatt), z. B. geologisch gasdichtes stillgelegtes Salzbergwerk.

Eine weitere Möglichkeit, große Mengen Erdgas zu speichern, sind **Gefrierspeicher**. Hier nutzt man die Tatsache, dass flüssiges Erdgas nur $\frac{1}{580}$ des Volumens von Erdgas einnimmt.

1 Kugelgasbehälter

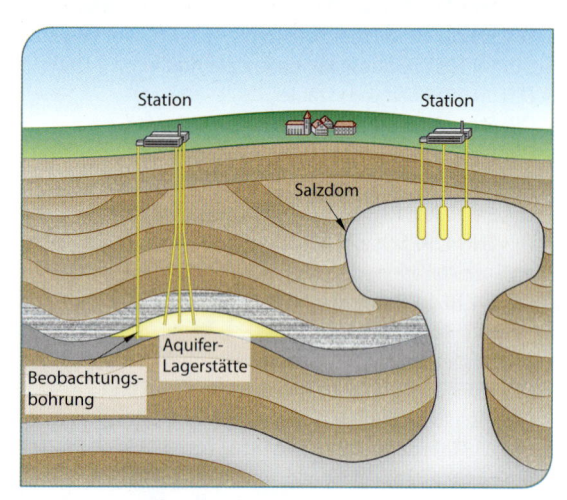

2 Untertagespeicherung von Erdgas

6.3 Bereitstellung von Flüssiggas

Als Flüssiggase werden die brennbaren (combustible) Kohlenwasserstoffverbindungen:
- Propan (C_3H_8),
- Butan (C_4H_{10}),
- Propen (C_3H_6),
- Buten (C_4H_8) und deren Gemische bezeichnet.

Flüssiggas ist zum Transport nicht an ein Leitungsnetz (pipeline network) gebunden und wird deshalb vorwiegend dort verwendet, wo kein öffentliches Gasnetz vorhanden ist (ländliche Bereiche, Stadtrandgebiete (Bild 1, nächste Seite)) und wo aus Umweltschutzgründen keine festen Brennstoffe oder Heizöl zulässig oder erwünscht sind.
Bei der Lagerung und dem Transport von Flüssiggas sind die Vorschriften der TRF und der TRG zu beachten.

MERKE
Weil Erdgas nur mit zusätzlicher Kühlung verflüssigt werden kann, zählt flüssiges Erdgas nicht zu den Flüssiggasen.

6.3.1 Transport und Verteilung
Da sich Flüssiggas bei Raumtemperatur schon unter relativ geringem Druck auf rund $\frac{1}{260}$ seines Volumens komprimieren lässt (Bild 1), kann es leicht in Flaschen (cylinders) und Tanklastwagen (Bild 2) transportiert werden.

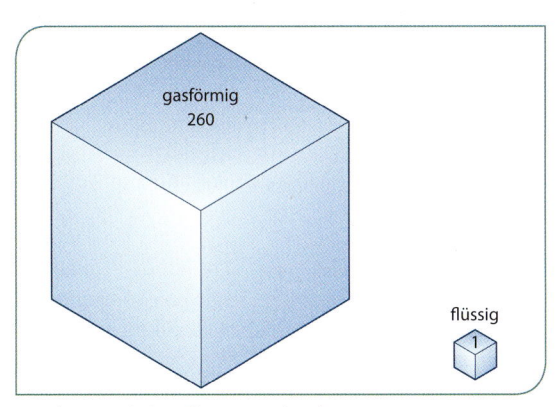

1 Volumenverhältnis flüssiges und gasförmiges Propan

2 Flüssiggastransporter

6.3.2 Lagerung
Flüssiggase sind wesentlich schwerer als Luft:
- Luft 1,29 $\frac{kg}{m^3}$,
- Propangas 1,97 $\frac{kg}{m^3}$,
- Butangas 2,59 $\frac{kg}{m^3}$,

und verteilen sich bei Undichtigkeiten zunächst bodennah (near the ground) (Bild 3). Es muss deshalb unbedingt darauf geachtet werden, dass sich austretendes Flüssiggas nicht in tiefer liegenden Bereichen sammeln kann, wo es zusammen mit Luft ein explosives Gemisch (bei ca. 2 % … 9 % Gasanteil) bildet.

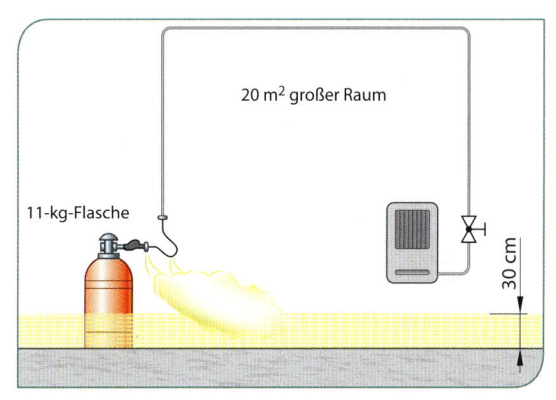

3 Flüssiggas am Boden

Zur Lagerung von Flüssiggas unterscheidet man
- **ortsbewegliche** (movable) Flüssiggasflaschen (Bild 4), die bis zu einem Füllgewicht von **16 kg** auch in Aufenthaltsräumen – jedoch **nicht** in Schlafräumen – aufgestellt werden dürfen. Pro Wohnung sind – einschließlich der entleerten – **höchstens zwei Flaschen** zugelassen, je Raum jedoch nur **eine Flasche**. Flaschen **über 16 kg** dürfen innerhalb von Gebäuden nur in besonderen Räumen aufgestellt werden.
- **ortsfeste** (immovable) Flüssiggasbehälter, die an ihrem Aufstellungsort befüllt werden (Bild 1, nächste Seite).

4 Flüssiggasflaschen

6 Bereitstellung von Gasen

1 Ortsfester Flüssiggasbehälter

6.3.2.1 Aufstellung von Flüssiggasbehältern
Flüssiggasbehälter dürfen wie folgt aufgestellt und gelagert werden:
- **oberirdisch** (overground) **im Freien**,
- **halboberirdisch im Freien**, die untere Hälfte des Flüssiggasbehälters muss bis zur waagerechten Behälterachse allseitig mit mindestens 20 cm Erde (Sand) umgeben sein (Bild 2),

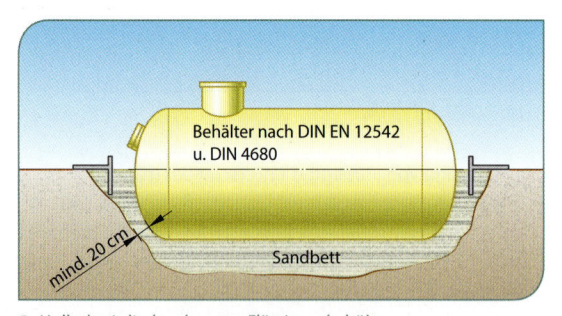

2 Halboberirdisch gelagerter Flüssiggasbehälter

> **MERKE**
>
> Der Sonne ausgesetzte Behälter müssen durch geeignete Maßnahmen (z. B. reflektierenden weißen, silbrigen oder grünen Anstrich) gegen unzulässige Erwärmung geschützt werden.

- **erdüberdeckt** (underground) **im Freien**, der Behälter muss allseitig mit mind. 50 cm Erde bedeckt sein (Bild 3),
- **innerhalb von Räumen**, jedoch **nicht** in Räumen, deren Fußböden allseitig tiefer liegen als die angrenzende Erdoberfläche und die dem dauerhaften Aufenthalt von Menschen dienen.

> **MERKE**
>
> In Durchgängen, Durchfahrten, Treppenräumen oder an Treppen von Freianlagen, Fluren, Feuerwehrzufahrten und Notausgängen dürfen Flüssiggasbehälter nicht aufgestellt werden.

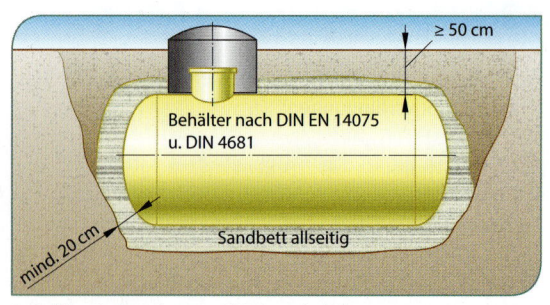

3 Erdüberdeckt gelagerter Flüssiggasbehälter

Für die Versorgung größerer Gasverbrauchseinrichtungen (z. B. Gasfeuerstätten) wird das Flüssiggas in ortsfesten Behältern gelagert. Die Aufstellung dieser Behälter ist **genehmigungspflichtig** bzw. **anzeigepflichtig** (die Bestimmungen der einzelnen Bundesländer sind zu beachten) und muss in regelmäßigen Abständen überprüft werden.

6.3.2.2 Schutzziele
Die für Flüssigkeitsbehälter geltenden Schutzziele (protection objectives) dienen dazu, dass die Behälter sicher betrieben werden können.
Dabei wird unterschieden zwischen:
- dem **Schutz der Umgebung** vor Gefahren, die von den Flüssigkeitsbehältern ausgehen und
- dem **Schutz der Flüssigkeitsbehälter** vor Gefahren, die aus der Umgebung auf die Behälter einwirken können.

6.3.2.2.1 Explosions- und Brandschutz
Bei der Lagerung von ortsfesten Behältern sind besondere Maßnahmen erforderlich, die Brände und Explosionen verhindern. Diese Maßnahmen sind ausreichend und gelten als erfüllt, wenn:
- die Bildung einer explosionsfähigen Atmosphäre vermieden oder eingeschränkt (be restricted) wird und
- die Entzündung der explosionsfähigen Atmosphäre vermieden ist.

Schutzzonen (protection zones)
Um die Entzündung einer explosionsfähigen Atmosphäre zu vermeiden, wird um die möglichen Gasaustrittsstellen an Flüssigkeitsbehälter ein bestimmter **explosionsgefährdeter Bereich** (Schutzzone) festgelegt. In diesem Bereich muss das Vorhandensein von **Zündquellen** (ignition sources) während des Befüllvorgangs ausgeschlossen sein.
Es werden die **Schutzzonen 1 und 2** unterschieden (Bilder 1 bis 3, nächste Seite):
- in **Zone 1** dürfen explosionsgeschützte (protected against explosion) Geräte der Kategorie[1] 1 oder 2

---

[1] Kategorie 1 = sehr hoher Schutzgrad und damit sehr hohes Maß an Sicherheit
Kategorie 2 = hoher Schutzgrad und damit hohes Maß an Sicherheit
Kategorie 3 = normaler Schutzgrad und damit erhöhtes Maß an Sicherheit

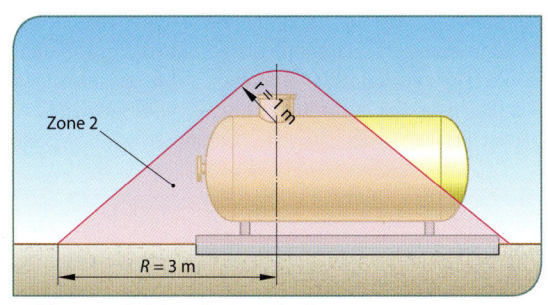

6 Bereitstellung von Gasen

1 Schutzzone bei oberirdischer Aufstellung

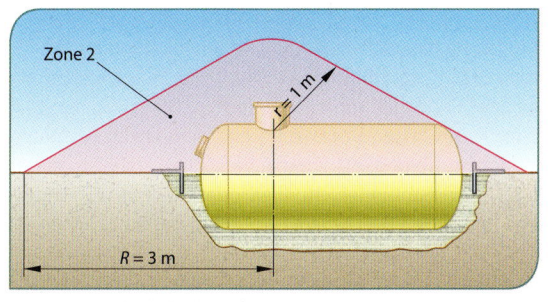

2 Schutzzone bei halboberirdischer Lagerung

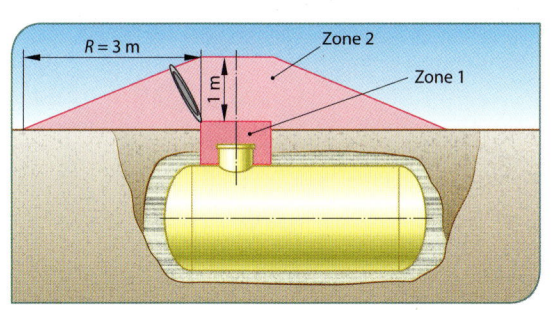

3 Schutzzonen bei erdgedeckter Lagerung

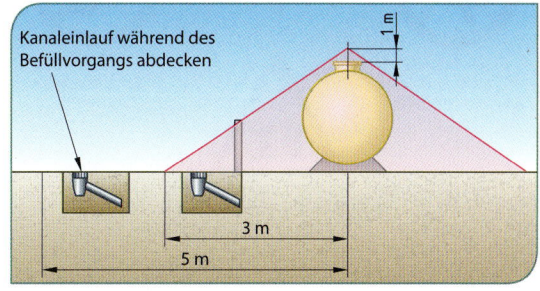

4 Verringerung der Abstände zu Kanälen, Schächten und Öffnungen durch bauliche Maßnahmen (Seitenansicht)

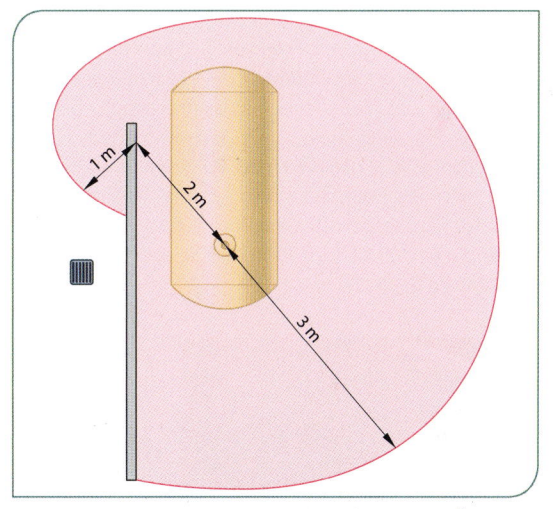

5 Verringerung der Abstände zu Kanälen, Schächten und Öffnungen durch bauliche Maßnahmen (Draufsicht)

verwendet werden und sie ist dauerhaft von Zündquellen frei zu halten,
- in **Zone 2** dürfen explosionsgeschützte Geräte der Kategorie 1, 2 oder 3 verwendet werden, Arbeiten mit wirksamer Zündquelle, wie z. B. Heckenschneiden mit einer elektrischen Heckenschere, sind nach dem Befüllvorgang (filling procedure) und nachgewiesener Dichtheit wieder möglich.

Einschränkung der Schutzzonen
Durch bauliche Maßnahmen (z. B. Wände ohne Öffnungen aus nicht brennbaren Baustoffen; Bilder 4 und 5) können die brand- und explosionsgefährdeten Bereiche eingeschränkt werden. Bei oberirdischen und erdbedeckten Behältern dürfen sich im Umkreis von 3 m um Armaturen am Flüssiggasbehälter keine offenen Kanäle (canals), Schächte (shafts) oder sonstigen Öffnungen befinden, da dort ein explosives Gas-Luft-Gemisch entstehen könnte.
Bei der Lagerung von ortsfesten Flüssiggasbehältern in Räumen ist keine Schutzzone außerhalb des Aufstellungsraumes erforderlich. Die Aufstellungsräume dürfen jedoch nur von außen mit nach außen und unmittelbar ins Freie öffnenden Türen zugänglich sein. Die Aufstellungsräume müssen feuerbeständig sein und dürfen keine Verbindungen zu anderen Räumen haben.

Einläufe (inlets), Öffnungen und Zündquellen sind nicht zugelassen. Die Räume müssen zwei Belüftungsöffnungen von je $\frac{1}{100}$ der Bodenfläche besitzen und die Elektroinstallation muss explosionsgeschützt ausgeführt sein.

MERKE
Alle Räume und Bereiche, in denen sich Flüssiggasbehälter befinden, müssen mit dem Namen des Gases, mit dem Gefahrensymbol und mit der Gefahrenbezeichnung gekennzeichnet sein (Bild 1, nächste Seite).

6 Bereitstellung von Gasen

Flüssiggas-Anlage

Feuer, offenes Licht und Rauchen verboten

Gefahr

Zutritt für Unbefugte verboten

Warnung vor explosionsfähiger Atmosphäre

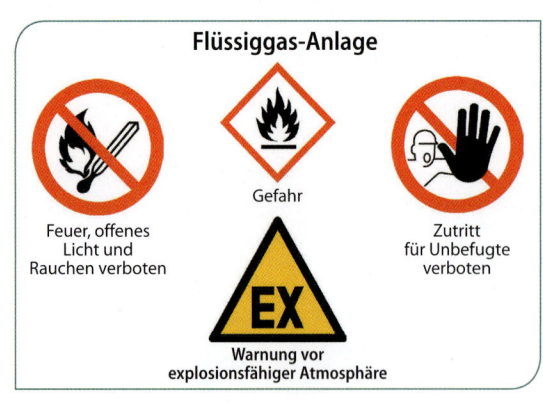

1 Sicherheitskennzeichnung

6.4 Hausanschluss Erdgas

Hausanschlussleitungen (service pipes) (HAL) inklusive der Hauseinführung (house connection) werden nach DVGW-Arbeitsblatt G 459 ausgeführt und sind Bestandteil der Leitungsanlage des betreffenden Gasversorgungsunternehmen oder des Netzbetreibers. Der **Hausanschluss** (service connection) (Bild 2) beginnt an der Versorgungsleitung und endet mit der Hauptabsperreinrichtung (service valve) (HAE). Die Hausanschlussleitung (Netzanschlussleitung) verbindet die öffentliche Gasversorgungsleitung mit den Gasleitungen im Gebäude.

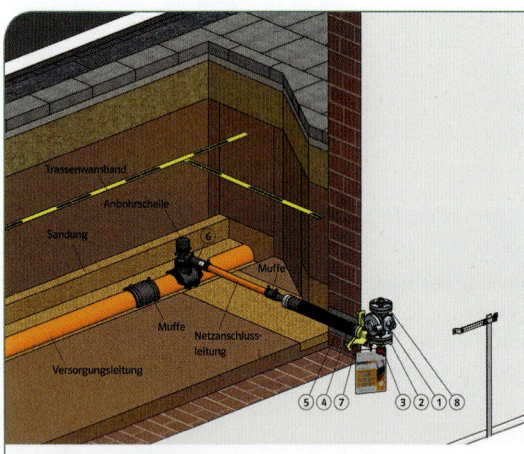

① Ergasdruckregelgerät ohne intergriertem Gasströmungswächter
② Flanschsicherung (wird nur in Zwei- und Mehrfamilienhäusern montiert)
③ Hauptabsperreinrichtung (HAE)
④ Hauseinführungskombination
⑤ Vergussmasse
⑥ Langmuffe mit integriertem Gasströmungswächter
⑦ Auszugssicherung nur erforderlich, wenn Netzanschlussleitung aus Stahl oder Wand in Leichtbauweise errichtet
⑧ Gewindeflansch mit Kunststoffstopfen DN25 (Flanschsicherung wird nur in Zwei- und Mehrfamilienhäusern montiert)

Bei Abweichungen vom dargestellten Erdgas-Netzanschluss (Standard) z. B. Niederdruckversorgungen, Anschlüsse ohne vormontiertes Regierpassstück, Kunden mit einer Nennwärmeleistung > 150 KW, Hauptabsperreinrichtung mit Verschraubung

2 Standardhausanschluss

Aufgrund der regional möglicherweise unterschiedlichen Ausführungsart des Hausanschlusses muss das installierende Vertragsinstallationsunternehmen (VIU) die jeweiligen Richtlinien der Gasversorgungsunternehmen/Netzbetreiber bei der Installation der häuslichen Leitungsanlage beachten.

Hauseinführungskombinationen (house connection combinations)

Hauseinführungskombinationen (HEK) **älterer Bauart** – z. B. als Kellerwanddurchführungen – sind zwischen der Rohrleitung und ihrer Schutzhülse beweglich (haben keinen Festpunkt); bei einem äußeren Baggerangriff muss daher von einer maximalen Beweglichkeit von ca. 1 cm an der Innenleitung ausgegangen werden. Um die Innenleitung vor Zerstörung zu schützen, muss als Axialausgleich hinter der HAE ein gerades Rohrstück von z. B. mindestens 30 cm bis maximal 2 m bis zur ersten Umlenkung und dem ersten Festpunkt eingebaut werden. Als Alternative können Stahlkompensatoren, Kunststoffinnenleitungen oder Stahlschlauchleitungen nach DIN 3384 dienen. Die Einführung erhält innen als Fixierung zur Wand zusätzlich eine Ausziehsicherung in Form einer „Kralle", die an der Mauer befestigt wird (Bild 3).

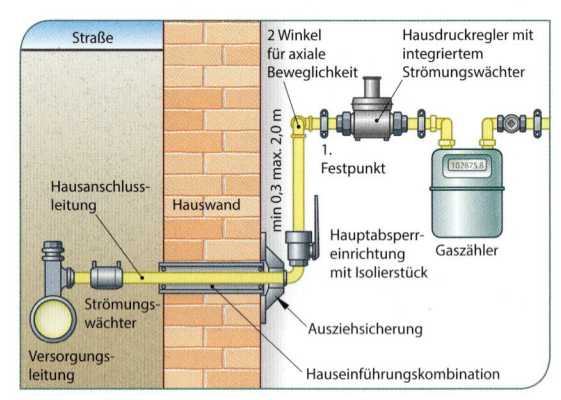

3 Hauseinführung älterer Bauart mit Ausziehsicherung und Axialausgleich

Neuere Hauseinführungen sind zwischen der Gasleitung und der Mauerhülse als geschlossene Rohrkapsel ausgeführt; der Übergang von PE auf Stahl findet in der Kapsel statt (Bilder 2 und 4). Die einzusetzende Vergussmasse (sealing compound) gewährleistet eine kraftschlüssige (non-positive) Verbindung zwischen Wand und Schutzrohr (**Festpunkt** in der Gebäudewand) und es kann auf eine Ausziehsicherung verzichtet werden. Das ist für den Installateur der Hinweis, dass der Axialausgleich (axial compensation) nicht erforderlich ist und die Hausanschlussleitung

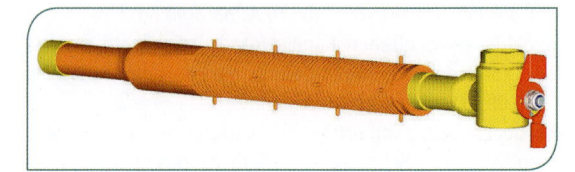

4 Hauseinführungskombination

6 Bereitstellung von Gasen

ohne besondere Maßnahmen mit der Innenleitung verbunden werden kann.

Mehrspartenhauseinführung (multi-use house connection)
Immer mehr Gasversorgungsunternehmen/Netzbetreiber verwenden Mehrspartenhauseinführungen für Strom/Gas/Wasser und Telekommunikation (Bild 1 und 2), da sie einige Vorteile bieten, wie z. B.:
- nur eine Kernbohrung,
- preisgünstigere Tiefbauarbeiten, da nur ein Rohrgraben benötigt wird und
- geringerer Installationsplatzbedarf im Anschlussraum.

1 Mehrspartenhauseinführung

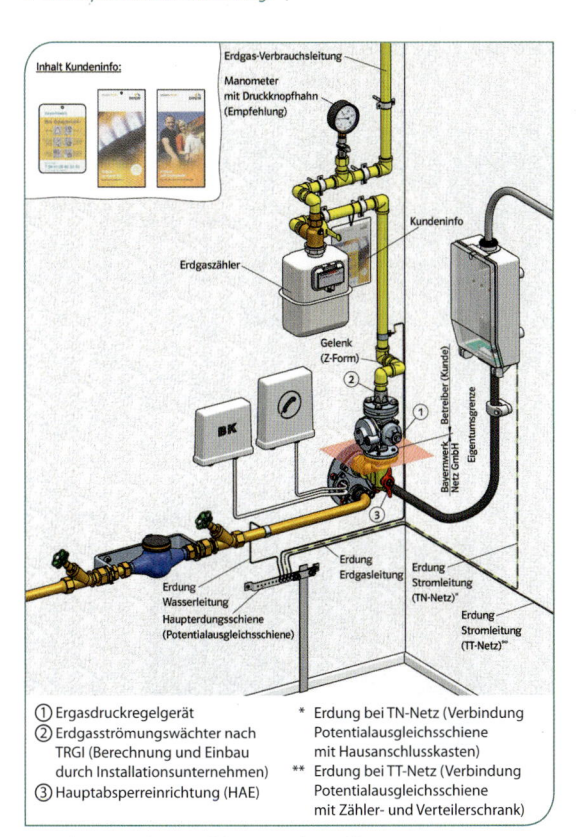

① Ergasdruckregelgerät
② Ergasströmungswächter nach TRGI (Berechnung und Einbau durch Installationsunternehmen)
③ Hauptabsperreinrichtung (HAE)

* Erdung bei TN-Netz (Verbindung Potentialausgleichsschiene mit Hausanschlusskasten)
** Erdung bei TT-Netz (Verbindung Potentialausgleichsschiene mit Zähler- und Verteilerschrank)

2 Mehrspartenhauseinführung und Anschlussraum

6.5 Hausanschluss Flüssiggas

Jede Flüssiggasanlage besteht aus der Versorgungsanlage und der Verbrauchsanlage (Bild 1, nächste Seite).
Die **Versorgungsanlage** umfasst den Flüssiggasbehälter (liquefied gas cylinder) und die Rohrleitung mit Armaturen bis einschließlich der Hauptabsperreinrichtung. Die maximal zulässige Betriebstemperatur (operating temperature) des Flüssiggasbehälters beträgt **40 °C** und der maximal zulässige Druck im Behälter **15,6 bar** (15 600 hPa).
Der Flüssiggasbehälter muss ausgerüstet sein mit:
- einem Sicherheitsventil,
- einem Gasentnahmeventil,
- einer selbsttätig wirkenden (automatischen) Überfüllsicherung,
- einem Höchststand-Peilventil im Tank,
- einem Manometer,
- einem Prüfanschluss,
- einem Flüssiggasentnahmeventil und
- einer Inhaltsanzeige (Bild 3).

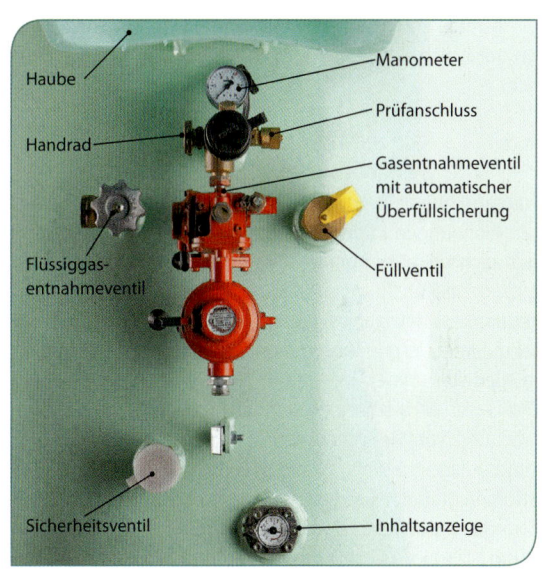

3 Armaturen Flüssiggasbehälter

Flüssiggasbehälter dürfen nur bis zu 85 % gefüllt werden, damit ein Reservevolumen bei starker Erwärmung im Sommer vorhanden ist. Hauseinführungen für Flüssiggase müssen thermisch erhöht belastbar und auszugssicher sein und der DVGW-Prüfgrundlage VP 601 entsprechen (vgl. Kap. 6.4).
Die **Verbrauchsanlage** beginnt hinter der Hauptabsperreinrichtung und besteht aus der Rohrleitung mit Armaturen und allen Gasgeräten.
Die Reduzierung des Behälterdruckes auf den erforderlichen Anschlussdruck (supply pressure) von **50 mbar** erfolgt bei ortsfesten Behältern immer zweistufig (in two stages). Es können sowohl zwei Druckregler mit den notwendigen Sicherheitseinrichtungen (Bild 1, nächste Seite) als auch ein Gerät mit zwei Druckregelstufen und den notwendigen Sicherheitseinrichtungen verwendet werden.

Lernfeld 10

6 Bereitstellung von Gasen

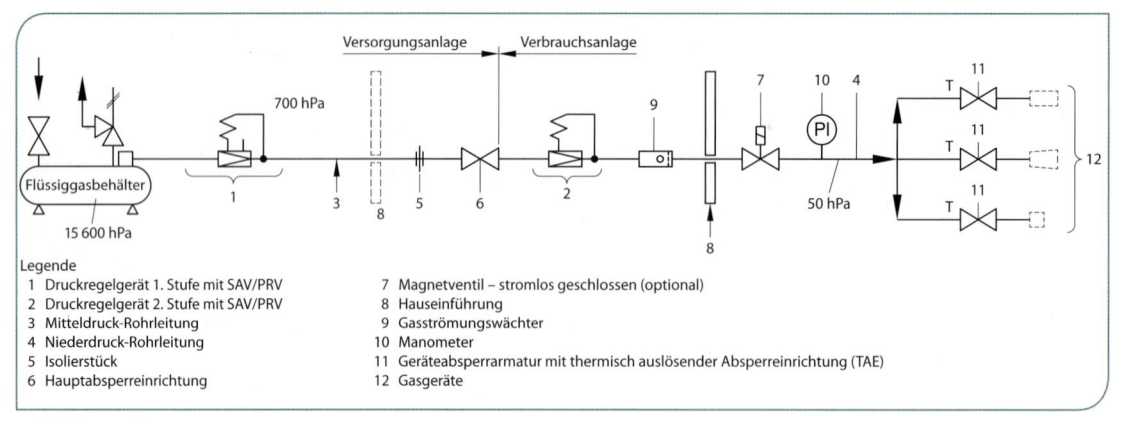

Legende
1 Druckregelgerät 1. Stufe mit SAV/PRV
2 Druckregelgerät 2. Stufe mit SAV/PRV
3 Mitteldruck-Rohrleitung
4 Niederdruck-Rohrleitung
5 Isolierstück
6 Hauptabsperreinrichtung
7 Magnetventil – stromlos geschlossen (optional)
8 Hauseinführung
9 Gasströmungswächter
10 Manometer
11 Geräteabsperrarmatur mit thermisch auslösender Absperreinrichtung (TAE)
12 Gasgeräte

1 Flüssiggasanlage

6.6 Manipulationen an Gasinstallationen

Um Manipulationen (manipulations) an Gasinstallationen zu erschweren und gefährliche Explosionen zu vermeiden, sind grundsätzlich aktive und ggf. passive Maßnahmen erforderlich.

6.6.1 Aktive Maßnahmen – Gasströmungswächter

Hausanschlussleitungen, Hausdruckregler und – bei mehreren Wohnungen in dem zu versorgenden Gebäude zusätzlich auch weitere Verbrauchsleitungen – werden mit aktiven Sicherheitseinrichtungen in Form von Gasströmungswächtern (excess flow valves) nach DIN 30652-1 (oder Druckregler mit integriertem Gasströmungswächter nach DIN 33822) ausgerüstet (Bilder 2, 3 und 4). Die DVGW-TRGI 2018 und DVFG-TRF 2012 schreiben den Einsatz von Gasströmungswächtern vor. Sie sichern bei Manipulationen an der Leitungsanlage oder ungewolltem Leitungsabriss gegen Ausströmen größerer Gasmengen ab (Bild 4). Der Einsatz dieser Strömungswächter erfordert eine **genaue Größenauslegung** (sizing), da sie im normalen Betrieb den Gasweg offenhalten sollen, bei unkontrolliertem Öffnen der Gasleitung mit erhöhten Gasmengen jedoch sicher schließen müssen. Hat die Armatur in Folge einer Sicherheitsabschaltung (safety shutdown) den Gasweg geschlossen und sie öffnet nicht mehr selbsttätig, muss der Installateur entscheiden, welche Maßnahmen zu ergreifen sind. Es werden die Gasströmungswächter **GS Typ M** (ausschließlich nur zum Schutz gegen Manipulationen in Leitungen aus Metall TRGI 2018) und **GS Typ K** (als Sicherheitselement bei Mehrschichtverbundrohren und auch bei Leitungen aus Metall gegen Manipulation nach TRGI 2018 und TRF 2012) unterschieden.

Sicherheitseinrichtung und Reset Gasströmungswächter
GS sind so konstruiert, dass sich bei einem definierten Druck p_1 der Betriebsvolumenstrom V_N einstellt ①. Wird der Schließdurchfluss V_S in Folge einer ungewöhnlich hohen durchströmenden Gasmenge, erreicht schließt das Ventil ②.

2 Gasströmungswächter für waagerechten Einbau

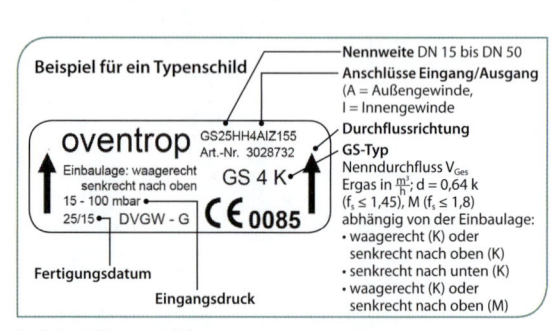

3 Beispiel Typenschild

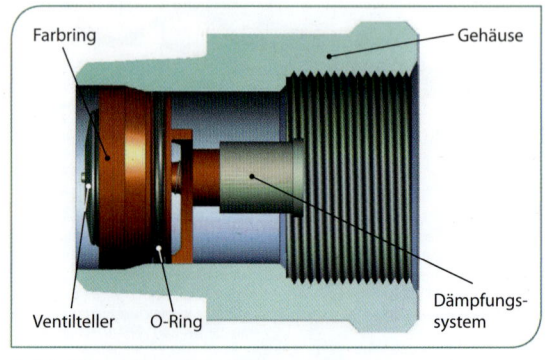

4 Schnittdarstellung Gasströmungswächter

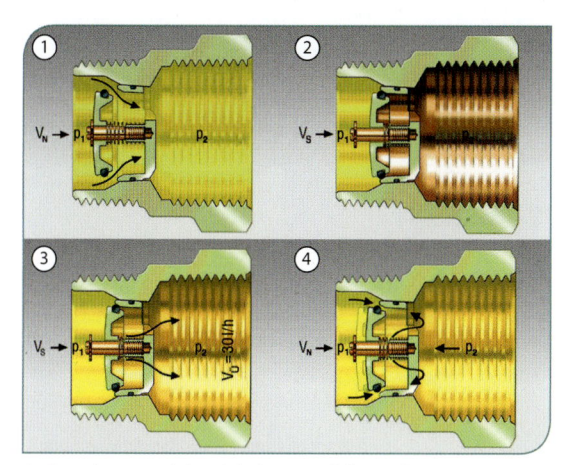

1 Gasströmungswächter bei einem Störfall

Nach dem Schließen lässt das Ventil eine geringe Menge Gas überströmen, sodass sich nach dem Herstellen der regulären Betriebsbedingungen der Druck p_2 wieder aufbaut, bis der Ventilteller sich durch die Federkraft öffnet ③. Die Dauer des Resets ist abhängig vom Leitungsvolumen ④ und kann mehrere Minuten dauern." (aus: Praxishandbuch 5 – Internetversion 2012, Fa. Viega, Seite 570) (Bild 1; vgl. Kap. 6.6.1.1).

6.6.1.1 Grundlagen für die Auslegung von Gasströmungswächtern

Gasströmungswächter (GS) werden nach TRGI 2018 und TRF 2012 nach der auf dem Typenschild (nameplate) angegebenen Nennbelastung (Streckenbelastung) der installierten Gasgeräte ausgelegt (vgl. Kap. 2.5). Gasströmungswächter für Anlagen mit Einzelgeräten werden nur mit 80 % ihres Nennwertes belastet. Bei mehreren Gasgeräten wird die Summe der Nennwärmebelastungen der einzelnen Geräte zur Auslegung (dimensioning) herangezogen und die GS werden bis zum Nennwert belastet. Ausnahmen von dieser Regelung sind:

- Gas-Haushalts-Kochgeräte an Gassteckdosen (gas sockets), die mit $\dot{Q}_{NB} = 9$ kW ausgelegt werden und
- Gassteckdosen mit unbekannter Nennwärmebelastung, die auch mit $\dot{Q}_{NB} = 9$ kW oder $\dot{Q}_{NB} = 13$ kW (nur bei Außen- oder Sonderanwendungen) ausgelegt werden. Die Gassteckdosen müssen mit **„frei"** gekennzeichnet sein.

MERKE

Bei Gasleitugen, Gaszählern und Armaturen können größere Nennweiten als erforderlich gewählt werden, bei Gasströmungswächtern ist das nicht zulässig.

Gasrohrleitungen müssen so dimensioniert werden, dass im Störfall (abnormal occurence) der Gasströmungswächter auslöst. Die Bestimmung der Gasströmungswächter ist aus diesem Grund Bestandteil der Rohrdimensionierung.

Diese kann nach dem Diagramm – oder Tabellenverfahren durchgeführt werden, wird aber im Folgenden nicht weiter behandelt.

Folgende **Auslegungsparameter** für GS müssen beachtet werden:

- maximaler Anschlusswert (Nennwärmebelastung) bei mit Erdgas betriebenen Einzelgeräten ≤ 110 kW (= 80 % von 138 kW), über 110 kW wird kein GS eingebaut (Bild 2),
- maximaler Anschlusswert (Nennwärmebelastung) bei mit Flüssiggas betriebenen Einzelgeräten ≤ 128 kW (= 80 % von 160 kW), über 128 kW wird kein GS eingebaut,
- maximaler Anschlusswert (Nennwärmebelastung) bei mehreren mit Erdgas betriebenen Gasgeräten ≤ 138 kW, über 138 kW wird kein GS eingebaut,
- maximaler Anschlusswert (Nennwärmebelastung) bei mehreren mit Flüssiggas betriebenen Gasgeräten ≤ 160 kW, über 160 kW wird kein GS eingebaut,
- innerhalb eines Fließweges dürfen nicht mehrere GS gleichen Nennwerts und gleichen Typs eingesetzt werden,
- Betriebsdruckbereich 15 hPa – 100 hPa,
- welcher Haustyp – Ein- oder Zweifamilienhaus/Mehrfamilienhaus,
- Einbauort – vor der HAE, vor oder hinter dem Gasdruckregler (GDR), am Gaszähler (Bild 1, nächste Seite),
- welcher Gaszählertyp vom NB vorgeschrieben ist,
- Druckverlust GS ≤ 0,5 hPa,
- Überströmmenge < 30 l/h Luft bei 100 hPa,
- geeignete Gasarten – Erdgas und gasförmiges Flüssiggas (Propan, Butan) nach DVGW-Arbeitsblatt G 260 und DIN EN 437.

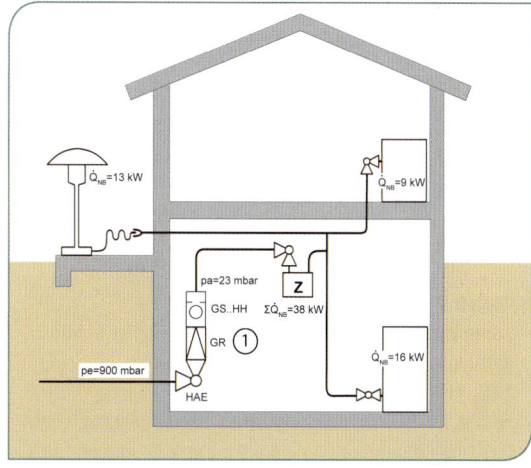

2 Gasströmungswächter im Einfamilienhaus (erdgasversorgt)

Für die gesamte Gasinstallation in Bild 2 ist nur ein Gasströmungswächter (GS) erforderlich. Dieser wird hier unmittelbar nach dem Gas-Druckregelgerät (GR) installiert (siehe ① Bild 2).

6 Bereitstellung von Gasen

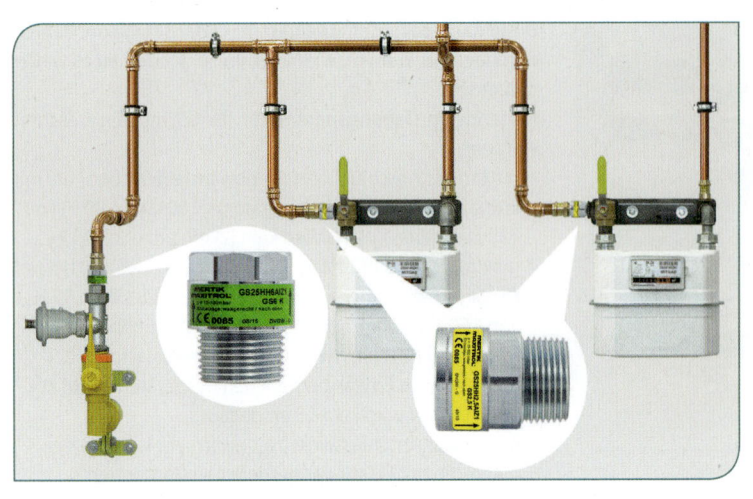

1 Einbaubeispiele GS in Mehrfamilienhaus nach TRGI und farbliche Kennzeichnung

Auszug aus TRGI
Metallene Leitungen

Summe der Nennbelastung $\Sigma\dot{Q}_{NB}$ (in kW)		Auszuwählender SENTRY GS und Farbe des Typschildes	
Einzelzuleitung/ Abzweigleitung	Verbrauchs- u. Verteilungs- leitung		
≤ 17	≤ 21	GS..2,5	gelb
18 bis 27	22 bis 34	GS..4	braun
28 bis 41	35 bis 51	GS..6	grün
42 bis 68	52 bis 86	GS..10	rot
69 bis 110	87 bis 138	GS..16	orange

2 Gasströmungswächter Erdgas für metallene Leitungen

```
SENTRY GS  25  H H  4  AI Z
```
Nennweite: DN15, 20, 25, 32, 40, 50
Betriebsdruckbereich: 15 mbar – 100 mbar
Gehäuseausführung:
  H: GS
  T: GS mit TAE
Nenndurchfluss V_{Gas} Erdgas; d = 0,64
  S. Tabelle, Seite 3
Einbaulage:
  Z: waagerecht (Typ K) oder nach oben (Typ K)
  D: nach unten (Typ K)
Anschluss Gaseingang – Gasausgang
  AI: Außengewinde – Innengewinde
  IA: Innengewinde – Außengewinde
  (andere Anschlüsse auf Anfrage)

3 Bestellcode

Beispiel:
- Summe der Anschlusswerte der 3 Verbraucher in Bild 2, vorherige Seite:
  $\Sigma\dot{Q}_{NB}$ = 38 kW
- pe = 900 hPa (pe = Eingangsdruck), Einbauort nach dem Gas-Druckregelgerät, pa = 23 hPa (pa = Ausgangsdruck)

Hiermit ergibt sich ① laut Bild 2, GS…6. In der Regel hat das Gas-Druckregelgerät eine Nennweite von DN25 und in diesem Einsatzfall einen Innengewindeausgang. Der zu installierende Typ ist bei Einbau waagerecht oder nach oben SENTRY GS25HH6AIZ, bei Einbau waagerecht auch SENTRY GS25HH6AIS (vgl. Bestellcode Bild 3) (nach: www.mertik maxitrol.com; Sentry GS Gasströmungswächter, 2012).

Gasströmungswächter bleiben geöffnet, so lange der vorgegebene Nennvolumenstrom $\dot{V}_N$ nicht überschritten wird. Wird $\dot{V}_N$ um den Schließfaktor f_{smax} überschritten (Bild 4), schließt der GS automatisch und bleibt geschlossen, bis die Störung behoben ist. Der GS öffnet selbsttätig wenn die Störung behoben ist. Die Einbaulage des GS (waagerecht oder senkrecht nach oben oder unten) hat Einfluss auf den Schließfaktor des GS, deshalb ist es wichtig, die Vorgaben des Herstellers zu beachten.

GS Typ	zul. Betriebsdruck max. Schließfaktor	GS Nennwert	Farbe	Einbauart
M	15 bis 100 hPa f_{smax} = 1,8	2,5 4 6 10 16	gelb braun grün rot orange	vor oder hinter dem Gas-Druck- regelgerät
K	15 bis 100 hPa f_{smax} = 1,45	1,6 2,5 4 6 10 16	weiß gelb braun grün rot orange	vor oder hinter dem Gas-Druck- regelgerät

4 Gasströmungswächter nach DVGW-Prüfgrundlage VP 305-1

Der Schließfaktor ergibt sich aus
$f_{smax} = \dot{V}_S / \dot{V}_N$ $\dot{V}_S$ = Schließvolumenstrom (Wert der zum Schließen des GS führen kann)
$\dot{V}_N$ = Nennvolumenstrom (Maximalwert, bei dem der GS stabil offen bleibt)

Der Nennvolumenstrom ergibt sich aus
$\dot{V}_N = \dot{Q}_{NB} / H_{I,B}$ $\dot{Q}_{NB}$ = Nennwärmebelastung
$H_{I,B}$ = Betriebsheizwert in kW/m³
(der Betriebsheizwert ist festgelegt mit $H_{I,B}$ = 8,6 $\frac{kWh}{m^3}$ bei Normbedingungen 15° C und 1013 hPa)

6.6.2 Passive Maßnahmen

In Ein- oder Zweifamilienhäusern sind passive Maßnahmen **nicht** erforderlich, da es keine allgemein zugänglichen (accessible) Räume gibt. Sind allgemein zugängliche Räume vorhanden (z. B. größere Mehrfamilienhäuser), kommen auch passive Maßnahmen zum Einsatz.

Zu den passiven Maßnahmen gehören z. B.:
- Vermeidung von Leitungsenden, die mit Stopfen oder Kappen verschlossen sind,
- Sicherheitsstopfen (safety plugs), Sicherheitskappen (safety caps) und Ringverschraubungssicherungen, die nicht mit herkömmlichen Werkzeugen zu öffnen sind (Bilder 1 und 2),
- Schrumpfmanschetten (shrink sleeves) und
- Verkleben.

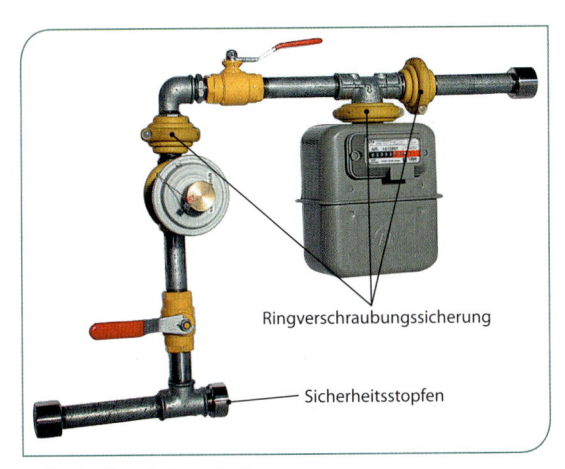

1 Passive Sicherheitsmaßnahmen

2 Passive Sicherungsmöglichkeiten

> **MERKE**
> Aktive Maßnahmen haben immer Vorrang vor passiven Maßnahmen und kommen ausschließlich im Fließweg zum Einsatz.

6.7 Gasinstallation in Gebäuden

Nach der TRGI 2018 bestehen Gasinstallationen in Gebäuden aus:
- Leitungsanlagen (einschließlich Armaturen),
- Gasgeräten (vgl. Kap. 5.1),
- Einrichtungen zur Verbrennungsluftversorgung (vgl. Lernfeldübergreifende Inhalte, Kap. 6.3.1.2) und
- Abgasanlagen (vgl. Lernfeldübergreifende Inhalte, Kap. 6.3).

Sie beginnen hinter der Hauptabsperreinrichtung (HAE) und reichen bis zur Abführung der Abgase ins Freie.

6.7.1 Leitungsanlagen

Leitungsanlagen (Bilder 3 und 4) bestehen aus **Innenleitungen** und ggf. **Außenleitungen**, das sind hinter der HAE außerhalb von Gebäuden im Freien oder im Erdreich verlegte Leitungen.

Innenleitungen und Außenleitungen können bestehen aus:	
Verteilungsleitung	Leitung zu mehreren Gaszählern
Steigleitung	Leitung, die senkrecht von Geschoss zu Geschoss führt
Verbrauchsleitung	Leitung ab Abzweig von Verteilungsleitung oder ab Ende Verteilungsleitung bzw. ab HAE bis zu Abzweigleitungen
Abzweigleitung	Leitung von der Verbrauchsleitung bis zur Geräteanschlussarmatur; ausschließlich zur Versorgung eines Gasgerätes
Einzelzuleitung	Leitung bei nur einem Gasgerät von HAE bis bis zur Geräteanschlussarmatur
Geräteanschlussleitung	Leitung von Geräteanschlussarmatur bis Anschluss am Gasgerät

3 Bezeichnungen von Leitungsteilen

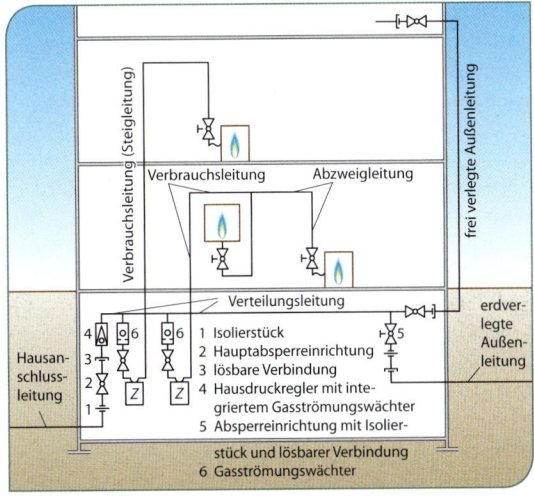

4 Leitungsanlage
1 Isolierstück
2 Hauptabsperreinrichtung
3 lösbare Verbindung
4 Hausdruckregler mit integriertem Gasströmungswächter
5 Absperreinrichtung mit Isolierstück und lösbarer Verbindung
6 Gasströmungswächter

Wenn nur ein Gaszähler (gas meter) vorhanden ist, entfällt die Verteilungsleitung und die Verbrauchsleitung beginnt direkt nach der HAE.

Da **Undichtigkeiten** (leakages) bei Rohren, Form- und Verbindungsteilen die Brandsicherheit gefährden und Explosionsgefahr entstehen kann, dürfen bei äußerer Brandeinwirkung keine gefährlichen Gas-Luft-Gemische entstehen. Um dies zu **gewährleisten**, fordert die TRGI 2018, dass die Rohrleitungen einschließlich ihrer Verbindungen sowie alle anderen Bauteile so beschaffen sind und installiert werden, dass von ihnen keine Explosionsgefahr bei äußerer Brandeinwirkung ausgeht. Dies kann erreicht werden durch HTB-Qualität (**h**öher **t**hermisch **b**elastbar) aller Bauteile, oder selbstauslösende Absperreinrichtungen wie:

- thermisch auslösende Absperreinrichtungen (thermally activated shut-off devices) (TAE) oder/und
- Gasströmungswächter (GS).

6.7.1.1 Innenleitungen

Folgende Rohre, Form- und Verbindungsteile dürfen als Innenleitungen zur Gasversorgung verlegt werden

- Stahlrohre nach DIN EN 10255
- nahtlose Stahlrohre nach DIN EN 10216-1
- geschweißte Stahlrohre nach DIN EN 10217-1
- Präzisionsstahlrohre nach DIN EN10305-1, -2 und -3
- Kupferrohre nach DIN EN 1057
- Wellrohrleitungen (corrugated pipes) aus nicht rostendem Stahl nach DIN EN 15266 für Betriebsdrücke bis 100 hPa
- biegsame Anschlussleitungen (Metallschläuche) nach DIN 3383 und 3384
- Gasschlauchleitungen nach DIN 16617
- Mehrschichtverbundrohre (multi-layer composite pipes) nach DVGW G 5628 (P)

> **MERKE**
>
> Mehrschichtverbundrohre sind immer mit Gasströmungswächtern in Kombination mit Thermischen Absperreinrichtungen einzusetzen, damit sie die gleichen Sicherheitsanforderungen wie metallene Gasleitungen erfüllen.

Alle Form- und Verbindungsteile müssen vom **DVGW** zugelassen und nach den anerkannten Regeln der Technik hergestellt sein. Rohre, Form- und Verbindungsteile können **lösbar** (detachable) und **unlösbar** (non-detachable) miteinander verbunden werden.

Unter **lösbaren** Verbindungen versteht man Verbindungen, die mit Werkzeug zerstörungsfrei geöffnet werden können und an gleicher Stelle mit denselben Teilen wieder verbunden werden können. Der Austausch von Dichtungen kann unter Umständen nötig sein.

Unter **unlösbaren** Verbindungen versteht man Verbindungen, die nach einer Trennung oder Öffnung der Verbindung an gleicher Stelle nicht wieder verwendbar sind (z. B. Schweiß-, Hartlöt-, Gewinde- und Pressverbindungen).

Zu den **unlösbaren** Verbindungsarten gehören
- Gewindeverbindungen nach DIN EN 10226-1 für Stahlrohre nach DIN EN 10255.
  Für Gewindeverbindungen dürfen nur vom DVGW zugelassene, **nicht aushärtende** (non-curing) Dichtmittel verwendet werden. **Gewindeverbindungen sind nur noch bis DN 50 zulässig.**
- Pressverbindungen für metallene Gasleitungen nach DVGW G 5614 B1 (P)
- Schweißverbindungen nach DVGW-Arbeitsblatt GW 350 in Verbindung mit DIN EN 12732 für
  – Stahlrohre nach DIN EN 10255
  – nahtlose Stahlrohre nach DIN EN 10216-1
  – geschweißte Stahlrohre nach DIN EN 10217-1
  – nahtlose und geschweißte Präzisionsstahlrohre nach DIN EN 10305-1, -2 und -3
    Schweißarbeiten dürfen nur von qualifizierten Schweißern ausgeführt werden.
- Hartlöt- und Schweißverbindungen für Kupferrohre nach DVGW GW 2 (A) und DIN EN 1057
- Rohrverbindungen für Mehrschichtverbundrohre nach DVGW G 5628 (P) (Pressverbindungen)

> **MERKE**
>
> Das Weichlöten von Kupferrohren ist nicht zulässig, da die Temperaturen, bei denen weichgelötete Verbindungen undicht werden (ca. 300 °C), weit unter der Zündtemperatur z. B. von Erdgas (ca. 640 °C) liegen und somit unverbranntes Gas ausströmen kann, was zu einer erhöhten Explosionsgefahr führt.

Zu den **lösbaren** Verbindungen gehören in Abhängigkeit von der Rohrart:
- Klemmverbindungen,
- Flansche und
- Verschraubungen.

Lösbare Verbindungen dürfen nicht als fortlaufende Verbindungen verwendet werden.

Rohrverlegung

Grundsätzlich müssen alle Rohrverlegungsarbeiten nach den anerkannten Regeln der Installationstechnik durchgeführt werden (Bild 1, nächste Seite). Als Sicherheitsstandard (safety standards) gilt dabei die Technische Regel für Gas-Installationen (DVGW-TRGI 2018). Sie muss bei der Planung, Erstellung, Änderung und Instandhaltung von Gasanlagen in Gebäuden (auch auf Grundstücken) für **Niederdruck** ($p_e \leq 100$ hPa) und Mitteldruck ($p_e > 100$ hPa…1000 hPa) beachtet werden:

6 Bereitstellung von Gasen

- Die Gasleitungen sollen mit gleichen Abständen zu Wänden und Decken mit möglichst wenigen Umlenkungen verlegt werden.
- Um Druckverluste gering zu halten, sollten Bögen anstelle von Winkeln eingebaut werden.
- Die frei liegende Verlegung von Rohrleitungen ist zu bevorzugen, die Montage unter Putz (concealed), in Hohlräumen, in Schächten und Kanälen ist jedoch auch zulässig (Bild 1).
- Um Leckagen in Rohrleitungen in Hohlräumen (cavities) schneller entdecken zu können, sind diese mit etwa 10 cm² großen, unverschließbaren Öffnungen zu versehen (Bild 1).
- Bei Leitungen ohne Verbindungen in Hohlräumen kann auf die Öffnungen verzichtet werden.
- Die Leitungsführung verdeckt verlegter Leitungen muss dokumentiert werden.
- Die Verlegung von Rohrleitungen im Estrich (floor screed), in Müllschächten, Aufzugs- und Lüftungsschächten und durch Schornsteine und Schornsteinwangen ist verboten. Im Rohfußboden und in der Ausgleichsschicht/Trittschalldämmung (impact sound insulation) ist die Verlegung jedoch gestattet (Bild 2).

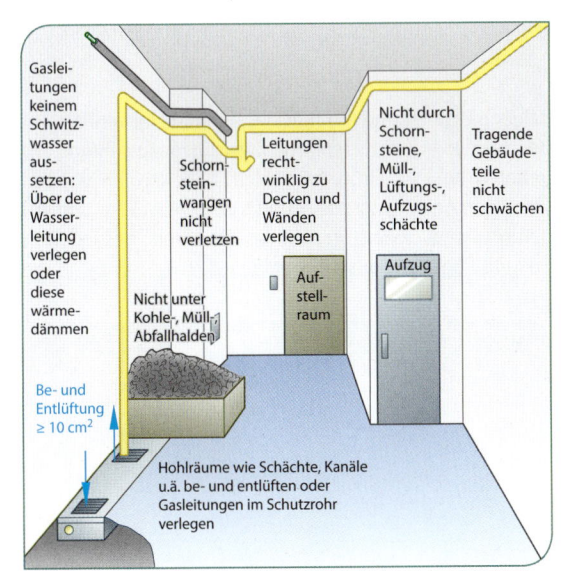

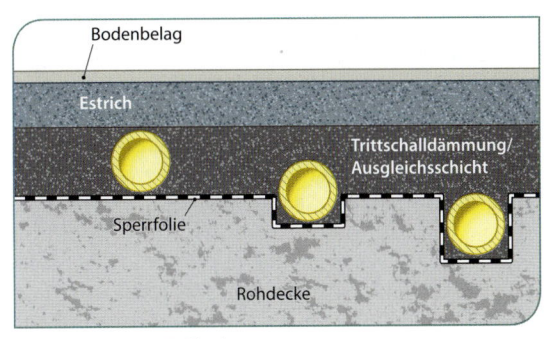

2 Gasleitungen im Fußboden

oder Sicherheitsstopfen eingebaut werden (Bild 1 und 2, Kap. 6.6.2).
- Werden Gasleitungen durch belüftete Hohlräume, durch Decken und Wände verlegt, dann sind Mantelrohre (jacket pipes) zu verwenden, die deutlich sichtbar überstehen müssen.
- Gasleitungen dürfen keiner mechanischen Belastung, die zu Schäden führen könnten, ausgesetzt werden.
- Gasleitungen dürfen nicht als Erder (earth) oder Schutzleiter (protective conductor) genutzt werden.
- Bei der Verlegung von Gasleitungen sind immer die bauaufsichtlichen Brandschutzbestimmungen (fire regulations) zu beachten. Leitungen mit Verbindungen, die im Brandfall ihre Festigkeit verlieren würden (z. B. Hartlötverbindungen oder Klemmverbindungen mit nichtmetallischer Dichtung), müssen immer mit nicht brennbaren Rohrschellen (Bild 1, nächste Seite) oder nicht brennbaren Rohrschellen und Metalldübeln befestigt werden.
- Ist die mechanische Längskraftschlüssigkeit (axial thrust resistance) der Gasleitungen im Brandfall gewährleistet, können auch handelsübliche Kunststoffdübel verwendet werden (Bild 3).

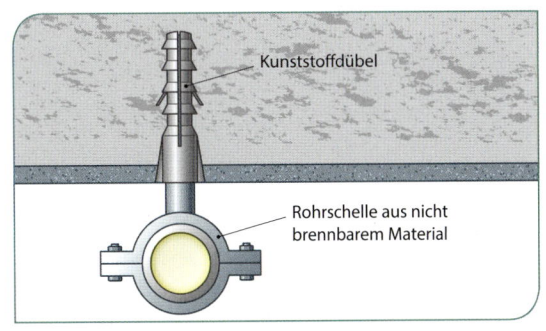

1 Verlegeregeln für Innenleitungen

MERKE
Unterputzverlegung ist nicht zulässig, wenn der Betriebsdruck in einer Leitung über 100 hPa liegt.

- Lösbare Verbindungen (z. B. Verschraubungen) und Leitungsenden sollen möglichst nicht in allgemein zugänglichen Räumen angeordnet werden. Ist dies jedoch nicht zu vermeiden, müssen passive Schutzmaßnahmen in Form von z. B. Verschraubungssicherungen

3 Kunststoffdübel

Um Gasleitungen gegen Korrosion zu schützen, sind sie so zu verlegen, dass sie nicht unnötig mit Feuchtigkeit in Berührung kommen können. Kann dies nicht ausgeschlossen werden, dann müssen besondere Korrosionsschutzmaßnahmen (corrosion protection measures) ergriffen werden.

6 Bereitstellung von Gasen

Vor allem sind dies:
- Verlegen verzinkter Stahlrohre,
- Kunststoffumhüllungen oder Kunststoffbeschichtungen,
- Korrosionsschutzbinden und Schrumpfmaterialien,
- oberhalb von Wasserleitungen verlegte Gasleitungen, um zu verhindern, dass Tropf- oder Schwitzwasser auf die Gasleitungen gelangen kann.

Die Verlegerichtlinien (installation guidelines) und Werkstoffe für Flüssiggasleitungsanlagen der **TRF 2012** (Technische Regeln Flüssiggas) sind an den entsprechenden Abschnitt Leitungsanlagen in der **TRGI 2008** angeglichen worden. Eine wichtige Neuerung (innovation) ist die Aufnahme von Mehrschichtverbundrohren nach DVGW VP 632 (P) für Flüssiggasinnenleitungen.

a) Stahlrohrleitung
Führt die Stahlrohrleitung durch Wände, so kann teilweise auf brandsichere Befestigung verzichtet werden, wenn die Rohrverbindungen im Brandfall die Längskraftschlüssigkeit nicht verlieren (z. B. Gewinde).

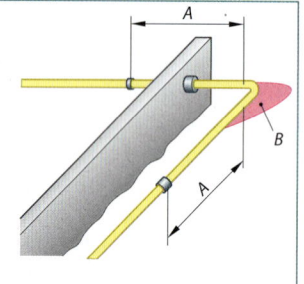

b) Kupferrohrleitung
Die Verbindungen von Kupferrohrleitungen sind im Allgemeinen im Brandfall nicht mehr längskraftschlüssig (z. B. Hartlötverbindungen). Jede Verbindung muss brandsicher sein.

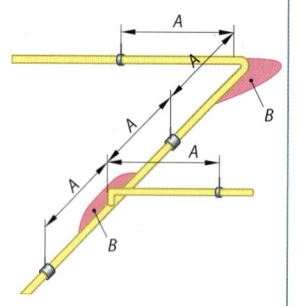

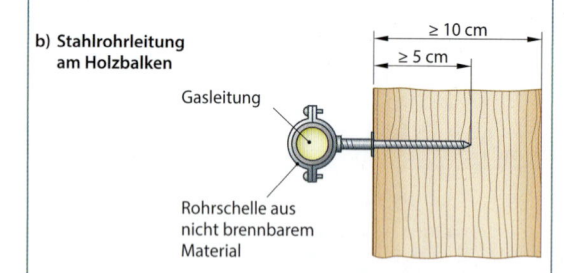

b) Stahlrohrleitung am Holzbalken

Gasleitung

Rohrschelle aus nicht brennbarem Material

A Abstand der Befestigungsschelle zu Richtungsänderungen oder Abzweigen (Dehnbereichen) ca. 1,0…2,0 m
B Dehnbereiche der Leitung im Brandfall

1 Brandsichere Befestigungen von Gasleitungen

6.7.2 Gaszähler

Gaszähler (gas meter) messen das von den einzelnen Gasgeräten verbrauchte Gasvolumen im Betriebszustand (operating state). In Ein- oder Zweifamilienhäusern werden überwiegend Balgengaszähler (positive displacement gas meter) nach DIN EN 1359 verwendet. Sie gehören zur Gruppe der Verdrängungsgaszähler. Die verbrauchte Gasmenge wird durch das auf ein Zählwerk (meter) übertragene Füllen und Entleeren zweier Messkammern ermittelt.
Der Netzbetreiber bestimmt:
- die Art,
- die Größe und
- den Aufstellungsort des zu verwendenden Gaszählers.

Gaszähler dürfen in allgemein zugänglichen Fluren, die als Rettungsweg dienen, installiert werden, wenn sie kein Hindernis (obstacle) für Rettungseinsätze darstellen.
Die Aufstellung ist innerhalb und außerhalb von Wohnungen möglich.
Gaszähler müssen:
- erhöht thermisch belastbar,
- leicht ablesbar,
- gut zugänglich,
- auswechselbar,
- gegen mechanische Beschädigungen geschützt,
- in trockener Umgebung und spannungsfrei installiert sein.

Balgengaszähler sind eichfähig (appropriate for verification) und werden in Einstutzen- und Zweistutzenausführung angeboten (Bild 2). Einstutzenzählern haben einen doppelwandigen Anschlussstutzen, durch den das Gas zu- und abgeführt wird. Zweistutzenzähler sind mit gesonderten Zu- und Abgängen ausgerüstet (Bild 2).

2 Zweistutzenzähler mit Anschlussarmaturen

6 Bereitstellung von Gasen

Verlegung von Innenleitungen aus Metall und Kunststoff — bayernwerk

Verbindung zwischen Netzanschlussleitungen bzw. Außenleitung und Innenleitung:
Wird eine Ausziehsicherung (Hausanschlussleitung ohne Festpunkt in der Wand) verwendet, muss die Innenleitung geringfügige Axialbewegungen schadlos aufnehmen können, z. B. kein Festpunkt in den ersten 2 Meter der Innenleitung und eine Richtungsänderung um 90°, Gewinde- oder Pressverbindung in Z-Form, bewegliche Ausgleichsverschraubungen (DIN 3387-1), bewegliche Verbindungen (DIN 3384), Stahlbalg-Kompensatoren (DIN 30681) oder Mehrschichtverbundrohren (GS Typ K mit TAE einbauen). Bei Rohrkapseln oder Mehrsparten-Hauseinführungen (nach Prüfgrundlage VP 601) muss geprüft werden ob ein Festpunkt im Mauerwerk vorhanden ist. In Bergsenkungsgebieten und Gebieten in denen Erdverschiebungen auftreten können: Rücksprache mit dem Netzbetreiber.

Allgemeine Verlegehinweise:

Frei-liegend auf Abstand	Unter Putz[1] ohne Hohlraum[2] ≤ 100 mbar	In belüfteten Schächten / Kanälen[4]	Unter Estrich (in Rohdecke, oder Ausgleichs-schicht)	Im Estrich	Unter Putz[1] mit Hohlraum[2/3]	Unter Putz[1] ohne Hohlraum[2] > 100 mbar	In Schächten/ Kanälen[4] nicht belüftet	An anderen Leitungen befestigt	Träger für andere Leitungen / Lasten	Frostfrei und wärme-gedämmt
JA				NEIN						

1) Die Leitungsführung von verdeckt verlegten Leitungen ist zu dokumentieren
2) Schächte abschnittsweise oder im Ganzen be- und entlüften. Lüftungsöffnungen mind. ca. 10 cm². Nicht in Treppenräumen anordnen. Nicht Be- und entlüfteten Schächten / Hohlräumen: Gasrohr im Mantelrohr (Enden offen) verlegen.
Hohlräume/Schächte die mit nichtbrennbaren Baustoffen formbeständig und dicht verfüllt sind gelten nicht mehr als Hohlraum
3) Leitungen mit Schweißverbindungen oder Leitungen ohne weitere Verbindung bis auf die Geräteanschlussarmatur/Gassteckdose können ohne weitere Schutzmaßnahmen in Hohlräumen verlegt werden. Bei Kunststoffleitungen dürfen hierbei keine Brandabschnitte überquert werden.
4) Keine Verlegung in Aufzugsschächten, Lüftungsleitungen, Müllabwurfanlagen, durch Schornsteine oder in Schornsteinwangen.

Metallleitungen (bis 1 bar)	Kunststoffleitungen (bis max.100 mbar)
Keine freien Rohrquerschnitte im Brandfall bis 650 °C	Mehrschichtverbundrohre aus Kunststoff/Aluminium/Kunststoff (Kennzeichnung G100) geprüft und zertifiziert sein! Sicherheitselement: Gasströmungswächter (GS) Typ K mit TAE. GS und TAE müssen wärmeleitend miteinander verbunden sein
Abgehängte Decken, vorgesetzte Wände, Ständerwände: Rundumschlitze (Umfassungswände), 2 diagonale Lüftungsöffnungen.	Bei Wand- und Deckendurchführung mit Feuerwiderstandsanforderungen (F 30 oder F 90): Leitungen durch Abschottungen mit mind. der jeweils geforderten Feuerwiderstandsfähigkeit führen. Diese Abschottungen müssen einen bauaufsichtlichen Verwendungsnachweis haben. Allgemeine Bauaufsichtliche Zulassung (ABZ) bzw. Allgemeines Bauaufsichtliches Prüfzeugnis (ABP)
Je nach Brandschutzanforderung muss ein Schacht aus nichtbrennbaren Baustoffen mit einer Feuerwiderstandsdauer von F30 bis F90 bestehen.	
Bei Wand- und Deckendurchführung mit Feuerwiderstandsanforderungen (F 30 oder F 90): Leitungen durch Abschottungen mit mind. der jeweils geforderten Feuerwiderstandsfähigkeit führen.	
Besondere Brandschutzanforderungen für Gebäude mit mehr als 7 m Höhe Fußbodenoberkante (höchstes Geschoss) und mehr als 2 Nutzungseinheiten: Keine Verlegung in notwendigen Treppenräumen und ihren Ausgängen ins Freie sowie in allgemein zugänglichen Fluren (Rettungswege) ohne besondere Maßnahmen (z. B. unter Putz, ohne Hohlraum, 15 mm Überdeckung, Putzträger nichtbrennbar).	Besondere Brandschutzanforderungen für Gebäude mit mehr als 7 m Höhe Fußbodenoberkante (höchstes Geschoss) und mehr als 2 Nutzungseinheiten: Keine Verlegung in notwendigen Treppenräumen und ihren Ausgängen ins Freie sowie in allgemein zugänglichen Fluren (Rettungswege)
Umhüllung aus Kunststoff als Korrosionsschutz vor gipshaltigen Industrieputze (keine Filzbinden / Anforderung für erdverlegte Außenleitungen)	Leitung vor aggressiven und Korrosionsauslösenden Stoffen schützen (Farbanstriche, Fette, Öle, Reinigungsmittel, Beton usw.) Werkstoffgerechte Lagerung und Transport! Korrosionsschutz für metallene Verbinder.
Vor Tropf- und Schwitzwasser geschützt (z. B. oberhalb von Wasserleitungen)	
Tragende Teile der Rohrhalterung: Nicht brennbaren Baustoffen. Metalldübel wenn Längskraftschlüssigkeit im Brandfall nicht gewährleistet ist (Kupfer-Hartlötverbindungen usw.)	Rohrhalterung aus brennbaren Werkstoffen sind zulässig
	Anschluss mehrerer Gasgeräte nach dem Prinzip der T-Stück-Installation oder mit einem Verteiler
	Bei Mehrschichtverbundrohren werden durch den geforderten GS Typ K mit TAE alle geforderten aktiven Maßnahmen erfüllt.

Richtwerte für Befestigungsabstände horizontal verlegter metallener Rohrleitungen

Nennweite DN	Außendurchmesser d_a in mm	Befestigungsabstand in m
---	15	1,25
15	18	1,50
20	22	2,00
25	28	2,25
32	35	2,75
40	42	3,00
50	54	3,50
---	64	4,00
65	76,1	4,25
80	88,9	4,75
100	108	5,00

Richtwerte für Befestigungsabstände horizontal verlegter Kunststoff-Innenleitungen

Außendurchmesser d_a in mm	Befestigungsabstand in m
16	1,00
20	1,25
25	1,50
32	1,75
40	2,00
50	2,00
63	2,00

Lernfeld 10

1 Verlegung von Gasleitungen (aus: e.on Bayern, www.eon-bayern.com, 10/2011)

6 Bereitstellung von Gasen

6.7.3 Hausdruckregler

Hausdruckregler (service regulators) müssen eingebaut werden, wenn der Versorgungsdruck größer ist als der zum Erreichen des Anschlussdruckes (supply pressure) erforderliche Druck. Es ist das DVGW-Arbeitsblatt G 459-1 zu beachten.

Niederdruck

Die in der Niederdruckversorgung eingesetzten Hausdruckregler sind meist eine Kombination aus Gasdruckregler (gas pressure regulator) mit integriertem Gasströmungswächter oder Gasdruckregler mit integrierter Gasmangelsicherung (low pressure cut-off) nach DIN 33822 (Bild 1).

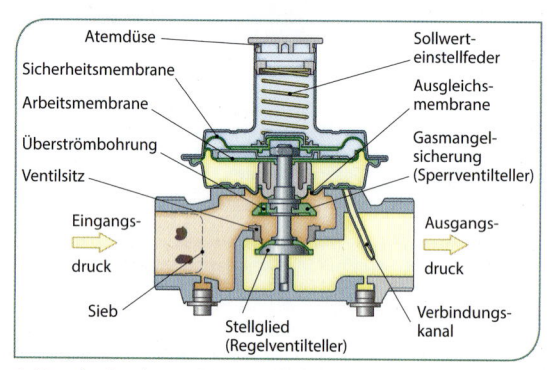

1 Hausdruckregler mit Gasmangelsicherung für Niederdruck

Bei sinkendem Eingangsdruck p_e fällt der ausgeregelte Ausgangsdruck (outlet pressure) p_a ebenfalls ab, sobald der minimale Druckunterschied zwischen Eingangs- und Ausgangsdruck von ca. 4 hPa unterschritten wird. Verringert sich der ausgeregelte Ausgangsdruck um ca. 50 %, schließt die Gasmangelsicherung das Ventil über den oberen Ventilteller (Schließteller der Gasmangelsicherung). Der unten angeordnete Regelventilteller (bzw. -kegel) steht dabei in Offen-Position. Über eine Überströmbohrung, die im Schließteller der Gasmangelsicherung angeordnet ist, gelangt ein geringer Gasvolumenstrom in den Bereich der Ausgangsdruck- oder Hinterdruck-Kammer. Nach der Wiederanhebung des Netzdruckes kehrt das Regelgerät nur dann in die Betriebsstellung zurück, wenn hinter dem Regelgerät liegende Verbraucher komplett geschlossen sind. Die über die Überströmbohrung in den Hinterdruckraum abströmende geringe Gasmenge ist nicht in der Lage, bei Undichtheiten hinter dem Druckregler dort einen Druck aufzubauen. Gelingt dieses jedoch, kann der sich aufbauende Druck über den Verbindungskanal in den unteren Membranraum der Arbeitsmembran gelangen und bei einem ausreichenden Druck den Schließteller der Gasmangelsicherung gegen die Federkraft der Druck-Einstellfeder anheben und das Regelgerät in Betriebsposition bringen. Offene, nicht zündgesicherte Gasverbrauchsgeräte stellen so keine Gefahr mehr dar, weil unkontrolliertes Ausströmen von Gas damit sicher vermieden wird.

Seit Erscheinen des Arbeitsblattes G 459-1-B (Beiblatt zu G 459-1) im Dezember 2003 werden vermehrt Hausdruckregler mit integrierten Gasströmungswächtern eingesetzt.

Mitteldruck

Im Mitteldruckbereich (intermediate-pressure range) eingesetzte Hausdruckregler erfordern gegenüber denen im Niederdruckbereich (low-pressure range) erhöhte Sicherheit. In seiner Wirkungsweise ist er wie ein einfacher Gasdruckregler (Bild 3, Seite 180) ohne oder mit Gasmangelsicherung (Bild 1) aufgebaut, auf der Eingangsseite des Gehäuses ist aber ein zusätzliches Sicherheitsabsperrventil (SAV) angeordnet (Bild 2).

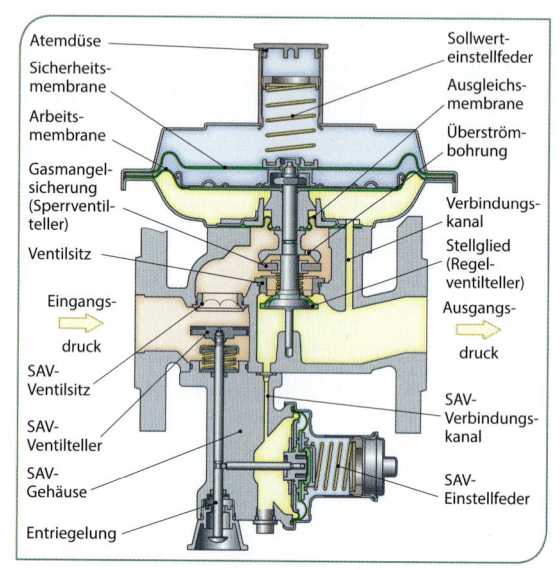

2 Hausdruckregler mit SAV für Mitteldruck

Im drucklosen (unpressurized) Zustand ist das SAV geschlossen, der Regelventilteller ist in „Offen"-Position. Für das Einlassen von Gas in die Anlage muss das SAV manuell entriegelt werden. Diese Tätigkeit darf wegen der möglichen (und evtl. folgenschweren) Fehler nur von sachkundigen (competent) Fachkräften und damit keinesfalls vom Kunden selbst vorgenommen werden, weil eine unsachgemäße Handhabung unter Umständen während des Öffnens nicht gesicherte Gasgeräte und deren empfindliche Armaturen zerstören könnte. Da der Druckregler durch das vorhandene SAV neben einem zu geringen auch gegen einen zu hohen Hinterdruck absichert, muss das Öffnen über das SAV sehr behutsam vorgenommen werden. Ein zu abruptes Öffnen hätte aufgrund der Trägheit des Reglers einen erhöhten Ausgangsdruck zur Folge; der Regler würde gleich wieder zufallen bzw. gar nicht erst öffnen. Erst nach einer Druckentlastung (pressure relieve) des Hinterdruckes könnte das SAV erneut aufgezogen werden.

6.7.4 Verwahren von Leitungen

Da geschlossene Absperrarmaturen wie z. B. Schieber, Hähne oder Klappen nicht als dichte Verschlüsse gelten, müssen stattdessen alle Leitungsöffnungen von stillgelegten oder außer Betrieb gesetzten Innenleitungen und von fertig gestellten aber noch nicht angeschlossenen Innenleitungen mit Kappen, Stopfen, Steckscheiben oder Blindflanschen aus Metall verschlossen werden. Ausgenommen von dieser

Regelung sind nur Gassteckdosen (gas appliance outlets) nach DIN 3383-1 (Bild 1). Bei Gasleitungen in Betrieb dürfen keine Arbeiten ausgeführt werden, bei denen Gas ausströmen kann. Es sind nur Arbeiten zulässig, die zur äußeren Instandhaltung dienen (z. B. Farbanstriche).

1 Gassteckdose

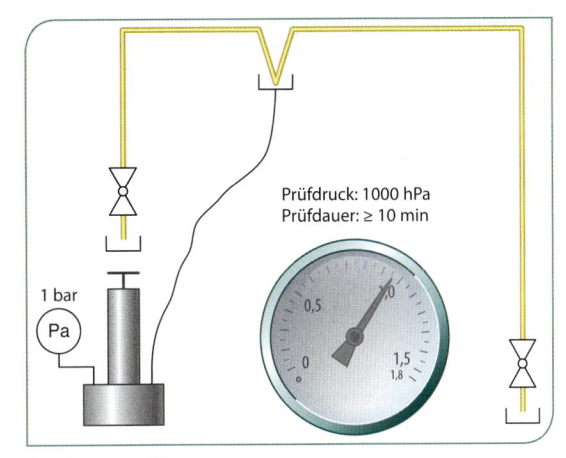

2 Belastungsprüfung

6.7.5 Prüfung von Leitungsanlagen

Gasanlagen für Zentralheizungszwecke werden hauptsächlich für Betriebsdrücke bis 100 hPa (Niederdruck) ausgelegt. Die dabei neu installierten Leitungsanlagen oder Leitungsanlagenteile unterliegen einer **Belastungs-** und **Dichtheitsprüfung** (load and leak test), bevor sie unter Putz gelegt, verdeckt, umhüllt oder beschichtet werden. Hier durch soll vermieden werden, dass Leitungen durch Beschichtungen oder Umhüllungen nachträglich abgedichtet werden.

Neue Leitungsanlagenteile müssen von bestehenden Gas führenden Leitungsteilen getrennt sein. Alle Leitungsöffnungen müssen durch **Steckscheiben**, **Blindflansche**, metallene **Stopfen** oder **Kappen** dicht verschlossen sein.

Für in Betrieb befindliche Gasleitungen wird eine **Gebrauchsfähigkeitsprüfung** (usability test) durchgeführt.

6.7.5.1 Belastungsprüfung

Die Belastungsprüfung für Leitungsanlagen mit einem Betriebsdruck bis 100 hPa besteht aus einer Belastungsprobe mit einem Prüfdruck von maximal 1000 hPa (0,1 MPa). Sie erstreckt sich auf neu verlegte Leitungen oder Leitungsanlagenteile ohne Armaturen (wenn die Nenndruckstufe der Armaturen mindestens dem Prüfdruck entspricht, dürfen sie mitgeprüft werden), Gas-Druckregelgeräte, Gaszähler und Gasgeräte einschließlich Regel- und Sicherheitseinrichtungen.

Während der Belastungsprüfung sollte die Leitungsanlage leicht abgeklopft werden (be tapped), um eventuelle Materialfehler aufzudecken. Die Belastungsprüfung muss mit Luft oder einem inerten Gas (z. B. Stickstoff) – jedoch nicht mit Sauerstoff – während einer Prüfdauer von 10 min vorgenommen werden. Der Druck darf in dieser Zeit nicht abfallen (drop). Das eingesetzte Messgerät muss einen Druckabfall von 0,01 MPa anzeigen können (Bild 2). Die Prüfung muss dokumentiert werden, z. B. in einem Protokoll (Bild 1, nächste Seite).

6.7.5.2 Dichtheitsprüfung

Die Dichtheitsprüfung ist eine Dichtheitsprobe und schließt die Leitungsanlage und Armaturen ein, jedoch keine Gasgeräte einschließlich ihrer Regel- und Sicherheitseinrichtungen. Gasdruckregler und Gaszähler dürfen mitgeprüft werden, wenn sie für den Prüfdruck ausgelegt sind. Die Dichtheitsprüfung ist nach der Belastungsprüfung durchzuführen.

Sie muss mit Luft oder einem inerten Gas (z. B. Kohlendioxid) – jedoch nicht mit Sauerstoff – mit einem Prüfdruck von **150 hPa** erfolgen. Nach dem Temperaturausgleich darf der Prüfdruck über einen gewissen Zeitraum (abhängig vom Leitungsvolumen) nicht fallen (Bild 3). Das eingesetzte Messgerät muss einen Druckabfall von 0,1 hPa anzeigen können (Bild 4). Die Prüfung muss dokumentiert werden, z. B. in einem Protokoll (Bild 1, nächste Seite).

Leitungsvolumen	Anpassungszeit	min. Prüfdauer
< 100 l	10 min	10 min
≥ 100 l < 200 l	30 min	20 min
≥ 200 l	60 min	30 min

3 Richtwerte Temperaturausgleich und Messzeit

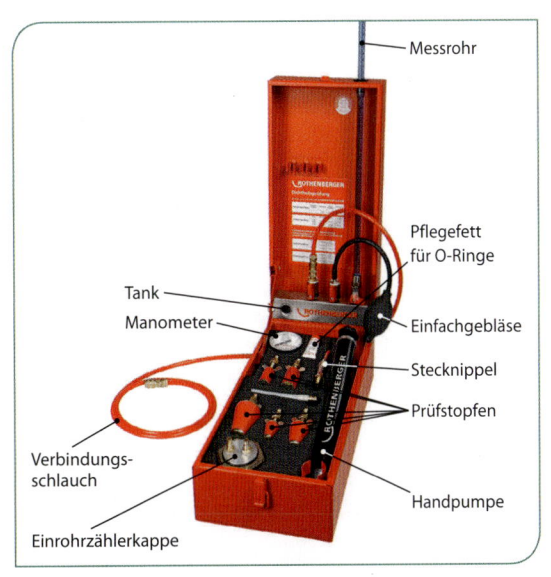

4 Gasleitungsprüfgerät

Lernfeld 10

6 Bereitstellung von Gasen

e·on | Bayern — Protokoll Belastungs- und Dichtheitsprüfung Erdgasleitungen

Bauvorhaben: _____

_____

_____

Auftraggeber vertreten durch: _____

Auftragnehmer vertreten durch: _____

Der max. Betriebsdruck in hPa: _____

Die Erdgasleitung wurde ☐ als Gesamtleitung ☐ in _____ Teilabschnitten geprüft.

Prüfmedium (inertes Gas, kein Sauerstoff) ☐ Luft ☐ Stickstoff ☐ _____

Alle Leitungen sind mit metallenen Stopfen, Kappen, Steckscheiben und Blindflanschen verschlossen. Zu prüfende Leitungsabschnitte wurden von Gas führenden Leitungen getrennt.

Erdgasinstallation ≤ 100 hPa (Niederdruck)

1. **Belastungsprüfung** (Genauigkeit Messgerät: 100 hPa)
   1.1 Armaturen
   - ☐ ausgebaut
   - ☐ eingebaut (Nenndruck ≈ Prüfdruck)
   1.2 ☐ Prüfdruck 1000 hPa
   1.3 ☐ Prüfzeit 10 Min (Temperaturausgleich nicht nötig)
   1.4 ☐ Prüfdruck während der Prüfzeit nicht gefallen, danach gefahrlos abgelassen.

2. **Dichtheitsprüfung** (Genauigkeit Messgerät: 0,1 hPa)
   2.1 ☐ Die Armaturen sind eingebaut
   2.2 ☐ Prüfdruck 150 hPa
   2.3 ☐ Prüfzeit nach Tabelle
   2.4 ☐ Prüfdruck während der Prüfzeit nicht gefallen, danach gefahrlos abgelassen.
   2.5 ☐ Die Anlage ist dicht

Informationen zur Dichtheitsprüfung

Leitungsvolumen	Anpassungszeit	Prüfdauer
< 100 l	10 min	10 min
≈ 100 l < 200 l	30 min	10 min
≈ 200 l < 300 l	60 min	15 min
≈ 300 l < 400 l	120 min	20 min
≈ 400 l < 500 l	240 min	25 min

Erdgasinstallation > 100 hPa ≤ 1000 hPa (Mitteldruck)

1. **Kombinierte Belastungs- und Dichtheitsprüfung** (Druckschreiber: Kl. 1, Manometer: Kl. 0,6, Messbereich: Prüfdruck x 1,5)
   1.1 ☐ Die Armaturen sind eingebaut (Nenndruck ≈ Prüfdruck)
   1.2 ☐ Prüfdruck 3 hPa (max. 2hPa/min)
   1.3 ☐ Temperaturausgleich ca. 3 Stunden
   1.4 ☐ Prüfzeit ≈ 2 Stunden (Vgeo > 200 Liter: Prüfzeit + 15 min./100 l)
   1.5 ☐ Prüfdruck während der Prüfzeit nicht gefallen, danach gefahrlos abgelassen.
   1.6 ☐ Die Anlage ist dicht

Ort, Datum _____ X _____ Firmenstempel, Unterschrift des Prüfers   Vom DVGW autorisierte Kopie

1 Prüfprotokolll

6 Bereitstellung von Gasen

6.7.5.3 Prüfungen im Mitteldruckbereich

Im **Mitteldruckbereich** (> 100 hPa…1000 hPa) unterliegen die Leitungsanlagen einer kombinierten (combined) **Belastungs-** und **Dichtheitsprüfung**. Auch hier erfolgt die Prüfung mit Luft oder einem inerten Gas und nicht mit Sauerstoff. Nach dem Temperaturausgleich (ca. 3 h) darf der Prüfdruck von 0,3 MPa während einer Zeit von mindestens 2 h nicht fallen. Verschlüsse von Prüföffnungen, kurze Abzweig- und Geräteanschlussleitungen, Verbindungen mit der Hauptabsperreinrichtung (HAE), mit Gasdruckreglern, Gaszählern und Gasgeräten, Geräteanschlussleitungen, Geräteanschlussarmaturen sowie Verbindungen mit Gas führenden Leitungen können von der Belastungs- und Dichtheitsprüfung ausgenommen werden, wenn sie unter Betriebsdruck mit Gas mit einem Gasspürgerät (gas detector) nach DVGW-Hinweis G 465-4 oder mit Schaum bildenden Mitteln (leak detection agents) nach DIN EN 14291 (Bild 1) geprüft werden.

Die Prüfung muss dokumentiert werden, z. B. in einem Protokoll (Bild 1, vorherige Seite).

6.7.5.4 Gebrauchsfähigkeitsprüfung

Für im Gebrauch befindliche Leitungen mit Betriebsdrücken bis 100 hPa gilt, dass sie nach dem **Grad der Gebrauchsfähigkeit** eingestuft werden (Bild 4).

Gasleckmenge bei Betriebsdruck	Gebrauchsfähigkeit	Maßnahme
$< 1 \frac{l}{h}$	unbeschränkt	keine
$\geq 1 \leq 5 \frac{l}{h}$	vermindert	innerhalb 4 Wochen abdichten oder erneuern
$\geq 5 \frac{l}{h}$	keine	sofortige Außerbetriebnahme
Durchführung: a) grafisches/rechnerisches Verfahren nach TRGI, Anlage B.1 b) mithilfe von Leckmengenmessgeräten vorzugsweise zertifiziert nach DVGW G 5952			

4 Grad der Gebrauchsfähigkeit

Die Gebrauchsfähigkeit ist nicht nur von der Leckgasmenge, sondern auch vom äußerlich erkennbaren Zustand (working condition) und der Funktionsfähigkeit (operability) der Bauteile abhängig.

Wenn an einer im Betrieb befindlichen Gasleitung mit einem Gasspürgerät nach DVGW-Hinweis G 465-4 (Bild 2 und Bild 3) oder mit einem Schaum bildenden Mittel nach DIN EN14291 eine undichte Stelle ermittelt wird, ist die Leckstelle abzudichten.

Die Prüfung muss dokumentiert werden, z. B. in einem Protokoll (Bild 1, vorherige Seite).

1 Dichtheitsprüfung mit Schaum bildendem Mittel

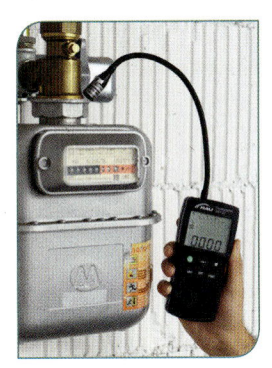

2 Gasspürgerät

Prüfstücksortiment 7EZ (optional)
Konische und zylindrische Prüfstücke, Anschluss für Einrohrzähler bzw. Gewindeprüfstücke für Zweirohrzähler

Hochwertige Schaumstoffeinlage für sicheren Transport und übersichtliche Aufbewahrung

Eingebauter Kompressor
Selbstständiger Druckaufbau für Dichtheits- und Druckprüfungen bis 1 bar

Box für Kleinteile oder Feingewindeadapter FGP (optional)

USB-Ladekabel und Netzladegerät für WPS-FUNK (optional)

Gewindeprüfstücke GPW für die Verbindung zwischen WPS und Rohrinnengewinde (optional)

Funkdrucksensor WPS-FUNK für Druckprüfungen bis 20 bar (optional)

Eingebaute Hochleistungsakkus
Leckmengenmessung ohne Stromanschluss möglich (die Akkus müssen zum Laden nicht entnommen werden).

Stabiler Transportkoffer (Sortimo L-BOXX)

Warntafel „Arbeiten an Gasleitungen"

Prüfschlauch mit Pneumatik-Kupplungen

Netzladegerät zum Laden der eingebauten Akkus

Y-Schlauchadapter mit Pneumatik-Kupplung und **Prüfschlauch zur Differenzdruckprüfung**

Eingebauter Nadeldrucker
Die Messergebnisse inkl. Datum, Uhrzeit und Objektdaten werden dokumentenecht vor Ort ausgedruckt.

SD-Karte zur Messdatenspeicherung und Datenaustausch mit dem Computer, inkl. PC-Software.

TOUCH Display mit allen relevanten Angaben zur Messung und Dichtheitsprüfung von Rohrleitungssystemen in der Gebäudehausinstallation.

Ersatz Papierrolle

Funktionsauswahl und Dateneingabe über Touchscreen

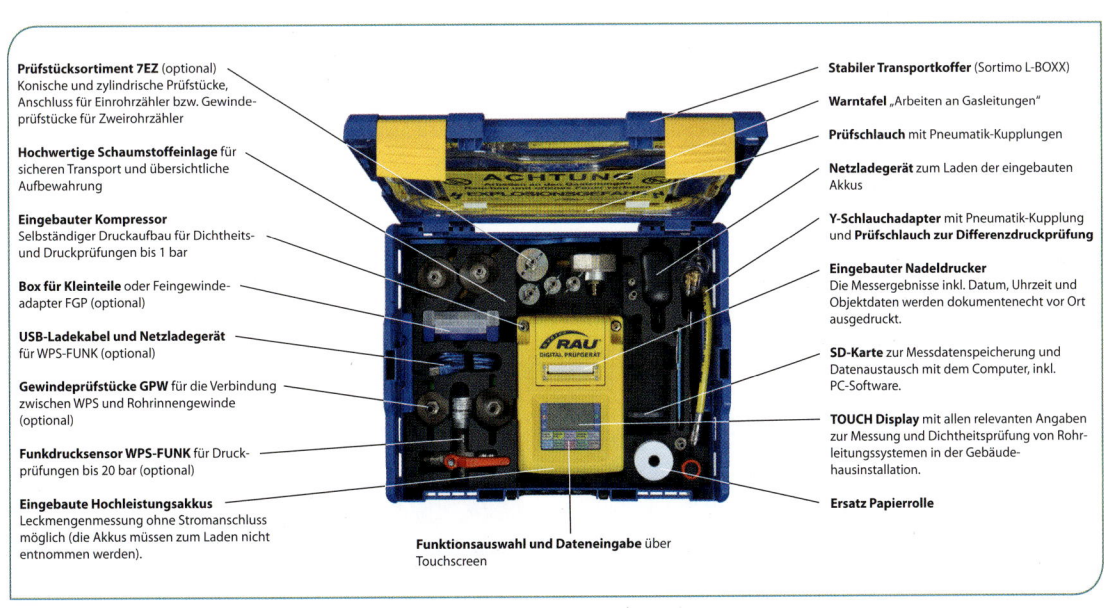

3 Leckmengenmessgerät nach DVGW-VP 952

Lernfeld 10

6 Bereitstellung von Gasen

6.7.5.5 Prüfung von Flüssiggasleitungen

Flüssiggasleitungsanlagen werden im Unterschied zur TRGI vor der Inbetriebnahme einer **Festigkeitsprüfung** und einer **Abnahmeprüfung** (final testing) unterzogen.

Die Festigkeitsprüfung (strength test) erfolgt mit Luft oder Stickstoff bei einem Prüfdruck, der dem 1,1-fachen des maximal zulässigen Betriebsüberdruckes, mindestens aber 0,1 MPa entspricht. Es kann auch mit Wasser geprüft werden, dann muss der Prüfdruck aber dem 1,3-fachen des maximal zulässigen Betriebsüberdruckes entsprechen. Die Prüfung erstreckt sich auf alle Leitungen ohne Armaturen, Gasdruckregelgeräte, Gaszähler sowie ohne Gasgeräte mit Regel- und Sicherheitseinrichtungen.

Die Leitungen gelten als dicht, wenn nach dem Temperaturausgleich der Druck während einer 10 min dauernden Prüfzeit nicht abfällt.

Die Abnahmeprüfung besteht:
- aus einer Ordnungsprüfung (Überprüfung der erforderlichen Bescheinigungen und ob eine Dokumentation der Leitungsinstallation vorliegt),
- einer Prüfung der Ausrüstung mit sicherheitsrelevanten Bauteilen und
- einer Prüfung der Montage und Installation.

Unmittelbar vor der Inbetriebnahme (putting into operation) einer Flüssiggasanlage sind alle Rohrleitungen bis zu den Geräteanschlussarmaturen der Gasgeräte mit Luft und einem Prüfdruck von **150 hPa** auf Undichtigkeiten zu überprüfen. Wenn nach einem Temperaturausgleich von 10 Minuten der Prüfdruck während einer Prüfzeit von 10 Minuten nicht abfällt, gilt die Anlage als dicht. Alle lösbaren Verbindungen der Rohrleitungen sowie alle Ausrüstungsteile sind mit einem Schaum bildenden Mittel nach DIN EN14291 auf Dichtheit zu prüfen.

6.7.6 Inbetriebnahme

Das Einlassen von Gas (entering of gas) in die Gasleitungen ist einer der wichtigsten Vorgänge bei der Installation von Gasanlagen. Vor dem unmittelbaren Einlassen von Gas muss festgestellt werden, ob die Leitungen gemäß Prüfprotokoll für dicht befunden worden sind. Weiterhin ist durch eine Druckprobe und eine Besichtigung (inspection) sicherzustellen, dass alle Leitungsöffnungen mit Stopfen, Kappen, Steckscheiben oder Blindflanschen verschlossen sind. Geschlossene Absperrarmaturen dürfen nicht zum Verschließen verwendet werden; sie gelten für diesen Zweck als nicht ausreichend. Ausgenommen von dieser Regelung sind bei Betriebsdrücken bis 100 hPa Sicherheits-Gasanschlussarmaturen nach DIN 3383.

Erst jetzt darf das Gas in die Leitungsanlage gelassen werden. Die Leitungen sind so lange auszublasen (be purged) (Bild 1), bis keine Luft oder kein inertes Gas mehr in der Leitung ist. Dabei ist darauf zu achten, dass das Gas gefahrlos mit einem Schlauch (tube) ins Freie geleitet wird. Kleinere Gasmengen können mit einem geeigneten Brenner abgebrannt werden. Hierbei ist auf eine ausreichende Belüftung zu achten. Zündquellen sind grundsätzlich zu vermeiden.

Alle Verbindungsstellen, die nicht durch die Druckprobe oder die kombinierte Dichtheits- und Belastungsprobe erfasst wurden, sind mit einem Gasspürgerät oder durch „Absprühen" mit einem Schaum bildenden Mittel nach DIN EN 14291 auf Dichtheit zu prüfen.

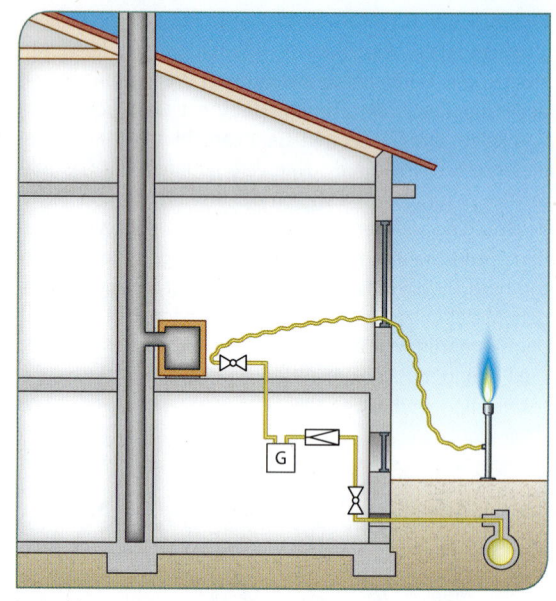

1 Ausblasen einer Leitungsanlage

6.7.7 Verhalten bei Gasgeruch

Erdgas ist ohne Behandlung weitgehend geruchsfrei (odourless) und als eine der wichtigsten Sicherheitsmaßnahmen wird deshalb allen Gasen der öffentlichen Gasversorgung ein **Geruchsstoff** (Odoriermittel) hinzugefügt. Gasgeruch (gas smell) ist der wichtigste Hinweis auf Undichtigkeiten und damit zusammenhängenden Gefahren. Er muss unverzüglich dem NB gemeldet werden und es müssen unverzüglich Maßnahmen ergriffen werden, um gefährliche Gasexplosionen zu vermeiden. Im Einzelnen sollten folgende Sicherheitsmaßnahmen durchgeführt werden (Bild 2).

2 Verhalten bei Gasgeruch

ÜBUNGEN

1. Wie viel Prozent der deutschen Haushalte haben 2012 ihre Wohnung mit Gas beheizt?
2. Warum müssen Brennstoffversorgungsanlagen besonders sorgfältig geplant und installiert werden?
3. Erklären Sie die Abkürzungen TRGI und TRF.
4. Nennen Sie verschiedene Einrichtungen zur Gasspeicherung.
5. Wie können Tagesverbrauchsschwankungen in der Gasversorgung ausgeglichen werden?
6. Welche Gase werden als Flüssiggase bezeichnet?
7. Warum zählt flüssiges Erdgas nicht zu den Flüssiggasen?
8. Wie dürfen Flüssiggasbehälter aufgestellt werden?
9. Wo dürfen Flüssiggasbehälter nicht aufgestellt werden?
10. Unterscheiden Sie die Schutzzonen bei der Aufstellung von Flüssiggasbehältern.
11. Begründen Sie, weshalb Flüssiggase nicht in Räumen gelagert werden dürfen, deren Fußböden tiefer liegen als die angrenzende Erdoberfläche.
12. Erklären Sie die Unterschiede zwischen Gas-Hauseinführungen älterer und neuerer Bauart, indem Sie jeweils deren Vor- und Nachteile aufführen.
13. Nennen Sie die Vorteile einer Mehrspartenhauseinführung.
14. Aus welchen Anlagenteilen besteht jede Flüssiggasanlage?
15. Wie hoch sind die zulässige Betriebstemperatur und der maximal zulässige Druck eines Flüssiggasbehälters?
16. Nennen Sie mindestens 5 Armaturen, mit denen Flüssiggasbehälter ausgerüstet sein müssen.
17. Warum dürfen Flüssiggasbehälter nur zu 85 % gefüllt werden?
18. In wie viel Stufen erfolgt die Reduzierung des Flüssiggasbehälterdruckes bei ortsfesten Behältern auf den erforderlichen Anschlussdruck von 50 hPa?
19. Wie unterscheiden sich aktive und passive Maßnahmen gegen Manipulationen an Gasinstallationen?
20. Beschreiben Sie die Funktion eins Gasströmungswächters.
21. Welche Gasströmungswächtertypen werden unterschieden?
22. Wonach werden Gasströmungswächter ausgelegt?
23. Nennen Sie mindestens 5 Auslegungsparameter für Gasströmungswächter.
24. Bestimmen Sie den Gasströmungswächter für ein Einfamilienhaus, wenn er direkt nach dem Gas-Druckregelgerät in eine Gasleitung aus Kupfer, bei einem Ausgangsdruck von p_a = 23 hPa, eingebaut wird. Es werden 3 Verbraucher mit $\dot{Q}_{NB1}$ = 11 kW, $\dot{Q}_{NB2}$ = 17 kW und $\dot{Q}_{NB3}$ = 28 kW angeschlossen.
25. Warum sind in Ein- oder Zweifamilienhäusern passive Maßnahmen gegen Manipulationen nicht erforderlich?
26. Welche Bauteile gehören nach der TRGI 2018 zu einer Gasinstallation im Gebäude?
27. Aus welchen Materialien dürfen Innenleitungen zur Gasversorgung verlegt werden?
28. Warum werden Mehrschichtverbundrohre immer mit einem Gasströmungswächter in Kombination mit einer thermischen Absperreinrichtung installiert?
29. Warum ist das Weichlöten von Kupferrohren bei Gasinstallationen nicht zulässig?
30. Nennen Sie mindestens fünf wichtige Regeln, die bei der Rohrverlegung zu beachten sind.
31. Nennen Sie Korrosionsschutzmaßnahmen für Gasleitungen.
32. Welche Gaszähler werden in Ein- oder Zweifamilienhäusern überwiegend verwendet?
33. Nennen Sie mindestens 5 Bedingungen, die Gaszähler erfüllen müssen.
34. In welchen Ausführungen werden Gaszähler angeboten?
35. Erläutern Sie die Funktionsweise eines Niederdruck-Hausreglers.
36. Erklären Sie Aufbau und Funktionsweise eines Mitteldruck-Hausreglers.
37. Begründen Sie, weshalb Mitteldruck-Hausregler nur von sachkundigem Fachpersonal entriegelt werden dürfen.
38. Was verstehen Sie unter dem „Verwahren" von Gasleitungen?
39. Wodurch unterscheidet sich die Belastungsprüfung von der Dichtheitsprüfung?
40. Für welche Gasleitungen wird eine Gebrauchsfähigkeitsprüfung durchgeführt?
41. Welche Maßnahmen müssen ergriffen werden, wenn ein Leitungsteil vermindert gebrauchsfähig ist?

7 Domestic gas heating

7.1 Commissioning of natural gas installations

Conducting a soundness test

Before a declaration of conformance is issued the Registered Gas Installer (RGI) must carry out a soundness test to ensure there are no leaks in the piped system.

The soundness test is carried out as follows:
- All work must be carried out by a "Registered Gas Installer".
- Use only a pressure gauge/manometer with clearly marked 0.1 mbar gradations.
- Shut off all appliance valves.
- Pressurise installation with air to 100 mbar (on gauge).
- Wait for 5 minutes to ensure temperature stabilization.
- Check gauge/manometer and record exact marking.
- After 5 minutes, check again.
- If pressure has dropped at all from noted mark, the installation can not be regarded as sound and shall not be commissioned until the escape is repaired and the installation re-tested.
- If pressure remains stable, then installation can be deemed sound.
- Any component forming part of the installation, which was excluded from the pipework test, shall be reconnected, gas introduced into the installation and purging carried out. These connections and components shall then be tested for soundness using either a leak detection fluid or a gas detector.

Exercises

1) Match the English terms taken from the text above with their German translations.

> Commissioning, natural gas, soundness test, declaration of conformance, registered gas installer, pressure gauge, temperature stabilization, re-tested, stable, purging, leak detection fluid, gas detector.

> Schaum bildendes Mittel, Temperaturausgleich, stabil, zugelassener Gas-Wasser-Installateur, Inbetriebnahme, Gasspürgerät, Dichtheitsprüfung, Druckmessgerät, noch einmal geprüft, Entsprechenserklärung (dass die Anlage den Anforderungen entspricht), Erdgas, Ausblasung.

2) Read the text on **"Commissioning of natural gas installations"** and give the main ideas of the text to your classmates in German.
Use your reference book, the internet or a dictionary. Before you look up a word try to guess the word first, then check it.

BE AWARE

Installers must be registered.

1 a) leak detection fluid

1 b) gas detector

7 Domestic gas heating

7.2 Condensing combination boiler

Central heating mode (picture 1a)
1. With a demand for heating, the pump circulates water through the primary circuit.
2. Once main burner ignites the fan speed controls the gas rate to maintain the heating temperature measured by the temperature sensor.
3. When the flow temperature exceeds the setting temperature, a 3 minute delay occurs before the burner relights automatically (anti-cycling). The pump continues to run during this period.
4. When the demand is satisfied the burner is extinguished and the pump continues to run for a period of 3 minutes (Pump Overrun).

Domestic hot water mode (picture 1b)
1. Priority is given to the domestic hot water supply. A demand at a tap or shower will override any central heating requirement.
2. The flow of water will operate the Hall Effect Sensor which requests the 3 way valve to change position. This will allow the pump to circulate the primary water through the DHW plate heat exchanger.
3. The burner will light automatically and the temperature of the domestic hot water is controlled by the temperature sensor.
4. When the domestic hot water demand ceases the burner will extinguish and the diverter valve will remain in the domestic hot water mode, unless there is a demand for central heating.

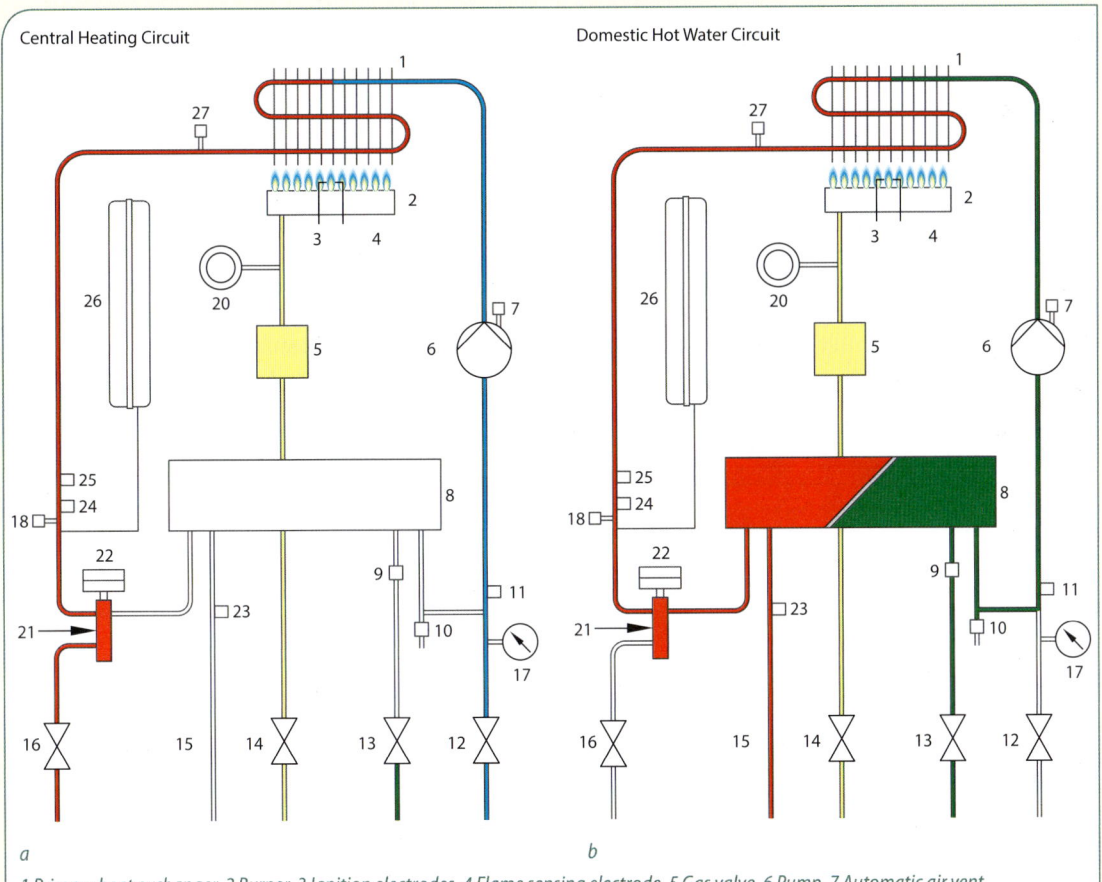

1 Primary heat exchanger, 2 Burner, 3 Ignition electrodes, 4 Flame sensing electrode, 5 Gas valve, 6 Pump, 7 Automatic air vent, 8 Plate heat exchanger/automatic by-pass, 9 Flow sensor with filter & regulator, 10 Safety pressure relief valve, 11 Boiler drain point, 12 Heating return, 13 Cold water inlet on/off valve and filter, 14 Gas inlet, 15 Domestic hot water outlet, 16 Heating flow, 17 Pressure gauge, 18 Water pressure sensor, 20 Fan, 21 Diverter valve assembly, 22 Diverter valve motor, 23 Domestic hot water flow temperature sensor, 24 Safety thermostat, 25 Central heating temperature sensor, 26 Expansion vessel, 27 Heat exchanger air vent

1 Condensing combination boiler

7 Domestic gas heating

Exercises

1. Read the texts on **central heating mode** and **domestic hot water mode** and give the main ideas of the texts to your classmates in German. Use your reference book, the internet or a dictionary. Before you look up a word try to guess the word first, then check it.

2. Match the English terms from the **key** above (picture 1, previous page) with their German translations.
   Manometer, Zündelektroden, Ausdehnungsgefäß, Heizungsrücklauf, Ventilator, Gashahn, Umschaltventil, Sicherheitstemperaturbegrenzer, Brenner, Pumpe, Wasserdruckfühler, Heizungsvorlauf, Gasleitung, Heizungsvorlauffühler, Entlüftung, Wärmeübertrager, Motor Umschaltventil, Trinkwarmwasserfühler, Trinkwarmwasserleitung, Wärmeübertrager, Flammenüberwachungselektrode, Plattenwärmeübertrager/automatischer Bypass, Sicherheitsventil, Trinkkaltwasserleitung/Absperrarmatur und Filter, Kesselentleerung, automatische Entlüftung, Durchflussfühler mit Filter und Regeleinrichtung.

7.3 Pressure jet burners

Fuel oil or gas pressure jet burners are fixed in front or on top of central-heating boilers and their structures and assemblies are similar (picture 1). The main parts are:
- a self-supporting body or frame with a particularly shaped encasement where all moving and stationary parts are incorporated or attached,
- a control device which controls the operation of the burner and actuates the lock-out,
- an electric motor to run the air fan (and the gear pump for oil pressure jet burners as well),
- the air fan to provide the required combustion air,
- the air shutter and air throttle to open/shut the air inlet and to regulate the air flow,
- the air diffuser to swirl around the air and to cause turbulences for a better fuel-air mixture,
- a transformer to increase the voltage to produce a strong ignition spark,
- the high tension (HT) cables which carry the high voltage to the electrodes,
- the electrodes to produce the ignition spark,
- the magnetic valve(s) to unblock and shutdown the fuel flow,
- a flame detector to control the flame.

The pipes supplying fuel oil or natural gas to the pressure jet burners must have the right sizing and must consist of the recommended material. Layout, fittings and safety devices have to be in accordance with the specific safety regulations for installation and use.

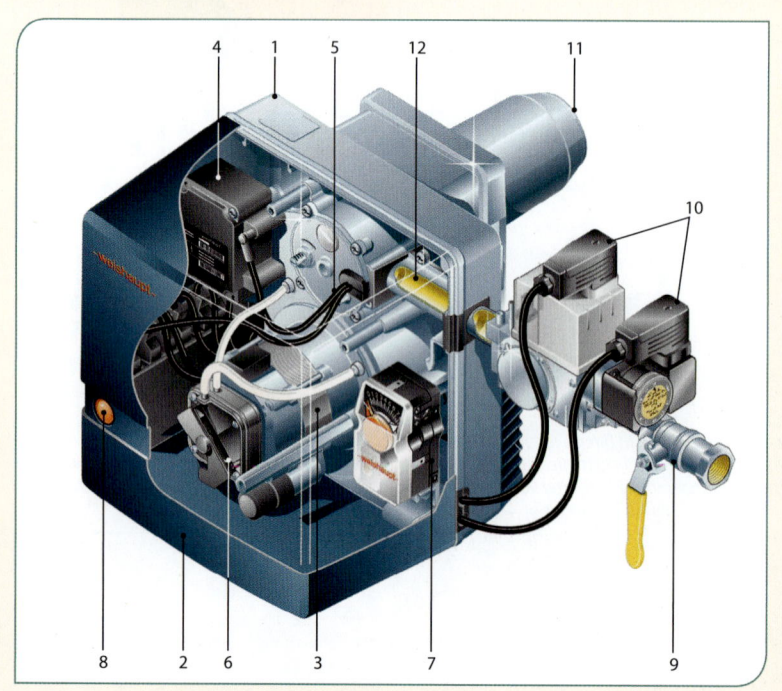

Exercises

1. Name the marked parts 1–12 of the gas pressure jet burner in picture 1.

2. List the electric parts of a pressure jet burner.

3. Find 4 pictures in the chapters of LF 9 with pressure jet burners fixed in front or on top of a central heating boiler.

1 Gas pressure jet burner

7 Domestic gas heating

7.4 Principles of home ventilation

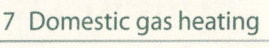

Due to the tighter construction method and changed ways of living different and higher requirements for home ventilation are being defined.

The improved building shell of today's new buildings allow little "natural" air change. The same also applies to energy-efficiently redeveloped bulidings, e.g. after the exchange of windows. Thus, air moisture inside the rooms increases, so that mould formation can be observed to an increasing degree.

The inadequate air change deteriorates the room climate, which can also affect the health and well-being of the tenants adversely. Furhermore, it is possible that a sufficient fresh air supply for gas hot water heaters or wood-burning stoves can no longer be ensured.

Consequently, a more intensive ventilation becomes necessary. However, simply opening a window is no longer an easy task, as usually, all tenants of a unit or a house are working and thus, not at home during the day. For this reason, standards now require an user-independent air change.

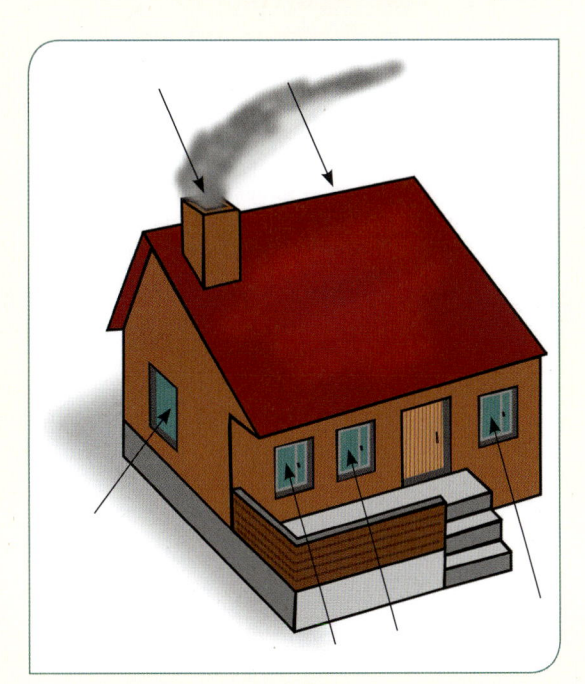

Exercises

1) Translate the second paragraph of chapter 7.4 "Principles of home ventilation" into German. Use your reference book, the internet or a dictionary. Before you look up a word try to guess the word first, then check it.

2) Why are different and higher requirements for home ventilation necessary?

3) Why can mould formation be observed in today's new buildings?

4) What does deteriorate the room climate?

5) Why is simply opening a window no longer an easy task?

6) Put the following words into the correct order and write the results into your exercise book.

after the/windows/applies/The same/redeveloped/also/buildings/to/e.g./energy-efficiently/exchange/of

Lernfeld 11: Wärmeerzeugungsanlagen für flüssige und feste Brennstoffe installieren

Saugsystem mit Austragungsschnecke

Kessel

Heizöllagerbehälter

Pelletkessel — Scheitholzkessel — Ölheizkessel

1 Wärmeerzeugungsanlagen für flüssige und feste Brennstoffe

1 Flüssige Brennstoffe

1.1 Heizöl

Heizöl (fuel oil) wird aus **Erdöl** (crude oil) hergestellt. Es ist – wie Kohle – ein Energieträger, der aus pflanzlichen und tierischen Stoffen vor vielen Millionen Jahren entstanden ist. In der Raffinerie (refinery) wird das Erdöl durch sogenannte fraktionierte Destillation in seine Bestandteile zerlegt. Darunter versteht man das Verdampfen der Erdölbestandteile und anschließendes Verflüssigen (Destillieren). Man nutzt dabei die unterschiedlichen Siedetemperaturen der Destillate (Bild 1).

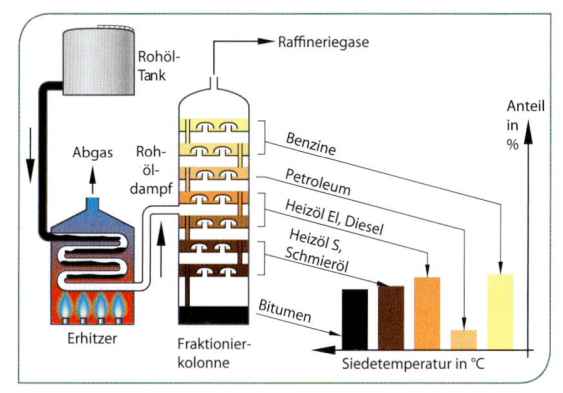

1 Vereinfachtes Fließschema der Raffination von Rohöl

1.1.1 Einteilung und Eigenschaften

Bei der Herstellung von Heizöl werden in der Raffinerie unerwünschte Bestandteile des Rohöls entfernt, z. B. Schwefel. Grundsätzlich werden folgende Heizölarten unterschieden:
- EL **e**xtra **l**eichtflüssiges Heizöl – Standard,
- EL **e**xtra **l**eichtflüssiges Heizöl – schwefelarm,
- L **l**eichtflüssiges Heizöl,
- M **m**ittelschwerflüssiges Heizöl,
- S **s**chwerflüssiges Heizöl.

Das extra leichtflüssige Heizöl EL hat für die Beheizung von Wohnungen dabei die größte Bedeutung.
Das Heizöl besteht aus:
- Kohlenstoff C 86,0 %,
- Wasserstoff H 13,0 %,
- Schwefel S 0,1 %,
- Stickstoff N 0,5 %,
- Sauerstoff O_2 0,2 %.

Die Mindestanforderungen an Heizöl EL sind in DIN 51603-1 „Heizöl EL – Mindestanforderungen" festgelegt (Bild 2). Standardheizöl EL (standard fuel oil) und schwefelarmes (low-sulphur) Heizöl EL werden auch in **Premium-Qualität** (Premiumheizöl) angeboten.

Eigenschaft	Anforderung
Dichte ρ in $\frac{kg}{m^3}$ bei 15 °C	≤ 860
Brennwert H_s in $\frac{MJ}{kg}$	≥ 45,4
Flammpunkt in °C	> 55
Kinematische Viskosität bei 20 °C ν in $\frac{mm^2}{s}$	≤ 6,00
Temperaturgrenzwert der Filtrierbarkeit (CFPP) in °C bei Cloudpoint = 3 °C bei Cloudpoint = 2 °C bei Cloudpoint ≤ 1 °C	≤ −12 ≤ −11 ≤ −10
Koksrückstand von 10% Destillationsrückstand als Massenanteil in %	≤ 0,3
Schwefelgehalt EL-Standard als Massenanteil in % als Massenanteil in $\frac{mg}{kg}$	≤ 0,10 > 50
Schwefelgehalt EL-schwefelarm als Massenanteil in % als Massenanteil in $\frac{mg}{kg}$	≤ 0,005 ≤ 50
Wassergehalt als Massenanteil in $\frac{mg}{kg}$	≤ 200
Gesamtverschmutzung als Massenanteil in $\frac{mg}{kg}$	≤ 24
Asche als Massenanteil in %	≤ 0,01
Thermische Stabilität (Sediment) als Massenanteil in $\frac{mg}{kg}$	≤ 140

2 Anforderungen an Heizöl EL nach DIN 51603-1

Durch Zugabe von Additiven, z. B. Stabilitätsverbesserern (Verbesserung der thermischen Stabilität und Lagerstabilität, Verlangsamung der Heizölalterung), Metalldeaktivatoren (Kompensation des negativen Einflusses von Metallen) und Geruchsüberdeckern werden dabei die brennstoffspezifischen Produkteigenschaften verbessert.

Bioheizöl (bio fuel oil) ist schwefelarmes Heizöl, dem mindestens 3 Volumenprozent flüssiger Brennstoff aus nachwachsenden Rohstoffen beigemischt ist. Die normgerechte Bezeichnung für Heizöl mit beispielsweise 3 % Bioanteil lautet: Heizöl EL Bio 3 oder B3. Die Mindestanforderungen, Prüfverfahren, Grenzwerte sowie die Bezeichnung von Bioheizöl ist in der DIN SPEC 51603-6 festgelegt. Bioheizöl darf verwendet werden, sofern Öllagerbehälter und Anlagenkomponenten vom Hersteller für Bioheizöl freigegeben wurden.

1.1.2 Kenndaten von Heizölen

Dichte

Die Dichte ρ (density) von Heizöl ist temperaturabhängig und wird laut DIN 51603-1 auf eine Temperatur von 15 °C bezogen.

1 Flüssige Brennstoffe

Dichte von Heizöl EL: $\rho_{max} = 860 \frac{kg}{m^3}$

$$\text{Dichte} = \frac{\text{Masse}}{\text{Volumen}} \qquad \rho \text{ in } \frac{kg}{l} \text{ oder } \frac{kg}{m^3}$$

Schwefelgehalt (max. 0,10 Masseprozent)

Der Schwefelgehalt (sulphur content) gibt den im Heizöl enthaltenen natürlichen Anteil an chemisch gebundenem Schwefel an. Für Heizöl EL liegt der maximal zulässige Wert bei 0,10 % Masseanteil.

Der Schwefelgehalt ist deshalb von Bedeutung, weil bei der Verbrennung Schwefeldioxid (SO_2) entsteht, das in der Atmosphäre zu Schwefeltrioxid (SO_3) oxidiert, sich mit Wasser zu Schwefelsäure (H_2SO_4) verbindet und somit zum Entstehen des sog. Sauren Regens beiträgt.

Ein kleiner Anteil der SO_2 – Menge wird bereits im Brennraum zu SO_3 umgewandelt und bildet mit dem Wasserdampf der Verbrennungs- bzw. Abgase Schwefelsäureaerosole. Diese kondensieren bei Unterschreitung des Schwefelsäuretaupunktes (ca. 120 °C) und können den Heizkessel (Taupunktkorrosion) und den Schornstein (Schornsteinversottung) zerstören.

Wassergehalt (max. 200 mg/kg)

Heizöl EL ab Raffinerie ist weitgehend wasserfrei. Wasser im Öllagerbehälter entsteht in der Regel durch Kondensation von Luftfeuchtigkeit. Ein geringer Wassergehalt (water content) vermindert die Korrosionsgefahr im Öllagerbehälter.

Flammpunkt

Der Flammpunkt (flash point) von Heizöl EL liegt über 55 °C.

> **MERKE**
>
> Der Flammpunkt ist die Temperatur, bei der das sich bildende Öldampf-Luft-Gemisch beim Heranführen einer Flamme kurz aufflackert, ohne dass es jedoch selbstständig weiter brennt.

Da Heizöl bei einer Temperatur über 55 °C entflammbar ist, besteht – besonders auch hinsichtlich seiner Lagerung – **Brandgefahr**.

Nach der Verordnung über brennbare Flüssigkeiten (VbF) war Heizöl der Gefahrenklasse A III, schwerentzündlich, Flammpunkt 55 °C … 100 °C, zugeordnet.

Gemäß Gefahrstoffverordnung (GefStoffV) und Betriebssicherheitsverordnung (BetrSichV/Richtlinie 67/548 EWG), welche die oben genannte Verordnung weitgehend ersetzen, werden brennbare Flüssigkeiten nun eingeteilt in:

- hochentzündlich, Flammpunkt unter 0 °C,
- leichtentzündlich, Flammpunkt von 0 °C bis 21 °C,
- entzündlich, Flammpunkt von 21 °C bis 55 °C.

Für brennbare Flüssigkeiten wie Heizöl mit einem Flammpunkt über 55 °C gibt es danach keine Einstufung.

Kinematische Viskosität

Die kinematische Viskosität (kinematic viscosity) von Heizöl wird laut DIN 51603-1 auf eine Temperatur von 20 °C bezogen.

> **MERKE**
>
> Die „kinematische Viskosität" einer Flüssigkeit ist ein Maß für deren **Zähflüssigkeit**.
> Mit **fallender** Temperatur wird eine Flüssigkeit, z. B. Heizöl, **dickflüssiger** – die kinematische Viskosität nimmt **zu**.
> Mit **steigender** Temperatur wird eine Flüssigkeit, z. B. Heizöl, **dünnflüssiger** – die kinematische Viskosität nimmt **ab**.

Die Viskosität beeinflusst das Strömungsverhalten des Heizöls in Rohrleitungen sowie die Zerstäubung an der Ölbrennerdüse. Um die kinematische Viskosität zu vermindern, ist deshalb bei bestimmten Brennertypen eine **Ölvorwärmung** (oil preheating) erforderlich (vgl. Kap. 1.4.1). Aus dem gleichen Grund sollte auch darauf geachtet werden, dass Ölleitungen nicht in kalten Bereichen verlegt werden (siehe auch „Cloudpoint"). Ist das nicht zu vermeiden, sollte eine Begleitheizung installiert werden.

Cloudpoint (CP)

Der Cloudpoint von Heizöl (Wolkenbildung) liegt laut DIN 51603-1 bei ca. 3 °C.

> **MERKE**
>
> Der Cloudpoint von Heizöl ist die Temperatur, bei der erste Trübungen auftreten.

Diese Trübungen entstehen durch Ausscheidung von Paraffinkristallen, die Verstopfungen von Ölleitungen verursachen können.

Entscheidend für die Beurteilung der Kälteeigenschaften von Heizöl ist aber nicht der Cloud Point allein, sondern die Kombination von Cloud Point und dem Grenzwert der Filtrierbarkeit (CFPP).

Grenzwert der Filtrierbarkeit – Cold Filter Plugging Point (CFPP)

Der Cold Filter Plugging Point (CFPP) ist die Temperatur, bei der ein Prüffilter unter genau festgelegten Bedingungen durch Paraffinausscheidung verstopft, d. h. sich Heizöl nicht mehr filtrieren lässt. Die Grenzwerte für den CFPP sind in Abhängigkeit vom CP-Wert festgelegt.

Durch Zugabe von Fließverbesserern (Filtrierbarkeitsverbesserern) wird erreicht, dass Heizöl EL noch bei Temperaturen deutlich unterhalb von 3 °C einsatzfähig ist. Der CP wird dabei nicht verändert.

1 Flüssige Brennstoffe

Sedimente und Gesamtverschmutzung (max. 24 $\frac{mg}{kg}$)
Unter Gesamtverschmutzung (overall pollution) versteht man die Summe aller ölfremden Feststoffe z. B. Rost, Sand, Staub. Werden Sedimente am Boden eines Öllagerbehälters angesaugt, kann es zu Filter- und Düsenverstopfung kommen. Deshalb sollte der Abstand der Saugöffnung vom Behälterboden nicht weniger als 10 cm betragen. Außerdem sollte beim Nachfüllen des Öllagerbehälters mit dem Einschalten des Brenners so lange gewartet werden, bis sich der aufgewirbelte Bodensatz wieder abgesetzt hat.

ÜBUNGEN

1. Wie wird Heizöl hergestellt?
2. Welche Heizölsorten fallen bei der Raffination von Rohöl an?
3. Nennen Sie die Bestandteile des Heizöls.
4. Geben Sie die Anforderungen nach DIN 51603-1 für folgende Eigenschaften von Heizöl an:
   a) Dichte
   b) Wassergehalt
   c) Flammpunkt
   d) Schwefelgehalt (schwefelarmes Heizöl)
5. Erklären Sie die Begriffe:
   a) Kinematische Viskosität
   b) Cloud Point (CP)
   c) Grenzwert der Filtrierbarkeit (CFPP)

1.2 Bereitstellung von Heizöl

Ca. 30 % aller deutschen Haushalte beheizten 2010 ihre Wohnung mit Heizöl (fuel oil). Insgesamt werden in Deutschland derzeit rund 5,9 Millionen Ölheizungen (oil-fired heating systems) mit ebenso vielen Öllageranlagen betrieben. Zur Bevorratung des Energieträgers Heizöl EL wird eine Vielzahl von Öllagerbehältern (oil storage tanks) angeboten, sodass sich auch individuelle Wünsche berücksichtigen lassen.

Durch austretendes Heizöl, hervorgerufen durch unsachgemäße Montage der Öllageranlage, können Boden und Wasser über längere Zeit verunreinigt werden. Die Beseitigung dieser Schäden ist mit hohem Aufwand und hohen Kosten verbunden. Bei der Lagerung von Heizöl sind daher die Forderungen an die Einhaltung des **Umweltschutzes** zu beachten.

> **MERKE**
> 1 l Heizöl kann 1 000 000 l Trinkwasser verunreinigen.

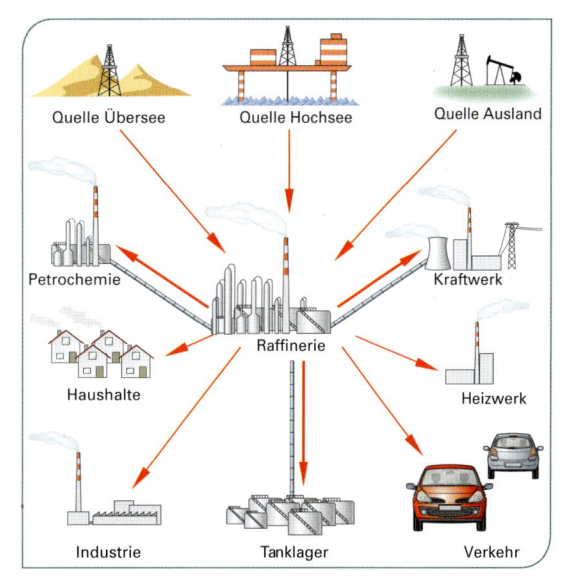

1 Mineralöl – von der Quelle zum Verbraucher

Fachgerecht installierte (professionally installed) Öllageranlagen sind jedoch in hohem Maße betriebssicher und umweltgerecht.

Regelmäßige Sichtkontrollen, z. B. Dichtheit der Öllagerbehälter und heizölführenden Rohrleitungen, ordnungsgemäßer Zustand der Beschichtungen im Auffangraum, fester Sitz der Verschraubungen, und Funktionskontrollen, z. B. Test der Alarmfunktion, die der Betreiber einer Öllageranlage entweder selbst durchführen oder durchführen lassen muss, sorgen außerdem für ein hohes Maß an Sicherheit.

Eine fachgerecht durchgeführte Tankinspektion durch einen Fachbetrieb gibt Aufschluss über den Zustand der Öllageranlage und evtl. notwendige Reinigungs- und Instandsetzungsmaßnahmen.

Da Heizöl EL ein Produkt aus natürlichen Rohstoffen ist, können im Laufe der Zeit Alterungsprodukte (ageing products) entstehen. Dieser Prozess wird durch Einwirken von Wärme, Sauerstoff, Licht, Wasser, Mikroorganismen sowie Metallen (insbesondere Buntmetallen) und deren Oxiden beschleunigt. Bei einer fachgerechten Installation der Öllageranlage führt dieser, vor allem zeitabhänge, Prozess zu keiner Beeinträchtigung der Betriebssicherheit.

Lernfeld 11

1 Flüssige Brennstoffe

1.2.1 Normen, Richtlinien, Vorschriften

Folgende Normen, Richtlinien und Vorschriften sind zu beachten:
- Wasserhaushaltsgesetz (WHG),
- Wassergesetze (WG) der einzelnen Bundesländer,
- Verordnung über Anlagen zum Umgang mit wassergefährdenden Stoffen (Bundes-VAwS),
- Verordnungen der Bundesländer über Anlagen zum Umgang mit wassergefährdenden Stoffen und über Fachbetriebe (Landes-VAwS),
- Musterfeuerungsverordnung (M-FeuV),
- Feuerungsverordnungen (FeuV) der jeweiligen Bundesländer,
- Technische Regeln für brennbare Flüssigkeiten (TRbF),
- DIN 4755 – Ölfeuerungsanlagen – Technische Regel Ölfeuerungsinstallation (TRÖ) – Prüfung,
- DIN EN 12285-1 – Werksgefertigte Tanks aus Stahl – Liegende zylindrische ein- und doppelwandige Tanks zur unterirdischen Lagerung von brennbaren und nicht brennbaren wassergefährdenden Flüssigkeiten,
- DIN EN 12285-2 – Werksgefertigte Tanks aus Stahl – Liegende zylindrische ein- und doppelwandige Tanks zur oberirdischen Lagerung von brennbaren und nicht brennbaren wassergefährdenden Flüssigkeiten,
- DIN 6624-1 – Liegende Behälter (Tanks) aus Stahl von 1000 bis 5000 Liter Volumen, einwandig, für die oberirdische Lagerung wassergefährdender, brennbarer und nicht brennbarer Flüssigkeiten,
- DIN 6624-2 – Liegende Behälter (Tanks) aus Stahl von 1000 bis 5000 Liter Volumen, doppelwandig, für die oberirdische Lagerung wassergefährdender, brennbarer und nicht brennbarer Flüssigkeiten,
- DIN 6623-1 – Stehende Behälter (Tanks) aus Stahl, einwandig, mit weniger als 1000 Liter Volumen für die oberirdische Lagerung wassergefährdender, brennbarer und nicht brennbarer Flüssigkeiten,
- DIN 6623-2 – Stehende Behälter (Tanks) aus Stahl, doppelwandig, mit weniger als 1000 Liter Volumen, für die oberirdische Lagerung wassergefährdender, brennbarer und nicht brennbarer Flüssigkeiten,
- DIN 6625-1 – Rechteckbehälter (-tanks) aus Stahl für die oberirdische Lagerung von Flüssigkeiten mit einem Flammpunkt von mehr als 55 °C – Bau- und Prüfgrundsätze,
- DIN 6625-2 – Rechteckbehälter (-tanks) aus Stahl für die oberirdische Lagerung von Flüssigkeiten mit einem Flammpunkt von mehr als 55 °C-Berechnung,
- DIN 6600 – Ausführung von Behältern (Tanks) aus Stahl für die Lagerung von Flüssigkeiten – Werkseigene Produktionskontrolle

1.2.2 Heizöllagerung

Bezüglich der Lagerung von Heizöl sind eine Vielzahl von Vorschriften (Gesetze, Verordnungen, Richtlinien, Normen etc.) zu beachten.

Die **brandschutzrechtlichen Anforderungen** (legal fire protection requirements) an die Lagerung von Heizöl EL werden in den Feuerungsverordnungen (FeuVO) der jeweiligen Bundesländer beschrieben. Darüber hinaus sind die Technischen Regeln für brennbare Flüssigkeiten (TRbF) zu beachten.

Die Anforderungen im Hinblick auf den **Gewässerschutz** (water pollution control) sind festgelegt:
- im Wasserhaushaltsgesetz (WHG),
- in den Wassergesetzen (WG) der einzelnen Bundesländer sowie in der Verordnung über Anlagen zum Umgang mit wassergefährdenden Stoffen vom 31.03.2010 (Bundes-VAwS) und
- in den jeweiligen Verordnungen der Bundesländer über Anlagen zum Umgang mit wassergefährdenden Stoffen und über Fachbetriebe (Landes-VAwS).

Oberirdische Öllageranlagen (above-ground oil storage facilities) mit einem Lagervolumen von mehr als 1000 l, in manchen Bundesländern bereits bei mehr als 300 l, sowie alle **unterirdischen Öllageranlagen** (underground oil storage facilities) müssen vor Errichtung bei der zuständigen Wasserbehörde oder dem zuständigem Bauamt angemeldet werden (Anzeigepflicht). Ab einem Lagervolumen von mehr als 5000 l, in einigen Bundesländern bereits ab 1000 l, ist darüber hinaus eine Baugenehmigung notwendig (Genehmigungspflicht).

Oberirdische Öllageranlagen mit mehr als 1000 l Lagervolumen sowie alle Erdtanks müssen vor Inbetriebnahme oder nach einer wesentlichen Änderung durch einen Sachverständigen einmalig geprüft werden. Wiederkehrende Prüfungen sind in der Regel nur bei Erdtanks und Öllageranlagen in Wasserschutzgebieten durchzuführen.

Öllageranlagen dürfen nur von zugelassenen Fachbetrieben (approved specialised companies) eingebaut, aufgestellt, instand gehalten, instand gesetzt und gereinigt werden. Die **Fachbetriebspflicht** gilt je nach Bundesland ab einem Lagervolumen von mehr als 1000 Litern. Allerdings können die Bundesländer in ihren landesrechtlichen Vorschriften (Landes-VAwS) Ausnahmeregelungen für bestimmte Tätigkeiten festlegen, die nicht von Fachbetrieben ausgeführt werden müssen.

Bei der Installation der Öllageranlage muss auf die Einhaltung der Vorgaben von DIN 4755 geachtet werden.
- Grundsätzlich müssen Anlagen zur Lagerung von Heizöl EL so beschaffen sein und betrieben werden, dass das Heizöl nicht austreten kann.

1 Flüssige Brennstoffe

- Sie müssen dicht, standsicher (stable) und gegen die zu erwartenden mechanischen, thermischen und chemischen Einflüsse hinreichend widerstandsfähig sein.
- Undichtheiten (leakages) aller mit Heizöl in Berührung stehenden Anlagenteile müssen schnell und zuverlässig erkennbar sein und ggf. austretendes Heizöl muss zurückgehalten werden.
- Im Regelfall sind Anlagen zur Lagerung von Heizöl EL mit einem dichten und beständigen Auffangraum (catchpit area) auszurüsten, sofern sie nicht doppelwandig und mit einem Leckanzeigegerät versehen sind.
- Öllageranlagen sind so zu installieren, dass das Heizöl **frostgeschützt** (protected against frost) gelagert wird.

1.2.2.1 Unterirdische Lagerung von Heizöl im Freien

Die Behälter zur unterirdischen Lagerung von Heizöl im Freien (outdoors) sind meist zylindrisch oder auch kugelförmig, da sie durch die Erddeckung hohe Druckbeanspruchungen aufnehmen müssen. Unterirdische Lagerbehälter müssen heute generell **doppelwandig** (double-walled) ausgeführt sein. Folgende Lagerbehälter sind zugelassen:
- Einwandige (single skin) Stahlbehälter nach DIN EN 12285-1/2 und einwandige Behälter aus Stahlbeton mit Kunststoffauskleidung (Kunststoffhülle erfüllt die Funktion der Doppelwandigkeit) und Leckanzeige,
- doppelwandige Stahlbehälter nach DIN EN 12285-1/2 mit Leckanzeige (Bild 1),
- doppelwandige Behälter aus glasfaserverstärktem Kunststoff (GFK) mit Leckanzeige.

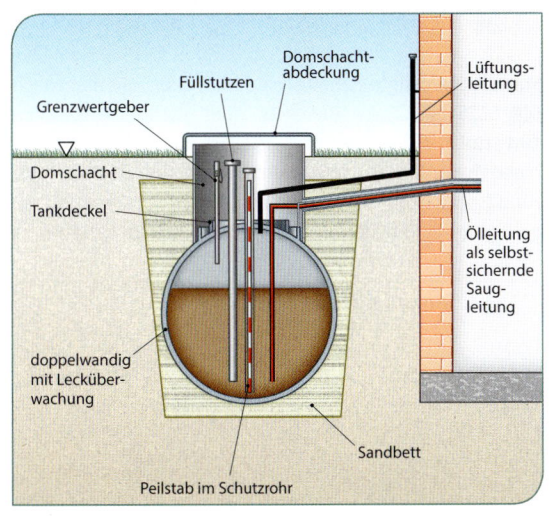

1 Doppelwandiger Stahlbehälter mit Leckanzeigegerät

Vor dem **Einbau** muss die Unversehrtheit des Behälters und der Behälterisolierung durch den Fachbetrieb festgestellt und bescheinigt werden. Die **Einbaugrube** (placing pit) ist so vorzubereiten, dass der Behälter beim Einbau nicht beschädigt wird. Der Behälter muss:
- in seiner gesamten Länge gleichmäßig aufliegen,
- zum Dom hin ein Gefälle von etwa 1 % aufweisen,

- allseitig mit einer mindestens 20 cm dicken Schicht aus nicht brennbarem und steinfreiem Material (Sand- bzw. Kiesbett) umgeben werden,
- in Gebieten mit hohem Grundwasserspiegel, Staunässe oder Überschwemmungsgefahr mit mindestens 1,3-facher Sicherheit gegen ein Aufschwimmen (floating) im leeren Zustand gesichert werden.

Wenn in der Bauartzulassung oder dem Prüfbescheid keine abweichenden Maße angegeben werden, sind folgende **Mindestabstände** (minimum spacings) einzuhalten (Bild 2):
- Behälter zur Grundstücksgrenze: 1,0 m,
- Behälter zu Gebäuden: 1,0 m,
- Behälter zu öffentlichen Versorgungsleitungen: 1,0 m,
- Behälter zu Behälter: 0,4 m,
- Erdüberdeckung: mind. 0,8 m und max. 1,5 m (Frostsicherheit).

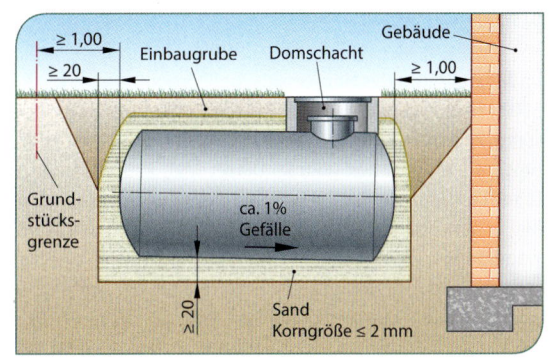

2 Unterirdischer Heizöllagerbehälter

Über der Einstiegsöffnung (access hatch/manhole) eines unterirdischen Heizöllagerbehälters muss ein **Domschacht** (access/manhole shaft) angeordnet sein. Die lichte Weite des Domschachts soll einen Meter nicht unterschreiten und mindestens 20 cm größer als die Einstiegsöffnung (Domdeckel) sein. Der Domschacht muss unfallsicher abgedeckt und flüssigkeitsdicht sein.

1.2.2.2 Oberirdische Lagerung von Heizöl

Heizöl kann oberirdisch im Freien (free-standing) oder in Gebäuden gelagert werden. Die Lagerung in Kellerräumen von Gebäuden gilt als oberirdische Lagerung.

1.2.2.2.1 Oberirdische Lagerung von Heizöl im Freien

Oberirdisch wird Heizöl hauptsächlich im gewerblichen Bereich gelagert. Überwiegend werden einwandige und doppelwandige zylindrische Behälter aus Stahl in liegender Ausführung nach DIN EN 12285-2 (Bild 1, nächste Seite), DIN 6624 und stehender Ausführung nach DIN 6623 eingesetzt. Einwandige Behälter müssen in einer **Auffangwanne** (overspill basin/drip tray) aufgestellt werden.

1 Flüssige Brennstoffe

1 Oberirdischer Öllagerbehälter nach DIN EN 12285-2

1.2.2.2.2 Oberirdische Lagerung von Heizöl in Gebäuden

In **Wohnungen** (homes/habitations) darf Heizöl in einem Behälter bis zu 100 l oder in Kanistern bis zu insgesamt 40 l gelagert werden.

Im **Aufstellraum des Heizkessels** (boiler room) dürfen bis zu 5000 l Heizöl gelagert werden (vgl. LF 10, Kap. 4.2). Der Abstand zwischen Heizölbehälter und Heizkessel muss mindestens 1 m betragen (Bild 2). Dieses Maß kann allerdings unterschritten werden, wenn ein Strahlungsschutz (z. B. Mauerwerk oder feuerhemmende Platte) vorhanden ist. Einwandige Behälter müssen in einer öldichten Auffangwanne stehen. Bei doppelwandigen Heizölbehältern ist keine bauseitige Auffangwanne erforderlich.

Bei einem **Lagervolumen** (storage volume) von mehr als 5000 l ist ein separater **Heizöllagerraum** (fuel-oil storage room) erforderlich, der nicht anderweitig genutzt werden darf. Das maximale Lagervolumen beträgt 100000 l. Der Heizöllagerraum muss folgende Bedingungen erfüllen (Bild 2):
- Wände, Decke und Fußboden müssen feuerbeständig (fire-resistant) sein (F 90),
- durch die Decke und die Wände des Lagerraumes dürfen nur Heizungs-, Wasser und Abwasserleitungen sowie Leitungen, die zum Betrieb der Behälteranlage notwendig sind (z. B. Füllleitung, Entlüftungsleitung, Entnahmeleitung), geführt werden,
- Türen müssen feuerhemmend (fire-retardant) (F 30), selbstschließend (self-closing) und in Fluchtrichtung zu öffnen sein,
- der Lagerraum muss gelüftet (ventilated) und von der Feuerwehr vom Freien aus beschäumt werden können,
- Bodenabläufe (floor drains) sind nur mit einer Heizölsperre (fuel-oil stop) oder einem Leichtflüssigkeitsabscheider (light liquid interceptor/separator) zulässig,
- Türen sind mit der Aufschrift „Heizöllagerung" zu kennzeichnen.

Die **Auffangwanne** (bund) ist aus Stahlbeton oder aus Mauerwerk mit Zementputz und Zementestrich herzustellen und mit einem dreilagigen Schutzanstrich mit ölbeständiger Farbe oder mit einer öldicht verschweißten Kunststoffauskleidung zu versehen. Durchführungen und Abläufe innerhalb der Auffangwanne sind unzulässig.
Sie ist so zu bemessen, dass das dem Behältervolumen entsprechende Lagervolumen zurückgehalten werden kann. Bei mehreren nicht kommunizierenden (non communicating) oberirdischen Behältern ist für die Bemessung das Volumen des größten Behälters maßgebend; es müssen aber mindestens 10 % des Gesamtvolumens der Anlage zurückgehalten werden können. Kommunizierende Behälter gelten als ein Behälter (vgl. Kap. 1.3).
Bei der Lagerung von Heizöl in Gebäuden unterscheidet man standortgefertigte Behälter und Einzel- bzw. Batteriebehälter.

Standortgefertigte Behälter (site-built tanks) aus Stahl nach DIN 6625 (Bild 1, nächste Seite) oder glasfaserverstärktem Kunststoff (GFK) werden am Aufstellort, z. B. im Keller, zusammengebaut. Sie ermöglichen eine optimale Raumausnutzung (space explotation), d. h. eine große Lagerkapazität bei geringem Raumbedarf. Für einwandige Stahlbehälter muss

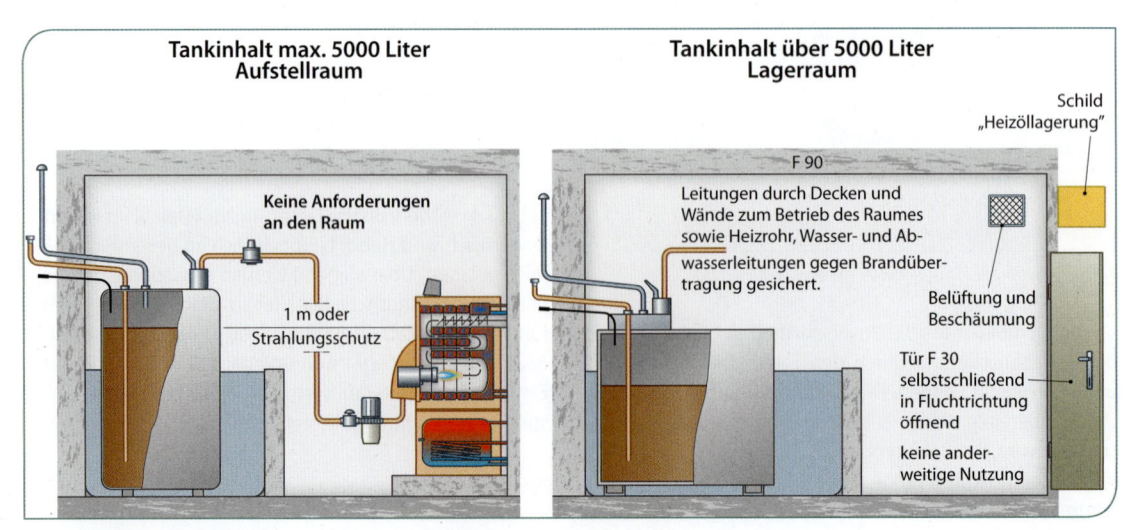

2 Heizöllagerung im Aufstellraum des Heizkessels und in einem separaten Lagerraum

1 Flüssige Brennstoffe

bauseitig eine öldichte Auffangwanne vorgesehen werden. GFK-Behälter zur Lagerung von Heizöl in Gebäuden außerhalb von Schutzgebieten dürfen ohne Auffangwanne aufgestellt werden, wenn dies in der Bauartzulassung bzw. in den entsprechenden landesrechtlichen Vorschriften so festgelegt ist.

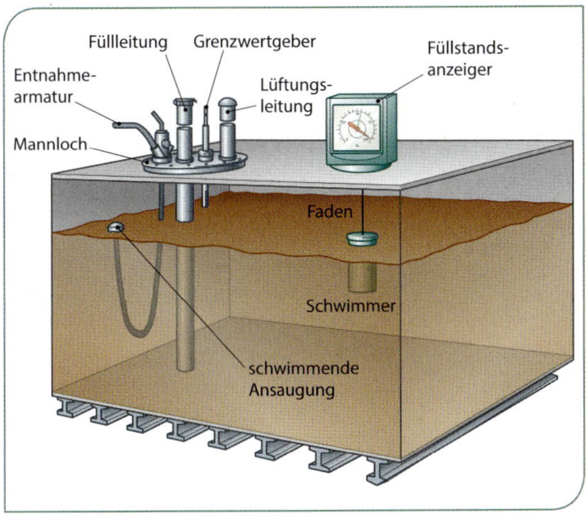

Doppelwandige Behälter, sogenannte **„Tank-im-Tank-Systeme"** (bunded oil tank systems) (Bild 4) sowie in fast allen Bundesländern auch einwandige GFK-Behälter (Bild 5) benötigen keine bauseitige Auffangwanne.

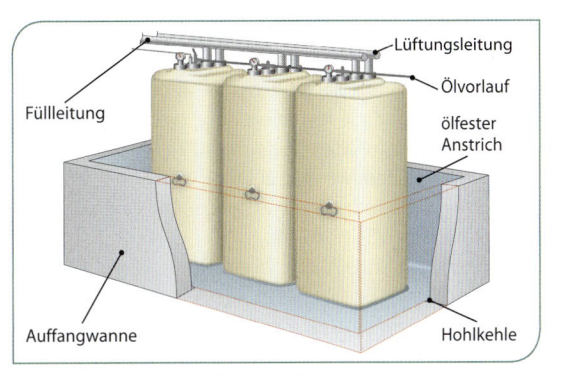

1 Standortgefertigter Öllagerbehälter aus Stahl

3 Kunststoff-Batteriebehälter in Auffangwanne

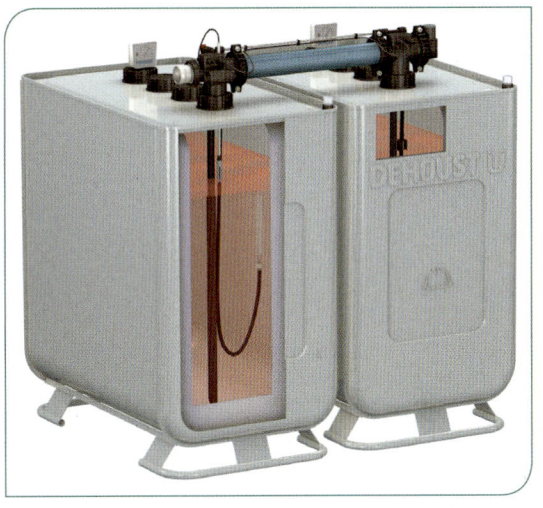

Batteriebehälter (tank battery/line) aus Polyethylen (PE), Polyamid (PA) und glasfaserverstärktem Kunststoff (GFK) haben die Batteriebehälter aus Stahl weitgehend abgelöst. Da Batteriebehälter in der Regel durch vorhandene Tür- und Fensteröffnungen in den Lagerraum eingebracht werden können, stellen sie gerade auch bei der Erneuerung bzw. nachträglichen Erweiterung der Tankanlage eine preiswerte Lösung dar. Durch ihren modularen Aufbau ermöglichen sie eine optimale Ausnutzung des Lagerraumes (Bild 2).

Es dürfen bis zu 25 Behälter (bei Behältern aus GFK oder Stahl maximal 5) zu einer Batterie zusammengeschlossen werden (joined together). In einer Reihe dürfen maximal 5 Behälter angeordnet werden (arranged). Das maximal zulässige Gesamtvolumen einer Batterie beträgt 25000 l. Einwandige Batteriebehälter müssen in einer bauseitigen Auffangwanne aufgestellt werden (Bild 3).

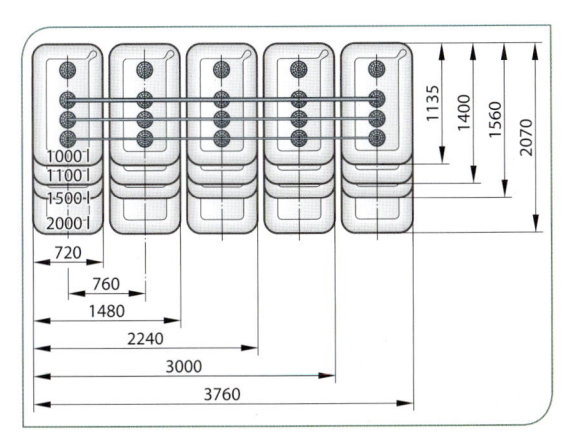

4 Tank-im-Tank-System bestehend aus PE-Innenbehälter und Auffangwanne aus verzinktem Stahlblech

2 Platzbedarf für PE-Heizöllagerbehälter

5 GFK-Batterie-Tanks

Lernfeld 11

1 Flüssige Brennstoffe

> **MERKE**
>
> Transparente Kunststoffbehälter sollten lichtgeschützt aufgestellt werden. Lichteinfall durch Kellerfenster sollte unterbunden werden.

Sofern in den Bauartzulassungen (type approvals) keine abweichenden Abstände festgelegt sind, sind folgende Mindestabstände einzuhalten (Bilder 1 und 2):
- Behälter in Auffangwannen allseitig: 40 cm,
- Behälter und Wände auf der Zugangs- und einer anschließenden Seite: 40 cm,
- Behälter und übrige Wände 25 cm, bei Behältern aus Kunststoff: 5 cm,
- Batteriebehälter untereinander: 5 cm,
- Einstiegsöffnung und Decke oder Wand bei Behältern mit Einstiegsöffnung: 60 cm,
- Behälter und Fußboden: 10 cm, bei Kunststoffbehältern (entsprechend Bauartzulassung): 0 cm.

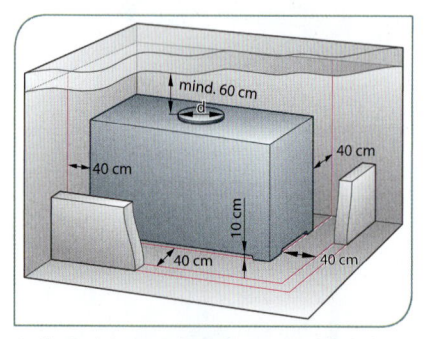

1 Abstände bei standortgefertigten Stahlbehältern

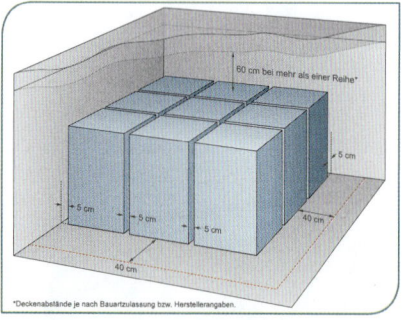

2 Abstände bei Kunststoffbehältern

1.2.3 Ausrüstung der Heizöllagerbehälter

Die Heizöllagerbehälter sind mit folgenden Leitungen und Zubehörteilen auszurüsten (Bild 3):

1.2.3.1 Füllleitung

Die Füllleitung (filling line/pipe) soll in den Nennweiten DN 50 oder DN 80 ausgeführt und mit Gefälle zum Behälter hin verlegt werden. Der Füllstutzen (filling port/filling spout) von oberirdischen Behältern ist außerhalb des Gebäudes

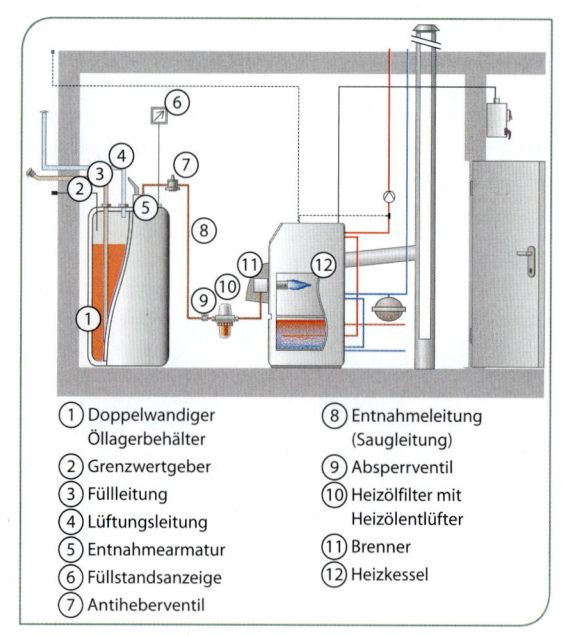

① Doppelwandiger Öllagerbehälter
② Grenzwertgeber
③ Füllleitung
④ Lüftungsleitung
⑤ Entnahmearmatur
⑥ Füllstandsanzeige
⑦ Antiheberventil
⑧ Entnahmeleitung (Saugleitung)
⑨ Absperrventil
⑩ Heizölfilter mit Heizölentlüfter
⑪ Brenner
⑫ Heizkessel

3 Ausrüstung eines Heizöllagerbehälters

anzubringen; dabei ist auf eine gute Zugänglichkeit des Füllstutzens und auf eine günstige Lage zur Straße zu achten. Der Füllstutzen ist mit den Anschlüssen für den Füllschlauch (filling hose) und mit einer entsprechenden Verschlusskappe auszurüsten. Zur Unterscheidung der eingefüllten Heizölsorten werden farblich unterschiedliche Verschlusskappen (sealing caps) verwendet:
- Keine farbliche Kennzeichnung für Heizöl EL Standard,
- Grün für Heizöl EL schwefelarm,
- Farbe Grün mit rotem Zusatzanhänger bei Verwendbarkeit von beiden genannten Heizölsorten.

Die Auslauföffnung (outlet) der Füllleitung sollte sich im unteren Drittel des Behälters befinden, um übermäßige Aufwirbelung (resuspension) des Heizöls beim Auftanken zu vermeiden.

1.2.3.2 Lüftungsleitung

Die Lüftungsleitung (Be- und Entlüftungsleitung, (ventilation/vent pipe) sorgt für den Druckausgleich im Behälter und wird meist aus Stahlrohr, z. B. LORO-X-Rohr, gefertigt (vgl. Grundkenntnisse, Lernfeldübergreifende Inhalte, Kap. 1.6.4.3.5). Ihre Nennweite richtet sich nach dem Prüfüberdruck des Behälters:

Prüfüberdruck des Behälters in bar	2 bar	≥ 1,3facher statischer Druck von Wasser
Betriebsdruck des Öllagerbehälters	max. 0,5 bar	–
Nennweite der Lüftungsleitung	mindestens 50 % vom Innendurchmesser des Füllrohres; jedoch mindestens 40 mm	mindestens 50 % vom Innendurchmesser des Füllrohres; jedoch mindestens 50 mm

1 Flüssige Brennstoffe

Die Lüftungsleitung darf nicht absperrbar sein und muss bei unterirdischen Behältern und bei Behältern in Kellerräumen mindestens 50 cm über den Füllstutzen und mindestens 50 cm über Erdgleiche (ground level) münden. Die Austrittsöffnung sollte gegen das Eindringen von Regenwasser geschützt sein und an einer Stelle münden, die während des Füllvorgangs leicht zu beobachten ist. Außer bei oberirdischen Einzelbehältern bis zu einem Volumen von 1000 l darf die Lüftungsleitung nicht in geschlossene Räume oder Domschächte münden. Verengungen (restrictions) und der Einbau von Sieben (strainers) sind unzulässig. Batteriebehälter dürfen über eine gemeinsame Lüftungsleitung be- und entlüftet werden.

1.2.3.3 Ölleitungen

Die Ölleitungen sind frostfrei zu verlegen oder mit einer Begleitheizung zu versehen. Für Ölleitungen (oil pipes/lines) wird in der Praxis meist Kupfer, aber auch Stahl und Aluminium als Rohrwerkstoff verwendet. Unmittelbar am Brenner ist eine flexible Leitung (flexible pipe/line) mit einer Länge von maximal 1,5 m zulässig. Als Rohrverbindungen sind zugelassen:
- Schweißverbindungen,
- Hartlötverbindungen (bei Kupferrohren bis DN 25),
- Flanschverbindungen,
- Schneidringverschraubungen (bis max. DN 32),
- Verschraubungen, Schraubenmuffenverbindungen.

Bei allen Verbindungsarten ist darauf zu achten, dass auch die entsprechenden Arbeitsmittel, wie z. B. Lote oder Dichtmittel zugelassen sind und die **Vorschriften der TRbF 50** eingehalten werden.

Über die **Entnahmeleitung (Saugleitung,** feed pipe) gelangt das Heizöl zur Ölpumpe des Brenners.
Die Dimensionierung der Entnahmeleitung richtet sich nach:
- der Leistung des Wärmeerzeugers,
- der Rohrleitungslänge,
- der Anzahl und der Art der eingebauten Armaturen und Richtungsänderungen (turnarounds),
- der Saughöhe H (suction head/lift) (senkrechter Abstand zwischen Fußventil bzw. Saugleitungsende im Ölbehälter und Ölpumpe),
- der Art des Rohrleitungssystems (Einstrang- oder Zweistrangsystem, vgl. Kap. 1.3).

Die erforderlichen Durchmesser können Tabellen oder Diagrammen der Brennerhersteller entnommen werden.
Die Entnahmeleitung darf nur von oben in den Behälter geführt werden. Damit keine Sedimente angesaugt werden, sollte die Saugöffnung mindestens 5 cm über der Behältersohle (container base/bottom) liegen. Für einen sicheren Betrieb wird ein Abstand von 10 cm empfohlen. Bei einer **schwimmenden Ansaugung** (floating suction) wird das Heizöl knapp unterhalb des Flüssigkeitsspiegels (fluid level) entnommen und dadurch verhindert, dass Ablagerungen angesaugt werden.

Die Entnahmearmatur (outlet/extraction fitting) muss eine schnell schließende Absperreinrichtung (Schnellschlusshahn, Schnellschlussventil, quick-acting stop cock/fire-valve) enthalten, die von außerhalb des Öllager- bzw. Aufstellraumes der Feuerstätte z. B. mithilfe einer Reißleine (emergency pull cord) betätigt werden kann. Bei Batteriebehältern müssen die Entnahme-Verbindungsleitungen so gesichert sein, dass im Schadensfall eine Heberwirkung verhindert wird. Die beim Zweistrangsystem erforderliche **Rücklaufleitung** (return pipe/line) muss oberhalb des Heizölspiegels im Lagerbehälter enden und so ausgeführt sein, dass eine Heberwirkung (siphoning) ausgeschlossen ist. Ihr Querschnitt muss dem der Saugleitung entsprechen.
Bei Batteriebehältern muss die Rücklaufleitung in den Behälter geführt werden, in dem sich der Grenzwertgeber befindet.
Alle Ölleitungen sind gemäß DIN 4755 vor der Inbetriebnahme einer **Druck- und Dichtheitsprüfung** zu unterziehen (pressure and leakage testing).
Druckleitungen und Rücklaufleitungen sind:
- bei Luft bzw. inertem Gas als Prüfmedium mit dem 1,1-fachen Betriebsüberdruck, mindestens jedoch mit 5 bar,
- bei Heizöl EL als Prüfmedium mit dem 1,3fachen Betriebsüberdruck, mindestens jedoch mit 5 bar

zu prüfen.
Saugleitungen sind mit einem Druck von 2 bar zu prüfen. Bei Saugleitungen ist zusätzlich eine Dichtheitsprüfung mit einem negativen Überdruck von 0,3 bar durchzuführen.
Die Ölleitungen werden als dicht (leakproof) eingestuft, wenn nach einer Wartezeit von 10 Minuten für den Temperaturausgleich der Prüfdruck während der anschließenden Prüfzeit von 10 Minuten bei oberirdischer Verlegung bzw. 30 Minuten bei unterirdischer Verlegung nicht abfällt.

1.2.3.4 Ölstandsanzeiger

Mit Ausnahme von oberirdischen Behältern mit durchscheinenden Wandungen, z. B. aus Kunststoff, sind alle Öllagerbehälter mit einem Ölstandsanzeiger (oil level indicator) auszurüsten. Hierfür kann ein **Peilstab** (dip stick), ein mechanisches, ein pneumatisches oder ein elektronisches Messgerät dienen. Bei **mechanischen Ölstandsanzeigern** (mechanic oil indicators) wird der Ölstand über einen Schwimmer mit Seilzug auf eine Skala übertragen (Schwimmer-Füllstandsanzeiger, float gauge).
Bei **pneumatischen Ölstandsanzeigern** (pneumatic level indicator) ist die Anzeigeskala mit einem bis auf den Boden des Öllagerbehälters reichenden Tauchrohr (Tauchschlauch) verbunden (Bild 1, nächste Seite). Mit einer Luftpumpe wird in dieses Tauchrohr (dip tube) Luft gepumpt, bis das Heizöl herausgedrückt ist und Luft am Tauchrohrende entweicht. Der erforderliche Luftdruck entspricht dem Flüssigkeitsdruck am Behälterboden (hydrostatischer Bodendruck, hydrostatic pressure) und kann an der Anzeigeskala abgelesen werden. Die Skalierung der Anzeige kann in Prozent des Maximalinhalts oder in Liter erfolgen.

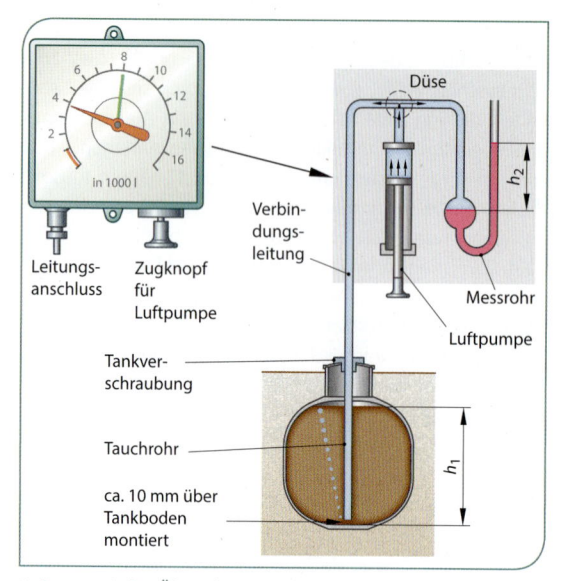

1 Flüssige Brennstoffe

1 Pneumatischer Ölstandsanzeiger

Elektronische Ölstandsanzeiger (electronic level indicators) schaffen die Möglichkeit der Datenfernübertragung (remote data transmission). Dadurch kann der Füllstand z. B. vom Heizöllieferanten überwacht werden und eine bedarfsgerechte Lieferung erfolgen.

1.2.3.5 Überfüllsicherung/Grenzwertgeber

Öllagerbehälter mit einem Gesamtvolumen von mehr als 1000 l müssen mit einem Grenzwertgeber (limit indicator/switch) ausgerüstet sein, der in Verbindung mit der Füllsicherung (overfill protection) des Tankfahrzeugs vor einer Überfüllung schützt (Bild 2). Bei Batteriebehältern, die von oben befüllt werden, ist der Grenzwertgeber, in Füllrichtung gesehen, im ersten Behälter einzubauen. Bei älteren Batteriebehältern mit unterer Füllleitung ist der Grenzwertgeber allerdings, in Füllrichtung gesehen, im letzten Behälter zu montieren. Das Einstellmaß ist den Herstellerunterlagen zu entnehmen. Die Wirkungsweise des Grenzwertgebers beruht auf dem Prinzip eines temperaturabhängigen elektrischen Widerstands (Kaltleiter, PTC-Element, Positive Temperature Coefficient thermistor). Vor dem Befüllen wird der Grenzwertgeber durch eine elektrische Leitung mit der Füllsicherung des Tankfahrzeuges verbunden. Dadurch wird der Kaltleiter erwärmt. Erreicht der Füllstand im Behälter die eingestellte maximal zulässige Höhe, wird der Kaltleiter abgekühlt. Dadurch ändert sich sein elektrischer Widerstand (electric resestivity) sprunghaft. Die plötzliche Änderung der Stromstärke bewirkt am Tankfahrzeug eine Unterbrechung der Ölzufuhr.

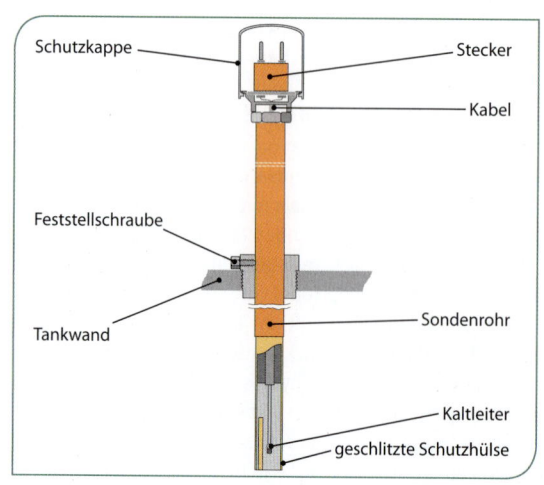

1.2.3.6 Leckanzeigegeräte

Bei doppelwandigen Öllagerbehältern und einwandigen Öllagerbehältern mit einer Kunststoff-Innenhülle (inner pastic coating/lining) wird der Raum zwischen den Wänden bzw. der Wand und der Hülle mit einem Leckanzeigegerät (leak indicator/detector) überwacht. Tritt eine Undichtigkeit an einer Behälterwand bzw. an der Hülle auf, löst das Gerät Alarm aus. Die zweite, noch intakte Wand bzw. Hülle verhindert ein Auslaufen des Heizöls. Leckanzeigegeräte, die den Zwischenraum mithilfe einer **Kontrollflüssigkeit** (leak detection fluid) überwachen, werden bei doppelwandigen Öllagerbehältern eingesetzt (Bild 3). Oberhalb des Öllagerbehälters ist ein Kontrollflüssigkeitsbehälter angebracht, der mit dem Zwischenraum verbunden ist. In die Flüssigkeit des Kontrollbehälters tauchen zwei Elektroden (probes) ein. Sinkt bei einer Leckage an einer Behälterwand der Flüssigkeitsspiegel im Kontrollbehälter unter die Elektrodenspitzen ab, wird durch die Widerstandsänderung am Signalteil ein optischer und akustischer Alarm ausgelöst.

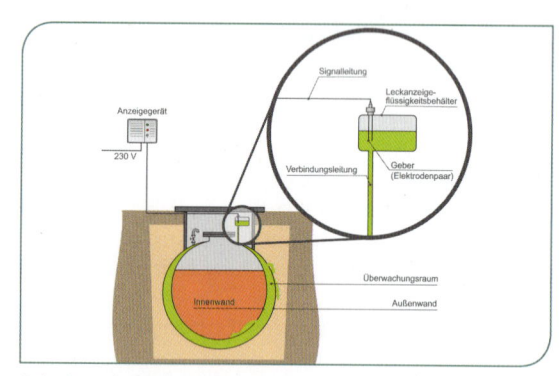

2 Grenzwertgeber

3 Leckanzeigegerät

Daneben gibt es Leckanzeigegeräte zur Überwachung doppelwandiger Behälter, die im Zwischenraum einen **positiven Überdruck** erzeugen (pressure type leak detector). Fällt dieser bei einem Leck unter einen Mindestwert, wird Alarm ausgelöst. Leckanzeigegeräte, die im Zwischenraum einen **negativen Überdruck** erzeugen (vakuum type leak detector), werden bei doppelwandigen Behältern und einwandigen Behältern mit Innenhülle eingesetzt. Bei einer Undichtigkeit der Außen- oder Innenwand bzw. Innenhülle bricht der negative Überdruck zusammen und Alarm wird ausgelöst.

1 Flüssige Brennstoffe

1.3 Ölbrenneranschlüsse im Ein- und Zweistrangsystem

Die Verbindung zwischen dem Öllagerbehälter und dem Ölbrenner kann im Ein- oder Zweistrangsystem erfolgen (Bild 1). Heute werden fast ausschließlich Einstrangsysteme installiert.

Beim **Zweistrangsystem** (two pipe supply system) ist der Ölbrenner über die Ölvorlaufleitung (Saugleitung) und Ölrücklaufleitung mit dem Öllagerbehälter verbunden. Das von der Ölpumpe des Brenners angesaugte, aber nicht verbrauchte Heizöl fließt durch die Rücklaufleitung in den Öllagerbehälter zurück. Angesaugte Luft und sich bildende Ölgase werden selbsttätig über die Rücklaufleitung in den Öllagerbehälter abgeschieden.

Um ein Zurückströmen des Heizöls zum Brenner zu verhindern, wird in die Rücklaufleitung ein Rückschlagventil eingebaut. Das Rückschlagventil (non-return/check valve) in der Rücklaufleitung sowie das Absperrventil (Schnellschlussventil) und der Heizölfilter (fuel oil fiter) in der Saugleitung sind in der Regel in einer Armatur kombiniert (Bild 2). Das Schnellschlussventil (quick-closing stop valve) ermöglicht eine schnelle Absperrung des Ölzulaufs. Der Heizölfilter hält im Heizöl enthaltene Schwebstoffe zurück und verhindert, dass die Ölpumpe, das Magnetventil und die Öldüse verschmutzen und schließlich verstopfen. Der Filtereinsatz (filter unit/insert) ist regelmäßig zu warten bzw. auszutauschen. Hierbei dürfen nur vom Hersteller zugelassene Filtereinsätze verwendet werden.

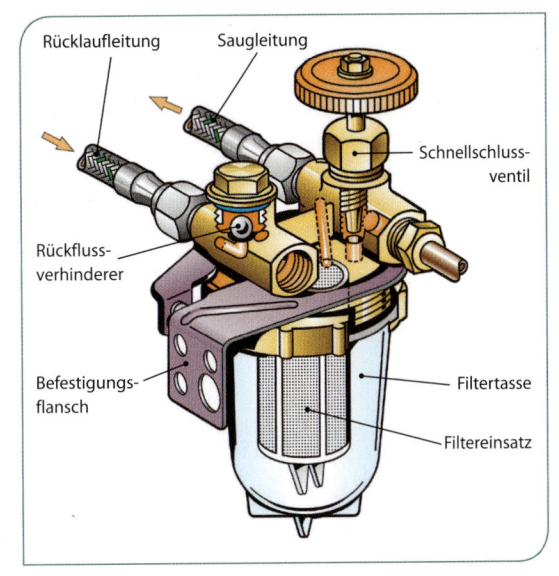

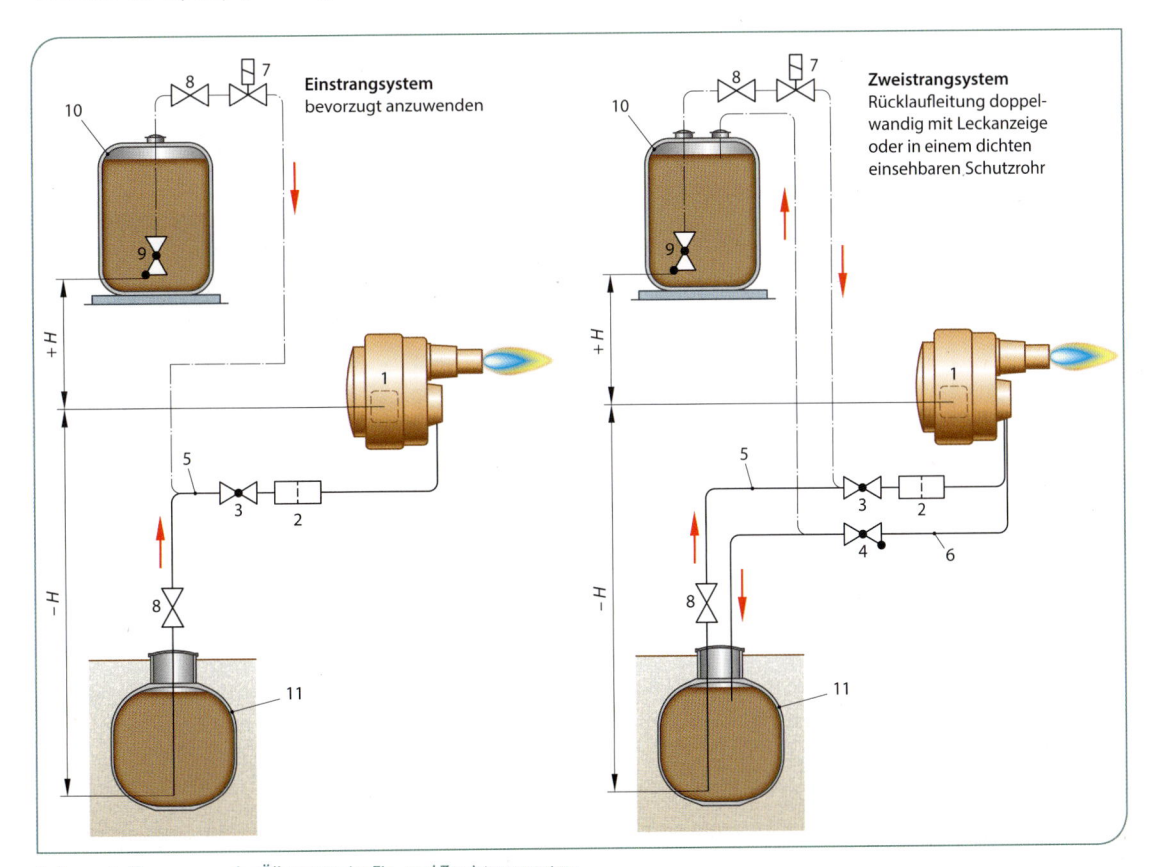

2 Heizölfilter für Zweistrangsystem

1 Brennstoffversorgung des Ölbrenners im Ein- und Zweistrangsystem

1 Flüssige Brennstoffe

Beim **Einstrangsystem** (one pipe supply system) ist der Ölbrenner nur über eine Leitung (Saugleitung) mit dem Öllagerbehälter verbunden. Da die für die Gas-/Luftabscheidung notwendige Rücklaufleitung fehlt, ist eine Entlüftungseinrichtung (bleeding device) vorzusehen. Vielfach werden dafür Kombinationsarmaturen aus Filter, Absperrarmatur (Schnellschlusshahn, Schnellschlussventil) und Entlüfter (bleeder/air vent) verwendet (Bild 1).

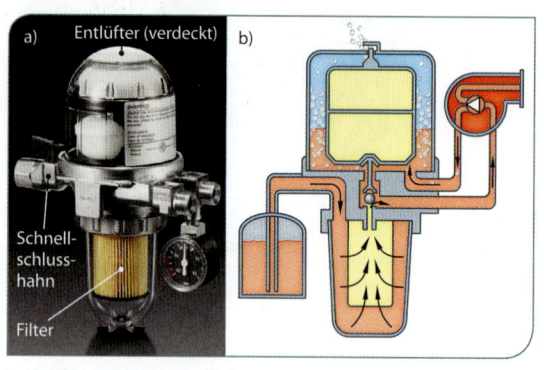

1 Kombinationsarmatur für Einstrangsystem

Endet die Saugleitung im Öllagerbehälter mit einem **Fußventil** (foot valve), schließt dieses bei abgestellter Pumpe und verhindert dadurch, dass die in der Leitung stehende Ölsäule in den Öllagerbehälter zurückfließt.

Bei Batteriebehältern bewirken Fußventile eine hydraulische Trennung (hydraulic detachment) der Inhalte der Einzelbehälter (= nicht kommunizierende Behälter). Dadurch wird bei Undichtigkeit eines Behälters das Auslaufen der übrigen Behälter durch Heberwirkung (siphoning) verhindert (Bild 2a).

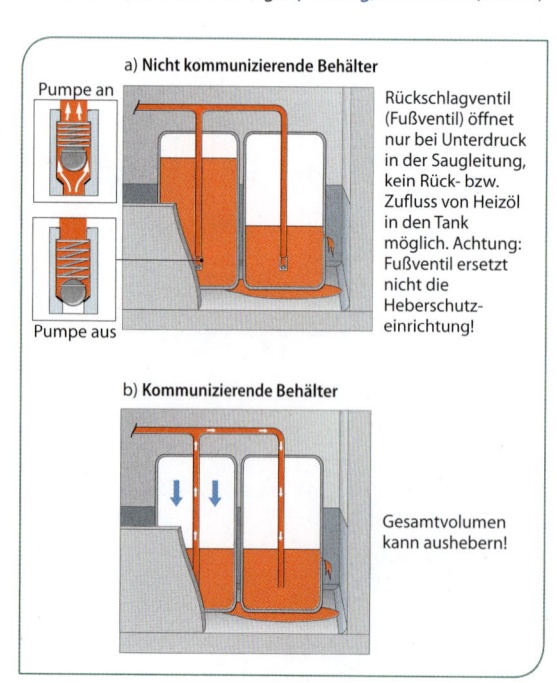

Haben die Batteriebehälter kein Fußventil an den Saugleitungsenden, stehen die Inhalte der Einzelbehälter miteinander hydraulisch in Verbindung (= kommunizierende Behälter). Dadurch besteht die Gefahr, dass bei einer Undichtigkeit eines Behälters durch Heberwirkung auch alle übrigen Behälter bis auf Höhe der Leckagestelle auslaufen (Bild 2b).
Die Ölleitungen sollen grundsätzlich oberirdisch (above ground) verlegt werden. Ist dies nicht möglich, z. B. bei unterirdischen Öllagerbehältern, ist die Verlegung im flüssigkeitsdichten und einsehbaren Schutzrohr (visible protective tube) auszuführen oder es sind doppelwandige Rohrleitungen (double-walled pipes) mit Lecküberwachung (leak monitoring) oder Leitungsinstallationen im Einstrangsystem mit Gefälle zum Öllagerbehälter (selbstsichernde Saugleitung) zu verwenden. Ein Fußventil oder ein Rückschlagventil in der Behälteranschlussarmatur sind dabei nicht zulässig.

Befindet sich der maximale Füllstand (fill level) des Öllagerbehälters oberhalb des tiefsten Punktes der zum Ölbrenner verlaufenden Saugleitung, ist sowohl beim Ein- als auch beim Zweistrangsystem oberhalb des maximalen Ölstandes ein **Antiheberventil** (anti-siphon valve) in die Saugleitung einzubauen. Dadurch wird verhindert, dass bei einer Undichtigkeit der Saugleitung das Heizöl aus dem Öllagerbehälter bis auf Höhe der Leckagestelle durch Heberwirkung ausläuft (ausheben).

Das **Membran-Antiheberventil** (Bild 3) arbeitet mit einer federbelasteten Membran (springloaded membrane), welche bei Brennerstillstand oder einem zu geringen negativen Überdruck (Saugdruck) z. B. infolge einer Undichtigkeit in der Saugleitung die Ölzufuhr sperrt.

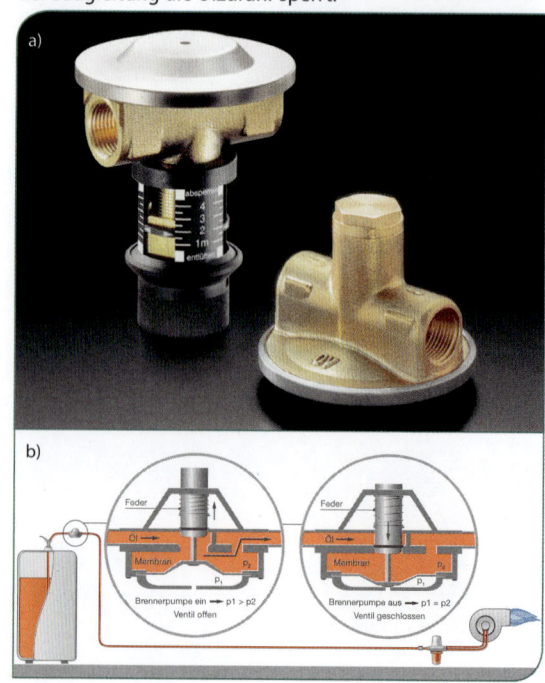

2 Fußventile

3 Membran-Antiheberventil

1 Flüssige Brennstoffe

Die Absicherungshöhe (safeguarding level) des Ventils muss den senkrechten Höhenunterschied (height difference) zwischen Einbauort des Antiheberventils (Mitte) und den tiefsten Punkt der Saugleitung abdecken. Eine zu große Absicherung führt zu höherer Saugbelastung der Ölpumpe. Einstellbare Antiheberventile ermöglichen die optimale Anpassung (adaptation) an die Anlagenbedingungen.

Die Wirkungsweise des **Antiheber-Magnetventils** (magnetic anti-siphon valve) basiert auf einer elektrischen Verbindung mit dem Brenner. Bei Brennerstillstand oder einer Brennerstörung z. B. durch Ansaugen von Luft bei einer Undichtigkeit in der Saugleitung wird die Stromzufuhr unterbrochen und das Magnetventil sperrt die Ölzufuhr.

Bei beiden Systemen saugt die Ölpumpe bei Undichtigkeit in der Saugleitung Luft an und der Brenner geht auf Störung (failure). Durch den Ausfall der Heizung wird relativ zeitnah erkannt, dass die Ölversorgung nicht in Ordnung ist.

Weist allerdings die Rücklaufleitung beim Zweistrangsystem eine Leckage auf, kann das Heizöl unbemerkt auslaufen und großen Schaden verursachen. Deshalb wird heute bevorzugt das Einstrangsystem verwendet bzw. gefordert, zumal beim Zweirohrsystem die Heizölqualität durch die Umwälzung (Rückführung in den Öllagerbehälter) beeinträchtigt werden kann.

Die Ölpumpe des Brenners ist nämlich so ausgelegt (designed to), dass mehr Heizöl angesaugt wird als tatsächlich verbrannt wird. Bei Kleinanlagen beträgt das Verhältnis ca. 20:1.

Beispiel:
Geht man bei einem Einfamilienhaus von einer Brennerleistung von ca. 17…21 kW aus, so werden in einer Stunde ca. 1,7…2,1 l Heizöl verbrannt. Legt man das Verhältnis von 20:1 zugrunde, werden bei einem Verbrauch von $2\,\frac{l}{h}$ Heizöl $40\,\frac{l}{h}$ gefördert und bei einer Verbrennung von 3000 l Heizöl ca. 60000 l umgewälzt.

ÜBUNGEN

1) Welche Öllagerbehälter sind zur unterirdischen Lagerung von Heizöl im Freien zugelassen?

2) Geben Sie Einbauvorschriften unterirdischer Öllagerbehälter an.

3) Wie viele Liter Heizöl dürfen im Aufstellraum des Heizkessels gelagert werden?

4) Geben Sie fünf bauliche Bedingungen an, die ein Heizöllagerraum erfüllen muss.

5) Nennen Sie Anforderungen, die an eine bauseitige Auffangwanne gestellt werden.

6) Welche Lagerbehälter werden zur Heizöllagerung in Gebäuden verwendet?

7) Erläutern Sie die Unterschiede zwischen kommunizierenden und nicht kommunizierenden Batteriebehältern.

8) Drei oberirdische Öllagerbehälter sind in einer Auffangwanne aufgestellt. Sie hat eine Länge von 2,80 m und eine Breite von 2,50 m.
   a) Bestimmen Sie die Mindesthöhe des Schutzanstrichs, wenn es sich um kommunizierende Behälter handelt und das Volumen eines Behälters 1500 l beträgt.
   b) Bestimmen Sie die Mindesthöhe des Schutzanstrichs, wenn es sich um nicht kommunizierende Behälter handelt und das Volumen eines Behälters 2000 l beträgt.

9) a) Wozu dient die Lüftungsleitung?
   b) Wie ist die Lüftungsleitung zu dimensionieren?
   c) Auf welcher Höhe ist die Mündung der Lüftungsleitung bei Öllagerbehältern in Kellerräumen vorzusehen?

10) Welche Rohrwerkstoffe werden für die Ölleitungen verwendet?

11) Wonach richtet sich die Dimensionierung der Entnahmeleitung (Saugleitung)?

12) Ermitteln Sie mithilfe von Tabellen bzw. Diagrammen der Brennerhersteller (Internet, Tabellenbuch) den erforderlichen Innendurchmesser der Saugleitung eines Ölgebläsebrenners, wenn die Nennwärmeleistung des Heizkessels 18 kW und der Öldurchsatz 2,0 l/h betragen, für die Rohrleitung, Armaturen und Richtungsänderungen ein Gesamtdruckverlust von 0,35 bar angesetzt wird, die Saughöhe H = – 0,5 m beträgt, die Saugleitung eine Länge von 6 m hat und die Ölzufuhr im Einstrangsystem erfolgt.

13) Welchen Vorteil hat die schwimmende Ansaugung?

14) Nennen Sie drei verschiedene Ölstandanzeiger.

15) Erklären Sie das Funktionsprinzip eines pneumatischen Ölstandsanzeigers.

16) a) Welche Aufgabe erfüllt der Grenzwertgeber?
    b) Beschreiben Sie die Wirkungsweise des Grenzwertgebers.

17) Nennen Sie drei verschiedene Arten von Leckanzeigegeräten.

Lernfeld 11

1 Flüssige Brennstoffe

ÜBUNGEN

18. Bezeichnen Sie die nummerierten Leitungen und Zubehörteile des abgebildeten unterirdischen Heizöllagerbehälters.

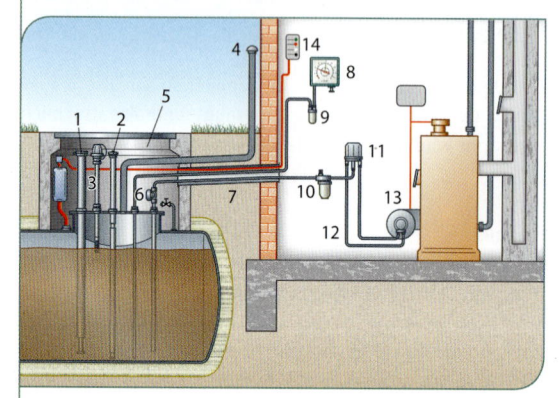

zu Aufgabe 18

19. Bezeichnen Sie die nummerierten Leitungen und Zubehörteile des doppelwandigen Stahlbehälters mit Leckanzeigegerät.

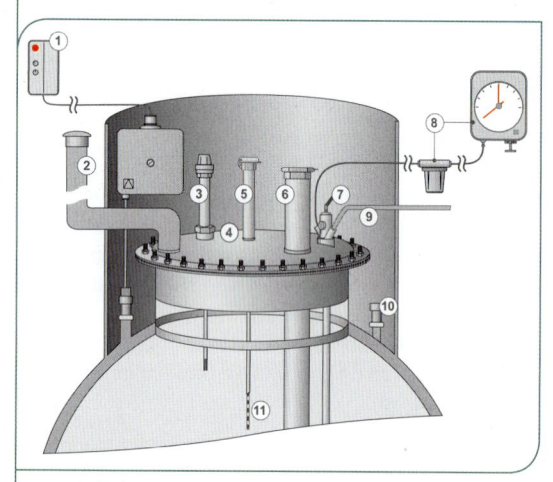

zu Aufgabe 19

20. Ein standortgefertigter einwandiger Heizölbehälter mit einer Länge von 2,50 m, einer Breite von 2,00 m und einer Höhe von 1,80 m soll in einer Auffangwanne aufgestellt werden. Bestimmen Sie die Mindestabmessungen.

21. Bezeichnen Sie die nummerierten Leitungen und Zubehörteile des abgebildeten standortgefertigten Stahlbehälters.

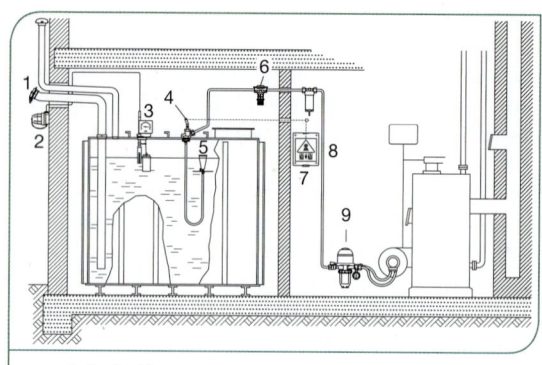

zu Aufgabe 21

22. Ermitteln Sie mithilfe der folgenden Tabelle das Einstellmaß x für den Grenzwertgeber
    a) wenn drei verbundene (kommunizierende) Batteriebehälter einreihig aufgestellt sind und das Volumen eines Behälters 2000 l beträgt.
    b) wenn in zwei verbundenen (kommunizierenden) Batteriebehältern im Aufstellraum der Feuerstätte insgesamt 3000 l gelagert werden.

Tank-Anzahl	Tank-Inhalt in m³	Einstellmaß x in mm	Kontrollmaß y in mm
1	1,0	329	21
	1,1	285	65
	1,5	271	79
	1,665	260	90
	2,0	240	110
	2,5	281	69
	3,0	258	92
	4,0	218	132
2	2,0	293	57
	2,2	250	100
	3,0	243	107
	3,3	240	110
	4,0	226	124
	5,0	260	70
	6,0	262	88
	8,0	202	148
3	3,0	258	92
	3,3	239	111
	4,5	236	114
	4,995	220	130
	6,0	226	124
	7,5	279	71
	9,0	263	87
	12,0	202	148

ÜBUNGEN

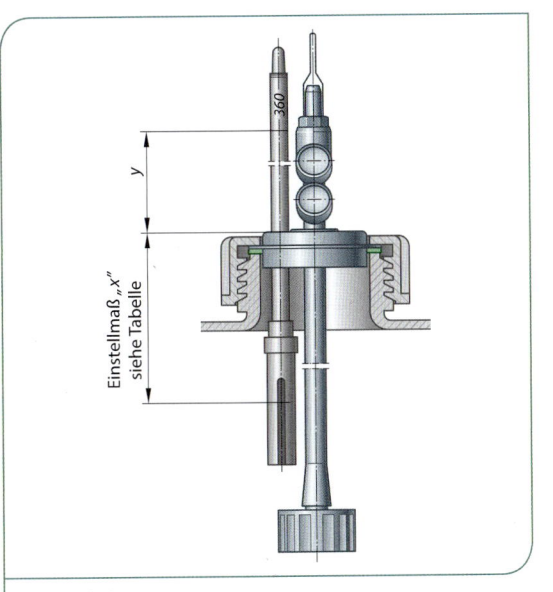

zu Aufgabe 22

b) Unter welcher Bedingung muss ein Antiheberventil in die Saugleitung eingebaut werden?
c) Welchen Zweck erfüllt das Antiheberventil in der Saugleitung?

25) Erläutern Sie das Funktionsprinzip des Membran-Antiheberventils und des Antiheber-Magnetventils.

26) Benennen Sie die nummerierten Symbole der Armaturen und Leitungsteile der im
a) Einstrangsystem und b) Zweistrangsystem ausgeführten Ölbrenneranschlüsse (Bild 1, Seite 257)

27) a) Übertragen Sie die Schemazeichnung auf ein DIN-A4-Blatt.
b) Zeichnen Sie den Ölbrenneranschluss im Zweistrangsystem mit allen erforderlichen Armaturen ein.

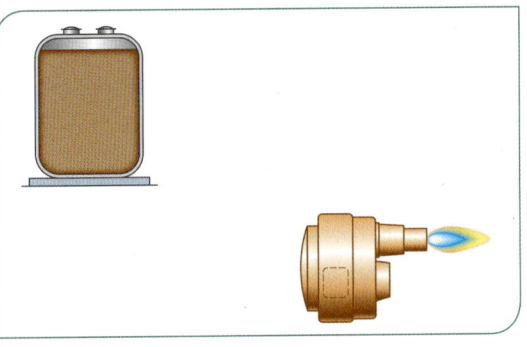

zu Aufgabe 27

28) a) Übernehmen Sie die Schemazeichnung auf ein DIN-A4-Blatt.
b) Zeichnen Sie den Ölbrenneranschluss im Einstrangsystem mit allen erforderlichen Armaturen ein.

zu Aufgabe 28

23) In dem abgebildeten Aufstellraum eines Ölkessels sollen 3000 l Heizöl gelagert werden. Eine bauseitige Auffangwanne ist nicht vorhanden.
a) Ermitteln Sie mithilfe von Herstellerunterlagen (Broschüren, Internet) geeignete Öllagerbehälter.
b) Übertragen Sie den Grundriss des Aufstellraums im Maßstab 1:20 auf ein DIN-A4-Blatt und zeichnen Sie die ausgesuchten Behälter unter Berücksichtigung der erforderlichen Mindestabstände ein.

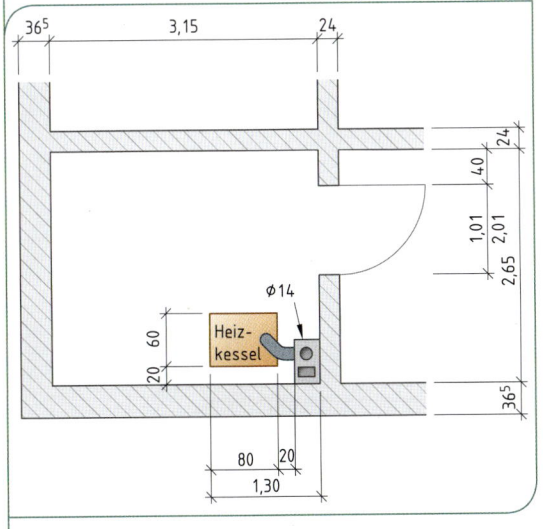

zu Aufgabe 23

24) a) Erläutern Sie den Unterschied zwischen Ein- und Zweistrangsystem.

Lernfeld 11

1 Flüssige Brennstoffe

1 Flüssige Brennstoffe

1.4 Ölzerstäubungsbrenner

Ölbrenner erzeugen Wärme durch die Verbrennung eines **Öldampf-Luft-Gemisches**. Vor der Verbrennung muss das Heizöl so aufbereitet werden, dass es sich möglichst innig mit Luft vermischt. Zu diesem Zweck wird bei den heute am häufigsten verwendeten Ölbrennern, den **Hochdruckzerstäubungsbrennern** (high-pressure atomizing oil burner), das aus der Tankanlage angesaugte Heizöl durch eine Düse gepresst und fein zerstäubt. Die nötige Verbrennungsluft führt ein Gebläse zu. Während der Verbrennung kontrollieren Überwachungseinrichtungen die Flamme.

1.4.1 Aufbau des Ölzerstäubungsbrenners

Damit während des Betriebes eine sichere Brennerfunktion gewährleistet ist, müssen Brenner und Kessel gut aufeinander abgestimmt sein.

Die Leistung des Brenners z. B. muss der Kesselgröße entsprechen und die Flamme muss in Größe und Form dem Brennraum angepasst sein.

Um das Öl zuführen, zerstäuben und mit der Verbrennungsluft vermischen zu können, sind folgende Bauteile erforderlich:

- **Elektromotor (Brennermotor)**
  Der Elektromotor (electromotor) treibt über eine gemeinsame Welle die Ölpumpe und das Gebläse an. Die Ölpumpe ist über eine Kupplung aus Kunststoff mit der Antriebswelle verbunden, um den Elektromotor vor Überlastung zu schützen.

- **Ölpumpe**
  Bei kleineren und mittleren Brennern wird als Ölpumpe (oil pump) meist eine Zahnradpumpe (Zahnradgetriebe) verwendet (Bild 1, nächste Seite). Sie saugt (auseinander gehende Zähne des Getriebes = Negativer Überdruck) das Öl aus der Tankanlage an und drückt es (zusammen gehende Zähne = positiver Überdruck) mit einem Druck von 7 bar ... 16 bar durch die Öldüse (Bild 3, nächste Seite). Der Pumpendruck wird über die Druckregulierschraube (pressure adjusting screw) bzw. das Druckregulierventil (pressure regulating valve) eingestellt (Bilder 1 und 2).

- **Gebläse**
  Das Gebläse (ventilator) sorgt für ausreichende Zufuhr der Verbrennungsluft. Es saugt die Luft über die Ansaugöffnung (intake) und die Luftklappe (air throttle) an und fördert sie über die Stauscheibe in den Flammkopf (Gelbbrenner) bzw. über die Blende in das Mischrohr (Blaubrenner). Hier wird sie mit dem zerstäubten Heizöl vermischt.

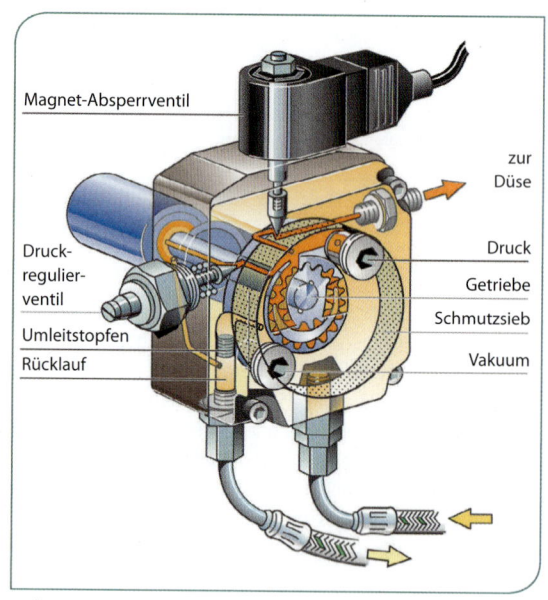

2 Ölpumpe

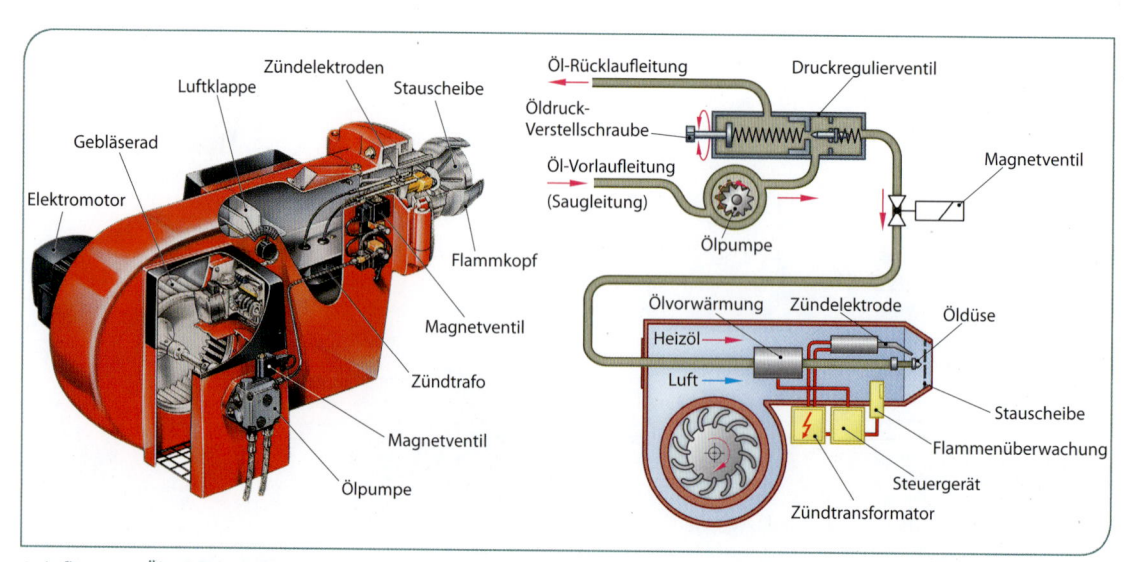

1 Aufbau eines Ölzerstäubungsbrenners

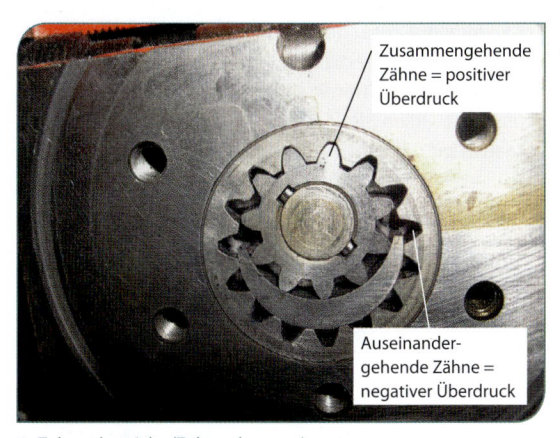

1 Flüssige Brennstoffe

Zusammengehende Zähne = positiver Überdruck

Auseinandergehende Zähne = negativer Überdruck

1 Zahnradgetriebe (Zahnradpumpe)

- **Magnetventil**
Das Magnetventil (solenoid valve) (Bilder 1 und 2, vorherige Seite) gibt nach der vorgeschriebenen Vorspülzeit (vgl. Programmablauf, Kap. 1.4.2) des Brenners die Ölzufuhr zur Öldüse frei und schließt beim Abschalten des Brenners.

- **Ölvorwärmung**
Vorwiegend bei Brennern mit geringem Öldurchsatz (oil flow) wird Heizöl EL zunächst auf 50 °C ... 80 °C vorgewärmt (Bild 2). Dadurch wird die Viskosität (viscosity) herabgesetzt und das Öl lässt sich besser zerstäuben. Durch die bessere Verbrennung entstehen weniger Schadstoffe insbesondere in der Startphase. Außerdem werden unterschiedliche Heizölqualitäten (Viskositätsunterschiede der Heizöle) angeglichen, da Viskositätsunterschiede bei ca. 70 °C stark abnehmen. Erst bei Erreichen der erforderlichen Öltemperatur schaltet der Freigabethermostat den weiteren Programmablauf frei und der Brenner kann anlaufen.

- **Öldüsen**
Das Heizöl wird mit einem Druck von 7 bar ... 16 bar durch den Düseneinsatz und dessen Seitenöffnungen zu den Tangentialschlitzen geführt und erfährt dort eine Rotationsbewegung (rotational movement). Als rotierender Ölnebel (Sprühkegel) tritt es aus der Öldüse aus. Je feiner das Öl dabei zerstäubt wird, desto größer wird seine Oberfläche und die Verbrennung wird vollkommener.
Öldüsen (oil nozzle) müssen der Brennerleistung und dem Brennraum angepasst sein. Sie unterscheiden sich in ihren Sprühwinkeln (spraying angle) und Sprühmustern (spray pattern).

Sprühwinkel: 30°, 45°, 60°, 80°
Sprühmuster[1] Vollkegel, Halbhohlkegel, Hohlkegel

Einheitliche Standards werden nunmehr durch die europäischen Normen EN 293 und EN 299 festgelegt. Danach erfolgt eine Klassifizierung der Sprühmuster in vier Gruppen: I sehr voll, II voll, III hohl, IV sehr hohl. Aufgrund unterschiedlicher Messmethoden weichen auch die Sprühwinkel (30°, 45°, 60°, 70°, 80°, 90° u. 100°) von den bisherigen Herstellerkennzeichnungen ab. Der Öldurchsatz wird hier in $\frac{kg}{h}$ bei 10 bar angegeben.

Auf der Schlüsselfläche von Öldüsen, die den europäischen Normen entsprechen, sind daher nunmehr der Hersteller, der Öldurchsatz in $\frac{kg}{h}$ bei einem Öldruck von 10 bar, der Verweis auf die Europa-Norm (EN), der Sprühwinkel und das Sprühmuster gemäß EN sowie – wie bisher – der Öldurchsatz in USgph[2] (US Gallone pro Stunde) bei einem Öldruck von 7 bar, der Sprühwinkel und das Sprühmuster nach bisherigem Standard eingeprägt (Bild 3).

Der Öldurchsatz kann durch Änderung des Pumpendrucks (Öldrucks) (pump pressure) verändert und damit den jeweiligen Erfordernissen angepasst werden (vgl. Kap. 1.4.5 und 1.4.6).

Sprühmuster und Sprühwinkel geben Aufschluss über die Anordnung der Öltröpfchen innerhalb des Sprühkegels.

> **MERKE**
>
> Große Sprühwinkel werden bei kurzen Brennräumen und kleine Sprühwinkel bei langen Brennräumen eingesetzt.

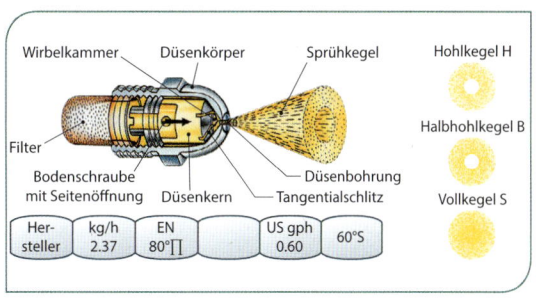

3 Öldüse

---

[1] Andere Herstellerbezeichnungen sind möglich
[2] 1 US-Gallone = 3,785 l

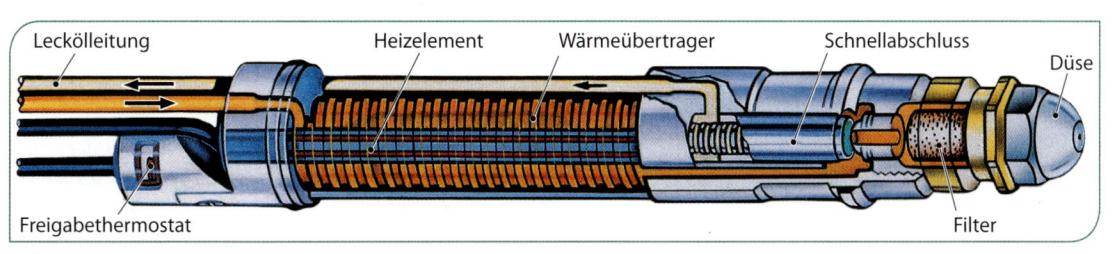

2 Ölvorwärmung (Lecköllleitung, Freigabethermostat, Heizelement, Wärmeübertrager, Schnellabschluss, Filter, Düse)

Lernfeld 11

handwerk-technik.de

1 Flüssige Brennstoffe

- **Automatische Zündeinrichtung**
Das Öldampf-Luft-Gemisch wird durch die automatische Zündeinrichtung (ignition device) gezündet. Ein Hochspannungstransformator (Zündtrafo) erzeugt die erforderliche Hochspannung von ca. 14000 V, damit zwischen den beiden Zündelektroden (spark electrode) ein Lichtbogen (electric arc) oder Zündfunke (ignition spark) entstehen kann. Die Zündelektroden sollen einen Abstand von ca. 2 mm … 4 mm haben und müssen, je nach Brennertyp, in einer bestimmten Position zum Sprühkegel angeordnet sein.

- **Steuergerät**
Das Steuergerät (control unit) ist die Schaltzentrale des Ölbrenners, in dem die Betriebsabläufe in zeitlicher Reihenfolge vorprogrammiert sind (Bild 1). Es erhält Signale mit Informationen über die jeweiligen Betriebszustände, z. B. vom Kesselthermostaten, vom Freigabethermostaten und vom Flammenwächter. Auf der Grundlage des eingegebenen Programms und der eingegangenen Informationen erteilt es Schaltbefehle, z. B. an den Brennermotor, den Zündtransformator, das Magnetventil und die Störlampe.

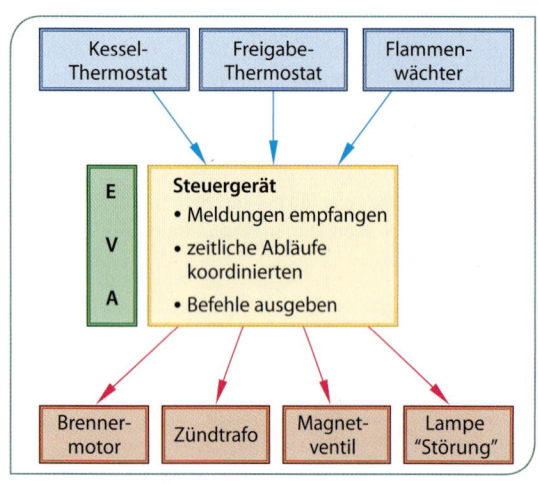

1 Signalfluss eines Ölbrenners

- **Flammenüberwachung**
Öl- und Gasflammen senden Licht (light) aus, das zu ca. 90 % aus Infrarotstrahlung (IR-Strahlung), zu ca. 9 % aus sichtbarem Licht und zu ca. 1 % aus ultravioletter Strahlung (UV-Strahlung) besteht (Bild 2).

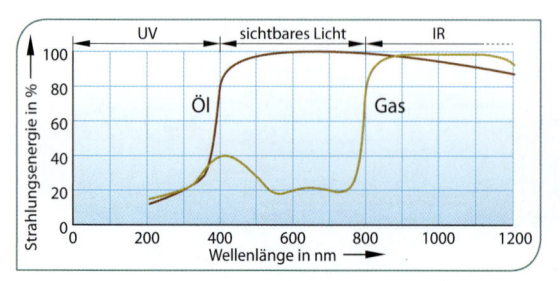

2 Anteile der Lichtstrahlung von Öl- und Gasflammen bei 1650 °C

Zur Flammenüberwachung (flame supervision) von Ölbrennern werden **fotoelektrische** (optische) Bauteile (Bild 3) in einen elektrischen Stromkreis geschaltet. Bei Lichteinfall der Flamme bewirken sie, dass im Stromkreis ein bestimmter vorgegebener Strom fließt, der dem Steuergerät meldet, dass eine Flamme vorhanden ist. Von einer wirksamen Flammenüberwachung muss dabei gefordert werden, dass sie die Strahlung der Flamme von z. B. der glühenden Ausmauerung des Kessels unterscheidet. Obwohl die Flamme erloschen ist, könnte sonst das Steuergerät die Meldung erhalten: „Flamme brennt". Für Ölbrenner sind die im Folgenden aufgeführten Flammenwächter üblich.

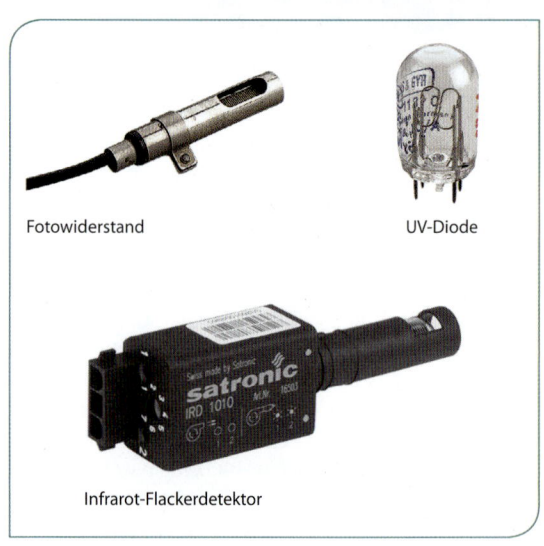

3 Flammenwächter

Fotowiderstand
Fotowiderstände (photo resistors) verringern bei Lichteinfall ihren elektrischen Widerstand, d. h. sie leiten den elektrischen Strom besser. Bei Anliegen einer konstanten Spannung wird bei Lichteinfall die Stromstärke folglich größer. Fotowiderstände werden ausschließlich zur Überwachung von Gelbflammen (yellow flame) eingesetzt. Für Blauflammen sind sie ungeeignet, da ihre Empfindlichkeit für den UV-Anteil dieser Flammen zu gering ist.

Fotozelle
Fotozellen (photocell) bestehen aus einem luftleeren Glaskolben mit zwei Elektroden, die an einer Gleichspannungsquelle von 100 V liegen. Bei Lichteinfall sendet die Katode (z. B. aus Cäsium) Elektronen aus, die zur Anode wandern. Der Stromkreis wird dadurch geschlossen und ein Gleichstrom fließt. Weiter entwickelte Ausführungen der Fotozelle – **UV-Detektoren** (ultraviolet detectors) – sprechen auf den ultravioletten Anteil der Strahlung an, der in einem sehr engen Wellenbereich liegt (vgl. Bild 2). Sie sind damit unempfindlich z. B. gegen die längerwelligen Infrarotstrahlen, die von der glühendem Ausmauerung des Kessels ausgesendet werden. UV-Detektoren werden zur Überwachung von **Blauflammen** (blue flame) eingesetzt.

1 Flüssige Brennstoffe

Infrarot-Flammenfrequenzüberwachung

Ölflammen strahlen für den Menschen nicht sichtbares Licht im Infrarotbereich aus (vgl. Bild 2, vorherige Seite). Ein Teil dieser Strahlung tritt kontinuierlich aus; der andere Teil ändert ständig seine Strahlungsintensität mit einer Frequenz (Schwingungszahl) von 10 Hz. Mithilfe eines Siliziumsensors misst der Infrarot-Flackerdetektor (infrared flicker detector) diese sich ändernde Flammenstrahlung, wandelt sie in ein elektrisches Signal um, verstärkt dieses und führt es dem Steuergerät zu. Kontinuierliche Strahlungsquellen (z. B. die glühende Ausmauerung eines Kessels) werden vom Sensor nicht erfasst und haben keinen Einfluss auf die Flammenüberwachung. Am Infrarot- Flackerdetektor sind Potentiometer (Stellwiderstand) und Leuchtdioden angebracht, mit deren Hilfe seine Empfindlichkeitsstufe (sensivity level) an die Brennraumgeometrie angepasst wird. Diese Flammenwächter können gleichermaßen für **Gelb-** und für **Blauflammen** eingesetzt werden.

Die **Funktionsfähigkeit des Flammenwächters** kann überprüft werden, indem man ihn z. B. bei laufendem Brenner aus seiner Position entfernt, bzw. aus der Halterung abzieht, und verdunkelt. Ist der Flammenwächter in Ordnung, schaltet der Brenner kurz ab, macht einen neuen Anlaufversuch und schaltet nach Ablauf der Sicherheitszeit auf Störung. Bei einem Anlaufversuch mit verdunkeltem Flammenwächter schaltet der Brenner ohne neuen Anlaufversuch nach Ablauf der Sicherheitszeit auf Störung. Bei einem Anlaufversuch mit künstlich belichtetem Flammenwächter schaltet der Brenner vor Öffnen des Magnetventils bzw. vor Beginn der Sicherheitszeit auf Störung.

1.4.2 Programmablauf

Bei einer Wärmeanforderung (Unterschreitung der Kesselwassertemperatur) wird die Ölvorwärmung (oil preheating) im Düsenstock aktiviert. Sobald das Öl die erforderliche Temperatur erreicht (ca. 50 °C … 80 °C) hat, gibt der Freigabethermostat den weiteren Programmablauf frei. Die Luftabschlussklappe (air choke) (falls vorhanden) wird geöffnet und gegen einen Endlagenschalter gefahren.

Anschließend erzeugt der Zündtransformator (ignition transformer) eine Funkenstrecke zwischen den beiden Zündelektroden (Beginn der **Vorzündzeit** (preignition time)). Gleichzeitig bekommt der Motor Spannung und auf einer gemeinsamen Welle laufen Gebläse und Ölpumpe an. Das Magnetventil verhindert zu diesem Zeitpunkt einen Öleintritt in die Düse. In dieser Vorspülzeit (preflush time) von ca. 15 s (Bild 1) durchspült das Gebläse die Brennkammer mit Luft. Dadurch wird ein eventuell vorhandenes Öldampf-Luft-Gemisch daraus entfernt; das Heizöl zündet weicher. Anschließend öffnet das Magnetventil die Ölzufuhr, ein Öl-Luft-Gemisch bildet sich und wird gezündet.

Innerhalb einer vorgegebenen Sicherheitszeit (safety time), die mit dem Öffnen des Magnetventils beginnt (Bild 1), muss beim Steuergerät die Meldung von der Flammenüberwachung (z. B. einem Fotowiderstand) über eine erfolgte Flammenbildung (flame formation) vorliegen; andernfalls schaltet es entweder sofort oder nach einem erneuten Zündversuch (ignition trial) ab und die Lampe „Störung" leuchtet auf.

> **MERKE**
>
> Bei Ölbrennern mit einem Öldurchsatz ≤ 30 kg/h beträgt die Sicherheitszeit beim Anlauf und im Betrieb jeweils 10 s. Bei Ölbrennern mit einem Öldurchsatz >30 kg/h beträgt die Sicherheitszeit beim Anlauf 5 s und im Betrieb 1s.

Nach der Flammenbildung bleibt die Zündung noch eingeschaltet, um die Flamme zu stabilisieren. Nach Ablauf einer festgelegten **Nachzündzeit** (post ignition time) schaltet die Zündung ab.

Ist die gewünschte Kesselwassertemperatur erreicht, unterbricht der Kesseltemperaturregler den Stromkreis, der Motor erhält keine Spannung mehr, Gebläse und Ölpumpe werden nicht mehr angetrieben, Magnetventil und Luftabschlussklappe (falls vorhanden) schließen.

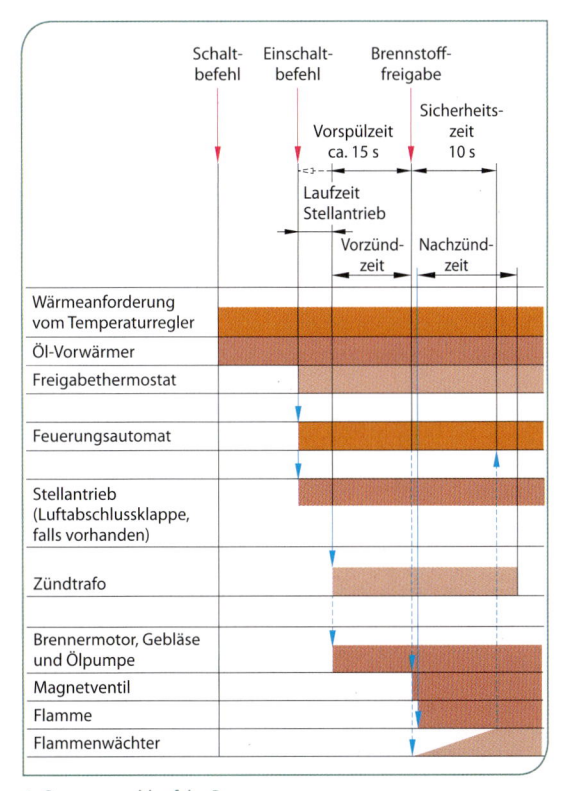

1 Programmablauf des Brenners

Lernfeld 11

1 Flüssige Brennstoffe

1.4.3 Arten und Betriebsweisen von Ölzerstäubungsbrennern

Bei Ölzerstäubungsbrennern müssen Ölnebel und Verbrennungsluft durch ein Mischsystem möglichst intensiv vermischt werden. Je nach Konstruktion und Wirkweise des Mischsystems unterscheidet man z. B. zwischen **Gelbbrennern** (yellow burners) mit einem Stauscheiben-Mischsystem (Bild 1 a) und den schadstoffärmeren **Blaubrennern**, auch **Raketenbrenner** (preflush time) genannt, mit einem Blenden- bzw. Raketenmischsystem (Bild 1 b).

Vom jeweiligen Mischsystem hängen die Qualität der Gemischbildung, die Flammenform und -größe, die Vollständigkeit der Verbrennung und die Höhe der Emissionswerte ab.

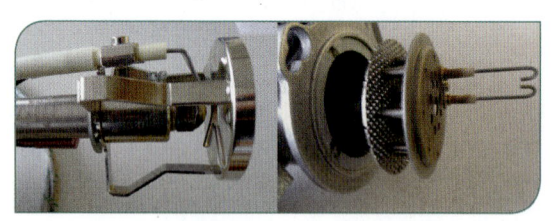

1 a Stauscheiben-Mischsystem   1 b Blenden-Mischsystem

1.4.3.1 Gelbbrenner

Bei Gelbbrennern ist im Brennrohr eine **Stauscheibe** (air diffuser) untergebracht, die mehrere Öffnungen enthält. Die Anordnung der Stauscheibe und deren Öffnungen ermöglichen eine Aufteilung der **Verbrennungsluft** in **drei Teilströme** (Bild 2):

- **zentral** gemeinsam mit dem linksrotierenden Ölnebel durch die Innenöffnung der Stauscheibe in die Reaktionszone,
- **im Mittelteil** durch schräg angestellte Durchlassschlitze mit Rechtsdralleffekt und
- **außen** konzentrisch durch den Ringspalt zwischen Flammrohr und Stauscheibe.

⎫ Primärluftstrom
⎬
⎭ Sekundärluftstrom

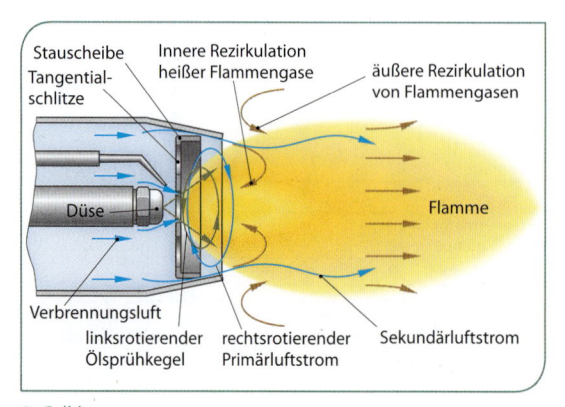

Mithilfe dieser Anordnung lässt sich durch Regulierung des Gebläsedrucks und des Öldurchsatzes eine optimale Abstimmung auf die jeweils herrschenden Verhältnisse im Verbrennungsraum erreichen.

Wird dieses so erzeugte Ölnebel-Luft-Gemisch (oil-air mixture) gezündet, brennt es unmittelbar nach Austritt aus der Stauscheibe mit **gelber Flamme** in einer Zone mit negativem Überdruck (Unterdruckzone). Er stabilisiert die Flamme und bewirkt eine Rezirkulation (Rückführung) des in den äußeren Zonen noch vorhandenen Öldampf-Luft-Gemisches und der heißen, ausgebrannten Flammengase in die Verbrennungszone. Die letzten Bestandteile des Öldampf-Luft-Gemisches werden verbrannt, die rückgeführten Flammengase unterstützen den Verbrennungsvorgang und vermindern die Rußbildung (soot formation) (Bild 2). Die Gemischaufbereitung des Gelbbrenners setzt jedoch der Schadstoffreduzierung Grenzen.

1.4.3.2 Blaubrenner

Das Mischsystem von Blau- bzw. Raketenbrennern besteht aus einer **Blende** (screen) und einem **Mischrohr** (mixing tube), die im Brennrohr untergebracht sind (Bild 3). Das Heizöl wird im Zentrum des Mischsystems durch die Öldüse zerstäubt. Durch die Blendenöffnung tritt die Verbrennungsluft ein, umströmt den Ölkegel mit hoher Geschwindigkeit und vermischt sich sofort intensiv mit dem Ölnebel. Nach der Zündung und Flammenbildung werden durch Schlitzöffnungen (slits) am Mischrohr heiße Flammengase in das Mischrohr zurückgesaugt. In der sehr kurzen Startphase ähnelt diese Verbrennung der eines Gelbbrenners. Jedoch nach sehr kurzer Zeit erhöhen die rückgeführten sehr heißen Flammengase die Temperatur des Ölnebel-Luft-Gemisches derart, dass die fein zerstäubten Öltröpfchen nahezu vollständig verdampfen. Die nun einsetzende fast vollkommene Verbrennung mit **blauer Flamme** erfolgt ähnlich der eines Gasbrenners. Rußbildung entsteht bei dieser Art der Verbrennung nicht.

Durch die Rückführung der Flammengase in das Öldampf-Luft-Gemisch wird eine wesentliche Senkung der Stickoxidemission (NO_x) erreicht. Wegen der sehr guten Gemischbildung genügt ein geringer Luftüberschuss und es lassen sich konstant niedrige Emissionswerte einhalten.

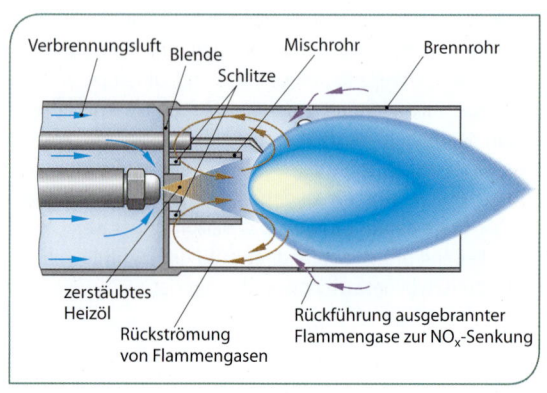

2 Gelbbrenner

3 Blaubrenner

1 Flüssige Brennstoffe

1.4.3.3 Zweistufige und modulierende Ölbrenner

Zur Energieeinsparung und zur besseren Leistungsanpassung (power adjustment) werden Wärmeerzeuger (Heizkessel) mit zweistufigen (two-stage) oder stufenlos regelbaren (steplessly adjustable) Brennern (modulierenden Brennern) ausgerüstet.

- **Zweistufenbrenner mit einer Düse**

  Die beiden Leistungsstufen (power stages) werden mit der gleichen Düse (nozzle) und zwei unterschiedlichen Öldrücken erreicht, die an den Druckregulierschrauben der Ölpumpe einzustellen sind. Je nach Fabrikat erfolgt der Brennerstart mit Stufe 1 (Teillast, partial load) oder Stufe 2 (Volllast, full load). Während des Brennerbetriebes wird die Leistungsstufe entsprechend der Wärmeanforderung (heat/heating demand) angepasst. Eine motorbetätigte Luftklappe führt bei beiden Leistungsstufen dem Öldurchsatz die optimale Verbrennungsluft zu.

- **Zweistufenbrenner mit zwei Düsen**

  In der Startphase geht der Brenner mit der ersten Düse in Betrieb (Teillast). Bei entsprechender Leistungsanforderung (power demand) wird die zweite Düse zugeschaltet und der Brenner erreicht Volllast. Das Leistungsverhältnis (power ratio) Teillast zu Volllast kann durch die entsprechende Auswahl der jeweiligen Düsengrößen (nozzle size) vorbestimmt werden. Bei beiden Stufen führt eine motorbetätigte Luftklappe dem jeweiligen Öldurchsatz (oil flow-rate) einen entsprechenden Luftstrom zu.

- **Modulierende Ölbrenner**

  Bei modulierenden (modulating) Ölbrennern (Bild 1) wird die Leistung innerhalb des Modulationsbereichs[1], z. B. zwischen 9,6 und 22 kW, stets dem jeweils aktuellen Wärmebedarf angepasst.

  Die Modulation der Leistung wird im Wesentlichen durch die Motor-Pumpen-Einheit mit integrierter Antriebselektronik (integrated drive electronics) bzw. Elektronik-Box und dem modifizierten bzw. neu entwickelten Feuerungsautomaten (automatic stoker/burner controller) ermöglicht.

  Um ein angemessenes Verbrennungsluftverhältnis (combustion air-fuel ratio) zu gewährleisten, muss bei jeder Leistung die Verbrennungsluftmenge der jeweiligen Ölmenge genau angepasst werden.

  Erfolgt über die Regelung eine Leistungsanforderung, wird zunächst die Gebläsedrehzahl (blower fan speed) angepasst. Anschließend wird das Signal des in der Motor-Pumpeneinheit integrierten Drucksensors abgerufen und die Drehzahl der Ölpumpe entsprechend angepasst.

  Die Verbrennungsluft wird über ein drehzahlgesteuertes Gebläse zugeführt. Bei der abgebildeten Ausführung werden Ansauggeräusche durch den Schalldämpfer (silencer) deutlich verringert. Der Feuerungsautomat, bei manchen modulierenden Ölbrennern in die Regelung integriert,

übernimmt neben seiner eigentlichen Funktion auch die Regelung und Überwachung des Brennstoff/Luft-Verbundes (fuel-air ratio control).

Die Einstellung des Brenners, die Anzeige des Betriebszustandes und der Störcodes (fault code) sowie die Entriegelung (resetting) im Störfall, kann über ein separat angeordnetes Kommunikationsinterface oder am Bedienfeld der Kesselregelung erfolgen, sofern der Brenner an die Kesselregelung angeschlossen ist.

Das Einstellen des Brenners erfolgt über eine Anpassung der Gebläsedrehzahl bei Volllast und Teillast. Dadurch wird die in der Regelung hinterlegte Nominalkennlinie (nominal characteristic curve) des Öldruck-Luft-Verbundes auf die Gegebenheiten vor Ort abgestimmt. Eine Einstellmöglichkeit über Stellschrauben (set/adjusting screw) am Gebläse und der Ölpumpe ist nicht mehr vorgesehen.

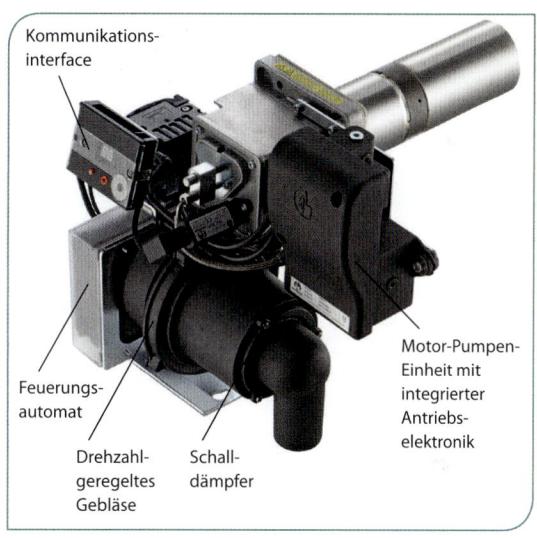

1 Modulierender Ölbrenner

1.4.4 Maßnahmen zur Verringerung von Schadstoffen

Bei der Verbrennung fossiler Brennstoffe werden umweltbelastende Schadstoffe freigesetzt. Hauptsächlich zählen hierzu Ruß, Kohlenwasserstoffe (C_nH_m), Stickoxide (NO_x), Schwefeloxide (SO_x), Kohlenmonoxid (CO) und Kohlendioxid (CO_2). Zur Reduzierung der Schadstoffemission hat der Gesetzgeber höchstzulässige Grenzwerte (limits) vorgegeben (vgl. Lernfeldübergreifende Inhalte, Kap. 2.8).

Reduzierung der NO_x-Bildung

Da bei der Verbrennung fossiler Brennstoffe sehr hohe Temperaturen entstehen, kommt es dabei zur Bildung von Stickoxiden (NO_x). Dieser Prozess beginnt bei ca. 1000 °C und nimmt bei höheren Temperaturen ab 1200 °C stark zu. Möglichkeiten zur Reduzierung der NO_x-Bildung sind:

- **Abgasrückführung** (vgl. „Blaubrenner" in Kap. 1.4.3.2)
  Die Rezirkulation (recirculation) der Flammengase in die Flamme bewirkt eine Absenkung der Flammentemperatur und damit eine Reduzierung der NO_x- Bildung.

---
[1] Bereich zwischen einer festgelegten Mindest- und Höchstleistung

1 Flüssige Brennstoffe

- **Zwei-Zonen-Verbrennungsprinzip**
Mithilfe des Zwei-Zonen-Verbrennungsprinzips (twin-zone combustion principle) erreicht ein Gelbbrenner annähernd die schadstoffarme Verbrennung eines Blaubrenners.
Eine vor der Stauscheibe angeordnete Lochscheibe bremst die Verbrennungsluftzufuhr und reduziert damit die Sauerstoffmenge. Die anschließende Verbrennung findet in zwei Zonen statt (vgl. Bild 1):
In der **1. Zone** wird das Öl-Luft-Gemisch sauerstoffarm mit geringer NO_x-Bildung verbrannt.
In der **2. Zone** verdampft das mit Verbrennungsgasen aus der 1. Zone angereicherte Öl-Luftgemisch die Öltröpfchen. Das so entstandene Öldampf-Luft-Gemisch verbrennt mit einer gekühlten Flamme mit hohem „Blauanteil" und geringem NO_x-Ausstoß.

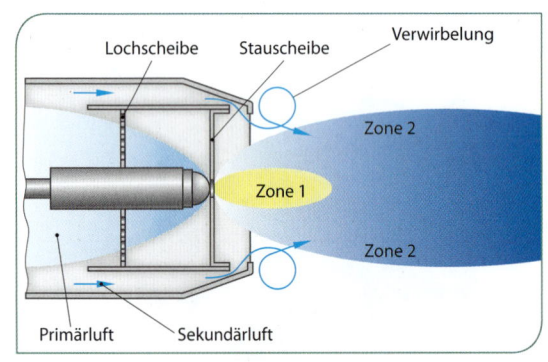

1 Prinzip der Zwei-Zonen-Verbrennung

Reduzierung der Rußbildung
Beim Anfahren von Ölbrennern ist die Gefahr der Rußbildung besonders groß. Verursacht wird sie z. B. durch Luftmangel (want of air), schlechte oder unvollständige Gemischaufbereitung (mixture preparation), zu geringen Zerstäubungsdruck (atomising pressure) und daher zu große Öltröpfchen, schlechte Ölqualität, verschmutzten Brennermischkopf oder verschmutzte Düsen. Durch einen richtig eingestellten Brenner (vgl. Kap. 1.4.5) lassen sich die vorgeschriebenen Rußzahlen (vgl. Lernfeldübergreifende Inhalte, Kap. 7.1.2) einhalten.

Reduzierung der Bildung von Kohlenwasserstoffen
Kohlenwasserstoffe (C_nH_m) entstehen besonders in der Startphase durch unvollkommene Verbrennung. Eine Reduzierung lässt sich durch eine gezielte Ölvorwärmung bis zum Erreichen stabiler Betriebsbedingungen erreichen.

Reduzierung der Bildung von Kohlenmonoxid
Das hochgiftige farb-, geruch- und geschmacklose Kohlenmonoxid ist ein Produkt unvollständiger Verbrennung, verursacht durch Luftmangel oder durch zu frühes Abkühlen der Flamme infolge von Luftüberschuss ($\lambda > 1{,}5$). Durch regelmäßiges Reinigen und eine korrekte Einstellung des Ölbrenners (vgl. Kap. 1.4.5) lassen sich die vorgegebenen Grenzwerte einhalten.

Reduzierung des Ausstoßes von Kohlendioxid
Kohlendioxid ist zwar nicht giftig, aber entscheidend für den „Treibhauseffekt" (greenhouse effect) verantwortlich. Durch eine richtige Einstellung der Verbrennungsluftzufuhr und durch optimale Anpassung an die Norm-Heizlast lässt sich der CO_2-Ausstoß verringern.

1.4.5 Einstellung und Inbetriebnahme
Im Rahmen der Inbetriebnahme (putting into operation) sind die Ölleitungen und der Düsenstock zu entlüften sowie alle Teile einer Sichtkontrolle (visual inspection) zu unterziehen (Leckage, Maßabstände von Bauteilen, korrekter Sitz der elektrischen Steckerverbindungen usw.). Jeder Unitkessel (vgl. Lernfeldübergreifende Inhalte, Kap. 3.1) ist zwar werkseitig voreingestellt. Da aber diese Einstellung die anlagenbedingten Kessel- und Schornsteinverhältnisse nicht berücksichtigen kann, ist eine Einstellung (setting) der Öl- und Luftverhältnisse vor Ort vorzunehmen.
Alle Brenner, die nicht als Einheit mit einem Kessel geliefert werden, müssen zunächst mit einer passenden Düse ausgestattet und öldruckseitig eingestellt werden.

Die **Einstellung der Ölpumpe bzw. des Öldrucks** wird wie folgt vorgenommen:
- Überprüfen des Saugwiderstandes mithilfe eines Vakuummeters (vacuum gauge) max. 0,4 bar;
- Einstellen des ermittelten Öldrucks an der Druckregulierschraube mithilfe des Druckmanometers (Bild 2).
Drehen nach rechts → Druckerhöhung, Erhöhung des CO_2-Wertes
Drehen nach links → Druckminderung, Verringerung des CO_2-Wertes

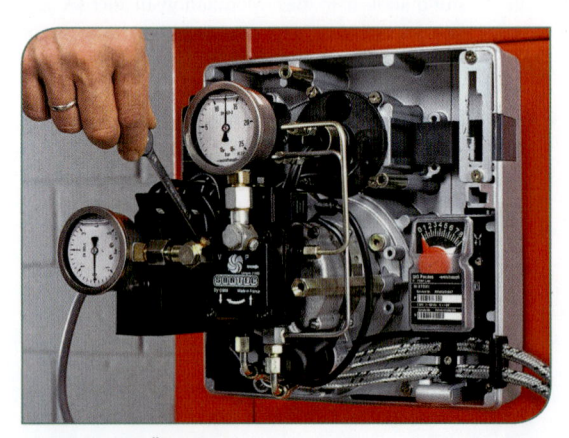

2 Einstellen der Ölpumpe

Die **Verbrennungsluft** wird eingestellt, indem man die Luftklappe (falls vorhanden) und die Stauscheibe bzw. den Gebläsedruck mithilfe der Vorgaben in der Montage- und Betriebsanleitung auf die entsprechenden Skalenwerte einstellt (Bild 1, nächste Seite).

1 Flüssige Brennstoffe

Feineinstellung mittels Stauscheibe
Grobeinstellung mittels Luftklappe

1 Einstellen der Verbrennungsluft bei einem Gelbbrenner

Nach Abschluss der Einstellarbeiten
- ist die Funktionsfähigkeit (operability) von Motor, Gebläse, Ölvorwärmung, Ölpumpe, Magnetventil und Flammenwächter zu prüfen.
- ist die Einstellung durch eine Abgasmessung (measurement of exhaust gas) zu überprüfen. Weichen die gemessenen Werte von den in den Datenblättern der Hersteller angegebenen Wertebereichen bzw. den zulässigen Werten (BImSchV) ab, ist eine Nachregulierung bzw. Neueinstellung durchzuführen.
- sind dem Betreiber die technischen Unterlagen zu übergeben.
- ist ein Inbetriebnahmeprotokoll (commissioning certificate) (Bild 2) zu erstellen und zu unterschreiben.

1.4.6 Öldurchsatz und Düsenauswahl

Der Öldurchsatz richtet sich nach der Nennwärmeleistung bzw. Nennwärmebelastung des Heizkessels und kann wie folgt berechnet werden:

Öldurchsatz in $\frac{kg}{h}$

$$\dot{m}_E = \frac{\Phi_{NL}}{H_i \cdot \eta_K} \qquad \dot{m}_E = \frac{\Phi_{NB}}{H_i}$$

> **MERKE**
>
> Voraussetzung für die dauerhaft hohe Verbrennungsgüte und Betriebssicherheit ist die Inbetriebnahme und Ersteinstellung durch den qualifizierten Spezialisten des Fachhandwerks.

Nr.	Tätigkeit	Einheit
1.	Überprüfung der elektrischen Steckverbindungen	
2.	Ölanschluss, Ölversorgungseinrichtung	
3.	Entlüftung der Ölleitung	
4.	Brenner in Betrieb nehmen	
5.	Nachziehen der Brennertürschrauben	
6.	Messwerte aufnehmen bzw. korrigieren	
	a) Abgastemperatur brutto	[°C]
	b) Lufttemperatur	[°C]
	c) Abgastemperatur netto (Abgastemp. brutto – Lufttemp.)	[°C]
	d) Kohlendioxid (CO_2-Gehalt)	[%]
	e) Kohlenmonoxid (CO-Gehalt)	[ppm]
	f) Förderdruck Schornstein	[mbar]
	g) Rußzahl	[Ba]
	h) Abgasverlust	[%]
7.	Funktionsprüfung Flammenwächter	
8.	Brennerhaube aufsetzen und verschrauben	
9.	Betreiber informieren, technische Unterlagen übergeben	
10.	Inbetriebnahme bestätigen	

Datum   Firmenstempel, Unterschrift

2 Inbetriebnahmeprotokoll

1 Flüssige Brennstoffe

Öldurchsatz in $\frac{l}{h}$

$$\dot{V}_E = \frac{\Phi_{NL}}{H_i \cdot \eta_K} \qquad \dot{V}_E = \frac{\Phi_{NB}}{H_i}$$

Sind der Öldurchsatz $\dot{m}_E$ in $\frac{kg}{h}$ und die Dichte ρ bekannt, kann der Öldurchsatz $\dot{V}_E$ in $\frac{l}{h}$ auch mit folgender Formel berechnet werden:

$$\dot{V}_E = \frac{\dot{m}_E}{\rho}$$

- $\dot{m}_E$: Öldurchsatz in $\frac{kg}{h}$
- $\dot{V}_E$: Öldurchsatz in $\frac{l}{h}$
- Φ_{NL}: Nennwärmeleistung in kW
- Φ_{NB}: Nennwärmebelastung in kW
- η_K: Kesselwirkungsgrad als Dezimalwert
- H_i: Heizwert in $\frac{kWh}{kg}$ bzw. $\frac{kWh}{l}$
- ρ: Dichte in $\frac{kg}{l}$

Damit der Brenner mit dem ermittelten Öldurchsatz arbeiten kann, müssen die richtige Düsengröße und der entsprechende Öldruck ermittelt werden.
Düsen- und Kesselhersteller stellen dafür Tabellen, Diagramme und Rechenschieber zur Verfügung (Bilder 2 und 3 sowie Bild 1, nächste Seite).

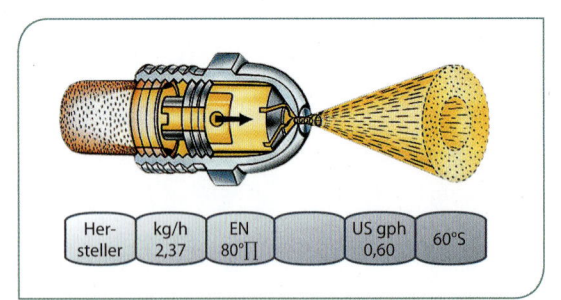

6 bar $\frac{kg}{h}$	7 bar $\frac{kg}{h}$	8 bar $\frac{kg}{h}$	10 bar $\frac{kg}{h}$	12 bar $\frac{kg}{h}$	14 bar $\frac{kg}{h}$
1,13	1,22	1,30	**1,46**	1,59	1,72
1,28	1,38	1,48	**1,66**	1,81	1,96
1,44	1,56	1,67	**1,87**	2,04	2,21
1,63	1,76	1,88	**2,11**	2,31	2,49
1,83	1,98	2,11	**2,37**	2,59	2,80
2,06	2,23	2,38	**2,67**	2,92	3,15
2,27	2,45	2,62	**2,94**	3,22	3,47
2,56	2,76	2,96	**3,31**	3,62	3,91
2,88	3,11	3,32	**3,72**	4,07	4,40
3,28	3,54	3,79	**4,24**	4,64	5,01
3,44	3,72	3,98	**4,45**	4,87	5,26
3,64	3,94	4,21	**4,71**	5,15	5,57
4,00	4,32	4,62	**5,17**	5,66	6,11
4,52	4,88	5,22	**5,84**	6,39	6,90
4,70	5,08	5,43	**6,08**	6,66	7,19
5,07	5,48	5,85	**6,55**	7,17	7,55

3 Öldüsenauswahl für Heizöl EL – Düsengrößen nach CEN Düsenleistung in kg/h als Funktion des Zerstäubungsdrucks bei einer Viskosität von 3,4 mm²/s und einer Dichte von 840 kg/m³

Auf der Schlüsselfläche des Düsenkörpers ist neben dem Hersteller, Sprühwinkel und Sprühmuster die **Düsengröße** (Öldurchsatz) in **US-gph** und/oder $\frac{kg}{h}$ eingeprägt (Bild 1, vgl. Kap. 1.4.1).

$$1 \text{ US-gph} = 3{,}785 \frac{l}{h} = 3{,}1794 \frac{kg}{h} \left(\rho = 0{,}84 \frac{kg}{dm^3}\right)$$

Der Durchsatz der Öldüse kann durch Änderung des Pumpendrucks (Öldrucks) verändert und damit den jeweiligen Erfordernissen angepasst werden (Bild 3). So beträgt z. B. der Öldurchsatz einer Düse bei 10 bar Öldruck 4,45 $\frac{kg}{h}$ und bei 12 bar 4,87 $\frac{kg}{h}$.

1 Öldüse

2 Düsenauswahl mit Rechenschieber

1 Flüssige Brennstoffe

Beispiel 1:
Ein Öl-Heizkessel (Heizöl EL) mit einer Nennwärmeleistung von 25 kW hat einen Kesselwirkungsgrad von 89 %.

a) Bestimmen Sie den Öldurchsatz in $\frac{kg}{h}$.

b) Wählen Sie mithilfe der Tabelle Bild 3, vorherige Seite eine geeignete Öldüse aus.

geg.: Φ_{NL} = 25 kW; η_K = 0,89;
H_i = 11,8 $\frac{kWh}{kg}$ (Bild 2, Seite 3)

ges.: $\dot{m}_E$; Düse

Lösung:

a) $\dot{m}_E = \dfrac{\Phi_{NL}}{H_i \cdot \eta_K}$

$\dot{m}_E = \dfrac{25 \text{ kW} \cdot \text{kg}}{11,8 \text{ kWh} \cdot 0,89}$

$\dot{m}_E = 2,38 \, \dfrac{kg}{h}$

b) nach Tabelle Bild 3, vorherige Seite:
Düse 2,37 $\frac{kg}{h}$ bei 10 bar Öldruck.
Alternativ kann z. B. auch die Düse 2,67 $\frac{kg}{h}$ gewählt werden, wenn der Öldruck auf 8 bar eingestellt wird. Durch den niedrigeren Druck wird der gleiche Öldurchsatz erreicht.

Beispiel 2:
Ein Niedertemperaturheizkessel mit Ölgebläsebrenner hat eine Nennwärmeleistung von 32 kW und einen Kesselwirkungsgrad von 92 %.
Bestimmen Sie mithilfe des Rechenschiebers (Bild 2, vorherige Seite) eine geeignete Düse bei vorgewärmtem Öl, wenn der Öldruck zwischen 8 und 14 bar liegen soll.

geg.: Φ_{NL} = 32 kW; η_K = 0,92;
H_i = 11,8 $\frac{kWh}{kg}$ (Bild 2, Seite 3)

ges.: Düse

Lösung:
Düse 0,85 US gph bei 10,5 bar Öldruck.
Alternativ kann z. B. auch die Düse 0,75 US gph bei 13,5 bar Öldruck gewählt werden, da bei höherem Druck der gleiche Öldurchsatz erreicht wird.

Beispiel 3:
Ein Öl-Heizkessel (Heizöl EL) mit 21 kW Nennwärmeleistung hat einen Kesselwirkungsgrad von 90 %.
a) Berechnen Sie den Öldurchsatz der Düse in l/h.
b) Wählen Sie mithilfe des Diagramms Bild 1 eine geeignete Öldüse aus, wenn der Öldruck zwischen 10 und 13 bar betragen soll.

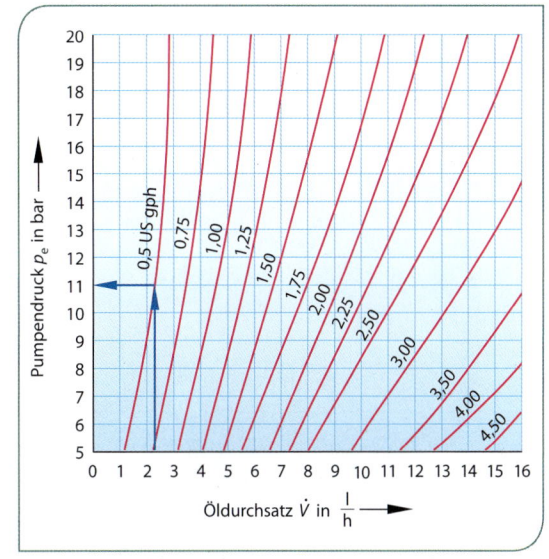

1 Düsenauswahl für Heizöl EL, Düsengrößen in US-gph, Viskosität $v = 5 \frac{mm^2}{s}$, Dichte = 840 $\frac{kg}{m^3}$

Lösung:
geg.: Φ_{NL} = 21 kW; η = 0,90; p_e = 10 ... 13 bar
H_i = 10 $\frac{kWh}{l}$ (Bild 2 Seite 3)

ges.: a) $\dot{V}_E$; b) Öldüse

a) $\dot{V}_E = \dfrac{\Phi_{NL}}{H_i \cdot \eta_K}$

$\dot{V}_E = \dfrac{21 \text{ kW}}{10 \frac{kWh}{l} \cdot 0,90}$

$\dot{V}_E = 2,33 \, \dfrac{l}{h}$

b) Nach Diagramm Bild 1:
Öldüse 0,5 US-gph;
p_e = 11 bar

Lernfeld 11

1 Flüssige Brennstoffe

ÜBUNGEN

Ölzerstäubungsbrenner

1. Benennen Sie die nummerierten Bauteile der abgebildeten Ölzerstäubungsbrenner.

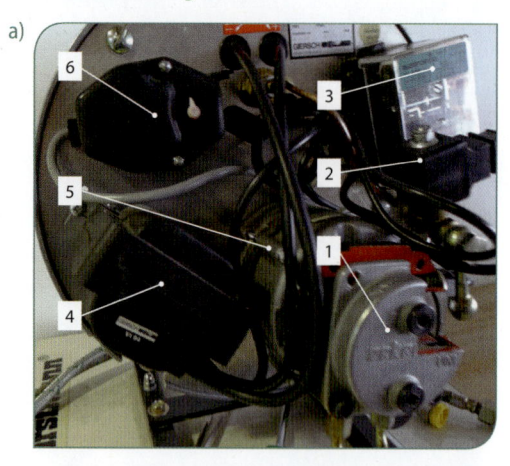

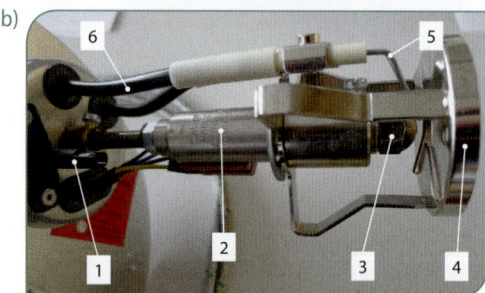

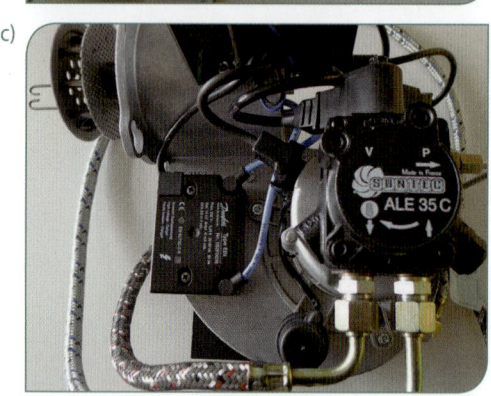

   a)

   b)

   c)

2. Welche Aufgabe hat der Brennermotor?

3. a) Welche Ölpumpen kommen bei Hochdruck-Zerstäubungsbrennern zum Einsatz?
   b) Begründen Sie den Einsatz dieser Pumpenart für die Ölförderung.

4. Welche Aufgabe erfüllt die Ölpumpe?

5. Erläutern Sie die Einregulierung des Öldrucks.

6. Beschreiben Sie die Zufuhr der Verbrennungsluft beim Ölzerstäubungsbrenner.

7. Nennen Sie die wesentlichen Bestandteile der Ölvorwärmung.

8. a) Bei welchen Brennern wird das Heizöl vorwiegend vorgewärmt?
   b) Auf welche Temperatur wird das Heizöl vorgewärmt?
   c) Was bewirkt die Ölvorwärmung?
   d) Welche Vorteile ergeben sich durch die Ölvorwärmung?

9. Beschreiben Sie den Aufbau einer Öldüse.

10. Erläutern Sie die Zerstäubung des Heizöls an der Öldüse.

11. Wovon ist die Auswahl der Öldüse abhängig?

12. Erklären Sie die folgenden Bezeichnungen auf der Schlüsselfläche einer Öldüse: .75, 2,5 $\frac{kg}{h}$; 60°, S.

13. Wie viele Liter sind 1 US-Gallone?

14. Welche Sprühwinkel eignen sich für
    a) kurze und breite Brennräume?
    b) lange und schlanke Brennräume?

15. Nennen Sie die Bauteile der Zündeinrichtung.

16. Welche Aufgabe hat der Flammenwächter?

17. Nennen Sie jeweils zwei geeignete Flammenwächter für
    a) Gelbbrenner   b) Blaubrenner.

18. Beschreiben Sie drei Möglichkeiten, die Funktion des Flammenwächters zu überprüfen.

19. Welche Aufgabe hat das Steuergerät?

20. a) Nennen Sie Bauteile des Brenners, die dem Steuergerät Informationen liefern.
    b) Nennen Sie Bauteile, an die das Steuergerät Schaltbefehle gibt.

21. Beschreiben Sie den Programmablauf eines Ölzerstäubungsbrenners.

22. Erklären Sie die Begriffe
    a) Vorzündzeit
    b) Nachzündzeit
    c) Vorspülzeit
    d) Sicherheitszeit

23. Bei Gelbbrennern erfolgt an der Stauscheibe eine Aufteilung der Verbrennungsluft in drei Teilströme. Beschreiben Sie den Weg dieser drei Teilströme.

24. Erläutern Sie das Funktionsprinzip des Blaubrenners (Raketenbrenners).

25. Durch welche Maßnahmen kann der Anteil von Stickoxiden bei Ölzerstäubungsbrennern reduziert werden?

26. Welche Maßnahmen sind bei der Inbetriebnahme eines Ölzerstäubungsbrenners durchzuführen?

27. Geben Sie die wesentlichen Maßnahmen bei der Einstellung eines Ölzerstäubungsbrenners an.

ÜBUNGEN

28) Wie kann beim Ölzerstäubungsbrenner die Brennerleistung erhöht werden?

29) Durch welche Maßnahmen kann der CO_2-Wert am Ölzerstäubungsbrenner verändert werden?

Öldurchsatz und Düsenauswahl

1) Ein Öl-Heizkessel (Heizöl EL) ist auf eine Nennwärmebelastung von 18 kW eingestellt. Bestimmen Sie den Öldurchsatz in $\frac{l}{h}$.

2) In einem Ölgebläsebrenner ist eine Düse mit der Angabe 0,60 US-gph eingebaut.
   a) Berechnen Sie den Öldurchsatz in $\frac{kg}{h}$ bei einem Pumpendruck von 7 bar.
   b) Begründen Sie, warum der errechnete Wert von dem auf der Schlüsselfläche des Düsenkörpers aufgeprägten Wert (Bild 1, Seite 270) abweicht.

3) Ein Öl-Heizkessel (Heizöl EL) soll auf eine Nennwärmeleistung von 21 kW eingestellt werden.
   a) Bestimmen Sie den Öldurchsatz in $\frac{kg}{h}$, wenn der Wirkungsgrad des Kessels 94 % beträgt.
   b) Wählen Sie eine geeignete Öldüse aus.

4) Ein Brenner für Heizöl EL ist mit einer Düse 0,75 US-gph ausgestattet und auf einen Öldruck von 10 bar eingestellt.
   a) Bestimmen Sie (mithilfe des Rechenschiebers) den Öldurchsatz in l/h bei vorgewärmtem Heizöl EL.
   b) Ermitteln Sie (mithilfe des Rechenschiebers) den Öldruck, der bei gleicher Düse einzustellen ist, wenn der Öldurchsatz auf 3,3 $\frac{l}{h}$ erhöht werden soll

5) In einem Ölgebläsebrenner ist eine Düse 2,94 $\frac{kg}{h}$ eingebaut. Der eingestellte Öldruck beträgt 10 bar. Im Rahmen der Wartungsarbeiten soll die Öldüse ersetzt werden. Es steht allerdings nur eine Düse 2,67 $\frac{kg}{h}$ zur Verfügung. Ermitteln Sie den erforderlichen Pumpendruck.

6) Ein Ölgebläsebrenner mit einer Düse 1,87 $\frac{kg}{h}$ ist auf einen Öldruck von 14 bar eingestellt.
   a) Ermitteln Sie den Öldurchsatz in $\frac{kg}{h}$
   b) Berechnen Sie die Nennwärmeleistung, wenn der Kesselwirkungsgrad 92 % beträgt.

7) In einem Gebläsebrenner für Heizöl EL ist eine Düse 1,25 US-gph eingebaut.
   a) Welcher Öldurchsatz in $\frac{l}{h}$ wird bei einem Pumpendruck von 8 bar erreicht
   b) Welcher Pumpendruck ist erforderlich, um den Öldurchsatz auf 6 $\frac{l}{h}$ zu erhöhen.

8) Ein Ölgebläsebrenner ist mit einer Düse 1,00 US-gph ausgerüstet und auf einen Öldruck von 8 bar eingestellt. Im Rahmen der Wartungsarbeiten wird die Öldüse durch eine Düse 0,75 US-gph ersetzt.
   a) Ermitteln sie den notwendigen Öldruck.
   b) Berechnen Sie die Nennwärmeleistung des Heizkessels bei einem Wirkungsgrad von 89 %.

1.5 Ölbrennwertkessel

Zur Brennwertnutzung des Energieträgers Heizöl EL finden verschiedene Techniken Anwendung.

1.5.1 Ölbrennwertkessel mit interner Kondensation

Bei Ölbrennwertkesseln mit interner Kondensation (Bild 1, nächste Seite) wird die fühlbare (sensible) und latente (latent) Wärme der Abgase innerhalb des Kessels auf das Kessel- bzw. Rücklaufwasser übertragen. Die Abkühlung der Abgase bis unter Taupunkttemperatur des Wasserdampfes wird durch entsprechend gestaltete Heizflächen und mehrzügige Abgasführung erreicht. Den Abgasen wird dabei umso mehr Wärmeenergie entzogen, je niedriger die Rücklauftemperatur des Heizwassers ist. Aufgrund des schwefelhaltigen Kondensats werden an den Kesselwerkstoff besonders hohe Anforderungen bezüglich der Korrosionsbeständigkeit gestellt.

Ölbrennwertkessel mit interner (internal) Kondensation können raumluftabhängig oder raumluftunabhängig über ein Luft-Abgas-System mit zwei konzentrisch (concentric) angeordneten Rohren betrieben werden. Im inneren Rohr strömt das Abgas nach außen, im äußeren Rohr wird die Verbrennungsluft zugeführt und dabei vorgewärmt. Im Luft-Abgas-System kann dann eine weitere Kondensation stattfinden.

Ölbrennwertkessel mit interner Kondensation gibt es als wandhängende und bodenstehende Kessel.

Bei **Ölbrennwertkesseln mit einem senkrecht angeordneten, doppelwandigen zylindrischen Kesselkörper** (Bild 2, nächste Seite) befindet sich das Kesselwasser im Zwischenraum, der Innenzylinder (inside cylinder) bildet die Brennkammer und die Heizflächen. In die Brennkammer sind topfförmige Einsätze übereinander eingebracht, die über die Mantelfläche verteilte Bohrungen aufweisen.

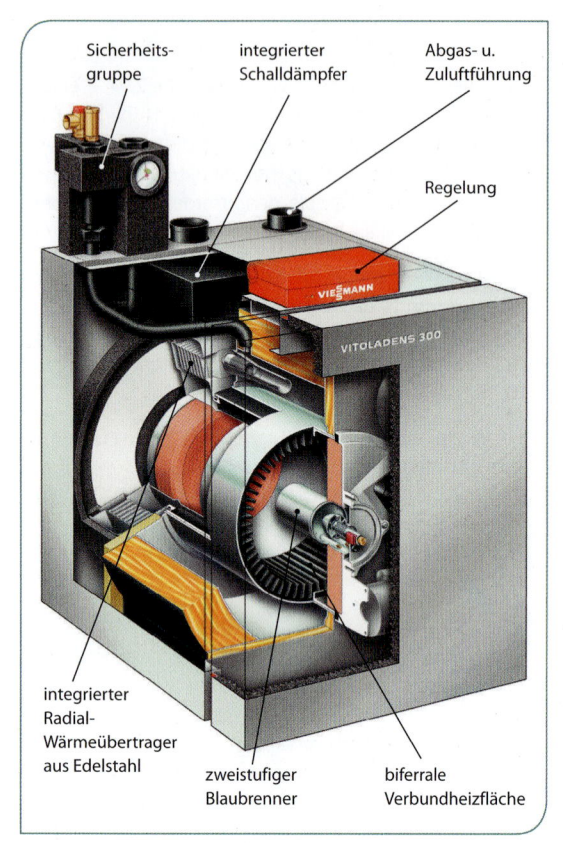

1 Flüssige Brennstoffe

1 Ölbrennwertkessel bodenstehend mit interner Kondensation

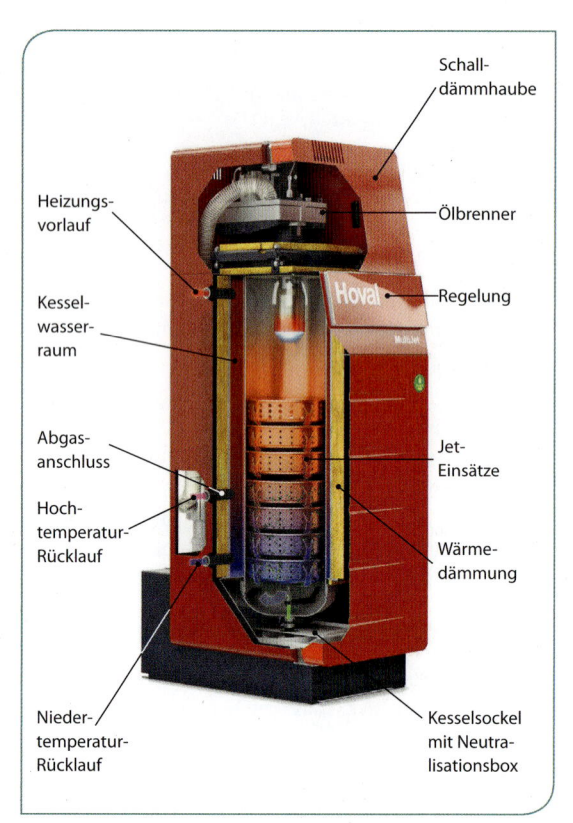

2 Ölbrennwertkessel mit senkrecht angeordnetem, doppelwandigem, zylindrischem Kesselkörper

Die von der Flamme des Sturzbrenners nach unten strömenden Heizgase werden in den Einsätzen rechtwinklig umgelenkt und durch die radialen Bohrungen, deren Durchmesser nach unten von Einsatz zu Einsatz kleiner werden, beschleunigt. Die Heizgase treffen mit hoher Geschwindigkeit senkrecht auf die wassergekühlte (water-cooled) Heizfläche, was zu einer intensiven optimalen Wärmeübertragung führt (Bild 3). Den Heizgasen wird die Wärmeenergie nahezu vollständig entzogen, sodass der Heizgasstrom bis zu 40 °C abkühlt.

Da Ölbrennwertkessel dieser Art mit normalem Heizöl EL (Heizöl EL Standard) beheizt werden dürfen und das bei Unterschreitung der Wasserdampf-Taupunkttemperatur anfallende Kondensat entsprechend schwefelsäurehaltig ist, sind die Heizflächen und Einsätze aus schwefelsäurebeständigem (sulfuric acid resistant) hochlegiertem Edelstahl gefertigt. Durch das senkrecht nach unten fließende Kondensat werden die Heizflächen gespült, was der Bildung von Ablagerungen (deposits) entgegenwirkt. Zur Wartung bzw. Reinigung können die Einsätze aus der Brennkammer entnommen werden. Das Kondensat gelangt über einen am Boden des Kessels befindlichen Sammler zu einem Aktivkohlefilter (active charcoal filter), wo unverbrannte Kohlenwasserstoffe und Rußpartikel abgeschieden werden, und danach in einen Behälter mit Neutralisationsgranulat (neutralisation granulate).

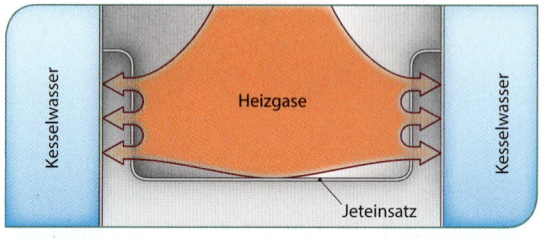

3 Umlenkung der Heizgase

Dort wird das säurehaltige (acidic) Kondensat so aufbereitet, dass es anschließend unbedenklich in das öffentliche Abwassersystem eingeleitet werden darf.

Ölbrennwertkessel mit kugelförmigem (spherical) Kesselkörper (Bild 1, nächste Seite) bestehen aus zwei Aluminium-Halbschalen mit Wärmeleitrippen und integrierten umlaufenden Edelstahlrohren. In der unteren Kesselhälfte befindet sich ein Brennkammereinsatz mit feuerfester Prallplatte (fire resistant flapper), an der die von der Flamme des Sturzbrenners nach unten strömenden Heizgase umgelenkt und den Heizflächen zugeführt werden. Die Kugelform und die zahlreichen Wärmeleitrippen bewirken optimale Wärmeübergänge an das in den Edelstahlrohren strömende Heizwasser.

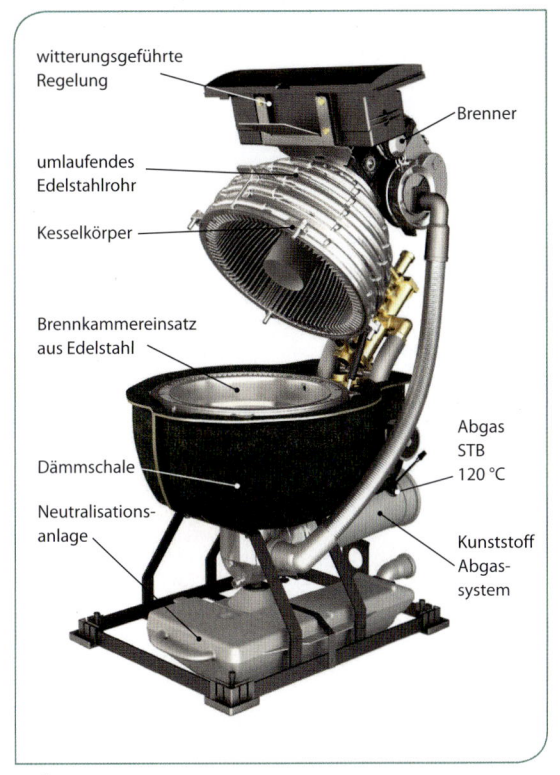

1 Flüssige Brennstoffe

Der Brennraum kann in der mittleren Kugelebene aufgeklappt werden. Eine Gasdruckfeder (gas pressured spring) erleichtert das Öffnen und hält den Kessel bei der Wartung in geöffneter Stellung.

Das entstehende Kondensat fließt entsprechend der Schwerkraft (gravity) in Abgasströmungsrichtung nach unten, wird am tiefsten Punkt der Neutralisationsanlage zugeführt und von dort in die öffentliche Kanalisation eingeleitet. Durch die runde Bauform werden Kondensat-Ansammlungen und Verkrustungen (incrustations) im Kessel vermieden.

Wandhängende Ölbrennwertkessel mit integrierter Brennwertnutzung (Bild 2) gleichen den entsprechenden Gas-Brennwertkesseln. Sie verfügen über ölbrennwertgerechte Radialheizflächen z. B. aus spiralförmig gewickeltem Vierkant-Edelstahlrohr. Der Abstand der einzelnen Windungen (coils) ist auf die Strömungsverhältnisse der Heizgase abgestimmt, sodass eine optimale Wärmeübertragung erreicht wird. Im günstigsten Fall erreichen die Heizgase am Kesselaustritt eine Temperatur, die nur ca. 3,5 °C über der Kesselwasser-Rücklauftemperatur liegt.

1.5.2 Ölbrennwertkessel mit externer Kondensation

Bei Ölbrennwertkesseln mit externer (external) Kondensation ist ein zweiter Wärmeübertrager nachgeschaltet (Bild 3). An den Heizflächen des Brennraums werden die Heizgase zunächst auf Temperaturen oberhalb der Taupunkttemperatur des Wasserdampfes abgekühlt. Von dort strömen die Heizgase in den nachgeschalteten Wärmeübertrager, wo sie durch das Rücklaufwasser bis unter die Taupunkttemperatur des Wasserdampfes abgekühlt werden, sodass es zur Kondensation kommt.

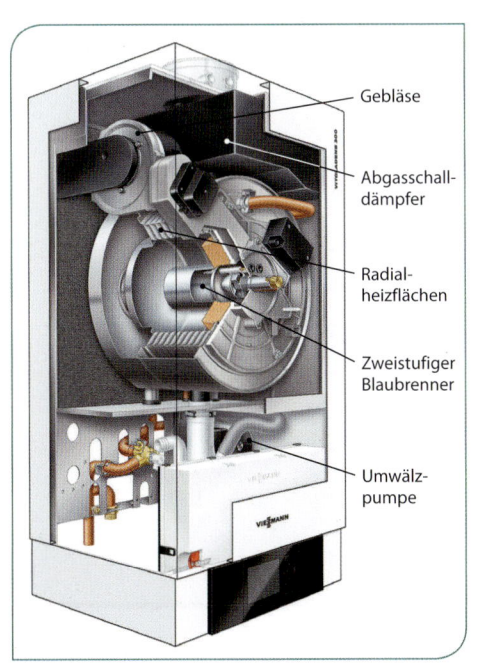

1 Ölbrennwertgerät mit kugelförmigem Kesselkörper (Abb. ROTEX)

Durch die Kugelform hat dieser Kessel eine kleine zu dämmende Oberfläche. Da diese außerdem vom Heizwasser gekühlt und Wärmebrücken weitgehend vermieden sind, werden minimale Wärmeverluste nach außen erreicht.

2 Öl-Brennwert-Wandkessel

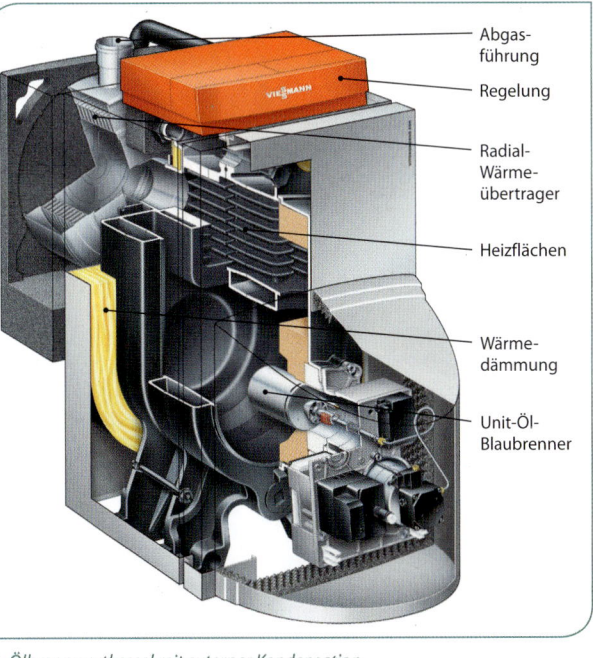

3 Ölbrennwertkessel mit externer Kondensation

1 Flüssige Brennstoffe

ÜBUNGEN

1. Beschreiben Sie die Wärmeübertragung bei Ölbrennwertkesseln mit interner Kondensation.

2. Warum müssen die Wärmeübertragungsflächen von Ölbrennwertkesseln in besonders hohem Maße korrosionsbeständig sein?

3. Erläutern Sie die raumluftunabhängige Betriebsweise von Ölbrennwertkesseln mit interner Kondensation.

4. Beschreiben Sie den Aufbau und die Wärmeübertragung von Ölbrennwertkesseln mit
   a) senkrecht angeordnetem, doppelwandigem, zylindrischem Kesselkörper
   b) kugelförmigem Kesselkörper

5. Welche Vorteile haben senkrecht angeordnete Heizflächen von Ölbrennwertkesseln mit interner Kondensation?

6. Erläutern Sie die Kondensataufbereitung in einem Ölbrennwertkessel.

7. Nennen Sie die Vorteile der runden Bauform von Ölbrennwertkesseln mit interner Kondensation.

8. Wodurch wird bei wandhängenden Ölbrennwertkesseln mit Radialheizflächen eine optimale Wärmeübertragung erreicht?

9. Beschreiben Sie die Wärmeübertragung bei Ölbrennwertkesseln mit externer Kondensation.

2 Feste Brennstoffe

2.1 Holzbrennstoffe

2.1.1 Einteilung und Eigenschaften

Holz (timber) ist der älteste Brennstoff der Menschheit. Er wird, da er nachwächst, auch dann noch zur Verfügung stehen, wenn Kohle, Öl und Gas verbraucht sind. Als nachwachsender heimischer Rohstoff gewährleistet er eine nachhaltige und krisensichere Energieversorgung. Das Heizen mit Holz ist CO_2-neutral. Das bedeutet, dass nur so viel Kohlenstoffdioxid in die Umwelt abgegeben wird, wie das Holz während seines Wachstums aufgenommen hat.

Holz wird in Form von **Stück-** bzw. **Scheitholz**, **Holzpellets** und **Hackschnitzel** als Brennstoff genutzt.

Übliche Maßeinheiten sind **Festmeter (fm)** (solid measure of timber) für einen Kubikmeter (1 m³) feste Holzmasse ohne Zwischenräume und **Raummeter (rm) oder Ster** (cubic meter of piled timber; stere) für geschichtete Holzteile, die unter Einschluss der Luftzwischenräume ein Gesamtvolumen von einem Kubikmeter füllen. Der Holzanteil eines Raummeters ist von der Stückgröße und -form, sowie der Sorgfalt beim Aufschichten abhängig und kann somit schwanken. Für kleinstückiges Holz, wie z. B. Hackschnitzel, ofenfertig gesägte und gespaltene Holzstücke, wird als Maßeinheit **Schüttraummeter (srm)** (loose cubic metre) verwendet. Als Schüttraummeter bezeichnet man lose geschüttetes Holz von einem Kubikmeter. Aufgrund der ungeordneten Holzteile entstehen große Luftzwischenräume. Der Holzanteil eines Schüttraummeters variiert z. B. je nach Größe der Holzteile, der Holzart und der Verdichtung beim Transport.

Neben Fest-, Raum- und Schüttraummeter verwendet man Kilogramm und Tonne als Maßeinheit für Holzbrennstoffe. Die Holzmaßeinheit Tonne absolut trocken (to atro) entspricht 1 Tonne absolut trockener Holzmasse mit einem Wassergehalt von 0 %. Die Maßeinheit Tonne (ton) lufttrocken (to lutro) entspricht 1 Tonne lufttrockener Holzmasse mit einem Wassergehalt zwischen 12 und 18 %.
Die üblichen Umrechnungsfaktoren der Maßeinheiten zeigt die folgende Übersicht (Bild 1).

	to atro	fm	rm	srm
to atro	1	1,7	2,9	4,5 – 4,9
fm	0,6	1	1,4	2,0 – 2,5
rm	0,3	0,7	1,0	1,4 – 1,8
srm	0,2	0,4	0,6	1,0

1 Richtwerte zur Umrechnung der Maßeinheiten gemäß Verband für Holzwirtschaft

Der Heizwert von Holz wird in $\frac{kWh}{kg}$ oder $\frac{kWh}{m^3}$ angegeben.
Der **Heizwert je Masseeinheit (kg)** hängt im Wesentlichen von der Zusammensetzung des Holzes und dem Wassergehalt, d. h. dem Wasseranteil an der Gesamtmasse ab. Er verringert sich mit zunehmendem Wassergehalt deutlich.
Der **Heizwert je Volumeneinheit (Fest-, Raum-, Schüttraummeter)** hängt von der Dichte des Holzes ab und verringert sich nur wenig mit steigendem Wassergehalt.
Holzarten mit hoher Dichte haben folglich höhere Heizwerte.

2.1.1.1 Stück- oder Scheitholz

Stück- oder Scheitholz (Bild 2) (billet wood) ist der bekannteste und älteste Holzbrennstoff. Zur Herstellung von Stück- bzw. Scheitholz werden Baumstämme gespalten und je nach Verwendungszweck auf 20 bis 100 cm lange Stücke gesägt.

Für die Stückholzqualität ist neben der Holzart auch der Wassergehalt entscheidend. Nadelholz weist aufgrund seiner Zusammensetzung einen geringfügig höheren Heizwert je kg auf als Laubholz. Andererseits besitzen Laubholzarten (hardwood species) aufgrund ihrer höheren Dichte einen höheren Heizwert je Volumeneinheit als Nadelholzarten (softwood species). Die Hartholzarten Eiche und Buche haben – bezogen auf den Raummeter (entspricht gestapeltem Holz von 1 m³ oder 1 Ster) – den höchsten Heizwert unter den heimischen Hölzern (Bild 3).

2 Stück- bzw. Scheitholz

Holzart	Heizwert (bei 15 % Feuchtigkeitsanteil)	
	$\frac{kWh}{kg}$	$\frac{kWh}{Raummeter}$
Eiche	4,15	1970
Buche	4,15	1910
Birke	4,20	1810
Ahorn	4,25	1670
Kiefer	4,30	1530
Tanne	4,30	1370
Fichte	4,30	1350

3 Heizwerte (Richtwerte) für verschiedene Baum- bzw. Holzarten.

Lernfeld 11

2 Feste Brennstoffe

> **MERKE**
>
> 5 bis 6 Raummeter Hartholz (Laubholz) oder 7 bis 8 Raummeter Weichholz (Nadelholz) ersetzen etwa 1000 Liter Heizöl.

Vollkommen trockenes Holz besteht aus ca. 50 % Kohlenstoff, 43 % Sauerstoff und 1 % Wasserstoff sowie aus einigen Mineralien. Der Heizwert von absolut trockenem Holz liegt bei ca. 5 kWh/kg.
Luftgetrocknetes Holz (Wassergehalt 15–20 %) besitzt einen durchschnittlichen Heizwert von 4 kWh/kg, frisch geschlagenes Holz (Wassergehalt ≥ 50 %) hat einen Heizwert von 2 kWh/kg.

> **MERKE**
>
> 3 kg luftgetrocknetes Holz ersetzen rund einen Liter Heizöl (11,8 $\frac{kWh}{kg}$), bei frisch geschlagenem Holz mit einem Wassergehalt von 50 % sind 6 kg erforderlich.

Um nicht teure Energie zu verschwenden, sollte Stückholz **mindestens zwei Jahre luftgetrocknet** sein, bevor es verheizt wird.
Zu beachten ist in diesem Zusammenhang, dass die Trocknungszeit sowohl von der Holzart als auch von der Größe der Holzstücke und den Umgebungsbedingungen am Lagerplatz abhängt. Ein Holzgemisch sollte erst dann verheizt werden, wenn das Holz mit der längsten Trocknungszeit lufttrocken ist.

2.1.1.2 Holzpellets

Holzpellets (Bild 1) (wood pellets) werden aus getrocknetem, naturbelassenem Restholz (Hobel- und Sägespäne, Waldrestholz) hergestellt. Die Holzreste werden zermahlen und unter hohem Druck und ohne Zusatz von chemischen Bindemitteln zu kleinen zylindrischen Röllchen gepresst.

1 Holzpellets

Für die erforderliche Bindung der Presslinge sorgt das holzeigene, natürliche Lignin[1]. Nach der Pressung werden die Pellets gekühlt, gegebenenfalls getrocknet und in einem Hochbehälter bis zum Abtransport gelagert. Durch ihre hohe Energiedichte (energy density) benötigen sie ein geringeres Lagervolumen (storage volume) als Stückholz.

> **MERKE**
>
> Im Vergleich zu fossilen Brennstoffen entsprechen 2 kg Holzpellets ca. 1 l Heizöl oder 1 m³ Erdgas.

Die Qualitätsanforderungen an die Holzpellets sind in DIN EN ISO 17225-2 festgelegt (Bild 2).
Hersteller, deren Produkte weiterreichendere Anforderungen erfüllen, können dies mit dem DIN plus-Zeichen nachweisen und nach außen darstellen.
Durch die hohe Energiedichte und die einfache Liefer- und Lagermöglichkeit sowie durch die Einsatzmöglichkeit automatischer Fördersysteme (automatic feed systems) eignen sich Pellets als Brennstoff für vollautomatische (fully automatic) Heizungsanlagen.

Eigenschaften	Anforderungen nach		
	ENplus A1	ENplus A2	ENplus A3
Durchmesser in mm	6 ± 1 oder 8 ± 1		
Länge in mm	3,15 < L ≤ 40		
Wassergehalt in %	≤ 10		
Aschegehalt in %	≤ 0,7	≤ 1,2	≤ 2,0
Mechanische Festigkeit in %	≥ 97,5	≥ 96,5	
Feinanteil (< 3,15 mm) in %	≤ 1,0		
Heizwert in $\frac{MJ}{kg}$	≥ 16,5		
in $\frac{kWh}{kg}$	≥ 4,6		
Schüttdichte in $\frac{kg}{m^3}$	≥ 600		
Stickstoff in %	≤ 0,3	≤ 0,5	≤ 1,0
Schwefel in %	≤ 0,04	≤ 0,05	
Chlor in %	≤ 0,02	≤ 0,03	

2 Qualitätsanforderungen an Holzpellets nach DIN EN ISO 17225-2

Darin unterscheidet man die Qualitätsklassen A1, A2 und B. Für Kleinfeuerungsanlagen sind in der Regel nur Pellets der Qualitätsklasse A1 zugelassen.
Neben den Pellet-Herstellern kann sich zusätzlich auch der Pellet-Handel nach ENplus zertifizieren lassen. Den Kunden garantiert das Qualitätssiegel ENplus, dass die Qualität der gelieferten Pellets den Vorgaben der ISO-Norm entspricht.

---

[1] Lignin ist ein in die pflanzliche Zellwand eingelagerter, organischer Stoff, der als Festigungselement dient und die Verholzung der Zelle bewirkt.

2 Feste Brennstoffe

2.1.1.3 Hackschnitzel (Hackgut)

Hackschnitzel (Hackgut) (Bild 1) (wood chips) werden aus Waldrestholz, z. B. Ästen und Kronen, Schwachholz und anderem minderwertigen Holz (z. B. sturmgeschädigtem Holz, Holzstämmen mit starker Krümmung, Schnittgut aus Landschaftspflegemaßnahmen), welches von der Industrie nicht zu höherwertigen Produkten verarbeitet werden kann, hergestellt. Darüber hinaus können Sägewerksabfälle, Abfälle aus Schreinereien und Zimmereien sowie Industrierestholz verwendet werden. Die Zerkleinerung des Holzmaterials erfolgt durch Hacker (chipper); zum Einsatz kommen dabei mobile Hackmaschinen und stationäre Anlagen.

Hackschnitzel werden vor allem von den ansässigen Landwirten produziert und vertrieben. Da nur kurze Transportwege anfallen und das Ausgangsmaterial meist aus der Waldpflege (Durchforstung) stammt, sind Hackschnitzel ein besonders umweltfreundlicher Brennstoff.

> **MERKE**
>
> Im Vergleich zu fossilen Brennstoffen und Holzpellets entsprechen 1 Schüttraummeter (srm) Fichtenhackschnitzel, Energieinhalt 745 kWh, rund 74,5 l Heizöl oder 149 kg Pellets sowie 1 Schüttraummeter Buchenhackschnitzel, Energieinhalt 1060 kWh, rund 106 l Heizöl oder 212 kg Pellets.
> 1 Raummeter Holz (Ster) entspricht ca. 2,0 Schüttraummeter Hackschnitzel.
> 1 Festmeter Holz entspricht ca. 2,8 Schüttraummeter Hackschnitzel.

1 Hackschnitzel

Beispiel:
Wie viele a) Schüttraummeter Fichtenhackschnitzel, b) Schüttraummeter Buchenhackschnitzel, c) Kilogramm Pellets entsprechen 1000 l Heizöl.

Lösung:
a) 74,5 l Heizöl $\triangleq$ 1 srm Fichtenhackschnitzel

1 l Heizöl $\triangleq \frac{1\,\text{srm}}{74,5}$ Fichtenhackschnitzel

1000 l Heizöl $\triangleq \frac{1 \cdot 1000\,\text{srm}}{74,5}$ Fichtenhackschnitzel

1000 l Heizöl $\triangleq$ 13,4 srm Fichtenhackschnitzel

b) 106 l Heizöl $\triangleq$ 1 srm Buchenhackschnitzel

1 l Heizöl $\triangleq \frac{1\,\text{srm}}{106}$ Buchenhackschnitzel

1000 l Heizöl $\triangleq \frac{1 \cdot 1000\,\text{srm}}{106}$ Buchenhackschnitzel

1000 l Heizöl $\triangleq$ 9,4 srm Buchenhackschnitzel

c) 1 l Heizöl $\triangleq$ 2 kg Pellets
1000 l Heizöl $\triangleq$ 2 · 1000 Pellets
1000 l Heizöl $\triangleq$ 2000 kg Pellets

Wichtige Qualitätsmerkmale und ausschlaggebend für die Verwendung der Hackschnitzel sind der Wassergehalt, die Hackgutgröße, die Größenverteilung, die Schüttdichte der Hackschnitzel und die Energiedichte als Brennstoff (= Energie pro Raumvolumen oder Masse) (Bilder 2 und 3).

Seit September 2014 sind die Qualitätsanforderungen an die Hackschnitzel in DIN EN ISO 17225-4 festgelegt (Bilder 3 und 4).

Klasse		Wassergehalt w
w 20	lufttrocken	< 20 %
w 30	lagerbeständig	20 – 30 %
w 35	beschränkt lagerbeständig	30 – 35 %
w 40	feucht	35 – 40 %
w 50	waldfrisch	40 – 50 %

2 Hackschnitzel-Qualitätsklassen nach Wassergehalt

Größen-klasse	Hauptanteil ≥ 60 %	Feinanteil ≤ 3,15 mm	Grobanteil	Max. Länge
P16S	≥ 3,15 mm ≤ 16 mm	≤ 15 %	≤ 6 % > 31,5 mm	≤ 45 mm
P31S	≥ 3,15 mm ≤ 31,5 mm	≤ 10 %	≤ 6 % > 45 mm	≤ 150 mm
P45S	≥ 3,15 mm ≤ 45 mm	≤ 10 %	≤ 10 % > 63 mm	≤ 200 mm

3 Größenklassen für Hackschnitzel nach DIN EN ISO 17225-4

Eigenschaften	Anforderungen nach			
	A		B	
	1	2	1	2
Wassergehalt in %	≤ 10 ≤ 25	≤ 35	Höchstwert ist anzugeben	
Aschegehalt in %		≤ 1,0	≤ 1,5	≤ 3,0
Schüttdichte in $\frac{\text{kg}}{\text{m}^3}$	≥ 150 ≥ 200 ≥ 250	≥ 150 ≥ 200 ≥ 250 ≥ 300	Kleinster Wert ist anzugeben	
Stickstoff in %			≤ 1,0	
Schwefel in %			≤ 0,1	
Chlor in %			≤ 0,05	

4 Qualitätsanforderungen an Holzpellets nach DIN EN ISO 17225-4

2 Feste Brennstoffe

2.2 Kohle

2.2.1 Einteilung und Eigenschaften

In der Installationstechnik werden vorwiegend **Steinkohle** (hard coal), **Steinkohlenkoks** (coke) und **Braunkohle** (brown coal) eingesetzt.

Die aus der Braunkohle veredelten **Briketts** (coal bricks) werden hauptsächlich für die Verbrennung im Kleinkesselbereich verwendet.

Steinkohle entstand vor ca. 500 Millionen Jahren, die Braunkohle vor ca. 300 Millionen Jahren.

Grundlage für Stein- und Braunkohle bildeten Pflanzen (plants), die in Sumpfmoorwäldern versanken. Großer Druck der darüber liegenden Sedimentschichten (Erdschichten) (sediments) und hohe Temperaturen (geochemische Inkohlung) sowie die Einwirkung von Mikroorganismen (biochemische Inkohlung) führten unter Luftabschluss zur Zersetzung (Inkohlung) dieser Stoffe. Dieser Inkohlungsprozess (coalification) verlief in zwei großen Abschnitten:

Zuerst bildete sich **Torf** (peat) durch biochemische Inkohlung, dann bei fortschreitender Untergrundsenkung und weiterer Überlagerung mit Sedimenten (geochemische Inkohlung) **Braunkohle** und daraus dann **Steinkohle** und schließlich **Anthrazit** (anthracite coal).

Bei der fortschreitenden Inkohlung gingen **Wasserstoff** und **Sauerstoff** immer mehr verloren, sodass sich der **Kohlenstoffgehalt** relativ (nicht in g oder kg, sondern in % bezogen auf die Gesamtmasse) angereichert hat.

ÜBUNGEN

1. Nennen Sie drei verschiedene Arten von Holzbrennstoffen.
2. Was ist der besondere Vorteil des Brennstoffes Holz?
3. Erklären Sie den Begriff CO_2-neutrale Verbrennung.
4. Erklären Sie die Begriffe Fest-, Raum- und Schüttraummeter.
5. Was versteht man unter Stück- bzw. Scheitholz?
6. Wovon hängt die Qualität von Stück- bzw. Scheitholz ab?
7. Erläutern Sie den Unterschied zwischen Holzpellets und Hackschnitzel.
8. Erläutern Sie die Entstehung von Kohle.
9. Welche Kohlearten werden als Brennstoff eingesetzt?

2.3 Bereitstellung von festen Brennstoffen

2.3.1 Normen, Richtlinien und Vorschriften

Bei der Bereitstellung von festen Brennstoffen sind folgende Normen, Richtlinien und Vorschriften zu beachten:

- DIN EN ISO 17225-2 Feste Biobrennstoffe – Brennstoffspezifikationen und -klassen, Klassifizierung von Holzpellets
- DIN EN ISO 17225-4 Feste Biobrennstoffe – Brennstoffspezifikationen und -klassen, Klassifizierung von Hachschnitzel
- DIN EN ISO 20023 Biogene Festbrennstoffe – Sicherheit von biogenen Festbrennstoffen – Sicherer Umgang und Lagerung von Holzpellets in häuslichen und anderen kleinen Feuerstätten,
- VDI-Richtlinie 3464 – Lagerung von Holzpellets beim Verbraucher,
- Empfehlungen zur Lagerung von Holzpellets – Deutscher Energieholz- und Pelletverband e.V. (DEPV), Deutsches Pelletinstitut (DEPI),
- ÖNORM M 7133 Holzhackgut für energetische Zwecke,
- Merkblatt C.A.R.M.E.N. e.V. – Richtiges Lagern von Holzhackschnitzeln für Heizzwecke,
- LWF-Merkblatt – Hackschnitzel richtig lagern,
- Musterfeuerungsverordnung (M-FeuV),
- Feuerungsverordnungen (FeuV) der jeweiligen Bundesländer.

2.3.2 Lagerung von Stückholz

Bevor Holz verbrannt werden kann, muss es erst austrocknen. Frisch geschlagenes Holz erreicht bei sachgemäßer Lagerung den Zustand „lufttrocken" (air-dried) (ca. 20 % Restfeuchte) nach ca. 1–2 Jahren. Wichtig für eine richtige Lagerung ist die Wahl des Lagerplatzes (storage area). Das Holzlager sollte sich an einer gut belüfteten, möglichst sonnigen und regengeschützten Seite (Südseite) befinden (Bild 1). Damit das Holz schneller trocknet, sollte es im gebrauchsfertigen gespaltenen Zustand gelagert werden, weil Holzscheite (logs) schneller trocknen als ungespaltenes Holz.

1 Holzlager

Frisches Holz sollte nicht im Keller gelagert werden, weil es dort aufgrund fehlender oder unzureichender Belüftung nicht austrocknen kann.

2.3.3 Lagerung von Holzpellets

Grundsätzlich ist die Lagerung von Brennstoffen in der **Musterfeuerungsverordnung** (M-FeuVO, Specimen Firing Ordinance) bzw. in den Feuerungsverordnungen der jeweiligen Bundesländer geregelt. Holzpellets (wood pellets) werden zwar nicht ausdrücklich erwähnt, gehören aber zu den festen Brennstoffen. Grundsätzlich gilt, dass bei einer Lagermenge (stored quantity) von weniger als 10 000 Litern oder 6,5 Tonnen (in einigen Bundesländern liegt die maßgebliche Menge bei 15 Tonnen) keine besonderen Brandschutzmaßnahmen (fire protection measures) zu beachten sind.

Bei sehr geringem Brennstoffbedarf können Holzpellets in Säcken und in Kartonagen auf Paletten gekauft und bei Bedarf von Hand in den Vorratsbehälter des Kessels gefüllt werden. Ansonsten werden Holzpellets in besonderen Lagerräumen oder speziellen Fertiglagersystemen gelagert.

2.3.4 Pellet-Lagerräume

Grundsätzlich können neben Kellerräumen auch andere Räumlichkeiten, wie z. B. Garagen, Dachböden oder Nebengebäude zur Pelletlagerung verwendet werden. Wird beispielsweise die Heizung von Heizöl auf Pellets umgestellt, kann auch der vorhandene Öllagerraum zum Pelletlagerraum (pellet storage room) umgebaut werden.

Die Holzpellets werden im Tankwagen geliefert und über ein Schlauchsystem in den Lagerraum eingeblasen. Die Tankwagen verfügen über einen Pumpschlauch mit einer Länge von maximal 30 Metern. Die Befüllstutzen bzw. -kupplungen sollten deshalb max. 30 Meter von der Zufahrtmöglichkeit für Pellet-Tankwagen entfernt sein. Vorteilhaft ist, wenn der Lagerraum an die entsprechende Außenwand grenzt. Bei innen liegendem Lagerraum müssen die Einblas- und Abluftrohre (blow-in and exhaust air pipes) bis an die Außenwand geführt werden.

2.3.4.1 Anforderungen an den Lagerraum

Das Volumen des Lagerraumes sollte so gewählt werden, dass die Brennstoffmenge für mindestens ein Jahr gelagert werden kann. Das notwendige Raumvolumen (space volume) richtet sich nach der Heizlast des Gebäudes und kann mit folgender **Faustformel** berechnet werden:

$$V = \Phi_{HL} \cdot \frac{0{,}9 \text{ m}^3}{\text{kW}}$$

V: Lagerraumvolumen in m^3
Φ_{HL}: Heizlast in kW

Bei einem Pelletlagerraum mit Schrägböden sind allerdings nur $\frac{2}{3}$ des Lagerraumvolumens nutzbar.

Beispiel
Die Heizlast eines Einfamilienhauses beträgt 10 kW. Es wird mit einem Pelletkessel beheizt.
a) Bestimmen Sie das erforderliche Lagerraumvolumen für die Pellets.
b) Berechnen Sie die Pelletmenge in kg bei einer Dichte $\rho = 650 \frac{\text{kg}}{\text{m}^3}$.
c) Welches Raumvolumen muss ein Pelletlagerraum mit Schrägböden haben?

Lösung:
geg.: $\Phi_{HL} = 10$ kW; $\rho = 650$ kg/m^3
ges.: a) V; b) m c) V_S

a) $V = \Phi_{HL} \cdot \frac{0{,}9 \text{ m}^3}{\text{kW}}$

$V = 10 \text{ kW} \cdot \frac{0{,}9 \text{ m}^3}{\text{kW}}$

$V = \underline{\underline{9 \text{ m}^3}}$

b) $m = V \cdot \rho$

$m = 9 \text{ m}^3 \cdot \frac{650 \text{ kg}}{\text{m}^3}$

$m = \underline{\underline{5850 \text{ kg}}}$

c) $V_S = V \cdot \frac{3}{2}$

$V_S = 9 \text{ m}^3 \cdot \frac{3}{2}$

$V_S = \underline{\underline{13{,}5 \text{ m}^3}}$

Der Lagerraum sollte möglichst trocken sein, da Pellets bei Berührung mit Wasser oder feuchten Wänden aufquellen, zerfallen und unbrauchbar werden. Bei Gefahr von feuchten Wänden ist eine hinterlüftete Vorwandschalung (rear-ventilated front-wall formwork) anzubringen oder ein Fertiglagersystem zu verwenden.

Wände und Decken müssen so beschaffen sein, dass die Pellets nicht durch Abrieb und Ablösungen verunreinigt oder beschädigt werden.

Die Umschließungsflächen (surrounding area) müssen neben der Gewichtsbelastung durch die Pellets auch der Belastung von kurzzeitigen Druckschwankungen während der Befüllung Stand halten.

Der Lagerraum muss wegen der Staubentwicklung (dust development) beim Einblasen gut abgedichtet sein.

Türen und Einstiegluken müssen sich nach außen öffnen lassen und mit einer umlaufenden, staubundurchlässigen Dichtung (dust-proof sealing gasket) versehen sein. Auf der Innenseite der Türen und Luken sind Holzbretter anzubringen, damit die Pellets nicht dagegen drücken bzw. dass diese zur Restmengenkontrolle (residual quantity check) geöffnet werden können. Vorhandene Türschlösser sind staubdicht von innen zu verschließen.

Im Pelletlager sollen weder Wasser führende Rohrleitungen noch elektrische Leitungen vorhanden sein. Bestehende und nicht entfernte PWC-Leitungen sind zu dämmen, um Schwitzwasserbildung zu vermeiden. Rohrleitungen, die sich im Füllstrom (filling flow) der Pellets befinden, sind zu verkleiden.

2 Feste Brennstoffe

Im Pelletlager dürfen sich keine Elektroinstallationen wie z. B. Schalter befinden. Unvermeidbare Installationen sind luft- u. feuchtedicht sowie explosionsgeschützt (explosion-proof) auszuführen. Damit der Lagerraum komplett entleert werden kann, muss er in der Regel sowohl bei der Schneckenaustragung (screw extraction) als auch bei der Sondenaustragung (suction head extraction) mit Schrägflächen mit 40°-Neigung versehen werden (Bild 1). Der Schrägboden (sloping ground) soll zu den Umschließungsflächen dicht sein, damit keine Pellets in den Leerraum fallen. Zu beachten gilt:

- Vor einer Neubefüllung (refilling) sollten die Staubablagerungen an den Schrägen entfernt werden, da diese ein Nachrutschen der Pellets in die Entnahmevorrichtung erschweren.
- Vor Betreten des Lagerraumes ist die Pelletheizung und Fördereinrichtung (conveyor) abzuschalten, sowie die Zugangstür eine Viertelstunde vorher zu öffnen.
- Beim Säubern des Lagerraumes vom Pelletstaub sollte eine Staubmaske getragen werden.
- Fördereinrichtungen und elektrische Betriebsmittel sind regelmäßig vom Pelletstaub zu befreien.

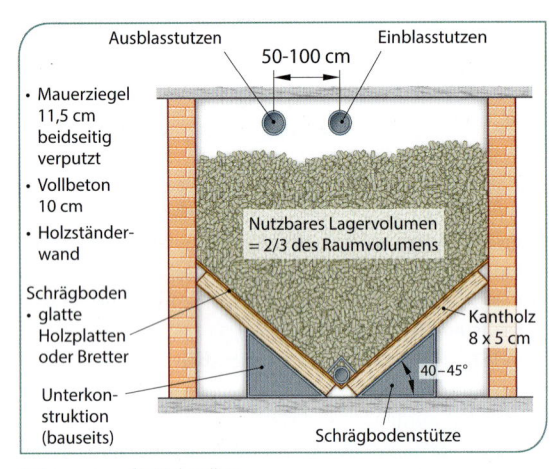

1 Lagerraum für Holzpellets

2 Pellet-Lagerraum

2.3.4.2 Ausführung des Befüllsystems

Für das Einblasen werden an der Außenwand gut zugänglich zwei Kupplungsstutzen (coupling sockets) aus Metall mit 100 mm Innendurchmesser benötigt. Zur optimalen Verteilung der Pellets sollte das Einblasen vorzugsweise über die schmalere Außenwand des Lagerraumes erfolgen. In diesem Fall werden der Einblasstutzen (blow-in socket) mittig und der Abluftstutzen (exhaust air socket) seitlich davon angeordnet (Bild 2). Beide Stutzen sind in einem Abstand von ca. 15 bis 20 cm unter der Lagerraumdecke anzubringen.

Gegenüber dem Einblasstutzen ist eine Prallschutzplatte (impact baffle) anzubringen, um ein Zerschellen der Pellets an der Wand oder ein Beschädigen des Putzes zu verhindern.

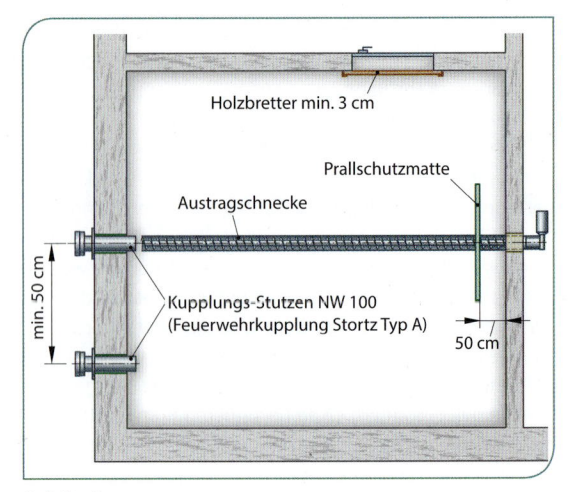

Einblasstutzen und Absaugstutzen sind deutlich zu kennzeichnen und mit einem mindestens 4 mm²-Kupferdraht über die Hauspotentialausgleichsschiene (equipotential bonding terminal) zu erden.

Beide Kupplungsstutzen sollten mit Deckeln verschlossen werden, die Lüftungsöffnungen je 20 cm² freie Öffnungsfläche aufweisen, um einen Luftaustausch zwischen Pelletlager und Außenluft zu gewährleisten und damit eine gefährliche Kohlenmonoxidkonzentration (CO_2) im Lagerraum zu verhindern. Im Bereich der Kupplungsstutzen sollte ein ausreichender Arbeitsbereich vorhanden sein. Werden die Kupplungsstutzen in einem Lichtschacht eingebaut, ist darauf zu achten, dass der Füllschlauch in gerader Linie aus dem Schacht geführt werden kann.

Die inneren Befüllleitungen sollten so kurz wie möglich gehalten werden und möglichst wenige Richtungsänderungen aufweisen. Anstelle von 90°-Bögen sind zwei 45°-Bögen mit Zwischenstück zu verwenden.

> **MERKE**
>
> Lange Einblasstrecke und Richtungsänderungen (Bögen) erhöhen den Abrieb.

Für das Befüllsystem (filling system) dürfen nur druckfeste Metallrohre eingesetzt werden. Bei Kunststoffrohren besteht die Gefahr der elektrostatischen Aufladung und Funkenbildung (electrostatic sparking).

Rohre und Bögen müssen innen glattwandig sein, um ein Beschädigen der Pellets zu verhindern. Bei geschweißten Rohren dürfen auf der Innenseite keine Schweißnähte hervorstehen.

Das Befüllsystem darf mit keinem Bogen enden. Um ein gerades Ausblasen der Pellets zu erzielen, ist nach dem Bogen ein gerades Rohrstück von 30 cm bis 50 cm Länge anzubringen.

2 Feste Brennstoffe

> **MERKE**
> Der Pelletkessel ist mindestens eine Stunde vor der Befüllung abzuschalten.

2.3.4.3 Raumaustragungssysteme
Die Zuführung der Holzpellets zum Vorratsbehälter bzw. Kessel kann durch ein Schneckensystem oder ein pneumatisches System (Saugsystem) oder durch eine Schnecken-Saugkombination (screw-suction combination) erfolgen.

Schneckensystem
Voraussetzung für den Einsatz des Schneckensystems ist, dass der Lagerraum direkt neben dem Aufstellraum des Pelletkessels liegt. Mit der Förderschnecke (screw conveyor) werden die Pellets direkt zum Kessel transportiert. Damit der Lagerraum komplett entleert werden kann, sind Schrägböden mit 40°-Neigung erforderlich.

Saugsystem
Mit dem Saugsystem (suction/vakuum-extraction system) können Holzpellets über Entfernungen bis zu 30 m transportiert und Höhenunterschiede bis 6 m überwunden werden. Für kleine und quadratische Lagerräume eignet sich eine **Punktabsaugung** (punctual suction), die in der Mitte des Lagerraums angeordnet wird.

Bei größeren rechteckigen Lagerräumen werden häufig **drei Saugsonden** (suction heads) angeordnet und mit einer automatischen Umschalteinheit zu einem System zusammengefasst (Bild 1). Der Lagerraum wird auf mindestens zwei Seiten mit einem 40°-Schrägboden versehen. Dieser garantiert einen störungsfreien Pellettransport und gewährleistet eine gute Entleerung des Lagerraumes.

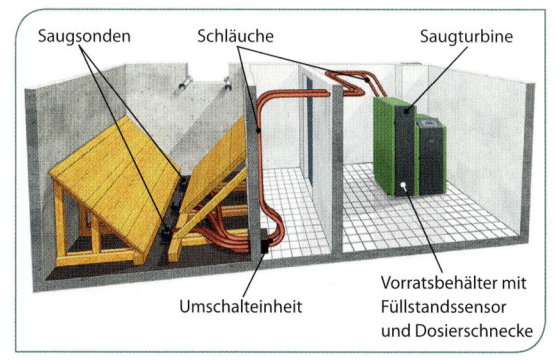

1 Saugsystem mit drei Saugsonden

Bei größeren Lagerräumen ohne Schrägböden werden bis zu **acht Saugsonden** im Raum verteilt, um eine gleichmäßige Entleerung sicherzustellen. Die außerhalb des Lagerraumes installierte Umschalteinheit wechselt zudem automatisch zwischen den Sonden, damit eine gleichmäßige Entleerung möglich ist.

Schnecken-Saugkombination
Diese Austragungsvariante eignet sich für große oder längliche Lagerräume und größere Entfernungen (bis zu 30 m) zwischen Lagerraum und Kessel. Die Pellets werden mittels Austragungsschnecke aus dem Lagerraum in das Saugsystem und von diesem zum Kessel befördert (Bild 2).

Die spezielle Form des Transporttrogs (transport tray) verhindert Überfüllstau und garantiert eine gleich bleibende und leicht transportierbare Fördermenge und die vollständige Entleerung des Lagers.

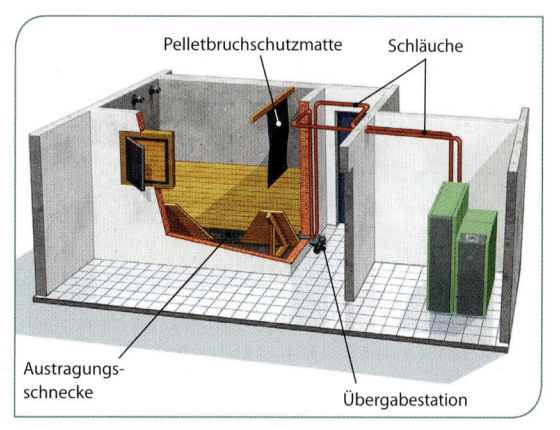

2 Saugsystem mit Austragungsschnecke

2.3.5 Fertiglagersysteme
Fertiglagersysteme (serviceable storage systems) beinhalten in der Regel neben dem eigentlichen Lagerbehälter auch die Befüllungseinrichtungen (filling equipments). Einige Ausführungen enthalten darüber hinaus auch die Entnahmevorrichtungen (extration devices). Fertiglagersysteme werden zur Innen- und Außenaufstellung sowie zur unterirdischen Lagerung der Pellets angeboten.

2.3.5.1 Sacksilos/Gewebesilos
Sack-/Gewebesilos (sack/fabric silos, Bild 1, nächste Seite) bestehen aus reißfestem, antistatischem und staubdichtem Gewebe im Tragrahmen bzw. Gestell (support frame) und haben ein Fassungsvermögen von 3 t bis 7 t; dies entspricht einer Heizöllagermenge von 1500 l bis 3500 l. Sie können sowohl im Aufstellraum des Heizkessels als auch in Nebenräumen oder Nebengebäuden aufgestellt werden.

Bei Aufstellung im Freien ist auf einen stabilen Untergrund und allseitige Verkleidung zum UV- und Feuchtigkeitsschutz zu achten. Sack-/Gewebesilos können einfach und schnell aufgebaut werden und lassen sich sehr flexibel an die räumliche Situation anpassen. Darüber hinaus werden Pellets auf diese Weise trocken und staubfrei gelagert.

2 Feste Brennstoffe

Es ist nur ein Einblasstutzen mit Kupplung und Blinddeckel (blind lid) notwendig, da die Luft durch das Gewebe entweicht. Je nach Höhe des Aufstellraumes kann der Einblasstutzen oberhalb oder unterhalb des Stahlrohrgestells montiert werden.

1 Gewebesilo

2.3.5.2 Stahlblechtanks

Eine weitere Alternative für trockene und staubfreie Lagerung z. B. bei feuchten Kellerwänden sind Stahlblechtanks (Bild 2). Sie bestehen aus verzinktem Stahlblech (zinc-coated/galvanised sheet steel) und können in jedem Raum freistehend montiert werden.

Durch die Modulbauweise (modular design) sind verschiedene Größen verfügbar. Der vorhandene Platz kann dadurch optimal ausgenutzt werden. Je nach verfügbaren Platz können 2 t bis 10 t Pellets gelagert werden.

2 Stahlblechtank

2.3.5.3 Erdtanks (Erdsilos)

Die unterirdische Lagerung (underground storage) außerhalb des Gebäudes bietet sich an, wenn keine Lagermöglichkeit innerhalb des Hauses besteht. Erdtanks (underground tanks/silos) werden aus Beton oder Kunststoff angeboten (Bild 3). Sie müssen absolut wasserdicht sein. Die Entnahme erfolgt im Saugsystem entweder von oben über einen Pellet-Maulwurf (Bilder 3 und 4) oder von unten.

Erdtanks mit unterer Entnahme sind im unteren Bereich kugel- oder trichterförmig (spherical or funnel-shaped), so dass die Pellets bis zum tiefsten Punkt nachströmen können. Je nach Hersteller werden die Pellets im Ansaugbereich z. B. durch Rückluft oder Rührwerke (agitators) aufgelockert. Da Erdtanks luftdicht sind, muss die bei der Befüllung einströmende Einblasluft mittels Sauggebläse wieder abgesaugt werden.

Durch die Lagerung der Pellets im Erdreich verliert man keinen Raum im Gebäude und Staub sowie Gerüche kommen beim Befüllen nicht ins Haus. Außerdem gewährleistet die Lagerung im Erdtank optimalen Brandschutz. Allerdings sind die Kosten wesentlich höher und das Austragungssystem schwer zugänglich.

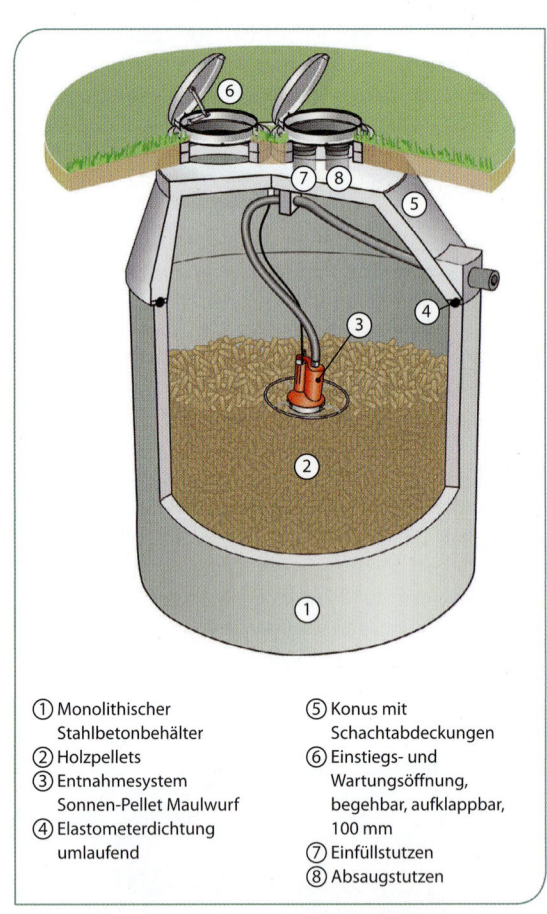

① Monolithischer Stahlbetonbehälter
② Holzpellets
③ Entnahmesystem Sonnen-Pellet Maulwurf
④ Elastometerdichtung umlaufend
⑤ Konus mit Schachtabdeckungen
⑥ Einstiegs- und Wartungsöffnung, begehbar, aufklappbar, 100 mm
⑦ Einfüllstutzen
⑧ Absaugstutzen

3 Unterirdischer Holzpelletspeicher mit oberer Entnahme

4 Pellet-Maulwurf

2.3.6 Lagerung von Hackgut, Säge- und Hobelspänen

Je nach baulichen Gegebenheiten gibt es verschiedene Möglichkeiten Hackgut und Späne (wood chips and shavings) so zu lagern, dass sie mit einem Bodenrührwerk und einer Austragungsschnecke (vgl. Kap. 2.4.3) dem Heizkessel zugeführt werden können (Bild 1).

2.3.7 Lagerung von Kohle

Kohle (coal) muss trocken gelagert werden. Bei großen Lagermengen sind Vorrichtungen zur Kontrolle einer möglichen Selbstentzündung (self ignition/spontaneous combustion) zu installieren. Für kleine Anlagen kann die Kohle im Keller oder in geeigneten Lagerräumen bereitgestellt werden.

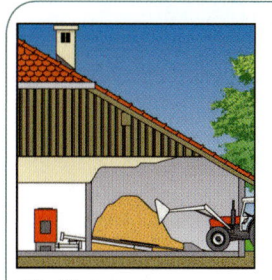

„Offene" Hackgutaustragung, z.B. eine Scheune, die maschinell beschickt wird.

Angebauter Lagerraum für die Hackgut- Raumaustragung. Beschickung von oben über Falltüre.

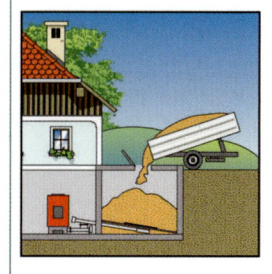

Kellerartiger Anbau für die Hackgut- Raumaustragung. Beschickung von oben über Falltüre.

Kellerraum für Hackgut- Raumaustragung. Beschickung mit Befüllschnecke.

1 Hackschnitzel- und Spänelagerung

ÜBUNGEN

1) Welche drei Anforderungen muss der Lagerplatz für Holz erfüllen?

2) Für ein Einfamilienhaus wurde eine Heizlast von 12 kW berechnet. Es soll mit einem Pelletkessel beheizt werden.
   a) Bestimmen Sie das erforderliche Lagerraumvolumen für die Pellets.
   b) Berechnen Sie die Pelletmenge in t bei einer Dichte $\rho = \frac{650\ \text{kg}}{\text{m}^3}$.
   c) Berechnen Sie das erforderliche Raumvolumen für einen Lagerraum mit Schrägböden.

3) Der Eigentümer eines Einfamilienhauses möchte die Ölheizung durch eine Pelletheizung ersetzen. Für die Lagerung der Pellets soll der 2,80 m lange, 2,50 m breite und 2,40 m hohe Öllagerraum verwendet werden.
   a) Bestimmen Sie die erforderliche Pelletmenge in kg und t, wenn man von einem jährlichen Ölverbrauch von 3000 l ausgeht.
   b) Berechnen Sie das erforderliche Lagerraumvolumen für die Pellets.
   c) Überprüfen Sie, ob der bisherige Öllagerraum für die Lagerung der Pellets ausreicht, wenn die Raumaustragung mit dem Schneckensystem erfolgen soll und dazu Schrägböden eingebaut werden müssen.

4) Zählen Sie sechs Anforderungen auf, die ein Pelletlagerraum erfüllen muss.

5) Warum dürfen für das Befüllsystem von Pelletlagerräumen keine Kunststoffrohre verwendet werden?

6) Nennen und erläutern Sie drei Raumaustragungssysteme für Pelletanlagen.

7) Nennen Sie drei Vorteile von Sacksilos/Gewebesilos.

8) Geben Sie vier Möglichkeiten an, Hackschnitzel so zu lagern, dass sie mit einem Schneckensystem dem Heizkessel zugeführt werden können.

2.4 Festbrennstoffkessel

Festbrennstoffkessel (solid fuel boiler) werden z. B. mit Kohle, Koks oder Holz, Pellets, Hackschnitzel betrieben.
Grundsätzlich dürfen nur die nach der Kleinfeuerungsverordnung (1. BImSchV) zugelassenen Festbrennstoffe in Feuerungsanlagen verbrannt werden (vgl. Lernfeldübergreifende Inhalte, Kap. 7.1.1). In dem jeweiligen Festbrennstoffheizkessel dürfen nur die Brennstoffe verbrannt werden, für die dieser Heizkessel laut Herstellerangabe zugelassen ist.
Die zulässigen Grenzwerte der bei der Verbrennung entstehenden Emissionen werden in der **Kleinfeuerungsverordnung** festgelegt (vgl. Lernfeldübergreifende Inhalte, Kap. 2.8.2.1 und Lernfeldübergreifende Inhalte, Kap. 7.1.1) und durch den Bezirksschornsteinfegermeister auf ihre Einhaltung kontrolliert.

Werkstoffe
Festbrennstoffheizkessel werden aus Guss oder Stahl hergestellt. Die thermisch hoch belasteten Bauteile wie z. B. die Brennkammer werden bei Stahlheizkesseln aus Keramik bzw. Schamott, Gusseisen oder Edelstahl gefertigt.

Brenndauer und Zugbedarf (Förderdruck)
Bei handbeschickten Festbrennstoffheizkesseln wie z. B. bei Stückholzkesseln werden besondere Anforderungen in Bezug auf Brenndauer (fuel combustion time) und Zugbedarf (necessary draught) gestellt.

Die Brenndauer ist die Zeit, in der die gesamte Brennstofffüllung des Kessels bei Nennwärmeleistung verbrennt. Sie muss nach DIN EN 303-5 mindestens 4 Stunden betragen. Der hierfür erforderliche Zugbedarf richtet sich nach der Kesselkonstruktion. Nach Ablauf dieser Zeit muss die Restglut den Heizkessel mit einer neuen Brennstofffüllung erneut auf die Nennwärmeleistung bringen.

Verbrennungssysteme
Man unterscheidet Kessel mit **oberem** und **unterem Abbrand**:

Kessel mit unterem Abbrand und unterem Abzug
Während des Abbrandes (combustion) glüht nur die untere Brennstoffschicht, die Kesselleistung ist gleichmäßig und lässt sich dabei gut regeln. Der Wirkungsgrad liegt über dem der Kessel mit oberem Abbrand. Die längeren Abgaswege erfordern einen höheren Zugbedarf des Schornsteins (Bild 1).

Kessel mit oberem Abbrand und oberem Abzug
Während des Abbrandes glüht die gesamte Brennstofffüllung, die Kesselleistung schwankt je nach Füllstand. Kurzfristig lassen sich sehr hohe Kesselleistungen erreichen, beim Nachfüllen sinkt sie jedoch ab. Der Zugbedarf ist gering, da die Abgase auf direktem Weg zum Abzug strömen (Bild 2).

Kessel mit oberem Abbrand und unterem Abzug
Durch den unteren Abzug werden die Abgaswege verlängert und die Abgase werden besser ausgenutzt, wodurch der Wirkungsgrad steigt. Der erforderliche Schornsteinzug ist größer als beim Kessel mit oberem Abzug (Bild 3).

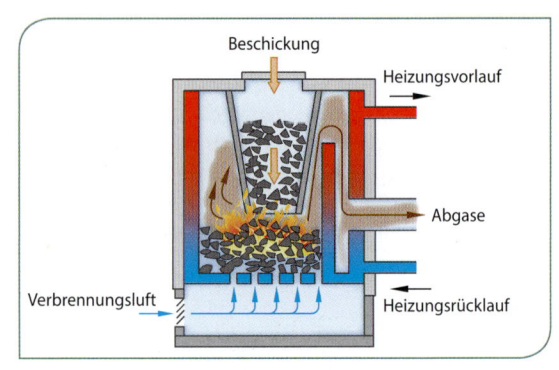

1 Unterer Abbrand und unterer Abzug

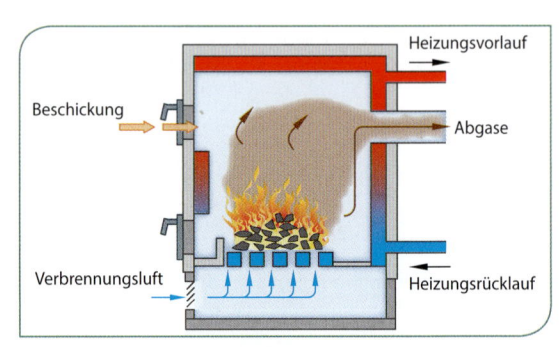

2 Oberer Abbrand und oberer Abzug

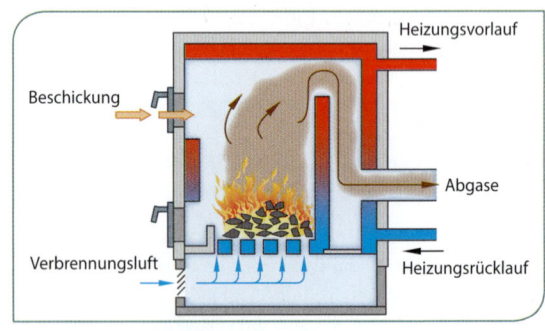

3 Oberer Abbrand und unterer Abzug

Naturzug- und Gebläsefeuerung
Bei der Naturzugfeuerung (natural draught combustion) wird die Verbrennungsluft über eine Luftklappe zugeführt. Ein Gebläse kann unterstützend wirken.
Durch den Einsatz eines Druckgebläses (positiver Überdruck im Brennraum) oder Saugzuggebläses (induced draught fan) (negativer Überdruck im Brennraum) werden die Schadstoffemissionen verringert und die Brennstoffausnutzung verbessert.

2 Feste Brennstoffe

Leistungs- und Verbrennungsregelung

Bei handbeschickten Festbrennstoffheizkesseln (Bild 1) wird die Leistung über die zugeführte Verbrennungsluftmenge geregelt. Die Veränderung der Verbrennungsluftmenge erfolgt durch Hubänderung (change in travel) der Luftklappe mittels Zugkette oder Stellmotor oder durch Drehzahländerung des Gebläses. Eine Sekundärluftklappe oder ein Sekundärluftschieber dient der Anpassung an unterschiedliche Brennstoffarten wie z. B. Holz oder Kohle.

Moderne Festbrennstoffheizkessel besitzen eine automatische Heizwerterkennung des Brennstoffes. Für die Verbrennungsluftzufuhr werden stufenlos drehzahlgeregelte Gebläse eingesetzt. Die Brennraum- und Abgastemperatur sowie der Restsauerstoffgehalt (remaining oxygen content) der Abgase werden über eine Lambdasonde (vgl. Bild 2) und Messfühler im Abgaskanal und im Brennraum erfasst, ausgewertet und entsprechend wird die Verbrennungsluftzufuhr angepasst. Dadurch werden die Schadstoffemissionen verringert und die Wirkungsgrade erhöht. Bei Festbrennstofffeuerungen mit automatischer Brennstoffzufuhr (z. B. vollautomatische Pellets-Feuerung) erfolgt eine exakte Dosierung der Verbrennungsluft- und Brennstoffmenge, wodurch eine schadstoffarme Verbrennung und hohe Wirkungsgrade auch im Teillastbereich (partial-load range) erzielt werden. Der Komfort dieser Feuerungsanlagen ist mit dem einer Ölheizung vergleichbar.

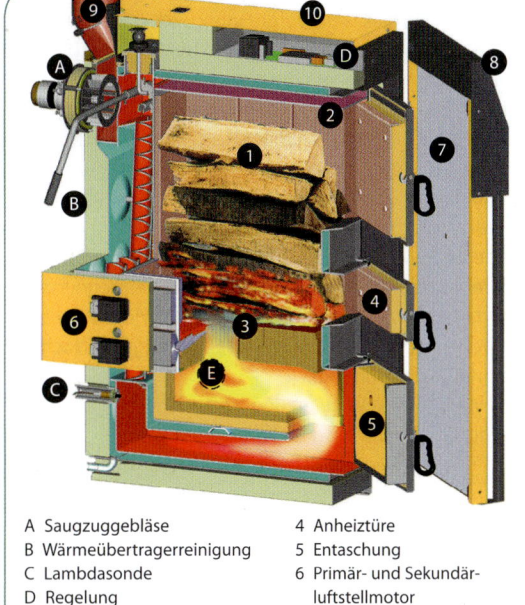

2.4.1 Stückholzkessel (Scheitholzkessel)

Moderne **Stückholzkessel** (log-burning boiler) bzw. Scheitholzkessel sind vorwiegend mit unterem Abbrand ausgestattet. Bei Ausführungen mit **Saugzuggebläse** (Bild 2) herrscht im Innern des Kessels ein negativer Überdruck, so dass auch beim Nachfüllen keine Verbrennungsgase (Schwelgase) aus dem Kessel entweichen können. Die Anpassung der Verbrennungsluft erfolgt mit dem Primärluft- und Sekundärluftstellmotor. Die Holzscheite werden z. B. auf eine Brennerplatte aus Feuerkeramik (fire ceramics) geschichtet. Dort wird dem Holz zunächst die Restfeuchte entzogen, anschließend wird es vergast (Pyrolyse) und die leicht brennbaren Bestandteile werden vorverbrannt. Nach der Holzausgasung und Vorverbrennung der leicht brennbaren Bestandteile im unteren Füllschacht werden die Verbrennungsgase in einen seitlich oder unterhalb angeordneten Verbrennungsbereich (Wirbelbrennkammer) gesaugt. Dort findet durch Zufuhr von Sekundärluft die Hauptverbrennung statt, bei der die schwer entzündbaren Bestandteile verbrannt werden. Danach erfolgt die Nachverbrennung.

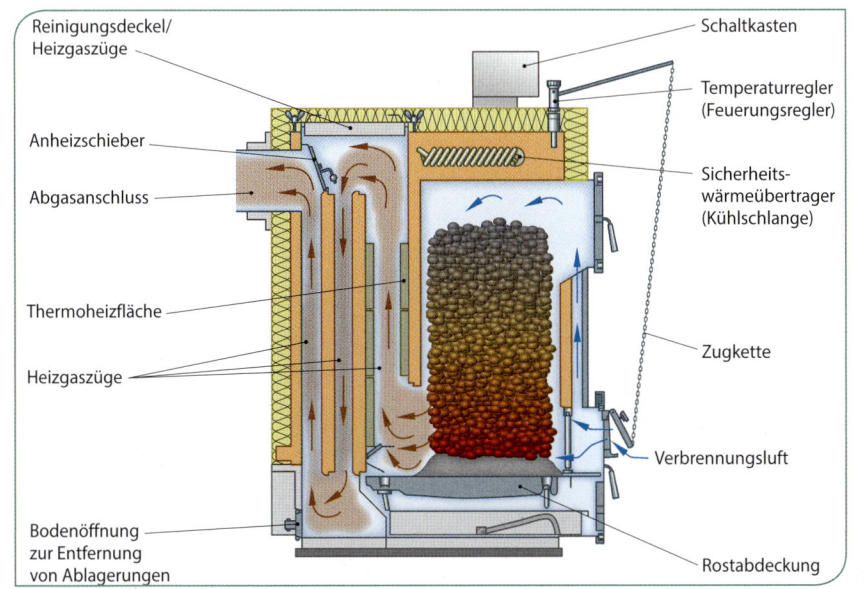

A Saugzuggebläse
B Wärmeübertragerreinigung
C Lambdasonde
D Regelung
E Wirbelbrennkammer
1 Füllschacht
2 Schwelgasabsaugung
3 Brennerplatte aus Feuerkeramik
4 Anheiztüre
5 Entaschung
6 Primär- und Sekundärluftstellmotor
7 Isoliertür
8 Bedientableau
9 Abgastemperaturfühler
10 Verkleidung

2 Stückholzkessel mit Saugzuggebläse

1 Festbrennstoffheizkessel

2 Feste Brennstoffe

Bei Stückholzkesseln mit **Druckgebläse** (forced draught fan) (Bild 2) fördert dieses die Verbrennungsluft über Luftkanäle sowohl in den Füllschacht (feeding chute) als auch in das Zentrum des Wirbelkammerbrenners (turbulence chamber burner) (Bild 1). Der im Füllraum erzeugte positive Überdruck presst die Verbrennungsgase mit dem noch hohen Anteil an unverbrannten Bestandteilen nach unten durch die glühende Holzkohle (charcoal) und die Turboscheibe. Im Wirbelkammerbrenner findet aufgrund der Verwirbelung mit der vorgewärmten Sekundärluft (Zweitluft) die **Hauptverbrennung** statt (Bild 2). In dieser Phase verbrennen auch die schwer entzündbaren Bestandteile des Holzes bei einer Temperatur von 1100 °C. Anschließend erfolgt die **Nachverbrennung** (afterburning).

Um eine optimale Verbrennung zu erreichen, wird das Verbrennungsluftgebläse stufenlos geregelt.

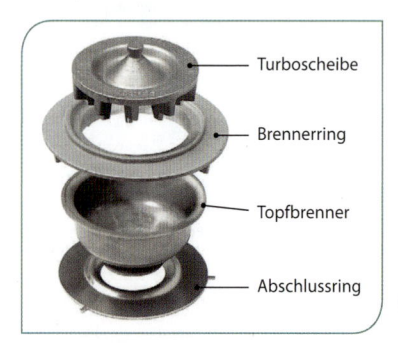

1 Wirbelkammerbrenner

MERKE

Bei Anlagen mit großem Wasserinhalt (> 15 $\frac{l}{kW}$) ist bei Stückholzkesseln eine Rücklauftemperaturanhebung vorzusehen, um bei Temperaturen unter 55 °C Schwitzwasserkorrosion im Kessel zu vermeiden.

2.4.2 Pelletkessel

Bei **Pelletkesseln** (Bild 1, nächste Seite) werden die Holzpellets vom Vorratsbehälter (Zwischenbehälter), der manuell oder automatisch befüllt werden kann, einer Dosierschnecke (metering screw) oder über eine rückbrandsichere (backfire-proof) Zellenrad-Dosierschleuse einer Einbringschnecke zugeführt, die sie in die Brennkammer transportiert.

Die Zündung erfolgt automatisch durch ein Heißluftgebläse. Die Verbrennung findet in einer Brennerschale statt. Messfühler und eine Lambdasonde (vgl. Bild 2, vorherige Seite) kontrollieren die Verbrennungs- und Abgastemperatur sowie den Restsauerstoffgehalt ständig. Danach wird die Zufuhr der Verbrennungsluft- und der Brennstoffmenge für eine optimale Verbrennung festgelegt. In Verbindung mit einem drehzahlgeregelten Gebläse, meist einem Saugzuggebläse, und der Brennstoffdosierung, wird ein modulierender Betrieb von 30 … 100 % der Nennwärmeleistung ermöglicht. Vielfach werden Pelletkessel mit automatischer Heizflächenreinigung (heating surface cleaning) und automatischer Entaschung (ash removal) angeboten.

Neben den herkömmlichen Pelletkesseln gibt es auch Ausführungen mit **Brennwerttechnik**.

Voraussetzungen für deren Einsatz sind ein feuchteunempfindliches und Rußbrand beständiges (soot fire resistant) Abgassystem sowie ein Kanalanschluss für die Kondensat- und Spülwasserableitung (condensate and rinse water drainage). Bei dem abgebildeten **Pellet-Brennwertkessel** (Bild 2, nächste Seite) erfolgt die Brennwertnutzung in einem speziell entwickelten Wärmeübertrager (heat exchanger) aus hochwertigem Edelstahl, der im Heizkessel integriert ist und vollautomatisch gereinigt wird. In diesem Wärmeübertrager kühlen die Abgase auf Temperaturen von 35 °C bis 40 °C ab, so dass der Wasserdampf kondensiert. Die hier gewonnene Energie führt laut Angabe des Herstellers zu einem Kesselwirkungsgrad von ca. 107 Prozent (bezogen auf H_i).

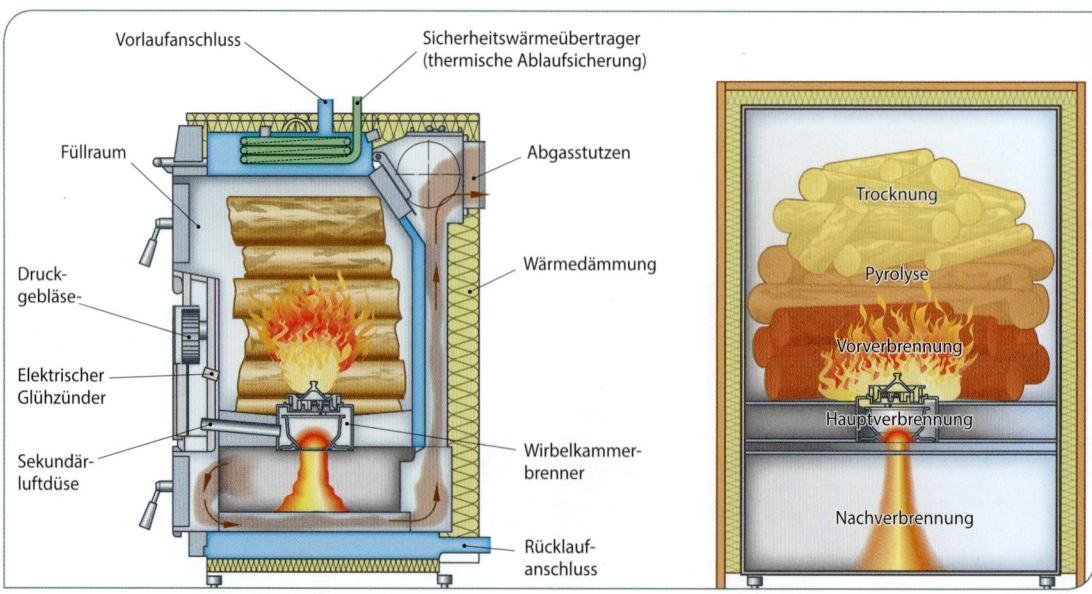

2 Stückholzkessel mit Druckgebläse

2 Feste Brennstoffe

Brennwertkessel dieser Art können unabhängig von den Rücklauftemperaturen sowohl bei Heizkörper- als auch bei Flächenheizungen eingesetzt werden.

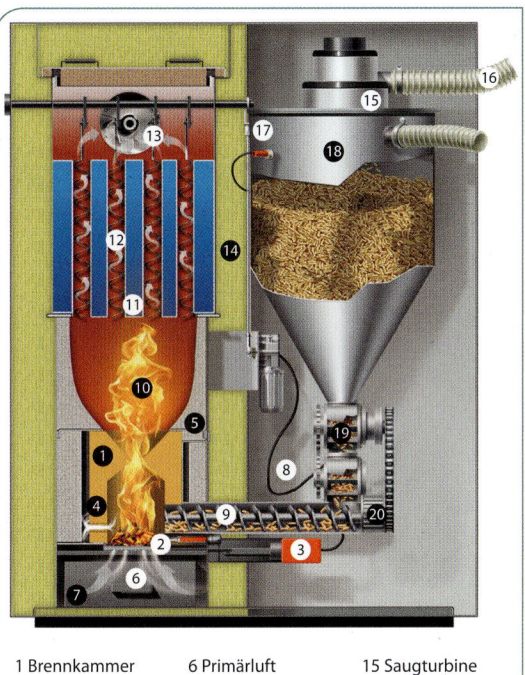

1 Brennkammer	6 Primärluft	15 Saugturbine
2 Schieberost	7 Aschelade	16 Saugsystem
3 Motor für Schieberost	8 Autom. Zündung	17 Füllstandsmelder
4 Sekundärluftstrom mit Einlasskanälen	9 Einbringschnecke	18 Vorratsbehälter
	10 Zirkulationszone	19 Zellenrad-Dosierschleuse
	11 Wärmeübertrager	
5 Hochtemperaturisolierplatten	12 Turbulatoren	20 Motor-Antriebseinheit
	13 Saugzuggebläse	
	14 Vollisolierung	

1 Pelletkessel mit automatischer Beschickung

Soll neben Wärme auch Ökostrom (green electricity) erzeugt werden, muss der Kessel mit einer speziellen Anschlussvorrichtung (connecting device) ausgestattet sein, an der eine entsprechende Wärmekraftmaschine (Stirling engine) angebracht wird. Diese kann auch später nachgerüstet werden.

Die Kondensationswärme des Wasserdampfes in den Abgasen kann auch durch einen an der Rückseite des Kessels positionierten **zusätzlichen Wärmeübertrager (Brennwert-Wärmeübertrager)** aus Edelstahl nutzbar gemacht und dem Heizsystem zugeführt werden (Bild 1, nächste Seite). Damit kann ein Kesselwirkungsgrad von über 104 Prozent (bezogen auf H_i) erreicht werden. Die Reinigung des Wärmeübertragers erfolgt über eine automatische Spüleinrichtung (rinsing device). Die verschiedenen Paramater in Bezug auf die Reinigung, z. B. Reinigungsintervalle (nach jeweils 3 Betriebsstunden bei einem 20 kW-Kessel), Reinigungsdauer (60 Sekunden bei einem 20 kW-Kessel), Freigabezeiten (release times) für den Spülvorgang, können an der Kesselregelung eingestellt werden. Für die eingestellte Reinigungsdauer wird das Magnetventil in der Zulaufleitung geöffnet.

1 Pelletzuführung	8 Multisegment-Brennteller
2 Bedientableau	9 E-Zündung mit Glühstab
3 Zwischenbehälter	10 Flammrohr
4 Unterdruckmessung	11 Flammraumsensor
5 Rückbrandsicherung	12 Edelstahl-Brennkammer
6 Aschebox	13 Brennwert-Wärmeübertrager
7 Automatische Ascheaustragung	14 Vollautomatische Wärmeübertragerreinigung

2 Pellet-Brennwertkessel

Der Wasserdruck muss mindestens 2 bar betragen; eine Wasseraufbereitung (water treatment) ist nicht erforderlich. Das Kondensat und das Spülwasser müssen gemäß den örtlichen Bestimmungen für Brennwert-Feuerungsanlagen in das Abwassersystem abgeführt werden. Die Kondensatableitung muss frostsicher ausgeführt und regelmäßig überprüft werden.
Bei manchen Pelletkesseln kann das Brennwertmodul (condensing unit) nachgerüstet werden.
Voraussetzung für einen optimalen Einsatz dieser Brennwerttechnik ist allerdings eine möglichst niedrige Rücklauftemperatur (z. B. Fußboden- oder Wandheizung).

2 Feste Brennstoffe

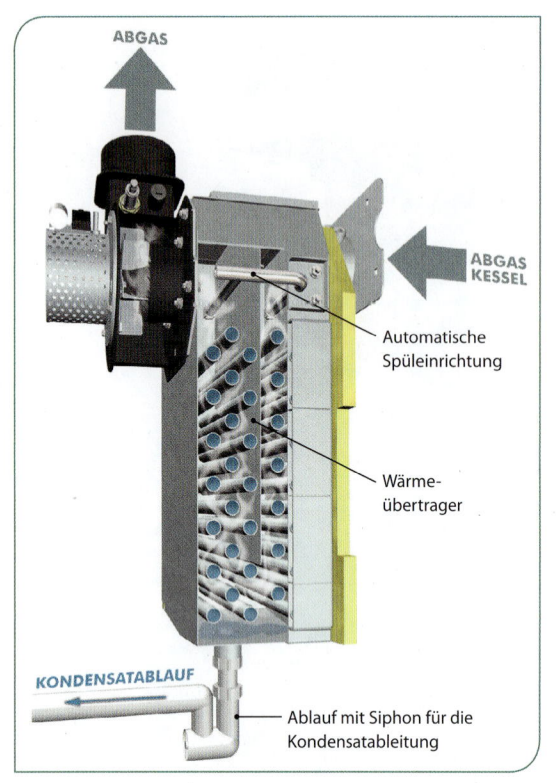

1 Brennwert-Wärmeübertrager

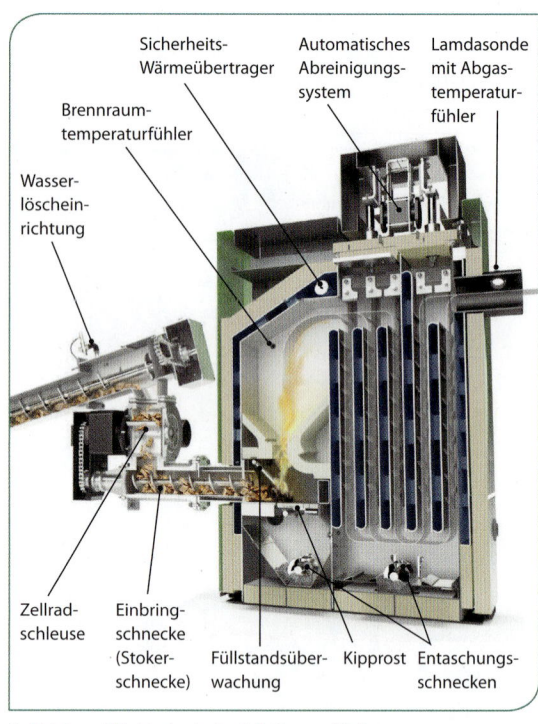

3 Heizkessel für Hackschnitzel, Späne und Pellets

2.4.3 Hackschnitzel, Späne- und Pelletfeuerungen

Eine weitere Art der Holzverbrennung bieten automatische **Hackschnitzel-, Späne- und Pelletfeuerungen** (Bilder 2 und 3). Im Lagerraum wird das Brennmaterial mit einem Bodenrührwerk (bottom agitator) gelockert und zur Füllöffnung einer Austragungsschnecke (discharge screw) gefördert. Bei manchen Ausführungen sind die Antriebskräfte, die auf das Rührwerk und auf die Austragungsschnecke wirken, durch ein Rohr-Welle-System entkoppelt, so dass z. B. bei einer Störung durch einen Fremdkörper die Austragungsschnecke manuell zurückgestellt werden kann, ohne das Rührwerk zu bewegen. Bei Systemen mit Stromüberwachung der Antriebsmotoren (drive motors) wird eine

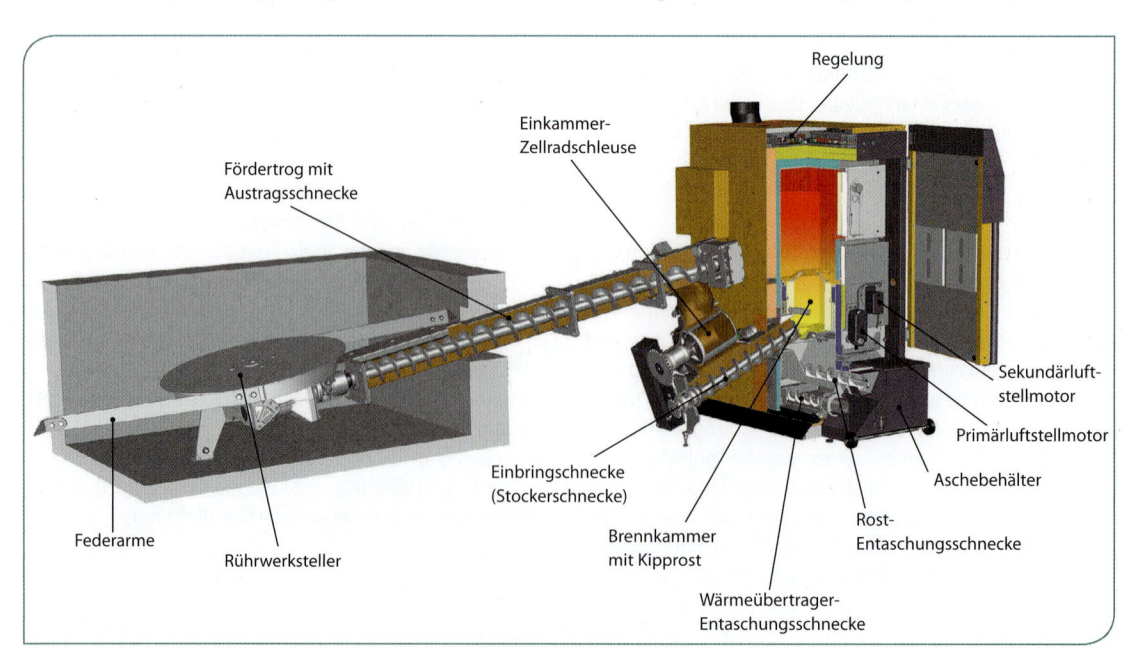

2 Automatische Hackschnitzelfeuerung

Schwergängigkeit der Schnecken, z. B. durch eingeklemmte Holzteile oder Steine sofort erkannt und ein Rücklauf der Schnecken aktiviert. Durch Abkoppelung (uncoupling) des Bodenrührwerks mittels Freilauf (free-wheeling) steht die gesamte Motorkraft zum Losreißen der Schnecke zur Verfügung. Durch eine Zellradschleuse (Bild 3, vorherige Seite) bleibt der Brennraum in allen Betriebszuständen sicher vom Brennstofflager getrennt (Rückbrandsicherheit). In Verbindung mit einer Wasserlöscheinrichtung (water extinguishing device) wird dadurch eine absolute Betriebssicherheit gewährleistet. Eine Einbringschecke (Stokerschnecke) fördert das Brennmaterial in den Brennraum und schiebt es dort auf den Kipprost (tipping grate). Durch Abgasüberwachung und automatische Heizwerterkennung des Brennstoffes mithilfe einer Lambdasonde können Verbrennungsluft- und Brennstoffmenge so dosiert werden, dass eine optimale Verbrennung mit geringen Schadstoffemissionen auch im Teillastbereich erreicht wird. Neuere Ausführungen werden auch mit einer automatischen Ascheaustragung und Reinigung angeboten.

Vorteile dieses Systems sind z. B.:
- die Nutzung von Abfällen (waste materials) in Tischlereien und anderen Holz verarbeitenden Betrieben.
- die Möglichkeit, neben Hackschnitzel auch Holzpellets zu verbrennen; je nach Fabrikat können allerdings Zubehörteile erforderlich sein.

2.4.4 Kombikessel für Stückholz und Pellets

Kombikessel (twin/combined boilers) für Scheitholz (Stückholz) und Pellets bestehen aus einem Scheitholzvergaserkessel (split log gasification boiler) und einer integrierten oder seitlich angebauten Pelleteinheit (Pelletmodull), die bei manchen Modellen auch nachgerüstet (refitted) werden kann. Vorteile gegenüber zwei getrennten Kesseln für Scheitholz und Pellets sind der geringere Platzbedarf sowie die geringeren Investitions- und Betriebskosten.

Grundsätzlich unterscheidet man bei den Scheitholz-Pellet-Kombikesseln folgende zwei Ausführungen:

- **Kombikessel mit zwei getrennten Brennkammern,** in denen Scheitholz und Pellets jeweils separat verbrannt bzw. vergast werden können (Bilder 1 und 2).
Durch die getrennten Brennkammern (separate combustion chambers) wird ein flexibler Wechsel zwischen den Brennstoffen Scheitholz und Pellets ermöglicht. Wird nach dem Scheitholzabbrand kein Scheitholz nachgelegt, schaltet der Kessel bei Wärmebedarf automatisch auf Pelletsbetrieb.
Wird die Füllraumtür (fuel chamber door) geöffnet und Scheitholz nachgelegt, schaltet der Kessel automatisch wieder auf Scheitholzbetrieb. Die Zündung des Scheitholzes kann mit handelsüblichen Anzündhilfen (z. B. Anzündwolle, -riegel, -würfel), durch die gespeicherte Wärme bzw. die Restglut (residual embers) oder durch die heißen Pelletbrenngase erfolgen. Die Zündung der Pellets erfolgt über Glühzünder (glow igniter) oder Heißluftgebläse (hot air fan).

1 Saugturbine
2 Vorratsbehälter
3 Zellradschleuse als Rückbrandschutzeinrichtung
4 Pelletsbrennkammer
5 Drehrost mit Reinigungskamm
6 Übergangskanal in Scheitholz-Glühzonenbrennkammer
7 Saugzuggebläse
8 Entaschung, Reinigung und Wartung
9 Isoliertür mit integriertem Touchscreen
10 Befülltür
11 Schwelgasabsaugung
12 Füllraum
13 Gussroste
14 Scheitholz-Glühzonenbrennkammer
15 Scheitholz-Wärmeübertrager

1 Kombikessel mit Flammenführung/Gaskanal zwischen der Pellets- und Scheitholzbrennerkammer

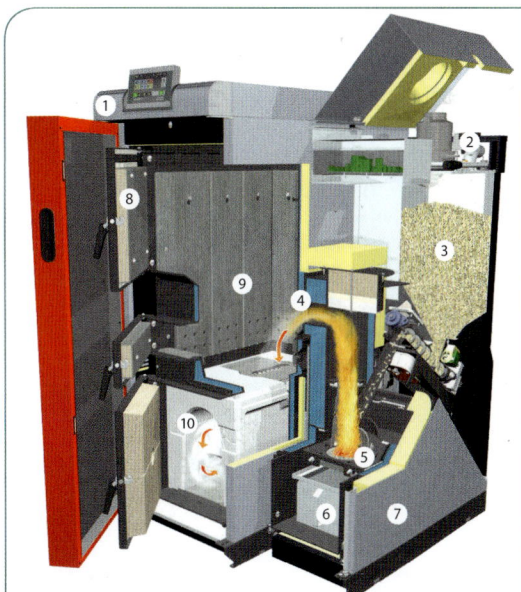

1 Kesselbediengerät mit Touch-Display
2 Doppeltes Schiebersystem als Rückbrandschutz
3 Pelletsbehälter mit Stockerschnecke
4 Einströmkanal in Scheitholz-Füllraum
5 Pellets-Brennkammer mit Schieberost zur automatischen Entaschung und Entleerung
6 Aschelade
7 Wärmedämmung
8 Füllraumtür
9 Scheitholz-Füllraum
10 Scheitholz-Brennkammer

2 Kombikessel mit Flammenführung/Gaskanal zum Füllraum

2 Feste Brennstoffe

Der Scheitholzbetrieb entspricht der Betriebsweise eines Scheitholzvergaserkessels (vgl. Kap. 2.4.1). Bei Pelletsbetrieb werden die Flammenfront (flame front) bzw. Verbrennungsgase von der Pelletsbrennkammer durch einen Übergangskanal direkt in die Brennkammer des Scheitholzkessels geleitet (Bild 1, vorherige Seite) oder durch einen Einströmkanal (inflow channel) in den Scheitholzfüllraum und von dort in die Scheitholzbrennkammer geführt (Bild 2, vorherige Seite).

Nach vollständigem Ausbrand (burnout) gelangen die Pellets-Abgase in den Wärmeübertrager des Scheitholzkessels und übertragen dort die Energie an das Heizwasser.

Auf diese Weise werden sowohl beim Verfeuern von Scheitholz als auch beim Verheizen von Pellets eine optimale Verbrennung und ein hoher Wirkungsgrad erreicht.

- **Scheitholz-Pellet-Kombikessel**, bei denen durch eine besondere Konstruktion des Füllraumbodens und der Sturzbrandtechnik (downfiring combustion technology) sowohl Scheitholz als auch Pellets in **der gleichen Brennkammer** verfeuert bzw. vergast werden können (Bild 1). Ein großvolumiger Füllraum (hopper/container) ermöglicht eine lange Brenndauer und erhöht damit den Komfort beim Heizen mit Scheitholz. Die Zufuhr der Pellets erfolgt automatisch mittels Einbringschnecke (screw/auger feeder) und Rückbrandsicherung (burn-back protection) über ein Fallrohr von oben oder seitlich.

Ein Heißluftgebläse zündet bei Vorliegen einer Wärmeanforderung den Brennstoff (Scheitholz oder Pellets) vollautomatisch.

Das drehzahlgeregelte Saugzuggebläse (draugt fan) saugt das Brenngas kontrolliert durch den Brennrost in die Brennkammer, wo bei Temperaturen bis zu 1200 °C eine optimale Brennstoffverwertung erreicht wird.

Die Sturzbrandtechnik in Kombination mit dem drehzahlgeregelten Saugzuggebläse und der über eine Lambdasonde[1] (vgl. Bild 2, Seite 287) gesteuerten Verbrennungsluftzufuhr (combustion air supply) ermöglicht bei der Verbrennung von Scheitholz oder Pellets eine hohe Verbrennungsqualität mit hohen Wirkungsgraden in den unterschiedlichen Leistungsbereichen.

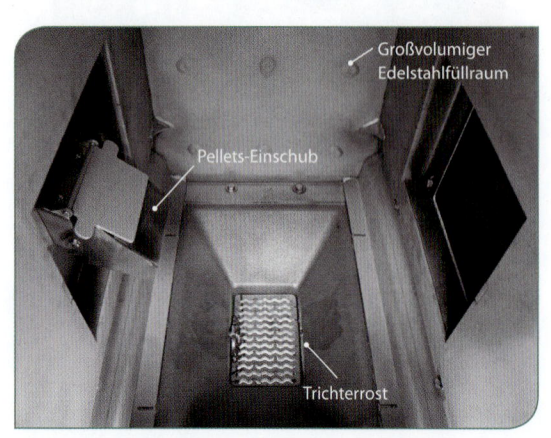

1 Scheitholz-Pellet-Kombikessel mit einer Brennkammer

Wird nach dem Scheitholzabbrand kein Scheitholz nachgelegt, wird bei Wärmebedarf automatisch auf Pelletsbetrieb umgeschaltet.

2.4.5 Kohlekessel

Einfache Festbrennstoffheizkessel für Koks und Kohle sind Heizkessel mit oberem Abbrand (Bild 2). Sie sind ausgestattet mit:
- einem **Füllraum** (feed chamber) für den Brennstoff,
- dem **Rost** (grate),
- dem darunter liegenden **Ascheraum** (ash box),
- sowie einer regelbaren **Luftklappe**, die die notwendige Versorgung des Kessels mit Verbrennungsluft garantiert (ein Gebläse kann dabei unterstützend wirken) und
- den Sicherheitseinrichtungen (Lernfeldübergreifende Inhalte, Kap 5.2).

Es gibt auch Festbrennstoffheizkessel, die sowohl mit Kohle als auch mit Stückholz beheizt werden können. Bei manchen Fabrikaten ist dies allerdings nur durch Ein- bzw. Ausbau von Umstellteilen und der damit verbundenen Änderung des Verbrennungssystems möglich.

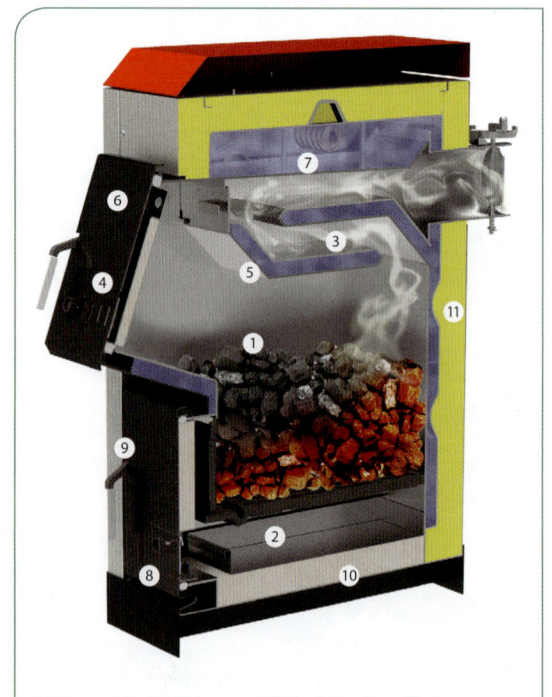

1 Füllraum
2 Rost
3 Nachschaltheizflächen
4 Sekundärluftschieber
5 Anheizklappe
6 Fülltür
7 Sicherheitswärmeübertrager
8 Primärluftklappe
9 Schürtür
10 Aschenlade
11 Wärmedämmung

2 Festbrennstoffkessel für Koks und Kohle

---

[1] Die Lambasonde misst den Restsauerstoffgehalt in den Abgasen und optimiert die Primär- und Sekundärluftmenge durch Änderung der Gebläsedrehzahl und Luftklappenstellung.

2.4.6 Pufferspeicher

Der Pufferspeicher (buffer) speichert die überschüssige Wärmeenergie und gibt sie bei Bedarf an den Heizkreis bzw. den Trinkwassererwärmer ab.

Durch Kombination mit einem Pufferspeicher kann ein handbeschickter (manually operated) Holzkessel, wie z. B. ein Stückholzkessel, auch in der Übergangszeit (transition period) bei niedriger Heizlast im günstigen Volllastbetrieb betrieben werden. Dies erhöht die Wirtschaftlichkeit erheblich und verringert die Schadstoffemission. Daneben wird ein verbesserter Bedienungskomfort erreicht, da der Heizkessel seltener beschickt werden muss. Außerdem werden Wasserverluste durch häufiges Ansprechen der thermischen Ablaufsicherung vermieden.

Bei automatisch beschickten Holz-Feuerungsanlagen ist ein Pufferspeicher grundsätzlich nicht erforderlich. Allerdings wirkt sich die Kombination mit einem Pufferspeicher positiv aus, weil dadurch die Startvorgänge im Teillastbereich verringert werden.

Grundlage für den komfortablen Betrieb eines handbeschickten Stückholzkessels ist die richtige Dimensionierung des Pufferspeichers.

In der novellierten BImSchV ist die Pufferspeicher-Mindestgröße mit 55 $\frac{l}{kW}$ bzw. mit 12 Liter Pufferspeichervolumen je Liter Füllschachtvolumen festgelegt.

Für die genaue Auslegung des Pufferspeichervolumens ist die DIN EN 303-5 heranzuziehen.

Der **minimale Pufferspeicherinhalt** kann danach mithilfe folgender Formel berechnet werden:

$$V_{PU,min} = 15 \cdot t_B \cdot \Phi_{NL} \cdot (1 - 0{,}3 \cdot \frac{\Phi_{HL}}{\Phi_{K,min}})$$

$V_{Pu,min}$: minimaler Pufferspeicherinhalt in l
t_B: Abbrandperiode (Abbrandzeit pro Füllung) in h
Φ_{NL}: Nennwärmeleistung des Heizkessels in kW
Φ_{HL}: Heizlast des Gebäudes in kW
$\Phi_{K,min}$: kleinste einstellbare Heizkesselleistung in kW

Faustformel (rule of thumb) **(Herstellerempfehlung)**

Minimales Pufferspeichervolumen:
Weichholz: Füllschachtvolumen · 12 … 15
Hartholz: Füllschachtvolumen · 15 … 18

Damit mehrere Pufferspeicher gleichmäßig aufgeheizt und entladen werden, sind sie nach dem Tichelmannprizip zu verbinden. Zwei Pufferspeicher können über flexible Pufferspeicher-Anschlussverbindungen gekoppelt werden. Allerdings können dabei kleine Verzögerungen beim Aufheizen und Entladen auftreten.

ÜBUNGEN

1) Was versteht man unter „Brenndauer"?
2) a) Nennen Sie die Unterschiede zwischen oberem und unterem Abbrand bei einem Festbrennstoffheizkessel.
   b) Welche Vor- und Nachteile hat jedes der beiden Systeme?
3) Erläutern Sie den Unterschied zwischen Naturzug- und Überdruckfeuerung.
4) Wie wird bei handbeschickten Festbrennstoffheizkesseln die Leistung geregelt?
5) Beschreiben Sie die Leistungs- und Verbrennungsregelung bei modernen Festbrennstoffheizkesseln.
6) Beschreiben Sie die Vorgänge bei der Verbrennung von Holz im Heizkessel.
7) Welches Verbrennungssystem wird bei modernen Stückholzkesseln angewandt?
8) Wie wird bei Pelletkesseln das Brennmaterial vom Vorratsbehälter in die Brennkammer transportiert?
9) Welche Aufgabe erfüllt die Lambdasonde bei Pellet- und Hackschnitzelanlagen?
10) Nennen Sie die Vorteile des Pellet- gegenüber dem Stückholzkessel.
11) Welche Voraussetzungen müssen erfüllt sein, damit Pellet-Brennwertkessel eingesetzt werden dürfen?
12) Erläutern Sie zwei verschiedene Arten der Brennwertnutzung bei Pellet-Brennwertkesseln.
13) Nennen Sie Vorteile von automatischen Späne- und Hackschnitzelfeuerungen.
14) Nennen Sie zwei Vorteile der Scheitholz-Pellet-Kombikessel gegenüber getrennten Kesseln für diese Brennstoffe.
15) Wie kann bei Kombikesseln für Scheitholz und Pellets die Zündung
    a) des Scheitholzes b) der Pellets erfolgen?
16) Erläutern Sie den Pelletsbetrieb bei Scheitholz-Pellet-Kombikesseln
    a) mit zwei getrennten Brennkammern.
    b) mit einer gemeinsamen Brennkammer.
17) Beschreiben Sie den Aufbau einfacher Festbrennstoffheizkessel für Kohle und Koks.
18) Welches Verbrennungsprinzip findet bei einfachen Kohle- und Koksheizkesseln Anwendung?
19) Welche Aufgabe hat der Pufferspeicher?

2 Feste Brennstoffe

ÜBUNGEN

20) Begründen Sie, weshalb bei handbeschickten Holzkesseln ein Pufferspeicher notwendig ist.

21) Nennen Sie die Formel zur Bestimmung des Mindestpufferspeicherinhalts nach DIN EN 303-5.

22) Bestimmen Sie die Pufferspeicher-Mindestgröße nach der novellierten BImSchV für einen Scheitholzkessel mit der Nennwärmeleistung $\Phi_{NL} = 20$ kW.

23) Das Füllschachtvolumen eines Stückholzkessels beträgt 150 l. Bestimmen Sie das Mindestvolumen des Pufferspeichers, wenn der Kessel hauptsächlich mit Weichholz beheizt wird.

2.5 Heizräume

Heizräume (Bild 1) sind nach der FeuVO 2005 nur für Feuerstätten für **feste Brennstoffe > 50 kW** Gesamtnennwärmeleistung $\Sigma\Phi_{NL}$ erforderlich. Bei der Festlegung der Gesamtwärmeleistung sind **alle** Feuerstätten im Aufstellraum anzurechnen, die evtl. zur gleichen Zeit in Betrieb sein können. Die Anforderungen (requirements) an die bauliche Gestaltung von Heizräumen werden von Aufsichtsbehörden, Bund und Ländern gestellt.

Bei der Planung und Ausführung von Heizräumen sind besonders zu beachten:
- gute Bedienbarkeit (operability) und Wartungsmöglichkeiten (maintainability),
- Wände, Decken und Böden müssen feuerbeständig sein (F90),
- Raumhöhe ≥ 2 m,
- Raumvolumen ≥ 8 m³,
- Heizraumtür feuerhemmend (fire-retardant), selbstschließend und in Fluchtrichtung zu öffnen,
- für die Raumlüftung jeweils eine obere und eine untere Öffnung ins Freie mit einem Querschnitt von mindestens 150 cm² oder Leitungen ins Freie mit strömungstechnisch äquivalenten Querschnitten (bei mehr als 50 kW Gesamtleistung jedoch 300 cm² + 2,5 cm² je kW Mehrleistung). Zuluftschacht höchstens 50 cm über Boden,
- Lüftungsleitungen für Heizräume müssen eine Feuerwiderstandsklasse (fire resistance class) von mindestens F90 haben (Bild 2) und sie dürfen mit anderen Lüftungsleitungen nicht verbunden sein und nicht der Lüftung anderer Räume dienen,
- Mauerdurchführungen (wall break-throughs) müssen gasdicht und mit nicht brennbaren Stoffen gefüllt sein,
- Heizräume dürfen nicht anderweitig genutzt werden, außer zur Lagerung von Brennstoffen, zum Aufstellen von Blockheizkraftwerken, Wärmepumpen und ortsfesten Verbrennungsmotoren,
- Heizräume dürfen mit Aufenthaltsräumen und Treppenräumen (staircases) nicht in unmittelbarer Verbindung stehen.

In Heizräumen dürfen auch Feuerstätten für flüssige oder gasförmige Brennstoffe aufgestellt werden.

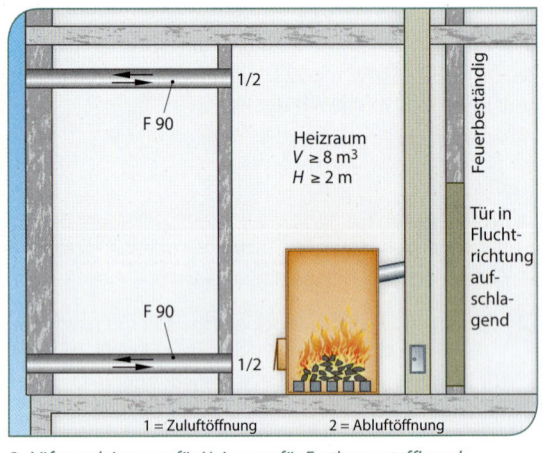

2 Lüftungsleitungen für Heizraum für Festbrennstoffkessel

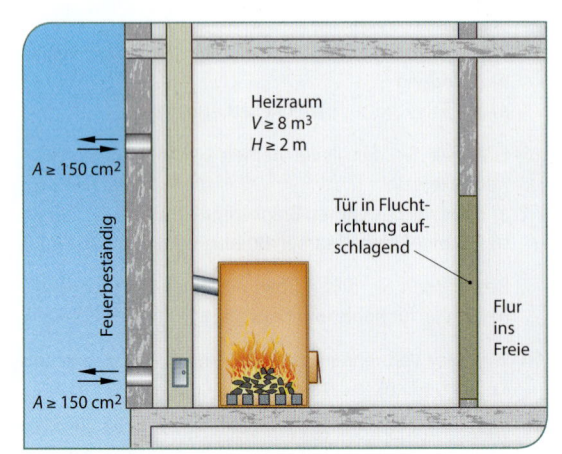

1 Heizraum für Festbrennstoffkessel

ÜBUNGEN

1) Für welche Feuerstätten sind Heizräume notwendig?

2) Wer bestimmt die bauliche Ausgestaltung von Heizräumen?

3) Welchen Rauminhalt und welche Raumhöhe müssen Heizräume mindestens haben?

4) Wie viele Minuten müssen Lüftungsleitungen für Heizräume dem Feuer mindestens widerstehen?

5) Wofür dürfen Heizräume ausschließlich genutzt werden?

6) Dürfen in Heizräumen auch Feuerstätten für flüssige und gasförmige Brennstoffe aufgestellt werden.

3 Domestic heat generation with wood and fuel oil

3.1 Domestic wood pellet storage

Wood pellets can either be stored in specially designed storage rooms or in free-standing tanks or flexible silos inside the building or even outside in underground silos. Due to their high bulk density they require less storage space than conventional firewood. Pellets must be stored in dry condition and the storage spaces must always be sufficiently ventilated. In addition, serviceable storage systems and semi-automatic or automatic extraction systems make it easier to store the pellets and to charge the boiler than with any other woodfuel.

Pellet tanks are made of galvanized sheet steel and the several shape sizes can be matched to the existing space of the cellar or utility rooms in the house.

Flexible pellet silos are made of strong high-tech antistatic fabric and have a conical or flat bottom structure. The silos (sacks) are fixed to a compact steel frame and can be installed easily. Pellet tanks and silos are provided with suitable filling and discharge systems. The various sack sizes and frame constructions allow optimized storage solutions according to the existing square or rectangular storage spaces.

Underground pellet silos are cylindrical or spherical containers made of glass-fiber reinforced polyester resin buried in the garden or located under the courtyard or garage driveway.

A vacuum extraction system and the smooth inside surfaces of the container ensure troublefree emptying down to the lowest point. This storage system is used when:
- no suitable storage space is available
- pellet storage within the building is not suggested/desired.

Exercises

1) List 4 different types of domestic wood pellet storage.
2) List the advantages of serviceable pellet storage systems.
3) Which pellet storage system can be set up most simple?
4) Name the marked parts in the pellet storage room (fig. 1).
5) Name the 4 marked parts of the pellet silo (fig. 2)

2 Pellet storage silo

1 Pellet storage room

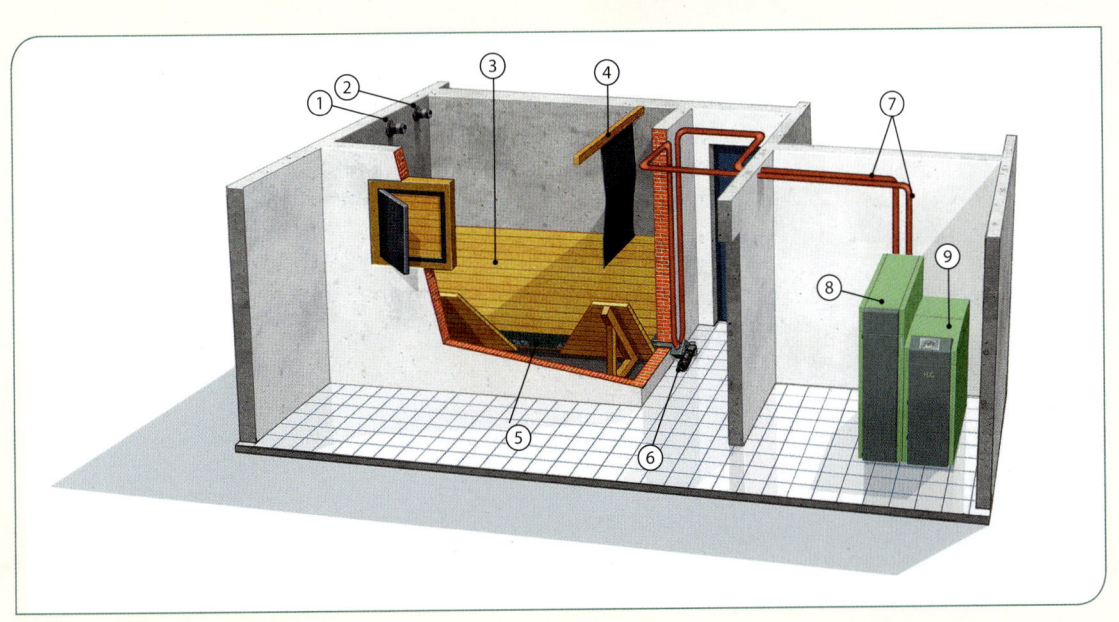

Lernfeld 11

3 Domestic heat generation with wood and fuel oil

3.2 Domestic fuel oil storage

Domestic fuel oil (heating oil) tanks or containers can be set up:
- in adequate storage rooms or cellars,
- outdoors on a firm flat surface, separated from any surrounding structures. The base structure must be suitable for a long term support.
- or underground in gardens or courtyards.

All fuel oil storage tanks or containers must comply with the relevant regulations and standards. They must be installed by a registered installer and serviced/inspected by a qualified technician to reduce risk of oil leakage or spillage and prevent environmental damages.

Single skin tanks must be provided with a bund or a catch-pit to contain any leakage or spillage. A bund is a separate oil-tight structure made of bricks or blockwork which surrounds the tank. Another method to provide a secondary containment for a storage tank is the integral bunding. This "tank within a tank" construction allows a compact installation and any accidental leakage or spillage will be contained within the outer tank.

Bunded tanks can be installed and arrayed easily and offer a convenient and practical solution to store fuel oil.

The placement of the storage tank should ensure best access for filling, maintenance and safety. All pipework must be properly installed and periodically checked for eventual leaks.

The standard accessories are:
- top filling and top draw off/outlet fittings,
- contents measurement device (dipstick, contents gauges),
- overfill prevention device,
- fire valve (quick-acting shut-off valve)
- spillage detector and leakage alarm for bunded storage tanks.

Exercises

1) List 4 different types of domestic fuel oil tanks.
2) Why are single skin tanks provided with a bund?
3) Explain why fuel oil tanks are equipped with
   a) a fire valve, b) a contents gauge and
   c) an overfill prevention device.
4) List 4 different types of oil level indicators.
5) Name the marked parts of the fuel oil filter (fig. 2).
6) Name the marked parts in the oil storage and boiler room (fig. 1).

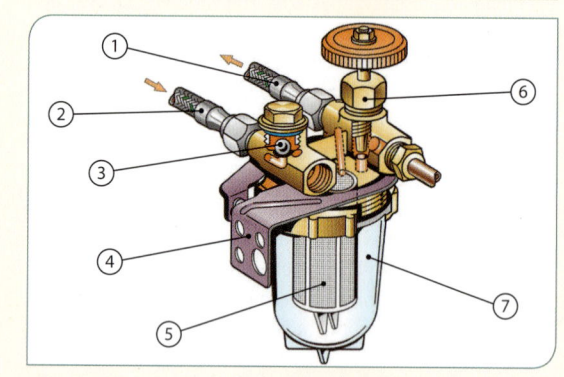

2 Fuel oil filter

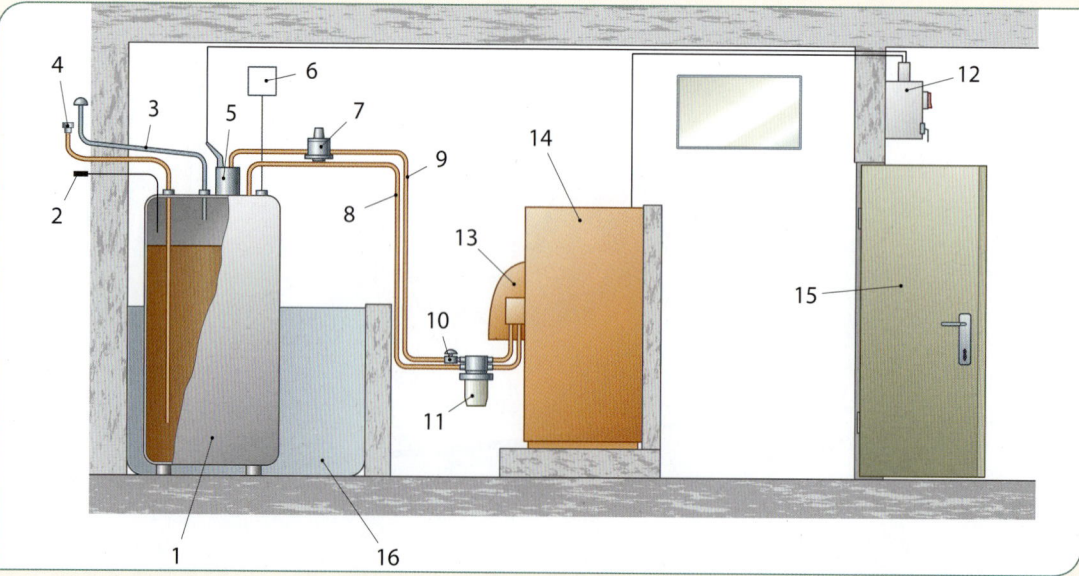

1 Oil storage and boiler room

3 Domestic heat generation with wood and fuel oil

3.3 Wood fired boilers

3.3.1 Wood heating is booming

Fossil fuels like coal and petrol aren't renewable and in the long term a secured supply isn't granted. Biomass heating wood causes less impact on the environment and is also economically attractive. Sustainable harvested forests are the source for the regrowing of timber and firewood.

The standard wood boilers can be operated with firewood (logs, split wood), pellets, or wood chippings. They are floor-standing and have particular designs and equipments to suit the different firewood types (picture 1).

Dual boilers have two separate combustion chambers for firewood and pellets, so that a change between the two types of wood fuel is possible when needed.

Exercises

1) List the different types of wood fuel.

2) Find the adequate German terms for:
   - fossil fuels
   - burden the climate
   - in the long term
   - to cause less impact on the environment
   - economically attractive

3) Translate the sentences into English:
   - Kohle und Erdöl sind nicht erneuerbare Energiequellen.
   - Ein Pellet- und Spaltholzkessel hat zwei Brennkammern.
   - Eine nachhaltige Forstwirtschaft sichert den Holzbedarf.
   - Das geregelte Saugzuggebläse stabilisiert die Verbrennung.
   - Die Brennholzkammer hat eine feuerfeste Verkleidung.

4) Match the marked parts 1–11 in picture 1 with the following terms: *turbulence combustion chamber, fuel loading chamber, pre-heating door, thermal insulation, draught fan, manual air adjusters, cleaning opening, fire resistant cladding, control panel, flue gas extraction, cleaning turbulators*

Exercises

1) Find the adequate English terms for the labelled boiler parts in picture 2.

2) Find the adequate German terms for: *wall hung boiler, combustion gases, extract more heat, low water return temperatures, pressure-jet burner, combustion chamber, stainless steel, effective heat transfer, corrosion resistance, heat-insulated boiler jacket, heat losses.*

1 Wood fired boiler

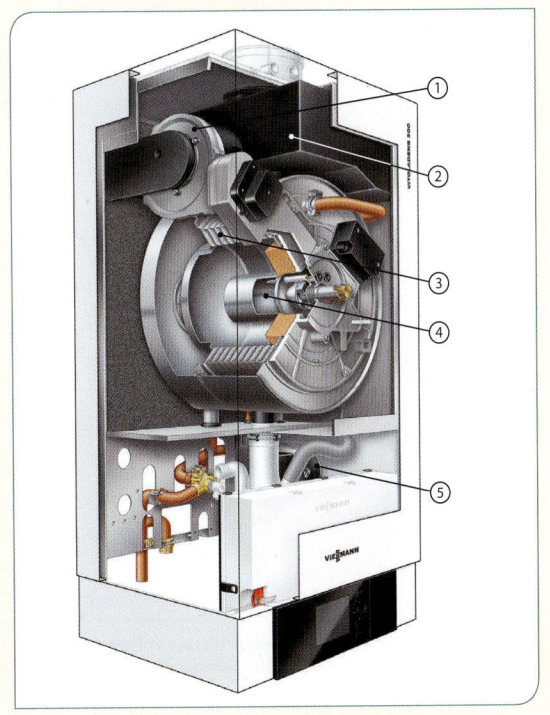

3.3.2 Oil fired condensing boiler

There are two main types of oil fired condensing boilers: the floorstanding and the wall hung boiler. Unlike traditional oil fired boilers the condensing boilers extract more heat from the combustion gases and operate with low water return temperatures. Tailored combustion chambers and heat exchangers transfer the heat generated from pressure-jet burner to the heating water. Both are made of stainless steel to ensure effective heat transfer and corrosion resistance. A heat-insulated boiler jacket prevents heat losses and reduces noises.

2 Oil fired condensing boiler

Lernfeld 11

Lernfeld 12:
Ressourcenschonende Anlagen installieren

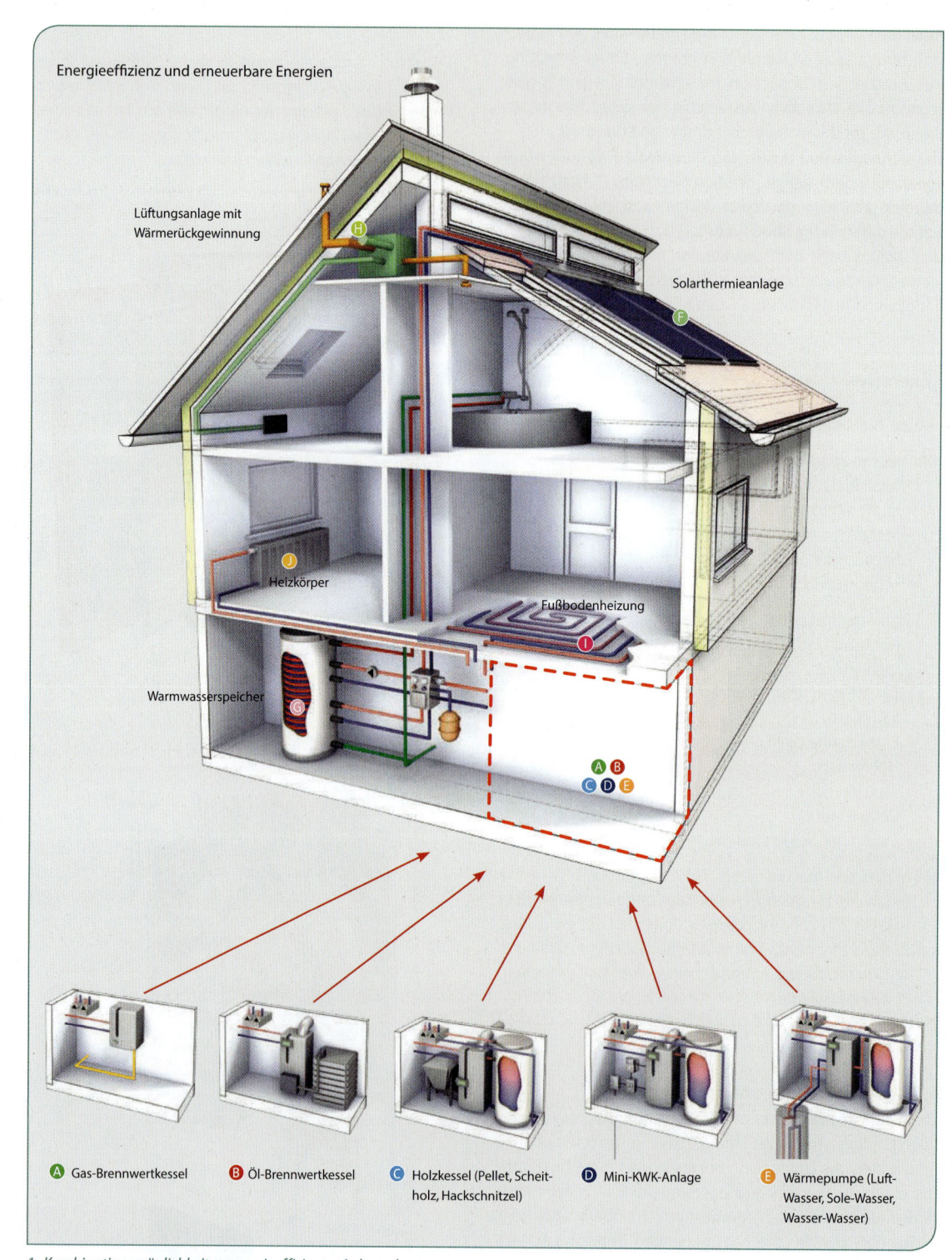

Energieeffizienz und erneuerbare Energien

Lüftungsanlage mit Wärmerückgewinnung

Solarthermieanlage

Heizkörper

Fußbodenheizung

Warmwasserspeicher

A Gas-Brennwertkessel
B Öl-Brennwertkessel
C Holzkessel (Pellet, Scheitholz, Hackschnitzel)
D Mini-KWK-Anlage
E Wärmepumpe (Luft-Wasser, Sole-Wasser, Wasser-Wasser)

1 Kombinationsmöglichkeiten energieeffizienter Anlagenkomponenten

1 Grundlagen – Integrieren ressourcenschonender Anlagen in Systeme der Sanitär- und Heizungstechnik

1.1 Einleitung

Nach einem Beschluss der Bundesregierung muss seit dem 1.1.2009 ein Teil der Wärme für die Wärmeversorgung von Neubauten aus erneuerbaren Energien stammen. Es ist daher wichtig, über Systeme Bescheid zu wissen, die sparsam mit den natürlichen Ressourcen umgehen und eine Alternative zur Verbrennung fossiler Brennstoffe sind.

1.2 Gebäudestandards

1.2.1 Niedrigenergiehaus

Der Begriff „Niedrigenergiehaus" (NEH) ist in Deutschland im Gegensatz zur international festgelegten Definition nicht eindeutig. Seit 1979 benutzen Kanada und die skandinavischen Länder und hier insbesondere Schweden für Wohngebäude diesen Begriff, wenn gegenüber der damals gültigen Baunorm ein mehr als halbierter Heizwärmebedarf für das entsprechende Gebäude ausreiche.

Die international gebräuchliche Definition für ein Niedrigenergiehaus (low-energy house) lautet:

Der spezifische Jahreswärmebedarf für Einfamilien-Niedrigenergiehäuser, bezogen auf die beheizte Nutzfläche und die Heizgradtagszahl, beträgt $\leq 0,02 \frac{kWh}{m^2 \cdot K \cdot d}$.

Wendet man für Deutschland diese Definition an und legt man eine mittlere Heizgradtagszahl von 3500 K·d/a zugrunde, so ergibt sich für ein

- Einfamilien-NEH ein Jahres-Heizwärmebedarf von $\leq 70 \frac{kWh}{m^2 \cdot a}$ (Bild 2) und für ein
- Mehrfamilien-NEH ein Jahres-Heizwärmebedarf von $\leq 55 \frac{kWh}{m^2 \cdot a}$.

Im Norden Deutschlands hat sich der **„Niedrig-Energiehaus-Standard Schleswig-Holstein" (NEH-SH)** als der am meisten verbreitete Typ durchgesetzt. Bei dieser Bauweise muss der nach EnEV 2002/2007 (Energy Savings Ordinance) für das Gebäude maximal zulässige Primärenergiebedarf Q''_P in $\frac{kWh}{m^2 \cdot a}$ um mindestens 20 % und der maximal zulässige spezifische Transmissionswärmeverlust H'_T in $\frac{W}{m^2 \cdot K}$ um mindestens 30 % unterschritten werden. Mit der Novellierung der EnEV (01.10.2009) sind die Anforderungen gestiegen und entsprechen in etwa denen des Niedrigenergiehaus-Standards Schleswig-Holstein (Bild 1).

Die in Zeile eins Bild 1 angegebenen Transmissionswärmeverluste H'_T (transmission heat loss) bilden als spezifischen Wärmeverlustwert einen über die gesamte Gebäudehülle gemittelten U-Wert in $\frac{W}{m^2 \cdot K}$ ab. Während der Heizwärmebedarf Q''_H (Zeile zwei, Bild 1) (heating demand) den maximal erlaubten jährlichen Aufwand an Heizenergie in kWh pro m² Gebäudenutzfläche beschreibt, stellt der Primärenergiebedarf Q''_P (Bild 1, Zeile 3) den maximalen Aufwand an Primärenergie in kWh dar, der jährlich für ein Gebäude pro m² Nutzfläche verbraucht werden darf. Der Primärenergiebedarf (primary energy demand) beschreibt dabei die Energiemenge, die von der Förderung über die Verteilung und Umwandlung bis zur Nutzung aufgewendet werden muss.

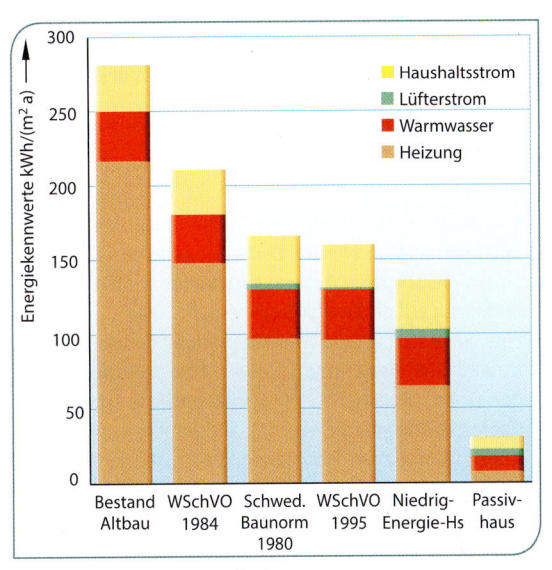

2 Energiekennwerte im Vergleich

Zeile		EnEV 2002/2007	EnEV 2009 (ab 01.10.2008)	NEH-SH
1	Transmissionswärmeverluste H'_T (bzw. Mittlerer U/k-Wert)	$\left[\frac{W}{(m^2 \cdot K)}\right]$ 0,44–1,05	$\left[\frac{W}{(m^2 \cdot K)}\right]$ 0,37–0,90	$\left[\frac{W}{(m^2 \cdot K)}\right]$ **0,31–0,74**
2	Heizwärmebedarf Q''_H	$\left[\frac{kWh}{(m^2 \cdot a)}\right]$ 50–80	$\left[\frac{kWh}{(m^2 \cdot a)}\right]$ 40–70	$\left[\frac{kWh}{(m^2 \cdot a)}\right]$ **35–60**
3	Heizwärmebedarf Q''_P	$\left[\frac{kWh}{(m^2 \cdot a)}\right]$ 66–140	$\left[\frac{kWh}{(m^2 \cdot a)}\right]$ 45–100	$\left[\frac{kWh}{(m^2 \cdot a)}\right]$ **53–110** (bisher) 45–100 (ab 01.10.2009)

1 Vergleichszahlen energetischer Aufwand für Gebäude nach EnEV und Niedrigenergiehaus-Bauweise

1 Grundlagen – Integrieren ressourcenschonender Anlagen in Systeme der Sanitär- und Heizungstechnik

Aus den Festlegungen wird ersichtlich, dass nach heutiger Gesetzgebung erbaute Wohngebäude dem Niedrigenergiehaus-Standard entsprechen. Mit dem Begriff „Niedrigenergiehaus" ist keine einheitliche Bauweise, sondern ein **Ausführungsstandard** (performance standard) festgelegt. Dieser kann durch unterschiedliche Maßnahmen wie z. B. hochwertige Dämmung der Haushülle, aber auch durch besonders effektive Energieversorgungssysteme erzielt werden.

Im Einzelnen müssen folgende **Ausführungsdetails** bedacht werden:

- Eine kompakte, schlichte Bauform begünstigt die Energieeinsparung; komplizierte Gebäudeformen, Einschübe, spitze Winkel und Vorsprünge wirken sich ungünstig auf die Energiebilanz aus.
- Eine durchgängig gute Wärmedämmung der Außenwände wird über die Kennzahl „U-Wert" bzw. „Wärmedurchgangszahl" beschrieben (vgl. Fachkenntnisse 1, Lernfeldübergreifende Inhalte, Kap. 4.9). Diese sollte etwa $\leq 0{,}2\ \frac{W}{m^2 \cdot K}$ betragen. Holzständerkonstruktionen erzielen durch den Einsatz hoch dämmender Materialien (highly insulating materials) bei relativ geringen Wandstärken hervorragende U-Werte. Massive Wände aus Mauerwerk müssen entsprechend dicker ausgeführt werden.
- Fenster und deren Rahmenbauteile sollten U-Werte von $\leq 1{,}3\ \frac{W}{m^2 \cdot K}$ haben. Dieses kann durch den Einsatz von Wärmeschutzverglasung (heat protection glasing) und Mehrkammersystemen bei den Rahmenprofilen mit bis zu drei Lippendichtungen erreicht werden. Durch dicht schließende Fenster wird der Lüftungswärmebedarf minimiert.
- Dächer sollten einen U-Wert von $\leq 0{,}15\ \frac{W}{m^2 \cdot K}$ haben. Das entspricht einer Dämmschichtdicke von ca. 25 cm.
- Aus der Außenhaut herauskragende Bauteile wie z. B. Balkone als Verlängerung der Betondecken sind Wärmebrücken (thermal bridges) und sollten vermieden werden. Besonders ist auf Rolladenkästen zu achten, die Bestandteil des Außenmauerwerks sind. Hier ist eine besonders luftdichte und wärmebrückenfreie Ausführung zu wählen.
- Da die Außenhülle des Hauses wie beschrieben besonders luftdicht ausgebildet sein sollte, ist der Einsatz einer kontrollierten Wohnungslüftung (controlled domestic ventilation) unabdingbar. Hier empfiehlt sich die Verwendung regenerativer Systeme (vgl. LF 13, Kap. 8.3).
- Ein an das Bauwerk angepasstes Heizsystem, eine effiziente Trinkwarmwasserbereitung sowie ein optimierter Einsatz (optimised application) elektrisch betriebener Geräte wie z. B. der Einbau von Hocheffizienzpumpen in den Wasserkreisläufen und der Einsatz moderner Steuerungen und Regelungen senken den Primärenergiebedarf ganz entscheidend.

1.2.1.1 Niedrigenergiehaus-Zertifizierung

Will der Erbauer eines Hauses sicher gehen, dass sein Gebäude nach den Kriterien der Niedrigenergiebauweise erstellt wird, so kann er es von der **RAL-Gütegemeinschaft energieeffiziente Gebäude e.V.** zertifizieren lassen. Die erhöhten Qualitätsanforderungen zeichnen sich u. a. durch besonders dichte Gebäudehüllen aus, die durch das Blower-Door-Verfahren (vgl. Kap. 1.3) nachgewiesen werden. Während bei dieser Prüfung nur ein einfacher Luftwechsel ($l \leq 1\ h^{-1}$) erlaubt ist, fordert die EnEV hier lediglich einen 1,5-fachen Luftwechsel pro Stunde.

Entschließt sich ein Bauherr für eine **RAL-Güteprüfung**, (RAL-quality test) muss schon während der Planungsphase ein akkreditierter (bevollmächtigter) Güteprüfer (quality inspector) hinzugezogen werden. Im Einzelnen muss der Bauherr oder der von ihm bevollmächtigte Unternehmer

- bei der Gütegemeinschaft energieeffiziente Gebäude e.V. für ein geplantes Niedrigenergiehaus
  a) ein Gütezeichen für die Planung oder
  b) ein Gütezeichen für die Planung und Bauausführung beantragen.
- mit dem Verpflichtungsschein die Gütezeichensatzung und die Durchführungsbestimmungen der Gütegemeinschaft energieeffiziente Gebäude e.V. anerkennen.
- einen vom Bauvorhaben unabhängigen beglaubigten Güteprüfer wählen.

Nach Beendigung der vereinbarten Phase – der Planungs- und/oder Bauphase – verleiht die Gütegemeinschaft das Gütezeichen (quality label) (Bild 1).

1 RAL – Gütezeichen energieeffiziente Gebäude

1.2.2 Passivhaus

Ein Passivhaus (passive house) ist die konsequente Weiterentwicklung des Niedrigenergiehauses (Bild 2, vorherige Seite und Bild 1, nächste Seite). Folgende Details zeichnen ein Passivhaus aus:

- Die Wärmedämmung ist besonders hochwertig.
- Wärmebrücken werden vermieden.
- Aufgrund einer lückenlosen Fugenabdichtung ist die Gebäudehülle luftdicht (air-tight building shell/envelope); das trifft auch für die Fenster und deren Rahmen zu.
- Alle Fenster erhalten eine Dreischeiben-Wärmeschutzverglasung (thermal insulated triple glasing).
- Das Gebäude erhält eine Komfortlüftung mit hocheffizienter Wärmerückgewinnung (high effcient heat recovery); die Beheizung des Hauses kann über die kontrollierte Wohnungslüftung erfolgen.

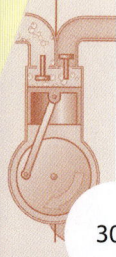

1 Grundlagen – Integrieren ressourcenschonender Anlagen in Systeme der Sanitär- und Heizungstechnik

Die entscheidenden Vorteile sind:
- geringe Heizkosten,
- hohe Versorgungssicherheit,
- Umweltentlastung,
- hoher Wohnkomfort durch frische, gefilterte Luft und angenehme Oberflächentemperaturen der Raumumschließungsflächen,
- Zinsvergünstigung durch die Kreditanstalt für Wiederaufbau (KfW) und
- sehr guter Bautenschutz.

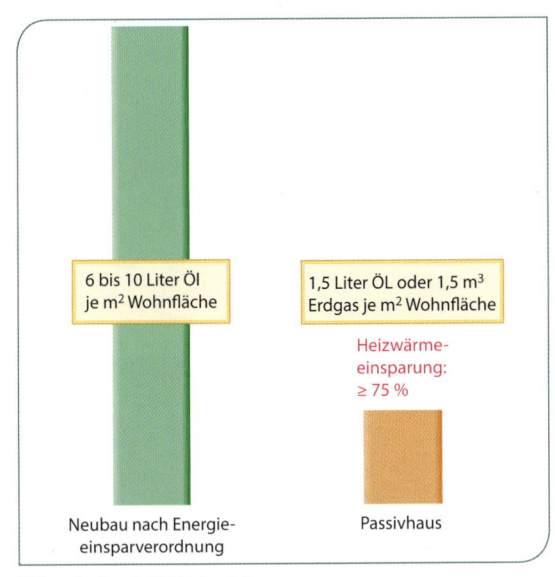

volumenstrom wird anschließend durch das bekannte Volumen des Gebäudes geteilt.

$$n_{50} = \frac{\text{gemessener Volumenstrom}}{\text{gerechnetes Gebäudevolumen}} \text{ in } \frac{1}{h}$$

Dieser rechnerisch ermittelte Wert wird als **Luftwechselrate** n_{50} (air exchange rate) bezeichnet und kann mit Normwerten verglichen werden.

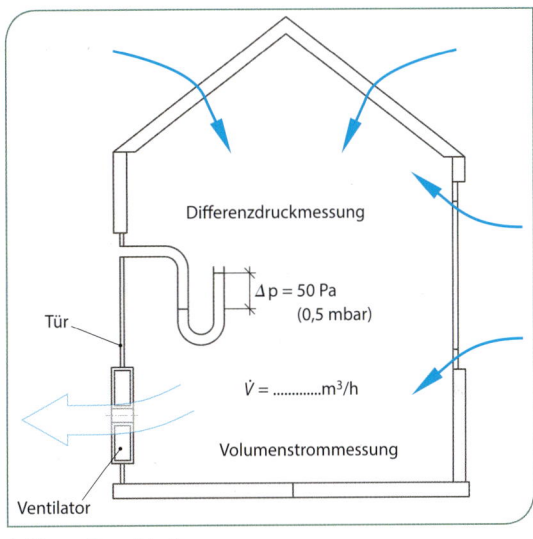

1 Energieeinsatz NEH / Passivhaus

2 Blower-Door-Prinzip

1.3 Blower-Door-Verfahren

Das Blower-Door-Verfahren (Blower-Door-Test) ist ein **Luftdichtheits-Messverfahren** (air-tightness measurement procedure) für Gebäude und wird nach DIN EN ISO 9972 durchgeführt. Da der Lüftungswärmebedarf eines Gebäudes u. U. einen entscheidenden Anteil zur gesamten Heizlast beitragen kann, ist der Nachweis der Dichtheit vor allem bei hoch wärmegedämmten Gebäuden wichtig und z. T. vorgeschrieben (vgl. Kap. 1.2.1).

Die Messung wird wie folgt durchgeführt:
Ein Ventilator mit kalibrierter Messblende für einen jeweils zutreffenden Volumenstrombereich erzeugt einen positiven und negativen Überdruck im Gebäude (Bild 2). Dazu wird der Ventilator mittels eines verstellbaren Metallrahmens in eine bestehende Türöffnung eingepasst (Bild 3). Der drehzahlgeregelte Ventilator wird so einreguliert, dass zwischen Gebäude- und Umgebungsdruck eine Druckdifferenz von 50 Pa aufgebaut wird. Diese Druckdifferenz entspricht etwa einer Windstärke 5.
Bei der negativen Überdruckmessung wird so viel Luft nach außen gefördert, wie durch die vorhandenen „Leckstellen" (leakages) in das Gebäude eindringt. Der gemessene Luft-

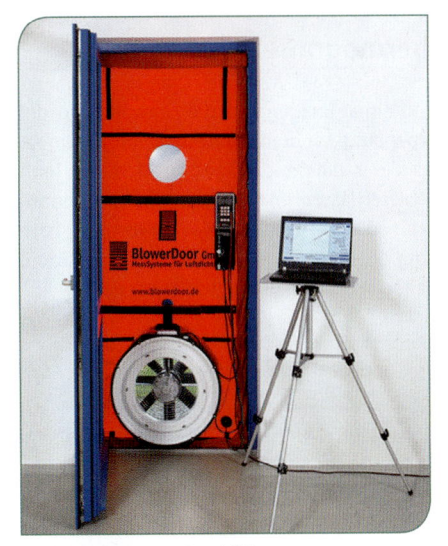

3 Blower-Door-Test; Durchführung

Typische Luftwechselraten von Gebäuden bei einer Druckdifferenz von 50 Pa sind bei:
- undichten Altbauten 4 bis 12 h^{-1},
- Neubauten nach EnEV ≤ 3 h^{-1} (ohne mechanische Be- und Entlüftung),
- Niedrigenergiehäusern 1 bis 2 h^{-1} (≤ 1,5 h^{-1} mit mechanischer Be- und Entlüftung) und
- Passivhäusern 0,1 bis 0,6 h^{-1}.

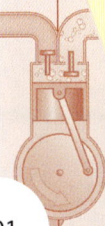

Lernfeld 12

1 Grundlagen – Integrieren ressourcenschonender Anlagen in Systeme der Sanitär- und Heizungstechnik

Da die Luftdichtheit bei Passivhäusern wegen des geringen Energieaufwandes besonders wichtig ist, wird dort ein Grenzwert von 0,6 h^{-1} vorgegeben.

Undichtigkeiten (leakinesses) können
- mit einer Überdruckmessung unter Einsatz von Kunstnebel (Bild 1) oder
- mittels Thermografieaufnahmen (vgl. Kap. 1.4)

sichtbar gemacht werden.

1 Sichtbarmachen von Undichtheiten mittels Nebel

1.4 Thermografie

Thermografie (thermal imaging) ist die Umwandlung der von einem Körper ausgesandten Infrarotstrahlung in ein radiometrisches[1] Bild (radiometic image), aus dem sich Temperaturwerte ablesen lassen. Im Bauwesen wird die Thermographie z. B. für die zerstörungsfreie Leckortung bzw. Fehlererkennung oder zum Aufspüren von Wärmebrücken und Undichtheiten in der Gebäudehülle verwendet.

Physikalisch betrachtet ist die **Infrarotstrahlung** (infrared radiation) im Wesentlichen Wärme oder thermische Strahlung. Man nimmt sie wahr, wenn man z. B. der Sonne zugewandt ist. Betrachtet man das gesamte Strahlungsspektrum, so liegt sie im Bereich zwischen dem sichtbaren Licht und den Mikrowellen (Wellenlänge λ = ca. 2 bis 12 μm, Bild 2). Jeder Gegenstand, der eine Temperatur über Null Kelvin (0 K = −273,15 °C) besitzt, strahlt im Infrarotbereich Energie ab.

Die **Wärmebildkamera** (IR camera) ist folgendermaßen aufgebaut (Bild 3): Die Optik (B) der Kamera fokussiert die von einem Gegenstand ausgesandte Infrarotenergie (A) auf einen Infrarotdetektor (C). Diese Informationen werden vom Detektor an eine Elektronik (D) gesendet, die die Strahlung in ein Bild (E) umwandelt. Dieses Bild kann im Sucher der Kamera oder z. B. auf einem LCD-Bildschirm betrachtet werden. Da jedes Pixel im radiometrischen Bild eine Temperaturmessung darstellt, kann anhand einer im Bild eingeblendeten Temperaturskala (Bild 1, nächste Seite) die Temperaturverteilung (temperature spread) des erfassten Bildes beurteilt werden.

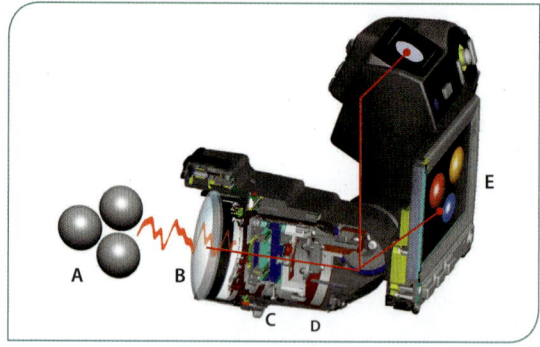

3 Aufbau einer Wärmebildkamera

---

[1] Radiometrie = Strahlungsmessung

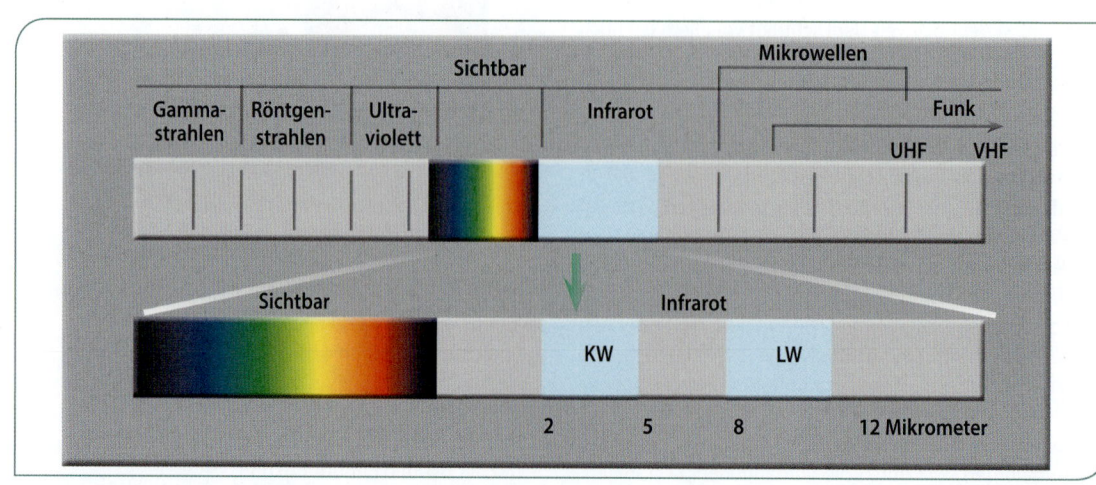

2 Strahlungsspektrum

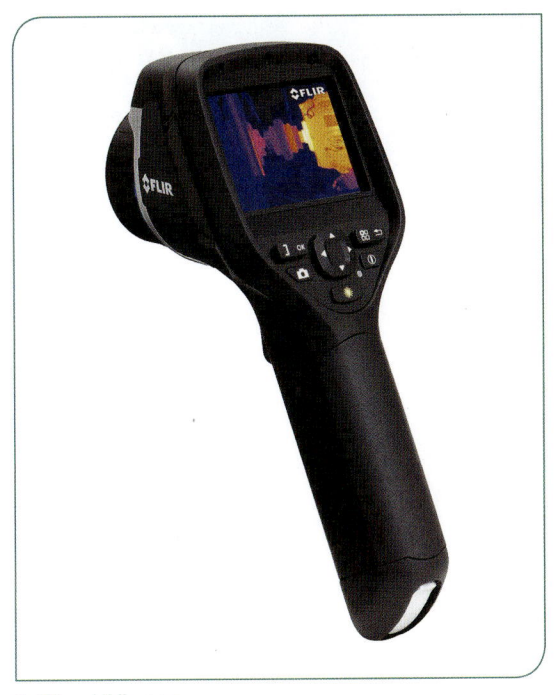

1 Grundlagen – Integrieren ressourcenschonender Anlagen in Systeme der Sanitär- und Heizungstechnik

1 Wärmebildkamera

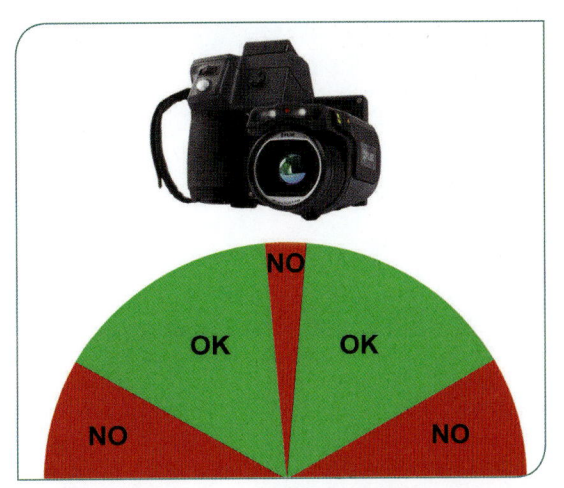

2 Empfohlener (grün) bzw. ungünstiger (rot) Betrachtungswinkel

Bevor Messungen vorgenommen werden, ist folgendes zu beachten:
- Damit korrekte Temperaturwerte ermittelt werden können, muss zunächst der richtige Emissionsgrad (emission ratio) eingestellt werden. Hierbei handelt es sich um einen Faktor, der beschreibt, wie stark ein Gegenstand Infrarotstrahlung abgibt (emittiert). Entsprechende Werte können Tabellen entnommen werden.
- Um realistische Werte messen zu können, muss zwischen der Außen- und Innenseite der betrachteten Wand (Mauer, Dach usw.) ein Temperaturunterschied von mindestens 10 K vorliegen.
- Bei Regen sollte nicht gemessen werden, da er die Oberflächentemperatur absenkt.
- Der Anwender muss sorgfältig den Winkel wählen, unter dem er die Kamera auf das Objekt richtet (Bild 2). Einige Materialien, wie z. B. polierte Metallflächen oder Glasscheiben und Spiegel reflektieren die Wärmestrahlung so stark, dass es dabei zu Fehlmessungen kommen kann.

Durchführung der Thermografie:
- Zunächst sollte der Kunde befragt werden, ob es im Gebäude kalte Zonen gibt bzw. wo besonders an Tagen mit Windaufkommen Zugerscheinungen (draft effects) in Räumen registriert wurden.
- Die Thermografie-Inspektion beginnt üblicherweise außen am Gebäude, weil dort relativ schnell fehlende Dämmung oder Wärmebrücken festgestellt werden können.
- Bei anschließenden Messungen im Innenbereich müssen möglicherweise besondere Vorbereitungen getroffen werden, um exakte Messergebnisse erzielen zu können. So müssen z. B. Möbel oder Vorhänge, die Wandoberflächentemperaturen (wall surface temperatures) beeinflussen, von der Wand entfernt werden. Dieses sollte mindestens sechs Stunden vor den Messungen erfolgen.
- Damit die Thermografieaufnahmen den Bauteilen oder -abschnitten später eindeutig zugeordnet werden können, ist empfehlenswert, mit einer „normalen" Digitalkamera ebenfalls Bilder anzufertigen (Bild 1, nächste Seite).

Einige hochwertige Ausführungen der Wärmebildkameras haben z. B. „Bild im Bild" und GPS-Funktion, einen digitalen Zoom sowie eine Wiedergabe der vor Ort aufgenommenen Sprachkommentare.
Die im Bild 2, nächste Seite, als **Thermografieaufnahme** gezeigte Außenwand eines Wohnhauses zeigt den unterschiedlichen Wandaufbau (different/diverging wall structure) sehr deutlich. Der violette Bereich besteht aus einer 30 cm dicken Gasbetonwand mit beidseitigem Zementputz. Der orangefarbige Bereich zeigt Stahlträger, sog. Stürze, die aufgrund ihrer größeren Wärmeleitfähigkeit deutlich höhere Oberflächentemperaturen an der Außenwand erzeugen. Dieses deutet auf höhere Wärmeverluste hin. Den höchsten Wärmeverlust haben die Tür- und Fensterverglasungen. Am Cursor (Bildmitte) ist die gemessene Oberflächentemperatur der Wand – 8,1 °C.

Lernfeld 12

2 Solare Heizungsunterstützung

1 Realabbildung einer Außenwand

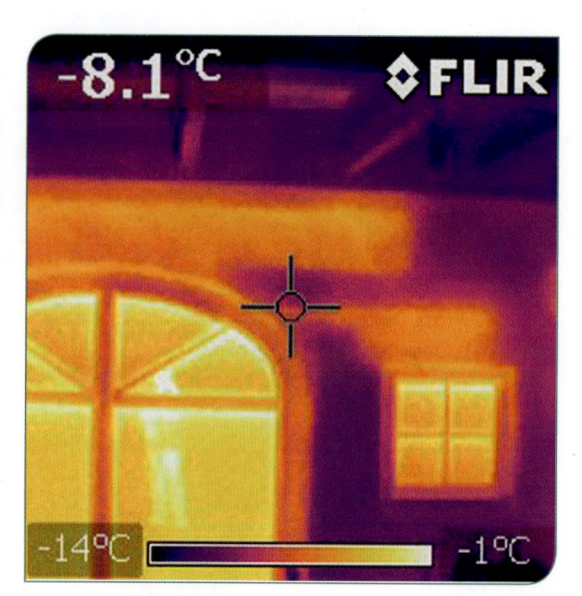

2 Thermografieaufnahme einer Außenwand

ÜBUNGEN

1. Erläutern Sie die internationale Definition für Niedrigenergiehäuser.
2. Welcher Bauweise entspricht ein nach aktueller EnEV erstelltes Wohngebäude?
3. Nennen Sie Ausführungsdetails, die bei der Niedrigenergiebauweise berücksichtigt werden müssen.
4. Nennen Sie Maßnahmen, die bei einer RAL-Zertifizierung getroffen werden müssen.
5. a) Nennen Sie Anforderungen an die Bauweise eines Passivhauses.
   b) Welche Vorteile sind mit der Erstellung eines Passivhauses verbunden?
6. Beschreiben Sie stichwortartig das Blower-Door-Verfahren.
7. Nennen Sie typische Luftwechselraten n_{50} von bestehenden und neu gebauten Wohnhäusern.
8. Mit welchen Verfahren können Undichtigkeiten an der Gebäudehülle sichtbar gemacht werden?
9. Was bedeutet „Thermografie"?
10. Was ist vor den Messungen zu beachten?
11. Beschreiben Sie die Durchführung der Thermografie.

2 Solare Heizungsunterstützung

Nachdem der Gesetzgeber die Vorgaben für den baulichen Wärmeschutz immer weiter verschärft hat, ist der Energiebedarf für die Erwärmung von Wohnhäusern deutlich gesunken. In modernen Niedrigenergiehäusern (low-energy houses) kann bis zu 40 % des Gesamtenergiebedarfs zur **Trinkwassererwärmung** und **Raumheizung** durch eine **Kombisolaranlage** (dual solar system for water and space heating) mit **Kurzzeitspeicher** (short-term storage) gewonnen werden (Bilder 1 u. 2, nächste Seite).

Neben der Einsparung an Energie haben Kombisolaranlagen weitere Vorteile wie z. B.:
- geringerer Bedarf (demand) an fossilen Brennstoffen,
- weniger Brennerstarts (geringere Schadstoffemissionen)
- Förderung (promotion) durch den Staat (nur Kombisolaranlagen) und
- Möglichkeit der Anrechnung solarer Gewinne im Rahmen des Gebäude-Primärenergiebedarfs (vgl. Fachkenntnisse 1, Lernfeldübergreifende Inhalte, Kap. 5).

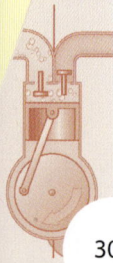

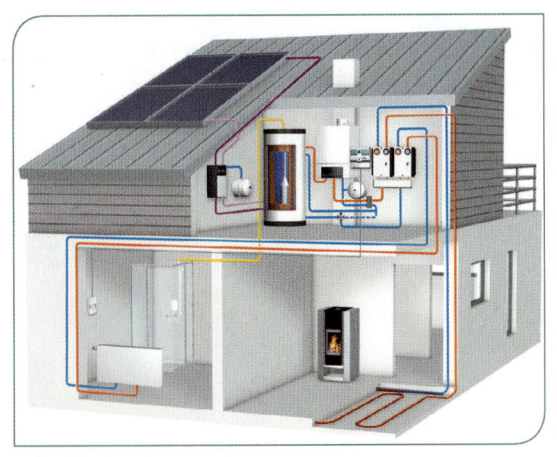

2 Solare Heizungsunterstützung

1 Kombisolaranlage

2 Solarer Deckungsanteil

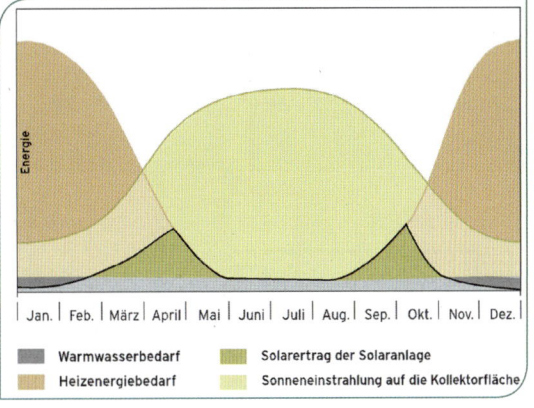

3 Solarertrag und Heizenergiebedarf

Solaranlagen, die nicht nur das Trinkwasser erwärmen, sondern auch einen Teil des Heizwassers, sind heute **Stand der Technik**.
Mehr als die **Hälfte** aller in Deutschland installierten Solaranlagen unterstützen neben der Trinkwassererwärmung auch die Raumheizung. Vorrangig ist in der Regel die Trinkwassererwärmung.
Es ist **zu beachten**, dass der größte Bedarf an Heizenergie und der größte solare Ertrag nicht zusammenfallen. Nur in der Über**gangszeit** (between seasons) und an **klaren Sonnentagen im Winter** kann ein erheblicher Teil des Energiebedarfs der Raumheizung mit **Kurzzeitspeichern** gedeckt werden (Bild 3).
Erst Solaranlagen mit **Langzeitspeichern** (long-term storage facilities) ab ca. 10.000 l in Niedrigenergiehäusern mit sehr viel Platz, sehr geringem Energieverbrauch und südlich ausgerichteten Kollektoren können den überwiegenden Teil des Heizenergiebedarfs decken. Langzeitspeicher werden wegen des großen Platzbedarfs und der hohen Kosten noch wenig genutzt, deswegen werden im Folgenden nur **Kurzzeitspeicher** behandelt.

2.1 Komponenten einer Kombisolaranlage

Im Wesentlichen bestehen Kombisolaranlagen aus den gleichen Komponenten (parts) wie Solaranlagen, die nur zur Trinkwassererwärmung genutzt werden (vgl. LF 9, Kap. 6.3.1). Die Auswahl des passenden Speichers ist allerdings etwas schwieriger, da es im Vergleich zu reinen Trinkwassersystemen eine größere Auswahl unterschiedlicher Speichersysteme gibt.

2.1.1 Solarspeicher

Grundsätzlich werden für Kombisolaranlagen in Ein- oder Zweifamilienhäusern **zwei Speicher** (ein Trinkwasserspeicher, ein Pufferspeicher (buffer tank)) für das Heizungswasser) oder **ein Kombispeicher** mit eingebauter Trinkwassererwärmung verwendet. Aus Platz- und Kostengründen, wegen der einfacheren Verrohrung und der größeren Wärmeverluste durch die größere Oberfläche (surface) zweier Speicher werden überwiegend Kombispeichersyteme installiert. Im Folgenden werden deswegen nur Kombispeichersyteme vorgestellt.

2.1.1.1 Kombispeichersysteme

Bei Kombispeichersystemen werden zwei unterschiedliche Konzepte (wie das solarerwärmte Heizungswasser dem Heizkreis zugeführt wird) unterschieden
- Systeme mit Vorwärmung (Rücklauftemperaturanhebung) des vom Heizkreis kommenden kalten Rücklaufwassers (Bild 1, nächste Seite) oder
- Systeme mit direkter Anbindung (direct connection) des Heizkreises an den Speicher (Bild 2, nächste Seite).

Lernfeld 12

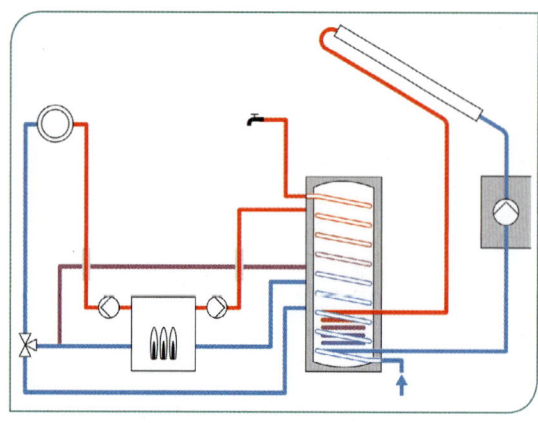

2 Solare Heizungsunterstützung

1 Kombisolaranlage mit Rücklaufanhebung

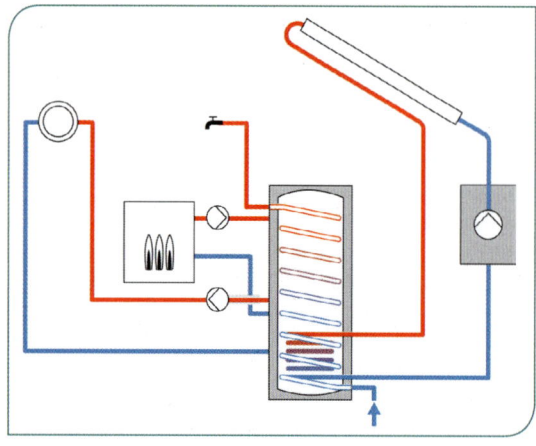

2 Kombisolaranlage mit direkter Anbindung des Heizkreises

2.1.1.2 Kombispeicher

Kombispeicher unterscheiden sich hinsichtlich der Trinkwassererwärmung in:
- **Tank-in-Tank-Systeme**, bei denen ein kleinerer **Trinkwasserspeicher** in den mit Heizwasser gefüllten großen Kombispeicher eingebaut ist (Bild 3),
- Kombispeicher, die das Trinkwasser mittels innenliegender **Rohrschlangen** (Bild 4) oder externer Plattenwärmeübertrager (plate heat exchangers) im Durchflussprinzip erwärmen oder
- Kombispeicher mit eingebauter **konventioneller Nachheizung** (Bild 1, nächste Seite).

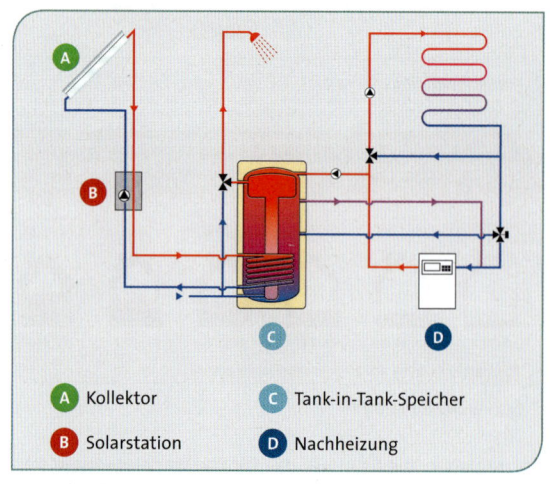

A Kollektor
B Solarstation
C Tank-in-Tank-Speicher
D Nachheizung

3 Kombisolaranlage mit Tank-in-Tank – Speicher

4 Kombisolaranlage mit Wellrohrschlange zur Trinkwassererwärmung im Durchfluss

Rücklauftemperaturanhebung

Bei Systemen mit Rücklauftemperaturanhebung wird das Rücklaufwasser (return water) des Heizkreises über ein Umschaltventil durch den Speicher geleitet und nicht direkt zum Kessel, wenn die Temperatur im unteren Bereich des Speichers etwa 5 °C–10 °C höher ist als die Rücklauftemperatur des Heizkreises. Dadurch wird die Temperatur des Rücklaufwassers angehoben, bevor es im Kessel auf Vorlauftemperatur (flow temperature) erwärmt wird. Der Brenner verbraucht weniger Brennstoff.

Direkte Anbindung des Heizkreises

Bei direkter Anbindung des Heizkreises an den Speicher wird das notwendige Temperaturniveau (Solltemperatur Vorlauf) entweder über die Solaranlage oder den Wärmeerzeuger (heat generator) erreicht. Reicht die Energie der Solaranlage aus, kann der Brenner aus bleiben. Die Höhe der Anschlüsse des Heizkreises an den Speicher hängt z. B. davon ab, ob eine Flächenheizung (z. B. Fußbodenheizung) oder Flachheizkörper (panel radiators) installiert sind, aber auch vom Bereitschaftsvolumen für die Trinkwassererwärmung.

> **MERKE**
>
> Da in Kombispeichersystemen sehr hohe Temperaturen von ca. 90 °C im Trinkwasserbereich auftreten können, muss ein Thermostatmischventil eingebaut werden, um auf Trinkwarmwassertemperaturen von z. B. 60 °C zu kommen (Bild 2, nächste Seite).

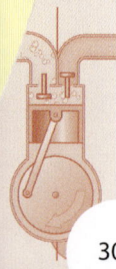

2 Solare Heizungsunterstützung

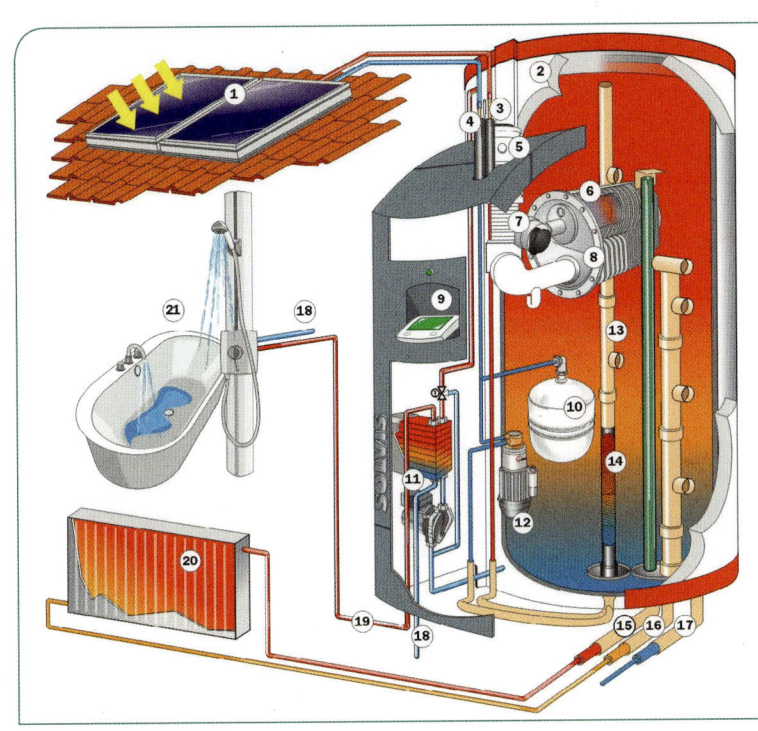

1 Solvis-Sonnenkollektoren
2 Isolierung
3 Solarvorlauf
4 Solarrücklauf
5 Abgasrohranschluss
6 Brennkammer Gas/Öl
7 Brenner Gas/Öl
8 Abgaswärmeübertrager
9 Systemregler SolvisControl
10 Solarausdehnungsgefäß
11 Warmwasserstation
12 Solarpumpe
13 Schichtlader
14 Solarwärmeübertrager
15 Heizungsvorlauf
16 Heizungsücklauf
17 Befüll- und Entleerrohr
18 Kaltwasser
19 Warmwasser
20 Heizung
21 Warmwasserentnahme

1 Kombispeicher mit Nachheizung

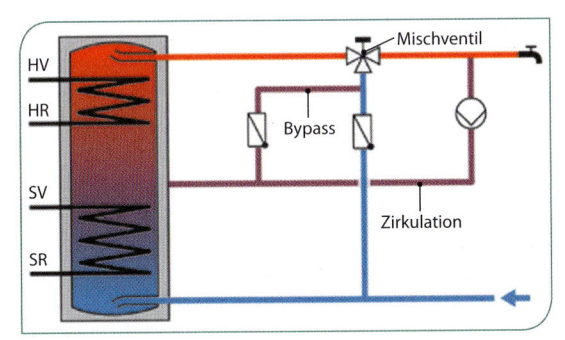

2 Verbrühungsschutz

Durch eine gute **Abstimmung** aller **Komponenten** einer Kombisolaranlage und die Berücksichtigung einer Vielzahl von **Einflussfaktoren** wie z. B.:
- Komfort (Bereitschaftszeiten, Trinkwarmwassertemperatur, Raumtemperaturen),
- Energiebedarf für die Trinkwassererwärmung,
- Heizlast (heating load),
- passive Solarenergienutzung,
- Kollektorfläche,
- Kollektorausrichtung,
- Kollektorneigung,
- niedrige Systemtemperaturen (z. B. 60 °C/ 40 °C),
- hydraulischer Abgleich (hydraulic balancing),
- Flächenheizungen, Flachheizkörper und
- Art des Speichers (Kurzzeit- oder Langzeitspeicher)

kann ein **guter** Wirkungsgrad der Anlage erreicht werden.

2.1.2 Auslegung

Kombisolaranlagen arbeiten nach dem gleichen Prinzip wie Solaranlagen zur Trinkwassererwärmung (vgl. LF 9, Kap. 6). Da sie aber zusätzlich zur Trinkwassererwärmung auch Heizwasser aufwärmen sollen, müssen Kollektoren und Speicher **größer** dimensioniert werden.

Wenn die Kollektoren einen nennenswerten (significant) Beitrag zur Heizungsunterstützung leisten sollen, dann wird von den meisten Herstellern empfohlen, die zur reinen Trinkwassererwärmung benötigte Kollektorfläche mit dem **Faktor 2-2,5** zu multiplizieren.

Beispiel Auslegung Kollektorfläche

Werden für die Trinkwassererwärmung **6 m²** Kollektorfläche benötigt (vgl. LF 9, Kap. 6.3.8.2), dann ergeben sich für eine Kombisolaranlage z. B. **6 m² · 2,5 = 15 m²** Kollektorfläche.

Die größere Kollektorfläche hat zur Folge, dass Kombisolaranlagen im Sommer überdimensioniert (oversized) sind und häufiger in Stillstand gehen. Durch den häufigen Stillstand und den großen Wärmeüberschuss im Sommer unterliegen alle Anlagenteile und die Solarflüssigkeit einer erhöhten thermischen Beanspruchung wie z. B.
- Dampfbildung (steam formation) im Kollektor und in angrenzenden Rohrleitungen
- beschleunigte Alterung (ageing) der Solarflüssigkeit.

Dies muss bei der Anlagenplanung unbedingt berücksichtigt werden.

Die Stillstandszeiten können **verringert** werden durch
- ein großes Speichervolumen (vgl. Faustformel (rule of thumb) nächste Seite),

Lernfeld 12

2 Solare Heizungsunterstützung

- eine im Vergleich zum reinen Trinkwasserbetrieb höheren Maximaltemperatur von ca. 90 °C im Speicher und
- eine etwas steilere (steeper) Neigung der Kollektoren von ca. 60°, was zu geringeren Überschüssen im Sommer und zu einem höheren Ertrag in der Übergangszeit führt.

Beispiel Auslegung Speicher
Faustformel: min. 50 l $\frac{Speichervolumen}{m^2}$ Absorberfläche – 70 $\frac{l}{m^2}$ für Flachkollektoren und 70 $\frac{l}{m^2}$ – 90 $\frac{l}{m^2}$ für Vakuumröhrenkollektoren.

Werden für eine Kombisolaranlage mit Flachkollektoren **15 m²** Absorberfläche benötigt, dann ergibt sich eine Speichergröße von min. **50 $\frac{l}{m^2}$ · 15 m² = 750 l.**
Für eine genauere Auslegung bieten die meisten Hersteller von Kombisolaranlagen Nomogramme oder Simulationsprogramme an (Bild 1).

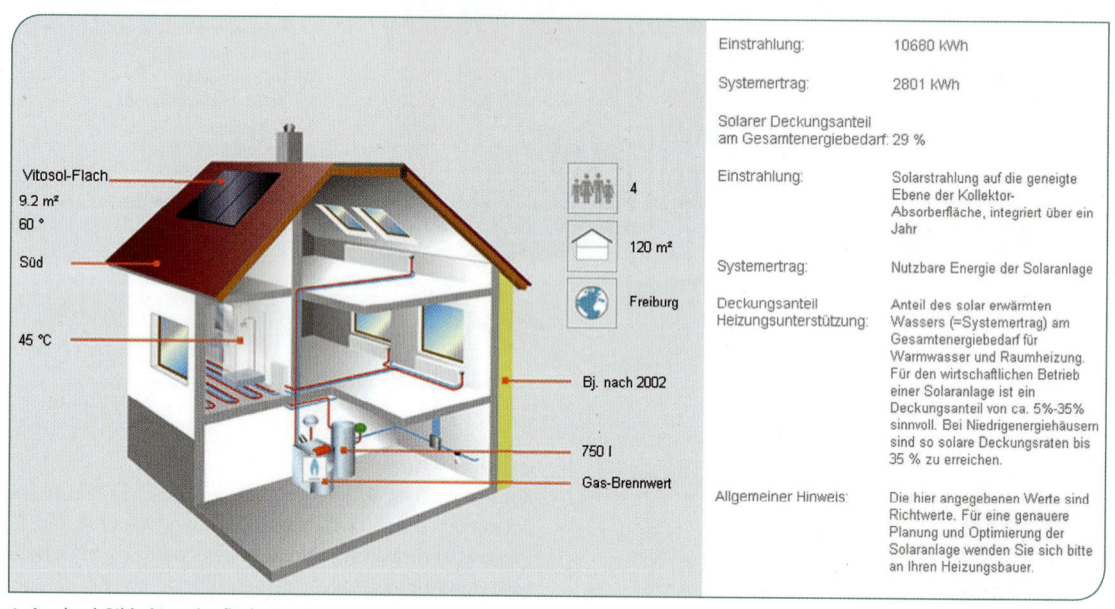

1 Ausdruck Bildschirmoberfläche Ergebnisse Kombisolaranlage mit Heizungsunterstützung

ÜBUNGEN

1. Wieviel Prozent des Gesamtenergiebedarfs zur Trinkwassererwärmung und Raumheizung kann in modernen Niedrigenergiehäusern durch eine Kombisolaranlage mit Kurzzeitspeicher gewonnen werden?

2. Nennen Sie vier Vorteile einer Kombisolaranlage.

3. Welche speziellen Kosten können durch eine effektive Kombisolaranlage gesenkt werden?

4. Wie viel Prozent aller in Deutschland installierten Solaranlagen unterstützen neben der Trinkwassererwärmung auch die Raumheizung?

5. Warum werden Langzeitspeicher noch wenig genutzt?

6. Nennen Sie die wesentlichen Komponenten einer Kombisolaranlage.

7. Warum werden überwiegend Kombispeicher und keine zwei Speicher installiert?

8. Erläutern Sie das Prinzip der Rücklauftemperaturanhebung.

9. Wie unterscheiden sich Kombispeicher hinsichtlich der Trinkwassererwärmung?

10. Nennen Sie sechs Einflussfaktoren durch die ein guter Wirkungsgrad einer Kombisolaranlage erreicht werden kann.

11. Warum müssen Kollektoren und Speicher einer Kombisolaranlage größer ausgelegt werden?

12. Wenn für die Trinkwassererwärmung einer Solaranlage ohne Heizungsunterstützung 5 m² Kollektorfläche benötigt werden, wie viele m² Kollektorfläche ergeben sich dann für eine Kombisolaranlage? Rechnen Sie mit dem größten Faktor.

13. Nennen Sie die Faustformel für die Auslegung des Speichervolumens einer Kombisolaranlage mit Röhrenkollektoren.

3 Wärmepumpen

3.1 Einleitung

Wärmepumpen (heat pumps) nutzen die in der Umwelt, z. B. Luft, Erdreich, Wasser, enthaltene Wärmeenergie zur Beheizung von Gebäuden und zur Trinkwassererwärmung. Dazu muss die Wärme aus der Umwelt über ein Kältemittel (refrigerant) auf ein nutzbares Temperaturniveau (temperature level) gebracht werden. Dies geschieht im Falle der Kompressions-Wärmepumpe (compression heat pumps) mithilfe von elektrischer Energie. In den Sommermonaten können Wärmepumpen sehr effizient auch zur Gebäudekühlung eingesetzt werden.

Nach der Bauart und dem Funktionsprinzip werden hauptsächlich Kompressions-, Absorptions- und Adsorptions-Wärmepumpen unterschieden. **Kompressions-Wärmepumpen** (compression heat pumps) sind die am häufigsten eingesetzten Wärmepumpen und deshalb werden nur diese im Folgenden beschrieben.

3.2 Normen, Richtlinien, Vorschriften

Bei der Auslegung und Errichtung einer Wärmepumpenanlage sind folgende Normen, Richtlinien und Vorschriften zu beachten:

1. DIN 8901: Kälteanlagen und Wärmepumpen – Schutz von Erdreich, Grund- und Oberflächenwasser – Sicherheitstechnische und umweltrelevante Anforderungen und Prüfung
2. DIN 8960: Kältemittel – Anforderungen und Kurzzeichen
3. DIN EN 378: Kälteanlagen und Wärmepumpen – Sicherheitstechnische und umweltrelevante Anforderungen
4. DIN EN 14511: Luftkonditionierer, Flüssigkeitskühlsätze und Wärmepumpen mit elektrisch angetriebenen Verdichtern für die Raumheizung und -kühlung
5. DIN EN 60335-1/-2-40: Sicherheit elektrischer Geräte für den Hausgebrauch und ähnliche Zwecke – Besondere Anforderungen für elektrisch betriebene Wärmepumpen, Klimaanlagen und Raumluft-Entfeuchter
6. DIN EN 12831: Heizungsanlagen in Gebäuden – Verfahren zur Berechnung der Norm-Heizlast
7. VDI 4640: Thermische Nutzung des Untergrundes
8. VDI 4645: Heizungsanlagen mit Wärmepumpen in Ein- und Mehrfamilienhäusern; Planung, Errichtung, Betrieb
9. VDI 4650 Blatt 1: Berechnungen von Wärmepumpen, Kurzverfahren zur Berechnung der Jahresarbeitszahl von Wärmepumpenanlagen, Elektrowärmepumpen zur Raumheizung und Warmwasserbereitung
10. Landesbauordnungen
11. Wasserhaushaltsgesetz (WHG)
12. Technische Anleitung zum Schutz gegen Lärm (TA Lärm)

3.3 Aufbau und Funktionsweise

Kompressions-Wärmepumpen bestehen im Wesentlichen aus folgenden Bauteilen (Bild 1).

- Verdampfer (evaporator)
- Verdichter (compressor) (Kompressor)
- Verflüssiger (liquefier, condenser) (Kondensator)
- Expansionsventil (expansion valve)
- Rohrsystem mit dem Kältemittel (Kältekreis)

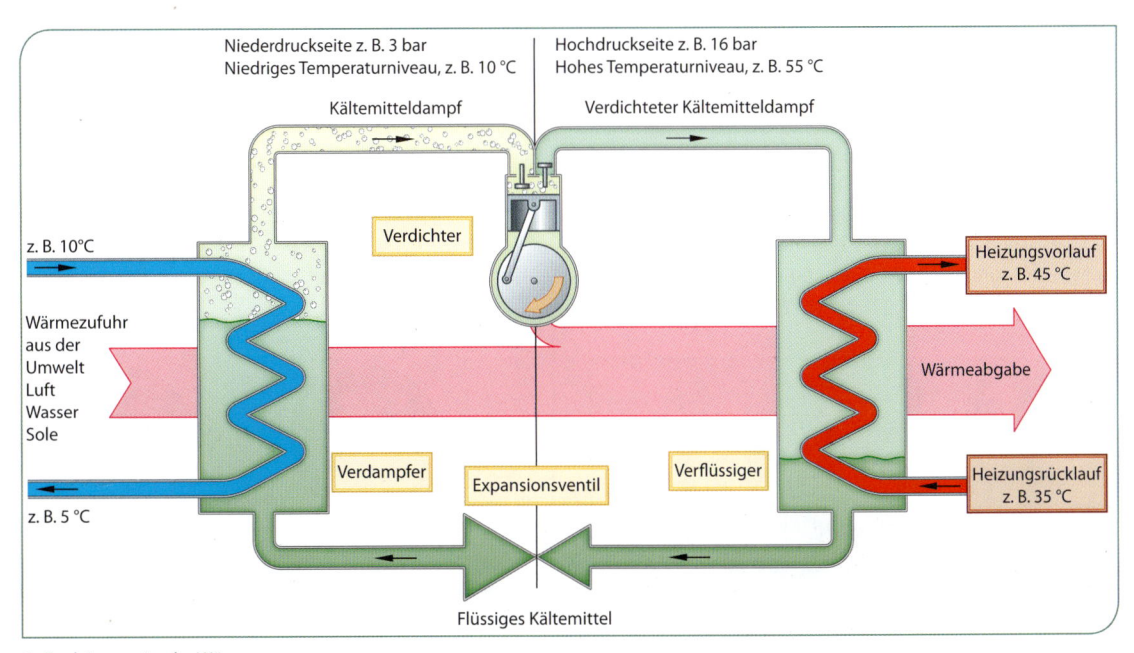

1 Funktionsweise der Wärmepumpe

3 Wärmepumpen

Kompressions-Wärmepumpen arbeiten nach dem Funktionsprinzip eines Kühlschrankes (refrigerator). In ihm wird den Lebensmitteln Wärmeenergie entzogen und auf der Rückseite durch einen Wärmeübertrager an den Aufstellraum abgegeben. In ähnlicher Weise entzieht die Wärmepumpe der Umwelt (Luft, Wasser, Erde) Wärmeenergie, die z. B. zur Beheizung eines Gebäudes genutzt wird.

Auf der **Niederdruckseite** (low-pressure side) der Wärmepumpe (= Bereich zwischen Expansionsventil und Verdichter mit niedrigem Temperaturniveau) gelangt das flüssige Kältemittel in den Verdampfer, wo es durch die Wärmeenergie der Umwelt bei niedrigem Druck und niedriger Temperatur verdampft.

Der Verdichter (Kompressor) saugt das verdampfte Kältemittel an und verdichtet es; dabei steigen der Druck und die Temperatur des Kältemitteldampfes (vgl. Luftpumpe).

Auf der **Hochdruckseite** (high-pressure side) der Wärmepumpe (= Bereich zwischen Verdichter und Expansionsventil mit hohem Temperaturniveau) strömt der verdichtete und dadurch auf ein höheres Temperaturniveau angehobene Kältemitteldampf in den Verflüssiger (Kondensator) und gibt dort die im Verdampfer aufgenommene Wärmeenergie sowie die zusätzlich durch das Verdichten (Komprimieren) zugeführte Energie z. B. an das Heizwasser ab. Der Kältemitteldampf kühlt sich dabei ab und wird wieder flüssig.

Im Expansionsventil wird das flüssige Kältemittel vom hohen Druck des Kondensators auf den niedrigen Druck des Verdampfers entspannt. Das Kältemittel kühlt dabei weiter ab und kann wieder Wärmeenergie aus der Umwelt aufnehmen. Der Kreislauf beginnt von neuem.

3.3.1 Verdampfer

Die Verdampfer von Wärmepumpen, die dem Erdreich oder dem Wasser Wärmeenergie entziehen, sind in der Regel **Plattenwärmeübertrager** (plate heat exchanger), die meist mit geriffelten Edelstahlplatten ausgerüstet sind (Bild 1). Diese ermöglichen bei vergleichsweise kompakter Bauweise hohe Wärmeübertragungsleistungen.

In Wärmepumpen, die der Luft Wärme entziehen, kommen **Lamellenwärmeübertrager** (fin heat exchanger) zum Einsatz. Diese weisen auf der Primärseite eine sehr große Oberfläche auf, da Luft eine wesentlich geringere Wärmekapazität als Wasser oder Glykol-Wassergemische hat. Durch große Lamellenabstände soll die Vereisung des Verdampfers hinausgezögert werden. Eingefrorene Wärmeübertrager mindern die Wärmeübertragungsleistung, erhöhen die Betriebsgeräusche und die Leistungsaufnahme des Ventilators. Sie müssen deshalb in regelmäßigen Abständen abgetaut werden (must be defrosted).

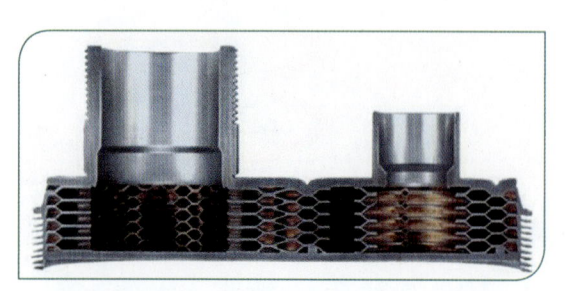

3.3.2 Verdichter (Kompressor)

Als Verdichter kommen im kleineren und mittleren Leistungsbereich hauptsächlich Scroll-Verdichter zum Einsatz (Bild 2).

2 Scroll-Verdichter

Die Verdichtung erfolgt dabei zwischen zwei ineinander greifenden Spiralblöcken, von denen einer festsitzt und der andere exzentrisch auf einer Welle (shaft) rotiert. Da sich die Spiralen immer gegenseitig an zwei gegenüberliegenden Flanken berühren, entstehen jeweils zwei halbmondförmige Kammerpaare, die sich von außen nach innen bewegen. Dabei verkleinert sich das Kammervolumen in Richtung Zentrum der Spiralen, wodurch der Kältemitteldampf verdichtet wird. Im Zentrum wird der verdichtete Kältemitteldampf in axialer Richtung ausgestoßen (Bild 3).

Scroll-Verdichter arbeiten sehr geräusch- und vibrationsarm, (quiet and low vibration) sind wartungsfrei (maitenance-free) und haben eine lange Lebensdauer.

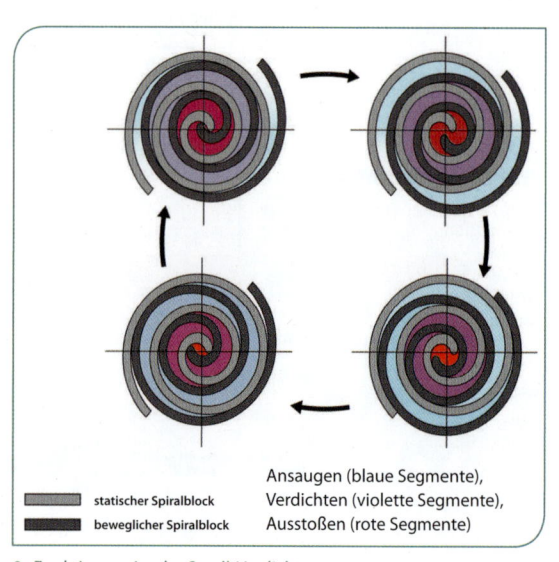

1 Querschnitt durch einen Plattenwärmeübertrager einer Sole-Wasser-Wärmepumpe

Ansaugen (blaue Segmente), Verdichten (violette Segmente), Ausstoßen (rote Segmente)
statischer Spiralblock
beweglicher Spiralblock

3 Funktionsweise des Scroll-Verdichters

3.3.3 Verflüssiger (Kondensator)

Da die Energieübertragung von einem flüssigen Medium auf ein anderes flüssiges Medium erfolgt, werden im kleinen und mittleren Leistungsbereich (range of capacity) fast ausschließlich Plattenwärmeübertrager verwendet, die sich durch hohe Wärmeübertragungsleistungen auszeichnen.

3.3.4 Expansionsventil

Das Expansionsventil entspannt das flüssige, aber noch unter hohem Druck stehende Kältemittel und sorgt dafür, dass nur so viel Kältemittel in den Verdampfer gelangt, wie dort vollständig verdampfen kann und somit ausschließlich überhitzter (superheated) Dampf in den Verdichter gelangt. Bei geringerer Verdampfungsenergie muss der Durchfluss des Kältemittels verringert werden, damit das Kältemittel vollständig verdampfen kann.

Thermostatische Expansionsventile erfassen den Verdampfungsgrad über die Temperatur des Kältemittels in der zum Verdichter führenden Saugleitung (suction pipe) und dosieren die Kältemittelabgabe in den Verdampfer entsprechend.

Elektronische Expansionsventile erfassen sowohl die Temperatur als auch den Druck vor dem Verdichter und regeln den Kältemittelmassenstrom über einen elektrischen Stellmotor (servomotor). Sie werden dann verwendet, wenn in allen Betriebspunkten eine konstante Überhitzung erreicht werden soll.

3.3.5 Kältemittel

Kältemittel sind Stoffe, die in Wärmepumpen den Wärmetransport (heat transfer) übernehmen, indem sie unterhalb der Umgebungstemperatur Wärmeenergie durch Verdampfen bei niederem Druck aufnehmen und oberhalb der Umgebungstemperatur Wärmeenergie durch Verflüssigen bei höherem Druck abgeben.

Wasser verdampft unter Atmosphärendruck (p_{amb} = 1,013 bar) bei 100 °C. Es gibt Flüssigkeiten, sogenannte Kältemittel, die unter Atmosphärendruck bereits bei sehr niedrigen Temperaturen (z. B. –25 °C) verdampfen. Dadurch kann man der Umwelt bereits bei relativ niedrigen Temperaturen von z. B. 5 °C durch Verdampfung Wärme entziehen.

Die Verdampfungstemperatur ist nicht nur stoff-, sondern auch druckabhängig. Steigt der Druck, erhöht sich die Verdampfungstemperatur. Der Zusammenhang zwischen Verdampfungstemperatur und Druck wird in Dampfdruckkurven (vapor pressure graphs, curves) dargestellt. (Bild 1)

Die Verdichtung (Kompression) bzw. Expansion eines gasförmigen Stoffes ist stets mit einer Temperaturänderung verbunden. Wird ein gasförmiger Stoff verdichtet (komprimiert), steigt seine Temperatur (Luftpumpe), wird er entspannt, sinkt seine Temperatur.

Ein für eine Wärmepumpe geeignetes Kältemittel muss folgende Anforderungen erfüllen:
- möglichst niedriger Verdampfungspunkt (evaporating point), um der Umwelt auch bei niedrigen Temperaturen Wärme entziehen zu können,

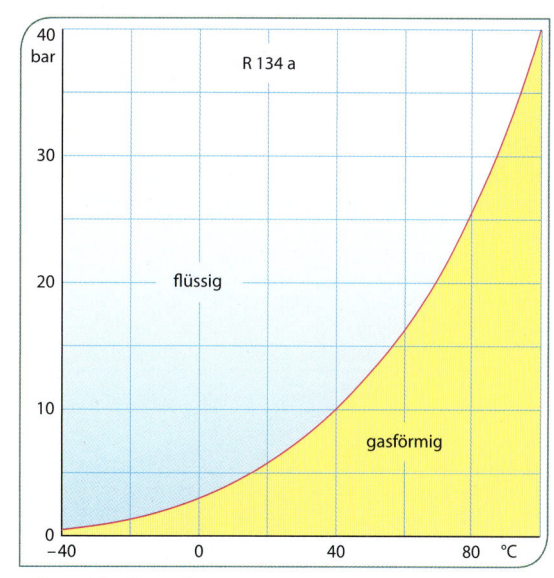

1 Dampfdruckkurve R 134 a

- günstiger Dampfdruckverlauf: hoher Überdruck bei Verdampfungstemperatur, möglichst niedrige Kondensationsdrücke,
- hohe auf das Volumen bezogene Kälteleistung (refrigerating capacity), um die umlaufenden Kältemittelströme und die Komponentengrößen (z. B. Kompressor) zu minimieren,
- chemische Stabilität (stability) auch bei hohen Temperaturen und hohen Drücken,
- keine Schädigung (damage) der Bauteile und eingesetzten Schmierstoffe,
- keine Schädigung der Umwelt (Ozonschicht, Treibhauseffekt) und
- nicht brennbar, nicht explosiv und nicht giftig.

Neben Kältemitteln wie z. B. R 134a werden heute vorwiegend Kältemittelgemische wie z. B. R 407c (Gemisch aus 25 % R 125, 23 % R 32 und 52 % R 134a) verwendet.

3.4 Wärmequellen und Anlagenkonzepte

Die benötigte Umweltenergie kann dem Erdreich (ground), dem Wasser (Grund-, Oberflächen- und Abwasser) und der Luft (Außenluft, Abluft) entzogen werden. Für jede Wärmequelle gibt es Anlagenkonzepte (system concept), um die vorhandene bzw. gespeicherte Energie zu nutzen.

3.4.1 Wärmequelle Erdreich bei Sole-Wasser-Wärmepumpen

Das Erdreich ist ein guter, stabiler Wärmespeicher und kann das ganze Jahr über als Wärmequelle genutzt werden. Die Temperaturen liegen darin beispielsweise in zwei Meter Tiefe das ganze Jahre hinweg zwischen 7 °C und 13 °C und ab einer Tiefe von ca. 15 Metern unabhängig von der Jahreszeit weitgehend konstant bei 10 °C (Bild 1, nächste Seite).

3 Wärmepumpen

Die im Erdreich gespeicherte Wärme wird über Erdkollektoren oder Erdsonden mit einem Wärmeträgermedium (Sole = Gemisch aus Wasser und Frostschutzmittel) zum Verdampfer der sogenannten Sole-Wasser-Wärmepumpe (brine-to-water heat pump) gefördert. Darunter versteht man eine Wärmepumpe für die Wärmequelle Erdreich (Primärkreis) und den Nutzwärmeträger Wasser (Heizwasser, Trinkwarmwasser, Sekundärkreis).

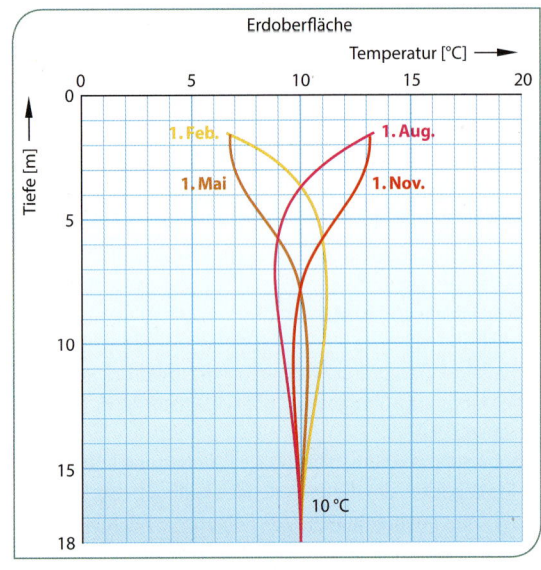

1 Jahrestemperaturverlauf im Erdreich

3.4.1.1 Erdkollektoren

Erdkollektoren (ground collector) nutzen die Wärme, die durch Sonneneinstrahlung, Regen oder Tauwasser in den Boden gelangt. Sie werden mindestens 20 cm unterhalb der Frostgrenze in einer Tiefe von 1,2 bis 1,5 m waagrecht im Erdreich verlegt (Bild 2).

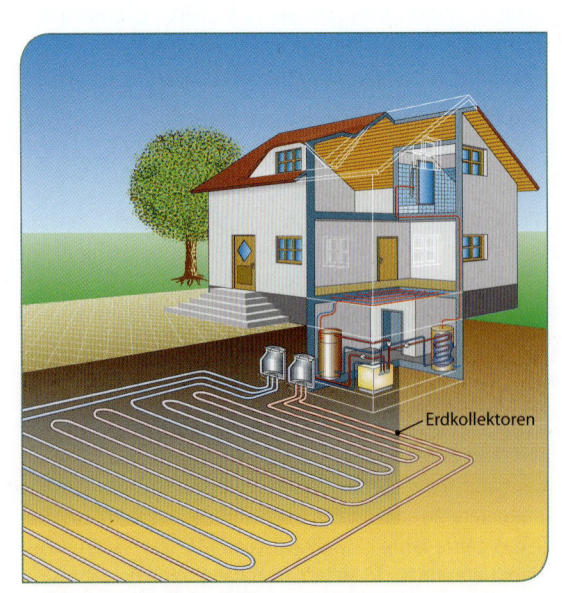

Die Soleleitungen, meist aus Polyethylen (PE), werden im Abstand von ca. 50–90 cm schlangenförmig (coiled snake-like) verlegt und ihre Enden in einem Sammelschacht an einen wegen der Entlüftung etwas höher gelegenen Vorlauf- und Rücklaufsammler angeschlossen. Vom Schacht führt eine Vor- und Rücklaufleitung zum Verdampfer der Wärmepumpe.

Die Länge der Rohrschleifen (Rohrstränge) sollte 100 m nicht überschreiten, da sonst die Druckverluste und dadurch die erforderlichen Pumpenleistungen zu groß werden würden.

Die einzelnen Rohrschleifen sollten möglichst gleich lang sein, um gleiche Druckverluste und damit gleiche Durchströmungsbedingungen sowie einen gleichmäßigen Wärmeentzug (heat abstraction) des Kollektorfeldes zu erreichen.

Die Flächen oberhalb der Erdkollektoren dürfen nicht bebaut oder versiegelt werden. Außerdem sollten dort keine tief wurzelnden Pflanzen gepflanzt werden.

Um die Wärmequelle Erdreich über Erdkollektoren nutzen zu können, sind umfangreiche Erdarbeiten erforderlich. Eine kostengünstige Alternative zum großflächigen Abtrag des Erdreichs ist der grabenweise Aushub (excavation), insbesondere dann, wenn kein oder nur wenig Lagerplatz vorhanden ist (Bild 3).

3 Grabenweiser Aushub

Vorteile der Erdkollektoren
- ganzjährige Nutzung (use) möglich
- keine behördliche Genehmigung (approval, permit) erforderlich
- geringere bauliche Kosten als bei Erdsonden (borehole heat exchangers)

Nachteile der Erdkollektoren
- großer Platzbedarf, d. h. große Grundstücksfläche notwendig
- umfangreiche Erdarbeiten erforderlich

2 Sole-Wasser-Wärmepumpe mit Erdkollektoren

3.4.1.2 Erdsonden

Bei zu kleiner Grundstücksfläche sind Erdsonden (geothermal probes) eine mögliche Alternative, dem Erdreich ganzjährig Wärme zu entziehen (Bild 1). Die Einbringung einer Erdsonde mit modernen Bohrgerät erfordert nur wenige Stunden. Vor der Entscheidung für eine Erdsonde ist allerdings eine geologische Beurteilung des Untergrundes (Bodenbeschaffenheit, Schichtenfolge etc.) nötig. Außerdem müssen geeignete Zufahrtswege und genügend Platz für das Bohrgerät vorhanden sein. Die Einbringung sollte von spezialisierten Bohrfirmen (drilling company) mit dem entsprechenden Fachwissen vorgenommen werden, zumal mit solchen Firmen vertraglich eine Entzugsleistungsgarantie vereinbart werden kann.

Bohrungen bis 100 m müssen vom Wasserwirtschaftsamt, tiefergehende Bohrungen müssen zusätzlich vom zuständigen Bergbauamt genehmigt werden.

In die Bohrung wird eine U-förmige Sonde bzw. eine Doppel-U-Rohr-Sonde eingebracht und der Hohlraum (cavity) zwischen Sondenrohr und Bohrung mit Füllstoff (Betonit) verpresst. Die Kosten für eine Bohrung einschließlich Sonde liegen je nach Bodenbeschaffenheit zwischen 60 und 80 € pro Meter.

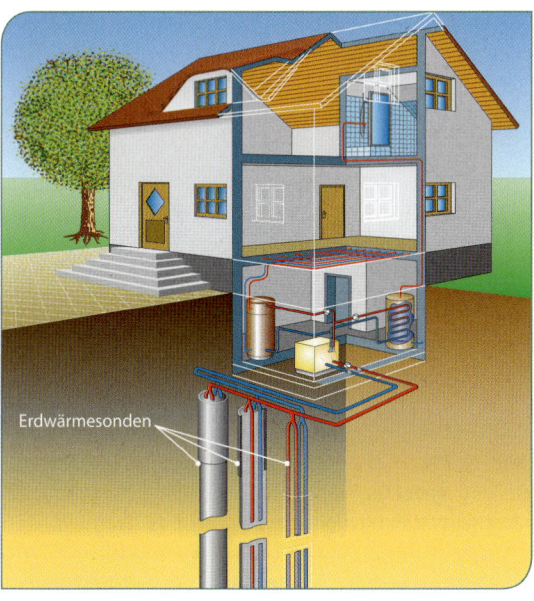

3.4.2 Wärmequelle Wasser bei Wasser-Wasser-Wärmepumpen

Neben Grundwasser (ground water) ist Oberflächenwasser (surface water) sowie Abwasser (cooling and waste water) als Wärmequelle nutzbar. Im häuslichen Abwasser und im Abwasser aus gewerblichen und industriellen Prozessen befindet sich aufgrund der günstigen Temperaturverhältnisse ein riesiges, allerdings bisher nur wenig genutztes Energiepotenzial.

Grundwasser weist selbst an kalten Jahrestagen eine Temperatur von 8 °C bis 12 °C auf. Ist es in ausreichender Menge und Qualität sowie geringer Tiefe (max. 15 m) vorhanden, kann es mit einer Wasser-Wasser-Wärmepumpe (Primärkreis Wasser – Grundwasser und Sekundärkreis Wasser – Heizwasser, Trinkwarmwasser) sehr wirtschaftlich genutzt werden, sofern eine behördliche Genehmigung dafür vorliegt. Die Ergiebigkeit (productivity) kann durch eine Probebohrung überprüft werden; erforderlich sind ca. 250 $\frac{l}{h}$ je kW Heizleistung. Das Grundwasser wird einem Förderbrunnen (extraction well) (Saugbrunnen) entnommen und zum Verdampfer der Wärmepumpe transportiert. Diese entzieht dem Grundwasser die Wärmeenergie. Anschließend wird das abgekühlte Wasser in einem Schluckbrunnen (absorption well) abgeführt (Bild 2). Der Schluckbrunnen wird in einem Abstand von 10 bis 15 m vom Förderbrunnen in Fließrichtung des Grundwassers angelegt.

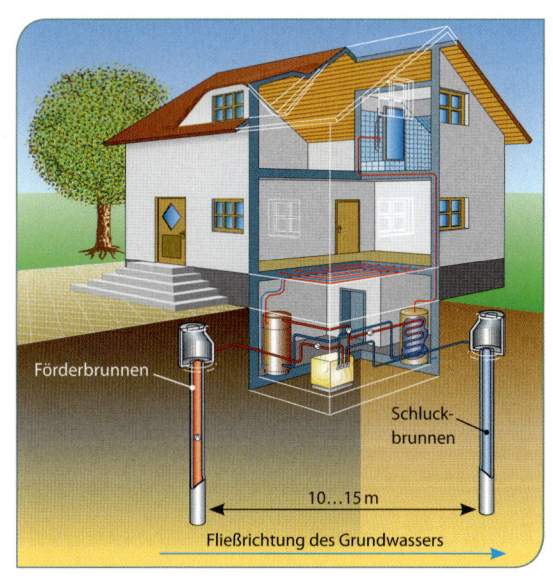

1 Sole-Wasser-Wärmepumpe mit Erdsonden

2 Wasser-Wasser-Wärmepumpe mit Förder- und Schluckbrunnen

Vorteile der Erdsonden
- ganzjährige Nutzung möglich
- bester Wärmeentzug gegenüber allen anderen Erdreichsystemen
- geringer Platzbedarf im Vergleich zu Erdkollektoren
- Erstellung einer Tiefenbohrung auch bei bestehendem Garten möglich

Nachteile der Erdsonden
- hohe Kosten für die Bohrung
- behördliche Genehmigung erforderlich

Steht **Oberflächenwasser** (Bach-, Fluss- und Seewasser) in geringer Entfernung zur Verfügung kann es bei Vorliegen einer wasserrechtlichen Genehmigung ähnlich wie Grundwasser von einer Wasser-Wasser-Wärmepumpe als Wärmequelle genutzt werden. Allerdings ist zu beachten, dass die Oberflächenwassertemperaturen (surface water temperature) jahreszeitlich schwanken.

Um Schäden an den Plattenwärmeübertragern zu vermeiden, sind die von den Wärmepumpenherstellern empfohlenen Grenzwerte bezüglich der Wasserqualität einzuhalten.

3 Wärmepumpen

Werden diese überschritten ist ein Zwischenkreis-Wärmeübertrager einzubauen, der die Wärmeenergie des Wassers auf einen Solekreis (brine circuit) überträgt.

Vorteil von Wasser als Wärmequelle
- ganzjährige Nutzung möglich, Grundwasser ist besonders effektiv, da es ganzjährig mit gleichbleibenden Temperaturen zwischen 8 °C und 12 °C zur Verfügung steht

Nachteile von Wasser als Wärmequelle
- Gefahr der Verockerung[1] des Schluckbrunnens
- hohe Kosten für den Bau der Brunnen
- Gefahr der Korrosion des Wärmeübertragers
- behördliche Genehmigung erforderlich

3.4.3 Wärmequelle Luft bei Luft-Wasser-Wärmepumpen

Außenluft (outside air) ist die Wärmequelle, die mit dem geringsten Aufwand genutzt werden kann, da sie überall und in unbegrenzter Menge zur Verfügung steht. Allerdings unterliegt die Außenluft jahreszeitlich bedingt hohen Temperaturschwankungen (fluctuations of temperature). Mit dem Absinken der Außentemperatur steigt der Wärmebedarf (Heizlast) des Gebäudes und die Leistung der Luft-Wasser-Wärmepumpe (air-to-water heat pump) (Primärkreis Luft – Außenluft und Sekundärkreis Wasser – Heizwasser, Trinkwarmwasser) wird geringer. Bei Unterschreitung des sogenannten Bivalenzpunktes[2] (bivalence point) (ca. –5 °C) wird z. B. ein in der Wärmepumpe integrierter Elektroheizstab (electric heating rod) zugeschaltet, um den Wärmebedarf (heat consumption) des Gebäudes zu decken (Bild 1).

> **MERKE**
>
> Bei Unterschreitung des Bivalenzpunktes muss ein zusätzlicher Wärmeerzeuger zugeschaltet werden, um den erforderlichen Wärmebedarf zu decken.

Luft-Wasser-Wärmepumpen gibt es als **Kompaktgeräte** (compact unit), für die Aufstellung in Gebäuden oder im Freien (Außenaufstellung) und als **Splitgeräte** (split unit), bei denen der Verdampfer getrennt von den übrigen Komponenten, z. B. im Freien angeordnet wird (Bild 2). Bei beiden Ausführungsarten wird die Luft dem Verdampfer durch in der Wärmpumpe integrierte Ventilatoren zugeführt, wo ihr die Wärme entzogen wird.

Zum Einsatz kommen auch Kompaktgeräte in Kombination mit einer Außeneinheit, in der ein zusätzlicher Wärmeübertrager der Außenluft die Wärme entzieht. Diese Wärme wird über einen zwischengeschalteten Solekreis zum Verdampfer der Wärmepumpe geführt.

2 Luft-Wasser-Wärmepumpe in Außenaufstellung

Aufgrund des relativ großen Luftvolumens, das umgewälzt wird, ist sowohl bei der Außen- als auch bei der Innenaufstellung einer Luft-Wasser-Wärmepumpe die mögliche Geräuschentwicklung (noise development) zu beachten.

Die Anforderungen der TA Lärm sind einzuhalten. Bei der Außenaufstellung der Wärmepumpe, des Verdampfers oder der Außeneinheit:

- muss ein geeigneter fester Untergrund (Fundament, Konsole etc.) vorhanden sein.
- muss die Kondensatableitung auch bei Frost gewährleistet sein.
- ist aus luft- und schalltechnischen Gründen eine Aufstellung in Nischen, in Mauerecken, zwischen zwei Mauern oder in einer Senke (kalte Luft sinkt nach unten) zu vermeiden bzw. unzulässig.
- ist auf die notwendigen Abstände zu Nachbargrundstücken, Gebäuden etc. zu achten, die sich aus Schallschutzgründen oder örtlichen Baubestimmungen ergeben.

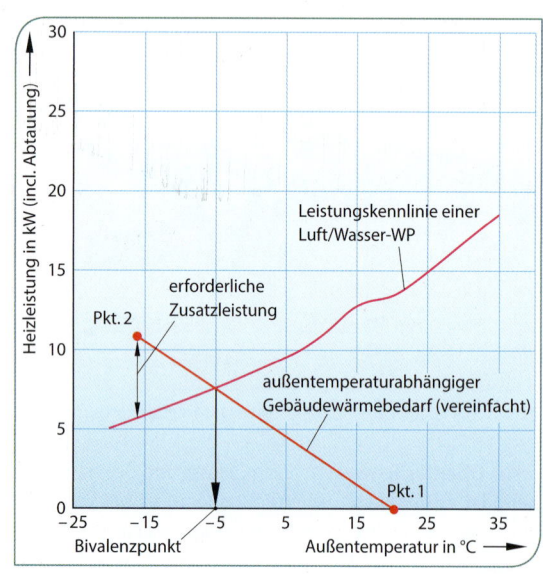

1 Bivalenzpunkt einer Luft-Wasser-Wärmepumpe

[1] Verockerung: Zusetzen des Brunnens durch Mangan- und Eisenablagerungen
[2] Der Bivalenzpunkt ist die Leistungsgrenze einer Wärmepumpe in Abhängigkeit von der Außentemperatur. Im Bivalenzpunkt entspricht die Wärmeleistung der Wärmepumpe dem Wärmebedarf (der Heizlast).

3 Wärmepumpen

- darf der Ausblasbereich (outlet area) nicht unmittelbar auf Wände (Frostschäden), Gehwege, Terassen etc. gerichtet werden.
- sind die Luftöffnungen vor Laub und Schneefall zu schützen.

Neben Außenluft kann auch **Abluft** (exhaust air) als Wärmequelle genutzt werden. Abluft-Wärmepumpen werden z. B. in Gebäuden mit niedrigem Wärmebedarf (Passivhäuser) und in Verbindung mit Anlagen zur kontrollierten Wohnraumlüftung eingesetzt.

Vorteile von Außenluft als Wärmequelle
- überall in unbegrenzter Menge verfügbar
- geringer baulicher Aufwand
- kostengünstige Installation
- keine behördliche Genehmigung erforderlich

Nachteile von Außenluft als Wärmequelle
- schwankende Temperaturen
- Außentemperatur ist niedrig, wenn Wärmebedarf hoch ist

3.5 Betriebsweisen von Wärmepumpen

In Abhängigkeit von der Wärmenutzungsanlage und der Wärmequelle unterscheidet man die im Folgenden beschriebenen Betriebsweisen (operating methods).

3.5.1 Monovalente Betriebsweise

Die Wärmepumpe übernimmt als einziger Wärmeerzeuger während des ganzen Jahres die Beheizung eines Gebäudes und die Trinkwassererwärmung. Voraussetzung ist, dass die Wärmenutzungsanlage auf eine Vorlauftemperatur unterhalb der maximalen Vorlauftemperatur der Wärmepumpe ausgelegt ist und der Wärmebedarf (Heizlast) die maximale Wärmeleistung der Wärmepumpe nicht übersteigt. Die monovalente Betriebsweise (monovalent operation) kommt bevorzugt dann zur Anwendung, wenn die Wärmeenergie dem Grundwasser oder dem Erdreich entnommen wird.

3.5.2 Monoenergetische Betriebsweise
(monoenergetic operation)

Die Wärmeversorgung erfolgt durch zwei Wärmeerzeuger, die mit der gleichen Energieart versorgt werden. Ab dem Bivalenzpunkt wird zu der elektrisch betriebenen Kompressions-Wärmepumpe z. B. ein Elektroheizstab zugeschaltet, um den Wärmebedarf zu decken.

3.5.3 Bivalente Betriebsweise

Bei der bivalenten Betriebsweise (bivalent operation) ist die Wärmepumpe mit mindestens einem weiteren Wärmeerzeuger kombiniert. Als zusätzliche Wärmeerzeuger kommen Festbrennstoff-, Öl- oder Gaskessel in Frage. Die bivalente Betriebsweise wird eingesetzt, wenn Außenluft oder Oberflächenwasser als Wärmequelle genutzt werden.

- **Bivalent-alternative Betriebsweise**
  (alternative operation)

Die Wärmepumpe deckt bis zu einer festgelegten Temperatur (Bivalenzpunkt, bivalence point) den Wärmebedarf allein ab. Bei Unterschreitung des Bivalenzpunktes schaltet die Wärmepumpe ab und ein anderer Wärmeerzeuger übernimmt die Wärmeversorgung.

- **Bivalent-parallele Betriebsweise** (parallel operation)

Die Wärmepumpe deckt bis zu einer festgelegten Temperatur (Bivalenzpunkt) den Wärmebedarf. Bei Unterschreitung des Bivalenzpunktes wird ein zweiter Wärmeerzeuger, z. B. ein Gasheizkessel zur Deckung des Wärmebedarfs zugeschaltet. Bei dieser Betriebsweise muss die Wärmepumpe bis zur tiefsten Temperatur in Betrieb bleiben können.

- **Bivalent-teilparallele Betriebsweise**
  (partial-parallel operation)

Bis zu einer festgelegten Temperatur (Bivalenzpunkt) deckt die Wärmepumpe den Wärmebedarf allein. Bei Unterschreitung des Bivalenzpunktes schaltet sich ein zweiter Wärmeerzeuger zu, der parallel zur Wärmepumpe arbeitet. Bei Erreichen der Einsatzgrenzen (application limits) der Wärmepumpe (minimale Außentemperatur, maximale Vorlauftemperatur) schaltet sich die Wärmepumpe ab. Der gesamte Wärmebedarf wird vollständig vom zweiten Wärmeerzeuger gedeckt.

3.6 Einsatz eines Pufferspeichers

Der Einsatz eines Pufferspeichers (buffer tank) ist empfehlenswert, um

- die Schalthäufigkeit zu verringern und die Laufzeit der Wärmepumpe zu erhöhen,
- in allen Betriebszuständen eine Mindestlaufzeit (6 min) der Wärmepumpe sicherzustellen, die für eine ordnungsgemäße Ölversorgung des Scrollverdichters (scroll compressor) und einen störungsfreien Betrieb erforderlich ist,
- den Mindestvolumenstrom in der Wärmenutzungsanlage sicherzustellen,
- Hochdruckstörungen zu vermeiden, wenn die von der Wärmepumpe erzeugte Wärme nicht an das Wärmenutzungssystem abgeführt werden kann,
- eine hydraulische Entkopplung (decoupling) der Volumenströme im Wärmepumpenkreis und Heizkreis zu gewährleisten (Pufferspeicher wirkt wie eine hydraulische Weiche) und ein häufiges Schalten der Wärmepumpe (Takten) zu vermeiden,
- in Spitzenzeiten eine ausreichende Wärmeversorgung zu sichern,
- EVU-Sperrzeiten (utility company shut-off times) zu überbrücken und
- bei Luft-Wasser-Wärmepumpen die Abtauung (defrosting) sicherzustellen.

Lernfeld 12

3 Wärmepumpen

3.7 Energetische Beurteilung von Wärmepumpen

3.7.1 Leistungszahl und COP

Die Leistungszahl (coefficient of performance) einer Wärmepumpe ist das Verhältnis der nutzbaren Wärmeleistung (thermal output) (Heizleistung) zur aufgenommenen elektrischen Antriebsleistung des Verdichters.

$$\varepsilon_{WP} = \frac{\Phi_{WP}}{P_{el}}$$

- ε_{WP}: Leistungszahl der Wärmepumpe
- Φ_{WP}: Wärmeleistung (vom Kondensator abgegebene Heizleistung) in kW
- P_{el}: Elektrische Leistungsaufnahme (Antriebsleistung des Verdichters) in kW

Die Wärmeleistung der Wärmepumpe errechnet sich aus der Summe von Wärmeleistung aus der Umwelt und der elektrischen Antriebsleistung des Verdichters.

$$\Phi_{WP} = \Phi_U + P_{el}$$

- Φ_{WP}: Wärmeleistung (vom Kondensator abgegebene Heizleistung) in kW
- Φ_U: Wärmeleistung aus der Umwelt in kW
- P_{el}: Elektrische Leistungsaufnahme (Antriebsleistung des Verdichters) in kW

Beispiel

Eine Wärmepumpe hat eine Wärmeleistung von 10 kW, die zugeführte elektrische Antriebsleistung des Verdichters beträgt 2,5 kW.
a) Berechnen Sie die Leistungszahl der Wärmepumpe.
b) Berechnen Sie die Wärmeleistung aus der Umwelt in kW.
geg.: Φ_{WP} = 10 kW; P_{el} = 2,5 kW
ges.: a) ε b) Φ_U

Lösung:

a) $\varepsilon_{WP} = \frac{\Phi_{WP}}{P_{el}}$; $\varepsilon_{WP} = \frac{10\ kW}{2,5\ kW}$; $\varepsilon_{WP} = \underline{\underline{4}}$

b) $\Phi_U = \Phi_{WP} - P_{el}$; $\Phi_U = \Phi_{WP} - P_{el}$ = 10 kW − 2,5 kW;
$\Phi_U = \underline{\underline{7,5\ kW}}$

Um eine bessere Vergleichbarkeit der verschiedenen Wärmepumpen zu ermöglichen, wird international der Begriff **COP (= Coefficient of Performance)** verwendet, der nach genau festgelegten Prüfbedingungen der DIN EN 14511 ermittelt wird.

Zur Kennzeichnung der Prüfbedingungen werden Wärmequelle und Wärmenutzungsanlage durch den Anfangsbuchstaben des jeweiligen englischen Begriffs angegeben – **A** = Luft (**a**ir), **B** = Sole (**b**rine), **W** = Wasser (**w**ater) – und diese Kurzzeichen mit den jeweiligen Prüftemperaturen gekoppelt, z. B. **B**0/**W**35.

$$COP = \frac{\Phi_{WP}}{P_{el}}$$

- COP: Leistungszahl bei festgelegten Temperaturen der Wärmequelle und der Wärmenutzungsanlage
- Φ_{WP}: Wärmeleistung der Wärmepumpe in kW
- P_{el}: Elektrische Leistungsaufnahme in kW

Die elektrische Leistungsaufnahme setzt sich zusammen aus:

- der elektrischen Leistungsaufnahme des Verdichters,
- der elektrischen Leistungsaufnahme aller Steuer-, Regel- und Sicherheitseinrichtungen,
- der anteiligen Leistungsaufnahme der Fördereinrichtungen (z. B. Sole- bzw. Heizungsumwälzpumpe, Ventilatoren).

Der COP-Wert ist nur eine Momentaufnahme und ein (gerätespezifisches) Qualitätsmerkmal der Wärmepumpe auf dem Prüfstand. Aussagekräftiger bezüglich Effizienz einer Wärmepumpe ist die Jahresarbeitszahl.

3.7.2 Jahresarbeitszahl

Die Jahresarbeitszahl (annual performance factor) ist das Verhältnis der innerhalb eines Jahres von der Wärmepumpe abgegebenen Wärmeenergie zur gesamten zugeführten elektrischen Energie.

Bei der Jahresarbeitszahl werden auch Hilfsaggregate wie die Solepumpe, der Ventilator und die Regelung berücksichtigt. Heizungsumwälz- und Speicherladepumpen bleiben bei der gebräuchlichsten Berechnung der Jahresarbeitszahl nach VDI 4650 Blatt 1 unberücksichtigt.

$$\beta_{WP} = \frac{Q_{WP}}{W_{el}}$$

- β_{WP} (JAZ): Jahresarbeitszahl der Wärmepumpe
- Q_{WP}: Wärmeenergie in $\frac{kWh}{a}$
- W_{el}: Elektrische Energieaufnahme in $\frac{kWh}{a}$

Beispiel

Eine Sole-Wasser-Wärmepumpe liefert im Zeitraum von einem Jahr eine Wärmemenge von 18000 kWh. Die elektrische Energieaufnahme in dieser Zeit beträgt gemäß Energiezähler (Stromzähler) 4000 kWh. Bestimmen Sie die Jahresarbeitszahl der Wärmepumpe.

geg.: Q_{WP} = 18000 kWh; W_{el} = 4000 kWh
ges.: β_{WP}

Lösung:

$\beta_{WP} = \frac{Q_{WP}}{W_{el}}$; $\beta_{WP} = \frac{18000\ kWh}{4000\ kWh}$; $\beta_{WP} = \underline{\underline{4,5}}$

3.7.3 Wirtschaftlichkeit

Die Wirtschaftlichkeit (economic efficiency) einer Wärmepumpe hängt von der Temperaturdifferenz zwischen Wärmequelle und Wärmenutzungsanlage (z. B. Heizwasser, Trinkwarmwasser) ab. Je höher die Temperatur der Wärmequelle und je niedriger die Temperatur der Wärmenutzungsanlage, desto niedriger ist die Leistungsaufnahme des Verdichters und desto wirtschaftlicher arbeitet die Wärmepumpe.

Der Einsatz einer Wärmepumpe bewährt sich besonders bei Flächenheizungen (radiant heating systems) mit Vorlauftemperaturen ≤ 35 °C.

3.8 Auslegung der Wärmepumpe

Bei der Auslegung der Wärmepumpe sind neben der erforderlichen Gesamtwärmeleistung (total thermal power) auch die Wärmenutzungsanlage, die Wärmequelle und die Betriebsweise zu berücksichtigen. Eine Überdimensionierung (overdimensioning) führt zu erheblichen Mehrkosten und sollte deshalb möglichst vermieden werden.

Die erforderliche **Gesamtwärmeleistung der Wärmepumpe** ergibt sich aus der Gebäude-Normheizlast (standard heat demand) und dem Zuschlag für die Trinkwassererwärmung sowie den Sperrzeiten des Energieversorgungsunternehmens (EVU).

$$\Phi_{ges} = (\Phi_{HL,\,Geb.} + \Phi_{TW}) \cdot f$$

Φ_{ges}: Gesamtwärmeleistung der Wärmepumpe in kW
$\Phi_{HL,\,Geb.}$: Gebäude-Normheizlast in kW
Φ_{TW}: Zuschlag für die Trinkwassererwärmung in kW
f: Sperrzeitenzuschlagsfaktor

- Die genaue Berechnung der **Gebäude-Normheizlast** Φ_{HL} erfolgt nach DIN EN 12831.
- Liegt keine Heizlastberechnung von einem bestehenden Gebäude vor, kann die Gebäude-Heizlast mithilfe der zu beheizenden Wohnfläche und der spezifischen Heizlast überschlägig ermittelt werden (vgl. Fachkenntnisse 1, LF 7, Kap. 5.7).
- Erfolgt die Trinkwassererwärmung durch die Wärmepumpe ist bei ganzjähriger Nutzung ein Zuschlag von **0,25 kW/Person** zu berücksichtigen.

$$\Phi_{TW} = 0{,}25 \frac{kW}{Person} \cdot \text{Personenzahl}$$

- Die erforderliche Wärmeleistung für die Beheizung und Trinkwassererwärmung kann auch überschlägig aus dem bisherigen durchschnittlichen Energieverbrauch mit folgender Formel bestimmt werden, wenn man für Heizöl einen spezifischen Verbrauch von 250 $\frac{l}{a \cdot kW}$ und für Erdgas 230 $\frac{m^3}{a \cdot kW}$ zugrunde legt.

$$\Phi_{HL+TW} = \frac{\text{Energieverbrauch in } \frac{l}{a} \text{ bzw. } \frac{m^3}{a}}{250 \frac{l}{a \cdot kW} \text{ bzw. } 230 \frac{m^3}{a \cdot kW}}$$

- Für den Strombedarf einer Wärmepumpe kann häufig ein kostengünstiger Sondertarif (special tariff) genutzt werden, der in der Regel 30 % unter dem Haushaltsstromtarif liegt. Dafür kann das EVU nach den bundesweit geltenden Sondertarifbestimmungen die Wärmepumpe für maximal 3 x 2 Stunden innerhalb von 24 Stunden abschalten (sperren). Diese Sperrzeiten (shut-off times) sind bei der Bestimmung der Gesamtwärmeleistung der Wärmepumpe durch einen Zuschlagsfaktor zu berücksichtigen (Bild 1).

Sperrzeit	f	
	Altbau mit HK	Neubau mit FBH
1 x 2 Stunden	1,10	1,05
2 x 2 Stunden	1,20	1,10
3 x 2 Stunden	1,33	1,15

1 Sperrzeitenzuschlagsfaktoren

Beispiel

Bestimmen Sie die Gesamtwärmeleistung einer Sole-Wasser-Wärmepumpe, wenn für das Gebäude eine Normheizlast $\Phi_{HL,\,Geb.} = 9{,}2$ kW berechnet wurde, die Trinkwassererwärmung für vier Personen ganzjährig durch die Wärmepumpe erfolgt und das EVU die Stromzufuhr maximal 3 x 2 Stunden sperren kann. Das Gebäude (Neubau) wird mit einer Fußbodenheizung beheizt.

geg.: $\Phi_{HL,\,Geb.} = 9{,}2$ kW; 4 Personen; $f = 1{,}15$ (Bild 1)
ges.: Φ_{ges}

Lösung:
$\Phi_{ges} = (\Phi_{HL,\,Geb.} + \Phi_{TW}) \cdot f$
$\Phi_{ges} = (9{,}2 \text{ kW} + 0{,}25 \text{ kW/Pers} \cdot 4 \text{ Pers}) \cdot 1{,}15$
$\Phi_{ges} = \underline{11{,}73 \text{ kW}}$

Mit der Gesamtnennwärmeleistung kann aus Herstellerunterlagen in Abhängigkeit von der Wärmequellentemperatur (Soleeintrittstemperatur) und der Vorlauftemperatur der Wärmenutzungsanlage eine geeignete Wärmepumpe ausgewählt werden (Bild 1, nächste Seite).

Bei der Gesamtwärmeleistung von 11,73 kW und einer minimalen Soleeintrittstemperatur von 0 °C – dieser Wert ist bei ausreichender Dimensionierung der Erdkollektoren zugrunde zu legen – muss bei maximaler Vorlauftemperatur von 35 °C die Leistungskurve der Wärmepumpe WP 12 ausgewählt werden. Diese liefert unter den genannten Randbedingungen (B0, W35) eine Wärmeleistung von 12 kW.

3 Wärmepumpen

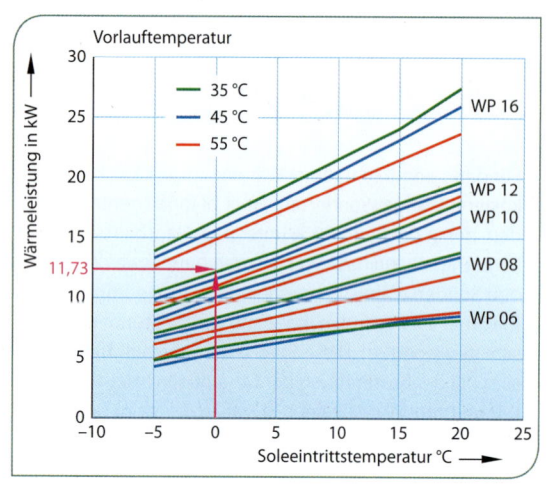

1 Leistungskurven von Sole-Wasser-Wärmepumpen bei Vorlauftemperaturen ab 35 °C – monovalente Betriebsweise

Um einen funktionssicheren Betrieb der Wärmepumpe zu gewährleisten und eine hohe Energieeffizienz zu erreichen, müssen die vom Hersteller in den technischen Datenblättern angegebenen **Mindestvolumenströme** (minimum flow rate) und **Temperaturspreizungen** (temperature differences) in der **Wärmenutzungsanlage** und im **Solekreis** (Wärmequelle Erdreich) sichergestellt werden.

Die **Wärmenutzungsanlage** ist so auszulegen, dass der benötigte Wärmebedarf bei möglichst niedrigen Vorlauftemperaturen gedeckt wird.

MERKE

Jedes Grad Celsius weniger bei der Vorlauftemperatur ermöglicht eine Einsparung (saving) von bis zu 2,5 % im Energieverbrauch der Wärmepumpe.

3.9 Auslegung des Erdkollektors

Auslegungsbeispiel: Sole-Wasser-Wärmepumpe WP 12 (Φ_{WP} = 12 kW, P_{el} = 2,55 kW) für den Heizbetrieb mit Trinkwassererwärmung bei bindigem, feuchtem Boden

- **Ermittlung der Umweltleistung (Kälteleistung) Φ_U im Auslegungspunkt**

$$\Phi_U = \Phi_{WP} - P_{el}$$

Φ_U: Umweltleistung (Kälteleistung) in kW
Φ_{WP}: Wärmeleistung der Wärmepumpe in kW
P_{el}: elektrische Leistungsaufnahme in kW

Φ_U = 12 kW − 2,55 kW = <u>9,45 kW</u>

- **Ermittlung der spezifischen Entzugsleistung und des Verlegeabstandes aus der Tabelle** (Bild 2)

Untergrund	spezifische Entzugsleistung bei 1800 $\frac{h}{a}$ in $\frac{W}{m^2}$	spezifische Entzugsleistung bei 2400 $\frac{h}{a}$ in $\frac{W}{m^2}$	Verlegeabstand S in m
trockener, nicht bindiger Boden	10	8	1
bindiger, feuchter Boden	10–30	16–24	0,8
wassergesättigter Sand/Kies	40	32	0,5

2 Richtwerte für Verlegeabstände und Entzugsleistungen in Abhängigkeit von der Bodenbeschaffenheit und den Vollbenutzungsstunden – 1800 h/a für den Heizbetrieb, 2400 h/a für den Heizbetrieb mit Trinkwassererwärmung – nach VDI 4640

Nach Tabelle Bild 2:
Spezifische Entzugsleistung q_E = 16 – 24 $\frac{W}{m^2}$ bei 2400 $\frac{h}{a}$ (Heizbetrieb mit Trinkwassererwärmung);
Verlegeabstand S = 0,8 m

In der Praxis geht man bei Erdkollektoren von einer mittleren Entzugsleistung von ca. 25 $\frac{W}{m^2}$ aus. Bei längeren Laufzeiten ist neben der spezifischen Entzugsleistung auch die spezifische jährliche Entzugsarbeit zu berücksichtigen. Sie sollte bei Erdkollektoren zwischen 50 und 70 $\frac{kWh}{m^2 \cdot a}$ liegen.

- **Ermittlung der erforderlichen Kollektorfläche A**

$$A_{min} = \frac{\Phi_U}{q_E}$$

A_{min}: Minimale Kollektorfläche in m²
Φ_U: Umweltleistung (Kälteleistung) in kW
q_E: Spezifische Entzugsleistung in $\frac{W}{m^2}$

$A_{min} = \frac{\Phi_U}{q_E}$; $A_{min} = \frac{9450 \text{ W} \cdot m^2}{25 \text{ W}}$; A_{min} = <u>378 m²</u>

- **Ermittlung Kollektorrohrlänge L_{Kmin}**

$$L_{Kmin} = \frac{A_{min}}{S}$$

L_{Kmin}: Minimale Gesamtlänge der Kollektorrohre in m
A_{min}: Minimale Kollektorfläche in m²
S: Verlegeabstand in m

$L_{Kmin} = \frac{A_{min}}{S}$; $L_{Kmin} = \frac{378 \text{ m}^2}{0,8 \text{ m}}$; L_{Kmin} = <u>472,5 m</u>

→ z. B. 5 Kreise mit je 100 m

- **Tatsächlicher Verlegeabstand:**

$$S_{tats} = \frac{A_{min}}{L_K}$$

$S_{tats} = \frac{378 \text{ m}^2}{500 \text{ m}}$; S_{tats} = <u>0,756 m</u>

3.10 Kühlen mit Wärmepumpen

Wärmepumpen (heat pumps) können nicht nur zur Gebäudebeheizung und Trinkwassererwärmung, sondern auch zur Kühlung von Gebäuden eingesetzt werden.

Dabei unterscheidet man grundsätzlich zwei Arten: die aktive Kühlung, bei welcher der Verdichter (compressor) der Wärmepumpe in Betrieb ist, und die passive Kühlung, bei der überschüssige Wärme (excess heat) des Gebäudes direkt in die Wärmequelle abgeführt wird.

Bei der passiven Kühlung können daher nur Wärmequellen mit einer relativ niedrigen Temperatur – also Erdreich und Grundwasser – genutzt werden. Die Wärmepumpe ist bis auf die Regelung und die Umwälzpumpen ausgeschaltet. Im Falle der aktiven Kühlung ist es erforderlich, dass der Kältekreis (cooling circuit) der Wärmepumpe umkehrbar ist.

Zur Kühlung der Räume werden Fußboden- und Wandheizung, Kühldecken, Betonkerntemperierung sowie Gebläsekonvektoren verwendet. Mit Gebläsekonvektoren (fan convectors) ist eine Entfeuchtung der Raumluft möglich, allerdings ist darauf zu achten, dass eine Kondenswasserableitung vorgesehen wird. Da die Unterschreitung der Taupunkttemperatur kein Problem darstellt, können die Gebläsekonvektoren mit niedrigeren Kaltwassertemperaturen als Flächenkühlsysteme betrieben werden.

Bei den Flächenkühlsystemen (panel cooling systems) muss unbedingt die Unterschreitung des Taupunkts der Raumluft vermieden werden, da sonst Wasserdampf auf der Kühlfläche kondensieren kann. Zur Vermeidung der Kondensatbildung ist eine Taupunktüberwachung (dew point monitoring/control) durch die Wärmepumpenregelung erforderlich. Üblicherweise werden ein Raumtemperatur- und ein Feuchtefühler (humidity sensor) eingesetzt, die an den Wärmepumpenregler angeschlossen sind. Der Regler kann damit die minimal zulässige Kaltwassertemperatur bestimmen. Eine Entfeuchtung der Raumluft findet mit Flächenkühlsystemen nicht statt.

3.10.1 Passive Kühlung

Im Sommer sind die Temperaturen im Inneren von Gebäuden in der Regel höher als im Erdreich und im Grundwasser. Folglich können die niedrigen Temperaturen des im Winter als Wärmequelle (heat source) dienenden Erdreichs bzw. Grundwassers auf einfache Weise zur direkten natürlichen Kühlung von Gebäuden genutzt werden.

Notwendig sind dafür eine Wärmepumpe mit der „natural cooling"-Funktion, ein zusätzlicher Plattenwärmeübertrager, zwei Drei-Wege-Umschaltventile (three-way switch valves) und eine Kühlkreis-Umwälzpumpe. Die Wärmepumpenregelung schaltet lediglich die Umwälzpumpe im Quellenkreislauf (source circuit) sowie die Kühlkreis-Umwälzpumpe ein und öffnet die Drei-Wege-Umschaltventile jeweils zum Wärmeübertrager; der Verdichter wird nicht in Betrieb genommen.

Die den Räumen über die Heiz- bzw. Kühlflächen entzogene Wärme wird zum Wärmeübertrager transportiert. Dort wird die Wärme an die Soleflüssigkeit (brine fluid) bzw. das Grundwasser des Quellenkreislaufes übertragen und schließlich über Erdsonden oder Erdkollektoren bzw. den Schluckbrunnen (absorption well) an das Erdreich bzw. Grundwasser abgegeben. Grundsätzlich ist die Kühlleistung abhängig von der Wärmequellengröße und der Wärmequellentemperatur, die jahreszeitlichen Schwankungen unterworfen sein kann.

Bei Sole-Wasser-Wärmepumpen mit Erdsonden (geothermal probes) ist die passive Kühlung meist ausreichend. Andernfalls besteht die Möglichkeit der energieintensiveren aktiven Kühlung.

3.10.2 Aktive Kühlung

Luft-Wasser-Wärmepumpen (air-to-water heat pumps) nutzen die Außenluft als Wärmequelle. Da die Außenlufttemperatur im Sommer über der erforderlichen Kühltemperatur liegt, ist nur die aktive Kühlung über den umkehrbaren Kältekreislauf (reversible cooling circuit) – häufig als reversible Betriebsweise oder „active cooling" bezeichnet – möglich. Heutzutage gibt es auch Sole-Wasser- und Wasser-Wasser-Wärmepumpen, mit denen aktiv gekühlt werden kann.

Da bei der aktiven Kühlung der Verdichter in Betrieb ist, kann die Wärmepumpe im Vergleich zur passiven Kühlung eine größere Kühlleistung (cooling capacity) erbringen.

In der Praxis wird die Umkehrung der Betriebsweise häufig durch ein Vier-Wege-Ventil (four-way valve) und ein zweites Expansionsventil (expansion valve) im Kältekreislauf der Wärmepumpe realisiert. Durch das Vier-Wege-Ventil wird die Fließrichtung des Kältemittels umgeschaltet. Der Verdichter behält unabhängig von der jeweiligen Funktion (Heizen oder Kühlen) immer seine ursprüngliche Förderrichtung bei.

Im Kühlbetrieb wird der ursprüngliche Verflüssiger (condenser) zum Verdampfer; in diesem wird die Wärme aus den Räumen über das zirkulierende Heiz- bzw. Kühlkreiswasser auf das Kältemittel übertragen.

Der ursprüngliche Verdampfer (evaporator) wird zum Verflüssiger, in diesem wird die Wärme an den Quellenkreislauf abgegeben und entweder an das Erdreich bzw. an die Außenluft abgeführt oder zur Trinkwassererwärmung genutzt.

3 Wärmepumpen

ÜBUNGEN

1. Beschreiben Sie das Grundprinzip einer Wärmepumpe.
2. Nennen Sie die vier wichtigsten Bauteile einer Kompressions-Wärmepumpe.
3. Beschreiben Sie die Funktionsweise einer Kompressions-Wärmepumpe.
4. Beschreiben Sie den Verdichtungsvorgang bei einem Scrollverdichter.
5. Nennen Sie zwei Aufgaben des Expansionsventils.
6. Welche Wärmeträgerflüssigkeit wird im Kreislaufsystem einer Wärmepumpe verwendet?
7. Geben Sie je zwei Vor- und Nachteile der folgenden Wärmequellen für Wärmepumpen an: a) Luft; b) Grundwasser; c) Erdreich
8. Erläutern Sie, wie dem Erdreich Wärme entzogen werden kann.
9. Eine Wasser-Wasser-Wärmepumpe wird in den Herstellerunterlagen bei W 10/W 35 mit einem COP von 5,9 angegeben.

    Bestimmen Sie die Wärmeleistung (Heizleistung) der Wärmepumpe in kW, wenn die elektrische Leistungsaufnahme 1,8 kW beträgt.

10. Erläutern Sie den Unterschied zwischen monovalenter und bivalenter Betriebsweise einer Wärmepumpe.
11. Was versteht man unter monoenergetischer Betriebsweise einer Wärmepumpe?
12. Welche Kenngröße gibt darüber Auskunft, wie wirtschaftlich eine Wärmepumpe arbeitet?
13. Eine 80-m²-Neubauwohnung soll von einer Wärmepumpe beheizt werden. Als spezifische Heizlast werden 50 $\frac{W}{m^2}$ angesetzt. Die Trinkwassererwärmung für den 4-Personen-Haushalt soll ebenfalls durch die Wärmepumpe erfolgen und das EVU kann den Strom 2 x 2 Stunden sperren. Bestimmen Sie die Gesamtwärmeleistung der Wärmepumpe.

14. Familie Kern möchte eine Wasser-Wasser-Wärmepumpe in ihr neues Haus einbauen lassen. Nach Auskunft des Wasserwirtschaftsamtes kann stündlich 1000 Liter Grundwasser von 10 °C über einen Saugbrunnen entnommen und mit 4 °C wieder in den Schluckbrunnen eingespeist werden.

    Überprüfen Sie, ob die Wassermenge für eine monovalente Betriebsweise der Wärmepumpe ausreicht, wenn zur Deckung der Heizlast und der Trinkwassererwärmung eine Wärmepumpenleistung von 16 kW erforderlich ist und der Gerätehersteller in seinen Unterlagen dafür eine elektrische Antriebsleistung von 3,6 kW angibt.

15. Der Garten der Familie Sparsam hat eine Fläche von 800 m². Der Boden ist feucht und lehmig, so dass mit einer spezifischen Entzugsleistung von 25 $\frac{W}{m^2}$ gerechnet werden kann.
    Überprüfen Sie, ob die Gartenfläche ausreicht, um die geplante 18 kW-Sole-Wasser-Wärmepumpe mit 14 kW Umweltleistung monovalent betreiben zu können.

16. Die spezifische Entzugsleistung für Erdwärmesonden beträgt für einen Boden aus Kies und Sand 65 $\frac{W}{m}$.

    a) Bestimmen Sie die Sondenlänge, wenn die Wärmepumpe eine Wärmeleistung aus der Umwelt von 10,4 kW benötigt.

    b) Bestimmen Sie die Anzahl der Erdsonden, wenn eine maximale Bohrtiefe von 100 m nicht überschritten werden darf.

17. Nennen Sie zwei Arten der Gebäudekühlung mit einer Wärmepumpe.
18. Welche Flächenkühlsysteme werden bei der Kühlung von Räumen mit einer Wärmepumpe eingesetzt?
19. Erläutern Sie die „Passive Kühlung" mit Wärmepumpen.
20. Erläutern Sie die „Aktive Kühlung" mit Wärmepumpen.

4 Fernwärmeversorgung

4.1 Allgemeines

Schon Ende des 19. Jahrhunderts begann man mit dem Bau von Fernwärmeversorgungsanlagen (district heating). Das Hamburger Rathaus z. B. wurde bereits im Jahre 1894 von einem Kraftwerk (power station) über eine 300 Meter lange Rohrleitung mit Dampf für Heizzwecke versorgt.
Der eigentliche Ausbau des Fernwärmenetzes in Deutschland fand in den Jahren 1920…1930 statt. 2010 wurden ca. 12,7 % aller deutschen Haushalte mit Fernwärme versorgt.
Von einer Fernheizung spricht man, wenn Wärmeenergie an einer zentralen Stelle erzeugt wird oder als sonst ungenutzte Abwärme (waste heat) anfällt und über teilweise weit verzweigte **Rohrnetze** zum Verbraucher transportiert wird (Bild 1).

Die erzeugte Energie dient nicht nur der Raumbeheizung, sondern auch der **Trinkwassererwärmung** und **industriellen Nutzung**.
Fernwärme wird in Heizwerken und Heizkraftwerken (combined heating and power station) erzeugt und fällt bei der Müllverbrennung (waste incineration) und in industriellen Anlagen als Abwärme an.
Heizwerke dienen ausschließlich der Wärmeerzeugung.
Heizkraftwerke gewinnen aus der bei der Verbrennung fossiler Brennstoffe entstehenden Wärme elektrische Energie. Durch **Kraft-Wärme-Kopplung** (Bild 2) wird die dabei anfallende Abwärme genutzt und dadurch der Nutzungsgrad der Primärenergie (primary energy) wesentlich verbessert und Brennstoffressourcen werden geschont.

Etwa **80 %** der gesamten Fernwärmeenergie wird heute von Heizkraftwerken mit Kraft-Wärme-Kopplung erzeugt, ca. **18 %** von Heizwerken und ca. **2 %** stammt aus industrieller Abwärme.

Bei der Erstellung und Planung von Fernwärmeversorgungseinrichtungen sind insbesondere zu beachten:
- die **T**echnischen **A**nschluss**b**edingungen (**TAB**) des jeweiligen **F**ernwärme**v**ersorgungs**u**nternehmens (**FVU**)
- DIN 4747-1: „Fernwärmeanlagen – Teil 1: Sicherheitstechnische Ausrüstung von Unterstationen, Hausstationen und Hausanlagen zum Anschluss an Heizwasser-Fernwärmenetze",
- DIN 4747-1 Berichtigung 1: „Fernwärmeanlagen – Teil 1: Sicherheitstechnische Ausrüstung von Unterstationen, Hausstationen und Hausanlagen zum Anschluss an Heizwasser-Fernwärmenetze, Berichtigung zu DIN 4747-1,
- DIN 4753-1: „Trinkwassererwärmer, Trinkwassererwärmungsanlagen und Speicher-Trinkwassererwärmer – Teil 1: Behälter mit einem Volumen über 1000 l",
- DIN EN 12828: „Heizungsanlagen in Gebäuden – Planung von Warmwasser-Heizungsanlagen; Deutsche Fassung prEN 12828",
- DIN EN 12953-6 „Großraumwasserkessel – Teil 6: Anforderungen an die Ausrüstung für den Kessel; Deutsche Fassung EN 12953-6",
- DIN EN 14597 „Temperaturregeleinrichtungen und Temperaturbegrenzer für wärmeerzeugende Anlagen; Deutsche Fassung EN 14597" und
- die **TRD** „**T**echnische **R**egeln für **D**ampfkessel".

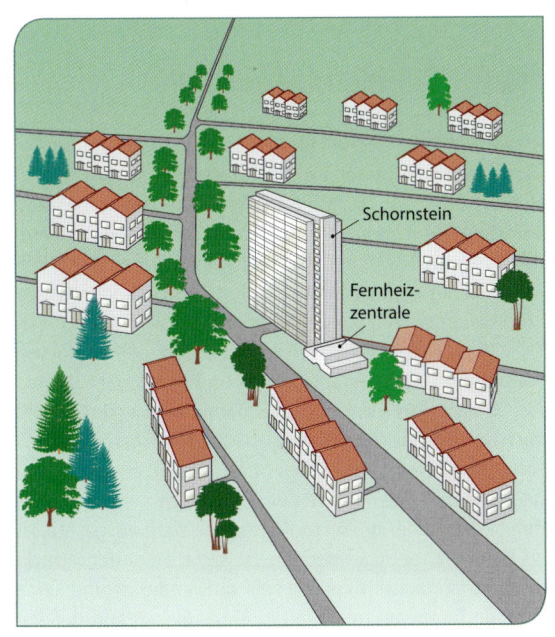

1 Fernheizung

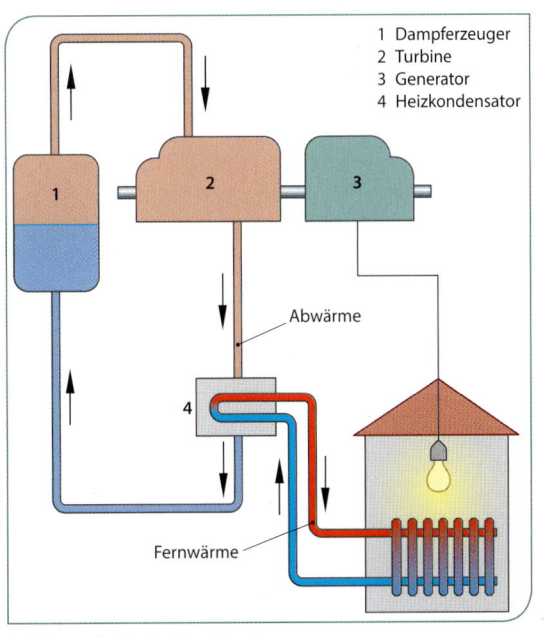

2 Schema der Kraftwärmekopplung
1 Dampferzeuger
2 Turbine
3 Generator
4 Heizkondensator

4 Fernwärmeversorgung

4.2 Einteilung

Fernwärmeversorgungsanlagen werden eingeteilt nach
- dem **Verwendungszweck** (intended use) in industrielle Fernwärmeversorgungsanlagen, Stadtheizungen für die Versorgung von z. B. Wohn- und Geschäftshäusern, Krankenhäusern und Kaufhäusern und Blockheizungen (Bild 1) für die Versorgung von kleineren Siedlungen, Hochhausgruppen oder z. B. Schulzentren,
- nach dem **Wärmeträgermedium** (heat transfer medium) in Heißwasseranlagen bis 120 °C, Heißwasseranlagen über 120 °C und Dampfanlagen,
- nach der Art der **Fernwärmeverteilung** (district heating distribution) in Strahlennetze (Bild 2) für kleinere Gebiete, Ringnetze und vermaschte Netze (Bild 3) für größere Städte und zusätzliche Versorgungssicherheit
- nach der **Anzahl** der **Leitungen** in Zwei- und Dreileitersysteme und

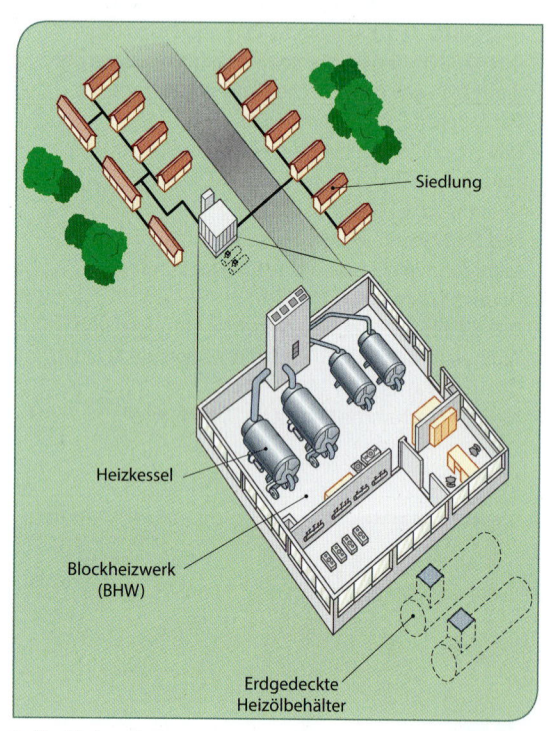

1 Blockheizwerk

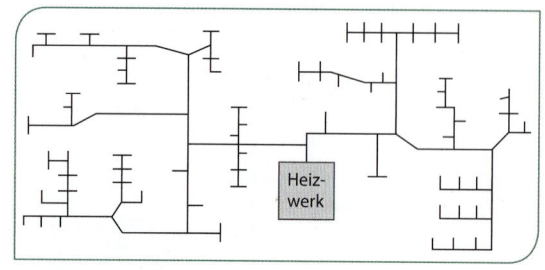

2 Strahlennetz

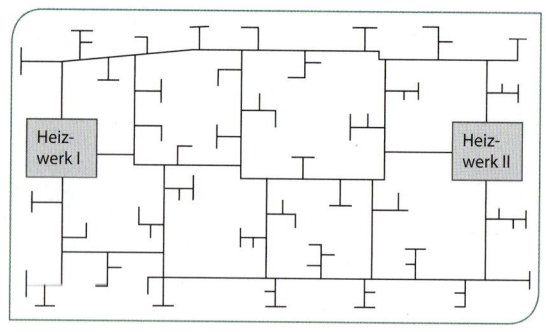

3 Vermaschtes Verteilungsnetz

- nach der **Anschlussart** (vgl. Kap. 4.6) in direkten und indirekten Anschluss, wobei beim direkten Anschluss das Fernwärmemedium **direkt** in die Abnehmeranlage gelangt und beim **indirekten** Anschluss ein Wärmeübertrager zwischengeschaltet ist.

4.3 Hauptbestandteile

Fernwärmeversorgungsanlagen bestehen in der Hauptsache aus:
- dem **Wärmeerzeuger** (heat generator) mit z. B. folgenden Komponenten: Großheizkessel mit Feuerung, Abgasanlage mit Abgasreinigung, Pumpen, Wasseraufbereitung, Brennstofflagerung und Mess- und Regeleinrichtungen
- dem **Rohrverteilungsnetz** (grid of pipeline distribution), durch welches das Wärmeträgermedium (Heißwasser oder Dampf) zur Übergabestation gelangt,
- den **Übergabestationen** (transfer station), in denen die Fernwärme an die Hauszentrale übergeben wird und
- den **Hausanlagen**, in denen die Fernwärme an die Endverbraucher verteilt wird.

4.4 Wärmeträgermedium

Als Wärmeträgermedium für die Fernwärmeversorgung eignen sich **Warmwasser** bis 105 °C, **Heißwasser** bis 120 °C, **Heißwasser** über 120 °C und **Dampf**. Die Unterscheidung zwischen Fernwärmeversorgungsanlagen mit Vorlauftemperaturen bis 120 °C und Anlagen mit Vorlauftemperaturen über 120 °C ist aus **sicherheitstechnischen** Gründen (safety grounds) notwendig. Anlagen bis 105 °C werden nach DIN EN 12828 „Heizungsanlagen in Gebäuden – Planung von Warmwasser-Heizungsanlagen" ausgestattet, Anlagen über 120 °C nach DIN EN 12953-6 „Großraumwasserkessel" und nach den „Technischen Richtlinien für Dampfkessel" (TRD). Fernwärmeversorgungsanlagen mit **Dampf** als Wärmeträgermedium werden heute nur noch selten gebaut, da das Rohrsystem einer größeren Korrosionsgefahr ausgesetzt ist als beim Wärmeträgermedium Wasser, die Kondensatrückführung (condensate return) sehr aufwendig ist und keine zentrale Temperaturregelung in Abhängigkeit von der Außentemperatur möglich ist.

4 Fernwärmeversorgung

Die **Temperaturdifferenz** zwischen Vor- und Rücklauf des Wärmeträgermediums hat großen Einfluss auf die laufenden und die Investitionskosten (investment costs) einer Fernheizung. Je größer die Temperaturdifferenz ist, desto weniger Wasser muss in Umlauf gebracht werden, um eine bestimmte Wärmemenge zu transportieren und umso geringer können die Rohrquerschnitte (pipe cross sections) gewählt werden. Weniger Wasser bedeutet kleinere Pumpen und dadurch geringere laufende Energiekosten. Geringere Rohrquerschnitte verringern die Investitionskosten für das Rohrverteilungsnetz. Dies ist von entscheidender Bedeutung, da die Investitionskosten für das Verteilungsnetz mehr als 50 % der Gesamtkosten ausmachen. Um Korrosionsschäden und Ablagerungen (deposits) zu vermeiden, muss das Fernwärmewasser aufbereitet werden.

4.5 Betriebsweise

Die meisten Fernwärmeversorgungsunternehmen (FVU) betreiben ihre Heizwassernetze aus wirtschaftlichen Erwägungen mit Vorlauftemperaturen zwischen maximal 120 °C ... 140 °C und mindestens ca. 70 °C und Rücklauftemperaturen von höchstens 70 °C (Bild 1).

Die Vorlauftemperatur wird meist zentral im Heizwerk geregelt und gleitend nach der Außentemperatur verändert. Die umlaufende Wassermenge bleibt hierdurch bei wechselnden Außentemperaturen annähernd konstant. Durch das Vorhalten einer Mindestvorlauftemperatur von z. B. 70 °C wird gewährleistet, dass auch im Sommer die Trinkwassererwärmung und das Betreiben von raumlufttechnischen Anlagen möglich sind. Die maximalen Rücklauftemperaturen sollten möglichst durch z. B. nachgeschaltete **Niedertemperaturheizsysteme** (low-temperature heating systems) und **Fußbodenheizungen** (underfloor heating systems) unterschritten werden, um eine große Temperaturdifferenz zwischen Vor- und Rücklauf zu erreichen.

4.6 Hausstation

Eine Hausstation (Bild 2, nächste Seite) besteht aus der **Übergabestation** (Bild 2) und der **Hauszentrale** (Bild 3) und ist das Bindeglied der Hausanschlussleitung mit der Hausanlage. Die Übergabestation ist Eigentum des FVU, die Hausanlage Eigentum (property) des Kunden. Die Übergabestation enthält alle Einrichtungen, um den Wärmeträger in der vereinbarten Form und Menge und ohne Gefahren an die Hauszentrale zu übergeben, wie z. B.
- Vor- und Rücklaufabsperrorgane
- Schmutzfänger (strainer)
- Differenzdruck-Volumenstromregler
- Wärmemengenzähler (heat meter)
- Sicherheitsabsperrventil mit Druckminderer und
- Sicherheitsüberströmventil

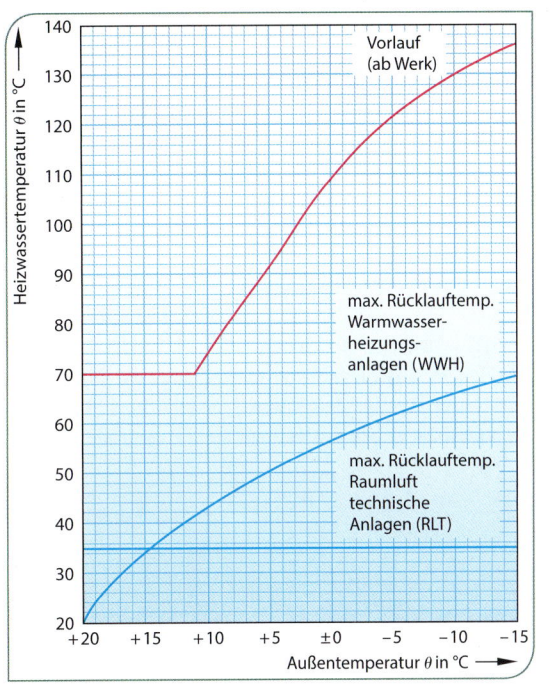

1 Beispiel für Heizwassertemperaturen eines FVU

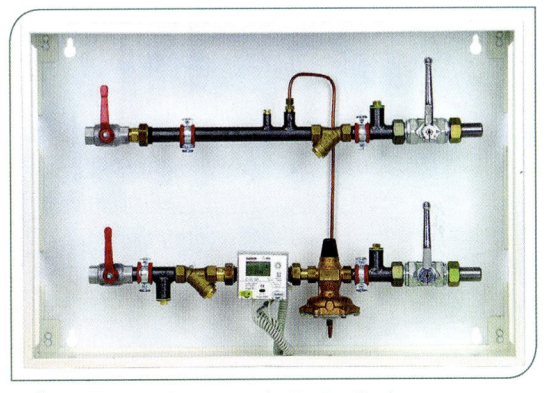

2 Übergabestation für ein Ein- oder Zweifamilienhaus

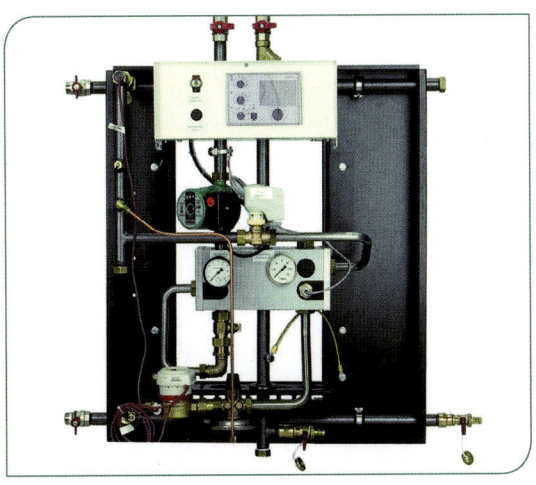

3 Hauszentrale für ein Ein- oder Zweifamilienhaus

4 Fernwärmeversorgung

4.6.1 Hauszentrale

In der Hauszentrale (Bild 3, vorherige Seite) sind häufig Wärmeübertrager, Pumpen, Verteiler, Sammler (collector) und Trinkwassererwärmer installiert. Sie verbindet die Übergabestation mit der Hausanlage. Diese besteht aus den Rohrleitungen, Armaturen (valves), Heizflächen, Mess- und Regeleinrichtungen ab der Hauszentrale. Grundsätzlich werden zwei Arten von Hausstationen unterschieden
- mit direktem Anschluss (Bild 2) und
- mit indirektem Anschluss (Bild 3).

4.6.1.1 Direkter Anschluss

Bei direktem Anschluss (Bilder 1 und 2) wird die Hausanlage vom Heizwasser aus dem Fernwärmenetz durchflossen. Ist der maximale Druck des Fernwärmenetzes größer als der

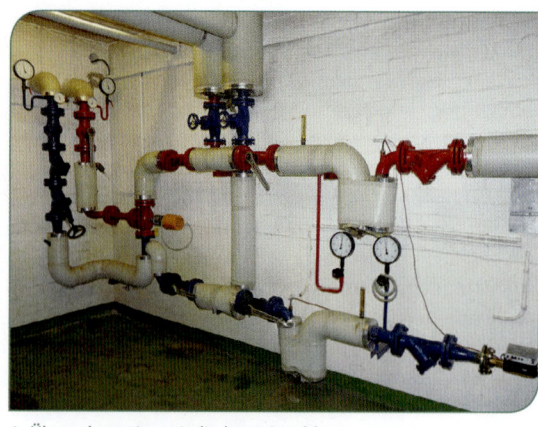

1 Übergabestation mit direktem Anschluss

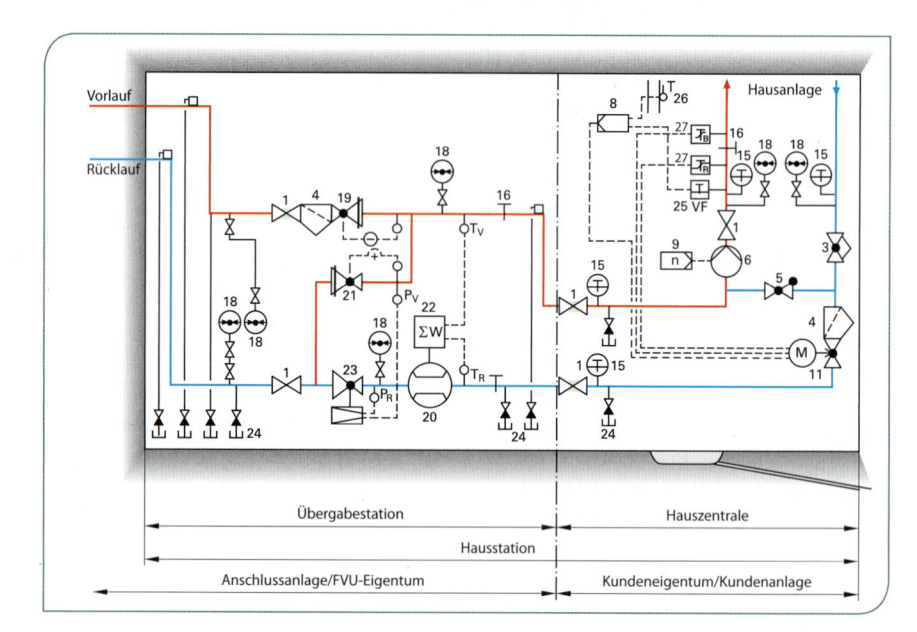

2 Direkter Anschluss (grafische Symbole siehe Seite 325)

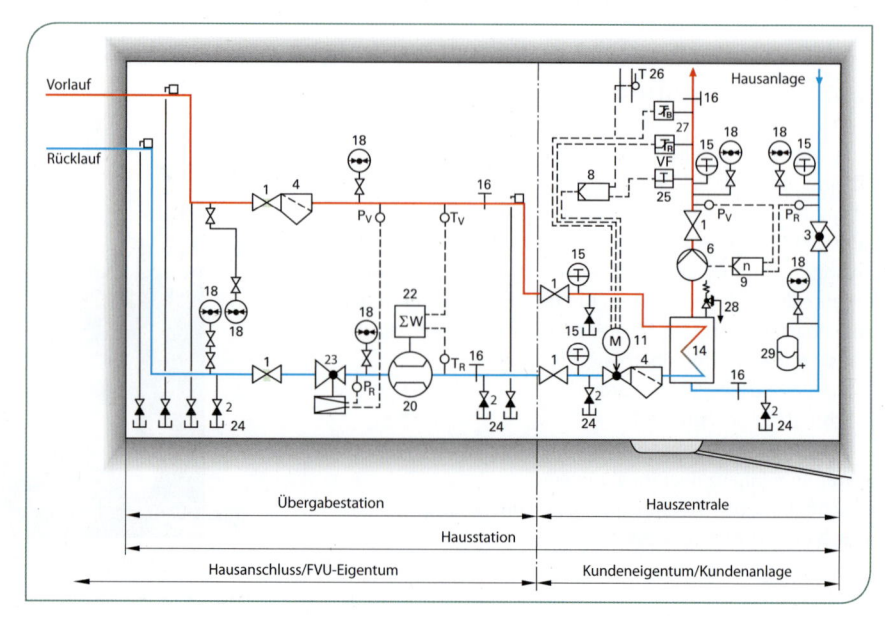

3 Indirekter Anschluss (grafische Symbole siehe Seite 325)

4 Fernwärmeversorgung

höchstzulässige Hausanlagendruck, dann muss der Netzdruck (mains pressure) durch ein Druckminderventil (pressure reducing valve) auf den zulässigen Hausanlagendruck reduziert werden. Übersteigt die Netztemperatur (z. B. 135 °C) die höchstzulässige Hausanlagentemperatur (z. B. 120 °C), muss durch Rücklaufbeimischung (return flow addition) die Temperatur auf unter 120 °C gesenkt werden. Bei direktem Anschluss muss die Hausanlage bezüglich Druck, Temperatur und Material den Technischen Anschlussbedingungen (TAB) des FVU entsprechen.

4.6.1.2 Indirekter Anschluss

Bei einem indirekten Anschluss (Bild 3, vorherige Seite) ist der Heizwasserkreislauf des Fernwärmenetzes vom Heizwasserkreislauf der Hausanlage durch einen Wärmeübertrager (Bild 3, vorherige Seite, Pos. 14) getrennt. Deshalb werden keine besonderen Anforderungen (requirements) an die Hausanlage bezüglich Druck, Temperatur und Material gestellt und Sicherheitsabsperrventil (SAV) und Sicherheitsüberströmventil (SÜV) können entfallen. Indirekte Anschlüsse werden gewählt, wenn Druck und Temperatur des Fernwärmenetzes zu hoch für die Hausanlage sind.

4.6.1.3 Kompakt-Hausstationen

Kompakt-Hausstationen werden für kleinere Anschlusswerte (z. B. für Ein- und Zweifamilienhäuser) industriell vorgefertigt. Sie sind komplett verrohrt (piped) und verdrahtet (wired), haben einen geringen Platzbedarf und benötigen nur geringen Montageaufwand, was die Anschlusskosten erheblich verringert (Bild 1, vorherige Seite, und Bild 3, Seite 323).

Nr.	Symbol	Bezeichnung	Nr.	Symbol	Bezeichnung	Nr.	Symbol	Bezeichnung
1		Absperrorgan	12		Absperrventil in betriebsmäßig nicht absperrbarer Ausführung	23		Kombinierter Differenzdruck- und Volumenstromregler
2		Absperrorgan geschlossen	13		Wärmeverbraucher mit Heizfläche	24		Entleerung und Entlüftung
3		Armatur mit stetigem Stellverhalten	14		Wärmeübertrager	25	VF	Temperaturmessgerät (z. B. Vorlauffühler)
4		Schmutzfänger	15		Thermometer	26		Außentemperaturaufnehmer
5		Rückschlagventil	16		Temperaturmessstelle	27		Temperaturbegrenzer als 1. Sicherheitstemperaturbegrenzer (B) 2. Sicherheitstemperaturwächter (W) 3. Temperaturregler (R)
6		Kreiselpumpe	17		Volumenstromregler			
7		Differenzdruckregler	18		Manometer			
			19		Druckminderventil als Sicherheitsabsperrventil (SAV)	28		Sicherheitseckventil federbelastet
8		Regler	20		Durchflussmessung			
9		Regler für Drehzahlregelung	21		Überströmventil als Sicherheitsüberströmventil (SÜV)	29		Membranausdehnungsgefäß
10		Regelventil mit Motorbetrieb	22		Volumenstrom-/Wärmemengenzähler			
11		Regelventil mit Motorbetrieb stromlos geschlossen						

1 Graphische Symbole der Fernwärmeversorgung

4.7 Vor- und Nachteile von Fernwärmeversorgungsanlagen

Obwohl die Investitionskosten (weitverzweigtes Rohrnetz) und die laufenden Betriebskosten (running costs) (z. B. Pumpen) von Fernwärmeversorgungsanlagen relativ hoch sind, überwiegen die Vorteile. Die besonderen **Vorteile** sind:

- Ausnutzung der Abwärme von z. B. Heizkraftwerken (Verbesserung des Wirkungsgrades von ca. 40 % auf ca. 80 %) und Müllverbrennungsanlagen,
- weniger Feuerstätten, dadurch geringere Verschmutzung der Umwelt (environment),
- größere Wirtschaftlichkeit bei der Ausnutzung der Brennstoffe,
- keine Brennstofflagerung beim Verbraucher,
- Raumersparnis (space savings),
- einfache Bedienung und
- erhöhter Brandschutz (fire protection).

ÜBUNGEN

1. Wann wurde mit dem Bau von Fernwärmeversorgungsanlagen begonnen?
2. Erläutern Sie den Begriff Fernheizung.
3. Nennen Sie mindestens drei Einrichtungen, in denen Fernwärmeenergie erzeugt wird.
4. Erklären Sie die Kraft-Wärme-Kopplung.
5. Welche Vorschriften, Normen und Bedingungen sind bei der Einrichtung von Fernwärmeversorgungseinrichtungen zu beachten?
6. Wie können Fernwärmeversorgungseinrichtungen eingeteilt werden?
7. Welches sind die Hauptbestandteile einer Fernheizung?
8. Welche Wärmeträger eignen sich für die Fernwärmeversorgung?
9. Wie betreiben die meisten Fernwärmeversorgungsunternehmen ihre Heizwassernetze?
10. Erklären Sie, warum die maximalen Rücklauftemperaturen möglichst niedrig sein sollen.
11. Welche wesentlichen Fernwärmeverteilungssysteme kommen zum Einsatz?
12. Erläutern Sie die Vorteile eines vermaschten Verteilungsnetzes.
13. Aus welchen Bestandteilen besteht eine Hausstation?
14. Nennen Sie die Haupteinrichtungsgegenstände einer Übergabestation.
15. Welche Anlagenteile sind häufig in der Hauszentrale installiert?
16. Erklären Sie den Unterschied zwischen einer Hausstation mit direktem Anschluss und einer Hausstation mit indirektem Anschluss.
17. Was sind die besonderen Vorteile einer Kompakt-Hausstation?
18. Wann benötigt eine Fernwärmeversorgungsanlage zur Raumbeheizung einen Sicherheitstemperaturwächter?
19. Nennen Sie die besonderen Vorteile einer Fernwärmeversorgungseinrichtung.

5 Blockheizkraftwerke

5.1 Normen, Richtlinien und Vorschriften

Bei der Planung, der Aufstellung und dem Betrieb von Blockheizkraftwerken sind folgende Normen, Vorschriften und Richtlinien zu beachten:

- **DIN 6280-14:** „Stromerzeugungsaggregate – Stromerzeugungsaggregate mit Hubkolben-Verbrennungsmotoren – Teil 14: Blockheizkraftwerke (BHKW) mit Hubkolben-Verbrennungsmotoren; Grundlagen, Anforderungen, Komponenten, Ausführung und Wartung",
- **DIN 6280-15:** „Stromerzeugungsaggregate – Stromerzeugungsaggregate mit Hubkolben-Verbrennungsmotor – Teil 15: Blockheizkraftwerke (BHKW) mit Hubkolben-Verbrennungsmotoren; Prüfungen",
- **DVGW G 640-1:** „Aufstellung von Klein-BHKW",
- **VDI 4680:** „Blockheizkraftwerke (BHKW) – Grundsätze für die Gestaltung von Serviceverträgen".

5.2 Aufbau und Funktionsweise

In **Blockheizkraftwerken** (engine-based-cogenerators) werden durch **Kraft-Wärme-Kopplung** (Bild 1, nächste Seite) gleichzeitig **elektrische** und **thermische Energie** erzeugt. Hierdurch wird ein großer Beitrag zur Reduzierung der CO_2-

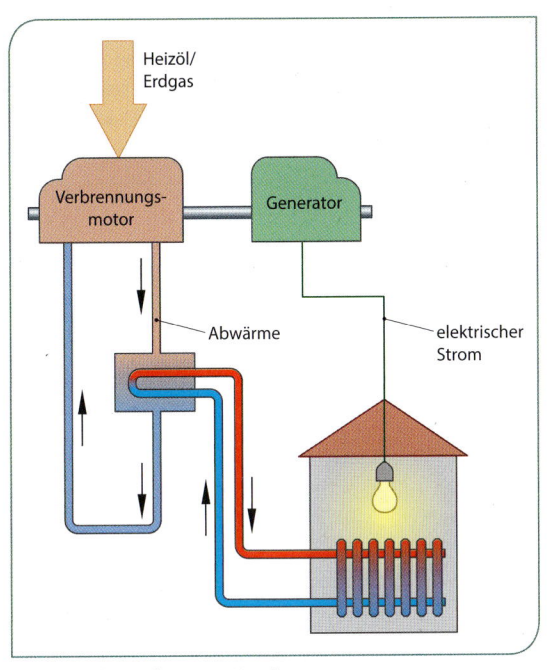

5 Blockheizkraftwerke

1 Schema der Kraft-Wärme-Kopplung

Anmerkungen zur KWK-Klassifizierung

Es gibt keine einheitliche Klassifizierung der KWK-Anlagen. Allgemein wird unterschieden zwischen:

Mikro-KWK	< 2 kW_{el}
Mini-KWK	2 – 50 kW_{el}
Klein-KWK	50 kW_{el} – 2 MW_{el}

An dieser Stelle wird eine Einteilung des BMU verwendet, die nochmals differenziert zwischen:

Mini-KWK	2 – 15 kW_{el}
Kleinst-KWK	15 – 50 kW_{el}

2 BHKW-Klassifizierung

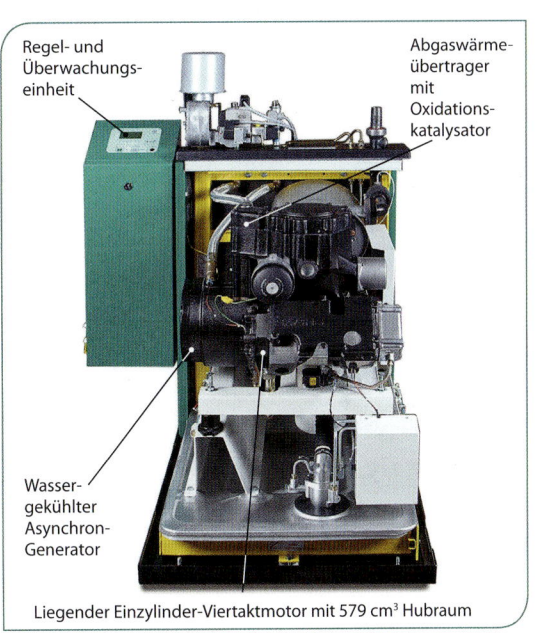

Emissionen und zur Einsparung von Primärenergie wie z. B. Erdöl oder Erdgas geleistet. Bei der üblichen Erzeugung elektrischer Energie durch Verbrennung von Kohle, Erdöl oder Erdgas können nur ca. 40 % der eingesetzten Energie genutzt werden und 60 % gehen als Abwärme (lost heat) an die Umwelt verloren. Diese Abwärme wird bei der Fernwärmeversorgung (district heating) und bei Blockheizkraftwerken zur Raumheizung genutzt.

Die Kraft-Wärme-Kopplung (cogeneration) wurde in den letzten Jahren stetig weiterentwickelt und umfasst heute BHKWs mit einer elektrischen Leistung kleiner 2 kW bis weit über 100 Megawatt (Bild 2).

Ein Mini- oder Mikro-Blockheizkraftwerk besteht im Wesentlichen aus einem **Verbrennungsmotor** für den Gas- oder Heizöl-/Dieselbetrieb und dem **Generator** zur Stromerzeugung (Bild 3).

Blockheizkraftwerke können sowohl monovalent als auch bivalent eingesetzt werden. Bei **bivalentem** Betrieb sollten sie so in den bestehenden Heizkreis (heating circuit) eingebunden werden, dass sie die **Rücklauftemperatur anheben**. Die Grundlast (basic load) wird vom Blockheizkraftwerk gedeckt und erst bei höherem Wärmebedarf wird ein Heizkessel hinzugeschaltet (Bild 4).

Im **monovalenten** Betrieb ist das Blockheizkraftwerk die alleinige Heizquelle für das Gebäude (Bild 1, nächste Seite). Damit das Blockheizkraftwerk nicht zu häufig taktet (ein- und ausschaltet), werden Pufferspeicher als Zwischenspeicher (buffer) vorgesehen. Sie werden in den Zeiten aufgeheizt, in denen Strom, aber keine Wärme benötigt wird.

3 Blockheizkraftwerk — Liegender Einzylinder-Viertaktmotor mit 579 cm³ Hubraum

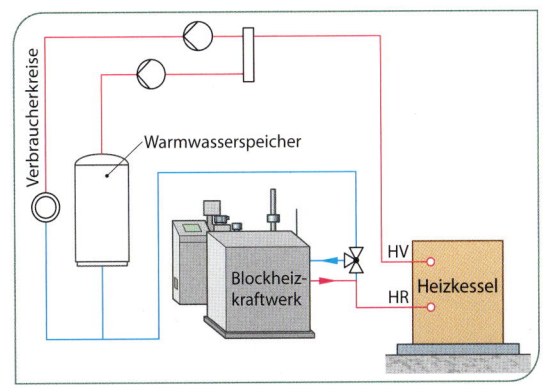

4 Hydraulisch Einbindung eines Mini-Blockheizkraftwerks bei bivalentem Betrieb

Lernfeld 12

5 Blockheizkraftwerke

Falls mehr Strom als benötigt erzeugt wird, kann die elektrische überschüssige Energie (excess energy) ins öffentliche Stromnetz abgegeben werden (Bild 2). Die Bedingungen und Möglichkeiten hierfür sind jedoch vorher mit dem jeweiligen Netzbetreiber abzuklären. Inzwischen sind auch Klein-Blockheizkraftwerke auf dem Markt, deren elektrische Leistung (electrical power) durch Veränderung der Motordrehzahl **regelbar** (adjustable) ist, sodass die Leistung dem jeweiligen Gebäudebedarf angepasst werden kann.

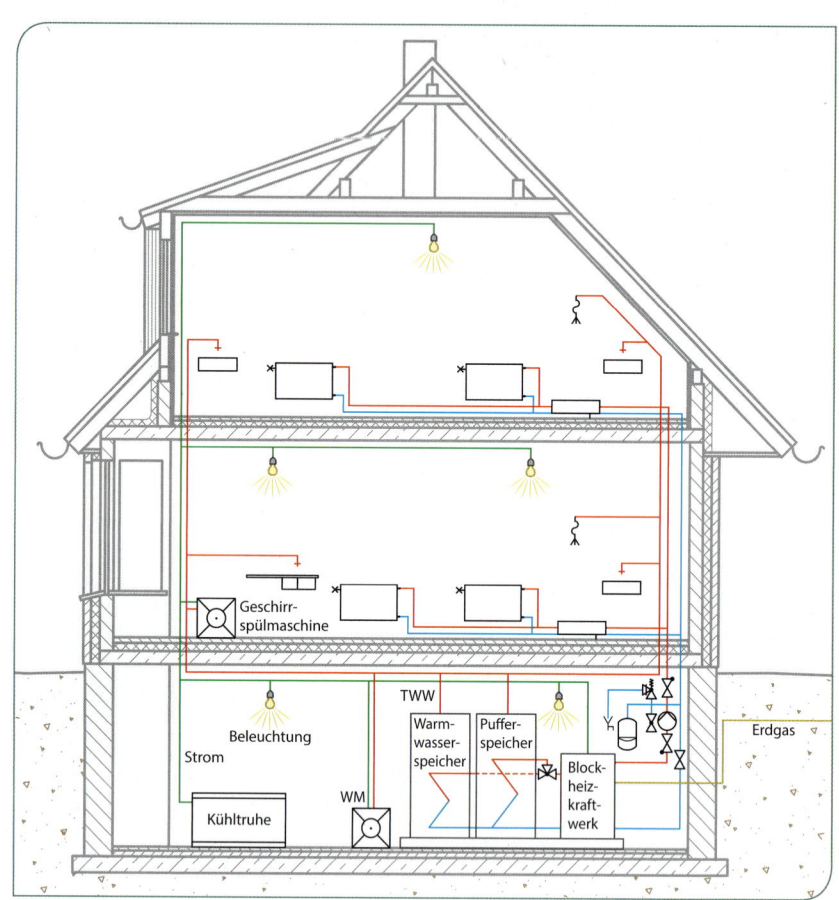

1 Monovalentes Mini-Blockheizkraftwerk

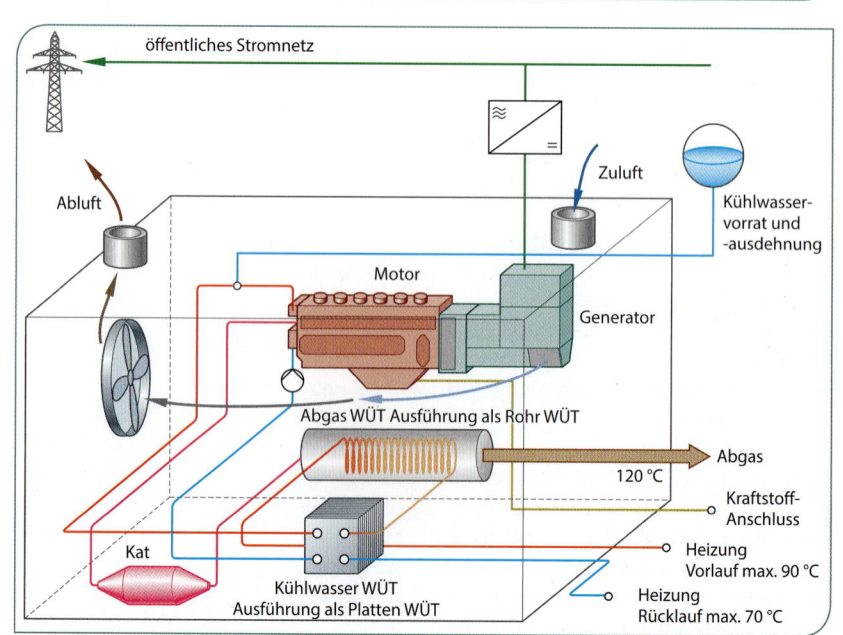

2 Schematischer Aufbau eines netzgekoppelten Mini-Blockheizkraftwerks

5.3 Wirtschaftlichkeit und Grundlagen für die Errichtung von Blockheizkraftwerken

Wirtschaftlich arbeitet ein Blockheizkraftwerk nur dann, wenn **ganzjährig** (throughout the year) eine entsprechende **elektrische und thermische Grundlast** vorhanden sind. Ferner muss eine jährliche Betriebsdauer (durability period) von mindestens **5000 Stunden** erreicht werden. Falls bei zu geringem Eigenbedarf ein großer Teil der erzeugten elektrischen Energie in das öffentliche Netz (public grid) abgegeben wird, kann das Blockheizkraftwerk nur wirtschaftlich arbeiten, wenn die Vergütung für den eingespeisten Strom auch die Erzeugungskosten (production costs) deckt. Blockheizkraftwerke **bis 50 kW** Feuerungswärmeleistung bedürfen **keiner Baugenehmigung** (building permission) und alle Netzbetreiber sind laut Kraft-Wärme-Kopplungsgesetz vom 19. März 2002 verpflichtet, Kraft-Wärme-Kopplungsanlagen an ihr Netz anzuschließen und den erzeugten Strom abzunehmen. Die thermische Leistung, die durch ein Mini- oder Mikro-Blockheizkraftwerk zur Verfügung gestellt werden muss, richtet sich nach der **Heizlast** (heating load) des Gebäudes und dem durchschnittlichen **Warmwasserbedarf**. Die benötigte elektrische Leistung hängt vom Stromverbrauch der entsprechenden Geräte und Einrichtungen ab.

ÜBUNGEN

1. Erläutern Sie das Prinzip der Kraft-Wärme-Kopplung.
2. Nennen Sie die wesentlichen Teile eines Mini- oder Mikro-Blockheizkraftwerks.
3. Wie werden BHKWs klassifiziert?
4. Erläutern Sie die Unterschiede zwischen dem monovalenten und bivalenten Betrieb von Blockheizkraftwerken.
5. Beschreiben Sie die Funktionsweise der Anlage in Bild 1, vorherige Seite.
6. Wovon hängt die Errichtung eines Blockheizkraftwerks ab?
7. Wonach richtet sich die erforderliche thermische und elektrische Leistung von Mini- oder Mikro-Blockheizkraftwerken?
8. Beschaffen Sie sich Unterlagen über Mini- oder Mikro-Blockheizkraftwerke, z. B. aus dem Internet. Wählen Sie für die Anlage in Bild 1, vorherige Seite, ein geeignetes Blockheizkraftwerk aus, wenn ein Bedarf von 2,3 kW elektrischer und 10,4 kW thermischer Leistung angenommen wird.

6 Brennstoffzellen

6.1 Geschichtliche Entwicklung

Der Schweizer Professor Christian Friedrich Schönbein hatte bereits im Jahr 1838 experimentell herausgefunden, dass bei der Reaktion von **Wasserstoff** mit Sauerstoff oder Chlor Elektrizität erzeugt werden kann.
Als eigentlicher Erfinder der Brennstoffzelle (fuel cell) gilt allerdings der walisische Richter Sir William R. Grove, der ein Jahr später dieses Phänomen folgerichtig als Umkehrung der Elektrolyse deutete. Er schaltete mehrere einzelne Brennstoffzellen in Reihe und nannte seine Vorrichtung „Gasbatterie". Erst seit den neunziger Jahren des letzten Jahrhunderts werden Forschung und Entwicklung zur wirtschaftlichen Energienutzung (economical use of energy) durch Brennstoffzellen intensiviert. Dieses findet vor dem Hintergrund der Diskussionen um die globale Erderwärmung (global warming) und CO_2-Reduzierung statt.

6.2 Normen, Richtlinien und Vorschriften

Bei der Planung, der Aufstellung und dem Betrieb von Anlagen mit Brennstoffzellentechnologie sind folgende Normen, Vorschriften und Richtlinien zu beachten:
- DIN EN 50465: Brennstoffzellen-Gasheizgeräte ≤ 70 kW,
- DIN EN 62282- 2, 3, 6: Brennstoffzellenmodule, Stationäre Brennstoffzellen-Energiesysteme, Mikrobrennstoffzellen,
- DVGW G 640-2: Aufstellung von Brennstoffzellen-Heizgeräten,
- DVGW VP 119: Brennstoffzellen-Gasgeräte bis 70kW.

6.3 Aufbau und Funktion

Die Brennstoffzelle besteht aus der Anode (Pluspol) und der Kathode (Minuspol) die durch einen **ionendurchlässigen Elektrolyten** (ion-permeable electrolyte) getrennt sind. Für die Hausversorgung kommen im Wesentlichen zwei Brennstoffzellentypen zur Anwendung (Bild 1, nächste Seite).
- Polymer **E**lectrolyte **M**embran **F**uel **C**ell (**PEMFC**)
  Dieser Brennstoffzellentyp zählt zu den **Niedertemperaturbrennstoffzellen** (low-temperature fuel cells) mit Betriebstemperaturen von 70 °C bis 90 °C. Der Elektrolyt besteht bei diesem Typ aus einer Polymermembrane, die Wasserstoffionen (H^+) durchlässt (Bild 2, nächste Seite).
- Solide **O**xid **F**uel **C**ell (**SOFC**)
  Dieser Brennstoffzellentyp zählt zu den **Hochtemperaturbrennstoffzellen** (high-temperature fuel cells) mit Betriebstemperaturen von 900 °C bis 1000 °C. Der Elektrolyt besteht bei diesem Typ aus einer Oxidkeramik, die Sauerstoffionen (O_2^-) leitet bzw. durchlässt (Bild 3, nächste Seite).

6 Brennstoffzellen

Beide Elektrolyte sind **elektronenundurchlässig** (electron-impermeable).

Da in der Brennstoffzelle ein Oxidationsprozess langsam und kontrolliert ohne Flammenbildung stattfindet, wird er als **kalte Verbrennung** (cold combustion) bezeichnet, der in einer **PEM-Brennstoffzelle** folgendermaßen abläuft:

Der zugeführte Wasserstoff (H_2) teilt sich an der mit einer dünnen katalytisch[1] wirkenden Edelmetallschicht (catalytic-acting precious metal layer) überzogenen Anode in negative Ladungsträger (Elektronen e^-) und positive Wasserstoffionen (Protonen, H^+) auf. Während die Elektronen (e^-) von der gasumströmten Elektrode über einen äußeren Leiter zur Kathode fließen (Elektronenfluss), wandern die Wasserstoffionen (H^+) direkt durch die **Elektrolytmembran** (electrolyte membrane) zur Kathode.

An der Kathode bilden sich durch den Elektronenfluss im Stromkreis aus dem Luftsauerstoff (O_2) Sauerstoffionen (O_2^-). Diese reagieren unter **Wärmeentwicklung** (heat development) mit den Wasserstoffionen (H^+) und es bildet sich Wasser (H_2O) bzw. Wasserdampf.

Da zwischen der Anode und der Kathode eine Spannungsdifferenz (Potenzialunterschied) besteht, kann der Stromfluss zwischen den beiden Elektroden genutzt werden (Bilder 2 und 3).

Je nach Brennstoffzellentyp kann Wasserstoff direkt oder aus wasserstoffhaltigen Brenngasen (hydrogenous combustion gases) wie z. B. Erd-, Klär-, Biogas oder Methanol zugeführt werden.

Die **PEM**-Brennstoffzelle wird in der Regel mit Erdgas betrieben. Ein vorgeschalteter Konverter/Reformer (fuel cell reformer) muss den enthaltenen Wasserstoff abspalten und reinigen (z. B. entschwefeln), wodurch allerdings der Gesamtwirkungsgrad sinkt. Zusätzlich entsteht als Abfallprodukt in geringem Maße Kohlendioxid (CO_2).

Bei der **SO**-Brennstoffzelle findet aufgrund der hohen Betriebstemperatur die Reformierung des Erdgases (natural gas reforming) in der Zelle selbst statt. Im Gegensatz zur **PEM**-Brennstoffzelle kann die **SO**-Brennstoffzelle auch mit Biogas betrieben werden.

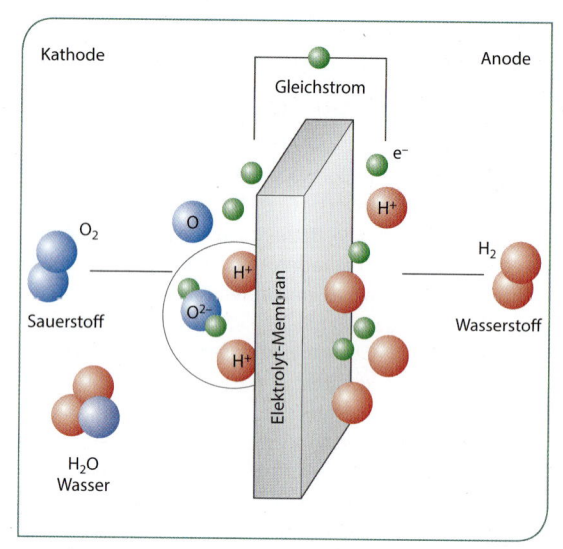

2 Funktionsprinzip der **PEM**-Brennstoffzelle

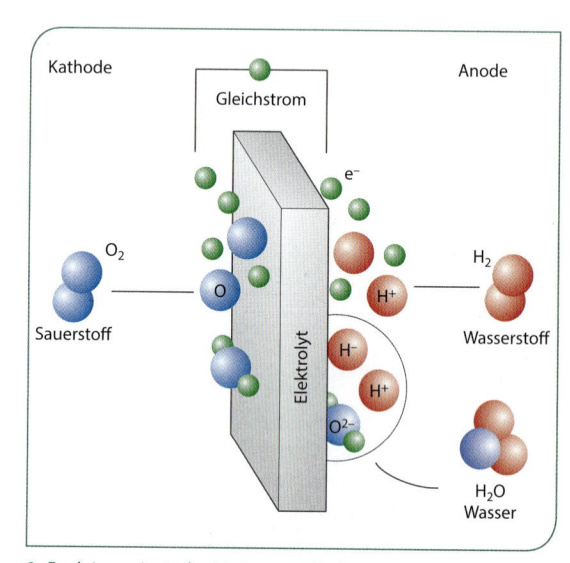

3 Funktionsprinzip der **SO**-Brennstoffzelle

Zellentyp	Elektrolyt	Anodengase	Temperatur	Leistung	Wirkungsgrad	Anwendungen	Bemerkungen
Polymer Electrolyte Membran Fuel Cell (PEMFC)	Polymerelektrolyt	Wasserstoff direkt oder aus Erdgas bzw. Methanol reformiert	70 °C – 90 °C	bis 250 kW	60 % (H_2) 40 % (CH_4)	Stromversorgung Kraftfahrzeuge Hausversorgung Blockheizkraftwerke (BHKW)	besonders geeignet für Minianlagen bis 5 kW_{el} in Ein- und Zweifamilienhäusern, CO-empfindlich
Solide Oxid Fuel Cell (SOFC)	Feste Oxidkeramik (z. B. Zirkonxid)	Wasserstoff, Methan, Erdgas, Kohlegas	900 °C – 1000 °C	1 kW – 25 kW	50 % – 65 %	Hausversorgung Kraftwerke	keine Reformierung von Brenngasen erforderlich

1 Eigenschaften der **PEM**- und **SO**-Brennstoffzellen sowie ihre Anwendungsbereiche

---

[1] **Katalysator:** Ein Stoff, der die Reaktionsgeschwindigkeit einer chemischen Reaktion erhöht, ohne dabei selbst verbraucht zu werden

6 Brennstoffzellen

Je nach Bauart erzeugt jede einzelne Brennstoffzelle mit z. B. einer Leistung von 100 W eine Spannung von ca. 0,7 V bis maximal 1,2 V. Es können bis zu 200 Brennstoffzellen dicht aneinander liegend zu einem **Stack** (Block) in Reihe geschaltet werden (Bild 1). Je nach Brennstoffzellentyp kann ein Stack somit eine Leistung bis 20 kW_{el} erzeugen.

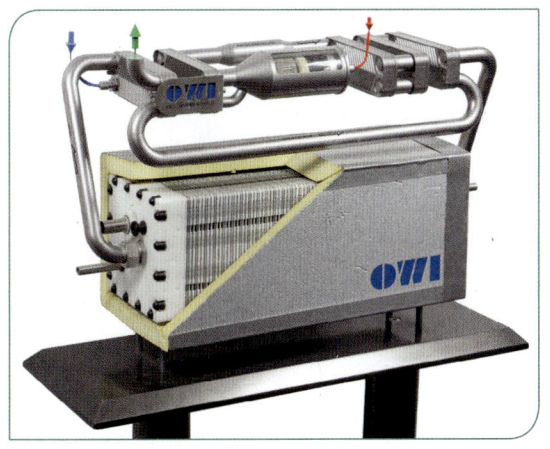

1 Zu einem „Stack" aneinandergereihte Brennstoffzellen (4 kW_{el})

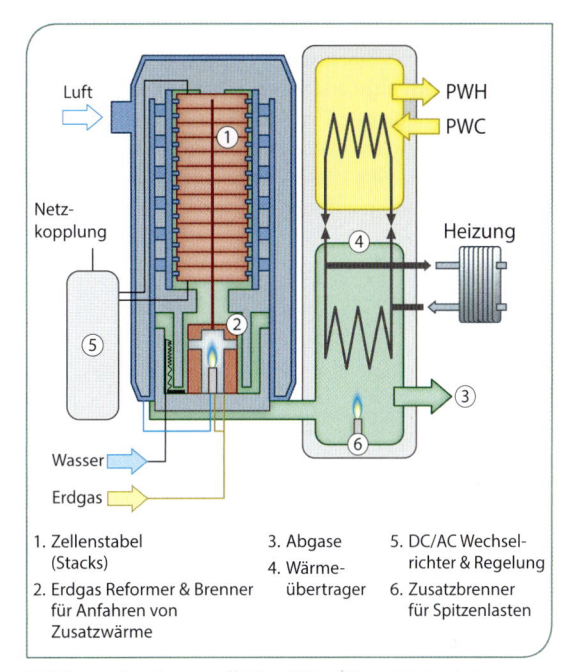

2 Schema eines Brennstoffzellen-Heizgerätes mit integriertem Brennwertgerät

1. Zellenstabel (Stacks)
2. Erdgas Reformer & Brenner für Anfahren von Zusatzwärme
3. Abgase
4. Wärmeübertrager
5. DC/AC Wechselrichter & Regelung
6. Zusatzbrenner für Spitzenlasten

Vor- und Nachteile der Brennstoffzellentechnologie

Vorteile
- schadstoffarm und dadurch umweltschonend
- keine bewegten Teile beim Brennstoffzellen-Stack
- dadurch geräuscharm, vibrationsfrei und kein mechanischer Verschleiß
- kontinuierliche Leistungsabgabe
- hoher Wirkungsgrad
- modularer Aufbau
- großes Entwicklungspotential

Nachteile
- nicht ausgereifte technische Umsetzung
- hohe Material- und Fertigungskosten
- Wirkungsgradverluste, wenn vorgeschaltete Reformer verwendet werden
- hohe Empfindlichkeit gegenüber Unreinheiten im Brennstoff
- hoher Regelungsaufwand
- hoher Anschaffungspreis

Bei einer **bivalenten Anlage** (bivalent system) schaltet sich bei Spitzenlasten entweder ein externes oder ein integriertes Brennwertgerät (Bild 2) zu und ein Wärmespeicher bevorratet warmes Wasser und Heizwärme. Der erzeugte Strom wird für den Eigenbedarf genutzt und nicht benötigter gegen Vergütung in das Stromversorgungsnetz eingespeist.

Brennstoffzellen-Heizgeräte sind eine mögliche Komplettlösung für Neubauten und Modernisierung von Zentralheizungen. Sie können wie konventionelle Gasbrennwertgeräte im Gebäude problemlos installiert werden (Bild 3).

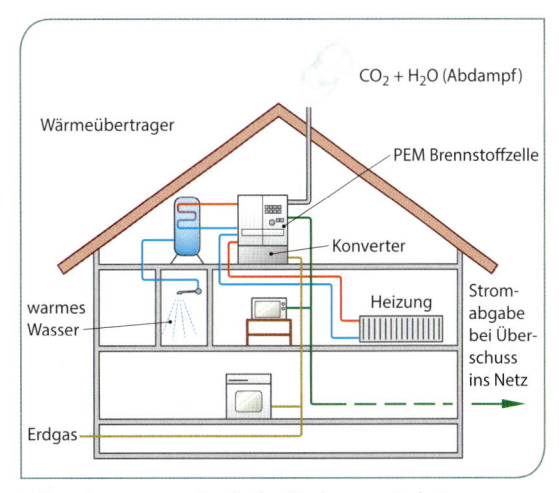

6.4 Anwendung der Brennstoffzellentechnologie

Wenn ein **Brennstoffzellen-Heizgerät** (fuel cell heating unit) zur Deckung des Wärme- und Strombedarfs eines Einfamilienhauses eingesetzt werden soll, wird in der Regel ein Erdgasanschluss benötigt.

3 Energieversorgung eines Einfamilienhauses mittels eines **PEM**-Brennstoffzellen-Heizgerätes

Lernfeld 12

7 Heating transfer stations

Mittlerweile werden von namhaften Herstellern vergleichbare Anlagen mit Brennstoffzellentechnologie für unterschiedliche Leistungsbereiche (power ranges) angeboten (Bild 1), die allerdings z. T. noch in Feldversuchen getestet werden. In Anbetracht der begrenzten Ressourcen an fossilen Brennstoffen wird diese Technologie als zukunftsweisend (trend-setting/pioneering) angesehen.

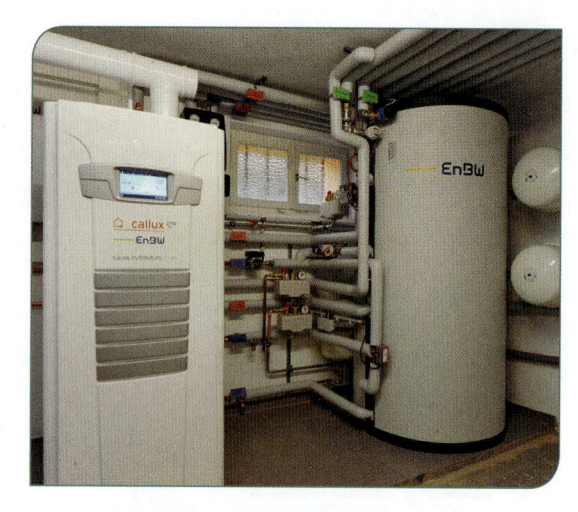

1 Brennstoffzellen-Heizgerät mit integriertem Brennwertgerät im Einfamilienhaus

ÜBUNGEN

1. Aus welchen Gründen ist die Energienutzung durch Brennstoffzellen seit Beginn der neunziger Jahre des letzten Jahrhunderts wieder in den Vordergrund gerückt?

2. Beschreiben Sie die Abläufe in einer **PEM**-Brennstoffzelle.

3. Nennen Sie Einsatzbereiche der **PEM**- bzw. **SO**-Brennstoffzellentypen.

4. Nennen Sie jeweils fünf Vor- und Nachteile der Brennstoffzellentechnologie.

5. Aus bis zu wie vielen Brennstoffzellen kann ein Stack bestehen und welche elektrische Leistung kann damit erzeugt werden?

6. Beschreiben Sie den Aufbau eines Brennstoffzellen-Heizgerätes zur Deckung des Wärme- und Strombedarfs eines Einfamilienhauses mit Erdgasanschluss.

7 Heating transfer stations

Heating transfer stations or heating substations are designed for use in high or low temperature district and local heating networks. The circuit diagram in picture 1 shows the structure (setting / layout) of a compact substation with the primary and secondary pipe connections. Compact substations with built-in components, such as heat exchanger, valves, controllers and measurement points are easy to wall-mount and can be adapted to different requirements.

Exercises[1]

1. Match the labelled parts in the circuit diagram with the suitable terms: *controller, heat meter, external sensor, safety valve, air vent, thermometer, differential pressure and flow controller, sensor, safety thermostat, drainage, plate heat exchanger, ball valve, connection for expansion vessel, strainer, manometer, primary DHW connections, motor powered regulating valve.*

2. Translate the names of the labelled parts into German.

3. What are the connections No. 7 used for?

4. Explain the difference between the No. 4 sensor types.

5. What are the incoming and outgoing signals of the controller?

6. What kind of heat exchanger is shown in fig. 2?

7. List the suitable English terms of the 4 labelled connectors in fig. 2.

8. a) What kind of connectors are mentioned in the side view in fig. 2?
   b) Are they detachable or not? Explain why.

---

[1] Use your reference book (LF 9, LF 12), the internet or a dictionary.

7 Heating transfer stations

Exercises[1)]

9) a) List the suitable English terms of the labelled parts 1–6 in fig. 3.
b) Match the following incomplete sentences with the suitable missing clauses:

1) A district heating substation connects …
2) A heat meter measures the flow and …
3) A strainer removes dirt and particles …
4) The temperature sensors measure the …
5) A control valve regulates the …
6) The heat exchanger splits the primary …
7) Shut off valves stop the flow …

a) … and secondary parts of the heating substation.
b) … from the main network.
c) … flow and return temperatures.
d) … return in order to turn down the flow in case less heat is needed.
e) … indicates the heat consumption of the building.
f) … connects the main network to the building's central heating system.
g) … that could block components of the system.

10) List the suitable English terms of the labelled objects in fig. 4.

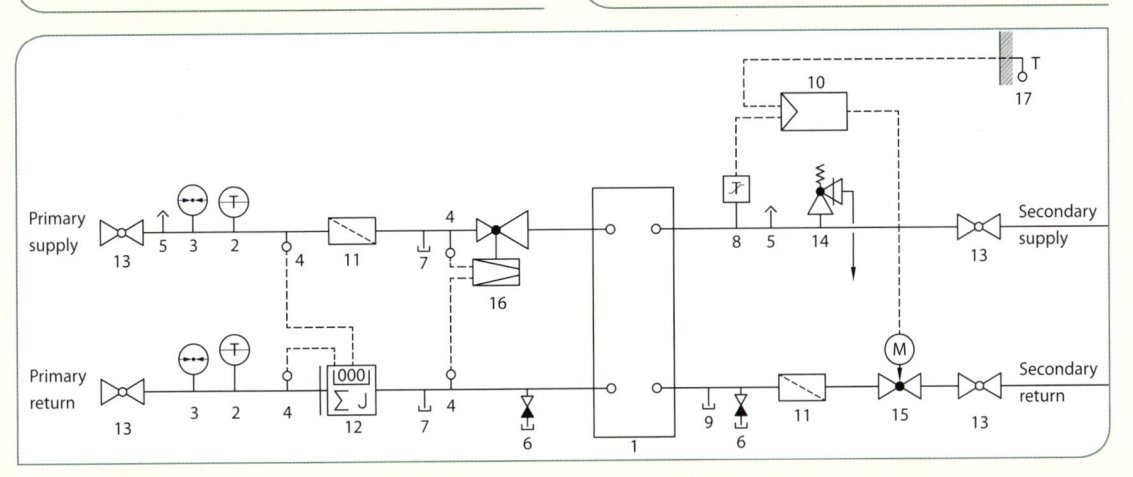

Fig. 1

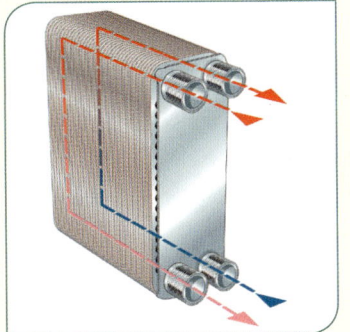

Fig. 2 Heat exchanger

Fig. 3 Heating transfer station

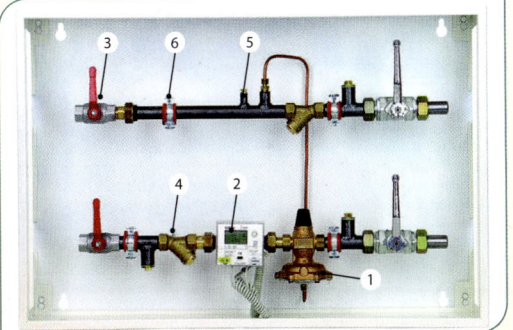

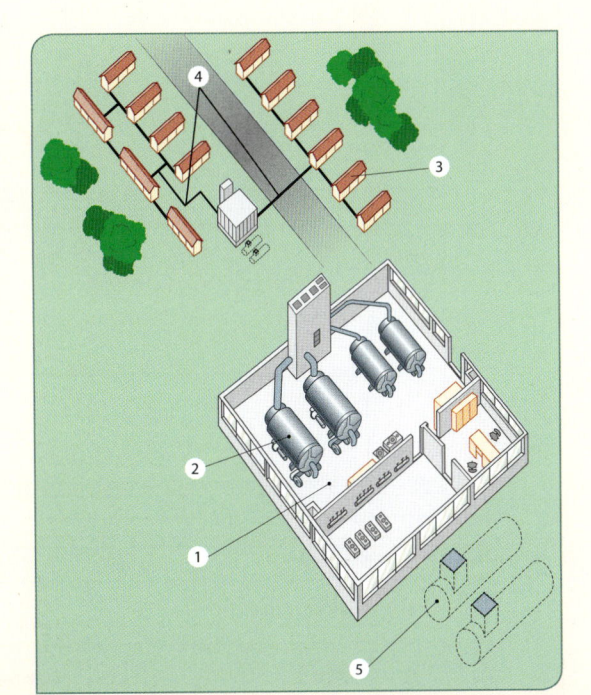

Fig. 4 Congeneration system

Lernfeld 13:
Raumlufttechnische Anlagen installieren

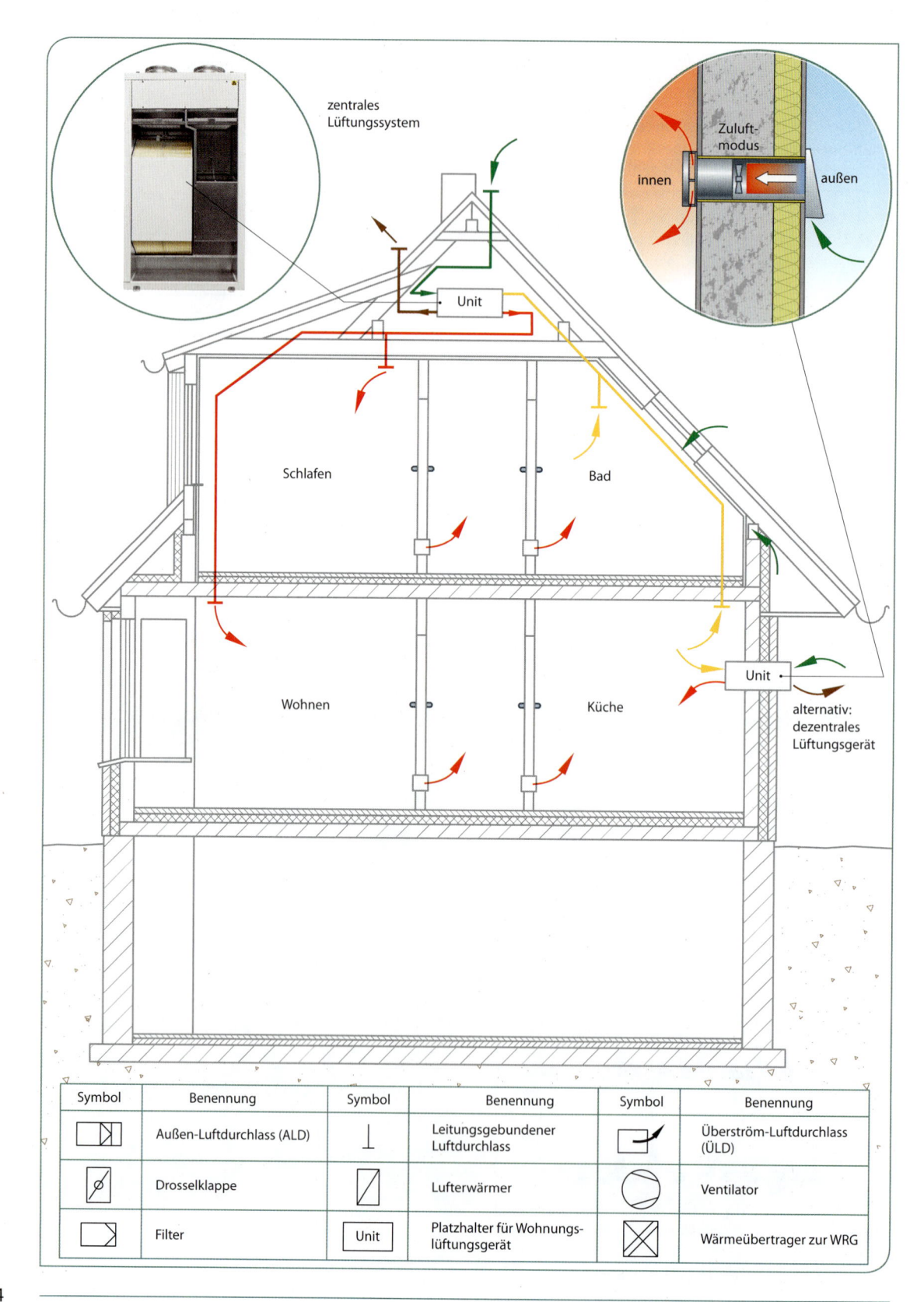

Symbol	Benennung	Symbol	Benennung	Symbol	Benennung
	Außen-Luftdurchlass (ALD)	⊥	Leitungsgebundener Luftdurchlass		Überström-Luftdurchlass (ÜLD)
⌀	Drosselklappe		Lufterwärmer	◯	Ventilator
	Filter	Unit	Platzhalter für Wohnungslüftungsgerät	⊠	Wärmeübertrager zur WRG

1 Einführung und geschichtliche Entwicklung der Lufttechnik

Zu den ersten Lüftungsanlagen (ventilation systems) zählten die Steinofen-Luftheizungen (Hypokaustensysteme) der Römer (Bilder 1 und 2).

Mit dem ausgehenden 19. Jahrhundert wurde dann die moderne Lüftungs- und Klimatechnik (ventilation and air conditioning technology) begründet. Erste Studien der wissenschaftlichen Hygiene wurden in Deutschland maßgeblich von MAX VON PETTENKOFER (1819–1901) vorangetrieben. Als eigentlicher Vater und Pionier der Klimatechnik gilt jedoch W. H. CARRIER (1876–1950) aus den USA, dessen Name heute noch durch seine damals von ihm gegründete und inzwischen weltweit operierende Firma vertreten ist.

Die Anwendung heutiger **RLT-Anlagen** (**R**aum**luft**technik) (HVAC – Heating, Ventilation and Air Conditioning systems) ist in den vielfältigen Bereichen der technischen Umwelt selbstverständlich geworden, wie z. B. in:

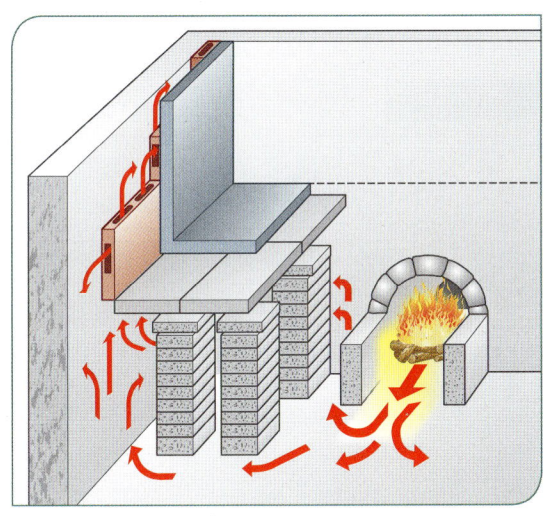

- Großraumbüros,
- Räumen für die Datenverarbeitung,
- Theater- und Kongresssälen,
- Hotelsuiten,
- Kühlschiffen,
- Operationssälen,
- Fertigungsstätten z. B. für Speicherchips, Papier oder Textilien,
- Farbspritzräumen,
- Personenkraftwagen.

1 Schema einer Hypokaustenanlage

2 Römische Hypokaustenanlage

2 Verordnungen, Normen, Vorschriften

Bei der Planung, der Aufstellung und dem Betrieb von RLT-Anlagen sind insbesondere folgende Verordnungen, Normen, Vorschriften und Regeln zu beachten:

- DIN 1946-6: Lüftung von Wohnungen – Allgemeine Anforderungen,
- DIN V 4701-10: Energetische Bewertung heiz- und raumlufttechnischer Anlagen,
- DIN 18017-3: Lüftung von Bädern und Toilettenräumen ohne Außenfenster – Lüftung mit Ventilatoren,
- DIN EN 1505: Lüftung von Gebäuden – Luftleitungen und Formstücke aus Blech mit Rechteckquerschnitt,
- DIN EN 1506: Lüftung von Gebäuden – Luftleitungen und Formstücke aus Blech mit rundem Querschnitt,
- DIN EN 1507: Lüftung von Gebäuden – Rechteckige Luftleitungen aus Blech – Anforderungen an Festigkeit und Dichtheit,
- DIN EN 12792: Lüftung von Gebäuden – Symbole, Terminologie und graphische Symbole,
- VDI 2078: Berechnung der Kühllast klimatisierter Räume
- VDI 6022: Raumlufttechnik, Raumluftqualität,
- VDMA 24186-1: Leistungsprogramm für die Wartung von lufttechnischen und anderen technischen Ausrüstungen in Gebäuden.

3 Einteilung und Aufgaben der Lufttechnik

Die seit Januar 2004 gültige DIN EN 12792 als Ersatz für DIN 1946 nimmt nicht – wie bisher – eine eindeutige Einteilung der Lufttechnik vor (ventilation technology). Aus Gründen einer besseren Übersichtlichkeit wird hier dennoch die bisherige Einteilung beibehalten (Bild 1).

Der nachfolgende Inhalt dieses Kapitels befasst sich im Wesentlichen mit dem Bereich der raumlufttechnischen Anlagen. Diese gliedern sich auf in:
- raumlufttechnische Anlagen mit Lüftungsfunktion (lüftungstechnische Anlagen (ventilation plants)), die mit Außenluftanteilen arbeiten und
- raumlufttechnische Anlagen ohne Lüftungsfunktion (Luftumwälzanlagen (air circulation plants)), die lediglich die Raumluft umwälzen.

Aufgaben raumlufttechnischer Anlagen
RLT-Anlagen werden eingesetzt, um ein angestrebtes Raumklima (indoor climate) sicherzustellen. Dazu müssen je nach Anforderung folgende Aufgaben erfüllt werden:
- Abführen von Luftverunreinigungen aus Räumen: Geruchsstoffe durch z. B. Aktivkohlefilter, Schadstoffe, Ballaststoffe
- Abführen sensibler (fühlbarer) Wärmelasten aus Räumen: Heizlasten, Kühllasten
- Abführen latenter (gebundener) Wärmelasten aus Räumen: Befeuchtungslasten durch z. B. Befeuchter, Entfeuchtungslasten durch z. B. Luftkühler.

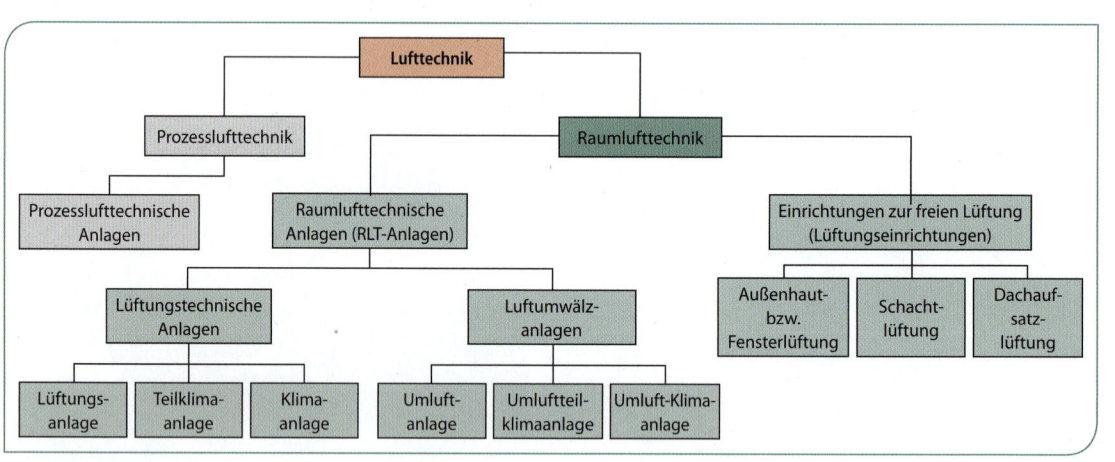

1 Einteilung der Lufttechnik

4 Physiologische Grundlagen (physiological basics)

Während für die Klimatisierung von Gütern und Waren (z. B. Tabak und Textilien) im Wesentlichen die Raumlufttemperatur und Luftfeuchte als die wichtigsten Einflussfaktoren für deren Fertigung und Lagerung gelten, ist dies bei Lebewesen, also insbesondere bei uns Menschen, nicht so. Hier wirken weitere beteiligte Größen auf die Behaglichkeit ein, zum Teil messbare, aber zum Teil auch die individuelle Befindlichkeit der Person betreffende, wie z. B. Stress, Ausgeglichenheit usw. Die Wärmeabgabe eines Menschen an seine Umgebung zeigt Bild 1, nächste Seite.

4.1 Thermische Behaglichkeit

Damit der Mensch eine konstante Körperinnentemperatur von 37 °C aufrecht erhalten kann, muss die Summe der Wärme erzeugenden Energie gleich der Summe der Wärme abgebenden sein. Wir merken an uns selbst allzu häufig, dass bei einem Ungleichgewicht der Energiebilanz eine umgehende Reaktion hervorgerufen wird.

Ist die Umgebung des Körpers zu kalt, reagiert die Haut darauf mit einer Verengung der Blutgefäße; eine verminderte Wärmeabgabe aufgrund der sich verkleinernden Hautoberfläche ist die Folge. Im Gegensatz dazu wird bei einer zu hohen Umgebungstemperatur die Durchblutung der Gefäße angeregt, der Körper reagiert darauf mit einer erhöhten Erwärmung der Haut und schließlich mit einer sich noch stärker beschleunigenden Energieabgabe durch Verdunstung der aus den Poren austretenden Körperflüssigkeit (Schweiß). In einer bestimmten Bandbreite von Temperatur und Feuchte (temperature-humidity range) der umgebenden Luft ist der Mensch in der Lage, seinen Energiehaushalt auszugleichen.

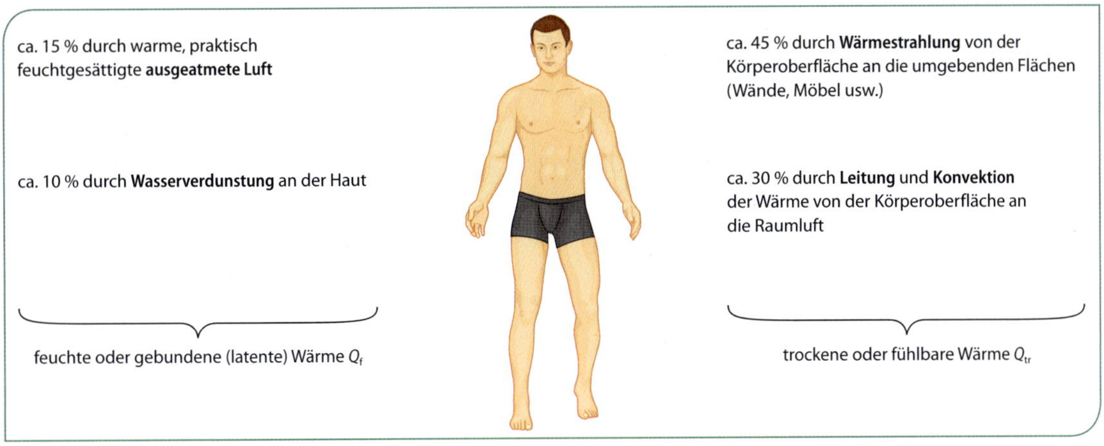

… ca. 15 % durch warme, praktisch feuchtgesättigte **ausgeatmete Luft**

ca. 10 % durch **Wasserverdunstung** an der Haut

ca. 45 % durch **Wärmestrahlung** von der Körperoberfläche an die umgebenden Flächen (Wände, Möbel usw.)

ca. 30 % durch **Leitung** und **Konvektion** der Wärme von der Körperoberfläche an die Raumluft

feuchte oder gebundene (latente) Wärme Q_f

trockene oder fühlbare Wärme Q_{tr}

1 Wärmeabgabe des Menschen

Der Bereich, der die Eckpunkte aus Feuchte und Temperatur beschreibt, in dem der durchschnittliche Mensch sich noch behaglich fühlt, wird mit dem Begriff „**Behaglichkeitsfeld**" (comfort zone/field/range) beschrieben (Bild 2).

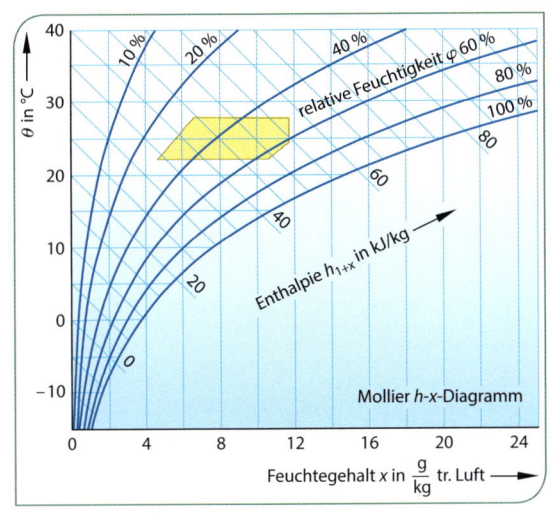

die **RLT-Anlage** in Abhängigkeit von:
- Lufttemperatur, Luftgeschwindigkeit und Luftfeuchte,
- Luftaustausch,
- Reinheit der Luft (Aerosole und Gerüche) und Luftführung (Bild 3).

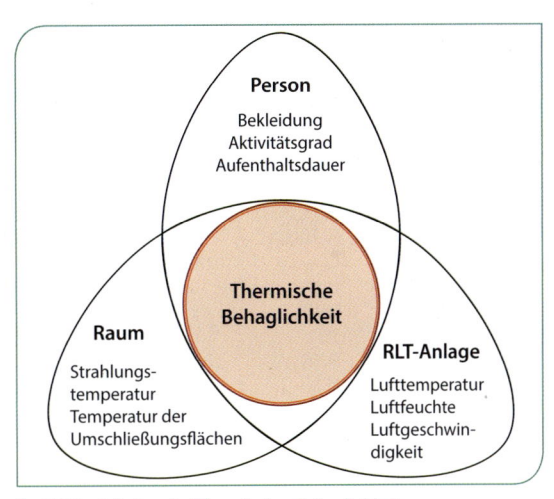

2 Behaglichkeitsfeld

3 Abhängigkeiten der Thermischen Behaglichkeit

Um zu einer möglichst umfassenden Beurteilung eines „Behaglichkeitsfeldes oder -bereiches" für den Menschen zu kommen, gelten folgende Festlegungen:
Die **thermische Behaglichkeit** (thermal comfort) und die **Luftqualität** (air quality) in Räumen werden beeinflusst durch die **Person** in Abhängigkeit von:
- Tätigkeit,
- Bekleidung,
- Aufenthaltsdauer,
- thermischer und stofflicher Belastung (z. B. Gerüche),
- Belegung bzw. Anzahl.

den **Raum** in Abhängigkeit von:
- Temperatur der Oberflächen,
- Lufttemperaturverteilung,
- Wärmequellen,
- Schadstoffquellen.

4.2 Luftverunreinigungen

Für gewerbliche Arbeitsplätze, bei denen durch Produktionsprozesse **Schadstoffe** (pollutants) frei werden, sind **Arbeitsplatzgrenzwerte AGW** (occupational exposure limit values OELVs) (bisher auch als MAK-Werte bezeichnet) festgelegt (Bild 1, nächste Seite). Man kann aus ihnen schließen, wie hoch die **Außenluftrate** (vgl. Kap. 5.1) sein muss, um die in ppm[1]) oder mg/m³ angegebenen AGW nicht zu überschreiten.

---
[1]) ppm = parts per million

4.2.1 Arbeitsplatzgrenzwert und CO_2-Gehalt

Bei Versammlungsräumen, in denen der Mensch die Hauptursache der Luftverunreinigung (air pollution) ist, wird zur Bestimmung der Außenluftrate der durch die (ausgeatmete) Atemluft hervorgerufene CO_2-Gehalt herangezogen.

Bereits bei einem CO_2-Gehalt von 0,1 %…0,15 % wird meist von „schlechter Luft" gesprochen. Für Büros gelten als Maximum 0,15 %. Besetzte, unbelüftete Klassenräume in Schulen weisen trotz eines DIN-gemäßen Luftwechsels von 0,5 $\frac{1}{h}$ bereits nach ca. 45 min ca. 2500 ppm = 2,5 % CO_2 auf.

Bild 2 zeigt die Außenluftraten, die je Person zur Verdünnung des CO_2-Gehaltes – auf verschiedene Grenzwerte bezogen – erforderlich sind.

Stoff	Formel	AGW ppm	$\frac{mg}{m^3}$
Aceton	C_3H_6O	500	1200
Ammoniak	H_3N	20	14
Blei	Pb		0,1
Butan	C_4H_{10}	1000	2400
Chlor	Cl_2	0,5	1,5
Eisenoxid	FeO, Fe_2O_3		1,5
Essigsäure	$C_2H_4O_2$	10	25
Ethanol	C_2H_6O	500	960
Fluor	F_2	0,1	0,16
Fluorwasserstoff	HF	3	2,5
Formaldehyd	CH_2O	0,5	0,62
Iod	I_2	0,1	1,1
Kohlendioxid	CO_2	5000	9100
Kohlenmonoxid	CO	30	35
Kupfer	Cu		1
Methanol	CH_4O	200	270
Nikotin	$C_{10}H_{14}N_2$	0,07	0,47
Polyvinylchlorid (PVC)	$(C_2H_3Cl)n$		1,5
Propan	C_3H_8	1000	1800
Quecksilber	Hg	0,012	0,1
Salpetersäure	HNO_3	2	5,2
Schwefeldioxid	SO_2	0,5	1,3
Schwefelsäure	H_2SO_4		1
Stickstoffdioxid	N_2O_4	5	9,5
Terpentinöl		100	560

1 Arbeitsplatzgrenzwerte

4.2.2 Gerüche

Energieeinsparungsgründe (reasons for energy saving) haben dazu geführt, dass die Außenluftraten von Lüftungs- und Klimaanlagen zum Teil drastisch reduziert wurden und dadurch die Schadstoffkonzentration (pollutant concentration) in den Räumen erheblich zunahm. In der Fachliteratur ist immer häufiger der aus dem englischsprachigen Bereich stammende Begriff „Sick Building Syndrome" (**SBS: Gebäudekrankheit**) anzutreffen. Dieser Sammelbegriff umfasst bestimmte Hals-, Nasen- und Augenerkrankungen sowie Müdigkeitserscheinungen und Schleimhautaustrocknungen.

Nimmt man die **Luftverunreinigung** durch den **Geruch**, der von **einem Menschen** ausgeht, als Maßstab für die Behaglichkeit, so gilt folgende Definition:

1 olf[1] ist der Geruch eines Menschen (human odour) mit den Standardeigenschaften 1,8 m² Hautoberfläche, sitzende Tätigkeit, 0,7-mal pro Tag geduscht und täglich frische Wäsche.

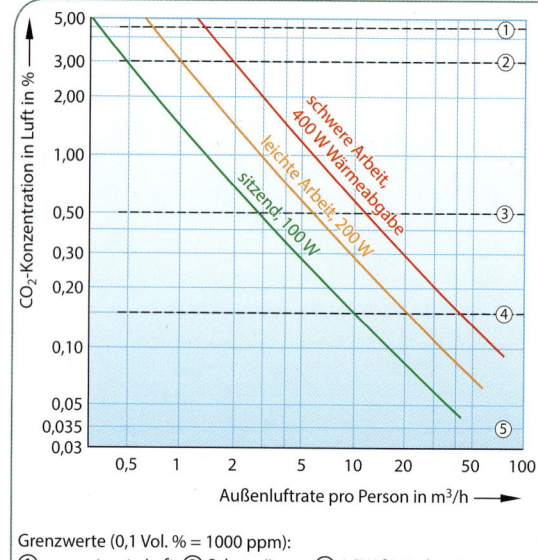

Grenzwerte (0,1 Vol. % = 1000 ppm):
① ausgeatmete Luft; ② Schutzräume; ③ AGW für Industrie;
④ Maximum für Büros; ⑤ Reine Außenluft (in Städten 0,035 %)

2 Erforderliche Außenluftraten pro Person bei verschiedenen zulässigen CO_2-Gehalten

Andere Geruchsquellen (odour sources) wie z. B. neue Möbel, Teppiche, Zigarettenrauch oder Ausdünstungen (vapours) aus den installierten Anlagen selbst werden auf den Definitionswert des Menschen bezogen und entsprechend umgerechnet. Bild 3 zeigt Durchschnittswerte einerseits für verschiedene Personengruppen und andererseits für verschiedene Baustoffe (bezogen auf 1 m² Fläche).

1 Person	olf	Baustoff	$\frac{olf}{m^2}$
sitzend	1	Teppich (Wolle)	0,2
Kind (12 Jahre)	2	Teppich (Kunstfaser)	0,4
Athlet	30	PVC/Linoleum	0,2
Raucher (dauernd)	25	Marmor	0,01
Raucher (normal)	5	Gummidichtung (Fenster, Tür)	0,6

3 Olf-Werte

> **MERKE**
>
> Die bisherigen Ausführungen machen deutlich, dass bei der Projektierung von RLT-Anlagen sowie bei der Verarbeitung von Bauteilen (Sauberkeit während der Montage, sorgfältige Auswahl des Materials hinsichtlich belasteter Stoffe usw.) größte Sorgfalt an den Tag gelegt werden muss.
>
> Darüber hinaus wird immer mehr Betreibern und Nutzern von RLT-Anlagen bewusst, dass es unerlässlich ist, RLT-Anlagen in regelmäßigen Zeitabständen zu warten und instand zu halten.

---

[1] „olf" von olfaction (lat.): Geruch

5 Auslegungskriterien für Volumenströme

Für die Größenbestimmung der Anlagenkomponenten (sizing of the plant components) und die Dimensionierung des Luftverteilsystems (dimensioning of the air distribution system) müssen die Luftvolumenströme sorgfältig ermittelt werden. Insbesondere Luftauslässe (ventilation outlets) müssen wegen möglicher Geräuschentwicklung und Zugerscheinung (draught) bei Einbringung gekühlter Luft für den speziellen Anwendungsfall (application) ausgewählt und dimensioniert werden. **Zuluftvolumenströme** (supply air volume flows) können nach verschiedenen Kriterien ermittelt werden.

5.1 Bestimmung nach dem Außenluftstrom (Außenluftrate) (outdoor/outside air rate)

Der **personenbezogene Außenluftstrom** (individual-related outside air flow) ist die Außenluftmenge, die pro Person und Stunde einem Raum zugeführt wird.

$$\dot{V}_{Pers} = \frac{V}{t}$$

$$\dot{V}_{AUL} = \dot{V}_{Pers} \cdot n$$

- $\dot{V}_{Pers}$: personenbezogener Außenluftstrom in $\frac{m^3}{h}$ bzw. in $\frac{m^3}{h \cdot Person}$
- V: Außenluftmenge in m^3
- t: Zeit in h
- $\dot{V}_{AUL}$: Außenluftstrom in $\frac{m^3}{h}$
- n: Anzahl der Personen

Der **flächenbezogene Außenluftstrom** (surface related outside air flow) ist die Luftmenge, die pro m² Grundfläche und Stunde einem Raum zugeführt wird.

$$\dot{V}_{Fläche} = \frac{V}{A \cdot t}$$

$$\dot{V}_{AUL} = \dot{V}_{Pers} \cdot A$$

- $\dot{V}_{Fläche}$: flächenbezogener Außenluftstrom in $\frac{m^3}{m_2 \cdot h}$
- V: Außenluftmenge in m^3
- A: Fläche des Raumes in m^2
- t: Zeit in h
- $\dot{V}_{AUL}$: Außenluftstrom in $\frac{m^3}{h}$

Bei Räumen mit Raucherlaubnis erhöht sich der Mindest-Außenluftstrom um 20 $\frac{m^3}{h \cdot Pers}$.

> **PRAXISHINWEIS**
>
> Die in Bild 1 abgebildeten Werte sind der DIN 1946-2 entnommen, die inzwischen zurückgezogen wurde. Da sie jedoch auf Erfahrung beruhen und in ähnlicher Weise in den Arbeitsstättenrichtlinien (ASR) verankert sind, haben sie weiterhin Gültigkeit.

Raumart	Beispiel	Außenluftstrom Personenbezogen in $\frac{m^3}{h}$	Flächenbezogen in $\frac{m^3}{m^2 \cdot h}$
Arbeitsräume	Einzelbüro Großraumbüro	40 60	4 6
Versammlungsräume	Konzertsaal, Theater, Konferenzraum	20	10…20
Unterrichtsräume	Lesesaal Klassen- und Seminarraum, Hörsaal	20 30	12 15
Räume mit Publikumsverkehr	Verkaufsraum Gaststätte	20 30	3…12 8

1 Personen- und flächenbezogener Mindest-Außenluftstrom

Beispiel

In einem Konferenzraum mit $V = 800\ m^3$ Rauminhalt und einer Raumhöhe von 3,2 m sollen maximal 200 Personen untergebracht werden können. Wie groß sind a) der personenbezogene und b) der flächenbezogene Außenluftstrom? Es wird Raucherlaubnis vereinbart. Der größere der beiden Werte ist für die Auslegung der Anlage maßgebend.

geg: $V = 800\ m^3$; $h = 3{,}2\ m$; $n = 200$;

laut Bild 1: $\dot{V}_{Pers} = \frac{20\ m^3}{h}$;

$\dot{V}_{Fläche} = 10…20\ \frac{m^3}{m^2 \cdot h}$

ges: $\dot{V}_{AUL}$ in $\frac{m^3}{h}$

Lösung:

a) $\dot{V}_{AUL} = \dot{V}_{Pers} \cdot n$ oder:

$\dot{V}_{AUL} = \left(20\ \frac{m^3}{h} + 20\ \frac{m^3}{h}\right) \cdot 200$ $\left(20\ \frac{m^3}{h \cdot Pers.} + 20\ \frac{m^3}{h \cdot Pers.}\right) \cdot 200\ Pers.$

$\underline{\dot{V}_{AUL} = 8000\ \frac{m^3}{h}}$

b) $\dot{V}_{AUL} = \dot{V}_{Fläche} \cdot A$ $A = \frac{V}{h}$

$\dot{V}_{AUL} = 20\ \frac{m^3}{m^2 \cdot h} \cdot 250\ m^2$ $A = \frac{800\ m^3}{3{,}2\ m}$

$\underline{\dot{V}_{AUL} = 5000\ \frac{m^3}{h}}$ $A = 250\ m^2$

gewählt: 8000 $\frac{m^3}{h}$

5.2 Bestimmung nach der Luftwechselzahl

Die Luftwechselzahl (ventilation rate/air change rate) ist das Verhältnis zwischen dem Luftvolumenstrom[1], der einem Raum zugeführt wird, und dem Raumvolumen.

$$l = \frac{\dot{V}_L}{V_R}$$

- l: Luftwechselzahl in $\frac{1}{h}$
- $\dot{V}_L$: Luftvolumenstrom in $\frac{m^3}{h}$
- V_R: Raumvolumen in m^3

---

[1] Im Normalfall wird hier reine Außenluft vorausgesetzt

5 Auslegungskriterien für Volumenströme

> **MERKE**
> Die Luftwechselzahl gibt an, wie oft das Luftvolumen eines Raumes pro Stunde gewechselt wird.

In der Literatur wird für die Luftwechselzahl häufig der Buchstabe „n" verwendet. Da der Buchstabe jedoch auch für die Personenanzahl benutzt wird, haben sich die Autoren aus Gründen der Eindeutigkeit für „l" entschieden.

Bild 1 zeigt eine Auswahl empfohlener Luftwechselzahlen. Je nach Qualität der Luftführung wird der betreffende Raum mehr oder weniger gut durchspült (aerated). Aus diesem Grunde sind, wie die Tabellenwerte zeigen, die Zahlen weit gestreut. Werden Anlagen nach Luftwechselzahlen ausgelegt, muss mit großer Erfahrung und Umsicht vorgegangen werden. Da in aller Regel im Raum Schadstoffe anfallen (CO_2, bei Produktionsprozessen z. B. Gerüche, Stäube usw., bei Möbeln z. B. Formaldehyd), besteht zumindest ein Teil des Zuluftvolumenstromes aus Außenluft. Eine andere Möglichkeit, die schadstoffbelastete Luft zu reinigen, bieten die verschiedenen Techniken der Luftfilterung.

Raumart	stündlicher Luftwechsel ca.
Baderäume	4…6fach
Büroräume	3…6fach
Farbspritzräume	20…50fach
Garagen	4…5fach
Kantinen	6…8fach
Kaufhäuser	4…6fach
Kinos und Theater mit Rauchverbot	4…6fach
Kinos und Theater ohne Rauchverbot	5…8fach
Küchen	20fach
Operationsräume	15…20fach
Schwimmhallen	3…4fach
Sitzungszimmer	6…8fach
Speiseräume	6…8fach
Toiletten	4…6fach
Umkleideräume in Schwimmhallen	6…8fach
Verkaufsräume	4…8fach
Versammlungsräume	5…10fach
Werkstätten ohne besondere Luftverschlechterung	3…6fach

1 Luftwechselzahlen (bezogen auf reine Außenluft)

Beispiel

Ein Kaufhaus soll eine Klimaanlage erhalten. Für die Planung soll zunächst überschlägig der Luftvolumenstrom und damit die Dimensionierung der Anlagenkomponenten nach der Luftwechselzahl erfolgen. Die Ermittlung des Volumenstromes erfolgt beispielhaft für einen Raum der Größe $V = 800\ m^3$.

geg.: $V = 800\ m^3$; $l = \frac{6}{h}$

ges.: $\dot{V}_L$ in $\frac{m^3}{h}$

Lösung:

$$l = \frac{\dot{V}_L}{V_R} \qquad \dot{V}_L = l \cdot V_R$$

$$\dot{V}_L = \frac{6 \cdot 800\ m^3}{h}$$

$$\dot{V}_L = \underline{\underline{4800\ \frac{m^3}{h}}}$$

5.3 Bestimmung nach dem Schadstoffanteil

Fallen in Räumen produktionsbedingt chemische Schadstoffe (production-related chemical pollutants) an, so ist der Außenluftstrom derart einzustellen, dass festgelegte AGW nicht überschritten werden (Bild 1, Seite 338).

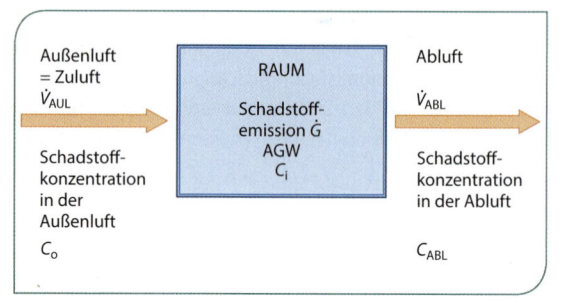

Außenluft = Zuluft $\dot{V}_{AUL}$
Schadstoffkonzentration in der Außenluft C_o

RAUM
Schadstoffemission $\dot{G}$
AGW
C_i

Abluft $\dot{V}_{ABL}$
Schadstoffkonzentration in der Abluft C_{ABL}

2 Schadstoffbilanz

Der erforderliche Außenluftstrom lässt sich nach folgender Gleichung ermitteln:

$$\dot{V} = \frac{\dot{G}}{C_i - C_o}$$

$\dot{V}$: erforderlicher Außenluftstrom in $\frac{m^3}{h}$

$\dot{G}$: gesamte Schadstoffbelastung z. B. in $\frac{m^3}{h}$

C_i: zugelassene Konzentration, z. B. AGW in ppm oder $\frac{mg}{m^3}$

C_o: Außenluftkonzentration in ppm oder $\frac{mg}{m^3}$

Beispiel

In einem Laborraum mit einem Raumvolumen $V_R = 150\ m^3$ sind durch unsachgemäße Handhabung eines Quecksilbermanometers 2 cm^3 Quecksilber freigesetzt worden. Davon verdampfen 10 % in die Raumluft, der Rest kann sichergestellt werden.

a) Wie viel Außenluft muss zugeführt werden, damit der Raum nach einer Stunde wieder begehbar wird? (Annahme: Frischluft mit $C_o = 0$ ppm)

b) Wie groß ist die Luftwechselzahl?

geg.: $V_R = 150\ m^3$; $V_{Hg} = 0{,}2\ cm^3$ (10 %);

$\rho_{Hg} = 13{,}6\ \frac{g}{cm^3}$ (Tabellenbuch);

$C_i = 0{,}1\ \frac{mg}{m^3}$ (Bild 1, Seite 338); $C_o = 0\ \frac{mg}{m^3}$

ges.: a) $\dot{V}$ in $\frac{m^3}{h}$; b) l in $\frac{1}{h}$

Lösung:

a) $\dot{V} = \frac{\dot{G}}{C_i - C_o}$ $\qquad \dot{G} = \rho_{Hg} \cdot V$

$$\dot{G} = \frac{13{,}6\ g \cdot 0{,}2\ cm^3}{cm^3 \cdot h}$$

$$\dot{G} = 2{,}72\ \frac{g}{h}$$

$$\dot{V} = \frac{2{,}72\ g \cdot m^3 \cdot 1000\ mg}{0{,}1\ mg \cdot h \cdot 1\ g}$$

$$\dot{V} = \underline{\underline{27\,200\ \frac{m^3}{h}}}$$

b) $I = \dfrac{\dot{V}}{V_R}$

$I = \dfrac{27\,200 \text{ m}^3}{150 \text{ m}^3 \cdot \text{h}}$

$\underline{\underline{I = \dfrac{181{,}3}{\text{h}}}}$

5.4 Bestimmung nach der Kühllast

Wünscht ein Kunde für sein Haus eine Klimaanlage, ist eine genaue Auslegung der Kühllast (cooling load) nach VDI 2078 „Berechnung der Kühllast klimatisierter Räume" mithilfe umfangreicher Computerprogramme unerlässlich. Volumenströme für den Kühllastfall (cooling load case) werden dabei nach folgender Gleichung ermittelt:

$$\dot{V} = \dfrac{\Phi_{Ktr}}{\rho \cdot c \cdot \Delta\theta}$$

$\dot{V}$: Volumenstrom in $\frac{\text{m}^3}{\text{h}}$

Φ_{Ktr}: Kühllast, trocken in W

ρ: Dichte der Luft mit 1,2 $\frac{\text{kg}}{\text{m}^3}$ bei + 20 °C

c: spezifische Wärmekapazität der Luft mit 0,28 $\frac{\text{Wh}}{\text{kg} \cdot \text{K}}$

$\Delta\theta$: Temperaturdifferenz zwischen Raumlufttemperatur θ_R und Zulufttemperatur θ_Z

Die **Kühllast** Φ_K setzt sich zusammen aus der inneren Kühllast Φ_I und der äußeren Kühllast Φ_A.

Bei der **inneren Kühllast** Φ_I (internal cooling load) wird unterschieden zwischen den **Teilkühllasten** (partial cooling loads) durch Wärmeabgabe der Person Φ_P (Bild 1), durch Wärmeabgabe der Einrichtung Φ_E (z. B. Beleuchtung, Computer usw.) und dem über die Innenflächen aus Nachbarräumen zugeführten Wärmestrom Φ_R.

Die **äußere Kühllast** Φ_A (external cooling load) berücksichtigt die über die Gebäudeumschließungsflächen (external walling surfaces) von außen eintretenden Wärmeströme, soweit sie aus der Raumluft abgeführt werden müssen. Hierbei wird unterschieden zwischen Wärmeströmen durch nicht transparente Wände und Dächer Φ_W und durch strahlungstransparente Fenster Φ_F. Einflüsse durch Fugenlüftung werden durch den Wärmestrom Φ_{FL} (freie Lüftung) erfasst. Äußere Kühllasten sind sehr aufwendig zu berechnen, da z. B. Wärmeströme der Sonnenstrahlung durch Fenster über umfangreiche Betrachtungen des Sonnenganges (course of the sun) mit eventuellen Verschattungsmaßnahmen (shading measures) ermittelt werden müssen. Wegen des Sonnenganges ist die Gesamtkühllast (total cooling load) des Gebäudes auch nicht einfach als Raumkühllast (room cooling load) zu bestimmen, sondern mithilfe folgender vereinfachten Gleichung:

$$\Phi_{KR} = \Phi_I + \Phi_A$$
$$\Phi_{KR} = \Phi_P \cdot n + \Phi_E + \Phi_R + \Phi_W + \Phi_F + \Phi_{FL}$$

Φ_{KR}: Raumkühllast in W
Φ_I: Innere Kühllast in W
Φ_A: Äußere Kühllast in W
Φ_P: Wärmeabgabe einer Person in W
n: Anzahl der Personen
Φ_E: Wärmeabgabe der Einrichtugnen in W
Φ_R: Wärmestrom über Innenflächen aus Nachbarräumen in W
Φ_W: Wärmeströme durch nicht transparente Wände und Dächer in W
Φ_F: Wärmeströme durch strahlungstransparente Fenster in W
Φ_{FL}: Wärmeströme durch freie Lüftung in W

Für die endgültige Festlegung des Zuluftvolumenstroms müssen unter Umständen die in Kap. 5.1 bis 5.4 vorgestellten Berechnungsmethoden angewendet werden, wobei der dabei auftretende Maximalwert als Auslegungsgrundlage berücksichtigt wird. Hierbei nimmt die Bestimmung der **Luftwechselzahl** in Kap. 5.2 eine Sonderstellung ein, da es sich um reine Erfahrungswerte handelt, die eher für eine erste überschlägige Bestimmung des Luftvolumenstroms im **Planungsstadium** (planning stage) verwendet werden sollten.

Beispiel

In einem Fitnessraum sind maximal 15 Personen tätig. Beleuchtung und Fitnessgeräte haben eine Leistungsabgabe von Φ_E = 2500 W. Über die Innenflächen der Nachbarräume gelangen keine Wärmeströme in den Raum. Die äußere Kühllast wurde mithilfe computergestützter Kühllastberechnungen mit Φ_A = 3000 W festgelegt. Die Temperatur des Raumes soll 22 °C und die Einblastemperatur der Zuluft soll 16 °C betragen.
Berechnen Sie den erforderlichen Zuluftvolumenstrom.

geg: n = 15; Φ_E = 2500 W; Φ_R = 0 W; Φ_A = 3000 W;
θ_R = 22 °C; θ_Z = 16 °C; Φ_P = 90 W (Bild 1); ρ = 1,2 $\frac{\text{kg}}{\text{m}^3}$;
c = 0,28 $\frac{\text{Wh}}{\text{kg} \cdot \text{K}}$

ges: $\dot{V}$ in $\frac{\text{m}^3}{\text{h}}$

Tätigkeit	Raumlufttemperatur in °C	18	20	22	23	24	25	26
Körperlich nicht tätig bis leichte Arbeit im Stehen, Aktivitätsgrad I bis II nach DIN 1946-2	Wärmeabgabe • gesamt $\Phi_{P\,ges}$ in W • trocken $\Phi_{P\,tr}$ in W • feucht $\Phi_{P\,f}$ in W Wasserdampfabgabe $\dot{m}_D$ in $\frac{\text{g}}{\text{h}}$	125 100 25 35	120 95 25 35	120 90 30 40	120 85 35 50	115 75 40 60	115 75 40 60	115 70 45 65

1 Wärmeabgabe des Menschen (Auszug aus VDI 2078)

6 Thermodynamische Luftbehandlungen

Lösung:

$$\dot{V} = \frac{\Phi_{Ktr}}{\rho \cdot c \cdot \Delta\theta}$$

$\Phi_{Ktr} = \Phi_I + \Phi_A$
$\Phi_{Ktr} = \Phi_P \cdot n + \Phi_E + \Phi_R + \Phi_A$
$\Phi_{Ktr} = 90\,W \cdot 15 + 2500\,W + 0\,W + 3000\,W$
$\Phi_{Ktr} = 6850\,W$

$$\dot{V} = \frac{6850\,W \cdot m^3 \cdot kg \cdot K}{1{,}2\,kg \cdot 0{,}28\,Wh \cdot 6\,K}$$

$$\underline{\underline{\dot{V} = 3398\,\frac{m^3}{h}}}$$

5.5 Bestimmung nach Feuchteschutzmaßnahmen

Ob lüftungstechnische Maßnahmen **in Wohngebäuden** notwendig sind, muss nach DIN 1946-6 über eine Bilanz der zu ermittelnden Luftvolumenströme:
- für den Feuchteschutz (moisture protection) und
- für die Infiltration (Eindringen der Außenluft durch Fugen, in der Gebäudehülle) erfolgen.

Näheres wird im Kap. 9 beschrieben.

ÜBUNGEN

1) Gliedern Sie die Lufttechnik in ihre einzelnen Bereiche auf.

2) In welchen Bereichen unserer Umwelt werden RLT-Anlagen benötigt bzw. eingesetzt?

3) Erläutern Sie, welche Aufgaben RLT-Anlagen erfüllen müssen.

4) Schildern Sie die Problematiken, die mit den sich ständig verschärfenden Maßnahmen des baulichen Wärmeschutzes in den Räumen auftreten und nennen Sie Lösungsmöglichkeiten.

5) Erläutern Sie, in welcher Form der Mensch seine Wärme an die Umgebung abgibt.

6) Nennen Sie Faktoren, die die thermische Behaglichkeit des Menschen beeinflussen.

7) Nennen Sie Größen, die eine Aussage über die Luftqualität in Räumen machen.

8) Erklären Sie die Begriffe „Außenluftstrom" und „Luftwechselzahl".

9) Ein innen liegender fensterloser Computerarbeitsraum einer Schule soll be- und entlüftet werden. Der Raum fasst maximal 20 Schüler und hat die Abmessungen $L \times B \times H = 12\,m \times 9\,m \times 3{,}2\,m$.
Wie groß sind a) der personen- und b) der flächenbezogene Außenluftstrom?
Der größere der beiden Werte ist für die Auslegung der Anlage maßgebend.

10) In einem ausgewiesenen Raucherbereich einer Gaststätte wird eine RLT-Anlage installiert. Es wird mit einem maximalen Publikumsverkehr von 10 Personen gerechnet. Das Raumvolumen beträgt 120 m^3 bei einer Raumhöhe von 2,8 m.
Welcher Außenluftstrom wird für die weitere Planung benötigt?

11) Ein Farbspritzraum einer Lackiererei soll eine Be- und Entlüftungsanlage erhalten. Die Raummaße betragen bei einer trapezförmigen Grundfläche $l = 7\,m$, $b_1 = 4\,m$, $b_2 = 6\,m$ und $h = 3\,m$. Es ist mit dem Mittelwert der angegebenen Luftwechselzahlen zu rechnen.
Ermitteln Sie den Zuluft- und Abluftvolumenstrom.

6 Thermodynamische Luftbehandlungen

RLT-Anlagen können unter anderem nach ihren thermodynamischen **Zuluftbehandlungsfunktionen** (Änderung der Temperatur und/oder der Feuchte) unterteilt werden in:
- Anlagen **ohne** Luftbehandlungsfunktion,
- Anlagen **mit einer, zwei, drei oder vier** Luftbehandlungsfunktion(en).

Die **thermodynamischen Luftbehandlungsfunktionen** (thermodynamic air treatment functions) sind beschrieben als die Prozesse:
- Heizen (heating),
- Kühlen (cooling),
- Befeuchten (humidification),
- Entfeuchten (dehumidification).

Die Kennzeichnung der unterschiedlich vorbehandelten Zuluft als auch der anderen Luftarten ist in Bild 1, nächste Seite aufgeführt.

RLT-Anlagen werden unter anderem nach ihrem baulichen Umfang (Komplexität) benannt, d. h. nach der Anzahl ihrer Anlagenbauteile, die für die verschiedenen Luftaufbereitungen (air conditioning) zuständig sind. Raumlufttechnische Anlagen sind eine Kombination der Lüftungs- oder Klimaanlage und des Gebäudes selbst.
Von der einfachen bis zur Komfort-Anlage werden sie unterteilt in:
- **Lüftungsanlage** (ventilation system) : Sie stellt die Gesamtheit der Bauelemente dar, die zur ventilatorge-

6 Thermodynamische Luftbehandlungen

Luftart	Definition	Kurzzeichen nach DIN 1946-6	Kurzzeichen nach DIN EN 16798	Farbe
Außenluft	Geplante Luftmenge, die von außen in eine Anlage oder ohne Luftbehandlung direkt in einen Raum einströmt	AUL	ODA Outdoor-Air	grün
Umluft	Abluft, die zu einem Luftbehandlungsgerät zurückkehrt	UML	RCA Recirculation Air	orange
Mischluft	Luft, die sich aus zwei oder mehreren Luftströmen zusammensetzt	MIL	MIA Mixed Air	Kodierung möglich
Zuluft	Luftstrom, der in einen Raum eintritt oder Luft, die aus der Anlage nach einer Behandlung in den Raum eintritt	ZUL [1] nur rot (unabhängig von der Anzahl der Luftbehandlungen)	SUP Supply Air	Nach Anzahl der thermodynamischen Behandlungen [1]: 0 grün, 1 rot, 2/3 blau, 4 violett
Abluft	Luft, die den behandelten Raum verlässt	ABL	ETA Extract Air	gelb
Fortluft	Luftstrom, der in die Atmosphäre befördert wird	FOL	EHA Exhaust Air	braun

1 Kennzeichnung der Luftarten

stützten Lüftung erforderlich sind. Unter einer Lüftung wird eine ausgelegte Luftzu- und -abfuhr in und aus einem zu versorgenden Raum verstanden.
- **Klimaanlage** (air conditioning system) : Sie besteht aus der Kombination **sämtlicher** zur Klimatisierung erforderlicher Bauelemente. Unter **Klimatisierung** (air conditioning) versteht man eine Form der Luftbehandlung, bei der Temperatur, Luftfeuchte, Lüftung und Luftreinheit geregelt werden. Wenn eine dieser Eigenschaften – mit Ausnahme der Luftförderung (Luftumwälzung) – weder gesteuert noch geregelt wird, nennt man die Anlage **Teilklimaanlage** (partial air conditioning system).

Zum besseren Verständnis dieser Festlegung dienen folgende Beispiele.

Beispiel 1
Eine RLT-Anlage besteht aus den Luftleitungen, Luftein- und -auslässen, Zu- und Abluftventilatoren, austauschbaren Planfiltern und der Steuerungstechnik. Da diese Anlage lediglich eine ventilatorgestützte Lüftung mit einer Luftaufbereitung (Filterung) besitzt, die weder geregelt noch gesteuert werden kann, wird sie als Lüftungsanlage bezeichnet (Bild 2).

Beispiel 2
Eine RLT-Anlage besteht aus den Luftleitungen, Luftein- und -auslässen, Zu- und Abluftventilatoren, manuell austauschbaren Beutelfiltern oder einem automatisch arbeitenden Rollbandfilter, einem Kühler, der auch entfeuchten kann, einem Erhitzer und einer Wärmerückgewinnung. Wegen der fehlenden Befeuchtung ist diese Anlage eine Teilklimaanlage (Bild 3).

Beispiel 3

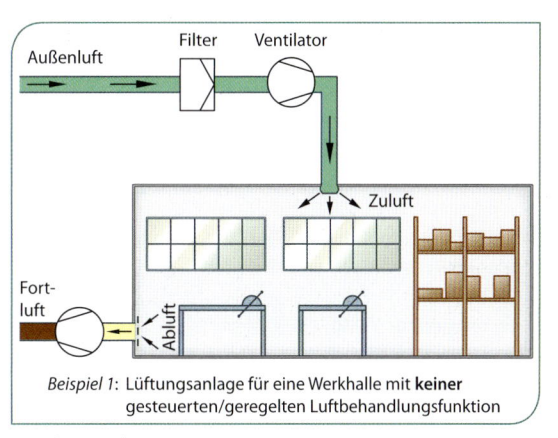

Beispiel 1: Lüftungsanlage für eine Werkhalle mit **keiner** gesteuerten/geregelten Luftbehandlungsfunktion

2 Lüftungsanlage

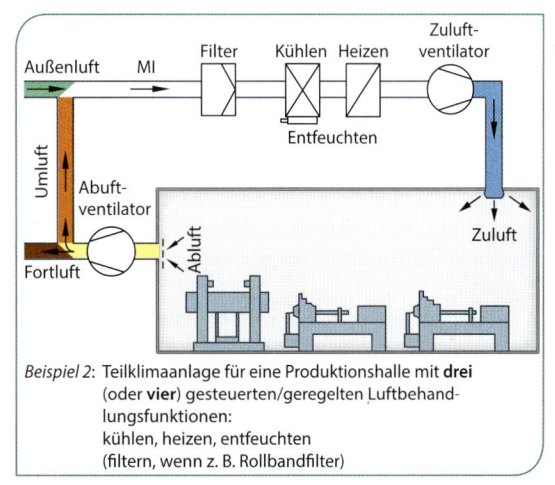

Beispiel 2: Teilklimaanlage für eine Produktionshalle mit **drei** (oder **vier**) gesteuerten/geregelten Luftbehandlungsfunktionen: kühlen, heizen, entfeuchten (filtern, wenn z. B. Rollbandfilter)

3 Teilklimaanlage

7 h-x-Diagramm von Mollier für feuchte Luft und seine physikalischen Grundlagen

Eine RLT-Anlage, die alle Luftaufbereitungsprozesse ermöglicht ist laut Definition nach DIN EN 12792 nur dann eine Klimaanlage, wenn die Luftfilterung automatisiert ist (Bild 1). Des Weiteren werden lüftungstechnische Anlagen unterschieden nach:
- verfahrenstechnischen Merkmalen (z. B. Niedergeschwindigkeitssystem),
- der Art der Luftverbindung zum Raum (z. B. Zuluftgerät, Abluftgerät usw.),
- dem Aufstellort (z. B. Dachgerät).

ÜBUNGEN

1. Nennen Sie die Definition für die Begriffe „Lüftungsanlage", „Teilklimaanlage" und „Klimaanlage".
2. Nennen Sie die unterschiedlichen Luftströme und ordnen Sie deren empfohlene Kurzzeichen sowie Farbkennzeichnungen zu und unterscheiden Sie dabei die unterschiedlichen Zuluftaufbereitungen.
3. Nennen Sie die thermodynamischen Luftbehandlungsfunktionen.

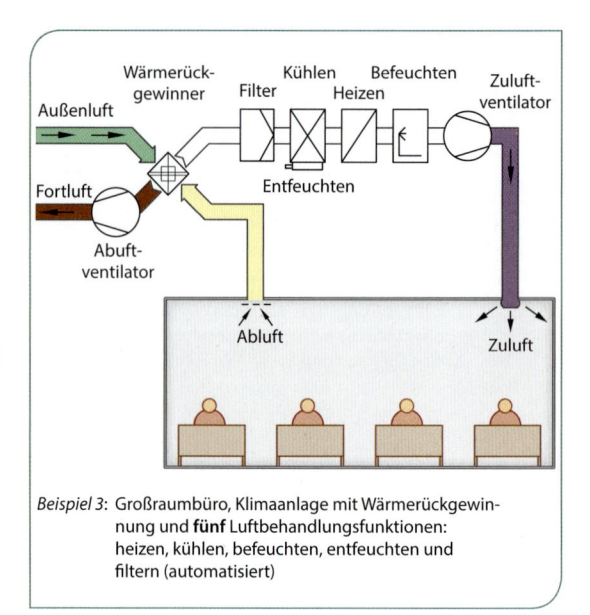

Beispiel 3: Großraumbüro, Klimaanlage mit Wärmerückgewinnung und **fünf** Luftbehandlungsfunktionen: heizen, kühlen, befeuchten, entfeuchten und filtern (automatisiert)

1 Klimaanlage

7 h-x-Diagramm von Mollier für feuchte Luft und seine physikalischen Grundlagen

Die zur Auslegung von RLT-Anlagen wichtigen physikalischen Größen der feuchten Luft sind:
- der Druck p,
- die Temperatur ϑ und
- die relative Feuchte φ,

als **messbare** Größen (measurable quantities) sowie
- die Absolutfeuchte x,
- der Wärmeinhalt (auch Enthalpie) h und
- die Dichte ρ

als **rechnerisch ermittelte** Größen (calculated quantities).

Statt der rechnerischen Ermittlung vorgenannter Zustandsgrößen der feuchten Luft ist es jedoch wesentlich einfacher, diese dem **h-x-Diagramm** (h-x diagram) zu entnehmen, das der deutsche Thermodynamiker R. MOLLIER (1863–1935) entwickelt hat (Bild 1, nächste Seite). Besonders in der Klimatechnik hat es durch seine Anschaulichkeit und problemlose sowie zeitsparende Anwendung große Bedeutung erlangt.
Es basiert auf einem **schiefwinkligen Koordinatensystem** (oblique-angled coordinate system), bei dem die Isothermen (Linien gleicher Temperatur) $\vartheta = 0$ °C waagerecht verlaufen und die Linien gleicher absoluter Feuchte die Senkrechten bilden. „Schiefwinklig" wird es genannt, weil die dem Diagramm zugeordneten Größen h (Enthalpie) und x (Absolutfeuchte) nicht rechtwinklig zueinander angeordnet sind. Für die beteiligten Größen ergeben sich die Verlaufskurven im Diagramm (Bild 1, nächste Seite), das nur für **einen** Gesamtdruck der feuchten Luft gilt.
Zum besseren Verständnis der dem Diagramm zugrunde liegenden Größen sollen diese zunächst erläutert werden.

7.1 Gesamtdruck p der feuchten Luft

Für die nicht gesättigte feuchte Luft (unsaturated humid air) gilt das DALTONSCHE Gesetz. Es besagt, dass der Gesamtdruck der feuchten Luft aus der Summe der Teildrücke der trockenen Luft und des Wasserdampfs gebildet wird, d. h., dass bei dem Luft-Wasserdampf-Gemisch (air-steam mixture) sowohl die trockene Luft als auch der Wasserdampf jeweils den vollen dargebotenen Raum einnehmen. Dabei übt jeder Anteil seinen Teildruck (Partialdruck partial pressure) auf die Wandung aus. Die Summe dieser Teildrücke ist der Gesamtdruck, der z. B. bei der **Luftdruckmessung** (air pressure measurement) der Atmosphäre als Barometerstand (barometer reading) in **hPa** ermittelt wird.

$p = p_L + p_D$

p: Gesamtdruck der feuchten Luft in hPa
p_L: Teildruck der trockenen Luft in hPa
p_D: Teildruck des Wasserdampfes in hPa

7 h-x-Diagramm von Mollier für feuchte Luft und seine physikalischen Grundlagen

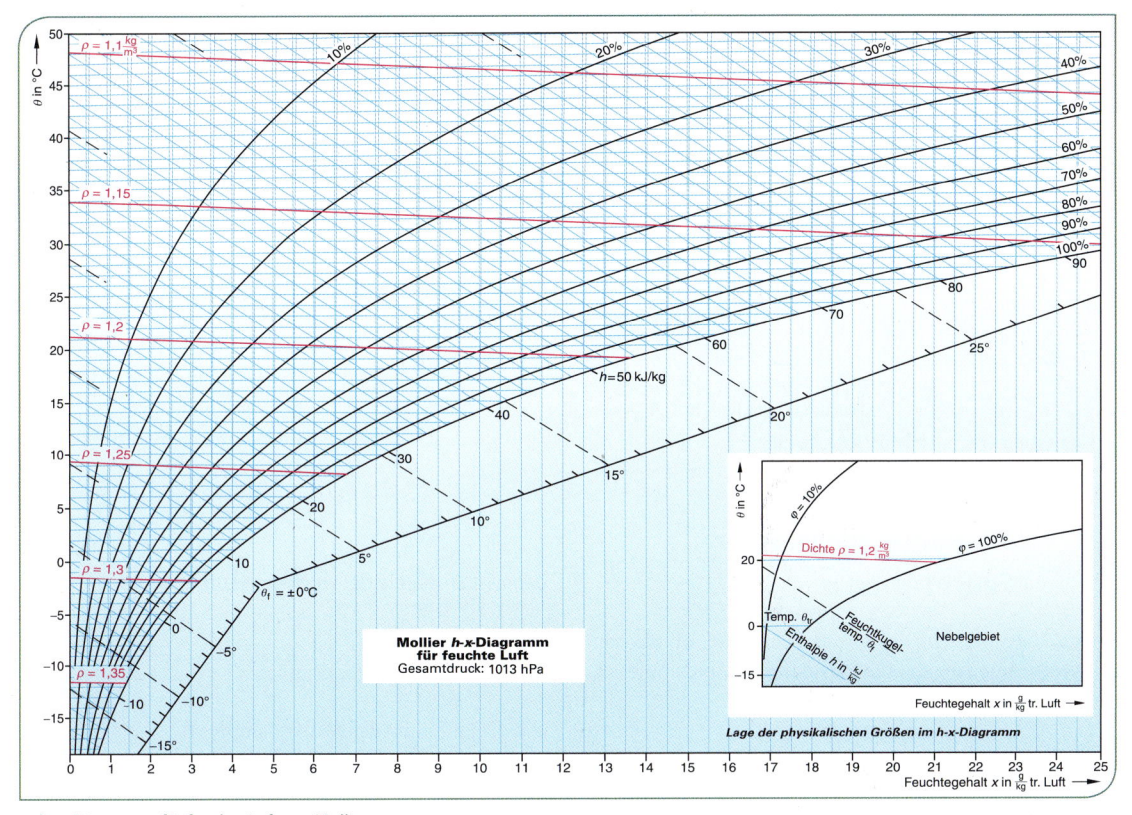

1 h-x-Diagramm für feuchte Luft von Mollier

7.2 Relative Feuchte φ

Als relative Feuchte φ (relative humidity) wird das Verhältnis des in der feuchten Luft vorhandenen Wasserdampfteildrucks p_D zu dem bei gleicher Temperatur bei Sättigung (saturation) vorhandenen Teildruck p_{Ds} bezeichnet.

$$\varphi = \frac{p_D}{p_{Ds}} \cdot 100\,\%$$

φ: relative Feuchte in %
p_D: Teildruck des Wasserdampfes in hPa
p_{Ds}: Teildruck des Wasserdampfes bei Sättigung in hPa

Wie die Gleichung zeigt, besitzt die relative Feuchte keine Einheit. Meist wird sie in Prozent angegeben. Die relative Feuchte kann mithilfe eines **Haarhygrometers** (hair hygrometer) (Bild 2) bestimmt werden. Ein Büschel menschlicher Haare wird dabei in einer Einspannvorrichtung der feuchten Luft ausgesetzt. Die Haare werden von der Feuchtigkeit durchdrungen und erfahren eine entsprechende Längenänderung (hygroskopisches Verhalten), über eine Zeigermechanik kann der jeweilige momentane Sättigungszustand (state of saturation) der Luft abgelesen werden.

Die relative Feuchte kann auch als das Massenverhältnis der vorliegenden Wasserdampfmasse x (Absolutfeuchte oder Feuchtegrad x) zu der bei gleicher Temperatur vorliegenden maximal in der feuchten Luft existierenden Wasserdampfmasse x_s bei Sättigung ausgedrückt werden.

$$\varphi = \frac{x}{x_s} \cdot 100\,\%$$

φ: relative Feuchte in %
x: Absolutfeuchte in $\frac{g}{kg}$
x_s: Absolutfeuchte bei Sättigung in $\frac{g}{kg}$

Beispiel aus dem h-x-Diagramm:
Durch Ablesen wird bei einer Temperatur der feuchten Luft $\vartheta = 25\,°C$ und einer relativen Feuchte $\varphi = 10\,\%$ sowie einer zugehörigen Wasserdampfmasse $x = 2\,g/kg$ eine maximale Wasserdampfmasse $x_s = 20\,g/kg$ bei Sättigung ermittelt (Bild 1, nächste Seite).

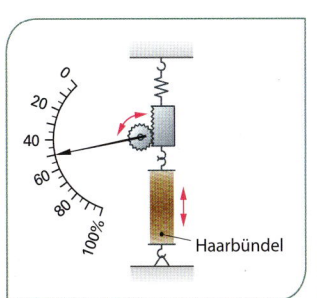

2 Haarhygrometer

Probe:
$$\varphi = \frac{x}{x_s} \cdot 100\,\% = \frac{2\,g \cdot kg \cdot 100\,\%}{20\,g \cdot kg} = 10\,\%$$

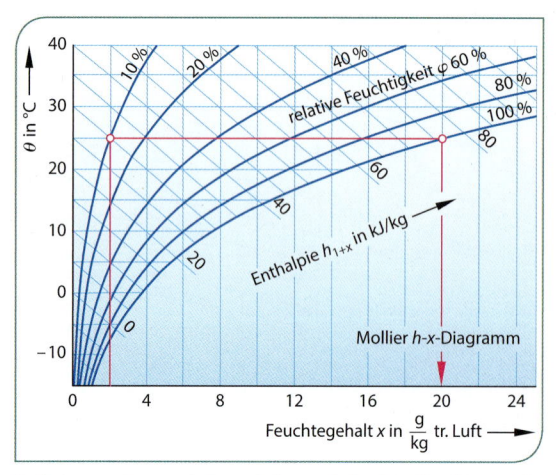

7 h-x-Diagramm von Mollier für feuchte Luft und seine physikalischen Grundlagen

1 Zusammenhang zwischen relativer und absoluter Feuchte

7.4 Wärmeinhalt (Enthalpie) h

Der Wärmeinhalt (heat content) oder die innere Energie eines Stoffes wird auch als Enthalpie[1] h bezeichnet. Die Enthalpie (enthalpy) eines Luft-Wasserdampf-Gemisches ist gleich der Summe der Enthalpien der einzelnen Bestandteile. Bezieht man die Gleichung zur Bestimmung der Enthalpie h auf das Gemisch von $(1 + x)$ kg Masse, wobei die Masse der trockenen Luft $m_L = 1$ kg und die Masse des Wasserdampfes $m_D = x$ kg sind, so ergibt sich:

$$h_{(1+x)} = h_L + h_D$$

$h_{(1+x)}$: Enthalpie des Gemisches von 1 kg trockener Luft und x kg Wasserdampf in $\frac{kJ}{kg}$

h_L: Enthalpie von 1 kg trockener Luft in $\frac{kJ}{kg}$

$x \cdot h_D$: Enthalpie von x kg Wasserdampf in $\frac{kJ}{kg}$

Dabei ist **Enthalpie der trockenen Luft** h_L:

$$h_L = c_L \cdot \theta = 1 \frac{kJ}{kg \cdot K} \cdot \theta$$

und die **Enthalpie des Wasserdampfes** h_D:

$$h_D = r + c_D \cdot \theta = 2499 \frac{kJ}{kg} + 1{,}93 \frac{kJ}{kg \cdot K} \cdot \theta$$

r: spezifische Verdampfungswärme in $\frac{kJ}{kg}$
c: spezifische Wärmekapazität in $\frac{kJ}{kg \cdot K}$

Für die Enthalpie des Gemisches von 1 kg trockener Luft und x kg Wasserdampf $h(1 + x)$ ergibt sich damit:

$$h_{(1+x)} = 1 \frac{kJ}{kg \cdot K} \cdot \theta + x \left(2499 \frac{kJ}{kg} + 1{,}93 \frac{kJ}{kg \cdot K} \cdot \theta\right)$$

Beispiel
Wie groß ist die Enthalpie $h_{(1+x)}$ bei einem Luftzustand von $\theta = 20\,°C$ und einer Absolutfeuchte $x = 3{,}9 \frac{g}{kg}$?

Lösung:
$h_{(1+x)} = h_L + x \cdot h_D$

$h_{(1+x)} = 1 \frac{kJ}{kg \cdot K} \cdot 20\,°C + 0{,}0039 \cdot \left(2499 \frac{kJ}{kg} + 1{,}93 \frac{kJ}{kg \cdot K} \cdot 20\,°C\right)$

$h_{(1+x)} = 20 \frac{kJ}{kg} + 9{,}9 \frac{kJ}{kg}$

$h_{(1+x)} = 29{,}9 \frac{kJ}{kg}$

Der Vergleich mit dem abgelesenen h-Wert von 30 $\frac{kJ}{kg}$ aus dem h-x-Diagramm (Bild 1, nächste Seite) bestätigt die Richtigkeit dieses Ergebnisses.

7.3 Absolute Feuchte oder Feuchtegrad x

Die gesamte Masse m_F der feuchten Luft setzt sich aus dem trockenen Anteil m_L und der Masse des Wasserdampfes m_D zusammen.

$$m_F = m_L + m_D$$

m_F: Gesamtmasse der feuchten Luft
m_L: Masse des trockenen Anteils der Luft
m_D: Masse des Wasserdampfes

Durch Feuchtigkeitszu- und -abnahme ändert sich zwar die Gesamtmasse der feuchten Luft m_F, der Anteil der trockenen Luft bleibt dabei jedoch konstant. Daher ist es sinnvoll, die Feuchtigkeitsmassen auf die durch die Anlagen strömende Masse der trockenen Luft zu beziehen.
Die Wasserdampfmasse, die je kg trockener Luft in der feuchten Luft enthalten ist, heißt Feuchtegrad (degree of humidity) oder Absolutfeuchte (absolute humidity) x.

$$x = \frac{m_D}{m_L}$$

x: Feuchtegrad oder Absolutfeuchte in $\frac{g}{kg}$
m_D: Masse des Wasserdampfes in g
m_L: Masse des trockenen Anteils der Luft in kg

Da Wasserdampf und trockene Luft unterschiedliche Stoffe sind, entfallen die Einheiten g und kg nicht etwa durch Kürzen. Außerdem ist der Anteil der Wasserdampfmasse im Verhältnis zur Masse der trockenen Luft relativ gering, so dass für den Feuchtegrad bzw. die Absolutfeuchte die Einheit $\frac{g\ Wasser}{kg\ trockener\ Luft}$ gewählt wird.

---

[1] griech.: enthalpien = darin erwärmen

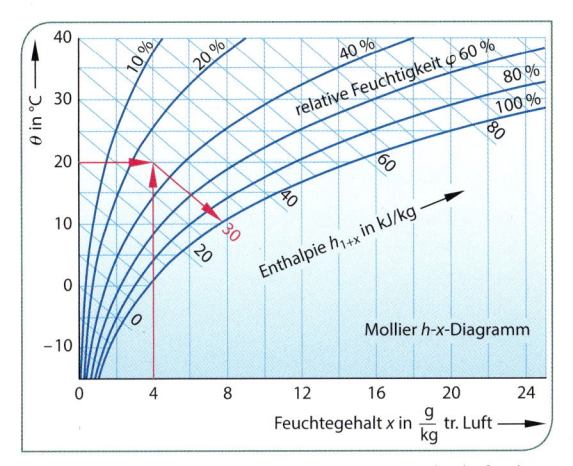

7 h-x-Diagramm von Mollier für feuchte Luft und seine physikalischen Grundlagen

1 Zusammenhang zwischen trockener Temperatur, Absolutfeuchte und Enthalpie

2 Schleuderpsychrometer

7.5 Temperatur θ (ϑ)

Die allgemeine Definition der physikalischen Größe Temperatur (vgl. Fachkenntnisse 1, Lernfeldübergreifende Inhalte Kap. 4) muss an dieser Stelle nicht mehr erklärt werden. Vielmehr geht es jetzt darum, die in der RLT-Technik verwendeten Begriffe der Trockenkugeltemperatur und Feuchtkugeltemperatur zu erläutern.

Die **Trockenkugeltemperatur** (dry bulb temperature) wird mit dem trockenen Messbalg bzw. Messfühler gemessen. Meist wird sie in technischen Anlagen z. B. für Schaltzwecke ermittelt.

Um die **Feuchtkugeltemperatur** (wet bulb temperature) zu ermitteln, wird der Messfühler (probe/sensor) mit einem Musselin-(Baumwoll-)Strumpf (wick) überzogen und befeuchtet. Die zum Verdampfen der Flüssigkeit erforderliche Verdunstungswärme wird dem Messfühler entzogen. Hierdurch sinkt die gemessene Feuchtkugeltemperatur gegenüber dem mit dem Trockenkugelthermometer gemessenen Wert um einige Kelvin ab.

Der Unterschied zwischen Trocken- und Feuchtkugeltemperatur, auch **psychrometrische**[1] **Differenz** (psychrometric difference) genannt, erlaubt eine genaue Beschreibung des vorliegenden Luftzustandes, denn:
- die Differenz $\theta_{tr} - \theta_f$ ist ein Maß für die Luftfeuchte und
- die Zustandsänderung der Befeuchtung bis zur Sättigung verläuft praktisch auf einer Linie konstanter Enthalpie.

Eine einfache Bestimmung der psychrometrischen Differenz kann z. B. mit dem **Schleuderpsychrometer** (sling psychrometer) (Bild 2) vorgenommen werden. Es besteht aus den beiden oben beschriebenen Thermometern, die mit einer Mindestgeschwindigkeit von ca. 2 $\frac{m}{s}$ im freien Luftstrom der zu messenden Luft bewegt werden müssen, bis ein stabiler Messwert erreicht wird.

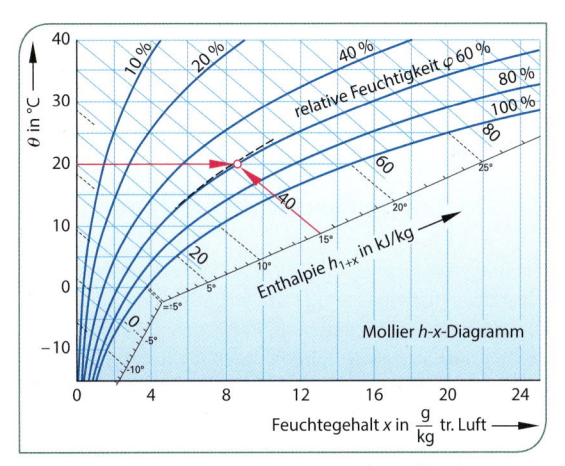

3 Ermittlung von Diagrammwerten aus Feucht- und Trockenkugeltemperatur

Beispiel

Aus einer Messung der Raumluft eines Klassenzimmers mit dem Schleuderpsychrometer ergaben sich folgende Werte:
Trockenkugeltemperatur $\theta_{tr} = 20\,°C$
Feuchtkugeltemperatur $\theta_f = 15\,°C$
Durch Eintragen dieser Temperaturen in das h-x-Diagramm (Bild 3) ergeben sich im Schnittpunkt beider Temperaturen folgende weitere Werte (für den Luftdruck $p_{amb} = 1013$ mbar):

$x = 8{,}5\,\frac{g}{kg}$

$h = 41{,}5\,\frac{kJ}{kg}$

$\varphi = 58\,\%$

$\rho = 1{,}2\,\frac{kg}{m^3}$

---

[1] griech.: psychros = kalt, kühl

ÜBUNGEN

1. Nennen Sie die physikalischen Größen, die das h-x-Diagramm beschreiben.
2. Beschreiben Sie den Begriff „Enthalpie".
3. Wie kann man die relative Feuchte bestimmen?
4. Nennen Sie den Unterschied zwischen der relativen Feuchte φ und der Absolutfeuchte x.
5. Erstellen Sie aus der Erinnerung beispielhaft die charakteristischen Kurvenverläufe der physikalischen Größen im h-x-Diagramm.
6. Erklären Sie das Daltonsche Gesetz.
7. Beschreiben Sie, wie die Trockenkugel- und Feuchtkugeltemperaturen ermittelt werden.
8. Messen Sie mithilfe des Trockenkugel- und Feuchtkugelthermometers (bzw. des Schleuderpsychrometers) den momentanen Raumluftzustand Ihrer Umgebung und bestimmen Sie daraus die übrigen Luftzustandsgrößen des h-x-Diagramms.

8 Bauteile der RLT-Anlagen

8.1 Einbaukomponenten der zentralen Luftaufbereitungsanlage

Die in diesem Kapitel aufgeführten Bauteile sind meist aneinander gereiht in einem zentralen Luftaufbereitungsgerät (air treatment unit) eingebaut. In Ausnahmefällen können sie auch Bestandteil der Luftleitungen (air ducts) sein.

8.1.1 Luftfilter

Luftfilter (air filters) werden in RLT-Anlagen eingesetzt, um feste, zum Teil auch flüssige und gasförmige Teilchen oder deren Gemische (Aerosole, aerosols) aus der Luft abzuscheiden.
Die der Anlage zugeführte Luft ist durch verschiedene Stoffe unterschiedlicher Teilchengröße und unterschiedlichen Materials verunreinigt. Die Teilchen bilden ein in sich unregelmäßiges Gemisch aus Partikeln von ca. 0,001…500 µm.
Um Bereiche aus diesem Spektrum nach Bedarf und Notwendigkeit erfassen zu können, werden sehr unterschiedliche Filtermedien und -techniken eingesetzt (Bild 1, nächste Seite).
Filter können z. B. unterschieden werden
nach der **Bauform** (design/structural shape):
- Flächenfilter als Planfilter in Rahmen gespannt,
- Flächenfilter als V-Filter in Rahmen gespannt,
- Rollbandfilter als Planfilter oder in V-Form,
- Beutelfilter.

nach der **Art der Abscheidung** (type of separation/filtering mode):
- Filtermatten aus Fasern wie z. B. Glasvlies,
- Filtermatten aus Metall wie z. B. Geflecht aus Stahlband,
- Schwebstofffilter,
- Aktivkohlefilter,
- Elektrofilter.

nach dem **Grad der Abscheidung** (separation efficiency), d. h. nach ihrer Filtrationsleistung (filtration performance); hiernach erfolgte die Grobeinteilung in Gruppen, innerhalb dieser in Klassen:
- **Grobfilter** (coarse filters) **(G)**, Klassen G1 bis G4,
- **Mediumfilter** (mean filters) **(M)**, Klassen M5 u. M6,
- **Feinfilter** (fine filters) **(F)**, Klassen F7 bis F9.

In den Jahren 2016 bis 2018 ist die Feinstaubbelastung (fine dust pollution), derer die Menschen ausgesetzt sind, vermehrt in den Blickpunkt der Öffentlichkeit gerückt. Grund dafür sind z. B. der erhöhte Ausstoß von Feinstaub durch den Autoverkehr (Dieselproblematik) sowie der häusliche Abbrand (domestic combustion) von festen und flüssigen Brennstoffen.
Zunehmende Fahrverbote für Fahrzeuge mit älteren Dieselmotoren in den Innenstädten mit hohen Emissionen sowie eine stetige Reduzierung zulässiger Immissionswerte für den häuslichen Abbrand in den Heizungsanlagen sind ein wichtiges Indiz dafür. Parallel zu dieser Entwicklung wurden für die Luftfilterung in technischen Anlagen neue Standards erarbeitet. So ist z. B. die bis 2018 gültige Norm EN 779 für Luftfilter (siehe Einteilung oben) durch die international gültige DIN EN ISO 16890 abgelöst worden.
Während die alte Norm als Bemessungsgrundlage für eine Filtereinstufung (filter grading) nur die vermeintlich problematischste Partikelgröße 0,4 µm berücksichtigt, sind es in der neuen Norm drei unterschiedliche Bereiche (Fraktionen). Innerhalb dieser Bereiche erfolgen die Prüfungen.
Gesichert ist z. B. die Erkenntnis, dass:
- Partikel der Größe zwischen ca. 3 µm und 10 µm im Wesentlichen durch Schleimhäute und Härchen (Rachen- bzw. Nasenraum) abgeschieden werden,
- Partikel der Größe um 2 µm und kleiner lungengängig sind und
- Partikel ab einem Durchmesser von 1 µm und darunter durch die Lungenbläschen (Alveolen) in das Blut gelangen können.

8 Bauteile der RLT-Anlagen

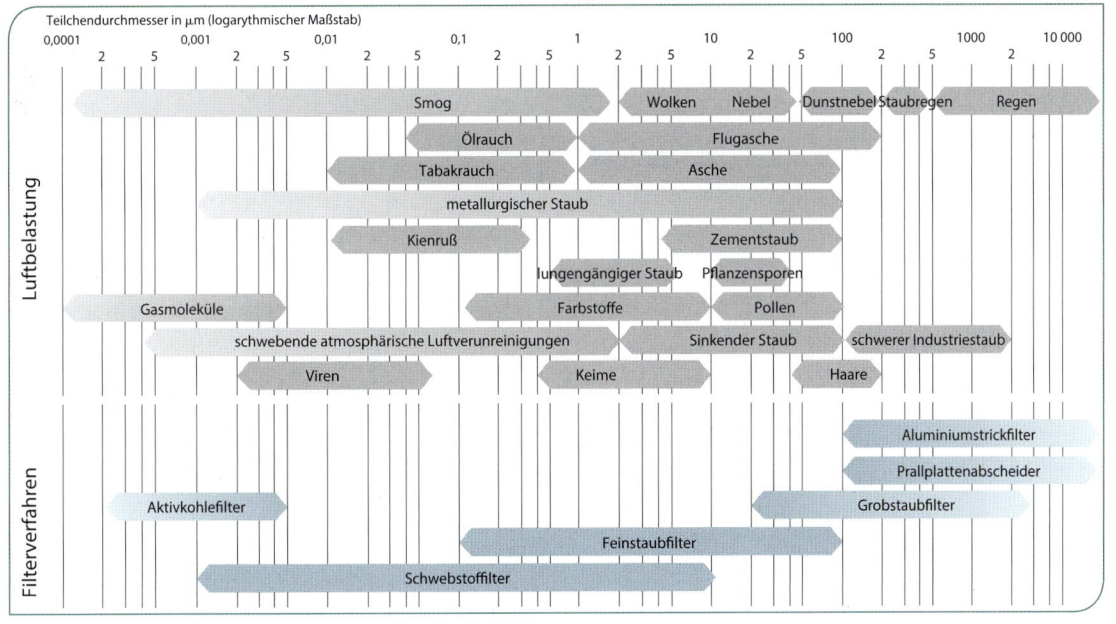

1 Zuordnung von Luftbelastung zu Filterverfahren

Gruppenbezeichnung	Partikelgröße in µm	Anforderung $ePM_{1\,min}$	Anforderung $ePM_{2,5\,min}$	Anforderung $ePM_{10\,min}$	Klassenangabewert
ISO Coarse	–	–	–	< 50 %	gravimetrischer Anfangsabscheidegrad
ISO $ePM10$	0,3–10	–	–	≥ 50 %	ISO ePM_{10}
ISO $ePM2,5$	0,3–2,5	–	≥ 50 %	–	ISO $ePM_{2,5}$
ISO $ePM1$	0,3–1	≥ 50 %	–	–	ISO ePM_1

2 Filtergruppen

Das Umweltbundesamt schätzt, dass es über 40 000 Todesfälle pro Jahr durch zu hohe Feinstaubbelastungen gibt.
Da die uns umgebende Luft mit den unterschiedlichsten Staubteilchengrößen (dust particle sizes) „beladen" ist, wird die neue Festlegung mit der Größenbandbreite 0,3 µm bis 10 µm der realen Situation gerechter.

> **MERKE**
>
> Als Feinstaub (particulate matter) werden Partikel mit einem Durchmesser bis 10 µm (PM10 = **p**articulate **m**atter 0,3 bis 10 µm) bezeichnet.
> Die neue Norm teilt die **Grob- und Feinstaubfilter in vier Gruppen** ein, wobei die Abscheideleistung eines Filters mindestens 50 % des entsprechenden Partikelgrößenbereiches betragen muss (Bild 2).

Um in die entsprechende Gruppe zu gelangen, muss ein Filter mindestens 50 % des zugehörigen Partikelgrößenbereiches (particle size range) abscheiden. Scheidet er mehr ab, so wird der erlangte Wert in 5 % – Schritten auf den nächst niedrigeren Wert abgerundet.

Beispiel: Ein PM2,5-Filterelement hat 73 % der Feinstaubpartikel von der Partikelgröße 0,3 bis 2,5 µm abgeschieden. Er wird dann als ISO ePM2,5 70 %-Filter eingestuft. Das „**e**" steht für das englische Wort „efficiency" und bedeutet „Wirkungsgrad".
Bei der Prüfung desselben Filters in einer anderen Partikelgruppe kann dies z. B. zu den Gruppenbezeichnungen ISO ePM1 50 % und ISO ePM10 95 % führen. Dem Hersteller bleibt es dann überlassen, welche Bezeichnung er dem Produkt zuordnet.
Erfüllt der Prüffilter in der niedrigsten Abscheidegruppe (extraction group) PM10 nicht den Mindestwert von 50 %, so wird er als ISO Coarse (ISO grob = Grobfilter) bezeichnet. Die alten und die neuen Filterbezeichnungen können wegen der unterschiedlichen Bemessungen nicht direkt gegenübergestellt werden. Eine Expertengruppe des VDI für Luftfiltration empfiehlt daher für Komfort-Klimaanlagen z. B. folgende Zuordnungen:
- anstelle von M5 zukünftig mindestens ISO ePM10 ≥ 50 %,
- anstelle von F7 zukünftig mindestens ISO ePM2,5 ≥ 65 % oder ISO ePM1 ≥ 50 %,
- anstelle von F9 zukünftig mindestens ISO ePM1 ≥ 80 %.
Als letzte Filterstufe oder wenn nur eine Filterstufe vorhanden ist, muss mindestens ein Filter ISO ePM1 ≥ 50 % eingesetzt werden.

Lernfeld 13

8 Bauteile der RLT-Anlagen

Flächenfilter (surface filters) als **Planfilter** (plane filter) werden in kleineren Anlagen bei nicht zu hoher Anforderung an die Filtergüte (filter quality requirements) verwendet (Bild 1).

Glasfaser-, Textil- und Kunststoffmatten als Wegwerfmaterial (disposable material) oder wieder verwendbare Metall- oder Kunststoffgewebe, z. B. für Fettfanggitter in Küchenabluftanlagen, werden in Kassetten (air filter boxes) zu beliebig großen Flächen zusammengesetzt.

1 Planfilter

Vorteile
- leicht zu wechseln
- preisgünstig
- einfache Montage

Nachteile
- geringe Standzeit
- große Querschnittsfläche erforderlich

Eine besondere Bauart regenerierbarer (regenerable) Planfilter sind die **Metallfilter**. Sie sind vollkommen aus Metall gefertigt, wobei das Filtermaterial entweder aus metallgestrickten Formkörpern, Stahlwolle, Streckmetall oder geflochtenen Blechen besteht (Bild 2).

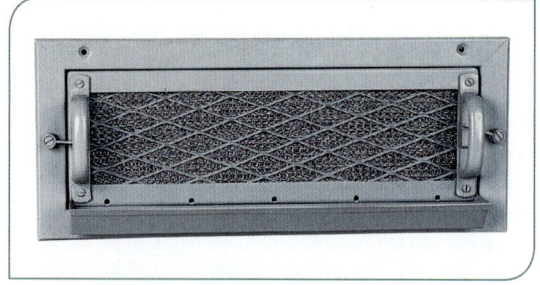

2 Küchen-Fettfanggitter (Metallfilter)

Eingesetzt werden Metallfilter hauptsächlich in Absauganlagen (exhaust systems) von Küchen und Lackierereien. Gereinigt werden die Metallfilter durch Abklopfen, Ausblasen oder Auswaschen. Von **Nachteil** sind der relativ geringe Entstaubungsgrad (dedusting efficiency) und die recht unangenehme Reinigungsarbeit besonders von Küchengittern. Von **Vorteil** ist die robuste Ausführung und damit verbunden eine hohe Lebensdauer.

Flächenfilter in **V-Form** (V-design) bieten gegenüber Planfiltern bei kleinerem Querschnitt eine ebenso große Filterfläche. Bedingt durch die V-Anordnung der Filterplatten (filter plates) wird allerdings die Bautiefe wesentlich vergrößert.

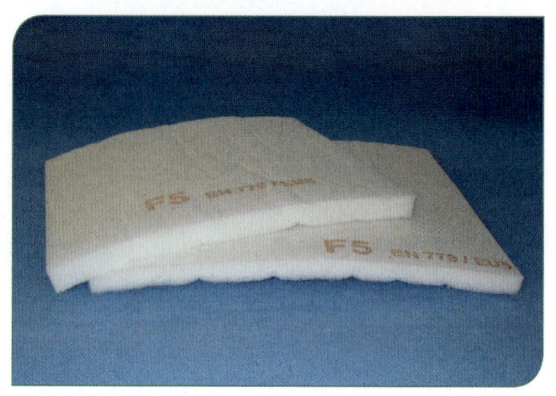

3 Filtermatten aus Kunststoff

Eine andere Möglichkeit, viel Filterfläche auf einem kleinen Querschnitt unterzubringen, besteht darin, **Beutelfilter** (bag filter) einzusetzen oder Gewebe in enge Falten zu legen (plissieren, to pleat) und in Rahmen gespannt V-förmig anzuordnen (Bild 4).

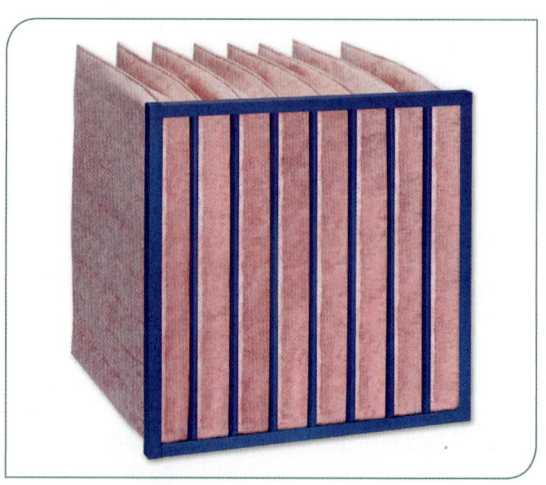

4 Beutelfilter

Je nach erforderlichem **Abscheidegrad** (separation level) sind Beutelfilter aus Chemie- oder noch höherwertigerem Glasfaservlies gefertigt.

Vorteil
- hohe Staubspeicherfähigkeit (dust holding capacity) (hohe Standzeit)
- geringe Einbaumaße

8 Bauteile der RLT-Anlagen

Aktivkohlefilter (activated carbon filter) werden insbesondere für die Adsorption[1] von Geruchsstoffen (odorous substances) (Küchen, Toiletten), Gasen, Ausdünstungen oder Kohlenwasserstoffen anderer Art verwendet (Bild 1).

1 Aktivkohlefilter

Die Aktivkohle wird aus kohlenstoffhaltigen Substanzen wie z. B. Kokosschalen oder Holzkohle so aufbereitet, dass dabei eine möglichst große wirksame Oberfläche erzielt wird.
1 g Aktivkohle hat bei einem Volumen von 2 cm³ eine Oberfläche von ca. 1200 m²!

Rollbandfilter, Schwebstofffilter und Elektroluftfilter (roll, particulate and electrostatic air filters) werden in diesem Rahmen nicht behandelt, da sie entweder für Großanlagen oder für spezielle Einsätze wie z. B. in Krankenhäusern und Reinräumen Verwendung finden.

Druckdifferenzen, Standzeiten

Die **Druckdifferenzen** sind die Unterschiede zwischen den gemessenen Drücken vor und hinter dem jeweiligen Filter. Im sauberen Zustand nennt man diese Druckdifferenz „Anfangsdruckdifferenz", im verschmutzten Zustand „Enddruckdifferenz" (Bild 2).
Die **Anfangsdruckdifferenzen** (initial pressure drops) sind aufgrund der Auslegung (Filtermaterial, Filterabmessung, Luftvolumenstrom und Luftgeschwindigkeit) vorgegeben.
Die **Enddruckdifferenzen** (final pressure drops) werden von den Herstellern als empfohlene Werte festgelegt. **Standzeiten** (service life) von Filtern sind die Zeitabstände vom Betriebsbeginn bis zum nächsten Filteraustausch bzw. der nächsten Reinigung.

Filter	Anfangsdruck-differenz in Pa	Enddruckdifferenz in Pa
Grobstaubfilter	30… 50	200… 300
Feinstaubfilter	50…150	300… 600

2 Druckdifferenzen

---

[1] lat.: Anlagern von Gasen oder gelösten Stoffen an der Oberfläche fester Stoffe

PRAXISHINWEIS

Bei etwa achtstündiger Betriebsweise kann bis zum Erreichen der zulässigen Enddruckdifferenz von folgenden Standzeiten ausgegangen werden:
- Grobstaubfilter $\frac{1}{4}…\frac{1}{2}$ Jahr
- Feinstaubfilter $\frac{1}{2}…\frac{4}{4}$ (bei vorgeschaltetem Grobstaubfilter)

8.1.2 Mischkammer

In vielen bestehenden raumlufttechnischen Anlagen werden aus Energieeinsparungsgründen Außenluft und teilweise verbrauchte Raumluft (stale air) miteinander vermischt. Dieses geschieht entweder in separat angeordneten oder in die Zentralgeräte eingebauten Mischkammern (mixing chambers) (Bilder 3 und 4).

3 Mischkammer in Kastenbauweise

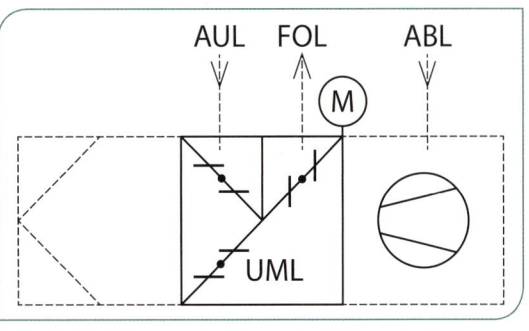

4 Symbol Mischkammer, drei Klappen im Gehäuse eingebaut

Werden diese Luftmengen (quantities of air) m_{la} und m_{lb} miteinander vermischt, so liegt der Zustandspunkt m der Luft nach dem Mischen auf der geraden Verbindungslinie der beiden Luftzustände a und b (Bild 1, nächste Seite). Die Teilstrecken $\overline{am}$ und $\overline{mb}$ stehen dabei im umgekehrten Verhältnis zu den jeweiligen Luftmengen:

Lernfeld 13

8 Bauteile der RLT-Anlagen

$$\frac{\overline{am}}{\overline{mb}} = \frac{m_{lb}}{m_{la}}$$

Das Mischungsverhältnis (mixing ratio) zwischen Außenluft **AUL** (outdoor/fresh air) und Umluft **UML** (return/recirculated air) wird über Jalousieklappen (louvre/multi-leaf dampers) hergestellt, die von pneumatischen oder elektromotorischen Antrieben betätigt werden (Bild 3, vorherige Seite).

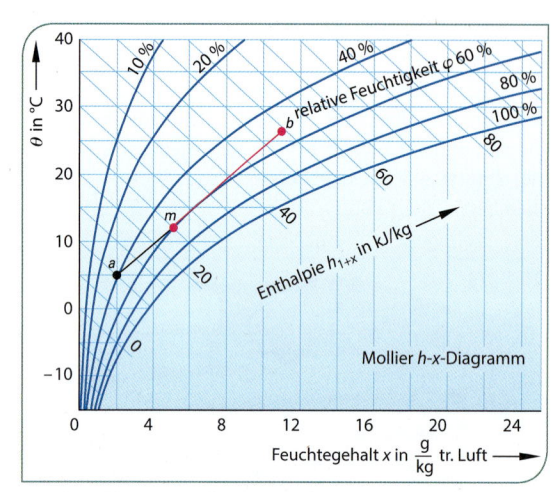

1 Luftmischung im h–x-Diagramm

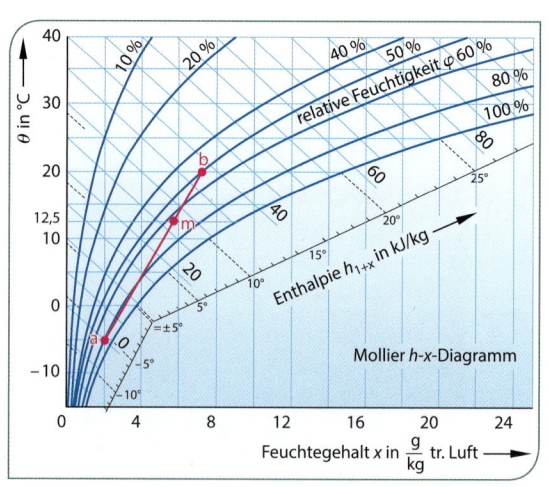

2 Luftmischung im h-x-Diagramm, Beispiel

> **MERKE**
>
> Mischkammern können die Luft entlang einer Mischgeraden im *h-x*-Diagramm mischen; dabei ändern sich der Feuchtegehalt x und der Wärmeinhalt (Enthalpie) *h*.

Das folgende Beispiel dient als Arbeitsanweisung für die Ermittlung des Mischpunktes (mixing point) (Bild 2).
- Die beiden Luftzustände der zu mischenden Luft werden in das Diagramm eingetragen:
  Außenluftzustand: $\theta_a = -5\,°C$, $\varphi_a = 80\,\%$
  Abluftzustand: $\theta_b = +20\,°C$, $\varphi_b = 50\,\%$
  (Umluftzustand)
- Verbindungsgerade zwischen den beiden Luftzuständen einzeichnen, der Mischpunkt befindet sich auf dieser Geraden
- Ausmessen der Strecke a – b; im Beispiel 25 mm
- Festlegen eines Mindestaußenluftanteils, beispielhaft sollen hier 30 % gewählt werden
- Strecke 25 mm mit 0,3 multiplizieren, man erhält den Streckenabschnitt $\overline{mb} = 7{,}5$ mm (wegen des umgekehrten Verhältnisses)
- Ausgehend vom Punkt b die Strecke 7,5 mm auf der Verbindungsgeraden eintragen, der Endpunkt stellt den Mischpunkt und damit dessen Luftzustand dar. Im vorliegenden Beispiel sind dies $\theta_m = 12{,}5\,°C$ und $\varphi_m = 62\,\%$

8.1.3 Lufterhitzer

Warmwasserlufterhitzer

Warmwasserlufterhitzer (warm/hot water air heater) bestehen meist aus gewellten Aluminiumlamellen, die mechanisch oder durch Löten mit Kupferrohren verbunden sind (Bild 3).

Die Abstände zwischen den einzelnen Lamellenreihen (row of blades) werden durch die Wärmeleistung, den Druckverlust und Anforderungen an die Wartungsfreundlichkeit (maintainability/repair and service facilities-RAS) bestimmt.

3 Lufterhitzer

Die aus der Wandung geführten Sammelrohre (manifolds/collector pipes) sind überwiegend aus nahtlosen Stahlrohren gefertigt und mit einem Whitworth-Rohrgewinde versehen. Bei der Erwärmung der Luft werden Wasser oder Wasserdampf weder zugeführt noch entzogen. Der Verlauf im *h-x*-Diagramm (Bild 1, nächste Seite) ist daher eine senkrecht nach oben führende Gerade.

8 Bauteile der RLT-Anlagen

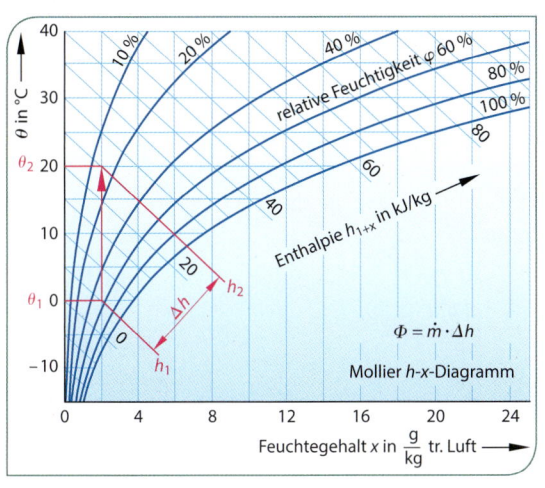

1 Lufterwärmung im h-x-Diagramm

Die der Luft durch den Wärmeübertrager (heat exchanger) zugeführte Wärmeleistung lässt sich mittels folgender Formel bestimmen:

$$\Phi_H = \dot{m}_L \cdot \Delta h$$

Φ_H: Wärmeleistung (Wärmestrom) in $\frac{kJ}{h}$
$\dot{m}$: Massenstrom in $\frac{kg}{h}$
Δh: Enthalpiedifferenz in $\frac{kJ}{kg}$

Beispiel

In einer RLT-Anlage für eine Privatschwimmbadbelüftung werden 2000 $\frac{m^3}{h}$ Luft von einem Außenluftzustand $\theta_a = +5\,°C$ und $\varphi_a = 20\,\%$ auf eine Zulufttemperatur $\theta_{Zu} = +20\,°C$ erwärmt (Bild 3).
Wie groß ist die Wärmeleistung in kW, die der Luft zugeführt werden muss?

geg.: $\dot{V} = 2000\,\frac{m^3}{h};\ \theta_a = +5\,°C;\ \varphi_a = 20\,\%$

$\theta_{Zu} = +20\,°C;\ \rho = 1{,}2\,\frac{kg}{m^3}$

ges.: Φ_H in kW

Lösung:

Luftzustände 1 und 2 in das h-x-Diagramm eintragen, man erhält die Enthalpien $h_1 = 8\,\frac{kJ}{kg}$ und $h_2 = 22{,}5\,\frac{kJ}{kg}$, daraus ergibt sich eine Enthalpiedifferenz $\Delta h = 14{,}5\,\frac{kJ}{kg}$.
Es folgt die Berechung mit

$\Phi_H = \dot{m}_L \cdot \Delta h = \rho \cdot \dot{V} \cdot \Delta h$

$\Phi_H = 1{,}2\,\frac{kg}{m^3} \cdot 2000\,\frac{m^3}{h} \cdot 14{,}5\,\frac{kJ}{kg} \cdot \frac{kWs \cdot h}{kJ \cdot 3600\,s}$

$\underline{\underline{\Phi_H = 9{,}67\,kW}}$

Elektrolufterhitzer

Elektrolufterhitzer (electric air heaters) werden in kleinen Anlagen oder dort verwendet, wo die Energiequelle Warmwasser nicht zur Verfügung steht. Sie bestehen – ähnlich einem Toaster – aus blanken Widerstandsdrähten oder -bändern (bare resistance wires or stripes) aus Nickel- oder Chromlegierungen, die aufgespannt und von keramischen Haltern getragen werden (Bild 2). Die Anschlüsse des Elektrolufterhitzers liegen außerhalb des Gehäuses in einem Klemmkasten. Wegen der möglichen Überhitzung (overheating) bei Ausfall des Ventilators sind besondere Sicherheitsmaßnahmen zu treffen wie z. B. Ventilatornachlauf (fan overrun).

2 Elektrolufterhitzer

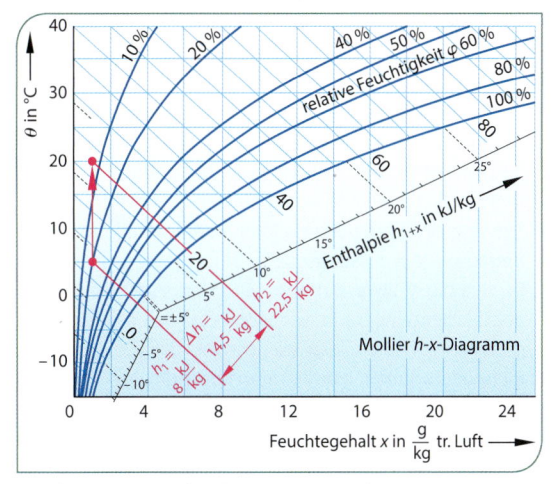

3 Lufterwärmung im h-x-Diagramm, Beispiel

MERKE

Lufterhitzer können die Luft nur erwärmen, nicht aber be- und entfeuchten

Lernfeld 13

8.1.4 Luftkühler

Der Aufbau des Luftkühlers (air cooler) entspricht etwa dem des Lufterhitzers (vgl. Kap. 8.1.3).
Wegen des eventuell anfallenden Kondensats sind zusätzlich jedoch:
- eine **Auffangwanne** (collecting tray/drip pan) im unteren Bereich mit einem Entwässerungsstutzen und
- ein **Tropfenabscheider** (droplet separator) bei Überschreiten einer maximalen Ausströmgeschwindigkeit des Wärmeübertragers von z. B. 2,5 m/s vorzusehen (Bild 1).

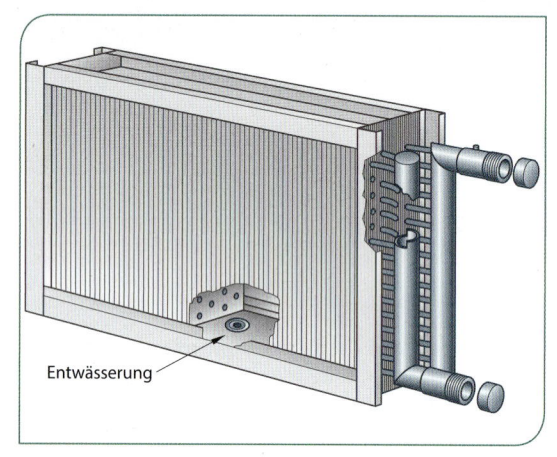

1 Luftkühler

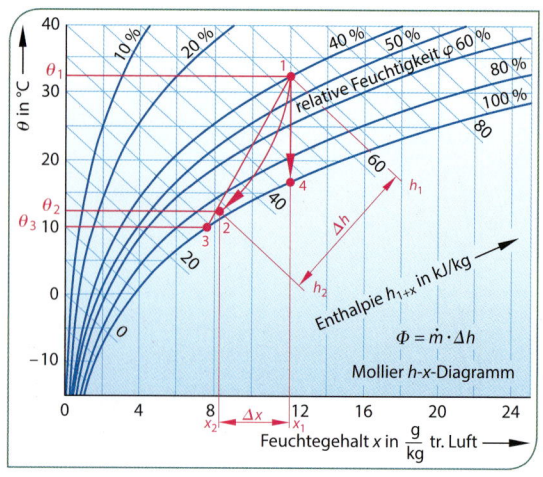

2 Kühlen und Entfeuchten im h-x-Diagramm

Bei der Kühlung sind zwei Fälle zu unterscheiden:
- Die Kühleroberflächentemperatur liegt **oberhalb** des Taupunktes der Luft (above air dew point). Der Kühlverlauf im h-x-Diagramm geht von Punkt 1 in Richtung Punkt 4 senkrecht nach unten (Bild 2). **Es wird keine Feuchtigkeit ausgeschieden** (moisture precipitation).
- Die Kühleroberflächentemperatur liegt **unterhalb** des Taupunktes der Luft (below air dew point). Die Verlaufsform im h-x-Diagramm zeigt nach links unten (Punkte 1 und 3 in Bild 2). Hierbei wird deutlich, dass bei der Kühlung eine Entfeuchtung (dehumidification) um den Betrag $x_1 - x_2 = \Delta x$ stattfindet.

Da sich die Kühlwassertemperatur und somit die Kühleroberflächentemperatur von Rohrreihe zu Rohrreihe ändern, verläuft die Zustandsänderung der Luft auf einer mehr oder weniger gekrümmten Kurve (Punkte 1 und 2 in Bild 2).
Da der **Entfeuchtungswirkungsgrad** (dehumidification efficiency) jedoch nicht 100 % betragen kann, endet die Entfeuchtungsleistung oberhalb der Taupunktlinie $\varphi = 100\%$.
Ob ein Kühler auch entfeuchten (dehumidify) kann, hängt letztlich von der Kühlleistung und damit auch von der Anzahl der Rohrreihen (Bautiefe) des Kühlers ab.

MERKE

Je nach Kühlmitteltemperatur und Größe (Bautiefe) des Kühlers kann dieser entweder nur kühlen oder kühlen und entfeuchten

Aus den vorgenannten Überlegungen ergeben sich folgende Berechnungen:

Für die **Kühlleistung** (cooling capacity):

$$\Phi_K = \dot{m}_L \cdot \Delta h$$

Φ_K: Kühlleistung in $\frac{kJ}{h}$
$\dot{m}_L$: Massenstrom in $\frac{kg}{h}$
Δh: Enthalpiedifferenz in $\frac{kJ}{kg}$

Für die **Entfeuchtungsleistung** (dehumidification capacity) (Kondensatmassenstrom):

$$\dot{m}_W = \dot{m}_L \cdot \Delta x$$

$\dot{m}_W$ Kondensatmassenstrom in $\frac{g}{h}$ oder $\frac{kg}{h}$
$\dot{m}_L$: Massenstrom der Luft in $\frac{kg}{h}$
Δx Differenz des Feuchtegrades $x_1 - x_2$ in $\frac{g}{kg}$

Beispiel

In der RLT-Anlage (vgl. Beispiel Lufterwärmung, Kap. 8.1.3) werden 2000 $\frac{m^3}{h}$ Luft im Oberflächenkühler abgekühlt und dabei entfeuchtet. Die Luftzustände betragen
- am Kühlereintritt: $\theta_1 = 30\,°C$, $x_1 = 10{,}7\,\frac{g}{kg}$
- am Kühleraustritt: $\theta_2 = 14\,°C$, $x_2 = 7{,}7\,\frac{g}{kg}$

Welche
a) Kühlleistung in kW
b) Entfeuchtungsleistung in $\frac{kg}{h}$ muss erbracht werden?

geg.: $\theta_1 = 30\,°C$, $x_1 = 10{,}7\,\frac{g}{kg}$
$\theta_2 = 14\,°C$, $x_2 = 7{,}7\,\frac{g}{kg}$

ges.: a) Kühlleistung Φ_K in kW,
b) Kondensatmassenstrom $\dot{m}_W$ in $\frac{kg}{h}$

8 Bauteile der RLT-Anlagen

Lösung:
Es werden zunächst beide Luftzustände in das Diagramm eingetragen (Bild 1). Daraus ergeben sich folgende Differenzen:

Enthalpiedifferenz $\Delta h = 24 \frac{kJ}{kg}$,

Differenz des Feuchtegrades $\Delta x = 3 \frac{g}{kg}$,

mittlere Dichte der Luft $\rho = 1{,}18 \frac{kg}{m^3}$

a) $\Phi_K = \dot{m}_L \cdot \Delta h = \rho \cdot \dot{V}_L \cdot \Delta h$

$\Phi_K = 1{,}18 \frac{kg}{m^3} \cdot 2000 \frac{m^3}{h} \cdot 24 \frac{kJ \cdot kWs \cdot h}{kg \cdot kJ \cdot 3600 \, s}$

$\underline{\underline{\Phi_K = 15{,}73 \, kW}}$

b) $\dot{m}_W = \dot{m}_L \cdot \Delta x = \rho \cdot \dot{V}_L \cdot \Delta x$

$\dot{m}_W = 1{,}18 \frac{kg}{m^3} \cdot 2000 \frac{m^3}{h} \cdot 3 \frac{g \cdot kg}{kg \cdot 1000 \, g}$

$\underline{\underline{\dot{m}_W = 7{,}08 \frac{kg}{h}}}$

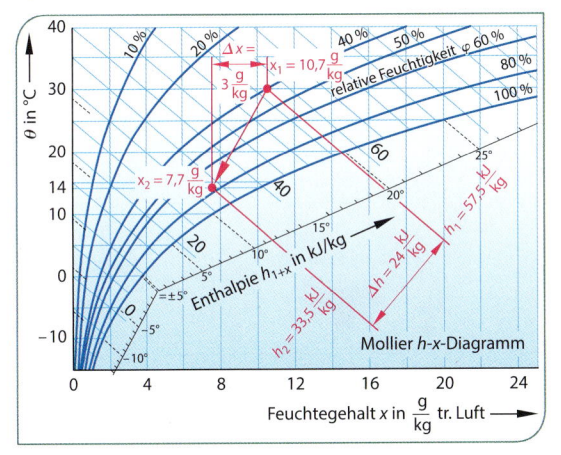

1 Luftkühlung und Entfeuchtung im h-x-Diagramm

8.1.5 Luftbefeuchter

Luftbefeuchter (air humidifiers) haben die Aufgabe, der Raumluft Feuchtigkeit zuzuführen, d.h., deren absoluten Feuchtegehalt x zu erhöhen.
Unter den zahlreichen Luftbefeuchtern haben sich im Wesentlichen zwei Arten bewährt:
- **Verdunstungsbefeuchter** (evaporation humidifiers)
- **Umlaufsprühbefeuchter**, besonders für größere Anlagen geeignet,
- Verdunstungsbefeuchter mit nassen Oberflächen z. B. über Rotationslamellen (circulating blades),
- **Dampfbefeuchter** (steam humidifiers).

Umlaufsprühbefeuchter
Umlaufsprühbefeuchter (rotary spray humidifier) werden auch **Luftwäscher** (air washers) genannt (Bild 2). Ein etwas irreführender Begriff, da er in erster Linie die Luft nicht wäscht, also reinigt, sondern befeuchtet.
In einer Düsenkammer (spray nozzle chamber) wird das in einer tief liegenden Wanne auf Niveau gehaltene Umlauf-wasser von einer Pumpe angesaugt und über Düsen fein versprüht. Wegen der Enge im Gehäuse und der besseren Wartungsmöglichkeit sitzt die Pumpe außerhalb des Gehäuses. Für die Niveauregulierung des Wassers sorgt ein Schwimmer.

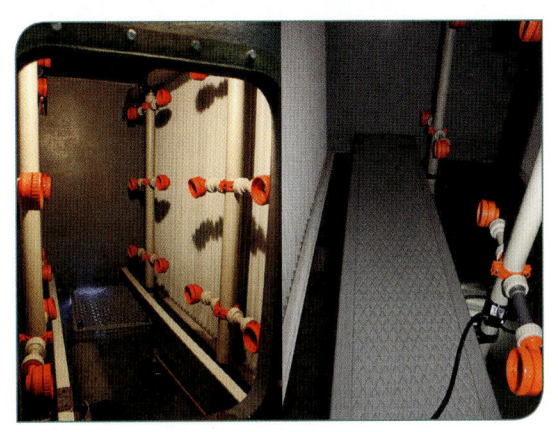

2 Umlaufsprühbefeuchter

Beim Durchgang durch den Wäscher kühlt sich die Luft unter gleichzeitiger Wasseraufnahme ab. Die zur Verdunstung (evaporation) des Wassers erforderliche Wärme wird der Luft entzogen. Der Gesamtwärmeinhalt der feuchten Luft ändert sich dabei kaum. Die Zustandsänderung im h-x-Diagramm verläuft daher etwa entlang der Linie konstanten Wärmeinhalts (Enthalpie) h (vgl. Kap. 7.4). Dieser Verlauf wird in der Thermodynamik auch **adiabatisch** (adiabatic) genannt (Bild 3, Verlauf 2).

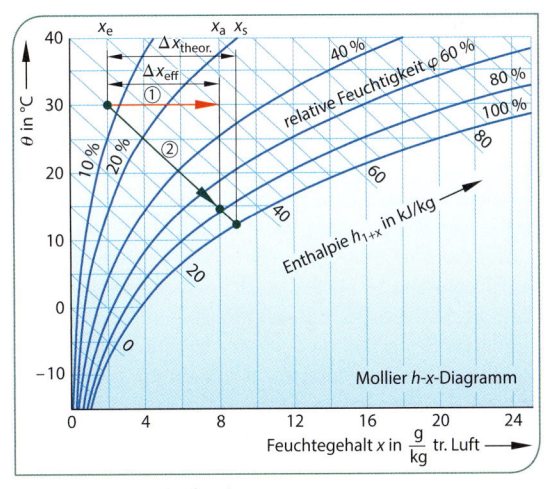

3 Befeuchtungsverlauf im h-x-Diagramm

Wie schon bei der Entfeuchtung, erreicht der Luftzustand bei der Befeuchtung aufgrund eines Befeuchtungswirkungsgrades < 100 % nicht die Taupunktlinie $\varphi = 1$, sondern endet am Punkt x_a (a= Luftaustritt).
Der Wirkungsgrad η_B des Luftwäschers wird damit

$$\eta_B = \Delta_{Xeff} / \Delta_{Xtheor.} = \frac{x_a - x_e}{x_s - x_e}$$

Lernfeld 13

8 Bauteile der RLT-Anlagen

> **PRAXISHINWEIS**
>
> Aufgrund des relativ kalten Umlaufwassers ist die Gefahr einer Verkeimung des Wassers sehr groß. Auf eine sorgfältige, in häufigen Intervallen durchgeführte Wartung muss großes Augenmerk gelegt werden.

> **MERKE**
>
> Bei der Luftbefeuchtung nach dem **Verdunstungsprinzip** verläuft die Zustandsänderung der Luft etwa entlang der Linie **konstanter Enthalpie** (Adiabate).
> Bei der Luftbefeuchtung mit dem **Dampfbefeuchter** bei ca. 100 °C (Sattdampf) verläuft die Zustandsänderung der Luft etwa entlang der Linie **konstanter Temperatur** (Isotherme).

Verdunstungsbefeuchter mit nassen Oberflächen

Für kleinere Anlagen, z. B. bei der kontrollierten Wohnungslüftung, können Luftbefeuchtungseinheiten bestehend aus einem Luftvorwärmmodul (air pre-heater module) und einem Befeuchtungsmodul (air humidifier module) eingesetzt werden. Da die Befeuchtung z. B. über rotierende, Wasser aufnehmende Lamellen mit adiabatischem Verlauf (die Temperatur sinkt) erfolgt, wird die Luft vorher über ein Heizregister (heating coil) erwärmt (Bild 1).

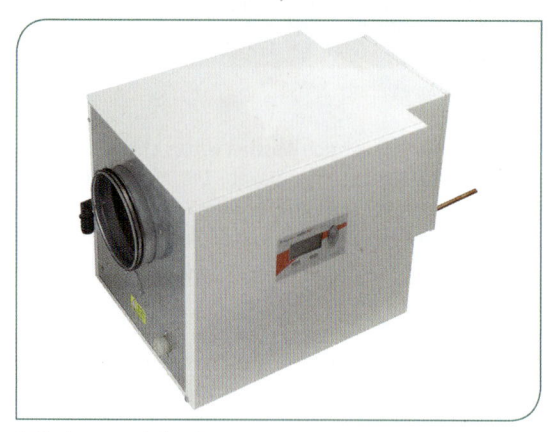

1 Verdunstungsbefeuchter

2 Dampfbefeuchter

Dampfbefeuchter

Für Klimaanlagen kleinerer Leistung wurden Dampferzeuger (steam generators) entwickelt, die über elektrische Energie bis ca. 160 $\frac{kg}{h}$ drucklosen Dampf erzeugen. Großflächige Heizelektroden (heating electrodes), in Behältern aus Kunststoff angeordnet, tauchen dabei in das zu verdampfende Wasser ein (Bilder 2 und 3).
Die Füllhöhe und der Mineralgehalt des Wassers (reines Wasser leitet nicht) sind gute Steuergrößen für mikroprozessorgesteuerte Befeuchter (microprocessor controlled humidifiers). Wenn die Mineralsalzkonzentration im Zylinder und an den Heizelektroden einen Maximalwert erreicht hat, wird ein Abschlämmvorgang (blow-down process) eingeleitet. Sind die Ablagerungen (Inkrustationen, scalings) dennoch im Behälter verblieben, hilft nur dessen Austausch oder, bei vorhandenen Revisionsöffnungen, gründliches Reinigen. Wird der Luft etwa 100 % gesättigter Dampf zugeführt, dann verläuft der Prozess entlang der **Isotherme** (isothermal line) (Linie konstanter Temperatur; Bild 3, vorherige Seite, Verlauf 1).

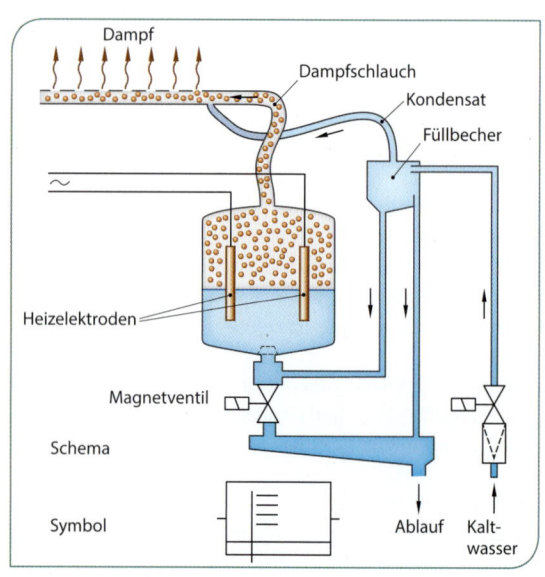

3 Schema eines Dampfbefeuchters

8.1.6 Ventilatoren

In RLT-Anlagen werden für die Förderung von Luft Ventilatoren (fans) mit Drücken bis ca. 30 000 Pa eingesetzt.
Ventilatoren werden nach ihrer **Bauform** in Axial- und Radialventilatoren eingeteilt (Bild 1). Sie verkörpern, abgesehen von einigen neueren Abwandlungen dieser Bauformen, die am häufigsten eingesetzten Förderprinzipien dar (air conveyance principles).

Bauform	Bauart	Schema	Anwendung
Radialventilatoren	rückwärts gekrümmte Schaufeln		bei hohen Drücken und Wirkungsgraden
	gerade Schaufeln		für Sonderzwecke, z. B. zum Materialtransport
	vorwärts gekrümmte Schaufeln		typischer Ventilator in Lüftungsanalgen (für geringe Drücke und Wirkungsgrade)
Querstromventilatoren			bei beengtem Platz und realtiv hohen Drücken
Axialventilatoren	Wandventilator		für Fenster- und Wandeinbau
	ohne Leitrad		bei geringen Drücken
	mit Leitrad		bei hohen Drücken
	Gegenläufer		für Sonderfälle

1 Ventilatorbauarten

Axialventilatoren
Bei den Axialventilatoren (axial flow fans) wird das Lauf- oder Schaufelrad (propeller) axial in Richtung der Rohrachse bzw. der Rotorwelle durchströmt (Bilder 2 und 3).

Nach dem Förderdruck werden unterschieden:
- Niederdruckventilatoren (low pressure fans) für Drücke bis etwa 300 Pa,
- Mitteldruckventilatoren (medium pressure fans) für Drücke bis etwa 1000 Pa,
- Hochdruckventilatoren (high pressure fans) für Drücke über 1000 Pa.

Die Einteilung nach der **Bauart** erfolgt in:
- Propellerventilatoren (z. B. an der Zimmerdecke hängende Luftverteilventilatoren),
- Rohrventilatoren (duct and tube fans), meist im Rundrohrsystem integriert,
- Wand- und Fensterventilatoren (z. B. Toiletten- oder Gaststätten-Lüftung),
- Axialventilatoren ohne Leitrad (guide wheel) für geringe Drücke,
- Axialventilatoren mit Leitrad für höhere Drücke,
- Axialventilatoren mit gegenläufigen (counter-rotating) Propellern für sehr hohe Drücke,
- Axialventilatoren mit verstellbaren Schaufeln (adjustable blades) bzw.
- Axialventilatoren mit stufenloser Drehzahlregelung continuously variable speed control) für Anlagen mit variablen Volumenströmen.

Vorteile der Axialventilatoren gegenüber Radialventilatoren:
- niedrige Anschaffungskosten,
- geringer Platzbedarf.

Nachteile der Axialventilatoren gegenüber Radialventilatoren:
- höhere Geräusche,
- schwierigere Leistungsanpassung (wegen der geringen Förderdrücke sowie des Direktantriebes),
- häufig schwierigere Wartung wegen des Einbaues in Kanälen.

Radialventilatoren
Radialventilatoren (radial flow fans) saugen die Luft über die Welle an und lenken sie anschließend mit einer 90°-Drehung über den Laufradradius – radial – über die Schaufeln in das Spiralgehäuse (spiral housing/casing) und von dort in den Druckstutzen (exhaust joint) (Bild 4).

2 Axialventilator

3 Axialventilator für Wandeinbau

4 Radialventilator

Eine Sonderform des Radialventilators ist der Querstrom- oder Tangentialventilator (cross-flow fan/tangential fan), bei dem die Luft radial angesaugt und auch radial wieder ausgeblasen wird (Bild 1).

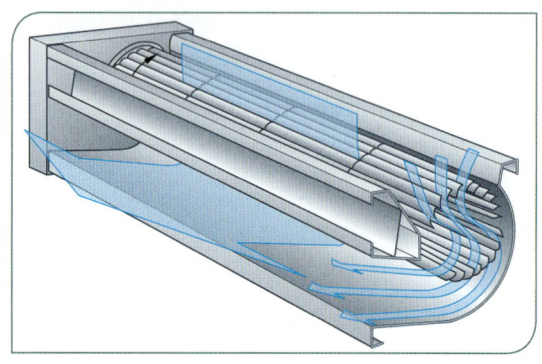

1 Querstromventilator

Radialventilatoren werden je nach erforderlichem Förderdruck ausgestattet mit:
- vorwärts gekrümmten Schaufeln (forward curved blades),
- rückwärts gekrümmten Schaufeln (backward curved blades),
- geraden oder radial endenden Schaufeln (radial ending blades).

Nach dem Förderdruck werden unterschieden:
- Niederdruckventilatoren für Drücke bis etwa 700 Pa,
- Mitteldruckventilatoren für Drücke bis etwa 3000 Pa,
- Hochdruckventilatoren für Drücke bis etwa 30 000 Pa.

Eine heute weitverbreitete Bauform des Radialventilators ist der „Freiläufer" (plug fan type). Hierbei werden herkömmliche Gehäuseventilatoren mit Riemenantrieb (belt drive) durch „freilaufende Räder" ersetzt, bei denen das einseitig saugende Laufrad (single inlet rotor) auf der Welle des Direktantriebes gelagert ist (Bild 2). Das einengende Spiralgehäuse wird durch eine Einströmdüse (inlet cone/bellmouth) ersetzt.

2 Freiläufer

Der ganze Ventilatorwürfel des Gerätegehäuses (cube casing/housing of the fan) dient dabei als Druckkammer (forced draft chamber). Durch den Direktantrieb entfällt auch der wartungsintensive Keilriemenantrieb. Eine mögliche Gefahr für eine Betriebsstörung liegt in der einseitigen Lagerung des Laufrades; Sensoren überwachen daher auftretende Unwuchten.

Die **Motorleistung** (motor power) eines Ventilators kann mithilfe folgender Gleichung berechnet werden:

$$P_M = \frac{\dot{V} \cdot \Delta p_t}{\eta_t}$$

P_M: Motorleistung in $\frac{Nm}{h}$
$\dot{V}$: Volumenstrom in $\frac{m^3}{h}$
Δp_t: Totaldruckerhöhung in $\frac{N}{m^2}$
η_t: Gesamtwirkungsgrad

Die **Totaldruckerhöhung** ΔP_t (total pressure increase) setzt sich aus der Summe der statischen Druckanteile Δp_{stat} und aus der Summe der dynamischen Druckanteile Δp_{dyn} der strömenden Luft zwischen Ein- und Austritt des Ventilators zusammen.

$$\Delta p_t = \Sigma (\Delta p_{stat} + \Delta p_{dyn})$$

Δp_t: Totaldruckerhöhung in $\frac{N}{m^2}$
Δp_{stat}: statische Druckanteile in $\frac{N}{m^2}$
Δp_{dyn}: dynamische Druckanteile in $\frac{N}{m^2}$

$$\eta_t = \eta_L \cdot \eta_M \cdot \eta_W$$

η_t: Gesamtwirkungsgrad
η_L: Wirkungsgrad am Laufradeingang
η_M: Motorwirkungsgrad
η_W: Wellenantriebswirkungsgrad

Der **Gesamtwirkungsgrad** η_t (overall efficiency) beträgt ca. für
- kleine Ventilatoren: 0,3…0,5
- mittlere Ventilatoren: 0,5…0,6
- große Ventilatoren: 0,6…0,8

Den Druckverlauf des statischen und dynamischen Druckanteiles (static and dynamic pressure shares) bei einem Ventilator mit angeschlossener Saug- und Druckleitung zeigt Bild 1, nächste Seite.

Wenn Anlagenerweiterungen (plant expansions) vorgenommen werden oder Volumenströme aufgrund nicht mehr zutreffender Annahmen zu niedrig sind, kann das Schema (Bild 2, nächste Seite) zur Überprüfung der Anlagentechnik herangezogen werden.

8 Bauteile der RLT-Anlagen

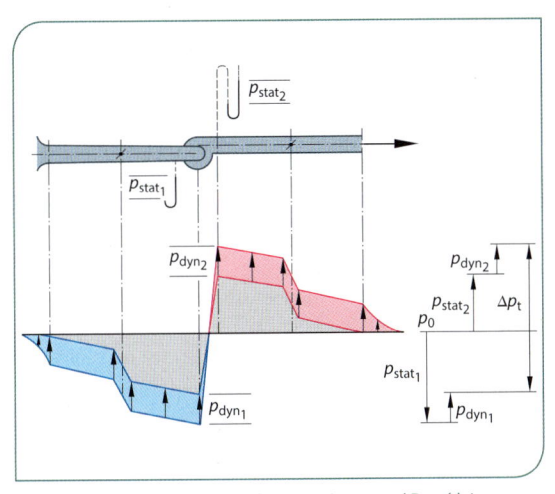

1 Druckverlauf bei einem Ventilator mit Saug- und Druckleitung

Sollten aufgrund vorstehender Sachverhalte Änderungen an Ventilatoren notwendig sein, so können folgende mathematische Gesetzmäßigkeiten (mathematical principles) herangezogen werden:

- Der Volumenstrom ist direkt proportional der Drehzahl, d. h.

$$\frac{\dot{V}_1}{\dot{V}_2} = \frac{n_1}{n_2} \quad \rightarrow \quad \dot{V}_2 = \dot{V}_1 \cdot \frac{n_2}{n_1}$$

- Der Druck ist proportional dem Quadrat der Drehzahl, d. h.

$$\frac{\Delta p_{t1}}{\Delta p_{t2}} = \left(\frac{n_1}{n_2}\right)^2 \quad \rightarrow \quad \Delta p_{t2} = \Delta p_{t1} \cdot \left(\frac{n_2}{n_1}\right)^2$$

- Der Leistungsbedarf ist proportional der dritten Potenz der Drehzahl, d. h.

$$\frac{P_{M1}}{P_{M2}} = \left(\frac{n_1}{n_2}\right)^3 \quad \rightarrow \quad P_{M2} = P_{M1} \cdot \left(\frac{n_2}{n_1}\right)^3$$

Beispiel

Ein Ventilator fördert Luft mit einem Volumenstrom $\dot{V}_1 = 3500 \frac{m^3}{h}$ gegen einen Gesamtdruck (Totaldruckerhöhung) $\Delta p_{t1} = 320$ Pa bei einer Drehzahl $n_1 = 1000/\text{min}$. Der Gesamtwirkungsgrad beträgt $\eta_t = 0,55$ bei einem Leistungsbedarf des Motors von $P_{M1} = 566$ W.
Welche technischen Daten hat der Ventilator bei $n_2 = \frac{1350}{\text{min}}$?

geg.: $\dot{V}_1 = 3500 \frac{m^3}{h}$; $\Delta p_{t1} = 320$ Pa; $n_1 = \frac{1000}{\text{min}}$;
$\eta_t = 0,55$; $P_{M1} = 566$ W; $n_2 = \frac{1350}{\text{min}}$

ges.: $\dot{V}_2$ in $\frac{m^3}{h}$; Δp_{t2} in Pa; P_{M2} in kW

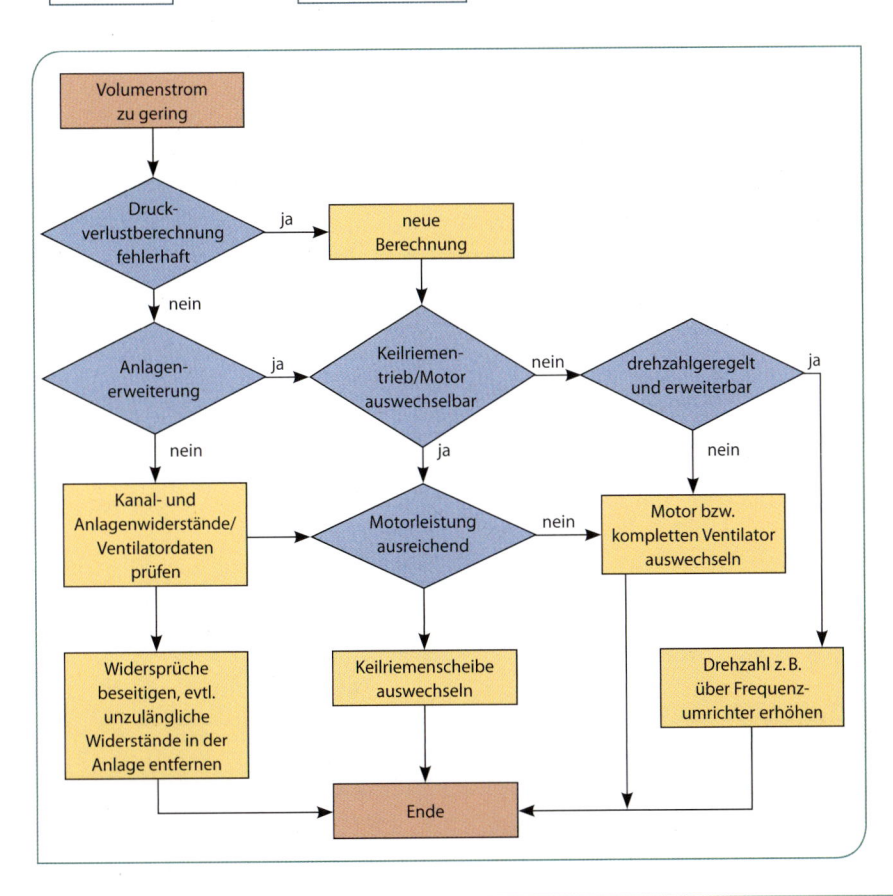

2 Verlaufsdiagramm zur Fehlereingrenzung bzw. -behebung bei zu geringen Volumenströmen in der Anlage

8 Bauteile der RLT-Anlagen

Lösung:

$$\dot{V}_2 = \dot{V}_1 \cdot \frac{n_2}{n_1}$$

$$\dot{V}_2 = 3500 \frac{m^3}{h} \cdot \frac{1350 \cdot min}{1000 \cdot min}$$

$$\underline{\underline{\dot{V}_2 = 4725 \frac{m^3}{h}}}$$

$$\Delta p_{t2} = \Delta p_{t1} \cdot \left(\frac{n_2}{n_1}\right)^2$$

$$\Delta p_{t2} = 320 \text{ Pa} \cdot \left(\frac{1350 \cdot min}{1000 \cdot min}\right)^2$$

$$\underline{\underline{\Delta p_{t2} = 583{,}2 \text{ Pa}}}$$

$$P_{M2} = P_{M1} \left(\frac{n_2}{n_1}\right)^3$$

$$P_{M2} = 566 \text{ W} \cdot \left(\frac{1350 \cdot min}{1000 \cdot min}\right)^3$$

$$\underline{\underline{P_{M2} = 1400 \text{ W} = 1{,}4 \text{ kW}}}$$

Ventilatorauswahl (fan selction)

Wenn die Wahl des Lüftungs- bzw. Klimagerätes erfolgt ist, werden die technischen Daten aus dem Ventilatordiagramm (fan chart) des Herstellers entnommen. Bild 1 zeigt typische Ventilatorkennlinien (blaue, geschwungene Linien) mit dem farbig hinterlegten empfohlenen Betriebs- bzw. Auslegungsbereich (operating resp. design range).

Beispiel

Ein Ventilator soll einen Volumenstrom von $\dot{V} = 2000 \frac{m^3}{h}$ Luft fördern. Die Gesamtdruckdifferenz soll $\Delta p_t = 525$ Pa betragen. Zu bestimmen sind die Drehzahl n, der Wirkungsgrad η_W, der Leistungsbedarf an der Welle P_W, der Leistungsbedarf des Motors P_M sowie der dynamische Druck p_{dyn}.

Lösung:

Auf der waagerechten Achse bei 2000 $\frac{m^3}{h}$ eine Linie senkrecht nach oben ziehen, mit der waagerechten Linie ausge-

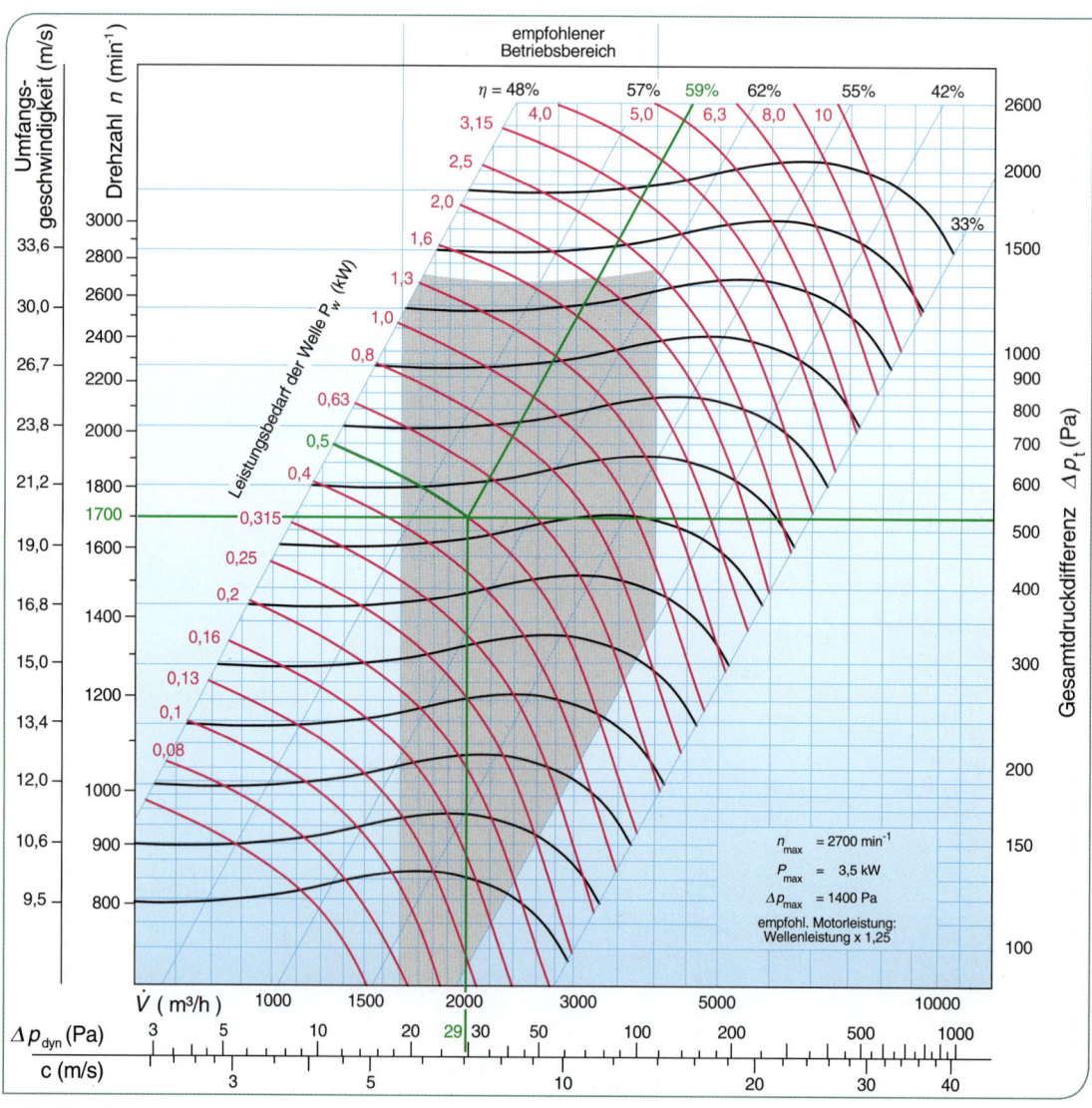

Lernfeld 13

1 Ventilatordiagramm

hend von der rechten senkrechten Achse bei 550 Pa zum Schnitt bringen. Der Schnittpunkt ergibt folgende Werte
- Drehzahl ca. $\frac{1700}{min}$
- Wellenwirkungsgrad ca. 59 %
- Leistungsbedarf an der Welle ca. 0,5 kW
- Leistungsbedarf des Motors ca. $P_W \cdot 1{,}25 = 0{,}5$ kW $\cdot 1{,}25 = 0{,}63$ kW
- der dynamische Druck beträgt ca. 29 Pa

8.1.7 Schalldämpfer

Ventilatoren und Kälteaggregate sind die häufigste Ursache störender Schallquellen (noise sources) in RLT-Anlagen. Um diesen als Körper- und Luftschall (air- and structure-borne noise) auftretenden Lärm zu mindern, müssen entsprechende Lärmminderungsmaßnahmen (noise reduction measures) ergriffen werden.

8.1.7.1 Natürliche Schalldämpfung

Ein Teil des z. B. von einem Ventilator erzeugten Geräusches wird jedoch durch Luftleitungen, deren Umlenkungen, Verzweigungen sowie weitere Formstücke, Luftein- und -auslässe und die Räume selbst gedämpft.

8.1.7.2 Künstliche Schalldämpfung

In den meisten Fällen reicht die natürliche Schalldämpfung (natural silencing/sound absorption) der durch Ventilatoren erzeugten Geräusche nicht aus. In solchen Fällen werden meist **passive Absorptionsschalldämpfer** (absorption silencers) verwendet. Sie arbeiten nach dem Prinzip der Energieumwandlung in Wärme. Ein aus Mineralfasern bestehender Schallschluckkörper (noise/sound attenuator) wird mit einer Wasser abweisenden und abriebfesten Oberfläche aus Glasvlies versiegelt. Er wird in einen Stahlrahmen eingespannt und entweder als Kulisse (splitter/screen) oder für Luftleitungen mit rundem Querschnitt als ausgefülltes und innen perforiertes Doppelrohr (double tube) mit einem zusätzlichen Kern ausgebildet (Bilder 1 und 2).

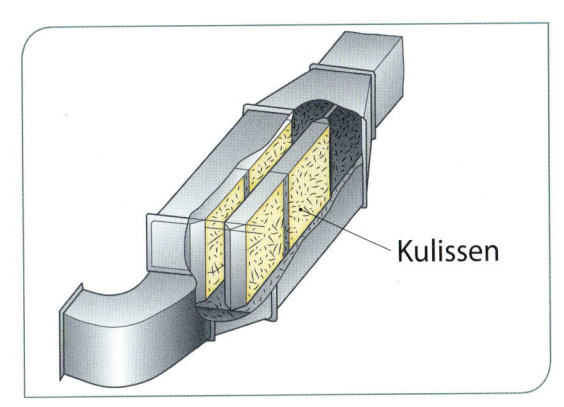

3 Kulissenschalldämpfer für Luftleitungen mit rechteckigem Querschnitt

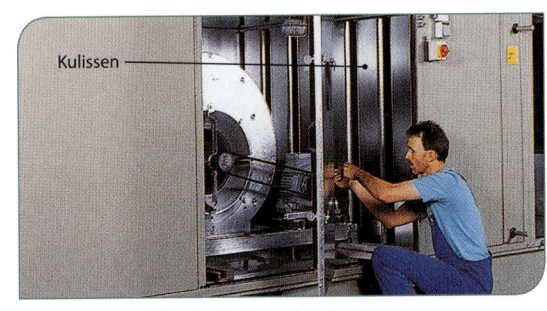

4 Kulissenschalldämpfer für Zentralgerät

Flexible „**Telefonie**"-Schalldämpfer (cross-talk sound attenuator) stellen eine weitere häufig verwendete Bauart bei WC-Abluftanlagen mit Luftleitungen mit rundem Querschnitt dar. Sie haben ihren Namen deshalb erhalten, weil ohne sie eine Geräuschübertragung (noise transmission) über das Luftleitungssystem von Raum zu Raum möglich wäre (Bilder 5 und 6).

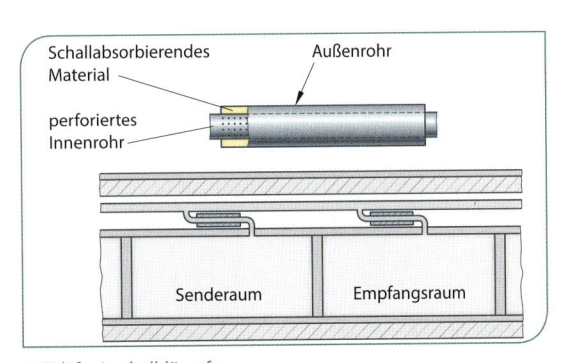

1 Schalldämpferkulisse

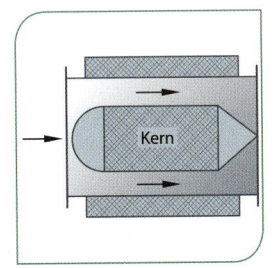

2 Absorpionsschalldämpfer für Luftleitungen mit rundem Querschnitt

5 Telefonieschalldämpfer

Kulissenschalldämpfer (baffle/splitter silencer) werden entweder in die Luftleitungen (Bild 3) – hier vorzugsweise im Durchtritt durch eine Wand – oder direkt in das Zentralgerät eingebaut (Bild 4).

6 Telefonieschalldämpfer

8.1.7.3 Schalldämpferauslegung

Für die Auslegung (dimensioning) von Schalldämpfern werden zwei mögliche Wege beschritten:

- **Schnellauslegung** nach der **250-Hz-Methode** (Planungsstadium).

  Hierbei wird lediglich bei der genannten Frequenz ermittelt, welche zusätzliche Dämpfung als Differenz zwischen der Schallleistung (sound power) des Ventilators und den Schallminderungen (silencings) durch Luftleitungen, weitere Einbauteile und den Raum der Schalldämpfer zu erbringen hat.

  Diese Auslegung ist ausreichend für eine erste Abschätzung der Schalldämpferabmessungen während der Planungsphase einer Anlage.

- Auslegung über das **gesamte kritische Frequenzspektrum zwischen 63 und 4000 Hz (Ausführung)**.

  Werden die Anlagen gebaut, so ist der Schallpegelverlauf (progress of sound pressure level) im Anlagensystem über ein breites Frequenzspektrum (frequency spectrum) zwischen 63…4000 Hz (bzw. 8000 Hz) zu untersuchen. Nur durch eine derartige Analyse wird berücksichtigt, dass sowohl von der Schallquelle (Ventilator, Kälteaggregat, Pumpe usw.) als auch von den Einbaukomponenten (built-in components) der Schall bei den verschiedenen Frequenzen in unterschiedlicher Größenordnung erzeugt bzw. gedämpft wird. Erschwerend kommt hinzu, dass Geräusche gleicher Lautstärke in den einzelnen Frequenzen vom menschlichen Ohr unterschiedlich laut wahrgenommen werden (vgl. Fachkenntnisse 1, Lernfeldübergreifende Inhalte, Kap. 8).

  Bild 1 zeigt die Einfügungsdämpfung[1] (insertion loss) in Abhängigkeit von der Spaltbreite, der Kulissenlänge und der jeweils untersuchten Frequenz.

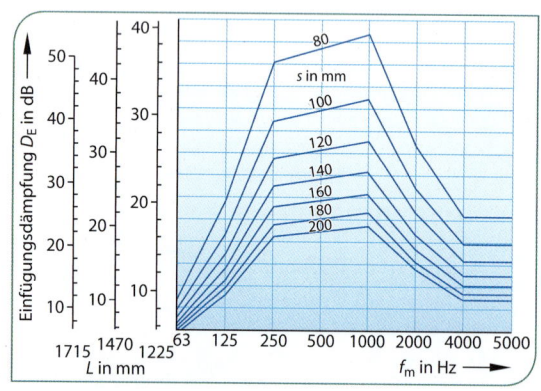

1 Einfügungsdämpfung in dB pro Oktave

[1] Mit Einfügungsdämpfung bezeichnet man die an einer Luftleitung gemessene Differenz des Schallpegels, wenn diese leer bzw. mit Kulissen ausgestattet ist.

8.2 Luftleitungen und Zubehör

Für den Transport und die Verteilung der in den Zentralgeräten aufbereiteten Luft werden Luftleitungen (air ducts/chanels), Luftdurchlässe und bei Bedarf Brandschutzeinrichtungen benötigt. Die Querschnitte der Luftleitungen sind überwiegend eckig oder rund, gelegentlich auch oval.

In kleineren Wohneinheiten – also z. B. bei der kontrollierten Wohnungslüftung – haben sich Luftleitungen aus Kunststoff mit rundem oder ovalem Querschnitt durchgesetzt.

8.2.1 Luftleitungen

Luftleitungen sollen wegen des anfallenden Schmutzes und eines geringen Reibungswiderstandes (frictional resistance) möglichst glatte Flächen haben. Vorzugsweise werden Luftleitungen aus verzinktem Stahlblech, je nach Erfordernis jedoch auch aus Aluminium- oder Edelstahlblech, Faserzementplatten, Stein- oder Betonwänden und Kunststoffplatten hergestellt.

Weiterhin sollen die Materialien möglichst:

- nicht brennbar (non-flammable),
- nicht feuchtedurchlässig (impermeable to moisture),
- dauerhaft (durable),
- möglichst leicht (as light as possible),
- luftdicht (air tight),
- sowie antistatisch (antistatic) sein.

Die antistatische Eigenschaft ist wegen der sonst vermehrt an den Leitungsoberflächen anhaftenden Staubpartikel wichtig. Dieses gilt besonders für Kunststoffleitungen.

In **Niedergeschwindigkeitsanlagen** (low-speed plants) mit Strömungsgeschwindigkeiten in den Luftleitungen bis **ca. 8 m/s** werden überwiegend **Luftleitungen mit rechteckigem Querschnitt** verwendet. Diese müssen – bei größeren Dimensionen – an den Seitenflächen wegen der nötigen Festigkeit diagonal mit einer geringen **Ankantung** versehen werden (Bild 2). Man spricht bei diesem Vorgang auch von „durchsetzen" oder „bombieren" (to camber). Je nach Verwendung müssen die Luftleitungen bei negativem Überdruck nach innen, bei positivem Überdruck nach außen durchgesetzt werden. Berücksichtigt man diese Festlegung nicht oder kommt es bei der Montage zu Verwechslungen, so können während des Betriebes Verformungsgeräusche (deformation noises) auftreten.

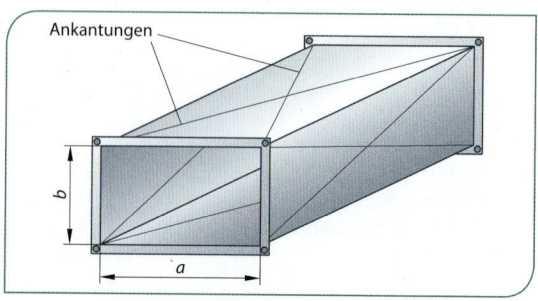

2 Luftleitung mit eckigem Querschnitt

8 Bauteile der RLT-Anlagen

Eine andere Möglichkeit, die Festigkeit der Luftleitungswandungen zu erhöhen, wird im Rahmen der automatisierten Fertigung genutzt: Profilierung der Mantelflächen über **umlaufende Sicken** (circumferential beads). Bild 1 zeigt auszugsweise Normmaße und zugeordnete Größen wie Querschnittsfläche A_c in m², den hydraulischen Durchmesser[1)] d_h in mm und die Luftleitungsoberfläche A_i je Meter Länge in $\frac{m^2}{m}$ nach DIN EN 1505.

Kantenlänge in mm	100	150	200	250	300	400	500	600	
200	0,020	0,030	0,040	–	–	–	–	–	A_c
	133	171	200						d_h
	0,60	0,70	0,80						A_i
250	0,025	0,038	0,050	0,063	–	–	–	–	A_c
	143	188	222	250					d_h
	0,70	0,80	0,90	1,00					A_i
300	0,030	0,045	0,060	0,075	0,090	–	–	–	A_c
	150	200	240	273	300				d_h
	0,80	0,90	1,00	1,10	1,20				A_i
400	0,040	0,060	0,080	0,10	0,12	0,16	–	–	A_c
	160	218	267	308	343	400			d_h
	1,00	1,10	1,20	1,30	1,40	1,60			A_i

1 Normmaße und zugeordnete Größen bevorzugter Nennmaße nach DIN EN 1505

Je nach statischer Druckdifferenz (vgl. Kap. 8.1.6) müssen nach DIN EN 1507 unterschiedliche Dichtheitsklassen (tightness classes) A, B, oder C eingehalten bzw. vertraglich vereinbart werden (Bild 2).

Statische Druckdifferenz in Pa	Maximale Leckrate in $\frac{l \cdot m^2}{s}$		
	Dichtheitsklasse A	Dichtheitsklasse B	Dichtheitsklasse C
400	1,32	0,44	
1000		0,80	
1200			0,30
1500			0,35

2 Dichtheitsklassen und maximale Leckraten

Bild 3 weist auszugsweise die nach DIN EN 1506 in Verbindung mit DIN 24147-1 genormten Nennweiten von Luftleitungen mit rundem Querschnitt aus.

Nenndurchmesser d_i in mm	Querschnittsfläche A_c in m²	Leitungsoberfläche A_i in $\frac{m^2}{m}$
63	0,00312	0,197
80	0,00503	0,251
100	0,00785	0,314
125	0,0123	0,393
160	0,0201	0,502
200	0,0314	0,628
250	0,049	0,785

3 Normmaße bevorzugter Nennweiten nach DIN EN 1506 (Auswahl) von Luftleitungen mit rundem Querschnitt

Luftleitungen werden über ihre Achsenlänge entweder durch **Schweißen** (Form S) oder durch unterschiedliche **Falztechniken** (seaming/crimping techniques) (Form F) gefügt (Bild 4).

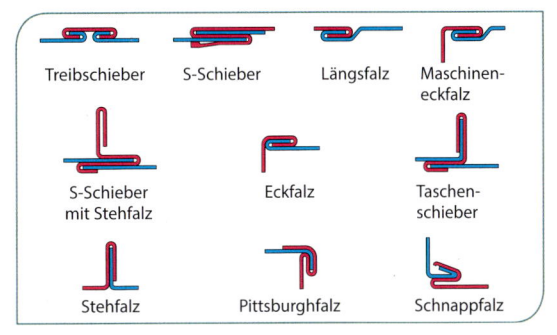

4 Arten von Stoßverbindungen bei Luftleitungen aus Blech

Treibschieber · S-Schieber · Längsfalz · Maschineneckfalz
S-Schieber mit Stehfalz · Eckfalz · Taschenschieber
Stehfalz · Pittsburghfalz · Schnappfalz

In Ausnahmefällen – z. B. bei notwendig werdenden Änderungen während der Montage – werden Bleche durch **Nietung** (rivetting) miteinander verbunden (Bild 5).

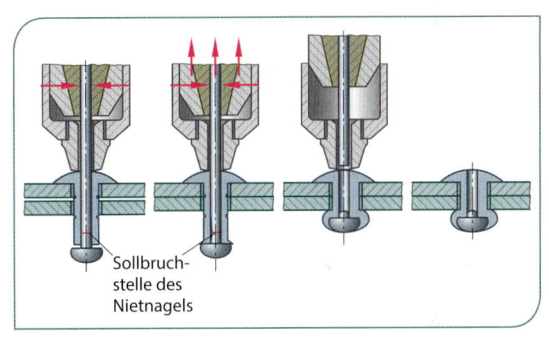

5 Blindnieten — Sollbruchstelle des Nietnagels

Die einzelnen, auf der Baustelle angelieferten geraden Luftleitungsteilstücke und Formstücke werden über **Winkelrahmen** (angular frames) oder vorgefertigte **Profilrahmen** (profile frames) mittels **Treibschieber** (clamping rail) oder Schrauben miteinander verbunden (Bild 6 und Bild 1, nächste Seite).

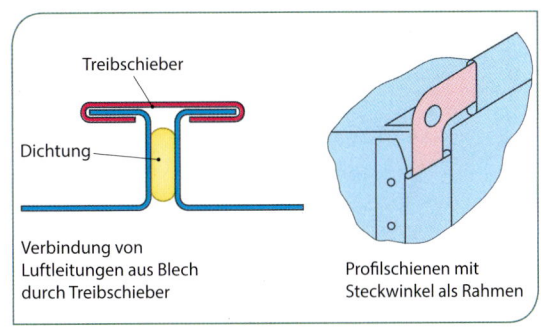

6 Fügen mit Winkel- und Profilrahmen — Treibschieber, Dichtung, Verbindung von Luftleitungen aus Blech durch Treibschieber, Profilschienen mit Steckwinkel als Rahmen

---

[1)] Durchmesser eines runden Rohres, in dem der gleiche Druckabfall bei gleicher Luftgeschwindigkeit und gleich bleibendem Reibungswert herrscht (wichtig für Leitungsauslegung).

8 Bauteile der RLT-Anlagen

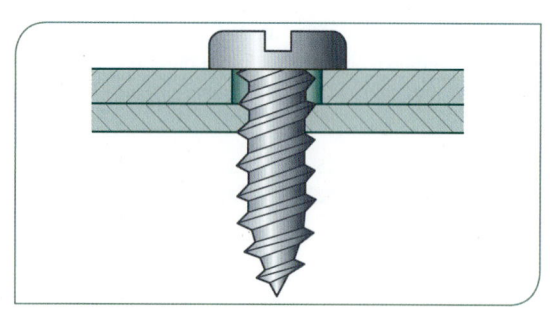

1 Luftleitungsverbindung mit Blechschraube

Für die Wartung der Luftleitungen sind an geeigneten Stellen Inspektionsöffnungen anzuordnen (Bild 2).

2 Inspektionsöffnung

Luftleitungen **mit rundem Querschnitt** werden überwiegend mit vorgefertigten Steck- und Dichtungssystemen (prefabricated push fit connection and sealing systems) versehen (Bild 3). Es ist dann häufig nur noch eine Schraubensicherung oder Klebung mit Dichtungsband (tape bonding) gegen Ausziehen erforderlich.

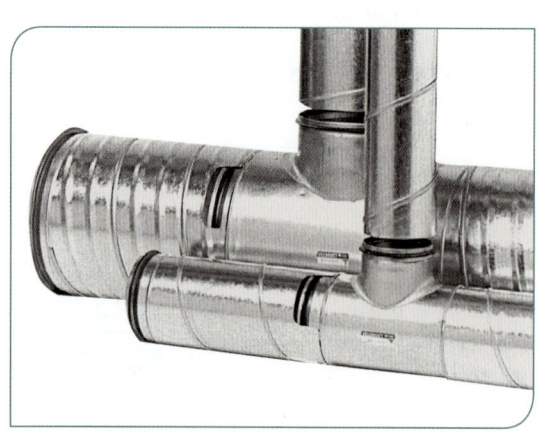

3 Steck- und Dichtungssystem für Luftleitungen mit rundem Querschnitt

Eine Sonderform der Luftleitungen stellen die **flexiblen Schläuche** (flexible hoses) dar. Sie werden aus spiralförmig gewickelten, verrillten oder verklebten Bändern hergestellt.

Bei schwierigen Übergängen, z. B. in engen Zwischendecken (false/intermediate ceilings) oder als Verbindungsstück von der Verteilluftleitung zum Luftauslass, lassen sich mit ihnen wegen der ausgezeichneten Flexibilität Platzprobleme einfach lösen. Sie werden auch mit vorgefertigter Wärme- oder Schalldämmung ausgeliefert (thermal or sound-damping insulation) (Bild 4).

4 Flexible Schläuche aus Aluminium
a) ungedämmt   b) gedämmt

Als Material werden Aluminium, Gummi oder Glasfaser mit einer Spiraldrahteinlage und Kunststoff verwendet. Letztere benutzt man sehr häufig bei Anlagen der kontrollierten Wohnungslüftung (Bild 5).

5 Flexible Kunststoff-Luftleitung mit Verbinder

8.2.2 Luftdurchlässe

Zu- und Abluftauslässe (supply and extract air outlets) werden – je nach Verwendungszweck – in unterschiedlichsten technischen Ausführungen und vielfältigen Formen gefertigt. Wichtigste Entscheidungskriterien für einen bestimmten Luftdurchlass (air passage) sind:
- physikalisch-technische,
- architektonische (gestalterische) und
- preisliche Gesichtspunkte.

Anhand einiger Beispiele soll im Folgenden aufgezeigt werden, welche Überlegungen zu den jeweiligen Lösungen führen können.

8.2.2.1 Lüftungsgitter

Die einfachste und damit kostengünstigste Art, die Luft im Raum mittels Luftleitungsführung zu verteilen, ist der Einsatz von Lüftungsgittern (air grilles). Diese werden mit verstellbaren waagerechten und/ oder senkrechten Luftleitlamellen (air guide blades), ohne oder mit Mengeneinstellvorrichtungen gefertigt (Bilder 1 bis 4, nächste Seite).

8 Bauteile der RLT-Anlagen

Als Material werden Stahlblech mit Einbrennlackierung (stove enamelling) nach Wahl, Aluminium und Kunststoff verwendet. Lüftungsgitter können, je nach Formgebung des Rahmens, sowohl in Luftleitungen mit rechteckigem als auch mit rundem Querschnitt eingebaut werden (Bild 5). Außerdem werden auch Kombinationen aus Filter und Gitter angeboten (Bild 6).

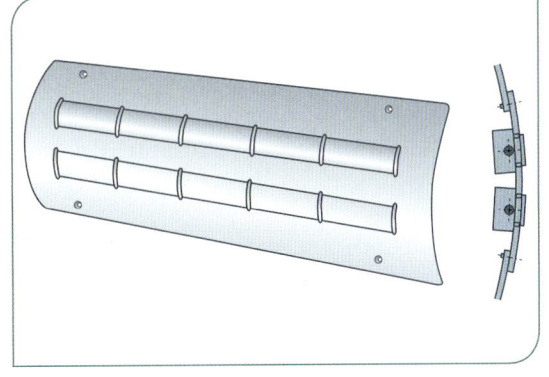

1 Lüftungsgitter mit waagerechten Lamellen für Zu- und Abluft

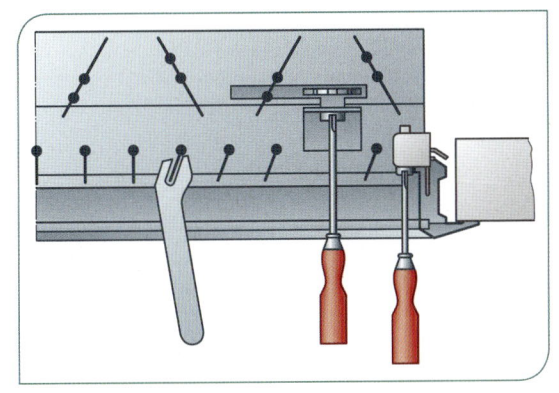

2 Gitter mit Mengeneinstellvorrichtung „gegenläufige Lamellen"

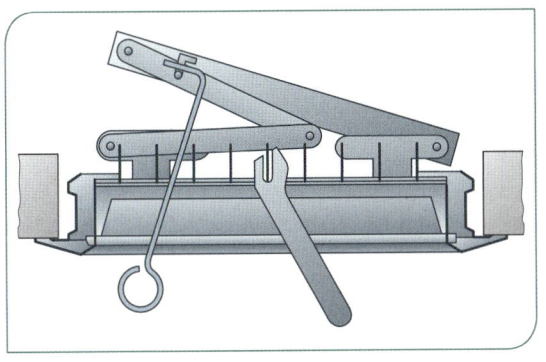

3 Gitter mit Mengeneinstellvorrichtung „Schöpfzunge"

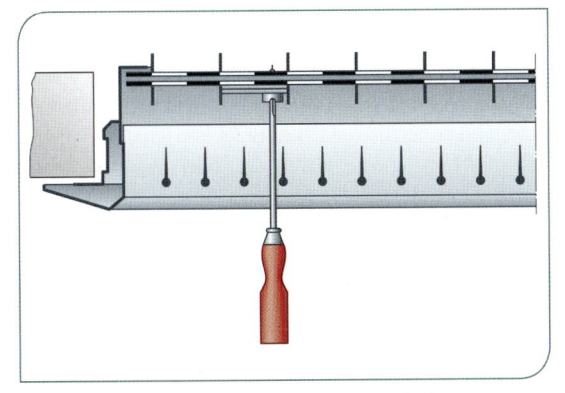

4 Gitter mit Mengeneinstellvorrichtung „Schlitzschieber"

5 Gitter für Luftleitungen mit rundem Querschnitt

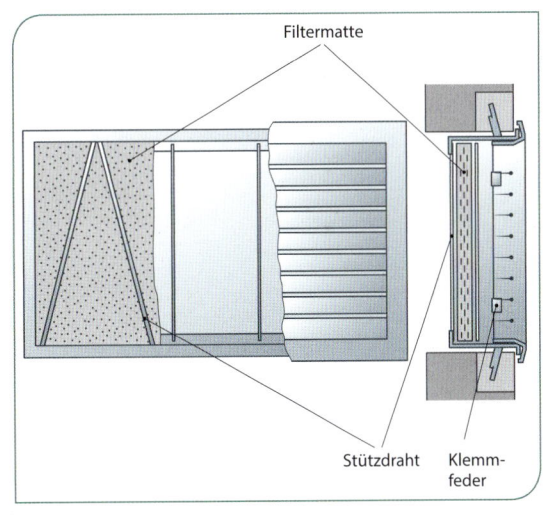

6 Gitter mit integrierter Filtermatte

Eingesetzt werden Gitter in der gesamten Abluft (extract air) von RLT-Anlagen oder im Zuluftbereich (supply air area) einfacher Anlagen wie z. B. einer Produktionshallenbelüftung, bei der keine hohe Qualität der Luftführung im Raum erforderlich ist. In solchen Fällen wird meist überwiegend erwärmte Luft zugeführt. Im Falle einer notwendigen Luftkühlung darf die Temperaturdifferenz zwischen eingeblasener Zuluft und Raumluft bei den hier vorgestellten Gittern eine bestimmte Größenordnung – z. B. ca. 3 K – nicht überschreiten. Geräuschbedingt werden Gitter für relativ geringe Ausströmgeschwindigkeiten (outflow velocities) ausgelegt; hierbei wird aber keine nennenswerte Luftdurchmischung (Induktion, vgl. nächstes Kapitel) zwischen Luftstrahl (air jet/stream) und Raumluft erzielt und die gekühlte Zuluft fällt kolbenförmig nach unten.

8 Bauteile der RLT-Anlagen

Sie wird in der Aufenthaltszone (dwelling/stay zone), vor allen Dingen bei sitzenden Tätigkeiten, unangenehm als Zugluft (draft) empfunden und führt nicht selten zu Erkältungserkrankungen. Möchte man eine hohe Induktionswirkung (induction effect) bzw. eine weite Strahlwirkung (wide jet effect) bei großen Räumen erreichen, so müssen andere Luftauslässe ausgewählt werden.

8.2.2.2 Induktiv wirkende Auslässe

Wird ein Luftstrahl (Primär- oder Erstluftstrahl) mit hoher Geschwindigkeit aus einer düsenartigen Öffnung „gepresst", so erzeugt dieser in seinem Umfeld eine **Sekundärluftströmung** (Zweitluftströmung, secondary air flow) (Bild 1). Dieser Vorgang wird in der Physik als Induktion (lat.: Hineinführung) bezeichnet.

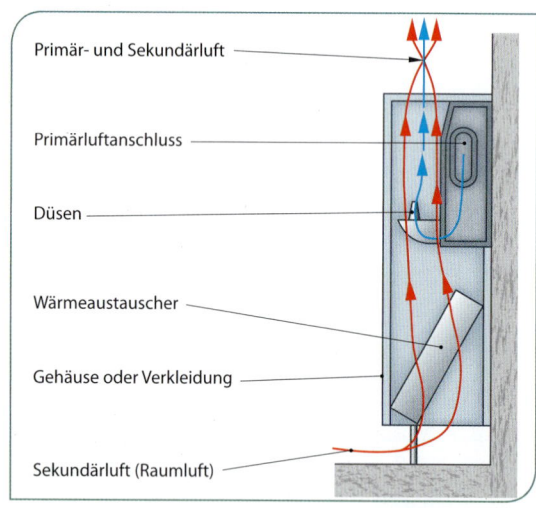

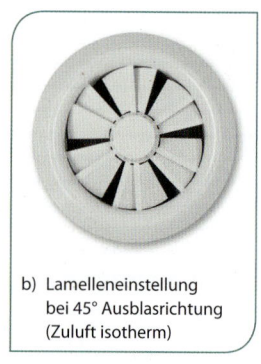

a) Lamelleneinstellung bei horizontaler Ausblasrichtung (Zuluft kalt)
b) Lamelleneinstellung bei 45° Ausblasrichtung (Zuluft isotherm)

2 Unterschiedliche Lamellenstellungen am Gitter

Bei der Be- und Entlüftung von Nassräumen (Toiletten, Duschen) und Wohnhäusern (kontrollierte Wohnraumlüftung) werden meist **Tellerventile** (poppet valves) eingesetzt (Bild 3). Sie sind in ihrem Aufbau einfach und daher kostengünstig.

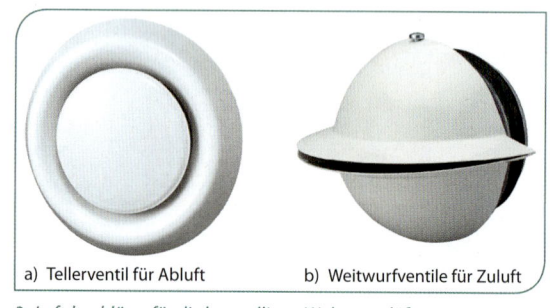

a) Tellerventil für Abluft
b) Weitwurfventile für Zuluft

3 Luftdurchlässe für die kontrollierte Wohnungslüftung

1 Induktionsströmung an einem Induktions-Klimagerät

Um einen Luftstrahl mit hoher positiver Temperaturdifferenz (Heizfall) oder hoher negativer Temperaturdifferenz (Kühlfall) zwischen Zuluft und Raumluft in den Raum einblasen zu können, muss der Luftstrahl eine hohe Induktionswirkung haben. In diesem Fall wird infolge schneller Vermischung zwischen den beiden Luftströmen eine beschleunigte Angleichung (accelerated adaption/harmonisation) der Lufttemperaturen herbeigeführt. Die beschriebene Wirkung kann durch drallförmiges Einbringen der Luft (helical air inflow) noch erhöht werden. Haben Räume wechselnde Wärmelasten, muss die Zuluft entweder wärmer, kälter oder mit gleicher Temperatur als die der Raumluft eingeblasen werden. Kalte und warme Luft verhalten sich wegen des Dichteunterschiedes jedoch sehr verschieden. Um diesen unterschiedlichen Betriebssituationen (operating situations) gerecht werden zu können, werden z. B. die Leitschaufeln (guide vanes) des speziell dafür vorgesehenen Auslasses für den jeweiligen Betriebsfall verstellt (Bilder 2 a und 2 b).

Für Kinos, Theater, Konzertsäle, Großraumbüros usw. werden individuelle Lösungen mit speziellen Auslässen benötigt, die in diesem Rahmen jedoch nicht behandelt werden.

8.2.3 Brandschutzeinrichtungen

Wenn keine besonderen Maßnahmen getroffen werden, stellen RLT-Anlagen im Brandfall zunächst ein erhöhtes Risiko dar. Über die Luftleitungen der Zu-, Ab- und Umluft (supply, extract and recirculation air) sind mehrere Räume und Stockwerke eines Gebäudes miteinander verbunden und ermöglichen so im Brandfall die Ausbreitung von Feuer und Rauch.

Die Länderparlamente als zuständige Instanzen für die gesetzlichen Vorgaben des Brandschutzes (fire protection) erlassen entsprechende Gesetze mit ihren **Landesbauordnungen** (state construction ordinances). Deren wichtigste Forderung lautet:

„Lüftungsanlagen in Gebäuden mit mehr als zwei Vollgeschossen und Lüftungsanlagen, die Brandwände überbrücken, sind so herzustellen, dass Feuer und Rauch (im Brandfall) nicht in andere Geschosse oder Brandabschnitte übertragen werden können".

8.2.3.1 Brandschutzklappen

Um dieser Forderung gerecht zu werden, müssen zwischen den einzelnen Brandabschnitten (fire sections/compartments) Brandschutzklappen (fire dampers) in die Luftleitungen oder Einbauteile integriert werden (Bild 1, nächste Seite). Mit Ausnahme der Brandschutzventile (fire protection

8 Bauteile der RLT-Anlagen

valves) (Bild 2) haben diese Brandschutzklappen innerhalb einer RLT-Anlage keine Lüftungsfunktion, sondern lediglich eine sicherheitstechnische Funktion.

1 Eckige Brandschutzklappe

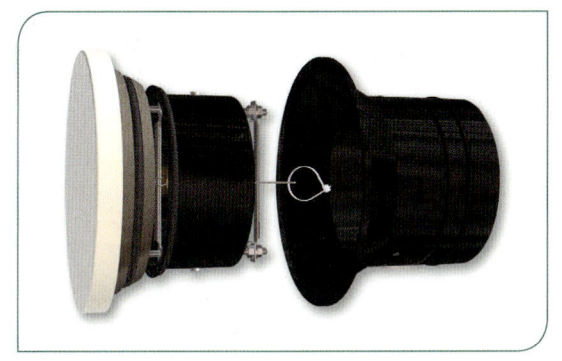

2 Brandschutzventil

Über eine **thermische Auslösung** (thermal release) durch ein Schmelzlot (fusible link) (Bild 3) schließen sie bei einer Temperatur $\theta > 72\ °C$ automatisch den Weg in der Luftleitung. Im Brandfall verhindern die Klappen, dass innerhalb der **Feuerwiderstandsdauer** (fire resistance duration) Feuer und Rauch über das Luftverteilsystem in andere Bereiche des Gebäudes gelangen können. Brandschutzklappen werden nach der **Feuerwiderstandsklasse K 90** (fire resistance class) ausgelegt und geprüft (vgl. Fachkenntnisse 1, Lernfeldübergreifende Inhalte, Kap. 9.2.1).

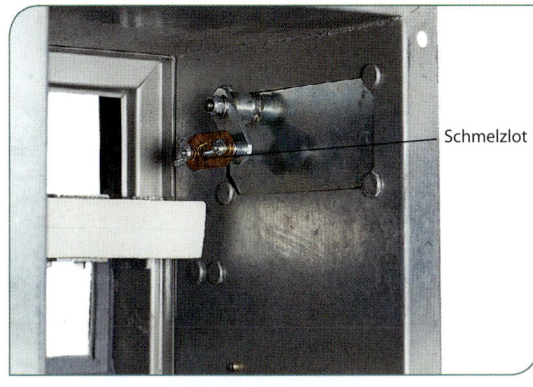

Schmelzlot

3 Auslösemechanismus durch Schmelzlot

Grundsätzlich sind zur Einhaltung der Brandschutzforderungen (fire protection requirements) verschiedene Maßnahmen möglich, von denen Bild 4 einige Varianten zeigt.

- Bei **Variante 1** überbrückt eine Luftleitung (Zu- oder Abluft) zwei Brandabschnitte mit der Nutzung Flur/Lager, wobei im Flurbereich keine Lüftungsöffnungen geplant sind. In diesem Fall ist eine abgehängte Decke F 90 bzw. eine Leitungsführung L 90 ausreichend (**Variante 2**).
- **Variante 3** zeigt drei Brandabschnitte der Nutzung Büro/Flur/Lager mit Lüftungsfunktion im Flur. Hat die Luftleitung keine Feuerwiderstandsdauer, so sind zwei Brandschutzklappen erforderlich.
- In der **Variante 4** reduziert sich die Anzahl der Brandschutzklappen auf eine, sofern der im Flur verlaufende Leitungsabschnitt nach L 90 ausgelegt wird.
- **Variante 5** benötigt keine Brandschutzklappen, wenn die Luftleitung in L 90 und die Luftdurchlässe als Brandschutzventile ausgeführt werden.

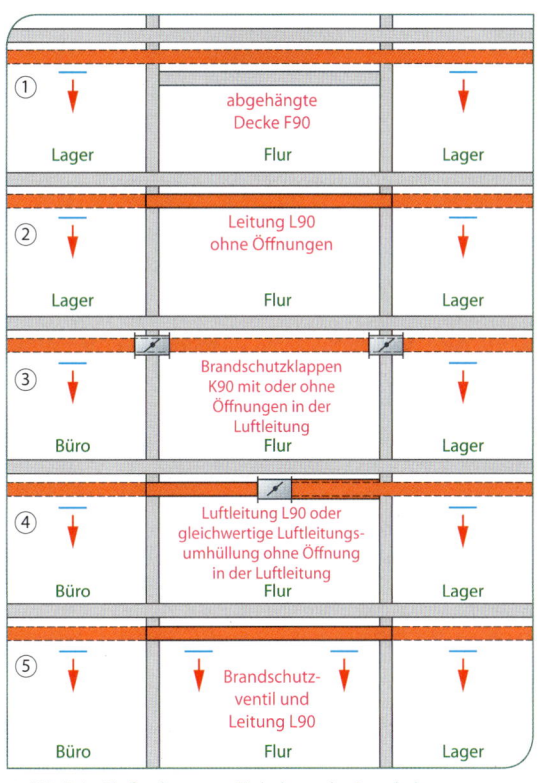

4 Mögliche Maßnahmen zur Einhaltung der Brandschutzverordnungen

MERKE

Brandschutzklappen schließen bei Temperaturen $\theta > 72\ °C$ mithilfe eines Schmelzlotes den Klappenquerschnitt und verhindern so während einer Zeitdauer von mindestens 90 min die Ausbreitung des Feuers von einem Brandabschnitt zum nächsten.

8.2.3.2 Brandschott

Statt einer nicht wartungsfreien Brandschutzklappe kann bei kleineren Abmessungen auf ein kostengünstigeres, wartungsfreies Wand- oder Deckenschott (fireproof wall and ceiling ducts) zurückgegriffen werden (Bild 1). Diese enthalten feuerbeständiges Quellmaterial, das den zunächst freien Querschnitt bei Überschreitung einer Temperatur von $\theta > 72\,°C$ bleibend versperrt.

Im Unterschied zur Brandschutzklappe muss nach einer Auslösung der Schutzfunktion das Brandschott (fireproof sleeve) jedoch immer im Ganzen ausgewechselt werden.

1 Brandschott

8.3 Technische Maßnahmen der Energieeinsparung

Luftaufbereitungsanlagen mit Mischluftkammern (mixing air chamber) werden u. a. aus Hygienegründen zunehmend durch reine Außenluftsysteme (outdoor air systems) mit Wärmerückgewinnung ersetzt. Diese Wärmerückgewinnungssysteme (heat recovery systems) sind in der VDI 2071 beschrieben und festgelegt. Es wird unterschieden zwischen Rekuperatoren und Regeneratoren.

8.3.1 Rekuperatoren[1] (recuperators)

Diese kontinuierlich arbeitenden Wärmeübertrager (continuous working heat exchanger) bestehen aus parallel laufenden Luftleitungen oder Kammern, die die einzelnen Medien trennen (Trennflächensystem (separating plane system)).

Durch die aus dünnwandigen Blechen oder Rohren bestehenden Kammern strömen angrenzend und jeweils wechselnd das Heiz- oder Kühlmittel und das zu erwärmende oder zu kühlende Medium (Bild 2).

Die Medien strömen im Gleich-, Gegen- oder Kreuzstrom (uni-, counter- or cross flow) bzw. in einer Mischform dieser Strömungsarten aneinander vorbei. Durch eine spezielle Prägung der Bleche oder eine geschickte Anordnung der Luftleitungen zueinander entstehen hochwirksame Wärmeübertragungsflächen, wodurch die Wärmeübertrager zum Teil hohe **Rückwärmzahlen** Φ (griech.: Phi) erzielen.

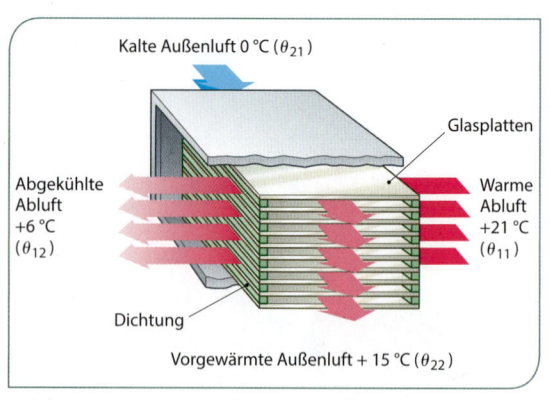

---

[1] lat. recuperare: wiedergewinnen

2 Rekuperativer Wärmerückgewinner mit Glas- oder Aluminiumplatten

Die Rückwärmzahl Φ (heat recovery efficiency) ist das Verhältnis der in der Praxis erreichten Temperaturänderung zur theoretisch möglichen (bei unendlich großer Wärmeübertragungsfläche).

$$\Phi = \frac{\theta_{22} - \theta_{21}}{\theta_{11} - \theta_{21}}$$

Φ: Rückwärmzahl
$\theta_{22} - \theta_{21}$: in der Praxis erreichte Temperaturänderung
$\theta_{11} - \theta_{21}$: theoretisch mögliche Temperaturänderung

Trennflächensysteme lassen den Austausch des Feuchtegehalts nicht zu (Bild 3).

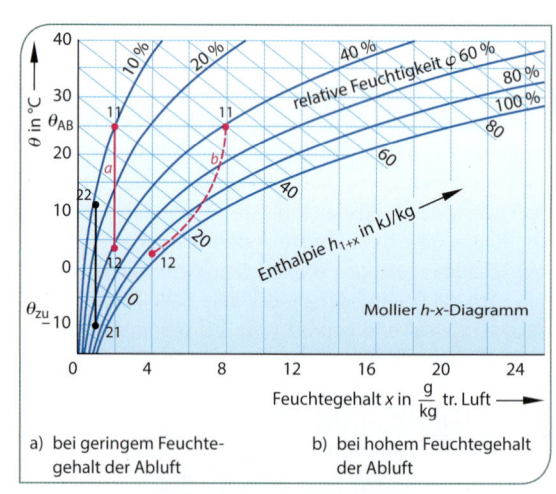

a) bei geringem Feuchtegehalt der Abluft
b) bei hohem Feuchtegehalt der Abluft

3 Zustandsänderungen von Außen- und Abluftstrom in Rekuperatoren

Die je nach Einsatzgebiet aus Glas, Kunststoff, Aluminium oder Edelstahl bestehenden Platten von Plattenwärmeübertragern (plate heat exchangers) werden miteinander verschraubt, verlötet oder verklebt. Um sie leicht reinigen zu können, werden die Übertragerpakete häufig ausziehbar im Zentralgerät installiert. Da bei tiefen Außentemperaturen durch kondensierten Wasserdampf die Gefahr des Einfrierens besteht, sind die Wärmeübertrager häufig optional mit

8 Bauteile der RLT-Anlagen

einer automatisch arbeitenden Bypass-Klappensteuerung (bypass flap control) ausgerüstet (Bild 1).

1 Bypass-Klappe

Durch teilweises oder vollständiges Schließen der Jalousieklappe (louver damper) am Frischlufteintritt (fresh air inlet) des Wärmeübertragers und zeitgleiches Öffnen der Bypassklappe bei Unterschreiten einer festzulegenden Fortlufttemperatur (exhaust air temperature) von z. B. +3 °C wird der gesamte Außenluftstrom oder ein Teil am Rekuperator vorbeigeleitet und damit vor Einfrieren geschützt. Für solche Betriebsfälle muss der nachgeschaltete Erhitzer (downstream/subsequent heater) entsprechend ausgelegt werden.

8.3.1.1 Rekuperative Energiegewinnung im Erdreich bei der kontrollierten Wohnungslüftung

Zusätzlich zum Einsatz eines Kreuz-Gegenstrom-Wärmeübertragers (cross-counterflow heat exchanger) im Luftaufbereitungsgerät (vgl. Kap. 8.3.1) können bei den Anlagen der kontrollierten Wohnungslüftung folgende „Energiegewinnungs"-Systeme (energy generating systems) eingesetzt werden:

- **Außenluftleitung als Erdreichkollektor** (ground heat collector)
  Da das Erdreich in einer Tiefe von 1,20 m bis 1,50 m über das Jahr betrachtet eine relativ konstante Temperatur besitzt, kann eine dort verlegte Außenluft führende Leitung im Winter die kalte Luft vorwärmen und im Sommer die warme Luft kühlen. Wenn kein Keller vorhanden ist, in den die Leitung mit ihrer tiefsten Stelle mündet (Bild 2), muss wegen der Entwässerungs- und Revisionsmöglichkeit im Erdreich ein entsprechender begehbarer Schacht gesetzt werden.

- **Soleleitung als Erdreichkollektor**
  Noch effektiver in der Energiegewinnung und hygienischer im Vergleich zur im Erdreich verlegten Luftleitung ist eine dort verlegte Soleleitung (brine pipeline), die die aufgenommene Energie an einen Sole-Wärmeübertrager (brine heat exchanger) abgibt (Bild 1 nächste Seite). Dieser befindet sich im Kanalnetz des Hauses in der Außenluftansaugung. Nachteilig sind hierbei der höhere apparative Aufwand und die zusätzlichen Energiekosten für eine Umwälzpumpe.

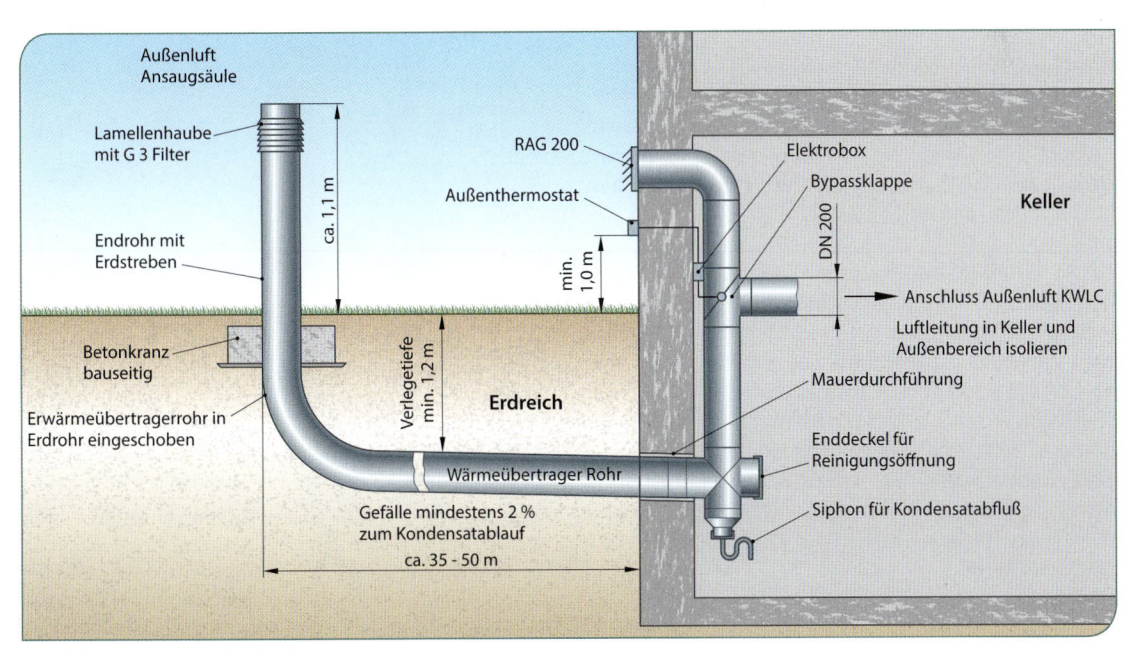

2 Außenluftleitung als Erdreichkollektor

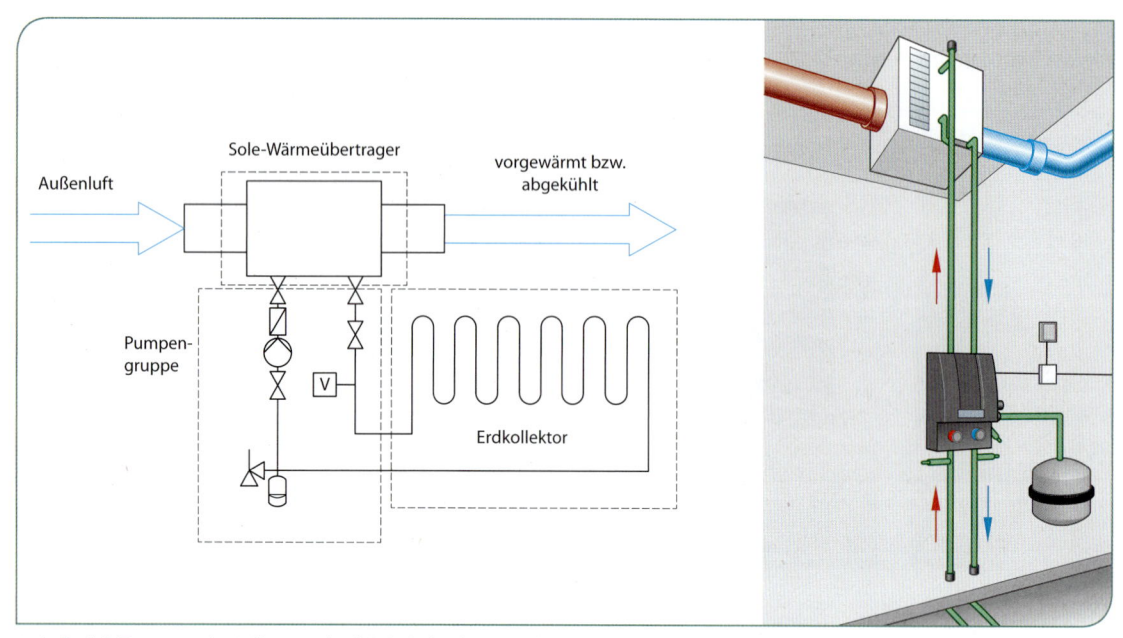

1 Außenluft-Temperaturbeeinflussung durch Sole-Erdreichwärmeübertrager

8.3.2 Regeneratoren[1]

In Regenerativ-Wärmeübertragern (regenerative heat exchangers) wird die Energie mithilfe eines **Zwischenmediums** (intermediate medium) übertragen. Dieses kann in fester, flüssiger oder gasförmiger Form vorliegen. Die Entscheidung für eines der verschiedenen miteinander konkurrierenden Systeme wird einerseits durch die zur Verfügung stehenden finanziellen Mittel und andererseits häufig durch bauliche Gegebenheiten bestimmt.

Rotations-Wärmeübertrager (rotary heat exchanger)
Das zentrale Bauteil des Rotations-Wärmeübertragers ist ein rotierendes **Speicherrad** (heat storing rotor), das – in einem Gehäuse angeordnet – pro halber Umdrehung im **Gegenstrom** jeweils von **warmer Abluft** sowie von **kalter Außenluft** (im Winter) durchströmt wird (Bild 2).

Das Rad ist meist abwechselnd mit einer glatten und einer gewellten Lage, z. B. aus Aluminiumblech, zu einem Durchmesser beliebiger Größe gewickelt. Die Oberfläche ist je nach Verwendungszweck entweder metallisch glatt oder mit einer hygroskopischen (Wasser durchdringenden) Beschichtung versehen. Durch die Beschichtung (coating) ist das Speicherrad in der Lage, auch die **latente Wärme** (latent heat) zu übertragen (Bild 1, nächste Seite). Bei glatten Oberflächen ist dies nur möglich, wenn der Wasserdampftaupunkt (water vapour dewpoint) der durchströmenden Luft unterschritten wird.

Rotations-Wärmeübertrager haben aufgrund des angewendeten Gegenstromprinzips einen **Selbstreinigungseffekt** (self-cleaning effect) und benötigen daher in den meisten

2 Rotations-Wärmeübertrager

Fällen keine Vorfilter. Allerdings sollten bei derart engen Luftkanälen wegen der sonst drohenden Verschmutzung des Rotors keine langen Stillstandszeiten (downtimes) eintreten.
Die Regelung des Rotations-Wärmeübertragers wird über einen Vergleich von Energieangebot und -nachfrage durch Änderung der Drehzahl des Antriebsmotors vorgenommen. Rotations-Wärmeübertrager haben sehr hohe **Rückwärmzahlen** Φ bis ca. 80 %, können jedoch nur eingebaut werden, wenn der Abluft- und Außenluftstrom unmittelbar aneinander vorbeiführen.

---
[1] lat. regenerare: von neuem hervorbringen

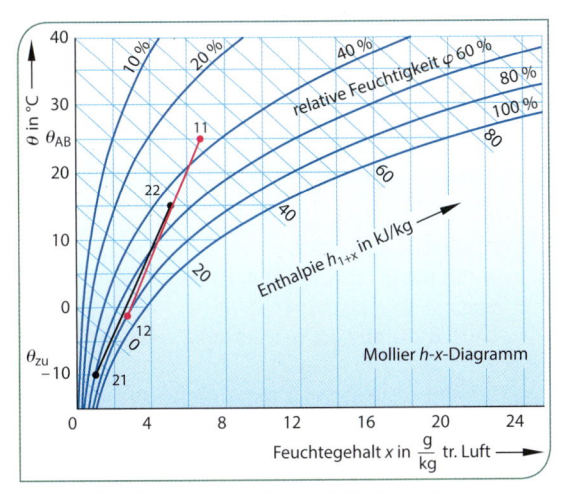

8 Bauteile der RLT-Anlagen

1 Zustandsänderungen von Außen- und Abluftstrom in Regeneratoren

Speicherplatten-Regeneratoren (storage panel regenerators)
Im Gegensatz zum Rotations-Wärmeübertrager, bei dem sich die Speichermasse (heat storing mass) bewegt, enthalten Speicherplatten-Regeneratoren fest installierte **Speicherpakete** (storage modules), durch die der Abluft- und Außenluft-Volumenstrom abwechselnd (intermittierend) gefördert wird (Bild 2).
Die auch als **Akkumulatoren** (accumulator) bezeichneten Wärmeübertrager können die Wärme ebenso schnell aufnehmen wie wieder abgeben. Ein motorisch gesteuertes Klappensystem bewerkstelligt dabei das Umschalten der Luftströme. Die Umschaltintervalle (changeover intervals) erstrecken sich über einen Zeitraum von ca. einer Minute, wobei veränderbare Ladezeiten (charging times) die Temperaturregelung bewirken. Auch bei diesem System ergeben sich sehr hohe **Rückwärmzahlen** bis ca. **90 %**.

In Wohngebäuden mit **dezentraler Wohnraumlüftung** (Einzelraumlüftung) (decentralised domestic ventilation) werden Speicherplatten-Regeneratoren in Wanddurchführungen als komplette Lüftungssysteme eingesetzt (vgl. Kap. 10.3). Ihr Vorteil liegt in der Kompaktheit. Alle notwendigen Bauteile sind auf engem Raum konzentriert und benötigen keine Leitungen für die Verteilung der Luft (Bild 3 a/b).

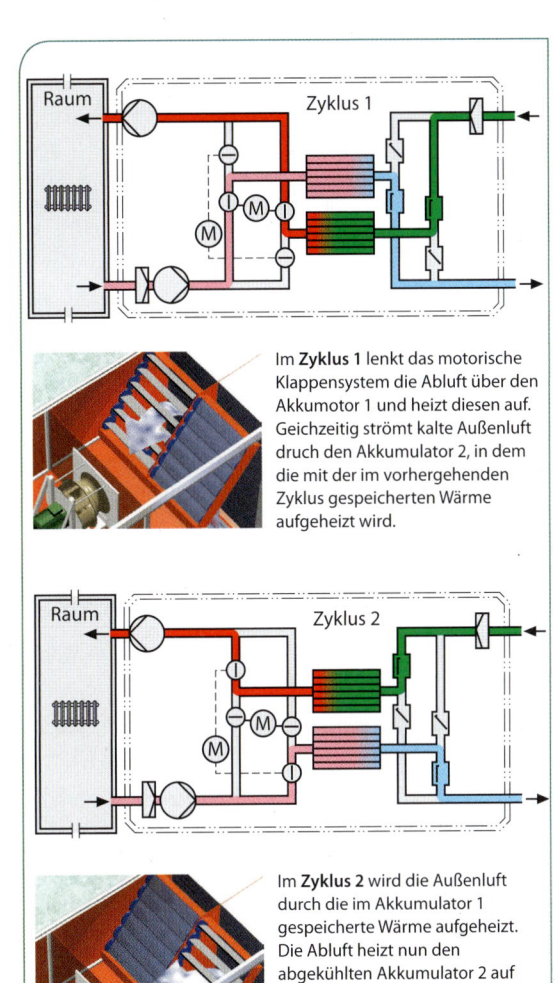

Im **Zyklus 1** lenkt das motorische Klappensystem die Abluft über den Akkumotor 1 und heizt diesen auf. Geichzeitig strömt kalte Außenluft druch den Akkumulator 2, in dem die mit der im vorhergehenden Zyklus gespeicherten Wärme aufgeheizt wird.

Im **Zyklus 2** wird die Außenluft durch die im Akkumulator 1 gespeicherte Wärme aufgeheizt. Die Abluft heizt nun den abgekühlten Akkumulator 2 auf und bereitet den nächsten Zyklus vor.

2 Funktionsprinzip von Speicherplatten-Regeneratoren

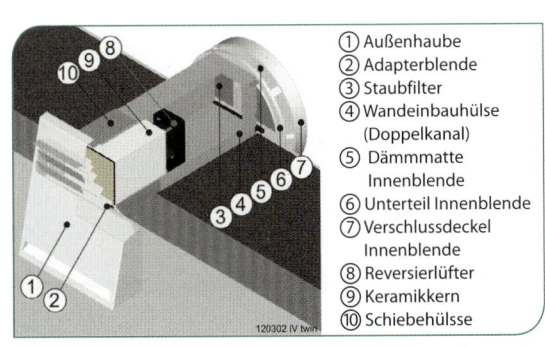

① Außenhaube
② Adapterblende
③ Staubfilter
④ Wandeinbauhülse (Doppelkanal)
⑤ Dämmmatte Innenblende
⑥ Unterteil Innenblende
⑦ Verschlussdeckel Innenblende
⑧ Reversierlüfter
⑨ Keramikkern
⑩ Schiebehülsse

3 a Speicherplattenlüfter, Aufbau

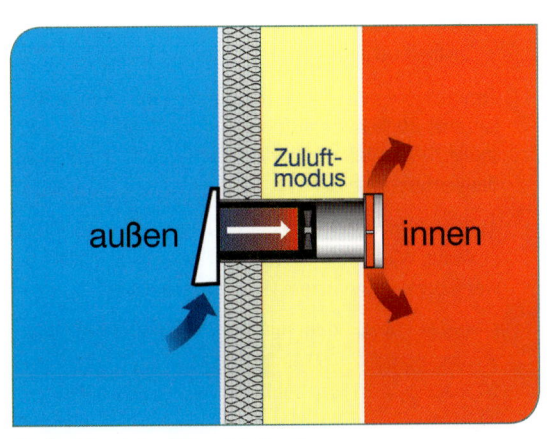

3 b Speicherplattenlüfter, Arbeitsweise

Lernfeld 13

8 Bauteile der RLT-Anlagen

ÜBUNGEN

Luftfilter, Mischkammer, Lufterhitzer, Luftkühler, Luftbefeuchter

1. Ordnen Sie unterschiedlichen Filtertechniken zu:
   a) Filtergruppen und -klassen
   b) Druckdifferenzen
   c) Anwendungen
   d) Vor- und Nachteile

2. Was bedeutet „Abscheidegrad" in bezug auf Luftfilterung?

3. Was versteht man unter Filterstandzeit?

4. a) Erläutern Sie, nach welcher Gesetzmäßigkeit Luftmengen miteinander vermischt werden.
   b) Stellen Sie die Mischung zweier Luftmengen der Zustände $\theta_{l,a} = -10\,°C$, $\varphi_{l,a} = 60\,\%$ und $\theta_{l,b} = 25\,°C$, $\varphi_{l,b} = 40\,\%$ mit einem Außenluftanteil von 40 % im h-x-Diagramm dar und bestimmen Sie den Mischpunkt.

5. Beschreiben Sie den prinzipiellen Aufbau von Warmwasser- und Elektrolufterhitzern.

6. Beschreiben Sie den prinzipiellen Aufbau von Luftkühlern.

7. Begründen Sie, weshalb die Luftzustandsänderung bei der Erwärmung einen senkrechten Verlauf im h-x-Diagramm nimmt.

8. Erläutern Sie, warum die Zustandsänderung bei Kühlung und Entfeuchtung einen gebogenen Kurvenverlauf beschreibt.

9. Nennen Sie die beiden in der Gebäudeklimatisierung wichtigsten Befeuchtungsarten und beschreiben Sie stichwortartig deren Wirkungsweisen.

10. a) Beschreiben Sie die prinzipiellen Luftzustandsänderungen bei der Umlaufsprüh- und bei der Dampfbefeuchtung mit Hilfe des h-x-Diagramms.
    b) Nennen Sie jeweils die Vor- und Nachteile der genannten Befeuchtungsarten.
    c) Notieren Sie ggf. anhand von Produktunterlagen, welche Wartungsarbeiten bei den beiden genannten Luftbefeuchtern notwendig sind.

11. Ermitteln Sie den Mischluftzustand, wenn in der Mischkammer 30 % Außenluft mit $\theta = -5\,°C$ und $\varphi = 20\,\%$ sowie 70 % Abluft mit $\theta = 22\,°C$ und $\varphi = 40\,\%$ miteinander vermischt werden.

12. Außenluft mit $\theta = -12\,°C$ und $\varphi = 80\,\%$ wird auf $+15\,°C$ erwärmt. Wie groß muss die Erhitzerleistung in kW sein, wenn der Volumenstrom $\dot{V} = 2500\,\frac{m^3}{h}$ beträgt?

13. Ermitteln Sie die Kühlerleistung, wenn Luft mit einem Volumenstrom $\dot{V} = 2300\,\frac{m^3}{h}$ und $\theta_1 = 30\,°C$ sowie $\varphi_1 = 50\,\%$ auf $\varphi_2 = 90\,\%$ gekühlt wird. Durch anschließendes Nacherwärmen der Luft soll ein Raumluftzustand von $\theta_3 = 25\,°C$ und $\varphi_3 = 50\,\%$ erreicht werden.
    a) Wie groß muss die Kühlleistung des Kühlers sein?
    b) Wie groß muss die Entfeuchtungsleistung des Kühlers sein?

14. Für folgende Luftzustände
    - vor Eintritt in die Befeuchtungskammer mit $\theta_1 = 20\,°C$ und $x_1 = 1{,}5\,g/kg$,
    - bei Austritt aus der Befeuchtungskammer mit $x_2 = 6{,}2\,\frac{g}{kg}$

    a) ermitteln Sie den spezifischen Befeuchtungswasserbedarf in $\frac{g}{kg}$.
    b) ermitteln Sie die zugehörige Temperatur nach dem Austritt aus der Umlaufsprühbefeuchterkammer.
    c) ermitteln Sie die zugehörige Temperatur nach dem Austritt aus der Dampfbefeuchterkammer.

Ventilatoren

1. Nennen Sie die unterschiedlichen Ventilatorbauformen und beschreiben Sie stichwortartig deren Aufbau und Funktionsweise.

2. Nennen Sie Vor- und Nachteile der verschiedenen Ventilatorbauformen.

3. Nennen Sie Einsatzbereiche der verschiedenen Ventilatorbauarten.

4. Aus welchen Anteilen setzt sich der Gesamtwirkungsgrad eines Ventilators zusammen?

5. Beschreiben Sie skizzenhaft den Druckverlauf eines in ein Luftleitungssystem integrierten Ventilators.

6. Ein Ventilator mit Riemenantrieb fördert bei einer Drehzahl von $n_1 = 900/min$ einen Volumenstrom $\dot{V} = 1500\,\frac{m^3}{h}$ gegen eine Totaldruckerhöhung $\Delta p_t = 125\,Pa$. Der Gesamtwirkungsgrad beträgt $\eta_t = 0{,}5$.
   a) Wie groß muss die Motorleistung sein?
   b) Welche Drehzahl muss gewählt werden, wenn durch eine Anlagenerweiterung (paralleler Strang) der Volumenstrom auf $= 2100\,\frac{m^3}{h}$ erweitert wird?
   c) Welcher Leistungsbedarf in W ergibt sich aus der Drehzahlerhöhung?

7. Ein Ventilator soll laut Anlagenbeschreibung einen Volumenstrom $= 2000\,\frac{m^3}{h}$ fördern, tatsächlich fördert er jedoch nur $= 1500\,\frac{m^3}{h}$. Die Motorleistung beträgt 250 W, der Gesamtwirkungsgrad ist $\eta_t = 0{,}6$.
   a) Welche Gesamtdruckdifferenz stellt sich ein?
   b) Wie hoch dürfen die Anlagenverluste maximal sein, damit der geforderte Volumenstrom gefördert werden kann?
   c) Wie groß muss die erforderliche Motorleistung tatsächlich sein?

ÜBUNGEN

Schalldämpfer

1. Nennen Sie die technischen Möglichkeiten der Schalldämpfung.
2. Beschreiben Sie die Methode der Schnellauslegung und die der ausführlichen Größenbestimmung von Schalldämpfern und begründen Sie die Berechtigung beider Maßnahmen.

Luftleitungen

1. Nennen Sie Baustoffe für Luftleitungssysteme.
2. Wie werden Luftleitungswandungen „verfestigt"?
3. Beschreiben Sie die für Luftleitungen mit rechteckigem und rundem Querschnitt verwendeten Verbindungstechniken.
4. Nennen Sie Einsatzbereiche und Materialien für flexible Schläuche.

Luftdurchlässe

1. Nennen Sie mindestens drei unterschiedliche Arten von Luftdurchlässen und ordnen Sie Einsatzgebiete zu.
2. Nennen Sie Vor- und Nachteile der von Ihnen unter Übung 1 aufgeführten Luftdurchlässe.
3. Beschreiben Sie skizzenhaft die Konstruktionsarten von Mengeneinstellvorrichtungen.
4. Benutzen Sie zusätzliches Informationsmaterial von Herstellern und machen Sie sich mit den Einbauanleitungen der verschiedenen Luftdurchlässe vertraut.

Brandschutzeinrichtungen

1. Beschreiben Sie die Aufgabe und Funktionsweise von Brandschutzklappen.
2. Beschreiben Sie die Funktionsweise eines Brandschotts.
3. Beschaffen Sie sich die Einbauanleitung (Internet, Firmenprospekt etc.) eines Brandschotts und schildern Sie folgerichtig dessen Einbau.

Technische Maßnahmen der Energieeinsparung

1. Nennen Sie Energie sparende Maßnahmen bzw. Bauteile in RLT-Anlagen.
2. Erläutern Sie die beiden Hauptunterscheidungsmerkmale von Wärmerückgewinnern.
3. Zählen Sie die unterschiedlichen Wärmerückgewinnungssysteme auf und beschreiben Sie deren Arbeitsweise.
4. Nennen Sie Vor- und Nachteile der unter Übung 3. genannten Systeme.

9 Akustische Probleme des Anlagenumfeldes

Grundsätzlich kann man zwischen dem **Außenlärm** (external noise) und dem von den installierten Geräten hervorgerufenen **Innenlärm** (internal noise) unterscheiden.
Der Außenlärm wird über die Gebäudehülle in den Raum übertragen und stellt an das Hauptgewerk Bau hohe Anforderungen (z. B. Dreifachverglasung bei Fenstern). Im Zusammenhang mit der Planung und Installation einer RLT-Anlage steht jedoch der Innenlärm im Mittelpunkt der Betrachtung (vgl. Fachkenntnisse 1, Lernfeldübergreifende Inhalte, Kap. 8.8).
Die Entstehung des Innenlärms an Bauteilen einer RLT-Anlage wird durch folgende Komponenten beeinflusst:

- **Körperschallübertragung** (structure-borne sound transmission) durch Fußböden, Decken und Wände, verursacht durch Ventilatoren, Pumpen, Kaltwassersätze (Kompressoren, Turbinen usw.) und andere mechanisch bewegte Bauteile.
- **Luftschallübertragung** (airborne sound transmission) vorwiegend über Luftleitungen, verursacht durch vorgenannte Einbaukomponenten.
- **Luftschallübertragung** des Strömungsgeräusches von Luftleitungen und Luftauslässen, verursacht durch hohe Strömungsgeschwindigkeiten.

Maßnahmen zur Minderung der Schallentstehung und -ausbreitung (sound development and propagation)
Bild 1, nächste Seite verdeutlicht alle schalltechnischen Maßnahmen, die an einer RLT-Anlage vorgenommen werden können:

- **Entkoppelung** (decoupling) rotierender bzw. sich bewegender Bauteile vom Baukörper durch Feder- oder Gummischwingungsdämpfer (spring-type or rubber vibration dampers),

9 Akustische Probleme des Anlagenumfeldes

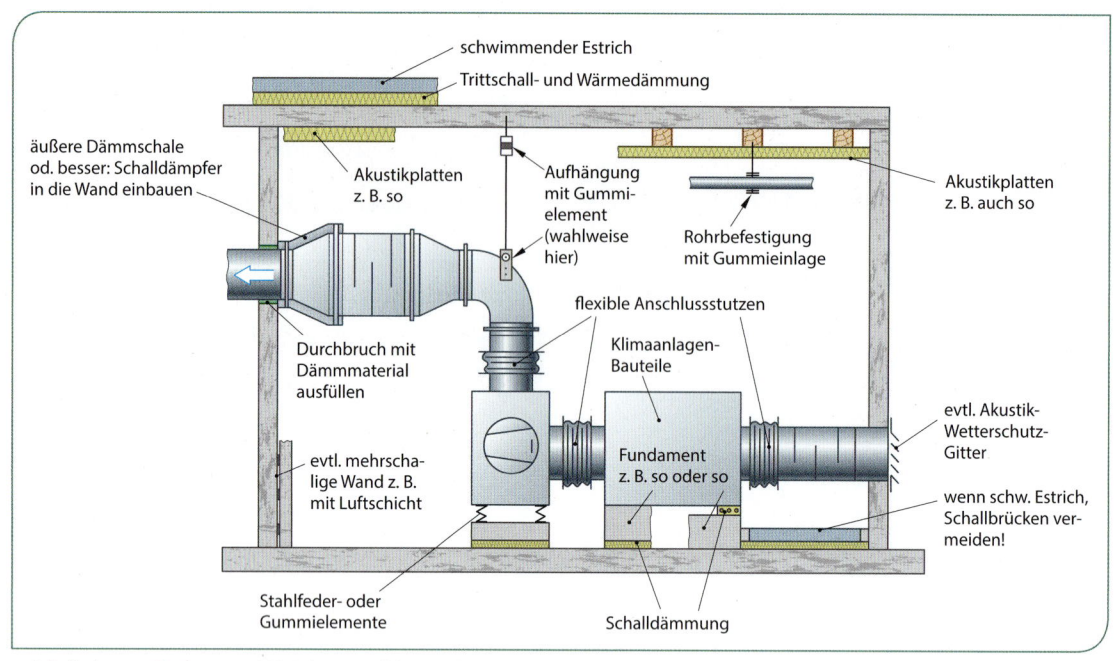

1 Schallschutzmaßnahmen an RLT-Anlagen und dem Baukörper

- Unterlegen von Gummimatten unter Gehäuseteile des Zentralgerätes als sog. „Antidröhnmasse" (anti drumming compound),
- flexible Anbindung (flexible connection) der Luftleitungsanschlussstutzen an Ventilatoren und das Zentralgerät über Gewebefaltenbälge (sog. „Segeltuchstutzen") mit elastischen Dehnungsfalten (canvas bellow joints),
- Einbau von Kulissenschalldämpfern (splitter silencers/ attenuators) in die Luftleitungen, vorzugsweise im Bereich von Mauerdurchbrüchen,
- äußere oder innere Schalldämmschalen (sound damping jackets or inlets) um Luftleitungen und andere Bauteile wie z. B. Misch- und Entspannungskästen,
- schwimmende oder federnde Lagerung kompletter Fußböden,
- Luftleitungs- und Rohraufhängungen (duct suspensions) mit Gummielementen oder -einlagen,
- Auskleiden (lining) des Aufstellraumes mit Akustikplatten bzw. Umhüllen einzelner Komponenten mit Schalldämmhauben (sound damping hoods/bonnets),
- evtl. Maßnahmen im Außenbereich treffen hinsichtlich der Emissionen von Außen- und Fortluft.

PRAXISHINWEIS

Die geschilderten Maßnahmen erfordern ein hohes Maß an Koordination zwischen allen beteiligten Gewerken (crafts).

ÜBUNGEN

1) Nennen Sie die an einem Gebäude beteiligten Lärmarten.
2) Beschreiben Sie die Schallübertragungsmöglichkeiten an einer RLT-Anlage.
3) Erläutern Sie Schalldämm- und Schalldämpfungsmaßnahmen am Gebäude.

10 Kontrollierte Wohnungslüftung

10.1 Einleitung

Die Energieeinsparverordnung (EnEV) und die DIN 4108-2 (Wärmeschutz und Energieeinsparung in Gebäuden, **Teil 2: Mindestanforderungen an den Wärmeschutz**) schreiben vor, dass:

- Gebäudehüllen dauerhaft undurchlässig (sustainable sealed) abgedichtet sein müssen, jedoch,
- ein ausreichender Luftwechsel (sufficient air exchange) stattfinden muss, um zu hohe Feuchtelasten und damit Schimmelpilzbildung sowie zu hohe Kohlenstoffdioxidbelastung und Schadstoffkonzentrationen zu vermeiden.

Ein ausreichender Luftwechsel liegt lt. DIN 4108-2 sowie DIN EN 12831 (Heizlastberechnung) vor, wenn die Luftwechselzahl $l = 0{,}5\ h^{-1}$ beträgt (vgl. Kap. 5.2). Die Erfahrung zeigt, dass nach EnEV erstellte Gebäude Luftwechselzahlen (air exchange rates) von $0{,}1\ h^{-1}$ bis $0{,}3\ h^{-1}$ aufweisen. Viele Haushalte sind über einen längeren Tageszeitraum nicht bewohnt und können demzufolge auch nicht in kürzeren Zeitabständen durch das Öffnen der Fenster „stoßgelüftet" werden. Damit wird deutlich, dass entsprechende lüftungstechnische Maßnahmen (ventilation measures) getroffen werden müssen.

Solche weiteren Maßnahmen werden über kontrollierte Wohnungslüftungssysteme realisiert. Sie teilen sich nach DIN 1946-6 auf in

Systeme der freien Lüftung (free ventilation)
- Querlüftung (Feuchteschutz)
- Querlüftung
- Schachtlüftung

Systeme der ventilatorgestützten Lüftung (fan-supported/based ventilation)
- Abluftsystem
- Zuluftsystem
- Zu-/ Abluftsystem

Alle aufgeführten Lüftungssysteme beinhalten mehr oder weniger anspruchsvolle technische Maßnahmen an und/oder in der Haushülle.

10.2 Systeme der freien Lüftung

Bei der **Querlüftung** (transverse/cross-ventilation) werden Räume über Fugen der Fenster bzw. Außentüren und/oder zusätzlich in die Gebäudehülle eingebaute Außenluftdurchlässe (outdoor air passage) (ALD) be- und entlüftet.
Schachtlüftung (shaft ventilation) liegt vor, wenn fensterlose Räume – meist Badezimmer und Toiletten – mittels Schächte über Dach entlüftet werden.

10.3 Systeme der ventilatorgestützten Lüftung

Bei diesen Systemen wird die verbrauchte Raumluft zentral oder dezentral nach außen abgeführt und durch die Nachströmung oder ventilatorgestützte Zuführung von frischer Außenluft eine **kontrollierte Entlüftung** (controlled ventilation) der Innenräume herbeigeführt.
Man unterscheidet zwischen Systemen **mit und ohne Wärmerückgewinnung** (heat recovery).

10.3.1 Ventilatorgestützte Abluftsysteme ohne Wärmerückgewinnung

10.3.1.1 Dezentrale Abluftsysteme ohne Wärmerückgewinnung

Bei diesem einfachen Abluftsystem wird in ausgewählten Räumen durch separat arbeitende Abluftventilatoren (extract air fan) die verbrauchte Luft kontrolliert abgeführt und die Frischluft durch in Fensterrahmen oder Außenwände integrierte Außenluftdurchlässe hineingelassen (Bild 1 und 2).

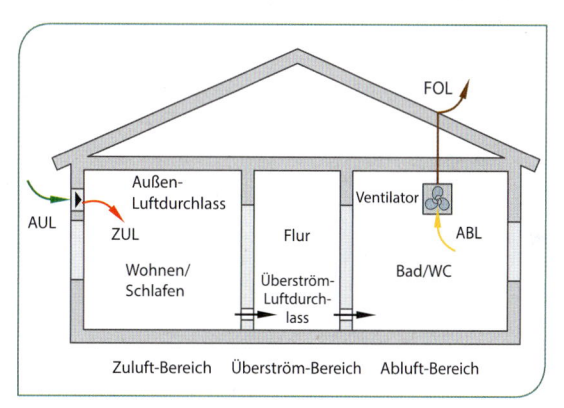

1 Dezentrales Abluftsystem ohne Wärmerückgewinnung

2 Einzelraumventilator ohne Wärmerückgewinnung

10.3.1.2 Zentrale Abluftsysteme ohne Wärmerückgewinnung

Hier wird die Luft aus z. B. 5 bis 6 Räumen über einen zentralen Abluftventilator kontrolliert abgeführt und die Frischluft durch in Fensterrahmen oder Außenwände integrierte Luftdurchlässe hineingelassen (Bilder 1, 2 und 3, nächste Seite).

Lernfeld 13

10 Kontrollierte Wohnungslüftung

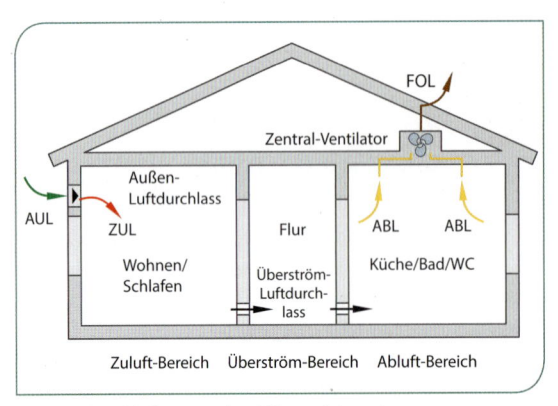

1 Zentrales Abluftsystem ohne Wärmerückgewinnung

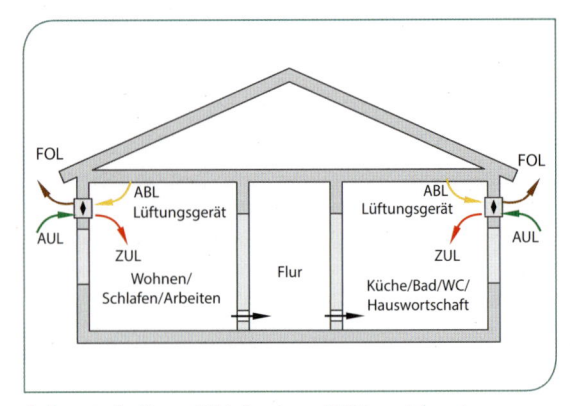

4 Dezentrales Zu- und Abluftsystem mit Wärmerückgewinnung

2 Zentraler Lüfter

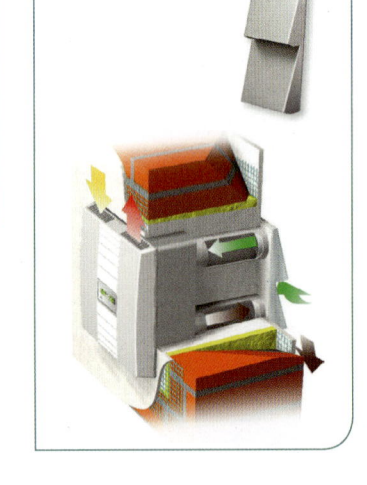

3 Zentraler Abluftsammler mit Ventilator

5 Integriertes Raum-Zu- und Abluftsystem

Sind im Gebäude bzw. in einzelnen Räumen zwei oder mehrere Lüftungsgeräte vorgesehen, werden sie über die Steuerung so geschaltet, dass sie paarweise im Gegenlauf (pairwise in counter direction) arbeiten (synchronisierter Betrieb, Bild 1, nächste Seite).

10.3.2 Ventilatorgestützte Zu- und Abluftsysteme mit Wärmerückgewinnung

10.3.2.1 Dezentrale Zu- und Abluftsysteme mit Wärmerückgewinnung

Die an den Außenwänden innen angebrachten oder integrierten Lüftungsgeräte sorgen für die kontrollierte Be- und Entlüftung eines Raumes (z.T. auch eines Nebenraumes). Zusätzliche Außenluftdurchlässe sind hierfür nicht erforderlich (Bilder 4 und 5).

Die Lüftungsgeräte sind entweder mit einem wechselseitig wirkenden (alternating operating) Ab- und Zuluftventilator oder mit zwei Ventilatoren und Luftfiltern ausgerüstet. Über einen integrierten Wärmespeicher bzw. Akkumulator (vgl. Kap. 8.3.2) wird die in der Abluft enthaltene Wärme aufgenommen und an die Zuluft übertragen (Bild 5 und Bild 1, nächste Seite).

10.3.2.2 Zentrale Zu- und Abluftsysteme mit Wärmerückgewinnung

Aus verschiedenen Räumen wird die warme Abluft über ein verzweigtes Rohrsystem zum Wärmeübertrager im zentralen Lüftungsgerät geführt und nach der Wärmeabgabe als Fortluft nach außen geleitet. Die frische Außenluft wird beim Durchströmen des Lüftungsgerätes gefiltert, erwärmt und über den Luftverteiler (air distributor) und das Zuluftrohrsystem in die Räume des Wohnbereichs geführt (Bild 2, nächste Seite).

Zur Wärmerückgewinnung können die Lüftungsgeräte (Bild 3, nächste Seite) mit einem Kreuz-Gegenstrom-Rekuperator oder mit einem Rotations-Wärmeübertrager (Bild 4, nächste Seite) versehen sein (vgl. Kap. 8.3.1 und 8.3.2).

Eine weitere Variante sind die zentralen Zu- und Abluftsysteme (supply and extract air systems) mit Abluft-Wärmerückgewinnung im Lüftungsgerät und rekuperativer Energiegewinnung im Erdreich (vgl. 8.3.1.1).

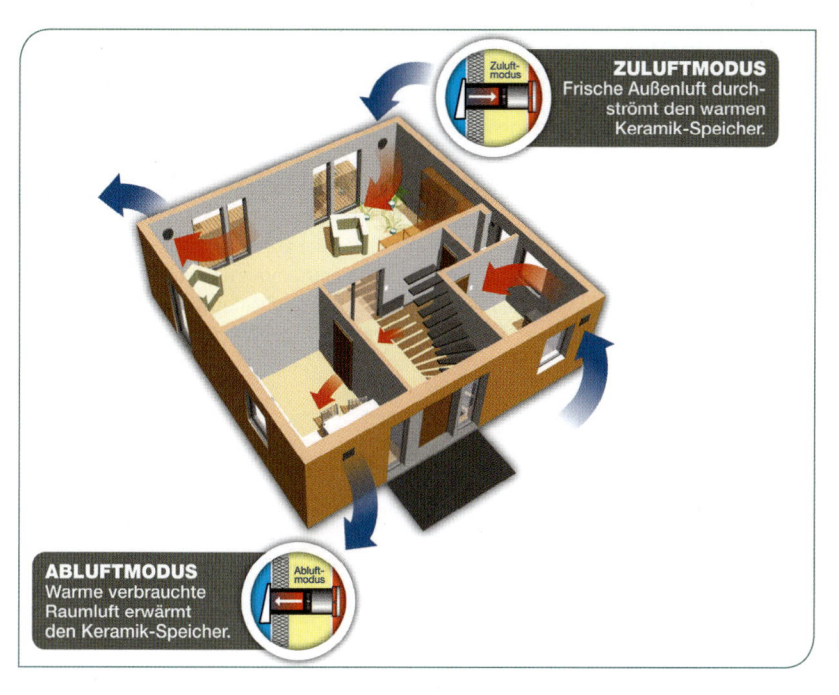

10 Kontrollierte Wohnungslüftung

ZULUFTMODUS
Frische Außenluft durchströmt den warmen Keramik-Speicher.

ABLUFTMODUS
Warme verbrauchte Raumluft erwärmt den Keramik-Speicher.

1 Dezentrales Zu- und Abluftsystem im Syncronbetrieb

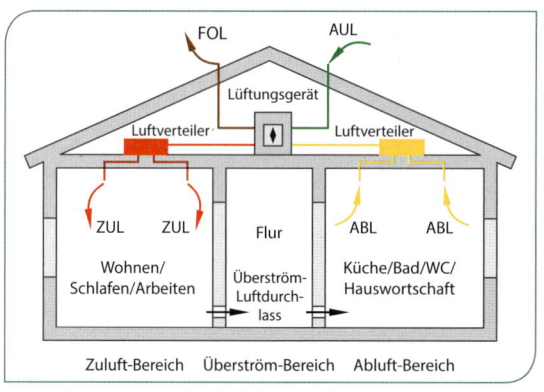

2 Zentrales Zu- und Abluftsystem mit Wärmerückgewinnung

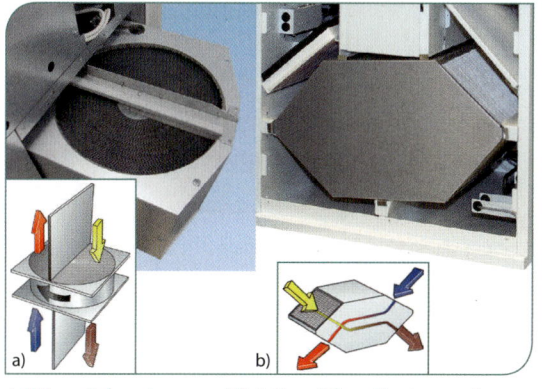

4 Wärmerückgewinnung mit Rotations-Wärmeübertrager oder Kreuz-Gegenstrom-Rekuperator

3 Lüftungsgerät für zentrales Zu- und Abluftsystem mit Wärmerückgewinnung

Über eine Außenluftleitung als Erdkollektor (earth collector) kann die kalte Außenluft im Winter vorgewärmt bzw. die warme Außenluft im Sommer vorgekühlt werden (Bild 5).

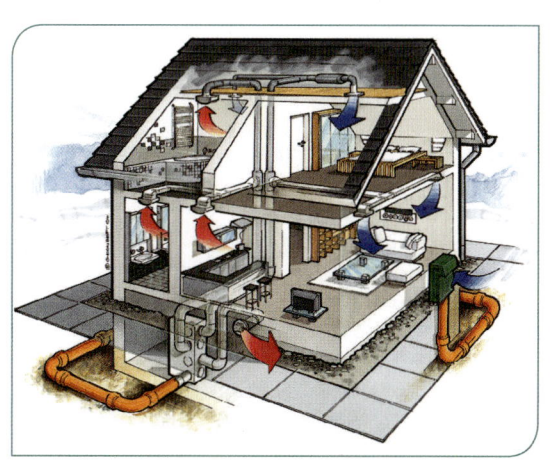

5 Rekuperative Energiegewinnung über das Erdreich

Lernfeld 13

10.4 Entscheidung über Lüftungskonzept

Ob ein Lüftungskonzept – und insbesondere hier eine ventilatorgestützte Lüftung – erforderlich ist, entscheiden folgende Betrachtungen:

a. Bei einer **Instandsetzung oder Modernisierung** eines **bestehenden Gebäudes** muss über eine lüftungstechnische Maßnahme entschieden werden, wenn
   - im Mehrfamilienhaus mehr als $\frac{1}{3}$ der vorhandenen Fenster ausgetauscht werden,
   - im Einfamilienhaus mehr als $\frac{1}{3}$ der vorhandenen Fenster ausgetauscht bzw. mehr als $\frac{1}{3}$ der Dachfläche abgedichtet werden.

Ist das der Fall, dann wird nach b. verfahren.

b. Bei **Neubauten** sind lüftungstechnische Maßnahmen erforderlich, wenn der im Folgenden beschriebene notwendige **Luftvolumenstrom zum Feuchteschutz** $\dot{V}_{V, ges, NE, FL}$ den **Luftvolumenstrom durch Infiltration** $\dot{V}_{V, Inf, wirk}$ überschreitet[1].

$$\dot{V}_{V, ges, NE, FL} > \dot{V}_{V, Inf, wirk}$$

Unter einem **Luftvolumenstrom zum Feuchteschutz** (moisture protection airflow) wird eine notwendige Lüftung zur Sicherstellung des Bautenschutzes unter üblichen Nutzungsbedingungen verstanden. Übliche Nutzungsbedingungen beinhalten eine zeitweilige Abwesenheit der Bewohner sowie kein Wäschetrocknen.

Mit einem **Luftvolumenstrom durch Infiltration**[2] (infiltration airflow) ist ein Luftaustausch innerhalb der Gebäudehülle gemeint, der durch einen äußeren Druckunterschied aufgrund der Luftströmungen am Gebäude (Luv und Lee[3]) und einer bautechnisch nicht vermeidbaren Undichtheit dieser Gebäudehülle verursacht wird.
Der **Gesamt-Außenluftvolumenstrom** $\dot{V}_{V, ges}$ (total outdoor airflow) einer Nutzungseinheit wird in Abhängigkeit von der Nutzung in **vier Lüftungsbetriebsstufen** (ventilation operating stages) unterteilt:
- Lüftung zum Feuchteschutz ($\dot{V}_{V, ges, NE, FL}$),
- Reduzierte Lüftung ($\dot{V}_{V, ges, NE, RL}$),
- Nennlüftung ($\dot{V}_{V, ges, NE, NL}$),
- Intensivlüftung ($\dot{V}_{V, ges, NE, IL}$).

Eine Auslegung der Zuluft- und/oder Abluftvolumenströme erfolgt immer mittels der **Nennlüftung** (nominal ventilation rate).
Anhand des Musterhauses soll im Folgenden eine mögliche Lösung der kontrollierten Wohnungslüftung beispielhaft erläutert werden (Bild 1 und Bild 1, nächste Seite).

Die gewählte Anlagenvariante wird im Wohnungsneubau häufig ausgeführt und stellt mit der Novellierung der DIN 1946-6 hohe Anforderungen an Planer und Ausführende. Wegen der geringen Zeitvorgaben in diesem Lernfeld können die Inhalte der o. g. Norm und damit die Auslegungsparameter nur sehr verkürzt dargestellt werden.
Statt einer aufwändigen Berechnung (vgl. Kap. 10.6) können die Volumenströme der vier Lüftungsstufen aus der Tabelle (Bild 2, nächste Seite) entnommen werden. Hierfür ist die **beheizbare Grundfläche** A_{NE} (heatable building area) notwendig, die den Grundrissen (Bild 1, nächste Seite) entnommen werden kann.

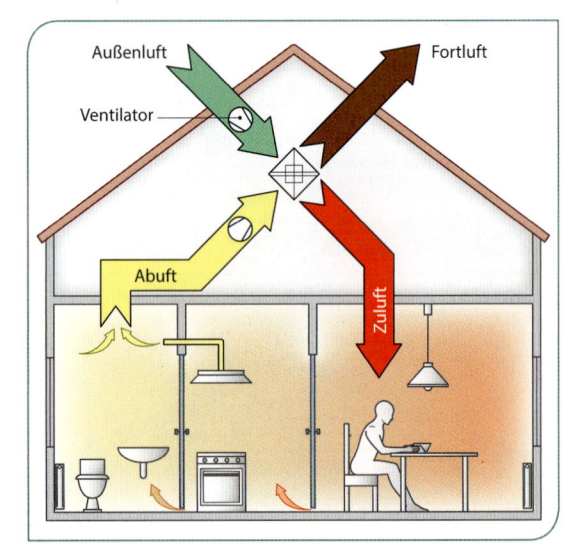

1 Kontrollierte Wohnungslüftung

Die Addition der beheizten Raumflächen im Erdgeschoss (EG) und Dachgeschoss (DG) ergibt $A_{NE} = 139{,}9\ m^2$.
Mit diesem Wert kann anhand folgender Tabelle die Nennlüftung durch Zwischenwertbildung (Interpolation) ermittelt werden (Pfeil).
Von diesem Wert (hier: 163 $\frac{m^3}{h}$) muss der wirksame Infiltrationsvolumenstrom $\dot{V}_{V, Inf, wirk} = 0{,}2 \cdot 340\ m^3 \cdot 1\frac{1}{h} \cdot \left(\frac{4\ Pa}{50\ Pa}\right)^{\frac{2}{3}}$ abgezogen werden (hier: 12,7 $\frac{m^3}{h}$; vgl. Berechnung Kap. 10.5). Damit erhält man den für die Auslegung der Lüftungsanlage maßgeblichen ventilatorgestützten Luftvolumenstrom $\dot{V}_{V, LtM, vg}$ (vgl. Kap. 10.6)

---

[1] In Abänderung zu dem in der Norm mit q bezeichneten Volumenstrom wird aus Gründen der Eindeutigkeit im Buch das bekannte $\dot{V}$ verwendet.
[2] franz.: Eindringung
[3] niederdtsch.: Luv = die dem Wind zugewandte Seite; Lee = die dem Wind abgewandte Seite

10 Kontrollierte Wohnungslüftung

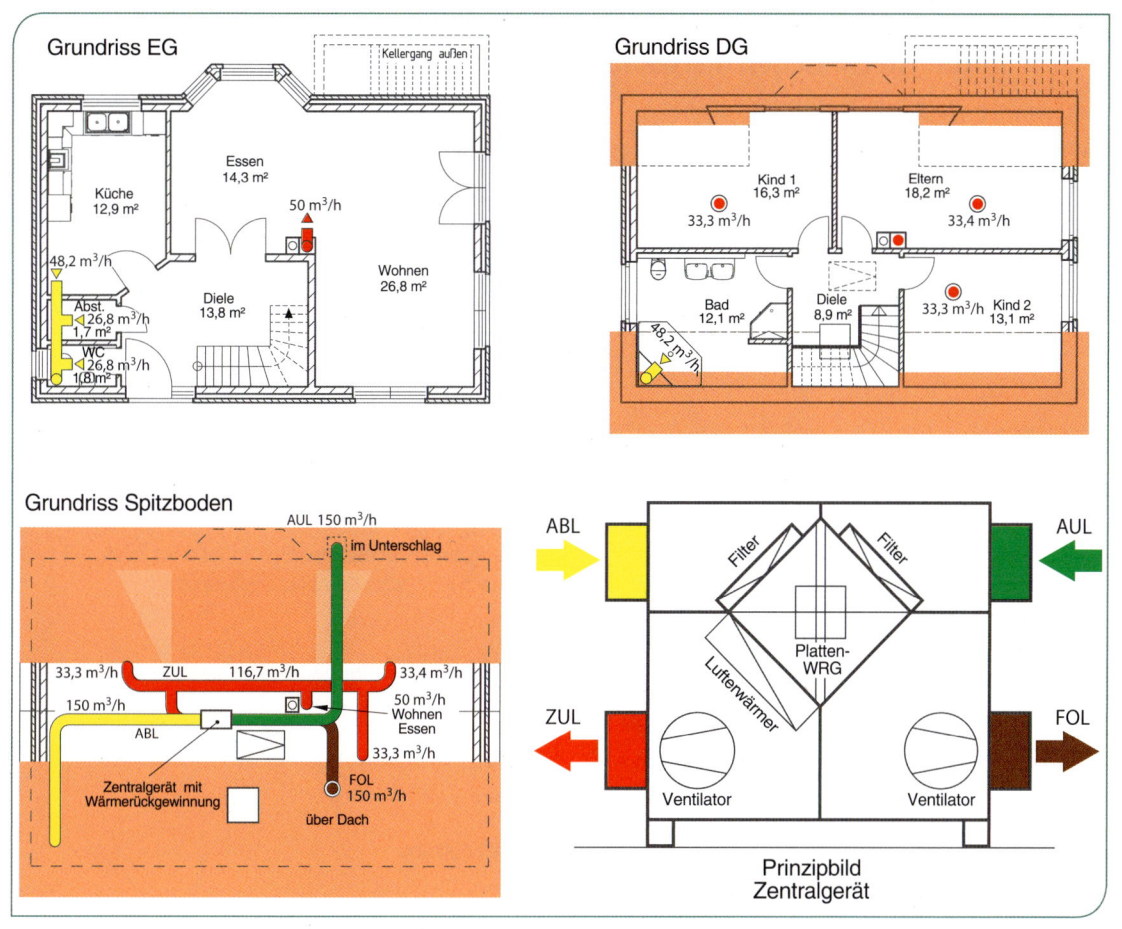

Grundriss EG
- Kellergang außen
- Küche 12,9 m²
- Essen 14,3 m² 50 m³/h
- Wohnen 26,8 m²
- Diele 13,8 m²
- Abst. 1,7 m² 26,8 m³/h
- WC 1,8 m² 26,8 m³/h
- 48,2 m³/h

Grundriss DG
- Kind 1 16,3 m² 33,3 m³/h
- Eltern 18,2 m² 33,4 m³/h
- Bad 12,1 m² 48,2 m³/h
- Diele 8,9 m²
- Kind 2 13,1 m² 33,3 m³/h

Grundriss Spitzboden
- AUL 150 m³/h im Unterschlag
- ZUL 116,7 m³/h
- 33,3 m³/h
- 33,4 m³/h
- 150 m³/h ABL
- 50 m³/h Wohnen Essen
- 33,3 m³/h
- Zentralgerät mit Wärmerückgewinnung
- FOL 150 m³/h über Dach

Prinzipbild Zentralgerät
- ABL, AUL, ZUL, FOL
- Filter, Platten-WRG, Lufterwärmer, Ventilator

1 Grundrisse Musterhaus

Fläche der Nutzungseinheit A_{NE} a (in m²)	≤ 30	50	70	90	110	130	150	170	190	210
Lüftung zum Feuchteschutz, Wärmeschutz hoch $\dot{V}_{v, ges\,NE, FLh}$	15	25	30	35	40	45	50	55	60	65
Lüftung zum Feuchteschutz, Wärmeschutz gering $\dot{V}_{v, ges\,NE, FLg}$	20	30	40	45	55	60	70	75	80	85
Reduzierte Lüftung $\dot{V}_{v, ges\,NE, RL}$	40	55	65	80	95	105	120	130	140	150
Nennlüftung $\dot{V}_{v, ges\,NE, NL}$	55	75	95	115	135	155	170	185	200	215
Intensivlüftung $\dot{V}_{v, ges\,NE, IL}$	70	100	125	150	175	200	220	245	265	285

(Markierungen: 140 → 48 bei FLh; 163 bei NL)

a bezeizte Fläche A_{NE} innerhalb der Gebäudehülle, die im Rahmen des Lüftungskonzeptes zu berücksichtigen ist,
bei Flächen der NE A_{NE} < 30 m² (je Wohnung bzw. Nutzungseinheit) wird A_{NE} = 30 m² gesetzt.
bei Flächen der NE A_{NE} > 210 m² (je Wohnung bzw. Nutzungseinheit) sind die planmäßigen Außenluftvolumenströme in geeigneter Weise an die geplante Nutzung (Belegungsdichte) anzupassen
b einschließlich Infiltration

2 Mindestwerte der Gesamt-Außenluftvolumenströme^b $\dot{V}_{v, ges, NE}$ in $\frac{m^3}{h}$ für Nutzungseinheiten

Lernfeld 13

10.5 Rechnerischer Nachweis einer lüftungstechnischen Maßnahme

Der rechnerische Nachweis erfolgt mit der Formel
$\dot{V}_{V, ges, NE, FL} > \dot{V}_{V, Inf, wirk}$ (vgl. Kap. 10.4).
(Feuchteschutz)   (Infiltration)

Der in Abhängigkeit von der beheizten Fläche der Nutzungseinheit A_{NE} aus Bild 2, vorherige Seite entnommene Wert für den Feuchteschutz muss nun dem nach folgender Gleichung zu ermittelnden **Infiltrationsvolumenstrom** gegenübergestellt werden.

$$\dot{V}_{V, Inf, wirk} = f_{wirk, Komp} \cdot V_{NE} \cdot n_{50} \cdot \left(\frac{\Delta p}{50}\right)^{\frac{2}{3}}$$

$\dot{V}_{V, Inf, wirk}$: Wirksamer Infiltrations-Luftvolumenstrom in $\frac{m^3}{h}$

$f_{wirk, Komp}$: Korrekturfaktor für den wirksamen Infiltrationsluftanteil bei einem Lüftungssystem; hier 0,2 (vgl. DIN 1946-6, Tab. 8)

V_{NE} Raumvolumen einer Nutzungseinheit in m³; hier 340,8 m³ (vgl. Auflistung Bilder 3 und 4, nächste Seite)

n_{50}:   Luftwechsel in $\frac{1}{h}$ bei standardisiertem Blower-Door-Test (vgl. LF 15, Kap. 1.3), hier 1,0 (DIN 1946-6, Tab. 9)

Δp: Auslegungsdifferenzdruck in Pa; (DIN 1946-6, Tab. 10); hier 4 Pa (windstarke Gegend, siehe DIN 1946-6, Bild H1)

Damit wird

$\dot{V}_{V, Inf, wirk} = 0,2 \cdot 340,8 \, m^3 \cdot 1 \, \frac{1}{h} \cdot \left(\frac{4 \, Pa}{50 \, Pa}\right)^{\frac{2}{3}}$

$\dot{V}_{V, Inf, wirk} = 12,7 \, \frac{m^3}{h}$

Bei einer beheizten Fläche $A_{NE} = 139,9 \, m^2$ wird ein Volumenstrom für den Feuchteschutz von $\dot{V}_{V, ges, NE, FLh} \approx 48 \, \frac{m^3}{h}$ benötigt (vgl. Bild 2, vorherige Seite).
Bilanz:
$\dot{V}_{V, ges, NE, FL} = 48 \, \frac{m^3}{h} > \dot{V}_{V, Inf, wirk} = 12,7 \, \frac{m^3}{h}$

Es ist eine Lüftungsanlage erforderlich!

10.6 Rechnerische Ermittlung der Volumenströme

Die im Bild 2, vorherige Seite aufgeführten Volumenströme für die vier Betriebsstufen können mit Hilfe folgender Formeln berechnet werden:

Nennlüftung
$\dot{V}_{V, ges, NE, FL} = -0,001 \cdot A_{NE}^2 + 1,15 \cdot A_{NE} + 20$

Lüftung zum Feuchteschutz (Wärmeschutz hoch, z. B. Neubau nach 1995 oder Komplettsanierung)
$\dot{V}_{V, ges, NE, FLh} = 0,3 \cdot \dot{V}_{V, ges, NE, NL}$

Lüftung zum Feuchteschutz (Wärmeschutz gering)
$\dot{V}_{V, ges, NE, FLg} = 0,4 \cdot \dot{V}_{V, ges, NE, NL}$

Reduzierte Lüftung
$\dot{V}_{V, ges, NE, RL} = 0,7 \cdot \dot{V}_{V, ges, NE, NL}$

Intensivlüftung
$\dot{V}_{V, ges, NE, IL} = 1,3 \cdot \dot{V}_{V, ges, NE, NL}$

Die ermittelten Werte schließen Infiltration ein.

ÜBUNGEN[1]

1. Für das abgebildete Haus (Bild 1, vorherige Seite) soll eine kontrollierte Wohnungslüftung geplant werden. Der Verlauf der Luftleitungen ist bereits festgelegt worden. Zu bestimmen sind
   a) die Volumenströme für die Räume sowie für die Leitungsabschnitte auf der Basis der DIN 1946-6.
   b) die Rohrleitungsdurchmesser auf der Grundlage des Leitungsverlaufs (siehe Grundrisse und isometrische Darstellung). Die Bögen haben ein R/d-Verhältnis von 1, es werden 90°-Abzweige verwendet. Die Strömungsgeschwindigkeit in den Rohrleitungen soll $v \leq 4 \, \frac{m}{s}$ betragen. Es sind handelsübliche Lufteinund -auslässe zu verwenden, deren Druckverhältnisse den Herstellerangaben zu entnehmen sind.
   c) die Druckverluste in den Rohrleitungen unter Einbeziehung von Schallschutzmaßnahmen. Ein Druckausgleich zwischen den einzelnen Strängen ist vorzunehmen.
   d) die Leistungsdaten des Zentralgerätes inklusive der Ventilatorleistung, indem die Festlegung auf ein bestimmtes Produkt erfolgt.
   e) Maßnahmen hinsichtlich der Luftübertritte von Raum zu Raum, wobei bei Luftleistungen $\leq 35 \, \frac{m^3}{h}$ eine Kürzung des Türblattes von 1 cm als ausreichend anzusehen ist. Außerdem müssen z. B. spezielle schalldämpfende Überströmelemente eingesetzt werden.
   f) die benötigten Bauteile in Form einer Stückliste einschließlich der Befestigungselemente. Hierbei ist zu berücksichtigen, dass die Leitungen im EG im Bereich WC und Abstellraum in einer abgehängten Decke und im Dachbodenbereich im Wesentlichen in der Geschossdecke verlaufen. Die in das Wohnzimmer führende senkrechte Leitung ist hinter einer Verkleidung neben dem Schornsteinzug angeordnet.
   g) die Luftwechselzahlen der Räume.
   h) Dämmmaterialien mit Dämmschichtdicken (vgl. Bild 2, Seite 383)

---
[1] Die Aufgaben a), b), c) (teilw.) sind beispielhaft ermittelt worden, die Aufgaben d) bis h) sollen mit Hilfe von Firmenunterlagen gelöst werden.

10 Kontrollierte Wohnungslüftung

Der Luftvolumenstrom durch lüftungstechnische Maßnahmen wird berechnet mit

$$\dot{V}_{V, LtM, vg} = \dot{V}_{V, ges} - (\dot{V}_{V, Inf, wirk} + \dot{V}_{V, Fe, wirk})$$

mit

$\dot{V}_{V, LtM, vg}$: Außenluftvolumenstrom in $\frac{m^3}{h}$ durch Lüftungstechnische Maßnahmen, ventilatorgestützt

$\dot{V}_{V, ges}$: Gesamtaußenluftvolumenstrom in $\frac{m^3}{h}$ (= Nennlüftung $\dot{V}_{V, ges, NE, FL}$)

$\dot{V}_{V, Inf, wirk}$: wirksamer Außenluftvolumenstrom in $\frac{m^3}{h}$ durch Infiltration

$\dot{V}_{V, Fe, wirk}$: wirksamer Außenluftvolumenstrom in $\frac{m^3}{h}$ durch Fensteröffnen; wird bei der Berechnung des Luftvolumenstroms durch lüftungstechnische Maßnahmen mit 0 $\frac{m^3}{h}$ angesetzt.

Damit wird:
$\dot{V}_{V, LtM, vg} = \dot{V}_{V, ges} - \dot{V}_{V, Inf, wirk}$

Für die Musteranlage gilt dann
$\dot{V}_{V, LtM, vg} = 163 \frac{m^3}{h} - 12{,}7 \frac{m^3}{h} = 150{,}3 \frac{m^3}{h} \sim 150 \frac{m^3}{h}$

Die Aufteilung des Gesamt-Außenluftvolumenstroms auf die einzelnen Räume erfolgt analog den Empfehlungen in der DIN 1946-6 (Bild 1).

Raum	Aufteilungsfaktor $f_{R, zu}$ für Zuluft
Wohnzimmer	3 (± 0,5)
Schlaf-/Kinderzimmer	2 (± 1)
Esszimmer, Arbeitszimmer, Gästezimmer	1,5 (± 0,5)

1 Aufteilungsfaktoren Zuluft für Räume

Für die einzelnen Zuluftvolumenströme der Räume unter Berücksichtigung der Aufteilungsfaktoren gilt

$$\dot{V}_{V, LtM, R, ZU} = \frac{f_{R, ZU}}{\Sigma f_{R, ZU}} \cdot \dot{V}_{V, LtM, vg}$$

Für die einzelnen Abluftvolumenströme der Räume unter Anwendung der Mindest-Abluftvolumenströme (Bild 2) gilt

$$\dot{V}_{V, LtM, R, ab} = \frac{\dot{V}_{R, ab}}{\Sigma \dot{V}_{R, ab}} \cdot \dot{V}_{V, LtM, vg}$$

Mindest-Abluftvolumenströme einzelner Räume in $\frac{m^3}{h}$ (Nennlüftung)	$\dot{V}_{R, ab}$ in $\frac{m^3}{h}$
Hauswirtschaftsraum, WC, Keller, Vorrat	25
Küche, Bad, Dusche	45
Sauna, Fittnesraum	100

2 Mindest-Abluftvolumenströme für einzelne Räume

Zuluftraum	$f_{R, ZU}$	Raumgrundfläche A in m²	Mittlere Raumhöhe h in m	Raumvolumen V_{NE} in m³	Ermittelter Zuluftvolumenstrom $\dot{V}_{V, LtM, R, ZU}$ in $\frac{m^3}{h}$	Luftwechselzahl l in h⁻¹	Überströmgitter erforderlich	Ventil/Anzahl
Wohnen/Essen	3,0	41,1	2,46	101,1	50,0			
Kind 1	2,0	16,3	2,46	40,1	33,3			
Kind 2	2,0	13,1	2,46	32,2	33,3			
Eltern	2,0	18,2	2,46	44,8	33,4			
	Σ 9,0				Σ 150			
Diele EG		13,8	2,46	33,9				
		Σ 102,5		Σ 252,1				

3 Zuluftvolumenströme für die einzelnen Räume

Abluftraum	Mindest Abluftvolumenstrom $\dot{V}_{R, ab}$ in $\frac{m^3}{h}$	Raum-Grundfläche A in m²	Mittl. Raumhöhe h in m	Raumvolumen V_{NE} in m³	ermittelter Abluftvolumenstrom $\dot{V}_{V, LtM, R, ab}$ in $\frac{m^3}{h}$	Luftwechselzahl in h⁻¹	Überströmgitter erforderlich	Ventil/Anzahl
Küche	45	12,9	2,10	31,7	48,2			
Abstellraum	25	1,7	2,10	4,2	26,8			
WC	25	1,8	2,10	4,3	26,8			
Bad	45	12,1	2,10	29,8	48,2			
	Σ 140				Σ 150			
Diele DG		8,9	2,10	18,7				
		Σ 37,4		Σ 88,7				
		A_{NE} = 139,9 m²		V_{NE} = 340,8 m³				

4 Abluftvolumenströme für die einzelnen Räume

Lernfeld 13

10.7 Ermittlung der Luftleitungsdurchmesser

Vorgehensweise:
- Die Längen l der Luftleitungen und die zugehörigen Volumenströme werden dem Isometrieplan (Bild 1, nächste Seite) entnommen und in die nachfolgende Tabelle eingetragen (Bild 1, Spalte 7),
- Ermittlung der Rohrleitungsdurchmesser in Abhängigkeit der Volumenströme unter Zugrundelegung einer maximalen Strömungsgeschwindigkeit aus dem Nomogramm (Bild 1, Seite 366), in **Spalte 5** eintragen (lt. DIN 1946-6 für Sammelleitungen v ≤ 5 $\frac{m}{s}$, für alle anderen Leitungen v ≤ 3 $\frac{m}{s}$),
- die aus der Festlegung der Rohrleitungsdurchmesser resultierenden Strömungsgeschwindigkeiten (siehe Nomogramm) in **Spalte 4** und die zugehörigen R-Werte in **Spalte 6** eintragen,
- Ermittlung der Druckverluste der geraden Strecken (R · l, **Spalte 10**),
- Ermittlung der ζ-Werte und Addition dieser Zeta-Werte im betrachteten Teilstrang (**Spalte 8**),
- mittels Σ ζ (**Spalte 8**) sowie zugehöriger Strömungsgeschwindigkeit (**Spalte 4**) aus Bild 2, Seite 366 die Z-Werte festlegen,
- in den einzelnen Teilsträngen die Summe R · l + Z bilden (**Spalte 11**),
- Die Druckverluste der in Reihe liegenden ungünstigsten (meist längsten) Teilstrecken für den Zuluft- und Abluftventilator addieren (**Spalte 11**).

1	2	3	4	5	6	7	8	9	10	11	12
Teil-Str.	$\dot{V}$ $\frac{m^3}{h}$	v_{soll} $\frac{m}{s}$	v_{ist} $\frac{m}{s}$	d mm	R $\frac{Pa}{m}$	l m	Σζ	Z Pa	R · l Pa	R · l + Z **Pa**	Bemerkung
1	48,2	≤5	3,0	70	2,5	0,70		50	1,75	**51,75**	1 Abluftventil
2	75,0	≤5	4,5	70	5,2	1,20	0,3	3,4	6,24	**9,64**	1 Erweiterung
3	101,8	≤5	5,0	80	5,5	3,73	0,5 0,25 0,3	15,0	20,52	**35,52**	1x 90°-Bogen 1x 45°-Bogen 1 Erweiterung
4	150	≤5	4,8	100	4,0	5,77	0,75	10,0	23,08	**33,08**	1x 90°- u. 1x 45°-Bogen
5	150	≤5	4,8	100	4,0	3,8	1,0	13,0 3,0	15,20	**28,20** **3,00**	2x 90°-Bögen, 1x Fortlufthaube
Der vom Ab- bzw. Fortluftventilator aufzubringende statische Druck beträgt										161,19 Pa	
6	150	≤5	4,8	100	4,0	8,80	1,0	10 16	35,2	**56,20**	1 Außenlufthaube 2x Bögen 45°, 1x Bogen 90°
7	150	≤5	4,8	100	4,0	1,40	0,5	7,0	5,6	**12,60**	1x Bogen 90°
9	116,7	≤5	3,5	100	2,0	3,75	1,4 0,1	10,5	7,5	**18,00**	1x Abzw. Trennung, 1x Reduz.
11	66,7	≤5	3,0	80	2,2	2,40			5,28	**5,28**	
12	33,3	≤5	2,5	70	1,5	1,60	2,0 0,1	7,5 20,0	2,4	**29,90**	1x Abzweig 1x Reduz. 1x Zuluftventil
Der vom Außen- bzw. Zuluftventilator aufzubringende statische Druck beträgt										121,98 Pa	
10	50	≤5	3,5	70	2,5	3,3	1,4 1,0	16,0 20,0	8,25	**44,25**	1x Abzw. Trenng. 2x Bögen 90° 1x Zuluftventil

Der Druckverlust der Teilstrecke 10 muss wegen des Druckabgleichs mit dem Druckverlust aus der Summe der Teilstrecken 11 und 12 übereinstimmen: Σ $\Delta p_{Teilstr. 11,12}$ = 35,18 Pa; $\Delta p_{Teilstr10}$ = 44,25 Pa; d.h. am Zuluftventil Kind 2 muss noch ein Differenzdruck von Δp ≈ 9 Pa über die Verstellung des Tellers „eingedrosselt" werden. Ebenso muss mit den Teilstrecken 8 und 13 verfahren werden (Diese Teilstrecken sollen als Übungsaufgabe von den Schülern ausgelegt und abgeglichen werden).
Anm.: Kann der Druckverlust in Teilstrecke 8 wegen der geringen Länge nicht über das Ventil abgeglichen werden, muss in diese Teilstrecke eine zusätzliche Drosselklappe eingebaut werden.

In Teilstrecke 7 und 11 ist jeweils ein Telefonieschalldämpfer der Länge l = 1000 mm einzubauen. Die Druckverluste sind wie bei geraden Wickelfalzrohren anzusetzen.

1 Druckverluste

10 Kontrollierte Wohnungslüftung

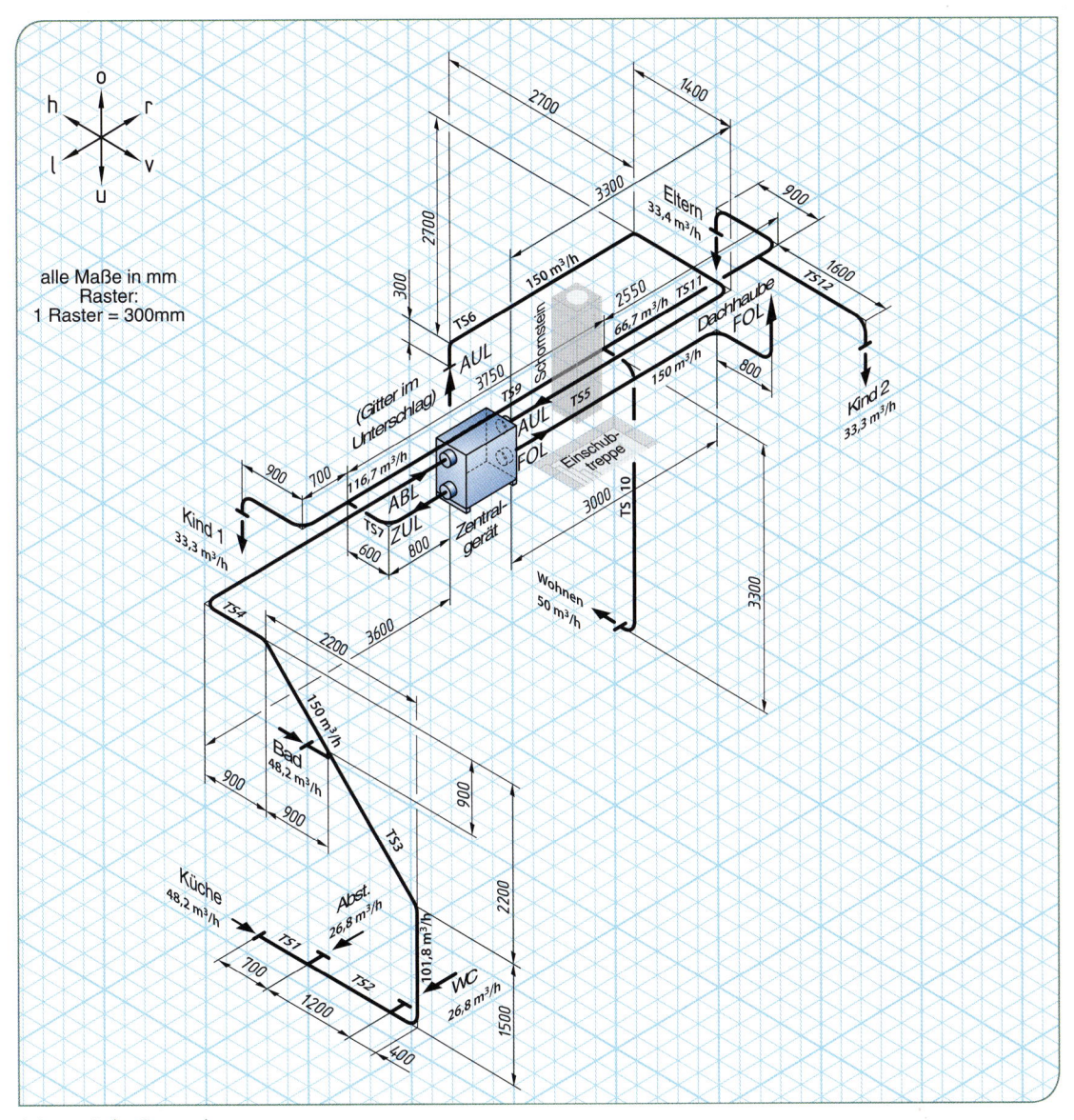

1 Isometrisches Strangschema

Luftart und Temperatur der Luft in der Leitung (θ_L)		Umgebungs-Lufttemperatur und Dämmdicke bei Leitungsverlegung ($\lambda = 0,045 \frac{W}{m \cdot K}$)					
		außerhalb der thermischen Hülle, innerhalb des Gebäudes				innerhalb der thermischen Hülle	
		< 10 °C (z. B. Dach)		< 18 °C (z. B. Keller)		≥ 18 °C	
		Mindest mm	Verbessert mm	Mindest mm	Verbessert mm	Mindest mm	Verbessert mm
Außenluft θ_{AL} (dampfdicht)	–	≥ 25	≥ 25	≥ 40	≥ 40	≥ 60	≥ 60
Zuluft θ_{AL}	ohne WRG[1]	≥ 25	≥ 25	≥ 40	≥ 40	≥ 60	≥ 60
Fortluft θ_{FL} (dampfdicht)	mit WRG u/o Abluft WP[2]	≥ 20	≥ 20	≥ 30	≥ 30	≥ 25	≥ 40

2 Dämmschichtdicken

[1] Wärmerückgewinnung
[2] Wärmepumpe

10 Kontrollierte Wohnungslüftung

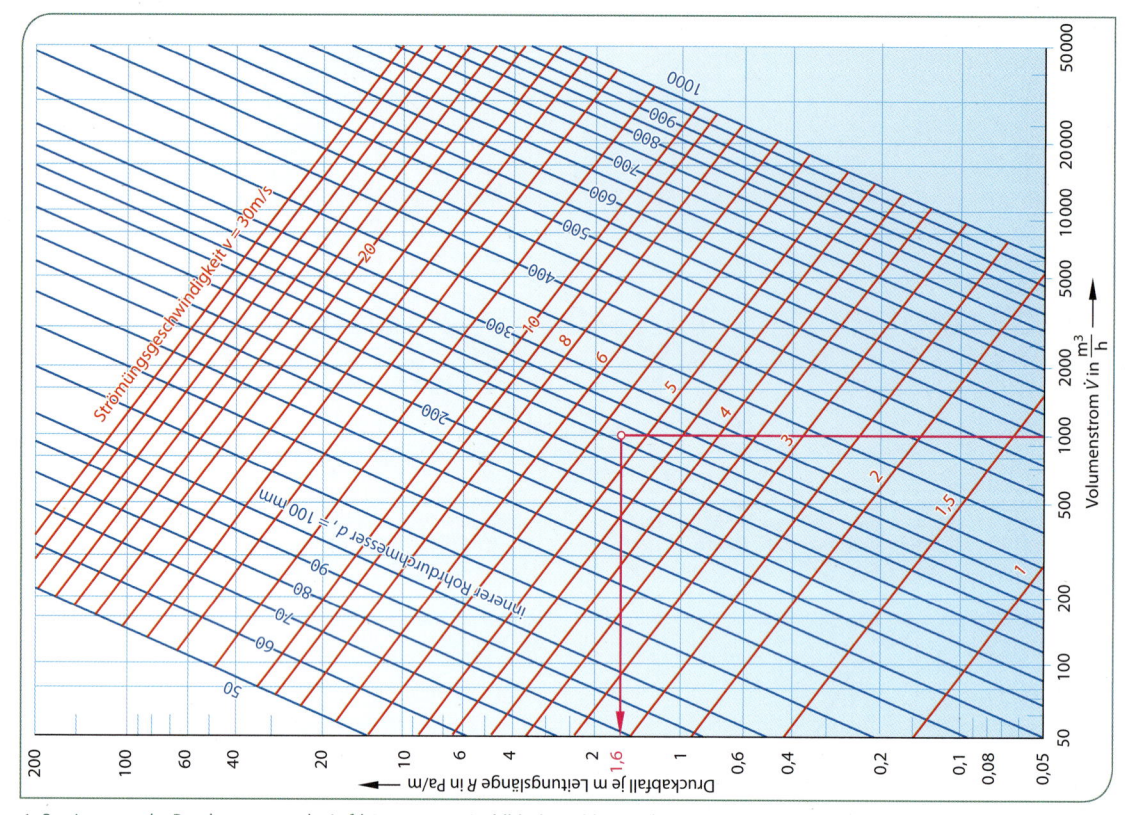

1 Bestimmung der Durchmesser runder Luftleitungen aus Stahlblech in Abhängigkeit von Luftgeschwindigkeit, Volumenstrom und Druckabfall durch Rohrreibung (aus VDI 2087) K = 0,15 mm, ρ = 1,2 kg/m³

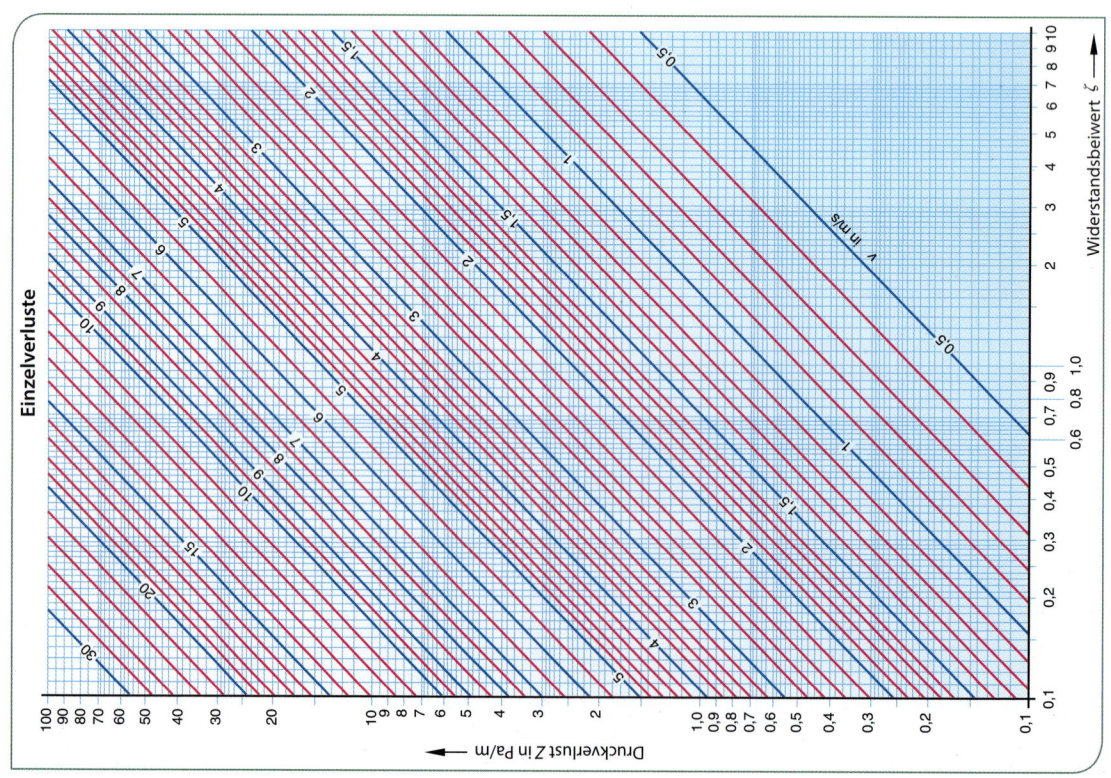

2 Nomogramm zur Bestimmung von Einzelverlusten

10.8 Kennzeichnung von Lüftungsanlagen/-geräten

Die Kennzeichnung (identification marking) einer Lüftungsanlage oder eines Lüftungsgerätes ist dem Kunden mit der Dokumentation zu übergeben bzw. am Gerät anzubringen. Sie wird nach DIN 1946-6 wie folgt vorgenommen (Bild 1).

Beispiel
Die in diesem Kapitel vorgestellte raumlufttechnische Anlage könnte folgende Bezeichnung haben
ZuAbLS-Z-EFH-WÜT-E-H-0-S-0
für den Fall, dass diese Anlage hinsichtlich der Energienutzung, der Raumluftqualität sowie des Schallschutzes höhere Anforderungen erfüllt.

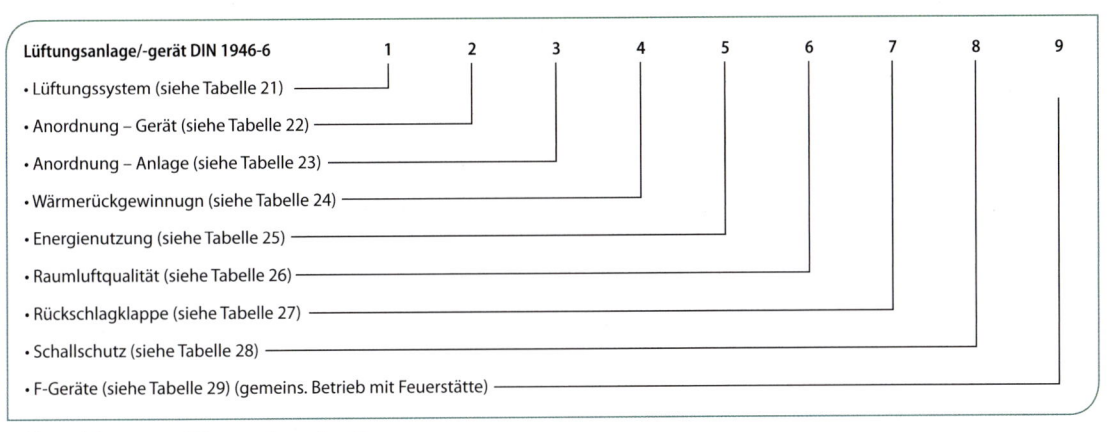

Lüftungsanlage/-gerät DIN 1946-6   1   2   3   4   5   6   7   8   9

- Lüftungssystem (siehe Tabelle 21)
- Anordnung – Gerät (siehe Tabelle 22)
- Anordnung – Anlage (siehe Tabelle 23)
- Wärmerückgewinnugn (siehe Tabelle 24)
- Energienutzung (siehe Tabelle 25)
- Raumluftqualität (siehe Tabelle 26)
- Rückschlagklappe (siehe Tabelle 27)
- Schallschutz (siehe Tabelle 28)
- F-Geräte (siehe Tabelle 29) (gemeins. Betrieb mit Feuerstätte)

1 Kennzeichnung von Lüftungsanlagen/-geräten

11 Inbetriebnahme und Abnahmeprüfung, Messen und Einregulieren

11.1 Inbetriebnahme und Abnahmeprüfung

Während die Inbetriebnahme (commissioning) einer RLT-Anlage meist von Kundendienstmonteur**Inn**en der Erstellerfirma durchgeführt wird, verläuft die Abnahmeprüfung (acceptance testing) zusätzlich unter der Aufsicht eines vom Auftraggeber beauftragten Fachingenieurs bzw. einer Fachingenieurin. Die Bedingungen für eine Abnahmeprüfung sind in **VOB DIN 18379** geregelt und bei entsprechendem Vertragsabschluss damit verbindlich.
Die während der Abnahmeprüfung angefertigten Protokolle sind nach Abschluss der Prüfung von beiden Parteien zu unterzeichnen und dem Auftraggeber auszuhändigen.

11.2 Messen von Luftgeschwindigkeiten und Einregulieren von Volumenströmen

Luftvolumenströme (air volume flows) werden nach folgender bekannter Formel berechnet:

$$\dot{V} = A \cdot v$$

$\dot{V}$: Volumenstrom in $\frac{m^3}{h}$
A: Querschnittsfläche in m^2
v: Strömungsgeschwindigkeit in $\frac{m}{h}$

Hierfür muss zunächst die **Strömungsgeschwindigkeit** (flow velocity) im betrachteten Querschnitt **messtechnisch** bestimmt werden (determinated by measurement). Da die Geschwindigkeitsverteilung über den Querschnitt sehr unterschiedlich sein kann, muss die Strömungsgeschwindigkeit häufig durch Berechnung des arithmetischen Mittelwertes der an den empfohlenen Messpunkten (Bild 2) gemessenen Werte ermittelt werden. Die Anzahl richtet sich u. a. nach der Größe der Querschnittsfläche (bei kleineren Querschnittsflächen werden weniger Messpunkte benötigt). Je nach örtlicher Gegebenheit (räumliche Enge) und Genauigkeitsanforderung der Messung kann auf verschiedene mechanische oder elektrische/elektronische Messverfahren zurückgegriffen werden, deren Ergebnisse analog oder digital angezeigt werden.

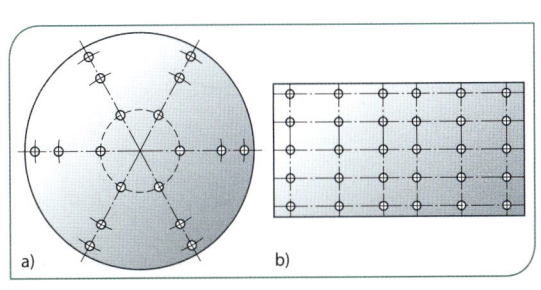

2 Empfohlene Messpunkte in der Luftleitung mit a) rundem, b) rechteckigem Querschnitt

11 Inbetriebnahme und Abnahmeprüfung, Messen und Einregulieren

Das **Einregulieren** (adjustment) von Volumenströmen wird über **Mengeneinstellvorrichtungen** (volume setting devices) (vgl. Kap. 8.2.2) vorgenommen. Dabei muss beachtet werden, dass durch Eindrosselungen (throttling) an einzelnen Gittern oder Luftleitungsabschnitten die vorab eingestellten Volumenströme eventuell wieder verändert werden. **Für einen genauen Abgleich der Volumenströme ist daher mehrmaliges Überprüfen und ggf. Nachregulieren nötig.**

11.2.1 Geschwindigkeitsmessung in geschlossenen, nicht begehbaren Räumen

Für die Geschwindigkeitsmessung werden zunächst ein oder mehrere Löcher zur Aufnahme der Messsonde (measuring probe) in die Luftleitung gebohrt. Später werden sie wieder mit Gummipfropfen verschlossen.

Die Örtlichkeiten der Messlöcher sind so zu wählen, dass möglichst turbulenzarme und gleichmäßig über die Querschnittsfläche verteilte Strömung vorliegt. Die Messungen sollten also bevorzugt auf langen, geraden Strecken und nicht vor oder hinter Abzweigungen und Bögen (branchings and bends/elbows) erfolgen.

Folgende Messgeräte werden verwendet:
Staurohr nach Prandtl[1] (Prandtl pivot tube)
Der Gesamtdruck des strömenden Mediums p_{ges} setzt sich aus dem statischen Druckanteil p_{stat} und dem dynamischen Druckanteil p_{dyn} zusammen (vgl. Fachkenntnisse 1, Lernfeld-übergreifende Inhalte, Kap. 3.6). Eine der Luftströmung entgegengerichtete Messöffnung eines Hakenrohres misst den Gesamtdruck. Messschlitze, senkrecht zur Strömung liegend (an einem Doppelrohr angeordnet), messen den statischen Druckanteil.

Beide Messergebnisse auf ein Feinmessmanometer (z. B. Schrägrohrmanometer, inclined/slanted tube manometer) übertragen bilden als Differenz den dynamischen Druckanteil p_{dyn} (Bild 1).

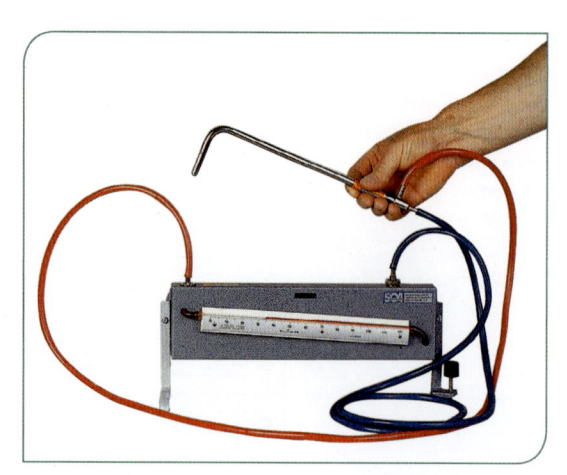

1 Messanordnung mit Prandtl-Rohr für die Messung des dynamischen Druckes

Da ein unmittelbarer Zusammenhang zwischen dem dynamischen Druck und der Strömungsgeschwindigkeit mit der Gleichung

$$p_{dyn} = \rho \cdot \frac{v^2}{2}$$

und der Umstellung nach

$$v = \sqrt{\frac{2 \cdot p_{dyn}}{\rho}}$$

besteht, kann hierüber rechnerisch oder durch ablesen aus einer entsprechenden Tabelle (Bild 2) die Geschwindigkeit bestimmte werden.

Beispiel
Es wurde ein dynamischer Druck $p_{dyn} = 50 \frac{N}{m^2}$ gemessen. Die Dichte der Luft bei 20 °C beträgt $\rho = 1{,}2 \frac{kg}{m^3}$.
Wie groß ist die Strömungsgeschwindigkeit?

Lösung:

$$v = \sqrt{\frac{2 \cdot p_{dyn}}{\rho}}$$

$$v = \sqrt{\frac{2 \cdot 50 \text{ kg} \cdot m \cdot m^3}{1{,}2 \text{ kg} \cdot s^2 \cdot m^2}}$$

$$v = 9{,}13 \frac{m}{s}$$

ρ in $\frac{kg}{m^3}$								p_{dyn} in $\frac{N}{m^2}$
0,7	0,8	0,9	1,0	1,1	1,2	1,3	1,4	
v in $\frac{m}{s}$								
0,93	0,87	0,82	0,78	0,74	0,71	0,68	0,65	0,3
1,07	1,00	0,94	0,89	0,85	0,82	0,78	0,76	0,4
1,2	1,12	1,05	1,00	0,95	0,91	0,88	0,85	0,5
1,69	1,58	1,49	1,42	1,35	1,29	1,24	1,20	1,0
...	...	...	...	...	...	...	...	...
10,7	10,0	9,4	8,9	8,5	8,2	7,8	7,6	40,0
11,3	10,6	10,0	9,5	9,1	8,7	8,3	8,0	45,0
12,0	11,2	10,5	10,0	9,5	**9,1**	8,8	8,5	**50,0**
12,5	11,7	11,1	10,5	10,0	9,6	9,2	8,9	55,0
13,1	12,3	11,6	11,0	10,4	10,0	9,6	9,3	60,0
13,6	12,8	12,0	11,4	10,9	10,4	10,0	9,6	65,0
14,1	13,2	12,5	11,8	11,3	10,8	10,4	10,0	70,0
14,6	13,7	12,9	12,3	11,7	11,2	10,7	10,4	75,0
15,1	14,1	13,3	12,7	12,1	11,6	11,1	10,7	80,0
15,6	14,6	13,7	13,0	12,4	11,9	11,4	11,0	85,0
16,0	15,0	14,1	13,4	12,8	12,3	11,8	11,3	90,0

2 Strömungsgeschwindigkeit in Abhängigkeit von dynamischem Druck und Dichte der Luft

Flügelradanemometer (propeller/vane anemometer)
In einem tunnelförmigen Gehäuse befindet sich ein Flügelrad, das bei Anströmung in Drehung versetzt wird und entweder die momentane Strömungsgeschwindigkeit auf der Anzeigeskala abbildet (Bild 1a, nächste Seite) oder mithilfe eines Zählwerkes die ermittelte Geschwindigkeit während des Zeitraums einer Minute erfasst. Die Sonde wird in diesem Fall gleichmäßig schleifenförmig über den gesamten Querschnitt bewegt (Bild 1b, nächste Seite).

---
[1] Prandtl, Ludwig, dt. Physiker, 1875–1953

11 Inbetriebnahme und Abnahmeprüfung, Messen und Einregulieren

a) mechanisch   b) elektronisch

1 Flügelradanemometer

Thermisches Anemometer (thermal anemometer)
Bei thermischen Anemometern (Bild 2) werden zur Bestimmung der Luftgeschwindigkeit elektrisch beheizte Widerstände oder Thermistoren (temperaturabhängige Widerstände) verwendet. Je nach dem Grad der Abkühlung durch den Luftstrom ändern sich der elektrische Widerstand und damit der im Stromkreis fließende Strom. Thermische Anemometer eignen sich besonders für die Messung geringer Luftgeschwindigkeiten.

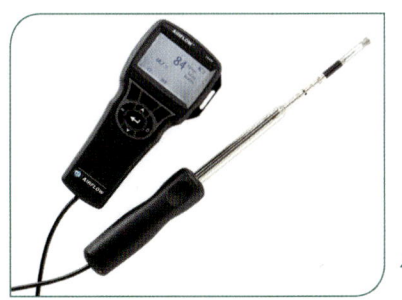

2 Thermisches Anemometer

11.2.2 Geschwindigkeitsmessung an Luftein- und -auslässen

Die Bestimmung des Volumenstroms über die Geschwindigkeitsermittlung an Luftein- und -auslässen (air inlets and outlets) kann z. B. erfolgen durch:

Prandtl-Rohr
Hierbei wird durch Messung der effektiven (auf den freien Querschnitt bezogenen) Luftgeschwindigkeit zwischen mehreren Lamellenspalten (Bild 3a) aus den Messwerten der arithmetische Mittelwert gebildet. Der Volumenstrom wird dann mithilfe der aus den Herstellerunterlagen zu ersehenden freien Querschnittsfläche nach folgender Beziehung ermittelt.

$$\dot{V} = A_{eff} \cdot v_{eff\,mittel}$$

Flügelradanemometer
Durch gleichmäßiges, über den gesamten Gitterquerschnitt verlaufendes Vorbeiführen des Messinstrumentes (Bild 3b und Bild 4) wird der Mittelwert der effektiven Strömungsge-

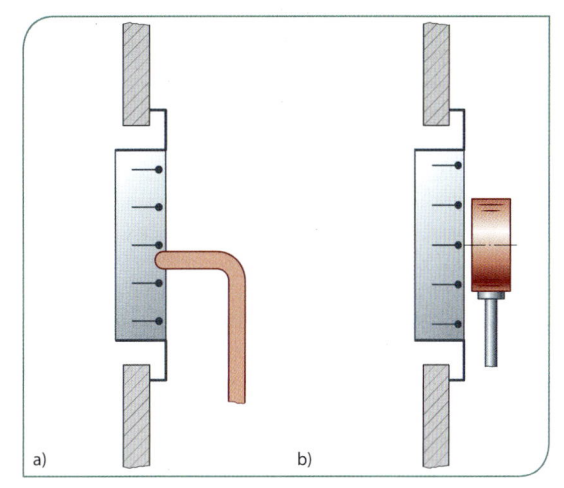

3 Geschwindigkeitsmessung am Gitter
   a) mit Prandtl-Rohr,   b) mit Flügelradanemometer

schwindigkeit gebildet. Die Volumenstromberechnung erfolgt dann über die Beziehung

$$\dot{V} = A_{eff} \cdot v_{eff\,mittel} \cdot f$$

mit dem herstellerspezifischen Korrekturfaktor f mit der Größenordnung $f_{Zuluft} \approx 1{,}3$ und $f_{Abluft} \approx 1{,}6$

4 Geschwindigkeitsmessung am Gitter mit Flügelradanemometer

Flügelradanemometer in Verbindung mit einer Volumenstromhaube (capture hood)
Eine Messzeugkombination, bestehend aus einem Anemometer und einer Haube (wie Bild 1, nächste Seite), ermöglicht das Erfassen der Luftströme ganzer Gitter oder größerer Gitterabschnitte. Hierbei wird unter Verwendung spezieller, auf die Messeinrichtung abgestimmter Volumenstrom-Diagramme (volume flow charts) sehr **Zeit sparend** und sehr **genau** gearbeitet. Selbst an größeren Gittern können Messungen durchgeführt werden, indem die Gitterfläche in kleinere, nicht überlappende Abschnitte aufgeteilt, nacheinander gemessen und die Messwerte addiert werden. Der dabei auftretende Messfehler liegt allerdings in einer Größenordnung von bis zu ±10 %.

Lernfeld 13

Die in DIN EN 12599 beschriebenen Messmethoden u. a. für Volumenstrommessungen (volume flow measurement) an Luftein- oder -auslässen werden aufgrund neu entwickelter Messgeräte am genauesten mit der Nulldruck-Methode (zero-point method) realisiert. Hierbei wird der Eigenwiderstand des Messgerätes mittels eines im Messgerät eingebauten Ventilators und einer ebenfalls enthaltenen Sensorik und Elektronik kompensiert. Das Messgerät erkennt automatisch, ob es sich um eine Zuluft- oder Abluftmessung handelt. Die Messungenauigkeit (measurement inaccuracy) liegt bei unter ± 5 %. Eine Auswahl an unterschiedlich großen Messhauben erlaubt die Überdeckung des gesamten Gitterquerschnittes (Bild 1).

> **ÜBUNGEN**
>
> 1. Nennen und erläutern Sie die Messmethoden, die für die Bestimmung von Volumenströmen in geschlossenen Räumen angewendet werden.
> 2. Erläutern Sie die Durchführung von Volumenstrombestimmungen an Luftein- und -auslässen.
> 3. Erklären Sie, mit welcher Problematik das Einregulieren von Volumenströmen innerhalb eines Luftleitungssystems verbunden sein kann.

1 Messgerät mit Messhaube

12 Anlageninstandhaltung

Mit ständig wachsendem Technisierungsgrad der RLT-Anlagen und den immer höheren Anforderungen an Reinheit und Hygiene wird die Anlageninstandhaltung (plant maintenance) zunehmend wichtiger. Längst ist diese Dienstleistung zu einem festen Bestandteil im Gesamtumfang der Arbeiten der in der Klimabranche tätigen Firmen geworden. Da es jedoch keine vom Gesetzgeber fest vorgegebenen Bestimmungen über die – zweifellos lohnintensiven – Wartungsarbeiten gibt, sind die durchzuführenden Maßnahmen seitens der Betreiber sehr unterschiedlich ausgeprägt. Nicht zuletzt deshalb hat das Image lüftungstechnischer Anlagen in der Vergangenheit sehr gelitten. Die Anlagenwartung von RLT-Anlagen sollte daher genauso selbstverständlich sein wie z. B. die Wartung eines Kfz.

Die Instandhaltung erfolgt entweder:
- **vorbeugend** (preventive) und damit in festen Zeitabständen,
- je nach Zustand der Anlage (des Anlagenteils), d. h. **zustandsabhängig** (statefully) oder
- nach einem Defekt oder Ausfall, also **störungs- oder schadensabhängig** (fault or damage dependent).

Nach DIN 31051 in Verbindung mit DIN EN 13306 wird die Anlageninstandhaltung in vier Teilbereiche unterteilt (vgl. Grundkenntnisse, LF 4, Kap. 1):
- Wartung (attendance/servicing),
- Inspektion (inspection),
- Instandsetzung (repair),
- Verbesserung (improvement).

> **PRAXISHINWEIS**
>
> Je intensiver und verantwortungsbewusster die Wartungsarbeiten durchgeführt werden, desto geringer wird die Anzahl der Instandsetzungsmaßnahmen ausfallen.

Unabdingbar ist hierbei der Einsatz von geschultem Fachpersonal. Sämtliche erfolgten Maßnahmen müssen exakt protokolliert werden. Die Übersicht in Bild 1 zeigt grundsätzliche Maßnahmen der Instandhaltung gewerksunabhängig nach VDMA-Blatt 24186-0. Die aufgeführten Arbeiten sind nach der logischen Abfolge (logical sequence) aufgelistet. VDMA-Blatt 24186-1 gibt Aufschluss über die spezifischen Maßnahmen des Gewerkes Raumlufttechnik (Bild 2). In einer weiteren Unterteilung sind alle zu wartenden bzw. zu kontrollierenden Bauteile nach den zeitlichen Anforderungen – d. h. **periodisch** (periodically) oder **bei Bedarf** (as needed) – festgehalten. Solche Übersichtspläne werden von den Geräteherstellern in entsprechenden Wartungsanleitungen bereitgestellt. **Näheres wird im Lernfeld 15, Kap. 10 beschrieben.**

12 Anlageninstandhaltung

Instandhaltung			
Gruppierung der Maßnahmen			
Wartung	Inspektion	Instandsetzung	Verbesserung
Gliederung und Ziele sind den Normen DIN EN 13306 und DIN 31051 zu entnehmen			
Maßnahmen, die den Abbau des vorhandenen Abnutzungsvorrats verzögern bzw. die zu erwartende Lebensdauer erhöhen	Maßnahmen, die den Istzustand einer Maschine und die Ursachen der Abnutzung feststellen lassen. Außerdem sollen daraus die nötigen Konsequenzen für eine spätere Nutzung abgeleitet werden.	Maßnahmen, die die Maschine in einen funktionsfähigen Zustand zurückführt. Verbesserungen sind nicht inbegriffen.	Alle Maßnahmen, die die Funktionssicherheit einer Maschine steigern, ohne die von ihr geforderte Funktion zu ändern.
Einzelmaßnahmen			
Prüfen Nachstellen Auswechseln Ergänzen Schmieren Konservieren Reinigen	Prüfen Messen Beurteilen	Ausbessern Austauschen	Verbessern Ergänzen Austauschen (Ersetzen)
Ausführung durch			
Fachmonteur (Techniker, erforderlichenfalls auch Ingenieur)	Kunde Fachmonteur (Techniker, Ingenieur)	Fachmonteur, Techniker, erforderlichenfalls auch Ingenieur	Fachmonteur Techniker Ingenieur

1 Maßnahmen der Instandhaltung

1.	**Luftfördereinrichtung**
1.1	Ventilatoren
2.	**Wärmetauscher**
2.1	Lufterwärmer (Luft/Flüssigkeit)
2.2	Elektro-Lufterwärmer
2.3	Luftkühler (Luft/Flüssigkeit)
2.4	Verdampfer (Luft/Kältemittel)
2.5	Rotations-Wärmetauscher
2.6	Kreuzstrom-Wärmetauscher
3.	**Luftfilter**
3.1	Rollbandfilter
3.2	Trockenschichtfilter
3.3	Elektrofilter
3.4	Sorptionsfilter
3.5	Schwebstofffilter
4.	**Luftbefeuchter**
4.1	Luftbefeuchter (Medium: Wasser)
4.2	Tropfenabscheider/Gleichrichter
4.3	Luftbefeuchter (Medium: Dampf) mit eigenem Dampferzeuger
4.4	Luftbefeuchter (Medium: Dampf) ohne eigenen Dampferzeuger
4.5	Dampferzeuger
5.	**Bauelemente des Lüftungssystems**
5.1	Wetterschutzgitter
5.2	Gitter und Verteiler
5.3	Brandschutzklappen
5.4	Jalousieklappen
5.5	Luftleitungen und Kammern
5.6	Misch- und Entspannungskästen
5.7	Absperr- und Abgleichelemente
5.8	Induktionsgeräte und vergleichbare Nachbehandlungsgeräte
6.	**Schaltschrank, Regelanlage, Leittechnik, Druckluftstation**
	(Leistungsprogramm siehe VDMA 24186-4)
7.	**Antriebselemente**
7.1	Elektromotoren
7.2	Riementriebe
7.3	Antriebskupplungen
7.4	Kettentriebe
7.5	Getriebe
8.	**Rohrnetz**
8.1	Pumpen
8.2	Absperr-, Abgleich- und Regelarmaturen
8.3	Schmutzfänger
8.4	Rohrleitungen und Ausdehnungsgefäße

2 Wartung in der Raumlufttechnik

ÜBUNGEN

1) Nennen Sie Gründe für zunehmende Wartungsmaßnahmen.

2) Erläutern Sie, nach welchen Gesichtspunkten die Instandhaltungsmaßnahmen durchgeführt werden.

3) Nennen Sie die Teilbereiche, in die die Anlageninstandhaltung eingeteilt ist und beschreiben Sie deren Ziele.

Lernfeld 13

13 Ventilation and air conditioning systems

13.1 Controlled domestic ventilation systems

The challenge of controlled domestic ventilation systems is to create a comforting effect on the inhabitants of houses or apartment buildings. Centralised ventilation systems or de-centralized individual room ventilation units with heat recovery functions extract the warm stale air from the interior and draw in fresh and filtered air from the outside. Cross-flow heat exchangers use the warm exhaust air to temper the incoming cool outdoor air. Both air streams are moved by fans through the separate ducts of the heat exchanger where heat is transferred from the warm air passage to the cold. Space-saving individual room ventilation units are wall-mounted or concealed facilities placed on the inner side of the external walls of houses or buildings. These individual operating units may ventilate only one or two rooms, so that the required number of units depend on the amount, sort and size of the rooms in a house or building.

Centralized ventilation systems are larger and have complex air ducts and several extraction and inlet ports throughout the different rooms of a house, or throughout residences or apartments in a building. Noise transmissions through the ventilation system from one room to the next are avoided by using sound dampers and sound insulated air ducts, and in addition to the mentioned preheating of the intake-air in cold seasons, in summer the air is pre-cooled by an underground air duct which acts like a geothermal heat exchanger.

Exercises

1) List 4 distinctive features of the two controlled domestic ventilation systems.

2) Find the appropriate German terms for: *controlled domestic ventilation systems, inhabitants, comforting effect, individual room ventilation units, heat recovery functions, cross-flow heat exchanger, to temper, space-saving, wall-mounted or concealed facilities, external walls, extraction and inlet ports, noise transmissions, sound dampers, sound insulated air ducts, preheating, acts like.*

3) Translate the following different air markings into German: *warm stale air, fresh and filtered air, warm exhaust air, cool outdoor air, air passage, intake-air.*

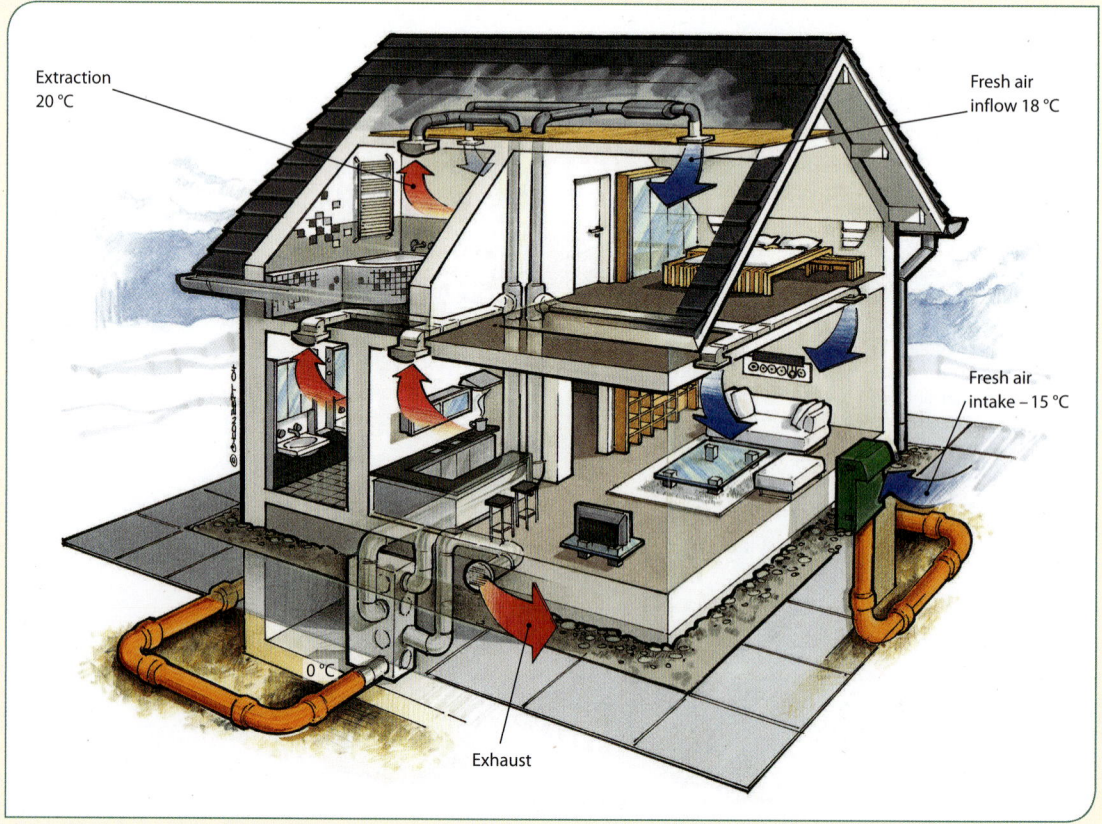

1 Centralised domestic ventilation system

13 Ventilation and air conditioning systems

Exercises

4) Match the missing parts to the following sentences:
A) The cool outdoor air is …
B) Noise transmission is avoided …
C) The individual room ventilation units are …
D) Controlled domestic ventilation systems …
E) In summer the outside air is pre-cooled …

a) … by an underground air duct.
b) … create a comforting effect in houses.
c) … by using sound dampers.
d) … tempered by a heat exchanger.
e) … placed on the inner side of the external walls.

13.2 Air conditioning systems

Air conditioning systems have to deal with different air treatment functions to ensure a healthy and comfortable indoor climate in both summer and winter. The functions of air conditioning systems are: air change and circulation, air filtering, air heating or cooling, air humidification or dehumidification.

The preconditions for a draught-free ventilation with clean, accurately humidified and tempered fresh air without acoustic disturbances are:
- appropriate layout, placement and dimensioning of the air conditioning system
- professional installation of all air conditioning units, sound damping elements, air ducts and ports
- correctly adjusted air guide blades according to the room conditions
- automatic weather- and room-dependent control of air flow, air temperature and air humidity
- regular maintenance (e.g. air filter and fan belt check/change, lubrication).

Exercises

1) Name the labelled parts of the air conditioning system in picture 2.

2) Translate the German terms in picture 2.

3) List 4 different air treatment functions and the corresponding air conditioning units.

4) List 6 different noise damping measures (see chapter 9).

5) Translate the preconditions for the trouble-free operation of an air conditioning system.

6) Explain the difference between structure-borne and air-borne sound transmission.

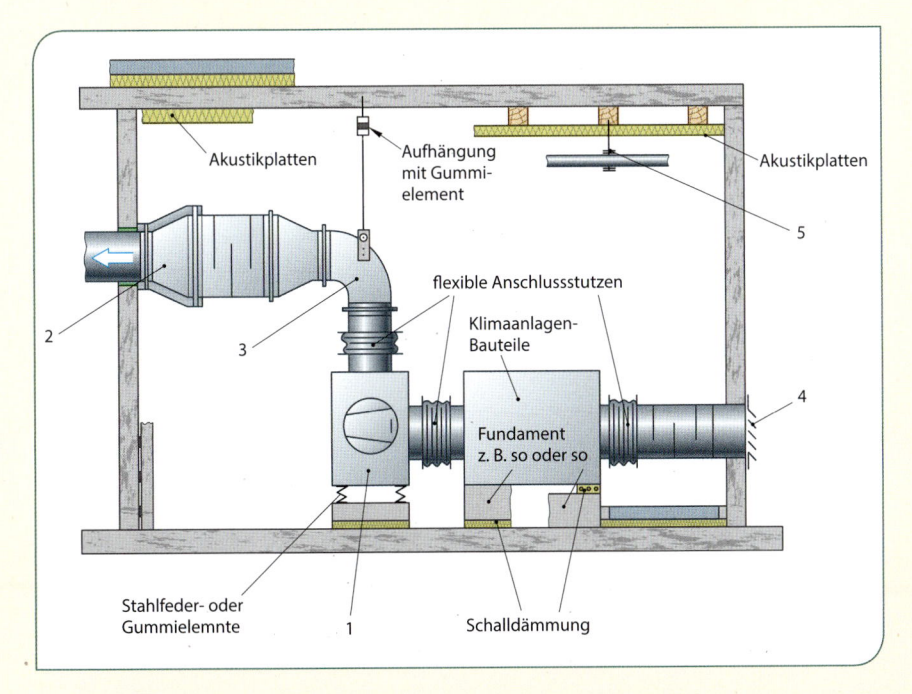

2 Air conditioning system

Lernfeld 14: Versorgungstechnische Anlagen einstellen und energetisch optimieren

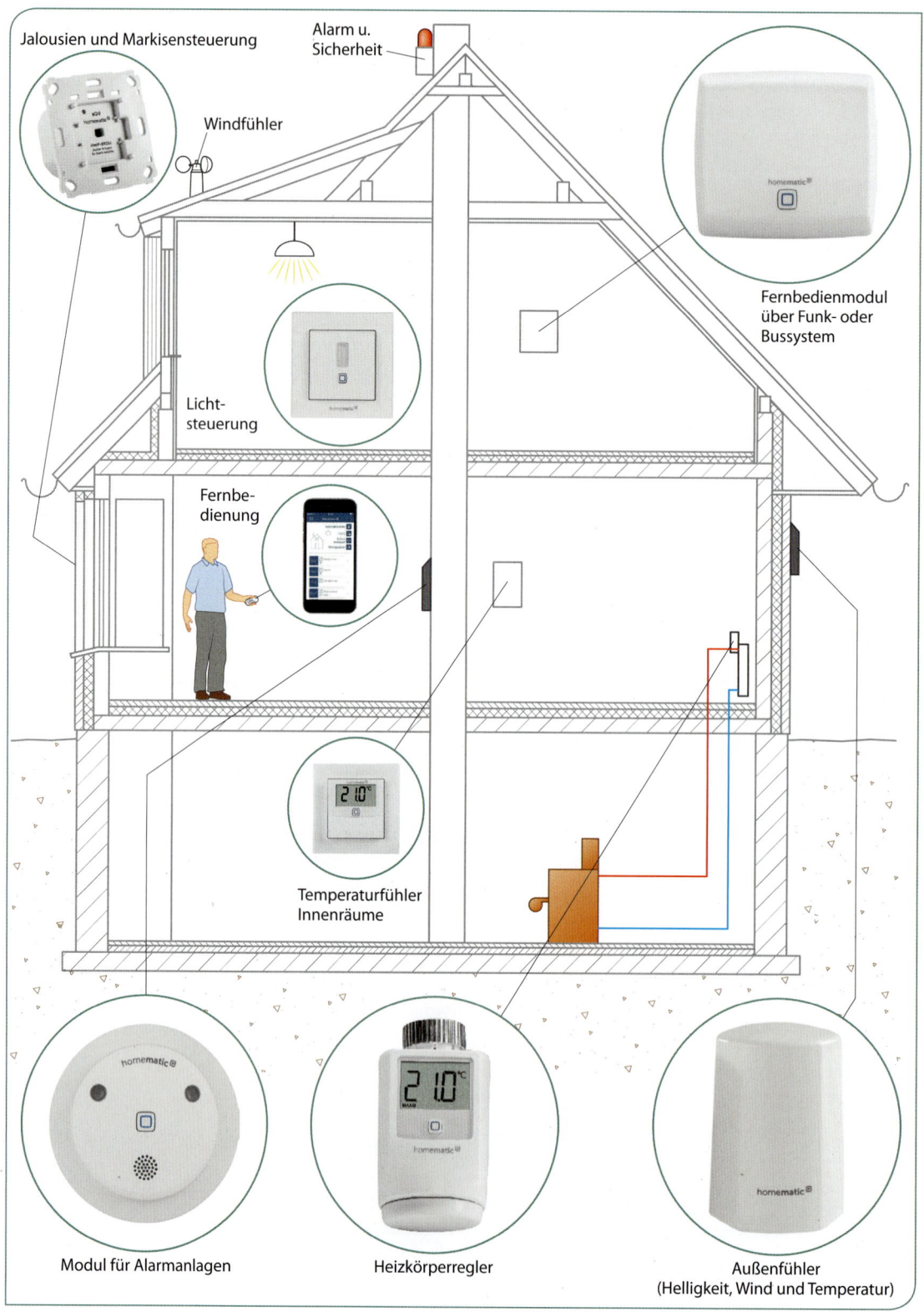

- Jalousien und Markisensteuerung
- Alarm u. Sicherheit
- Windfühler
- Fernbedienmodul über Funk- oder Bussystem
- Lichtsteuerung
- Fernbedienung
- Temperaturfühler Innenräume
- Modul für Alarmanlagen
- Heizkörperregler
- Außenfühler (Helligkeit, Wind und Temperatur)

1 EIB Bus System

1 Grundlagen der Mess-, Steuerungs- und Regelungstechnik

1.1 Einleitung

Das Messen (measurement, measuring) und Verarbeiten physikalischer und damit auch elektrischer Größen gehört heute zum Arbeitsalltag des Anlagenmechanikers SHK. Es muss daher das Bestreben der in dieser Berufssparte arbeitenden Fachkraft sein, sich fortlaufend mit den Neuentwicklungen im Bereich Steuerungs- und Regelungstechnik auseinanderzusetzen und dabei die zu beachtenden Sicherheitsstandards nicht zu vernachlässigen. Im Folgenden wird eine Abgrenzung der Begriffe „Messen", „Steuern" und „Regeln" vorgenommen (vgl. Grundkenntnisse, LF 4, Kap. 4).

1.2 Abgrenzung der Begriffe Messen, Steuern, Regeln

Messen ist laut DIN 1319 Teil 1 der experimentelle Vorgang, durch den ein spezieller Wert einer physikalischen Größe als Vielfaches einer Einheit oder eines Bezugswertes ermittelt wird (Bild 1).

> **MERKE**
>
> Messen heißt vergleichen. Das Ergebnis dieses Vorgangs ist immer ein Messwert.

Steuern (open loop controlling) ist nach DIN IEC 60050-351 der Vorgang in einem System, bei dem eine oder mehrere Größen – die Eingangsgrößen – andere Größen, welche als Ausgangsgrößen bezeichnet werden, aufgrund der Gesetzmäßigkeiten des Systems beeinflussen. In Kurzform ausgedrückt heißt das:

> **MERKE**
>
> Steuern ist ein Vorgang, bei dem die Eingangsgröße die Ausgangsgröße in vorgegebener Weise beeinflusst.

Kennzeichen einer Steuerung ist der **offene Wirkungsablauf**.

Unter **Regeln** (closed loop controlling) wird ein Vorgang verstanden, bei dem fortlaufend die zu regelnde Größe (Regelgröße) erfasst und mit einer anderen Größe, der Führungsgröße oder dem Sollwert, verglichen und an diesen angepasst wird (DIN IEC 60050-351).

> **MERKE**
>
> Regeln ist ein Vorgang, bei dem die Eingangsgröße die Ausgangsgröße beeinflusst und diese wiederum auf die Eingangsgröße zurückwirkt.

Kennzeichen einer Regelung ist der **geschlossene Wirkungsablauf**.

Ein Beispiel aus der Flugtechnik soll die Unterscheidungsmerkmale für die beiden Begriffe „Steuern" und „Regeln" deutlich herausstellen: Um ein Sportflugzeug auf dem vorgegebenen Kurs zu halten, können Seiten- und Höhenleitwerk über Steuerpedale und den Steuerknüppel verstellt werden. Dabei sind zwei mögliche Vorgehensweisen denkbar:
Nachdem der Pilot das Flugzeug auf Höhe gebracht hat, berechnet er den Kurs für den Flug vom Ort A zum Ort B und arretiert[1]) den Steuerknüppel und die Pedale in der eingenommenen Stellung. Der Pilot kommt nur dann am Ziel an, wenn keine **Störgrößen** wie z. B. Seitenwinde bzw. Auf- und Fallwinde den Kurs beeinträchtigen. Der Pilot kommt nur im Idealfall am Ziel an, und zwar nur dann, wenn keine Störgrößen auftreten.

1 Spannungsmessung an einer Heizkreispumpe mit dem zweipoligen Spannungsmesser

Das ist jedoch in der Praxis der Fliegerei nicht gegeben. Der Pilot muss ständig vergleichen, ob sich das Flugzeug noch auf dem gewünschten Kurs befindet. Die Wahrnehmung der Kursabweichung durch das Feststellen (**Messen**) des momentanen Standortes (**Istwert** = actual value) mithilfe der Sensorik „Augen" und das **Vergleichen** mit dem vorgege-

---
[1]) feststellen

nen Kurs (**Sollwert** = desired value) ist aber eindeutig ein Bestandteil einer **Regelung**. Denn nur durch das Erkennen dieser Abweichung kann korrigierend in den Prozess eingegriffen werden. Damit wird deutlich, dass es sich bei der Tätigkeit des Piloten um ein „regelndes" Eingreifen, um eine Handregelung, handelt. Der Steuerknüppel müsste daher exakterweise also „Regelknüppel" genannt werden.

Dieses Beispiel veranschaulicht den Unterschied zwischen Steuern und Regeln **unter Einbindung des Menschen**. In technischen Systemen laufen die Regelvorgänge automatisch ab. Der Mensch ist lediglich für die Grundeinstellungen (Parametrierung) am Steuer- oder Regelgerät und für Optimierungsarbeiten (optimization work) zuständig. Allenfalls übt er noch eine Kontrollfunktion aus.

2 Messtechnik

In der Versorgungstechnik werden die verschiedensten physikalischen Größen wie z. B. Längen, Drücke, Volumenströme, Temperaturen gemessen. In den meisten Fällen handelt es sich um bekannte Größen, mit denen die Lehrlinge bzw. Auszubildenden zum Teil schon frühzeitig konfrontiert werden. Eine besondere Stellung nehmen hier jedoch Arbeiten an **elektrischen Anlagen** ein, nicht zuletzt wegen der hohen Gefährdung der damit arbeitenden Personen und daraus folgenden besonderen rechtlichen Bestimmungen. Weil die Frage nach der Zuständigkeit immer wieder Probleme aufwirft, gehen die Hersteller steuerungs- und regelungstechnischer Komponenten verstärkt dazu über, mit dem Einsatz neuester Technologien Kontroll- und auch Einstellfunktionen an den entsprechenden Bauteilen zu automatisieren. Dennoch erfordert die Mehrzahl der heute betriebenen Anlagen Kenntnisse und Fertigkeiten auch im Bereich der Elektrotechnik, um in einem vorgegebenen Rahmen Arbeiten an elektrischen Teilen der Versorgungsanlagen durchführen zu können. Beispielhaft sollen vier ausgewählte Arbeiten beschrieben werden, wobei die ersten beiden Beispiele eng auf SHK-Geräte begrenzt sind und die beiden anderen Beispiele die erweiterte elektrische Anlage betreffen.

greifende Inhalte, Kap. 4.3). Wenn Regelungsabläufe anormale Arbeitsweisen zeigen, können diese Widerstände mit **Vielfachmessinstrumenten** (multimeters) ganz einfach auf ihre Funktionsfähigkeit überprüft werden. Dazu werden sie von ihrem Regler-Anschlusskabel getrennt (direkt am Fühler oder am Zentralregler) und an die Anschlusskabel des Messinstrumentes angeschlossen (Bild 2). Dabei müssen die Widerstände bei frei gewählten Messwerten (z. B. mit Fön erwärmen) die nach den Widerstandskurven ausgewiesenen Werte haben (Bild 1, nächste Seite).

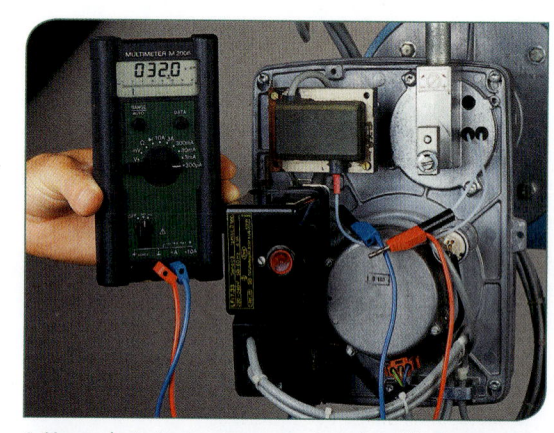

1 Messen des Ionisationsstromes an einem Gasgebläsebrenner (hier: I = 32 µA)

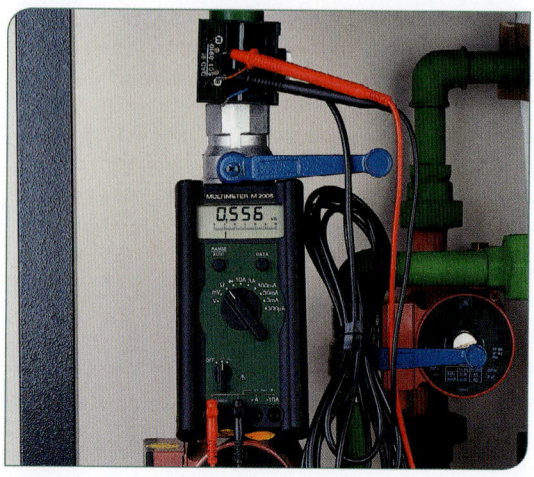

2.1 Messen bei Wartungsarbeiten und Störungen

2.1.1 Messen des Ionisationsstromes am Gasgebläsebrenner

Die Ionisationsflammenüberwachung ist eine Sicherheitseinrichtung, die bei Gasbrennern zur Überwachung des Brennvorganges genutzt wird. Soll das Überwachungssystem bei einer Brennerstörung auf Funktionsfähigkeit überprüft werden, muss u. a. ein vom Hersteller vorgegebener Ionisationsstrom nachgewiesen werden. Die Messanordnung (set-up of measuring instruments) ist in Bild 1 dargestellt.

2.1.2 Messen und Überprüfen von Widerständen

Für Temperaturregelungen nach neuerem Entwicklungsstand werden in den meisten Fällen Halbleiterwiderstände eingesetzt (PTC, NTC, vgl. Fachkenntnisse 1, Lernfeldüber-

2 Messen eines PTC-Widerstandes (hier: R = 0,556 kΩ)

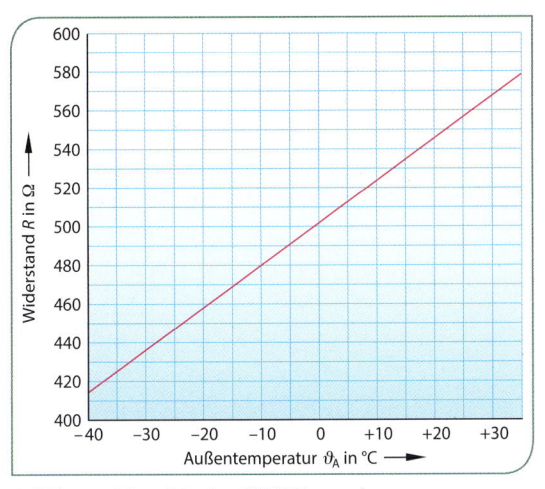

2 Messtechnik

1 Widerstandskennlinie eines PTC-Widerstandes

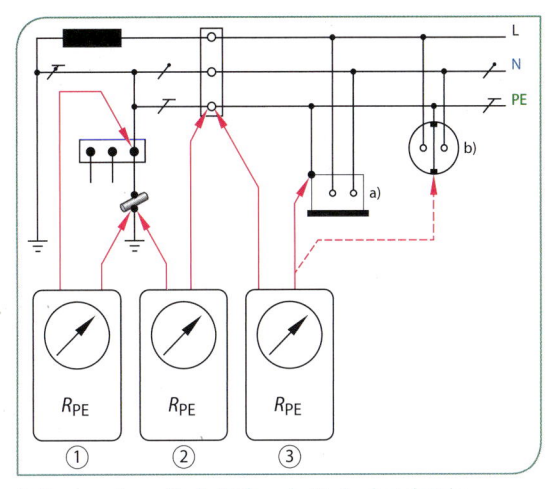

2 Messanordnung für die Prüfung der Niederohmigkeit des Schutzleiters

2.2 Messungen vor der Erstinbetriebnahme der elektrischen Anlage oder nach einer Änderung

Vor der Erstinbetriebnahme oder nach einer Änderung bzw. Erweiterung einer elektrischen Anlage oder eines Betriebsmittels muss deren ordnungsgemäßer Zustand nach DIN VDE 0100 Teil 600 durch eine Elektrofachkraft geprüft werden.

Prüfen (check) umfasst in der Reihenfolge das
- **Besichtigen** (inspect): hierbei handelt es sich um eine visuelle Prüfung der Anlage
- **Erproben** (test): hierbei werden Schutzeinrichtungen, Schalter, Melde- und Anzeigeeinrichtungen usw. auf Eignung und Funktion überprüft
- **Messen:** Da die Erprobung noch keinen Aufschluss über die Wirksamkeit von Schutzmaßnahmen gibt, muss diese Wirksamkeit nachgewiesen werden.

Im Folgenden sollen beispielhaft zwei unterschiedliche Prüfungen beschrieben werden.

2.2.1 Messen der Niederohmigkeit (Durchgängigkeit) des Schutzleiters

Beim Messen auf Niederohmigkeit des Schutzleiters (safety conductor) muss geprüft werden, ob auf seiner gesamten Länge eine gute durchgängige Leitfähigkeit (conductivity) vorhanden ist (Bild 2). Da der Anlagenmechaniker nur bestehende elektrische Anlagen erweitert, kommen für ihn i. d. R. nur die Varianten 3 a) u. b), Bild 2, in Frage. Hierbei handelt es sich um die Prüfung der Niederohmigkeit des Schutzleiters (PE) zwischen einer Abzweigdose (junction box) und dem „Verbraucher"[1)] (a) bzw. einer Steckdose (socket) (b).

Der Richtwert beträgt je nach Leitungsquerschnitt, Material und Länge $R_{PE} \leq 0,1\ \Omega$ (Bild 3).

Handelt es sich um die Prüfung des Schutzleiters an Zuleitungen für ortsveränderliche Geräte (z. B. transportable Wasseraufbereitungsgeräte) oder nicht ortsveränderliche Geräte wie z. B. elektrische Durchflusserwärmer, Umwälzpumpen etc., so gelten folgende Grenzwerte:
- 0,3 Ω bei ortsveränderlichen Geräten mit einer maximalen Leitungslänge von 5 m zuzüglich 0,1 Ω je weitere 7,5 m und
- 1,0 Ω bei ortsfesten Geräten.

Anm.:
Das Messen muss mit geeigneten Messgeräten erfolgen. Dabei ist zu berücksichtigen, dass analoge und digitale Multimeter mit Widerstandsmess**bereichen** wegen ihrer unterschiedlichen Innenwiderstände die Bedingungen nicht erfüllen und daher auf Niederohmmessgeräte (Bild 1, nächste Seite) zurückgegriffen werden muss.

3 Messen der Niederohmigkeit des Schutzleiters

[1)] Der vielfach genutzte Begriff „Verbraucher" müsste eigentlich durch „Last" ersetzt werden, da Energie nicht verbraucht, sondern umgewandelt wird.

Lernfeld 14

3 Steuerungs- und Regelungstechnik

1 Niederohmmessgerät (Universalmessgerät) für elektrische Anlagen und Betriebsmittel

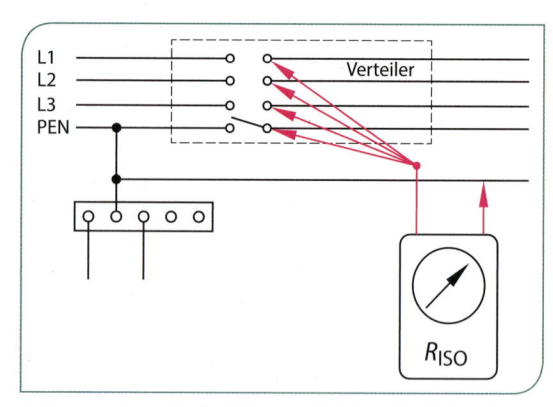

2 Messanordnung für die Prüfung der Isolationsfähigkeit von Leitern

2.2.2 Messen des Isolationswiderstandes zwischen den Leitern

Strom führende Anlagenteile müssen gegen direktes Berühren geschützt sein. Der Isolationswiderstand gibt Aufschluss darüber, wie gut die Isoliereigenschaften der dafür eingesetzten Materialien sind. Dazu wird eine Messung zwischen jedem Strom führenden Leiter und Erde (ersatzweise gegen den Schutzleiter) mit einem geeigneten Universalmessgerät durchgeführt (Bild 2). Während der Messung müssen die Schalter in den Stromkreisen geschlossen sein.

Das Niederohmmessgerät liefert bei einem Messstrom von 1 mA eine Gleichspannung von ≥ 500 V (für Nennspannungen des Stromkreises bis 500 V, siehe Bild 3).

Der Isolationswiderstand R_{ISO} muss dabei mindestens 1 MΩ betragen!

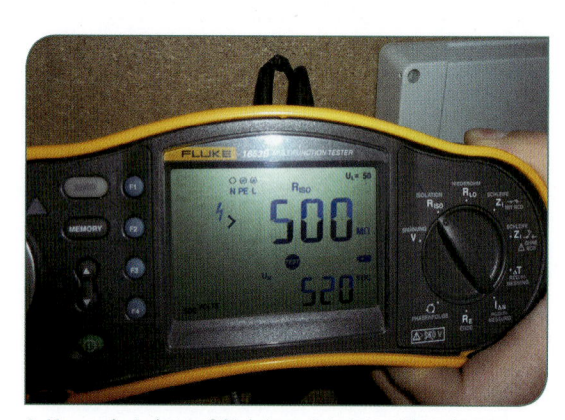

3 Messen der Isolationsfähigkeit von Leitern im elektrischen Stromkreis

3 Steuerungs- und Regelungstechnik

Die Steuerungs- und Regelungstechnik nimmt heute im Beruf des Anlagenmechanikers SHK aufgrund der immer komplexeren Geräte- und Anlagenfunktionen einen wichtigen Teil der Arbeiten ein. Arbeitsweisen steuer- und regeltechnischer Vorgänge werden deshalb an ausgewählten Beispielen der Heizungstechnik erläutert.

3.1 Steuern und Regeln anhand einfacher Beispiele

3.1.1 Steuern (open-loop controlling)

Aufgabenstellung: Der nachstehend abgebildete Raum (Bild 1, nächste Seite) soll mittels einer **witterungsgeführten Vorlauftemperaturregelung** sowie einem Heizkörperventil alter Bauart (Handbetätigung) auf einem vorgegebenen Temperatur-Sollwert θ_i gehalten werden. Als **Führungsgröße** (command variable) **w** ist hier lediglich die Vorlauftemperatur θ_V in Abhängigkeit der Außentemperatur θ_A wirksam. Eine Veränderung der Außentemperatur hat zur Folge, dass die Stellung des Mischers und damit auch die Energiezufuhr zum Raum verändert werden. Die Schwäche des Systems wird schnell deutlich: Die Raumtemperatur kann nur dann in vorgegebenen Grenzen stabil bleiben, wenn als einzige **Störgröße** (disturbance variable) **z** die Außentemperatur θ_A auf den Raum einwirkt. Die Realität sieht jedoch anders aus: Der Gang der Sonne mit ihren unterschiedlichen Wärmelasten (Fenster), wechselnde Personen- und Maschinenlasten sowie geöffnete Fenster und Türen beeinflussen als weitere Störgrößen die Raumtemperatur. **Die Schwankungen (fluctuations) der Raumtemperatur (room temperature) müssten hierbei von Hand am Heizkörperventil ausgeglichen werden.** Weil weder der Komfort (comfort) ausreichend ist (Schwankungen der Raumtemperatur) noch die Energieeinsparmöglichkeiten ausgeschöpft werden, ist dieses System **heute nicht mehr praktikabel**. Wie im Kapitel 4.2.4 beschrieben, kann diese

3 Steuerungs- und Regelungstechnik

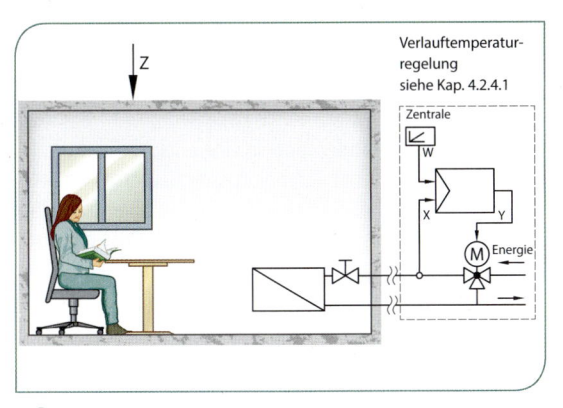

1 Raumtemperatursteuerung

Art der Raumtemperatur-„Beeinflussung" nur als grobe „Vor-Steuerung" des Raumes dienen. Daher fordert die Energieeinsparverordnung eine Raumtemperaturregelung, wie sie im folgenden Kapitel beschrieben wird. Die Baueinheiten einer Steuerung können anschaulich mithilfe eines Blockschaltbildes dargestellt werden (Bild 2).

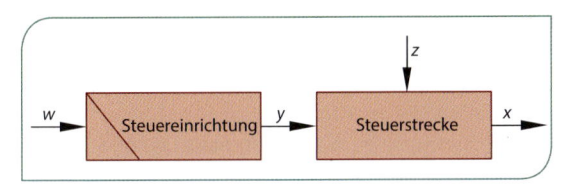

2 Vereinfachter Wirkungsplan einer Steuerung

3.1.2 Regeln (closed loop controlling)

Das in Kap. 3.1.1 vorgestellte Beispiel wird nun abgewandelt (Bild 3). Ein gewünschter, an der Regeleinrichtung des Raumes einzustellender **Sollwert w** (Raumtemperatur) wird von dieser mit dem vom Fühler erfassten **Istwert der Regelgröße x** verglichen. Bei einer festgestellten Abweichung wird ein geeignetes Ausgangssignal, die **Stellgröße y**, an das Stellglied (hier ein Ventil) weitergegeben.
Der dadurch veränderte Energiefluss wirkt sich so lange auf die Raumtemperatur aus, bis eine Angleichung zwischen dem Sollwert w und dem Istwert der Regelgröße x erfolgt ist.

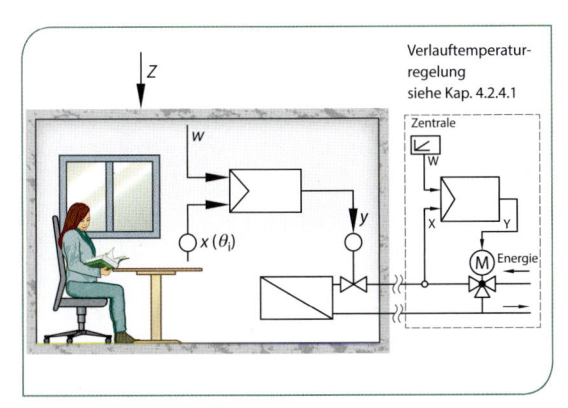

3 Raumtemperaturregelung

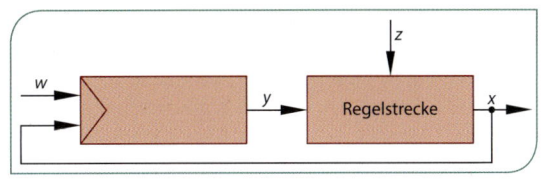

4 Vereinfachter Wirkungsplan einer Regelung

Die Rückführung (feedback) des fortlaufend erfassten Messwertes und der Vergleich mit dem Sollwert machen deutlich, dass es sich hierbei um einen **geschlossenen Kreislauf** (closed loop), um einen **Regelkreis** (control loop) handelt (Bild 4).

3.2 Steuern und Regeln anhand des komplexeren Beispiels eines Gas-Durchflusswassererwärmers

Am Beispiel der nachfolgend abgebildeten Prinzipdarstellung eines **D**urchfluss**w**asser**h**eizers (DWH; Bild 5) sollen weitere Begriffe der Steuerungs- und Regelungstechnik deutlich gemacht werden.

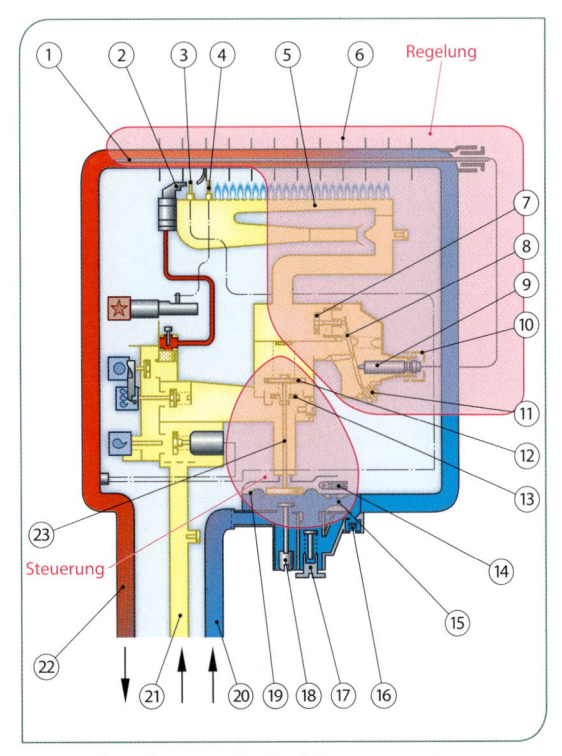

5 Prinzipdarstellung eines Gas-Durchflusswassererwärmers

1 Temperaturfühler	5 Hauptbrenner
2 Zündbrenner	6 Wärmeübertrager
3 Thermoelement	7 Gasregelventil
4 Zündelektrode	8 Hebel

(9–23 siehe nächste Seite)

Lernfeld 14

397

3 Steuerungs- und Regelungstechnik

9 Wellrohrelement
10 Temperatureinstellung
11 Gaseinstellschraube
12 Großes Gasventil
13 Kleines Gasventil
14 Langsamzündventil
15 Venturidüse
16 Überdruckventil
17 Entlastungsventil
18 Wasserdrossel
19 Membrane
20 Kaltwasserzuführung
21 Gaszuführung
22 Warmwasserabführung
23 Steuerstift

- **Steuerung**

Sobald eine Mindestdurchflusswassermenge gezapft wird, wird durch die Strömungsgeschwindigkeit in der Venturidüse (15) der statische Druckanteil in der Oberkammer des Wasserschalters (über der Membrane) derart herabgesetzt, dass eine nach oben gerichtete resultierende Kraft die Membrane nach oben und damit den Stift des Membrantellers sowie den Steuerstift (23) aufwärts bewegen. Dadurch bedingt öffnet das darüber liegende zweiteilige „Wasser gesteuerte" Gasventil (12/13) den Gasweg und aktiviert den Hauptbrenner über die Zündflamme (vgl. LF 9, Kap. 4.2.1). Die Verkettung des Wasserweges mit dem Gasweg (Membrane, Steuerstift, Gasventil) ohne jegliche Messwerterfassung beschreibt eindeutig die Steuerungsfunktion. Daraus ergibt sich der in folgendem Bild 1 gezeigte Wirkungsplan.

- **Regelung**

Der im Wasserstrom des Wärmeübertragers liegende Temperaturfühler (1) ist der Messwertaufnehmer (transducer, sensor). Er erfasst fortlaufend den Istwert der Regelgröße. Temperaturfühler (1) und Wellrohrelement (9) sind durch eine Kapillare miteinander verbunden. Bei der Temperaturerhöhung des Wassers im Wärmeübertrager dehnt sich die in diesem System befindliche Alkoholfüllung aus; das Wellrohrelement verändert dabei seine Länge. Diese Längenänderung wirkt auf ein Gasregelventil (7), das den Gasdurchfluss verändert und so eine entsprechende Leistungs- und damit auch Temperaturanpassung gewährleistet. Erhöht sich die Temperatur z. B. durch Verringerung des gezapften Wasservolumenstroms, so hat das eine entsprechende Reduzierung des Gasdurchsatzes und damit eine stufenlose Anpassung (adaptation) der Flamme des Hauptbrenners (5) zur Folge: Die Temperatur des ausfließenden Wassers sinkt wieder. Wegen der fortlaufenden Messwerterfassung der Warmwassertemperatur handelt es sich hier eindeutig um eine Regelung. Mithilfe eines Wirkungsplanes in einem Blockschaltbild können auch in etwas ausführlicherer Darstellung in Anlehnung an DIN IEC 60050-351 anschaulich regelungstechnische Zusammenhänge verdeutlicht werden (Bild 2).

3.3 Begriffsbestimmungen

- Die **Regelgröße** (controlled variable) *x* ist diejenige Größe der Regelstrecke, die nach Vorgabe beeinflusst (konstant gehalten oder nach Plan verändert) werden soll. Sie ist die Ausgangsgröße der Regelstrecke und Eingangsgröße der Messeinrichtung. Im hier besprochenen Beispiel ist dies die Warmwassertemperatur.

- Die **Rückführgröße** (feedback variable) *r* ist eine aus der Messung der Regelgröße hervorgegangene Größe, die zum Vergleichsglied der Regeleinrichtung zurückgeführt wird. Im Beispiel ist es der Druck im Faltenbalg bzw. Well-

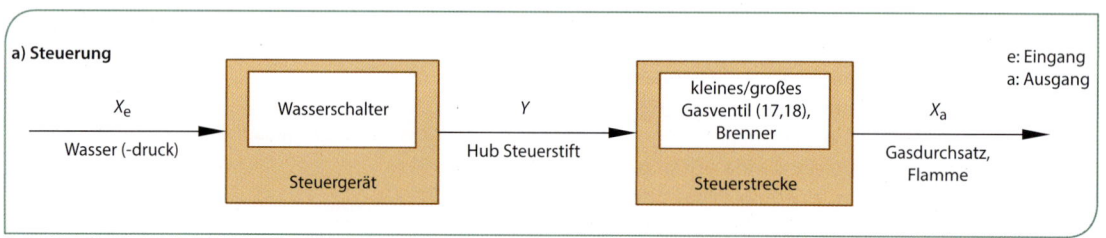

Lernfeld 14

a) Steuerung

e: Eingang
a: Ausgang

X_e Wasser (-druck) → Wasserschalter / Steuergerät → Y Hub Steuerstift → kleines/großes Gasventil (17,18), Brenner / Steuerstrecke → X_a Gasdurchsatz, Flamme

1 Wirkungsplan „Steuerung" eines Gas-Durchflusswassererwärmers

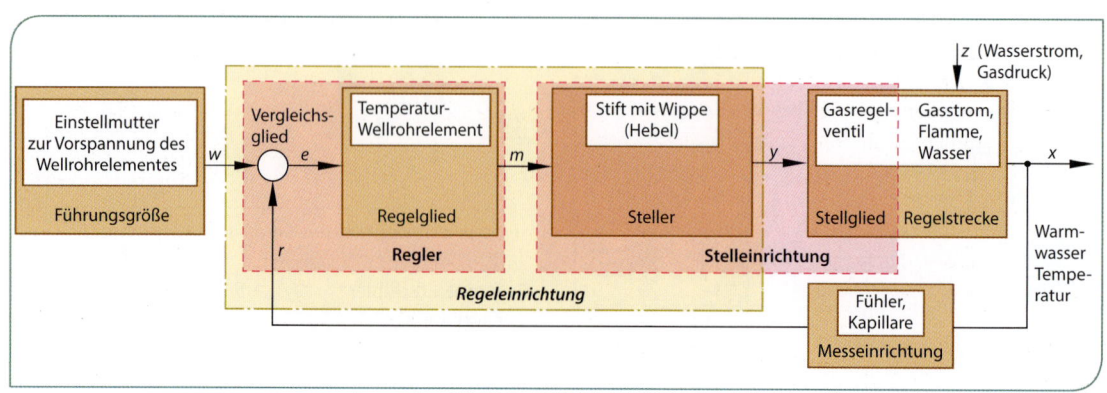

z (Wasserstrom, Gasdruck)

Einstellmutter zur Vorspannung des Wellrohrelementes / Führungsgröße → w → Vergleichsglied → e → Temperatur-Wellrohrelement / Regelglied → m → Stift mit Wippe (Hebel) / Steller → y → Gasregelventil / Stellglied → Gasstrom, Flamme, Wasser / Regelstrecke → x → Warmwasser-Temperatur

r ← Fühler, Kapillare / Messeinrichtung

Regler | Stelleinrichtung
Regeleinrichtung

2 Wirkungsplan „Regelung" eines Gas-Durchflusswassererwärmers

rohrelement (9), der aus der mit dem Temperaturfühler (1) gemessenen Warmwassertemperatur hervorgegangen ist.
- Die **Führungsgröße** (reference variable) *w* einer Regelung ist eine von der betreffenden Regelung nicht beeinflusste Größe, die dem Regelkreis von außen (als Information vom Menschen) zugeführt wird. Nach ihr soll sich die Ausgangsgröße der Regelstrecke (Regelgröße *x*) in vorgegebener Abhängigkeit richten. Im Beispiel wird sie durch die Vorspannung des Wellrohrelementes gebildet.
- Die **Regeldifferenz** (error variable) *e* ist die Differenz zwischen der Führungsgröße *w* und der Rückführgröße *r*. ($e = w - r$)
- Die **Stellgröße** (manipulated variable) *y* ist die Ausgangsgröße der Regeleinrichtung und zugleich Eingangsgröße der Regelstrecke. Die Stellgröße *y* wird im gezeigten Beispiel durch die Position des Stiftes des Faltenbalges und des Hebels dargestellt.
- Eine **Störgröße** (disturbance variable) *z* in einer Regelung ist eine von außen auf die Regelstrecke wirkende Größe, die das beabsichtigte Ziel der Regelung ungünstig beeinflusst. Im Beispiel sind dies ein veränderlicher Wasser- und Gasvolumenstrom.
- Das **Vergleichsglied** (comparator, comparing element) ist eine Funktionseinheit, die die Regeldifferenz e aus der Führungsgröße *w* und der Rückführgröße *r* bildet. Es ist Teil des Reglers.
- Das **Regelglied** (control element) ist eine Funktionseinheit, in der eine optimale Anpassung der Regelgröße an die Führungsgröße vorgenommen werden kann.
- Der **Regler** (controller) ist eine aus Vergleichsglied und Regelglied bestehende Funktionseinheit.
- Der **Steller** (actuator) ist eine Funktionseinheit, in der aus der Reglerausgangsgröße *m* die zur Aussteuerung des Stellglieds erforderliche Stellgröße gebildet wird. Im Beispiel ist dies der Hebel (58).
- Das **Stellglied** (final controlling element) ist eine zur Regelstrecke gehörende Funktionseinheit, die am Eingang der Regelstrecke angeordnet ist und in den Massenstrom oder Energiefluss eingreift. Ihre Eingangsgröße ist die Stellgröße (gilt sinngemäß auch für die Steuerung. Im Beispiel ist es das Gasregelventil (7).
- Die **Stelleinrichtung** (final controlling equipment) ist eine Funktionseinheit, die aus Steller und Stellglied besteht.
- Die **Reglerausgangsgröße** (controller output variable) *m* ist gleichzeitig die Eingangsgröße des Stellers und wird diesem meist als elektrisches Signal zugeführt.
- Die **Regelstrecke** (controlled system) ist eine Funktionseinheit, die entsprechend der Aufgabe einer Regelung beeinflusst wird. Als Baueinheit liegt sie zwischen dem Steller und der Messeinrichtung (Sensor) (gilt sinngemäß auch für die Steuerung).
- Die **Regeleinrichtung** (control system) ist die Gesamtheit der Funktionseinheiten, die dazu dienen, die Regelstrecke entsprechend der Regelungsaufgabe zu beeinflussen (gilt sinngemäß auch für die Steuerung).

4 Steuerungs- und Regelungstechnik in der Anwendung

4.1 Steuerungstechnik

Im Bereich der Zentralheizungs- und Lüftungstechnik nimmt die Steuerungstechnik im Vergleich zur Regelungstechnik den kleineren Raum ein. An ausgewählten Beispielen sollen im Folgenden Steuereinrichtungen erläutert werden.

4.1.1 Zeitsteuerungen
In der Energieeinsparverordnung (EnEV) heißt es in §12 (1): „Zentralheizungen sind mit zentralen selbsttätig wirkenden Einrichtungen zur Verringerung und Abschaltung der Wärmezufuhr in Abhängigkeit von … der Zeit auszustatten." Diese Forderung wird mit dem Einsatz von **Zeitschaltuhren** (time switches) erfüllt (Bild 1).

4.1.2 Temperatursteuerungen
4.1.2.1 Temperatursteuerungen an der PWH-C-Leitung
Im **DVGW-Arbeitsblatt W 551** wird aus Sicht der Wasserhygiene gefordert, dass bei mehr als drei Litern Wasserinhalt zwischen dem Trinkwassererwärmerabgang und der Zapfstelle die Temperaturdifferenz im Trinkwarmwassersystem um nicht mehr als maximal 5 K sinken darf. Die EnEV §12 (4) schreibt vor, dass solche Trinkwasseranlagen mit selbsttätig wirkenden Einrichtungen zur Ein- und Ausschaltung der Zirkulationspumpen in Abhängigkeit von der Zeit auszustatten sind, wobei nach heutigen Maßstäben aus Hygienegründen eine Unterbrechung nicht länger als 8 Stunden andauern darf. Die o. g. Forderungen können erfüllt werden durch:

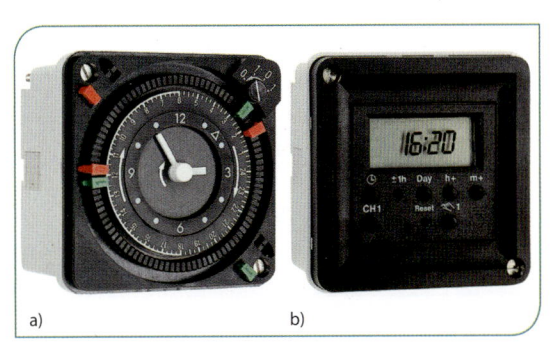

1 Zeitschaltuhr a) analog b) digital

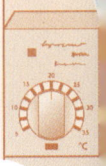

4 Steuerungs- und Regelungstechnik in der Anwendung

- eine **Zeitschaltuhr** (siehe Abschnitt 4.1.1; ist heute häufig durch ein variierbares Programm an der Zentraluhr der Steuer- und Regeleinrichtung einzustellen),
- fertige Bausätze von Pumpenherstellern unter Verwendung von **Differenztemperaturschaltern** oder **Temperaturschaltern** (temperature switches) für größere Anlagen.

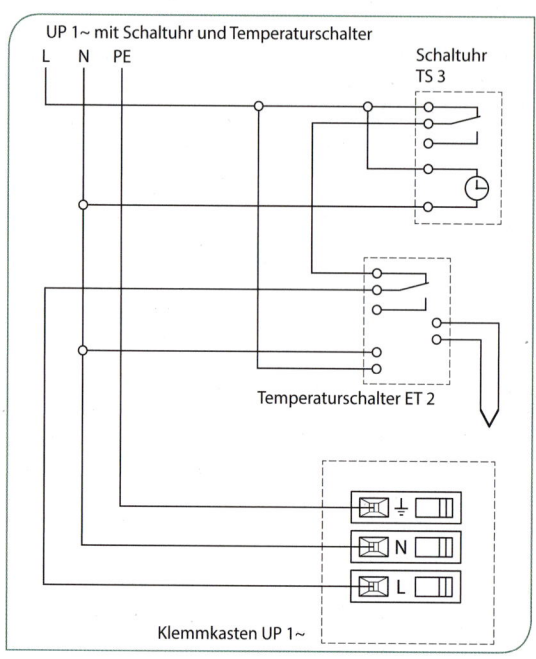

Das folgende Bild 1 zeigt den Stromlaufplan für eine mögliche Schaltung einer Standard-Zirkulationspumpe (UP 1) mittels eines Temperaturschalters (ET 2) und einer Schaltuhr (TS 3).
Für die Temperaturmessung kann wahlweise ein Tauchfühler oder ein Anlegefühler eingesetzt werden (Bild 2)

- den Einsatz einer **temperaturabhängig gesteuerten Pumpe** (Bild 3). Pumpen kleiner Bauweise sind besonders für Ein- und Zweifamilienhäuser geeignet.

1 Stromlaufplan für eine thermostatische Schaltung einer Zirkulationspumpe

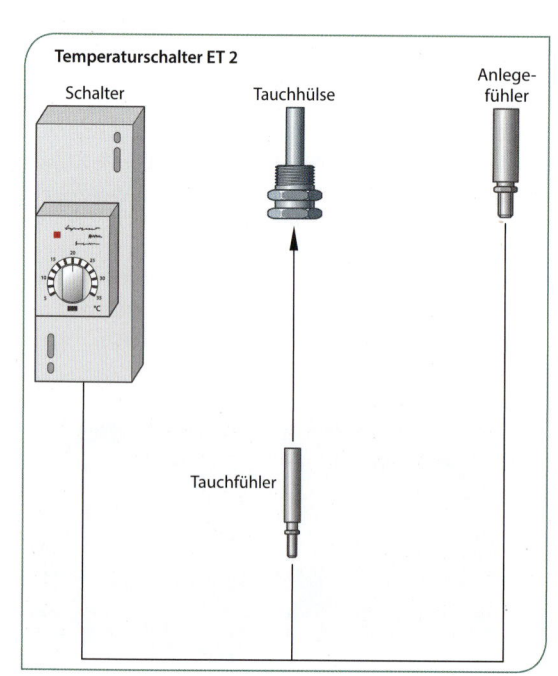

3 Temperaturgesteuerte Zirkulationspumpe

Derartige Pumpen (pumps) haben einen elektronischen Kalender (electronic organizer), in den fortlaufend über einen Zeitraum von 14 Tagen die aktuellen Wasserentnahmen eingetragen werden. Alle 15 Minuten prüft die Elektronik, ob in den nächsten 20 Minuten ein Verbrauch, wie etwa in den Tagen davor, vorliegt. Trifft das zu, dann stellt die Pumpe das Trinkwarmwasser im nötigen Temperaturbereich zur Verfügung. Wird überhaupt kein warmes Wasser entnommen, schaltet die Pumpe in den Ferienbetrieb. Bleibt die Pumpe über 8 Stunden im Stillstand, wird sie für 15 Minuten eingeschaltet. Die Pumpe schaltet in den Automatikbetrieb (automatic mode) zurück, sobald innerhalb einer Stunde zweimal mit einem Abstand von mehr als 20 Minuten eine Wasserentnahme vorgenommen wurde.

- Begleitheizung mittels regelbarem Heizband (vgl. LF 9, Kap. 8.4)

2 Temperaturschalter für die Schaltung einer Standard-Zirkulationspumpe

4.1.2.2 Thermische Ablaufsicherung

Bei Festbrennstoffkesseln und Heizkaminen müssen wegen der Trägheit der Temperaturregelung **thermische Ablaufsicherungen** (thermal safeguard) eingesetzt werden (vgl. Lernfeldübergreifende Inhalte, Kap. 5.2). Hierbei handelt es sich um eine Temperatursteuerung, da der Fühler bei Erreichen einer höchstzulässigen Wassertemperatur lediglich für das Auslösen der Kesselwasserabkühlung zuständig ist. Der Fühler ist im Verbund mit dem Ventil für das Absichern der Kesselwassertemperatur, nicht aber für deren Regelung zuständig.

4.1.2.3 Temperaturwächter und -begrenzer

Temperaturwächter und Temperaturbegrenzer überwachen und sichern gegen unzulässig hohe Wassertemperaturen (vgl. Lernfeldübergreifende Inhalte, Kap. 5.1). Sie unterscheiden sich dadurch, dass Temperaturwächter selbsttätig wieder einschalten, Temperaturbegrenzer (temperature limiter) jedoch nur per Hand (mit Werkzeug, z. B. Schutzkappe entfernen o. ä.) zu entriegeln sind (DIN EN 14597-E). In einigen Fällen haben Wächter wie z. B. bei einem gasbetriebenen Durchflusserwärmer mit thermoelektrischer Zündflammenüberwachung jedoch eine Begrenzerfunktion. Kommt es aufgrund zu hoher Wassertemperatur zum Öffnen z. B. eines Bimetallschalters (Temperaturwächter am Wasseraustritt des Wärmeübertragers), so wird sofort der Thermostrom unterbrochen und die Gasarmatur schließt das Gassicherheitsventil. Um Betriebsbereitschaft wieder herzustellen, muss die Gasarmatur mit der Hand entriegelt und geöffnet werden.

4.1.2.4 Abgasüberwachungseinrichtungen

Abgasüberwachungseinrichtungen (flue gas monitoring devices) werden bei raumluftabhängigen Gasgeräten mit Strömungssicherung (z. B. Art B1) eingesetzt. Der Sensor der Überwachungseinrichtung ist an der Strömungssicherung angeordnet und löst bei dortigem Abgasaustritt (nach ca. 2 Minuten bei Volllast) an Geräten mit ständig brennender Zündflamme eine bleibende Sicherheitsabschaltung aus. Bei vollautomatisch arbeitenden Geräten kann wegen der elektronischen Zündung nach ca. 15 Minuten ein erneuter automatischer Start vorgenommen werden. Abgasüberwachungseinrichtungen werden am Typenschild mit dem Zusatz **„BS"** (= **b**lock **s**afety) an der Gerätebezeichnung kenntlich gemacht.

> **PRAXISHINWEIS**
>
> Abgasüberwachungseinrichtungen regeln keine Temperaturen, sondern sichern gegen Störeinflüsse an der Abgasanlage, d. h. gegen unzulässig langen Abgasaustritt an der Strömungssicherung, in dem sie die Gasgeräte (vorübergehend) außer Betrieb nehmen.

4.1.3 Programmablaufsteuerungen

Der **Programmablauf** (program sequence) eines Öl- oder Gasbrenners ist zeitlich fest vorgegeben und wurde bisher meist mittels eines Steuergerätes über Nockenwalzen und Mikroschalter (Bild 1) oder nach neuestem Entwicklungsstand über elektronische Steuerbauteile verwirklicht. Bild 1 auf der nächsten Seite zeigt den Stromlaufplan eines modernen Gasgebläsebrenners mit einem sog. „Feuerungsmanager".

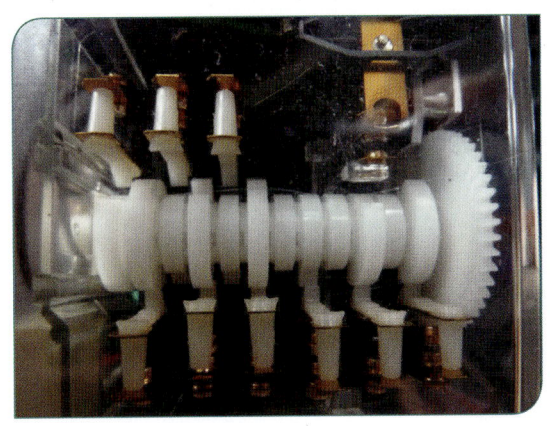

1 Steuergerät eines Gasgebläsebrenners

> **PRAXISHINWEIS**
>
> - Der Sensor für die Flammenüberwachung ist kein Hinweis auf eine Regeleinrichtung, da der Fühler ausschließlich der Sicherheit dient (bei Ausbleiben der Flamme während des Betriebes schaltet der Brenner auf Störung).
> - Die Begriffe „Steuergerät" (controller) und „Feuerungsautomat" werden im Berufsalltag häufig synonym benutzt; sie unterscheiden sich darin, dass für die Baugruppe Steuergerät und Flammenwächter lt. Norm DIN EN 298 der Begriff „Feuerungsautomat" zu verwenden ist.

Funktionsbeschreibung

Sind der Betriebsschalter S1, der Temperatur- oder Druckbegrenzer F2 sowie der Temperatur- oder Druckregler F3 (z. B. Wärmeanforderung) geschlossen, so werden über die Kontakte K1, K2 und K3 des Feuerungsmanagers die einzelnen Bauteile des Gebläsebrenners in der vorgegebenen festen zeitlichen Abfolge nacheinander angesteuert.

Dieser **Funktionsablauf** (function sequence) kann unter Verwendung eines verkürzten Stromlaufplanes mittels eines den Bauteilen zugeordneten Ablaufdiagramms dargestellt bzw. beschrieben werden (Bild 1, S. 402 und Bild 1, S. 403).

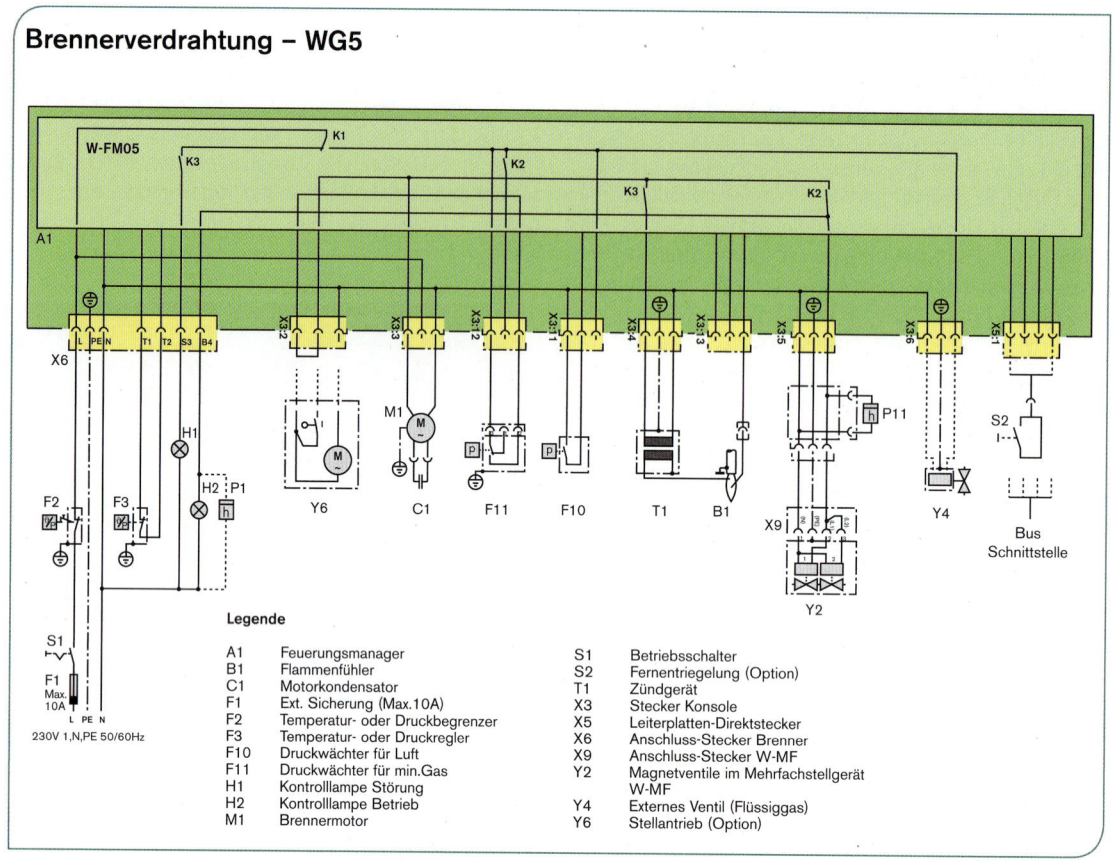

4 Steuerungs- und Regelungstechnik in der Anwendung

Brennerverdrahtung – WG5

Legende

A1	Feuerungsmanager	S1	Betriebsschalter
B1	Flammenfühler	S2	Fernentriegelung (Option)
C1	Motorkondensator	T1	Zündgerät
F1	Ext. Sicherung (Max.10A)	X3	Stecker Konsole
F2	Temperatur- oder Druckbegrenzer	X5	Leiterplatten-Direktstecker
F3	Temperatur- oder Druckregler	X6	Anschluss-Stecker Brenner
F10	Druckwächter für Luft	X9	Anschluss-Stecker W-MF
F11	Druckwächter für min.Gas	Y2	Magnetventile im Mehrfachstellgerät W-MF
H1	Kontrolllampe Störung		
H2	Kontrolllampe Betrieb	Y4	Externes Ventil (Flüssiggas)
M1	Brennermotor	Y6	Stellantrieb (Option)

1 Stromlaufplan eines einstufigen Gasgebläsebrenners (aus Broschüre Fa. Weishaupt 83051201- 2/2000)

In der Betriebsphase 1 (siehe Ablaufschema „Start mit Flammenbildung") liegt Spannung am Feuerungsmanager an. Wenn der Temperaturregler F3 (Phase 2; als Druckregler wird er in der Heizungstechnik seltener verwendet) Wärme anfordert, muss ausreichend Gasdruck in der Anschlussleitung vorliegen (Phase 4, der Gasdruckwächter F11 hat durchgeschaltet). Anschließend läuft der Motor mit dem Gebläse an (Phase 6), die Vorbelüftung beginnt. Optional kann noch eine Luftabschlussklappe eingebaut sein, in diesem Fall würde die Klappe zunächst in ihre Endlage fahren (Phase 5), bevor die Vorbelüftung beginnen kann. Nach Ablauf der Vorbelüftungszeit ($T_V = 25$ s) wird die Zündung initialisiert (Phase 7). Die Zündzeit besteht aus der Vorzündzeit (2 s) und der Nachzündzeit (1,8 s). Nach der Vorzündzeit öffnen zwei Magnetventile (Y2, Phase 8), das Magnetventil Y4 kommt nur bei Flüssiggasbetrieb zum Einsatz (Phase 9). Während der Sicherheitszeit T_S muss die Flammenüberwachung (Phase 10) dem Feuerungsmanager das Vorhandensein der Flamme melden (Kontrolllampe H2 leuchtet). Anderenfalls würde eine Störabschaltung erfolgen (Kontrolllampe H1 leuchtet). Die weiteren Abläufe zeigen mögliche Störfälle.

4.2 Regelungstechnik

4.2.1 Einteilung von Reglern

In der Versorgungstechnik werden physikalische Größen in vielfältiger Weise geregelt. Das jeweilige Einsatzgebiet entscheidet über den Aufbau der Regler, die in großer Typenvielfalt angeboten werden. Die **Einteilung von Reglern** kann nach folgendem Schema vorgenommen werden:

- Nach der **Art der physikalischen Größe** (type of physical variable) – der Regelgröße z. B. Temperatur-, Druck-, Feuchte-, Drehzahl-, Durchfluss-, Füllstandsregler.
- Nach der **Hilfsenergie** (auxiliary energy)
  Regler ohne Hilfsenergie wie z. B. Thermostat- oder Schwimmerventil, Regler mit Hilfsenergie wie z. B. Pneumatik- und Elektronikregler, elektropneumatische Regler
- Nach dem **Regelverhalten** (control mode)
  - unstetige Regler: Zweipunkt- und Dreipunktregler, Dreipunktschrittregler
  - stetige Regler: P-Regler, I-Regler, PI-Regler, PID-Regler
- Nach der Art der **Signalverarbeitung** (signal processing)
  - Analogregler
  - Digitalregler

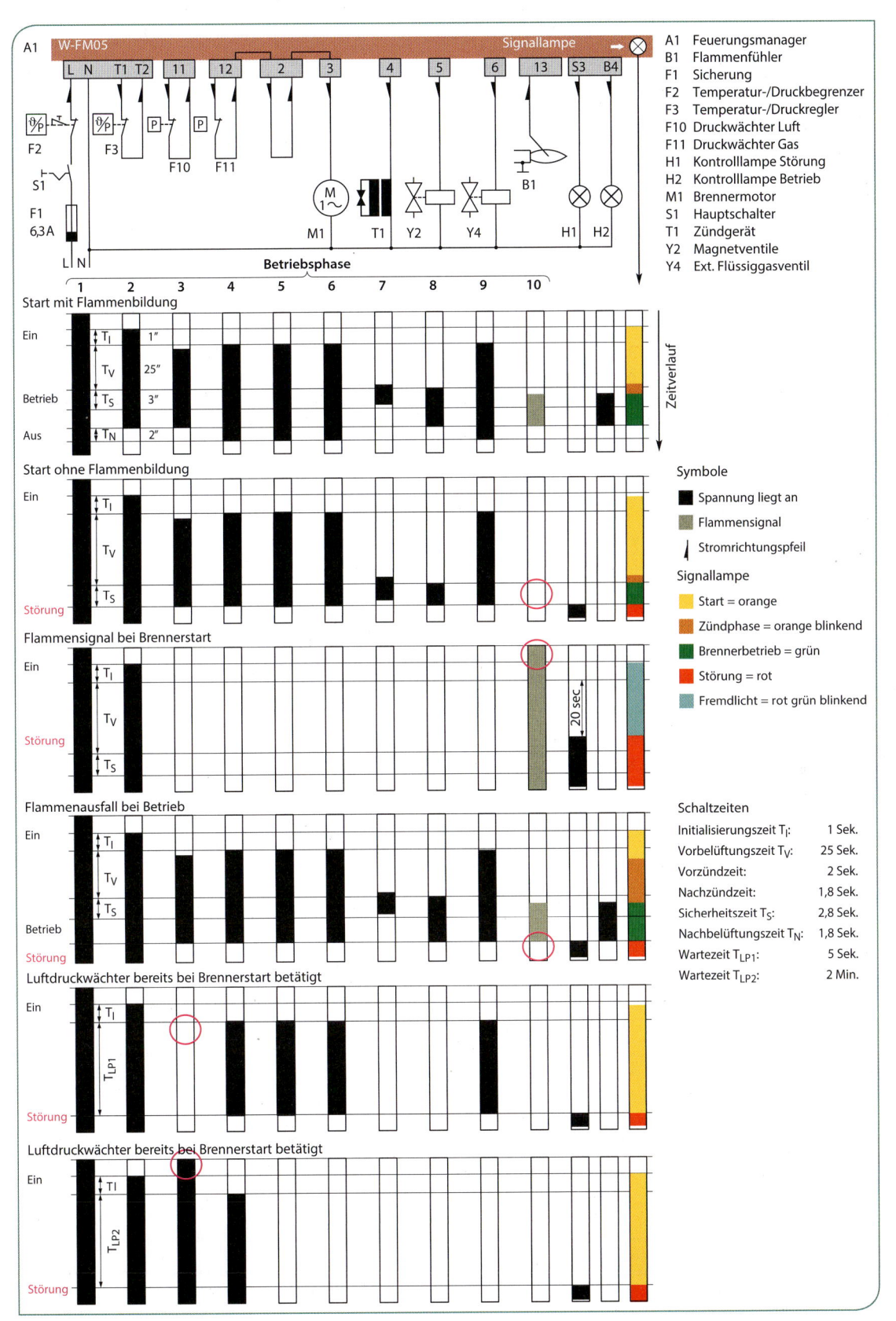

4 Steuerungs- und Regelungstechnik in der Anwendung

A1 Feuerungsmanager
B1 Flammenfühler
F1 Sicherung
F2 Temperatur-/Druckbegrenzer
F3 Temperatur-/Druckregler
F10 Druckwächter Luft
F11 Druckwächter Gas
H1 Kontrolllampe Störung
H2 Kontrolllampe Betrieb
M1 Brennermotor
S1 Hauptschalter
T1 Zündgerät
Y2 Magnetventile
Y4 Ext. Flüssiggasventil

Symbole
- Spannung liegt an
- Flammensignal
- Stromrichtungspfeil

Signallampe
- Start = orange
- Zündphase = orange blinkend
- Brennerbetrieb = grün
- Störung = rot
- Fremdlicht = rot grün blinkend

Schaltzeiten
Initialisierungszeit T_I:	1 Sek.
Vorbelüftungszeit T_V:	25 Sek.
Vorzündzeit:	2 Sek.
Nachzündzeit:	1,8 Sek.
Sicherheitszeit T_S:	2,8 Sek.
Nachbelüftungszeit T_N:	1,8 Sek.
Wartezeit T_{LP1}:	5 Sek.
Wartezeit T_{LP2}:	2 Min.

Lernfeld 14

1 Funktionsablauf eines Gasgebläsebrenners

403

4 Steuerungs- und Regelungstechnik in der Anwendung

4.2.2 Regelverhalten von Reglern
4.2.2.1 Unstetige Regler (discontinuous controller)
Zweipunktregler

Ein in der Zentralheizungstechnik häufig vorzufindender Anwendungsfall des Zweipunktreglers (two-position controller) ist die Kesselkreisregelung. Hierbei wird entweder ein Festwert (**Festwertregelung**) als Kesseltemperatur bei Altanlagen angestrebt oder es handelt sich um eine **Folgeregelung** (sequential control), d.h., die Kesseltemperatur verändert sich nach einer vorgegebenen Funktion (z.B. außentemperaturabhängig über die Heizkurve, vgl. Kap. 4.2.4). Bei kleineren Anlagen (z.B. die Beheizung von Appartements), bei denen die vorrangige Temperaturregelung eines Raumes, meistens des Wohnzimmers, im Vordergrund steht, hat sich der Einsatz eines Raumtemperatur-Reglers bewährt (ältere bestehende Anlagen; Bild 1). Bild 2 zeigt einen Kesselthermostaten mit Kapillare, der nach dem Flüssigkeits-Ausdehnungsprinzip arbeitet. Der Regler produziert nur die Ausgangssignale AN–AUS bzw. AUF–ZU. Aufgrund seiner besonderen Bauweise (z.B. Einsatz eines Magnet-Schnappschalters an den Schaltkontakten) besitzt er eine **Schalthysterese**[1] (Bild 3), die eine Schaltdifferenz (differential gap) mit einer für den Regler typischen Regelabweichung erzeugt. Wird der Regler für die Raumtemperaturregelung (wie oben beschrieben) eingesetzt, so ist aufgrund der trägen Regelstrecke (Weg der Wärme vom Kessel über die Rohrleitung zum Heizkörper an die Raumluft bis zum Temperaturfühler) eine große Regelabweichung zu erwarten. Durch den Einsatz eines Heizwiderstandes, auch thermische Rückführung genannt, kann die Regelabweichung verkleinert bzw. die Regelgenauigkeit auf $\Delta\theta \leq 1\,K$ gesteigert werden.

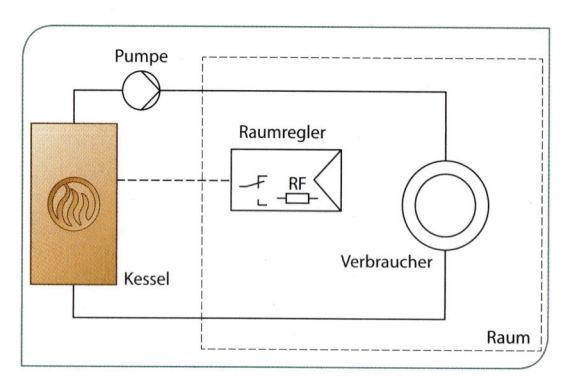

Bild 4 zeigt die Prinzipschaltung eines Zweipunktreglers mit thermischer Rückführung (thermal feedback): Ein in der Nähe des Bimetalles angeordneter Widerstand wird bei Wärmeanforderung von Strom durchflossen und täuscht aufgrund seiner Wärmeabgabe dem Bimetall ein frühzeitiges Erreichen der Raumtemperatur vor. Er schaltet den Brenner aus, bevor die eigentliche Raumtemperatur erreicht wurde. Die schnelleren Ein- und Ausschaltphasen des Reglers wirken sich auf die träge Regelstrecke günstig aus, die bezüglich ihrer Temperaturabweichungen (temperature differences) über und unter den erwünschten Wert eine Dämpfung (damping) erfährt. Das frühzeitige Abschalten des Reglers führt jedoch zu einer negativen Abweichung des mittleren Istwertes der Raumtemperatur gegenüber dem mittleren Istwert der Sollwerteinstellung. Diese Abweichung kann jedoch durch eine werkseitige Skalenverschiebung kompensiert (aufgehoben) werden. Negativ wirkt sich die erhöhte Schalthäufigkeit möglicherweise auf die Standzeiten einzelner Bauteile wie Feuerungsautomaten,

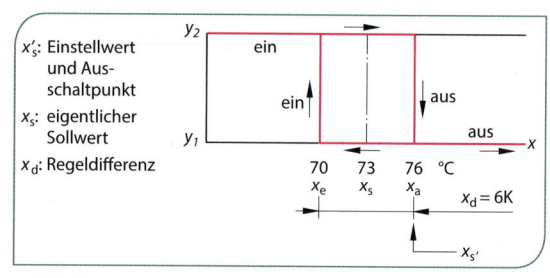

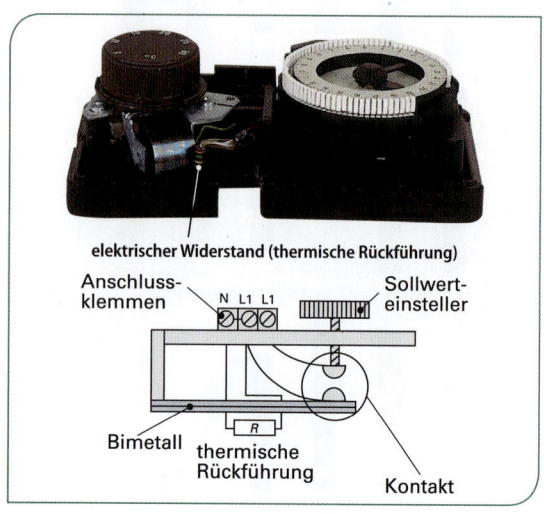

3 Schalthysterese eines Zweipunktreglers
- x'_s: Einstellwert und Ausschaltpunkt
- x_s: eigentlicher Sollwert
- x_d: Regeldifferenz

1 Raumtemperaturregelung

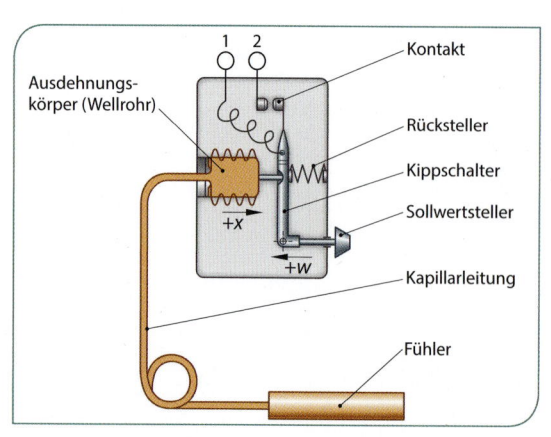

2 Prinzipdarstellung eines Kesselthermostaten als Zweipunktregler

4 Zweipunkt-Regler mit thermischer Rückführung

---
[1] verzögerte Schaltreaktion

4 Steuerungs- und Regelungstechnik in der Anwendung

Zünd- und Flammenüberwachungssysteme und weiterer Verschleißteile aus. Elektronisch arbeitende Raumtemperaturregler haben eine aus elektronischen Bauteilen aufgebaute thermische Rückführung.

Dreipunktregler (three-position controller)
In der Heizungs- und Lüftungstechnik werden für Volumenstromveränderungen in den Wassernetzen häufig elektrische Stellantriebe verwendet, die von Reglern mit **Dreipunktverhalten** angesteuert werden. Bei einem Ventil bewirkt der Dreipunktregler z. B. die Schaltzustände „MINIMALER VOLUMENSTROM"–"MAXIMALER VOLUMENSTROM"–" ZU". Darüber hinaus werden vielfach **Dreipunkt-Schrittregler** eingesetzt, die aufgrund ihrer Arbeitsweise ein quasi-stetiges Verhalten zeigen, d. h., sie können außer ihren Extremstellungen AUF und ZU auch dazwischen liegende Positionen einnehmen. Die drei Ausgangszustände dieser Regler sind 1 – 0 – 2 oder „kälter" – „stop" – „wärmer". Die Signalausgabe kann über zwei Relais erfolgen, wobei dann z. B. gilt: Relais 1 angezogen = ZU, Relais 2 angezogen = AUF, kein Relais angezogen = STOP. Bild 1 zeigt die Kennlinie eines Dreipunkt-Schrittreglers: Die einzelnen Umschaltungen, 0…1 und 1…0 sowie 0…2 und 2…0, sind mit einer Schaltdifferenz x_{sd} (Schalt-Hysterese) behaftet. Der gesamte Schaltbereich (x_{sh} als gesamte Regelabweichung) reicht vom unteren Einschaltpunkt (lower switch point) (x_{Sun}) bis zum oberen Einschaltpunkt (upper switch point) (x_{Sob}). Innerhalb

dieses auch als Neutralzone bezeichneten Bereiches erfolgt kein Schaltbefehl. Erst wenn der Istwert der Regelgröße den Bereich verlässt, wird das Stellsignal (y) an den Stellmotor übertragen und die Regelgröße nähert sich wieder dem unteren oder oberen Abschaltpunkt. Eine Drehrichtungsumkehr (reversing of rotation) (z. B. bei variierbarem Einbau eines Vierwegemischers erforderlich) erfolgt durch einfaches Umstecken der Anschlusskabel an der Steckerleiste des Stellmotors (in Bild 2 von X1 nach X2).

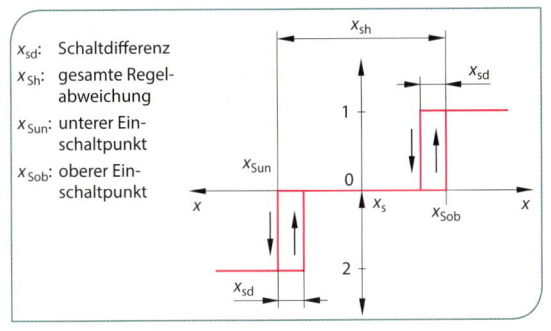

4.2.2.2 Stetige Regler

Stetigregler (continuous controllers) zeichnen sich dadurch aus, dass die Stellgröße y zwischen ihren Extremwerten, z. B. „offen" und „geschlossen", jeden beliebigen Wert annehmen kann. Dabei entscheiden die Anforderungen an Regelgröße und Regelgenauigkeit darüber, ob Proportionalregler (P-Regler), Proportional-Integralregler (PI-Regler) oder Proportional-Integral-Differentialregler (PID-Regler) zum Einsatz kommen.

P-Regler (P-controller)
Am Beispiel eines Heizkörper-Thermostatventils soll die Arbeitsweise des P-Reglers verdeutlicht werden:
Der gewünschte Sollwert x_s der Raumtemperatur beträgt z. B. 20 °C. Dieser Wert beschreibt den **Arbeitspunkt Ap** (operating point) des Reglers, der bei den meisten P-Reglern mit 50 % Stellgrößenänderung festgelegt ist. Um den gesamten Stellbereich y_h durchfahren zu können, benötigt der P-Regler einen Proportionalbereich – auch P-Band genannt – von z. B. $x_p = 4$ K (Bild 3). Unterschreitet die Raumtemperatur den Wert von 18 °C, bleibt das Ventil voll geöffnet. Bei einer Raumtemperatur ≥ 22 °C hingegen ist das Ventil geschlossen. Die maximale bleibende Regelabweichung von $\frac{x_p}{2}$ (in diesem Beispiel also 2 K) muss einer Regelstrecke nun so angepasst werden, dass sie einerseits nicht zu groß ist (Komforteinbuße!) und der Regelkreis andererseits jedoch wegen eines zu klein eingestellten P-Bandes nicht zu Schwingungen neigt und damit instabil wird. Die an der Regelstrecke real auftretenden Regelabweichungen sind wegen der Trägheit (inertia) der Strecken kleiner als der halbe x_p-Bereich des Reglers.

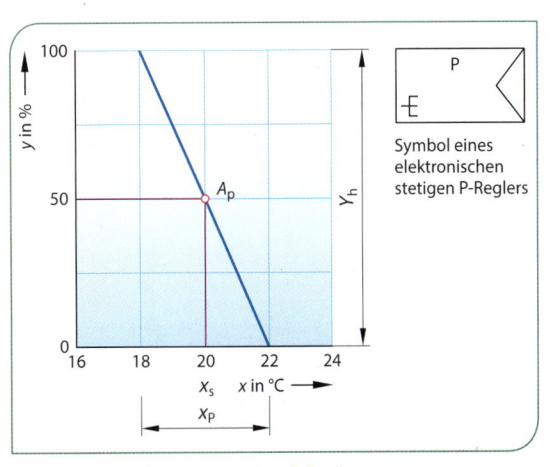

x_{sd}: Schaltdifferenz
x_{Sh}: gesamte Regelabweichung
x_{Sun}: unterer Einschaltpunkt
x_{Sob}: oberer Einschaltpunkt

1 Kennlinie eines Dreipunktreglers

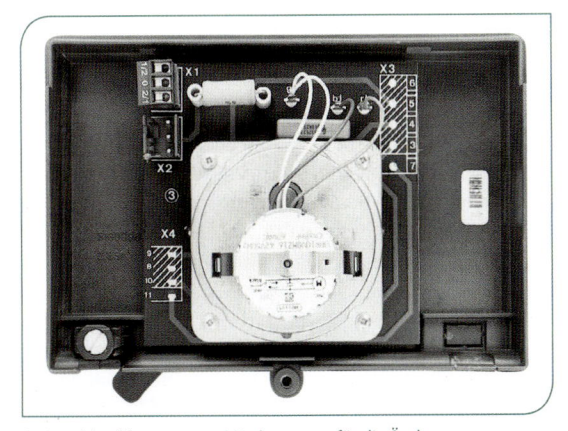

2 Anschlussklemmen am Mischermotor für die Änderung der Drehrichtung

3 Statische Kennlinie eines stetigen P-Reglers

Lernfeld 14

4 Steuerungs- und Regelungstechnik in der Anwendung

Bei P-Regeleinrichtungen ist die Stellgrößenänderung Δy proportional zur Regelgrößenänderung Δx.
P-Regler erzeugen immer eine bleibende Regelabweichung.

PI-Regler (PI-controller)
Der PI-Regler (Bild 1) vereinigt die Vorteile des P- und I-Reglers miteinander: **Der P-Anteil** des kombinierten Reglers reagiert zwar schnell auf eine Regelgrößenänderung, erzeugt jedoch die schon erwähnte **bleibende Regelabweichung** (permanent control deviation).

Der I-Anteil reagiert auf eine Regelgrößenänderung langsam, produziert wegen seiner besonderen Arbeitsweise jedoch **keine bleibende Regelabweichung**. Dieses gelingt deshalb, weil der **I-Anteil mit zunehmender Annäherung an den Sollwert** (bzw. mit sich verringernder Regelabweichung) die Stellgrößengeschwindigkeit (correcting variable pace) **verlangsamt**.

> **MERKE**
> Durch die Überlagerung der Ausgangssignale des P- und I-Anteils greift der Regler schnell ein und erzeugt keine bleibende Regelabweichungen.

PID-Regler (PID-controller)
Der D-Anteil kann nur in Kombination mit den beiden erstgenannten vorkommen und hat insgesamt ein dämpfendes Verhalten auf den Regelvorgang.
Der D-Anteil greift proportional zur Änderungsgeschwindigkeit (rate of change) **der Regelabweichung ein**, d. h. Auswirkungen größerer Störungen mit schnellen Änderungen der Regelgröße werden im Entstehen mit einem sehr kräftigen Verstellen des Stellgliedes abgefangen. Die Regelgüte wird damit verbessert. PID-Regler werden dort eingesetzt, wo es auf das genaue Einhalten der Regelparameter ankommt wie z. B. in der Klimatechnik. Sie sind am Aufwendigsten gefertigt und daher teuer.

4.2.2.3 Fuzzy-Regler (fuzzy controller)
Fuzzy[1)]-logic ist die Lehre der „unscharfen Logik". Im Gegensatz zu der traditionellen JA-NEIN-Logik des Computers wird aus einem Bündel von Wenn-Dann-Beziehungen eine daraus resultierende Aussage als Entscheidungsgröße für die Regelung herbeigeführt. Im Beispiel (Bild 1, nächste Seite) führen fünf Eingangsgrößen zu 405 Wenn-Dann-Regeln:
- Der Durchschnitt des gestrigen Energieverbrauchs
- Der aktuelle Energieverbrauch
- Die Tendenz der Wärmeabgabe bzw. -abnahme, die die längerfristige (globale) Temperaturtendenz anzeigt
- Die Kurzzeittendenz der Temperaturen, die z. B. durch Stoßlüftungen über Fenster oder durch Sonneneinstrahlung beeinflusst werden
- Das Tages-/bzw. Jahresbelastungsprofil der Anlage.

Diese Eingangsgrößen sind Grundlage für die Wenn-Dann-Entscheidungen wie z. B. „Wenn der Energieverbrauch am gestrigen Tage gering war und die Außentemperatur konstant bleibt (wird jedoch nicht gemessen, sondern aus der Energieentnahme abgeleitet!) und die Innentemperatur sinkt und der aktuelle Energieverbrauch einen Mittelwert einnimmt, dann ist der momentane Wärmebedarf gering" (Bild 1, nächste Seite). Während die herkömmliche Regelung das Energieangebot wegen der fallenden Raumtemperatur hochfahren würde, „erkennt" die Fuzzy-Regelung diese anomale Erscheinung als kurzzeitige Störung z. B. einer Fensterlüftung und zieht daraus die Konsequenz, nicht hochzuheizen.

> **MERKE**
> Die Fuzzy-Regelung ignoriert kurzzeitige Störungen (disturbances) in der Regelstrecke und orientiert sich eher am wirklichen Bedarf der Nutzer. Ein Außentemperatursensor wird überflüssig.

4.2.3 Analoge/digitale[2)] Regler
Bei der (bisherigen) Analogtechnik wird einem Messwert (z. B. Strecke s) ein entsprechender abzubildender Wert (z. B. Spannung U) zugeordnet. Dabei sind sowohl die Anzahl der Messwerte als auch deren zugeordnete Werte im Rahmen der technisch möglichen Abbildungsgenauigkeit unendlich groß (Bild 2a, nächste Seite). In digitalen Reglern werden Signale in einer festgelegten begrenzten Anzahl von Signalen (Signalwerten) übertragen. Die Signalgröße U_x beträgt ein ganzzahliges Vielfaches von ΔU (Bild 2b, nächste Seite). Für die Übermittlung der Signale von den Messwertaufnehmern zum Zentralregler und von diesem zu den Stellgliedern sind Analog/Digitalumwandler (A/D converter) (Symbol siehe Bild 2, nächste Seite) erforderlich. Während Analogregler nur für sie bestimmte vorgegebene Aufgaben erledigen

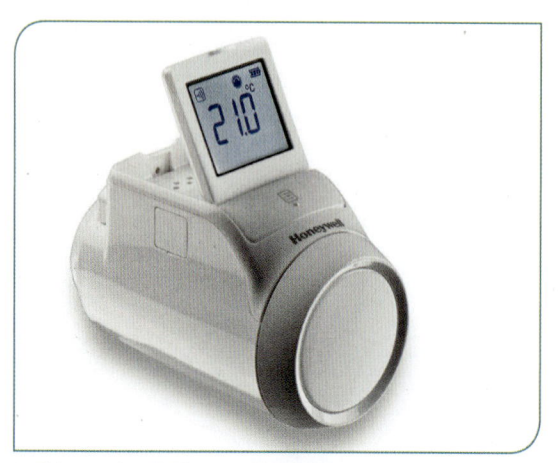

1 Elektronischer HK-Thermostatkopf mit PI-Regelverhalten und Fuzzy-Logik

---
[1)] wirr, unscharf
[2)] digitus (lat.), Finger (an den Fingern abzählend)

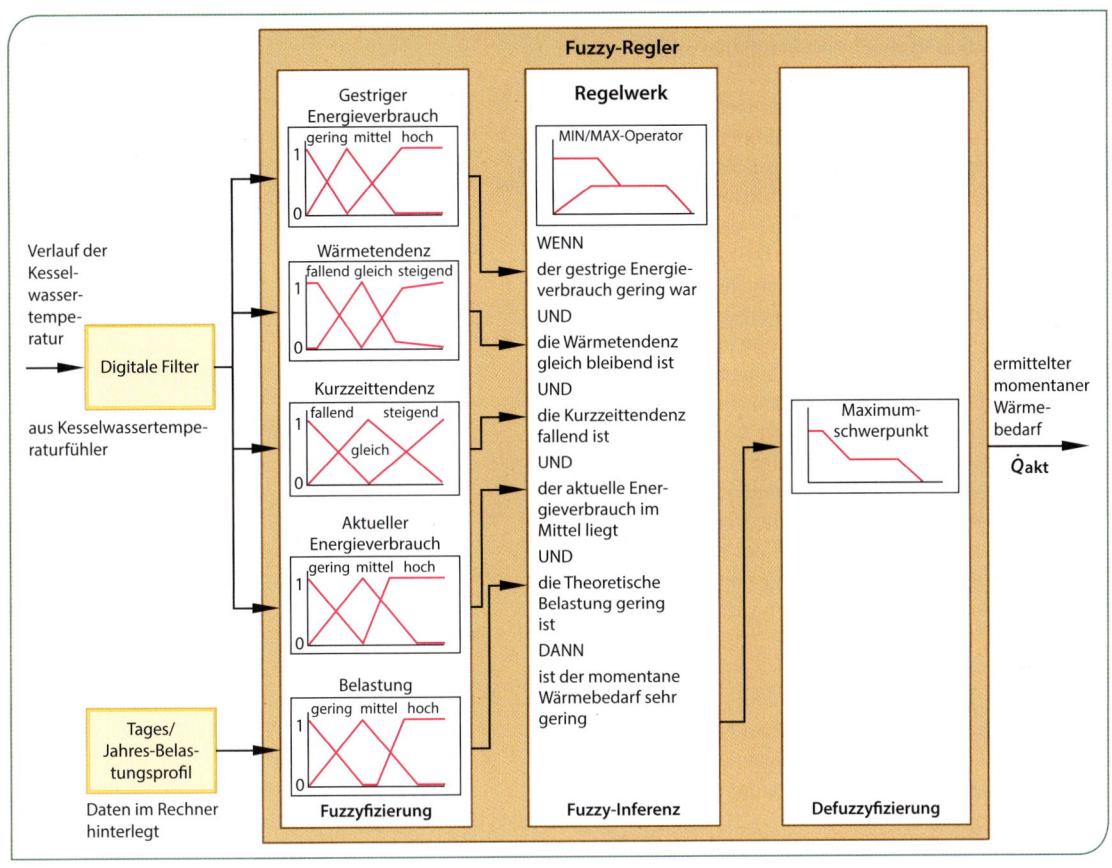

4 Steuerungs- und Regelungstechnik in der Anwendung

Fuzzy-Regler

- Verlauf der Kesselwassertemperatur → Digitale Filter
- aus Kesselwassertemperaturfühler
- Tages-/Jahres-Belastungsprofil
- Daten im Rechner hinterlegt

Fuzzyfizierung:
- Gestriger Energieverbrauch (gering, mittel, hoch)
- Wärmetendenz (fallend, gleich, steigend)
- Kurzzeittendenz (fallend, gleich, steigend)
- Aktueller Energieverbrauch (gering, mittel, hoch)
- Belastung (gering, mittel, hoch)

Regelwerk (MIN/MAX-Operator)

Fuzzy-Inferenz:
WENN der gestrige Energieverbrauch gering war
UND die Wärmetendenz gleich bleibend ist
UND die Kurzzeittendenz fallend ist
UND der aktuelle Energieverbrauch im Mittel liegt
UND die Theoretische Belastung gering ist
DANN ist der momentane Wärmebedarf sehr gering

Defuzzyfizierung: Maximum-Schwerpunkt

→ ermittelter momentaner Wärmebedarf $\dot{Q}_{akt}$

1 Signalverarbeitung eines Fuzzy-Reglers

können, sind digitale Regler meist frei programmierbar und dadurch vielfältig verwendbar. Jedoch nicht nur wegen ihrer universellen Verwendbarkeit, sondern durch die Miniaturisierung der Bauteile ist der Platzbedarf für die Regler und deren Umfeld auf ein Minimum geschrumpft. Digitale Regler werden aufgrund ihrer Arbeitsweise auch DDC-Regler genannt (Direct Digital Control). In einem DDC-Regler

(Bild 3; vgl. Kap. 4.2.5) ermittelt ein Rechner (controller) in bestimmten Zeitabschnitten den neuen Wert und regelt ihn aus. Weil die Signale aufgrund ihrer Digitalisierung ganz bestimmte, nur für sie zutreffende Größen annehmen, können sämtliche Daten für ihre Übermittlung an andere Stationen über ein Zweiader-Kabel (Zweidraht-Bus, two-wired cable/bus) weitergeleitet werden.

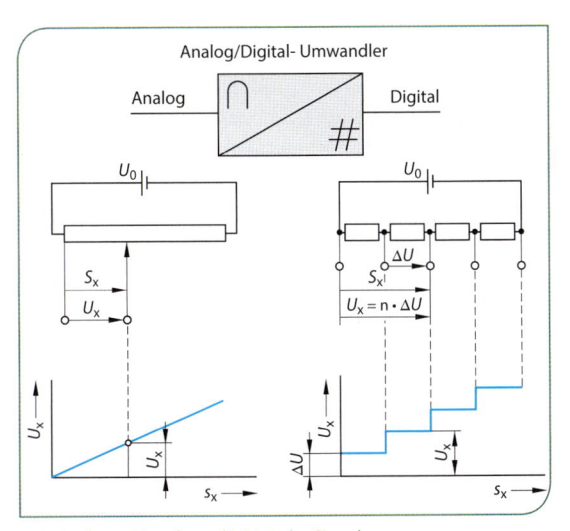

Analog/Digital-Umwandler

Analog → Digital (#)

U_x, S_x

$U_x = n \cdot \Delta U$, ΔU, S_x

2 a) Analoges Signal   b) Digitales Signal

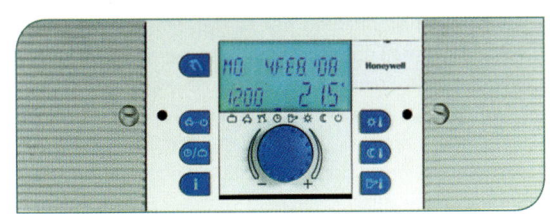

3 DDC-Regler

Lernfeld 14

4.2.4 Regler im Einsatz
4.2.4.1 Witterungsgeführte Vorlauf- (Kessel-) Temperaturregelung

Der in Kap. 4.1.1 erwähnte §12 (1) der Energieeinsparverordnung schreibt u. a. vor, dass Zentralheizungen mit zentralen selbsttätig wirkenden Einrichtungen zur Verringerung und Abschaltung der Wärmezufuhr in Abhängigkeit von …
„1. der Außentemperatur oder einer anderen geeigneten Führungsgröße …" auszustatten sind. Die in Kap. 4.2.2.3 beschriebene Fuzzy-Regelung ist ein Beispiel für die Verwendung einer „anderen geeigneten Führungsgröße". Allerdings ist die **meistverwendete Führungsgröße** für die geforderte Anpassung der Wärmezufuhr die **Außentemperatur**. Dabei wird einer bestimmten Außentemperatur eine entsprechende Vorlauftemperatur zugeordnet. Fügt man sämtliche dieser Wertepaare (value pairs) aneinander, so entsteht ein leicht nach oben durchgebogener Kurvenzug, der der Wärmeabgabe eines Heizkörpers entspricht (Bild 1). Die Wärmeübertragung durch den Heizkörper folgt nämlich keinem linearen Verlauf, sondern ist je nach Ausführung (Platte, Radiator, Konvektor usw.) stärker oder schwächer gekrümmt.

> **MERKE**
>
> Das Verhältnis von Vorlauftemperatur zur Außentemperatur wird Heizkurve (heating curve) genannt bzw. die Heizkurve stellt die Abhängigkeit der Vorlauftemperatur von der Außentemperatur dar.

Da jedoch die Heizungsanlagen mit unterschiedlichen Systemtemperaturen betrieben werden und durch die Vielfalt der Häuserbauarten das Dämm- und Speicherverhalten (thermisches Verhalten) sehr stark differieren kann, müssen an einem Universalregler (universal controller) mehrere Kurven einstellbar sein. Die Bezeichnung der einzelnen Heizkurven wird aus dem Steigungsmaß hergeleitet. Verbindet man den Anfangspunkt (Fußpunkt) der Heizkurve durch eine Gerade mit einem festgelegten Endpunkt (z. B. $\theta_A = -20\,°C$), so entsteht unter Einbindung der Achsen ein rechtwinkliges Dreieck. Setzt man nun die Vorlauftemperatur-Veränderung ($\Delta\theta_V$) zur zugehörigen Außentemperatur-Veränderung ($\Delta\theta_A$) ins Verhältnis, erhält man die Kennzahl der Heizkurve (Bild 2). Außer der in Bild 1 dargestellten Einstellung der Heizkurven-Neigung lässt sich die Kurve noch parallel nach oben und unten verschieben (Bild 3).

Die nach unten gerichtete Verschiebung (shifting) dient unter anderem der **Nachtabsenkung** (night setback), die Verschiebung nach oben und unten wird für die im Folgenden erläuterte Kennlinien-Optimierung benötigt.
Annahme: Für die Warmwasser-Zentralheizung eines Einfamilienhauses wurde bezüglich der Heizflächenauslegung eine Systemtemperatur von $\theta_V/\theta_R = 70\,°C/50\,°C$ zugrunde gelegt (bei einer angenommenen niedrigsten Außentemperatur von $-12\,°C$). Daraus ergibt sich eine Heizkurve von 1,4 (Bild 1, nächste Seite). Dieses Rechenergebnis deckt sich nur

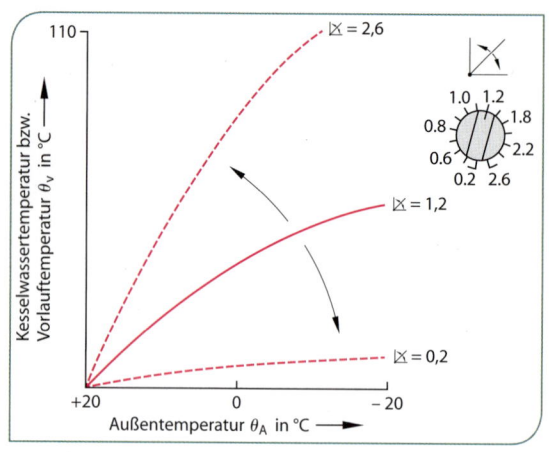

1 Heizkurve

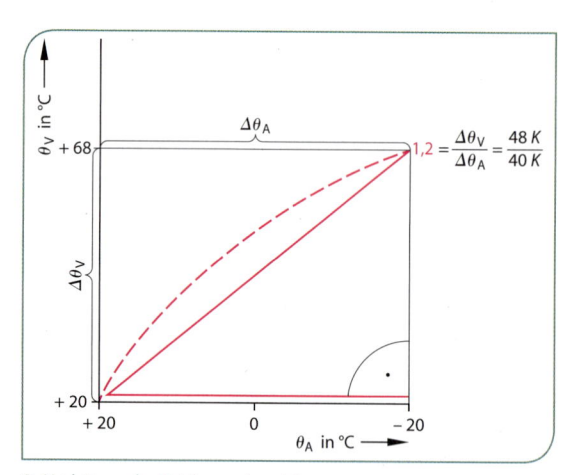

2 Herleitung der Heizkurvenbezeichnung

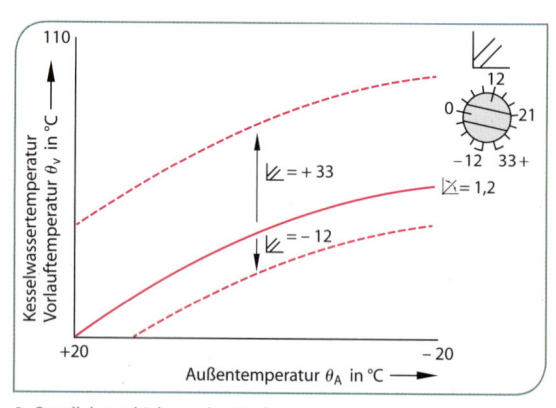

3 Parallelverschiebung der Heizkurve

im Idealfall mit den praktischen Anforderungen, wobei der ungünstigste Raum für das Aufrechterhalten seiner Raumtemperatur gerade noch genügend Energie geliefert bekommen muss.

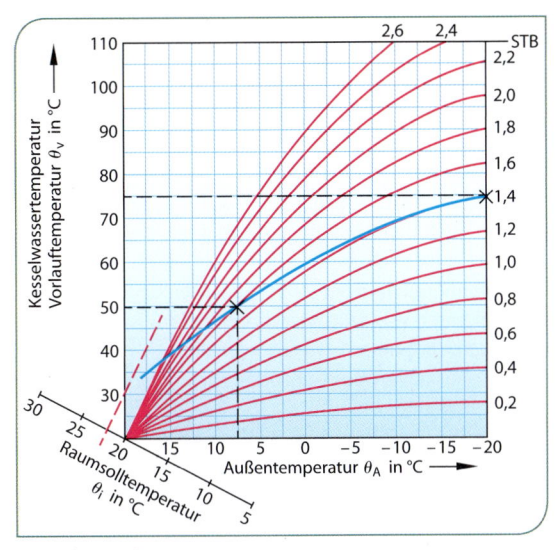

4 Steuerungs- und Regelungstechnik in der Anwendung

1 Heizkurven-Diagramm

> **PRAXISHINWEIS**
>
> Der richtige Arbeitspunkt, d. h. die richtige Kennlinie, kann häufig nur durch mehrmaliges Verstellen und Anpassen über einen längeren Zeitraum gefunden werden.

Aufgrund der in der Übergangszeit (Frühjahr, Herbst) und im Winter herausgefundenen Wertepaare von Außentemperatur und zugehöriger Vorlauftemperatur kann die spezielle Heizkurve in das Diagramm eingezeichnet werden (Bild 1; Annahme: $\theta_A = 7{,}5\ °C$, $\theta_V = 50\ °C$; $\theta_A = -20\ °C$, $\theta_V = 75\ °C$). Der Regler ist nicht in der Lage, diese Kurve über den gesamten Bereich der Außentemperaturen „abzufahren". Die für den Winter zutreffende Kurve 1,4 ergäbe für die Übergangszeit (transition period) ein zu geringes Energieangebot (der Raum würde nicht warm genug). Daher wird zunächst eine Kurve eingestellt, die parallel zu der benötigten liegt. Dies trifft annähernd für die flacher verlaufende Heizkurve 1,2 zu. Anschließend wird diese gewählte Kurve um ca. 8…9 K parallel nach oben verschoben. Aus diesen exakten aber zeitraubenden Optimierungsarbeiten resultierend können dem Monteur oder Kunden folgende vereinfachte Einstellungsanweisungen (adjustment instructions) an die Hand gegeben werden:

Bei festgelegter Neigung der Heizkurve für den Winter kann in der Übergangszeit
- **ein Energiemangel auftreten**
  Der Raum kühlt aus und die Heizkurve muss daher im Bereich der höheren Temperaturen angehoben werden. Die Korrektur erfolgt durch Parallelverschiebung (parallel shift) nach oben und Wahl einer flacheren Heizkurve (Bild 2).
- **ein Überangebot an Energie auftreten**
  Dieses nimmt der Kunde im Regelfall nicht wahr, da die Thermostatventile bei Erreichen der Raumtemperatur schließen. Jedoch sollte auch hier nachgeregelt werden, um Energie einzusparen. Die Optimierung erfolgt durch Parallelverschiebung nach unten und Einstellen einer steileren Heizkurve (Bild 3).

Da sich in vielen Fällen weder das installierende Unternehmen noch der Anlagenbetreiber die Zeit für die aufwendige Optimierung nehmen, werden einige Reglertypen mit der Funktion einer automatischen Selbstanpassung (automatic self-adjustment) ausgerüstet. Diese Fähigkeit des Reglers, die Geräte-Heizkennlinie (Heizkurve) schrittweise durch Auswerten von Außen-, Vorlauf- und Raumtemperatur selbsttätig an die Gebäude-Heizkennlinie anzupassen, wird Adaption (adaptation) genannt. Für den Endverbraucher steht jedoch nicht die geregelte Vorlauftemperatur, sondern deren Auswirkung auf die Raumtemperatur im Vordergrund. Daher haben einige Reglerhersteller dem Diagramm eine Raumtemperaturachse zugeordnet (Bild 1).
Hieraus wird deutlich, dass eine Veränderung der Vorlauftemperatur um 10 K durch Parallelverschiebung der Heizkurve eine Raumtemperaturänderung von ca. 2…3 K zur Folge hat.

Neuere Entwicklungen zeigen Regler, bei denen die Heizkurven z. B. in 5 K – Außentemperaturschritten elektronisch angehoben oder abgesenkt werden können. Dadurch ist eine optimale Anpassung an bauliche sowie anlagenspezifische Gegebenheiten (plant-specific conditions) möglich (Bild 1, nächste Seite).

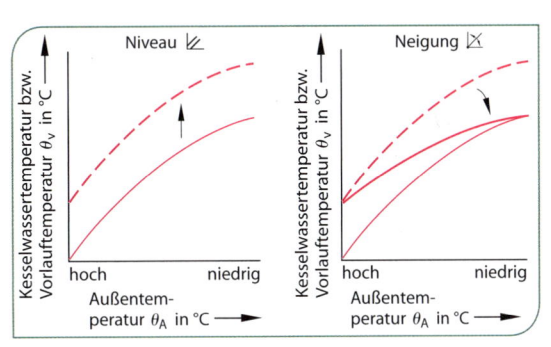

2 Heizkurvenoptimierung mit flacherer Kennlinie

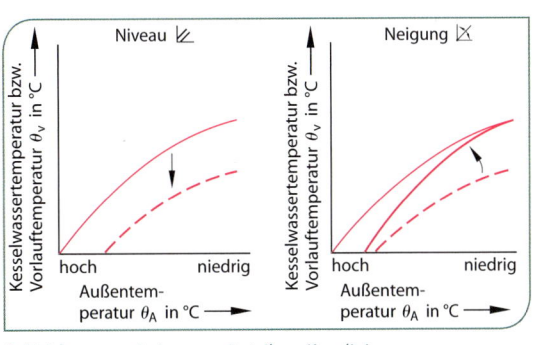

3 Heizkurvenoptimierung mit steilerer Kennlinie

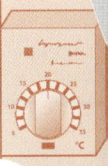

Lernfeld 14

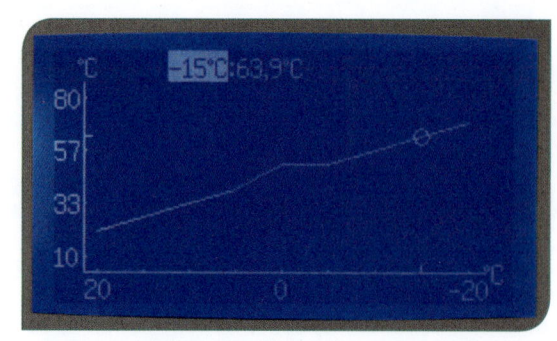

4 Steuerungs- und Regelungstechnik in der Anwendung

1 Heizkennlinie elektronisch veränderbar

4.2.4.2 Min.-Max.-Begrenzung der Kesselwassertemperatur

Sollte der Kessel aufgrund von Schwitzwasserproblemen bei niedrigen Rücklauftemperaturen eine sog. **Sockeltemperatur** (base temperature) (als untere Kesselwassertemperatur) benötigen, so kann diese Funktion an einem (modernen) Regler durch die Fachkraft eingestellt werden. Eine Maximalbegrenzung (notwendig bei steilen Kennlinien) ist durch einen Maximalbegrenzer oder Kesselkreisregler mit einer z. B. auf 75 °C eingestellten Temperatur gegeben. Kesselkreisregler sind werksseitig meist auf eine maximale Temperatur von 75 °C begrenzt. Sollte durch eine Kesselauswechselung bei einer Altanlage eine höhere Systemtemperatur notwendig sein, so können sie durch eine Entriegelung durch die Fachkraft auf einen höheren Wert eingestellt werden (Bild 2).

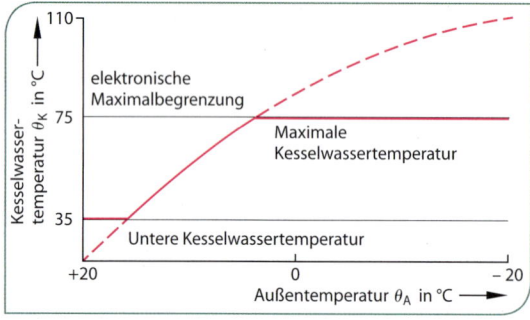

2 Kesselwassertemperaturbegrenzung

4.2.4.3 Speichervorrangschaltung

Bei einer Speichervorrangschaltung (hot water priority setting) wird der Erwärmung des Trinkwassers der Vorrang eingeräumt. Hierfür muss die gesamte vom Kessel produzierte Energie dem Warmwasser-Speicher zur Verfügung gestellt werden, d. h.:
- die Speicherwasser-Ladepumpe läuft an,
- bei vorhandenem Mischer schließt dieser die Energiezufuhr zum Heizkreis,
- alternativ zum Mischer schließt ein Drei-Wege-Umschaltventil (three-way switch valve) den Heizkreisweg,
- die Heizkreispumpe wird ausgeschaltet.

Um ein Auskühlen des Gebäudes zu vermeiden, kann bei Bedarf entweder:
- die Vorrangschaltung abgestellt oder
- nach einem bestimmten vorgegebenen Zeitintervall unterbrochen werden.

Bild 3 zeigt eine Möglichkeit, wie ein regelungstechnisches Schema einer Warmwasser-Zentralheizungsanlage mit Speichervorrangschaltung aussehen kann. Je nach Produkt und Umfang der Aufgabenstellung gibt es Detailabweichungen an den Zentralreglern und -steuerungen, die in diesem Rahmen nicht behandelt werden können.

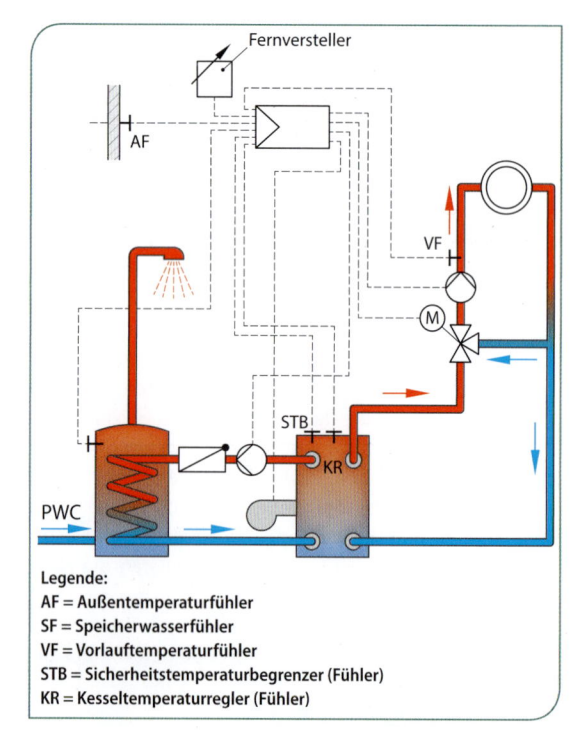

Legende:
AF = Außentemperaturfühler
SF = Speicherwasserfühler
VF = Vorlauftemperaturfühler
STB = Sicherheitstemperaturbegrenzer (Fühler)
KR = Kesseltemperaturregler (Fühler)

3 Anlagenschema einer Warmwasser-Zentralheizungsanlage mit Trinkwarmwasserbereitung und regelungstechnischen Komponenten

4.2.4.4 Regelschema einer Solaranlage zur Trinkwarmwasserbereitung

Im folgenden Beispiel (Bild 1) soll die Arbeitsweise einer Solaranlage (solar system) für Trinkwassererwärmung in Kombination mit einem Wandheizgerät anhand des regeltechnischen Schemas erläutert werden. Dabei ist zu berücksichtigen, dass das Anlagenschema nicht alle für eine fachgerechte Montage notwendigen Sicherheits- und Absperrorgane enthält. Die Energie der Sonnenstrahlen wird vom Solarkollektor (17) über das Wärmeträgermedium (Wasserfrostschutzgemisch) an den unteren Wärmeübertrager (7) abgegeben. Der Temperaturdifferenz-Regler (13) schaltet die Umwälzpumpe (10) des Solarkreislaufes ein, sobald die Temperatur im Kollektor (8) um eine festgelegte Temperaturdifferenz höher ist als im unteren Speicherbereich (16). Bei zu geringer Sonneneinstrahlung wird der Solarspeicher (solar cylinder) über das Wandheizgerät nachgeheizt. Der Solarregler gibt die Nachheizung über die Gerätesteuerung (Verknüpfung des Temperaturdifferenzreglers (13) mit dem Zentralregler (14) des wandhängenden Heizgerätes (1)) frei und das Drei-Wege-Umschaltventil (3) schaltet auf Speicherladung um (Speichervorrangschaltung). Das Trinkwasser wird nun über den oberen Wärmeübertrager (6) des Solarspeichers auf den vom Solarregler vorgegebenen Wert aufgeheizt. Durch die Temperaturschichtung (temperature stratification) im stehenden Speicher bleibt die Nachheizung auf den oberen Teil des Speichers begrenzt, sodass die Nachheizung durch das wandhängende Gerät möglichst wenig in Anspruch genommen wird. Wenn der Ladevorgang beendet ist, kann die Wohnraumbeheizung fortgeführt werden. Auf Wunsch kann der PWH-Speicher um eine Legionellen-Schutzschaltung (protection circuit against legionella) erweitert werden, die das Trinkwarmwasser in einem zeitlich festgelegten Rhythmus über die speziell angesteuerte Ladepumpe (18) auf ca. 70 °C erwärmt. Das Wandheizgerät arbeitet im Raumheizbetrieb witterungsgeführt (Aussentemperaturfühler (12)) mit gleitender Vorlauftemperatur (Vorlauftemperaturfühler (4)) nach Heizkurveneinstellung, die Flamme passt sich bei heutigen modernen Geräten der Wärmeabnahme stufenlos an (modulierender Betrieb).

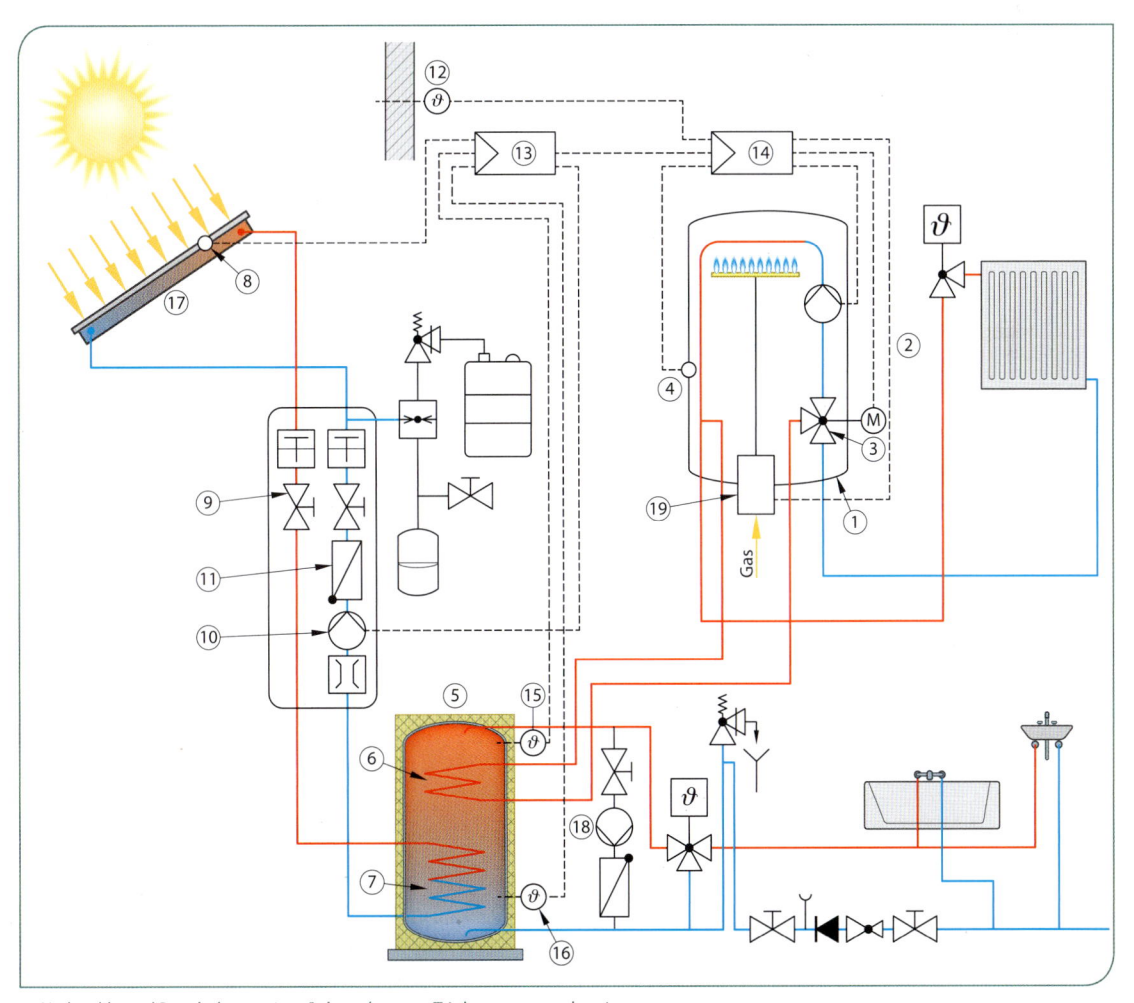

1 Hydraulik- und Regelschema einer Solaranlage zur Trinkwarmwasserbereitung

4.2.4.5 Hydraulikschema und elektrischer Anschlussplan einer komplexen Zentralheizungsanlage

Die im Bild 1 auf der nächsten Seite gezeigte Anlage wird mit einem Pufferspeicher betrieben, der neben der solaren Trinkwarmwasserbereitung auch eine Heizungsunterstützung sicherstellen kann. Dieses ist besonders dann von Interesse, wenn die Bundesregierung oder die Bundesländer mit speziellen Fördermaßnahmen nur bestimmte Systemkombinationen berücksichtigen. Das gezeigte Beispiel enthält eine Frischwasserstation (fresh water station), mit der wegen der geringen Wasserinhalte eine hygienisch anspruchsvolle Trinkwarmwasserbereitung vorgenommen werden kann. Thermo-Dreiwegeventile gewährleisten Betriebstemperaturen, die einer Verkalkung im Plattenwärmeübertrager vorbeugen. Optional kann an den Solarspeicher noch ein Festbrennstoffkessel bzw. ein Heizkamin angeschlossen werden, der ebenfalls über ein in der Pumpengruppe enthaltenes Thermoventil die Rücklauftemperaturanhebung vornimmt, so dass es nicht zu einer längerfristigen Schwitzwasserbildung (formation of condensation water) im Brennraum kommen kann.

Die steuer- und regeltechnischen Bauteile sind meist steckerfertig verdrahtet. Bauseits zu stellende Kabel für z. B. Fühler und das Bussystem sind im Hinblick auf ihre Ausführung und den Querschnitt der technischen Unterlage zu entnehmen.

AGS	Solarstation	SBU	Solarbaukasten – Umschaltmodul
DWU	3-Wege Umsteuerventil allgemein	SBT	Solarbaukasten –Systemtrennung
DWUC	3-Wege Umsteuerventil (zwischen zwei Abnehmern)	SF	Speichertemperaturfühler
DWU1	3-Wege Umsteuerventil (Rücklauftemperaturanhebung)	SK …solar	bivalenter Warmwasserspeicher
FW 200/ FW 500	witterungsgeführter Regler (Solarinside-ControlUnit integriert	SP	Solarpumpe
FWS	Frischwasserstation	SV	Sicherheitsventil
FWS-Z	Frischwasserstation mit Zirkulation	T1	Temperaturfühler Kollektor
HW	hydraulische Weiche	T2	Temperaturfühler Solarspeicher
IPM 1/IPM 2	Powermodul für 1/2 Heizkreise	T3	Temperaturfühler Speicher (Rücklauftemperaturanhebung)
ISM 1/ISM 2	Solarmodul	T4	Temperaturfühler Heizungsrücklauf
KW	Kaltwasser	T5	Temperaturfühler Speicher (Umladung: Pufferspeicher oben)
KRS …-2	Festbrennstoffkessel	T6	Temperaturfühler Speicher (Umladung: Solarspeicher unten)
KP	Kesselpumpe (Primärpumpe)	TAS	thermische Ablaufsicherung
LA	Luftabscheider	TB…	Temperaturbegrenzer
LP	Speicherladepumpe	TC	Temperaturfühler Speicher C
MAG	Membran-Ausdehnungsgefäß	TD	Temperaturfühler externer Solarkreis-Wärmetauscher (Option D)
MF …	Mischertemperaturfühler	ThV	thermisches Ventil
MI …	Mischer	TWM	Trinkwassermischer
P …	Pumpe Heizkreis	UL	Umladepumpe
PD	Pumpe externer Solarkreis-Wärmetauscher (Option D)	VF	Vorlauftemperaturfühler
P …S	Pufferspeicher mit temperatursensibler Einspeisung	WW	Warmwasser
P …S solar	Pufferspeicher mit temperatursensibler Einspeisung + integriertem WT	WWKG	Warmwasser-Komfortgruppe
RLG	Rücklaufgruppe	x	Anschluss Festbrennstoffkessel
SAG	Solar-Ausdehnungsgefäß	ZSB (E)	Gas-Brennwertgerät Cerapur/CerapurComfort
SBL	Solarbaukasten –Umlademodul (trinkwassergeeignet)	ZBR	Gas-Brennwertgerät CerapurComfort
SBH	Solarbaukasten –Rücklauftemperaturanhebung	ZP	Zirkulationspumpe

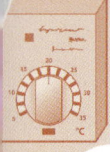

1 Legende der Abkürzungen

4 Steuerungs- und Regelungstechnik in der Anwendung

Hinweis:
Bei nur einem Heizkreis ist ein IPM 1 ausreichend.

stromlos offen

optional: Festbrennstoffkessel (Anschluss **x**)

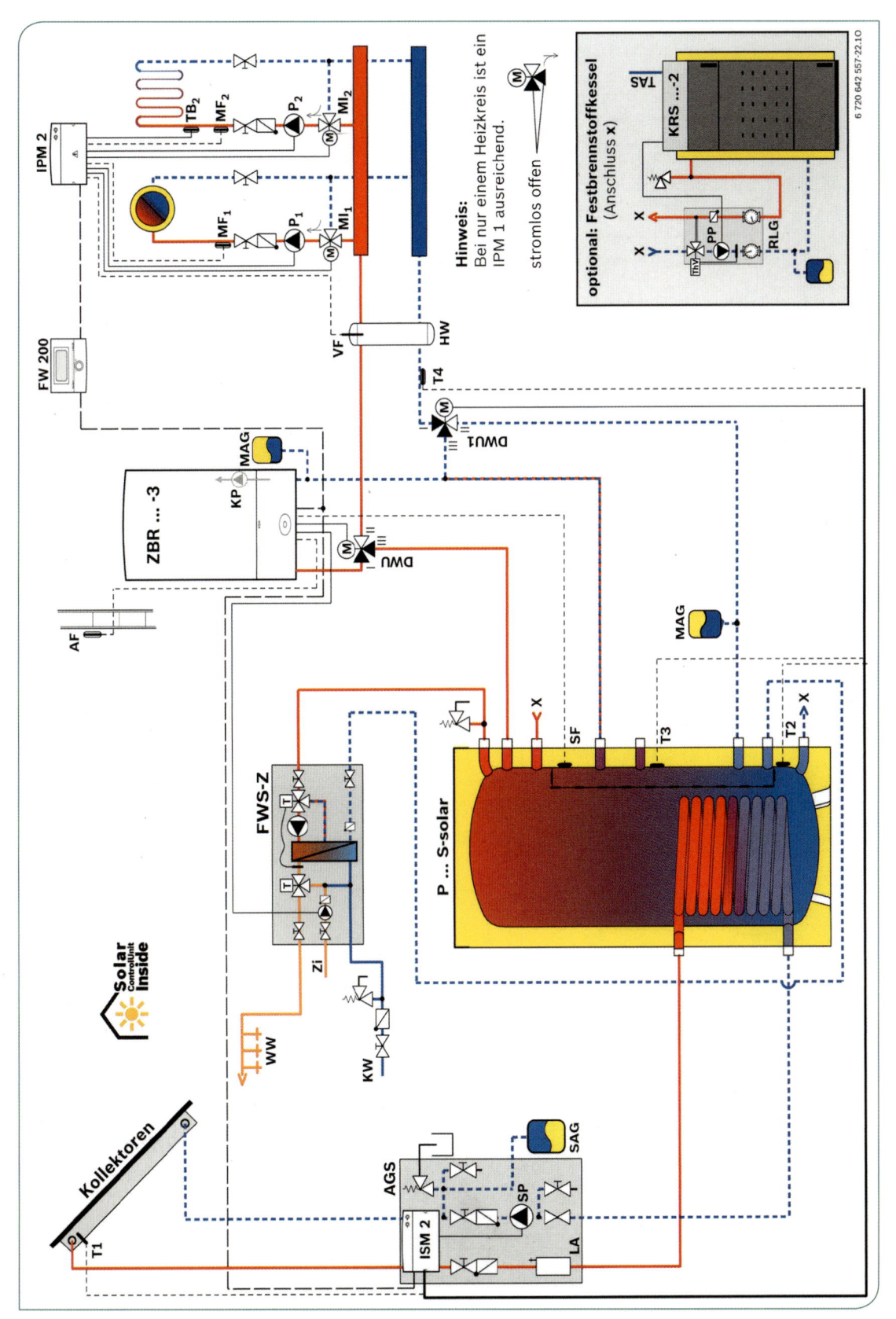

1 Beispiel eines Hydraulikschemas (Planungsunterlage Fa. Junkers)

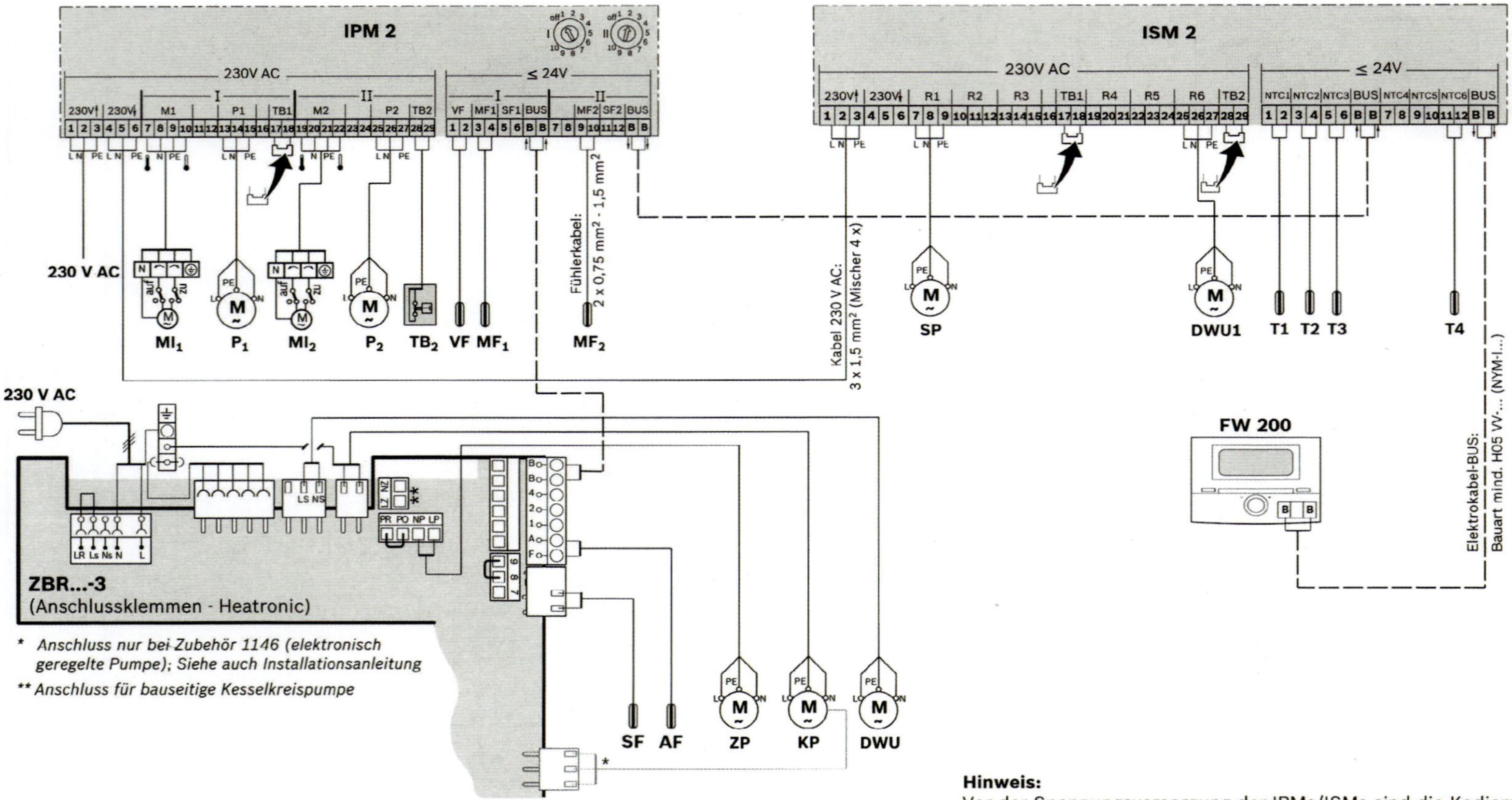

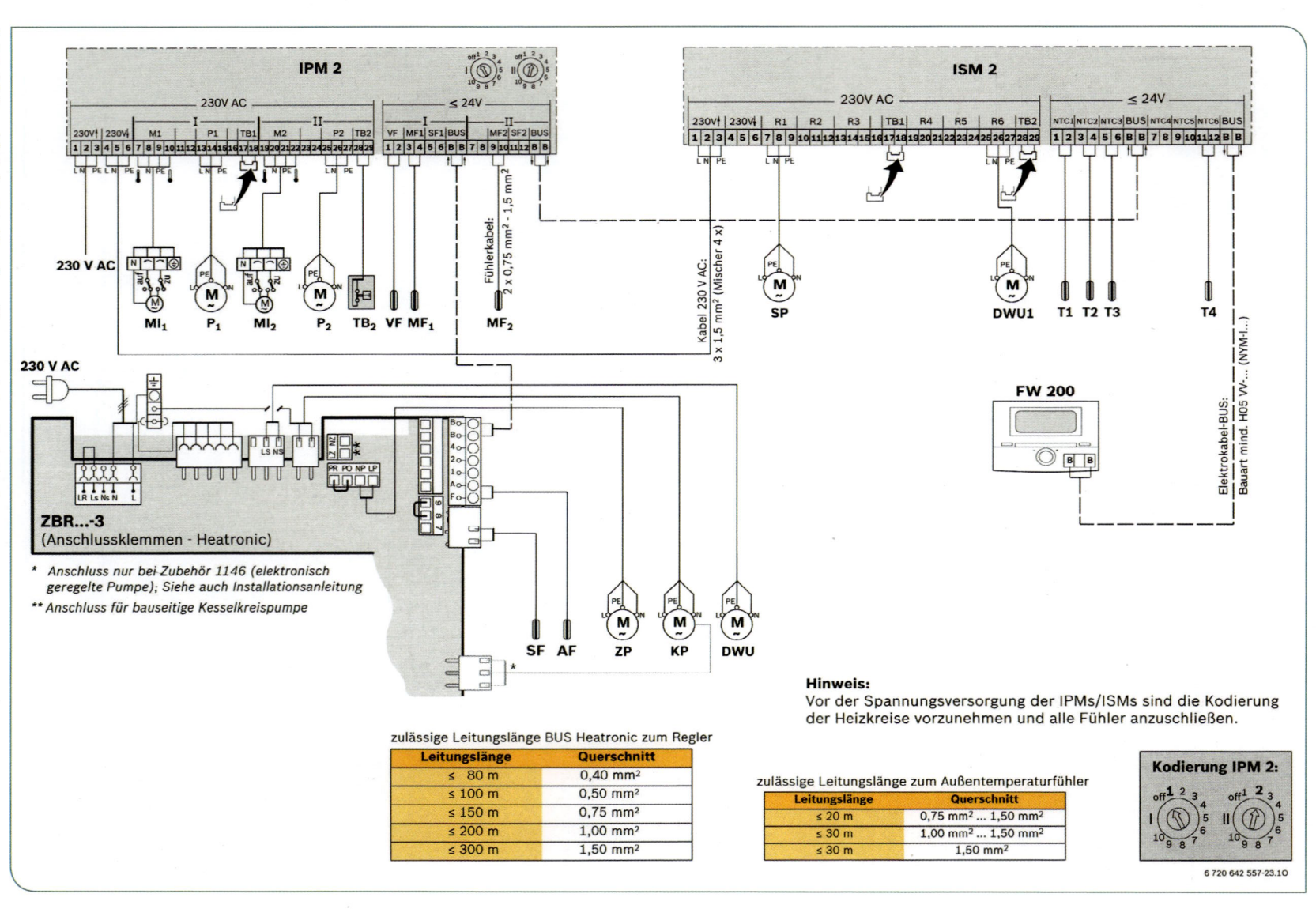

4 Steuerungs- und Regelungstechnik in der Anwendung

1 Beispiel eines elektrischen Anschlussplanes (Planungsunterlage Fa. Junkers)

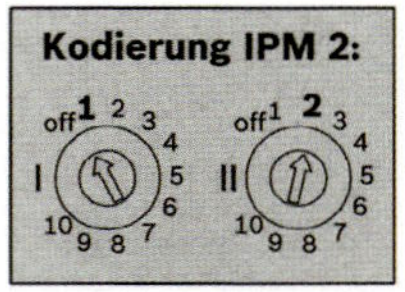

4.2.5 DDC-Regelung, Gebäudeleittechnik

Seit der Einführung von Mikroprozessoren in die Heizungs- und Lüftungstechnik in den 80er Jahren werden immer mehr Computer für die Überwachung, Steuerung und Regelung dieser Anlagen eingesetzt. Durch den Preisverfall von Kleincomputern und Mikroprozessoren verdrängen DDC-Regler (Direct Digital Control) die analoge Technik immer mehr. Als Vorstufe zur Gebäudeleittechnik werden DDC-Regler auch in kleineren Gebäuden eingesetzt.

Der Mikroprozessor – auch CPU (Central Processing Unit) genannt – ist als zentrale Verarbeitungseinheit sozusagen das „Herzstück" des Reglers. Mit einem bestimmten Systemtakt verarbeitet er die Befehle, die durch die Software (das Programm) vorgegeben werden und steuert alle durch eine Datenleitung (BUS) miteinander verbundenen Systemteile des Computers (Bild 1). Im Arbeitsspeicher (RAM) werden Daten und Programme vorübergehend gespeichert (nach Abschalten des Computers wird der Inhalt des RAM gelöscht), im Festwertspeicher (EPROM) sind feste und frei programmierbare (wieder veränderbare) Daten und Programme auch nach Abschalten der Versorgungsspannung gespeichert. Mikroprozessoren können je nach Programmierung eine Fülle von Aufgaben übernehmen wie z. B.:

- minutengenaues Schalten im Tages-, Wochen und Jahresprogramm,
- Durchführen von Lernprozessen wie z. B. die Adaption von Heizkennlinien (vgl. Kap. 4.2.4.1),
- Nachtabsenkung von Raumtemperaturen,
- Frostschutzschaltungen,
- Fehlerdiagnosen und Funktionsprüfungen,
- Anzeigen von Messwerten und Betriebszuständen,
- Ermittlung von Gebäude- und Anlagenparametern.

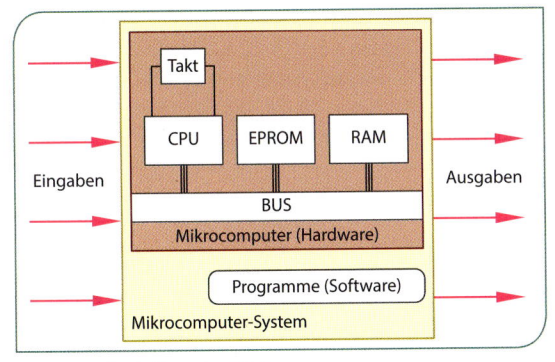

1 Prinzipieller Aufbau eines Kleincomputers

DDC-Regler können autonom (selbstständig) arbeiten, d. h., sie benötigen zu ihrer Funktion im Normalfall kein übergeordnetes Rechnersystem. Über eine Datenleitung können DDC-Regler einfach miteinander verbunden werden und z. B. Messwerte von Außentemperaturen untereinander austauschen.

In analogen Systemen ist meist für jeden Heizkreis ein eigener Außenfühler notwendig. Bei digitalen Systemen genügt ein Fühler, der an den nächstliegenden DDC-Regler angeschlossen wird. Im Regler wird der Messwert digitalisiert und über einen BUS an diejenigen Regler weitergeleitet, die diesen Wert benötigen.

Werden mehrere DDC-Regler durch eine Datenleitung (BUS) miteinander verbunden und an einen Zentralrechner angeschlossen, spricht man von einem Gebäudeleitsystem (GLT = Gebäudeleittechnik, Bild 2).

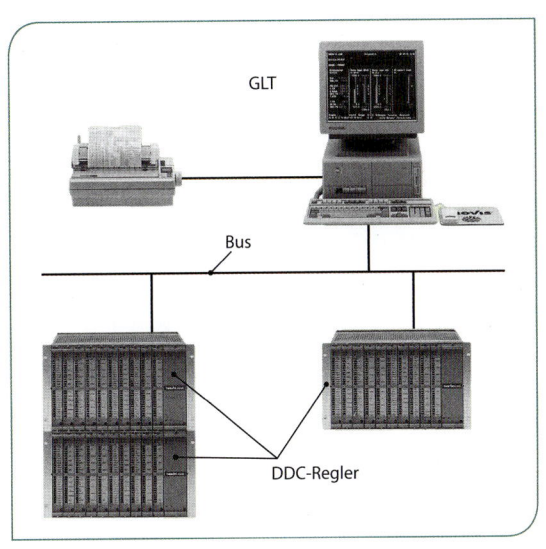

2 Gebäudeleitsystem

Die Grundlagen der Gebäudeleittechnik (GLT) bzw. der Gebäudeautomation (GA) sind in der VDI-Richtlinie 3814, Blatt 1…3 beschrieben. Danach werden die Geräte (Hardware) einer Gebäudeautomation in drei Gruppen eingeteilt (Bild 1, nächste Seite):

- Managementebene (management level),
- Automationsebene (automation level),
- Feldebene (field level).

Die Managementebene ist die Ebene, mit deren Hilfe die Anlagen überwacht, in ihrer Betriebsweise optimiert und wichtige Betriebsparameter gespeichert bzw. auch angezeigt werden. Für die Verarbeitung der Daten kommt spezielle Software zum Einsatz.

Die Automationsebene besteht aus den DDC-Geräten, die entweder frei programmierbar oder über ausgewählte Programmierungssysteme eine Fülle von automatischen Abläufen übernehmen können.

In der Feldebene befinden sich z. B. Raumbediengeräte sowie Sensoren und Aktoren, die mit den DDC-Gebäudeautomationskomponenten verkabelt sind.

Der große Vorteil einer Leitzentrale (control center) besteht darin, dass auftretende Störungen z. B. gespeichert, auf dem Bildschirm angezeigt, mit dem Drucker ausgedruckt und durch automatisches Umschalten behoben werden können. Bei Anschluss an das Telefonnetz können die Störmeldungen auch an eine angeschlossene Wartungsfirma übertragen werden. Im Einzelnen können von einer GA z. B. folgende Leistungen erbracht werden:

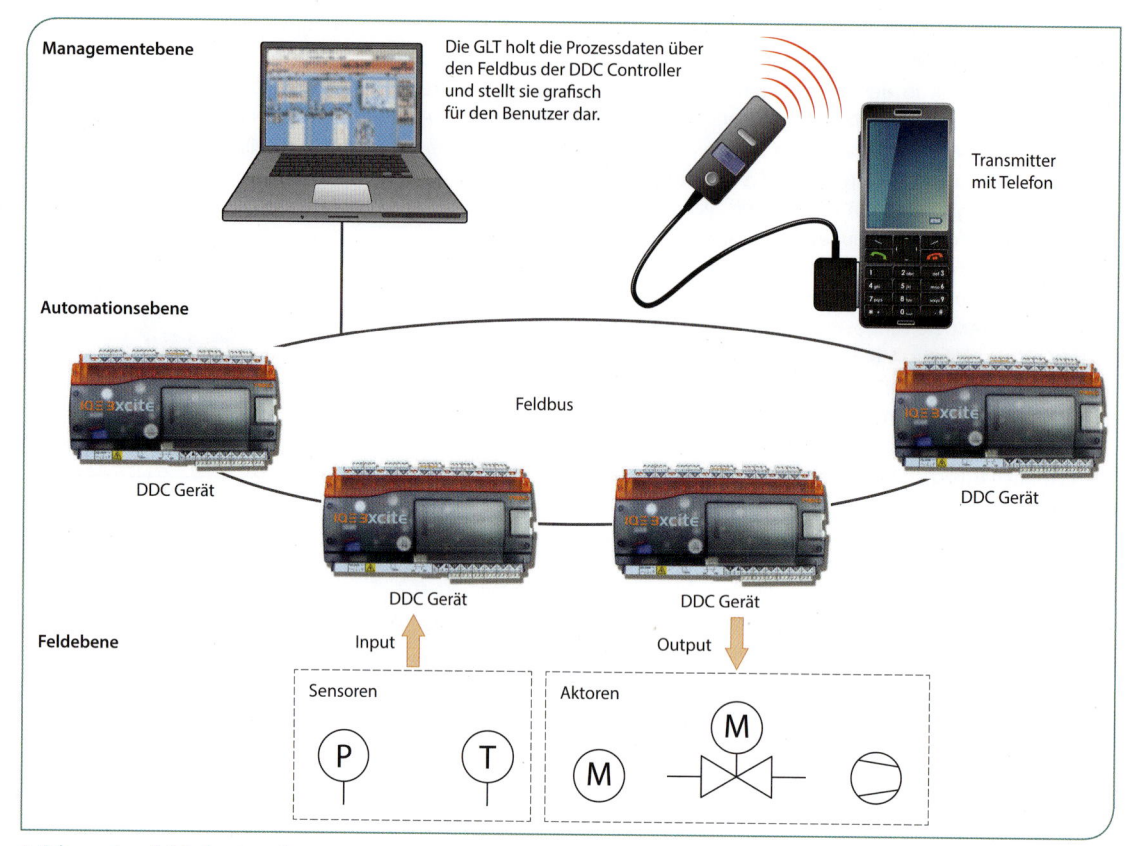

4 Steuerungs- und Regelungstechnik in der Anwendung

1 Schema einer Gebäudeautomation

- Objektleitung
- Überwachen, Messen, Steuern, Regeln
- Bedienen
- Optimieren
- Instandhalten
- Beheben von Störungen
- Erfassen von Verbrauchswerten
- Dokumentation

Erst das Zusammenspiel von aufeinander abgestimmten Komponenten durch die Gebäudeleittechnik gewährleistet einen optimalen Energieeinsatz, einen hohen Komfort und eine große Betriebssicherheit. Zukünftige Entwicklungen werden die gesamte Haustechnik mit in die Automation einbeziehen wie z. B. die Steuerung von Jalousien und Beleuchtung, das Öffnen und Schließen von Fenstern und Gebäudesicherungs- und schließsysteme (Bild 1, S. 392).

4.2.6 Das intelligente Haus (Smart Home)

Die unter Kapitel 4.2.5 beschriebene, in Großanlagen installierte Technologie wurde in den letzten Jahren kontinuierlich weiterentwickelt und so ebenfalls auf kleinere Wohneinheiten zugeschnitten (siehe auch Bild 1, S. 392). Inzwischen können Haushalts- und Multimediageräte (domestic and multimedia appliances) sowie Sicherheitssysteme (Alarmanlagen, Rauchmelder usw.) miteinander kommunizieren und aus der Ferne gesteuert werden (Bild 2). Diese in der Fachsprache auch mit „Smart Home" bezeichnete Technologie kann über automatisierte Vorgänge (automated processes), z. B. mittels Smartphone, Tablet oder Sprachbefehle, Geräteeinstellungen verändern bzw. optimieren.

Da nahezu jeder Haushalt heute Smartphones nutzt, bieten sich Funkstandards wie WLAN und Bluetooth als Übertragungsmedien an. „Dinge" können interagieren (interact), d. h. sie können sich untereinander und mit den Bedienern verständigen.

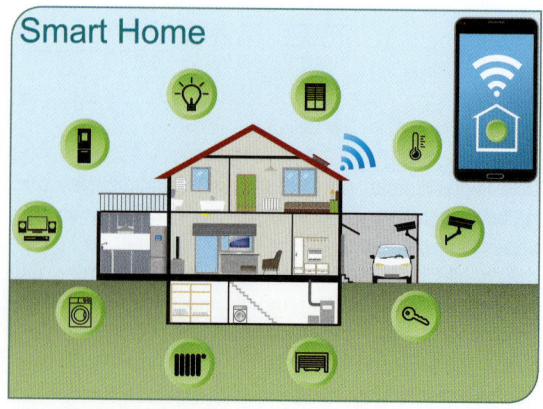

2 Das intelligente Haus (Smart Home)

4 Steuerungs- und Regelungstechnik in der Anwendung

Man spricht hier auch vom „Internet der Dinge". Drei unterschiedliche Übertragungsweisen lassen sich grob unterscheiden:
- die bewährten kabelgebundenen Übertragungsarten (cable based transmission modes), sog. Bussysteme; sie sind besonders sicher, benötigen jedoch einen hohen Installationsaufwand und sind daher kostenaufwändig. Ein besonderer Vorteil liegt in der Energieversorgung der Sensoren und Aktoren; es müssen keine Batterien ausgewechselt werden,
- funkbasierte Produkte (radio based appliances), die ihre Signale über bestimmte festgelegte Frequenzen übermitteln. Viele Anbieter haben sich inzwischen in diesem Segment etabliert (Bild 1),
- Komponenten, die das häusliche Stromnetz (home power network) zum Datentransport nutzen, wobei lediglich Module an Steckdosen und Schaltern ausgewechselt werden müssen (Bild 2).

Weiterhin unterschieden werden Systeme in
- Anlagen, die sog. „Insellösungen" (isolated solutions) darstellen; hierbei wird die vom Anbieter konstruierte Basisstation, auch Gateway genannt, unabhängig von Produkten anderer Hersteller über eine eigene App gesteuert,
- „offene" Smart-Systeme, die eine Verknüpfung (Kompatibilität, compatible linkage) von Anlagenkomponenten verschiedener Hersteller ermöglichen. Dadurch kann eine größere Vielfalt unterschiedlichster Funktionen erzielt werden.

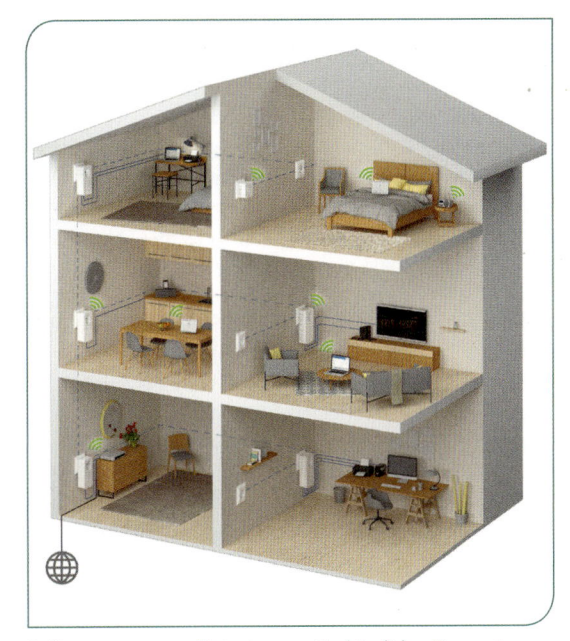

2 Komponenten zum Datentransport im häuslichen Stromnetz

Video Smart Home

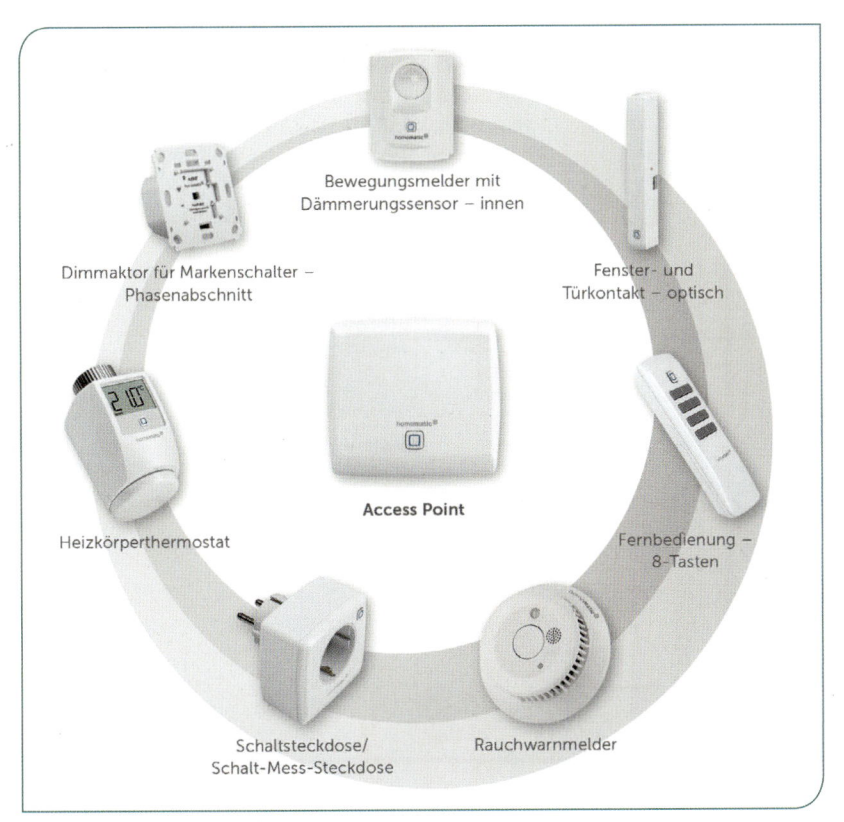

1 Funkbasierte Produkte

[1] Video hat ca. 500 MB

4 Steuerungs- und Regelungstechnik in der Anwendung

4.2.6.1 Intelligente Heizungssteuerung

Smarte Heizkörper- und Wand-Raumthermostate können mittels spezieller Apps über ein Smartphone fernbedient (remote-controlled) werden.

Es lassen sich z. B. bestimmte Tages- und Wochenprogramme (daily and weekly programs) einstellen oder verändern, einige Fabrikate können anhand von Heizgewohnheiten selbstlernend (adaptiv, self-learning) gewünschte Heiz- und Absenkphasen programmieren (Bild 2). Möglich ist auch ein automatischer Absenkbetrieb (decrease mode) während der Abwesenheit der Nutzer oder während einer Lüftungsphase des Raumes (Fenster oder Türen).

Moderne Heizkessel sowie alternative Wärmeerzeuger können auf Wunsch des Betreibers zudem über das Internet mit dem Hersteller (Server) des entsprechenden Fabrikats verbunden werden. Das im Gerät enthaltene bzw. nachinstallierte Schnittstellenmodul (Gateway) ist über eine Busleitung (bus line) an die Steuerung/Regelung des Wärmeerzeugers gekoppelt. Das Gateway wiederum stellt z. B. mittels LAN- oder WLAN-Technik die Verbindung zum Router des Betreibers her (Bild 1). Auf Wunsch des Kunden bzw. des Betreibers kann nun der Fachhandwerker Zugang zur Anlage erhalten. Diese auch als „Aufschaltung" oder „Freischaltung" (activation) einer Heizungsanlage bezeichnete Genehmigung durch den Betreiber über den Hersteller an den Fachbetrieb eröffnet allen Beteiligten neue Möglichkeiten:

- Fehler können sofort erkannt und deren Beseitigung schnell realisiert werden.
- Zugriff zu Ersatzteilen durch den Fachhandwerker kann schneller erfolgen.
- Wege und damit Kosten werden minimiert, weil aufgrund detaillierter Fehleranalysen und intelligenter Ersatzteilvorhaltung (spare part storage) schon der erste Kundenbesuch durch die Servicekraft zum Erfolg führen kann.

2 Smarter Heizkörper-Thermostat

- Betriebsparameter (operating parameters) können auch durch den Fachbetrieb aus der Ferne verändert und optimiert werden.

4.2.6.2 Smart Home-Geräte für die Sicherheit

- Für die Einbruchssicherheit (anti-burglar security) im Haus sind z. B. Fenster- und Türkontakte, Bewegungsmelder (motion detectors), Überwachungskameras (Bild 1, nächste Seite), Drucksensoren, spezielle Lichtschaltungen und Jalousien zuständig.
- Feuchtigkeits- und Wassersensoren (humidity and water sensors) melden Wasserschäden, Rauchmelder (Bild 2, nächste Seite) können gegen Brandschäden schützen, Gasdetektoren (Bild 3, nächste Seite) registrieren Gasaustritt.
- Hochauflösende Kameras (high-resolution cameras) können zudem melden, ob bestimmte Personen (z. B. Kinder) zeitgerecht wieder zu Hause sind, Drucksensoren (pressu-

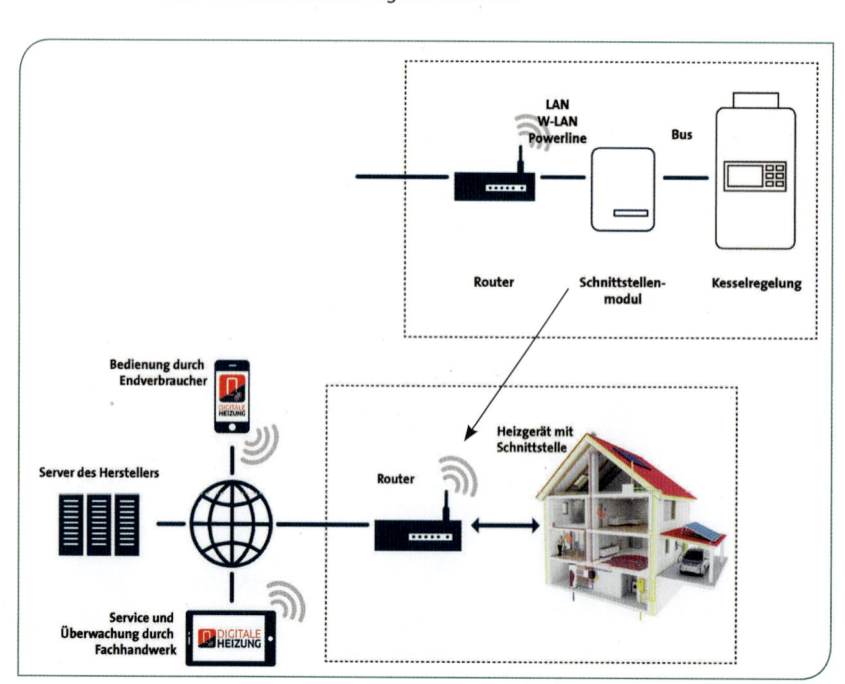

1 Prinzipskizze Internetfähige Heizungsanlage

4 Steuerungs- und Regelungstechnik in der Anwendung

re sensors) unter dem Bettvorleger können signalisieren, ob betagte oder kranke Personen das Bett planmäßig/unplanmäßig verlassen haben.

1 Grundausstattung Alarmanlage

2 Rauchmelder

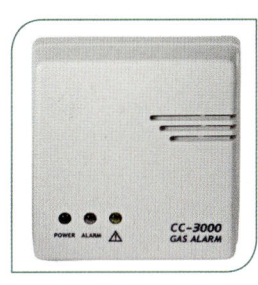

3 Gasmelder

4.2.6.3 Smart Home – Geräte für den Haushalt

Inzwischen gibt es eine Fülle von smarten Haushaltsgeräten, die den Arbeitseinsatz der mit dem Haushalt betrauten Person erleichtern bzw. minimieren kann:

- Waschmaschinen und Trockner, die auch vom Arbeitsplatz aus per App derart programmiert werden können, dass die Wäsche bei Ankunft der Person im Haus zum Trocknen oder Bügeln bereitliegt,
- Kühlschränke, die mit Hilfe von eingebauten Kameras (Bild 4) das Ordern von Lebensmitteln erleichtern sollen oder integrierte Fernseher, die ausgewählte Programme zu bestimmten Zeiten bereitstellen,
- Kaffeemaschinen (Bild 5) oder Kochautomaten, die Getränke und Speisen nach individuellen Zeitprogrammen fertigstellen,
- Leuchtmittel bzw. Beleuchtungsanlagen, die hinsichtlich des „Wohlfühlaspektes" oder auch der Sicherheit die Leuchtfarben planmäßig an- und ausschalten bzw. verändern,
- Multimediageräte, die auf bestimmte ausgewählte Film- oder Musikdienste (Streaming) zugreifen und z. B. per Sprachbefehl (voice command) angesteuert werden können,
- Saug- (Bild 6) oder Rasenmäh-Roboter, die ihre Arbeit nach bestimmten Zeitprogrammen verrichten.

Die Möglichkeit, Smart Home-Technologie in Ein- und Zweifamilienhäusern als selbstverständlich zu etablieren, wird sich in naher Zukunft durch eine stetige Weiterentwicklung der IT-Technik mit einfachen Anwenderlösungen (user solutions) für den Verbraucher und eine entsprechende Preisgestaltung zeigen.

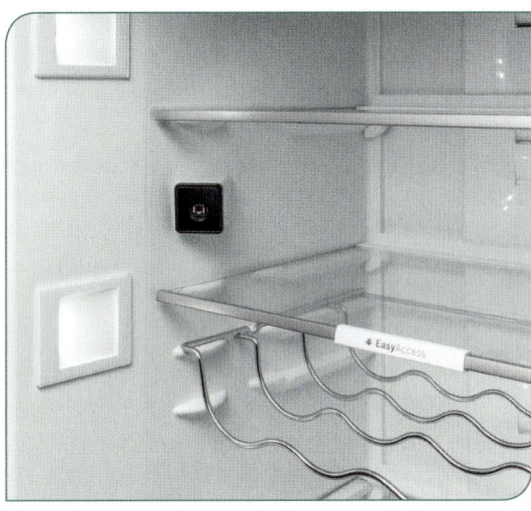

4 Kühlschrank mit Innenkamera

5 Smarte Kaffeemaschine

6 Smarter Saugroboter

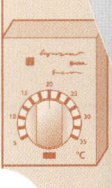

Lernfeld 14

4 Steuerungs- und Regelungstechnik in der Anwendung

ÜBUNGEN

Grundlagen der Mess-, Steuerungs- und Regelungstechnik

1. Erläutern Sie die Begriffe Messen, Steuern, Regeln.

2. Zeigen Sie anhand jeweils eines Beispiels aus der Heizungstechnik den Unterschied zwischen Steuern und Regeln auf.

3. Erläutern Sie anhand von Beispielen die Begriffe Regeleinrichtung, Regelstrecke, Regelgröße, Führungsgröße, Regeldifferenz, Stellgröße, Störgröße und Stellglied.

4. Unterscheiden Sie Regler nach der Art der physikalischen Größe, der Hilfsenergie, dem Regelverhalten und der Signalverarbeitung.

5. Erläutern Sie die Arbeitsweise eines Zweipunktreglers und geben Sie Beispiele für seinen Arbeitseinsatz an.

6. Erklären Sie die Arbeitsweise der thermischen Rückführung am Beispiel des Raumtemperaturreglers.

7. Erläutern Sie die Arbeitsweise eines Dreipunkt-Schrittreglers und geben Sie einen möglichen Arbeitseinsatz an.

8. Erläutern Sie die Arbeitsweise von Stetigreglern.

9. Beschreiben Sie das Regelverhalten von P, PI- und PID-Reglern.

10. Nennen Sie die Vorteile von DDC-Reglern im Vergleich zu herkömmlichen Analogreglern.

11. Beschreiben Sie die Arbeitsweise von Fuzzy-Reglern.

12. Was ist eine witterungsgeführte Temperaturregelung?

13. Erläutern Sie den Begriff „Heizkurve".

14. Erklären Sie die Entstehung der Heizkurvenbezeichnung.

15. Beschreiben Sie die Einstellmöglichkeiten bei der Heizkurven-Optimierung.

16. Erläutern Sie die Gründe für eine Kesselwasser-Minimal- und Maximalbegrenzung.

17. Erklären Sie die Aufgabe einer Speichervorrangschaltung und beschreiben Sie die Betriebszustände der beteiligten Anlagen-Komponenten.

18. a) Kopieren Sie das Hydraulikschema der Seite 413 und kennzeichnen Sie den Weg des Heizungswassers in die Räume, wenn der Festbrennstoffkessel die Wärmeversorgung übernimmt.
    b) Erläutern Sie die Funktion des Fühlers TB_2 an der Fußbodenheizung.
    c) Erläutern Sie die Wirkungsweise des Thermoventils ThV in der Pumpengruppe des Festbrennstoffkessels.
    d) Die bauseitig zu installierende Leitung für das Bussystem ist 40 m lang. Bestimmen Sie die Art der Leitung und den Mindestquerschnitt.
    e) Die bauseitig zu installierende Leitung für den Außentemperaturfühler ist 22 m lang. Bestimmen Sie die Art der Leitung und den Mindestquerschnitt.

19. a) Beschreiben Sie die Aufgabe eines Heizkörperthermostatventils.
    b) Ordnen Sie den Positionsnummern die Bauteile bzw. physikalischen Größen zu.
    c) Ordnen Sie den regelungstechnischen Begriffen die entsprechenden Bauteile (oder Größen) zu (siehe Aufg. b).

Regelungstechnische Begriffe	
Regelgröße x	
Sollwert w	
Störgröße z	
Stellgröße y	
Regelstrecke	

d) Erläutern Sie mithilfe des EVA-Prinzips den Signalfluss
e) Erstellen Sie einen (vereinfachten) Signalflussplan.

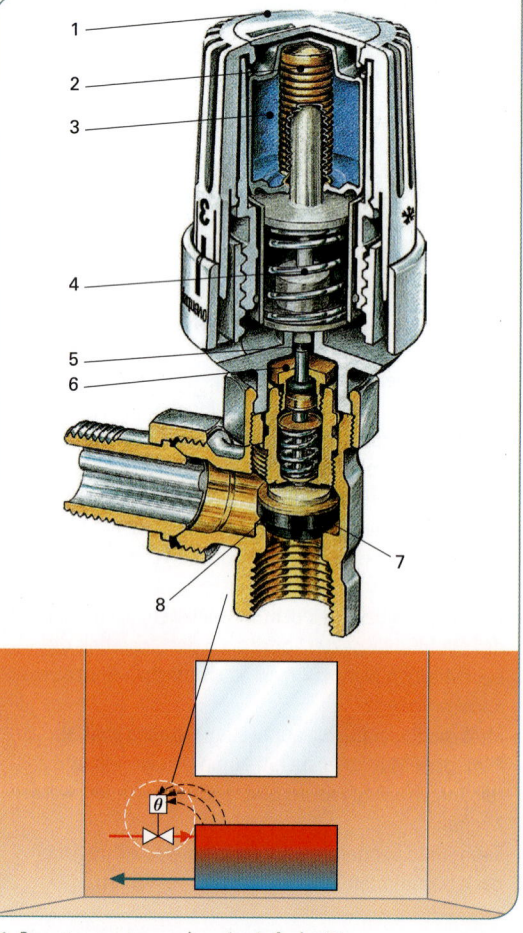

1 Raumtemperaturregelung (zu Aufgabe 19)

ÜBUNGEN

20. Nennen Sie das Regelverhalten des vorliegenden Thermostatventils.

21. Erstellen Sie ein Diagramm, das den Zusammenhang zwischen dem Proportionalbereich x_p und dem Volumenstrom (Stellhub y_h) eines Thermostatventils verdeutlicht.

22. Welche Position hat der Ventilteller (aus Aufg. 21) in Bezug auf den Ventilsitz, wenn
    a) der Sollwert x_s erreicht ist?
    b) die Regelabweichung von 2 K nach oben erreicht wurde?
    c) die Regelabweichung von 2 K nach unten erreicht wurde?

23. Die folgenden Übungen beziehen sich auf den nebenstehend abgebildeten Gasdruckregler. Orientieren Sie sich bei der Lösung der Übungen an der Aufgabe 19 und verwenden Sie jeweils ein gesondertes Blatt Papier.
    23.1. a) Beschreiben Sie die Aufgabe eines Gasdruckreglers.
          b) Beschreiben Sie stichwortartig die Funktionsweise eines Gasdruckreglers.
    23.2. Ordnen Sie den Positionsnummern die Bauteile (bzw. physikalischen Größen) zu.
    23.3. Ordnen Sie den regelungstechnischen Begriffen die entsprechenden Bauteile (oder Größen) zu.
    23.4. Erläutern Sie mittels des E-V-A-Prinzips den Signalfluss.
    23.5. Erstellen Sie einen (vereinfachten) Signalflussplan.
    23.6. Welche Position nimmt der Ventilteller in Bezug auf den Ventilsitz ein, wenn
          a) das in Fließrichtung hinter dem Regler gelegene Gasgerät außer Betrieb ist?
          b) kein Vordruck vor dem Regler vorliegt?
    23.7. Nennen Sie das Regelverhalten des Reglers.

24. 24.1. Beschreiben Sie stichwortartig die Funktionsweise des untenstehenden Zweipunkt-Temperaturreglers.
    24.2. Ordnen Sie den regelungstechnischen Begriffen die entsprechenden Bauteile (oder Größen) des Zweipunkt-Temperaturreglers zu.
    24.3. Erläutern Sie mithilfe des E-V-A-Prinzips den Signalfluss am Zweipunkt-Temperaturregler.

25. 25.1 Beschreiben Sie stichwortartig die Funktionsweisen der untenstehenden Armaturen (Bilder a, diese Seite, b und c, nächste Seite).
    25.2 Ordnen Sie den steuerungs- und regelungstechnischen Begriffen die entsprechenden Bauteile (oder Größen) der jeweiligen Armatur zu.
    25.3 Erläutern Sie mithilfe des E-V-A-Prinzips jeweils den Signalfluss.
    25.4 Handelt es sich hierbei um eine Steuerung oder um eine Regelung? Begründen Sie Ihre Aussage.

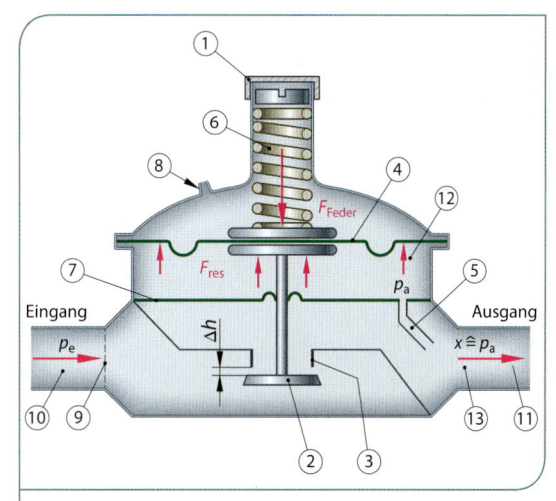

1 zu Aufgabe 23: Gasdruckregler

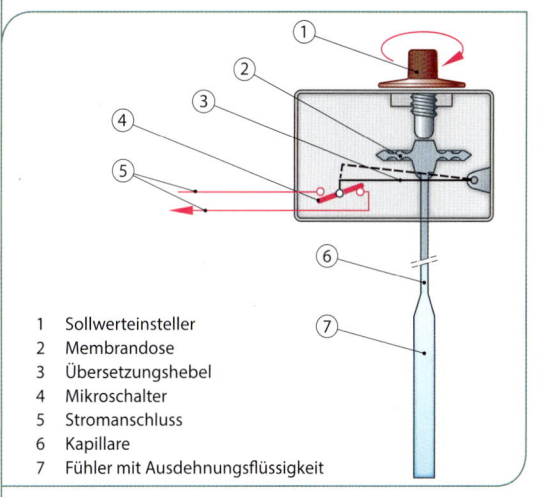

1 Sollwerteinsteller
2 Membrandose
3 Übersetzungshebel
4 Mikroschalter
5 Stromanschluss
6 Kapillare
7 Fühler mit Ausdehnungsflüssigkeit

2 zu Aufgabe 24: Zweipunkt-Temperaturregler

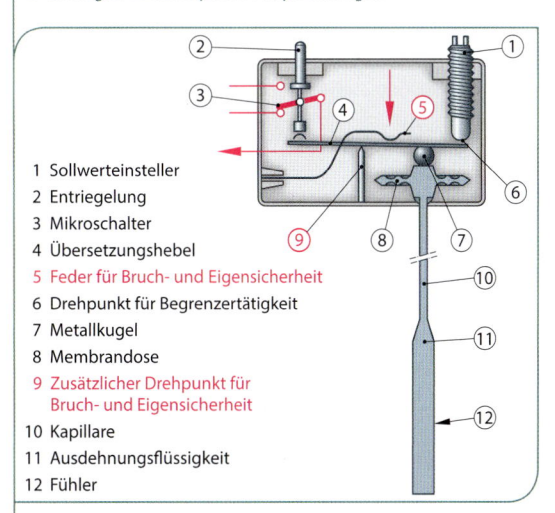

1 Sollwerteinsteller
2 Entriegelung
3 Mikroschalter
4 Übersetzungshebel
5 Feder für Bruch- und Eigensicherheit
6 Drehpunkt für Begrenzertätigkeit
7 Metallkugel
8 Membrandose
9 Zusätzlicher Drehpunkt für Bruch- und Eigensicherheit
10 Kapillare
11 Ausdehnungsflüssigkeit
12 Fühler

3 zu Aufgabe 25: a) Sicherheitstemperaturbegrenzer

4 Steuerungs- und Regelungstechnik in der Anwendung

ÜBUNGEN

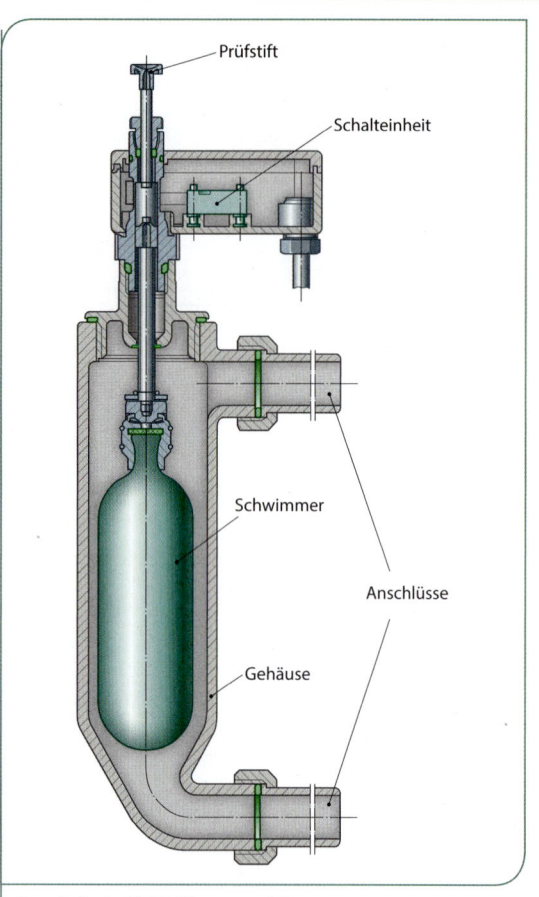

1 zu Aufgabe 25: b) Wasserstandsbegrenzer

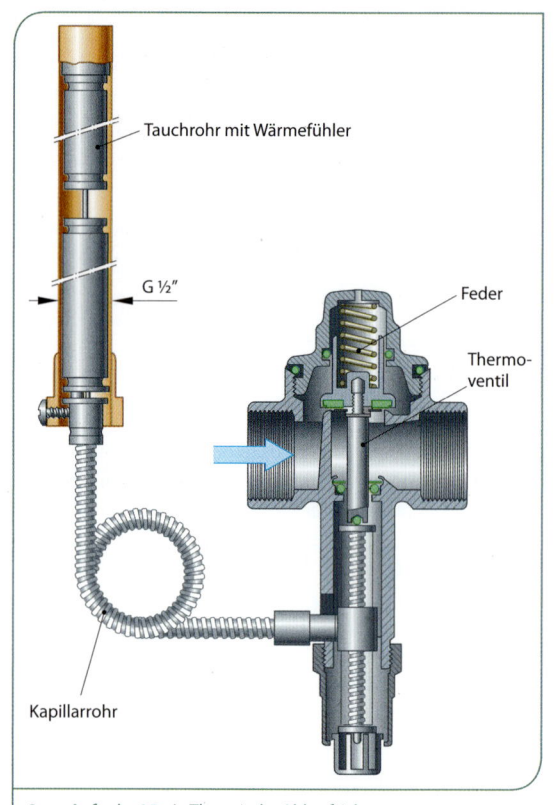

2 zu Aufgabe 25: c) Thermische Ablaufsicherung

26) Die folgenden Bilder (Bild 1, nächste Seite) zeigen typische **Programmablaufdiagramme** von Öl- und Gasgebläsebrennern.
   a) Beschreiben Sie die Programmabläufe des Öl- und des Gasgebläsebrenners.
   b) Beschreiben Sie die Unterschiede in den Abläufen beider Gebläsebrenner und begründen Sie diese.

27) Das nachfolgende Bild (Bild 2, nächste Seite) zeigt einen Schaltplan für einen Ölgebläsebrenner mit Luftabschlussklappe und Ölvorwärmung.
   a) Listen Sie die Bedingungen auf, die erfüllt sein müssen, damit das Steuergerät mit dem Programmablauf beginnen kann.
   b) Kopieren Sie den Schaltplan und verfolgen Sie den Strompfad L1, indem Sie ihn farbig anlegen, und verschaffen Sie sich damit einen Überblick über die zeitliche Abfolge der Funktion der einzelnen Bauteile (dokumentieren Sie die zeitliche Abfolge und ordnen Sie, soweit möglich, genaue Zeiträume zu).

28) 28.1. Kopieren Sie das Anlagenschema (Bild 1, übernächste Seite) und zeichnen Sie nach Farben differenziert die Stoffflüsse, Energieflüsse und Signalflüsse ein.
   28.2. Erstellen Sie in tabellarischer Form ein Programmablaufschema nach dem EVA-Prinzip für
   a) die Raumheizung
   b) die PWH-Bereitung in Vorrangschaltung

4 Steuerungs- und Regelungstechnik in der Anwendung

ÜBUNGEN

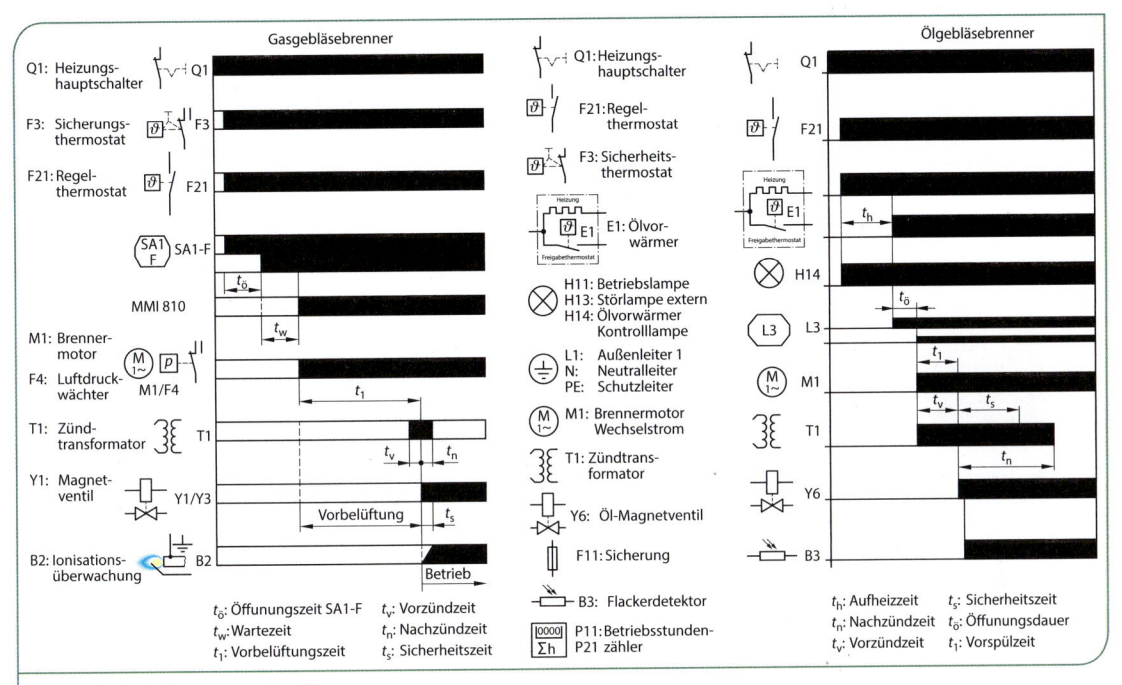

1 zu Aufgabe 26: Programmablaufdiagramme

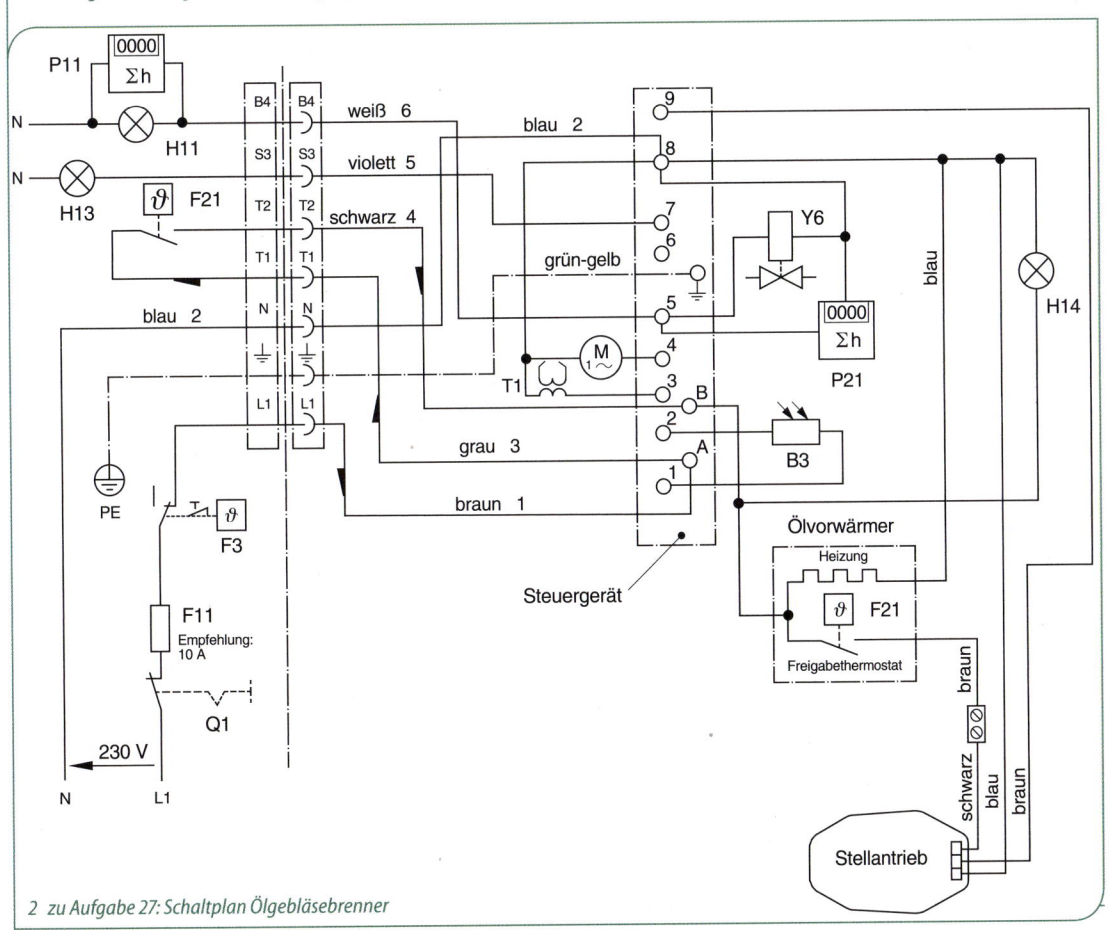

2 zu Aufgabe 27: Schaltplan Ölgebläsebrenner

ÜBUNGEN

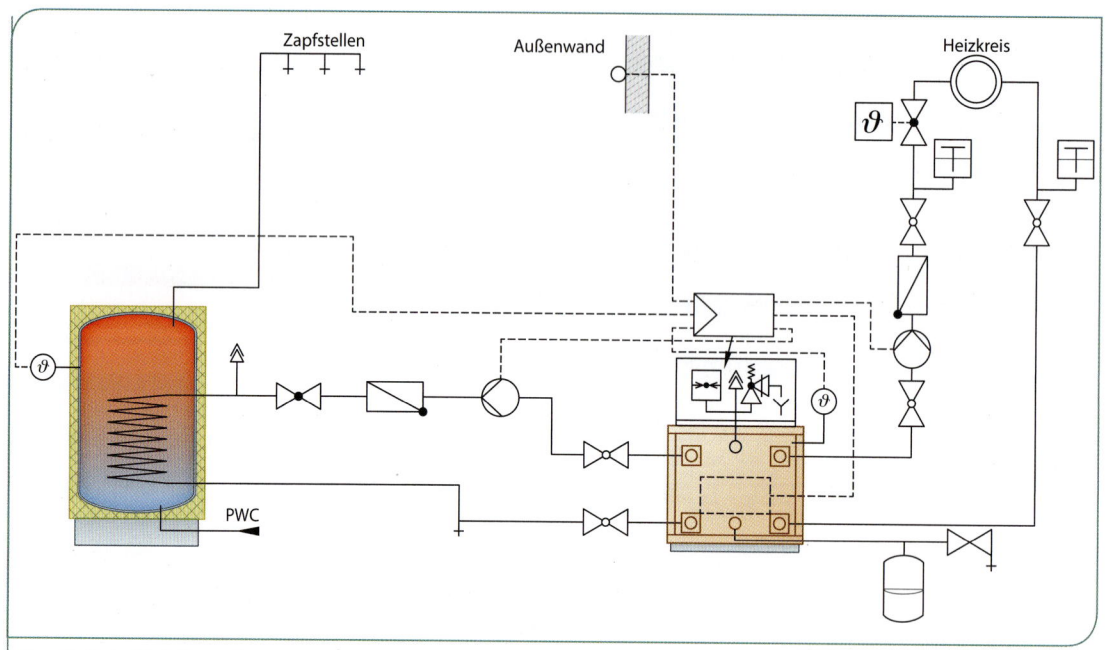

1 zu Aufgabe 28: Anlagenschema einer Zentralheizungsanlage mit PWH-Bereitung

Gebäudeautomation

29) Erläutern Sie die Begriffe Mikroprozessor, Software, Arbeitsspeicher, Festwertspeicher und Bus.

30) Nennen Sie mindestens fünf Aufgaben, die Mikroprozessoren im Rahmen ihres Einsatzes in der Gebäudeautomation erfüllen können.

31) Erklären Sie den Unterschied zwischen einer DDC-Regelung und einem Gebäudeleitsystem.

32) Nennen Sie die Vorteile, die die Einrichtung einer Leitzentrale mit sich bringen.

Smart Home

33) Was bezeichnet man als Smart Home Technologie?

34) Nennen Sie die möglichen Übertragungsarten.

35) Erläutern Sie, was unter a) Insellösungen und b) offenen Systemen zu verstehen ist.

36) Nennen Sie drei unterschiedliche Anwendungsbereiche im häuslichen Umfeld und geben Sie jeweils zwei Beispiele dafür an.

5 Automatic control

The following text of an original instruction manual of a thermostat contains information about operating elements and the display of a controller (Fa. Vaillant, Remscheid).

5.1 Operating manual

Dear customer!
By choosing the VRC 410 thermostat you have bought a high quality product from Vaillant. In order to familiarize yourself with all aspects of this thermostat it is recommended that you take some time and carefully read this instruction manual. It is easy to understand and will give you many useful hints. Please keep the manual in a safe place and make sure that it is handed over to possible next owners of the control.

For your safety!
All repairs on the thermostat itself and your overall system should always be carried out by authorized professionals only!
Please take into consideration that nonprofessional interference with the appliance could threaten lives.

Hints!
- Please note the list of settings which have been already programmed into the thermostat on page …. If you are happy with these settings no further programming is necessary.
- Refer to the folded pages at the beginning and the end of this manual for re-programming the thermostat.

Operating elements (picture 1)
1. **Day temperature selector** for adjusting to required room temperature.
2. **Override**/one-off filling of cylinder for temporary deactivation of heating program or for one-off heating up of tank water
5. **Device cover**
6. **Display** The display shows the time and day, along with controller mode and status information
7. **Operating mode switch**
   - "Program" setting
     In this setting, the room temperature is controlled by the pre-set program.
   - "Heating" setting
     In this setting, the room temperature is permanently controlled according to the temperature pre-selected on the day-temperature selector (1).
   - "Reduce" setting
     In this setting, the room temperature is permanently controlled according to the reduced (night) temperature.

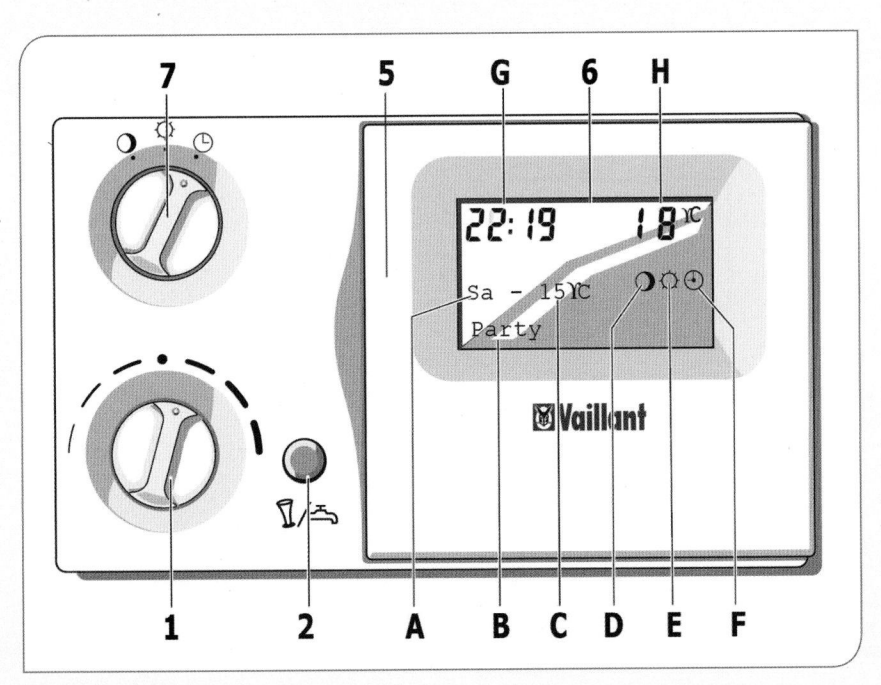

1 operating elements

5 Automatic control

Display, Overview (picture 1, previous page)
A Day of the week
B Status indicator
  Heating on The appliance is in heating mode.
  Hot water The appliance is in hot water mode.
  Party The appliance is in party (override) mode.
  Holiday The holiday program is active.
  Appl. Fault There is heating system fault.
  Conn. Fault Data transfer from the controller to the heating unit has been interrupted.
  Maintenance The heating appliance must be serviced.
C Outside temperature
D Operating mode "Night setting"
E Operating mode "Heating"
F Operating mode "Program"
G Actual time
H Actual temperature

Operating elements (picture 1)
3 Control knob (+, – onwards)
Press the "adjuster" to navigate through the corresponding menu (the selected function is shown at the bottom of the display with a keyword description)
Turn the "adjuster" to alter the selected value – clockwise → increased value – counterclockwise → decreased value
4 Function selection switch

The following functions can be selected for the purposes of adjustment, timer programming and information:

🕐 **Day/time** adjustment (not required if wireless external sensor is fitted) – page …

🎞 **Programming** of up to three daily heating periods for heating circuit – page … et seq.

🚰 **Programming** of up to three daily hot-water period for filling a hot-water tank – page …

⟲ **Programming** of up to three daily circulation periods – page …

🧳 **Setting** of up to 99 daily holiday periods, on which heating runs in reduction mode – page …

☾ **Setting** of reduction temperature for heating circuits 1 and 2 – page …

📈 **Setting** of heating curve – page …

🔧 **Setting** of various heating system parameters (language, etc.) – page …

5 Control cover
6 Display
7 Operating mode switch
Switchover between reduction mode, daily mode and timer program

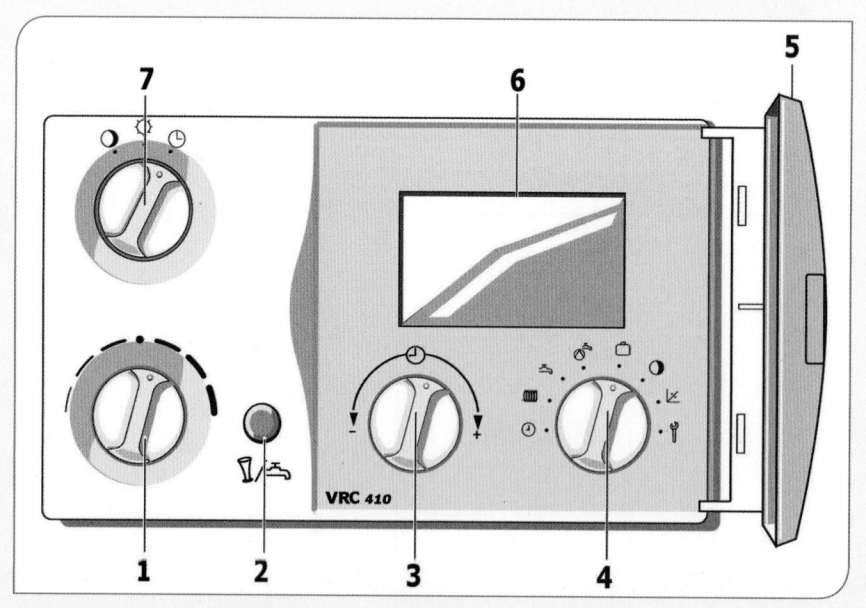

1 operating elements under cover panel

5 Automatic control

Exercises

1. Translate the first two paragraphs of **chapter 5.1**.
2. Why is it necessary to read the instruction manual?
3. Why should repairs on the thermostat be only carried out by authorized professionals?
4. Match the descriptions of the operating elements numbers (1–7) with the following German terms and write the results into your exercise book.
   (Gerätedeckel, Einsteller, Anzeige, Tag-Temperaturwähler, Partytaste, Betriebsartenschalter, Funktionsartenschalter)
5. Put the following words into the correct order and write the results into your exercise book.
   could / take / that / Please / into / lives / the / nonprofessional / with / threaten / consideration / appliance / interference
6. Find out the German expressions for the following English words:
   Day of the week; Status indicator; Outside temperature; Operating mode "Night setting"; Operating mode "Heating"; Operating mode "Program"; Actual time; Actual temperature.
   Use your reference book, the instruction manual, the internet or a dictionary.
7. Answer the following questions on the original instruction manual:
   a) What is controlled in the operating mode "Program"?
   b) What does the "Reduce" setting lead to?
   c) What is the difference between heating and hotwater mode?
   d) What could the party (override) mode be for?
   e) Why do we save energy by "Night setting"?

Lernfeld 15:
Versorgungstechnische Anlagen instand halten

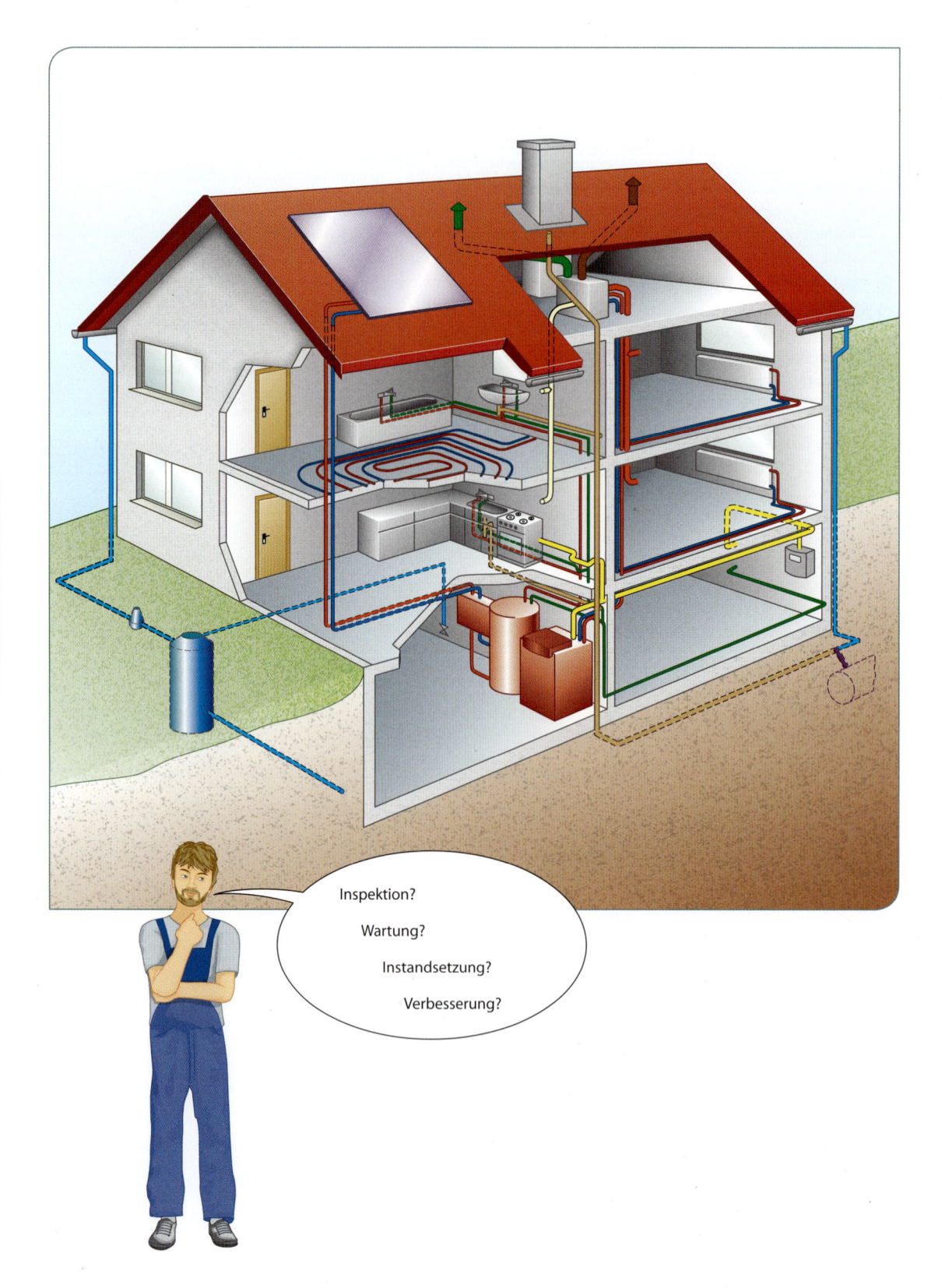

Inspektion?

Wartung?

Instandsetzung?

Verbesserung?

1 Grundlagen zur Instandhaltung

1.1 Einleitung

Da **versorgungstechnische Anlagen** (supply plants) oder Geräte wie z. B. Trinkwasseranlagen, Fäkalienhebeanlagen, Ölfeuerungsanlagen, Gasbrennwertkessel oder kontrollierte Wohnraumlüftungen das ganze Jahr über einwandfrei (perfectly) funktionieren müssen, ist es wichtig, sie periodisch oder bei Bedarf zu überprüfen. Wird dies vernachlässigt, können z. B. ernste gesundheitliche, ökologische und ökonomische Schäden entstehen.

Die Überprüfungen müssen von geschultem (trained) Personal (fachkundigen Personen) durchgeführt werden.

Versorgungstechnische Geräte und Anlagen sind **hochkomplex**, daher ist es sinnvoll (reasonable) anhand vorgegebener **Checklisten** die möglichen durchzuführenden Arbeiten bzw. Leistungen einheitlich festzulegen.

Der Verband Deutscher Maschinen- und Anlagenbau e.V. (VDMA) hat ein allgemein anerkanntes **Leistungsprogramm** für die Wartung von versorgungstechnischen Geräten und Anlagen erstellt, aus dem zu ersehen ist

- was periodisch oder bei Bedarf (on demand) zu prüfen ist und
- welche Tätigkeiten dabei auszuführen sind (Bild 1 und Bild 1, nächste Seite sowie Bild 1, übernächste Seite).

Ergänzend zu diesem Leistungsprogramm sind immer die **Wartungsanleitungen** (service manuals) **der Hersteller** zu beachten.

1.2 Normen und Vorschriften

Bei der Planung und Durchführung von Instandhaltungsmaßnahmen sind insbesondere folgende Normen, Richtlinien, Vorschriften und Regeln zu beachten:

- DIN 31051 Grundlagen der Instandhaltung
- DIN EN 13306 Instandhaltung – Begriffe der Instandhaltung; Dreisprachige Fassung EN 13306
- VDI 2892 Ersatzteilwesen der Instandhaltung
- VDMA 24186 Leistungsprogramm für die Wartung von technischen Anlagen und Ausrüstungen in Gebäuden
- DVGW G 676 Qualifikationskriterien für Unternehmen, die Wartung und Instandhaltung an Gasgeräten ausführen
- VDI 3810 Blatt 4 Betreiben und Instandhalten gebäudetechnischer Anlagen – Raumlufttechnische Anlagen
- DIN 1986-3 Entwässerungsanlagen für Gebäude und Grundstücke. Regeln für Betrieb und Wartung
- DIN EN 12056-4 Schwerkraftentwässerung innerhalb von Gebäuden. Abwasserhebeanlagen
- DIN 1989-1 Regenwassernutzungsanlagen. Planung, Ausführung, Betrieb und Wartung
- DIN EN 806-5 Technische Regeln für Trinkwasser-Installationen. Betrieb und Wartung
- VDI/DVGW 6023 Hygiene in Trinkwasser-Installationen – Anforderungen an Planung, Ausführung, Betrieb und Instandhaltung
- DIN 4755 Ölfeuerungsanlagen – Technische Regel Ölfeuerungsinstallation (TRÖ) – Prüfung.

Position Baugruppe/ Bauelement/ Tätigkeit	Tätigkeit	Ausführung Periodisch	Ausführung Bei Bedarf
1	Luftfördereinrichtung		
1.1	Ventilatoren		
1.1.1	Auf Verschmutzung, Beschädigung, Korrosion und Befestigung prüfen	X	
1.1.2	Funktionserhaltendes Reinigen		X
1.1.3	Laufrad auf Unwucht prüfen	X	

1 Auszug Leistungsprogramm für die Wartung von lufttechnischen Geräten und Anlagen

Position Baugruppe/ Bauelement/ Tätigkeit	Tätigkeit	Ausführung Periodisch	Ausführung Bei Bedarf
1	Wärmeerzeuger		
1.1	Wasserkessel		
1.1.1	Wärmedämmung auf Beschädigung und Vollständigkeit prüfen	X	
1.1.2	Brennraum und Nachschaltheizflächen auf Verschmutzung, Beschädigung und Korrosion prüfen	X	
1.1.3	Funktionserhaltendes Reinigen		X
1.1.4	Brennraum und Nachschaltheizflächen reinigen	X	
1.1.5	Abgasseitig auf Verschmutzung, Beschädigung und Korrosion prüfen	X	
1.1.6	Abgasseitig reinigen	X	
1.1.7	Abgasseitig und wasserseitig auf Dichtheit prüfen	X	
1.1.8	Sicherheitsventil prüfen	X	
1.1.9	Füll- und Entleereinrichtung auf Funktion prüfen	X	
1.2	Solarkollektoren		
1.2.1	Äußerlich auf Beschädigung, Korrosion und Befestigung prüfen	X	
1.2.2	Funktionserhaltendes Reinigen		X
1.2.3	Auf Dichtheit prüfen (Sichtprüfung)	X	
1.2.4	Kollektortemperaturfühler auf festen Sitz prüfen	X	
1.2.5	Vakuum prüfen	X	
1.2.6	Vakuum herstellen und mit Erdgas auffüllen		X
1.2.7	Anlagendruck prüfen	X	
2	Feuerungseinrichtungen (einschließlich Brennwerttechnik)		
2.1	Ölbrenner		

Fortsetzung siehe nächste Seite

1 Grundlagen zur Instandhaltung

Position Baugruppe/Bauelement/Tätigkeit	Tätigkeit	Ausführung Periodisch	Ausführung Bei Bedarf
2.1.1	Äußerlich auf Beschädigung und Verschmutzung prüfen	X	
2.1.2	Funktionserhaltendes Reinigen		X
2.1.3	Feuerungswärmeleistung prüfen	X	
2.1.4	Feuerungswärmeleistung einstellen		X
2.1.5	Brennermotor auf Funktion prüfen	X	
2.1.6	Lager auf Geräusch prüfen	X	
2.1.7	Lager mit Nachschmiereinrichtung fetten[3]		X
2.1.8	Pumpenkupplung auf Abnutzung prüfen	X	
2.1.9	Laufrad auf Verschmutzung und Beschädigung prüfen	X	
2.1.10	Laufrad reinigen		X
2.1.11	Ölpumpe auf Funktion prüfen, Unterdruck auf Saugseite messen	X	
2.2	**Gasbrenner mit Gebläse**		
2.2.1	Äußerlich auf Verschmutzung und Beschädigung prüfen	X	
2.2.2	Funktionserhaltendes Reinigen		X
2.2.3	Feuerungswärmeleistung prüfen	X	
2.2.4	Feuerungswärmeleistung einstellen		X
2.2.5	Brennermotor auf Funktion prüfen	X	
2.2.6	Lager auf Geräusch prüfen	X	
2.2.7	Lager mit Nachschmiereinrichtung fetten		X
2.2.8	Laufrad auf Verschmutzung und Beschädigung prüfen	X	
2.2.9	Laufrad reinigen		X
2.2.10	Mischeinrichtung auf Verschmutzung und Beschädigung prüfen	X	
2.4	**Brenner für Feststoffe (Holz, Hackschnitzel, Pellets, Koks, Kohle, Briketts)**		
2.4.1	Äußerlich auf Verschmutzung und Beschädigung prüfen	X	
2.4.2	Funktionserhaltendes Reinigen		X
2.4.3	Brennrost auf Beschädigung (Durchbrand) und Beweglichkeit prüfen	X	
2.4.4	Brennrost reinigen	X	
2.4.5	Anheizschieber auf Beweglichkeit prüfen	X	
2.4.6	Anheizschieber reinigen	X	
2.4.7	Automatischen Glühzünder auf Funktion prüfen und reinigen	X	
2.4.8	Automatischen Glühzünder reinigen	X	
2.4.9	Verbrennungsgebläse auf Funktion prüfen	X	
9	**Heizflächen**		
9.1	**Heizkörper (Radiatoren, Plattenheizkörper, Konvektoren)**		
9.1.1	Auf Beschädigung, Korrosion, Dichtheit und Befestigung prüfen	X	
9.1.2	Entlüften		X
9.1.3	Heizkörperventil auf Funktion prüfen	X	
9.1.4	Heizkörperventil nachstellen		X
12	**Heizraum und Brennstofflager**		
12.1	**Heizraum**		
12.1.1	Notschalter auf Funktion prüfen	X	
12.1.2	Hauptabsperrvorrichtung der Brennstoffleitungen äußerlich auf Funktion und Dichtheit prüfen	X	
12.1.3	Brennstoffleitungen äußerlich auf Befestigung und Dichtheit prüfen	X	
12.1.4	Luftdurchlässe (Zu- und Abluft) auf Verschmutzung, Beschädigung prüfen[2]	X	
12.1.5	Luftdurchlässe (Zu- und Abluft) reinigen[2]		X
13	**Dokumentation und Kennzeichnung**		
13.1	**Wartungsrelevante Unterlagen (z. B. Schemata, Herstellervorschriften)**		
13.1.1	Auf Vorhandensein prüfen	X	
13.2	**Bestehende Anlagenkennzeichnung (Beschilderung, Farbkennzeichnung, Typenschild/Zulassungszeichen)**		
13.2.1	Auf Vorhandensein prüfen	X	

1 Auszug Leistungsprogramm für die Wartung von heiztechnischen Geräten und Anlagen – VDMA 24186-2

Position Baugruppe/Bauelement/Tätigkeit	Tätigkeit	Ausführung Periodisch	Ausführung Bei Bedarf
1.2	**Abläufe**		
1.2.1	Äußerlich auf Beschädigung und Korrosion prüfen	X	
1.2.2	Auf Verschmutzung prüfen	X	
1.2.3	Funktionserhaltendes Reinigen		X
1.2.4	Auf Dichtheit prüfen (Sichtprüfung)	X	
1.2.5	Wasserstand prüfen	X	
1.3	**Absperreinrichtungen und Rückstauverschlüsse**		
1.3.1	Äußerlich auf Beschädigung und Korrosion prüfen	X	
1.3.2	Auf Funktion prüfen	X	
1.3.3	Auf Dichtheit prüfen (Sichtprüfung)	X	
1.3.4	Rückstauverschlüsse funktionserhaltend reinigen		X
1.4	**Pumpen**		

Fortsetzung siehe nächste Seite

Position Baugruppe/ Bauelement/ Tätigkeit	Tätigkeit	Ausführung Periodisch	Ausführung Bei Bedarf
1.4.1	Äußerlich auf Verschmutzung, Beschädigung, Korrosion, Befestigung und Geräusch prüfen	X	
1.4.2	Funktionserhaltendes Reinigen[1] (äußerlich)		X
1.4.3	Auf Funktion prüfen	X	
1.4.4	Auf Dichtheit prüfen (Sichtprüfung)	X	
1.4.5	Niveauregulierung auf Funktion prüfen	X	
1.5	Hebeanlagen		

Position Baugruppe/ Bauelement/ Tätigkeit	Tätigkeit	Ausführung Periodisch	Ausführung Bei Bedarf
1.5.1	Äußerlich auf Verschmutzung, Beschädigung und Korrosion prüfen	X	
1.5.2	Behälter innen reinigen und auf Korrosion prüfen	X	
1.5.3	Auf Funktion prüfen	X	
1.5.4	Auf Dichtheit prüfen (Sichtprüfung)	X	
1.5.5	Pumpe	siehe Pos. 1.4	

[1] Auszug Leistungsprogramm für die Wartung von sanitärtechnischen Geräten und Anlagen – VDMA 24186-6

2 Instandhaltung von Trinkwasseranlagen

Die Instandhaltungsmaßnahmen (maintenance measures) von Trinkwasseranlagen sind hauptsächlich der DIN EN 806-5 und bei komplexen Großanlagen zusätzlich der VDI 6023 Blatt 1 zu entnehmen. Um die Trinkwasseranlage und insbesondere darin eingebaute Armaturen, Apparate und Geräte instand halten zu können, müssen entsprechende Unterlagen beim Betreiber vorhanden sein bzw. beschafft werden. Hierzu gehören:
- alle für die Installation wichtigen Angaben wie z. B. Revisionspläne (audit plans),
- das Übergabeprotokoll (handover certificate/report) nach der Erstinbetriebnahme (initial start-up),
- Herstellerunterlagen bzw. technische Produktinformationen der installierten Bauteile,
- ein Pflichtenheft (specification sheet) bzw. Protokolle vorangegangener Instandhaltungsmaßnahmen.

Die in der DIN EN 806-5 im Anhang A aufgeführten Zeitintervalle für Inspektions- und Wartungsarbeiten (inspection and maintenance works) basieren auf Erfahrungswerten. Abweichungen müssen begründet und protokolliert werden. Diese können abhängen von:
- der Forderung der Produktlieferanten bzw. Hersteller,
- Größe und Umfang der Anlage,
- der Art der Wasserverwendung wie z. B. im privaten Haushalt, im gewerblichen oder gesundheitlichen Bereich,
- dem Anspruch der Nutzer/Betreiber,
- der Betriebsweise (operating mode) der Anlage wie z. B. permanent, periodisch wechselnd oder saisonal.

Die folgende Tabelle Bild 1 enthält auszugsweise Inspektions- und Wartungsintervalle von Armaturen und Apparaten.

Lfd. Nr.	Bauteil/Baugruppe	Norm	Inspektions- und Wartungsintervalle	
7	Systemtrenner mit kontrollierbarer druckreduzierter Zone (BA)	EN 12729	Halbjährlich	Jährlich
8	Systemtrenner mit unterschiedlichen nicht kontrollierbaren Druckzonen (CA)	EN 14367	Halbjährlich	Jährlich
9	Rohrbelüfter in Durchgangsform (DA)	EN 14451	Jährlich	
10	Rohrunterbrecher mit Lufteintrittsöffnung und beweglichem Teil (DB)	EN 14452	Jährlich	
11	Rohrunterbrecher mit ständig geöffneten Lufteintrittsöffnungen (DC)	EN 14453	Halbjährlich	
12	Kontrollierbarer Rückflussverhinderer (EA)	EN 13959	Jährlich	
13	Nicht kontrollierbarer Rückflussverhinderer (EB)		Jährlich	Austausch alle 10 Jahre
18	Schlauchanschluss mit Rückflussverhinderer (HA)	EN 14454	Jährlich	
19	Brauseschlauchanschluss mit Rohrbelüfter (HB)	EN15096	Jährlich	
20	Automatischer Umsteller (HC)	EN 14506	Jährlich	
21	Rohrbelüfter für Schlauchanschlüsse, kombiniert mit Rückflussverhinderer (HD)	EN 15096	Jährlich	
24	Hydraulische Sicherheitsgruppe	EN 1487	Halbjährlich	Jährlich
25	Sicherheitsgruppe für Expansionswasser	EN 1488	Halbjährlich	Jährlich

Fortsetzung siehe nächste Seite

2 Instandhaltung von Trinkwasseranlagen

Lfd. Nr.	Bauteil/Baugruppe	Norm	Inspektions- und Wartungsintervalle	
26	Sicherheitsventil	EN 1489	Halbjährlich	
29	Druckminderer	EN 1567	Jährlich	
30	Thermostatischer Mischer für Warmwasserbereiter	EN 15092	Halbjährlich	Jährlich
32	Filter, rückspülbar (80 µm bis 150 µm)	EN 13443-1	Halbjährlich	
33	Filter, nicht rückspülbar (80 µm bis 150 µm)	EN 13443-1	Halbjährlich	
34	Filter (< 80 µm)	EN 13443-2	Halbjährlich	
42	Wassererwärmer	EN 12897	Alle 2 Monate	Jährlich
43	Leitungsanlage	EN 806-2 EN 806-4	Jährlich	
44	Wasserzähler, kalt	MID [1]	Jährlich	Alle 6 Jahre
45	Wasserzähler, warm	MID [1]	Jährlich	Alle 5 Jahre

1 Inspektions- und Wartungsintervalle für Trinkwasserbauteile (Auszug aus DIN EN 806-5)

Im Folgenden wird anhand eines Trinkwasser-Strangschemas (potable water tubing scheme) (Bild 2) beispielhaft für einige Armaturen eine Wartung beschrieben.

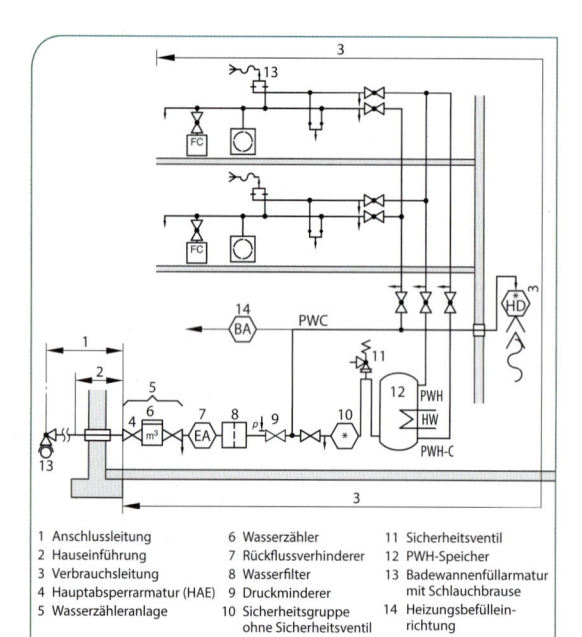

2.1 Wartung bzw. Funktionskontrolle des Rückflussverhinderers

Hierbei handelt es sich um die Sicherungseinrichtung „kontrollierbarer Rückflussverhinderer" Typ EA (Bild 3).
Die Funktion dieser Sicherungseinrichtung (safety device) wird geprüft, indem
a) die zweite Hauptabsperrarmatur hinter dem Wasserzähler (in Strömungsrichtung betrachtet) geschlossen wird
b) das Prüfventil (test valve) an dieser Hauptabsperrarmatur (HAE) oder die Prüföffnung am Rückflussverhinderer (RV) geöffnet wird.

Danach darf nur noch das Restwasser aus dem kurzen Leitungsteil zwischen der zweiten HAE und dem RV ablaufen. Im folgenden Verlauf darf kein Wasser mehr aus der Prüföffnung (test port) austreten (vgl. LF 9, Kap. 7.2).
Benötigte Werkzeuge und Hilfsmittel:
Passender Maulschlüssel oder Rollgabelschlüssel bzw. Wasserpumpenzange, Eimer, Putzlappen.
Die Inspektion und Wartung ist einmal jährlich durchzuführen (vgl. Bild 1).

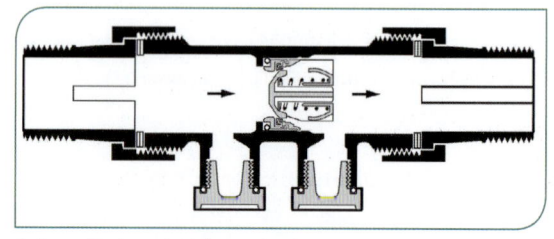

1 Anschlussleitung
2 Hauseinführung
3 Verbrauchsleitung
4 Hauptabsperrarmatur (HAE)
5 Wasserzähleranlage
6 Wasserzähler
7 Rückflussverhinderer
8 Wasserfilter
9 Druckminderer
10 Sicherheitsgruppe ohne Sicherheitsventil
11 Sicherheitsventil
12 PWH-Speicher
13 Badewannenfüllarmatur mit Schlauchbrause
14 Heizungsbefülleinrichtung

2 Strangschema einer Trinkwasseranlage

3 Kontrollierbarer Rückflussverhinderer

2 Instandhaltung von Trinkwasseranlagen

2.2 Wartung bzw. Funktionskontrolle der Außenzapfarmatur

Die Außenzapfarmatur (outside tap) enthält einen **Rückflussverhinderer** sowie einen **Schlauchanschluss mit Rohrbelüfter** (Typ HD, Bild 1).
Zunächst ist die Zapfarmatur auf äußere Beschädigungen zu inspizieren. Kalkbeläge auf der Oberfläche u. ä. deuten auf Undichtheiten hin. Bei Spindelabdichtung mit Stopfbuchse (stuffing box sealed stem) muss diese bei Undichtheiten nachgezogen werden. Tropft die Armatur, ist die Dichtung des Ventiltellers (valve disc) zu erneuern.
Weiterhin ist zu prüfen, ob:
- die Einbauanweisungen (installation instructions) des Herstellers eingehalten wurden,
- die Einbaustelle überflutungssicher und frostfrei ist,
- die Belüftungsöffnungen frei liegen (are kept clear),
- die Armatur entsprechend ihrer Verwendung eingesetzt wird (vgl. Fachkenntnisse 1, LF 5, Kap. 2.2.3).

Anschließend wird die Armatur folgendermaßen auf Funktion überprüft (functional testing):
- An der Schlauchtülle des Auslaufes wird ein ca. 1 m langer Schlauch angeschlossen.
- Das Ventil der Armatur wird nun so weit geöffnet, dass eine geringe Wassermenge aus dem Schlauch austritt.
- Danach wird das Schlauchende über das Niveau der Armatur (des Belüfters) angehoben und das Ventil geschlossen.
- Nach dem Absenken des Schlauches muss das dort verbliebene Wasser ungehindert ausströmen, wobei Luft hörbar durch die Eintrittsöffnungen des Belüfters angesaugt werden muss. Ist der geschilderte Vorgang nicht zu beobachten, muss die Armatur ausgetauscht werden.

Benötigte Werkzeuge und Hilfsmittel:
Ein Schlauch von ca. 1 m Länge (z. B. Gartenschlauch DN 15), evtl. Wasserpumpenzange oder passende Maulschlüssel für die Stopfbuchse, evtl. Wassereimer und Putzlappen. Die Inspektion und routinemäßige Wartung ist einmal jährlich durchzuführen.

2.3 Wartung bzw. Funktionskontrolle eines Systemtrenners mit kontrollierbarer druckreduzierter Zone (Typ BA)

Zunächst ist der Systemtrenner einer äußeren Sichtprüfung zu unterziehen. Dabei ist auf Oberflächenbeläge (superficial layers/deposits) zu achten, die von undichten Verschraubungen oder Prüfventilen verursacht sein könnten. Besonders ist das freie Abfließen des Ablasswassers bei Trennstellung der Armatur zu prüfen. Weiterhin ist zu kontrollieren:
- ob der Systemtrenner gut zugänglich ist,
- dass die Einbaustelle überflutungssicher ist,
- dass Schutz gegen Frost und überhöhte Temperaturen gegeben ist,
- dass die Prüfventile des Systemtrenners leicht zu betätigen sind (moved/operated smoothly),
- dass der Systemtrenner waagerecht installiert ist, mit senkrechtem Ablauf nach unten,
- dass sich genügend Sperrwasser im Geruchverschluss der Ablaufleitung befindet.

Die Wartung und anschließende Funktionskontrolle (functional check) geschieht folgendermaßen:
- Zunächst ist das eingangsseitige Schmutzfangsieb herauszuschrauben (Bild 2). Schmutzteilchen können mit Trinkwasser und z. B. einer weichen sauberen Bürste entfernt werden.
- Nach dem Wiedereinschrauben werden jeweils in das Prüfventil der eingangsseitigen Zone und der Mittelzone

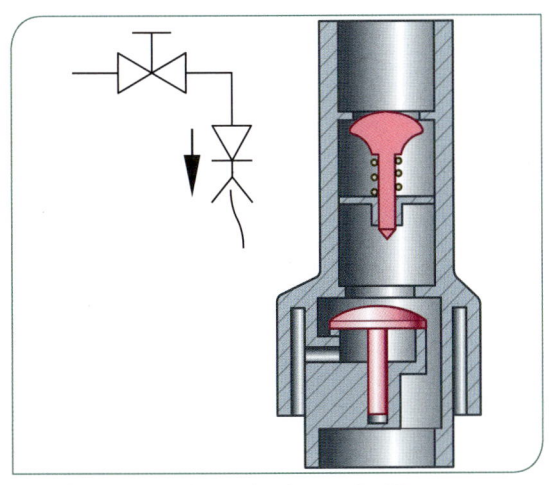

Lernfeld 15

1 Zapfarmatur mit Sicherungskombination Typ HD

2 Erste Wartungsmaßnahme am Systemtrenner

3 Fäkalienhebeanlagen

ein Druckmanometer bzw. ein spezielles Prüfset (special testing set) angeschlossen (Bild 1).
- Bei anschließender Wasserentnahme am vorliegenden Teilstrang (pipe section) wird an der Absperreinrichtung vor dem Systemtrenner der Wasserzufluss kontinuierlich gedrosselt (Pos. 1, Bild 1). Unterschreitet die an den Manometern oder dem Prüfset abzulesende Druckdifferenz zwischen Vor- und Mittelkammer 0,14 bar, schließen das eingangsseitige und ausgangsseitige Ventil und das Ablassventil öffnet.
- Außer dem Restwasser in der Mittelkammer darf kein weiteres Wasser austreten. Anderenfalls wäre mindestens ein Rückflussverhinderer defekt.

Können diese beiden letztgenannten Vorgänge beobachtet werden, ist die Funktion des Systemtrenners (system separator) gewährleistet (vgl. Fachkenntnisse 1, LF 5, Kap. 2.2.2.2).

Benötigte Werkzeuge und Hilfsmittel:
Rollgabelschlüssel oder passender Maulschlüssel, Wassereimer, sauberer Putzlappen (evtl. weiche Bürste), Prüfset bzw. zwei Manometer mit der richtigen Druckanzeigeskala, Dichtmittel.
Die Wartung ist jährlich zu wiederholen, die Inspektion ist halbjährlich vorzunehmen.

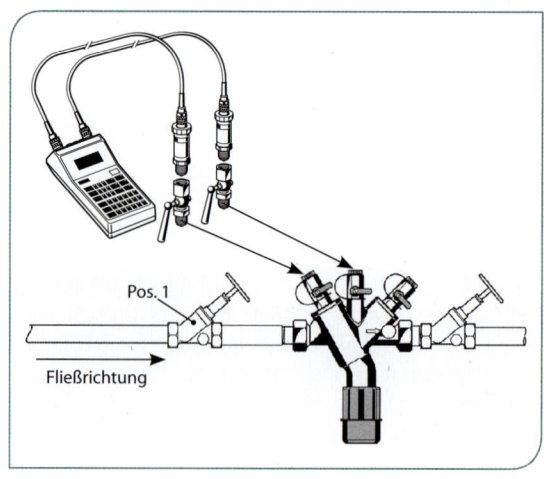

1 *Systemtrenner Typ BA mit Prüfset*

ÜBUNGEN

1. Schildern Sie die Inspektions- und Wartungsmaßnahmen an den Verbrauchsleitungen
2. Schildern Sie die Inspektions- und Wartungsmaßnahmen am PWH-Speicher.
3. Erläutern Sie den Verfahrensablauf bei der Inspektion und Wartung der Bauteile Pos. 8 und 9 im Bild 2, S. 432.
4. Beschreiben Sie die Maßnahmen, die für die Inspektion und Wartung der Sicherheitsgruppe Pos. 10 (Bild 2, S. 432) notwendig sind. Nehmen Sie an, dass ein MAG und das hier separat gezeichnete SV Bestandteil dieser Sicherheitsgruppe sind. Ordnen Sie benötigte Werkzeuge und Hilfsmittel zu.

3 Fäkalienhebeanlagen

Moderne Fäkalienhebeanlagen (sewage lifting unit) sind überflutungssichere und steckerfertige Anlagen zum Sammeln und Pumpen (Heben) fäkalienhaltiger und fäkalienfreier Abwässer von unterhalb der Rückstauebene (backflow level) (RSTE) liegenden Ablaufstellen. Sie eignen sich entweder zur freien Bodenaufstellung („überflur") in tiefliegenden Räumen – meist Kellern (Bild 1, nächste Seite) – oder („unterflur") in Schächten (Bild 2, nächste Seite).

Sie werden auch eingesetzt, wenn Abwässer **nicht** mit natürlichem Gefälle abgeleitet werden können (Schwerkraftentwässerung (gravity drainage)), weil zwischen Ablaufstellen und Straßenkanal ein zu geringer Höhenunterschied besteht und die Abwässer somit auf ein höheres Niveau gepumpt werden müssen.

3 Fäkalienhebeanlagen

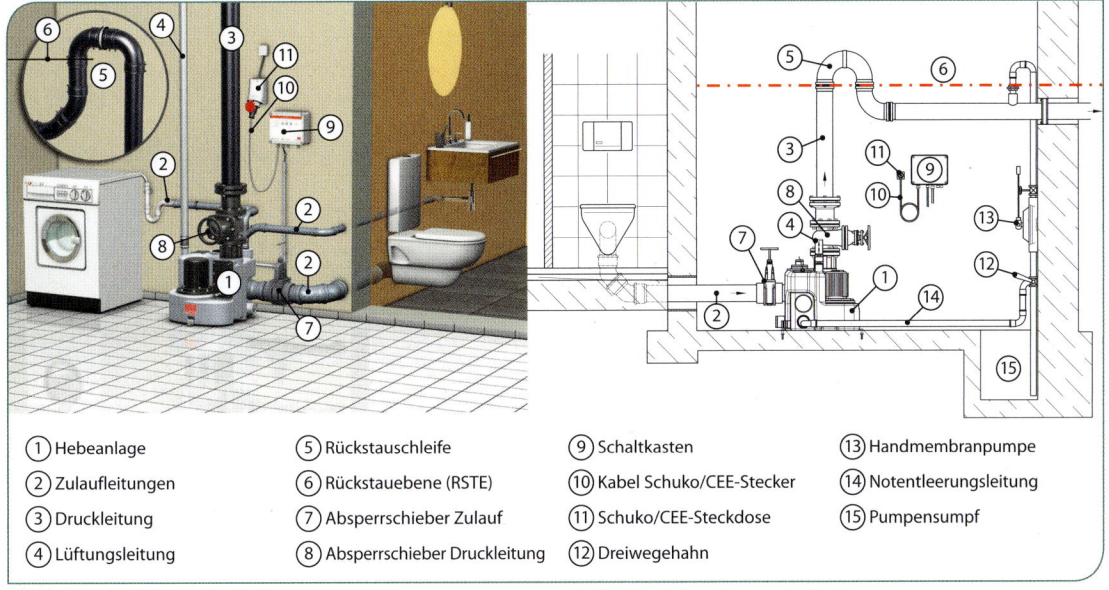

① Hebeanlage	⑤ Rückstauschleife	⑨ Schaltkasten	⑬ Handmembranpumpe
② Zulaufleitungen	⑥ Rückstauebene (RSTE)	⑩ Kabel Schuko/CEE-Stecker	⑭ Notentleerungsleitung
③ Druckleitung	⑦ Absperrschieber Zulauf	⑪ Schuko/CEE-Steckdose	⑮ Pumpensumpf
④ Lüftungsleitung	⑧ Absperrschieber Druckleitung	⑫ Dreiwegehahn	

1 Fäkalienhebeanlage „überflur"   2 Fäkalienhebeanlage „unterflur"

3.1 Instandhaltung

Instandhaltungsmaßnahmen (servicing measures) für Fäkalienhebeanlagen müssen nach DIN 1986-3 in Abhängigkeit vom Aufstellungsort in unterschiedlichen Intervallen durchgeführt werden.

Monatliche Inspektion (monthly inspection):
- Prüfung der Betriebsfähigkeit der Anlage durch Beobachtung von mindestens zwei Schaltzyklen der Pumpe
- Sichtkontrolle (visual inspection) auf Dichtheit
- Sichtkontrolle auf Korrosion

Wartungsmaßnahmen (maintenance measures):
- alle **drei Monate** in gewerblichen Betrieben
- alle **sechs Monate** in Mehrfamilienhäusern
- alle **zwölf Monate** in Einfamilienhäusern

Folgende Anlagenteile sind von den Instandhaltungsmaßnahmen betroffen:

Steuer- und Messeinrichtungen
- Prüfung von Zustand (condition/state check) und Funktion der Meldeleuchten und Bedienelemente
- Prüfung der Funktion (functional test) der Alarmeinrichtungen und Fernsignalisierung
- Prüfung der Einstellung (adjustment check) des Motorschutzschalters
- Prüfung von Zustand und Funktion der elektrischen Teile
- Prüfung der Sicherungen
- Prüfung der Funktion der Niveauregelung (vgl. Kap. 3.1.3)
- Reinigung der Niveauschalteinrichtungen
- Reinigung des Schaltkastens

Abwassersammelbehälter
- Sichtkontrolle des Zustandes von Sammelbehälter und Anbauteilen sowie Innenreinigung (internal cleaning) des Behälters bei Bedarf

Rohrleitungen und Armaturen
- Prüfung des Zustandes aller Rohrleitungen, Schläuche und Armaturen sowie ihrer Verbindungen auf Dichtheit; bei Bedarf Dichtungen reinigen bzw. erneuern
- Betätigung der Schieber, Prüfung auf Leichtgängigkeit (check on easy motion/free movement), ggf. nachstellen der Stopfbuchse und einfetten der Spindel
- Öffnung und Reinigung des Rückflussverhinderers; Kontrolle von Sitz und Klappe oder Kugel
- Prüfung der Anlüftevorrichtung des Rückflussverhinderers (vgl. Kap. 3.1.1)

Pumpe
- Prüfung der Funktion, Drehrichtung und Laufgeräusche
- Prüfung des Laufrades und der Lagerung; ggf. reinigen der Pumpenkammer und des Pumpenlaufrades
- Prüfung des Zustandes und der Funktion der Handmembranpumpe (wenn vorhanden)

Elektromotor
- Prüfung des äußeren Zustandes und evtl. Außenreinigung (external cleaning)

Elektrische Schutzmaßnahmen
- Prüfung der elektrischen Sicherheit

Lernfeld 15

3 Fäkalienhebeanlagen

Reinigen des Anlagenumfeldes
Durchspülung der Anlage mit Wasser (alle 24 Monate).

Ist die Hebeanlage nach DIN EN 12056-4 innerhalb von Gebäuden in einem betonierten Schacht aufgestellt (Bild 1), müssen weitere Arbeiten durchgeführt werden, wie z. B.:
- Prüfung der Arbeitsraumbeleuchtung,
- Prüfung der auftriebssicheren Befestigung,
- Sichtkontrolle des Schachtes,
- Funktionsprüfung der Tauchpumpe im Pumpensumpf (Bild 2).

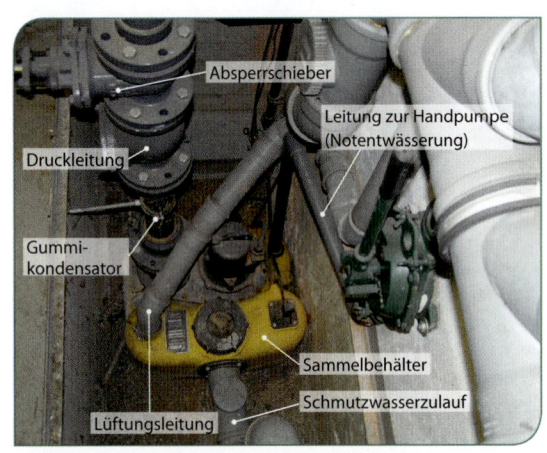

1 Betonierter Schacht mit frei aufgestellter Fäkalienhebeanlage

2 Pumpensumpf mit Tauchpumpe

> **MERKE**
>
> Werden vom Fachkundigen Mängel festgestellt, die nicht beseitigt werden können, sind diese dem Anlagenbetreiber sofort schriftlich mitzuteilen und gegenzeichnen zu lassen.

3.1.1 Sicherheitsvorschriften

Sind Instandsetzungsarbeiten (repair works) notwendig, muss der Betreiber informiert werden, dass die Hebeanlage nicht genutzt werden kann. Vor Beginn der Arbeiten sind folgende Punkte zu beachten:
- Anlage mit Klarwasser über mindestens drei Schaltzyklen spülen (to rinse),
- Zulaufleitung absperren,
- Anlage am Betriebsschalter vom Stromnetz trennen (disconnect from the power supply),
- Spannungsfreiheit prüfen,
- Anlage gegen Wiedereinschalten sichern (secure against restarting),
- für ausreichende Belüftung beim Arbeiten sorgen,
- Entleeren der Anlage.

Entleeren der Anlage

Die Entleerung (emptying) des Sammelbehälters erfolgt entweder durch eine Handmembranpumpe (wenn vorhanden) oder über die Revisionsöffnung.

Das Wasser in der Druckleitung kann je nach Hersteller entweder über einen Entleerungshahn oder durch eine **Anlüftevorrichtung** in den zuvor entleerten Sammelbehälter abgelassen werden.

Die Anlüftevorrichtung (lifting device) ist ein Klappenöffner, der mit einem geeigneten Werkzeug (z. B. Innensechskantschlüssel) solange gedreht wird, bis er gegen die Nase der Rückstauklappe drückt und diese leicht anhebt (Bild 3). Das Wasser der Druckleitung kann jetzt in den Sammelbehälter abfließen und dort wie vorher beschrieben entfernt werden.

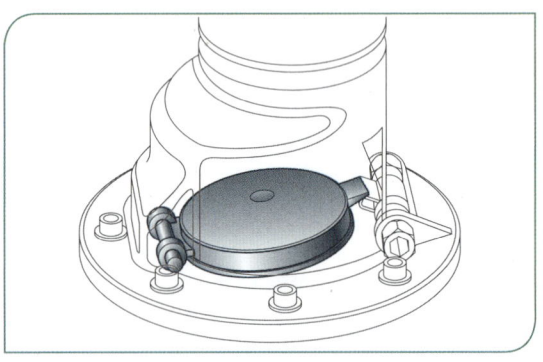

3 Rückstauklappe in Anlüftestellung

Ist der Entleerungsvorgang (emptying procedure/process) beendet, muss die Rückstauklappe bzw. Anlüftevorrichtung wieder in Betriebsstellung gebracht werden. Dazu wird der Klappenöffner wieder in seine Ausgangslage gedreht (Bild 1, nächste Seite). Die Stellung des Klappenöffners ist von außen sichtbar.

Bei diesem Beispiel kann durch das Lösen der Schrauben am oberen und unteren Flansch das gesamte Klappengehäuse für Reinigungs- und Wartungszwecke ausgebaut werden (Bild 2, nächste Seite).

3 Fäkalienhebeanlagen

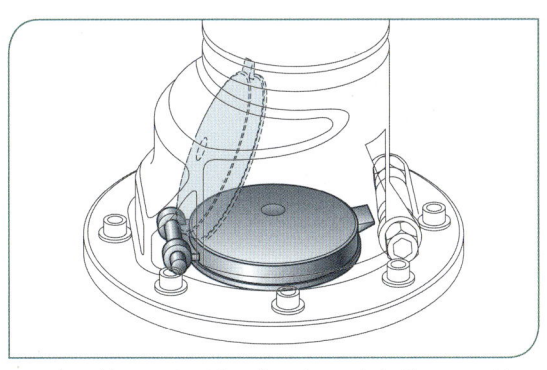

1 Rückstauklappe in Betriebsstellung (gestrichelte Klappenposition entspricht der beim Pumpvorgang)

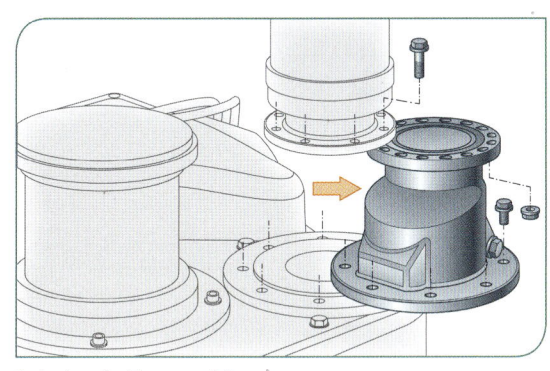

2 Ausbau des Klappengehäuses

Nach Erledigung der Instandsetzungsarbeiten durch einen Fachkundigen ist die Anlage nach der Durchführung eines Probelaufs (vgl. Kap. 3.1.2) nach DIN EN 12056-4 wieder in Betrieb zu nehmen. Ein Instandsetzungsprotokoll (repair report) ist anzufertigen.

PRAXISHINWEIS

Dem Anlagenbetreiber ist zu empfehlen, einen Wartungsvertrag abzuschließen. Dieser wird auch von einigen Gebäudeversicherungen im Falle eines Schadens verlangt.

3.1.2 Probelauf

Der Probelauf (test run) erfolgt nach DIN EN 12056-4 und muss, wenn vorhanden, über mehrere Schaltvarianten (switching modes) durchgeführt werden. Dabei sind vor, während bzw. nach dem Probelauf folgende Punkte zu prüfen bzw. auszuführen:
- Prüfung der Betriebsspannung,
- Prüfung der elektrischen Absicherung nach örtlichen Vorschriften,
- Hebeanlage einschalten,
- Drehrichtung des Pumpenmotors prüfen,
- Schieber der Zufluss- und Druckleitung öffnen,
- Wasser über eine Ablaufstelle (z. B. Waschtisch) zufließen lassen,
- Niveauregelung prüfen (level control testing), (vgl. Kap. 3.1.3),
- Funktionsprüfung des Rückflussverhinderers,
- Dichtheit der Hebeanlage, aller Leitungsteile und Armaturen prüfen,
- Befestigungen der Anlage und aller Leitungen prüfen,
- Pumpen- und Strömungsgeräusche prüfen,
- Pumpenmotorschutzeinstellung prüfen,
- Funktionsprüfung von Kontrolllampen, Messinstrumenten und Betriebsstundenzähler,
- Prüfung der Störmeldeeinrichtungen, Funktionsstörungen (malfunctions) müssen in allen angeschlossenen Wohneinheiten akustisch und/oder optisch signalisiert werden,
- Funktion der Notentleerung durch Abschalten des Pumpenmotors und Entleeren des Sammelbehälters mittels Handmembranpumpe prüfen (Bild 3).

3 Handmembranpumpe

Nach Ausführung der Wartungsarbeiten ist ein Wartungsprotokoll (maintenance report) auszufüllen, in dem alle durchgeführten Arbeiten sowie wesentliche Daten wie z. B. Betriebsstundenstand und Einstellung des Motorschutzschalters festzuhalten sind.

3.1.3 Niveauregelung prüfen

Im Abwassersammelbehälter der Fäkalienhebeanlage befindet sich ein Schwimmerschalter, der je nach Niveauhöhe über eine Regeleinheit das automatische Ein- und Ausschalten der Pumpe bestimmt. Zusätzlich werden bei Störungen unterschiedliche optische und akustische Alarme ausgelöst. Diese Funktionen werden durch unterschiedlichen Schaltzyklen (switching cycles) aktiviert und müssen während des Probelaufes geprüft werden.

Prüfungsablauf (testing procedure/course)
Die Prüfung der folgenden 7 Schaltzyklen wird bei geöffnetem Revisionsdeckel (inspection cover) durchgeführt.

Lernfeld 15

437

3 Fäkalienhebeanlagen

Schaltzyklus 1
- Wasser wird von einem angeschlossenen Sanitärobjekt (z. B. Ausguss) dem Sammelbehälter der Hebeanlage zugeführt.
- Das Wasser und der Schwimmerschalter erreichen die Niveaustufe 1 und die Pumpe schaltet ein (Bild 1a).
- Die Wasserzufuhr vom Sanitärobjekt muss unterbrochen werden.
- Der Wasserinhalt wird über die Rückstauebene gepumpt, bis das Wasser und der Schwimmerschalter die Niveaustufe 0 erreicht haben (Bild 1b).

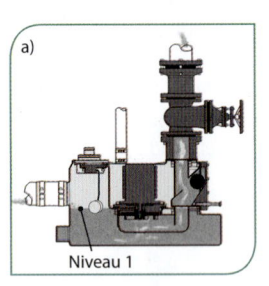

1 a) Pumpe schaltet ein, Niveau 1

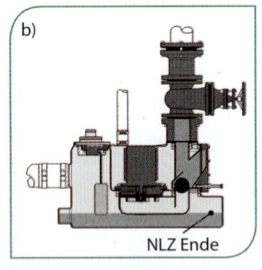

1 b) Pumpe schaltet nach Nachlaufzeit (NLZ)-Ende ab, Niveau 0

Schaltzyklus 2
- Bei Erreichen der Niveaustufe 0 wird die Nachlaufzeit (NLZ) der Pumpe aktiviert.

Schaltzyklus 3
- Nach Ablauf der Nachlaufzeit (overrun time) schaltet die Pumpe ab.

Schaltzyklus 4
- Wasser wird erneut vom Sanitärobjekt dem Sammelbehälter zugeführt.
- Bei Erreichen der Niveaustufe 1 muss die Automatikfunktion der Pumpe nach ihrem Einschalten **sofort von Hand** am Schaltkasten ausgeschaltet und gleichzeitig der Wasserzulauf gestoppt werden.
- Über den geöffneten Revisionsdeckel kann jetzt die vom Hersteller vorgeschriebene **Niveauhöhe vom Behälterboden bis zum Wasserspiegel** gemessen werden. Abweichungen von ca. +/− 30 mm sind zulässig.

Schaltzyklus 5
- Die Automatikfunktion der Pumpe bleibt weiterhin ausgeschaltet und dem Sammelbehälter wird wieder Wasser zugeführt.
- Wasser und Schwimmerschalter erreichen die Niveaustufe 3 (Bild 2).
- Jetzt muss eine optische und akustische Störmeldung (fault signal) erfolgen.

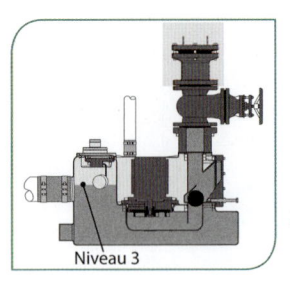

2 Optische und akustische Störmeldung bei Erreichen von Niveau 3

Schaltzyklus 6
- Die Pumpe wird manuell eingeschaltet und pumpt so viel Wasserinhalt über die Rückstauebene, bis Wasser und Schwimmerschalter die Niveaustufe 2 erreicht haben (Bild 3).

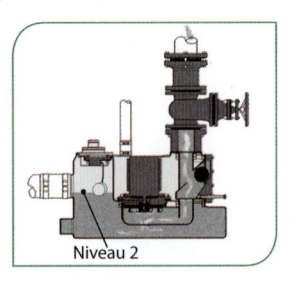

3 Absinken des Wasserspiegels und Schwimmerschalter auf Niveau 2

Schaltzyklus 7
- Die Wasserzufuhr muss jetzt unterbrochen werden.
- Die Alarmmeldung muss nun am Schaltkasten bestätigt werden und die Pumpe schaltet ab.
- Am Schaltkasten wird die Automatikfunktion der Pumpe eingeschaltet und die Hebeanlage arbeitet wieder im Normalbetrieb.

> **MERKE**
>
> Die Schaltzyklen sind mehrmals zu prüfen, um eine ausreichende Funktionssicherheit zu gewährleisten.

3.2 Störungsbeispiele und Abhilfemaßnahmen

Zulässig im Abwasser enthaltene Feststoffe, wie z. B. Fäkalien und Toilettenpapier sowie Schmutzteilchen in Abwässern von weiteren Sanitärobjevkten, Bodenabläufen und Waschmaschinen führen in der Regel nicht zu Störungen der Hebeanlage und ihrer angeschlossenen Bauteile. Ein nicht bestimmungsgemäßer Gebrauch (inproper use/handling) kann allerdings zu Störungen führen.
Die folgende Tabelle zeigt beispielhaft anhand ausgesuchter Störfälle (failures) die Ursachen und mögliche Abhilfemaßnahmen (remedial measures/actions):

3 Fäkalienhebeanlagen

Störungen	Ursachen	Abhilfemaßnahmen
Pumpe läuft nicht an	Schaltgeräte Anlage nicht eingesteckt.	Netzstecker einstecken.
	Überstrom oder Übertemperatur hat ausgelöst, Motor ist blockiert	Pumpe ausbauen; Blockade (Fremdkörper) im Laufrad- oder Gehäusebereich beseitigen (Vorsicht u.U. heißes Pumpengehäuse)
	Motor dreht zu schwer	Wartung/Reparatur durch Kundendienst
	kein Strom	Sicherungen und elektrische Zuleitungen prüfen
	Steuerung fällt aus aufgrund starker Netzschwenkungen aus der Stromversorgung	Initialisierung durchführen (Netzstecker ziehen/einstecken) und ggf. Stomversorgungsunternehmen (SVU) darauf hinweisen.
	Drucksensor undicht oder PE-Druckschlauch nicht angeschlossen	Alle Verschraubungen auf Dichtigkeit prüfen
Pumpe läuft, Alarmniveau ist erreicht/ wird angezeigt	Anlage ist überlastet.	Prüfen, ob kurzfristig vermehrt Abwasser anfällt; evtl. Ablaufstellen vorübergehend nicht benutzen oder, falls möglich, Abwasser anderweitig ableiten
	Förderleistung ist zu gering.	• Fremdkörper im Laufrad- oder Gehäusebereich beseitigen • Fremdkörper in der Druckarmatur oder in der Druckleitung entfernen • Pumpen sind abgenutzt, Austausch vornehmen lassen • falsche Auslegung der Hebeanlage, Klärung über Kundendienst
Pumpe läuft rau oder laut	Falsche Motordrehrichtung	Drehrichtung prüfen, bei falscher Drehrichtung elektrischen Anschluss überprüfen
	Minderleistung durch Beschädigung	Pumpe und Motor überprüfen; schadhafte Teile durch Kundendienst austauschen lassen
Abwasser läuft nicht ab, Rückstau in den untersten Ablaufstellen	Anlage nicht eingesteckt	Netzstecker einstecken
	elektrische Zuleitung zum Schaltgerät stromlos	Sicherung prüfen. Stromzufuhr prüfen.
	Niveausteuerung gestört	Verschmutzung, Schaltpunkte und Funktion der Niveausteuerung prüfen
	Zulaufleitung zur Anlage verstopft	Zulaufleitung reinigen
	Zulaufschieber zur Anlage (falls vorhanden) nicht oder nicht ganz geöffnet	Zulaufschieber ganz öffnen
	Abwassertemperatur über längeren Zeitraum (15 min.) zu hoch; dadurch Saugfähigkeit der Anlage eingeschränkt	Abwassertemperatur senken
Anlage läuft zu oft, schaltet ohne Grund ein	Zulaufmenge zu hoch durch Fremdwasser o.ä.	Ursachen feststellen und beseitigen
	Rückschlagklappe defekt, Abwasser läuft aus der Druckleitung in die Anlage zurück	Rückschlagklappe (im Druckabgangsstutzen zu jeder Pumpe integriert) prüfen, reinigen und evtl. schadhafte Teile austauschen
Anlage schaltet nicht ab bzw. weist Schaltstörungen unterschiedlicher Art auf	Schaumbildung in der Anlage	Wasch- und Spülmittelverbrauch reduzieren
	Verfettung des Behälters bzw. der Pumpen durch verstärkte Einleitung von Fetten	Reinigen der kompletten Anlage, Fetteinleitung kontrollieren
	Entlüftung der Niveausteuerung verstopft	Kabel zwischen Schaltgerät und Niveausteuerung auf Knicke und richtige Verlegung (gleichmäßiges Gefälle) prüfen, ggf. korrigieren oder austauschen
	Niveausteuerung verschmutzt; Niveaudruckschalter falsch eingestellt oder defekt	Niveausteuerung abbauen, Tauchrohr reinigen, Druckschalter prüfen, ggf. einstellen
Undichtheiten bei[1] Verbindungen und Anschlüssen	durch Vibrationen und Erschütterungen an der Anlage bei langen Betriebszeiten und fehlender oder nicht sachgemäßer Instandhaltung.	• Erneuerung von Dichtungen • Austausch von Schwingungsdämpfern und Kompensatoren • Einhaltung weiterer Instandhaltungsmaßnahmen

[1] Diese Angaben sind in der Herstellerunterlage nicht enthalten.

1 Abhilfemaßnahmen bei Störfällen; (Fa. Kessel)

ÜBUNGEN

1) a) Welche monatlichen Inspektionen müssen an einer Fäkalienhebeanlage vorgenommen werden – unabhängig vom Aufstellungsort?
   b) Nennen Sie die Wartungsintervalle einer Fäkalienhebeanlage in Abhängigkeit vom Aufstellort.

2) Welche sechs Anlagenteile einer Fäkalienhebeanlage müssen bei Wartungen überprüft werden?

3) Beschreiben Sie die Entleerung des Sammelbehälters und der Druckleitung mit Anlüftevorrichtung einer Fäkalienhebeanlage.

4) a) Nennen Sie 10 Punkte, die bei einem Probelauf einer Fäkalienhebeanlage zu prüfen bzw. auszuführen sind.
   b) Beschreiben Sie den Prüfungsablauf der Niveauregelung im Sammelbehälter einer Fäkalienhebeanlage.

Lernfeld 15

ID
4 Instandhalten von Regenwassernutzungsanlagen

Um die Trinkwasserressourcen zu schonen und Betriebskosten zu sparen, ist die Installation einer Regenwassernutzungsanlage (RWN-Anlage) von Vorteil (vgl. Fachkenntnisse 1, LF 6, Kap. 7).

Ihre Anlagenteile wie z. B. Regenwasserspeicher, Druckerhöhungsanlage und Rohrleitungssysteme müssen regelmäßig nach vorgegebenen Inspektions- und Wartungsintervallen (inspection and maintenance intervals) instand gehalten werden.

4.1 Inspektion und Wartung

4.1.1 Inspektion

Nach DIN 1989-2 sind folgende **Inspektionen** von RWN-Anlagen vorgeschrieben:

alle sechs Monate	Tätigkeiten
Dachabläufe	Prüfung auf ungehinderten Ablauf (auch etwaiger Überläufe), Dichtheit und ggf. Funktionsprüfung einer Beheizung
Dachrinnen/Regenfallrohre	Prüfung der Dichtheit, Sauberkeit der Siebe, Befestigung, ggf. des Schutzanstriches und Funktionsprüfung einer Beheizung
Druckerhöhungsanlage	Funktions- und Dichtheitsprüfung
Systemsteuerung	Prüfung durch Beobachtung der Steuerungsvorgänge der Druckerhöhungsanlage
Geruchverschlüsse	Prüfung auf Sauberkeit und Wasserstand, Dichtheit, ggf. Absperrbarkeit
alle zwölf Monate	
Filter	Kontrolle von z. B. Filtertyp, Verschmutzungsgrad, Beschädigung
Regenwasserspeicher (einschließlich Einbauteile)	Kontrolle der Sauberkeit, Dichtheit, Standsicherheit Kontrolle der Füllstandsanzeige
Nachspeisung/Freier Auslauf	Kontrolle des Sicherungsabstandes (Wasserstandseinstellung), des Einlaufventils und des Überlaufs bei voll geöffnetem Einlauf und ggf. Sichtkontrolle der Be- und Entlüftung
Rohrleitungen	Prüfen aller sichtbaren Leitungen auf Dichtheit und Außenkorrosion Prüfung der Leitungsbefestigungen
Wasserzähler	Prüfung auf Funktion und Dichtheit
Rückflussverhinderer	Prüfung auf Funktion und Dichtheit
Entnahmearmaturen	Prüfung aller Entnahmearmaturen auf Funktion und Dichtheit
Regenwasser	Prüfung des Regenwassers auf Veränderungen hinsichtlich Geruch, Farbe und Schwebstoffe durch Probenahme am angeschlossenen Sanitärobjekt
Spüleinrichtungen (Toiletten)	Prüfung des Spülvorganges von Spüleinrichtungen ggf. Korrektur des Spülwasservolumens (z. B. Spülkästen, Druckspülern),
Kennzeichnung	Prüfung der Kennzeichnung aller Rohrleitungen und Entnahmestellen

Zusätzliche Inspektionen (additional/supplemental inspections)
In Abhängigkeit von der Lage des Regenwasserspeichers (Erdeinbau- oder Kelleraufstellung) und dem Anschluss der Überlaufleitung an einen öffentlichen Misch- oder Regenwasserkanal ist zum Schutz gegen rückstauendes Abwasser entweder eine Hebeanlage oder ein Rückstauverschluss vorgeschrieben.
Diese müssen **monatlich** inspiziert werden, und zwar:
- **Abwasserhebeanlagen** auf Betriebsfähigkeit (operability), Dichtheit (leak-tightness) und äußere Korrosion (external corrosion) (vgl. auch Kap. 3) sowie

- **Rückstauverschlüsse** durch Betätigen (by actuating) der Betriebs- ggf. Notverschlüsse.

> **MERKE**
>
> Wird bei den Inspektionen festgestellt, dass Wartungsarbeiten notwendig sind, müssen diese unverzüglich oder nach Abstimmung mit dem Betreiber durchgeführt werden.

4.1.2 Wartung

Nach DIN 1989-2 sind folgende **Wartungen** von RWN-Anlagen vorgeschrieben:

alle sechs Monate	Tätigkeiten
Rückstauverschlüsse	Säubern, Überprüfung auf Funktion und Dichtheit nach Herstellerunterlagen (vgl. Fachkenntnisse 1, LF 6, Kap. 4.1)
Abwasserhebeanlage nach DIN EN 12050-2 (Mehrfamilienhäuser)	Prüfung auf Dichtheit und Funktion der Anlagenteile (vgl. Kap. 3)
alle zwölf Monate	
Filter	Reinigung der Filter
Betriebswasserpumpe	Vor, während bzw. nach dem Probelauf sind zu prüfen: • die elektrische Absicherung der Pumpenanlage nach VDE-Vorschriften, • Vordruck des Membranbehälters (falls vorhanden), • Dichtheit der Anlage, Armaturen und Pumpe (Gleitringdichtung), • Funktion des Rückflussverhinderers, • Pumpen- und Strömungsgeräusche , • Sauberkeit der Anlage, • Korrosion der Anlagenteile.
Systemsteuerung	Vor, während bzw. nach dem Probelauf sind zu prüfen: • Ein- und Ausschaltpunkte der Druckerhöhungsanlage • PWC-Nachspeisung (Magnetventil)
Abwasserhebeanlage nach DIN EN 12050-2 (Einfamilienhäuser)	wie Mehrfamilienhäuser alle sechs Monate (s. o.)
Größere Wartungsintervalle	
Wasserzähler alle sechs Jahre	Erneuerung durch Austausch nach eichrechtlichen Vorschriften, wenn sie im geschäftlichen Verkehr verwendet werden (z. B. Wasserversorgungsunternehmen)
Regenwasserspeicher (einschließlich Einbauteile) alle zehn Jahre	Entleerung, Reinigung der Speicherinnenflächen, ggf. Entnahme der Sedimente

4.2 Wartungsbeispiele

Anhand ausgesuchter Filterbauarten und eines Regenwasserspeichers werden einige Wartungsabläufe (maintenance procedures/sequences) beispielhaft dargestellt.

4.2.1 Gitter und Filter

Dachrinnengitter und Fallrohrfilter

Regenwasser muss mechanisch gefiltert werden, bevor es in den Speicher fließt. Die einfachste Methode, um grobe Stoffe wie z. B. Laub zu entfernen, sind Dachrinnengitter und/oder Fallrohrfilter (Bilder 1 und 2).

Sie müssen, wie auch die Dachrinnen, regelmäßig kontrolliert und bei Bedarf gereinigt werden. Dies gilt besonders in den Herbstmonaten und bei Dachflächen in der Nähe von Bäumen.

Die Rinnengitter können leicht mit der Hand aus dem Rinnenstutzen gezogen und die Fallrohrfilter über die Fallrohrklappe entnommen werden (Bild 2).

Wirbelstromfeinfilter

Wirbestromfeinfilter sind zum Einbau im Erdreich bestimmt (vgl. Fachkenntnisse 1, LF 6, Kap. 7). Dort filtern sie das Dachflächenregenwasser, welches durch eine horizontal verlaufende Regenwasserleitung einem Speicher zugeführt wird. Das Gehäuse des Filters ist pflegefrei (maintenance-free), da es aus korrosionsbeständigem Kunststoff besteht (Bild 1, nächste Seite).

Der Hersteller empfiehlt eine vierteljährliche Reinigung des Filtereinsatzes. Abhängig von der örtlichen Lage, dem Dachdeckungsmaterial sowie der Größe der angeschlossenen Dachfläche, können die Reinigungsintervalle (cleaning intervals) jedoch auch kürzer oder länger sein.

1 Dachrinnengitter

2 Fallrohrfilter aus Kupfer

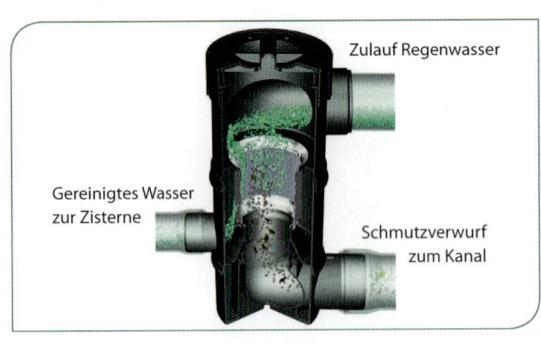

4 Instandhalten von Regenwassernutzungsanlagen

1 Wirbelstromfeinfilter

Der Filtereinsatz kann nach Abheben des Deckels mit dem mitgelieferten Ausheber folgendermaßen nach oben entnommen werden (Bild 2):

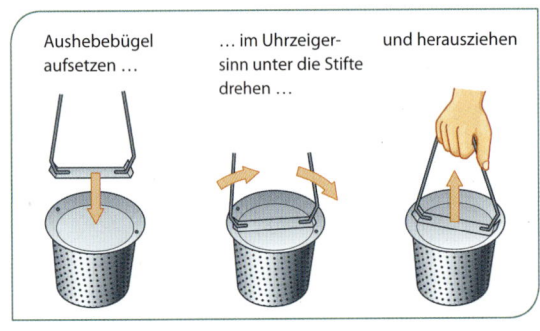

2 Reinigen des Filtereinsatzes

Soll überschüssiges Wasser statt zum öffentlichen Abwasserkanal der Versickerung zugeführt werden, wird ein zusätzliches Sieb unter den Filtereinsatz eingebracht, um groben Schmutz aufzufangen (Bild 3). In diesem Fall muss das Sieb häufiger kontrolliert, geleert und gereinigt werden.

Die Reinigung erfolgt mit einem kräftigen Wasserstrahl. Auf keinen Fall darf mit harten Gegenständen das Filtergewebe zerkratzt werden.

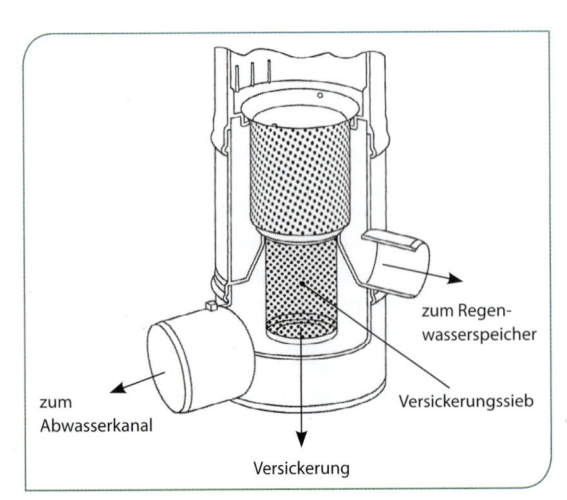

3 Filtereinsatz mit Versickerungssieb

MERKE

Nach der Reinigung den Aushebebügel entnehmen und aufbewahren!

Wechselsprungfilter

Wechselsprungfilter werden in den Regenwasserspeicher eingebaut und sind aufgrund der Selbstreinigung (self-cleaning) durch den Wechselsprung und der Spaltsiebkonstruktion sehr wartungsarm (vgl. Fachstufen 1, LF 6, Kap. 7). Sie sollten zweimal im Jahr überprüft werden. Schmutz und Blätter im Absetzbereich (sedimentation section) brauchen nicht entfernt zu werden, da sie mit dem nächsten Starkregenereignis in den Kanal gespült werden.

Sollte sich trotzdem einmal Regenwasser im Absetzbereich stauen, kann mit einem Hochdruckreiniger (high pressure cleaner) die Siebfläche von oben durch die Speicheröffnung schnell gereinigt werden (Bilder 4 und 5).

4 Reinigung mit Hochdruckreiniger durch die Speicheröffnung (Intewa GmbH)

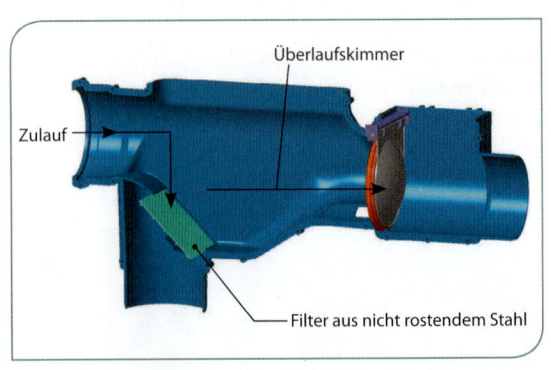

5 Reinigung von Absetzbereich und Siebfläche mit Hochdruckreiniger (Intewa GmbH)

Bei schwer zugänglichen Speichern kann durch eine Rückspüldüse (back-flush nozzle), die z. B. mit einer Steckkupplung an einen Gartenschlauch angeschlossen ist, die Reinigung der Siebfläche vereinfacht werden (Bild 1).

1 Vereinfachte Reinigung mit Rückspüldüse (Intewa GmbH)

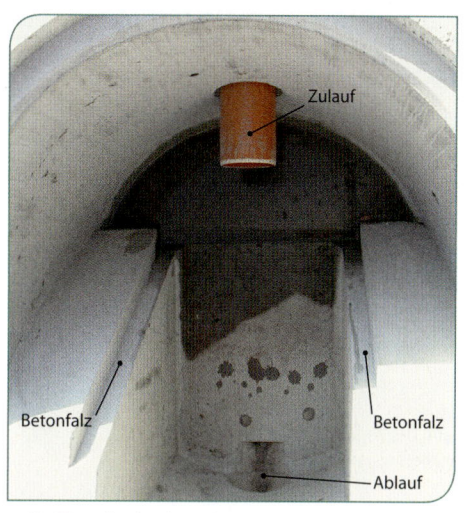

3 Vorfilterschacht ohne Filter und Filterwanne

Sind die Wechselsprungfilter mit Rückschlagklappe und Kleintierschutz versehen, sind diese zweimal jährlich zu kontrollieren und ggf. von Schmutz und Ablagerungen (dirt and deposits) zu befreien.

4.2.2 Regenwasserspeicher

Neben den in Kap. 1.3.1 vorgestellten Filtervariationen kann bei größeren Anlagen vor dem eigentlichen Speicherbehälter ein Vorfilterschacht installiert werden (Bilder 2 und 3).

Wartungsschritte (maintenance steps):
- Schachtdeckel abheben,
- Filter und Filterwanne entnehmen und abbürsten/abspritzen. Wanneninhalt entsorgen (to dispose),
- Aufnahmekonstruktion (angeformter Betonfalz) kontrollieren und ggfs. reinigen,
- Filterwanne mit Filter einsetzen,
- Schachtdeckel schließen.

Regenwasser wird nicht nur durch Filtration sondern auch durch Sedimentation gereinigt. Sedimente sind feinste Schwebeteilchen, die den Filter passieren, durch ihr Eigengewicht langsam im Regenwasserspeicher zu Boden sinken und dort ein Bodensediment bilden.
Diese Sedimentschicht kann im Laufe eines Jahres, je nach Regenwassereintrag und Wasserqualität, mehrere Zentimeter dick sein. Der Speicherzulauf wird zwar als „beruhigter Zulauf" ausgeführt, damit die Sedimente nicht aufgewirbelt werden, trotzdem sollte diese Sedimentschicht (sediment layer) regelmäßig mindestens einmal jährlich entfernt werden.
Diese Arbeit wird sinnvollerweise nach einer längeren Trockenperiode durchgeführt, wenn der Wasserstand im Speicher niedrig ist und somit weniger Regenwasser abgepumpt werden muss. Dazu sollte rechtzeitig die Noteinspeisung von Trinkwasser in den Speicher unterbrochen werden.

2 Vorfilterschacht mit Filter und Filterwanne

ÜBUNGEN

1) a) Nennen Sie die sechsmonatigen Inspektionen einer RWN-Anlage mit je einer Tätigkeit.
   b) Nennen Sie die zwölfmonatigen Inspektionen einer RWN-Anlage mit je einer Tätigkeit.

2) Nennen Sie die Tätigkeiten der zwölfmonatigen Wartung der Betriebswasserpumpe einer RWN-Anlage.

3) a) Nennen Sie die fünf Reinigungsmöglichkeiten des Regenwassers einer RWN-Anlage von der Dachrinne bis zum Speicher (Gitter/Filter).
   b) Beschreiben Sie die Wartung (Reinigung) dieser Bauteile.

4 Instandhalten von Regenwassernutzungsanlagen

4.3 Störungsbeispiele und Abhilfemaßnahmen

Die folgende Tabelle zeigt beispielhaft anhand ausgesuchter Störfälle die Ursachen und mögliche Abhilfemaßnahmen

Störungen	Ursachen	Abhilfemaßnahmen
Trockenlauf der Pumpe bzw. sie erreicht nicht den erforderlichen Mindestdruck	Trockenlaufkennung zu restriktiv eingestellt	Mindestdruck für Trockenlaufzeit im herabsetzen oder Zeit für Trockenlaufkennung heraufsetzen
	Saugleitungen undicht	Saugleitungen auf Undichtigkeiten überprüfen, ggf. austauschen
	Luft im System	System entlüften
Die Pumpe schaltet zu häufig	• Anlage ist überlastet. • druckbedingter Fehler im System (z. B. Rohrbruch, Leckage)	Fehlerursache beheben
Der Füllstand des Regenwasserspeichers wird falsch angezeigt	Niveausensor defekt	Niveausensor prüfen und ggf. austauschen. Anlage arbeitet solange im Frischwasserbetrieb
Der Druck des Regenwassers wird falsch angezeigt	Drucksensor defekt	Drucksensor prüfen und ggf. austauschen
Die Füllstandshöhe des Auffangbehälters ist unzulässig hoch und liegt über dem Überlauf	Überlaufhöhe falsch eingestellt	die eingestellte Höhe des Überlaufs überprüfen und ggf. korrekt einstellen
	Überlauf verstopft	Überlauf kontrollieren und ggf. Verstopfung lösen
	Wasser dringt über den Überlauf in den Auffangbehälter ein	Eindringen von Wasser über den Überlauf verhindern
Die eingestellte Dauerlaufzeit der Pumpe wurde erreicht.	Undichtigkeit im Rohrleitungssystem	Undichtigkeit im Rohrleitungssystem beheben Falls keine Undichtigkeit besteht, die maximal zulässige Dauerlaufzeit der Pumpe heraufsetzen oder ausschalten
Sensoren am Eingang des Regenwasserspeichers melden einen Überlauf bzw. einen Rückstau	• Der Überlauf ist verstopft • Schmutzwasser dringt über den Überlauf ein	• Meldungsursache am Überlauf beseitigen bzw. • Rückstauursache am Überlauf beseitigen
Pumpe läuft nicht	Keine Stromzufuhr	Sicherungen, Anschlüsse und Zuleitung kontrollieren
Pumpe bringt keine oder eine zu geringe Leistung	Lufteintritt im Saugrohr	Saugrohr abdichten
	Saughöhe hat die Maximalhöhe überschritten	Wasserspiegel im Speicher überprüfen
	Luft in der Pumpe	Pumpe/Anlage entlüften
	Saughöhe zu hoch	Fußventil reinigen
Druck zu niedrig	Saughöhe zu hoch	Wasserspiegel überprüfen
	Fußventil verstopft	Fußventil reinigen
Pumpe schaltet permanent ab und wieder ein	Geringe Leckagen oder Rückschlagklappe schließt nicht mehr	Druckleitung bauseitig absperren zur Fehlersuche. Fehler beheben.
Pumpe undicht	Gleitringdichtung defekt	Gleitringdichtung wechseln
	Gehäuse undicht	am Stufengehäuse Schrauben nachziehen
Frischwassernachspeisung aktiv trotz gefüllter Zisterne	Niveausensor verschmutzt oder defekt	Niveausensor reinigen bzw. wechseln
	Montagefehler des Sensorkabels (Kapillarausgleichsleitung verschlossen)	Kabelanschluss und -verlauf auf Quetschungen überprüfen
Schwimmerventil in der Nachspeisung schaltet nicht ab. Wasser entweicht durch den Überlauf	Schwimmerventil aus seinem Sitz gerissen oder mechanisch blockiert	Sichtkontrolle, gegebenenfalls bessere Abstützung der Versorgungsleitung oder Reinigung des Behälters bzw. des Ventils.
Pumpe schaltet nicht ab	Anlage erreicht nur einen Druck (Istdruck) oberhalb 1 bar und unterhalb des Einschaltdrucks. Sie arbeitet außerhalb ihrer Kennlinie	Kundendienst anrufen

1 Herstellerunterlage Fa. Wilo

5 Wartung eines Holzvergaserkessels

5.1 Wartungsarbeiten bei jeder Befüllung

- **Reinigungshebel** vor jeder Befüllung (filling) circa zehnmal **auf und ab bewegen** (Bild 1). Dabei werden die Wirbulatoren in den Wärmeübertragerrohren auf und ab bewegt und die Wärmeübertragerflächen gereinigt. Die abgestreifte Flugasche (fly ash) fällt in den Aschesammelkanal.
- **Anlagendruck am Manometer kontrollieren** (vgl. Lernfeldübergreifende Inhalte, Kap. 5.1)

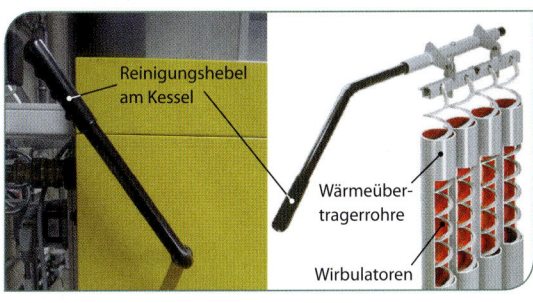

1 Reinigung der Wärmeübertragerrohre

5.2 Wartungsarbeiten in Abständen von ein bis zwei Wochen

- **Füllraum, Brennkammer und Ascheabsetzkanal entaschen**
Wenn die Asche in die Nähe der Primärluftlöcher gelangt, ist sie aus dem Füllraum (charge pot) durch den Rost (grate) in die Brennkammer zu schüren (Bild 2). Etwa 3 bis 5 cm Asche und unausgebrannte Holzkohle (charcoal) zur Gluterhaltung sind im Füllraum zu belassen.
Anschließend ist die Asche aus der Brennkammer und dem Ascheabsetzkanal zu entfernen. Im Brennraum sollen circa 1 cm Asche und unausgebrannte oder glühende Holzkohlestücke verbleiben, da die Ascheschicht den Brennkammerboden (bottom of combustion chamber) vor zu schnellem Verschleiß schützt und die Holzkohle beim nächsten Feuerzyklus verbrennt. Der Ascheabsetzkanal ist vollständig zu entaschen.
Sind die Ascheabsetzkanalwände schwarz verrußt, wurde entweder mit zu viel Holz bei zu geringer Wärmeabnahme geheizt, beim Anheizen schlecht gezündet oder die Lambdasonde (lambda probe) liefert falsche Werte.

> **MERKE**
>
> **Brandgefahr**
> Keine glühende Asche in den Müll geben. Heiße Asche nur in einen feuerfesten Metallbehälter füllen.

- **Verkleidung und Bedienplateau** mit einem feuchten Tuch und eventuell einem handelsüblichen Haushaltsreiniger reinigen.

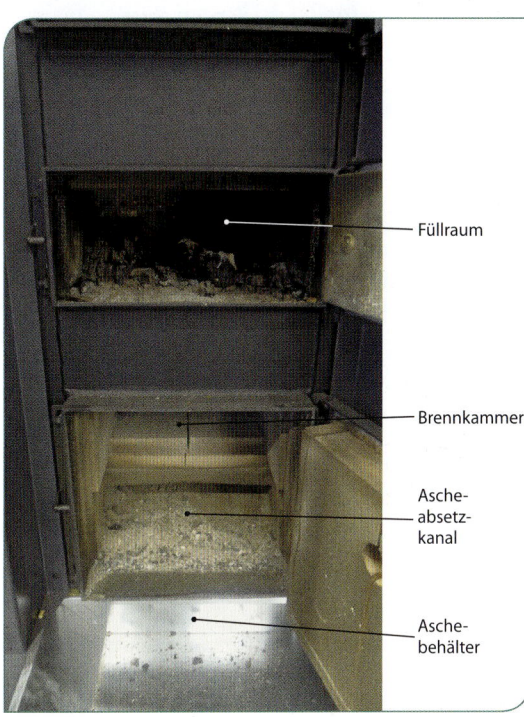

2 Kesselinnenräume

5.3 Jährliche Wartungsarbeiten

- **Restsauerstoffanzeige kontrollieren**
Kessel einschalten und Kesseltüren (boiler doors) öffnen; bei geöffneten Kesseltüren ohne Verbrennung muss nach einer vorgegebenen Zeit, z. B. fünf Minuten, ein Mindestrestsauerstoffwert (minimal residual oxygen level) von z. B. 18 % angezeigt werden. Weicht der angezeigte Wert vom vorgegebenen gerätespezifischen Wert ab, ist der Kundendienst zu kontaktieren.
- **Türen auf Dichtheit prüfen**
Die Kesseltüren sollten sich nur mit einem entsprechenden Kraftaufwand schließen lassen. Die Dichtkanten der Türrahmen müssen einen eindeutigen Abdruck in der Dichtschnur hinterlassen. Besonders genau ist die Dichtung (sealing) zwischen Schwelgasabsaugkanal und Füllraumöffnung zu prüfen (Bilder 1 und 2, nächste Seite). Farbabweichungen an der Dichtschnur weisen auf undichte Stellen hin; bei Undichtheit wird außerdem die Flamme eines Feuerzeugs bei eingeschaltetem Saugzuggebläse (induced draught ventilator) angesaugt. Undichtheiten können in der Regel durch Nachstellen der Scharniere und Schließrollenhalter beseitigt werden.

5 Wartung eines Holzvergaserkessels

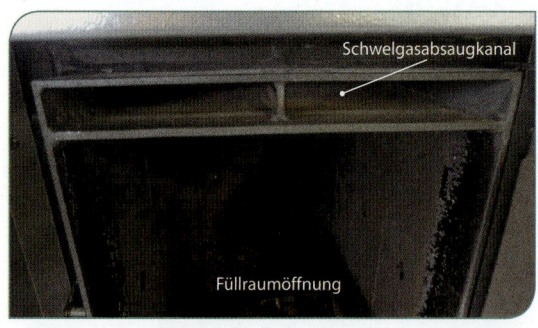

1 Füllraumöffnung mit Schwelgasabsaugkanal

2 Fülltür mit Dichtschnur

- **Einhängebleche herausnehmen und Asche hinter den Blechen entfernen**
  Die Bleche (plates) können entfernt werden, indem man sie leicht anhebt und anschließend heraus schwenkt (Bild 3).
- **Eintrittsöffnungen der Primärluft kontrollieren und mit Staubsauger reinigen**
  Die Eintrittsöffnungen (entrance ports) befinden sich im unteren Bereich der Einhängebleche ca. 10 cm über dem Füllkammerboden (Bild 3).

3 Füllraum mit Einhängeblechen

- **Roste herausnehmen und die darunter befindliche Asche entfernen** (Bild 4)
  Beim Einbau der Roste auf Dichtschnur achten.

4 Füllraum mit Roste

MERKE

Brandgefahr
Entweder mit dem Saugen so lange warten, bis sich keine Glut mehr im Kessel befindet, oder einen Staubsauger mit hitzebeständigem Abscheider verwenden.

- **Abgasrohr vom Kessel zum Schornstein auf Dichtheit prüfen**
  Stellen, an denen Staub (dust) oder Abgas austreten, erkennt man durch Verfärbung (discolouration). Das Abgasrohr kann mit Hitze beständigem Silikon oder Aluklebeband abgedichtet werden.
  Abgasrohre mit mehr als zwei Meter waagrechter Länge müssen gekehrt werden.
- **Wärmeübertragerdeckel öffnen und Asche aus dem Wärmeübertragersammelkasten mit einem Staubsauger entfernen**
  Der Ausbau der Wirbulatoren ist nur erforderlich, um fest sitzende Verbrennungsrückstände (residues of combustion) zu entfernen.
- **Abgasgebläse ausbauen und Gebläserad mit weichem Pinsel oder Druckluft reinigen** (Bild 5)
  Vor Einbau des Saugzuggebläses ist die Dichtung zu prüfen und evtl. zu ersetzen. Ursache für ein stark verschmutztes Laufrad (wheel) kann in seltenen Fällen eine defekte Lambdasonde sein oder der Kessel wurde häufig bei geringer Leistungsabnahme mit Holz überfüllt.

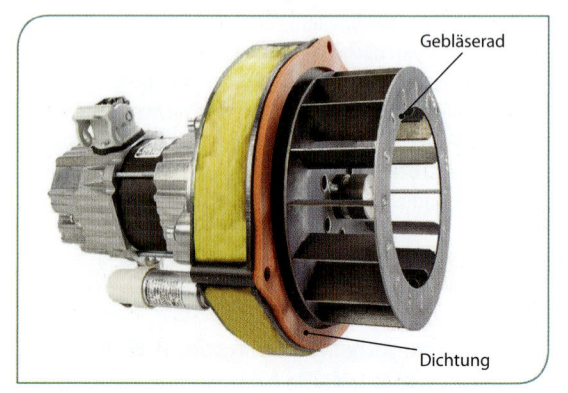

5 Saugzuggebläse

5 Wartung eines Holzvergaserkessels

5.4 Wartungsarbeiten, die alle drei Jahre oder nach Aufforderung durch die Regelung durchzuführen sind

- **Thermische Ablaufsicherung** (Bild 1) **und Sicherheitstemperaturbegrenzer auf Funktion prüfen**
Um diese optische (optical) Prüfung durchführen zu können, müssen die Abblasleitungen z. B. in einen Siphontrichter münden (Bild 2).

1 Thermische Ablaufsicherung

2 Siphontrichter

- **Lambdasonde ausbauen und reinigen**
Netzschalter (mains switch) des Kessels ausschalten und das Halterohr mit Wasserpumpenzange herausdrehen (Bild 3). Ausgebaute Lambdasonde auskühlen lassen und anschließend mit einem weichen Pinsel oder Staubsauger (vacuum cleaner) reinigen; insbesondere die Öffnungen in der Sensorabdeckung aussaugen (Bild 4).

3 Halterohr für die Lambdasonde

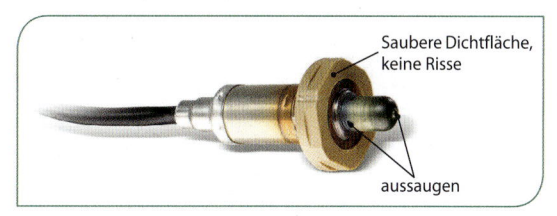

4 Lambdasonde

- **Lambdasondensitz** am Kessel mit Taschenlampe (torch) kontrollieren, eventuell vorhandene Aschekruste mit Schraubendreher und Staubsauger entfernen.
- **Lambdasondenflansch** auf Risse (fissures) kontrollieren und bei Bedarf auswechseln (Bild 4).
- **Lambdasignal** bei ausgebauter Sonde kontrollieren
Dazu ist bei eingeschaltetem Netzschalter die Isoliertür zu öffnen, um die Sondenheizung (probe heating) zu starten, und am Bedientableau das entsprechende Menü für die Lambdasignalkorrektur aufzurufen. Weicht der angezeigte Wert nach 15 Minuten vom vorgegebenen Wert des Herstellers (manufacturer) z. B. – 10,0 mV, um mehr als den zulässigen Toleranzwert z. B. 0,5 mV ab, ist der Wert entsprechend den Herstellerangaben zu korrigieren.
- **Dichtungen der Brennraumtür und des Wärmeübertragerdeckels kontrollieren und evtl. nachstellen**
- **Wirbulatoren auf fest sitzende Verbrennungsrückstände kontrollieren und diese ggf. entfernen**
- **Kessel aufheizen und nach 15 bis 20 Minuten Emissionsmessung durchführen** (vgl. Lernfeldübergreifende Inhalte, Kap. 7)
- **Kessel- bzw. Heizungsregelung auf Funktion prüfen**

ÜBUNGEN

1. Nennen Sie zwei Wartungsarbeiten an einem Holzvergaserkessel, die bei jeder Befüllung durchzuführen sind.
2. Nennen und erläutern Sie zwei Wartungsarbeiten an einem Holzvergaserkessel, die in Abständen von ein bis zwei Wochen durchzuführen sind.
3. Nennen und erläutern Sie sechs wichtige Wartungsarbeiten an einem Holzvergaserkessel, die jährlich durchzuführen sind.
4. Nennen Sie zwei Ursachen für ein stark verschmutztes Gebläserad.
5. Wie können Undichtheiten an den Kesseltüren beseitigt werden?
6. Nennen Sie mindestens fünf Wartungsarbeiten, die alle drei Jahre oder nach Aufforderung durch die Regelung an einem Holzvergaserkessel durchzuführen sind.

6 Wartung eines Ölbrennwertkessels

Die folgende Bildsequenz zeigt exemplarisch die Arbeitsschritte der Wartung eines Ölbrennwertkessels.

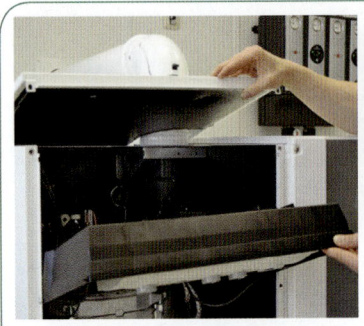

Verkleidung öffnen und den Regelungskasten herunterklappen

3 Schrauben lösen

Verbrennungseinheit herausziehen

Verbrennungseinheit in Wartungsposition einhängen

Düse wechseln

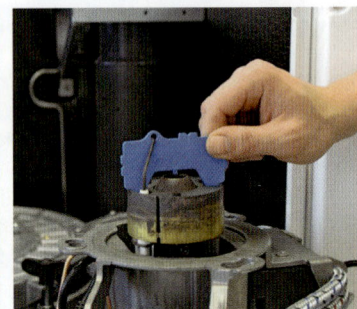

Kontrolle der Zündelektroden

Flügelschrauben lösen

Brennkammerdeckel abnehmen

Brennkammer und Verdränger mit Wartungswerkzeug herausziehen

Wärmeübertrager mit Bürste reinigen

Siphon, Neurtralisation und Kondensatpumpe reinigen

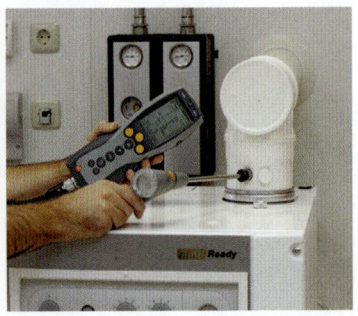

Verkleidung montieren und Verbrennungswerte kontrollieren

1 Wartung eines Ölbrennwertkessels nach Herstellerunterlagen der Firma Wolf

7 Wartung und Instandsetzung (Störungssuche) bei Ölbrennern

7.1 Wartung bei Ölgebläsebrennern

Gemäß DIN 4755 ist ein Ölgebläsebrenner (pressure jet oil burner) einmal im Jahr zu warten. Dabei sollen die Wartungsanleitungen der Hersteller beachtet werden.
Im Folgenden wird ein möglicher Wartungsablauf (maintenance process) bei einem Ölgebläsebrenner (Blaubrenner) beschrieben.

- **Emissionswerte messen und Messwerte in das Wartungsprotokoll aufnehmen**
  Zu Beginn der Wartungsarbeiten ist zunächst die Einstellung des Brenners zu überprüfen. Dazu ist der Ölbrenner in Betrieb zu nehmen und eine Emissionsmessung (emission measurement) durchzuführen. Die Messwerte werden als Istzustand protokolliert und am Ende der Wartungsarbeiten mit den neu eingestellten Werten verglichen (Bild 1, Wartungsprotokoll, Seite 452).
- **Strom- und Ölzufuhr zum Brenner unterbrechen**
  Für die weiteren Arbeiten ist das Absperrventil (shutoff valve) in der Saugleitung zu schließen, die Anlage stromlos zu machen (z. B. Heizungsnotschalter ausschalten), die Brennerhaube zu entfernen und der Brennerstecker abzuziehen.
- **Ölfilter kontrollieren und gegebenenfalls Filtereinsatz erneuern**
  Im Falle eines Austausches ist ein geeigneter, vom Hersteller empfohlener Filtereinsatz (filter insert) zu verwenden, um Verstopfungen und Funktionsstörungen zu vermeiden.
- **Ölpumpenfilter kontrollieren, gegebenenfalls reinigen oder erneuern**
  Bei der abgebildeten Ölpumpe (Bild 1) sind dazu die Innensechskantschrauben zu lösen, der Gehäusedeckel (casing cover) abzunehmen und der Filter herauszunehmen. Die Dichtung ist ebenfalls auf Beschädigung zu prüfen und gegebenenfalls zu erneuern.
- **Ölschläuche überprüfen**
  Die Ölschläuche sollten jährlich überprüft und nach 5 Jahren erneuert werden.
- **Gebläserad überprüfen und gegebenenfalls reinigen**
  Dazu sind zunächst die entsprechenden Befestigungsschrauben zu lösen und die Gebläseabdeckung abzunehmen. Bei Brennern mit Ansaugschalldämpfern (intake silencers) ist dieser zuvor zu demontieren. Bei leichter Verschmutzung kann das Gebläserad mit einem Pinsel gereinigt werden. Ein stark verschmutztes Gebläserad muss mit handelsüblicher Reinigungslösung (Reinigungsspray) gereinigt werden (Bild 2).

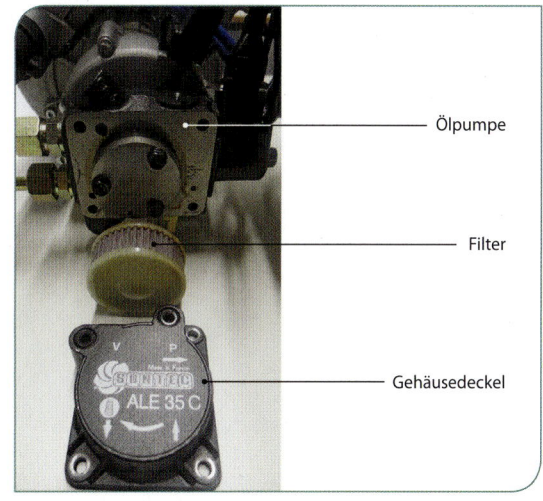

1 Kontrolle des Ölpumpenfilters

Ölpumpe
Filter
Gehäusedeckel

2 Überprüfung Gebläserad

Zur Durchführung der folgenden Wartungsarbeiten muss der Brenner ausgehängt und in Wartungsposition (maintenance position) gebracht werden.

- **Zündelektroden prüfen, reinigen, gegebenenfalls neu einstellen oder austauschen**
  Die Zündelektroden müssen frei von Ablagerungen sein. Verschmutzte Zündelektroden (ignition electrodes) müssen gereinigt oder ausgetauscht werden. Der Abstand der Zündelektroden (siehe Herstellerunterlagen) muss kontrolliert und evtl neu eingestellt werden. Zum Ausbau ist die Befestigungsschraube zwischen den Zündelektroden zu lösen (Bild 1, nächste Seite).

- **Mischsystem und Lochblechzylinder prüfen, gegebenenfalls reinigen oder austauschen**
  Ein leichter trockener Belag (coating) am Mischsystem ist normal und beeinträchtigt die Funktion nicht. Im Rah-

Lernfeld 15

7 Wartung und Instandsetzung (Störungssuche) bei Ölbrennern

men der Wartung wird er mit einem Staubpinsel oder einem Lappen abgewischt. Bei stärkerer Verschmutzung ist eine Reinigungslösung (Reinigungsspray) einzusetzen (Bild 2).

1 Kontrolle der Zündelektroden

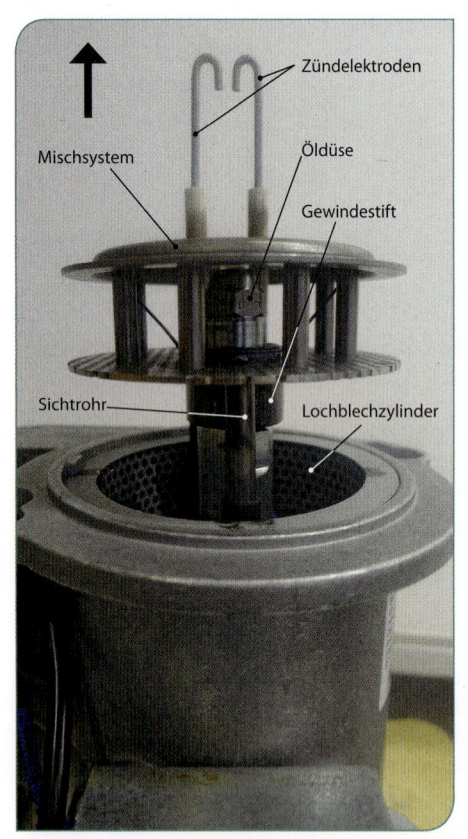

2 Demontage des Mischsystems

Bei Verschmutzung des Lochblechzylinders (perforated plate cylinder) ist dieser durch Lösen des außen am Gehäuse befindlichen Gewindestiftes zu demontieren und mit handelsüblicher Reinigungslösung zu reinigen (Bild 3).

3 Ausbau des Lochblechzylinders

- **Düse austauschen**
Grundsätzlich wird empfohlen, die Düse (nozzle) jährlich zu erneuern. Der passende Düsentyp ist den Herstellerunterlagen zu entnehmen.
Um die Düse auszutauschen, muss zunächst das Mischsystem (mixing system) abmontiert werden. Dazu müssen der Gewindestift gelöst und die Zündleitungen abgezogen werden; danach kann man das Mischsystem nach oben abziehen (Bild 2).
Anschließend wird die Düse mithilfe zweier Maulschlüssel (open-end wrenches) herausgeschraubt und die neue Düse vorsichtig eingeschraubt. Damit sich innerhalb der Düse keine Luftblase (air bubble) bilden kann, ist darauf zu achten, dass bis zur Düse Öl ansteht. Deshalb ist es notwendig, dass der Brennerkopf bei der Montage der Düse nach oben zeigt (Bild 4).

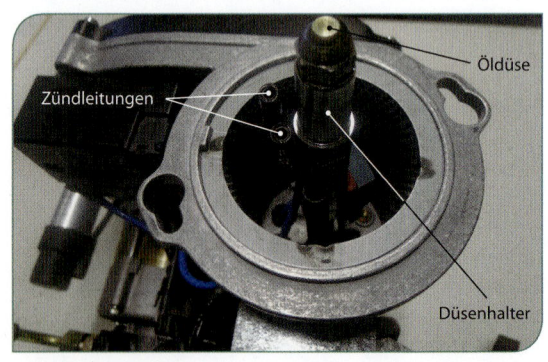

4 Austausch der Öldüse

MERKE

Eine Luftblase würde auf Dauer die Funktion der Düse beeinträchtigen (Nachlaufen des Öls), da selbst bei Betrieb des Brenners das Öl eine Luftblase nicht durch die Düse drücken kann.

7 Wartung und Instandsetzung (Störungssuche) bei Ölbrennern

Beim Einsetzen des Mischsystems ist darauf zu achten, dass die Zündleitungen (ignition circuit) korrekt befestigt werden und bei diesem Brenner das Sichtrohr in das Halterohr eingeschoben wird. Vor dem Festschrauben ist das Mischsystem so zu drehen, dass Sichtrohr und Halterohr miteinander fluchten (Bild 1).

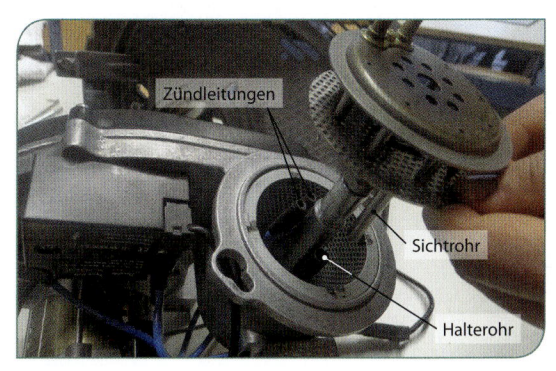

1 Montage des Mischsystems

- **Brennerrohr überprüfen, eventuell reinigen bzw. bei Beschädigung austauschen**
  Um eine Sichtprüfung (visual inspection) des Brennerrohres durchführen zu können, ist die Brennertür zu öffnen. Das Brennerrohr kann nach Lösen der Befestigungsschrauben herausgenommen bzw. ausgetauscht werden.
- **Brenner einbauen**
  Vor dem Einbau des vorderen Brennerteils ist die Dichtung zwischen Mischsystem und Brennerrohr zu überprüfen. Eine schadhafte (faulty) Dichtung muss erneuert werden, um einen einwandfreien Betrieb zu gewährleisten. Anschließend wird das vordere Brennerteil auf die beiden Schrauben in der Brennerrückwand aufgesetzt; dabei wird das Mischsystem in das Brennrohr eingeschoben. Danach werden die beiden Befestigungsschrauben durch Linksdrehen bis zum Anschlag angezogen und das Mischsystem auf einwandfreien Sitz (perfect fit) kontrolliert (Bild 2). Bei nicht korrektem Sitz des Mischsystems besteht die Gefahr, dass Falschluft (leakage air) angesaugt wird, was sich negativ auf die Verbrennung auswirkt.
- **Brennertürschrauben anziehen, elektrische Anschlüsse (electrical connections) wieder herstellen und alle elektrischen Verbindungen auf festen Sitz überprüfen**

2 Befestigung des vorderen Brennerteils an der Brennerrückwand

- **Brenner in Betrieb nehmen und einstellen, Messwerte in das Wartungsprotokoll aufnehmen, Brennertürschrauben nachziehen**
- **Funktionsprüfung des Flammenwächters (flame supervision device) durchführen**
  Um die Funktion des Flammenwächters zu prüfen, wird er bei laufendem Brenner aus seiner Halterung entnommen und abgedeckt (Bild 3). Die Flamme muss daraufhin erlöschen und durch den Feuerungsautomaten muss eine Startwiederholung erfolgen. Nach Wiederanlauf muss eine Störabschaltung (fault lock-out) erfolgen. Nach einer Wartezeit von ca. 60 Sekunden ist der Ölfeuerungsautomat über den Entstörknopf (fault clear button) zu entriegeln. Ein defekter Flammenwächter ist auszutauschen.

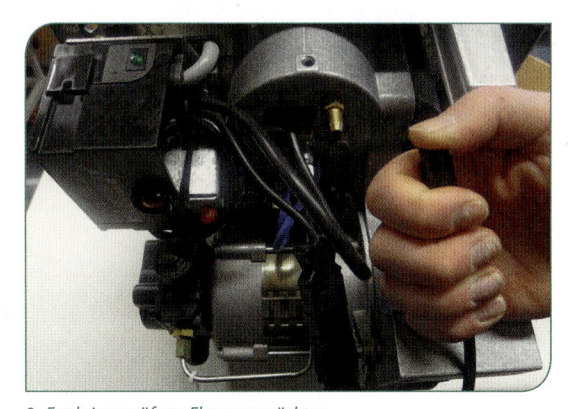

3 Funktionsprüfung Flammenwächter

- **Durchgeführte Wartungsarbeiten im Protokoll abhaken und Wartungsprotokoll (maintenance protocol) unterschreiben** (Bild 1, nächste Seite)

7 Wartung und Instandsetzung (Störungssuche) bei Ölbrennern

	Inspektions- und Wartungsarbeiten	vorher	nachher	vorher	nachher
1.	Messwerte aufnehmen, ggf. korrigieren	☐		☐	
	a) Abgastemperatur brutto	____ °C	____ °C	____ °C	____ °C
	b) Lufttemperatur messen	____ °C	____ °C	____ °C	____ °C
	c) Abgastemperatur netto (Abgastemp. brutto - Lufttemp.)	____ °C	____ °C	____ °C	____ °C
	d) CO_2-Gehalt (Kohlendioxid) messen	____ %	____ %	____ %	____ %
	e) CO-Gehalt (Kohlenmonoxid) messen	____ ppm	____ ppm	____ ppm	____ ppm
	f) Förderdruck Schornstein messen	____ mbar	____ mbar	____ mbar	____ mbar
	g) Abgasverlust (qA) ermitteln	____ %	____ %	____ %	____ %
	h) Rußtest durchführen	____ BA	____ BA	____ BA	____ BA
2.	Brennerhaube und Brenner prüfen	☐		☐	
3.	Brennermotor auf Funktion prüfen, ggf. austauschen	☐		☐	
4.	Brenner außer Betrieb nehmen	☐		☐	
5.	Ölpumpenfilter reinigen, ggf. austauschen	☐		☐	
6.	Abschlussventil im Ölvorwärmer prüfen, ggf. austauschen	☐		☐	
7.	Gebläserad auf Verschmutzung und Beschädigung prüfen	☐		☐	
8.	Zündelektrode, Mischsystem, Dichtung, Düse und Brennerrohr prüfen	☐		☐	
9.	Befestigungsschrauben der Brennertür anziehen	☐		☐	
10.	Elektrische Verbindungen auf festen Sitz prüfen	☐		☐	
11.	Brenner starten	☐		☐	
12.	Befestigungsschrauben der Brennertür nachziehen	☐		☐	
13.	Messwerte aufnehmen, ggf. korrigieren oder Brenner einstellen	☐		☐	
14.	Sicherheitsprüfung durchführen	☐		☐	
15.	Fachgerechte Wartung bestätigen	☐		☐	
		Firmenstempel/ Unterschrift/Datum		Firmenstempel /Unterschrift/Datum	

1 Wartungsprotokoll (Fa. Buderus)

7 Wartung und Instandsetzung (Störungssuche) bei Ölbrennern

7.2 Instandsetzung (Störungsbehebung)

7.2.1 Funktionsfluss-Diagramm (Fehlersuche bei Brennerstörung)

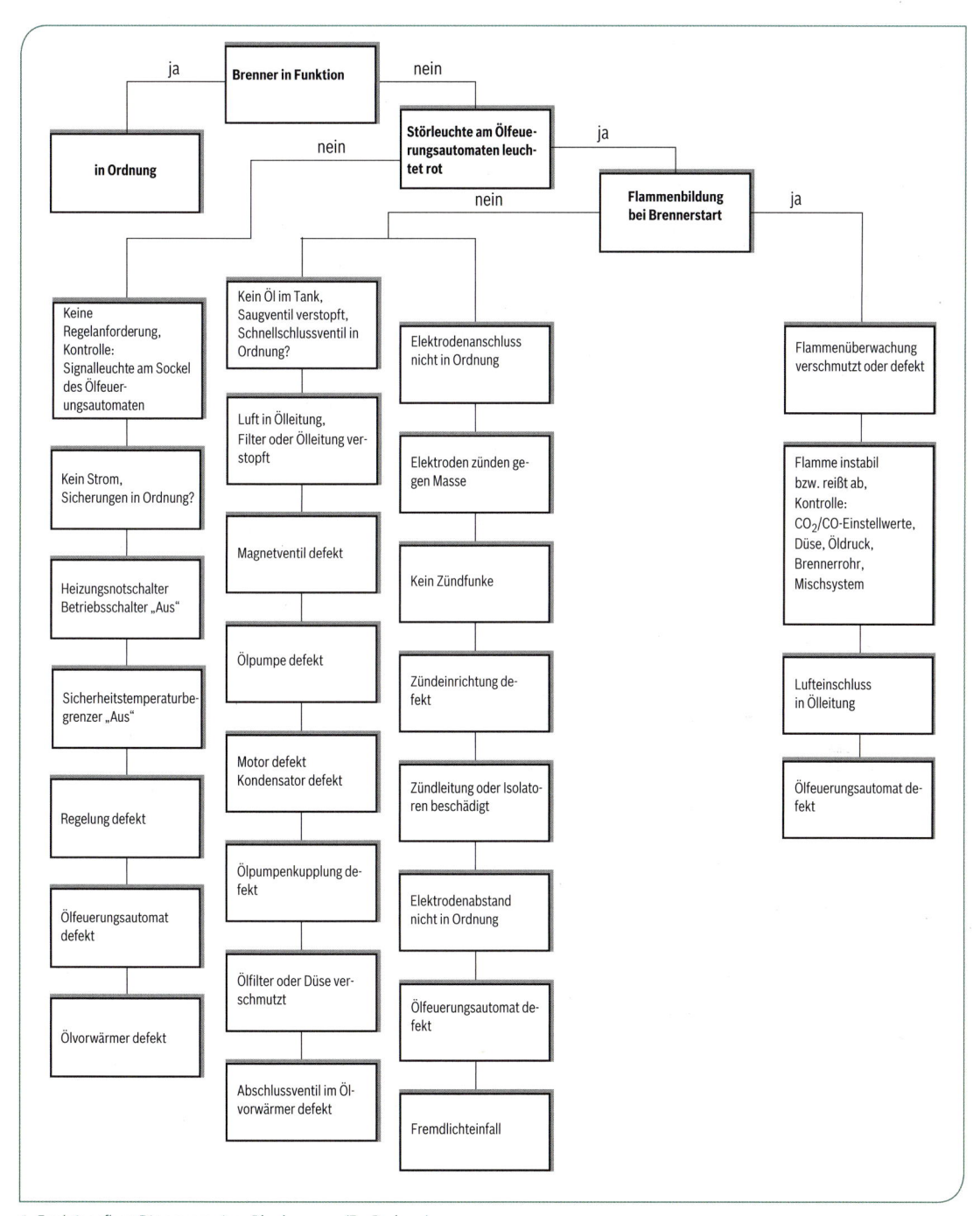

```
                    ja         Brenner in Funktion         nein
         ┌─────────────────────────┘   │   └─────────────────────────┐
         │                              │                              │
    in Ordnung                          │              Störleuchte am Ölfeue-
                              nein      │              rungsautomaten leuch-    ja
                        ┌───────────────┤              tet rot        ├──────────┐
                        │               │                              │         │
                        │         nein  │       Flammenbildung     ja  │         │
                        │       ┌───────┴───────┤ bei Brennerstart ├───────┐     │
                        │       │                                          │     │
```

(Spalte 1)	(Spalte 2)	(Spalte 3)	(Spalte 4)
Keine Regelanforderung, Kontrolle: Signalleuchte am Sockel des Ölfeuerungsautomaten	Kein Öl im Tank, Saugventil verstopft, Schnellschlussventil in Ordnung?	Elektrodenanschluss nicht in Ordnung	Flammenüberwachung verschmutzt oder defekt
Kein Strom, Sicherungen in Ordnung?	Luft in Ölleitung, Filter oder Ölleitung verstopft	Elektroden zünden gegen Masse	Flamme instabil bzw. reißt ab, Kontrolle: CO_2/CO-Einstellwerte, Düse, Öldruck, Brennerrohr, Mischsystem
Heizungsnotschalter Betriebsschalter „Aus"	Magnetventil defekt	Kein Zündfunke	
Sicherheitstemperaturbegrenzer „Aus"	Ölpumpe defekt	Zündeinrichtung defekt	Lufteinschluss in Ölleitung
Regelung defekt	Motor defekt Kondensator defekt	Zündleitung oder Isolatoren beschädigt	Ölfeuerungsautomat defekt
Ölfeuerungsautomat defekt	Ölpumpenkupplung defekt	Elektrodenabstand nicht in Ordnung	
Ölvorwärmer defekt	Ölfilter oder Düse verschmutzt	Ölfeuerungsautomat defekt	
	Abschlussventil im Ölvorwärmer defekt	Fremdlichteinfall	

1 Funktionsfluss-Diagramm eines Blaubrenners (Fa. Buderus)

Lernfeld 15

7.2.2 Störung – Ursache und Behebung

Störung	Ursache	Behebung
Brenner läuft nicht an	Spannungsausfall	Elektrische Anschlüsse prüfen, Hauptschalter und Sicherungen überprüfen, Betriebsschalter, Sicherheitstemperaturbegrenzer (STB) und Temperaturregler (TR) überprüfen
	Freigabethermostat Ölvorwärmer defekt	Ölvorwärmer austauschen
	Steuergerät (Feuerungsautomat) defekt	Steuergerät austauschen
	Motor oder Kondensator defekt	Motor oder Kondensator austauschen
Brenner läuft an, Filtertasse am Ölfilter bleibt leer	Öllagerbehälter leer	Öllagerbehälter füllen
	Zu hohes Vakuum in der Saugleitung, Ölleitung zusammengedrückt	Ölleitungsquerschnitt überprüfen, Filter reinigen
Brenner läuft an, Öldruck ist vorhanden, Zündfunke bleibt aus, Störabschaltung	Zündtransformator oder Zündleitung defekt	Zündtransformator oder Zündleitung austauschen, Spannungsversorgung, Zündtrafo überprüfen
	Zündelektroden stark abgenutzt oder Isolierkörper beschädigt	Zündelektroden austauschen
	Zündelektroden falsch eingestellt	Einstellung der Zündelektroden gemäß Einstellwerte korrigieren
	Fremdlichtmeldung	Flammenwächter überprüfen und ggf. austauschen
	Feuerungsautomat defekt	Feuerungsautomat austauschen
Brenner hat ordnungsgemäß gezündet, Flammenüberwachung spricht an	Flammenwächter verschmutzt oder defekt	Flammenwächter überprüfen bzw. reinigen, ggf. austauschen; Fühlerstrom messen
	Leitungsverbindung zwischen Flammenwächter und Feuerungsautomat defekt	Leitungsverbindung austauschen
	Feuerungsautomat defekt	Feuerungsautomat austauschen
Brenner läuft, Zündfunke ist vorhanden, es bildet sich keine Flamme oder Brenner schaltet aus laufendem Betrieb ab	Düse verstopft	Düse wechseln
	Mischeinrichtung verschmutzt	Mischeinrichtung reinigen, ggf. erneuern
	Brennereinstellung nicht in Ordnung	Brennereinstellung korrigieren
	Abschlussventil im Ölvorwärmer defekt	Abschlussventil austauschen
	Magnetventil öffnet nicht	Spule des Magnetventils bzw. Magnetventil austauschen, elektrische Anschlussleitung prüfen
	Ölpumpe defekt	Ölpumpe austauschen
	Kupplung zwischen Motor und Ölpumpe defekt	Kupplung erneuern
	Absperrventil am Filter bzw. in der Saugleitung geschlossen	Ventil öffnen
	Filter (Vorfilter, Pumpenfilter) verstopft	Filter reinigen
	Ölschläuche verstopft, undicht, vertauscht	Ölschläuche reinigen, erneuern, richtig anschließen
	Saugleitung oder Filtertasse undicht Saugleitung nicht entlüftet	Verschraubungen nachziehen, Saugleitung abdichten bzw. entlüften
	Öllagerbehälter leer	Öllagerbehälter füllen
Verschmutzte Düse. Rußablagerung auf dem Mischsystem	Düse defekt oder falsche Düse	Düse austauschen
	Undichtheit zwischen Düse und Düsenhalter	Düse und Düsenhalter sorgfältig reinigen, ggf. erneuern
	Öldruck zu hoch	Öldruck korrigieren
	Schwankender Öldruck-Lufteinschluss	Ölleitung entlüften
	Druckregelventil defekt	Ölpumpe austauschen
	Falsche Zündposition	Zündelektroden überprüfen, ggf. austauschen

1 Erkennen und Beheben von Störungen (Blaubrenner)

ÜBUNGEN

1. Nennen und erläutern Sie die Wartungsaufgaben eines Ölzerstäubungsbrenners (Gelbbrenners) in der fachgerechten Reihenfolge. Verwenden Sie dazu auch Firmenunterlagen.

2. Geben Sie für die beschriebenen Störungen eines Ölzerstäubungsbrenners mögliche Ursachen an und schlagen Sie Maßnahmen zur Behebung der Störungen vor.
   a) Brenner läuft nicht an (ohne Störanzeige)
   b) Brenner läuft nicht an (mit Störanzeige)
   c) Brenner läuft an, es bildet sich keine Flamme, Öldruck vorhanden
   d) Pumpe fördert kein Öl
   e) Brenner läuft an, es wird jedoch kein Öl eingespritzt Manometer an der Pumpe zeigt keinen Druck an, Ölfilter gefüllt
   f) Brenner läuft an, es wird jedoch kein Öl eingespritzt Manometer an der Pumpe zeigt Druck an
   g) Brenner läuft an und Flamme entsteht, nach Ablauf der Sicherheitszeit geht der Brenner jedoch auf Störung
   h) Brenner schaltet aus laufendem Betrieb auf Störung
   i) Mischeinrichtung ist stark verölt oder hat starken Rußansatz
   j) Düse verschmutzt; Ruß im Kessel

3. Welche Messungen/Kontrollen führen Sie durch, um Fehler/Mängel folgender Bauteile nachzuweisen bzw. auszuschließen.
   a) Ölfilter
   b) Ölpumpe

8 Wartung von Gasgeräten und Störungssuche

PRAXISHINWEIS
Vor jedem Eingriff in ein Gasgerät ist der Gasabsperrhahn zu schließen und die Anlage vom Stromnetz zu trennen.

8.1 Wartung von atmosphärischen Gaskesseln

Folgende **Hauptarbeiten** sind durchzuführen
- **Istzustand feststellen**
  Hierdurch erhält die Fachkraft erste Anhaltspunkte, worauf später besonders zu achten ist. Außerdem kann sich der Kunde vom Zustand (condition) der Anlage überzeugen, sodass spätere Auseinandersetzungen über die Notwendigkeit einer Maßnahme verhindert werden.
- **Brenner reinigen**
  Wartung und Pflege von Gasbrennern **ohne** und **mit Gebläse** sind in allen wichtigen Punkten **gleich**.
  Bei den meisten Herstellern kann der Brenner mit Bürste (brush) oder mit Sprühmittel und Wasser gereinigt werden. Zur Reinigung z. B. eines atmosphärischen Brenners muss dieser von der Gaszuleitung getrennt werden und alle Kabel- und Steckverbindungen sind zu lösen. Danach kann der Brenner aus dem Kessel gezogen werden (Bild 1). Eventuell vorhandene Keramikstäbe müssen aus der Halterung genommen werden. Bei der Reinigung (cleaning) ist besonders auf den Bereich der **Primärluftansaugung** (Injektor) und auf die **Gasaustrittsöffnungen** zu achten. Gegebenenfalls sind Überwachungs- und Zündelektroden zu justieren und zu reinigen oder auszutauschen.

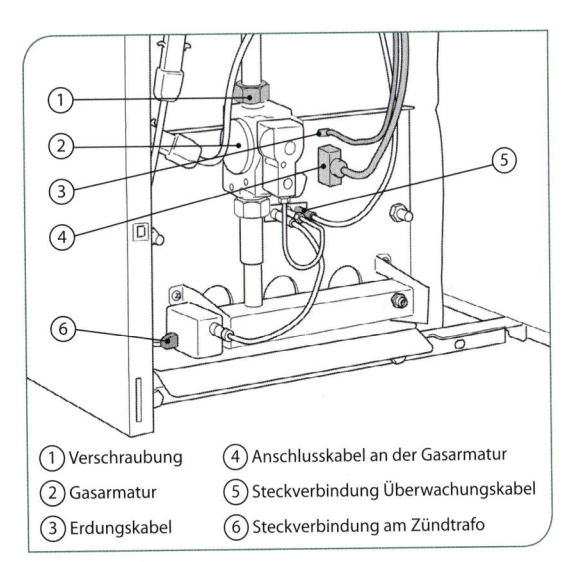

① Verschraubung ④ Anschlusskabel an der Gasarmatur
② Gasarmatur ⑤ Steckverbindung Überwachungskabel
③ Erdungskabel ⑥ Steckverbindung am Zündtrafo

1 Brennerausbau

- **Heizzüge und Abgaswege** bei Bedarf reinigen
  Zur Vereinfachung der Wartung sind die meisten Gasgeräte mit Inspektionsöffnungen (Bild 1, nächste Seite) versehen, durch die sehr leicht festgestellt werden kann, ob eine Reinigung nötig ist. Heizzüge (flues) und Abgaswege lassen sich gut mit einer Bürste reinigen (Bild 2, nächste Seite).
- **Kessel wieder zusammenbauen**
- **Gaseinstellung prüfen** (vgl. LF 10, Kap. 2.5)
- **Funktions- und Sicherheitskontrolle**
  Nachdem das Gasgerät in Betrieb genommen wurde, sollten alle Gas führenden Teile mit einem **Leckgasspray** (leak detection spray) auf Dichtheit geprüft werden.

8 Wartung von Gasgeräten und Störungssuche

1 Inspektionsöffnung

2 Heizzugreinigung

Ebenfalls alle Wasser führenden Teile sind auf Dichtheit zu prüfen und gegebenenfalls abzudichten. Der **Vordruck** (admission pressure) des Ausdehnungsgefäßes muss der statischen Höhe der Heizungsanlage entsprechen. Bei einem Gerät mit **Trinkwassererwärmung** muss das einwandfreie **Umschalten** (switching) auf Warmwasserbetrieb durch Öffnen eines Verbrauchers kontrolliert werden. Bei einem Gerät mit Ionisationsflammenüberwachung (vgl. LF 10, Kap. 2.3.1.3) kann durch Erzeugen eines Kurzschlusses zwischen Ionisationselektrode und Brennergehäuse (burner housing) geprüft werden, ob das Gasmagnetventil nach der Sicherheitszeit schließt. Der Sicherheitstemperaturbegrenzer (**STB**) wird geprüft, indem Temperaturregler und Temperaturfühler überbrückt werden. Bei Erreichen der höchstzulässigen Temperatur (z. B. 113 °C) muss der Sicherheitstemperaturbegrenzer den Kessel außer Betrieb nehmen. Bei einem **raumluftabhängigen** Gerät mit **Strömungssicherung** muss eine Funktionsprüfung (functional testing) der Abgasanlage erfolgen (vgl. LF 10, Kap. 2.5.3). Sehr wichtig ist die Prüfung der Verbrennungsluftversorgung. Es muss sichergestellt werden, dass die Schutzziele 1 (falls erforderlich) und 2 eingehalten werden (vgl. LF 10, Kap. 4.2.1).

- **Abgasmessung**
Bei der Abgasmessung werden der CO-Gehalt des Abgases und die Abgasverluste geprüft (vgl. Lernfeldübergreifende Inhalte, Kap. 7). Sie geben Aufschluss über eine saubere Verbrennung und einen optimalen Wirkungsgrad.

Wartungsarbeiten	Datum:			
1. Reinigen des Heizkessels		☐	☐	☐
2. Reinigen des Gasbrenners		☐	☐	☐
3. Innere Dichtheitsprüfung		☐	☐	☐
4. Gasanschluss messen	in mbar	☐	☐	☐
5. Düsendruck messen	in mbar	☐	☐	☐
6. Dichtheitskontrolle im Betriebszustand		☐	☐	☐
7. Messwerte aufnehmen		☐	☐	☐
Schornsteinzug	in mbar			
Abgastemperatur brutto θ_A	in °C			
Verbrennungslufttemperatur θ_L	in °C			
Abgastemperatur netto $\theta_A - \theta_L$	in °C			
Kohlendioxidgehalt (CO_2)	in %			
Abgasverluste q_A	in %			
Kohlenmonoxidgehalt (CO), luftfrei	in ppm			
8. Funktionsprüfung		☐	☐	☐
Ionisationsstrom messen	in µA			
9. Wartung bestätigen		☐	☐	☐
(Firmenstempel, Unterschrift)				

3 Wartungsprotokoll

8 Wartung von Gasgeräten und Störungssuche

- **Kunden informieren und Wartungsarbeiten in einem Protokoll festhalten** (Bild 3, vorherige Seite)
Sehr wichtig ist es, den Kunden darauf hinzuweisen, dass Verbrennungsluftöffnungen nicht verschlossen oder zugestellt werden dürfen und auch keine baulichen oder sonstigen Veränderungen (changes) an der Gasfeuerstätte vorgenommen werden dürfen.

8.2 Wartungsanleitung eines wandhängenden Gasbrennwertkessels

Im Folgenden wird beispielhaft beschrieben, wie der Wartungsablauf eines wandhängenden (wall-mounted) **Gasbrennwertkessels** aussehen könnte.
Als erstes wird der Kessel am Betriebsschalter (operating switch) ausgeschaltet (Bild 1a) und danach spannungsfrei (without voltage) gemacht (Bild 1b), da an den Netzanschlussklemmen des Gerätes auch bei Betätigung des Betriebsschalters elektrische Spannung anliegt.

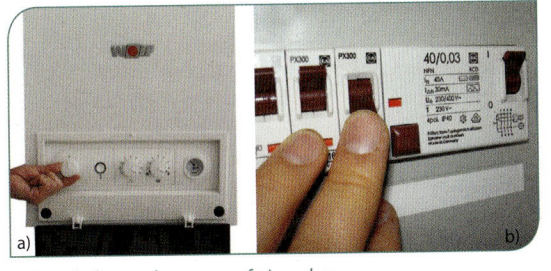

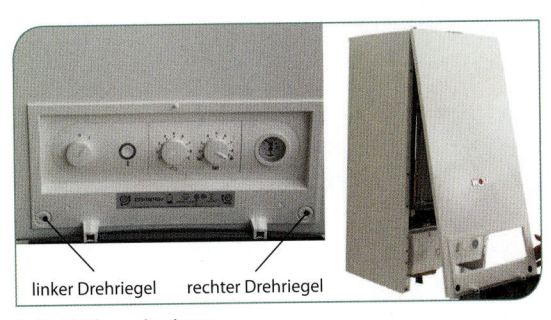

3 Verkleidung abnehmen (linker Drehriegel, rechter Drehriegel)

4 Wartungsposition 1

5 Elektrokabel lösen

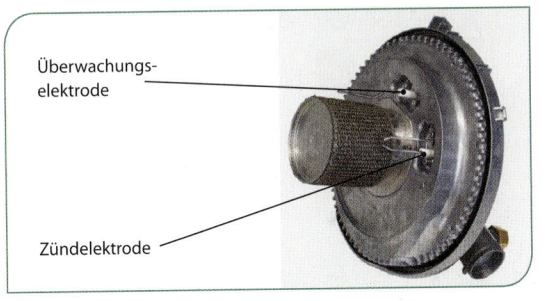

1 Ausschalten und spannungsfrei machen

Danach wird die Gaszufuhr durch Schließen des Gashahns unterbrochen (Bild 2) und die Verkleidung abgenommen (Bild 3).

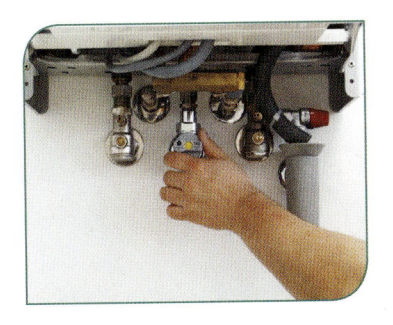

6 Brennereinheit einschließlich Elektroden (Überwachungselektrode, Zündelektrode)

Um den Wärmeübertrager mit einer Bürste von oben nach unten zu reinigen, wird ein Vielzweckbeutel angebracht und der Wärmeübertrager in die Wartungsposition 2 geschwenkt (Bild 7).

2 Gashahn schließen

Nun wird der Wärmeübertrager in die Wartungsposition 1 geschwenkt und die verbundenen Elektrokabel gelöst (Bilder 4 und 5), um die Brennereinheit abnehmen zu können.

Die Brennereinheit einschließlich Überwachungs- und Zündelektrode (Bild 6) werden einer Sichtkontrolle (visual inspection) unterzogen. Bei Bedarf wird der Brenner gereinigt und die Elektroden gegebenenfalls ersetzt.

7 Wartungsposition 2

Lernfeld 15

Die nun freiliegende Kondensatwanne (Bild 1) kann ebenfalls gereinigt werden.

1 Reinigung der Kondensatwanne

Auch der Siphon (Bild 2) muss kontrolliert und bei Bedarf gereinigt und neu befüllt werden.

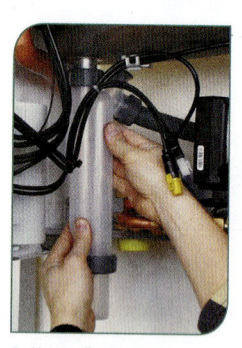

2 Kontrolle des Siphons  *3 Dichtungen überprüfen*

Nach Durchführung der Reinigungsarbeiten wird der Vielzweckbeutel (waste bag) entfernt, die Dichtungen (washers) am Wärmeübertrager auf Beschädigungen überprüft und gegebenenfalls ausgetauscht (Bild 3). Der Wärmeübertrager wird wieder in die Wartungsposition 1 (Bild 4) geschwenkt, die Brennereinheit eingesetzt und die Elektrokabel verbunden.
Nach Abschluss der Arbeiten werden die Gas- und Wasseranschlüsse auf Dichtheit (tightness) kotrolliert und die Verkleidung wieder angebracht.
Da auch eine verschmutzte oder undichte Luft-Abgasführung zu Störungen führen kann, muss sie ebenfalls kontrolliert werden (Bilder 5 und 6).

Abgasmessung

Zur Abgasmessung (exhaust gas measurement) wird ein Probelauf im Schornsteinfegerbetrieb durchgeführt und der CO_2-Wert gemessen (Bild 6) und bei Bedarf neu eingestellt (vgl. Lernfeldübergreifende Inhalte, Kap. 2.8.1). Die gemessenen Werte werden in ein Wartungsprotokoll (Bild 3, Seite 456) eingetragen.

4 Wartungsposition 1

5 Kontrolle Luft-Abgasführung 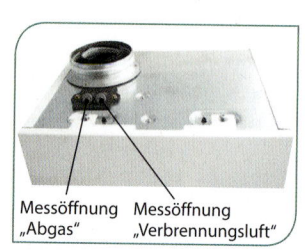 *6 Abgas- und Verbrennungsluftmessung*

Ringspaltmessung

Bei raumluftunabhängigen (room sealed) Feuerstätten ist die Brennkammer zum Aufstellraum hin **dicht** (gastight). Die benötigte Verbrennungsluft wird über ein Luft-Abgas-System (vgl. Lernfeldübergreifende Inhalte, Kap. 6.3.1.2) oder ein Doppelrohr-System (im äußeren **Ringspalt**) dem Brenner zugeführt (Bild 5). Im inneren Rohr wird das Abgas abgeleitet.
Um festzustellen, ob das innere Abgasrohr dicht ist, wird die O_2-Konzentration im Ringspalt (annular gap) mit einer speziellen Mehrlochsonde (Bild 7) gemessen.

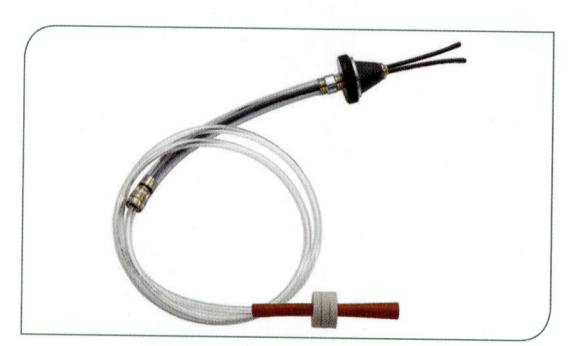

7 Mehrlochsonde zur Ringspaltmessung

Bei dichter Abgasleitung beträgt der Sauerstoffanteil der Verbrennungsluft im Ringspalt **21 %**, ist das Abgasrohr defekt, verringert sich die Sauerstoffkonzentration O_2-**RS** und

8 Wartung von Gasgeräten und Störungssuche

die Differenz der Sauerstoffkonzentration **O₂-Diff** und die Kohlenmonoxidkonzentration **CO-Rs** im Ringspalt steigen an (Bild 1). Durch Undichtigkeiten **verringert** sich die Verbrennungsqualität.

Ringspalt-Messung

O2-Rs	5,3 v%
O2-Diff	15,7 v%
CO-Rs	84 ppm

WEITER · HALTEN · ABBRUCH

1 Messdaten Ringspaltmessung

8.3 Störungssuche

Nach jeder Wartung (Installation) können Störungen (malfunctions) auftreten. Um die Behebung von Störungen zu vereinfachen, veröffentlichen die Hersteller in Ihren Bedienungsunterlagen Störungsursachen und deren Behebung (Bild 2) und Funktionsabläufe (Bild 3).

Störung	Störungsursache	Störungsbehebung
Kessel geht auf „Störung"	Abgasklappe bleibt zu	Wird der Abgassammler bei der Montage belastet, wölbt sich das Blech und behindert die Funktion; gängig machen
	Gasdüsen nicht angepasst	Der Kessel wird serienmäßig in E-Gas ausgeliefert; Düsen für LL- oder P/B-Gas umstellen; erneute Gaseinstellung erforderlich
	Flüssiggas-Tankanlage nicht ausreichend entlüftet	Luft im Tank bzw. in den Leitungen führt zu Brennerstörungen und Sicherheitsabschaltung; entlüften
Abschaltung durch Sicherheitstemperaturbegrenzer	2-adrige Verbindungsleitung mit 9-poligem Stecker eingebaut	VIH-Blindstecker einsetzen
Gerät geht nach Einschalten des Hauptschalters nicht in Betrieb	Hauptsicherung defekt	Einschalten, austauschen
	Gerätesicherung defekt	austauschen

Störung	Störungsursache	Störungsbehebung
Bei der Speicherladung spricht der Sicherheitstemperaturbegrenzer an	Kesselleistung für den Speicher zu groß	Nachlaufzeit der Ladelampe erhöhen
	Speicherfühler defekt; Kurzschluss	Kabel prüfen

2 Störungsursachen

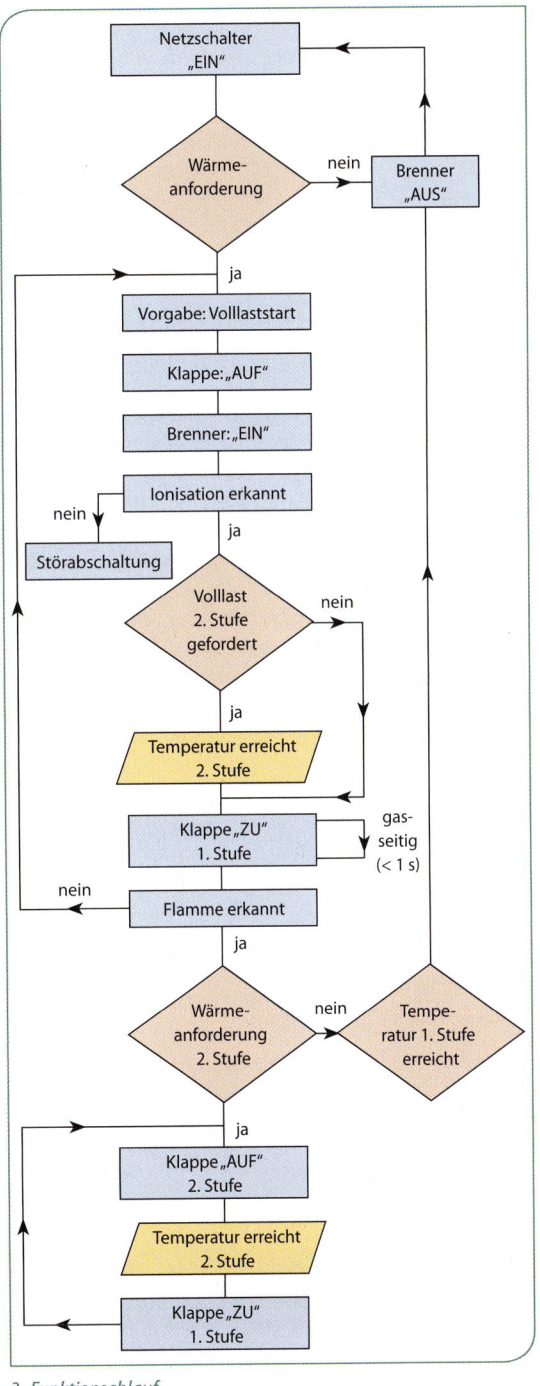

3 Funktionsablauf

Lernfeld 15

9 Instandhaltung von thermischen Solaranlagen

ÜBUNGEN

1. Was wird durch die Wartung eines Gasgerätes sichergestellt?
2. Wer darf eine Wartung durchführen?
3. Warum ist es sinnvoll Wartungsarbeiten anhand vorgegebener Checklisten durchzuführen?
4. Warum sollte der Istzustand einer Heizungsanlage festgehalten werden?
5. Wie häufig sollte eine Wartung stattfinden?
6. Womit sind alle Gas führenden Teile zu prüfen?
7. Was ist vor jedem Eingriff in ein Gasgerät zu beachten?
8. Worauf sollten Kunden bei der Übergabe des Wartungsprotokolls auf jeden Fall hingewiesen werden?
9. Beschreiben Sie beispielhaft die Wartung eines wandhängenden Gasbrennwertkessels.
10. Wie wird die Verbrennungsluft einer raumluftunabhängigen Feuerstätte zugeführt?
11. Was kann mit einer Ringspaltmessung festgestellt werden?
12. Wie hoch ist der Sauerstoffanteil der Luft?
13. Warum veröffentlichen Hersteller in Ihren Bedienungsunterlagen Störungsursachen und deren Behebung sowie Funktionsabläufe?

9 Instandhaltung von thermischen Solaranlagen

Um die Betriebssicherheit und den Wirkungsgrad einer thermischen Solaranlage auf Dauer zu gewährleisten, muss sie regelmäßig überprüft werden. Da es hierzu weder gesetzliche noch genormte Wartungszyklen (neither statutory nor standardized maintenance cycles) gibt, müssen die von den Herstellern empfohlenen Wartungsintervalle eingehalten werden.

Neben einer jährlichen Inspektion ist in Intervallen (intervals) von drei bis fünf Jahren eine gemeinsame Inspektion und Wartung durchzuführen. Die folgende Tabelle Bild 1 zeigt mögliche Inspektions- und Wartungsarbeiten an den einzelnen Komponenten der Solaranlage.

Maßnahmen	Jährliche Inspektion	Wartung alle 3 bis 5 Jahre
Entlüften des Kältemittelkreislaufes	x	x
Anlagenbetriebsdruck prüfen	x	x
Frostschutz kontrollieren	x	x
ph-Wert prüfen	x	x
Volumenstrom am Durchflussmesser prüfen	x	x
Schwerkraftbremse überprüfen	x	x
Funktion der Pumpe überprüfen	x	x
Sämtliche Ventile auf Gängigkeit und äußere Dichtheit überprüfen	x	x
Fühler und Thermometer überprüfen	x	x
Funktion und Betriebsweise des Reglers überprüfen	x	x
Mess- und Einstellwerte überprüfen bzw. mit den Vorjahren vergleichen und dokumentieren	x	x

Maßnahmen	Jährliche Inspektion	Wartung alle 3 bis 5 Jahre
Kollektorfläche auf Verschmutzung kontrollieren	x	x
Kollektorabdeckung und -befestigung überprüfen		x
Dämmung und evtl. Marderschutz überprüfen		x
Sichtprüfung von Armaturen, Anschlüssen und Verbindungen		x
Sichtprüfung des kompletten Solarkreises		x
Speicherwartung, evtl. spülen des Solarwärmeübertragers		x

1 Inspektions- und Wartungsarbeiten und -intervalle

Im Folgenden wird anhand einer Herstellerunterlage eine Solaranlagenwartung beschrieben.

9.1 Solarflüssigkeit kontrollieren (jährlich)

Bevor Sie mit den Arbeiten am Solarkreis beginnen, sollten Sie folgenden Warnhinweis (warning notice) beachten:

⚠ **WARNUNG**
Gefahr durch Heißdampfaustritt bei Arbeiten an der Solaranlage
Verbrühungen an Händen und Gesicht möglich.
- Arbeiten an der Solaranlage nur außerhalb von Zeiten solarer Einstrahlung oder bei abgedeckten Kollektoren vornehmen.

9 Instandhaltung von thermischen Solaranlagen

- Entlüften des Solarkreises und eine gleichzeitige Probenahme (draw a sample) am Spülhahn vornehmen.
- Optische Prüfung durchführen (carry out a visual check). Bei stechendem Geruch oder Dunkelfärbung tauschen (Bild 1).
  Achtung: Wärmeträgerflüssigkeit (solar fluid) muss über den Sondermüll entsorgt werden!

Solarfluid: Ausgangszustand (pH 8,2) und stark gealtert (pH 6,8) | Zerstörtes Solarfluid mit unlöslichen Zersetzungsprodukten

1 Kältemittelzustände

- mit Frostschutztester (z. B. Aräometer oder Glykomat, Bilder 2a und b) den Frostschutz überprüfen. Hierbei darf die **Frostschutzgrenze** (frost protection limit) den **Mindestwert – 23 °C** nicht überschreiten!
- pH-Wert mit Indikatorstreifen (indicator paper strip) überprüfen (Bild 3). Bei einem pH Wert < 8 muss die ganze Solarflüssigkeit ausgetauscht und fachgerecht entsorgt werden.
- Solar-Betriebsdruck prüfen.

Bezüglich der Frostschutz- und pH-Wertprüfung (antifreeze and pH-value testing) sind die Bedienungsanleitungen der Hersteller zu berücksichtigen.

> **MERKE**
>
> Sollte der Solar-Betriebsdruck außerhalb zulässiger Werte liegen, müssen der Vordruck des Solar-Ausdehnungsgefäßes und der Solar-Betriebsdruck wie in der zweijährigen Prüfung eingestellt werden (vgl. Kap. 9.2 und 9.4).

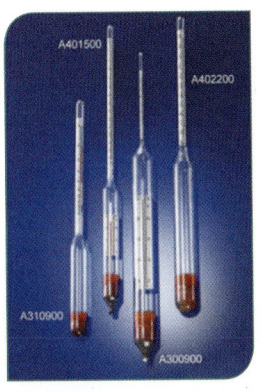

2a) Aräometer   *2b) Glykomat*

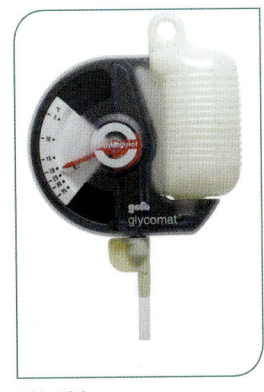

3 pH-Wert-Indikatorpapier

9.2 Vordruck des Solar-Ausdehnungsgefäßes prüfen (alle 2 Jahre)

- Kappenventil (hood valve) am Solar-Ausdehnungsgefäß schließen (Bild 4).
- Entleerungsventil öffnen und die Solarflüssigkeit aus dem Ausdehnungsgefäß ablassen (drain), bis der Überdruck abgebaut ist (until excess pressure has dropped) (Bild 5).
- Vordruck (pre-pressure) am Ventil des Ausdehnungsgefäßes kontrollieren und ggf. mit Stickstoff nachfüllen (refill). Der Vordruck wird überschlägig mit folgender Formel berechnet:

$$p_o = \frac{H_{Koll} - H_{Sp}}{10} + 0{,}8 \text{ in bar}$$

p_o = Vordruck Solar-Ausdehnungsgefäß in bar
H_{Koll} = Höhe des höchsten Punktes vom Kollektor in m
H_{Sp} = Höhe Speicherunterkante in m

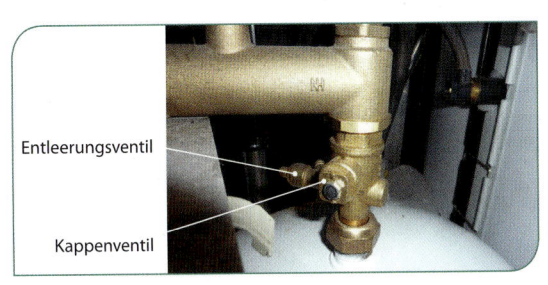

4 Kappenventil mit Entleerung

9.3 Solarkreisfilter wechseln

- Ventil an der Solar-Sicherheitsgruppe schließen
- Abgleichhahn (balancing/setting tap) schließen
- Solarkreisfilter nach der Beschreibung auf dem Filter wechseln (Bild 1, nächste Seite).

> **MERKE**
>
> Erster Wechsel 3 Monate – 15 Monate nach Inbetriebnahme (mit erster Brennerwartung), dann alle zwei Jahre bzw. mit dem Wechsel der Solarflüssigkeit.

Lernfeld 15

9 Instandhaltung von thermischen Solaranlagen

9.4 Solarbetriebsdruck prüfen

- Solarbetriebsdruck des Solarkreises kontrollieren und ggf. nachstellen (readjust/reset).
- Den Solarbetriebsdruck näherungsweise 0,3 bar über den Vordruck des Solar-Ausdehnungsgefäßes einstellen (z. B. Vordruck 1,2 bar, Solarbetriebsdruck 1,5 bar). Die dafür notwendigen Maßnahmen und Einstellungen der Ventile an der Solar-Sicherheitsgruppe sind den Hersteller-Erläuterungen im Abschnitt „Druckprobe Solarkreis" zu entnehmen.

9.5 Durchfluss prüfen

- Solarpumpe am Display der Steuerung/Regelung für den Handbetrieb (manual mode) nach Herstellerunterlagen auf „Ein" stellen (z. B. INSTALLATEUR Menü > Ausgänge > Handbetrieb > Ein, Bild 2).
- Durchfluss am Abgleichhahn ablesen (Sollwert je nach Kollektorgröße ca. 2 – 3,5 l/min, Bild 1). Ggf. nachstellen.
- Ausgang A1 am Regler auf „Auto" zurückstellen.

9.6 Solarkreis entlüften

Solarkreis über den Spülhahn (Bild 1) an der Sicherheitsgruppe entlüften (vent/bleed).

9.7 Solarstation kontrollieren

Sämtliche Bauteile der Solarstation sind durch eine Sichtprüfung auf Dichtigkeit zu kontrollieren.

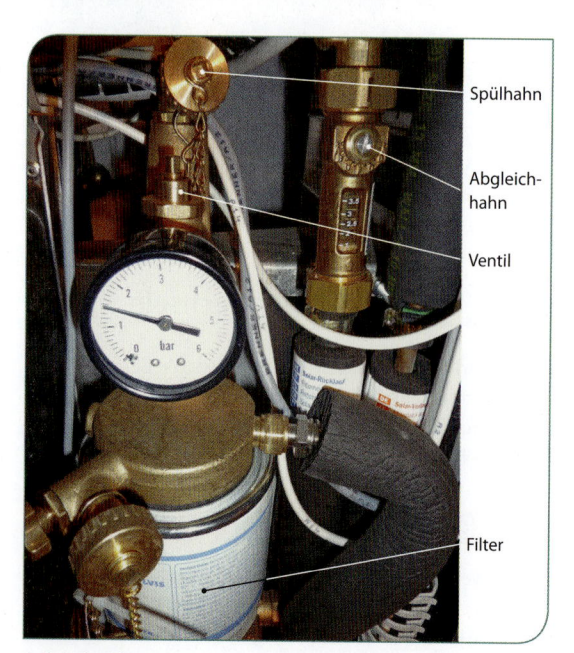

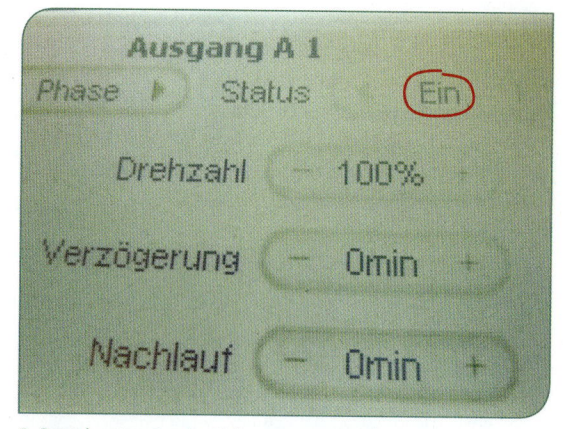

2 Betriebsarten-Anzeige Solarpumpe am Regler

9.8 Solar-Wärmeübertrager speicherseitig spülen

Das Spülen (rinsing) ist nur dann notwendig, wenn eine Verschmutzung/Verkalkung zu einer Beeinträchtigung der Wärmeübertragung führt.

MERKE

Beim Umgang mit Laugen und Säuren sind Verätzungen an Händen und Gesicht möglich. Es ist das Sicherheitsblatt zu beachten sowie die angegebenen Schutzmaßnahmen anzuwenden.

- Pufferspeicher komplett entleeren (wenn möglich das aufbereitete erwärmte Wasser für die spätere Befüllung auffangen).
- Kappen an den Spülanschlüssen abnehmen und zwei Schläuche anschließen.
- Am linken Rohr ① den Vorlauf, am rechten Rohr ② den Rücklauf verschrauben (Bild 1, nächste Seite).
- Mit Wasser spülen, bis dieses klar ist.
- Mit einer Spülpumpe und 20 %-iger Ameisensäure spülen. Spülzeit ca. 15 min (je nach Grad der Verschmutzung/Verkalkung). Die Spülvorrichtung so einrichten, dass die rücklaufende Flüssigkeit über einen Behälter dem Kreislauf wieder zugeführt wird.
- Säure vollständig ablassen.
- Speicher anschließend mit 50 bis 100 l Frischwasser füllen, um vorhandene Säurereste im Speicher zu verdünnen.
- Speicher nochmals vollständig entleeren.
- Schläuche entfernen, Kappen aufschrauben.
- Speicher befüllen und sorgfältig entlüften.

1 Solarkreiskomponenten

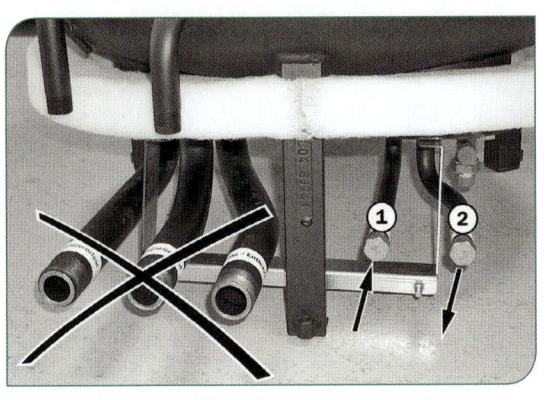

9 Instandhaltung von thermischen Solaranlagen

1 Spülanschlüsse Solar-Wärmeübertrager

- **Keine** (no usage of …) aggressiven, scheuernden und chemikalienhaltigen Reiniger einsetzen.
- **Keine** mechanische Reinigung (no mechanical cleaning), **keine** Scheuerschwämme, Stahlwolle oder Schaber verwenden.

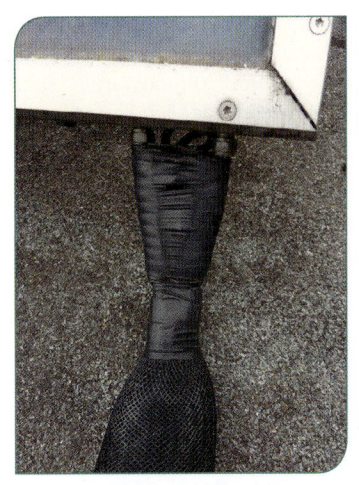

2 Kältemittelleitungen mit Dämmung und „Marderschutz"

9.9 Fühlerwerte überprüfen

Werte der Temperaturfühler (temperature probe) für Speicherwasser, Solarvorlauf und -rücklauf sowie des Volumenstromfühlers werden nach der Installateur-Bedienungsanweisung einer Plausibilitätskontrolle (plausibility check) unterzogen, d. h. sie werden auf die angegebenen Messwerte überprüft und ggf. elektronisch korrigiert.

9.10 Kollektoren kontrollieren

- Kollektor, Rohrleitungen und die zugehörigen Dämmmaterialien sind einer Sichtprüfung zu unterziehen. Dabei ist an freiliegenden Leitungen auch auf einen wirksamen Pick- und Verbissschutz (pecking and browsing protection) für Tiere zu achten (Bild 2).
- Die Kollektorbefestigungen sind auf einwandfreien Sitz (perfect fit) und sichere Funktion zu prüfen (Bild 3).
- Die Glasflächen der Flachkollektoren müssen i. d. R. nicht gesäubert werden, da sie durch ihre Schräglage selbstreinigend (self-cleaning) sind. Sollten bei hartnäckiger Verschmutzung Reinigungsarbeiten notwendig sein, so ist folgendes zu beachten:

3 Kollektorbefestigung und -beschwerung

MERKE

Das Antireflexglas von Flachkollektoren ist mit einer speziellen Oberflächenbeschichtung ausgestattet, die die Lichtdurchlässigkeit erhöht.
Scheiben dieser Art sind mit besonderer Sorgfalt zu behandeln, um die empfindliche Oberfläche nicht zu beschädigen.

Hinweise zur Reinigung:
- Antireflexglasscheiben nur mit einem Mikrofasertuch behutsam und ohne aufzudrücken reinigen (cautious cleaning without pressing).
- Zur Reinigung nur handelsübliche Glasreiniger oder Isopropyl-Alkohol verwenden.

ÜBUNGEN

1) Nennen Sie die Inspektions- und Wartungsarbeiten, die alle drei bis fünf Jahre durchgeführt werden müssen.
2) Beschreiben Sie, unter welchen Bedingungen die Wärmeträgerflüssigkeit weiter verwendet werden kann.
3) Beschreiben Sie die Prüfung der Wärmeträgerflüssigkeit. Nennen Sie alternative Messmethoden.
4) Erläutern Sie, welche Maßnahmen bei der Glasreinigung von Flachkollektoren zu beachten sind.
5) Beschreiben Sie die Vorgehensweise bei einer Wartung am Wärmeträgerkreislauf, wenn die Sonne scheint.

Lernfeld 15

10 Instandhaltung von raumlufttechnischen Anlagen

Lufttechnische Geräte und Anlagen können nach dem VDMA-Einheitsblatt 24186-1 gewartet werden (vgl. Kap. 1.2). Die in diesem Leistungsprogramm (range of services) aufgeführten Maßnahmen stellen dabei den Instandhaltungsumfang von Großanlagen umfassend dar. Es kann daher nur sehr bedingt als Quelle für die Inspektion und Wartung einer zentralen Be- und Entlüftungsanlage der kontrollierten Wohnungslüftung herangezogen werden. Die fachgerechte Inspektion und Wartung solcher RLT-Anlagen sollte möglichst anhand der Herstellerunterlagen (manufacturer documents), wie im folgenden Beispiel dargestellt, erfolgen.

10.1 Wartungsarbeiten am Lüftungsgerät durch den Betreiber

Die folgende Wartungsanleitung ist einer Herstellerunterlage der Firma Vaillant entnommen.

Voraussetzung für dauernde Betriebsbereitschaft und Betriebssicherheit, Zuverlässigkeit und hohe Lebensdauer ist eine jährliche Inspektion/Wartung des Gerätes durch den Fachhandwerker.
Beauftragen Sie damit einen anerkannten Fachhandwerksbetrieb.

⚠ ACHTUNG!
Wir empfehlen den Abschluss eines Wartungsvertrages. Unterlassene Wartung kann die Betriebssicherheit des Gerätes beeinträchtigen und zu Sach- und Personenschäden führen.

Folgende Punkte müssen geprüft werden:
- Verschmutzung der Filter (austauschen oder reinigen),
- Kondenswasserabläufe,
- Funktion eines optional installierten Bypass-Gehäuses.

Folgende Wartungsarbeiten können Sie als Betreiber selbst durchführen:
- Filter im Wohnraumlüftungsgerät reinigen und ggf. austauschen,
- Filter im Bypass-Gehäuse (sofern installiert) reinigen und ggf. austauschen,
- Reinigen der Zuluft- und Abluftventile in den Wohnräumen,
- neue Einstellung des Zeitintervalls zum Filterwechsel entsprechend Abschnitt 4.6 „Einstellungen aus der Grundanzeige" (siehe Herstellerunterlage).

Die Häufigkeit, mit der Sie die Filter reinigen bzw. ersetzen müssen, ist von deren Verschmutzungsgrad abhängig. Wir empfehlen Ihnen, die Filter zu Anfang regelmäßig zu prüfen und falls erforderlich zu reinigen, z. B. alle drei Monate. Wenn sich zeigt, dass die Verschmutzung gering ist, können Sie das Intervall vergrößern.

☞ HINWEIS!
Ersetzen Sie die Filter mindestens einmal pro Jahr oder nach maximal 2000 Betriebsstunden.

Sie können die Filter mithilfe eines Staubsaugers reinigen. Wenn dies nur wenig Wirkung zeigt, müssen die Filter ausgetauscht werden. Die Reinigung mit Wasser oder anderen Flüssigkeiten ist nicht gestattet. Entsorgen Sie verbrauchte Filter im Hausmüll.

10.1.1 Filter im Wohnraumlüftungsgerät reinigen oder austauschen

Zur Prüfung und Reinigung der Filter gehen Sie wie folgt vor:

⚠ GEFAHR!
Lebensgefahr durch Stromschlag an spannungsführenden Anschlüssen. Ziehen Sie vor Arbeiten am Gerät den Netzstecker.

- Öffnen Sie die linke Frontklappe.
- Ziehen Sie die Filter aus dem Gerät (Bild 1).
- Entfernen Sie die Filtergriffe von den Filtern.
- Beachten Sie die Beschreibungen auf der Innenseite der Tür.
- Abhängig vom Verschmutzungsgrad reinigen oder ersetzen Sie die Filter.

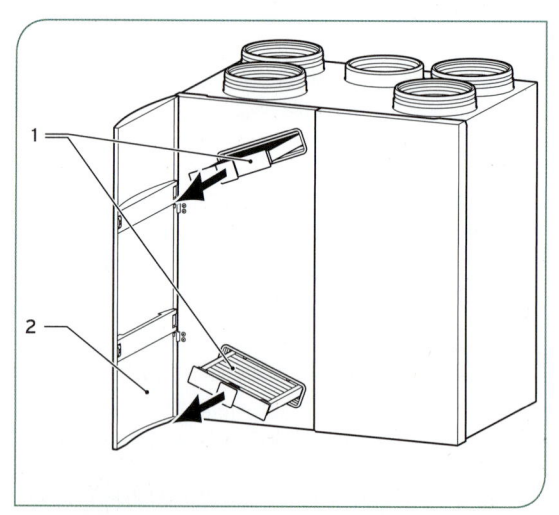

1 Filterwechsel

⚠ ACHTUNG!
Achten Sie beim Einsetzen der Filter auf die korrekte Einbaulage, um Beschädigungen an den Filtern zu vermeiden.

- Stecken Sie die Filtergriffe auf die gereinigten oder neuen Filter auf.

Die Filtergriffe haben auf einer Seite Stege, die in die entsprechenden Nuten im Gerät geschoben werden müssen.
- Der obere Filter wird mit den Stegen nach **unten** eingebaut.
- Der untere Filter wird mit den Stegen nach **oben** eingebaut.
- Schieben Sie die Filter in das Gerät zurück.
- Schließen Sie die Frontklappe.
- Stecken Sie den Netzstecker wieder in die Steckdose. Das Gerät ist nun betriebsbereit.

10.1.2 Filter im Bypassgehäuse reinigen oder austauschen

Zur Prüfung und Reinigung des Bypass-Filters gehen Sie wie folgt vor:

⚠ **GEFAHR!**
Lebensgefahr durch Stromschlag an spannungsführenden Anschlüssen. Ziehen Sie vor Arbeiten am Gerät den Netzstecker.

- Ziehen Sie den Filter aus dem Gerät (Bild 1).
- Entfernen Sie den Filtergriff von den Filtern.
- Abhängig vom Verschmutzungsgrad reinigen oder ersetzen Sie den Filter.

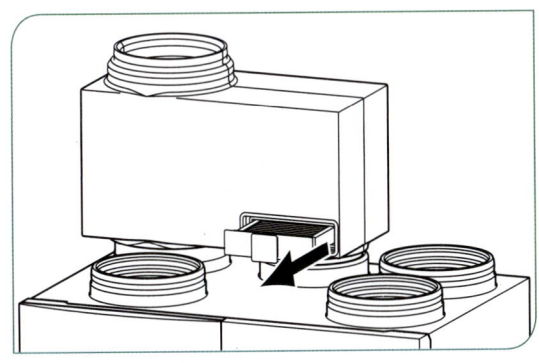

1 Bypass-Filter entnehmen

⚠ **ACHTUNG!**
Achten Sie beim Einsetzen des Bypass-Filters auf die korrekte Einbaulage, um Beschädigungen am Filter zu vermeiden.

- Stecken Sie den Filtergriff auf den gereinigten oder neuen Filter.

Der Filtergriff hat auf einer Seite Stege, die in die entsprechenden Nuten im Gerät geschoben werden müssen. Der Filter wird mit den Stegen nach **unten** eingebaut.
- Schieben Sie den Filter in das Gerät zurück.
- Stecken Sie den Netzstecker wieder in die Steckdose.

10.1.3 Filter

Verwenden Sie nur Original-Filter von Vaillant (Bild 2). Neben den Standardfiltern sind auch spezielle Feinfilter erhältlich. Wenn Sie diese Filter verwenden möchten, wenden Sie sich an Ihren Fachhandwerker.

Bezeichnung	Filterklasse	Bestellnummer
Filterset recoVAIR	G3	0020023930
Filter recoVAIR Bypass	G3	0020023931
Feinfilterset recoVAIR	F6	0020026061
Feinfilter recoVAIR Bypass	F6	0020026118

2 Filter

☞ **HINWEIS!**
Ersetzen Sie die Filter mindestens einmal pro Jahr oder nach maximal 2000 Betriebsstunden.

10.2 Wartungsarbeiten am Lüftungsgerät durch den Fachbetrieb

☞ **HINWEIS!**
Um Schäden am Gerät durch unsachgemäße Arbeiten zu vermeiden, dürfen die nachfolgend beschriebenen Wartungsarbeiten nur durch ausgebildetes Fachpersonal ausgeführt werden.

Das Wohnraumlüftungsgerät muss jährlich gewartet werden, um die Funktionsfähigkeit zu erhalten. Dazu gehören folgende Punkte:
- Prüfen Sie den allgemeinen Zustand des Gerätes.
- Entfernen Sie Verschmutzungen am und im Gerät.
- Reinigen oder ersetzen Sie verschmutzte Filter.
- Reinigen Sie den Kondensatabfluss und prüfen Sie den freien Durchgang.
- Reinigen Sie verschmutzte Ventilatoren.
- Prüfen Sie die Funktion des Gerätes, der Fernbedienung und des Bypasses.

10.2.1 Gerätefilter entnehmen und reinigen

Bei geringer Verschmutzung können Sie die Filter mit einem gewöhnlichen Staubsauger reinigen.
Wenn dies nur wenig oder keine Wirkung zeigt, müssen Sie die Filter austauschen. Die Reinigung mit Wasser oder einer anderen Flüssigkeit ist nicht gestattet.
Der Filterwechsel ist im Abschnitt 11.1 ausführlich beschrieben.

10.2.2 Wärmetauscher ausbauen und reinigen

Zum Reinigen des Wärmetauschers müssen Sie diesen ausbauen.

⚠ **GEFAHR!**
Lebensgefahr durch Stromschlag an spannungsführenden Anschlüssen. Ziehen Sie vor Arbeiten am Gerät den Netzstecker.

⚠ **ACHTUNG!**
Achten Sie beim Ausbau und Einbau des Wärmetauschers darauf, dass dieser nicht beschädigt wird.

Greifen Sie nicht mit den Händen oder mit Gegenständen direkt in die Lamellen des Wärmetauschers. Beschädigungen führen zu einem vorzeitigen Verschleiß des Gerätes.

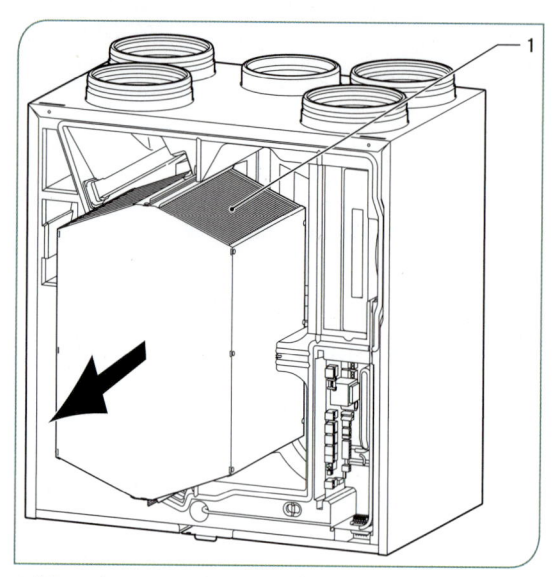

1 Wärmeübertrager ausbauen

- Öffnen Sie das Lüftungsgerät und entfernen Sie die Filter und die Frontverkleidung wie in Abschnitt 4.6 (siehe Herstellerunterlage) beschrieben.
- Fassen Sie den Wärmetauscher mit beiden Händen an den Ecken, ohne die Lamellen zu beschädigen.
- Ziehen Sie den Wärmetauscher vorsichtig aus dem Gerät.
- Reinigen Sie den Wärmetauscher mit einem pH-neutralen Spülmittel und lauwarmem Wasser. Spülen Sie nochmals mit klarem lauwarmen Wasser nach.
- Lassen Sie den Wärmetauscher trocknen.

⚠ **ACHTUNG!**
Verwenden Sie zur Reinigung des Wärmetauschers nur pH-neutrales Spülmittel und lauwarmes Wasser. Andere Reiniger, insbesondere säurehaltige Reinigungsmittel wie beispielsweise Essigreiniger, führen zur Beschädigung des Gerätes.
Prüfen Sie bei ausgebautem Wärmetauscher auch den Kondenswasserabfluss auf Verschmutzung (vgl. Kap. 10.2.3).

- Schieben Sie den Wärmetauscher in das Gerät zurück. Achten Sie darauf, dass der Wärmetauscher an der Ober- und Unterseite in den jeweiligen Führungsschienen sitzt und sich beim Einführen nicht verkantet.

⚠ **ACHTUNG!**
Der Wärmetauscher muss glatt mit der Vorderseite des EPP Körpers abschließen. Ein überstehender Wärmetauscher kann zu Undichtigkeiten und Kondensataustritt führen.

10.2.3 Kondenswasserabfluss reinigen

Um den Kondenswasserabfluss zu reinigen, müssen Sie zunächst den Wärmetauscher ausbauen (vgl. Kap. 10.2.2).
- Schrauben Sie den Kondenswasserschlauch von der Unterseite des Gerätes ab.
- Prüfen Sie den Abfluss auf freien Durchgang. Reinigen Sie ihn, falls er verstopft ist.
- Entfernen Sie, falls erforderlich, Verschmutzungen in der Abflusswanne.
- Reinigen Sie den Kondensatsiphon und füllen Sie ihn mit Trinkwasser auf (Bild 2).

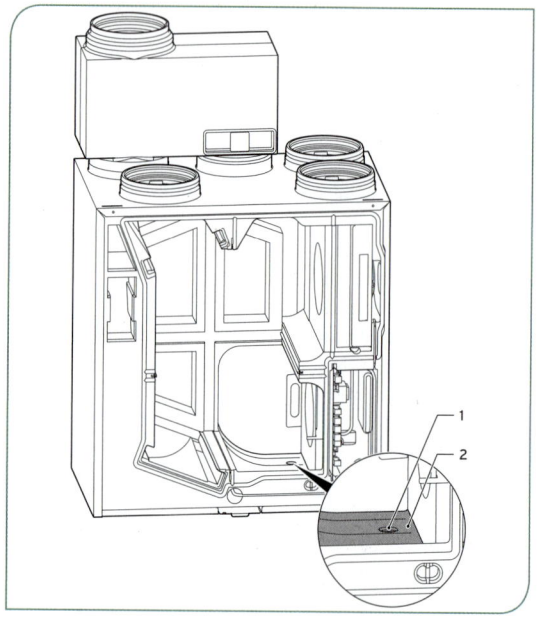

2 Kondenswasserabfluss

10.2.4 Reinigen oder Austauschen des Bypassfilters

⚠ **GEFAHR!**
Lebensgefahr durch Stromschlag an spannungsführenden Anschlüssen. Ziehen Sie vor Arbeiten am Gerät den Netzstecker.

Das Lüftungsgerät kann wahlweise mit einem Bypass ausgestattet sein.
Der Ausbau, die Kontrolle und die Reinigung des Bypass-Filters sind in der Bedienungsanleitung im Kapitel 10.1.2 ausführlich beschrieben.

10.2.5 Probebetrieb und Wiederinbetriebnahme

Nach Durchführung von Inspektions-/Wartungstätigkeiten müssen Sie das Gerät auf ordnungsgemäße Funktion prüfen:
- Prüfen Sie, ob die Geräteverkleidung ordnungsgemäß verschlossen ist.
- Stecken Sie den Netzstecker in die Steckdose und nehmen Sie das Gerät in Betrieb.

10 Instandhaltung von raumlufttechnischen Anlagen

- Prüfen Sie das Gerät auf einwandfreie Funktion.
- Prüfen Sie die Fernbedienung auf einwandfreie Funktion.

10.2.6 Ersatzteile und Zubehör

Um alle Funktionen des Vaillant Gerätes auf Dauer sicherzustellen und um den zugelassenen Serienstand nicht zu verändern, dürfen Sie bei Wartungs- und Instandhaltungsarbeiten nur Original Vaillant Ersatzteile verwenden (Bild 1).

Bezeichnung	Filterklasse	Bestellnummer
Filterset recoVAIR	G3	0020023930
Filter recoVAIR Bypass	G3	0020023931
Feinfilterset recoVAIR	F6	0020026061
Feinfilter recoVAIR Bypass	F6	0020026118

1 Zubehör

10.3 Reinigen der Luftdurchlässe

Die Luftein- und -auslässe werden nach Angaben des Herstellers bei Bedarf ausgebaut und mit Staubsauger, Pinsel bzw. einem Mikrofasertuch gereinigt. Zum Anlösen hartnäckigen Schmutzes (to clear off besetting dirt) können meist handelsübliche Spülmittel verwendet werden.

10.4 Reinigen der Luftleitungen

Zum Reinigen der Luftleitungen werden herstellerabhängig unterschiedliche Reinigungssets (cleaning sets/kits) angeboten.
- Bei Leitungen mit gleichbleibendem Durchmesser – z. B. bei Luftverteilern mit Revisionsöffnungen – ist das Säubern mittels „Molchen" (pigging) zu empfehlen. Hierbei handelt es sich um Schaumstoffbälle (spherical foam pigs), die unter Einsatz von Staubsaugern durch das Rohr gezogen werden und dabei durch Reibkräfte die Wandungen reinigen (Bild 2).

2 Reinigungsset (2 Reinigungskugeln u. Staubsaugeradapter)

- Luftleitungen mit unterschiedlichem Durchmesser können u. U. besser mit einer flexiblen Bürste (flexible brush pig) gereinigt werden. Hierbei handelt es sich um ein Set, das aus einer ca. 8 m langen flexiblen Biegewelle (flexible shaft) und einem hochflexiblen, weichen Bürstenkopf besteht. Als weiteres Zubehör sind Absaugvorrichtungen für Staubsauger vorhanden (Bild 3). Der Bürstenkopf (brush head) ist austauschbar und kann an die jeweiligen Leitungsdurchmesser angepasst werden. Mittels eines Akkuschraubers bzw. einer Bohrmaschine werden die Welle und der Bürstenkopf rechtsdrehend in der Leitung in Achsrichtung bewegt (Bild 4).

3 Rohrreinigungsset

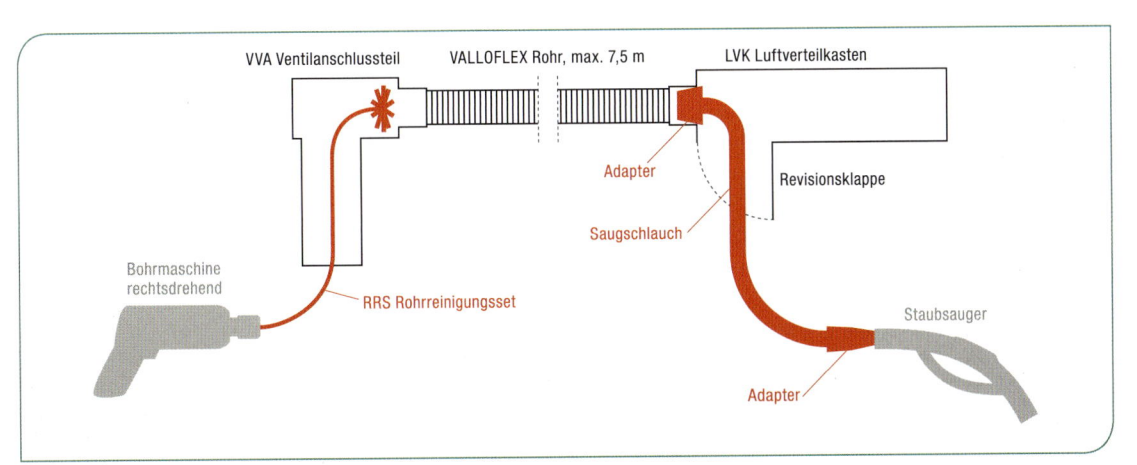

4 Reinigen von Luftleitungen mit einer biegsamen Welle

10.5 Wartungsprotokoll

Die bei der Wartung erledigten Arbeiten müssen protokolliert werden (be recorded). Dazu kann folgende Vorlage dienen:

Alternativ können universelle Protokollvorlagen verwendet werden, die alle anfallenden Arbeiten zeigen.

Protokoll Filterwechsel			
Datum	Betriebsstunden	nächster Wechsel	Name
18.04.2012	1869	3869	Lemmond
15.03.2013	3800	5800	Schupp

ÜBUNGEN

1. In welchen Intervallen müssen die Luftfilter gewechselt werden?
2. Welche Maßnahmen müssen Sie treffen, bevor Sie am Lüftungsgerät arbeiten?
3. Beschreiben Sie die Reinigung des Kreuzgegenstrom-Wärmeübertragers.
4. Beschreiben Sie die Wartung des Kondenswasserabflusses.
5. Beschreiben Sie die Reinigung der Luftleitungen. Erörtern Sie auch Alternativlösungen.

11 Servicing

The durability and efficiency of potable water systems, drainage systems and heating or air conditioning systems in public or domestic buildings and houses can be clearly improved by regularly carried out servicing. The planned preventive inspection, maintenance and reconditioning measures will not only help to assure the proper functioning of the different piping network, sanitary facilities, heating or cooling appliances and control systems, but can also avoid damages to the furnishing and structure of the building. Because of the technical complexity of the mentioned systems and the particular hazard potential of fuel oil, gas and electric installations, most of the servicing works must be done by trained and qualified installers or service technicians. In addition, special servicing schedules give guidance on how to proceed in case of inspection, maintenance or repair and many manufacturing companies will not accept any liability for improper or faulty works done on or in the units or appliances within the guarantee period.

Exercises[1]

1. Find the appropriate English terms for : Prüfen, Reinigen, Schmieren, Störungen, Auswechseln, Nachstellen, Verschleißteile, Ausfall, Wartungsvertrag, Betriebsbereitschaft, Folgeschäden, Istzustand, Funktionsfähigkeit, Wartungsintervalle, Wartungspläne, Bedienungsanleitung, Fehleranalyse, Prüfmethode, Prüfmittel, Instandsetzungsarbeiten.

2. Match the following incomplete sentences with the suitable missing clause
   A) Preventive inspection and maintenance will …
   B) Because of the technical complexity of the mentioned systems …
   C) Servicing schedules give guidance on how to proceed …
   D) Manufacturing companies will not accept any liability for …
   E) The durability and efficiency of heating systems can …

   a) … be improved by regular inspection, maintenance und repair.
   b) … in case of inspection, maintenance or repair.
   c) … improper or faulty works done on or in manufacturer brands by unqualified persons.
   d) … most of the servicing works must be done by trained and qualified installers.
   e) … help to assure the proper functioning of different sanitary facilities.

[1] Use your reference books (Grundkenntnisse Anlagenmechaniker SHK, Lernfeld 4 and Lernfeld 15 in this book), the internet or a dictionary.

11 Servicing

Exercises[1]

3. List general maintenance works for a
   a) single lever mixer tap aerator (fig. 1)
   b) basement floor drain (fig. 2)
   c) P-trap and the joints (fig. 3)
   d) centrifugal rainwater fine filter (fig. 4)

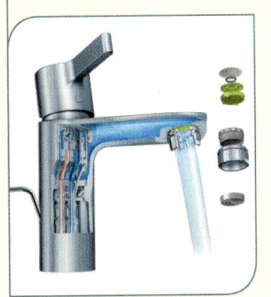

fig. 1

fig. 2

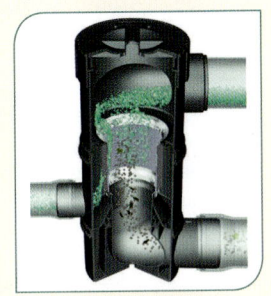

fig. 3

fig. 4

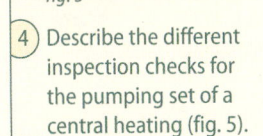

4. Describe the different inspection checks for the pumping set of a central heating (fig. 5).
   a) visual state checks
   b) functional checks
   c) adjustment checks

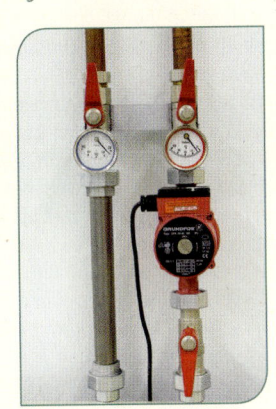

fig. 5 Pumping set

5. Translate the maintenance schedule of an atmospheric pre-mixing burner as shown in fig. 3 on page 456.

6. a) Match the following German descriptions with the corresponding pictures 6–13:
   Kontrolle der Zündelektroden, Verbrennungseinheit vom Brennkammerdeckel abheben, Brennkammer mit Wartungswerkzeug herausziehen, Verkleidung öffnen und Regelungskasten herunterklappen, Brennkammerdeckel mit Flammrohr herausziehen, Verbrennungseinheit in Wartungsposition einhängen, Wärmetauscher mit Bürste reinigen, Befestigungsschrauben der Verbrennungseinheit lösen.

   b) Translate the German sentences into English.

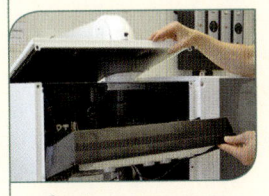

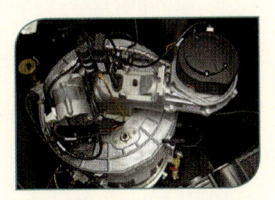

fig. 6

fig. 7

fig. 8

fig. 9

fig. 10

fig. 11

fig. 12

fig. 13

[1]) Use your reference books (Grundkenntnisse Anlagenmechaniker SHK, Lernfeld 4 and Lernfeld 15 in this book), the internet or a dictionary.

Lernfeld 15

Englisch-deutsche Vokabelliste

Abnormal occurence – Störfall	229
above air dew point – oberhalb des Taupunkts der Luft	354
above ground – oberirdisch	258
above-ground oil storage facility – oberirdische Öllageranlage	250
absolute humidity – Absolutfeuchte	346
absorber area – Absorberfläche	122
absorber plate – Absorberblech	121
absorption silencer – Absorptionsschalldämpfer	361
absorption well – Schluckbrunnen	313, 319
accelerated adaption/harmonisation – Angleichung	366
acceptance testing – Abnahmeprüfung	385
access hatch/manhole – Einstiegsöffnung	251
accessible – begehbar, zugänglich	126, 231
access/manhole shaft – Domschacht	251
accumulator – Akkumulator	371
accurate to degree – gradgenau	99
achieved by measurement – messtechnisch	212
acidic – säurehaltig	274
acid rain – saurer Regen	9
acid-resistant – säurebeständig	47
acquisition costs – Anschaffungskosten	76
activated carbon filter – Aktivkohlefilter	351
activation – Freischaltung	418
active cathodic corrosion protection – aktiver (kathodischer) Korrosionsschutz	80
active charcoal filter – Aktivkohlefilter	274
actual value – Istwert	393
actuator – Steller, Stellmotor	36, 399
adaptation – Adaption, Anpassung	259, 398, 409
A/D converter – Analog/Digitalumwandler	406
additional – hinausgehend	212
additional/supplemental inspection – zusätzliche Inspektion	440
adiabatic – adiabatisch	355
adjoining hot water storage tank/cylinder – nebenstehender Speicher-TWE	112
adjustable – regelbar	328
adjustable blade – verstellbare Schaufel	357
adjustable scalding guard – einstellbarer Verbrühschutz	101
adjustment – Anpassung, Einregulieren, Einstellung	192, 196, 386
adjustment check – Einstellungsprüfung	435
adjustment instruction – Einstellungsanweisung	409
admission pressure – Vordruck	456
advantage – Vorteil	8, 125
aerated – durchspült	340
aerosol – Aerosol	348
afterburning – Nachverbrennung	288
ageing – Alterung	307
ageing product – Alterungsprodukt	249
agitator – Rührwerk	284
air- and structure-borne noise – Körper- und Luftschall	361
airborne sound transmission – Luftschallübertragung	373
air bubble – Luftblase	450
air choke – Luftabschlussklappe	265
air circulation plant – Luftumwälzanlage	336
air conditioning – Klimatisierung, Luftaufbereitung	342, 343
air conditioning system – Klimaanlage	343
air conveyance principle – Förderprinzip	357
air cooler – Luftkühler	354
air detection – Lufterkennung	98
air diffuser – Stauscheibe	266
air distributor – Luftverteiler	376
air-dried – lufttrocken	280
air duct/chanel – Luftleitung	348, 362
air exchange – Luftwechsel	204, 216
air exchange rate – Luftwechselrate, Luftwechselzahl	301, 375
air filter – Luftfilter	348
air filter box – Luftfilter-Kassette	350
air grill – Lüftungsgitter	364
air guide blade – Luftleitlamelle	364
air humidification/moistening – Luftbefeuchtung	156
air humidifier – Luftbefeuchter	355
air humidifier module – Befeuchtungsmodul	356
air inlet – Lufteinlass	387
air-inlet damper – Zuluftklappe	35
air jet/stream – Luftstrahl	365
air outlet – Luftauslass	387
air passage – Luftdurchlass	364
air pocket – Luftsack	131
air pollutant – Luftverschmutzer	190
air pollution – Luftverunreinigung	338
air pre-heater module – Luftvorwärmmodul	356
air pressure – Luftdruck	172
air pressure measurement – Luftdruckmessung	344
air quality – Luftqualität	337
air ratio number – Luftverhältniszahl	7
air-steam mixture – Luft-Wasserdampf-Gemisch	344
air throttle – Luftklappe	197, 262
air throttling device – Luftdrosseleinrichtung	197
air tight – luftdicht	362
air-tight building shell/envelope – luftdichte Gebäudehülle	300
air-tightness measurement procedure – Luftdichtheits-Messverfahren	301
air-to-water heat pump – Luft-Wasser-Wärmepumpe	314, 319
air trap – Siphon	91
air treatment unit – Luftaufbereitungsgerät	348
air volume flow – Luftvolumenstrom	385
air washer – Luftwäscher	355
alignment – Ausrichtung	118
alternating operating – wechselseitig wirkend	376
alternative operation – alternative Betriebsweise	315
ambient-air dependent – raumluftabhängig	207, 216
anchor rod – Ankerstange	14
angular frame – Winkelrahmen	363
annealing – Ausglühen	32
annual efficiency – Jahresnutzungsgrad	25, 66
annual fuel costs – Jahresbrennstoffkosten	67
annual fuel demand – Jahresbrennstoffbedarf	65
annual heat demand – Jahreswärmebedarf	65
annual performance factor – Jahresarbeitszahl	316
annular gap – Ringspalt	458
anthracite coal – Anthrazit	280
anti-burglar security – Einbruchssicherheit	418
anti drumming compound – Antidröhnmasse	374
antifreeze – Frostschutzmittel	119, 132

Englisch-deutsche Vokabelliste

antifreeze and pH-value testing – Frostschutz- und pH-Wertprüfung	461
anti-gravity valve – Schwerkraftbremse, Schwerkraftklappe	112, 132, 135
antireflective coating – Antireflexbeschichtung	123
anti-siphon valve – Antiheberventil	258
antistatic – antistatisch	362
aperture area – Aperturfläche	122
appliance type – Geräteart	84
application – Anwendungsfall	339
application limit – Einsatzgrenze	315
appropriate for verification – eichfähig	234
approval, permit – Genehmigung	312
approved specialised company – zugelassener Fachbetrieb	250
approximately – näherungsweise, überschlägig	37, 65
aproximate method – Näherungsverfahren	50
aqueous aerosol – Wasseraerosol	156
arranged – angeordnet	253
ash – Asche	8
ash box – Ascheraum	292
ash removal – Entaschung	288
as light as possible – möglichst leicht	362
as needed – bei Bedarf	388
aspirator – Entlüfter	132
atmosphere sensity – „AS"	217
atmospheric burner – atmosphärischer Brenner	176
atomising pressure – Zerstäubungsdruck	268
at startup – Anfahrzustand	198
attached switchgear – angeschlossenes Schaltwerk	96
attendance/servicing – Wartung	388
attic heating – Dachheizungszentrale	29
attic heating centre – Dachheizzentrale	132
audit plan – Revisionsplan	431
automated process – automatisierter Vorgang	416
automatic – automatisch, selbsttätig	53, 177
automatic feed system – automatisches Fördersystem	278
automatic gas stoker – Gasfeuerungsautomat	181
automatic mode – Automatikbetrieb	400
automatic self-adjustment – automatische Selbstanpassung	409
automatic shutdown – Abstellautomatik	88
automatic stoker/burner controller – Feuerungsautomat	267
automatic water volume regulator – automatischer Wassermengenregler	109
automation level – Automationsebene	415
auxiliary energy – Hilfsenergie	121, 402
available flow rate – lieferbarer Volumenstrom	95
average – mittlere	117
average value – Mittelwert	57
axial compensation – Axialausgleich	226
axial flow fan – Axialventilator	357
axial thrust resistance – Längskraftschlüssigkeit	233
axis – Achse	117
Backfire-proof – rückbrandsicher	288
back flow – Rückfließen	34
backflow level – Rückstauebene	434
back-flush nozzle – Rückspüldüse	443
back panel – Rückwand	122
backward curved blades – rückwärts gekrümmte Schaufel	358
bacterial species – Bakterienart	156
bad/defect spot – Fehlstelle	81
baffle plate – Stauscheibe	197
baffle/splitter silencer – Kulissenschalldämpfer	361
bag filter – Beutelfilter	350
balanced flue boiler – Außenwandgerät	204, 219
balanced flue chimney – Luft-Abgas-Schornstein	50
balancing/setting tap – Abgleichhahn	461
ball housing – Kugelgehäuse	107
bare resistance wires or stripes – blanke Widerstandsdrähte oder -bänder	353
bare wire heater – Blankdraht-Heizkörper	85
bare-wire heating system – Blankdraht-Heizsystem	98
barometer reading – Barometerstand	344
base temperature – Sockeltemperatur	410
basic load – Grundlast	327
bath boiler – Badeofen	88
before construction – vor Baubeginn	53
below air dew point – unterhalb des Taupunktes der Luft	354
belt drive – Riementrieb	358
bend – Rohrbogen	92
bend/elbow – Bogen	386
be purged – ausgeblasen werden	240
be replaced – ausgetauscht werden	10
be restricted – eingeschränkt sein	224
besetting dirt – hartnäckiger Schmutz	467
be stored – gespeichert werden	133
be tapped – abgeklopft werden	237
between seasons – Übergangszeit	305
be updated – nachgerüstet werden	10
beverage water boiler – Kochendwassergerät	88
billet wood – Stück- oder Scheitholz	277
biodegradable – biologisch abbaubar	132
bio fuel oil – Bioheizöl	247
biogas – Biogas	172
bitten through by animals – Tierverbiss	131
bivalence point – Bivalenzpunkt	314, 315
bivalent operation – bivalente Betriebsweise	315
bivalent system – bivalente Anlage	331
bleeder/air vent – Entlüfter	258
bleeding device – Entlüftungseinrichtung	258
blind lid – Blinddeckel	284
block safety – „BS"	206, 217, 401
blow-down process – Abschlämmvorgang	356
blower burner – Gebläsebrenner	184
Blower-Door-Test – Blower-Door-Verfahren	301
blower fan speed – Gebläsedrehzahl	189, 267
blow/fuse – durchbrennen	98
blow-in pipe – Einblasrohr	281
blow-in socket – Einblasstutzen	282
blow tank – Entspannungstopf	31
blue flame – Blauflamme	264
blue shimmering coating – blau schimmernde Schicht	123
bluish – bläulich	176
body contact – Körperschluss	95
boiler – Kessel	10
boiler assembly – Kesselmontage	14
boiler base – Kesselsockel	112
boiler door – Kesseltür	445
boiler efficiency – Kesselwirkungsgrad	23

Englisch-deutsche Vokabelliste

boiler output – Heizkesselleistung	112
boiler output/capacity – Kesselleistung Φ_K	163
boiler room – Aufstellraum des Heizkessels	252
boiling point – Siedepunkt	132
borehole heat exchanger – Erdsonde	312
bottom agitator – Bodenrührwerk	290
bottom of combustion chamber – Brennkammerboden	445
branch – Ast	123
branching – Abzweigung	386
breastwork – Brüstung	47
breathing – Einatmen	10
brine circuit – Solekreis	314
brine fluid – Soleflüssigkeit	319
brine heat exchanger – Sole-Wärmeüberträger	369
brine pipeline – Soleleitung	369
brine-to-water heat pump – Sole-Wasser-Wärmepumpe	312
brown coal – Braunkohle	8, 280
brush – Bürste	455
brush head – Bürstenkopf	467
buffer – Pufferspeicher, Zwischenspeicher	293, 327
buffer storage – Pufferspeicher	37
buffer tank – Pufferspeicher	305, 315
building permission – Baugenehmigung	329
building regulation – baurechtliche Bestimmung	204, 219
built-in component – Einbaukomponente	362
bund – Auffangwanne	252
bunded oil tank system – Tank-im-Tank-System	253
burn-back protection – Rückbrandsicherung	292
burner – Brenner	109
burner and boiler unit – Unit-Kessel	13
burner housin – Brennergehäuse	456
burner tube – Brennrohr	176
burning – Verfeuerung	10
burnout – Ausbrand	292
bus line – Busleitung	418
by actuating – durch Betätigen	440
by-pass area – Bypassraum	107
by-pass cross section – Bypassquerschnitt	107
bypass flap control – Bypass-Klappensteuerung	369
Cable based transmission mode – kabelgebundene Übertragungsart	417
calcination signalling – Verkalkungsanzeige	93
calculated quantity – rechnerisch ermittelte Größe	344
calculation method – Berechnungsverfahren	148
calibration – Einmessung	196
caloric rating – Wärmewert	3
calorific value – Heizwert	3
calorific value technique – Brennwerttechnik	106
canal – Kanal	225
cancer – Krebs	10
cannot be switched off – nicht schnell abschaltbar	35
canvas bellow joint – Gewebefaltenbalg/„Segeltuchstutzen"	374
capillary tube – Kapillarrohr	36
cap shutoff valve – Kappenventil	30
capture hood – Volumenstromhaube	387
carbon oxide emission – Kohlenmonoxidemission	58
carburetted water gas – Kohlenwassergas	172
carrier material – Trägermaterial	191
carry out a visual check – optische Prüfung durchführen	461
casing cover – Gehäusedeckel	449
cast iron boiler – Gussheizkessel	14
catalytic-acting precious metal layer – katalytisch wirkende Edelmetallschicht	330
catalytic burner – katalytischer Brenner	190
catch – Selbsthaltung	90
catch chamber – Auffangkammer	91
catchpit area – Auffangraum	251
cautious cleaning without pressing – behutsam und ohne aufzudrücken reinigen	463
cavity – Hohlraum	233, 313
centralised potable water heating – zentrale Trinkwassererwärmung	110
centralised supply – zentrale Versorgung	77
Central Processing Unit – Mikroprozessor – auch CPU	415
centre – Mittelpunkt	10
ceramic insulated – keramisch isoliert	85
certain – bestimmt	212
certificate – Bescheinigung	11
change – Veränderung	457
change in travel – Hubänderung	287
changeover interval – Umschaltintervall	371
characteristic feature – Eigenschaft	5
charcoal – Holzkohle	288, 445
charge pot – Füllraum	445
charging time – Ladezeit	371
check – Überprüfung, prüfen	59, 395
check on easy motion/free movement – Prüfung auf Leichtgängigkeit	435
check valve – Rückflussverhinderer	92, 142
chilled dew point mirror – Taupunktspiegel	198
chimney – Schornstein	44
chimney cowl – Schornsteinkopf	50
chimney draught – Schornsteinzug	23, 190
chimney system – Schornsteinsystem	44
chipper – Hacker	279
chlorinated – chlorhaltig	126
chlorofluorcarbon – Fluorchlorkohlenwasserstoff	10
circuit breaker – Überstromschutzeinrichtung	84
circuit protective conductor – cpc/earth – Schutzleiteranschluss	85
circulating blade – Rotationslamelle	355
circulation loop – Zirkulationskreis	150
circumferential beads – umlaufende Sicken	363
city gas – Stadtgas	172
clamping rail – Treibschieber	363
cleaning – Reinigung	455
cleaning interval – Reinigungsintervall	441
clear off – anlösen/entfernen	467
closed hot water heating system – geschlossene Warmwasser-Heizungsanlage	28
closed loop – geschlossener Kreislauf	397
closed loop controlling – Regeln	393, 397
coal – Kohle	8, 285
coal brick – Brikett	280
coal gas – Steinkohlengas	172
coalification – Inkohlungsprozess	280
coarse filter – Grobfilter	348
coating – Beschichtung, Belag	370, 449

Englisch-deutsche Vokabelliste

coefficient of performance – Leistungszahl	316
cogeneration – Kraft-Wärme-Kopplung	327
coil – Windung	275
coiled snake-like – schlangenförmig	312
coiled tube heat exchanger – Rohrwendelwärmeübertrager	113, 159
coke – Steinkohlenkoks	280
cold combustion – kalte Verbrennung	330
cold water – Kaltwasser	108
cold water inlet flow – Kaltwasserzulaufmenge	91
collecting pipe – Sammelleitung	148
collecting tray/drip pan – Auffangwanne	354
collector – Sammler	324
collector surface – Kollektorfläche	118
combination – Kombination	212
combination boiler – Gas-Kombiwasserheizer	203
combined – kombiniert	239
combined heating and power station – Heizwerke und Heizkraftwerke	321
combustible – brennbar	171, 223
combustion – Verbrennung, Abbrand	5, 286
combustion air – Verbrennungsluft	5
combustion air damper – Verbrennungsluftklappe	185
combustion airflow – Verbrennungsluftmenge	196
combustion air-fuel ratio – Verbrennungsluftverhältnis	267
combustion air supply – Verbrennungsluftzufuhr, Verbrennungsluftversorgung	205, 210, 292
combustion chamber – Brennkammer, Verbrennungskammer	13, 109, 216
combustion efficiency – Wirkungsgrad	22
combustion gas – Abgas	9
combustion space – Brennraum	48
comfort – Komfort	396
comfort appliance – Komfortgerät	99
comfort zone/field/range – Behaglichkeitsfeld	337
command variable – Führungsgröße	34, 396
commissioning – Inbetriebnahme	385
commissioning certificate – Inbetriebnahmeprotokoll	197, 269
compact fitting – Kompaktarmatur	144
compact unit – Kompaktgerät	314
comparator, comparing element – Vergleichsglied	399
compatible linkage – Kompatibilität	417
compensating diaphragm – Ausgleichs-Membrane	91
competent – sachkundig	236
complete – vollständig	8
compression force – Druckkraft	123
compression heat pump – Kompressions-Wärmepumpe	309
compression joint – Pressverbindung	131
compressor – Verdichter	309, 319
concealed – Putz	233
concentic – konzentrisch	273
concentration – Konzentration	10
condensate and rinse water drainage – Kondensat- und Spülwasserableitung	288
condensate return – Kondensatrückführung	322
condensation product – Kondensat	18
condenser – Kondensator, Verflüssiger	125, 319
condensing boiler – Brennwertgerät, Brennwertkessel	13, 23, 44, 45
condensing boiler technology – Brennwerttechnik	176
condensing technology – Brennwerttechnik	19
condensing unit – Brennwertmodul	289
condition – Voraussetzung, Zustand	5, 455
condition/state check – Zustandprüfung	435
conduction of hot gas – Heizgasführung	13
conductivity – Leitfähigkeit	395
conformity mark – Konformitätszeichen	85
connected gas flow rate – Gas-Anschlusswert	105
connected load – Anschlusswert	95
connecting device – Anschlussvorrichtung	289
connecting piece – Verbindungsstück	47, 51
connecting pipe – Verbindungsleitung, Verbindungsrohr	30, 49
connecting room – Verbundraum	210
connection – Anschluss	30
connection facility – Anschlussmöglichkeit	93
construction – Bauart	184
container – Auffangbehälter	132
container base/bottom – Behältersohle	255
contamination – Kontaminierung	155
continuous controller – Stetigregler	405
continuous flow principle – Durchlaufprinzip	203
continuously variable speed control – stufenlose Drehzahlregelung	357
continuous operation – Dauerbetrieb	94
continuous service – Dauerbetrieb	89
continuous working heat exchanger – kontinuierlich arbeitender Wärmeübertrager	368
contraction – Verengung	106
contributory cause – Mitverursacher	9
control box – Schaltkasten	108, 109
control center – Leitzentrale	415
control element – Regelglied	399
controlled domestic ventilation – kontrollierte Wohnungslüftung	300
controlled system – Regelstrecke	399
controlled variable – Regelgröße	398
controlled ventilation – kontrollierte Entlüftung	375
controller – Rechner, Regler, Steuergerät	179, 399, 401, 407
controller output variable – Reglerausgangsgröße	399
controlling – Regelung	28
control loop – Regelkreis	397
control mode – Regelverhalten	402
control print-out – Kontrollausdruck	58
control system – Regeleinrichtung	399
control unit – Steuergerät	264
control valve – Steuerventil	99
conveyor – Fördereinrichtung	282
cooking vapour – Kochdunst	216
cooling – Kühlen	342
cooling and waste water – Abwasser	313
cooling capacity – Kühlleistung	319, 354
cooling circuit – Kältekreis	319
cooling load – Kühllast	341
cooling load case – Kühllastfall	341
cooling rod – Kühlstab	183
copper riser/rising main – Kupfer-Steigleitung	153
core – Kern	175
core flow – Kernstrom	57
correcting variable pace – Stellgrößengeschwindigkeit	406
corridor – Flur	206

Englisch-deutsche Vokabelliste

corrosion protection measure –
   Korrosionsschutzmaßnahme — 233
corrosion resistance – Korrosionsbeständigkeit — 19
corrugated pipe – Wellrohrleitung — 232
corrugated stainless steel tube – Edelstahl-Wellrohr — 131
counter flow – Gegenstrom — 114, 159, 368
counter-rotating – gegenläufig — 357
coupled control – Verbundregelung — 188
coupling socket – Kupplungsstutzen — 282
course of the sun – Sonnengang — 341
craft – Gewerk — 374
cross-counterflow heat exchanger –
   Kreuz-Gegenstrom-Wärmeübertrager — 369
cross flow – Kreuzstrom — 159, 368
cross-flow fan – Querstromventilator — 358
cross-sectional area – Querschnitt — 211
cross-talk sound attenuator – „Telefonie"-Schalldämpfer — 361
crude oil – Erdöl — 247
cube casing/housing of the fan –
   Ventilatorwürfel des Gerätegehäuses — 358
cubic meter of piled timber – Raummeter (rm) — 277
current path – Strompfad — 154
custom-built model – Sonderausführung — 205
cylinder – Flasche — 223
cylinder bottom – Speicherboden — 110
cylinder feed pump – Speicherladepumpe — 112
cylindric jacket – zylindrischer Mantel — 113

Daily and weekly program – Tages- und Wochenprogramm — 418
damage – Schädigung — 311
damping – Dämpfung — 404
death – Todesfall — 47
decalcification – Entkalkung — 86
decentralised domestic ventilation –
   dezentrale Wohnraumlüftung — 371
decentralised/localised supply – dezentrale Versorgung — 76
decoupling – Entkoppelung — 315, 373
decrease mode – Absenkbetrieb — 418
dedusting efficiency – Entstaubungsgrad — 350
deformation noise – Verformungsgeräusch — 362
defrosting – Abtauung — 315
degree of humidity – Feuchtegrad — 346
degree of utilisation – Nutzungsgrad — 24
dehumidification – Entfeuchten, Entfeuchtung — 342, 354
dehumidification capacity – Entfeuchtungsleistung — 354
dehumidification efficiency – Entfeuchtungswirkungsgrad — 354
dehumidify – entfeuchten — 354
demand – Bedarf — 304
density – Dichte — 173, 247
deposit – Ablagerung — 274, 323
designed to – ausgelegt für — 259
designed to be dismantled easily –
   demontagegerecht konzipiert — 103
design/structural shape – Bauform — 348
desired value – Sollwert — 394
detachable – lösbar — 232
detachable connection – lösbare Verbindung — 82
determinated by measurement – messtechnisch — 385
development – Entwicklung — 189
device – Einrichtung — 28

dew point – Taupunkt — 202
dew point monitoring/control – Taupunktüberwachung — 319
dew point of water vapour – Wasserdampftaupunkt — 9
diagnostic control signal – Diagnoseampel — 102
diagnostic plug – Diagnosestecker — 102
diagram – Diagramm — 50
diaphragm – Membran — 108
diaphragm chamber – Membrankammer — 106
diaphragm type expansion tank – Membran-AG — 78
different – verschieden — 178
different/diverging wall structure –
   unterschiedlicher Wandaufbau — 303
differential gap – Schaltdifferenz — 404
differential pressure – Differenzdruck — 109
differential pressure regulator – Wasserschalter — 108
differential pressure survey point –
   Differenzdruckabnahme — 109
differential pressure switch –
   Differenzdruckschalter (Druckdose) — 109
diffuse radiation – diffuse Strahlung — 116
diffusion – Diffusion — 176
dimensioning – Auslegung — 229, 362
dimensioning of the air distribution system –
   Dimensionierung des Luftverteilsystems — 339
dip stick – Peilstab — 255
dip tube – Tauchrohr — 255
direct – unmittelbar — 210
direct connection – direkte Anbindung — 305
direct current – Gleichstrom — 178
Direct Digital Control – DDC-Regler — 415
direct flow evacuated tube collector –
   direkt durchströmte Vakuumröhre — 124
direct heated water heater – direkt (unmittelbar) beheizter Trinkwassererwärmer — 79
direct radiation – direkte Strahlung — 117
dirt and deposit – Schmutz und Ablagerung — 443
dirt trap – Schmutzfänger — 180
disadvantage – Nachteil — 126
discharge – ablassen, Ausstoß — 10, 132
discharge pipe – Abblasleitung — 144
discharge screw – Austragungsschnecke — 290
discharge spout – Überlaufrohr — 88
discolouration – Verfärbung — 446
disconnect from the power supply –
   vom Stromnetz trennen — 436
discontinuous controller – unstetiger Regler — 404
disease agent – Krankheitserreger — 155
displacement principle – Verdrängungsprinzip — 90
display – Feld — 34
display accuracy – Anzeigengenauigkeit — 101
display mode – Anzeigenkombination — 102
disposable material – Wegwerfmaterial — 350
distribution network – Verteilungsnetz — 222
district heating – Fernwärmeversorgung, Fernwärmeversorgungsanlage — 321, 327
district heating distribution – Fernwärmeverteilung — 322
disturbance – Störung — 406
disturbance variable – Störgröße — 396, 399
diverted – umgelenkt — 15
domestic appliance – Haushaltsgerät — 416

Englisch-deutsche Vokabelliste

domestic combustion – häuslicher Abbrand	348
double circuit system – Zweikreissystem	17
double tube – Doppelrohr	361
double-walled – doppelwandig	111, 125, 251
double-walled pipe – doppelwandige Rohrleitung	258
downfiring combustion technology – Sturzbrandtechnik	292
downstream/subsequent heater – nachgeschalteter Erhitzer	369
downtime – Stillstandszeit	52, 370
draft – Zugluft	366
draft effect – Zugerscheinung	303
drain – ablassen	461
drain line – Abblasleitung	30
drain valve – Entleerung	142
draught – Schornsteinzug, Zug, Zugerscheinung	15, 59, 220, 339
draught diverter – Strömungssicherung	105, 198, 201, 207, 216
draught of chimney – Schornsteinzug	48
draught regulator – Nebenluftvorrichtung, Zugregler	37, 59
draught stabiliser – Nebenluftvorrichtung	52
draugt fan – Saugzugebläse	292
draw a sample – Probenahme	461
draw-off interval – Entnahmepause	77
draw-off point – Entnahmestelle	76, 92
draw-off volume flow – Auslauf-Volumenstrom	79
drilling company – Bohrfirma	313
drinking water feed pipe – Trinkwasserzuführungsleitung	144
drinking water network – Trinkwassernetz	133
drive motor – Antriebsmotor	290
drop – abfallen	237
droplet separator – Tropfenabscheider	354
dry bulb temperature – Trockenkugeltemperatur	347
dry combustion chamber – trockene Brennkammer	16
dry running – Trockenlauf	97
dual-circuit mode – Zweikreisbetrieb	86
dual solar system for water and space heating – Kombisolaranlage für TWE und Raumheizung	304
duct – Leitung, Schacht	45, 211
duct and tube fan – Rohrventilator	357
duct suspension – Rohraufhängung	374
durability period – Betriebsdauer	329
durable – dauerhaft	362
duration of sunshine – Sonnenscheindauer	117
dust – Staub	446
dust development – Staubentwicklung	281
dust holding capacity – Staubspeicherfähigkeit	350
dust particle size – Staubteilchengröße	349
dust-proof sealing gasket – staubundurchlässige Dichtung	281
dwelling/stay zone – Aufenthaltszone	366
dying forest syndrom – Waldsterben	9
Earth – Erder	233
earth atmosphere – Erdatmosphäre	116
earth collector – Erdkollektor	377
earth's crust – Erdrinde	171
earth's surface – Erdoberfläche	116
easily accessible – leicht zugänglich	82
economical use of energy – wirtschaftliche Energienutzung	329
economic efficiency – Wirtschaftlichkeit	317
effective – wirksam	46
effektive volume – Nutzvolumen	80
efficiency – Wirkungsgrad	9, 202
elastic force – Federkraft	30
electric air heater – Elektrolufterhitzer	353
electrical connection – elektrischer Anschluss	84, 451
electrical equipment – elektrisches Betriebsmittel	85
electrical power – elektrische Leistung	328
electrically conductive – Strom leitend	178
electric arc – Lichtbogen	264
electric conductivity – elektrische Leitfähigkeit	98
electric current – Thermostrom	178
electric failure/malfunction – elektrische Störung	94
electric heating device – elektrischer Heizkörper	85
electric heating rod – Elektroheizstab	314
electric immersion heater – Elektro-Heizeinsatz	112
electric kettle – Schnellwasserkocher	88
electric resestivity – elektrischer Widerstand	256
electric storage water heater – Kochautomat	89
electric water heater – Trinkwassererwärmer	75
electric water jug – Schnellwasserkocher	88
electrochemical series – elektrochemische Spannungsreihe	80
electrolyte membrane – Elektrolytmembran	330
electromagnetic compatibility – EMC – elektromagnetische Verträglichkeit	85
electromagnetic water softener – elektromagnetische Kaltwasserbehandlung	89
electromotor – Elektromotor	262
electronically controlled instantaneous water heater – elektronisch geregelter Durchfluss-TWE	100
electronic guard – Sicherheitselektronik	100
electronic level indicator – elektronischer Ölstandsanzeiger	256
electronic organizer – elektronischer Kalender	400
electron-impermeable – elektronenundurchlässig	330
electrostatic air filter – Elektroluftfilter	351
electrostatic sparking – Funkenbildung	282
elliptical orbit – elliptische Umlaufbahn	116
embedded conductive carbon particle – eingebettetes stromleitendes Kohlenstoffteilchen	154
emergency pull cord – Reißleine	255
emergency restart – Neustart	181
emergency stop – Notschalter	212
emission measurement – Emissionsmessung	449
emission ratio – Emissionsgrad	303
emptying – entleeren	436
emptying procedure/process – Entleerungsvorgang	436
enamelled – emailliert	105, 133
energy content – Energieinhalt	115
energy converter – Energieumwandler	9
energy crisis – Energiekrise	49
energy density – Energiedichte	278
energy generating system – Energiegewinnungssystem	369
Energy Savings Ordinance – EnEV	299
enforcement – Verordnung	10
engine-based-cogenerator – Blockheizkraftwerk	212, 326
entering of gas – Einlassen von Gas	240
enthalpy – Enthalpie	346
entrance port – Eintrittsöffnung	446
entry-area – Eingangsbereich	107

Englisch-deutsche Vokabelliste

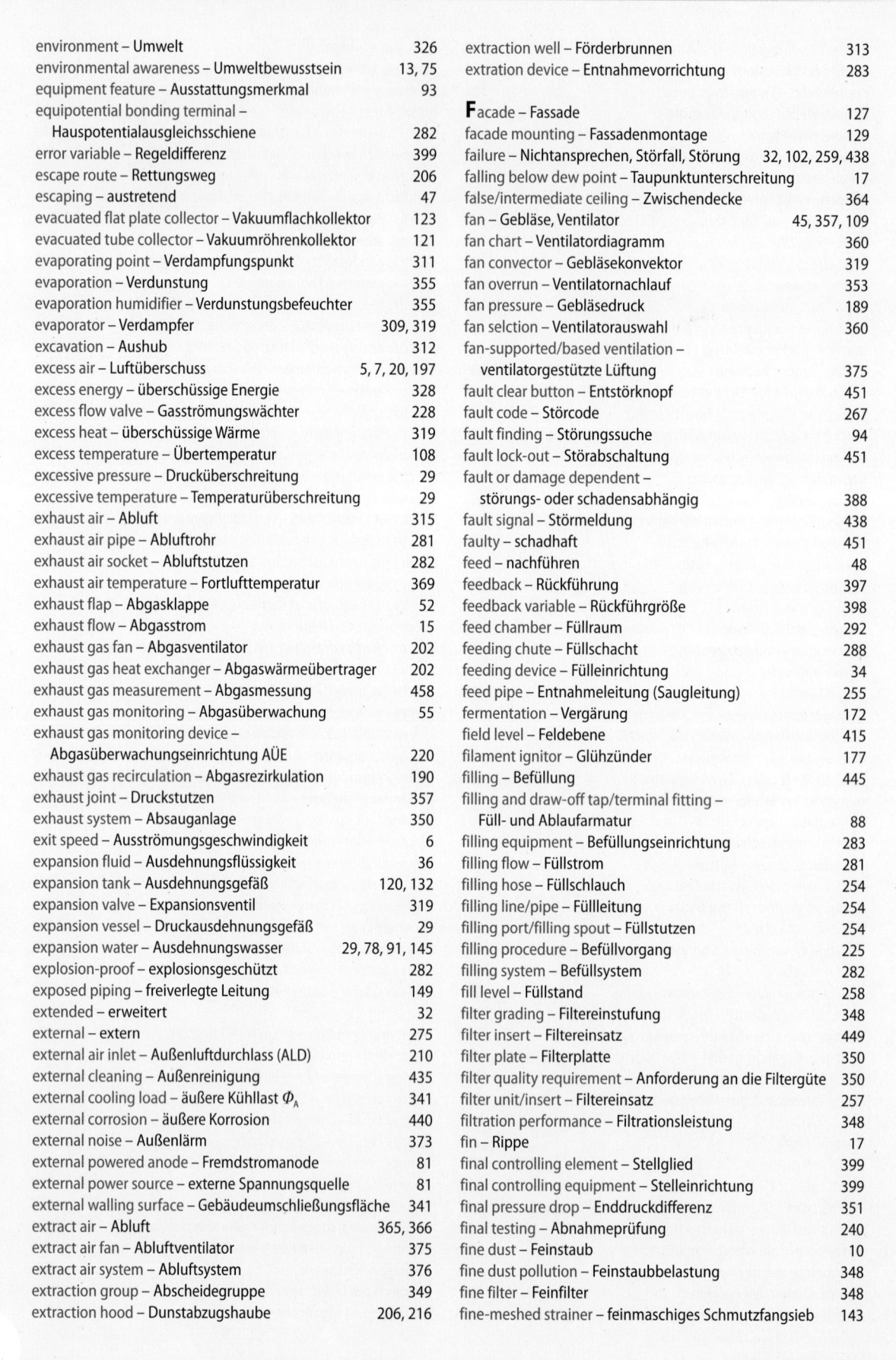

environment – Umwelt	326
environmental awareness – Umweltbewusstsein	13, 75
equipment feature – Ausstattungsmerkmal	93
equipotential bonding terminal – Hauspotentialausgleichsschiene	282
error variable – Regeldifferenz	399
escape route – Rettungsweg	206
escaping – austretend	47
evacuated flat plate collector – Vakuumflachkollektor	123
evacuated tube collector – Vakuumröhrenkollektor	121
evaporating point – Verdampfungspunkt	311
evaporation – Verdunstung	355
evaporation humidifier – Verdunstungsbefeuchter	355
evaporator – Verdampfer	309, 319
excavation – Aushub	312
excess air – Luftüberschuss	5, 7, 20, 197
excess energy – überschüssige Energie	328
excess flow valve – Gasströmungswächter	228
excess heat – überschüssige Wärme	319
excess temperature – Übertemperatur	108
excessive pressure – Drucküberschreitung	29
excessive temperature – Temperaturüberschreitung	29
exhaust air – Abluft	315
exhaust air pipe – Abluftrohr	281
exhaust air socket – Abluftstutzen	282
exhaust air temperature – Fortlufttemperatur	369
exhaust flap – Abgasklappe	52
exhaust flow – Abgasstrom	15
exhaust gas fan – Abgasventilator	202
exhaust gas heat exchanger – Abgaswärmeübertrager	202
exhaust gas measurement – Abgasmessung	458
exhaust gas monitoring – Abgasüberwachung	55
exhaust gas monitoring device – Abgasüberwachungseinrichtung AÜE	220
exhaust gas recirculation – Abgasrezirkulation	190
exhaust joint – Druckstutzen	357
exhaust system – Absauganlage	350
exit speed – Ausströmungsgeschwindigkeit	6
expansion fluid – Ausdehnungsflüssigkeit	36
expansion tank – Ausdehnungsgefäß	120, 132
expansion valve – Expansionsventil	319
expansion vessel – Druckausdehnungsgefäß	29
expansion water – Ausdehnungswasser	29, 78, 91, 145
explosion-proof – explosionsgeschützt	282
exposed piping – freiverlegte Leitung	149
extended – erweitert	32
external – extern	275
external air inlet – Außenluftdurchlass (ALD)	210
external cleaning – Außenreinigung	435
external cooling load – äußere Kühllast Φ_A	341
external corrosion – äußere Korrosion	440
external noise – Außenlärm	373
external powered anode – Fremdstromanode	81
external power source – externe Spannungsquelle	81
external walling surface – Gebäudeumschließungsfläche	341
extract air – Abluft	365, 366
extract air fan – Abluftventilator	375
extract air system – Abluftsystem	376
extraction group – Abscheidegruppe	349
extraction hood – Dunstabzugshaube	206, 216
extraction well – Förderbrunnen	313
extration device – Entnahmevorrichtung	283
Facade – Fassade	127
facade mounting – Fassadenmontage	129
failure – Nichtansprechen, Störfall, Störung	32, 102, 259, 438
falling below dew point – Taupunktunterschreitung	17
false/intermediate ceiling – Zwischendecke	364
fan – Gebläse, Ventilator	45, 357, 109
fan chart – Ventilatordiagramm	360
fan convector – Gebläsekonvektor	319
fan overrun – Ventilatornachlauf	353
fan pressure – Gebläsedruck	189
fan selction – Ventilatorauswahl	360
fan-supported/based ventilation – ventilatorgestützte Lüftung	375
fault clear button – Entstörknopf	451
fault code – Störcode	267
fault finding – Störungssuche	94
fault lock-out – Störabschaltung	451
fault or damage dependent – störungs- oder schadensabhängig	388
fault signal – Störmeldung	438
faulty – schadhaft	451
feed – nachführen	48
feedback – Rückführung	397
feedback variable – Rückführgröße	398
feed chamber – Füllraum	292
feeding chute – Füllschacht	288
feeding device – Fülleinrichtung	34
feed pipe – Entnahmeleitung (Saugleitung)	255
fermentation – Vergärung	172
field level – Feldebene	415
filament ignitor – Glühzünder	177
filling – Befüllung	445
filling and draw-off tap/terminal fitting – Füll- und Ablaufarmatur	88
filling equipment – Befüllungseinrichtung	283
filling flow – Füllstrom	281
filling hose – Füllschlauch	254
filling line/pipe – Füllleitung	254
filling port/filling spout – Füllstutzen	254
filling procedure – Befüllvorgang	225
filling system – Befüllsystem	282
fill level – Füllstand	258
filter grading – Filtereinstufung	348
filter insert – Filtereinsatz	449
filter plate – Filterplatte	350
filter quality requirement – Anforderung an die Filtergüte	350
filter unit/insert – Filtereinsatz	257
filtration performance – Filtrationsleistung	348
fin – Rippe	17
final controlling element – Stellglied	399
final controlling equipment – Stelleinrichtung	399
final pressure drop – Enddruckdifferenz	351
final testing – Abnahmeprüfung	240
fine dust – Feinstaub	10
fine dust pollution – Feinstaubbelastung	348
fine filter – Feinfilter	348
fine-meshed strainer – feinmaschiges Schmutzfangsieb	143

Englisch-deutsche Vokabelliste

fin heat exchanger – Lamellenwärmeübertrager	310
finite resistance value – „endlicher" Widerstandswert	94
fire ceramics – Feuerkeramik	287
fire damper – Brandschutzklappe	366
fireproof sleeve – Brandschott	368
fireproof wall and ceiling duct – Wand- oder Deckenschott	368
fire protection – Brandschutz	326, 366
fire protection measure – Brandschutzmaßnahme	281
fire protection requirement – Brandschutzforderung	367
fire protection valve – Brandschutzventil	366
fire regulation – Brandschutzbestimmung	233
fire resistance class – Feuerwiderstandsklasse	294, 367
fire resistance duration – Feuerwiderstandsdauer	367
fire-resistant – feuerbeständig	252
fire resistant flapper – feuerfeste Prallplatte	274
fire-retardant – feuerhemmend	252, 294
fire section/compartment – Brandabschnitt	366
firewood – Scheitholz	10
firing capacity – Feuerungsleistung	20
firing manager – Feuerungs-Manager	189
first start-up – Erstinbetriebnahme	101
fissure – Riss	447
fitting – Formstück	51, 131
five-core cable – fünfadriges Anschlusskabel	84
fixed – fest eingestellt, gebunden	9, 16
flame cooling – Flammenkühlung	10
flame formation – Flammenbildung	265
flame front – Flammenfront	292
flameless – flammenlos	184, 191
flame monitoring relay – Flammenwächterrelais	179
flame rectification device – Ionisationsflammenüberwachung	177
flame supervision – Flammenüberwachung	264
flame supervision device – Flammenüberwachungseinrichtung, Flammenwächter	176, 451
flame temperature – Flammentemperatur	183
flashback – Flammenrückschlag	183
flash back (to flash back) – zurückschlagen	176
flash point – Flammpunkt	248
flat plate collector – Flachkollektor	121
flat roof – Flachdach	127
flexible brush pig – flexible Bürste	467
flexible connection – flexible Anbindung	374
flexible heat tracing tape – flexibles Heizband	154
flexible hose – flexibler Schlauch	364
flexible pipe/line – flexible Leitung	255
flexible shaft – flexible Biegewelle	467
float gauge – Schwimmer-Füllstandsanzeiger	255
floating – Aufschwimmen	251
floating suction – schwimmende Ansaugung	255
floor drain – Bodenablauf	252
floor heating – Fußbodenheizung	20
floor-mounted storage tank – Standspeicher	92
floor screed – Estrich	233
floor-standing – bodenstehend	19
flow control valve – Mengenregelventil	92
flow line – Fließweg	148
flow pipe – Vorlauf	30
flow rate – Förderleistung	109
flow switch – Strömungsschalter	98
flow temperature – Vorlauftemperatur	306
flow velocity – Strömungsgeschwindigkeit	385
fluctuation – Schwankung	396
fluctuation of temperature – Temperaturschwankung	314
flue – Abgaszug, Heizzug	202, 455
flue baffle – Abgaswendel	105
flue connection – Schornsteinanschluss	204
flue gas – Abgas	44
flue gas control – Abgasüberwachung	108
flue gas discharge – Abgasabfuhr	205
flue gas loss – Abgasverlust	22
flue gas measurement – Abgasmessung	22
flue gas monitoring device – Abgasüberwachungseinrichtung	401
flue gas rate – Abgasvolumen	44
flue gas removal – Rauchgasführung	5
flue gas system – Abgasanlage	44
flue manifold – Abgassammler	109
flue outlet – Abgasstutzen	50
flue pipe – Abgasleitung	44
flue terminal – Schornsteinmündung	46
fluid level – Flüssigkeitsspiegel	255
flush mounting – Unterputzinstallation	89, 101
fly ash – Flugasche	445
fog up – beschlagen	198
foldable shower hose – Dusch- bzw. Spülschlauch	91
foot valve – Fußventil	258
force-controlled – zwangsgesteuert	53
forced draft chamber – Druckkammer	358
forced draught fan – Druckgebläse	288
force equation system – Kraftvergleichssystem	143
forcible circulation system – Zwangsumlaufsystem	203
formation of condensation water – Schwitzwasserbildung	412
formation of soot – Verrußung	47
forward curved blade – vorwärts gekrümmte Schaufel	358
fossil energy resource – fossile Energieressource	115
four-way valve – Vier-Wege-Ventil	319
frame – Rahmen	122
free from air bubbles – luftblasenfrei	98
free-standing – im Freien	251
free ventilation – freie Lüftung	375
free-wheeling – Freilauf	291
frequency spectrum – Frequenzspektrum	362
fresh air inlet – Frischlufteintritt	369
fresh water station – Frischwasserstation	412
frictional resistance – Reibungswiderstand	362
frost-free – frostgeschützt	29
frost protection limit – Frostschutzgrenze	461
frost-resisting – frostsicher	126
fuel – Brennstoff	3
fuel-air ratio control – Brennstoff/Luft-Verbund	267
fuel cell – Brennstoffzelle	329
fuel cell heating unit – Brennstoffzellen-Heizgerät	331
fuel cell reformer – Konverter / Reformer	330
fuel chamber door – Füllraumtür	291
fuel combustion time – Brenndauer	286
fuel gas – Brenngas	171
fuel oil – Heizöl	247, 249
fuel oil fiter – Heizölfilter	257

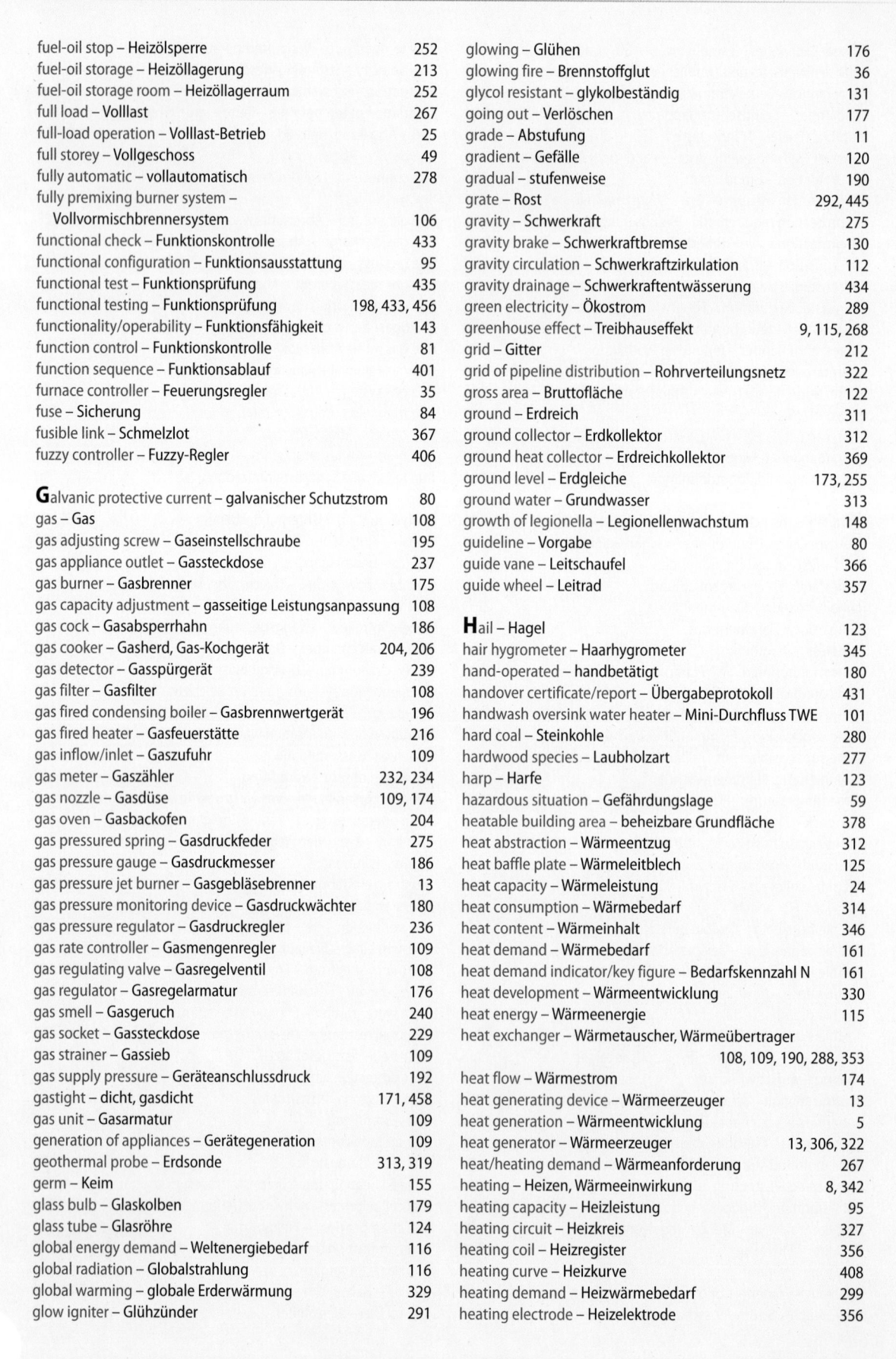

fuel-oil stop – Heizölsperre	252
fuel-oil storage – Heizöllagerung	213
fuel-oil storage room – Heizöllagerraum	252
full load – Volllast	267
full-load operation – Volllast-Betrieb	25
full storey – Vollgeschoss	49
fully automatic – vollautomatisch	278
fully premixing burner system – Vollvormischbrennersystem	106
functional check – Funktionskontrolle	433
functional configuration – Funktionsausstattung	95
functional test – Funktionsprüfung	435
functional testing – Funktionsprüfung	198, 433, 456
functionality/operability – Funktionsfähigkeit	143
function control – Funktionskontrolle	81
function sequence – Funktionsablauf	401
furnace controller – Feuerungsregler	35
fuse – Sicherung	84
fusible link – Schmelzlot	367
fuzzy controller – Fuzzy-Regler	406
Galvanic protective current – galvanischer Schutzstrom	80
gas – Gas	108
gas adjusting screw – Gaseinstellschraube	195
gas appliance outlet – Gassteckdose	237
gas burner – Gasbrenner	175
gas capacity adjustment – gasseitige Leistungsanpassung	108
gas cock – Gasabsperrhahn	186
gas cooker – Gasherd, Gas-Kochgerät	204, 206
gas detector – Gasspürgerät	239
gas filter – Gasfilter	108
gas fired condensing boiler – Gasbrennwertgerät	196
gas fired heater – Gasfeuerstätte	216
gas inflow/inlet – Gaszufuhr	109
gas meter – Gaszähler	232, 234
gas nozzle – Gasdüse	109, 174
gas oven – Gasbackofen	204
gas pressured spring – Gasdruckfeder	275
gas pressure gauge – Gasdruckmesser	186
gas pressure jet burner – Gasgebläsebrenner	13
gas pressure monitoring device – Gasdruckwächter	180
gas pressure regulator – Gasdruckregler	236
gas rate controller – Gasmengenregler	109
gas regulating valve – Gasregelventil	108
gas regulator – Gasregelarmatur	176
gas smell – Gasgeruch	240
gas socket – Gassteckdose	229
gas strainer – Gassieb	109
gas supply pressure – Geräteanschlussdruck	192
gastight – dicht, gasdicht	171, 458
gas unit – Gasarmatur	109
generation of appliances – Gerätegeneration	109
geothermal probe – Erdsonde	313, 319
germ – Keim	155
glass bulb – Glaskolben	179
glass tube – Glasröhre	124
global energy demand – Weltenergiebedarf	116
global radiation – Globalstrahlung	116
global warming – globale Erderwärmung	329
glow igniter – Glühzünder	291
glowing – Glühen	176
glowing fire – Brennstoffglut	36
glycol resistant – glykolbeständig	131
going out – Verlöschen	177
grade – Abstufung	11
gradient – Gefälle	120
gradual – stufenweise	190
grate – Rost	292, 445
gravity – Schwerkraft	275
gravity brake – Schwerkraftbremse	130
gravity circulation – Schwerkraftzirkulation	112
gravity drainage – Schwerkraftentwässerung	434
green electricity – Ökostrom	289
greenhouse effect – Treibhauseffekt	9, 115, 268
grid – Gitter	212
grid of pipeline distribution – Rohrverteilungsnetz	322
gross area – Bruttofläche	122
ground – Erdreich	311
ground collector – Erdkollektor	312
ground heat collector – Erdreichkollektor	369
ground level – Erdgleiche	173, 255
ground water – Grundwasser	313
growth of legionella – Legionellenwachstum	148
guideline – Vorgabe	80
guide vane – Leitschaufel	366
guide wheel – Leitrad	357
Hail – Hagel	123
hair hygrometer – Haarhygrometer	345
hand-operated – handbetätigt	180
handover certificate/report – Übergabeprotokoll	431
handwash oversink water heater – Mini-Durchfluss TWE	101
hard coal – Steinkohle	280
hardwood species – Laubholzart	277
harp – Harfe	123
hazardous situation – Gefährdungslage	59
heatable building area – beheizbare Grundfläche	378
heat abstraction – Wärmeentzug	312
heat baffle plate – Wärmeleitblech	125
heat capacity – Wärmeleistung	24
heat consumption – Wärmebedarf	314
heat content – Wärmeinhalt	346
heat demand – Wärmebedarf	161
heat demand indicator/key figure – Bedarfskennzahl N	161
heat development – Wärmeentwicklung	330
heat energy – Wärmeenergie	115
heat exchanger – Wärmetauscher, Wärmeübertrager	108, 109, 190, 288, 353
heat flow – Wärmestrom	174
heat generating device – Wärmeerzeuger	13
heat generation – Wärmeentwicklung	5
heat generator – Wärmeerzeuger	13, 306, 322
heat/heating demand – Wärmeanforderung	267
heating – Heizen, Wärmeeinwirkung	8, 342
heating capacity – Heizleistung	95
heating circuit – Heizkreis	327
heating coil – Heizregister	356
heating curve – Heizkurve	408
heating demand – Heizwärmebedarf	299
heating electrode – Heizelektrode	356

Englisch-deutsche Vokabelliste

heating (hot) water – Heizwasser	13
heating level/setting – Heizstufe	94
heating load – Heizlast	307, 329
heating load calculation – Heizlastberechnung	26
heating medium – Heizmedium	75
heating mode – Heizbetrieb	112
heating polymer core – Kunststoff-Heizelement	154
heating power level – Heizleistungsstufe	99
heating resistor – Heizwiderstand	85
heating surface – Heizfläche	110, 202
heating surface cleaning – Heizflächenreinigung	288
heating-up rate – Aufheizgeschwindigkeit	111
heating-up signalling – Aufheizanzeige	89
heating-up time – Aufheizzeit	77
Heating, Ventilation and Air Conditioning system (HVAC) – RLT-Anlage	335
heat input capacity – zugeführte Wärmeleistung	77
heat load – Wärmebelastung	174
heat loss – Wärmeverlust	23, 77, 126
heat meter – Wärmemengenzähler	323
heat of vaporisation – Verdampfungswärme	8, 45
heat protection glasing – Wärmeschutzverglasung	300
heat pump – Wärmepumpe	212, 309, 319
heat recovery – Wärmerückgewinnung	375
heat recovery efficiency – Rückwärmzahl	368
heat recovery surface (section) – Nachschaltheizfläche	15
heat recovery system – Wärmerückgewinnungssystem	368
heat source – Wärmequelle	319
heat storing mass – Speichermasse	371
heat storing rotor – Speicherrad	370
heat transfer – Wärmetransport, Wärmeübertragung	159, 311
heat transfer fluid – Wärmeträgerflüssigkeit	119
heat transfer loss – Wärmeübertragungsverlust	98
heat transfer medium – Wärmeträgermedium	80, 322
heat transfer surface – Wärmeübertragerfläche	160
heat transition coefficient – Wärmedurchgangskoeffizient	160
heat-up – Aufheizung	111
height difference – Höhenunterschied	259
helical air inflow – drallförmige Lufteinströmung	366
helical canal – wendelförmiger Kanal	113
helical/coiled tube – Rohrschlange	111
hemispherical – halbkugelförmig	191
hermetically sealed – Luftabschluss	172
high effcient heat recovery – hocheffiziente Wärmerückgewinnung	300
higher limit of inflammability – obere Zündgrenze	6
highly inflammable – leicht entzündlich	172
highly insulating material – hoch dämmendes Material	300
high-pressure atomizing oil burner – Hochdruckzerstäubungsbrenner	262
high pressure cleaner – Hochdruckreiniger	442
high pressure fan – Hochdruckventilator	357
high-pressure side – Hochdruckseite	310
high-resolution camera – hochauflösende Kamera	418
high-temperature fuel cell – Hochtemperaturbrennstoffzelle	329
high-voltage ignition – Hochspannungszündung	108
home/habitation – Wohnung	252
home power network – häusliches Stromnetz	417
hood valve – Kappenventil	461
hopper/container – Füllraum	292
hot air fan – Heißluftgebläse	291
hot combustion chamber – heiße Brennkammer	16
hot water cylinder – Trinkwarmwasserspeicher	119
hot water geyser – Gastherme	109
hot water heater – Trinkwassererwärmer (TWE)	75
hot water outlet flow – Warmwasserablaufmenge	91
hot water priority setting – Speichervorrangschaltung	410
hot water storage tank/cylinder – Speicher-Trinkwassererwärmern	77
hot water system – Heißwasseranlage, Trinkwassererwärmungsanlage	28, 75
hot water system design – Arten von Trinkwassererwärmungsanlage	76
house connection – Hauseinführung	226
house connection combination – Hauseinführungskombination	226
human odour – Geruch eines Menschen	338
humidification – Befeuchten	342
humidity and water sensors – Feuchtigkeits- und Wassersensoren	418
humidity sensor – Feuchtefühler	319
HVAC – Heating, Ventilation and Air Conditioning system – RLT-Anlage	335
h-x diagram – h-x-Diagramm	344
hydraulically guided water heater – hydraulisch gesteuerter TWE	96
hydraulic balancing – hydraulischer Abgleich	150, 307
hydraulic detachment – hydraulische Trennung	258
hydraulicly – hydraulisch	124
hydrocarbon – Kohlenwasserstoff	10
hydrocarbon compound – Kohlenwasserstoff-Verbindung	5
hydrogen containing gas – wasserstoffhaltiges Gas	202
hydro generator – Hydrogenerator	108
hydrogenous combustion gas – wasserstoffhaltiges Brenngas	330
hydrostatic pressure – hydrostatischer Bodendruck	255
Identification marking – Kennzeichnung	385
ignition – Zündung	175
ignition circuit – Zündleitung	451
ignition device – Zündeinrichtung	176, 264
ignition electrode – Zündelektrode	109, 449
ignition gas nozzle – Zündgasdüse	108
ignition gas valve – Zündgasventil	108
ignition source – Zündquelle	224
ignition spark – Zündfunke	6, 264
ignition temperature – Zündtemperatur	6
ignition transformer – Zündgerät, Zündtransformator	185, 265
ignition trial – Zündversuch	265
ignition voltage – Zündspannung	177
immovable – ortsfest	223
impact baffle – Prallschutzplatte	282
impact sound insulation – Trittschalldämmung	233
impeller – Gebläserad, Laufrad	185
imperfect – unvollkommen	10
impermeable to moisture – nicht feuchtedurchlässig	362
impressed current anode – Fremdstromanode	133
improvement – Verbesserung	388

Englisch-deutsche Vokabelliste

inadmissible pressure increase – unzulässiger Druckanstieg — 100
inclination – Neigung — 117
inclination angle – Neigungswinkel — 118
incline – Gefälle — 144
inclined/slanted tube manometer – Schrägrohrmanometer — 386
incomplete – unvollständig — 183
increased awareness of hygiene – gewachsenes Hygienebewusstsein — 75
increased safety demand – erhöhte Sicherheitsanforderung — 106
increased water request – erhöhte Wasseranforderung — 109
increase of temperature – Temperaturerhöhung — 157
incrustation – Verkrustung — 275
independent gas-fired space heater – Gas-Raumheizer — 204
independent of position – lageunabhängig — 125, 126
indicating range – Anzeigebereich — 34
indicator lamp – Kontrollleuchtenanzeige — 81
indicator paper strip – Indikatorstreifen — 461
indirect – mittelbar — 210
indirect heated water heater – indirekt (mittelbar) beheizter Trinkwassererwärmer — 79, 110
indirectly heated instantaneous water heater – indirekt beheizter Durchfluss-Trinkwassererwärmer — 113
individual-related outside air flow – personenbezogener Außenluftstrom — 339
indoor climate – Raumklima — 336
induced draught fan – Saugzuggebläse — 286
induced draught ventilator – eingeschaltetes Saugzuggebläse — 445
induction effect – Induktionswirkung — 366
industrial gas – technisch hergestelltes Gas — 171
inert gas – Edelgas — 171
inertia – Trägheit — 405
infection risk – Infektionsgefahr — 156
infiltration – Infiltration — 207
infiltration airflow – Luftvolumenstrom durch Infiltration — 378
infinite – unendlich — 94
infinitely variable – stufenlos — 36
inflow channel – Einströmkanal — 292
influential factor – Einflussfaktor — 136
infrared flicker detector – Infrarot-Flackerdetektor — 265
infrared frequency monitoring – Infrarot-Flammenfrequenzüberwachung — 186
infrared radiation – Infrarotstrahlung — 302
initial pressure – Anfangsdruck — 38
initial pressure drop – Anfangsdruckdifferenz — 351
initial start-up – Erstinbetriebnahme — 431
injection pipe – Injektorrohr — 176
inlet – Einlauf — 225
inlet cone/bellmouth – Einströmdüse — 358
inlet side – Saugseite — 185
inner pastic coating/lining – Kunststoff-Innenhülle — 256
innovation – Neuerung — 234
inproper use/handling – nicht bestimmungsgemäßer Gebrauch — 438
insensitive to moisture – feuchtigkeitsunempfindlich — 49
insertion loss – Einfügungsdämpfung — 362
inside cylinder – Innenzylinder — 273
inspect – besichtigen — 395
inspection – Besichtigung, Inspektion — 240, 388
inspection and maintenance interval – Inspektions- und Wartungsintervall — 440
inspection and maintenance work – Inspektions- und Wartungsarbeit — 431
inspection cover – Revisionsdeckel — 437
installation – Aufstellung — 14, 205
installation effort – Installationsaufwand — 76
installation guideline – Verlegerichtlinie — 234
installation instruction – Einbauanweisung — 433
installation room – Aufstellraum — 133, 205, 216
instantaneous – verzögerungsfrei — 189
instantaneous electric water heater – elektrischer Durchfluss-TWE — 95
instantaneous electronic water heater – elektronischer Durchfluss-TWE — 96
instantaneous gas hot water heater – Gas-Durchfluss-Trinkwassererwärmer — 106
instantaneous water heater – Durchfluss-Trinkwassererwärmer — 79
insulating ceramic block – keramischer Isolierblock — 85
insulating material – Dämmwerkstoff — 82
insulation – Wärmedämmung — 121
intake – Ansaugöffnung — 262
intake silencer – Ansaugschalldämpfer — 449
integrated drive electronic – integrierte Antriebselektronik — 267
intended use – Verwendungszweck — 322
intensity of irradiation – Bestrahlungsstärke — 117
interact – interagieren — 416
interconnected – Verbund — 188
intermediate medium – Zwischenmedium — 370
intermediate-pressure range – Mitteldruckbereich — 236
internal – intern — 273
internal cleaning – Innenreinigung — 435
internal cooling load – innere Kühllast Φ_i — 341
internal noise – Innenlärm — 373
interruption of circuit – Störabschaltung — 181
interval – Intervall — 460
intrusion of pollutants – Einschwemmung von Verunreinigungen — 156
in two stages – zweistufig — 227
investment costs – Investitionskosten — 323
ionization current – Ionisationsstrom — 191
ion-permeable electrolyte – ionendurchlässiger Elektrolyt — 329
IR camera – Wärmebildkamera — 302
irradiation angle – Einstrahlwinkel — 117
isolated solution – Insellösung — 417
isothermal line – Isotherme — 356

Jacket – Mantel — 111
jacket pipe – Mantelrohr — 233
joined together – zusammengeschlossen — 253
joint – Außenfuge — 210
junction – Einmündung — 107
junction box – Abzweigdose — 395

Keep – zurückhalten — 123
kept clear – frei liegend — 433

key performance indicator – Leistungskennzahl NL	163
kinematic viscosity – kinematische Viskosität	248
knob – Noppe	17
Lack of air – Luftmangel	185
lambda probe – Lambdasonde	445
landfill gas – Deponiegas	172
latent heat – latente Wärme	370
lateral outlet – Austrittsöffnung	91
latitude – Breitengrad	118
layer – Schicht	134
layout – Planung	75
leak – Undichtigkeit	48
leakage – Leckstelle, Undichtheit, Undichtigkeit	210, 232, 251, 301
leakage air – Falschluft	451
leak detection agent – Schaum bildendes Mittel	239
leak detection fluid – Kontrollflüssigkeit	256
leak detection spray – Leckgasspray	455
leak indicator/detector – Leckanzeigegerät	256
leakiness – Undichtigkeit	302
leak monitoring – Lecküberwachung	258
leakproof – dicht	255
leak-tightness – Dichtheit	440
leaner than stoichiometric – überstöchiometrisch	183
leaning set/kit – Reinigungsset	467
legal fire protection requirement – brandschutzrechtliche Anforderung	250
legionella – Legionellen	156
legionella formation – Legionellenbildung	147
legionella increase – Legionellenwachstum	78
less burdensome – weniger belastend	123
level difference – Höhenunterschied	39, 46
lifting device – Anlüftevorrichtung	436
lifting force – Auftriebskraft	50
light – Licht	264
light liquid interceptor/separator – Leichtflüssigkeitsabscheider	252
lightning protection – Blitzschutz	127
limescale – Kalkablagerung	98
limit – Grenzwert	267
limit indicator/switch – Grenzwertgeber	256
limiting value – Grenzwert	9
limit of inflammability – untere Zündgrenze	6
limit value for pollutants – Schadstoffgrenzwert	183
linear expansion – Längendehnung	98
lining – Auskleiden	374
liquefied gas – Flüssiggas	173
liquefied gas cylinder – Flüssiggasbehälter	227
liquefied gas installation – Flüssiggasanlage	221
liquefied petroleum gas – Flüssiggas	193
liquefier, condenser – Verflüssiger (Kondensator)	309
load and leak test – Belastungs- und Dichtheitsprüfung	237
locked – verriegelt	206
lockout release – Entriegelung	32
lock-up – verschließbar	212
log – Holzscheit	280
log-burning boiler – Stückholzkessel	287
logical sequence – logische Abfolge	388
long range gas – Stadt- und Ferngas	172
long service life – lange Nutzungsdauer	111
long-term storage facility – Langzeitspeicher	305
loose cubic metre – Schüttraummeter (srm)	277
lost heat – Abwärme	327
louver/multi-leaf damper – Jalousieklappe	352, 369
low-energy house – Niedrigenergiehaus	299, 304
lower operational calorific value – Betriebsheizwert	3
lower switch point – unterer Einschaltpunkt	405
low-load – Unterlastung	192
low lying hot water storage tank/cylinder – tiefliegender Speicher-TWE	111
low pressure cut-off – Gasmangelsicherung	236
low pressure fan – Niederdruckventilator	357
low-pressure range – Niederdruckbereich	236
low-pressure side – Niederdruckseite	310
low rate – Niedrigtarif	86
low space requirement – geringer Platzbedarf	79
low-speed plant – Niedergeschwindigkeitsanlage	362
low-sulphur – schwefelarm	19, 247
low-temperature boiler – Niedertemperaturheizkessel, Niedertemperaturkessel	13, 23
low-temperature fuel cell – Niedertemperaturbrennstoffzelle	329
low-temperature heating system – Niedertemperaturheizsystem	323
low-water alarm – Wassermangelsicherung	32
luminous – leuchtend	175
Magnet coil – Magnetspule	178
magnetic anti-siphon valve – Antiheber-Magnetventil	259
main burner – Hauptbrenner	108
main cause – Hauptverursacher	9
main direction of the wind – Hauptwindrichtung	46
main gas valve – Hauptgasventil	108, 109
mains pressure – Netzdruck	325
mains switch – Netzschalter	447
maintainability – Wartungsmöglichkeit	294
maintainability/repair and service facilities-RAS – Wartungsfreundlichkeit	352
maintenance-free – pflegefrei, wartungsfrei	81, 441
maintenance measure – Instandhaltungsmaßnahme, Wartungsmaßnahme	431, 435
maintenance position – Wartungsposition	449
maintenance procedure/sequence – Wartungsablauf	441
maintenance process – Wartungsablauf	449
maintenance protocol – Wartungsprotokoll	451
maintenance report – Wartungsprotokoll	437
maintenance step – Wartungsschritt	443
maintenance work – Wartungsarbeiten	193
maitenance-free – wartungsfrei	310
malfunction – Störung	459
management level – Managementebene	415
manifold/collector pipe – Sammelrohr	352
manipulated variable – Stellgröße	399
manipulation – Manipulation	228
manometer junction – Manometer-Anschlussstutzen	142
manually operated – handbeschickt	293
manual mode – Handbetrieb	462
manual switching – manuelle Umschaltung	87
manual switch-on – manuelles Einschalten	88

Englisch-deutsche Vokabelliste

manufacturer – Hersteller	11, 447
manufacturer documents – Herstellerunterlagen	464
manufacturer table – Herstellertabelle	39
mass flow rate – Massenstrom	158
material cycle – Materialkreislauf	103
material pairing – Werkstoffpaarung	80
mathematical principle – Gesetzmäßigkeit	359
max. gas setting screw – Einstellschraube max. Gasmenge, max. Gaseinstellungsschraube	108, 109
maximum allowable working pressure (MAWP) – zulässiger Betriebsüberdruck	144
maximum capacity – Leistungsgrenze	100
maximum temperature – Grenztemperatur	32
mean filter – Mediumfilter	348
measurable quantity – messbare Größe	344
measurement inaccuracy – Messungenauigkeit	388
measurement, measuring – Messen	393
measurement of exhaust gas – Abgasmessung	269
measuring probe – Messsonde	386
mechanic oil indicator – mechanischer Ölstandsanzeiger	255
medium pressure fan – Mitteldruckventilator	357
membrane – Membrane	29
memorize/save key – Speichertaste	101
meter – Zählwerk	234
metering screw – Dosierschnecke	288
microprocessor controlled humidifier – mikroprozessorgesteuerter Befeuchter	356
mine explosion – Schlagwetterexplosion	172
mine gas – Grubengas	172
min. gas setting screw – min. Gaseinstellungsschraube	109
miniature circuit breaker (MCB) – Leitungsschutzschalter (LS-Schalter)	84
minimal residual oxygen level – Mindestrestsauerstoffwert	445
minimum distance – Mindestabstand	205
minimum flow rate – Mindestvolumenstrom	318
minimum rate of flow – Mindestdurchflusswassermenge	107
minimum size – Mindestgröße	39
minimum spacing – Mindestabstand	251
minimum switch-on flow rate – Mindesteinschalt-Volumenstrom	102
mixing – Durchmischung	10
mixing air chamber – Mischluftkammer	368
mixing chamber – Mischkammer	351
mixing point – Mischpunkt	352
mixing ratio – Mischungsverhältnis	352
mixing system – Mischsystem	450
mixing temperature – Mischtemperatur	165
mixing tube – Mischrohr	266
mixture cross – Mischungskreuz	166
mixture preparation – Gemischaufbereitung	268
modular design – Modulbauweise	284
modulating – modulierend	267
modulating gas jet burner – modulierender Gasgebläsebrenner	106
moisture precipitation – Feuchtigkeitsausscheidung	354
moisture protection – Feuchteschutz	342
moisture protection airflow – Luftvolumenstrom zum Feuchteschutz	378
molecule – Molekül	171
monitoring – Überwachung	28
monitoring electrode – Überwachungselektrode	178
monitoring obligation – Messpflicht	57
monobloc burner – Monoblockbrenner	185
monocoque – einschalig	18
monoenergetic operation – monoenergetische Betriebsweise	315
monovalent operation – monovalente Betriebsweise	315
monthly inspection – monatliche Inspektion	435
motion detector – Bewegungsmelder	418
motor-driven flow limiting valve – motorbetriebenes Volumenstrom-Begrenzungsventil	100
motor guided valve – motorisch gesteuertes Ventil	109
motor operated valve – Motorventil	180
motor power – Motorleistung	358
moulded stainless steal plate – Edelstahlplatte	114
movable – ortsbeweglich	223
moved/operated smoothly – leicht zu betätigen	433
multifunctional display – Multifunktionsdisplay	101
multi-functional safety group – Sicherheitsgruppe	92, 144
multi-layer composite pipe – Mehrschichtverbundrohr	232
multimedia appliance – Multimediagerät	416
multimeter – Vielfachmessgerät, Vielfachmessinstrument	94, 394
multipoint or centralised hot water supply – zentrale Trinkwarmwasserversorgung	106
multi-point supply – Gruppenversorgung	76
multi-storey buildings – Mehrgeschossbauten	152
multi-use house connection – Mehrspartenhauseinführung	227
must be defrosted – muss abgetaut werden	310
Nameplate – Typenschild	229
natural draught – natürlicher Auftrieb	45
natural draught combustion – Naturzugfeuerung	286
natural gas – Erdgas, Naturgas	171, 193
natural gas deposit – Erdgasfeld	171
natural gas installation – Erdgasanlage	221
natural gas reforming – Erdgas	330
natural silencing/sound absorption – natürliche Schalldämpfung	361
near the ground – bodennah	223
necessary draught – Zugbedarf	286
neither statutory nor standardized maintenance cycle – weder gesetzlicher noch genormter Wartungszyklus	460
net calorific value – Heizwert	27
neutralisation granulate – Neutralisationsgranulat	274
neutralisation system – Neutralisationseinrichtung	19
night setback – Nachtabsenkung	408
nitrogen oxid – Stickoxid	9
noise development – Geräuschentwicklung	314
noise reduction measure – Lärmminderungsmaßnahme	361
noise/sound attenuator – Schallschluckkörper	361
noise source – Schallquelle	361
noise transmission – Geräuschübertragung	361
no mechanical cleaning – keine mechanische Reinigung	463
nominal characteristic curve – Nominalkennlinie	267
nominal heat capacity/output – Nennwärmeleistung	50, 105
nominal thermal capacity – Nennwärmeleistung	10
nominal ventilation rate – Nennlüftung	378

non-aerated burner – Diffusionsbrenner	175
non-combustible – unbrennbar	171
non communicating – nicht kommunizierend	252
non-corrosive – korrosionsbeständig	45
non-curing – nicht aushärtend	232
non-detachable – unlösbar	232
non-flammable – nicht brennbar	362
non-positive – kraftschlüssig	226
non-return/check valve – Rückschlagventil	257
non-scaling temperature selection – stufenlose Temperaturwahl	99
not allowed – nicht zugelassen	45
no usage of … – keine	463
nozzle – Düse	108, 267, 450
nozzle pressure – Düsendruck	195
nozzle pressure method – Düsendruckmethode	174
nozzle size – Düsengröße	267
Oblique-angled coordinate system – schiefwinkliges Koordinatensystem	344
obstacle – Hindernis	234
occupational exposure limit values OELVs – Arbeitsplatzgrenzwerte AGW	337
odorous substance – Geruchsstoff	351
odourless – geruchlos, geruchfrei	171, 240
odour source – Geruchsquelle	338
oil-air mixture – Ölnebel-Luft-Gemisch	266
oil crisis – Ölkrise	115
oil-fired heating system – Ölheizung	249
oil flow – Öldurchsatz	263
oil flow-rate – Öldurchsatz	267
oil level indicator – Ölstandsanzeiger	255
oil nozzle – Öldüse	263
oil pipe/line – Ölleitung	255
oil preheating – Ölvorwärmung	248, 265
oil pressure jet burner – Ölgebläsebrenner	13
oil pump – Ölpumpe	262
oil residues – Ölrückstände	11
oil storage tank – Öllagerbehälter	249
on demand – bei Bedarf	429
one hole basin mixer – Temperierarmatur als Einlochausführung	90
one pipe supply system – Einstrangsystem	258
open air – im Freien; Freiluft	45
open combustion chamber – offene Brennkammer	201
open-end wrenches – Maulschlüssel	450
open escape/discharge – offener Auslauf	78
open fire-place – Kamin	206
open flued gas appliance – raumluftabhängiges Gasgerät	105
open loop controlling – Steuern	393, 396
operability – Bedienbarkeit, Betriebsfähigkeit, Funktionsfähigkeit	239, 269, 294, 440
operating method – Betriebsweise	315
operating mode – Betriebsweise	431
operating parameter – Betriebsparameter	418
operating point – Arbeitspunkt	405
operating principle – Funktionsprinzip	121
operating resp. design range – Betriebs- bzw. Auslegungsbereich	360
operating situation – Betriebssituation	366
operating stage – Betriebsphase	107
operating state – Betriebszustand	234
operating switch – Betriebsschalter	457
operating temperature – Betriebstemperatur	227
operating time – Betriebszeit	44
operational condition – Betriebsbedingung	28
operational mode – Betriebsweise	93
operational performance – Betriebsleistung	93
operational readiness – Betriebsbereitschaft	106
optical – optisch	447
optimised application – optimierter Einsatz	300
optimization work – Optimierungsarbeit	394
organically – organisch	9
outdoor air passage – Außenluftdurchlass	375
outdoor air system – Außenluftsystem	368
outdoor/fresh air – Außenluft AUL	352
outdoor/outside air rate – Außenluftstrom (Außenluftrate)	339
outdoors – im Freien	251
outflow velocity – Ausströmgeschwindigkeit	365
outlet – Auslauföffnung	254
outlet area – Ausblasbereich	315
outlet channel – Austrittskanal	107
outlet/extraction fitting – Entnahmearmatur	255
outlet pressure – Ausgangsdruck	236
output adjustment – Leistungsanpassung	109
outside air – Außenluft	314
outside tap – Außenzapfarmatur	433
overall efficiency – Gesamtwirkungsgrad η_t	358
overall pollution – Gesamtverschmutzung	249
overdimensioning – Überdimensionierung	317
overfill protection – Füllsicherung	256
overflow appliance – Überlaufgerät	86
overground – oberirdisch	224
overheating – Heißlaufen, Überhitzung	132, 353
over-igniting – Überzünden	107
overlapping – überlappend	128
overload – Überlastung	192
overload pressure of the piping network – Netzüberdruck	88
overpressure – Überdruck	45
overrun time – Ablauf der Nachlaufzeit	438
oversink water heater – Übertischgerät	89
oversized – überdimensioniert	307
overspill basin/drip tray – Auffangwanne	251
oxygen control – Sauerstoff-Regelung	188
ozon layer – Ozonschicht	10
Pairwise in counter direction – paarweise im Gegenlauf	376
panel cooling system – Flächenkühlsystem	319
panel radiator – Flachheizkörper	306
parallel flow/uniflow – Gleichstrom	159
parallel operation – parallele Betriebsweise	315
parallel routing/pipe laying – Parallelverlegung	148
parallel shift – Parallelverschiebung	409
part – Komponente	305
partial air conditioning system – Teilklimaanlage	343
partial cooling load – Teilkühllast	341
partial load – Teillast	267
partial-load range – Teillastbereich	287
partial-parallel operation – teilparallele Betriebsweise	315
partial pressure – Partialdruck	344

Englisch-deutsche Vokabelliste

partial section – Teilstrecke	149
particle size range – Partikelgrößenbereich	349
particulate filter – Schwebstofffilter	351
particulate matter – Feinstaub	349
passage system – Kanalsystem	114
passive anticorrosive coating – passive Korrosionsschutzbeschichtung	80
passive house – Passivhaus	300
P-controller – P-Regler	405
peak value – Spitzenwert	133
peat – Torf	280
pecking and browsing protection – Pick- und Verbissschutz	463
pellet storage room – Pelletlagerraum	281
penetration of moisture – Durchfeuchtung	44
perfect fit – einwandfreier Sitz	451, 463
perfectly – einwandfrei	429
perforated plate cylinder – Lochblechzylinder	450
performance standard – Ausführungsstandard	300
period – Zeitraum	25
periodically – periodisch	388
permanent/continuous output – Dauerleistung Φ_D	163
permanent control deviation – bleibende Regelabweichung	406
photocell – Fotozelle	264
photo resistor – Fotowiderstand	264
physiological basic – physiologische Grundlage	336
PI-controller – PI-Regler	406
PID-controller – PID-Regler	406
piezoelectric ignitor – Piezozünder	106, 177
pigging – Molchen	467
pilot cone – Steuerkegel	108
pilot flame – Zündbrenner, Zündflamme	106, 108, 177
pilot light – Zündflamme	6
pipe cross section – Rohrquerschnitt	323
piped – verrohrt	325
pipe friction loss – Rohrreibungsdruckverlust	150
pipeline network – Leitungsnetz	223
pipe run/routing – Rohrleitungsverlauf	156
pipe section – Teilstrang	434
pipe sizing calculation table/chart – Rohrweitenberechnungstabelle	149
pipe trace heating – Rohrbegleitheizung	153
piping port – Leitungsanschluss	90
pitched roof – Schrägdach	127
placing pit – Einbaugrube	251
plane filter – Planfilter	350
planing and design – Planung	14
planning stage – Planungsstadium	341
plant – Pflanze	280
plant expansion – Anlagenerweiterung	358
plant maintenance – Anlageninstandhaltung	388
plant-specific condition – anlagenspezifische Gegebenheit	409
plate – Blech	446
plate heat exchanger – Plattenwärmeübertrager	114, 159, 306, 310, 368
platinium-coated – platinbeschichtet	191
plausibility check – Plausibilitätskontrolle	463
plug fan type – „Freiläufer"	358
pneumatic level indicator – Ölstandsanzeiger	255
point of use – Entnahmestelle	76
point-of-use storage tank – Kleinspeicher	89
pollutant – Schadstoff	8, 9, 337
pollutant concentration – Schadstoffkonzentration	338
poppet valve – Tellerventil	366
positive displacement gas meter – Balgengaszähler	234
positive operating pressure – zulässiger Betriebsüberdruck	143
positive pressure combustion – Überdruckfeuerung	15
Positive Temperature Coeffcient thermistor – Kaltleiter, PTC-Element	256
post ignition time – Nachzündzeit	265
potable water expansion vessel – Membran-Ausdehnungsgefäß für Trinkwasser	145
potable water heating – Trinkwassererwärmungsleistung Φ_{TWW}	163
potable water tubing scheme – Trinkwasser-Strangschema	432
potential difference – Potentialunterschied	80
power adjustment – Leistungsanpassung	99, 267
power assisted gas valve – Servo-Gasventil	108
power demand – Leistungsanforderung	267
power/output regulator – Leistungsregler	108
power range – Leistungsbereich	332
power rating – Anschlussleistung	84
power ratio – Leistungsverhältnis	267
power shower head – Massageduschkopf	91
power stage – Leistungsstufe	267
power station – Kraftwerk	321
power supply – Spannungsversorgung	84
Prandtl pivot tube – Staurohr nach Prandtl	386
pre-aerated burner – Vormischbrenner	175
prefabricated – vorgefertigt	364
preflush time – Raketenbrenner	266
preignition time – Vorzündzeit	265
premixing – Vormischung	183
preset device – Voreinstellglied	181
preset throttle valve – voreingestelltes Drosselventil	150
presetting value – Voreinstellwert	150
pressure – Druck, Pressung	48, 171
pressure adjusting screw – Druckregulierschraube	262
pressure and leakage testing – Druck- und Dichtheitsprüfung	255
pressure change – Druckschwankung	50
pressure difference – Druckdifferenz	96
pressure differential – Arbeitsdifferenzdruck	38
pressure differential valve – Wasserschalter	106
pressure drop – Druckverlust	123
pressure-drop – Druckabfall	99
pressure govenor – Gasdruckregler	180
pressure increase – Druckanstieg	91
pressure jet burner – Zerstäubungsbrenner	11
pressure jet oil burner – Ölgebläsebrenner	449
pressure limiter – Druckbegrenzer	31
pressure loss – Druckverlust	150
pressure reducer – Druckminderer	143
pressure reducing valve – Druckminderventil	325
pressure regulating valve – Druckregulierventil	262
pressure relieve – Druckentlastung	236
pressure rise – Druckanstieg	29
pressure sensor – Drucksensor	418
pressure shock – Druckstoß	180

Englisch-deutsche Vokabelliste

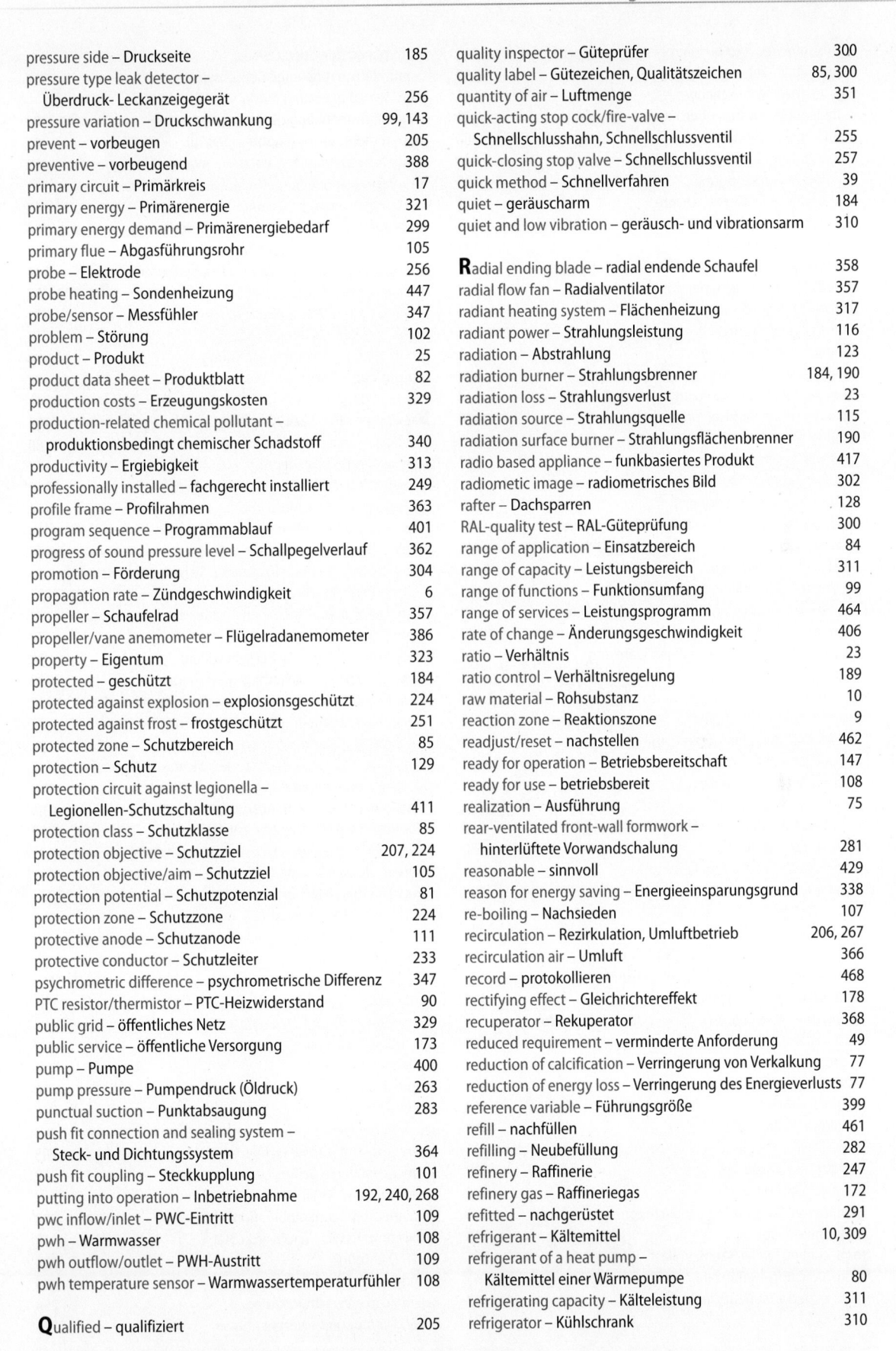

pressure side – Druckseite	185
pressure type leak detector – Überdruck- Leckanzeigegerät	256
pressure variation – Druckschwankung	99, 143
prevent – vorbeugen	205
preventive – vorbeugend	388
primary circuit – Primärkreis	17
primary energy – Primärenergie	321
primary energy demand – Primärenergiebedarf	299
primary flue – Abgasführungsrohr	105
probe – Elektrode	256
probe heating – Sondenheizung	447
probe/sensor – Messfühler	347
problem – Störung	102
product – Produkt	25
product data sheet – Produktblatt	82
production costs – Erzeugungskosten	329
production-related chemical pollutant – produktionsbedingt chemischer Schadstoff	340
productivity – Ergiebigkeit	313
professionally installed – fachgerecht installiert	249
profile frame – Profilrahmen	363
program sequence – Programmablauf	401
progress of sound pressure level – Schallpegelverlauf	362
promotion – Förderung	304
propagation rate – Zündgeschwindigkeit	6
propeller – Schaufelrad	357
propeller/vane anemometer – Flügelradanemometer	386
property – Eigentum	323
protected – geschützt	184
protected against explosion – explosionsgeschützt	224
protected against frost – frostgeschützt	251
protected zone – Schutzbereich	85
protection – Schutz	129
protection circuit against legionella – Legionellen-Schutzschaltung	411
protection class – Schutzklasse	85
protection objective – Schutzziel	207, 224
protection objective/aim – Schutzziel	105
protection potential – Schutzpotenzial	81
protection zone – Schutzzone	224
protective anode – Schutzanode	111
protective conductor – Schutzleiter	233
psychrometric difference – psychrometrische Differenz	347
PTC resistor/thermistor – PTC-Heizwiderstand	90
public grid – öffentliches Netz	329
public service – öffentliche Versorgung	173
pump – Pumpe	400
pump pressure – Pumpendruck (Öldruck)	263
punctual suction – Punktabsaugung	283
push fit connection and sealing system – Steck- und Dichtungssystem	364
push fit coupling – Steckkupplung	101
putting into operation – Inbetriebnahme	192, 240, 268
pwc inflow/inlet – PWC-Eintritt	109
pwh – Warmwasser	108
pwh outflow/outlet – PWH-Austritt	109
pwh temperature sensor – Warmwassertemperaturfühler	108
Qualified – qualifiziert	205
quality inspector – Güteprüfer	300
quality label – Gütezeichen, Qualitätszeichen	85, 300
quantity of air – Luftmenge	351
quick-acting stop cock/fire-valve – Schnellschlusshahn, Schnellschlussventil	255
quick-closing stop valve – Schnellschlussventil	257
quick method – Schnellverfahren	39
quiet – geräuscharm	184
quiet and low vibration – geräusch- und vibrationsarm	310
Radial ending blade – radial endende Schaufel	358
radial flow fan – Radialventilator	357
radiant heating system – Flächenheizung	317
radiant power – Strahlungsleistung	116
radiation – Abstrahlung	123
radiation burner – Strahlungsbrenner	184, 190
radiation loss – Strahlungsverlust	23
radiation source – Strahlungsquelle	115
radiation surface burner – Strahlungsflächenbrenner	190
radio based appliance – funkbasiertes Produkt	417
radiometric image – radiometrisches Bild	302
rafter – Dachsparren	128
RAL-quality test – RAL-Güteprüfung	300
range of application – Einsatzbereich	84
range of capacity – Leistungsbereich	311
range of functions – Funktionsumfang	99
range of services – Leistungsprogramm	464
rate of change – Änderungsgeschwindigkeit	406
ratio – Verhältnis	23
ratio control – Verhältnisregelung	189
raw material – Rohsubstanz	10
reaction zone – Reaktionszone	9
readjust/reset – nachstellen	462
ready for operation – Betriebsbereitschaft	147
ready for use – betriebsbereit	108
realization – Ausführung	75
rear-ventilated front-wall formwork – hinterlüftete Vorwandschalung	281
reasonable – sinnvoll	429
reason for energy saving – Energieeinsparungsgrund	338
re-boiling – Nachsieden	107
recirculation – Rezirkulation, Umluftbetrieb	206, 267
recirculation air – Umluft	366
record – protokollieren	468
rectifying effect – Gleichrichtereffekt	178
recuperator – Rekuperator	368
reduced requirement – verminderte Anforderung	49
reduction of calcification – Verringerung von Verkalkung	77
reduction of energy loss – Verringerung des Energieverlusts	77
reference variable – Führungsgröße	399
refill – nachfüllen	461
refilling – Neubefüllung	282
refinery – Raffinerie	247
refinery gas – Raffineriegas	172
refitted – nachgerüstet	291
refrigerant – Kältemittel	10, 309
refrigerant of a heat pump – Kältemittel einer Wärmepumpe	80
refrigerating capacity – Kälteleistung	311
refrigerator – Kühlschrank	310

Englisch-deutsche Vokabelliste

refurbishment of old buildings – Altbausanierung	203
regenerable – regenerierbar	350
regenerative heat exchanger – Regenerativ-Wärmeübertrager	370
regular rate – Normaltarif	86
regulating valve – Regelventil	143
reignition – Rückzündung	190
relative density – relative Dichte	173
relative humidity – relative Feuchte	345
release time – Freigabezeit	289
remaining oxygen content – Restsauerstoffgehalt	287
remedial measure/action – Abhilfemaßnahme	438
remote-controlled – fernbedient	418
remote data transmission – Datenfernübertragung	256
removal – Abfuhr	10
repair – Instandsetzung	388
repair report – Instandsetzungsprotokoll	437
repair work – Instandsetzungsarbeit	436
requirement – Anforderung	53, 294, 325
resetting – Entriegelung	267
residual embers – Restglut	291
residual oxygen – Restsauerstoff	188
residual quantity check – Restmengenkontrolle	281
residues of combustion – Verbrennungsrückstände	446
resistance – Widerstand	48, 95
resistance heat – Widerstandswärme	85
resistance measurement – Widerstandsmessung	94
resistance wire winding – Heizdrahtwicklung	85
respiratory disease – Atemwegserkrankung	156
response/popping pressure – Ansprechdruck	143
responsible – zuständig	44
restart – Wiedereinschalten	32
restriction – Begrenzung, Verengung	57, 255
resuspension – Aufwirbelung	254
retention time – Verweilzeit	10
return flow – Rückstrom	220
return flow addition – Rücklaufbeimischung	325
return pipe – Rücklauf	30
return pipe/line – Rücklaufleitung	255
return prevention – Rückschlagsicherung	190
return/recirculated air – Umluft UML	352
return water – Rücklaufwasser	306
reversible cooling circuit – Kältekreislauf	319
reversing of rotation – Drehrichtungsumkehr	405
right angle – rechter Winkel	118
ring or immersion burner – Ring- oder Tauchkanalbrenner	106
rinse quick-stop – Spülstopp-Vorrichtung	91
rinsing – spülen	462
rinsing device – Spüleinrichtung	289
rivetting – Nietung	363
roll filter – Rollbandfilter	351
roof – Dach	44, 127
roof batten – Dachlatte	128
roofing – Dachdeckung	128
roofintegrated mounting – Indachmontage	126
roofridge – First	46
room cooling load – Raumkühllast	341
room indicator – Raumzahl r	162
room sealed – raumluftunabhängig	44, 106, 211, 458
room sealed flue operation – raumluftunabhängige Betriebsweise	216
room sealed operating mode – raumluftunabhängige Betriebsweise	109
room temperature – Raumtemperatur	396
rotary heat exchanger – Rotations-Wärmeübertrager	370
rotary spray humidifier – Umlaufsprühbefeuchter	355
rotational movement – Rotationsbewegung	263
rough calculation – überschlägige Berechnung	136
row of blades – Lamellenreihe	352
row of storage tank/cylinder – Speicherbatterie	112
rule of thumb – Faustformel	293, 307
running costs – Betriebskosten	326
runoff appliance – Ablaufgerät	86
runoff opening – Entnahmeöffnung	88
run-out trail – Nachlaufstrecke	98

Sack/fabric silo – Sack-/Gewebesilo	283
sacrificial anode – Opferanode	80
safeguarding – Absicherung	101
safeguarding level – Absicherungshöhe	259
safe pressure – Anschlussdruck	193
safety – sicherheitstechnisch	28
safety conductor – Schutzleiter	395
safety device – Sicherheitsarmatur, Sicherheitsvorrichtung, Sicherungseinrichtung	92, 206, 432
safety equipment – sicherheitstechnische Ausrüstung	92
safety fitting – Sicherheitsarmatur	78
safety forward flow – Sicherheitsvorlauf	30
safety-glass pane – Sicherheitsglasscheibe	123
safety ground – sicherheitstechnischer Grund	322
safety heat exchanger – Sicherheitswärmeübertrager	35
safety mark – Sicherheitszeichen	85
safety plug – Schutzkontaktstecker, Sicherheitsstopfen	84, 231
safety-related equipment – sicherheitstechnische Ausrüstung	88
safety/relief valve – Sicherheitsventil	92
safety rule/instruction – Sicherheitsvorschrift	101
safety shutdown – Sicherheitsabschaltung	228
safety standard – Sicherheitsstandard	232
safety stop valve – Sicherheitsabsperrventil	186
safety temperature device – Sicherheitstemperaturwächter	32
safety temperature limiter – Schutz-Temperaturbegrenzer, Sicherheitstemperaturbegrenzer	31, 89, 99, 109
safety time – Sicherheitszeit	265
safety valve – Sicherheitsventil	29, 78, 178
saturation – Sättigung	345
scaling – Inkrustation	356
scope of application – Geltungsbereich	10
screen – Blende	266
screw/auger feeder – Einbringschnecke	292
screw conveyor – Förderschnecke	283
screw extraction – Schneckenaustragung	282
screw-suction combination – Schnecken-Saugkombination	283
scroll compressor – Scrollverdichter	315
seal – Dichtung	211
sealing – Abdichtung, Dichtung	123, 445
sealing cap – Verschlusskappe	254
sealing compound – Vergussmasse	226

seaming/crimping technique – Falztechnik	363
season – Jahreszeit	117
secondary air flow – Zweitluftströmung	366
secondary circuit – Sekundärkreis	17
secondary circulation pipe – Zirkulationsleitung	147
section – Glied	14
secure against restarting – gegen Wiedereinschalten sichern	436
sediment – Sedimentschicht; Erdschicht	280
sedimentation section – Absetzbereich	442
sediment layer – Sedimentschicht	443
selection – Auswahl	80
selective coating – selektive Beschichtung	123
selectively coated – selektiv beschichtet	136
selector switch range – Wählknopf-Drehbereich	90
self-adjusting heating output – selbstanpassende Heizleistung	153
self-cleaning – selbstreinigend, Selbstreinigung	128, 442, 463
self-cleaning effect – Selbstreinigungseffekt	370
self-closing – selbstschließend	252
self ignition/spontaneous combustion – Selbstentzündung	285
self-learning – selbstlernend	418
self-regulation – Selbstregulierung	154
semiautomatic – halbautomatisch	177
semi automatic device – Halbautomat	220
sensible – fühlbar	273
sensible heat – sensible Wärme	45
sensitive to corrosion – korrosionsempfindlich	9
sensivity level – Empfindlichkeitsstufe	265
sensor cable – Sensorkabel	131
separate combustion chambers – getrennte Brennkammern	291
separating plane system – Trennflächensystem	368
separation efficiency – Grad der Abscheidung	348
separation level – Abscheidegrad	350
sequential ciruit – Schaltwerk	181
sequential control – Folgeregelung	404
serviceable storage system – Fertiglagersystem	283
service connection – Hausanschluss	226
service life – Standzeit	351
service manual – Wartungsanleitung	429
service pipe – Hausanschlussleitung	226
service regulator – Hausdruckregler	236
service valve – Hauptabsperreinrichtung	226
servicing costs – Wartungskosten	76
servicing measure – Instandhaltungsmaßnahme	435
servomotor – Stellmotor	36, 311
set/adjusting screw – Stellschraube	267
setback mode – Absenkbetrieb	89
setting – Einstellung, Einstellwert	30, 268
set up – hochtransformieren	108
set-up/installation space – Aufstellungsraum	82
set-up of measuring instruments – Messanordnung	394
set value – Einstellwert	144
sewage lifting unit – Fäkalienhebeanlage	434
sewer system – Kanalsystem	21
shade – beschatten	129
shading – Beschattungssituation	127
shading measure – Verschattungsmaßnahme	341
shaft – Schacht, Welle	225, 310
shaft piping – im Schacht verlegte Leitung	149
shaft ventilation – Schachtlüftung	375
shavings – Späne	285
shifting – Verschiebung	408
short-term storage – Kurzzeitspeicher	304
shower quick-stop – Duschstopp-Vorrichtung	91
shrink sleeve – Schrumpfmanschette	231
shut-off time – Sperrzeit	317
shut-off valve – Absperrventil	142
shutoff valve – Absperrventil	449
Sick Building Syndrome (SBS) – Gebäudekrankheit	338
signal lamp – Meldeleuchte	94
signal processing – Signalverarbeitung	402
significant – nennenswert	307
silencer – Schalldämpfer	267
silencing – Schallminderung	362
simultaneous hot water tapping – gleichzeitige Warmwasserentnahme	95
single-circuit mode – Einkreisbetrieb	86
single inlet rotor – einseitig saugendes Laufrad	358
single layered – einschalig	48
single lever mono mixer tap – Einhebel-Mischarmatur	90
single pipe – Einzelleitung	148
single point supply – Einzelversorgung	76
single shaft system – Einzelschachtanlage	206
single skin – einwandig	251
single-storey heating system – Etagenheizung	203
single-walled – einwandig	111
siphon funnel – Siphontrichter	92
siphoning – Heberwirkung	255, 258
site-built tank – standortgefertigter Behälter	252
sizing – Größenauslegung, Größenbestimmung	161, 228
sizing of circulation systems – Bemessung von Zirkulationssystemen	148
sizing of the plant component – Größenbestimmung der Anlagenkomponente	339
slanting – geneigt	46
slender – schlank	134
slide rule – Rechenschieber	22
slide switch – Schiebeschalter	93
sling psychrometer – Schleuderpsychrometer	347
slit – Schlitzöffnung	266
slope – Steigung	51
sloping ground – Schrägboden	282
slow-going ignition valve – Langsamzündventil	108
sludge gas – Klärgas; Faulgas	172
smoking – Rußbildung	176
socket – Steckdose	395
soft – weich	46
softwood species – Nadelholzart	277
solar activity – Sonnenaktivität	116
solar circuit – Solarkreis	119
solar collector – Sonnenkollektor	119
solar constant – Solarkonstante	116
solar cylinder – Solarspeicher	411
solar energy – Sonnenenergie	115
solar fluid – Wärmeträgerflüssigkeit	461
solar station – Solarstation	130
solar system – Solaranlage	411
solar thermal support – solarthermische Unterstützung	84

Englisch-deutsche Vokabelliste

soldering torch – Lötbrenner	176
solenoid valve – Magnetventil	180, 263
solid – fest	44
solid fuel boiler – Festbrennstoffkessel	286
solid fuel firing – Festbrennstofffeuerung	10
solid measure of timber – Festmeter (fm)	277
soot – Ruß	9
soot-fire – Rußbrand	48
soot fire resistant – Rußbrand beständig	288
soot formation – Rußbildung	266
soot measurement – Rußmessung	57
soot pump – Rußpumpe	57
sorted recycling – sortenreine Wiedereingliederung	103
sound damping hood/bonnet – Schalldämmhaube	374
sound damping inlet – innere Schalldämmschale	374
sound damping jacket – äußere Schalldämmschale	374
sound development and propagation – Schallentstehung und -ausbreitung	373
sound power – Schallleistung	362
source – Quelle	10
source circuit – Quellenkreislauf	319
source of explosion – Explosionsquelle	173
space explotation – Raumausnutzung	252
space savings – Raumersparnis	326
space volume – Raumvolumen	281
spare part storage – Ersatzteilvorhaltung	418
spark electrode – Zündelektrode	177, 264
special boiler – Spezialheizkessel	201
specialised company – Fachbetrieb	221
special tariff – Sondertarif	317
special testing set – spezielles Prüfset	434
specification sheet – Pflichtenheft	431
specific heat capacity – spezifische Wärmekapazität	157
specific resistivity – spezifischer Widerstand	98
specified – vorgeschrieben	219
Specimen Firing Ordinance – Musterfeuerungsverordnung	281
spherical – kugelförmig	274
spherical foam pig – Schaumstoffball	467
spherical gas tank – Kugelgasbehälter	222
spherical or funnel-shaped – kugel- oder trichterförmig	284
spiral housing/casing – Spiralgehäuse	357
split log gasification boiler – Scheitholzvergaserkessel	291
splitter/screen – Kulisse	361
splitter silencer/attenuator – Kulissenschalldämpfer	374
split unit – Splitgerät	314
spraying angle – Sprühwinkel	263
spray nozzle chamber – Düsenkammer	355
spray pattern – Sprühmuster	263
spread – Ausbreitung	48
spring-loaded – federbelastet	30
springloaded and tested membrane safety valve – federbelastetes und bauteilgeprüftes Membransicherheitsventil	144
springloaded membrane – federbelastete Membran	258
spring-type or rubber vibration damper – Feder- oder Gummischwingungsdämpfer	373
stability – Stabilität	124, 311
stability of shape – Formbeständigkeit	80
stable – stabil, standsicher	10, 47, 251
stacked hot water storage tank/cylinder – aufgesetzter Speicher-TWE	111
stagnation period – Stagnationszeit	132, 147
stagnation water – Stagnationswasser	78
stainless steel mesh – Edelstahlgewebe	184
stainless steel surface – Edelstahlheizfläche	16
staircase – Treppenraum	294
stale air – Raumluft	351
standard boiler – Standardheizkessel, Standardkessel, Konstanttemperaturkessel	16, 27
standard condition – Normzustand	3
standard efficiency – Norm-Nutzungsgrad	26
standard fuel oil – Standardheizöl EL	247
standard heat demand – Gebäude-Normheizlast	317
standby heat requirement – Bereitschaftswärmeaufwand	82
stand-by loss – Bereitschaftsverlust	25, 105
standstill – Stillstand	120
standstill loss – Stillstandsverlust	185
start-up trail – Vorlaufstrecke	98
state construction ordinance – Landesbauordnung	366
statefully – zustandsabhängig	388
state of saturation – Sättigungszustand	345
state-of-the-art – Stand der Technik	190
static and dynamic pressure share – statischer und dynamischer Druckanteil	358
static flow pressure – statischer Fließdruck	96
static pressure – statischer Ruhedruck	96
statutory marking – Pflichtkennzeichnung	85
steam – Wasserdampf	18
steam formation – Dampfbildung	307
steam generator – Dampferzeuger	356
steam humidifier – Dampfbefeuchter	355
steel boiler – Stahlheizkessel	14
steeper – steiler	308
steplessly adjustable – stufenlos regelbar	267
stere – Ster	277
Stirling engine – Wärmekraftmaschine	289
storage – Bereithaltung	79
storage area – Lagerplatz	280
storage charging system – Speicherladesystem	113
storage module – Speicherpaket	371
storage panel regenerator – Speicherplatten-Regenerator	371
storage priority – Speichervorrangschaltung	203
storage priority setting – Speichervorrangschaltung	112
storage tank water heater – Speicherwassererwärmer	203
storage volume – Lagervolumen	252, 278
stored quantity – Lagermenge	281
store tank – Vorratsbehälter	120
storing space requirement – Stellplatzbedarf	111
stove enamelling – Einbrennlackierung	365
strainer – Schmutzfänger, Schmutzsieb, Sieb	101, 255, 323
strength test – Festigkeitsprüfung	240
structure-borne sound transmission – Körperschallübertragung	373
stub – Stichleitung	156
stuffing box sealed stem – Spindelabdichtung mit Stopfbuchse	433
suction head – Saugsonde	283
suction head extraction – Sondenaustragung	282
suction head/lift – Saughöhe H	255

Englisch-deutsche Vokabelliste

suction pipe – Saugleitung	311
suction/vakuum-extraction system – Saugsystem	283
sufficient air exchange – ausreichender Luftwechsel	375
sufficient thermal insulation – ausreichende Wärmedämmung	82
sulfuric acid resistant – schwefelsäurebeständig	274
sulphur content – Schwefelgehalt	248
sulphureous – schwefelig	9
superficial layer/deposit – Oberflächenbelag	433
superheated – überhitzt	311
supply air – Zuluft	366
supply air area – Zuluftbereich	365
supply air system – Zuluftsystem	376
supply air volume flow – Zuluftvolumenstrom	339
supply and extract air outlet – Zu- und Abluftauslass	364
supply plant – versorgungstechnische Anlage	429
supply pressure – Anschlussdruck	227, 236
supply value – Versorgungswert	79
support – Unterstützung	191
support frame – Tragrahmen	283
supraregional network – überregionales Netz	222
surface – Oberfläche	205, 305
surface definition – Flächenbezeichnung	121
surface filter – Flächenfilter	350
surface mounting – Aufputzinstallation	89, 101
surface related outside air flow – flächenbezogener Außenluftstrom	339
surface water – Oberflächenwasser	313
surface water temperature – Oberflächenwassertemperatur	313
surrounding area – Umschließungsfläche	281
surveillance electrode – Überwachungselektrode	109
sustainable sealed – dauerhaft abgedichtet	375
swelling – Wulst	17
switching – Schaltung, Umschalten	97, 456
switching cycle – Schaltzyklus	437
switching mode – Schaltvariante	437
switching operation – Schaltvorgang	95
switching point – Schaltpunkt	34
switch-on flow pressure – Einschaltfließdruck	99
symptom of poisoning – Vergiftungserscheinung	10
system concept – Anlagenkonzept	311
system separator – Systemtrenner	434
system unit – Systemeinheit	34
Tangential fan – Tangentialventilator	358
tank battery/line – Batteriebehälter	253
tank/cylinder capacity – Speichervolumen	77
tank loading system – Speicherladesystem	134
tap aerator – Perlator	91
tape bonding – Dichtungsband	364
tapping interval – Zapfpause	147
tapping point – Entnahmestelle, Zapfstelle	95, 156
temperature – Temperatur	171
temperature control – Temperaturregler	32
temperature controlled appliance – temperaturgeregeltes Gerät	106
temperature controlled gas appliance – temperaturgeregeltes Gasgerät	109
temperature difference – Temperaturabweichung, Temperaturspreizung	318, 404
temperature guided – temperaturgesteuert	106
temperature-humidity range – Bandbreite von Temperatur und Feuchte	336
temperature level – Temperaturniveau	309
temperature limiter – Temperaturbegrenzer	106, 108, 401
temperature maintaining system – Temperaturhaltesystem	147
temperature probe/sensor – Temperaturfühler	100, 109, 463
temperature resistent – temperaturbeständig	45
temperature selector switch – Temperatur-Wahlschalter	86
temperature setting – Temperatureinstellung	100
temperature spread – Temperaturverteilung	302
temperature stratification – Temperaturschichtung	134, 411
temperature switch – Temperaturschalter	400
test – erproben	395
tested safety – Geprüfte Sicherheit	85
testing procedure/course – Prüfungsablauf	437
test nipple – gas jet pressure – Messstutzen (Düsendruck)	108
test port – Prüföffnung	432
test resp. drain valve – Prüf- bzw. Entleerungsventil	143
test run – Probelauf	437
test stand – Prüfstand	23
test valve – Prüfventil	432
thermal anemometer – thermisches Anemometer	387
thermal bridge – Wärmebrücke	300
thermal buoancy – thermischer Auftrieb	50
thermal comfort – thermische Behaglichkeit	337
thermal effect – Wärmewirkung	85
thermal feedback – thermischer Rückführung	404
thermal imaging – Thermografie	302
thermal insulated triple glasing – Dreischeiben-Wärmeschutzverglasung	300
thermal insulation – Wärmedämmung	77
thermally activated shut-off device – thermisch auslösende Absperreinrichtung	232
thermally operated – thermisch gesteuert	52
thermal or sound-damping insulation – Wärme- oder Schalldämmung	364
thermal output – Wärmeleistung	157
thermal overload device – thermische Ablaufsicherung	35
thermal release – thermische Auslösung	367
thermal safeguard – thermische Ablaufsicherung	401
thermocouple – Thermofühler	178
thermodynamic air treatment function – thermodynamische Luftbehandlungsfunktion	342
thermoelectric – thermoelektrisch	177
thermometer – Temperaturmessgerät; Thermometer	34
thermostatically driven circulation control valve – thermostatisch gesteuertes Zirkulationsregulierventil	150
threat – Gefahr	205
three-core cable – reiadriges elektrisches Anschlusskabel	84
threefold division – Dreiteilung	117
three-handle mixer – Dreigriff-Armatur	88
three-position controller – Dreipunktregler	405
three-stage switch setting – dreistufige Schalterstellung	99
three-way switch valve – Drei-Wege-Umschaltventil	319, 410
throttle valve – Drosselventil	91
throttling – Eindrosselung	386
throughout the year – ganzjährig	329

Englisch-deutsche Vokabelliste

tightened-up condition – Verschärfung der Bestimmung	176
tightness – Dichtheit	458
tightness class – Dichtheitsklasse	363
timber – Holz	277
time delay – Zeitverzögerung	108
time switch – Zeitschaltuhr	399
tin-plated copper conductor – verzinnter Kupferleiter	154
tipping grate – Kipprost	291
to camber – bombieren	362
to dispose – entsorgen	443
to meet today's demands – den heutigen Ansprüchen gerecht werden	75
ton – Tonne	277
to pleat – plissieren	350
top-up heating – Schnellaufheizung	86
torch – Taschenlampe	447
to rinse – spülen	436
torsion resistant – verwindungssteif	123
to safeguard – zur Absicherung	144
total cooling load – Gesamtkühllast	341
total energy gain – Gesamtenergiegewinn	120
total outdoor airflow – Gesamt-Außenluftvolumenstrom	378
total pressure increase – Totaldruckerhöhung Δ_{Pt}	358
total thermal power – Gesamtwärmeleistung	317
tower buildings – Hochbauten	152
trained – geschult	429
transducer – Messfühler	36
transducer, sensor – Messwertaufnehmer	398
transfer station – Übergabestation	322
transition period – Übergangsfrist, Übergangszeit	10, 293, 409
transmission – Übertragung	48
transmission heat loss – Transmissionswärmeverlust	299
transparent cover – transparente Abdeckung	121
transport tray – Transporttrog	283
transverse/cross-ventilation – Querlüftung	375
trend-setting/pioneering – zukunftsweisend	332
triple layered – dreischalig	49
tube – Schlauch	240
tube in tube principle – Rohr-im-Rohr-Prinzip	152
tubular heating element – Rohrheizkörper	85, 111
tubular heating element system – Rohrheizkörper-Heizsystem	97
tubular heating surface – Rohrheizfläche	111
tundish – Ablauftrichter	144
turbulence chamber burner – Wirbelkammerbrenner	288
turnaround – Richtungsänderung	255
turn off – abschalten	34
twin/combined boiler – Kombikessel	291
twin/double pipe – Doppelrohr	109
twinzone combustion principle – Zwei-Zonen-Verbrennungsprinzip	268
two pipe supply system – Zweistrangsystem	257
two-position controller – Zweipunktregler	34, 404
two-stage – zweistufig	267
two-wired cable/bus – Zweidraht-Bus	407
type – Ausführung	46
type approval – Bauartzulassung	254
type of physical variable – Art der physikalischen Größe	402
type of separation/filtering mode – Art der Abscheidung	348
types of protection – IP coding – Schutzart	84

Ultimate pressure – Enddruck	38
ultraviolet detector – UV-Detektor	264
ultraviolet flame supervision device – UV-Flammenüberwachung	177
unallowable overload pressure – unzulässiger Überdruck	91
uncontrolled – ungeordnet	171
uncoupling – Abkoppelung	291
underfloor heating system – Fußbodenheizung	323
underground – erdüberdeckt	224
underground oil storage facility – Öllageranlage	250
underground storage – unterirdische Lagerung, Untertagespeicher	222, 284
underground tank/silo – Erdtank	284
undersink water heater – Untertischgerät	89
unglazed – unverglast	126
unhealthy – gesundheitsgefährdend	10
uniflow – Gleichstrom	368
universal controller – Universalregler	408
unpressurized – drucklos	236
unsaturated humid air – gesättigte feuchte Luft	344
until excess pressure has dropped – bis der Überdruck abgebaut ist	461
unvented gas storage heater – Gas-Speicher-Trinkwassererwärmer	105
unvented indirectly heated storage heater – geschlossener, indirekt beheizter TWE	105
unvented instantaneous point-of-use water heater – geschlossener Durchflussspeicher-Trinkwassererwärmer	94
unvented storage tank/cylinder – geschlossener Speicher	78, 92
upper switch point – oberer Einschaltpunkt	405
usability test – Gebrauchsfähigkeitsprüfung	237
use – Nutzung	312
user friendly – bedarfsgerecht	133
user solution – Anwenderlösung	419
user-specific – nutzerspezifisch	75
utility company shut-off time – EVU-Sperrzeit	315
utilization – Nutzbarmachung	20
u-tube manometer – U-Rohr-Manometer	195
Vacuum cleaner – Staubsauger	447
vacuum gauge – Vakuummeter	268
vakuum type leak detector – Vakuum-Leckanzeigegerät	256
value pair – Wertepaar	408
valve – Armatur	324
valve disc – Ventilteller	30, 433
valve headgear – Ventiloberteil	88
valve washer – Ventildichtung	143
vapor pressure graph, curve – Dampfdruckkurve	311
vapour – Ausdünstung	338
V-design – V-Form	350
vent/bleed – entlüften	462
vented hot water heater – druckloser Trinkwassererwärmer	78
vented storage tank/cylinder – druckloser Speicher	91
ventilated – gelüftet	252
ventilation and air conditioning technology – Lüftungs- und Klimatechnik	335
ventilation measure – lüftungstechnische Maßnahme	375
ventilation operating stage – Lüftungsbetriebsstufe	378
ventilation outlet – Luftauslass	339

Englisch-deutsche Vokabelliste

ventilation plant – lüftungstechnische Anlage	336
ventilation rate/air change rate – Luftwechselzahl	339
ventilation system – Lüftungsanlage	335, 342
ventilation technology – Lufttechnik	336
ventilation/vent pipe – Be- und Entlüftungsleitung	254
ventilator – Gebläse	262
venturi nozzle – Venturi	108
viscosity – Viskosität	263
visible protective tube – einsehbares Schutzrohr	258
visual inspection – Sichtkontrolle, Sichtprüfung	268, 451, 457
voice command – Sprachbefehl	419
void – Hohlraum	113
voltage swing – Spannungsschwankung	100
volume flow chart – Volumenstrom-Diagramm	387
volume flow limiter – Volumenstrombegrenzer (Durchflussbegrenzer)	99
volume flow measurement – Volumenstrommessung	388
volume setting device – Mengeneinstellvorrichtung	386
volumetric – volumetrisch	195
Wall break-through – Mauerdurchführung	294
wall heating – Wandflächenheizung	20
wall mounted – wandhängend	203
wall-mounted – wandhängend	19, 457
wall mounted sink/basin mixer tap – Mischarmatur mit zwei Ventiloberteilen	90
wall mounted storage tank – Wandspeicher	91
wall rosette – Wandrosette	92
wall surface temperature – Wandoberflächentemperatur	303
want of air – Luftmangel	268
warm/hot water air heater – Warmwasserlufterhitzer	352
warm-up time – Aufheizzeit	157
warning notice – Warnhinweis	460
washer – Dichtung	458
waste bag – Vielzweckbeutel	458
waste flue gas removal – Abgasführung	5
waste gas – Abgase, Verbrennungsgas	18, 176
waste heat – Abwärme	321
waste incineration – Müllverbrennung	321
waste material – Abfall	291
water conducting tube – wasserführendes Rohr	97
water consumption – Wasserbedarf	21
water content – Wassergehalt, Wasserinhalt	203, 248
water-cooled – wassergekühlt	183, 274
water extinguishing device – Wasserlöscheinrichtung	291
water filter – Wasserfilter	108
water flow sensor – Wasserdurchflusssensor	109
water level limiter – Wasserstandbegrenzer	32
water pollution control – Gewässerschutz	250
waterproof teleguidance – wasserdichte Funkfernbedienung	101
water saving part – Wasserspar-Bauteil	91
water strainer – Wassersieb	109
water supply – Wasservorlage	29
water tapping – Zapfvorgang	96
water treatment – Wasseraufbereitung	289
water vapour dewpoint – Wasserdampftaupunkt	370
water volume controller – Wassermengenregler	108
water volume selector – Wassermengenwähler	108
weak spot – Schwachpunkt	135
wear – Verschleiß	178
wear-free – verschleißfrei	81
weather – Witterung	127
weather-resistant – witterungsbeständig	123
wet bulb temperature – Feuchtkugeltemperatur	347
wheel – Laufrad	446
wick – Strumpf	347
wide jet effect – weite Strahlwirkung	366
wire cross-section – Leitungsquerschnitt	84
wired – verdrahtet	325
wireless remote control – Funkfernbedienung	109
wire netting – Drahtnetz	212
without combustion – verbrennungslos	13
without flue system – ohne Abgasanlage	206
without glass cover – unverglast	121
without voltage – spannungsfrei	457
wood chips – Hackgut, Hackschnitzel, Holzhackschnitzel	10, 279, 285
wood firing – Holzfeuerung	10
wood pellets – Holzpellets	278, 281
working condition – Zustand	239
Yellow burner – Gelbbrenner	266
yellow flame – Gelbflamme	264
Zero-point method – Nulldruck-Methode	388
zinc-coated/galvanised sheet steel – verzinktes Stahlblech	284

Sachwortverzeichnis

A

Abblaseleitung	144
Abblasleitung	30
Abbrand	286
Abdeckung	
– transparent	121, 123
Abgas	44
– Anlage	44
– Leitung	44
Abgasabfuhr	205
Abgasanalyse	196
Abgasgebläse	446
Abgasklappe	52, 216
– motorisch gesteuert	52
– thermisch gesteuert	52
Abgasmessgerät	
– feste Brennstoffe	56
Abgasmessung	56, 458
Abgasrezirkulation	190
Abgasrohr	446
Abgasrückführung	267
Abgasschachtmündung	50
Abgasthermostat	61
Abgasüberwachung	55
Abgasüberwachungseinrichtung	206, 220
Abgasventilator	202
Abgasverlust	22, 58
Abgasverlustgrenzwert	11
Ablaufgerät	86, 88
Ablaufsicherung	
– thermisch	36, 447
Abluft	315
Abluftstutzen	282
Abluftsystem	376
– dezentral	375
Abluftvolumenstrom	381
Abluft-Wärmerückgewinnung	376
Abscheidegruppe	349
Absolutfeuchte	345
Absorber	121, 122
Absorberfläche	122
Absorptionsschalldämpfer	361
Absperrvorrichtung	52
Abstrahlverlust	110
Additive	247
Aerosol	348
Akkumulator	371
Aktivkohlefilter	274, 351
Anbindung	
– Absorber	125
Anemometer	
– thermisch	387
Anfangsdruck	30, 38
Anforderung, brandschutzrechtliche	250
Anlage	
– bivalent	331
Anlagenfülldruck	40
Anlagenvolumen	
– spezifisch	37
Anlüftevorrichtung	436
Anode	81
Anschluss	
– direkt	324
– elektrisch	84
– indirekt	325
Antiheberventil	258
Aperturfläche	122
Aräometer	461
Arbeitsplatzgrenzwert	337
Arbeitsstättenrichtlinie	339
Ascheabsetzkanal	445
Atmosphäre	116
Auffangbehälter	132
Auffangwanne	252
Aufheizzeit	157
Aufstellräume	205
Aufstellraum	
– Heizkessel	252
Auftrieb	
– thermisch	50, 184
Ausdehnungsgefäß	78, 120, 132
Ausdehnungsvolumen	38
Ausdehnungswasser	29, 91
Ausgangsdruck	143
Auslass	366
Auslegung	
– Kollektorfläche	307
– Wärmepumpe	317
Auslegungsnomogramm	139, 140
Auslegungsparameter	229
Ausrichtung	118
Außenleitung	231
Außenluft	314
Außenluftleitung	369
Außenluftstrom	
– flächenbezogen	339
– personenbezogen	339
Außenwandgerät	204, 219
Außenzapfarmatur	433
Austragungsschnecke	285, 290
Axialventilator	357

B

Badeofen	88
Balgengaszähler	234
Batteriebehälter	253
Bedarfskennzahl	161
Befeuchtungsverlauf	355
Befüllkupplung	281
Befüllstutzen	281
Befüllsystem	282
Behaglichkeit	336
– thermisch	337
Behaglichkeitsfeld	337
Behälter	
– standortgefertigt	252
Behälterwerkstoff	80
Belastungsprüfung	237
Berechnung, überschlägig	136
Bereitschaftsverlust	25
Bereitschaftswärmeaufwand	82
Beschattungssituation	127
Beschichtung	
– selektiv	123
Bestellcode	230
Bestrahlungsstärke	117
Betriebsbereitschaft	147
Betriebsbereitschaftszeit	25
Betriebsbrennwert	3
Betriebsheizwert	3, 24
Betriebsüberdruck	91
Betriebswasserpumpe	441
Betriebsweise	
– raumluftabhängig	216
– raumluftunabhängig	216
– Solaranlage	119
Beutelfilter	350
BHKW-Klassifizierung	327
BImSchV	55, 183
Biogas	172
Bioheizöl	247
Bivalent-parallele Betriebsweise	315
Bivalent-teilparallele Betriebsweise	315
Bivalenzpunkt	314
Blankdrahtheizkörper	85
Blankdraht-Heizsystem	96, 98
Blaubrenner	266
Blendenmischsystem	266
Blindniete	363
Blockheizkraftwerk	327
Blockheizwerk	322
Blower-Door-Verfahren	301
Bodenrührwerk	285, 290
Boiler	88
Brandschott	368
Brandschutzklappe	366
Brandschutzrechtliche Anforderung	250
Brandschutztechnische Anforderung	48
Brandschutzventil	367
Brandschutzverordnung	367
Braunkohle	280
Brenndauer	286
Brenner	
– atmosphärisch	175, 176
– katalytisch	190
Brennerausbau	455
Brennerrohr	451
Brenngas	171
Brennkammer	16, 445
– offen	201
Brennstoff	3
– fest	55, 294
– flüssig	57, 247
– gasförmig	59, 171
– NO_x	9
– Zündung von	6
Brennstoffkostenentwicklung	115
Brennstoffmenge	196
Brennstoffverbrauch	24, 26
Brennstoffzelle	329
Brennstoffzellen-Heizgerät	331
Brennwert	3
Brennwertgerät	45

Sachwortverzeichnis

Brennwertmodul	289
Brennwertnutzung	19
Brennwerttechnik	288
Brennwert-Wärmeübertrager	289
Bruttofläche	122
Bundes-Immissionsschutz-verordnung (BImSchV)	55
BUS	415
Bypass-Filter	
– Reinigung	465
Bypass-Klappe	369

C

CE-Kennzeichnung	13, 205
Cloudpoint	248
CO_2-Methode	193, 196
CO-Gehalt	59
COP	316

D

Dämmschichtdicke	383
Dämmung	131, 135
Dämmwerkstoff	82
Dampfbefeuchter	356
Dampfdruck	38
Dampfdruckkurve	311
Dauerleistung	163
DDC-Regelung	
– Gebäudeleittechnik	415
DDC-Regler	407
Deckungsrate, solar	136
Deponiegas	172
Desinfektion	
– thermisch	111
Destillation	
– fraktioniert	247
Diagnoseampel	102
Diagnosestecker	102
Dichte	247
– relativ	173
Dichtheitsklasse	363
Dichtheitsprüfung	237, 255
Diffuse Strahlung	116
Diffusionsbrenner	175
Domschacht	251
Dosierschleuse	288
Drainback-System	119
Drehzahlfunktion	189
Dreigriff-Armatur	88
Drei-Liter-Regel	147
Dreipunktregler	405
Dreischalige Verbund-Heizfläche	18
Drosselventil	91
Druckausdehnungsgefäß	29
Druckbegrenzer	33
Druckdifferenz	351
Druckgebläse	288
Druckmessgerät/Manometer	34
Druckminderer	143
Druckprüfung	255
Druckregulierschraube	262
Druckregulierventil	262
Druckspeicher	78
Druckstöße	180
Druckverlust	150, 152, 382
Durchflussspeicher	94
Durchfluss-Trinkwassererwärmer	79
– elektronisch gesteuert	99
– indirekt beheizt	113
Durchfluss-TWE	
– elektrisch	95
– elektronisch	96
– hydraulisch	99
Durchlaufwasserheizer	106
Durchmischung	134
Düse	450
Düsenauswahl	269
Düsendruckmethode	193, 195
Düsendrucktabelle	195
Düsengröße	270
DVGW-Prüfzeichen	205

E

Edelstahlrohrschlange	
– Wasser führend	183
Effizienzklasse	13
EG- Konformitätserklärung	13
Einbaubeispiele GS	230
Einbaugrube	251
Einblasstutzen	282
Einhängeblech	446
Einheitswohnung	161
Einkreisbetrieb	86, 93
Einrichtung	
– sicherheitstechnisch	28
Einsatz	
– topfförmig	273
Einschaltfließdruck	99
Einstellung	268
– Gasbrenner	192
– Gasgebläsebrenner	196
– Ölpumpe	268
– Verbrennungsluft	269
Einstrahlwinkel	117
Einstrangsystem	258
Einstutzenzähler	234
Einzelflammenoptimierung	183
Einzelschachtanlage	206
Einzelversorgung	76, 92
Elektrolufterhitzer	353
Elektroluftfilter	351
Elektrolytmembran	330
Elektromotor	262
Emissionsgrenzwert	55
Emissionsmessung	449
Enddruck	38
Energie	
– elektrisch	85
– solarthermisch	117
– thermisch	85
Energieeffizienzlabel	13
Energieeinsparverordnung	375
Energiefluß	121
Energiekennwert	299
Energieressourcen	
– fossil	115
Entfeuchten	354
Entfeuchtungswirkungsgrad	354
Enthalpie	346, 356
Entkoppelung	373
Entleerungsventil	143, 461
Entlüfter	132
Entlüftung	
– kontrolliert	375
Entnahmearmatur	255
Entnahmeleitung	255
Entriegelung	181
Entspannungstopf	31
Entzugsleistung	318
Erdatmosphäre	116
Erdgas	171
– flüssig	223
– verflüssigt	222
– Unterspeicherung	222
Erdgasfeld	171
Erdgaslagerstätte	171
Erdkollektor	312
Erdreichkollektor	369
Erdreichwärmeübertrager	370
Erdsonde	313
Erdtank	284
Expansionsventil	310, 311
Explosionsgefahr	232

F

Fachbetrieb	221
Fachbetriebspflicht	250
Fäkalienhebeanlage	434
Fallrohrfilter	441
Falschluft	451
Fassadengestaltung	130
Fassadenmontage	129
Fehlereingrenzung	359
Feineinstellung	197
Feinfilter	348
Feinstaub	10, 349
Feinstaubbelastung	348
Ferngas	172
Fernwärmeversorgung	
– graphische Symbole	325
Fernwärmeversorgungs-unternehmen	323
Fertiglagersystem	283
Festmeter	277
Feuchtemessgerät	
– Feststoffe	56
Feuchte	
– relative	345
Feuchteschutz	342, 378
Feuchtkugeltemperatur	347
Feuerstätte	
– Art B	206
– raumluftabhängig	205, 206
– raumluftunabhängig	205
Feuerungsautomat	186, 187, 267, 401
Feuerungs-Manager	189
Filterbauart	441
Filtereinsatz	257, 442, 449

Sachwortverzeichnis

Filter	
– Reinigung	464
Filterverfahren	349
Filtrierbarkeit	
– Grenzwert	248
Firstbereich	46
Flachdachmontage	128, 129
Flächenfilter	350
Flachkollektor	121, 122
Flammenausfall	188
Flammenbild	175
Flammenbrenner	183
Flammenkühlung	183
Flammenteppich	190
Flammenüberwachung	264
Flammenwächter	451
– Funktionsfähigkeit	265
Flammenwächterrelais	179
Flammpunkt	248
Fließgeschwindigkeit	131
Flügelradanemometer	386
Fluorchlorkohlenwasserstoff	10
Flüssiggas	223
Flüssiggasanlage	227, 228
Flüssiggasbehälter	
– Armaturen	227
– Aufstellung	224
– ortsfest	223
Flüssiggasflasche	
– ortsbeweglich	223
Flüssiggastransporter	223
Förderbrunnen	313
Förderstrom	149, 151
Fotowiderstand	264
Fotozelle	264
Freigabethermostat	263
Freiläufer	358
Fremdstromanode	81, 133
Frequenzspektrum	362
Frostschutzmittel	132
Frostschutztester	461
Führungsgröße	399
Fülleinrichtung	34
Füllleitung	254
Füllraum	445
Funktionsablauf	459
Funktionsfluss-Diagramm	453
Funktionsprüfung	198
Funktionsstörung	198
Fußventil	258
Fuzzy-Regler	406

G

Gas	171
– einlassen	240
– technisch hergestellt	171
– Verbrennung von	8
Gasanschlussdruck	193
Gas-Anschlusswert	105
Gasbackofen	204
Gasbrenner	175
– atmosphärisch	180
– katalytisch unterstützt	191
– ohne Gebläse	176
– rein katalytisch	191
– teilvormischend atmosphärisch	183
Gasbrennwertkessel	457
– wandhängend, Wartung	457
Gasdruckregler	180, 236
Gasdruckwächter	180, 181
Gas-Durchfluss-Trinkwassererwärmer	106
Gas-Durchflusswassererwärmer	
– temperaturgesteuert	108
Gas-DWH	108
Gaseinstellung	455
Gasfamilien	173
Gasfeuerstätte	
– raumluftunabhängig	219
Gasfeuerung	29
Gasfeuerungsautomat	181
Gasgebläsebrenner	184
Gasgerät	216
– Art A	206
– temperaturgeregelt	109
– temperaturgesteuert	106
Gasgerätearten	217
Gasgeruch, Verhalten	240
Gasherd	204
Gaskessel	
– atmosphärisch, Wartung	455
Gas-Kochgerät	206
Gas-Kombiwasserheizer	203
Gasleitung	
– brandsichere Befestigung	234
– Fußboden	233
– Verlegung	235
Gasleitungsprüfgerät	237
Gas-Luft-Verbundregelung	
– pneumatisch	189
Gas-Luft-Verhältnisregler	189
Gasmangelsicherung	236
Gas-Raumheizer	204
Gasregelstrecke	180
Gas-Speicher-Trinkwassererwärmer	105
Gasspeicherung	222
Gasspürgerät	239
Gassteckdose	237
Gasströmungswächter	226, 228
Gasumlaufwasserheizer	203
Gas-Vorratswasserheizer, mit Brennwerttechnik	106
Gaswärmezentrum	203
Gaszähler	234
Gateway	418
Gebäudeleittechnik	
– DDC-Regelung	415
Gebläse	184, 262
– geräuscharm	202
Gebläsebrenner	175
Gebläsedrehzahl	267
Gebläsefeuerung	286
Gebläserad	449
Gebrauchsfähigkeit	239
Gefrierspeicher	222
Gegenstrom	159
Gehäuse, Flachkollektor	123
Gelbbrenner	266
Geräteanschlussdruck	192
Gerätefilter	
– reinigen	465
Geruch	338
Geruchsstoff	240
Gesamtnennwärmeleistung	207
Gesamtwärmeleistung	
– Wärmepumpe	317
Geschwindigkeitsmessung	386
Gewährleistungsgrund	132
Gewässerschutz	250
Gewebesilo	283
Gitter	365
Glasröhre	
– evakuiert	125
Gleichrichtereffekt	178
Gleichstrom	159
– pulsierend	178
Globalstrahlung	116, 118
Glühzünder	177
Glykomat	461
Grenzwert	10
– Stickstoffoxid	11
Grenzwertgeber	256
Grobfilter	348
Größenauslegung	228
Grubengas	172
Grundwasser	313
Gruppenversorgung	76, 92
Gussgliederheizkessel	14
– Montage	14
Gussheizkessel	14

H

Haarhygrometer	345
Hackgut	285
Hackschnitzel	279
Hackschnitzelfeuerung	290
Hauptabsperreinrichtung	231
Hauptgasventil	
– wassergesteuert	107
Hauptwindrichtung	46
Hausanschluss	226
Hausanschlussleitung	226
Hausdruckregler	236
Hauseinführungskombination	226
Hauszentrale	323
Heatpipe-Röhre	124
Heatpipe-Vakuumröhre	125
Heberwirkung	258
Heizband	154
Heizblock	98
Heizgasführungsart	16
Heizkessel	13
– boiler	13
– Brennwert	18
– Festbrennstoff	286
– Gas	203
– Gas-Brennwert	202
– Guss	14

Sachwortverzeichnis

- Hybrid 15
- Kohle 292
- Niedertemperatur 16
- Öl-Brennwert 273
- Pellet 288
- Stahl 14
- Standard 16
Heizkurve 408
Heizöl 247, 249
- Lagerung 250
- Mindestanforderung 247
- Verbrennung 8
Heizölart 247
Heizöllagerraum 252
Heizölsperre 252
Heizräume 205, 294
Heizstufe 94
Heizwert 3, 24, 277
Heizwiderstand 85
Heizzugreinigung 456
Hochdruckseite 310
Hochtemperaturbrennstoffzelle 329
Holz 277, 280
- Verbrennung 8
Holzlager 280
Holzpellet 278, 281
h-x-Diagramm 344
Hydraulikschema,
- Zentralheizungsanlage 412
Hydraulische Entkoppelung 315
Hydraulischer Abgleich 148, 150, 152
Hydrogenerator 108, 109
Hypokaustensystem 335

I
Inbetriebnahme 240, 268
- Gasbrenner 178
- Protokoll 269
Inbetriebnahmeprotokoll 197
Induktionsströmung 366
Infiltration 342, 378
Infrarot-Flackerdetektor 265
Infrarot-Flammenfrequenzüberwachung 186
Infrarotstrahlung 302
Inhibitor 120
Injektorwirkung 184
Inliner-System 152
Innenleitung 231
Inspektion, monatlich 435
Inspektionsöffnung 364
Instandhaltungsmaßnahme 435
- Norm, Richtlinie 429
Instandsetzungsarbeit 436
Internet der Dinge 417
Ionisationsflammenüberwachung 177
Ionisationsstrom 191
Ionisationsstrom-Überwachungseinrichtung 186
Isolationsfähigkeit 396
Isolationswiderstand 396
Isotherme 356

J
Jahresarbeitszahl 316
Jahresbrennstoffbedarf 65
Jahresbrennstoffkosten 67
Jahresnutzungsgrad 25
Jahreswärmebedarf 65, 299

K
Kältemittel 311
Kältemittelleitung 463
Kaltwasserzulaufmenge 91, 100
Kappenventil 30, 461
Kehr- und Überprüfungsordnung (KÜO) 59
Kesselleistung 163
Kesselmontage 14
Kesseltür 445
Kesseltypenschild 192
Kesselwirkungsgrad 23
Klärgas 172
Kleinspeicher 92
- Übertisch 90
- Untertisch 90
Kleinspeicher-Rohrheizkörper 89
Klimaanlage 343
Kochautomat 89
Kochendwassergerät 88
Kohle 280, 285
- Verbrennung 8
Kohlendioxid 9, 268
Kohlenmonoxid 5, 268
Kohlenmonoxidemission 58
Kohlenwassergas 172
Kohlenwasserstoff 10, 268
Kokswassergas 172
Kollektor 121, 463
- unverglast 126
Kollektorausrichtung
- Korrekturfaktor 137
Kollektorbauformen 121
Kollektorbefestigung 463
Kollektorfläche 318
- Berechnung 137
Kollektorfläche
- Auslegung 307
Kollektormodul 124
Kolletorausrichtung 136
Kombikessel 291
Kombinationsarmatur 258
Kombisolaranlage 304, 308
Kombispeicher 305, 307
Kompaktarmatur 187
Kompakteinheit 181
Kompaktgerät 314
Kompaktrohrleitung 131
Kompensator 131
Kompressions-Wärmepumpe 309
Kondensat 45
Kondensation 20
Kondensator 310
Kondensatwanne, Reinigung 458
Kondenswasser 20

Kondenswasserabfluss
- reinigen 466
Kontrollflüssigkeit 256
Konverter/Reformer 330
Körperschallübertragung 373
Körperschluss 95
Korrosionsschutz 80
Korrosionsschutzmaßnahme 233
Kraft-Wärme-Kopplung 321, 326
Kreuzstrom 159
Kreuzstromprinzip 186
Küchen-Fettfanggitter 350
Kugelgasbehälter 222
Kühllast 341
Kühlleistung 354
Kühlstab 183
Kunststoffdübel 233
Kunststoff-Heizelement 154
KÜO 59
Kupplungsstutzen 282
Kurzzeitspeicherung 133

L
Lagerplatz 280
Lagerraumvolumen 281
Lagerung
- unterirdisch 251
- Heizöl 250
Lagervolumen 252
Lambdasonde 36, 288, 447
Lamellenwärmeübertrager 310
Langsamzündventil 107
Langzeitspeicherung 133
Laufrad 185
Leckanzeigegerät 256
Leckmengenmessgerät 239
Legionärskrankheit 156
Legionellen 155, 156
Legionellenbildung 147
Leistungskennzahl 163
Leistungsreduzierung 101
Leistungszahl 316
Leitfähigkeit 98
Leitungsanlage 231
- ausblasen 240
Leitungsführung 131
Leitungsquerschnitt 84
Leuchtbrenner 175
Lochblechzylinder 450
Lötstelle
- kalt 178
- warm 178
Luft-Abgas-Schornstein 50
Luft-Abgas-System 45, 273
Luftabscheider
- zentral 133
Luftart 343
Luftbedarf
- theoretisch 7
Luftbefeuchter 355
Luftbehandlungsfunktion
- thermodynamisch 342

Sachwortverzeichnis

Luftdichtheits-Messverfahren	301
Luftdrosseleinrichtung	197
Luftdruckmessung	344
Luftdruckwächter	185
Luftdurchlass	364
Lufterhitzer	352
Luftererwärmung	353
Luftfilter	348
Luftgeschwindigkeit	387
Luftklappe	197
Luftkühler	354
Luftleitung	362, 364
– reinigen	467
Luftmischung	352
Luftschallübertragung	373
Lufttechnik	
– Einteilung	336
Luftüberschuss	5, 7, 188, 197
Luftüberschusszahl	197
Lüftungsanlage	342
Lüftungsgerät	376
– Wartungsarbeit	464
Lüftungsgitter	364
Lüftungskonzept	378
Lüftungsleitung	254
Luftverhältniszahl	7, 59
Luftverunreinigung	338
Luftvolumenstrom	385
Luft-Wasser-Wärmepumpe	314
Luftwechsel	216
Luftwechselzahl	339, 340, 341

M

MAG	
– Membran-Ausdehnungsgefäß	37
Magnetventil	181, 263
MAG-W	145
Manipulation	228
Manometer	434
Manometer/Druckmessgerät	34
Massenstrom	158
Maßnahmen	
– aktiv	228
– passiv	231
Materialien	
– temperaturbeständig	131
Materialkreislauf	103
Matrix-Strahlungsbrenner	
– vollvormischend	184
Mediumfilter	348
Mehrkesselanlage	61
Mehrlochsonde	458
Mehrspartenhauseinführung	227
Membran-Ausdehnungsgefäß (MAG)	37, 132
Membran-Druckausdehnungsgefäß	145
Membransicherheitsventil	144
Mengeneinstellvorrichtung	365
Messen	393
Messpflicht	59
Messtechnik	394
Metallfilter	350
Methode	
– CO_2	193, 196
– Düsendruck	193, 195
– SRG	193, 196
– volumetrisch	193, 195, 196
Mikroprozessor	415
Mindestabstand	205, 251
– Tanks	254
Mindest-Außenluftstrom	339
Mindestrestsauerstoffwert	445
Mindestwirkungsgrad	55
Mini-Blockheizkraftwerk	328
Mini-Durchfluss TWE	101
Mischarmatur	90
Mischeinrichtung	185
Mischkammer	351
Mischrohr	266
Mischsystem	449
– Blende	266
– Rakete	266
– Stauscheibe	266
Mischungskreuz	166
Mischwasserberechnung	165
Mitteldruck	232, 236
Mitteldrucknetz	222
Monoblockbrenner	185
Monovalente Betriebsweise	315
Montage	
– Aufdach	128
– freistehend	129
– Indach	128
– Kollektor	127
Motor-Pumpen-Einheit	267

N

Nachheizung	135, 306
Nachschaltheizfläche	15, 16
Nachtabsenkung	408
Nachwärmung	134
Nachzündzeit	265
Naturgas	171
Naturzugfeuerung	15, 286
Naturzugkessel	48
Nebenluftvorrichtung	
– kombiniert	53
– selbsttätig	53
– zwangsgesteuert	53
Neigung	46, 118
Neigungswinkel	118
Nennvolumen	145
Netzbetreiber	221
Neutralisationseinrichtung	19
Neutralisationsgranulat	274
Neutralisationspflicht	20
Niederdruck	232, 236
Niederdrucknetz	222
Niederdruckseite	310
Niederohmigkeit	395
Niederohmmessgerät	396
Niedertemperaturbrennstoffzelle	329
Niedrigenergiehaus	299
Niedrigstromtarif	87
Niveauregelung	437
Nomogramm	384
Normalstromtarif	87
Normen	14, 326, 335
Norm-Nutzungsgrad	26
Normzustand	3
NO_x	
– Bildung	267
– Brennstoff	9
– prompt	9
– thermisch	9
NO_x-Gehalt	59
Nutzungsgrad	24
Nutzvolumen	80
Nutzwärme	
– spezifisch	136

O

Oberflächenwasser	313
Offener Trinkwassererwärmer	88
Ölbrenner	262
– modulierend	267
– zweistufig	267
Ölbrennwertgerät	275
Ölbrennwertkessel	
– wandhängend	275
– Wartung	448
Ölderivat	11, 58
Öldruck-Luft-Verbund	267
Öldurchsatz	269
Öldüse	263
Ölfeuerung	29
Ölfilter	449
Olf-Wert	338
Ölgebläsebrenner	449
– Wartung	449
Ölpumpe	262
Ölpumpenfilter	449
Ölstandsanzeiger	
– elektronisch	256
– pneumatisch	255
Ölvorwärmung	248, 263
Ölzerstäubungsbrenner	262
Opferanode	80, 133
Oxidation	5

P

Parallelstromprinzip	186
Passivhaus	300
Peilstab	255
Pellet-Brennwertkessel	288
Pelletlager	281
Pelletlagerraum	281
Pellet-Maulwurf	284
PEM-Brennstoffzelle	330
PID- Regler	406
Piezozünder	177
Pipeline	222
PI-Regler	406
Planfilter	350
Plattenwärmeübertrager	114, 310
Pontiac-Fieber	156
Porenspeicher	222
Prallschutzplatte	282

Sachwortverzeichnis

Prandtl-Rohr 386
P- Regler 405
Primärluft 176
– Eintrittsöffnung 446
Primärluftansaugung 455
Probelauf 437
Programmablauf 188
Prüfen nach DIN VDE 0100 395
Prüfnippel 195
Prüfprotokolll 238
Prüfset 434
Prüfungsablauf 437
Prüfventil 143
Prüfzeichen-DVGW 205
Psychrometrische Differenz 347
Pufferspeicher 293, 315
Pumpenkennwert 150, 152
PWC-Volumenstrombegrenzer 100
PWH
– Isttemperatur 100
– Solltemperatur 100
PWH-Auslauftemperatur 146
PWH-Speicheraustrittstemperatur 148

Q
Qualitätszeichen 85
Querstromventilator 358

R
Radialventilator 357
Raffinerie 247
Raffineriegas 172
Raketenmischsystem 266
RAL-Güteprüfung 300
Raumheizungs-Energieeffizienz 14
Raum-Leistungs-Verhältnis 207
Raumlufttechnik
– RLT-Anlage 335
Raummeter 277
Raumzahl 162
Regeldifferenz 399
Regeleinrichtung 399
Regelglied 399
Regelgröße 397, 398
Regelkreis 397
Regeln 393
Regelschema Solaranlage 411
Regelstrecke 399
Regenerativ-Wärmeübertrager 370
Regenerator 371
Regenwassernutzungsanlage 440
Regenwasserspeicher 443
Regler 399, 402
Reglerausgangsgröße 399
Reihenabstand 129
Reinigungsarbeit 458
Reinigungshebel 445
Reinigungsset 467
Rekuperative Energiegewinnung 377
Rekuperator 368
Relative Feuchte 345
Ringspaltmessung 458

RLT-Anlage
– Auslegung 344
– Raumlufttechnik 335
Rohrbegleitheizung
– elektrisch 153
Rohrheizkörper 85, 86, 111
Rohrheizkörper-Heizsystem 96, 97
Rohr
– koaxial 124
Rohrnetze 321
Rohrreinigungsset 467
Rohrverbindung 131
Rohrverlegung 232
Rohrwendel 111
Rohrwendelwärmeübertrager 113
Rollbandfilter 351
Rost 446
Rotations-Wärmeübertrager 370
Rückflussverhinderer 143, 432
Rückführgröße 398
Rückführung
– thermisch 404
Rücklaufleitung 255
Rücklauftemperaturanhebung 306
Rückschlagsicherung 190
Rückschlagventil 257
Rückspüldüse 443
Rückstrom 220
Rückwärmzahl 368
Ruß 9
Rußbildung 268
Rußbrand 47
Rußmessung 57
Rußzahl 11

S
Sacksilo 283
Sauerstoff 5
Sauerstoff-Regelung 188
Saugleitung 255
Saugsonde 283
Saugsystem 283
Saugzuggebläse 446
Säure
– schwefelig 9
Schadstoff 9, 267
Schadstoffbilanz 340
Schadstoffgrenzwert 183
Schadstoffkonzentration 338
Schalldämpfer
– Auslegung 362
Schalldämpferkulisse 361
Schallschutzmaßnahme 374
Schalthysterese 404
Schaltvorgang
– elektrisch 95
Schaltzyklus 438
Scheibe 188
Scheitholz-Pellet-Kombikessel 292
Schichtenstruktur 123
Schleuderpsychrometer 347
Schluckbrunnen 313
Schmutzfangsieb 433

Schnecken-Saugkombination 283
Schneckensystem 283
Schnellschlussventil 257
Schornstein 43
– Auslegung 50
– dreischalig 49
– Durchmesser 50
– einfach belegt 49
– einschalig 48
– feuchteunempfindlich 45
– gemeinsam belegt 49
– gemischt belegt 49
– mehrfach belegt 49
– säurebeständig 47
– standsicher 47
– zweischalig 49
Schornsteinfeger 53
Schornsteinhöhe
– wirksam 46, 50
Schornsteinmündung 46, 47
Schornsteinzug 46, 48, 59
Schrägboden 282
Schrägdachmontage 128
Schrägstellung 117
Schüttraummeter 277
Schutzanstrich 252
Schutzarten 84
Schutzklassen 85
Schutzpotenzial 81
Schutzziele 207, 224
Schutzzonen 224
– Einschränkung 225
Schwarzchrombeschichtung 123
Schwebstofffilter 351
Schwefeldioxid 9
Schwefelgehalt 248
Schwelgasabsaugkanal 445
Schwerkraftbremse 112, 132
Schwerkraftklappe
– auftriebsgesteuert 135
Schwimmbad-Kollektor 126
Schwimmer-Füllstandsanzeiger 255
Schwimmerschalter 438
SCOT-System 189
Scroll-Verdichter 310
Sediment 249
Sedimentation 443
Sekundärluft 176
Sekundärluftströmung 366
Selbstreinigung 128
Selbststellglieder 180
Sensorkabel 131
Sicherheitsabsperrventil 236
Sicherheitsarmatur 92
Sicherheits-Druckbegrenzer 101
Sicherheitseinrichtung 228
Sicherheitsgruppe 144
Sicherheitskennzeichnung 226
Sicherheitsmaßnahme 240
Sicherheitsstandard 232
Sicherheitstemperatur-
begrenzer 31, 89, 99, 447
Sicherheitstemperaturwächter 32

Sachwortverzeichnis

Sicherheitsventil 30, 120, 132, 143
- Membran 30
Sicherheitsvorlauf 30
Sicherheitszeichen 85
Sicherheitszeiten 181, 187, 265
Sichtkontrolle 268
Sicke 363
Smart Home 416, 418
- Sicherheit 418
SO-Brennstoffzelle 330
Sockeltemperatur 410
Solar
- Pumpe 132, 135
- Wärmeübertrager 135
Solaranlage
- Regelschema 411
- thermisch 119
- Wartung 460
Solar-Ausdehnungsgefäß 461
Solarbetriebsdruck 462
Solarglas 121
Solarkreis 119
Solarkreiskomponente 462
Solarkreislauf 130
Solarkreiswärmeübertrager 133
Solarsicherheitsglas 123
Solarspeicher 133
Solarstation 130, 462
- vormontiert 131
Solarthermische Energie 117
Soleleitung 312, 369
Sole-Wasser-Wärmepumpe 312
Sonnenenergie 115
Sonnenkollektor 119
Sonnenstandswinkel 129
Speicher
- bivalent 133
- geschlossen 92
Speichergröße 105
Speicherladepumpe 112
Speicherladesystemen 134
Speicher-Trinkwassererwärmer 77, 89, 110, 112
- bivalent 134
Speicher-TWE 111
- geschlossen (druckfest) 78
Speichervorrang-
  schaltung 112, 203, 410
Sperrzeit 317
Spezialheizkessel 201
Splitgerät 314
Sprühnebel 156
SRG-Methode 193, 196
Stack 331
Stadtgas 172
Stagnationszeit 132, 147, 156
Stahlblechschornstein 49
Stahlblechtank 284
Stahlheizkessel 14
Standardflachkollektor 122
Ständerkonstruktion 129
Stau 220
Staurohr 386

Stauscheibe 186, 266
Stauscheiben-Mischsystem 266
Steckkupplung 101
Steinkohle 280
Steinkohlengas 172
Stelleinrichtung 399
Steller 399
Stellglied 399
Stellgröße 399
Ster 277
Stetigregler 405
Steuergerät 264, 401
Steuern 393
Stickoxid 9
Störabschaltung 181, 188
Störgröße 396, 399
Störung
- Blaubrenner 454
- elektrisch 94
Störungserkennung 102
Störungssuche 459
Stoßverbindung 363
Strahlung 116
- diffus 116
Strahlungsbrenner 190
Strahlungsflächenbrenner 190
Strahlungsleistung 116, 117
Strahlungsspektrum 302
Strahlungsverlust 23
Stromlaufplan 94
Strömungsgeschwindigkeit 385
Strömungssicherung 198, 201, 206
Stückholzqualität 277
Stützelement 123
Stutzen 254
Sydney-Röhre 125
Sydney-Vakuumröhrenkollektor 126
Systemtrenner 433
- Typ BA 434

T

Tankinspektion 249
Tank-in-Tank-System 306
Taupunkt 16, 18, 354
Taupunktplatte 198
Technische Regel
- Gas-Installationen 232
Teilklimaanlage 343
Teilvormischbrenner 176
„Telefonie"-Schalldämpfer 361
Temperaturbegrenzer 32
Temperatur-Differenzregelung 135
Temperaturhaltesystem 146, 147
Temperaturregler 34, 35
- thermisch-elektrisch 36
Temperaturschichtung 134
Temperatursteuerung 399
Temperaturwähler 107
Temperierarmatur 90
Thermografie 302
Thermosiphonspeicher 134
Thermostreamtechnik 18
Thermostrom 178

Tonne
- absolut trocken 277
- lufttrocken 277
Treibhauseffekt 115
TRGI 2018 173, 205, 207, 208, 216, 228, 231
Trinkwarmwasserspeicher 119
Trinkwasseranlage
- Instandhaltung 431
Trinkwasseranschlussleitung 142
Trinkwasserbauteil,
  Wartungsintervall 432
Trinkwassererwärmer
- Durchfluss 79
- geschlossen 78
- indirekt beheizt 80
- offen 78, 88
Trinkwassererwärmung 84, 304, 321
- solar 130
- zentral 110
Trinkwassererwärmungsanlage 75
Trinkwasserhygiene 155
Trinkwasserspeicher 133
TrinkwV 2011 155
Trockengang 100
Trockenganggefahr 98, 101
Trockenkugeltemperatur 347
Trockenlauf 97
Typenschild 13

U

Überdruck
- negativ 48
- positiv 48, 203
Überdruckfeuerung 15
Überdruckkessel 48
Übergabestation 323
Überlaufgerät 86
Überstöchiometrisch 183
Überstromschutzeinrichtung 84
Überwachungselektrode 178
Umlaufsprühbefeuchter 355
Umweltleistung 318
Umweltschutz 249
Undichtigkeit 232
Unit-Kessel 13
Unterputzverlegung 233
Untertagespeicherung 222
U-Rohr-Manometer 195
UV-beständig 131
UV-Diode 179, 186
UV-Flammenüberwachung 177

V

Vakuumflachkollektor 123
Vakuumröhrenkollektor 121, 124, 127
Ventilator 357
Ventilatorauswahl 360
Ventilatordiagramm 360
Venturidüse 96, 106
Verbindung
- lösbar 232
- unlösbar 232

Sachwortverzeichnis

Verbrauchsanlage	227	
Verbrennung	5	
– katalytisch	191	
Verbrennungskammer		
– luftdicht abgeschlossen	216	
Verbrennungsluft	5, 7	
Verbrennungsluftklappe	185	
Verbrennungsluftmenge	196	
Verbrennungsluftregler	35	
Verbrennungsluftschacht	50	
Verbrennungsluftzufuhr	205	
Verbrennungssystem	286	
Verbrühschutztemperatur	101	
Verbrühungsschutz	307	
Verbund	188	
Verbundregelung, mechanisch	188	
Verdampfer	310	
Verdampfungstemperatur	311	
Verdampfungswärme		
– fühlbar (latent)	45	
Verdichter	310	
Verdrängungsprinzip	90	
Verdunstungsbefeuchter	356	
Verdunstungsprinzip	356	
Verflüssiger	310	
Vergleichsglied	399	
Verhältnisregelung	189	
Verlegeabstand	318	
Verlegeregel		
– Innenleitung	233	
Verlegerichtlinie	234	
Verrußung	47	
Verschattungswinkel	127	
Verschlusskappe	254	
Versorgung		
– dezentral	76	
– zentral	77	
Versorgungsanlage	227	
Versorgungssicherheit	119	
Versottung	44	
Verteilungsnetz	222	
Verteilungswirkungsgrad	25	
Vertragsinstallationsunternehmen	221	
Verunreinigung	156	
V-Filter	350	
Viskosität	263	
– kinematisch	248	
Vollvormischbrenner	176	
Volumenstrombegrenzer	99	
Volumenströme	149, 151	
Volumetrische Methode	193, 195, 196	
Vordruck	30	
Vorfilterschacht	443	
Vorlauf-Temperaturregelung, witterungsgeführt	408	
Vormischbrenner	175, 176	
Vorratsbehälter	120	
Vorratswasserheizer	105	
Vorschaltgerät	132	
Vorspülzeit	265	
Vorzündzeit	265	

W

Wandspeicher	93
Wärmeabgabe	
– Mensch	337
Wärmebelastung	24
Wärmebildkamera	302
Wärmedämmung	82
Wärmedurchgangskoeffizient	160
Wärmeenergie	4
Wärmeerzeuger	13
Wärmeinhalt	346
Wärmeleistung	24, 157
Wärmeleitblech	125
Wärmeleitrohr	135
Wärmepumpe	309
Wärmequelle	311
Wärmerückgewinner	368
Wärmeträgerflüssigkeit	119, 132
Wärmeübertrager	134
Wärmeübertragerfläche	160
Wärmeübertragung	159
Wärmeverlust	148, 151
– spezifisch	149
Wärmewert	3
Warmwasser-Auslauftemperatur	95
Warmwasserbedarf	136
Warmwasser-Heizungsanlage	29
– geschlossen	28, 35
Warmwasserleitungsinhalt	146
Warmwasserlufterhitzer	352
Wartungsarbeit	
– Lüftungsgerät	464
– jährlich	445
Wartungsmaßnahme	435
Wartungsprotokoll	452, 456, 468
Wartungsvertrag	464
Wasseraerosole	156
Wasserdampftaupunkt	9
Wasserdampf-Taupunkttemperatur	20
Wassergehalt	248
Wassermangelsicherung	32
Wassermasse	166
Wassermengenregler	106
Wasserprobe	155
Wasserschalter	106, 107
Wasserstandbegrenzer	32
Wasservorlage	30, 38
Wasser-Wasser-Wärmepumpe	313
Wechselsprungfilter	442
Weichlöten	232
Weltenergiebedarf	116
Widerstand	
– spezifisch	98
Widerstandswert	95
Wiedereinschaltung	
– selbsttätig	220
Wiederinbetriebnahme	466
Windschutz	126
Wirbelkammerbrenner	288
Wirbelstromfeinfilter	441
Wirbulator	445
Wirkungsgrad	
– feuerungstechnisch	22
Wirtschaftlichkeit	
– Wärmepumpe	317
Witterungsbeständig	131
Witterungsgeführte Vorlauf-Temperaturregelung	408
Wobbe-Index	174
Wohnraumlüftung, dezentral	371
Wohnraumlüftungsgerät	465
– reinigen	464
Wohnungslüftung, kontrolliert	378
Wohnungslüftungssystem	375

Z

Zähflüssigkeit	248
Zapfarmatur	433
Zapfpause	147
Zeitschaltuhr	399
Zeitsteuerung	399
Zellradschleuse	291
Zentrale TWE-Anlage	155
Zentralversorgung	92
Zertifizierung	
– Niedrigenergiehaus	300
Zirkulationsleitung	147
– innenliegend	152
– offen	153
Zug	220
Zugbedarf	286
Zugunterbrecher	220
Zuluftbehandlungsfunktion	342
Zuluftvolumenstrom	339
Zündeinrichtung	177
– automatisch	177
– halbautomatisch	177
Zündelektrode	264, 449
Zündgeschwindigkeit	6
Zündgrenze	6
Zündleitung	451
Zündsicherung	177
Zündtemperatur	5, 6
Zuluftsystem	376
Zwangsumlaufsystem	203
Zweikreisbetrieb	86
Zweikreisbetriebsweise	93
Zweikreissystem	17
Zweipunktregler	34, 404
Zweistrangsystem	257
Zweistufenbrenner	267
Zweistutzenzähler	234
Zweitluft	176
Zwei-Zonen-Verbrennungsprinzip	268

Bildquellenverzeichnis

Autoren und Verlag danken den genannten Firmen, Institutionen und Personen für die Überlassung von Vorlagen bzw. Abdruckgenehmigungen folgender Abbildungen:

3E – Erneuerbare Energien Emmerich, Mülheim an der Ruhr: S. 302.1
A.O. Smith Water Products Company B.V., Veldhoven (Niederlande): S. 106.1
ACO Passavant GmbH, Stadtlengsfeld: S. 435.1, 2; 438.1a, b, 2, 3
Airflow Lufttechnik GmbH, Rheinbach: S. 334.oben links; 387.1b, 2, 4; 388.1
AkoTec Produktionsgesellschaft mbH, Angermünde: S. 125.1
Albers, Joachim, Fintel: S. 2.3; 58.4, 5; 107.1; 188.1; 304.1, 2; 395.3; 396.1, 3; 401.1; 461.4; 462.1, 2; 463.2, 3
Alfa Laval Mid Europe GmbH, Glinde: S. 114.1, 332.2a
Alfred Kaut GmbH + Co., Wuppertal: S. 356.2
Anton Eder GmbH, Bramberg, Österreich: S. 262.2
ASUE Arbeitsgemeinschaft für sparsamen und umweltfreundlichen Energieverbrauch e.V., Berlin: S. 192.3; 326.1
Bartscher GmbH, Salzkotten: S. 170.2; 204.2
Bayernwerk AG, Bayreuth: S. 240.2
Bayernwerk Netz GmbH, Regensburg: S. 226.2; 227.2; 235.1; 238.1
BDH Bundesindustrieverband Deutschland Haus-, Energie- und Umwelttechnik e.V., Köln: S. 132.1; 246.4; 298.1, 1a-e; 305.2, 3; 306.3; 307.2; 461.1
BDH-Bundesverband der Deutschen Heizungsindustrie, Köln: S. 131.4
Berkefeld/Veolia, 2013: S. 355.2
BlowerDoor GmbH, Springe-Eldagsen: S. 301.3
Robert Bosch Hausgeräte GmbH, München: S. 419.4
Bosch Thermotechnik GmbH, Buderus Deutschland, Wetzlar: S. 15.1b; 71.3; 110.1; 112.3; 119.4; 122.4, 5; 170.6; 305.1; 452.1; 453.1; 456.1, 4
Bosch Thermotechnik GmbH, Junkers Deutschland, Wernau: S. 106.2a, b; 107.3; 108.1; 109.2; 410.1; 413.1; 414.1
Bosch Thermotechnik GmbH, Wernau: S. 34.2; 203.1, 2; 204.1; 455.1
Bundesverband der Deutschen Heizungsindustrie (BDH), Köln: S. 13.2; 417.4; 418.1a, b
Bundesverband Wärmepumpe (BWP) e.V., Berlin: S. 312.2; 313.1, 2; 314.2
BURG-WÄCHTER KG, Wetter: S. 56.1
Cerbe, Gastechnik © 2008 Carl Hanser Verlag München: S. 204.4
Cordes Vertriebsgesellschaft mbH, Hamburg: S. 419.3
DEC International, NL-Oldenzaal: S. 364.2, 4a, b
DEHOUST GmbH, Leimen: S. 68.2; 271.4, 5
Deutscher Energieholz- und Pellet-Verband e.V. (DEPV), Berlin: S. 115.1
Deutscher Wetterdienst (DWD), Offenbach/Main: S. 118.2; 119.1
Devolo AG, Aachen: S. 417.3
Dimplex Deutschland GmbH, Glen, Geschäftsbereich Dimplex, Kulmbach: S. 375.1, 2; 376.1, 3, 4; 377.2
DOYMA GmbH & Co., Oyten: S. 227.1
Dräger MSI GmbH, Hagen: S. 459.1
Dungs GmbH & Co. KG, Karl, Urbach: S. 187.3; 188.2
Dyson, Köln: S. 419.6
ELCO Shared Services GmbH, Hechingen: S. 124.3; 185.2a, b
EnBW Energie Baden-Württemberg AG, Karlsruhe: S. 331.2
eQ-3 AG, Leer: S. 392.1a-h; 417.2
ETA Heiztechnik GmbH, A-Hofkirchen: S. 246.2; 257.2; 260.2; 261.1; 445.1 rechts; 446.5; 447.4
Fischbach Luft- und Ventilatorentechnik GmbH: S. 351.3; 369.1
Fläkt Woods GmbH, Butzbach: S. 364.3
FläktGroup Deutschland GmbH, GT-1, Herne: S. 357.4
FLIR Systems GmbH, Frankfurt am Main: S. 302.2, 3; 303.1, 2

Fröling Heizkessel- und Behälterbau Ges.m.b.H., Grieskirchen: S. 36.2; 260.1; 261.2; 297.1
Gigaset Communications GmbH, München: S. 419.1
GRUNDFOS GMBH, Erkrath: S. 400.1, 3
Hansgrohe SE, Schiltach: S. 469.1
HARGASSNER GmbH, A-Weng/Innkreis: S. 246.3; 255.1; 259.1
Hayen, Werner, Wilhelmshaven: S. 222.1
HDG Bavaria GmbH – Heizsysteme für Holz, Massing: S. 68.1; 246.5, 7; 253.1, 2; 254.1; 260.3; 295.1, 2
HEAT, OTTO, Heizungs-, Energie- und Anlagentechnik GmbH & Co. KG, Wenden: S. 113.2, 3
HEINEMANN GmbH, Dießen: S. 356.1; 370.1; 467.4
HEIN-RST GmbH, Brühl: S. 68.4
Helios Ventilatoren GmbH + Co. KG, Villingen-Schwenningen: S. 376.2; 467.3
Herrmann GmbH u. Co. KG, Waiblingen: S. 285.1
Honeywell Combustion Controls s.r.l., I-Oggiono (LC): S. 181.2
Honeywell GmbH, Mosbach: S. 407.3; 432.3; 433.2; 434.1
Honeywell GmbH, Schönaich: S. 406.1
Honeywell Home, Mosbach: S. 282.3c
Hoval GmbH, Aschheim-Dornach: S. 292.2
Hoyer KG, Wilhelm, Visselhövede: S. 223.4
IDM Energiesysteme GmbH, Matrei in Osttirol: S. 310.1
IGT Gastransporte, Hemsbach: S. 223.2
innogy SE, Essen: S. 418.2; 419.2
INTEWA GmbH, Aachen: S. 442.4, 5; 443.1
IWO Institut für Wärme und Oeltechnik e.V., Hamburg: S. 246.6; 271.3; 272.1–3; 274.2, 3; 276.2, 3b; 278.2
Kasper, B.-R., B. Weyres-Borchert, Leitfaden „Solarthermische Anlagen", 9. Auflage, DGS LV Berlin Brandenburg und DGS LV Hamburg/Schleswig-Holstein, 2012: S. 122.2
Kaufmann, Wilhelm, Norderstedt: S. 177.1; 282.3a, b; 347.2; 350.2; 353.2; 361.1; 367.3; 386.1; 387.1a; 393.1; 394.1, 2; 404.4 oben
KBB Underground Technologies GmbH, Hannover: S. 221.1
KESSEL AG, Lenting: S. 439.1; 469.2
Kloz GmbH, Dr. Gerhard, Neuhaus/Rwg.: S. 461.3
Knauber Gas GmbH & Co. KG, Bonn: S. 227.3
Kübler-Alfermi GmbH, Karlsruhe: S. 461.2a
Künzel GmbH & Co., Paul, Prisdorf: S. 258.1
Kutzner + Weber GmbH, Maisach: S. 52.1b, 2a, b; 53.1d
MAGONTEC GmbH, Bottrop: S. 81.3
Maico Elektroapparate-Fabrik GmbH, Villingen-Schwenningen: S. 357.2, 3; 366.3a, b; 368.1; 467.2
Mall GmbH, Donaueschingen: S. 254.3; 443.2, 3
Meltem Wärmerückgewinnung GmbH & Co. KG, Alling b. München: S. 376.5
Menerga GmbH, Mülheim an der Ruhr: S. 358.2; 371.2
Mertik Maxitrol GmbH & Co. KG, Thale: S. 228.3; 229.2; 230.1–3
Montaldo-Ventsam, Henry, Hamburg: S. 113.1; 114.2; 332.2b; 335.2, 3
Novar GmbH, Offenbach: S. 416.1 (DDC Geräte)
nVent, Haasrode (Belgien): S. 154.1, 2
ÖkoFEN Heiztechnik GmbH, Mickhausen: S. 259.2
Öko-Haustechnik inVENTer GmbH, Löberschütz: S. 334. oben rechts; 371.3a, b; 377.1
ORANIER Heiztechnik GmbH, Gladenbach: S. 170.3; 204.3
Oventrop GmbH & Co. KG, Olsberg: S. 30.2a; 31.1; 228.3; 276.1a, 3a; 278.3; 420.1 oben
OWI Oel-Waerme-Institut GmbH, An-Institut der RWTH Aachen, Herzogenrath: S. 330.2
Paradigma Deutschland GmbH, Karlsbad: S. 126.1
PAUL Wärmerückgewinnung GmbH, Reinsdorf: S. 334.1, 377.5; 390.1
PAW GmbH & Co. KG, Hameln: S. 131.1
Pentair Thermal management, B-Leuven: S. 154.3b
PEWO Energietechnik GmbH, Elsterheide: S. 322.1, 2; 333.1
Pforr -gefo- GmbH & Co. KG, Georg, Ratingen: S. 461.2b

Pixabay: S. 245.1 (OpenClipart-Vectors); 417.1 (Pixaline)
Pusch, Peter, Hamburg: S. 85.1; 86.1, 2; 97.1–3; 98.1, 2b; 436.1, 2; 437.3; 441.2; 469.5
RAL Deutsches Institut für Gütesicherung und Kennzeichnung e.V., Sankt Augustin: S. 300.1
Rauschert Steinbach GmbH, Steinbach am Wald: S. 177.3
Reflex Winkelmann GmbH, Ahlen: S. 42.1; 79.1; 145.2
Römer Illustration, Berlin: S. 124.4b; 125.2b, 3, 4
ROTEX Heating Systems GmbH, Güglingen, www.rotex-heating.com: S. 293.1
Roth Werke GmbH, Dautphetal: S. 126.2; 140.1
ROTHENBERGER Werkzeuge GmbH, Kelkheim: S. 237.4
Rox-Klimatechnik GmbH, Weitefeld: S. 352.3; 361.4
Sasserath & Co. KG, Hans, Korschenbroich: S. 78.3
Scheele, Jörg, Witten: S. 239.1; 242.1a
SCHELL GmbH & Co. KG, Armaturentechnologie, Olpe: S. 155.1
Schellinger KG, Weingarten: S. 254.4
Schmieding Armaturen GmbH, Holzwickede: S. 231.1
Schneider, Alfred, GmbH & Co. Tankbau KG, Söhrewald bei Kassel: S. 270.1
Schreiber, Thomas, Hamburg: S. 81.1b
Selfio GmbH, Linz am Rhein: S. 361.6; 364.5
SenerTec Kraft-Wärme-Energiesysteme GmbH, Schweinfurt: S. 326.2
Smarter Applications Ltd, London: S. 419.5
SOLARFOCUS GmbH/www.solarfocus.com, St.Ulrich/Steyr: S. 262.1
SOLVIS GmbH & Co. KG, Braunschweig: S. 307.1; 463.1
Stadtwerke Norderstedt, Norderstedt: S. 323.1
STIEBEL ELTRON, Holzminden: S. 74.1c, g, h; 85.2; 89.1a, b, 2; 91.1–4; 93.1, 2; 95.2; 96.1, 2; 100.1a, b, 2; 101.1–3; 102.1, 3
Stiftung Warentest; Buch Solarwärme; Illustration: M. Römer, Berlin.: S. 116.2
Swegon AB, SE-Göteborg: S. 377.3, 4a, b
System RAU GmbH, Herbertshofen: S. 239.2, 3; 242.1b
Thermo Solar AG, Landshut: S. 124.1
TROX GmbH, Neukirchen-Vluyn: S. 350.1, 3, 4; 351.1; 365.1; 366.2a, b; 367.1, 2
Tyczka Totalgaz GmbH, Geretsried: S. 68.3; 224.1
Vaillant GmbH, Remscheid: S. 74.1a, b, e, f; 90.3; 105.1; 128.1b, 5; 129.1; 184.2; 191.2; 192.2; 399.1a, b; 425.1; 426.2; 464.1; 465.1; 466.1, 2
VDE Prüf- und Zertifizierungsinstitut GmbH, Offenbach: S. 85.1a-e
Viega GmbH & Co. KG, Attendorn: S. 153.1, 2, 3a, b; 153.2; 228.2; 229.1.1–1.4; 231.2; 234.2; 237.1
Viessmann GmbH & Co. KG, Allendorf: S. 2.6; 17.1; 19.3; 71.2; 111.1, 2; 112.1, 2; 113.1; 115.2; 116.3; 117.3–5; 118.1; 119.2, 3; 120.1–3; 121.3; 122.1; 124.4a; 125.2a; 128.1a, 2, 3; 129.2a, b, 3; 130.1; 134.1; 135.3; 139.1, 2; 168.1; 170.5; 184.3; 202.1, 2; 228.4; 292.1; 293.2a, b; 306.1, 2, 4; 308.1; 310.2, 3
Voigt Armaturenfabrik & Handelsgesellschaft mbH, Gelsenkirchen: S. 226.4
Voss Entlüftungs-Armaturen GmbH, Kaaks: S. 133.1
Wagner & Co. Solartechnik, www.wagner-solar.com, Coelber: S. 74.1d
Wagner, Josef, Salzweg: S. 82.1; 113.4; 159.1; 159.oben links; 161.1; 165.1; 246.8; 247.2; 248.1; 249.1; 251.1; 281.1; 284.1a, b; 290.1a-c; 312.3; 445.1 links, 2; 446.1–4; 447.1–3; 449.1, 2; 450.1–4; 451.1–3
WEISHAUPT GMBH, MAX, Schwendi: S. 7.2; 19.2; 23.1; 57.1–3; 58.1; 185.1; 189.2, 5; 197.3; 202.3, 4; 244.1; 275.1, 2; 280.1; 281.2, 3; 286.2; 287.1; 288.1, 2; 296.2; 402.1; 403.1
Wieland-Werke AG, Ulm: S. 133.2b
WILO SE, Dortmund: S. 132.2; 444.1
Windhager Zentralheizung GmbH, Meitingen: S. 254.2
WISY AG, Kefenrod: S. 442.1–3; 469.4
Wöhler Messgeräte Kehrgeräte GmbH, Bad Wünnenberg: S. 458.7
Wöhler Technik GmbH, Bad Wünnenberg: S. 56.2, 3
Wolf GmbH, Mainburg: S. 448.1a-l; 457.1a, b, 2, 3 links, 3 rechts, 4–7; 458.1–6; 469.6–13

Symbole nach DIN EN 806-1 und DIN 1986-100

Symbol	Bezeichnung	Symbol	Bezeichnung
—*—	Wasserleitung	Ventil mit M	Absperrarmatur, Antrieb durch Elektromotor
—+—	Leitungskreuz	Ventil mit Magnet	Absperrarmatur, Antrieb durch Elektromagnet
∿	Schlauchleitung	Eckventil-Symbol	Absperrventil, Eckform (Eckventil)
50 • 40	Übergang in der Nennweite z.B. von DN 50 auf DN 40	Federventil-Symbol	Federbelastetes Sicherheitsventil, Eckform, Fließrichtung von links nach rechts
1,0 MPa • 0,6 MPa	Übergang des höchsten Systembetriebsdruckes (MDP) z.B. von 1,0 MPa auf 0,6 MPa	Dreiwege-Symbol	Dreiwegehahn
St • Cu	Übergang im Werkstoff z.B. von Stahl auf Kupfer	Vierwege-Symbol	Vierwegehahn (Vierwegemischer)
○	Rohrleitung in Grundrissdarstellung	Dreiwegekugel-Symbol	Dreiwegekugelhahn
--△--	Leitungsfestpunkt	Klappe-Symbol	Absperrklappe
--△-- (Gleit)	Leitungsbefestigung mit Gleitführung	Rückschlag-Symbol	Rückschlagklappe, Fließrichtung von links nach rechts
--=--	Wand- oder Deckenführung mit Schutzrohr	--⋈--	Absperrarmatur
--⊟--	Wand- oder Deckenführung mit Schutzrohr und Abdichtung (Mantelrohr)	--⋈•--	Geradsitzventil
---]	Leitungsabschluss	--⋈--	Kugelhahn
5% ◁	Leitungsgefälle nach links, 5%	--⋈--	Kolbenschieber, -ventil
---•---	Rohrverbindung	--⋈--	Freistromventil, Schieber
---•---	Art der Rohrverbindung	—⋈—	Nadelventil
=	Gewindeverbindung	⋈ mit p	Druckminderer
—++—	Flanschverbindung	⟂	Verbindung durch Rohrverschraubung
—∏—	Klemmflanschverbindung	∿	Wellrohrkompensator
---/•---	Geschweißte, hartgelötete oder weichgelötete Rohrverbindung	⊓ ... ⌒	(li.) U-Bogen-Ausgleicher (re.) Dehnungsbogen
---→---	Schnellkupplung	▷	Regler (Signaleingang am Dreieck)
▶⋈	Absperrventil mit Rückflussverhinderer	---→	Auslaufventil, Entleerungsventil
▶⊢	Rückflussverhinderer	---•→	Standauslaufventil
⋈	Rückschlagventil, Fließrichtung von links nach rechts	---⊢	Wandauslaufventil
⋈	Absperrarmatur, Antrieb von Hand	---⊤	Wandmischbatterie
⋈	Absperrventil, gegen unbeabsichtigtes Schließen gesichert (z.B. Kappenventil)	⌇	Schlauchbrause

501

Symbole nach DIN EN 806-1 und DIN 1986-100

Symbol	Bezeichnung	Symbol	Bezeichnung
FV	Druckspüler mit Rohrunterbrecher	⊙	Wärmeverbraucher
FC	Spülkasten	Grundriss: —DS— Aufriss: ‖DS	Schmutzwasserleitung. Druckleitung wird mit DS gekennzeichnet
(Symbol)	Auslaufventil mit Sicherungsarmatur, Schnellkupplung und Schlauchverschraubung	Grundriss: --DR-- Aufriss: ‖DR	Regenwasserleitung. Druckleitung wird mit DR gekennzeichnet
⬡*	Sicherungsarmatur	—·—·—	Mischwasserleitung
↑	Rohrbelüfter	=====	Lüftungsleitung
⊲‖	Rückflussverhinderer	(schräger Strich)	Lüftungsleitung, aufwärts verlaufend
⊲▷	Absperrventil mit integriertem Rückflussverhinderer	○	Fallleitung
⊥	Rohrbelüfter in Durchgangsform		Richtungshinweise
△	Rohrentlüfter	→	a) hindurchgehend
▭	Rohrtrenner	→○	b) beginnend und abwärts verlaufend
(Symbol EB)	Rückflussverhinderer bei gleichzeitiger Benutzung als Sicherheitsarmatur, z.B. EB	○→	c) von oben kommend und endend
(Symbol)	Sicherheitsventil, federbelastet	○→	d) beginnend und aufwärts verlaufend
⊟	Mechanischer Filter	100/125 ‖100/125	Nennweitenänderung
◯	Flüssigkeitspumpe mit mechanischem Antrieb	→ ↓	Werkstoffwechsel
▣	Waschmaschine	⊟ ‖	Reinigungsrohr mit runder oder eckiger Öffnung
▣	Geschirrspüler	⊞ ⊤	Reinigungsverschluss
▣	Wäschetrockner	⊥ ⊢	Rohrendverschluss
- - - - - -	Steuerleitung	⊢	Geruchsverschluss
--⊘--	Messgerät mit Anzeige	⩔	Belüftungsventil
m³	Wasserzähler	▭ ▭	Ablauf oder Entwässerungsrinne ohne Geruchsverschluss
(Symbol *)	Speicherungswasserwärmer indirekt beheizt z.B. Fernwärme. Der Stern wird ersetzt durch z. B.: HW = Heizwasser	▭ ▭	Ablauf oder Entwässerungsrinne mit Geruchsverschluss
Y	Trichter	▭ ▭	Ablauf mit Rückstauverschluss für fäkalienfreies Abwasser
▭	Schmutzfänger	▭ H Sp ▭ H Sp	Heizölsperre
⊘	Flüssigkeitspumpe	▭ H Sp ▭ H Sp	Heizölsperre mit Rückstauverschluss

Symbole nach DIN EN 806-1 und DIN 1986-100

Grundriss	Aufriss	
		Rückstauverschluss für fäkalienfreies Abwasser
		Rückstauverschluss für fäkalienhaltiges Abwasser
		Abwasserhebeanlage für fäkalienfreies Abwasser
		Abwasserhebeanlage für fäkalienhaltiges Abwasser
		Abwasserhebeanlage zur begrenzten Verwendung
		Schacht mit offenem Durchfluss (dargestellt mit Schmutzwasserleitung)
		Schacht mit geschlossenem Durchfluss
		Badewanne
		Duschwanne
		Waschtisch, Handwaschbecken
		Sitzwaschbecken
		Urinalbecken
		Urinalbecken mit automatischer Spülung
		Klosettbecken
		Ausgussbecken
		Spülbecken einfach
		Spülbecken doppelt
		Geschirrspülmaschine (nach DIN 1986-100)
		Wäschetrockner (nach DIN 1986-100)
		Waschmaschine (nach DIN 1986-100)
		Klimagerät

handwerk-technik.de